Workflow-Management mit SAP®

SAP PRESS

SAP PRESS ist eine gemeinschaftliche Initiative von SAP und Galileo Press. Ziel ist es, Anwendern qualifiziertes SAP-Wissen zur Verfügung zu stellen. SAP PRESS vereint das fachliche Know-how der SAP und die verlegerische Kompetenz von Galileo Press. Die Bücher bieten Expertenwissen zu technischen wie auch zu betriebswirtschaftlichen SAP-Themen.

Bjarne Berg, Penny Silvia
Einführung in SAP HANA
550 Seiten, 2., aktualisierte und erweiterte Auflage 2013, gebunden
ISBN 978-3-8362-2556-4

Birgit Heilig, Martin Möller
Business Process Management mit SAP NetWeaver BPM
512 Seiten, 2014, gebunden
ISBN 978-3-8362-2604-2

Roland Schwaiger, Dominik Ofenloch
Web Dynpro ABAP: Das umfassende Handbuch
1145 Seiten, 2., aktualisierte und erweiterte Auflage 2014, gebunden
ISBN 978-3-8362-2751-3

Loren Heilig, Peter John, Torsten Kessler, Thilo Knötzele,
Karin Thaler-Mieslinger
SAP NetWeaver BW und SAP BusinessObjects
866 Seiten, 2. Auflage 2013, gebunden
ISBN 978-3-8362-2048-4

Aktuelle Angaben zum gesamten SAP PRESS-Programm finden Sie unter *www.sap-press.de.*

Adams, Anikeev, Bakker, Bakker, Chaitanya, Dart, Johannes, Keohan, Kuppe, Maguth, Menninger, Morgalis, Morris, Palekar, Pokraka, Rickayzen, Seifried, Sethi, Sudhalkar

Workflow-Management mit SAP®

Galileo Press

Bonn • Boston

Liebe Leserin, lieber Leser,

vielen Dank, dass Sie sich für ein Buch von SAP PRESS entschieden haben.

Die Automatisierung und Optimierung von Geschäftsprozessen und die damit einhergehende Verbesserung des Informationsflusses ist heute in vielen Unternehmen ein zentrales Ziel. SAP bietet mit SAP Business Workflow seit vielen Jahren ein Werkzeug für die Erstellung und Bearbeitung von Workflows an. Auch dieses Buch gibt es schon seit 13 Jahren; Sie halten gerade die dritte Auflage in den Händen. Genau wie SAP Business Workflow hat es sich in den letzten Jahren weiterentwickelt und berücksichtigt alle wichtigen neuen Workflow-Funktionen.

An dieser Auflage haben mehr als 20 Autoren mitgearbeitet – neue wie bereits bekannte – die ihr Wissen mit Ihnen teilen. Von den ersten Schritten mit den von SAP ausgelieferten Workflows über die Erstellung eigener Definitionen bis zum Bereitstellen von mobilen Anwendungen für die Workflow-Bearbeitung – dieses Buch wird Sie durch alle Projektphasen begleiten.

Wir freuen uns stets über Lob, aber auch über kritische Anmerkungen, die uns helfen, unsere Bücher zu verbessern. Scheuen Sie sich nicht, sich bei mir zu melden; Ihr Feedback ist jederzeit willkommen.

Ihre Kerstin Billen
Lektorat SAP PRESS

Galileo Press
Rheinwerkallee 4
53227 Bonn

kerstin.billen@galileo-press.de
www.sap-press.de

Auf einen Blick

Der Name Galileo Press geht auf den italienischen Mathematiker und Philosophen Galileo Galilei (1564–1642) zurück. Er gilt als Gründungsfigur der neuzeitlichen Wissenschaft und wurde berühmt als Verfechter des modernen, heliozentrischen Weltbilds. Legendär ist sein Ausspruch *Eppur si muove* (Und sie bewegt sich doch). Das Emblem von Galileo Press ist der Jupiter, umkreist von den vier Galileischen Monden. Galilei entdeckte die nach ihm benannten Monde 1610.

Lektorat Kerstin Billen
Korrektorat Alexandra Müller, Olfen
Herstellung Denis Schaal
Einbandgestaltung Eva Schmücker
Titelbild iStockphoto: 1813262 © Jeja; Shutterstock: 110153303 © William Perugini
Typografie und Layout Vera Brauner
Satz Typographie & Computer, Krefeld
Druck und Bindung C.H. Beck, Nördlingen

Gerne stehen wir Ihnen mit Rat und Tat zur Seite:
kerstin.billen@galileo-press.de bei Fragen und Anmerkungen zum Inhalt des Buches
service@galileo-press.de für versandkostenfreie Bestellungen und Reklamationen
thomas.losch@galileo-press.de für Rezensionsexemplare

Bibliografische Information der Deutschen Nationalbibliothek
Die Deutsche Nationalbibliothek verzeichnet diese Publikation in der Deutschen Nationalbibliografie; detaillierte bibliografische Daten sind im Internet über *http://dnb.d-nb.de* abrufbar.

ISBN 978-3-8362-2931-9

3. Auflage 2015

Inhalt

TEIL V Verwenden von SAP Business Workflow in SAP-Anwendungen

Geleitwort

Der Einsatz von Werkzeugen für die Zusammenarbeit in Unternehmen hat sich in den vergangenen Jahren mehr und mehr durchgesetzt. Und wie wir alle wissen, bringt die Allgegenwart von Vernetzung nicht immer nur Wettbewerbsvorteile. Mithilfe fortschrittlicher Technologien können Unternehmen das Prozessmanagement problemloser neu entwerfen, während eine werkzeugbasierte Benutzerinteraktion den Zugriff auf Informationen an verschiedenen geografischen Standorten und in unterschiedlichen IT-Landschaften ermöglicht. Die flexible, differenzierende und anpassbare Beschaffenheit von Geschäftsprozessen ist für heutige Unternehmen unverzichtbar. Zudem ist innerhalb eines Unternehmens, zwischen Organisationen und branchenübergreifend ein schnellerer und verbesserter Informationsfluss notwendig, für den zu keiner Zeit Einschränkungen oder Grenzen gelten. Bei der Verwendung von Workflow- und Collaboration-Werkzeugen muss den Anforderungen aller Mitarbeiter Rechnung getragen werden – unabhängig davon, ob diese für Prozessschritte und Aufgaben verantwortlich sind oder es sich um Information Worker handelt.

Obwohl es im Geleitwort zur ersten Auflage dieses Buches hieß, dass »in den vergangenen sieben Jahren viele SAP-Kunden diese Workflow-Management-Tools genutzt und damit ihre Geschäftsprozesse fast ›geräuschlos‹ automatisiert und verbessert haben«, wissen wir jetzt, dass sich in der heutigen turbulenten wirtschaftlichen Lage wenige Gelegenheiten bieten, Automatisierungen und Verbesserungen »geräuschlos«, also praktisch unbemerkt, durchzuführen. Je ungewöhnlicher die Ereignisse sind, desto größer ist die Notwendigkeit von Flexibilität und einer umgehenden Eskalation. In einer Situation, in der Ressourcen knapp sind, ist es jedoch von größter Bedeutung, dass Schritte und Maßnahmen gleich beim ersten Mal erfolgreich durchgeführt werden.

In diesem Buch machen Sie sich mit der Verwendung von SAP Business Workflow als Teil der BPM-Gesamtstrategie (BPM = Business Process Management) vertraut. Bevor Sie mit der Arbeit an einem Workflow-Projekt beginnen, müssen Sie Ihr Ziel genau definieren. Möchten Sie einen bestimmten Prozess überwachen, um seine Dauer zu ermitteln? Möchten Sie die Zyklusdauer von der Belegerstellung bis zur Genehmigung reduzieren? Möchten Sie eine hohe Qualität sicherstellen oder gewährleisten, dass Servicebenachrichtigungen einheitlich und rechtzeitig bearbeitet werden?

Unternehmen, die versuchen, Workflow-Projekte umzusetzen, ohne zunächst die gewünschten Ergebnisse zu definieren, erzielen mit diesen Projekten normalerweise keine Erfolge. Das Gleiche gilt für Unternehmen, die sich weigern, das Maß an Unterstützung durch die Geschäftsführung anzuerkennen, das erforderlich ist, um die gewünschten Ergebnisse zu erzielen. Erfolgreiche Projekte erfordern eine eindeutige Definition, ausreichend Investitionen in Mitarbeiterschulungen und verfolgen vor allem Ziele, die zu einer guten Resonanz bei den Anwendern führen.

Diese dritte Auflage von *Workflow-Management mit SAP* wurde in Zusammenarbeit von Mitgliedern der SAP-Workflow-Community für Mitglieder der SAP-Workflow-Community sowie für Unternehmen verfasst, die den Nutzen aus ihren Investitionen in SAP-Implementierungen steigern müssen. SAP Business Workflow wird heute mit jedem SAP NetWeaver Application Server bereitgestellt und ist eng mit SAP-Anwendungssystemen verbunden. Einfach ausgedrückt, erhalten mithilfe des Workflows die richtigen Mitarbeiter zur richtigen Zeit die richtigen Aufgaben – und das für sämtliche Prozesse, die in einem SAP-Anwendungssystem notwendig sind.

Dieses Buch können Sie als Einstieg nutzen, um die möglichen Optionen für die Verwendung des Workflows kennenzulernen. Wenn Sie sich entschließen, mit der Arbeit an Workflow-Projekten zu beginnen, müssen Sie sich ausreichend Zeit nehmen, um sich mit allen relevanten Aspekten vertraut zu machen. Außerdem benötigen Sie die Unterstützung der Geschäftsführung. Der Workflow kann die Arbeitsweise der Benutzer bei täglichen Aufgaben verändern und eingesetzt werden, um die Einhaltung von Service Level Agreements für bestimmte Prozesse zu erzwingen. Darüber hinaus wird die Prozessoptimierung personifiziert. Ziel dieses Buches ist, Ihnen die grundlegende Funktionsweise von SAP Business Workflow zu vermitteln und aufzuzeigen, wie dieser als Teil der BPM-Gesamtstrategie von SAP eingesetzt wird. Sie erhalten einen Überblick über die Workflow-Nutzung in SAP-ERP-, SAP-CRM-, SAP-ERP-HCM-, SAP-SRM-, SAP-GRC- und SAP-Master-Data-Governance-Systemen. Darüber hinaus werden Sie mit der Nutzung von SAPUI5 und dem SAP-Fiori-HTML5-basierten Ansatz für den mobilen Zugriff auf Workflows vertraut gemacht. Das Buch vermittelt Workflow-Entwicklern das notwendige technische Grundwissen. Darüber hinaus lernen Sie Möglichkeiten kennen, um sicherzustellen, dass die einzelnen Aufgaben innerhalb des Workflows an die richtigen Benutzer geleitet werden.

Die Entstehung dieser dritten Auflage kann man auch als Studie zur Verbesserung kollaborativer Prozesse sowie zum Teamwork innerhalb der Community betrachten: Die 20 Autoren stammen aus fünf verschiedenen Ländern, von drei Kontinenten und aus mehreren SAP-Communities. Als Kunden, Partner, unabhängige Experten und Mitarbeiter verschiedenster Branchen und SAP-Lösungsbereiche decken sie das gesamte SAP-Ökosystem ab. Die Autoren haben sich ihr Workflow-Wissen in den Bereichen Consulting, Entwicklung, Lösungsmanagement, Schulung und vor allem in der täglichen Praxis angeeignet. Ich habe die Autoren dieses Buches als eine Gruppe von Menschen mit einer äußerst professionellen Herangehensweise und ausgeprägtem Sozialverhalten kennengelernt. Sie unterstützen sich gegenseitig und stellen ihr Wissen großzügig in Onlineforen, Benutzergruppen sowie in Zusammenarbeit mit Kunden und bei Veranstaltungen zur Verfügung. Die Großzügigkeit der beteiligten Personen zeigt sich insbesondere darin, dass sie ihre Einnahmen aus dieser Veröffentlichung an Ärzte ohne Grenzen/ Médecins Sans Frontières spenden – eine Geste von Menschen, die wissen, dass es in Bereichen mit größter Unsicherheit für Koordination und Reaktion nur wenige Einschränkungen und Grenzen gibt.

Marilyn Pratt
Director of Community Advocacy, SAP Community Network
SAP AG

Vorwort

Willkommen zur dritten Auflage von *Workflow-Management mit SAP*! Wenn Sie bereits mit SAP Business Workflow vertraut sind, wissen Sie, dass SAP Business Workflow und seine Auswirkungen auf eine SAP-Implementierung in der Workflow-Community hoch geschätzt werden. Mit dieser dritten Auflage können Sie als Workflow-Experte und -Evangelist Ihre Workflow-Kenntnisse auffrischen und auf den neuesten Stand für SAP NetWeaver bringen. Dabei werden neue technische Themen wie ABAP-Klassen, Benutzeroberflächen, Inbox-Optionen, SAP Decision Service Management, SAP Fiori und weitere SAP-Techniken besprochen. Doch auch für Einsteiger bietet dieses Buch genau das Richtige. Wir hoffen, Sie schon bald als aktiven Teilnehmer in der Workflow-Community begrüßen zu dürfen!

Inhalt des Buches

Die erste Auflage dieses Buches wurde von SAP-Business-Workflow-Experten verfasst, für die das Thema selbst und die möglichen Auswirkungen des Workflows auf ihre Geschäfte eine Leidenschaft sind. Auch diese dritte Auflage verfolgt weiterhin das Hauptziel, einen praxisorientierten Leitfaden für SAP Business Workflow bereitzustellen. Die ersten beiden Auflagen wurden durch die Beschreibung neuer Funktionen und Möglichkeiten erweitert, um SAP Business Workflow einzusetzen.

Das Buch ist in fünf Teile gegliedert:

- **Teil I: Erste Schritte in SAP Business Workflow**
  In diesem Teil erhalten Sie eine Einführung in SAP Business Workflow und erfahren, welche Rolle es als Teil der Business-Process-Management-Gesamtstrategie von SAP spielt. Anschließend werden alle erforderlichen Informationen vermittelt, um SAP Business Workflow in Ihrem System einsetzen zu können. Es wird gezeigt, wie Benutzer Aufgaben vom Workflow erhalten und wie Sie das neue Workflow-Reporting SAP Operational Process Intelligence powered by SAP HANA nutzen können.
- **Teil II: Verwalten von Workflows**
  In diesem Teil des Buches werden die verschiedenen Werkzeuge beschrieben, die erforderlich sind, um Ihre Workflow-Umgebungen zu verwalten, einschließlich erweiterter Diagnose, Debugging und Anleitung für die Vorbereitung eines Upgrades.

Da das Reporting zu Workflow-fähigen Prozessen in den letzten Jahren immer wichtiger wurde, wird hier auch die Nutzung von SAP Business Warehouse (SAP BW) für das SAP-Business-Workflow-Reporting beschrieben.

- **Teil III: Entwickeln von Workflows**
  In diesem Teil des Buches wird der Kern der Workflow-Entwicklung behandelt, einschließlich der Nutzung des altbewährten Business Object Repositorys (BOR) und der Integration von ABAP-Klassen. Die Verwendung von Ereignissen und anderen Business-Interfaces wird Ihnen helfen, festzustellen, wie Sie Ihre Workflows starten und steuern können. Sie werden etwas über die Servicefähigkeit Ihrer Workflows lernen, damit die Workflows über System- und Unternehmensgrenzen hinweg ausgeführt werden können. Sie werden erfahren, wie Sie die Werkzeuge von BRFplus und SAP Decision Service Management verwenden können, um komplexe Geschäftsregeln zu verwalten.
- **Teil IV: Erweiterung von Workflows**
  In diesem Teil des Buches behandeln wir verschiedene Methoden, mit denen Sie die Workflows für neuere Benutzeroberflächen erweitern können. Dadurch wird der Workflow-Entwickler in der Lage sein, sowohl Web Dynpro (ABAP oder Java) als auch Business Server Pages (BSP) zu nutzen, um die Reichweite von Workflow über das klassische SAP GUI hinweg zu erweitern. Auch die neueste UI-Technologie, SAPUI5, wird hier beschrieben.
- **Teil V: Verwendung von SAP Business Workflow in SAP-Anwendungen**
  Inhalt dieses Teils ist die Verwendung von SAP Business Workflow in den wichtigsten Anwendungen der SAP Business Suite. Dazu zählen SAP Supplier Relationship Management (SAP SRM), SAP Customer Relationship Management (SAP CRM), SAP ERP Human Capital Management (SAP ERP HCM) und SAP Master Data Governance. Sie erhalten auch eine Einführung in SAP Fiori, mit dem Benutzer mit mobilen Endgeräten auf Daten zugreifen können.

Das Buch hat auch zwei Anhänge, einen mit Tipps und Tricks und einen, in dem Sie neue Funktionen finden, die seit der zweiten Auflage des Buches hinzugekommen sind.

Durch die Gliederung in fünf Hauptteile können Sie die verschiedenen Teile nach Bedarf lesen. Teil I, II und III sind wichtig, um die Funktionsweise des Workflows zu verstehen. Lesen Sie Teil IV, wenn Sie eine der besprochenen Benutzeroberflächen in Ihren Workflow integrieren müssen. In Teil V finden Sie das Kapitel zur SAP-Anwendung, in der Sie von SAP bereitgestellte Workflows verwenden können, oder die Inhalte zu einem bestimmten Anwendungssystem, wenn Sie erfahren möchten, welche besonderen Merkmale der Workflow für dieses System bietet.

Zielgruppen des Buches

Dieses Buch richtet sich einerseits an Geschäftsprozessexperten und Entwickler, die noch nicht mit SAP Business Workflow vertraut sind. Obwohl das Buch auch Codebeispiele enthält, sind für den Großteil der Anleitungen zum Erstellen und Ausführen von Workflows keine Programmierschritte erforderlich.

Darüber hinaus wurde dieses Buch für Workflow-Experten verfasst, die ein Upgrade auf SAP NetWeaver 7.0 und höher durchführen und folglich auch ihre Workflow-Kenntnisse entsprechend auffrischen müssen. Zwar muss diese Zielgruppe nicht sämtliche Kapitel lesen, in vielen Kapiteln werden jedoch neue Funktionen beschrieben (z. B. in den Kapiteln zum Anlegen von Workflows und zur Verwendung von Ereignissen). Außerdem umfasst dieses Buch neue Kapitel zu SAP Decision Service Management, SAPUI5 und anderen Themen, mit denen Sie sich bisher möglicherweise noch nicht beschäftigt haben.

Wenn Sie bereits ein Workflow-Experte sind und mit der Arbeit an einem Workflow-Projekt in einem SAP-SRM-, SAP-CRM- oder SAP-ERP-HCM-System beginnen, erhalten Sie in diesem Buch wichtige Informationen, wie der Workflow in diesen Anwendungssystemen eingesetzt wird.

Wie ist dieses Buch aufgebaut?

Das Buch umfasst die folgenden Kapitel:

- **Kapitel 1: Einführung**
  In diesem Kapitel erhalten Sie eine Einführung in SAP Business Workflow und erfahren, was es ist, wann es verwendet werden sollte, welche Hauptfunktionen es bietet und welche Rolle es in der Gesamtstrategie von SAP BPM spielt. Auch wenn Sie bereits ein Workflow-Experte sind, ist es ratsam, dieses Kapitel zu lesen, um die Rolle des Workflows innerhalb der BPM-Gesamtstrategie von SAP zu verstehen.
- **Kapitel 2: Strategien zur Ermittlung der Anforderungen**
  Bevor Sie mit der Arbeit an einem Workflow-Projekt beginnen, müssen Sie die erwarteten Ergebnisse bei der Produktivsetzung des Workflows

kennen. In diesem Kapitel werden Fragen besprochen, die Sie sich stellen sollten, bevor Sie ein Workflow-Projekt beginnen. Sie erfahren, wie Sie ermitteln, ob sich ein Geschäftsproblem mithilfe von SAP Business Workflow lösen lässt und wie Sie Ihre Ergebnisse bewerten. Lesen Sie dieses Kapitel unbedingt, bevor Sie mit Ihrem ersten Workflow-Projekt beginnen. Es enthält darüber hinaus verschiedene Checklisten, die Sie sich von der SAP-PRESS-Website (*http://www.sap-press.de/3635*) herunterladen können.

- **Kapitel 3: Konfiguration des Systems**
  Bevor Sie den Workflow einsetzen können, muss das System für die Verwendung von SAP Business Workflow konfiguriert werden. In diesem Kapitel wird die erforderliche Ausgangskonfiguration beschrieben.
- **Kapitel 4: Verteilung von Workitems**
  In diesem Kapitel werden die Benutzererfahrungen mit SAP Business Workflow behandelt. Dabei werden die vorhandenen Inboxen sowie die Funktionen dieser Inboxen erläutert. Außerdem erhalten Sie Empfehlungen zur Verteilung von Workitems an die Benutzer.
- **Kapitel 5: Bearbeiter**
  Bei der Workflow-Ausführung ist es äußerst wichtig, dass die richtige Person die richtige Aufgabe empfängt. In diesem Kapitel wird die Rolle der Bearbeiter im Workflow-Design behandelt.
- **Kapitel 6: Einrichtung eines von SAP bereitgestellten SAP-ERP-Workflows**
  In diesem Kapitel wird anhand eines Beispiels die Konfiguration eines Workflow-Musters erläutert, das von SAP in einem ERP-System bereitgestellt wird.
- **Kapitel 7: SAP Operational Process Intelligence Powered by SAP HANA**
  In diesem Kapitel wird ein Add-on von SAP HANA beschrieben, das entwickelt wurde, um es in Verbindung mit verschiedenen Workflow-Systemen, einschließlich SAP Business Workflow, zu verwenden. Dieses eröffnet viele neue Optionen, durchbricht viele technische Beschränkungen und bietet Transparenz und Steuerungsmöglichkeiten des zugrunde liegenden Workflows.
- **Kapitel 8: Workflow-Administration**
  In diesem Kapitel erfahren Sie, welche Reports mit SAP Business Workflow verfügbar sind und wie Sie sicherstellen, dass Workflows und Bear-

beiterzuordnung an die sich ändernden Geschäftsanforderungen angepasst werden.

- **Kapitel 9: Verwendung von SAP Business Warehouse für das SAP-Business-Workflow-Reporting**
  In diesem Kapitel wird die Möglichkeit erläutert, Reports zur Workflow-Ausführung über SAP BW bereitzustellen. Auf diese Weise können Sie Analysereports zur Ausführungshäufigkeit und -dauer von Prozessen für die Geschäftsführung bereitstellen.
- **Kapitel 10: Administration – Leitfaden für die Fehlersuche**
  In diesem Kapitel erhalten Sie einen praktischen Leitfaden, anhand dessen Sie einige der kniffligen Probleme lösen können, die in der Entwicklungsumgebung auftreten können.
- **Kapitel 11: Erweiterte Diagnose**
  In Kapitel 11 werden die gängigen Werkzeuge für das Debugging und die Behandlung häufiger Workflow-Probleme beschrieben.
- **Kapitel 12: Upgrade von SAP Business Workflow**
  Dieses Kapitel ist Teil der Vorbereitung, wenn Sie ein Upgrade von SAP R/3 4.6x auf SAP NetWeaver 7.0 und höher planen.
- **Kapitel 13: Anlegen eines Workflows**
  In Kapitel 13 finden Sie konkrete Beispiele und Hilfestellungen für das Anlegen Ihres allerersten Workflows. Sie erhalten eine detaillierte Beschreibung aller Schritte der Workflow-Erstellung.
- **Kapitel 14: Erweiterte Design-Techniken für Workflows**
  Ein erweitertes Workflow-Design geht über einfachste Workflow-Designs hinaus. In diesem Kapitel werden fortgeschrittene Themen wie die parallele Verarbeitung, Container und Datenflüsse sowie andere Aspekte behandelt, um Ihre Workflow-Kenntnisse zu erweitern.
- **Kapitel 15: Business-Objekte**
  Die Workflow-Funktionalität basiert auf der Anwendungsfunktionalität. Business-Objekte verknüpfen den Workflow mit der Anwendungsfunktionalität. In diesem Kapitel wird die Funktionsweise von Objekten erläutert, und Sie erfahren, wie Sie eigene Business-Objekte anlegen.
- **Kapitel 16: ABAP-Klassen**
  ABAP-Klassen können anstelle von oder zusätzlich zu Business-Objekten verwendet werden. Über Klassen wird der Workflow mit Geschäftsfunktionen verknüpft. In diesem Kapitel werden die Schritte zum Anlegen eigener ABAP-Klassen für SAP Business Workflow erläutert.

- **Kapitel 17: Regeln zur Bearbeiterermittlung**
  In Kapitel 5, »Bearbeiter«, wird die Funktionsweise von Bearbeitern in SAP Business Workflow erläutert. In diesem Kapitel werden Optionen dargestellt, mit denen Sie ermitteln können, welcher Bearbeiter zur Laufzeit eine bestimmte Aufgabe empfangen soll.
- **Kapitel 18: Verwendung von Ereignissen und anderen Business-Interfaces**
  Nachdem ein Workflow angelegt wurde, muss das Starten und möglicherweise auch das Anhalten des Workflows über die Anwendung ausgelöst werden. In diesem Kapitel erfahren Sie, wie der Workflow auf die Aktionen innerhalb der Anwendung reagiert.
- **Kapitel 19: Benutzerdefinierte Programme**
  In diesem Kapitel werden die am häufigsten eingesetzten WAPIs (Workflow Application Programming Interfaces) beschrieben.
- **Kapitel 20: Servicefähige Workflows**
  Nach der Bereitstellung eines Workflows muss dieser möglicherweise als Service aufgerufen werden. In diesem Kapitel wird SOA (Service-Oriented Architecture) beschrieben, und Sie erfahren, wie Sie einen servicefähigen Workflow anlegen und diesen Service über SAP Process Orchestration (SAP PO) aufrufen.
- **Kapitel 21: BRFplus und SAP Decision Service Management**
  Dieses Kapitel stellt die Geschäftsregeln, die Rahmenbedingungen, die diese unterstützen, und SAP Decision Service Management vor. Innerhalb von SAP Business Workflow können Sie diese Technologien nutzen, um Schwellenwerte, Termine/Fristen, Pfadauswahl und vieles mehr zu steuern.
- **Kapitel 22: Optionen der Benutzeroberfläche**
  In diesem Kapitel werden die erforderlichen Schritte beschrieben, wenn Sie einen Workflow über Web Dynpro oder Business Server Pages (BSP) ausführen möchten. Lesen Sie dieses Kapitel vor den Kapiteln 23 bis 25.
- **Kapitel 23: Verwendung von Web Dynpro ABAP**
  In Kapitel 23 wird anhand des in SAP Business Workflow verfügbaren Schritttyps Benutzerentscheidung erläutert, wie Web Dynpro ABAP mit SAP Business Workflow verwendet wird.
- **Kapitel 24: Verwendung von Web Dynpro Java**
  In diesem Kapitel werden die wichtigsten Schritte beschrieben, die Sie ausführen, wenn Sie eine Workflow-Aufgabe mit Web Dynpro Java erledigen.

- **Kapitel 25: Verwendung von Business Server Pages**
  Das BSP-Kapitel zeigt ein Beispiel für die Ausführung einer BSP als Benutzeroberfläche für einen Workflow-Schritt.
- **Kapitel 26: Verwendung von Formularen**
  In Kapitel 26 wird der Formular-Schritttyp in SAP Business Workflow erläutert.
- **Kapitel 27: Verwendung von SAPUI5**
  In diesem Kapitel gehen wir auf SAPUI5 ein, und Sie erfahren, wie es in Beziehung zu den anderen in diesem Buch beschriebenen UI-Technologien steht. Anschließend werden die erforderlichen Schritte erläutert, mit denen Sie eine voll funktionsfähige, einfache Workflow-Anwendung erstellen, die Aufgaben von SAP abruft, diese in einer Liste darstellt, die Anzeige detaillierter Informationen ermöglicht und dem Benutzer die Möglichkeit gibt, Aufgaben abzulehnen oder zu genehmigen.
- **Kapitel 28: ArchiveLink**
  In diesem Kapitel wird die Verwendung von ArchiveLink für Imaging-Projekte mit SAP Business Workflow erläutert.
- **Kapitel 29: SAP Supplier Relationship Management**
  Inhalt dieses Kapitels ist die Verwendung des Workflows in SAP SRM 7.0 und SAP SRM 5.0. Dabei werden die Workflow-Frameworks beschrieben, und Sie erhalten Verwendungsbeispiele.
- **Kapitel 30: SAP Customer Relationship Management**
  In diesem Kapitel wird die Verwendung des Workflows in SAP CRM 7.0 beschrieben. Es erläutert die SAP-CRM-Frameworks, einschließlich SAP-CRM-UI, sowie die Funktionsweise des Workflows in SAP CRM.
- **Kapitel 31: SAP ERP Human Capital Management – Prozesse und Formulare**
  In diesem Kapitel werden die wichtigsten Anwendungsfälle für den Workflow in den SAP-ERP-HCM-Verwaltungsservices beschrieben und eine Business-Übersicht und technische Übersicht über die Formularverwendung bereitgestellt.
- **Kapitel 32: SAP Governance, Risk, and Compliance**
  GRC-Produkte basieren alle auf dem standardmäßigen SAP Business Workflow, obwohl es sich lohnt, auf einige Zusatzfunktionen einzugehen. In diesem Kapitel untersuchen wir den GRC-Workflow an den Stellen, an denen er vom SAP-Business-Workflow-Standard abweicht oder auf diesem aufbaut.

- **Kapitel 33: SAP Fiori und Mobilität**
  In diesem Kapitel betrachten wir kurz die Hauptprobleme von Workflow im Mobilbereich.
- **Kapitel 34: SAP Master Data Governance**
  In diesem Kapitel geben wir Ihnen einen kurzen Überblick über die Anwendung SAP Master Data Governance und den Änderungsantragsprozess und beschreiben anschließend die verschiedenen Methoden, mit denen Sie SAP Business Workflow und regelbasiert (RBWF) verwenden und implementieren können, um Änderungen am Prozess vorzunehmen.
- **Anhänge**
  Anhang A enthält Tipps und Tricks. In **Anhang B** finden Sie Informationen zu neuen Funktionen. Zusätzlich zu den Anhängen stehen auf der Website von SAP PRESS (*http://www.sap-press.de/3635*) Checklisten für Ihr erstes Workflow-Projekt und der in diesem Buch verwendete Code zum Download zur Verfügung.

Systemvoraussetzungen

Obwohl eine Vielzahl der Kapitel dieses Buches releaseunabhängig ist, basiert der Inhalt auf den verfügbaren Workflow-Funktionen in SAP NetWeaver 7.4. Bei der Besprechung der SAP-Anwendungen gehen wir generell von der SAP Business Suite aus. In den anwendungsbezogenen Kapiteln werden SAP ERP (ECC 6.0), SAP SRM 7.0 und SAP CRM 2007/7.0 verwendet. Da nicht alle Funktionen in deutscher Sprache zugänglich sind, haben wir auf deutsche Screenshots verzichtet. Der Verständlichkeit halber wurden allerdings, wenn nötig, die Bezeichnungen der Menüpfade, Buttons etc. im Fließtext übersetzt.

Zusätzliche Schulungen

Wenn Sie dieses Buch gelesen haben und an weiteren Informationen zum Workflow interessiert sind, bieten die SAP Educational Services Schulungen zu SAP Business Workflow. BIT600 ist ein Einführungskurs, BIT601 ein Kurs zum Anlegen von Workflows und BIT610 ein Kurs zur Entwicklung mit SAP Business Workflow. Weitere Informationen dazu finden Sie auf der SAP-Education-Website unter *http://www.sap.com/services/education*.

Danksagung

Ohne die unglaublichen Leistungen der Autoren der ersten Auflage wäre es nicht möglich gewesen, dieses Buch zu schreiben. Alan Rickayzen, Jocelyn Dart, Carsten Brennecke und Markus Schneider haben eine äußerst erfolgreiche erste Auflage verfasst, die umfassend verwendet und von den Mitgliedern der Workflow-Community hoch geschätzt wird.

Ginger Gatling nahm 2009 die Herausforderung an, das Original der »Workflow-Bibel« zu aktualisieren. Sie versammelte 14 Autoren aus aller Welt um sich, die ihre Zeit und Energie für dieses Buch opferten. Diese Autoren waren Workflow-Entwickler, Consultants, Partner und Kunden. Ginger Gatlings Bemühungen können nicht hoch genug geschätzt werden. Sie arbeitete mit jedem Autor an dessen speziellem Kapitel und achtete darauf, dass alle Autoren eng zusammenarbeiteten.

Jeder Autor dieser dritten Auflage hat einmalige Arbeit geleistet und ist an den Herausforderungen gewachsen. Ob es darum ging, neue Tricks in ABAP-Klassen auszuprobieren, bewährte Technologien für Updates zu prüfen oder Fortschritte bei neuen Ideen zu machen, alle gaben ihr Bestes. Ich habe großes Glück, mit so vielen intelligenten und engagierten Menschen zusammengearbeitet zu haben.

Als wir mit diesem Projekt begannen, wussten wir, dass es einen großen Zeit- und Arbeitsaufwand bedeuten würde. Doch die Zeit, in der unsere Familien auf uns verzichten mussten, haben wir ganz sicher unterschätzt. Wir können uns alle sehr glücklich schätzen, wenn wir in unserem Leben Menschen begegnen, die uns lieben. Und wenn uns diese Menschen in Phasen unterstützen, in denen die Arbeit all unsere Aufmerksamkeit beansprucht – wie während der Entstehung dieses Buches –, dann wird uns bewusst, welches Glück wir wirklich haben! Daher danken wir unseren Familien und Freunden, die uns mit Unterstützung und Geduld während dieses Projekts begleitet haben.

Abschließend möchte ich erneut darauf hinweisen, dass alle Autoren und Autorinnen für sich entschieden haben, ihre Einnahmen für dieses Buch an Ärzte ohne Grenzen/Médecins Sans Frontières zu spenden. Ich erinnere mich noch an eine Unterhaltung mit Ginger, in der wir überlegten, wie wir mit den Autorenhonoraren für die zweite Auflage verfahren sollten – auf welcher Grundlage soll man die Aktualisierungen eines Autors zu einem Kapitel, das ein anderer Autor geschrieben hatte, berechnen im Verhältnis zur Leistung eines Autors, der ein ganz neues Kapitel geschrieben hat? Es geht einfach nicht. Zusätzlich zu ihrer Fähigkeit, die unterschiedlichsten Persönlichkeiten zu einer Einheit zusammenzuschweißen, war sie maßgeblich an der Entscheidung beteiligt, die Erlöse aus der zweiten Auflage einer wundervollen Vereinigung zu spenden, die von der SAP-Community in den letzten Jahren bereits auf verschiedene Art und Weise unterstützt wurde – *Ärzte ohne Grenzen/Médecins Sans Frontières.* Bis zum Zeitpunkt dieser Danksagung beträgt die Spende an Ärzte ohne Grenzen durch den Verkauf der zweiten Auflage dieses Buches bereits knapp 35.000 US-Dollar.

Durch den Kauf dieses Buches helfen Sie uns, eine international tätige medizinische, humanitäre Organisation zu unterstützen, die in einer Vielzahl von Ländern Notfallhilfe leistet. Wir danken Ihnen herzlich hierfür.

Ich hoffe außerdem, Sie nach dem Lesen dieses Buches als Blogger zu Workflow-Themen im SDN zu treffen!

Susan Keohan
SAP Community Network

TEIL I
Erste Schritte in SAP Business Workflow

In diesem Kapitel erhalten Sie einen ersten Überblick über SAP Business Workflow und erfahren, welche Rolle es in der Business-Process-Management-Gesamtstrategie spielt. Um dieses Kapitel durchzuarbeiten, sind keine Vorkenntnisse oder Erfahrungen mit SAP Business Workflow erforderlich.

1 Einführung

Von Jocelyn Dart und Alan Rickayzen

Wenn Sie dieses Buch lesen, sind Sie an praktischen Hilfestellungen zur Implementierung von SAP Business Workflow interessiert, und Sie werden nicht enttäuscht sein. Auf diesen Seiten erhalten Sie nützliche Informationen und Anleitungen von einer Gruppe weltweit führender Experten, die gemeinsam über mehrere Jahrzehnte Erfahrung bei der Implementierung von SAP Business Workflow in Dutzenden führender Unternehmen auf der ganzen Welt verfügen. Doch nehmen Sie sich einen Moment Zeit, um den Workflow in einem breiteren Kontext zu betrachten.

Erfahrene Workflow-Experten, die lediglich nach hilfreichen, praxisorientierten Ratschlägen suchen, können diesen Abschnitt selbstverständlich überspringen. Wenn Sie jedoch noch nicht mit SAP Business Workflow vertraut sind, an umfassenderen Informationen als dem aktuellen Thema interessiert sind oder einfach wissen möchten, in welchen Situationen SAP Business Workflow das richtige Werkzeug ist, dann sollten Sie sich diese allgemeinere Übersicht über das Thema durchlesen.

In diesem Kapitel erhalten Sie eine Einführung in die grundlegenden Konzepte und Begriffe von SAP Business Workflow (sowie von Workflows im Allgemeinen). Dabei werden auch verknüpfte Lösungen wie *Intelligent Business Operations powered by SAP HANA* berücksichtigt, und Sie erfahren, welche Rolle SAP Business Workflow in der Business-Process-Management-Gesamtstrategie spielt.

1.1 SAP Business Workflow: Definition

SAP Business Workflow ist eine Option zur Automatisierung von Geschäftsprozessen innerhalb Ihres Unternehmens, um die Effizienz und Performance dieser Prozesse zu steigern. Mithilfe von Workflows werden die verschiedenen Teile eines Prozesses durch die Organisationsstruktur eines Unternehmens geleitet, um sicherzustellen, dass die richtige Person zur richtigen Zeit die richtige Arbeit erhält. Im Wesentlichen wird Ihr SAP-System durch Workflows zu einem proaktiven System, da gewährleistet werden kann, dass die jeweiligen Aufgaben rechtzeitig für eine Person bereitgestellt werden. Workflow bietet auch eine bessere Kontrolle über Geschäftsprozesse, indem die Reihenfolge festgelegt wird, in der Aufgaben ausgeführt werden. Und nicht zuletzt minimiert Workflow die Arbeitslast, Sicherheitsanforderungen und Dateneingabefehler, indem Arbeit automatisch ausgeführt wird. Dadurch muss niemand an bestimmten Aufgaben direkt beteiligt sein.

Anmerkung zur Namensgebung

Workflow ist ein generischer Begriff, der sich auf einen definierbaren Prozessfluss und die Software zur Automatisierung dieses Flusses bezieht. Wenn ihre Bedeutung durch den Kontext eindeutig ist, werden die Begriffe *Workflow* und *SAP Business Workflow* in diesem Buch synonym verwendet.

Der große Vorteil von SAP Business Workflow ist, dass es innerhalb von SAP-Anwendungen eingebettet ist und als Teil der Anwendungsplattform bereitgestellt wird. So lässt sich eine Vielzahl von SAP-Prozessen ohne jeglichen Entwicklungsaufwand automatisieren. Dazu zählen SAP ERP, SAP ERP Human Capital Management (SAP ERP HCM), SAP Customer Relationship Management (SAP CRM), SAP Supplier Relationship Management (SAP SRM), SAP Governance, Risk, and Compliance (SAP GRC) und SAP Solution Manager, um nur ein paar SAP-Anwendungen zu nennen, die einsatzbereite Workflows bereitstellen.

Diverse Typen von Prozessen eignen sich für die Automatisierung mit Workflows. Unter anderem umfasst dies folgende Prozesse:

- Genehmigungsprozesse, wie etwa Bestellanforderung, Bestellung und Rechnungsgenehmigung
- Prozesse, die häufig wiederholt werden und für die bestimmte Geschäftsregeln eingehalten werden müssen; so muss z. B. für jeden neuen Mitarbeiter ein bestimmter Onboarding-Prozess ausgeführt werden

- Prozesse, die geprüft werden könnten, oder Bereiche, in denen die Ausführung nachgewiesen werden muss, um die Einhaltung von Vorgaben wie Sarbanes-Oxley oder anderer gesetzlicher Bestimmungen und Unternehmensrichtlinien zu belegen

Die Ausführungszeit dieser Prozesse kann zwischen einigen Minuten und einigen Tagen liegen. In beiden Fällen kann SAP Business Workflow eingesetzt werden, um sicherzustellen, dass der Prozess so effizient wie möglich und innerhalb eines vorgeschriebenen Zeitrahmens ausgeführt wird.

Abbildung 1.1 zeigt, dass Prozesse möglicherweise mehrere Mitarbeiter und Abteilungen umfassen. In diesem Beispiel erstellt ein Sachbearbeiter eine Anfrage, die einen Bearbeiter aus dem Einkauf und/oder einen Vorgesetzten involvieren könnte. Abhängig vom Inhalt der Anfrage würde diese direkt zur Genehmigung an den Vorgesetzten oder zunächst an den Einkaufsmitarbeiter geleitet. Der Einkaufsmitarbeiter könnte die Anfrage zur Änderung erneut an den Sachbearbeiter senden und das Dokument später akzeptieren und genehmigen.

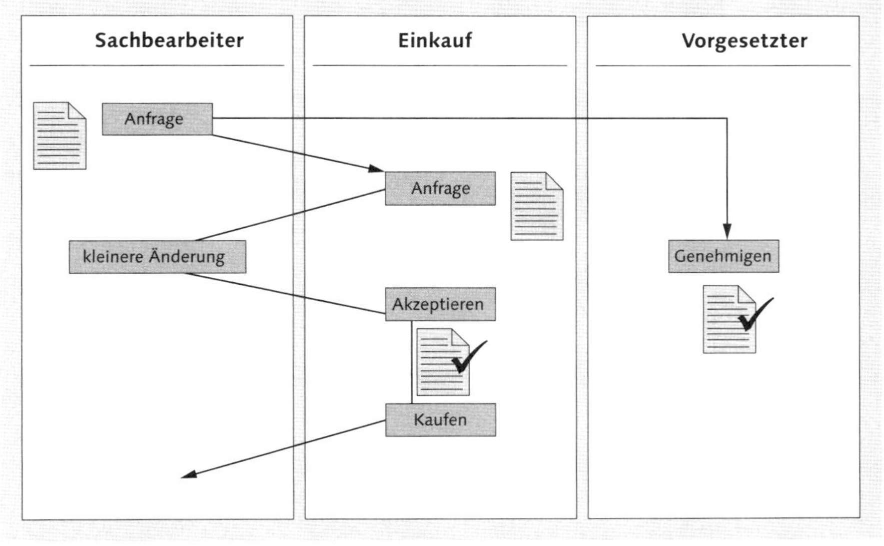

Abbildung 1.1 Geschäftsprozesse können eine Vielzahl von Mitarbeitern in verschiedenen Abteilungen umfassen.

Der Faktor Mensch innerhalb eines Workflows ist einer der wichtigsten und interessantesten Aspekte von SAP Business Workflow. Der Workflow wird meist verwendet, um Prozesse mit Benutzerinteraktion (*benutzerzentrische Prozesse*) zu automatisieren. Für voll automatisierte Prozesse wird er eher nicht eingesetzt. In den folgenden Kapiteln erfahren Sie, wie Workflows mit der Organisationsstruktur eines Unternehmens verknüpft werden, um Prozessschritte an die richtigen Bearbeiter zu leiten, oder wie Sie aus vielen weiteren Auswahloptionen den/die richtigen Bearbeiter für die Arbeit auswählen können.

Die Art des Benutzerzugriffs auf einen Workflow-Prozess richtet sich nach Ihrer lokalen Installation. Die Benutzer können über die native Workflow-Inbox des SAP GUIs, die Universal Worklist (UWL) von SAP Enterprise Portal (früher SAP NetWeaver Portal), die Workflow-Inbox von SAP NetWeaver Business Client (NWBC), die SAPUI5 Unified Inbox von SAP Unified Gateway, auf einem Tablet oder Smartphone über den Mobileingang SAP Fiori Approve All oder über ihre normalen E-Mail-Clients wie Microsoft Outlook oder Lotus Notes auf die Prozessschritte zugreifen (siehe Abbildung 1.2). Da all diese Workflow-Eingänge auf die gleiche Arbeitsliste zugreifen, können sie gleichzeitig verwendet werden. Der Zugriff ist so onsite oder offsite von unterschiedlichen Geräten und für Personen mit unterschiedlichen Rollen, unterschiedlichen Anforderungen und unterschiedlichem Know-how möglich.

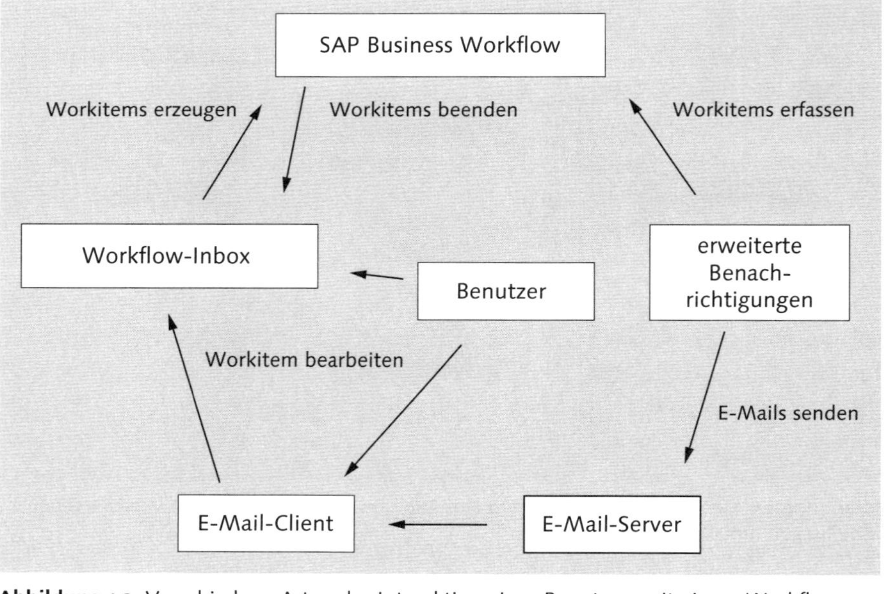

Abbildung 1.2 Verschiedene Arten der Interaktion eines Benutzers mit einem Workflow-Prozess

Aus technischer Sicht handelt es sich bei einem Business Workflow um einen ausführbaren Prozess, der zur Automatisierung von Prozessen innerhalb von SAP-Anwendungen eingebettet ist. Das Coding dieser ausführbaren Prozesse erfolgt jedoch nicht in einer Programmiersprache auf Systemebene. Stattdessen werden diese Prozesse mithilfe eines grafischen Modellierungswerkzeugs modelliert, dem Workflow Builder. Da kein Coding auf Systemebene benötigt wird, können Experten des Geschäftsprozesses, der automatisiert wird, Workflows anlegen, bearbeiten und konfigurieren, ohne auf die Unterstützung durch Softwareentwickler angewiesen zu sein.

Außerdem stellt SAP Hunderte vorkonfigurierter Workflows zur Verfügung, die Sie entweder direkt unverändert einsetzen oder an die Anforderungen Ihrer Organisation anpassen können. Darüber hinaus können Sie bei Bedarf eigene neue Workflows anlegen, um Geschäftsprozesse zu automatisieren, für die kein entsprechender Workflow von SAP angeboten wird. Wir gehen an anderer Stelle in diesem Buch erneut auf die Verwendung bereitgestellter Workflows und das Anlegen eigener Workflows ein.

1.2 SAP Intelligent Business Operations

SAP Business Workflow ist Teil einer umfassenden Lösung der *Intelligent Business Operations*. Diese Lösung enthält eine Reihe von Funktionen, mit denen Geschäftsprozesse in heterogenen Systemlandschaften von SAP-Lösungen auf den Plattformen SAP NetWeaver ABAP, SAP NetWeaver Java, SAP HANA bis hin zu Nicht-SAP-Systemen (Partnerlösungen und Drittanbieter-Software) unterstützt werden. Die Lösung Intelligent Business Operations enthält u. a. folgende Elemente:

- Geschäftsregel-Engines wie SAP Business Rules Management (SAP BRM), SAP-HANA-Regeln, Business Rule Framework plus (BRFplus) und SAP Decision Service Management
- Geschäftsprozess-Engines wie SAP Business Process Management (SAP BPM) und SAP Business Workflow
- Enterprise Application Integration Engines wie SAP Process Orchestration und dessen Vorgänger SAP Process Integration
- intelligenten Geschäftsbetriebssupport (d. h. Prozessanalyse- und Echtzeit-Prozess-Monitoring-Dashboards für Big Data) über SAP Operational Process Intelligence powered by SAP HANA, die Verarbeitungsengine SAP

Event Stream Processor für komplexe Ereignisse, SAP Operational Process Intelligence powered by SAP HANA und Process Observer

Viele dieser Lösungen sind Teil des Bundles *Intelligent Business Operations powered by SAP HANA*. Zusätzlich enthält das Bundle noch weitere Lösungen wie das Unternehmensprozess-Modellierungswerkzeug SAP Power Designer. Während diese Lösungen hauptsächlich als Vor-Ort-Installation angeboten werden, sind für viele SAP-Lösungen auch immer mehr Cloud-Versionen verfügbar.

Für jeden, der die Modellierung und Ausführung von Geschäftsprozessen mithilfe von SAP-Systemen in Betracht zieht, ist es wichtig, gewisse Kenntnisse über die andere Geschäftsprozess-Engine, SAP Business Process Management (SAP BPM), zu haben. Obwohl sich SAP Business Workflow hervorragend für standardisierte Prozesse innerhalb der SAP Business Suite eignet, bietet SAP BPM die Möglichkeit, Prozesse außerhalb des Anwendungskerns zu erstellen. Bei diesen Anwendungen handelt es sich um einzigartige Prozesse Ihrer Organisation, die nicht durch standardmäßige Anwendungssoftware abgedeckt werden, aber mit Ihren Kernprozessen interagieren und die Vorteile der Kernprozesse nutzen. Diese einzigartigen Prozesse sind häufig stark veränderliche und differenzierende Prozesse, durch die Sie sich einen Wettbewerbsvorteil für Ihre Organisation sichern können.

Derartige Anwendungen müssen einfach über Webservices zugänglich sein oder erfordern spezielle Interaktionen mit verbundenen Nicht-SAP-Systemen, die von einer Enterprise Application Integration Engine wie SAP Process Orchestration verwaltet werden. Daher ist SAP BPM auch die Prozess-Engine von SAP Process Orchestration. Zusammen mit SAP Business Rules Management (SAP BRM) stellt es Geschäftsregeln bereit, um für den Prozess das komplexe Werte-Mapping zwischen Nicht-SAP- und SAP-Daten zu verwalten.

Die Lösungen in der Suite können einzeln oder kombiniert verwendet werden, um die Synergien zwischen den Lösungen voll auszunutzen. Betrachten wir ein Beispiel aus der Bestellungsverarbeitung, um den Unterschied zwischen der Verwendung von SAP Business Workflow allein und der Verwendung von Workflow in Kombination mit weiteren intelligenten Geschäftsbetriebslösungen darzustellen. In der Vergangenheit wurde eine Bestellung z. B. per E-Mail an ein Unternehmen gesendet, und ein Mitarbeiter des Unternehmens musste die Daten in eine Transaktion für Kundenaufträge eingeben. Anschließend durchlief die Bestellung den entsprechenden

Genehmigungsprozess, oft papierbasiert, bis sie akzeptiert und ausgefüllt war. Das Monitoring der Bestellnummern und des Status von Bestellungen wurde oft durch einfache Arbeitsblätter oder Datenbankberichte erreicht – meist erst im Nachhinein.

SAP Business Workflow ermöglicht automatische Genehmigungen der Bestellung – basierend auf angepassten Anforderungen. Im Lieferumfang der SAP Business Suite ist ein spezielles Workflow-Muster zur Genehmigung von Bestellungen enthalten. So müssen die Genehmigenden einer Bestellung nicht nach Bestellungen suchen, die genehmigt werden müssen. Stattdessen werden Bestellungen, die eine Genehmigung erfordern, mit den wichtigsten Kontextinformationen in ihrer Inbox angezeigt. Um eine zeitgerechte Bearbeitung sicherzustellen, kann der Prozess Fristen bzw. Stichtage enthalten. Nach der Genehmigung oder Ablehnung der Bestellung wird der nächste Schritt innerhalb des Prozesses eingeleitet. Um zu überprüfen, ob die betrieblichen Erwartungen erfüllt werden, kann der Prozess überwacht werden.

Der nächste Schritt ist, Bestellungen elektronisch zu empfangen, etwa als EDI-Dokumente (EDI = Electronic Data Interchange) oder Simple-Object-Access-Protocol- oder Representational-State-Transfer-Meldungen (SOAP- oder REST-Meldungen). Wenn das Unternehmen über geeignete Prozesse und Software verfügt (z. B. SAP NetWeaver und SAP Business Suite), kann der Prozess so automatisiert werden, dass die Bestellung (in vielen Fällen) ohne jegliche Benutzerinteraktion bearbeitet wird (vorausgesetzt, es sind keine Genehmigungen durch Personen erforderlich). Offensichtlich beschleunigt diese Automatisierung einerseits den Prozess und reduziert zugleich die Kosten für die Prozessausführung. Je größer das Volumen solcher Bestellungen ist, desto mehr Governance ist vonseiten der Unternehmensanwendungsengine (wie SAP Process Orchestration) erforderlich, um sicherzustellen, dass Bestellungen nur einmal und in der richtigen Reihenfolge empfangen und verarbeitet werden, und um sicherzustellen, dass eventuelle Probleme mit den Meldungen selbst schnell behoben werden.

Gehen wir nun davon aus, dass die Bestellung innerhalb der SAP Business Suite automatisch empfangen und genehmigt wird, das Unternehmen vor dem Start dieses Prozesses jedoch zusätzliche Prozessschritte einfügen möchte, um z. B. zu ermitteln, ob sich die Stammdaten des Lieferanten geändert haben. Zu diesem Zweck muss der Prozess nun ein Stammdaten-Managementsystem umfassen. In dieser Situation kann SAP BPM verwendet werden, um einen Prozess zu erstellen, der sich mit einem beliebigen System verbinden und den vorhandenen Prozess ändern kann, ohne den Kernprozess zu unterbrechen. Für strategische Kunden kann sich das Unternehmen dazu entschließen, die Integration zu vereinfachen, indem die Zuordnung der Maßeinheiten des Kunden mit denen des Unternehmens durch SAP BRM ausgeführt wird, um die Werte zuzuordnen.

Abschließend kann das Unternehmen, um einen Wettbewerbsvorteil zu erhalten, die Schnelligkeit von Empfang, Genehmigung, Ausfüllen und Versand der Bestellungen überwachen und verbessern, indem es SAP Operational Process Intelligence nutzt, um die Nummer und den Status von Bestellungen nachzuverfolgen und diese mit Prozesskennzahlen zu vergleichen. Dazu werden Daten von SAP Business Workflow, SAP BRM und der SAP Business Suite selbst verwendet.

1.3 SAP Business Workflow als Teil der BPM-Gesamtstrategie von SAP

In diesem Abschnitt erläutern wir spezifische Situationen, in denen SAP Business Workflow das richtige Werkzeug ist. An dieser Stelle möchten wir eine allgemeine Empfehlung zu diesem Thema aussprechen: Da SAP Business Workflow in viele SAP-Anwendungen bereits eingebettet ist, können Sie damit eine Vielzahl von Prozessen innerhalb einer einzigen SAP-Anwendung automatisieren. Gehen wir von den folgenden Fällen aus:

- Der Prozess ist benutzerzentrisch und wird vollständig innerhalb einer einzigen SAP-Anwendung ausgeführt.
  In diesem Fall ist SAP Business Workflow wahrscheinlich das ideale Werkzeug zur Prozessautomatisierung. Wenn ein von SAP bereitgestellter Workflow für den Prozess vorhanden ist, ist SAP Business Workflow das richtige Werkzeug.
- Der Prozess ist benutzerzentrisch und wird in mehreren Anwendungen ausgeführt, u. a. in Web- oder Nicht-SAP-Anwendungen.
  In diesem Fall sollten Sie sich für SAP Business Process Management entscheiden. Dieser Prozess ruft möglicherweise SAP Business Workflow auf. Der allumfassende Prozessentwurf befindet sich in SAP BPM, und SAP Business Workflow wird bei Bedarf aufgerufen, z. B. um Dokumente in der SAP Business Suite zu genehmigen.
- Der Prozess ist vollständig automatisiert, möglicherweise ist in Ausnahmefällen eine Benutzerinteraktion zulässig.

In diesen Fällen wird die Verwendung von Integrationsprozessen in SAP Process Orchestration empfohlen. Im weiteren Verlauf dieses Buches erfahren Sie, wie Workflows über Serviceaufrufe (z. B. SOAP oder REST) ausgelöst und mit solchen Integrationsprozessen verknüpft werden können.

An dieser Stelle genügt es, zu wissen, dass SAP Business Workflow eine zuverlässige, bewährte Technologie ist, um benutzerzentrische Kernprozesse innerhalb von Organisationen bzw. sogar organisationsübergreifend zu automatisieren. Da der Workflow in SAP-Anwendungen eingebettet ist, eine Vielzahl von Prozessen umgehend mit dem Workflow eingesetzt werden kann und SAP Business Workflow ein äußerst leistungsfähiges Automatisierungswerkzeug ist, gibt es in Ihrer Organisation wahrscheinlich Dutzende von Anwendungsfällen.

1.4 Wann wird SAP Business Workflow verwendet?

In diesem Abschnitt soll lediglich auf die Hauptmerkmale eingegangen werden, damit Sie umgehend (z. B. während einer Besprechung beim Mittagessen) entscheiden können, ob SAP Business Workflow für eine bestimmte Aufgabe geeignet ist oder nicht. Ein »Ja, definitiv« entbindet Sie jedoch nicht von der detaillierteren Auswertung, die später erfolgen muss.

Die primären Faktoren bei der Entscheidung für oder gegen den Einsatz des Workflows sind:

- Mitwirkung von Personen
- wiederholte Ausführung
- geschäftlicher Nutzen
- Höhe des potenziellen Verlusts

Die folgenden Abschnitte beschreiben diese Punkte im Detail, doch möchten wir hier schon erwähnen, dass viele SAP-Anwendungen SAP Business Workflow nutzen, um ihre Prozesse zu automatisieren. Damit ist die Beantwortung der Frage, ob SAP bereits Workflows in dem von Ihnen gewünschten Bereich zur Verfügung stellt, ein wichtiger Faktor. Denn auch wenn die von SAP zur Verfügung gestellten Workflows nicht genau Ihre Anforderungen erfüllen, bieten sie doch einen sehr guten Ansatzpunkt zur Entwicklung eigener Workflows, da die Komponente bereits »workflow-fähig« ist.

1.4.1 Faktor 1: Mitwirkung von Personen

Eines der Hauptmerkmale aller Workflow-Systeme ist die Fähigkeit zur Verwaltung der an einem Prozess beteiligten Personen. Ziel ist es, die Ressourcen so effizient wie möglich zu nutzen und ihre Fehler auszugleichen. Dies ist ein reizvoller Aspekt bei der Erarbeitung eines guten Geschäftsprozesses: Nicht nur die Benutzeroberfläche, sondern auch die Art und Weise, in der die Beteiligten im Team zusammenarbeiten, ist beim Workflow sehr personenorientiert. Ein Workflow unterstützt die Teamarbeit.

Die an einem Prozess beteiligten Personen sind der entscheidende Faktor. Obwohl über SAP Business Workflow Prozesse ausgeführt werden können, die keine Benutzerinteraktion erfordern, sind die meisten Workflows benutzerzentrisch. Wie Sie in Kapitel 2, »Strategien zur Ermittlung der Anforderungen«, sehen werden, ist es äußerst wichtig, bereits in den frühen Phasen des Workflow-Projekts die richtigen Mitarbeiter einzubeziehen. Es werden Mitarbeiter benötigt, die bereit sind, die Art und Weise zu ändern, in der sie Prozesse gegenwärtig ausführen.

1.4.2 Faktor 2: Wiederholte Ausführung

Es ist ganz einfach: Je häufiger sich ein Prozess wiederholt, desto höher ist die Kapitalrendite bei der Prozessmodellierung.

Dies bedeutet nicht, dass sich der Einsatz des Workflows in keinem Fall lohnt, wenn sich der Prozess nicht mehrmals pro Tag wiederholt. Wenn Sie einen der SAP-Workflows aktivieren, die zum Lieferumfang Ihrer SAP-Komponente gehören, und diesen wie vorgegeben einsetzen, ist der Kostenaufwand zur Automatisierung des Prozesses unbedeutend, eine häufige Prozesswiederholung zur Erzielung einer Kapitalrendite (ROI) daher nicht erforderlich. Wenn Sie jedoch einen Prozess mit einer Vielzahl von Variationen einführen, sollten Sie erwägen, nur den Kernprozess zu modellieren, anstatt jeweils eine andere, individuelle Workflow-Definition zu erstellen. Oder Sie verwenden Geschäftsregeln, um verschiedene Geschäftsteams zu befähigen, lokale Variationen zu verwalten.

Eine weitere Ausnahme von der Regel stellt ein Prozess dar, der nie eintreten sollte, wie z. B. ein Katastrophenplan. Diese Art von Prozess steht in Bezug zum vierten Faktor, der Höhe des potenziellen Verlusts, soll hier aber kurz erwähnt werden. Notfallprozesse und das Vorgehen in Ausnahmesituationen sind gute Beispiele für Prozesse, deren Automatisierung lohnenswert ist, da diese Prozesse vordefinierten Pfaden folgen müssen, eine schnellstmögliche Ausführung erfordern und gleichzeitig menschliche Fehler ausgleichen müssen. Als Faustregel gilt, dass sich wiederholbare Prozesse gut für den Einsatz des Workflows eignen.

1.4.3 Faktor 3: Geschäftlicher Nutzen

Wenn Sie mit der Arbeit an einem Workflow-Prozess beginnen, müssen Sie die erwarteten Gewinne und Vorteile durch die Prozessautomatisierung ermitteln. Die Kriterien, an denen sich der Erfolg einer Prozessautomatisierung messen lässt, sind von Prozess zu Prozess unterschiedlich. Im Folgenden sind die wichtigsten Kriterien aufgeführt:

- Geschwindigkeit der Prozessausführung
- Qualität des Prozessergebnisses

Sie möchten wahrscheinlich nicht zu viel Zeit und Geld in die Erfolgsbewertung investieren, es ist jedoch unverzichtbar, bereits vor Beginn der Implementierung die zu erwartenden Einsparungen/Ergebnisse in etwa einschätzen zu können.

Hinweis

Bevor Sie mit einem Workflow-Projekt beginnen, sollten Sie die folgenden Fragen beantworten können:

- Welches Ergebnis wird von diesem Prozess erwartet?
- Was soll verändert werden?
- Wie lässt sich ermitteln, ob der Prozess erfolgreich ist?

Verpassen Sie nicht die Gelegenheit, vor und nach der Implementierung die Kennzahlen des Prozesses (z. B. Kosten und Zeit der Ausführung) zu bestimmen. Bedauerlicherweise geht dieser Aspekt bei der Projektrealisierung häufig unter. Der Vergleich dieser Werte kann von großem Nutzen sein, wenn andere Abteilungen zwecks Automatisierung weiterer Prozesse an Sie herantreten. Eine schwarz auf weiß dargestellte Erfolgsmessung ist auch für die Geschäftsführung unverzichtbar. Sie wird sehr daran interessiert sein, sich für eine Erfolg versprechende Technologie einzusetzen, wenn der Erfolg in leicht verständlicher Weise belegt werden kann.

Im folgenden Abschnitt werden Sie sehen, dass Sie eine Vielzahl von Fragen zum Prozess beantworten und in verschiedenen Bereichen Untersuchungen anstellen müssen, um den geschäftlichen Nutzen bewerten zu können. Geben Sie jedoch acht, dass diese Untersuchungen nicht zu umfangreich werden, sodass Sie letztlich versuchen, einen perfekten Prozess zu entwerfen, und sich auch Monate nach Projektbeginn noch in der Design-Phase befinden. Eine einfache Automatisierung des Kernprozesses führt häufig zu den größten Einsparungen.

Kosteneinsparungen

Kosteneinsparungen werden durch eine Verkürzung der Zeit erreicht, die ein Beteiligter aktiv für den Prozess aufwendet. Bei der Bewertung der Kosteneinsparungen müssen u. a. folgende Fragen gestellt werden:

- Werden die benötigten Informationen zusammen mit der Aufgabe am Bildschirm angezeigt, oder ist eine weitere Recherche erforderlich?
- Können Sie Teile einer Aufgabe an unerfahrene Kollegen delegieren, oder müssen die erfahrenen (und hoch bezahlten) Mitarbeiter sämtliche Aufgaben erledigen?
- Können Sie einige der Arbeitsschritte automatisieren, sodass das System Teile der Aufgaben übernimmt, die ansonsten ein Mitarbeiter ausführen müsste?

Allein das Ersetzen komplexer Navigationsvorgänge innerhalb von Transaktionen durch einfache, formularbasierte Schritte kann bereits zu erheblichen Einsparungen führen.

Geschwindigkeit der Prozessausführung

Die Prozessgeschwindigkeit steigt mit an Sicherheit grenzender Wahrscheinlichkeit dramatisch an, sobald der Workflow zum Einsatz kommt. Bei den meisten Workflow-Projekten, die unter Verwendung von SAP Business Workflow realisiert werden, ist normalerweise eine Verkürzung der Arbeitszeit von zwei Wochen auf ein bis zwei Tage möglich. Neben Einschätzung und Vergleich der Zeitersparnis sollten Sie außerdem eine Aufstellung der ideellen Vorteile erarbeiten. Zum Beispiel: Wird der Kunde schneller bedient? Ergibt sich für ein neues Produkt eine kürzere Markteinführungszeit? Werden Ausfallzeiten in der Produktion gesenkt?

Es lohnt sich auch, darüber nachzudenken, ob Sie einen Multi-Device-Zugriff (z. B. über Tablet oder Smartphone) bereitstellen, sodass beteiligte Mitarbeiter auch arbeiten können, wenn sie nicht an ihrem Schreibtisch oder gar nicht im Bürogebäude sind.

Qualität der Ergebnisse

Die Qualität der Ergebnisse eines Prozesses ist am schwierigsten einzuschätzen, dieser Faktor gewinnt jedoch zunehmend an Bedeutung. Traditionelle Workflow-Lösungen werden häufig für Genehmigungsverfahren eingesetzt, wobei Genehmigungen im Geschäftsleben oft als notwendiges Übel angesehen werden. Positive Auswirkungen durch die Einführung eines Workflows werden sich kaum zeigen, wenn der Workflow für Genehmigungsverfahren im Rahmen einer strengen Hierarchie von Managern eingesetzt wird, von denen ab einer bestimmten Hierarchieebene einhundert Prozent der Vorgänge genehmigt werden müssen. Dieses reine »Abstempeln« ergibt wenig Sinn. Doch selbst hier muss der Wiederholungsfaktor berücksichtigt werden. Gehen wir von der Genehmigung von Urlaubsanträgen aus. Selbst wenn diese Anträge in 99 Prozent der Fälle genehmigt werden, ist es dennoch sinnvoll, wenn die genehmigenden Vorgesetzten diese Anträge über SAP Business Workflow in ihren E-Mail-Posteingang erhalten.

Hinweis

Es lohnt sich, darüber nachzudenken, ob Sie mit Geschäftsregeln innerhalb Ihres Workflows sich häufig wiederholende Genehmigungen oder »Abstempelgenehmigungen« durch Automatisierung vereinfachen könnten, um hochwertige Genehmigungen hervorzuheben. Zum Beispiel können Sie die Genehmigung geringwertiger Bestellungen für Büromaterial automatisieren, aber eine manuelle Genehmigung für hochwertige Bestellungen oder für geringwertige Bestellungen, die innerhalb eines Jahres einen bestimmten Schwellenwert übersteigen, fordern.

Werden die Genehmigenden jedoch sorgfältig ausgewählt und sind die mit einer Aufgabe weitergeleiteten Informationen nützlich, kann die Qualität der Entscheidungsfindung verbessert werden. Dies ist wichtig, weil sinnvolle Entscheidungen den entscheidenden Faktor für den Erfolg eines Unternehmens darstellen. SAP Business Workflow wird eingesetzt, um durch eine verbesserte Entscheidungsfindung einer Materialvergeudung (z. B. im Rahmen einer Konstruktionsänderung), der Geldverschwendung (z. B. durch die schnellere Verarbeitung von Eingangsrechnungen) oder auch einem Verschleiß an personellen Ressourcen (etwa im Rahmen des Servicemanagements) entgegenzuwirken.

1.4.4 Faktor 4: Höhe des potenziellen Verlusts

Streng genommen, gehört dieser Abschnitt zum Bereich des geschäftlichen Nutzens. Da jedoch die Kosten eines Prozessfehlers häufig die ausschlaggebenden Kosten sind und während des Zusammentragens der Prozessanforderungen oftmals vernachlässigt werden, wurde diesem Faktor ein eigener Abschnitt gewidmet. Die tatsächlichen Kosten eines vollständigen Prozessausfalls sind beträchtlich. Welche Kosten entstehen, wenn ein Automobilhersteller ein Fahrzeug zurückrufen muss, weil eine Konstruktionsänderung nicht zum gewünschten Ergebnis geführt hat? Welcher Imageschaden entsteht, wenn ein Druckerhersteller eine veraltete Version eines Druckertreibers an seine Kunden ausliefert?

Die Kosten eines Prozessfehlers können enorm sein. Wird ein Prozess nicht termingerecht abgeschlossen oder liefert er nicht die gewünschten Ergebnisse, sind verlorene Kunden, Produktionsstillstand oder erhebliche Verwaltungskosten die Folge. Sie können sicher sein, dass eher die Misserfolge als die Erfolge für Schlagzeilen sorgen, daher müssen bei der Entscheidung für oder gegen die Automatisierung eines Prozesses in jedem Fall auch die Ausfallkosten einkalkuliert werden.

In der Praxis kommen selbst optimal strukturierte Prozesse gelegentlich zum Stillstand oder laufen schief, unabhängig davon, ob sie workflow-fähig sind oder nicht. Beim Einsatz eines Workflows ist es jedoch bedeutend einfacher, ein Problem zu verfolgen und ausfindig zu machen. Anhand von Audit-Protokollen kann die Fehlerursache schnell ermittelt und umgehend beseitigt werden. Workflows lösen Eskalationsprozeduren aus, wenn bis zur Ausführung des nächsten Arbeitsschritts zu viel Zeit verstreicht. Häufig besteht die Fehlerbeseitigung lediglich darin, festzustellen, welcher Benutzer zu lange an einer Aufgabe arbeitet (vielleicht ist der Mitarbeiter zurzeit im Urlaub), und die Aufgabe an eine andere Stelle weiterzuleiten. Mit einem Workflow können Störungen im Prozessablauf durch einige wenige Mausklicks identifiziert werden. Der Workflow bietet auch Selbskorrekturoptionen, etwa die Möglichkeit, einen Stellvertreter zu benennen, bevor man einen Urlaub antritt. In einem E-Mail- oder papierbasierten Szenario kann die Lösung eines solchen Problems einige Stunden in Anspruch nehmen, die über mehrere Tage verteilt sind.

1.5 Welche Ziele können mit SAP Business Workflow erreicht werden?

Unabhängig davon, welcher Prozess automatisiert wird, profitieren Sie von den folgenden Vorteilen:

- Die Dauer der Prozessausführung wird drastisch reduziert.
- Die Prozessdefinition ist transparent. Alle Mitarbeiter wissen, was sie tun und warum sie in einer bestimmten Weise vorgehen, selbst bei einer hohen Personalbewegung.
- Jede Prozessinstanz (d. h. jede einzelne Prozessausführung) ist transparent. Während und nach der Prozessausführung ist nachvollziehbar, welche Beteiligten was wann getan haben.
- Der Prozess verläuft kontrolliert. Sie können die Prozessdefinition jederzeit ändern, um Verbesserungen einzuführen oder auf plötzliche Änderungen in der Umgebung zu reagieren.

Neben diesen Vorteilen werden, basierend auf dem jeweiligen automatisierten Prozess, natürlich weitere Ziele wie Kosteneinsparungen oder eine Fehlerreduktion erreicht. Diese individuellen Ziele stellen den bedeutendsten Gewinn dar und sind der wichtigste Grund für die Automatisierung des Prozesses. Die oben aufgeführten vier Punkte sind dennoch vollkommen generisch und gelten für sämtliche Prozesse. Sie werden durch die im Werkzeug eingebetteten Funktionen unterstützt. Anders ausgedrückt: Sie lassen sich mit minimalem Aufwand bei der Prozessanalyse und Implementierung erzielen. Diese Vorteile ergeben sich automatisch und sind ein willkommener Nebeneffekt beim Einsatz von SAP Business Workflow zur Prozessautomatisierung.

Da SAP Business Workflow direkt in den SAP NetWeaver ABAP Application Server (ABAP AS) integriert ist – der wiederum Bestandteil jeder SAP-Lösung ist –, kann der Verwaltungsaufwand zur Sicherstellung der täglichen Prozessausführung nahezu vernachlässigt werden. Diese Verwaltungsaufgaben werden in Kapitel 8, »Workflow-Administration«, näher beschrieben.

1.6 Funktionen von SAP Business Workflow

Aufgrund der Vielfalt unterschiedlicher Anforderungen und Kundenumgebungen bietet SAP Business Workflow eine Fülle von Leistungsmerkmalen und Integrationsmöglichkeiten. Deren Bereitstellung in einem einzigen Tool ermöglicht einen konsistenten Ansatz und unterstützt eine zukünftige Prozesserweiterung. Für den Start der Implementierung stehen Ihnen Hunderte von SAP-Workflows zur Verfügung.

1.6.1 Zuverlässige Integration in SAP-Anwendungen

Die direkte Integration in SAP-Anwendungstransaktionen ist einer der größten Vorteile, die der Einsatz von SAP Business Workflow bietet. Zum Beispiel kann ein Benutzer einen mit dem Datensatz verknüpften Ad-hoc-Workflow starten, ohne sich darum kümmern zu müssen, wer an dem Prozess beteiligt ist oder wie der Prozess ausgeführt wird. Der Workflow erledigt das automatisch. Auf diese Weise lassen sich Situationen vermeiden, in denen ein Benutzer einen Fehler erkennt, jedoch nicht weiß, wie dieser behoben werden kann bzw. welche Person kontaktiert werden muss. Ohne Workflow drückt der Benutzer wahrscheinlich ein Auge zu – in der Hoffnung, dass sich jemand anderes mit dem Problem auseinandersetzen wird.

Wurde jedoch ein Workflow definiert, kann dieser einfach ausgelöst werden, um eine vordefinierte Prozedur zu starten, in deren Verlauf die richtigen Ansprechpartner benachrichtigt werden. Zusätzlich greifen viele Bestandteile von SAP Business Workflow zur Ausführung grundlegender Aufgaben auf vorhandene SAP-Funktionen zurück, anstatt sie zu duplizieren. Beispiele sind das Organisationsmanagement oder verschiedene Kommunikationsservices und Sicherheitsinfrastrukturen.

Sie sollten sich jedoch auch der Tatsache bewusst sein, dass viele Anwendungen Workflows direkt auslösen und sich darauf »verlassen«, dass SAP Business Workflow die Prozesse durch die Komponente steuert. Mit anderen Worten: SAP Business Workflow trägt einen wesentlichen Teil zur Funktionalität der SAP-Komponente bei.

Das Finden von Workflows, die als Teil einer bestimmten Anwendung oder einer bestimmten SAP-Komponente bereitgestellt werden, ist vergleichsweise einfach. Suchen Sie nach der zugehörigen Anwendungskomponente im Business Workflow Explorer (Transaktion SWDM), und die bereitgestellten Workflows werden angezeigt (siehe Abbildung 1.3). Benutzerdefinierte Workflows können auch im Bildschirm Business Workflow Explorer angezeigt und sogar mit der gleichen Anwendungskomponente verknüpft werden, damit Ihre benutzerdefinierten erweiterten Workflows neben den bereitgestellten Workflows dargestellt werden, die durch die benutzerdefinierten Workflows ersetzt oder erweitert werden.

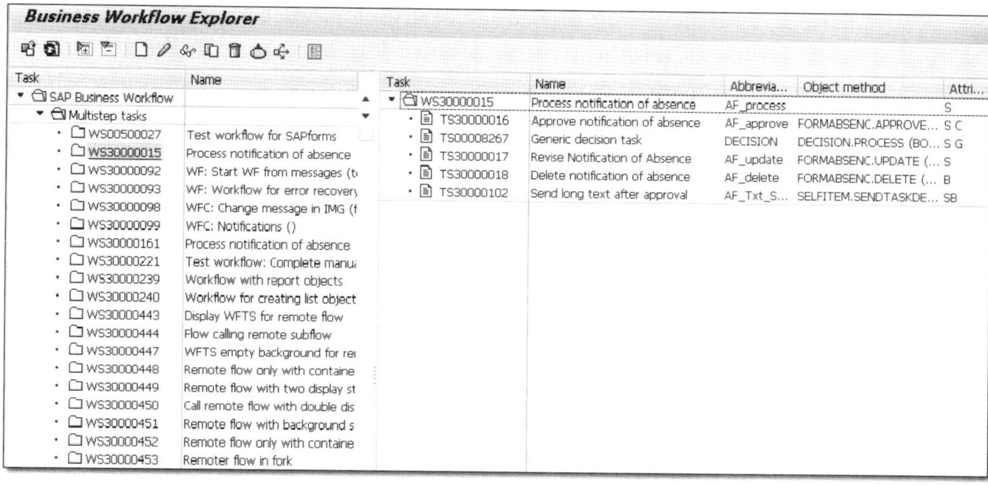

Abbildung 1.3 Transaktion SWDM: Business Workflow Explorer

1.6.2 Workflow Builder

Der Workflow Builder (siehe Abbildung 1.4) ermöglicht die Erstellung oder Erweiterung eines Prozesses, indem Sie einzelne Aufgaben (basierend auf Transaktionen, Funktionsbausteinen etc.) einfach per Drag & Drop in die Prozessdefinition aufnehmen.

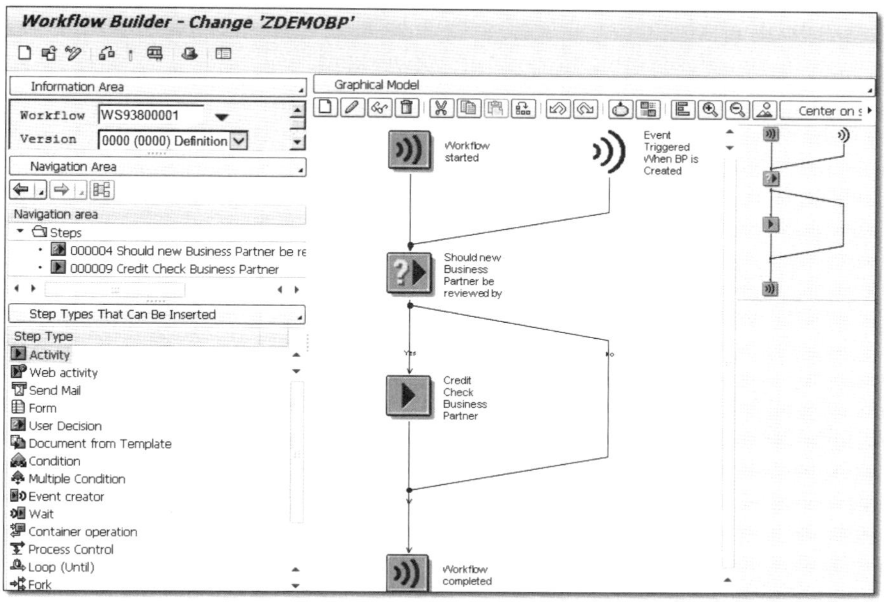

Abbildung 1.4 Workflow Builder

Eine umfangreiche Palette an Modellierungselementen kann ausgewählt und in die Workflow-Definition eingefügt werden. Sie können unterschiedliche Arten von Zweigen, Schleifen und Eskalationspfaden hinzufügen, deren Bedingungen automatisch festlegen, welcher Weg eingeschlagen werden soll.

Der Workflow Builder verknüpft den Prozess mit der eigentlichen Funktionalität. Das heißt, dass der Prozess grafisch modelliert, aktiviert und dann ausgeführt wird. In Kapitel 13, »Anlegen eines Workflows«, wird der Workflow Builder näher beschrieben.

1.6.3 Grafische Darstellung des Status

Über die Inbox und verschiedene Transaktionscodes können unterschiedliche Prozessprotokolle angezeigt werden (in Kapitel 4, »Verteilung von Workitems«, und Kapitel 8, »Workflow-Administration«, wird beschrieben, wie auf die Workflow-Protokolle zugegriffen wird):

- **grafisch**
  grafische Protokolle (basierend auf der grafischen Workflow-Definition)
- **Zusammenfassung**
  summarische Protokolle (über die der Benutzer feststellen kann, welche Arbeitsschritte bisher ausgeführt wurden und wer sie ausgeführt hat)
- **chronologisch**
  chronologische Protokolle (zu Audit-Zwecken)
- **technisch**
  technische Protokolle (für das Debugging eines Prozesses)

Abbildung 1.5 zeigt ein Beispiel für das grafische Workflow-Protokoll. Aufgrund des Schwarz-Weiß-Drucks dieses Buches ist dies hier nicht erkennbar, das tatsächliche grafische Protokoll zeigt jedoch eine fett formatierte grüne Linie, die den Pfadverlauf darstellt.

Sie können von den an einem Geschäftsprozess beteiligten Anwendungstransaktionen direkt zu diesen Protokollen navigieren (z. B. bei der Anzeige eines Änderungsantrags). Die Protokolle stehen automatisch zur Verfügung (wenn sie in der Anwendung aktiviert sind) und erfordern keine Anpassung. Als Bonus kommt hinzu, dass auf diese Weise scheinbar voneinander unabhängige Business-Objekte innerhalb eines anwendungsübergreifenden Geschäftsprozesses sinnvoll miteinander verknüpft werden.

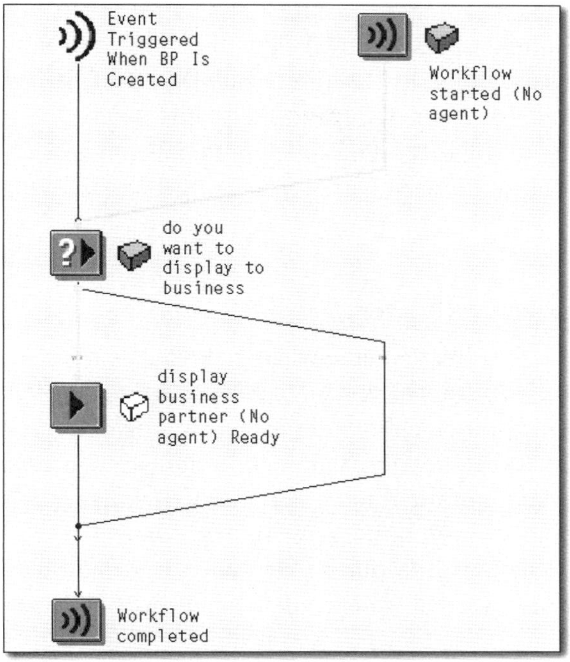

Abbildung 1.5 Grafisches Workflow-Protokoll

1.6.4 Mechanismen für die Arbeitsplanung

Über die Auswahl von Algorithmen für die Arbeitsplanung kann festgelegt werden, welche Benutzer die Workflow-Aufgaben ausführen. Ein gängiges Beispiel ist die Ermittlung des direkten Vorgesetzten eines Benutzers. Weitere Beispiele sind die Ermittlung der Person, die für die Einkaufsgruppe, den Materialtyp oder andere Daten verantwortlich ist, anhand deren Sie erfahren, wie Sie die Workflow-Aufgabe empfangen sollten. Diese automatische Aufgabenverteilung ist besonders wichtig, da Sie in der Regel keine Zeit damit vergeuden möchten, darauf zu warten, dass ein Vorgesetzter eine Aufgabe manuell an einen Mitarbeiter innerhalb seiner Abteilung vergibt. Sehr komplexe Algorithmen können durch einen Aufruf von Funktionsbausteinen aufgelöst werden; die meisten Anforderungen kommen jedoch ohne Programmierung aus und können durch einfache Zuweisung von Benutzern oder Organisationseinheiten nach einfachen Bedingungen erfüllt werden.

Das Organisationsmanagement, bei dem es sich um einen Bestandteil des SAP NetWeaver AS ABAP handelt, kann zur vereinfachten Benutzeradministration eingesetzt werden. Viele Kunden entscheiden sich für die Verwendung einer Aufbauorganisation, um zu definieren, welche Personen für welche Aufgaben verantwortlich sind. Alternativ können andere Mechanismen zum Einsatz kommen, z. B. kundenspezifische Tabellen, die durch den Kunden angelegt werden (üblicherweise als *Z-Tabellen* bekannt), Verteilerlisten und Subskriptionslisten. Kunden, die sich gegen eine Aufbauorganisation entscheiden, ermitteln häufig mithilfe von Entscheidungstabellen oder kundenspezifischen Tabellen, welche Benutzer für welche Aufgaben zuständig sind.

1.6.5 Eskalationsmanagement (Fristen)

Fristen spielen bei der Prozesskoordination eine wichtige Rolle. Sie erinnern Benutzer (oder Vorgesetzte) an Aufgaben, die auf ihre Ausführung warten. Darüber hinaus können Termine für eine direkte Ablaufsteuerung eingesetzt werden. Wird z. B. die vierte Genehmigungsstufe nicht innerhalb von zwei Tagen durchlaufen, könnte die Anforderung unter Benachrichtigung der Verantwortlichen direkt an die finale Verarbeitungsstufe weitergeleitet werden. Das Gleiche gilt für Eskalationsprozeduren, bei denen Korrekturmaßnahmen automatisch eingeleitet werden, sofern ein Termin nicht eingehalten wird.

Hinweis

Wenn Sie es mit der Eskalation übertreiben, kann dies zu weiteren unbeabsichtigten Verzögerungen führen. Das Senden einer Genehmigung von einem Manager an dessen Vorgesetzten kann zu einer längeren Verzögerungszeit führen, da der Vorgesetzte häufig noch ausgelasteter ist und daher weniger Zeit für die Genehmigung hat als der ursprünglich mit der Genehmigung beauftragte Manager. Häufig hilft das Senden einer Erinnerung »überfällig« mit dem Vorschlag, die Anfrage mit seinem Vorgesetzten zu besprechen, an die Person, die am meisten Interesse an der Bearbeitung hat, z. B. der Person, die die Genehmigungsanforderung gesendet hat. Dies ist für nichtkritische Geschäftsprozesse meist effektiver, als die Anforderung die Managementhierarchie hinaufzusenden. Bei kritischen Geschäftsprozessen können Sie der ursprünglichen Anforderung mehrere Genehmigende hinzufügen, sodass jeder der zugewiesenen Genehmigenden die Genehmigung erteilen kann. Das ist sinnvoller, als die Anforderung von einem Genehmigenden an den nächsten weiterzuleiten.

1.6.6 Synchronisationsmanagement

Eine ausgereifte Ereignisbehandlung gestattet, basierend auf Änderungen innerhalb des SAP-Systems (Status, HR, Änderungsdokumente etc.), das automatische Auslösen von Prozessen. Diese Ereignisse können darüber hinaus zur Synchronisation verschiedener Prozesse eingesetzt werden. Falls z. B.

ein Lieferant nicht zur Verfügung steht, kann ein von diesem Lieferanten abhängiger Änderungsantrag in die Genehmigungsstufe zurückverwiesen werden, bevor die Änderung vorgenommen wird.

1.6.7 Integration mit mobilen Endgeräten

Der Zugriff auf den Arbeitsvorrat mobiler Geräte wie Tablets oder Smartphones erhöht die Geschwindigkeit des Gesamtprozesses, besonders wenn dieser Zugriff auch verfügbar ist, wenn der Mitarbeiter nicht vor Ort ist. Wenn z. B. ein Vertriebsmitarbeiter die Serviceanfrage eines Kunden senden kann, während er noch beim Kunden ist, kann das Support-Team im Unternehmen sofort die Ressourcen und das Equipment für den Service planen. SAP Fiori ist eine von SAP bereitgestellte Suite mobiler Anwendungen, die Multi-Device-Support für den Arbeitsvorrat (SAP Fiori Approve All) und zugehörige Aufgaben wie Senden und Genehmigen von Bestellungen, Anfragen und Equipment bietet. SAP Fiori Approve All stellt auch Support und Erweiterungsoptionen für benutzerdefinierte Workflows zur Verfügung. Diese und andere Mobilitätsoptionen werden in Kapitel 33, »SAP Fiori und Mobilität«, beschrieben.

1.6.8 Integration in Groupware-Produkte

Die Möglichkeit, über standardmäßige E-Mail-Clients oder ein Benutzerportal (Microsoft Outlook, Lotus Notes und SAP Enterprise Portal) auf den Arbeitsvorrat zuzugreifen, ist eine grundlegende Voraussetzung für die Benutzerakzeptanz des Geschäftsprozesses. Eine direkte Integration ist insbesondere für unregelmäßig ausgeführte, aber kritische Prozesse von entscheidender Bedeutung. SAP Business Workflow bietet diese nahtlose Integration, ohne dass dieser Punkt bei der Erstellung des Workflows berücksichtigt werden muss.

1.6.9 Ad-hoc-Erweiterung von Prozessen

Sobald der Workflow eingerichtet wurde und einsatzbereit ist, können die Benutzer seine Effizienz durch den Einsatz von Anlagen (z. B. zur Rechtfertigung einer Entscheidung) oder Anfragen (zum Erhalt zusätzlicher Informationen) steigern. Andere Benutzer können sich diese Anlagen und Anfragen nach Abschluss des Prozesses anzeigen lassen. Diese Methode bietet gegenüber E-Mails klare Vorteile, da E-Mails gelöscht werden oder in den Posteingängen einzelner Mitarbeiter verborgen bleiben können. Anlagen und Anfragen (sowie die entsprechenden Antworten) können bei entsprechender Berechtigung jederzeit über das Workflow-Protokoll eingesehen werden.

Zusätzlich können ein oder mehrere Schritte (Sub-Workflows) einem laufenden Workflow hinzugefügt werden. Diese werden sofort im grafischen Workflow-Protokoll sichtbar. Reviewer können hinzugefügt werden, und vorgegebene Empfänger im weiteren Prozessablauf können ersetzt werden, wenn der Prozess entsprechend gestaltet ist und die notwendigen Berechtigungen vorliegen.

1.6.10 Desktop-Integration

Gelegentlich sind Workflows praktisch, die direkt PC-basierte Dokumente erzeugen. Zum Beispiel kann ein Workflow definiert werden, der – basierend auf einer Microsoft-Word-Standardvorlage – einen Vertrag erstellt; die Vertragsdetails können anhand der während der Workflow-Ausführung gesammelten Daten festgelegt werden. Dies ist besonders bei der Erstellung komplexer Dokumente sinnvoll, bei denen sowohl Formatierung als auch Inhalt wichtig sind.

Im genannten Beispiel hat die Rechtsabteilung, die erst im späteren Verlauf in den Prozess eintritt, so die Möglichkeit, vor Abschluss des endgültigen Vertrags Änderungsvorschläge einzubringen. Und falls Sie sich im Rahmen des Outsourcings auf Experten wie Übersetzer, Rechtsberater oder Autoren verlassen, bedenken Sie, dass Sie Zeit sparen und ein höheres Maß an Kontrolle gewinnen, wenn Sie diese Beteiligten über das Internet in den Prozess integrieren.

1.6.11 Prozessanalyse und Dashboards

Auch wenn dieser Aspekt zu Beginn eines Projekts mit SAP Business Workflow üblicherweise kein primäres Anliegen ist, ist die Workflow-Analyse zu einem späteren Zeitpunkt häufig von Bedeutung, besonders wenn die Geschwindigkeit oder der Status geschäftskritischer Prozesse zentral verwaltet werden müssen. SAP Business Workflow sammelt automatisch Protokolle und Statistiken, die für Analysen und Monitoring verwendet werden können. Diese Analysen können einfaches, alltägliches operatives Monitoring, aber auch situationsbedingte Sofortantworten zu sich ändernden Marktbedingungen sein.

Ein einfacher Ansatz ist, zuerst die in SAP Business Workflow integrierten Reports zu nutzen, um den Status und die Frequenz Ihrer Workflows zu beobachten. SAP Business Workflow hält verschiedene Standardreports sowie eine leistungsstarke Technologie für die Informationserfassung bereit. Die Standardreports liefern folgende Informationen:

- Wie oft wird der Prozess ausgeführt?
- Wie lange dauert die Prozessausführung?
- Wie hoch ist die Arbeitsauslastung in meiner Abteilung?

Eine anspruchsvollere Option ist SAP Business Warehouse (SAP BW), mit der nachträglich vertikale und horizontale Sichten von Workflow-Statistiken bereitgestellt werden, damit Sie längerfristige Entscheidungen über Prozessverbesserungen treffen können.

Sie können sich z. B. Folgendes anzeigen lassen:

- Wie viel Verarbeitungszeit ist mit einer fehlgeschlagenen Anforderung zur Konstruktionsänderung verbunden?
- Wie häufig kommt es bei der Verkaufsabteilung X zu Terminüberschreitungen bei der Angebotsabgabe?
- Wie häufig werden Bestellanforderungen unter 20 EUR abgelehnt, und wie viel Zeit ist für deren Verarbeitung nötig?

Häufig besteht das Ergebnis der Analyse lediglich darin, die Anzahl der für eine Aufgabe verfügbaren Benutzer zu erhöhen oder zu senken (eventuell saisonbedingt). Vielleicht kommen Sie auch zu dem Schluss, dass in den FAQs zur Workflow-Prozedur im Unternehmensintranet entscheidende Informationen fehlen.

Den Workflow immer genauer zu überwachen ist jedoch nicht genug. Und eine nachträgliche Analyse reicht nicht aus, um die strategischen Anforderungen für die Anpassung Ihrer kritischen Geschäftsprozesse zu erfüllen, besonders wenn diese Prozesse sich auf die Kundenbindung und die Abgrenzung von Wettbewerbern auswirken.

Dies ist der Punkt, an dem zusätzliche Lösungen von Intelligent Business Operations powered by SAP HANA ansetzen und situationsbedingtes Monitoring und Funktionen für prompte Antworten bereitstellen können. Stellen Sie sich folgende Szenarien vor: Eine Geschäftseinheit erhält Erkenntnisse zu einem aktuellen Trend in sozialen Medien und stellt spezielle, zielgruppengerichtete Angebote bereit. Ein Einzelhandelsunternehmen verwendet personalisiertes Echtzeitmarketing, um Rabatte auf bestimmte bereits ausgefüllte Bestellungen zu geben. In einem Versorgungsunternehmen wählt der

Workflow für Kunden basierend auf ihrem Echtzeitenergieverbrauch Erinnerungsmeldungen mit dem Text »so kannst du deine Energieeffizienz erhöhen« aus.

Diese Szenarien können mehrere Lösungen einbeziehen, z. B.:

- **SAP Operational Process Intelligence powered by SAP HANA**
  Liefert personalisierte Geschäftserkenntnisse und Lösungen in Echtzeit an alle Prozessbeteiligten und Geschäftseinheiten. Dadurch wird sichergestellt, dass trotz alltäglicher Störungen wie Krankheit, Streik oder Lieferengpässen der maximale Vorteil aus dem Workflow gezogen wird. Die sich um die Störungen kümmernden Mitarbeiter müssen so ausgerüstet sein, dass sie von der Workflow-Entwicklung und dem Workflow-Customizing profitieren. Dies wird durch Software erreicht, die proaktive Tätigkeiten unterstützt und prozessversierte Werkzeuge bereitstellt, mit denen Interpretation und Intervention in Echtzeit möglich sind, um Probleme zu entschärfen, und die anzeigen, dass SLAs eingehalten werden.
- **Process Observer (bereitgestellt mit SAP NetWeaver AS ABAP)**
  Liefert einfache Statistiken aus dem Workflow und aus Business-Objekten an SAP Operational Process Intelligence, selbst wenn diese nicht direkt an Workflows beteiligt sind.
- **SAP Event Stream Processor**
  Sammelt, korreliert und aggregiert Ereignisse aus sozialen Medien, Altsystemen, unstrukturierten Ereignissen und weiteren Datenquellen und liefert diese an SAP Operational Process Intelligence.

Diese Erkenntnisse können dann verwendet werden, um schnell Geschäftsregeln in Geschäftsregel-Engines wie SAP BRM und SAP Decision Service Management anzupassen. Die Engines lösen wiederum Reaktionen in relevanten Prozessen in SAP Process Orchestration, SAP BRM und SAP Business Workflow aus.

Sie müssen Prozessanalysen nicht nutzen, wenn Sie Workflows verwenden, aber Sie verpassen hervorragende Möglichkeiten, wenn Sie es nicht tun.

1.6.12 Robuste erweiterbare Architektur

Obwohl die zugrunde liegende objektorientierte Methode zur Erstellung von Workflow-Definitionen im ersten Release von SAP Business Workflow (R/3-Release 3.0) kritisch betrachtet wurde, hat sie sich doch als eine der tragenden Säulen des Workflow-Systems erwiesen. Prozessdefinitionen können schneller an Änderungen des Geschäftsprozesses oder der Anwendungskomponenten angepasst werden als traditionelle formularbasierte Workflow-Management-Systeme. Ein firmeneigener Geschäftsprozess muss kurzfristig geändert werden können, und vorhandene Workflows müssen automatisch neue Funktionen eines neuen SAP-Releases unterstützen. Diese Flexibilität und Anpassungsfähigkeit ist einer der hervorstechendsten Vorteile von SAP Business Workflow.

Die SAP Business Workflow Engine selbst hat sich im Lauf der Jahre ebenso bewährt und wird gleichermaßen für traditionelle Genehmigungsprozesse und als Teil erweiterter Prozesse eingesetzt, die von Rand- und Kernanwendungen durch Lösungen unterstützt werden, die im Bundle SAP Intelligent Business Operations powered by SAP HANA zusammengefasst sind.

1.7 Terminologie

In diesem Kapitel haben wir auf die Verwendung von Fachbegriffen verzichtet, um Lesern ohne Workflow-Erfahrung das Lesen zu erleichtern. An dieser Stelle sollen nun jedoch einige Begriffe definiert werden, die in den folgenden Kapiteln noch häufiger auftauchen werden. Veranschaulicht werden diese Begriffe in Tabelle 1.1 mithilfe eines einfachen Beispiels für einen Bestellanforderungsprozess. SAP stellt auf der Website *www.sapterm.com* auch eine Terminologiedatenbank zur Verfügung.

Terminologie	Begriffsabgrenzung
Workflow-Definition	Als Workflow-Definition wird der Regelsatz bezeichnet, der den für einen Prozess vorgesehenen Pfad festgelegt. **Beispiel:** Art und Weise der Verarbeitung einer Bestellanforderung, von der anfänglichen Anfrage bis hin zum Erstellen einer Bestellung
Workflow	Eine Workflow-Instanz, häufig nur Workflow genannt, ist eine einzelne Workflow-Ausführung. **Beispiel:** Verarbeitung einer einzelnen Bestellanforderung für einen Bürodrucker
Workitem	Ein Workitem bezeichnet die Aufgabeninstanz, die als einzelner Workflow-Schritt ausgeführt wird. **Beispiel:** Prüfen, ob sich derzeit kein Drucker in Raum I1.29 befindet

Tabelle 1.1 Definitionen und Beispiele zur Veranschaulichung der Workflow-Terminologie

Terminologie	Begriffsabgrenzung
Aufgabe	Die Aufgaben beschreiben die Schritte im Prozess, die entweder durch Personen oder automatisch von der Software ausgeführt werden. **Beispiel:** Prüfen, ob das Büro nicht bereits über diese Ausstattung verfügt
Bearbeiter	Bearbeiter sind die Personen, die eine Aufgabe (über die Workitems) verarbeiten. **Beispiel:** Besteller, Manager, Mitglied der IT-Abteilung oder Mitglied der Einkaufsabteilung
Teilnehmer	Als Teilnehmer hingegen werden sämtliche in einen Prozess eingebundenen Personen bezeichnet, einschließlich der Mitarbeiter, die lediglich eine Benachrichtigung darüber erhalten, dass ein Arbeitsschritt erledigt wurde oder nicht. **Beispiel:** Bürokollegen des Bestellers, die später über den neuen Drucker benachrichtigt werden
Container	Als Container wird die im Workflow verwendete Datensammlung bezeichnet. **Beispiel:** Büro (I1.29), Ausstattung (Drucker)
Datenfluss	Der Datenfluss ist ein Regelsatz, der definiert, welche Daten an welche Prozessbestandteile weitergeleitet werden. **Beispiel:** Zur Ausführung dieser Aufgabe sind die Raumnummer des Büros und Angaben zur Art der Ausstattung erforderlich, *nicht* jedoch die Kostenstelle des Bestellers.

Tabelle 1.1 Definitionen und Beispiele zur Veranschaulichung der Workflow-Terminologie (Forts.)

Genauere Definitionen finden Sie in den entsprechenden Kapiteln (zunächst sind die hier genannten Informationen jedoch ausreichend).

Wenn Sie die Durchführung eines Workflow-Projekts oder eines Projekts in Betracht ziehen, das die Automatisierung eines Geschäftsprozesses umfasst, müssen Sie die Anforderungen der Geschäftswelt sowie die erwarteten Ergebnisse bei Produktivsetzung des Workflows oder der Prozessautomatisierung kennen. Die Ermittlung von Anforderungen, die in diesem Kapitel besprochen wird, ist für ein Workflow-Projekt genauso entscheidend wie für jedes andere IT-Projekt.

2 Strategien zur Ermittlung der Anforderungen

Von Sue Keohan

Die Anforderungen für ein Projekt, für das SAP Business Workflow eingesetzt wird, werden, wie Sie möglicherweise bereits vermutet haben, auf ähnliche Weise zusammengetragen wie die Anforderungen für einen Geschäftsprozess. Die gleichen Informationen müssten zusammengetragen werden, wenn Sie den Geschäftsprozess in einem Verfahrenshandbuch beschreiben würden. Auch wenn Sie nur einen der Workflows Ihrer SAP-Komponente aktivieren möchten, lohnt sich die Lektüre dieses Kapitels. Sie werden erfahren, dass selbst ganz banale Dinge – etwa die Beschreibung eines Workitems – optimiert werden und so zum Erfolg Ihres Projekts beitragen können.

Hinweis

Zusätzlich zu den Informationen in diesem Kapitel stehen Checklisten zum Download zur Verfügung, die Sie bei der Ermittlung von Anforderungen und der Vorbereitung von Workflows für die Produktivsetzung verwenden können. Diese Listen finden Sie unter *http://www.sap-press.de/3615*.

2.1 Einführung

Die Kernfragen zu jedem Geschäftsprozess oder Workflow können folgendermaßen zusammengefasst werden:

- **Wer ist verantwortlich?**
  - Wer ist am Prozess beteiligt?
  - Wer führt die Arbeit aus, bzw. wer wird die Arbeit ausführen? (Wer sind die Bearbeiter?)
  - Wer ist indirekt beteiligt? Dabei könnte es sich um Personen handeln, die nicht direkt involviert sind, aber Benachrichtigungen erhalten sollen. Ebenso gehören dazu Personen, die außerhalb des Workflows mit dem Geschäftsprozess verbundene Aufgaben erledigen, die dem Workflow mitgeteilt werden müssen.
- Welche Arbeit soll erledigt werden?
  - Welche Aufgaben/Aktivitäten müssen erledigt werden?
  - Werden diese Aufgaben in dem gleichen System ausgeführt wie der Workflow, in einem anderen System, oder werden sie manuell erledigt?
  - Ist die direkte Beteiligung eines Mitarbeiters erforderlich, oder kann die Aufgabe automatisiert werden?
- Welche Daten sind betroffen?
  - Welche Entitäten (Objekte) und Daten sollen einbezogen werden?
  - Wenn ein Mitarbeiter eine Aufgabe ausführen soll, welche Daten muss derjenige einsehen und verwenden können, um die Aufgabe auszuführen?
  - Welche Daten werden bei einer Automatisierung der Aufgabe vom System zur Durchführung dieser Aufgabe benötigt?
- **Wann?**
  - Wodurch wird der Prozess gestartet?
  - Auf welche Weise wird der Abschluss einer Aufgabe/Aktivität mitgeteilt?
  - Auf welche Weise wird der Abschluss des gesamten Prozesses mitgeteilt?
- In welcher Reihenfolge werden die Aufgaben ausgeführt?
  - Welche Reihenfolge wird für die Aufgaben festgelegt?
  - Bestehen Abhängigkeiten zwischen den Aufgaben?
  - Können sie parallel durchgeführt werden?
  - Müssen Aufgaben oder Gruppen von Aufgaben in bestimmten Situationen wiederholt werden?

- **Warum?**
  - Warum wird dieser Prozess durchgeführt?
  - Warum wird dieser Prozess per Workflow durchgeführt?

Wie Sie diesen Fragen entnehmen können, werden die Anforderungen für das gesamte Workflow-Projekt ermittelt, angefangen bei der Rechtfertigung des Geschäftsprozesses über die Workflow-Entwicklung bis hin zu seiner Implementierung.

Tipp

Eine umfassende Beschreibung des Projektmanagements würde über den Rahmen dieses Buches hinausgehen. Um jedoch einen kurzen Einblick in die Anforderungen der einzelnen Stufen eines Workflow-Projekts zu erhalten, können Sie sich unter *http://www.sap-press.de/3635* Checklisten zu den folgenden Themenbereichen herunterladen:

- Ermittlung von Anforderungen
- Bewertung der Kapitalrendite (ROI)
- Qualitätssicherung, Überprüfung des Designs
- Erstellen und Testen
- Qualitätssicherung, Überprüfung der Implementierung
- Produktivsetzung
- periodische Aufgaben

2.2 Verständnis des Geschäftsprozesses

Die Frage nach dem Warum sollte bereits geklärt sein, bevor der Workflow beginnt. Sollte dies nicht der Fall sein, stellen Sie sich diese Frage jetzt, denn es handelt sich hier um die entscheidende Frage, um die Steuerungsfaktoren für die Geschäftsprozesse bewerten und die Vorteile ermessen zu können, die sich durch den Einsatz des Workflows in diesen Prozessen erreichen lassen. Eine gründliche Auswertung dieser Aspekte gewährleistet nicht nur, dass Sie sich auf diejenigen Aspekte des Workflows konzentrieren können, die für die Auftraggeber von größter Bedeutung sind, sondern trägt auch dazu bei, potenzielle Probleme während der Erstellung des Workflows rechtzeitig zu erkennen.

2.2.1 Treibende Faktoren für den Prozess

Eine genaue Kenntnis der Faktoren, die den Geschäftsprozess antreiben, erleichtert auch die Ermittlung derjenigen Kriterien, die über Erfolg und Misserfolg des Workflows entscheiden. Das heißt, wie erfahren Sie, wann der Workflow das Business-Ziel erreicht hat? Daher sollten Sie sich u. a. die folgenden wichtigen Fragen stellen:

- Wird der Prozess bereits unternehmensintern ausgeführt, oder handelt es sich um einen neuen Prozess?
- Welche Vorteile bringt der Prozess für das Unternehmen?
- Welche Komponenten wären betroffen, wenn der Prozess nicht ausgeführt würde?
- Welche finanziellen Auswirkungen hat die Ausführung bzw. die Nicht-Ausführung des Prozesses?
- Wie oft wird der Prozess ausgeführt?
- Wie viele Personen sind an einer einzelnen Ausführung des Prozesses beteiligt oder werden daran beteiligt sein?
- Sind Service Level Agreements vorhanden, die durch den Prozess erzwungen werden müssen?
- Muss eine ordnungsgemäße Trennung von Aufgaben gewährleistet sein (z. B. um sicherzustellen, dass ein Mitarbeiter nicht seine eigene Gehaltserhöhung genehmigen kann)?
- Handelt es sich um einen Self-Service-Prozess, an dem nicht oder nur in geringem Maß geschulte Mitarbeiter beteiligt sein werden?
- Gelten zeitliche Beschränkungen für den Prozess?
- Ist der Prozess an gesetzliche Bestimmungen geknüpft?
- Welche weiteren Faktoren sind von entscheidender Bedeutung für den Prozess?
- Wann wurde dieser Prozess zuletzt geprüft oder neu erstellt?

In einigen Fällen liegen die Antworten zu diesen Fragen auf der Hand. Denken Sie z. B. an einen Prozess für Beschaffungsanforderungen, bei dem Anforderungen für Beschaffungen eingegeben, genehmigt und ausgeführt werden. Hier ist eine Trennung der Aufgaben ein Muss, schließlich sollen die Mitarbeiter ja nicht ihre eigenen Anträge genehmigen. Wenn Beschaffungsanforderungen über das Web von demjenigen eingegeben werden, der die Waren benötigt, handelt es sich um einen Self-Service-Prozess, der unter

Umständen für alle Mitarbeiter eines Unternehmens gilt, die Waren bestellen müssen. Unterliegen die Beschaffungsanforderungen keinerlei Genehmigungsverfahren, können daraus finanzielle Nachteile entstehen, von entgangenen Umsätzen (wenn für die Produktion benötigte Materialien nicht rechtzeitig eingekauft werden) bis hin zu Ausgaben durch Mitarbeiter, die ohne die entsprechende Berechtigung Waren einkaufen.

Sobald Sie mit dem Geschäftsprozess vertraut sind, wird es Zeit für eine Tauglichkeitsprüfung. Fragen Sie sich, ob dieser Geschäftsprozess ein guter Kandidat für einen Workflow ist, indem Sie folgende Aspekte berücksichtigen:

- Geeignete Prozesse bestehen üblicherweise aus einer Reihe von Aufgaben, die innerhalb vorgegebener Rahmenbedingungen von einer Vielzahl von Menschen durchgeführt werden müssen. Die Implementierung eines Prozesses via Workflow erfolgt häufig, um sicherzustellen, dass alle Aufgaben ordnungsgemäß ausgeführt und alle Rahmenbedingungen eingehalten werden, und um zu gewährleisten, dass alle beteiligten Personen umgehend benachrichtigt werden. Letzteres gilt in besonderem Maße, wenn eine direkte Kommunikation zwischen den Beteiligten nur eingeschränkt möglich ist, diese Personen also z. B. an verschiedenen Standorten, in verschiedenen Abteilungen oder unterschiedlichen Unternehmen arbeiten.
- Sollte sich ein Prozess als ungeeignet für den Workflow erweisen, sollten Sie überlegen, ob er auf andere Weise besser ausgeführt werden kann. Handelt es sich um einen Prozess, an dem nur wenige Personen mitwirken oder der nicht besonders dringend ist, ist möglicherweise nur eine Hintergrundverarbeitung oder ein Hintergrundreport erforderlich. Wenn Sie Workflows einrichten, aus denen sich nur wenig Nutzen ziehen lässt, vergeuden Sie nur Zeit.

Durch Kenntnis der Faktoren, die einen Prozess steuern, erhalten Sie Einblick in die wichtigsten Aspekte, die bei der Entwicklung und Implementierung des Workflows zu berücksichtigen sind: Beinhaltet ein Prozess zeitliche Rahmenbedingungen, sollten Sie Ihr Augenmerk auf die Terminüberwachung richten. Erfordert ein Prozess eine strikte Trennung der Ausführung der einzelnen Aufgaben, sollte bei der Workflow-Entwicklung sichergestellt werden, dass nur die dafür vorgesehenen Personen bestimmte Aufgaben ausführen können. Handelt es sich um einen Self-Service-Prozess, sollten Sie dafür sorgen, dass Aufgaben, die von ungeschulten Benutzern ausgeführt werden, so benutzerfreundlich und selbsterklärend wie möglich gestaltet werden.

Nicht zuletzt kann die Einrichtung eines Workflows Anlass zur Neustrukturierung von Prozessen geben, die über längere Zeit nicht geprüft oder neu gestaltet wurden. Sie sollten bestätigen, ob eine Neustrukturierung von Prozessen erforderlich oder gewünscht ist, um einen Überblick darüber zu erhalten, wie flexibel ein Geschäftsprozess für den Workflow interpretiert werden kann. Wenn Sie wissen, dass im Rahmen des Workflow-Projekts eine Neustrukturierung des Geschäftsprozesses durchgeführt werden muss, müssen Sie einige weitere Fragen beantworten:

- Ist der Prozess noch relevant?
- Ist der Prozess effektiv?
- Welche Verbesserungen können in den Prozess eingefügt werden?

2.2.2 Erwartete Vorteile des Workflows

Es gibt drei Hauptgründe, aus denen Unternehmen den Einsatz von Workflows planen. Diese Gründe stellen üblicherweise entscheidende Kriterien für den Erfolg eines Workflow-Projekts dar:

- **Geschwindigkeit eines Geschäftsprozesses erhöhen**
  Beabsichtigt ein Unternehmen die Beschleunigung eines Geschäftsprozesses, liegt das Augenmerk meist auf Kostensenkungen durch Zeitersparnisse oder auf der Pflege und Erweiterung des derzeitigen Kundenstamms durch verbesserte Serviceleistungen. Konzentrieren Sie sich auf eine Rationalisierung der Prozesse, und sorgen Sie dafür, dass Aufgaben schnell und einfach ausgeführt werden können. Versuchen Sie, Aufgaben so weit wie möglich zu automatisieren.
- **Konsistenz eines Geschäftsprozesses verbessern**
  Legt ein Unternehmen Wert auf einen konsistenteren Ablauf des Geschäftsprozesses, liegt die Konzentration auf der Vermeidung von Nachteilen in finanzieller oder rechtlicher Hinsicht bzw. auf der Vermeidung von Reputationsverlust. Richten Sie Ihr Augenmerk auf Sicherheitsfragen und die eindeutige Ermittlung der Bearbeiter. Stellen Sie sicher, dass der Workflow über Self-Audit-Funktionen verfügt, sodass bei einer späteren Untersuchung geprüft werden kann, ob der richtige Geschäftsprozess umgesetzt wurde.
- **Qualität eines Geschäftsprozesses erhöhen**
  In einem Unternehmen, das die Qualität eines Geschäftsprozesses verbessern möchte, stehen folgende Ziele im Vordergrund: Bereitstellung besserer Informationen für die Entscheidungsträger, Erhöhung der Klarheit und

Transparenz, Reduzierung von Fehlern und Verbesserung der Akzeptanz des Prozesses, um Einzelaktivitäten auf ein Mindestmaß zu reduzieren. Sorgen Sie für eine möglichst einfache Ausführbarkeit der Aufgaben, stellen Sie gute Dokumentationen und klare Anweisungen bereit. Dabei empfehlen sich die Verwendung von Anlagen zur verbesserten Kommunikation zwischen den Beteiligten und der Versand von E-Mails an durch den Prozess betroffene Personen.

Sollte nicht eindeutig sein, welche Gründe für die Erstellung des Workflows vorliegen, stellen Sie folgende Fragen:

- Wie hoch ist der erwartete ROI für dieses Workflow-Projekt?
- Woher stammt der ROI? Aus Umsatzsteigerungen? Aus Einsparungen? Aus einer Vergrößerung des Kundenstamms? Aus einer Verkürzung der Produkteinführungszeit? Aus einer Vermeidung von Konventionalstrafen? Aus der Erfüllung von Anforderungen der Muttergesellschaft?
- Wie wird der ROI bestimmt?
- Gibt es weitere entscheidende Kriterien für dieses Projekt? Wie werden Gewinn oder Verlust bei eventuell vorhandenen immateriellen Werten bemessen?

Tipp

Unter *http://www.sap-press.de/2209* können Sie sich eine Checkliste herunterladen, die Sie beim Bewerten des ROIs für Workflows unterstützt.

Wenn Sie die Kriterien kennen, die über Erfolg oder Misserfolg eines Workflow-Projekts entscheiden, können Sie auch diejenigen Aspekte des Workflow-Entwurfs ausmachen, die Sie mit besonderer Sorgfalt planen sollten. Soll z. B. von anderen Standorten aus auf den Prozess zugegriffen werden können, müssen Sie denjenigen Verfahren besondere Aufmerksamkeit schenken, mit denen die Workitems den Bearbeitern zugänglich gemacht werden (also der Art, auf die die Aufgabe an den Bearbeiter übertragen wird).

Berücksichtigen Sie die Messwerte, die mithilfe des Workflows ermittelt werden, um feststellen zu können, ob die Erfolgskriterien erfüllt wurden. Zu den im Workflow automatisch ermittelten Messwerten gehören u. a. folgende: Start- und Endzeit des Prozesses, Start- und Endzeit einer Aufgabe, Aufgabenausführung im Vergleich zu Liegezeiten sowie die an der Ausführung einer bestimmten Aufgabe beteiligten Personen. Start- und Endzeiten dienen zur Ermittlung der Dauer eines Prozesses oder einer Aufgabe. Benötigen Sie weitere Messwerte, sollten Sie diese mithilfe automatisierter Schritte im Workflow ermitteln.

Anhand dieser Werte kann nicht nur geprüft werden, ob Kriterien wie z. B. die angestrebte Gesamtbearbeitungszeit eingehalten wurden, sondern sie dienen ebenfalls zur weiteren Optimierung des Prozesses in der Praxis. Sollten z. B. Bearbeiter mehr Zeit zur Durchführung einer Aufgabe benötigen, als erwartet, brauchen sie möglicherweise mehr oder bessere Informationen. Auch durch ein Monitoring des Workflows können Sie feststellen, ob die Aufgaben angemessen auf die Bearbeiter verteilt wurden, und darüber hinaus Engpässe ermitteln.

2.2.3 So funktioniert der Prozess in der Theorie

Ist der Prozess bereits in einem Handbuch für Geschäftsabläufe oder Ähnlichem dokumentiert, besteht der nächste Schritt darin, die Funktionsweise des »offiziellen« Prozesses zu untersuchen: Wann wird der Prozess ausgelöst? Auf welche Weise wird der Abschluss des Prozesses mitgeteilt? Werden zur Ausführung des Prozesses zurzeit gedruckte oder elektronische Formulare verwendet, sollten Sie versuchen, Zugriff darauf zu erhalten, da diese häufig Aufschluss darüber geben können, welche Daten vom Workflow benötigt werden. Dabei sollten Sie darauf achten, welche Bearbeiter am Prozess beteiligt sind, ob also eine Aufgabe von Mitarbeitern in bestimmten Positionen oder mit einer besonderen Ausbildung ausgeführt werden sollte.

Achten Sie ebenfalls darauf, ob andere Prozesse mit diesem Prozess zusammenhängen. Prüfen Sie, ob der Workflow die verknüpften Prozesse bedient, z. B. indem Benachrichtigungen oder andere Informationen an Mitarbeiter gesendet werden, die an diesen Prozessen beteiligt sind. Finden Sie heraus, ob die verknüpften Prozesse zurzeit Workflows einsetzen oder ob sie in Zukunft per Workflow ausgeführt werden sollen.

Ermitteln Sie Prozessbestandteile, die untrennbar mit der Art und Weise verbunden sind, in der der Prozess zurzeit ausgeführt wird. Papierbasierte Prozesse erfordern z. B. häufig Unterschriften. Fragen Sie, ob dies unbedingt erforderlich ist oder ob eine Identifizierung der Bearbeiter mithilfe von Benutzerkennung und Kennwort durchgeführt werden kann.

2.2.4 So funktioniert der Prozess in der Praxis

Manchmal stimmt die vorgesehene Funktionsweise eines Prozesses bzw. die zugehörige Dokumentation nicht mit den Aufgaben überein, die Benutzer täglich ausführen. Es ist wichtig, in Gesprächen mit den am aktuellen Prozess beteiligten Personen herauszufinden, wie diese tatsächlich vorgehen, anstatt sich auf Informationen dazu zu verlassen, welche Aufgaben ausgeführt werden sollten.

Ein weiterer wichtiger Aspekt ist, wie die Aufgaben ausgeführt werden, z. B. in einem System oder manuell. Zum Beispiel wollte ein Kunde den Workflow einsetzen, um die Genehmigung von Rechnungen zu automatisieren. In einer Besprechung mit dem Kunden stellte sich heraus, dass die Rechnung in Papierform vorlag und manuell zur Genehmigung weitergeleitet wurde. Nach der Genehmigung auf Papier wurde die Rechnung zum System hinzugefügt. Bevor wir einen automatisierten Genehmigungsprozess entwerfen konnten, mussten wir die Rechnung daher zum System hinzufügen. Erst danach konnten wir den Genehmigungsprozess mit SAP Business Workflow automatisieren.

Stellen Sie sich die folgenden Fragen, wenn Sie Aufgaben untersuchen, die in einem System oder manuell ausgeführt werden:

- Wie werden die Aufgaben ausgeführt? Manuell oder im System?
- Wenn Letzteres der Fall ist: Welche Transaktionen und Reports werden im Prozess eingesetzt?
- Können Aufgaben automatisiert werden, um die Effizienz der Bearbeiter zu erhöhen und ihre Arbeitslast zu reduzieren?
- Welche der Daten, die in den Transaktionen und Reports zur Verfügung stehen, sind für die Ausführung der Aufgabe unbedingt notwendig?
- Welche der Funktionen, die in den Transaktionen und Reports zur Verfügung stehen, sind für die Ausführung der Aufgabe unabdingbar?

In diesem Stadium können Sie in Ihrem Workflow auch andere als die genannten Transaktionen und Reports einsetzen. Häufig ist es sinnvoller, im endgültigen Workflow Prozeduren wie BAPIs (Business Application Programming Interfaces) oder Benutzeroberflächen wie Web Dynpro zu verwenden. Dennoch trägt die Kenntnis der aktuell eingesetzten Funktionen dazu bei, dass der Workflow alle erforderlichen Funktionen enthält, und dient darüber hinaus als Ausgangspunkt bei der Ermittlung der geeigneten Prozeduren.

Die nächsten Fragen, die Sie sich stellen sollten, betreffen die Daten, die für den Prozess verwendet werden.

- Wie ist die Qualität der Daten zu bewerten? Bei Formularen in Papierform ergeben sich häufig Probleme bei der Datenqualität.
- Wo liegen die Ursachen für die eingeschränkte Qualität von Daten? Suchen Sie nach Möglichkeiten, die Qualität zu verbessern, indem Sie Hilfestellungen anbieten oder eine Prüfung häufig auftretender Datenfehler vornehmen.

Die Festlegung, welcher Bearbeiter welche Aufgaben ausführen soll, ist ein Hauptbestandteil des Workflows. Diesem Thema sind zwei Kapitel dieses Buches gewidmet: Kapitel 5, »Bearbeiter«, und Kapitel 17, »Regeln zur Bearbeiterermittlung«. Im Hinblick auf die Frage, welche Bearbeiter die Aufgaben ausführen werden, sollten Sie sich folgende Fragen stellen:

- Lässt sich problemlos ermitteln, wer für die Durchführung der einzelnen Aufgaben zuständig ist?
- Gibt es Situationen, in denen eine bestimmte Aufgabe nur sehr ungern übernommen wird? Warum ist das so?
- Ist diese Aufgabe besonders schwierig oder unangenehm?
- Bestehen Unklarheiten hinsichtlich der Zuständigkeit?
- Fehlt es an der entsprechenden Schulung?
- Handelt es sich um eine rein mechanische Aufgabe, die ganz oder in Teilen automatisiert werden könnte?
- Verfügen alle Bearbeiter über die gleichen Fachkenntnisse zur Erledigung der Aufgaben?
- Welche Informationen werden von einem erfahrenen bzw. unerfahrenen Bearbeiter benötigt, um die Aufgabe erfolgreich erledigen zu können?
- Welche Informationen sind am wichtigsten, damit ein erfahrener Bearbeiter die Aufgabe rasch erledigen kann?
- Ist die Arbeit gerecht auf die Bearbeiter verteilt?
- Auf welche Weise erfolgt die Arbeitsverteilung zurzeit?
- Würde eine Umverteilung der Arbeit (indem z. B. ein Bearbeiter miteinander verwandte Aufgaben – etwa sämtliche Beschaffungsanforderungen für die gleiche Materialgruppe – erhält) dazu führen, dass die Bearbeiter ihre Aufgaben schneller und besser ausführen können?
- Kommt es häufig zu Verzögerungen?

- Worin liegen die Ursachen für Verzögerungen?
- Was geschieht, wenn ein Bearbeiter ausfällt?
- Was geschieht, wenn ein Bearbeiter eine neue Position antritt oder das Unternehmen verlässt?

Darüber hinaus müssen Sie berücksichtigen, wie relevant der Faktor Zeit für den Prozess ist. Möglicherweise müssen in einem Unternehmen Anforderungen wie z. B. der Versand einer Bestellung am selben Arbeitstag erfüllt werden. In diesem Fall könnte der Faktor Zeit bei Workflow-Prozessen für die Bestellungsverarbeitung oder den Versand kritisch sein. Um zu ermitteln, wie wichtig die Zeit bei einem Prozess ist, betrachten Sie, welches die durchschnittliche, die schnellste und die langsamste Bearbeitungszeit für den gesamten Prozess ist. Sie sollten unbedingt sicherstellen, dass die Einführung eines Workflows nach Möglichkeit zu einer Verbesserung der durchschnittlichen und der schnellsten Bearbeitungszeit führt, mindestens aber den Prozess nicht verlangsamt. Die Angabe vereinzelter Arbeitszeiten ist nicht ausreichend, stattdessen sollten Sie tatsächliche Beginn- und Endzeiten erfassen, um später nachweisen zu können, dass sich die Gesamtbearbeitungszeit verbessert oder zumindest nicht verschlechtert hat.

Darüber hinaus müssen Sie die Zufriedenheit der Benutzer sicherstellen, die täglich in den Prozess involviert sind. Berücksichtigen Sie die folgenden Punkte, um die Sicht der Benutzer zu verstehen:

- Mit welchen Aspekten des Prozesses sind die Beteiligten am wenigsten zufrieden?
- Welche Aspekte des derzeitigen Prozesses führen zu Frustrationen?

Versuchen Sie, den Prozess zu verbessern, wo immer das möglich ist. Ermitteln Sie quantitative Messwerte für alle Problembereiche, sodass Sie diese bewerten, überwachen und mit dem Workflow vergleichen können, um die erreichten Verbesserungen aufzeigen zu können.

Auch wenn es sich um einen neuen Prozess handelt, für den noch keine praktischen Erfahrungen vorliegen, sind die meisten dieser Fragen von Bedeutung. Sie sollten auf jeden Fall gewährleisten, dass vorhersehbare Ausnahmesituationen berücksichtigt und potenzielle Probleme bedacht wurden.

2.2.5 Gewerkschaft und Betriebsrat

Da ein Workflow in enger Beziehung zu Menschen steht, sollten Gewerkschaft und Betriebsrat bereits in einem frühzeitigen Planungsstadium miteinbezogen werden, insbesondere dann, wenn ein Workflow in einem Unternehmen zum ersten Mal implementiert wird. Es sind zwar bereits Customizing-Einstellungen vorhanden, um den Richtlinien des Betriebsrats zu genügen, dennoch darf dieser nicht übergangen werden. Schenken Sie den Äußerungen des Betriebsrats Aufmerksamkeit, und stellen Sie sicher, dass diese auch in die Tat umgesetzt werden. Wenn die ersten Benutzer eines Workflows ein positives Feedback liefern, lassen sich weitere Workflows im Allgemeinen leichter planen und installieren.

2.3 Erfassung von Objektdaten

Bei der Erfassung von Daten für die manuelle Durchführung von Geschäftsprozessen werden häufig nur solche Daten berücksichtigt, die zur Erstellung gedruckter oder elektronischer Formulare benötigt werden. Viele dieser Daten werden im Handbuch für Geschäftsabläufe nicht ausdrücklich erwähnt, sondern sind nur denjenigen Personen bekannt, die die Aufgabe erledigen. Beim Einsatz von SAP Business Workflow gibt es Vorgaben, und Sie müssen diese Daten kennen, da dem Workflow nahezu alle verwendeten Daten explizit zur Verfügung gestellt werden müssen.

Workflow-übergreifend werden viele einzelne Daten eingesetzt, zwischen denen häufig eine enge Beziehung besteht. Viele Daten sind direkt mit den zum Geschäftsprozess gehörenden Entitäten verknüpft. In der Workflow-Terminologie werden diese Entitäten als *Business-Objekte* bezeichnet. Wenn der Schlüssel des Business-Objekts bekannt ist, können daraus verschiedene verknüpfte Daten abgeleitet werden. Betrachten Sie z. B. einen Workflow zur Steuerung der Folgebearbeitung von Kundenaufträgen. Höchstwahrscheinlich benötigen Sie eine Reihe von Daten, die sich auf diesen speziellen Auftrag beziehen. Wenn bekannt ist, dass das Schlüsselfeld AUFTRAGSNUMMER einen bestimmten Kundenauftrag identifiziert, kann diese Auftragsnummer verwendet werden, um alle Arten verknüpfter Informationen zu diesem Auftrag abzuleiten.

Tipp

Dies schließt tabellenbasierte Daten ein, z. B. das Datum der Auftragserstellung, den Auftragsersteller, die Kundennummer des Auftrags sowie berechnete Daten (etwa das Auftragsalter).

Darüber hinaus können erweiterte Beziehungen eingefügt werden. Wenn die Kundennummer bekannt ist, die das Schlüsselfeld des Business-Objekts KUNDE darstellt, kann auf die Felder KUNDENNAME und KUNDENADRESSE zugegriffen werden.

2.3.1 Vom Workflow benötigte Daten

Bevor jedoch die Daten in Business-Objekten gesammelt werden können, muss zunächst ermittelt werden, welche Daten im Workflow benötigt werden. Daten können in einem Workflow zu verschiedenen Zwecken eingesetzt werden, wie z. B.:

- **Zur Durchführung von Aufgaben**
  Beim Start eines Workflows werden üblicherweise Schlüsselinformationen an den Workflow übergeben. Zum Beispiel erhält ein Workflow zur Folgebearbeitung eines Auftrags die entsprechende Auftragsnummer. Der Workflow leitet diese Informationen an die durchzuführenden Aufgaben weiter. So wird etwa die Auftragsnummer an eine Aufgabe zur Anzeige der Detailinformationen und an eine weitere Aufgabe zur Aktualisierung des Auftrags übergeben.
- **Zur Ermittlung des zuständigen Bearbeiters**
  Wenn z. B. die Person, die den Auftrag aktualisieren soll, anhand der Auftragsart (Großhandel/Einzelhandel) und des Auftragsgesamtwerts ausgewählt werden soll, benötigt der Workflow die Auftragsart und den Auftragsgesamtwert.
- **Zur Ermittlung der zu überwachenden Termine**
  Wenn der Workflow innerhalb einer Woche nach der Auftragserstellung beendet sein muss, werden das Datum und die Uhrzeit der Auftragserstellung benötigt.
- **Als Steuerungsdaten**
  Das können z. B. die maximale Wiederholungsrate für Teilprozesse, bevor eine andere Aktion ausgeführt wird, oder das Ergebnis einer Genehmigungs-/Ablehnungsentscheidung sein.
- **Für Texte**
  Das sind z. B. Anweisungen für die Person, die die Aufgabe ausführen soll (etwa der Name des Bearbeiters, der den Auftrag erstellt hat, oder der Name des Kunden, für den der Auftrag erstellt wurde). Diese Art Daten wird häufig erst zu einem späten Zeitpunkt der Workflow-Entwicklung berücksichtigt und muss dann sozusagen in letzter Minute eingearbeitet werden.

Tipp

Versuchen Sie, die Daten, die den Bearbeitern zur Verfügung gestellt werden sollen, zu einem möglichst frühen Zeitpunkt festlegen zu lassen. Dabei sollte besonders darauf geachtet werden, dass Daten aussagekräftig (Namen anstelle von Zahlen, Beschreibungen anstelle von Codes) und sinnvoll sind. Dies trägt zu einer raschen Erledigung der Aufgaben bei und stellt die wichtigsten Informationen für eine Entscheidungsfindung bereit.

Zu diesem Zeitpunkt sollte auch bedacht werden, wie die Anweisungstexte formuliert werden sollen. Anweisungen, die in letzter Minute oder ohne Vorüberlegungen geschrieben werden, sind meist zu knapp oder zu technisch gefasst. Werden Anweisungen hingegen höflich, taktvoll und gut durchdacht formuliert, hat dies meist eine prompte Ausführung der Aufgaben zur Folge. Stellen Sie sicher, dass die wichtigsten Informationen an den Beginn des Textes gestellt werden, damit Bearbeiter mit größerer Fachkenntnis sofort mit der Arbeit beginnen können.

Lassen Sie solche Daten außer Acht, die bereits Bestandteil der zur Aufgabenausführung gehörenden Transaktion (oder Prozedur) sind – es sei denn, diese Daten sind für die Anweisungen an die Bearbeiter notwendig. Sie müssen dafür sorgen, dass die Texte und Anweisungen für die Bearbeiter sowie weitere von der Prozedur angezeigten Daten ausreichend Informationen liefern. Nur so können die Bearbeiter Entscheidungen treffen und die Aufgabe erfolgreich erledigen.

2.3.2 Wo befinden sich die Daten?

Prüfen Sie alle Dokumente, die zurzeit im Prozess verwendet werden, einschließlich der gedruckten oder elektronischen Formulare. Diese Dokumente geben Aufschluss darüber, welche Informationen den Bearbeitern aktuell zur Verfügung stehen, und stellen damit einen guten Ausgangspunkt für weitere Überlegungen dar. Sprechen Sie mit den Bearbeitern, die an der Prozessbearbeitung derzeit oder zukünftig beteiligt sind. Fragen Sie sie, welche Daten sie benötigen, um angemessene Entscheidungen treffen und Aufgaben erfüllen zu können. Stellen Sie fest, ob diese Daten zurzeit im System zur Verfügung stehen, z. B. in einer Tabelle, Transaktion oder einem Report. Achten Sie insbesondere auf Schlüsseldaten, die die Entitäten innerhalb des Prozesses kennzeichnen (z. B. Auftragsnummern). Aus diesen Schlüsseldaten können Sie eine ganze Reihe weiterer Daten ableiten. Wenn z. B. die Auftragsnummer bekannt ist, lässt sich ermitteln, wer den Auftrag erstellt hat, was bestellt wurde, wann der Auftrag erteilt wurde und welcher Kunde den Auftrag erteilt hat.

2.3.3 Welche Daten sind bereits vorhanden?

Workflows stellen standardmäßig folgende Daten bereit:

- »System«-Informationen des Workflows (Felder in der WFSYST-Struktur, einer Workflow-Systemstruktur), z. B. Informationen zum Workflow-Initiator, also der Person, die den Workflow gestartet hat.
- Detailinformationen zu ausgeführten Aufgaben, z. B. Informationen zum zuständigen Bearbeiter oder auch Start- und Endtermine
- Anlagen für E-Mails

In den SAP-Komponenten wurde bereits eine ganze Reihe von Business-Objekten erstellt, die sowohl tabellenbasierte als auch berechnete Daten enthalten. Vorhandene Business-Objekte können problemlos wiederverwendet und erweitert werden und zeichnen sich durch ihre Upgrade-Fähigkeit aus. Alternativ können sie auch als Vorlage für eigene, vollständig neue Business-Objekte genutzt werden.

2.3.4 Sinnvoller Einsatz der erfassten Daten

Das Erfassen von Daten in Business-Objekttypen ist nicht nur eine praktische Angelegenheit, sondern auch eine Frage des Prinzips. Viele Bestandteile eines Workflows, und hier besonders die Business-Objekttypen, basieren auf einem objektorientierten Konzept.

Die objektorientierte Theorie kann hier nicht ausführlich behandelt werden, zu den grundlegenden Vorteilen gehören jedoch Konsistenz und Wiederverwendbarkeit der Daten. Bei der Planung von Workflows sind diese beiden Aspekte von großer Bedeutung. Innerhalb eines Unternehmens kommt es häufig zu sich ähnelnden Geschäftsprozessen, die Abläufe folgen bestimmten Mustern. Anweisungen und Informationen liegen in ähnlichen Formaten vor: Eskalationsprozesse finden auf die gleiche Weise statt, E-Mail-Nachrichten enthalten ähnliche Formulierungen, und Aufgaben wie Genehmigungs- oder Ablehnungsentscheidungen werden auf die gleiche Weise ausgeführt.

Ein Workflow betont diese Ähnlichkeiten und trägt häufig direkt dazu bei. Aus der Sicht eines Unternehmens ist dieses Verhalten ausgesprochen wünschenswert. Die Beibehaltung dieser Ähnlichkeiten führt zu folgenden Ergebnissen:

- Reduzierung der Anforderungen und Kosten für Schulungen
- vereinfachte Pflege der prozessunterstützenden Daten

- Beschleunigung der Erledigung von Aufgaben, da der Bearbeiter die Abläufe kennt
- konsistentere Verfahren für die Zuweisung und Ausführung von Aufgaben
- konsistentere Eskalation ausstehender Aufgaben
- Reduzierung der Fehlerrate und vereinfachte Fehlersuche

Gängige Datentypen, die in einem Workflow-Prozess benötigt werden

Überlegen Sie im Hinblick auf die erforderlichen Daten, wie häufig bei der Durchführung einer Aufgabe durch einen bestimmten Mitarbeiter nicht nur dessen Kennung oder Personalnummer, sondern auch Name, Anschrift und Detailinformationen zum Kontakt angezeigt werden sollen. Bei der Ausführung einer kunden- oder lieferantenbezogenen Aufgabe sollten der Name, Details zum Kontakt und der Ansprechpartner angezeigt werden. Bei Verwendung eines Codes oder einer Kennung empfiehlt sich die Anzeige der zugehörigen Beschreibung. Bei Beträgen sollte z. B. eine konsistente Anzeige eingehalten werden: Plus- und Minuszeichen sollten sich auf der gleichen Seite befinden und Kommas, Dezimalpunkte und Währungen einheitlich dargestellt werden.

Der Einsatz von Business-Objekttypen beim Zusammentragen der Daten sorgt für eine verbesserte Datenkonsistenz und gewährleistet die Wiederverwendbarkeit. Je enger Sie sich bei der Datenerfassung an die Regeln des objektorientierten Konzepts halten, desto leichter können diese beiden Faktoren umgesetzt werden. Sie benötigen keine detaillierten Kenntnisse der objektorientierten Theorie, wichtig ist dabei nur, dass Daten immer mit dem Objekt verknüpft werden sollten, mit dem die engste Beziehung besteht.

Nehmen Sie z. B. einen Workflow, der nach dem Anlegen eines neuen Kunden diesen entsprechend den Unternehmensrichtlinien der richtigen Kontaktperson im Unternehmen zuordnet (z. B. einem Account-Manager). Sie möchten die beiden Business-Objekttypen `Customer` und `Employee` einsetzen. Für Ihren Workflow benötigen Sie die folgenden Daten. Welchem Objekttyp werden diese Daten jeweils zugeordnet?

- Kundenkennung
- Name des Kunden
- Telefonnummer des Kunden

- Mitarbeiterkennung
- Mitarbeitername
- Telefonnummer des Mitarbeiters
- Kontaktperson

Die Daten für die Kundenkennung, den Kundennamen sowie die Telefonnummer des Kunden lassen sich ohne Weiteres dem Objekttyp `Customer` zuordnen. Auch die Mitarbeiterkennung, der Mitarbeitername und die Telefonnummer des Mitarbeiters stellen kein Problem dar: Diese Daten gehören zum Objekttyp `Employee`. Aber was ist mit den Daten für die Kontaktperson? Zu welchem Objekttyp gehören diese Daten, zum Objekttyp `Customer` oder `Employee`?

Auf den ersten Blick lässt sich das kaum erkennen. Bei der Kontaktperson handelt es sich schließlich um einen Mitarbeiter; dieser wird allerdings einem Kunden zugeordnet. Welche ist nun die stärkere Beziehung? Diesen Sachverhalt müssen Sie vom Standpunkt der einzelnen Objekttypen aus betrachten:

- **Mitarbeiter**
  - Ist jeder Mitarbeiter auch eine Kontaktperson? – Nein.
  - Besteht für die Mehrzahl der Mitarbeiter eine Zuordnung als Kontaktpersonen? – Nein.
  - Ist jede Kontaktperson auch ein Mitarbeiter? – Ja.
- **Kunde**
  - Verfügt jeder Kunde über eine Kontaktperson? – Ja.

In diesem Fall verfügt der Objekttyp `Customer` über eine stärkere Beziehung zur Kontaktperson. Jedoch ist die Kontaktperson gleichzeitig ein Mitarbeiter. Was geschieht, wenn Kennung und Name der Kontaktperson ermittelt werden sollen? Sie können dieses Problem lösen, indem Sie die Kontaktperson über den Kunden erstellen, allerdings nicht als unabhängige Information, sondern indem Sie die Kontaktperson als Beziehung zum Mitarbeiterobjekttyp `Employee` mit dem Kundenobjekttyp `Customer` verknüpfen. Um den Namen der dem Kunden zugeordneten Kontaktperson zu ermitteln, können Sie den Mitarbeiternamen über die Beziehung zwischen Kunde und Kontaktperson referenzieren.

Grundlegendes zur Beziehung zwischen den Datenpunkten, die in einem Workflow verwendet werden

Wie steht es mit Mehrfachbeziehungen? Für einen Kunden können z. B. mehrere offene Aufträge vorhanden sein. In diesem Fall fügen Sie eine Beziehung mit mehreren Beziehungslinien ein, also eine Liste von Beziehungen zwischen Aufträgen und dem Objekt `Customer`. Auf diese Weise kann der Workflow alle offenen Aufträge verarbeiten, die mit einem Kunden verknüpft sind.

Wie soll die Beziehung zwischen einem Auftrag und den darin enthaltenen Positionen behandelt werden? Sind die Auftragspositionen Bestandteil des Business-Objekttyps `Order`? Betrachten Sie es einmal aus dieser Perspektive: Werden die gleichen Daten genutzt? Werden diese beiden Objekttypen bei der Ausführung von Aufgaben auf die gleiche Weise behandelt? Die Antwort lautet: nein. Betrachten wir ein einfaches Beispiel: Menge und Wert. Eine Auftragsposition besitzt eine Menge, einen Preis und einen daraus abgeleiteten Wert. Der Gesamtwert eines Auftrags errechnet sich aus der Gesamtsumme aller Positionswerte. Auf Auftragsebene ergeben Mengenangaben nicht viel Sinn, da der Auftrag mehrere Positionen mit völlig unterschiedlichen Waren oder Dienstleistungen umfassen kann. Bei `Order` und `Order item` handelt es sich also um unterschiedliche Business-Objekttypen. Natürlich ist es ratsam, den Auftrag mithilfe einer Mehrfachbeziehung mit den entsprechenden Auftragspositionen zu verknüpfen. Die einzelnen Positionen wiederum sollten mit dem Auftrag verknüpft sein, sodass diese beiden Objekte aufeinander verweisen können.

Jede SAP-Komponente stellt bereits eine Vielzahl von Business-Objekttypen mit vielen Daten bereit, und bei jedem Upgrade werden die Objekttypen weiter ergänzt. Sie können diese Objekttypen sowohl in Ihren Workflows einsetzen als auch als Anhaltspunkt dafür verwenden, welche Daten mit welchem Business-Objekttyp verknüpft werden sollten.

Festlegen, welche Daten ein Workflow enthalten soll

Doch nicht jede einzelne Information muss einem Business-Objekttyp zugeordnet werden. Daten wie etwa die Anzahl der Wiederholungen eines Teilprozesses, bevor eine Alternativaktion ausgelöst wird, oder das Ergebnis einer Genehmigungs-/Ablehnungsentscheidung werden üblicherweise nicht über einen Business-Objekttyp erstellt, sondern sind als unabhängige Daten im Workflow vorhanden. Wenn aber Daten eine eindeutige Beziehung zu einem Business-Objekttyp aufweisen und – zum jetzigen oder zu einem späteren Zeitpunkt – die Chance besteht, dass diese Daten von einem anderen Workflow wiederverwendet werden, sollten sie an einen passenden Business-Objekttyp angefügt werden. Warum? Im Laufe der Zeit werden nicht unerhebliche Mengen an Daten zusammenkommen. Das liegt daran, dass so für den nächsten Workflow weniger Daten erfasst und weniger Entscheidungen darüber getroffen werden müssen, auf welche Weise diese Daten mit Business-Objekttypen verknüpft werden sollen. Dies spart Zeit und Mühe, beschleunigt die Implementierung zukünftiger Workflows und erhöht die Konsistenz zwischen verschiedenen Workflows, denn im Laufe der Zeit sammelt sich eine beträchtliche Menge an Daten an.

2.4 Ermittlung der Bearbeiter

Der Vorgang der Bearbeiterermittlung wird in Kapitel 5, »Bearbeiter«, und Kapitel 17, »Regeln zur Bearbeiterermittlung«, näher beschrieben. Er soll an dieser Stelle aber bereits kurz erläutert werden, da er einen wichtigen Aspekt beim Zusammentragen der Spezifikationen darstellt. Die Bearbeiterermittlung hat direkte Auswirkungen auf die Größenordnung des Projekts.

Bevor Sie eine Entscheidung hinsichtlich der Art und Weise treffen, in der Bearbeiter ermittelt werden, müssen Sie sich darüber im Klaren sein (und Sie müssen es dem Unternehmen erläutern können), wie Bearbeiter mit dem Workflow interagieren. Damit ein Bearbeiter eine Aufgabe ausführen kann, muss er zur Laufzeit mit den relevanten Daten versorgt werden. Gemäß der Workflow-Terminologie erhält der Bearbeiter ein *Workitem*. Oberflächlich betrachtet, sieht ein Workitem für den Bearbeiter wie eine E-Mail aus. Es verfügt über einen Titel und eine Beschreibung, kann weitere Dokumente als Anlage enthalten und wird über eine Workflow-Inbox empfangen, die auch die E-Mail-Inbox des Bearbeiters sein kann. Der Hauptunterschied zwischen einem Workitem und einer E-Mail besteht für den Bearbeiter darin, dass eine E-Mail nur mitteilen kann, dass eine Aufgabe ansteht, das Workitem dagegen die Arbeit sozusagen direkt mitbringt. Je nachdem, auf welche Weise das Workitem an den Bearbeiter übermittelt wird, kann dieser durch einen Klick auf einen Button oder einen Hyperlink die Daten direkt verarbeiten.

Bei der Prozess- oder Workflow-Entwicklung müssen Sie noch einen weiteren wichtigen Unterschied zwischen E-Mails und Workitems beachten. Wenn eine E-Mail an mehrere Personen gesendet wird, erhält jede Person eine einzelne Kopie der E-Mail. Nach dem Lesen der E-Mail muss jede dieser

Personen die E-Mail selbstständig aus dem Posteingang entfernen. Wird hingegen ein Workitem an mehrere Bearbeiter gesendet, soll es normalerweise nur einmal verarbeitet werden. Daher erhalten also zunächst alle Bearbeiter die gleichen Workitems, nach der Ausführung des Workitems und der Verarbeitung der Daten durch *einen* Bearbeiter wird dieses Workitem jedoch aus den Workflow-Inboxen *aller* Bearbeiter gelöscht. Auf diese Weise können Bearbeiter feststellen, wenn alle von einem Workflow übermittelten Aufgaben ausgeführt wurden: wenn in den Workflow-Inboxen keine Workitems mehr vorhanden sind.

2.4.1 Wer sind die Bearbeiter?

Als Bearbeiter fungieren folgende Personen:

- **Die Person, die den Workflow gestartet hat**
  Bei der Person, die den Workflow startet, handelt es sich um einen besonderen Bearbeiter, den Workflow-Initiator. Bei den meisten Workflows ist während des Geschäftsprozesses eine Kommunikation zwischen dem Initiator und den anderen Bearbeitern erforderlich. Der Workflow-Initiator ist an der Ausführung der Workitems nicht unbedingt direkt beteiligt, häufig erstellt er auch den Auslöser für den Workflow nur indirekt. Allerdings ist er häufig in die Prozesseskalation eingebunden und muss meist bei Genehmigungs-/Ablehnungsentscheidungen oder zumindest zum Abschluss des Prozesses benachrichtigt werden.
- **Die Personen, die die Aufgaben ausführen**
  Die Personen, die die Aufgaben ausführen, müssen sich Texte bzw. Anweisungen anzeigen lassen können und die Workitems ausführen, wobei auch der Zugriff auf die zugrunde liegenden, während der Ausführung benötigten Transaktionen oder Prozeduren gewährleistet sein muss. Die Person, die eine Aufgabe ausführt, sollte auch die Hauptverantwortung für diese Arbeit tragen. Bearbeiter sind eher bereit, Aufgaben zügig auszuführen, wenn die entsprechende Arbeit sich auch in ihrem Aufgabenbereich befindet. Ziehen Sie auch die Arbeitsbelastung der einzelnen Bearbeiter in Betracht. Stehen genügend Bearbeiter zur Verarbeitung aller Workitems zur Verfügung? Denken Sie daran, dass die Ausführung zugeordneter Workitems meist nur einen kleinen Bestandteil der täglichen Arbeit des Betreffenden darstellt.
- **Die Personen, die den Prozess eskalieren**
  Personen, die für die Eskalation eines Prozesses zuständig sind, können sich ausstehende Workitems zwar anzeigen lassen, aber möglicherweise

nicht ausführen. Diese Personen fungieren meist auch als Workflow-Initiator, da für sie häufig der Abschluss eines Prozesses von größter Bedeutung ist. Dies gilt insbesondere für Self-Service-Funktionen wie Urlaubs- oder Anschaffungsanforderungen.

- **Personen, die Fehler innerhalb der Workflows beheben, insbesondere solche Fehler, die durch ungültige oder schlecht gepflegte Daten entstehen**
  Bei Personen, die mit der Fehlersuche beschäftigt sind, kann es sich um Workflow-Administratoren oder Sachbearbeiter mit spezieller Ausbildung handeln. Diese Mitarbeiter sorgen bei einem Fehlschlagen der automatischen Prozesse für eine erneute Verarbeitung der Dokumente und leiten ausstehende Workitems um, falls die Bearbeiterermittlung nicht ordnungsgemäß durchgeführt wurde.

Tipp

Versuchen Sie, alle »unnötigen« Bearbeitungsschritte aus dem Prozess zu entfernen, da diese im besten Fall die Verarbeitungszeit des Workflows verlängern und schlimmstenfalls sogar zu Engpässen führen können. Finden Sie für die einzelnen möglichen Bearbeiter heraus, ob diese tatsächlich zu dem Prozess beitragen und ob diese Beiträge für nachfolgende Aufgaben von entscheidender Bedeutung sind: Genügt es auch, den Bearbeiter per E-Mail zu benachrichtigen?

Achten Sie darauf, dass sämtliche Bearbeiter über Systemzugriff (Anmeldename und Kennwort) verfügen, um eine Sicherheitsprüfung durchführen zu können. Ein wesentlicher Bestandteil jedes Geschäftsprozesses besteht darin, sicherzustellen, dass nur diejenigen Personen an einem Prozess beteiligt sind, die über die entsprechende Berechtigung verfügen; dies gilt in besonderer Weise für Genehmigungsprozesse.

Bei Personen, die im Verlauf des Workflows benachrichtigt werden, muss es sich nicht notwendigerweise um Bearbeiter handeln. Diese Tatsache ist besonders dann von Interesse, wenn externe Partner einbezogen werden. In diesem Fall genügt es, die E-Mail-Adresse eines Partners zu ermitteln, um eine E-Mail senden zu können.

2.4.2 Kriterien zur Ermittlung von Bearbeitern

Da sich im Lauf der Zeit immer wieder Veränderungen in der Personalstruktur ergeben, wird eine Möglichkeit benötigt, den oder die aktuell für eine Aufgabe zuständigen Bearbeiter zuverlässig bestimmen zu können. Dies erfolgt meist mithilfe von Kriterien, die auf einen Bearbeiter verweisen. So kann z. B. anhand der Materialgruppe einer Bestellanforderung der Einkäufer identifiziert werden, der für Bestellungen aus dieser Materialgruppe zuständig ist. Sowohl die Kriterien als auch die Beziehungen zwischen Kriterien und Bearbeiter müssen im System vorhanden sein.

Ermittlung des Bearbeiters, der am besten für eine Aufgabe geeignet ist

Bei der workflow-gestützten Bearbeiterermittlung ist die Versuchung groß, komplexe Matrizen aus Kriterien für die Ermittlung der Bearbeiter zu erstellen. Müssen darüber hinaus Genehmigungsprozesse miteinbezogen werden, wird diese Versuchung sogar noch größer. Erliegen Sie dieser Versuchung nicht! Sorgen Sie durch die Auswahl der Kriterien für eindeutige Besitzverhältnisse. Bearbeiter sollten wissen, warum sie eine bestimmte Aufgabe erledigen sollen. Auf diese Weise übernehmen sie größere Verantwortung und achten darauf, ob möglicherweise Workitems nicht ordnungsgemäß an sie weitergeleitet wurden oder ob sie Workitems erhalten haben, die für einen anderen Bearbeiter vorgesehen waren. Auf diese Weise können Probleme mit dem Workflow bzw. den Daten schneller gelöst werden. Wenn Bearbeiter nicht wissen, warum sie bestimmte Workitems erhalten, gehen sie wahrscheinlich sehr passiv an diese Arbeit heran.

Ebenso sollten Sie die Auditoren berücksichtigen. Diese müssen prüfen, ob der Geschäftsprozess wie vorgesehen funktioniert. Alle in den Workflow involvierten Personen müssen sich auf einen ordnungsgemäßen Ablauf des Geschäftsprozesses verlassen können. Wenn zu komplizierte Kriterien für die Bearbeiterermittlung festgelegt werden, verzögert sich die Prüfung des Ablaufs, und das Vertrauen in den Geschäftsprozess sinkt.

Berücksichtigen Sie die Belastungen durch die notwendige Pflege der Daten und durch die programmierten Regeln zur Ermittlung eines Bearbeiters. Sowohl die verwendeten Kriterien als auch die Beziehung zwischen den Kriterien und dem jeweiligen Bearbeiter (bzw. den Bearbeitern) müssen verwaltet werden. Je mehr Daten gepflegt werden müssen, desto größer ist die Gefahr von Fehlern bei der Bearbeiterermittlung (es werden keine oder falsche Bearbeiter ermittelt), die durch verspätete oder nicht erfolgte Datenpflege verursacht werden. Jeder Fehler bei der Bearbeiterermittlung führt zu Verzögerungen, da zunächst der Fehler identifiziert werden muss und anschließend die fehlerverursachenden Daten gefunden und korrigiert werden müssen. Danach muss der Workflow neu gestartet werden. Die Situation verschlimmert sich noch, wenn das Problem gar nicht gefunden wird, das Workitem also vom falschen Bearbeiter oder möglicherweise überhaupt nicht ausgeführt wird, da es keinem Empfänger zugestellt werden kann.

Testen der Regel für die Bearbeiterermittlung

Ein guter Test Ihrer Regeln für die Bearbeiterermittlung ist es, in Gedanken einige Testfälle durchzugehen und zu überlegen, wer die Bearbeiter sein sollen. Wenn Sie Papier zu Hilfe nehmen müssen oder mehr als ein paar Sekunden benötigen, sind die Kriterien zu komplex. Um das Management davon zu überzeugen, berechnen Sie den Verwaltungsaufwand für den Vorgang mit den komplexen Auswahlkriterien. Ein Unternehmen hatte einen Plan entwickelt, der vier Kriterien umschloss. Im Worst-Case-Szenario mussten 12.000 Einträge verwaltet werden, der Best Case lag immer noch bei knapp 1.000 Einträgen. Nach einem kurzen Blick auf den Verwaltungsaufwand wurde in dieser Firma sehr schnell umgedacht. Üblicherweise sind zwei bis drei Kriterien mehr als ausreichend.

Folgende Aspekte erleichtern die Bearbeiterermittlung:

- Auswertungswege der Aufbauorganisation
- Verteilerlisten
- Tabellen mit Werten für Kriterien, die Bearbeitern zugeordnet sind
- Zuständigkeitsregeln, nach denen Kriterienwerte Bearbeitern zugeordnet werden

Zuständigkeitsregeln eignen sich meist besser als Tabellen. Mit diesen Regeln können Sie problemlos abstrakte Beziehungen ablesen, wie etwa die Benutzerkennung einer Person, die einer Position zugeordnet wurde, die mit bestimmten Kriterien verknüpft ist. Diese Regeln ermöglichen auch die Festlegung von Prioritäten zwischen den Beziehungen. Wird der Bearbeiter z. B. basierend auf der Materialgruppe ermittelt, kann anhand von Prioritäten nach Bearbeitern gesucht werden, die bestimmten Materialgruppen zugeordnet sind. Sollte diese Materialgruppe jedoch nicht zugewiesen worden sein, wird mithilfe der Regeln ein »Standardbearbeiter« niedriger Priorität ausgewählt. Eine weitere Möglichkeit besteht in der dynamischen Auswahl der Bearbeiter. Dabei beinhaltet der Workflow einen Schritt, der es einem Benutzer ermöglicht, den oder die Empfänger eines nachfolgenden Workitems festzulegen.

Tipp

Vermeiden Sie nach Möglichkeit den Einsatz programmierter Regeln, da diese die Entwicklungszeit beträchtlich verlängern können.

Aufgaben mit mehreren Bearbeitern

Pro Aufgabe können mehrere Bearbeiter vorhanden sein. Dabei muss zwischen folgenden Punkten unterschieden werden:

- Die Bestimmung mehrerer Bearbeiter für eine Aufgabe, um die Arbeitsbelastung zu verteilen. Dabei wird das Workitem mehreren Empfängern zugestellt, aber nur von einem ausgeführt.
- Aufgaben, die von mehreren Bearbeitern ausgeführt werden. Dabei werden den einzelnen Empfängern getrennte Workitems übertragen.

Weiterleitung und Vertreter

Überlegen Sie, ob der Empfänger Workitems an eine andere Person weiterleiten darf. Wenn Sie eine Weiterleitung ermöglichen, sollten Sie unbedingt auch prüfen, ob der Empfänger das Workitem ausführen darf. Geben Sie für den Fall, dass der Empfänger nicht anwesend oder aus anderen Gründen nicht verfügbar ist, einen oder mehrere Vertreter an. Vertreter müssen Zugriff auf die Workitems haben, die sie auf diese Weise erhalten, auch wenn sie die Workitems nur aus Sicherungsgründen oder zeitweilig ausführen.

2.5 Ermittlung der Übermittlungswege für Workitems

Sobald die Bearbeiter festgelegt sind, müssen Sie Überlegungen anstellen, auf welche Weise diesen die Workitems zugestellt werden sollen. Dies ist eine Entscheidung von großer Tragweite, auf die wir in Kapitel 4, »Verteilung von Workitems«, näher eingehen werden. Da es sich jedoch um einen wichtigen Schritt im Prozess der Anforderungsermittlung handelt, sollen im Folgenden die verschiedenen Möglichkeiten kurz erläutert werden. Diese Entscheidung wirkt sich auf die Ressourcenplanung für den Roll-out und in einigen Fällen auch auf die Entwicklungsplanung aus.

Soll in einem Unternehmen zum ersten Mal ein Workflow eingesetzt werden, muss diese Entscheidung sehr sorgfältig und überlegt getroffen werden, denn für zukünftige Workflows wird mit großer Wahrscheinlichkeit der gleiche Übermittlungsweg gewählt. Dennoch sollte die Entscheidung bei jedem weiteren geplanten Workflow neu überdacht werden, um sicherzustellen, dass der gewählte Weg noch immer der richtige ist.

Berücksichtigen Sie Umgebung und Arbeitsgewohnheiten der Bearbeiter:

- Welche Hardware wird eingesetzt? PCs? Notebooks? Smartphones? Tablets?
- Welche Software steht zur Verfügung? Webbrowser? SAP Enterprise Portal? SAP GUI?
- Welches E-Mail-System wird verwendet? SAPoffice? Microsoft Outlook? Lotus Notes? Andere?
- Wie oft wird auf die E-Mail zugegriffen? Dieser Punkt ist insbesondere bei Bearbeitern aus dem höheren Management von Bedeutung, die möglicherweise nur einmal am Tag oder noch seltener E-Mails abrufen.
- Arbeiten die Bearbeiter am Schreibtisch und verfügen über ständigen Netzwerkzugang? Sind die Bearbeiter im Außendienst tätig und stellen nur zu bestimmten Zeiten eine Netzwerkverbindung her, stellt sich die Frage, wie häufig sie diese Verbindung herstellen.
- Greifen die Bearbeiter für Anforderungen, die nicht mit dem Workflow zusammenhängen, regelmäßig auf ihre SAP-Komponente zu?
- Erfolgt der Netzwerkzugang über Intranet, Extranet oder Internet? Dieser Punkt ist dann besonders wichtig, wenn es sich bei dem Bearbeiter um einen Kunden, Wiederverkäufer, Lieferanten oder Service-Provider handelt.
- Welchen Zugang haben die Bearbeiter zu Schulungsmaßnahmen, Onlinehilfen und Helpdesks?
- Falls die Bearbeiter bereits in Workflows eingebunden sind: Auf welche Weise werden die Workitems zurzeit empfangen?

Da eine Vielzahl mobiler Endgeräte verfügbar ist, müssen Sie sich überlegen, welche Workflow-Anwendungen von den Benutzern mit mobilen Endgeräten hauptsächlich verwendet werden. Die Power User greifen wahrscheinlich direkt über ein Webportal oder das SAP GUI auf Workitems zu, aber Geschäftsbenutzer, die sich häufig außerhalb des Büros aufhalten, können alle möglichen mobilen Endgeräte verwenden. Für diese Benutzer sollten Sie eine Implementierung von SAP Fiori oder einer selbst entwickelten mobilen Workflow-Anwendung in Betracht ziehen. Beachten Sie deshalb besonders Kapitel 33, »SAP Fiori und Mobilität«.

Vergessen Sie nicht, die Anforderungen des Geschäftsprozesses in Ihre Überlegungen einzubeziehen, u. a. folgende Anforderungen: Wie schnell müssen Bearbeiter reagieren, damit der Geschäftsprozess erfolgreich abläuft? Erfordert der Geschäftsprozess eine bestimmte Zugriffsart wie z. B. einen Webzugriff?

2.6 Bestätigen des Workflow-Entwurfs

Die Entwicklung eines Workflows erfolgt üblicherweise in iterativen Schritten. Der ursprüngliche Entwurf wird dabei im Verlauf der Anforderungsermittlung immer weiter verbessert und verfeinert. Jedes Mal, wenn Sie Informationen zusammengetragen oder Antworten auf Fragen erhalten haben, wird der Entwurf weiterentwickelt. Allerdings besteht bei dieser Herangehensweise die Gefahr, dass die ursprünglich für einen erfolgreichen Workflow festgelegten Kriterien in Vergessenheit geraten. Sie sollten sich die Steuerungsfaktoren des Prozesses und die Kriterien für einen Erfolg oder Misserfolg des Workflows immer wieder ins Gedächtnis rufen, um sicherzustellen, dass die Entwicklung in die richtige Richtung geht.

Zu diesem Zweck empfiehlt sich die Aufstellung von Ablaufdiagrammen, die den Workflow-Entwurf zeigen. Die meisten Menschen sind eher visuell ausgerichtet und können grafische Darstellungen schneller erfassen als Worte. Das Ablaufdiagramm kann auf Papier erstellt, mithilfe einer Grafiksoftware gezeichnet oder im System mit dem Workflow Builder modelliert werden. Der Vorteil der Nutzung des Workflow Builders besteht darin, dass Sie das Modell als Ausgangspunkt für die Workflow-Definition verwenden können. Sorgen Sie dafür, dass das Ablaufdiagramm leicht verständlich ist und sinnvolle Beschreibungen der einzelnen Aufgaben enthält.

Hinweis

Wenn Sie einen Prozess im Workflow Builder lediglich als Flussdiagramm anlegen möchten, ohne Details zu den einzelnen Schritten hinzuzufügen, können Sie die von SAP bereitgestellte Aufgabe TS30100074 verwenden. Weitere Informationen zu diesem Thema finden Sie in Anhang A, »Tipps und Tricks«.

Bei komplexen Workflows sollten Sie erwägen, mehrere Ablaufdiagramme zu entwerfen, z. B. einzelne Ablaufdiagramme für diejenigen Aufgaben, die vor und nach einem Genehmigungsprozess zu erledigen sind, ein eigenes Ablaufdiagramm für den Eskalationsprozess, eine Trennung der Ablaufdiagramme für Ausnahmesituationen und den Hauptprozess.

Dann wird es Zeit für eine Tauglichkeitsprüfung. Werden die angestrebten Vorteile erreicht? Ist der Workflow sinnvoll gestaltet? Folgende Punkte sollten Sie bei der Prüfung berücksichtigen:

- **Konsistenz**
  Können alle Aufgaben gleichermaßen problemlos durchgeführt werden? Folgen verschiedene Aufgaben für einen Benutzer einem Standardverfahren für die Ausführung? Werden die Informationen in Aufgaben oder E-Mails einheitlich angezeigt? Ist die Eskalation auf gerechte und konsistente Weise im Workflow verteilt?
- **Reihenfolge der Schritte**
  Stellen Sie sicher, dass keine Aufgaben mit Daten ausgeführt werden können, die gelöscht wurden. Auf diesen Punkt sollten Sie besonders bei Workflows achten, die auf HR-Mitarbeiterdaten basieren. Da bei Mitarbeiterdaten (in Infotypen gespeichert) der Sperrhinweis im Schlüssel enthalten ist, führt das Sperren/Entsperren eines Infotyps dazu, dass der aktuelle Infotyp gelöscht und ein neuer erstellt wird.
- **Aktivitäten außerhalb des Workflows**
  Stellen Sie sicher, dass der Workflow nicht unterbrochen wird, wenn eine Aktivität erfolgen soll, die nicht vom Workflow gesteuert wird. Dieser Punkt ist besonders dann von Bedeutung, wenn die erste Implementierung des Workflows nur einen Teil des Prozesses abdeckt oder parallel zu einer nicht vom Workflow gesteuerten Prozessversion ausgeführt wird. Ein Prozess »Beschaffungsanforderung« etwa, bei dem Beschaffungsanforderungen eingegeben, genehmigt und ausgeführt werden, muss benachrichtigt werden, wenn die Beschaffungsanforderung gelöscht wurde, damit der Workflow abgebrochen werden kann.
- **Leistungsmindernde Faktoren**
  Werden viele Workflows ausgelöst, wenn die Geschäftsbedingungen, die sie erfordern, eigentlich gar nicht gegeben sind? Werden viele Workflows unmittelbar nach dem Start beendet?

  Folgendes »klassische« Szenario wurde von einem Kunden formuliert: »Erstellen Sie einen Workflow, der den Warenempfänger benachrichtigt, wenn er zwar die Rechnung, aber innerhalb von X Tagen nach Rechnungsstellung nicht auch die Waren erhalten hat.« Das bedeutet, dass bei jeder Rechnungseingabe, für die der Wareneingang noch aussteht, ein Workflow ausgelöst werden muss. Die meisten dieser Workflows werden beendet, wenn der Wareneingang prompt bestätigt wird, was der häufigste Fall ist. Hier werden sehr viele Workflows gestartet, bei denen nicht viel geschieht – und das, um eine Situation abzudecken, die verhältnismäßig selten vorkommt!

In diesem Fall wäre es besser, einen täglichen Bericht zu erstellen, der alle Rechnungen ermittelt, die älter als X Tage sind und für die der Warenerhalt noch aussteht, und nur für diese Rechnungen Workflows auszulösen.

Abschließend muss geprüft werden, ob sich der Prozess noch immer für einen Workflow eignet. Dabei müssen auch zukünftige Strategien bedacht werden. Viele erstmalig implementierte Workflows stellen eine Abgrenzung zwischen Workflow und Reports dar, für die Zukunft ist aber der Einsatz weiterer Workflows geplant. Denken Sie daran, dass sich Geschäftsprozesse im Lauf der Zeit verändern, und in diesem Zusammenhang werden die Vorteile des Workflow-Konzepts eindeutig sichtbar.

2.7 Workflow-Administration

Die Workflow-Administration wird in Kapitel 8 näher beschrieben. Wir sind jedoch bereits an dieser Stelle auf das Thema eingegangen, da Sie beim Aufbau eines Workflows Mechanismen zur Fehlerbehandlung integrieren sollten, um häufig auftretende Fehler zu beseitigen. Die Fehlerbehandlung sollte bereits in den ersten Phasen des Prozessentwurfs berücksichtigt werden. Falls z. B. die Bearbeiterermittlung fehlschlägt, sollte der Workflow das Workitem an einen Administrator oder einen besonders geschulten Mitarbeiter senden, der das Workitem an den richtigen Bearbeiter weiterleiten kann, damit die entsprechenden Daten korrigiert werden. Falls das System eine Hintergrundaufgabe nicht ausführen kann, sollte über den Workflow zu einem späteren Zeitpunkt ein neuer Versuch unternommen werden. Schlägt dann auch dieser Versuch fehl, sollte der Workflow die Aufgabe zur manuellen Verarbeitung an geschulte Mitarbeiter senden.

Es empfiehlt sich unbedingt, den Workflow-Administrator in die Qualitätssicherungsprüfung neuer Workflows einzubeziehen. So wird der Workflow-Administrator bei eventuell auftretenden Problemen mit dem neuen Workflow frühzeitig gewarnt und erfährt, wie die Bearbeiterermittlung bei diesem Workflow funktioniert.

Tipp

Sie sollten auf jeden Fall zumindest »Umleitungswege« im Voraus planen: Was soll geschehen, wenn eine Hintergrundaufgabe nicht ausgeführt werden kann? Was soll geschehen, wenn ein Bearbeiter das Unternehmen verlassen hat, aber noch unbearbeitete Workitems für ihn vorliegen? Können Sie notfalls den Workflow stoppen und den Prozess manuell fertigstellen?

2.8 Planung des Produktionsstarts

Sie sollten vom ersten Moment des Projekts an die Infrastruktur berücksichtigen, die nach Umsetzung des Projekts in den Produktivbetrieb und während der Roll-out-Phase direkt vor dem Einsatz benötigt wird. Sollten im Unternehmen bereits Workflows vorhanden sein, gibt es wahrscheinlich bereits eine Infrastruktur, die Sie im Hinblick auf folgende Punkte nutzen können:

- Sicherheitsfragen
- Namenskonventionen
- Dokumentation
- Betriebsrat, Gewerkschaft
- Schulung
- Helpdesk/Administration
- Archivierung

Diese Themengebiete werden in den nächsten Kapiteln im Einzelnen besprochen, da sie aber bereits bei der Ressourcenplanung eine Rolle spielen, sollten sie von Anfang an bedacht werden. Wenn Ihre Firma relativ klein ist oder das Projekt nur einen kleinen Bereich umfasst, können Sie vermutlich einige dieser Probleme auf ein Mindestmaß reduzieren. Wenn Sie in einem großen Unternehmen zum ersten Mal einen Workflow einführen, werden Sie möglicherweise feststellen, dass der Umgang mit der firmeninternen Bürokratie eine recht zeitaufwendige Aufgabe ist. Sie zahlt sich aber aus, sobald das Projekt in den Produktivbetrieb überführt wird. Auch wenn keine schriftlich festgehaltenen Verfahrensweisen vorhanden sind, treffen Sie wahrscheinlich auf erfahrene Kollegen, die gerne bereit sind, ihre Kenntnisse an Sie weiterzugeben. Es empfiehlt sich unbedingt, sich die Fehler anderer anzuschauen und daraus zu lernen; außerdem haben sich in jedem

Unternehmen und jeder Abteilung ganz eigene Ablaufprozeduren entwickelt, die nicht ignoriert werden dürfen.

Eine Archivierung etwa wird meist erst dann durchgeführt, wenn die Laufwerke bereits randvoll sind und die Datenbankindizes das System blockieren. Wenn Sie bereits im Vorfeld kalkulieren können, wie häufig eine Archivierung vorgenommen werden sollte und welche Daten vorher aus den Workflows extrahiert werden müssen, haben Sie eine gute Ausgangsposition geschaffen, um diese Situation zu bewältigen, bevor es zu einer Krise kommt. Hinsichtlich der Kenntnisse und Ressourcen empfiehlt es sich, den Archivierungsprozess mit dem gleichen Team zu planen, das auch für die Entwicklung der Geschäftsprozesse und Workflows zuständig ist. Wenn Sie diese Aufgabe so lange aufschieben, bis eine Archivierung absolut notwendig geworden ist, stehen diese Erfahrungen und Fachkenntnisse möglicherweise nicht mehr zur Verfügung. Wenn Sie die Workflow-Spezifikationen bei globalen Implementierungen entwickeln, ist es sinnvoll, Zeiträume für die Beibehaltung von Workflow-Protokollen anzufordern und zu dokumentieren sowie Prozesskontrollen in die Abnahmen aufzunehmen. Dies kann sich auf die Entscheidungen beim Prozessentwurf auswirken. Wenn an mehreren geografischen Standorten eine gemeinsame Workflow-Lösung implementiert wird, die verschiedenen Länder aufgrund von Audit-Anforderungen jedoch variable Beibehaltungszeiträume erfordern, kann es notwendig sein, identische Workflow-Muster nach Land anzulegen, um die erforderliche Flexibilität für Beibehaltungszeiträume bei der Archivierung zu gewährleisten.

2.9 Einplanen zukünftiger Erweiterungen

Richten Sie Workflows so ein, dass diese auch in Zukunft Bestand haben, indem Sie sie so flexibel gestalten, dass Veränderungen der Geschäftsprozesse problemlos eingearbeitet werden können. Dieser Aspekt ist einer der wichtigsten Vorteile, den Sie durch Einsatz von Workflows erreichen können. Daher empfiehlt es sich, spätere Erweiterungen von vornherein einzuplanen.

Bauen Sie Workflows mithilfe von Mustern auf, d. h., für häufig auftretende Teilprozesse wie Eskalation, Genehmigung/Ablehnung, Benachrichtigung bei Abschluss eines Prozesses etc. sollte immer die gleiche Vorgehensweise gewählt werden. Auf diese Weise wird die Beseitigung von Fehlern erleichtert und die Entwicklungszeit für neue Workflows verringert. Um die Konsistenz von Ablaufmustern in Workflows zu gewährleisten, empfiehlt sich der Einsatz von Wizards. Stellen Sie sicher, dass bei diesen Mustern zukünftige Erweiterungen miteinbezogen werden, die sich die Funktionen neuerer Releases zunutze machen. Beachten Sie dabei Folgendes:

- Sorgen Sie dafür, dass produktive Workflows nicht veralten. Die Nutzung von SAP Business Workflow kann für eine Neustrukturierung von Prozessen sorgen.
- Prüfen Sie in regelmäßigen Abständen den Wirkungsgrad vorhandener Workflows.
- Stützen Sie Ihre Argumente mithilfe von Workflow-Reports, wenn es z. B. um Engpässe, unverhältnismäßig hohe Arbeitsbelastungen einzelner Bearbeiter, die Anzahl der in Workflows auftretenden Fehler, die Art der auftretenden Fehler oder die Prozessgeschwindigkeit geht.
- Richten Sie ein Forum oder eine Kontaktstelle ein, an der die Bearbeiter Vorschläge zur Verbesserung des Prozesses einbringen können. Dazu könnten z. B. verbesserte Anweisungen und Texte, Verbesserungen bei zugrunde liegenden Transaktionen oder Prozeduren oder Vorschläge zur Reduzierung von Engpässen gehören.
- Planen Sie weitere Workflow-Anwendungen! Vielleicht sind Sie aktuell nur daran interessiert, einen Workflow für Anwendung A zu entwickeln, aber Sie haben sehr wahrscheinlich auch die Möglichkeit, in Zukunft einen Workflow für Anwendung B zu entwickeln. Sind Ihre Methoden zur Bearbeiterermittlung auch für weitere potenzielle Anwendungen geeignet? Können Ihre Namenskonventionen und Namensmuster für neue Anwendungen angepasst werden?
- Beziehen Sie abschließend auch das Change Management in Ihre Überlegungen mit ein. Bei der Implementierung von Änderungen in vorhandene Workflows sollte zumindest eine neue Version des Workflows erstellt werden. Auf diese Weise können Daten, die mit der vorangegangenen Workflow-Version verarbeitet werden, noch den alten Prozess einsetzen, während neue Daten den neuen Prozess auslösen. Sollte sich der Workflow oder der Geschäftsprozess grundlegend verändert haben, sollten Sie einen vollständig neuen Workflow erstellen und den alten nicht mehr verwenden. Auf diese Weise wird nicht nur die Behandlung von Problemen erleichtert, die im Vergleich der beiden Prozesse entstehen, Sie können auch getrennte Reports für den alten und den neuen Prozess erstellen und so deren Geschwindigkeit und Wirkungsgrad miteinander vergleichen.

Bevor Sie SAP Business Workflow verwenden können, müssen Sie einige grundlegende Konfigurationsschritte vornehmen. In diesem Kapitel werden diese erforderlichen Schritte erläutert, um Ihr System auf den Einsatz von SAP Business Workflow vorzubereiten.

3 Konfiguration des Systems

Von Sue Keohan

Im Gegensatz zu den meisten Beratern finden es Workflow-Berater aufregend, ein System vorzufinden, das noch nicht für den Workflow eingerichtet wurde. Sie erkennen ein solches System, wenn nach Aufrufen der Workflow-Customizing-Transaktion (Transaktionscode SWU3) zahlreiche Zeilen mit roten Kreuzchen angezeigt werden, was bedeutet, dass noch keine Customizing-Aktivitäten vorgenommen wurden. Klingt das abschreckend? Überhaupt nicht! Sie müssen nur auf das Icon AUTOMATISCHES WORKFLOW-CUSTOMIZING DURCHFÜHREN klicken, daraufhin verwandeln sich die roten Kreuzchen in der Laufzeitliste einige Sekunden später in grüne Häkchen (siehe Abbildung 3.1).

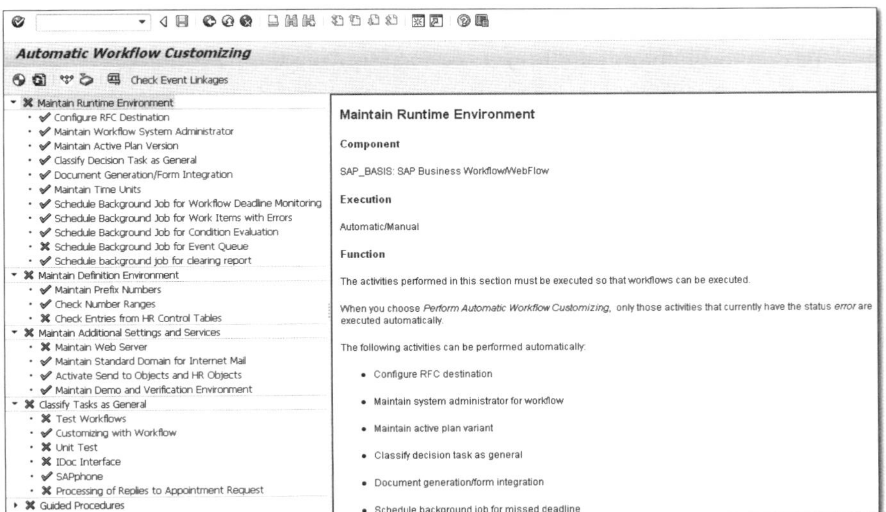

Abbildung 3.1 Automatisches Workflow-Customizing

Hinweis

Üblicherweise wird für sämtliche Workflow-Customizing-Aufgaben Transaktion SWU3 verwendet. Sie können das Customizing jedoch auch über den SAP-Einführungsleitfaden (Implementation Guide, IMG) vornehmen, also in Transaktion SPRO. Dazu wählen Sie im IMG den Menüpfad SAP NetWeaver • Application Server • Business Management • SAP Business Workflow.

Wie Sie im Laufe des Kapitels sehen werden, bedeutet die Liste mit den grünen Häkchen, dass das System nun dafür eingerichtet ist, die Ausführung von Workflows zu ermöglichen. Dies ist jedoch nur die halbe Wahrheit. Die Einrichtung des Systems zur Ausführung von Workflows stellt nur den ersten Schritt dar. Es wird Sie kaum überraschen, dass es nicht möglich ist, mit einem einfachen Klick auf einen Button einen vollständigen Workflow einzurichten oder diesen zusammen mit den Benutzerzuordnungen für jeden Schritt in das Produktionssystem zu transportieren.

Leider verlagern Kunden häufig die Workflow-Entwicklung in die Implementierungsphase des Projekts und glauben, es reiche in der Design-Phase aus, zu sagen, dass mit dem Workflow gearbeitet werden soll. Sie sollten sehr deutlich zum Ausdruck bringen, dass das nicht reicht. Sie müssen nicht nur die beste Methode für die Zuordnung von Bearbeitern zu den einzelnen Aufgaben bestimmen, sondern auch den menschlichen Aspekt des Workflow-Managements beachten, den Sie nicht unterschätzen sollten. Die Benutzer auf Ihre Seite zu ziehen ist der Schlüssel zum Erfolg des Projekts und wird am besten erreicht, indem Sie sie frühzeitig in das Projekt einbinden. So könnten die Benutzer z. B. einen Teil ihrer Arbeitszeit dafür aufwenden und sich für die verbleibende Zeit ihren normalen Aufgaben widmen.

Folgende Schritte sind zur erfolgreichen Ausführung eines Workflows erforderlich:

1. Konfiguration des Workflow-Systems (hauptsächlich automatisches Customizing)
2. Einrichten des workflow-spezifischen Customizings für denjenigen Workflow, den Sie verwenden wollen (bei von SAP ausgelieferten Workflows)
3. Erstellen neuer Workflows (nur bei Bedarf) oder Kopieren und Ändern eines von SAP bereitgestellten Workflows (ebenfalls nur bei Bedarf). Workflows werden Paketen zugeordnet. Dieser Teil des Projekts gehört zur Entwicklung und nicht zum Customizing.

4. Einrichten des workflow-spezifischen Customizings für denjenigen Workflow, den Sie verwenden möchten (bei von SAP ausgelieferten Workflows)
5. Einrichten der Organisationsmanagement-Strukturen oder anderer Methoden, mit denen den Benutzern die Aufgaben zugeordnet werden
6. Test des Transports und der Qualitätssicherung (QA)

3.1 Schnelleinstieg: Konfiguration der SAP Workflow Engine in wenigen Sekunden

Die SAP Business Workflow Engine erfordert bestimmte Systemeinstellungen und -aktivitäten, die mandantenabhängig vorgenommen bzw. ausgeführt werden.

3.1.1 Automatisches Workflow-Customizing

Wenn Sie auf das Icon Automatisches Workflow-Customizing durchführen klicken, werden nur die Aktivitäten, die gegenwärtig noch nicht konfiguriert sind, automatisch ausgeführt. Wenn alle ausgewählten Aktivitäten mit einem Häkchen versehen sind, wird keine Aktivität automatisch ausgeführt. Auf diese Weise wird verhindert, dass systemspezifische Einstellungen von den Standardwerten überschrieben werden. Einige Aktivitäten, die sich auf die Definitionsumgebung auswirken (und verwendet werden, wenn Sie eigene Workflows erstellen möchten), können nur manuell ausgeführt werden. Die Laufzeit-Engine erfordert jedoch keine manuellen Aktivitäten.

Tipp

Sie müssen über ausreichende Berechtigungen verfügen, um diese Aufgabe und die einzelnen Aktivitäten auszuführen, z. B. die Jobeinplanung oder das Erstellen der benötigten Hintergrundbenutzer für den Workflow. Stellen Sie im Vorfeld sicher, dass Sie entweder über die Superadministrator-Berechtigung oder die Kontaktdaten eines Systemadministrators verfügen, der eine solche Aufgabe im Betrieb des Kunden erledigen kann, um Enttäuschungen und Zeitverschwendung zu vermeiden, wenn Sie vor Ort sind.

Alle Aktivitäten können nach Wunsch auch manuell über das Icon Ausführen erfolgen. Auf diese Weise können Sie prüfen, was das automatische Customizing bewirkt hat, und bei Bedarf Anpassungen vornehmen. Einige Aktivitäten können nur manuell ausgeführt werden, wie z. B. das Zuordnen von Vorsatznummern zu neuen, benutzerdefinierten Workflows.

Alle Aktivitäten – egal, ob manuell oder als Teil des automatischen Customizings durchgeführt – werden unter Ihrem Namen protokolliert. Diese Protokolle werden in der Datenbank gespeichert und sind bei Systemen äußerst nützlich, in denen mehrere voneinander unabhängige Workflow-Teams arbeiten (was häufig der Fall ist). Indem Sie diese Protokolle prüfen, lassen sich typische Probleme und Konflikte vermeiden, die auftreten, wenn verschiedene Teams die Einstellungen unabhängig voneinander festlegen und optimieren. Die Protokolle werden im unteren Bildschirmbereich angezeigt und können auch über die Menüoption Zusätze • Protokoll abgerufen werden.

Probieren geht jedoch über Studieren, deshalb möchten Sie nun bestimmt einen eigenen Mini-Workflow erstellen, um zu prüfen, ob das System bereit für Workflows ist. Dies ist allerdings nicht erforderlich, da ein einfacher Verifikations-Workflow bereits vom System angeboten wird.

1. Klicken Sie auf den Button Verifikations-Workflow starten. Sie werden zur Angabe eines Transports aufgefordert, um Kopplungen zu aktivieren. Anschließend wird der Workflow (im Hintergrund) konfiguriert, und der Verifikations-Workflow wird gestartet.

Tipp

Dies ist die schnellste Möglichkeit, einen Workflow auszulösen und zu demonstrieren, was ein Workflow ist und wie die Systemprotokolle, die Inbox und weitere grundlegende Workflow-Merkmale ohne Anpassungen zur Steigerung der Effizienz verwendet werden können. Obwohl kein Geschäftsszenario für dieses Beispiel vorhanden ist, ist es dennoch problemlos nachvollziehbar.

2. Nachdem Sie den Workflow ausgelöst haben, wird dies in einer Meldung bestätigt. Der umfangreiche Text dieser Meldung enthält Anweisungen zum nächsten Schritt.
3. Wechseln Sie zum SAP Business Workplace, indem Sie auf das Icon SAP Business Workplace klicken. Dort sollte ein Workitem angezeigt werden.
4. Ausführen von Workitems; Sie müssen eine Wahl treffen: Hintergrundschritt gleich ausführen, Hintergrundschritt erst in einer Minute ausführen, Abbrechen oder Workitem im Eingang behalten. Wählen Sie Hintergrundschritt gleich ausführen.

5. Sie erhalten nun eine E-Mail, die Ihnen mitteilt, dass das erste Workitem erfolgreich ausgeführt wurde, und eine zweite E-Mail, die bestätigt, dass der Workflow erfolgreich abgeschlossen wurde. Wenn Sie keine Nachricht erhalten, verständigen Sie Ihr Systemadministrationsteam darüber, dass ein Hintergrundjob eingeplant ist, der RSSCONN01 ausführen soll.
6. Wiederholen Sie den Vorgang, indem Sie die zweite Option (Hintergrundschritt erst in einer Minute ausführen) wählen. Sie erhalten wiederum zwei E-Mails. Sie müssen jedoch eine Minute warten, bevor die zweite Nachricht übermittelt wird.

Der Verifikations-Workflow prüft, ob einige der komplexeren Komponenten der Laufzeitumgebung ordnungsgemäß eingerichtet wurden:

- Workitem-Verteilung
- Hintergrundverarbeitung
- Ereigniserzeugung
- Ereigniskopplung
- Meldung

Wenn Sie zu irgendeinem Zeitpunkt über ein scheinbar inkonsistentes Verhalten in der Workflow Engine besorgt sind, können Sie Transaktion SWUI_VERIFY aufrufen, die weitere komplexere Verifikations-Workflows auslöst. Bislang wird diese Transaktion im Wesentlichen von SAP-Entwicklungsabteilungen verwendet. Sie ist jedoch eine nützliche Quelle für Demonstrations-Workflows, die verschiedene Workflow-Techniken veranschaulichen.

3.1.2 Einzelheiten zum automatischen Customizing

Im Folgenden werden Sie die wichtigsten Punkte beim Einrichten des automatischen Workflow-Customizings kennenlernen. Beim automatischen Customizing wird der Workflow in kurzer Zeit mit den Standardeinstellungen konfiguriert, sodass Sie das System so schnell wie möglich einsetzen können. Sie können die Standardwerte später durch Ihr eigenes Customizing ersetzen. Die wichtigsten Aktivitäten werden im Folgenden vorgestellt.

Pflege der aktiven Planvariante

Das automatische Workflow-Customizing wählt die aktive Planvariante. Diesen Schritt können Sie auch manuell ausführen. Nur eine der im System erstellten Planvarianten darf aktiv sein. Diese Planvariante – samt Inhalt –

wird vom Workflow-System als einzig gültige Planvariante betrachtet. Alle automatisch bereitgestellten SAP-Workflows werden Teil derjenigen Planvariante, die als aktive Planvariante bestimmt wurde. Wenn Sie diese Aktivität automatisch ausführen, wird 01 als die aktive Planvariante festgelegt.

Hinweis

Wurde bereits eine Planvariante festgelegt, dürfen Sie diese *nicht* ändern. Dies hätte schwerwiegende Auswirkungen auf die erstellten Workflow-Definitionen (die nicht mehr angezeigt werden) sowie auf die Strukturen des Organisationsmanagements, einschließlich derjenigen, die nicht im Workflow verwendet werden.

RFC-Destination konfigurieren

Die Customizing-Option für die Konfiguration der RFC-Destination wird als Teil des automatischen Customizings durchgeführt. Diese Einstellung ist für die Workflow-Laufzeit erforderlich, damit diese weiß, wie erforderliche Systemaufrufe ausgeführt werden. Das Workflow-Laufzeitsystem führt seine tRFC-Aufrufe (transaktionale RFCs) stets über die logische Destination WORKFLOW_LOCAL_xxx aus (xxx steht für die dreistellige Nummer des Mandanten, in dem Sie arbeiten). Wenn hier nichts konfiguriert ist, wird der Workflow nicht ausgeführt. Das Workflow-Laufzeitsystem ist mandantenabhängig, was bedeutet, dass eine einzelne Workflow-Instanz normalerweise innerhalb eines Mandanten ausgeführt wird. Die Benennung der logischen Destination stellt sicher, dass diese Namen im gesamten System eindeutig sind.

Wenn Sie diese Aktivität automatisch ausführen, wird die logische RFC-Destination WORKFLOW_LOCAL_xxx erstellt, falls sie noch nicht vorhanden ist. Hintergrundaufgaben werden mithilfe dieser RFC-Destination und des generischen Benutzers WF-BATCH ausgeführt, der der RFC-Destination zugeordnet ist. Wenn der Benutzer WF-BATCH noch nicht vorhanden ist, wird er automatisch als Systembenutzer erstellt, der die maximale Berechtigung des aktuellen Benutzers (SY-UNAME) erbt. Nicht mehr und nicht weniger. Der Hintergrundbenutzer benötigt jedoch die Berechtigung SAP_ALL, wenn das Workflow-System ohne Probleme funktionieren soll. Deshalb ist es wichtig, dass der Benutzer, der das automatische Workflow-Customizing vornimmt, diese Berechtigung SAP_ALL hat. Bitten Sie, wenn nötig, den Systemadministrator, das automatische Customizing durchzuführen.

Tipp

Einige umfangreiche Installationen verfügen über fein abgestimmte RFC-Einstellungen, sodass bei der Prüfung ein Fehler zurückgegeben wird, obwohl die RFC-Destination ordnungsgemäß funktioniert. Wenn bei dieser Prüfung ein Fehler zurückgegeben wird, die übrigen Einstellungen jedoch korrekt erscheinen, sollten Sie zunächst die Definition der RFC-Destination untersuchen, bevor Sie das automatische Customizing erneut ausführen, um den vermeintlichen Fehler zu beheben. Möglicherweise stellt sich heraus, dass laut RFC-Beschreibung Transaktion SWU3 fehlschlagen wird, dies jedoch ignoriert werden sollte. Ob die RFC-Destination ordnungsgemäß funktioniert oder nicht, wird durch den Verifikations-Workflow bestätigt.

Möglicherweise müssen Sie diese Berechtigung mit Ihrem Sicherheitsadministrator besprechen. Da WF-BATCH als Systembenutzer festgelegt ist, ist keine Dialoganmeldung über das SAP GUI möglich. Außerdem könnten besondere Berechtigungen implementiert sein, um zu verhindern, dass diese RFC-Destination von anderen Programmen als der Workflow Engine verwendet wird. Wenn Sie die RFC-Destination und den Benutzer mithilfe des automatischen Customizings generieren (empfohlen), kann der Benutzer nicht mit anderen RFC-Destinationen verwendet werden, da das willkürlich erzeugte Kennwort nicht allgemein bekannt ist.

Die automatische Ausführung zum Erstellen dieser RFC-Destination und des Hintergrundbenutzers wird empfohlen. Eine anschließende automatische Ausführung des Customizings überschreibt diesen Eintrag *nicht*, nachdem dieser erfolgreich erstellt wurde (vorausgesetzt, die Berechtigung SAP_ALL wurde ebenfalls erfolgreich zugeordnet). Wenn Sie diese Aktivität manuell ausführen, können Sie einen anderen Hintergrundbenutzer (was jedoch in der Praxis zu Problemen führen kann, da jeder Workflow-Berater, -Entwickler und -Administrator erwartet, dass Sie den Standardbenutzer WF-BATCH verwenden) oder auch ein eigenes vordefiniertes Kennwort verwenden (was aus den zuvor beschriebenen Sicherheitsgründen jedoch nicht empfohlen wird). Der einzige erforderliche manuelle Pflegevorgang für WF-BATCH ist die Zuweisung einer E-Mail-Adresse zu diesem Benutzer, damit E-Mails im Hintergrund gesendet werden können (z. B. Benachrichtigungen an externe Teilnehmer). In diesem Fall können Sie den Systemadministrator als Vertreter für WF-BATCH einrichten, sodass Antworten auf die E-Mails in regelmäßigen Abständen abgefragt werden können.

Hinweis

Eine Option zur Einschränkung der Sicherheit für WF-BATCH ist in SAP-Hinweis 1251255 beschrieben. In diesem Hinweis erfahren Sie, welche Schritte ausgeführt werden müssen, um dem Benutzer SAP_BC_BMT_WFM_SERV_USER die Rolle WF-BATCH zuzuordnen.

Wenn Sie diese Schritte ausführen, verfügt WF-BATCH jedoch über keinerlei Anwendungsberechtigungen und hat damit keinen Zugriff, um Hintergrundaufgaben auszuführen. Wenn Sie diese Option wählen, um den Zugriff durch WF-BATCH einzuschränken, müssen Sie WF-BATCH für sämtliche Hintergrundaufgaben in allen Workflows Anwendungssicherheit hinzufügen.

Systemadministrator für Workflows pflegen

Beim automatischen Workflow-Customizing wird der standardmäßige Workflow-Administrator konfiguriert, und Sie werden als dieser festgelegt. Mit dieser Rolle erhalten Sie automatisch Fehlermeldungen des Workflow-Systems, falls solche auftreten sollten.

Obwohl es sehr bequem ist, diese Einstellung vom automatischen Workflow-Customizing vornehmen zu lassen, damit Sie so schnell wie möglich fortfahren können, sollten Sie doch dieser Einstellung später eine Organisationseinheit (wie z. B. eine Stelle oder Organisation) zuordnen. Dadurch können mehrere Benutzer gleichzeitig als Default-Administratoren fungieren. Sie sollten sicherstellen, dass jedem Bereich, in dem dieser Workflow verwendet wird, ein Benutzer zugeordnet wird, damit dieser bei Fehlern sofort benachrichtigt wird. Wenn keine zentrale Kontaktperson für alle Workflow-Probleme vorhanden ist, dient diese Zuordnung als hilfreiche Dokumentation aller Benutzer, die über systemweite Änderungen am Workflow-System informiert werden müssen.

Hintergrundjob für Terminüberschreitung einplanen

Anstatt den Job für Terminüberschreitungen in regelmäßigen Abständen auszuführen, können Sie seine Ausführung auch dynamisch planen, sobald ein Termin fällig wird. Wenn jedoch viele Workitems mit Terminen zu überwachen sind, führt dies im gesamten System zu einer ernsthaften Verschlechterung der Performance. Gehen Sie im Zweifelsfall auf Nummer sicher, und arbeiten Sie mit einer Terminüberwachung in regelmäßigen Abständen.

Tipp

Überwachte Termine werden erst eskaliert, nachdem der Job für Terminüberschreitungen ausgeführt wurde.

Vorsatznummer für Aufgaben

Die dreistellige Vorsatznummer für Aufgaben muss in allen Systemen, in denen Workflows entwickelt werden, für jeden Mandanten eindeutig sein. Dies wird vom globalen Mechanismus geprüft, der alle Nummernkreise verwaltet.

Setzen Sie diese Einstellung nicht außer Kraft. Wenn zwei Systeme dieselbe Vorsatznummer haben, besteht das Risiko, dass in einem System entwickelte Workflows dieselbe Aufgabenkennung erhalten wie Workflows, die in einem anderen System oder Mandanten entwickelt wurden. Wenn Workflows aus beiden Systemen in ein anderes System transportiert oder zwei Systeme zusammengeführt werden, würde einer der Workflows vom anderen überschrieben werden. Die technischen Kennungen der entwickelten Workflows müssen eindeutig sein. Das Gleiche gilt für die Vorsatznummern beim Organisationsmanagement zur Bestimmung von Organisationsobjekten wie Planstellen oder Stellen.

Wenn Ihre Systeme sich weiterentwickeln und Sie von einem Release zum nächsten wechseln, möchten Sie u. U. die Vorsatznummer zurücksetzen. Achten Sie dabei darauf, dass Sie keine Vorsatznummer verwenden, die bereits in einer anderen SAP-Komponente verwendet wird. Mit dieser Methode können Sie leicht Workflow-Muster und -Aufgaben und deren relatives Alter identifizieren.

3.1.3 IMG-Aktivitäten bei der Berechtigungsverwaltung

In diesem Abschnitt werden die folgenden Aktivitäten behandelt:

- Zuordnen von Rollen zu Benutzern für die Arbeit mit der SAP Workflow Engine
- Erzeugen struktureller Berechtigungsprofile, mit deren Hilfe Sie detaillierte Berechtigungen für Objekte des Organisationsmanagements erstellen können
- Zuordnen der strukturellen Berechtigungsprofile zu den Benutzern

Die Angaben in diesem Abschnitt beziehen sich auf Berechtigungen sowohl für den Workflow als auch für das Organisationsmanagement.

Pflege von Rollen

Rollen enthalten Berechtigungsobjekte für bestimmte Aufgabenbereiche. Mithilfe dieser Aktivität generieren Sie Berechtigungsprofile, die Benutzern basierend auf Rollen zugeordnet werden. Weitere Einzelheiten zu Workflow-Rollen und -Berechtigungen finden Sie im SAP Help Portal (*http://help.sap.com*). Die Rollen für die SAP Workflow Engine sind in Tabelle 3.1 aufgeführt. Beachten Sie, dass die Namen selbst definierter Rollen nicht mit dem Präfix SAP beginnen dürfen.

Rolle	Bezeichnung
SAP_BC_BMT_WFM_ADMIN	Workflow-Systemadministrator
SAP_BC_BMT_WFM_CONTROLLER	Prozess-Controller (Berichtswesen etc.)
SAP_BC_BMT_WFM_DEVELOPER	Workflow-Entwickler
SAP_BC_BMT_WFM_PROCESS	Implementierungsteam
SAP_BC_BMT_WFM_UWL_ADMIN	Universal Worklist (UWL) Administrator für den Workflow
SAP_BC_BMT_WFM_UWL_END_USER	UWL-Benutzer für den Workflow
SAP_BC_SRV_USER	Benutzer für Workflow, Kommunikation etc.

Tabelle 3.1 Workflow-Rollen

Strukturelle Berechtigungen

Mithilfe struktureller Berechtigungen können Sie Benutzern in verschiedenen Organisationseinheiten unterschiedliche Zugriffsrechte zuweisen. Sie können auf Wunsch auch die zugehörigen Informationen im IMG lesen, falls dies relevant für Ihre Installation sein sollte. Wählen Sie dazu im IMG Personalmanagement • Personaladministration • Werkzeuge • Berechtigungsverwaltung • Strukturelle Berechtigungen des Organisationsmanagements.

3.2 Aufgabenspezifisches Customizing

Soweit es in technischer und geschäftlicher Hinsicht möglich ist, können die SAP-Workflows direkt und unbearbeitet ausgeführt werden. Es gibt jedoch stets verschiedene Einstellungen, die im System vorgenommen werden müssen und nicht von SAP bereitgestellt werden können.

3.2.1 Pflege der Aufbauorganisation

Die unternehmensspezifische Aufbauorganisation beschreibt die organisatorische Zuordnung eines Mitarbeiters. Dadurch kann die Verantwortlichkeit von Mitarbeitern für die Durchführung einzelner Geschäftsaktivitäten in Form von Aktivitätsprofilen definiert werden. Ob Sie die Aufbauorganisation nutzen, hängt von Ihnen ab. Die Aufbauorganisation ist in der Lizenz des SAP NetWeaver Application Servers enthalten, weshalb ausdrücklich empfohlen wird, sie zu nutzen, insbesondere wenn andere Teams sie bereits für eine Verwendung an anderer Stelle eingerichtet haben.

Hinweis

Die Aufbauorganisation pflegen Sie im IMG über folgenden Pfad: SAP NetWeaver • Application Server • Business Management • SAP Business Workflow • Aufbauorganisation bearbeiten.

3.2.2 Zuordnung der Aufgaben zu Bearbeitern

Sie müssen Aufgaben *stets* mit ihren organisatorisch möglichen Bearbeitern verknüpfen. So können Sie erreichen, dass mehreren organisatorisch gleichermaßen berechtigten Mitarbeitern dieselbe Aufgabe zur Ausführung angeboten wird. Einer dieser Mitarbeiter übernimmt die Verantwortung für das Workitem und bearbeitet es. Dieses Zuordnungsprinzip unterstützt die automatische Lastverteilung innerhalb von Arbeitsgruppen mit gleichem Tätigkeitsprofil. Eine ausführliche Behandlung dieses Themas sowie der Aufbauorganisation finden Sie in Kapitel 5, »Bearbeiter«.

3.2.3 Aktivierung der auslösenden Ereignisse für einen Workflow oder eine Aufgabe

Workflows und Aufgaben können über Ereignisse gestartet werden (dieses Thema wird in Kapitel 18, »Verwendung von Ereignissen und anderen Business-Interfaces«, behandelt). Für einen Workflow oder eine Aufgabe kann es mehrere auslösende Ereignisse geben. Wenn *eines* der auslösenden Ereignisse im System erzeugt wird und dieses die Startbedingung erfüllt, wird der jeweilige Workflow gestartet, es gibt also eine logische `OR`-Verknüpfung zwischen den verschiedenen Startereignissen). Die auslösenden Ereignisse eines Workflows oder einer Aufgabe werden in die jeweilige Definition eingetragen. Wenn Sie die auslösenden Ereignisse aktivieren, aktiviert das System automatisch die dazugehörige Typkopplung. Dies wird in Kapitel 10, »Administration – Leitfaden für die Fehlersuche«, ausführlich erläutert.

Wenn die von SAP bereitgestellten Workflow-Szenarien über auslösende Ereignisse gestartet werden müssen, wird dies in der Onlinebeschreibung im SAP Help Portal (*http://help.sap.com*) angegeben. Ist das der Fall, muss eine Kopplung zwischen dem auslösenden Ereignis und dem Workflow (oder der Aufgabe) vorhanden sein, um das Prozessszenario zu aktivieren. Dass es so unkompliziert ist, den Prozess ein- und auszuschalten oder die Ereignisaktivierung zum Umschalten von einer Prozessdefinition auf eine andere zu verwenden, ist ein großer Vorteil der Nutzung von Ereignissen zum Auslösen von Workflows. Die Aktivierung erfolgt im Allgemeinen in der Customizing-Phase.

3.3 Transport und Mandantenkopie

Wenn Sie Ihre Aufgaben und Workflows angelegt haben, müssen sie aus dem Entwicklungs- in das Produktivsystem transportiert werden.

3.3.1 Transport von Aufgaben

Mandantenunabhängige Transportobjekte, z. B. Standardaufgaben (Typ TS) und Workflow-Muster (Typ WS), sind an das Transportsystem angeschlossen. Sie werden automatisch in einen Transportauftrag aufgenommen, wenn die Mandanteneinstellungen Änderungen an mandantenunabhängigen Objekten erlauben und die Objekte nicht als lokale Objekte definiert sind.

3.3.2 Transport von Einstellungen für Aufgaben und Workflows

Folgende Einstellungen werden im Zusammenhang mit Aufgaben mandantenabhängig gepflegt:

- Zuordnungen zwischen Aufgaben und ihren möglichen Bearbeitern
- das allgemeine Aufgabenattribut einer Aufgabe oder eines Workflows
- Typkopplungen und ihre Aktivierung
- Workflow-Konfiguration

Diese Einstellungen nimmt das System automatisch in einen Transportauftrag auf, wenn der Systemadministrator Änderungsaufträge für diesen Mandanten aktiviert hat.

Tipp

Wenn Sie im Produktionssystem entweder mittels Transport, ALE (Application Link Enabling) oder Customizing das Organisationsmanagement eingerichtet haben, ist es ratsam, den Import von Bearbeiterzuordnungen in dieses System zu blockieren. Durch diese Einstellung vermeiden Sie, dass ein Modell der Produktionsorganisation durch ein Modell, das im Qualitätssicherungssystem rein zu Testzwecken eingerichtet wurde, überschrieben wird. Ziehen Sie den Sicherheitsadministrator zurate, wenn Sie den Import von Bearbeiterzuordnungen beim Transport in das Produktivsystem blockieren möchten.

3.3.3 Transport einer Workflow-Definition

Der folgende Abschnitt behandelt den Transport von Workflow-Definitionen:

- Beim Transport einer Workflow-Definition in ein anderes System wird tatsächlich nur die aktive Version transportiert.
- Wenn eine Workflow-Definition im Zielsystem vorhanden ist, ohne dass Workflows ausgeführt werden, die auf dieser Version basieren, wird diese von der importierten Version überschrieben.
- Sind aktive Workflow-Instanzen vorhanden, wird die transportierte Workflow-Definition mit einer neuen Versionsnummer importiert. Dadurch können die vorhandenen Workflow-Instanzen weiterhin mithilfe der alten Version der Workflow-Definition ausgeführt werden, was notwendig ist, um den ununterbrochenen Betrieb des Prozesses sicherzustellen.

Die transportierte Workflow-Definition wird im Zielsystem zur aktiven Workflow-Definition. Die Workflows, die nach dem Import gestartet werden, folgen dem Pfad, der von dieser neuen Version der Workflow-Definition vorgegeben wird.

3.4 Customizing für die SAP Business Workflow Engine

Tabelle 3.2 gibt Ihnen einen Überblick über die Customizing-Aktivitäten und zeigt, welche Aufgaben automatisch ausgeführt werden.

Vorgang	Automatisch	Stets erforderlich?	Verwendeter Standard
aktive Planvariante festlegen	✓	✓	01
Vorsatznummern pflegen	–	✓	
RFC-Destination konfigurieren	✓	✓	Benutzer WF-BATCH
Systemadministrator für Workflow pflegen	✓	✓	▸ SY-UNAME ▸ Ihre eigene Benutzerkennung
Entscheidungsaufgabe als generell klassifizieren	✓	–	
Standarddomäne für Internet-Mail pflegen	–	–	
Senden an Objekte und HR-Objekte aktivieren	✓	–	
Demo- und Verifikationsumgebung pflegen	✓	–	
Hintergrundjob für Terminüberschreitung einplanen	✓	✓	
Hintergrundjob für fehlerhafte Workitems einplanen	✓	✓	
Hintergrundjob für Bedingungsauswertung einplanen	✓	✓	
Hintergrundjob für Ereignis-Queue einplanen	✓	–	
Hintergrundjob für Aufräumarbeiten einplanen	✓	✓	

Tabelle 3.2 Überblick über die Customizing-Aktivitäten

Nachdem ein Workitem an den Benutzer verteilt wurde, führt der Benutzer das Workitem über seine Inbox aus. Zu häufig wird die Benutzererfahrung im Hinblick auf diese Inbox während der Projektplanung und Anwenderschulung vernachlässigt. In diesem Kapitel beschreiben wir die Funktionsweise der verschiedenen bereitgestellten Inboxen und zeigen Richtlinien für die Auswahl der geeigneten Inbox für Ihr Projekt.

4 Verteilung von Workitems

Von Manish Chaitanya

Nach dem Einrichten eines Workflows, bei dem eine optimale Prozessdefinition und für jede Aufgabe die bestmögliche Bearbeiterermittlung realisiert wurden, könnte man leicht auf den Gedanken kommen, nun sei der wichtigste Teil der Arbeit erledigt. Dies ist jedoch alles andere als zutreffend. Der Benutzer benötigt eine Umgebung, in der er die Aufgaben effizient abrufen und ausführen kann. Haben Benutzer bei der Verwendung der Inbox Probleme, wirkt sich dies negativ auf das gesamte Workflow-Projekt aus. Die Umgebung und die Art, wie Benutzer mit Aufgaben arbeiten, müssen als Teil des Projektplans aufgenommen werden und in allen Testplänen enthalten sein.

4.1 Der Faktor Mensch

Der Workflow bietet den größten Nutzen, wenn die Arbeit verschiedener Benutzer koordiniert wird. Diese Arbeit wird von Menschen durchgeführt, da Computersysteme nicht in der Lage sind, die erforderlichen komplexen Entscheidungen zu treffen oder die zu dieser Aufgabe gehörenden Daten zu bearbeiten. Die im Folgenden aufgeführten Merkmale einer Aufgaben-Inbox tragen dazu bei, dass Benutzer ihre Aufgaben erfolgreich erledigen können:

- problemloser Zugriff
- Benutzer sehen auf einen Blick, welche Aufgaben ausgeführt werden müssen und welche dieser Aufgaben Vorrang haben.

- eindeutige Anweisungen bezüglich der Aufgabendurchführung
- Übersicht über alle relevanten Daten, die der Benutzer zur erfolgreichen Ausführung der Aufgabe benötigt
- Mechanismen, über die der Benutzer mit anderen Benutzern kommunizieren kann; diese Dialoge erfolgen transparent für alle am Prozess beteiligten Personen
- Warnmechanismen, die es einem Benutzer ermöglichen, die »Notbremse zu ziehen«, falls ein Vorgang nicht ordnungsgemäß abläuft
- Erstellung von Protokollen, aus denen die bisherigen Abläufe sowie die bislang beteiligten Personen ersichtlich sind
- grafische Anzeige der weiteren Prozessstationen
- Ausgänge zu Recherchezwecken sowie zur Übermittlung von positivem Feedback bezüglich der Arbeitsleistung der Bearbeiter

Die Liste ist lang und noch keineswegs vollständig, sollte Ihnen aber einen Eindruck davon vermitteln, welche Bedeutung dem menschlichen Faktor zukommt. In der Praxis kann zwischen zwei verschiedenen Bearbeitergruppen unterschieden werden:

- Bearbeiter, die nur gelegentlich mit einem Workflow arbeiten
- Power User, die sich nur auf eine bestimmte Art von Aufgaben konzentrieren

An einem Workflow-Prozess sind üblicherweise beide Benutzergruppen beteiligt, sodass die unterschiedlichen Teilnehmer möglicherweise über unterschiedliche Inboxen verfügen. Bei der SAP Business Workflow Engine stellt dies kein Problem dar, da eine Workflow-Definition nicht für eine bestimmte Art von Inbox erstellt werden muss. Ein Bearbeiter kann auf ein und dasselbe Workitem aus verschiedenen Inboxen zugreifen. Diese Unabhängigkeit von der jeweils verwendeten Inbox gehört zum grundlegenden Konzept der Workflow Engine.

Benutzer können ihre Workitems über verschiedene Methoden empfangen. In diesem Kapitel werden die als Teil von SAP NetWeaver bereitgestellten Workitems behandelt. Die weiteren Alternativen, SAP CRM und SAP SRM, werden in weiteren Kapiteln später in diesem Buch beschrieben.

- **SAP Business Workplace**
  SAP Business Workplace stellt die Inbox innerhalb des SAP GUIs bereit und besitzt die fortschrittlichsten Funktionen. Diese Inbox wird empfohlen, wenn Sie lediglich über Workitems innerhalb eines SAP-Systems ver-

fügen, Ihre Benutzer das SAP Enterprise Portal (früher SAP NetWeaver Portal) nicht verwenden und üblicherweise das SAP GUI nutzen.

- **Universal Worklist**
  Die UWL wird allgemein empfohlen, wenn von mehreren Systemen auf Workitems (allgemeine Aufgaben) zugegriffen wird, und ist über SAP Enterprise Portal verfügbar. Die UWL kann für Workflow-Items von einer Vielzahl an Systemen (sämtliche Anwendungen der SAP Business Suite) eingesetzt werden und ebenfalls andere Aufgaben wie Warnungen, SAP-office-Nachrichten und Aufgaben aus dem SAP Business Process Management (SAP BPM) empfangen. Auch die Bereitstellung von Nicht-SAP-Aufgaben ist möglich.
- **Erweiterte Benachrichtigungen**
  Mithilfe erweiterter Benachrichtigungen können Sie E-Mail-Benachrichtigungen über neue Aufgaben an E-Mail-Clients wie Microsoft Outlook und Lotus Notes senden. Erweiterte Benachrichtigungen können zudem mit der UWL verknüpft werden. Der Benutzer kann einen Link erhalten, um das Workitem auszuführen. Diese Option wird für gelegentliche Workflow-Benutzer empfohlen.
- **Business Workflow Workplace**
  Der Business Workflow Workplace ist eine Inbox für den SAP NetWeaver Business Client (NWBC). Verwenden Sie diese Inbox, wenn Ihr Unternehmen den Business Client für die Benutzeroberfläche einsetzt.
- **Microsoft Outlook über Duet**
  Duet ermöglicht die Integration von SAP Business Suite mit Microsoft Outlook. Diese Integration umfasst SAP Business Workflow. Der Benutzer kann die Aufgabe über Outlook ausführen. Darüber hinaus umfasst diese Möglichkeit eine vollständige Integration von Optionen wie Kalenderfunktionen, Nachverfolgung und Delegierung.
- **Lotus Notes über Alloy**
  Alloy integriert die SAP Business Suite mit Lotus Notes. Diese Integration umfasst SAP Business Workflow. Der Benutzer kann Entscheidungen über Lotus Notes treffen. Darüber hinaus können Benutzer, die mit Lotus Notes vertraut sind und diese Lösung bevorzugen, äußerst bequem über Lotus Notes auf SAP-Informationen zugreifen.
- **SAP-CRM-Inbox**
  Für SAP Customer Relationship Management (SAP CRM) ist das SAP Enterprise Portal nicht erforderlich. Daher bietet CRM eine Inbox, die genutzt werden kann, wenn Sie SAP Enterprise Portal nicht verwenden.

- **SAP-SRM-Inbox**
  SAP Supplier Relationship Management (SAP SRM) 5.0 besitzt eine eigene Inbox. Bei SAP SRM 7.0 ist jedoch die UWL die verfügbare Inbox.
- **Unified Inbox**
  SAP Gateway Unified Inbox ist eine Workflow-Inbox-UI, die auf SAPUI5-Technologie basiert und von SAP bereitgestellt wird. Sie nutzt den SAP Gateway Service, um Arbeitsvorräte und Workitem-Nachrichten zu extrahieren.
- **SAP Fiori Approve All**
  Dies ist eine Sammlung workflow-fähiger SAPUI5-Genehmigungs-Apps, die von SAP zur Verfügung gestellt werden und für mobile Endgeräte prädestiniert sind.

Üblicherweise beginnen Sie mit der UWL: Ihre Power User und normalen Workflow-Benutzer verwenden die UWL. Wenn Sie Ihre Workitems auch an gelegentliche Benutzer verteilen möchten, ziehen Sie erweiterte Benachrichtigungen und Erweiterungen wie Duet und Alloy in Betracht. In diesem Kapitel wird zunächst die im SAP GUI verfügbare Inbox beschrieben. Anschließend erläutern wir die UWL, erweiterte Benachrichtigungen sowie die im NWBC verfügbare Inbox. Auch wenn Sie die UWL verwenden, sollten Sie Abschnitt 4.2, »SAP Business Workplace«, lesen, um einen Überblick über die von SAP bereitgestellten Inbox-Funktionen zu erhalten.

4.2 SAP Business Workplace

Bevor wir die Inbox-Funktionen beschreiben, finden Sie im Folgenden die Hauptunterschiede zwischen einem Workitem und einer E-Mail:

- Eine E-Mail ist eine Textnachricht. Sie lesen die Nachricht, reagieren auf den Betreff der E-Mail und archivieren oder löschen diese. Über ein Workitem hingegen erhalten Sie Arbeit, die ausgeführt werden muss. Ein Workitem ist Teil eines Prozesses und kann überwacht werden, um die Ausführungsdauer und die Person, die die Arbeit erledigt hat, zu ermitteln.
- Wenn Sie eine E-Mail aus der Inbox entfernen möchten, löschen Sie sie einfach. Ein Workitem dagegen kann nur aus der Inbox entfernt werden, indem die Aufgabe ausgeführt oder aber an einen anderen Bearbeiter weitergeleitet wird.
- Im Hinblick auf die Ausführung fährt ein Workflow umgehend mit dem nächsten Schritt fort, nachdem eine E-Mail gesendet wurde. Wenn jedoch

ein Workitem generiert wird, wird der Workflow angehalten, bis das Workitem abgeschlossen wurde.

- Ein weiterer Unterschied besteht darin, dass beim Senden einer E-Mail an mehrere Empfänger üblicherweise Kopien der Mail übertragen werden. Wenn ein Empfänger diese E-Mail löscht, ist sie in den Inboxen der anderen Empfänger noch immer vorhanden. Ein Workitem kann zwar auch mehreren Empfängern zugeordnet werden (dies ist sogar der Regelfall), wird aber, sobald ein Empfänger das Workitem annimmt oder ausführt, sofort aus den Inboxen der anderen Empfänger gelöscht. Es wird zudem nicht länger angezeigt, wenn der Schritt durch einen anderen Zweig obsolet oder der Workflow abgebrochen wird. Als Workflow-Entwickler sollten Sie zudem stets daran denken, dass Workitems durch den Workflow auch dann aus der Inbox eines Bearbeiters entfernt werden können, wenn sie nicht mehr benötigt werden (z. B. durch Verwendung der modellierten Terminüberwachung, siehe auch Anhang A, »Tipps und Tricks«).
- Ein Workitem umfasst darüber hinaus eine Vielzahl weiterer Informationen wie z. B. die Workflow-Protokolle.

Abbildung 4.1 zeigt den SAP Business Workplace (Transaktion SBWP) mit einigen gängigen Elementen wie der Inbox, in der sich aktuelle Workitems befinden. Beachten Sie den Ausgang, in dem bereits ausgeführte Workflows und Workitems angezeigt werden. Die Menüleiste umfasst Optionen zum Annehmen, Zurücklegen und Weiterleiten von Workitems, zum Anzeigen des Workflow-Protokolls und zum Erstellen von Anlagen.

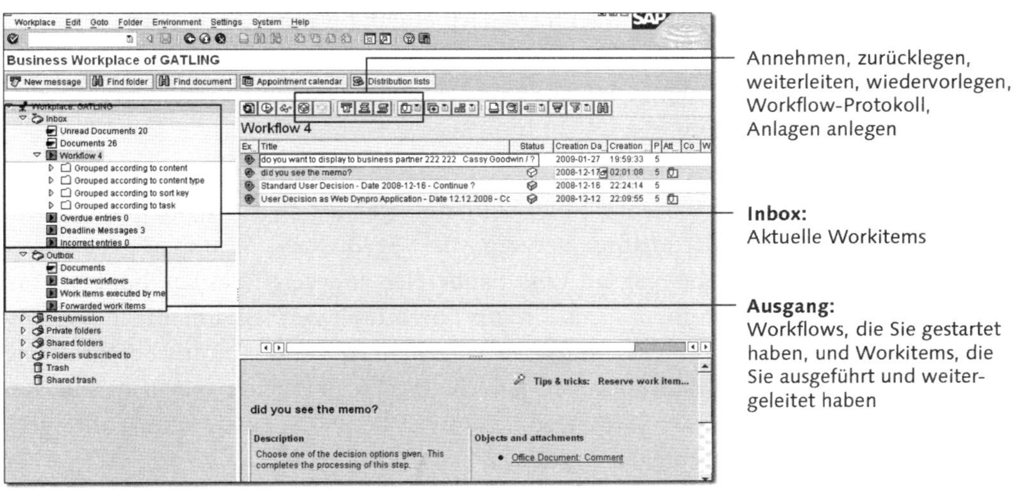

Abbildung 4.1 SAP Business Workplace

Über die Inbox greifen die Benutzer auf ihre Aufgaben zu und erledigen ihre Arbeit. In den folgenden Abschnitten werden die wichtigen Bestandteile der Inbox beschrieben.

4.2.1 Workitem-Text

Der Workitem-Text lässt sich problemlos einrichten und kann in erheblichem Maße zum Erfolg des Prozesses beitragen und den Verwaltungsaufwand reduzieren, der durch die Unterstützung der Benutzer entsteht. Wenn ein Workitem in der Inbox eines Benutzers angezeigt wird, sollte dieser auf den ersten Blick erkennen können, um welche Aufgabe es sich handelt und wie diese ausgeführt wird.

Der Workitem-Text ist in zwei Teile untergliedert. Beide Texte werden in der Definition der Standardaufgabe (TS) gepflegt. Die Texte sind äußerst wichtig und sollten bei der Ermittlung der Anforderungen mit Ihren Benutzern durchgesprochen und geprüft werden.

- **Kurztext**
  Der Kurztext ist die Betreffzeile, die den Benutzern in ihrer Inbox angezeigt wird. Es wird empfohlen, Variablen und Schlüsselwörter zu verwenden, die der Benutzer beim Sortieren der Inbox nutzen kann. Bei Verwendung aussagekräftiger Variablen kann der Bearbeiter die wichtigsten Aufgaben zuerst auswählen. Die wichtigste Variable sollte als Erstes angezeigt werden. Auch ein eindeutiger Workitem-Text ist bei der Sortierung hilfreich. Die Variablen sind auch nützlich, wenn ein Bearbeiter z. B. bei einer telefonischen Nachfrage nach einem bestimmten Workitem suchen muss. Es versteht sich von selbst, dass die Bearbeiter dazu eine Schulung erhalten haben müssen. Die Benutzer sollten involviert sein, wenn Sie den Kurztext für ihre Aufgaben festlegen.
- **Aufgabenbeschreibung**
  Die Aufgabenbeschreibung kann stets gelesen werden, wird aber nicht immer standardmäßig angezeigt. Im SAP Business Workplace etwa werden Beschreibungen im Vorschaubereich angezeigt. Beschreibungen können auch automatisch als E-Mails übermittelt werden, um einem Bearbeiter mitzuteilen, dass Aufgaben anstehen. Wenn die in der Beschreibung enthaltenen Informationen jedoch für den Bearbeiter hilfreich sind, um die Aufgabe auszuführen, sollte der Bearbeiter die Beschreibung anzeigen, bevor er die Aufgabe erledigt.

Für erfahrene Benutzer ist eine einfache Beschreibung der Aufgabe nicht sonderlich interessant. Eine Zusammenfassung prozessbezogener Informationen, die sonst nur mithilfe komplexer Navigationsvorgänge abgerufen werden können, bietet jedoch einen zusätzlichen Nutzen. Bei Aufgaben, die problemlos durchgeführt werden können und bei denen während der Ausführung alle benötigten Informationen angezeigt werden, wird die Aufgabenbeschreibung nur benötigt, wenn ein Fehler auftritt oder ein neuer Mitarbeiter im Team die Aufgabe ausführen soll.

Eine typische Aufgabenbeschreibung bietet folgende Informationen:

- Eine Beschreibung der Vorgehensweise bei Ausführung der Aufgabe. Dazu gehören neben einer Erläuterung der benötigten Buttons auch Hinweise zur Erreichung eines guten Ergebnisses. Bei einer Entscheidungsaufgabe etwa werden die wichtigsten Faktoren aufgeführt, die bei der Entscheidung berücksichtigt werden müssen.
- Eine Zusammenfassung der zugehörigen Daten. Sie können eine unbegrenzte Anzahl von Variablen verwenden.
- Eine Anweisung mit einer Begründung, warum ein bestimmter Bearbeiter dieses Workitem erhalten hat. Beispiel: »Sie sind für Aufträge zuständig, die im Werk XYZ erteilt wurden.«
- eine Adresse oder Angaben zum Helpdesk, falls Schwierigkeiten auftreten oder sich Fragen ergeben

Der Workflow-Entwickler ist für die Pflege der Textdefinitionen verantwortlich. Wenn Sie von SAP bereitgestellte Texte verwenden, kann der Text an Ihre Anforderungen angepasst werden. Wenn Sie den Text für eine von SAP bereitgestellte Aufgabe ändern, wird dies als Customizing-Aktivität betrachtet. Das heißt, dass der Text aus dem Entwicklungs- in das Produktivsystem transportiert wird.

Einen Überblick über die verschiedenen Möglichkeiten, wie den Benutzern im Vorschaubereich des Business Workplaces Kurztexte angezeigt werden können, bekommen Sie in Abbildung 4.2. Wie Sie sehen, sind die wichtigsten Informationen im ersten Teil der Beschreibung enthalten, und neben der Beschreibung werden die Anlagen und weitere Informationen angezeigt.

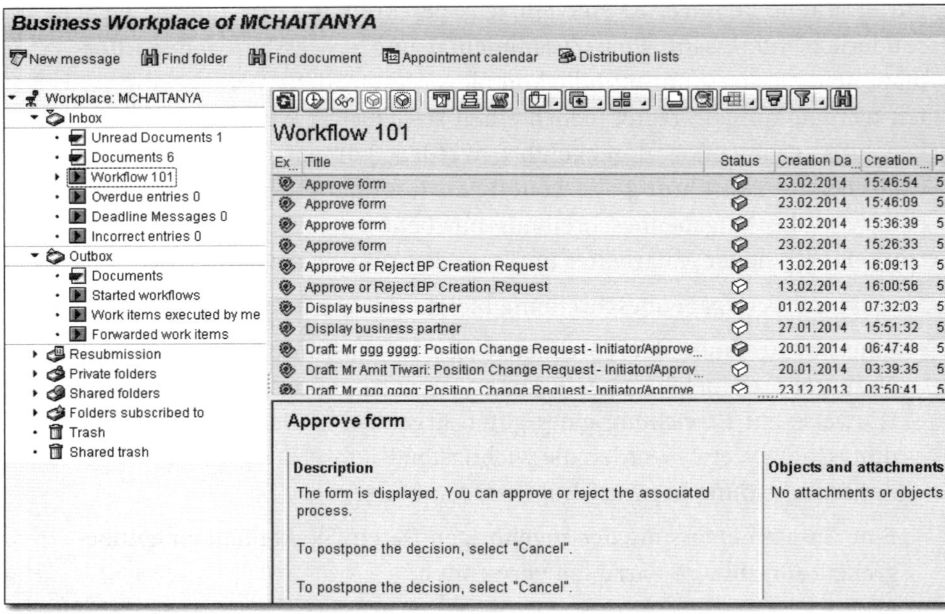

Abbildung 4.2 SAP Business Workplace – Vorschau

4.2.2 Anlagen

Sämtliche Empfänger können Anlagen an ein Workitem anfügen. Diese Anlagen werden nach Abschluss des Workitems gesammelt und an eine Anlagenliste angefügt, die mit dem Workflow verknüpft ist. Das bedeutet, dass alle anderen Bearbeiter des Prozesses sich alle angefügten Anlagen anzeigen lassen können, auch nachdem dieser Workflow-Schritt bereits beendet ist.

Im Allgemeinen kommen drei Arten von Anlagen zum Einsatz:

- eine Textanlage, die der Bearbeiter in einem SAP-Editor erstellt
- ein digitales Dokument, das in den Workflow hochgeladen wird
- Verweise auf SAP-Business-Objekte

Von diesen Typen sind Textanlagen die am häufigsten eingesetzten. Ein Bearbeiter erstellt eine neue Anlage, um eine bestimmte Entscheidung zu begründen oder um dem nächsten Bearbeiter nützliche Informationen zur Verfügung zu stellen. Gängige Dokumenttypen, die als Anlagen angefügt werden, sind Microsoft-Office- und Adobe-Acrobat-Dokumente. Benutzer können selbst erstellte Anlagen löschen, nicht jedoch die Anlagen anderer Benutzer.

Tipp

Anlagen werden im Workflow-Container im Containerelement `_Attach_Objects` gespeichert. Sie werden stets an den Workitem-Container übergeben. Nach Abschluss des Workitems werden neue Anlagen an das Containerelement im Workflow-Container angehängt. Das bedeutet, dass Anlagen in einer Aufgabe nur dann über einen Kundencode gelöscht werden können, wenn dieser gleichzeitig Verweise auf das Workitem aus dem Workflow-Container löscht und auch die Anlagen entfernt.

Anlagen sind während des Workflows ausgesprochen nützlich, werden aber leider oft vergessen. Mit ihnen können Beweggründe für Entscheidungen angegeben werden, z. B. dann, wenn ein Vorgesetzter erläutern möchte, warum ein Mitarbeiterantrag abgelehnt wurde. Versuchen Sie, die Mitarbeiter dazu zu bringen, mit den Anlagen zu arbeiten und sich weniger auf E-Mails oder Telefonanrufe zu stützen. Der Nachteil bei diesen Alternativen besteht darin, dass weder E-Mails noch Telefongespräche im Protokoll festgehalten werden, sodass neue Teilnehmer im Geschäftsprozess diese nicht als Referenz verwenden können.

Eine gute Alternative zu Anlagen lässt sich bei der Modellierung des Workflows realisieren, indem Benutzer »gezwungen« werden, in einem Workflow-Schritt einen Hinweis zu erstellen. Dieses Vorgehen ist jedoch nicht immer möglich oder erwünscht: Wenn die Bearbeiter ihre Aktivitäten für jeden Schritt dokumentieren müssen, ist dies eher lästig. Wenn die Bearbeiter erst einmal daran gewöhnt sind, Anlagen zu schreiben und zu lesen, werden sie bald feststellen, dass sie diese Möglichkeit gern in Anspruch nehmen.

4.2.3 Annehmen und Zurücklegen von Workitems

Wenn ein Bearbeiter ein Workitem über den Button ANNEHMEN annimmt, wird das Workitem in den Inboxen der anderen Benutzer nicht mehr angezeigt. Diese Funktion ist nützlich, wenn zum Kreis der Empfänger mehrere Experten gehören, die sich bestimmte Workitems reservieren möchten.

Indem ein Empfänger mit der Ausführung eines Workitems beginnt, nimmt er dieses an. Durch das Zurücklegen wird das Workitem wieder in den Inboxen aller Empfänger angezeigt, die das Workitem ursprünglich ebenfalls erhalten hatten oder denen es von einem anderen Benutzer weitergeleitet wurde. Anders ausgedrückt: Wenn einem Benutzer ein Workitem weitergeleitet wurde, der dieses nicht verarbeiten kann, kann er durch Annehmen und Zurücklegen dafür sorgen, dass es wieder in den Inboxen aller ursprünglichen Empfänger angezeigt wird.

Tipp

Um zu ermitteln, welcher Bearbeiter gegenwärtig über ein Workitem in seiner Inbox verfügt, klicken Sie auf das Icon WORKFLOW-PROTOKOLL ( ), um aus dem Workflow-Protokoll zum Bereich BEARBEITER zu wechseln.

4.2.4 Ausführen eines Workitems

Nachdem ein Bearbeiter ein Workitem ausgeführt hat, wird die entsprechende SAP-Transaktion, eine URL oder eine andere Methode aufgerufen, die dieser Aufgabe zugeordnet wurde. Durch das Ausführen einer Aufgabe nimmt ein Empfänger das Workitem automatisch an, und es wird in den Inboxen der anderen Empfänger nicht mehr angezeigt. Entschließt sich der Bearbeiter, das Workitem nicht selbst zu bearbeiten, muss er es über das Icon ZURÜCKLEGEN in der Inbox freigeben. Angenommene Workitems werden mit einem speziellen Statussymbol angezeigt, das die begonnene Bearbeitung kennzeichnet.

Bearbeiter müssen dieses Prinzip kennen, und sie müssen wissen, auf welche Weise Workitems freigegeben werden können, da sonst andere Empfänger an der Anzeige und Ausführung der Workitems gehindert werden. Wenn ein Bearbeiter die Abteilung verlässt, muss er alle angenommenen Workitems freigeben; andernfalls muss der Administrator diese Aufgabe übernehmen.

Um den Bearbeitern ihre Arbeit weiter zu erleichtern, können Sie Workflow-Funktionen bereitstellen, die direkt aus der ausgeführten Transaktion heraus aufgerufen werden können (vorausgesetzt, die entsprechende Methode wird in einer SAP-Komponente ausgeführt). Die Bearbeiter können auf diese Funktionen aus der Workflow-Toolbox zugreifen (siehe Abbildung 4.3), die Benutzern die Durchführung der folgenden Funktionen ermöglicht, ohne dass sie zuerst in die Inbox wechseln müssen:

- Weiterleiten des Workitems an einen anderen Benutzer
- Anzeigen der Aufgabenbeschreibung
- Anzeigen der Workitem-Anlagen
- Erstellen einer neuen Anlage
- Anzeigen des Workflow-Protokolls
- Wiedervorlegen des Workitems

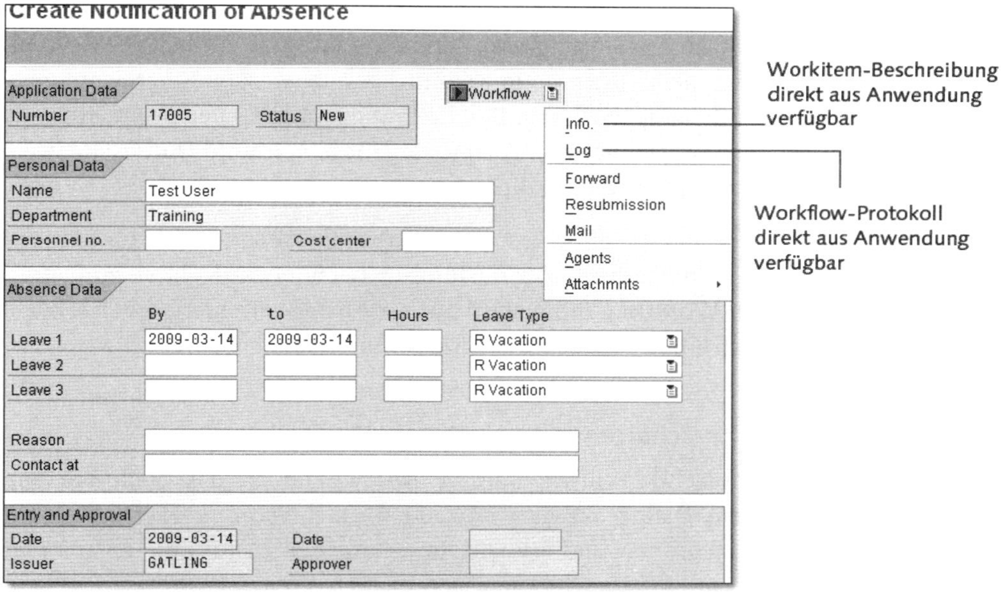

Abbildung 4.3 Workflow-Toolbox

Weitere Informationen zur Workflow-Toolbox finden Sie im SAP Help Portal (*http://help.sap.com*). Alternativ können Sie den Beispiel-Workflow in Transaktion SWUI_DEMO ausführen. Zudem wird in Kapitel 19, »Benutzerdefinierte Programme«, näher erläutert, wie Sie Transaktionen so entwickeln, dass diese die Workflow-Toolbox umfassen.

Das Ergebnis einer Workitem-Ausführung richtet sich nach der zugrunde liegenden Methode und der jeweiligen Schrittdefinition. Wurde der Schritt so konfiguriert, dass er eine manuelle Bestätigung erfordert, muss der Benutzer den Schritt explizit auf »erledigt« setzen, bevor der Workflow fortgesetzt werden kann. Die manuelle Bestätigung eignet sich besonders für Anzeige- oder Bearbeitungsaufgaben, bei denen das Workflow-System nicht automatisch ermitteln kann, ob eine Aufgabe beendet wurde. Ebenso eignet sich die Funktion, um Bearbeitern die Möglichkeit zu geben, die Aufgabe noch einmal zu prüfen. Nach Abschluss der normalen Workitem-Ausführung wird dem Bearbeiter ein Dialogfenster angezeigt, in dem er das Bearbeitungsende bestätigen kann; das Bearbeitungsende kann aber auch in der Workflow-Inbox bestätigt werden.

Handelt es sich um eine asynchrone Aufgabe, tritt eine kurze Verzögerung ein, bevor das Workitem durch das beendende Ereignis abgeschlossen wird. Diese Zeitspanne kann zu Spitzenzeiten mehrere Sekunden betragen. Daher wird das Workitem möglicherweise noch angezeigt, wenn die Workflow-Inbox direkt nach Ausführung des Workitems aktualisiert wird. Die Bearbeiter sollten über diese Tatsache in Kenntnis gesetzt werden (über Schulungsmaßnahmen, in der Workitem-Beschreibung, mithilfe der FAQs etc.), da sonst der Helpdesk unnötig in Anspruch genommen wird. Auf asynchrone Aufgaben gehen wir später in diesem Kapitel näher ein.

Sie sollten die Bearbeiter ebenfalls darauf aufmerksam machen, dass das Workitem unmittelbar nach der Ausführung beendet wird. Durch eine Aktualisierung der Workflow-Inbox wird nur die Anzeige erneuert, dies hat keine Auswirkungen auf die tatsächlich durchgeführten Aufgaben.

4.2.5 Weiterschalten mit sofortigem Dialog

Aufeinanderfolgende Schritte eines Workflows, für die das Weiterschalten mit sofortigem Dialog aktiviert ist, bilden eine *synchrone Kette*. Dies hat nichts mit synchronen und asynchronen Aufgaben zu tun, die an späterer Stelle in diesem Buch beschrieben werden. Das Weiterschalten mit sofortigem Dialog kann in einem Workflow definiert werden, um einem Benutzer die Ausführung mehrerer Workitems nacheinander zu ermöglichen, ohne zwischendurch in die Workflow-Inbox wechseln zu müssen. Ein Beispiel: Ein Manager muss die Ablehnung, nicht jedoch die Genehmigung einer Anforderung begründen. Sie könnten die Erklärung über den Workflow anfordern, in dem auf den Genehmigungs-/Ablehnungsschritt eine Begründungsanforderung folgt, falls die Anforderung abgelehnt wird. Beim Weiterschalten mit sofortigem Dialog werden alle Aufgaben von derselben Person ausgeführt, ohne dass sie zwischen den Aufgaben zur Inbox zurückkehrt (siehe Abbildung 4.4).

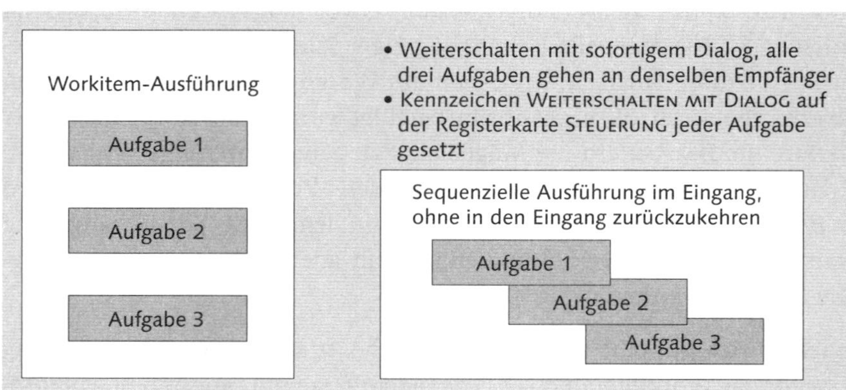

Abbildung 4.4 Beispiel für das Weiterschalten mit sofortigem Dialog

Ohne das Weiterschalten mit sofortigem Dialog würde der Manager das Genehmigungs-Workitem in der Inbox empfangen und ABLEHNEN wählen. Danach wäre das Workitem beendet. Der Manager würde nach der Aktualisierung der Workflow-Inbox ein neues Workitem mit der Anforderung einer Begründung erhalten. Diese Vorgehensweise wäre recht mühsam, da der Manager unnötigerweise in die Workflow-Inbox wechseln müsste. Um dies zu verhindern, setzen Sie in der Definition des ersten Schrittes das entsprechende Kennzeichen für das Weiterschalten mit sofortigem Dialog. Lehnt der Manager das Workitem nun ab, wird automatisch das nächste Workitem ausgeführt, sodass dem Manager das Fenster angezeigt wird, in dem er eine Begründung für seine Ablehnung eingeben kann. Mit anderen Worten, er wird direkt zum nächsten Schritt geleitet. Dies hat verschiedene Auswirkungen:

- Damit die Weiterschaltung mit sofortigem Dialog funktioniert, muss der Bearbeiter auch Empfänger des nächsten Workitems sein. Wenn der Bearbeiter kein Empfänger ist, hat das Kennzeichen keine Bedeutung, und das Workitem wird wie üblich in den Workflow-Inboxen seiner Empfänger angezeigt. Dies ist eine absolut logische Vorgehensweise. Jeder dieser Schritte kann sogar einer Bearbeitergruppe zugeordnet werden, sofern der oben als Beispiel angeführte Manager Mitglied der Gruppe ist.
- Diese Funktion wird ausschließlich in der Business-Workplace-Inbox unterstützt, nicht jedoch in der UWL.
- Der Bearbeiter kann die Verarbeitung jederzeit durch Drücken der [Esc]-Taste unterbrechen. Das abgebrochene Workitem bleibt im Status ANGENOMMEN zur späteren Ausführung in seiner Workflow-Inbox.
- Der Bearbeiter kann üblicherweise nur die Aufgabenbeschreibung des ersten Workitems lesen, da alle weiteren Workitems ohne Umweg ausgeführt werden. Diese Tatsache sollten Sie bei der Erstellung des Workflows berücksichtigen: Sie können entweder alle wichtigen Informationen in der Beschreibung der ersten Aufgabe innerhalb der synchronen Kette unterbringen oder es dem Benutzer mithilfe der Workflow-Toolbox ermöglichen, aus der aufgerufenen Transaktion zur Beschreibung zu springen. Das Gleiche gilt für Anlagen. Anlagen bleiben jedoch in der Kette immer gleich, es sei denn, der Bearbeiter fügt selbst Anlagen hinzu.

Hinweis

Das Weiterschalten mit sofortigem Dialog wird nur im SAP Business Workplace im SAP GUI unterstützt.

4.2.6 Weiterleiten von Workitems

Durch das Weiterleiten eines Workitems wird dieses an einen Benutzer gesendet und aus den Inboxen aller anderen Empfänger entfernt. Daher sollte ein Empfänger diese Funktion nur dann einsetzen, wenn er der einzige Empfänger ist oder einen anderen Benutzer explizit mit der Ausführung des Workitems beauftragen möchte.

Ein Workitem kann auch an einen Benutzer weitergeleitet werden, der bereits Empfänger dieses Workitems ist. Dadurch wird das Workitem einfach aus den Inboxen aller anderen Empfänger entfernt. Wenn Sie ein an Sie weitergeleitetes Workitem zurücklegen, wird es wieder in den Inboxen aller ursprünglichen Empfänger angezeigt (einschließlich desjenigen Empfängers, der es an Sie weitergeleitet hatte) und bleibt auch in Ihrer Inbox, selbst wenn Sie nicht zu den ursprünglichen Empfängern gehört haben. Anders gesagt: Durch die Weiterleitung wird u. a. der Kreis der Empfänger erweitert.

Sie können die Aufgabe so konfigurieren, dass sie an einen beliebigen Benutzer oder lediglich an einen möglichen Bearbeiter weitergeleitet werden kann (mehr darüber erfahren Sie in Kapitel 5, »Bearbeiter«). Im Grunde wird ein Workitem den Empfängern durch die Weiterleitung erneut zugeordnet.

Hinweis

Der Liste der Empfänger lässt sich entnehmen, welche Benutzer ein Workitem ursprünglich erhalten haben und an welche Benutzer es weitergeleitet wurde.

Die Weiterleitung wird primär in den folgenden Situationen eingesetzt:

- Ein Mitarbeiter tritt eine neue Position an und möchte zuvor die in seiner Inbox befindlichen Workitems an einen anderen Bearbeiter weitergeben.
- Die Bearbeiterermittlung ist fehlgeschlagen oder wurde fehlerhaft ausgeführt, und das Workitem muss an einen anderen möglichen Bearbeiter weitergeleitet werden.
- Ein Bearbeiter ist noch nicht lange in seiner Position tätig und möchte das Workitem vor der Freigabe von einem Bearbeiter mit größerer Erfahrung prüfen lassen. Dazu kann er in einer Anlage erläutern, was geprüft werden soll, und diese Anlage wieder löschen, nachdem das Workitem zurückgesendet wurde.

Damit das funktioniert, müssen Sie sicherstellen, dass der Workflow-Schritt für die manuelle Bestätigung konfiguriert wurde. Sie sollten während der Schulung deutlich auf diesen Punkt hinweisen.

4.2.7 Priorität

Bei einer Änderung der Priorität ändert sich lediglich die Reihenfolge, in der die Workitems in der Inbox angezeigt werden. Die Priorität kann in der Workflow-Definition gesetzt und dynamisch in einem Datenfluss an das Workitem übergeben oder manuell in der Workitem-Anzeige oder der Inbox geändert werden.

Workitems mit der höchsten Priorität (Priorität 1) werden mit einer Expressnachricht in Form eines Dialogfensters angezeigt, wenn der Benutzer an einer SAP-Komponente angemeldet ist. Dabei spielt zwar das verwendete SAP GUI eine Rolle, nicht jedoch die Transaktion.

4.2.8 Wiedervorlage

Wenn ein Bearbeiter ein Workitem nicht sofort ausführen möchte, kann er es für einen Zeitraum von mehreren Tagen (oder Stunden) in einer Wiedervorlagemappe ablegen. Um diesen Vorgang auszuführen, klickt er auf das Icon WIEDERVORLEGEN (). Nach Ablauf dieses Zeitraums wird es automatisch wieder in der Inbox angezeigt.

Wenn ein Bearbeiter das Workitem vor Ablauf des Wiedervorlagezeitraums ausführen möchte, kann er die Wiedervorlage in der Wiedervorlagemappe abbrechen. Dadurch erscheint das Workitem wieder in der Inbox.

4.2.9 Protokolle

Während des Workflow-Ablaufs werden verschiedene Workflow-Protokolle erstellt. Diese Protokolle können auch bei laufendem Workflow angezeigt werden, um zu ermitteln, welche Schritte bereits ausgeführt wurden und welche Schritte als Nächstes ausgeführt werden sollen. Darüber hinaus können sie nach Abschluss des Workflows zur Nachverfolgung verwendet werden.

Auf die Protokolle kann über verschiedene Reports oder direkt aus der Workitem-Inbox bzw. dem Workitem-Ausgang sowie üblicherweise aus der Transaktion zugegriffen werden, die das vom Workflow betroffene Business-Objekt anzeigt. In den Protokollen werden zwar alle Details gespeichert, diese können jedoch nur in der technischen Sicht vollständig angezeigt werden. Die technische Sicht unterstützt Sie bei der Workflow-Entwicklung und kann sich bei der Fehlersuche als ausgesprochen nützlich erweisen. Die Standardanzeige ist jedoch eine nicht technische Sicht des Protokolls. Um die

Protokolle aus der Inbox abzurufen, wählen Sie ein Workitem aus und klicken auf das Icon WORKFLOW-PROTOKOLL ( ).

Das Benutzerprotokoll ermöglicht verschiedene Sichten der Workflow-Chronik:

- **Chronologische Sicht** (WF CHRONICLE (Workflow-Protokoll))
  Diese Sicht zeigt die nichttechnischen Schritte in der Reihenfolge, in der sie ausgeführt werden. Sie können sich zu jedem einzelnen Schritt Details anzeigen lassen, wie etwa die Bearbeiter, die das Workitem ursprünglich erhalten haben, oder Informationen dazu, welche Anlagen von welchen Bearbeitern angefügt wurden (siehe auch Abbildung 4.5). Diese Sicht zeigt eine Liste aller Bearbeiter an, die aktiv am Workflow beteiligt waren. Hier können Sie ermitteln, für welche Aufgaben die einzelnen Bearbeiter zuständig waren, an welchen Schritten sie beteiligt waren und welche Anlagen sie angefügt haben.
- **Objektsicht** (WORKFLOW OBJECTS (Workflow-Objekte))
  In dieser Sicht wird eine Liste der Objekte angezeigt, die in den Prozess involviert waren. Dazu gehören Business-Objekte und die Ad-hoc-Objekte (wie etwa hinzugefügte Anlagen). Sie können die Objekte anzeigen und so ermitteln, an welcher Stelle des Prozesses ein Objekt verwendet wurde. Diese Funktion ist besonders bei Prozessen nützlich, in denen mehrere grundlegende Business-Objekte zum Einsatz kommen und der Bearbeiter auf ein früheres Objekt zurückverweisen muss (vorausgesetzt, der Bearbeiter verfügt über die entsprechende Anzeigeberechtigung).

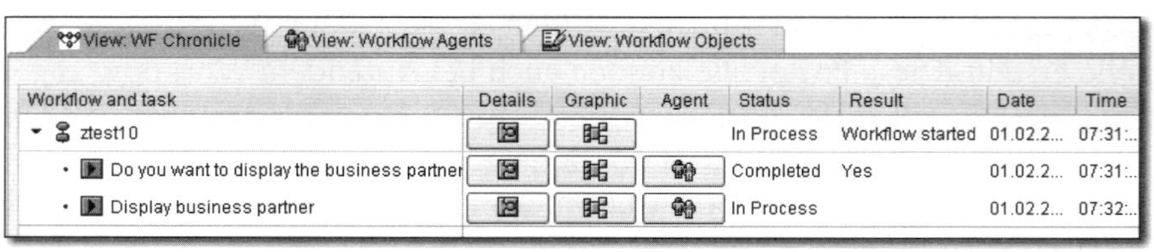

Abbildung 4.5 Workflow-Protokoll

Die Sicht WF CHRONICLE (Workflow-Protokoll) zeigt alle Schritte, Status, Ergebnisse, Datums- und Uhrzeitangaben. Um weitere Informationen zu erhalten, wählen Sie das Symbol DETAILS, GRAPHIC (grafisches Protokoll) oder AGENT (Bearbeiter). Das grafische Protokoll (siehe Abbildung 4.6) ist besonders dann von Nutzen, wenn ein Bearbeiter Einblick in den weiteren Verlauf des Workflows erhalten möchte, und hilft auch beim Debugging eines Workflows mit Schleifen oder mehreren parallelen Zweigen. Wenn

Ad-hoc-Workflows konfiguriert wurden, können die Bearbeiter das grafische Protokoll nutzen, um während der Prozessausführung Änderungen vorzunehmen.

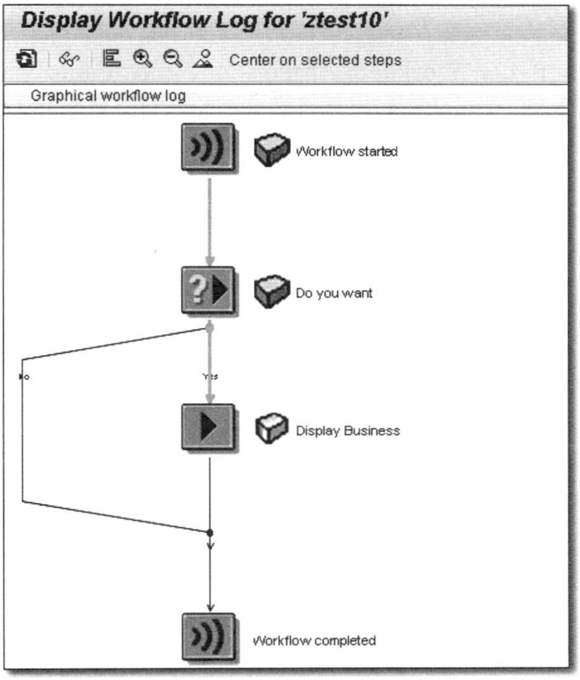

Abbildung 4.6 Grafisches Workflow-Protokoll

Sie können auf verschiedene Weise zwischen einem Workitem und dem zugehörigen Protokoll wechseln. Wie Sie gesehen haben, steht dabei eine ganze Reihe verschiedener Sichten zur Verfügung. Um den Zugriff für die Bearbeiter zu erleichtern, wählen Sie die am häufigsten benötigten Sichten aus und fügen sie zusammen mit einer Beschreibung in die FAQs für den Prozess ein. Wenn den Bearbeitern bewusst ist, dass solche Protokolle vorhanden sind, können sie Fragen wie z. B. »Welche Schritte werden gerade im Workflow ausgeführt?« selbst nachgehen. (Die Antwort lautet: »Rufen Sie das Protokoll aus dem Workflow-Ausgang auf.«). Auf diese Weise wird der Helpdesk erheblich entlastet und das Vertrauen der Bearbeiter in das System gestärkt. Denken Sie daran, dass der Administrator mehr Sichten benötigt und üblicherweise eine bessere Schulung durchlaufen hat als die Bearbeiter.

4.2.10 Ausgang

Im Workflow-Ausgang werden die Workitems angezeigt, für die Sie bereits Aufgaben ausgeführt haben. Dazu zählen gestartete Workflows, ausgeführte Workitems und Workitems, die Sie an andere Benutzer weitergeleitet haben. Je nachdem, welche Mappe Sie sich anzeigen lassen, ändert sich die Sicht auf das Workitem. Da Sie aus der Workitem-Anzeige mit einem Klick zum Workflow-Protokoll wechseln können, eignet sich der Ausgang sehr gut zur Verfolgung des Workflow-Fortschritts.

Der Workflow-Ausgang ist für fortgeschrittene Benutzer äußerst nützlich. Einige Benutzer werfen am Ende des Arbeitstages gern einen Blick in den Workflow-Ausgang, um zu prüfen, wie viele Workitems sie im Lauf des Tages bearbeitet haben.

4.2.11 Ablehnen von Workitems

Der Vorgang des Ablehnens von Workitems darf nicht mit dem Abbrechen von Workitems verwechselt werden. Durch das logische Löschen eines Workitems durch den Administrator (dies ist nicht der gleiche Vorgang wie ein einfaches Abbrechen des Workitems während der Workitem-Verarbeitung) wird der gesamte Workflow beendet. Ein solcher Eingriff in einen Workflow durch einen Administrator wird nur in seltenen Fällen benötigt. Das *Ablehnen* eines Workitems stellt eine »weichere« Vorgehensweise dar.

Jeder Bearbeiter, der ein Workitem empfängt, kann dieses ablehnen, wenn er der Meinung ist, dass die Aufgabe nicht mehr erforderlich ist. Voraussetzung für diese Ablehnung ist, dass für den Schritt die Option BEARBEITUNG KANN ABGELEHNT WERDEN aktiviert wurde, die auf der Registerkarte DETAILS der Aufgabe ausgewählt werden kann. Ein Beispiel: Stellt ein Bearbeiter fest, dass es sich bei einem gescannten Dokument um ein Duplikat handelt, kann er es einfach ablehnen.

Bei Ablehnung eines Workitems wird der Prozess über einen anderen Pfad fortgesetzt als über den normalen Workflow. Sie können diesem Pfad neue Schritte hinzufügen, damit ein Workflow nach Ablehnung eines Workitems ordnungsgemäß weitergeführt werden kann. Zum Beispiel können Sie erzwingen, dass derjenige Bearbeiter, der ein Workitem ablehnt, die Ablehnung in einem Hinweis erläutert, und Sie können den Workflow-Initiator oder einen anderen Bearbeiter benachrichtigen.

Der Button AUSFÜHRUNG ABLEHNEN wird nur angezeigt, wenn diese Option in der Schrittdefinition des Workflows ausgewählt wurde.

4.2.12 Vertretung

Wenn ein Mitarbeiter abwesend ist, sollten die Aufgaben von einem Vertreter ausgeführt werden können. Mögliche Situationen sind geplante Abwesenheiten wie Urlaubszeiten oder ungeplante Abwesenheiten wie Krankheitstage. Vertreter sind wichtig, um sicherzustellen, dass der Prozess pünktlich ausgeführt wird und damit die Projektziele erreicht werden.

Sie können über den SAP Business Workplace und die UWL in der Inbox eingerichtet werden. Das Einrichten von Vertretern wird in Kapitel 5, »Bearbeiter«, besprochen.

4.3 Universal Worklist

Bei herkömmlichen Lösungen mussten Benutzer auf diverse Inboxen zugreifen, um wichtige Aufgaben anzuzeigen und auf diese zu reagieren. Aus SAP-Sicht könnte dies bedeuten, dass ein Benutzer separat auf Aufgaben im SAP-ERP-, -SRM- und -CRM-System zugreifen muss. Darüber hinaus könnten zusätzliche Nicht-SAP-Systeme mit Aufgaben vorhanden sein, auf die der Benutzer im Laufe des Tages zugreifen muss.

Die *Universal Worklist* (UWL) ist die zentrale Aufgabenliste in SAP NetWeaver. Sie ist nicht Teil von SAP Business Workflow und nicht speziell für den Workflow verfügbar. Vielmehr ist die UWL nicht an einen Aufgaben-Provider gebunden, sondern dient als zentraler Arbeitsvorrat für beliebige Aufgabentypen. Neben SAP-Business-Workflow-Aufgaben wird die UWL auch für Alerts aus dem Alert Framework, Collaboration-Aufgaben, Guided-Procedures-Aktionen und Aufgaben aus dem SAP BPM verwendet. Zusätzlich verfügt die UWL über eine API, über die auf Nicht-SAP-Aufgaben zugegriffen werden kann. Dabei könnte es sich z. B. um einen RSS-Feed, Webservices oder Aufgaben handeln, die über andere Systeme – selbst entwickelte kundenspezifische oder von anderen Softwareanbietern bereitgestellte Systeme – verteilt werden.

Tipp

In diesem Abschnitt werden die Voraussetzungen erläutert, um die UWL aus Sicht von SAP Business Workflow einsetzen zu können. Weitere Einzelheiten zur UWL, z. B. Details zum Customizing und zu allen verfügbaren Optionen, finden Sie im SAP-Heft *The Complete Guide to SAP NetWeaver Portal* (SAP PRESS 2012).

4.3.1 Hauptfunktionen

Die UWL vereinfacht die Arbeit des Benutzers durch eine einzige konsistente Schnittstelle, über die Aufgaben von mehreren Situationen zentral bereitgestellt werden. Der Benutzer erhält eine Aufgabenliste, die angepasst, personalisiert, gefiltert und sortiert werden kann. Die UWL bietet umfassende Customizing-Optionen, sodass Kunden einen Arbeitsvorrat anlegen können, der speziell auf die Anforderungen der Benutzer abgestimmt ist.

Standardmäßig umfasst die UWL verschiedene Komponenten. Abbildung 4.7 zeigt die vier Registerkarten:

- **Tasks** (Aufgaben)
  Auf der Registerkarte TASKS werden die aktuellen Workitems angezeigt, die bearbeitet werden müssen.
- **Alerts**
  Auf der Registerkarte ALERTS werden Alerts aus dem Alert Framework angezeigt.
- **Notifications** (Benachrichtigungen)
  Die Registerkarte NOTIFICATIONS zeigt Benachrichtigungen zu Terminen. Bei Verwendung mit dem SONiC-Adapter (mehr dazu erfahren Sie in Abschnitt 4.3.8, »Universal-Worklist-Konnektoren und -API und der SONiC-Adapter«) können auf dieser Registerkarte zudem E-Mail-Items aus SAP Business Workflow angezeigt werden.
- **Tracking**
  Auf der Registerkarte TRACKING werden abgeschlossene Workitems angezeigt.

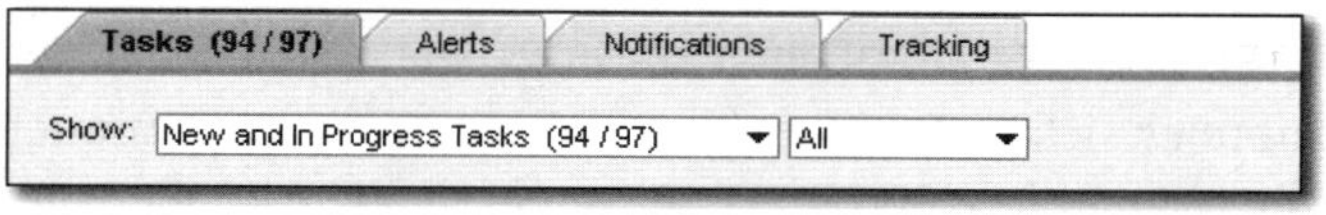

Abbildung 4.7 Registerkarten der UWL

Aufgaben werden auf der Registerkarte TASKS mit dem Workitem-Text angezeigt (siehe Abbildung 4.8).

Abbildung 4.9 zeigt den unteren Fensterbereich, in dem die Aufgabenbeschreibungen dargestellt werden. Wenn Sie mit der rechten Maustaste auf das Workitem klicken, werden zusätzliche Aktionen angezeigt, die für das Workitem ausgeführt werden können, z. B. WEITERLEITEN, ZUORDNUNG AUFHEBEN, HISTORIE ANZEIGEN etc.

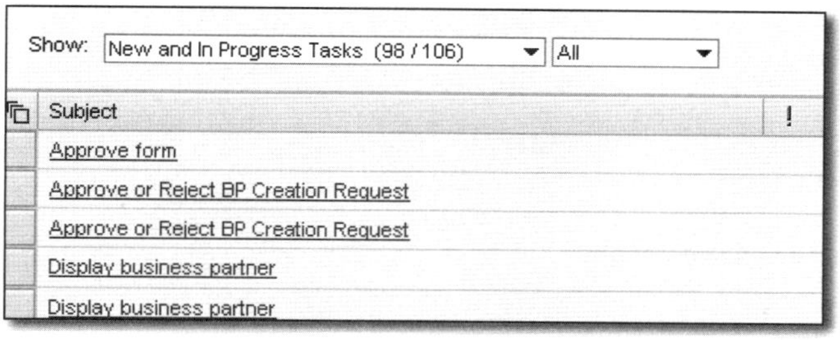

Abbildung 4.8 Aufgabenliste in der UWL

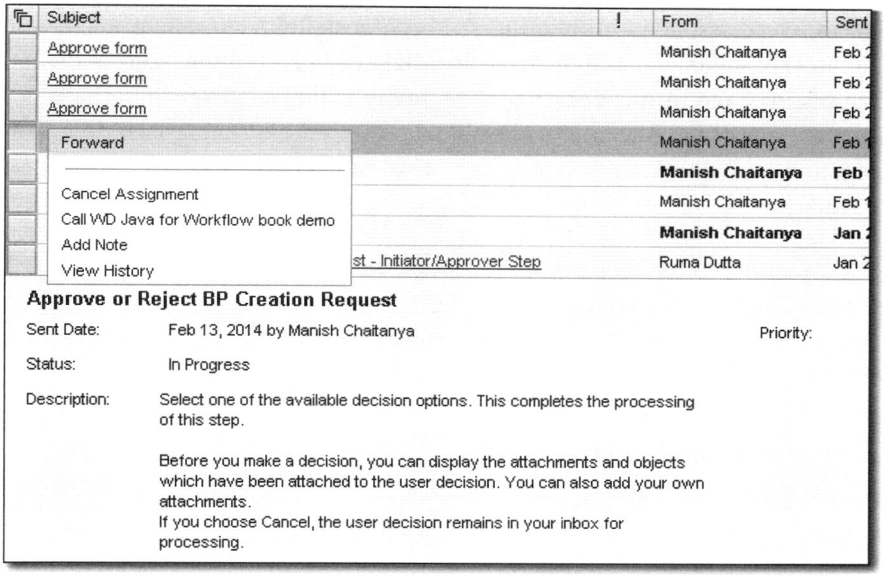

Abbildung 4.9 Aufgabenbeschreibung

Im Abschnitt You can also (unten rechts in der UWL) können Sie die Einzelheiten für ein Workitem im SAP GUI anzeigen, Anlagen verwalten, Ad-hoc-Anfragen basierend auf diesem Workitem anlegen (wenn Sie z. B. die Meinung eines Kollegen einholen möchten, bevor Sie eine Aktion für die Aufgabe ausführen) und das Workflow-Protokoll anzeigen lassen. Abbildung 4.10 zeigt weitere Optionen in der UWL-Hauptsicht. Jeder Benutzer kann seine eigene Sicht personalisieren, Vertretungen verwalten, die Inbox aktualisieren und den Verbindungsstatus für sämtliche Systeme anzeigen, von denen Aufgaben über die UWL bereitgestellt werden.

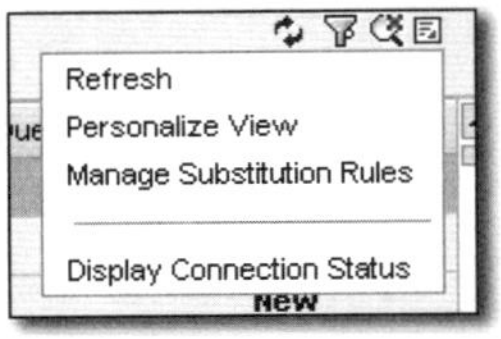

Abbildung 4.10 Zusätzliche Benutzeroptionen

Neben den zusätzlichen Benutzeroptionen sehen Sie den Button DISPLAY ADDITIONAL OPTIONS FOR ADVANCED FILTERING (Zusätzliche Optionen für erweiterte Filterung anzeigen) in Abbildung 4.10. Bei Auswahl von SHOW FILTER werden die in Abbildung 4.11 dargestellten Filter angezeigt. Die Benutzer können die Daten nach Priorität, Fälligkeitsdaten vom aktuellen Tag bis 90 Tage in die Vergangenheit sowie Fälligkeitsdaten innerhalb der folgenden 90 Tage filtern. Darüber hinaus können die Daten nach dem Sendedatum des Workitems oder nach Text im Workitem-Textfeld gefiltert werden.

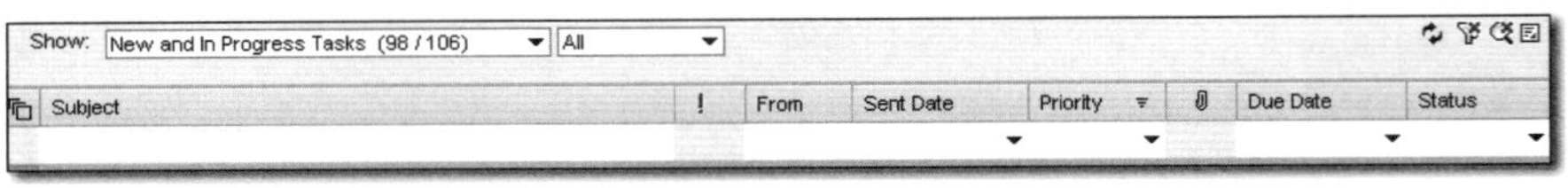

Abbildung 4.11 Filter in der UWL

4.3.2 Schneller Einstieg

Die UWL wird mit SAP Enterprise Portal bereitgestellt. Um sie verwenden zu können, müssen folgende Aufgaben ausgeführt werden:

1. Jedes System, das Aufgaben über die UWL bereitstellt, muss zur Systemlandschaft von SAP Enterprise Portal hinzugefügt werden. Diese Aufgabe wird normalerweise vom Portaladministrator erledigt. Dieser Vorgang muss eine Benutzerzuordnung der Portalbenutzer zum SAP-Business-Workflow-System einschließen.
2. Nach dem Hinzufügen des Systems registriert der Portaladministrator oder der UWL-Administrator das System über den Portalpfad SYSTEMADMINISTRATION • SYSTEMKONFIGURATION • UNIVERSAL WORKLIST & WORKFLOW für die UWL.
3. Wählen Sie NEU, um das System zur UWL hinzuzufügen. Der Eintrag im Feld SYSTEMALIAS muss mit dem Aliasnamen übereinstimmen, der beim Hinzufügen zum Portal für das System festgelegt wurde, und der KONNEKTORTYP sollte WEBFLOWCONNECTOR lauten.

4. Normalerweise richten Sie auch den Delta-Pull-Mechanismus ein, um die Effizienz der UWL beim Empfang von Workitems vom Provider-System zu steigern. Bei der Konfiguration des Delta-Pull-Mechanismus muss auch eine RFC-Destination für die Hintergrund-Pull-Gruppe eingerichtet werden.

Hinweis

Verwenden Sie bei der Konfiguration der UWL den Delta-Pull-Mechanismus. Dies ermöglicht eine häufigere automatische Aktualisierung der UWL. Für den Delta-Pull-Mechanismus muss eine RFC-Destination eingerichtet werden. Dieses Thema wird im SAP-Hinweis 1133821 behandelt. Schritt-für-Schritt-Anleitungen zur Konfiguration erhalten Sie, indem Sie im SAP Help Portal (*http://help.sap.com*) nach »delta pull mechanism for UWL« suchen.

5. Wählen Sie SICHERN und REGISTRIEREN. Anschließend können Sie die UWL verwenden.

Sämtliche Konfigurationsoptionen werden in der zuvor genannten Veröffentlichung zur UWL und im SAP Help Portal beschrieben. Suchen Sie nach »administration and configuration of the UWL«, um über einen Link zu einer Schritt-für-Schritt-Anleitung für die Konfiguration zu gelangen.

4.3.3 Arbeiten mit Aufgaben

Beim Arbeiten mit Aufgaben in der UWL ist eine Vielzahl der in Abschnitt 4.2, »SAP Business Workplace«, beschriebenen Funktionen verfügbar. Zum Beispiel können Sie in der UWL die folgenden Aktionen ausführen:

- Zugriff auf den Workitem-Text
- Hinzufügen von Anlagen, die in späteren Workflow-Schritten verfügbar sind
- Annehmen, Zurücklegen, Wiedervorlegen und Weiterleiten von Workitems
- Ausführen von Workitems; darüber hinaus kann der Entwickler eine alternative Benutzeroberfläche für die Ausführung der Aufgabe festlegen (dies wird in Kapitel 22, »Optionen der Benutzeroberfläche«, beschrieben)
- Zugriff auf Workflow-Protokolle
- Anzeigen von Aufgaben nach Status (alle oder neue Aufgaben, Aufgaben in Bearbeitung, am aktuellen Tag fällige oder überfällige Aufgaben)

Obwohl eine Vielzahl der SAP-Business-Workflow-Funktionen auch in der UWL genutzt werden kann, bietet die UWL keine Unterstützung für das Weiterschalten mit sofortigem Dialog; diese Option ist nur in SAP Business Workflow verfügbar. Um den grafischen Anmeldebildschirm über die UWL anzuzeigen, muss der Benutzer die Option DETAILS IN SAP GUI ANZEIGEN wählen.

4.3.4 Personalisierungsoptionen

Die Personalisierung in der UWL bezieht sich auf die Anpassungsmöglichkeiten der Bearbeiter. Der Zugriff auf die Personalisierungsaufgaben erfolgt über das in Abbildung 4.12 gezeigte Vorschaufenster. Bei der Personalisierung kann der Benutzer festlegen, welche Spalten in welcher Reihenfolge angezeigt werden, sowie Sortier-, Anzeige- und Seitenoptionen auswählen.

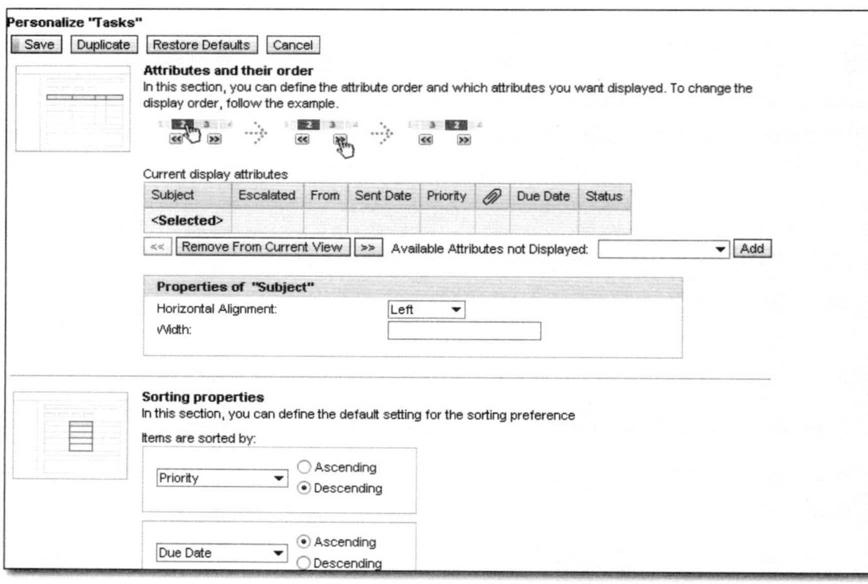

Abbildung 4.12 Möglichkeit zur Personalisierung

- **Personalized Attributes and their Order** (Personalisierte Attribute und ihre Reihenfolge)
  Beim Personalisieren von Attributen können Sie die Spaltenreihenfolge festlegen. Dies umfasst auch benutzerspezifische Spalten (z. B. Spalten mit der Geschäftspartnernummer oder der Einkaufsgruppe). Darüber hinaus können Sie festlegen, wie der Betreff angezeigt werden soll (Breite und Ausrichtung).

- **Sorting Properties** (Sortiereigenschaften)
  Sie können eine vordefinierte Sortierung für bis zu drei Spalten festlegen. Außerdem können Sie in der UWL-Hauptsicht eine Sortierung nach einer beliebigen Spalte vornehmen. Die Benutzer können darüber hinaus einen Filter festlegen, um z. B. die Workitems der letzten drei Monate anzuzeigen.
- **Data Properties** (Dateneigenschaften)
  Im Bereich Data Properties können Sie festlegen, wie viele Zeilen pro Seite angezeigt werden, wie häufig die Seite aktualisiert werden soll, wann bevorstehende Termine angezeigt werden sollen und ob Sie Kopf- und Fußzeileneigenschaften anzeigen lassen möchten.

4.3.5 Customizing-Optionen

Neben den Personalisierungsoptionen, die von den Benutzern ausgewählt werden können, kann der UWL-Administrator eine Vielzahl von Customizing-Optionen festlegen. Zu den wichtigsten Optionen zählen die folgenden:

- **Customizing des Aussehens der UWL-Hauptseite**
  Legen Sie z. B. fest, welche Registerkarten und Aktionen (Wiedervorlegen, Weiterleiten) standardmäßig verfügbar sein sollen.
- **Anlegen von Unteransichten für bestimmte Aufgaben**
  Legen Sie z. B. eine Unteransicht an, um ausschließlich die Aufgaben im Zusammenhang mit Bestellanforderungen oder Reisekosten anzuzeigen.
- **Hinzufügen benutzerspezifischer Spalten**
  z. B. Geschäftspartnernummer oder Umsatzbetrag
- **Festlegen einer anderen Benutzeroberfläche für eine Aufgabe**
  Eine Aufgabe wird z. B. standardmäßig im SAP GUI ausgeführt, Sie können die Aufgabe jedoch über Web Dynpro (ABAP oder Java) starten. Für dieses Customizing sind Entwicklungsschritte erforderlich. Eine detaillierte Beschreibung dazu finden Sie in Kapitel 22, »Optionen der Benutzeroberfläche«.
- **Customizing von Aufgaben mit alternativen Funktionen**
  Zum Beispiel kann die Option implementiert werden, ein Memo zu einer Aufgabe hinzuzufügen. Diese Möglichkeit wird in Kapitel 17, »Regeln zur Bearbeiterermittlung«, im Detail beschrieben.

Kunden können die Inbox sehr vielseitig anpassen. Zum Beispiel können benutzerspezifische Spalten hinzugefügt werden, um Attribute wie den Dollarbetrag, Links zu Belegen oder gescannte Dokumente einzubinden. Darüber hinaus können Ankreuzfelder angezeigt werden, um eine Massenverarbeitung zu ermöglichen (z. B. die Auswahl von GENEHMIGEN/ABLEHNEN für mehrere Workitems und gleichzeitige Verarbeitung aller Workitems).

4.3.6 Aktions-Handler

Mithilfe von Aktions-Handlern lässt sich der Startvorgang eines Workitems anpassen, sodass die Aufgabe über eine alternative Benutzeroberfläche ausgeführt wird. Abhängig vom Customizing-Handler müssen Entwicklungsaufgaben ausgeführt werden.

Beispiel: Ihr Workflow verfügt über eine Aufgabe, die Transaktion BP zum Aktualisieren des Geschäftspartners verwendet. Sie möchten für die Anzeige Web Dynpro festlegen. Als Voraussetzung für diesen Vorgang müssen Sie eine Web-Dynpro-Anwendung (ABAP oder Java) anlegen. Für die Kommunikation mit dem Workflow-Container ist Web-Dynpro-spezifischer Code erforderlich. Um Daten aus dem Workflow-Container abrufen und die Ergebnisse in den Workflow-Container zurückgeben zu können, müssen Sie die Workflow-APIs (siehe Kapitel 19, »Benutzerdefinierte Programme«) in Ihren Web Dynpros verwenden.

Im Folgenden sind die gängigsten Aktions-Handler aufgeführt:

- `SAPWebDynproLauncher`
  Startet Web Dynpros für eine Java-Anwendung.
- `SAPWebDynproABAPLauncher`
  Startet Web Dynpros für eine ABAP-Anwendung.
- `SAPTransactionLauncher`
  Startet eine SAP-Transaktion über das SAP GUI for HTML.
- `SAPBSPLauncher`
  Startet eine Business Server Page (BSP).
- `URLLauncher`
  Startet eine Webseite.
- `FunctionModuleActionHandler`
  Verarbeitet die Ausführung von Items, für die ein Workflow über einen bestimmten Funktionsbaustein ausgeführt wird.

- `UpdatingContainerHandler`
  Verarbeitet die Ausführung von Items, die den Workflow-Container mit den angegebenen Werten aktualisieren.
- `UserDecisionHandler`
  Verarbeitet die Ausführung von Items vom Typ `UserDecision`.

Wenn Ihr Unternehmen den Einsatz der UWL plant, ist es wichtig, die Funktionsweise von Aktions-Handlern zu verstehen. Zwar sind diese Handler optional, sie bieten Benutzern jedoch eine größere Flexibilität bei der Arbeit mit Workitems. Die Web-Dynpro-ABAP-, Web-Dynpro-Java- und BSP-Handler werden in Kapitel 22, »Optionen der Benutzeroberfläche«, behandelt.

4.3.7 UWL Configuration Wizard

Sie haben drei Möglichkeiten für das Customizing der UWL:

- manuelles Anlegen und Hochladen der XML-Datei
- Verwenden von Transaktion SWFVISU für Aktions-Handler
- Verwenden des UWL Configuration Wizards

Mithilfe des UWL Configuration Wizards können Sie die UWL anpassen, ohne die XML-Datei manuell anlegen oder Transaktion SWFVISU verwenden zu müssen. Um auf den UWL Configuration Wizard zuzugreifen, wählen Sie auf der UWL-Administrationsseite System Administration • System Configuration • Universal Worklist • Administration. Wählen Sie unter Universal Worklist Content Configuration die Option Click, um Workitem-Typen und Sichten über einen Wizard zu konfigurieren.

Über den in Abbildung 4.13 gezeigten UWL Configuration Wizard können Sie folgende Aufgaben ausführen:

- Definition benutzerspezifischer Attribute und Anpassung der entsprechenden Sicht
- Definition und Konfiguration der Elemente, die beim Klicken auf ein Workitem gestartet werden sollen
- Anpassen von Attributen und Definieren der Elemente, die beim Klicken auf ein Workitem gestartet werden sollen (beide oben stehenden Optionen)
- Anpassen des Aussehens der UWL-Hauptseite (Registerkarten etc.)

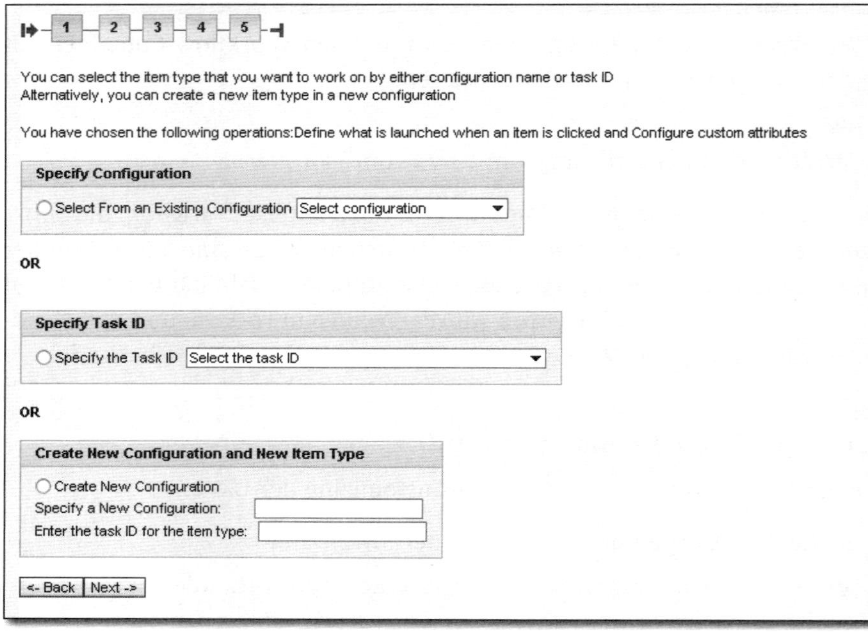

Abbildung 4.13 UWL Configuration Wizard

Mithilfe des UWL Configuration Wizards können Sie schneller mit dem Customizing der UWL beginnen. Der Wizard legt eine XML-Datei an, die Sie später herunterladen und prüfen können, um zu erfahren, wie Sie eigene XML-Dateien anlegen.

Empfehlung

Wenn Sie die Aufgabenvisualisierung ändern (Anpassen der Elemente, die für eine bestimmte Aufgabe gestartet werden), sollten Sie Transaktion SWFVISU verwenden. SAP-Anwendungen (z. B. SAP CRM und SAP ERP HCM) stellen standardmäßig Inhalte in Transaktion SWFVISU bereit. Indem Sie alle Änderungen der Aufgabenvisualisierung in Transaktion SWFVISU pflegen, erhalten Sie einen zentralen Speicherort für die Anzeige sämtlicher Launch Handler. Zudem vereinfacht diese Methode im Vergleich zu manuellen XML-Änderungen die Pflege der Daten.

Hinweis

Bei einer angepassten XML-Datei wertet die UWL die Konfiguration basierend auf der für die hochgeladene XML-Datei angegebenen Priorität aus. Die von SAP bereitgestellte XML-Datei weist standardmäßig eine niedrige Priorität auf. Um sicherzustellen, dass Ihre XML-Datei verwendet wird, ändern Sie die Priorität in MITTEL oder HOCH.

4.3.8 Universal-Worklist-Konnektoren und -API und der SONiC-Adapter

Die UWL bietet standardmäßig die folgenden Konnektoren für Provider-Systeme:

- **WebFlowConnector**
  für SAP-Business-Workflow-Items in einem beliebigen SAP-System
- **Alerts**
  für Alerts aus dem Alert Framework
- **Action Inbox**
  für Benachrichtigungen aus der Knowledge-Management-Anwendung
- **GuidedProceduresConnector**
  für das Holen von Aufgaben aus den Guided Procedures
- **SomProviderConnector**
  Dieser Konnektor ist für die E-Mail, die an Ihren Business Workplace gesendet wird. Er wird auch als *SONiC-Adapter* bezeichnet.
- **BPEMUWLConnector**
  für das Holen von Aufgaben aus dem BPM-Prozess

Universal-Worklist-API

Mithilfe der UWL-API können Sie Aufgaben aus Nicht-SAP-Systemen mit der UWL verknüpfen. Um die API verwenden zu können, sind Java-Kenntnisse erforderlich. Sie müssen u. a. mit dem SAP NetWeaver Developer Studio (NWDS) und der SAP NetWeaver Development Infrastructure (NWDI) vertraut sein.

Über die Service-API der UWL können Sie Workitems aus Kunden- oder Drittanbieter-Systemen, das Navigationsmodell, zusätzliche Workitem-Attribute (z. B. eine Beschreibung) sowie Anlagen abrufen. Darüber hinaus können Sie Anlagen verwalten und die Anlagensicht durchsuchen, ausführen und personalisieren.

Der Provider kann Workitems über die Konnektor-API an die UWL senden (Push). Die UWL nutzt diese API, um Workitems abzurufen (Pull) – dieser Pull-Vorgang erfolgt entweder in festgelegten Intervallen oder wenn der Benutzer online ist. Im SAP Community Network (SCN, *scn.sap.com*) sind zudem Dokumente zum Erstellen eigener Konnektoren verfügbar.

SONiC-Adapter

Über SAP Business Workflow werden normalerweise Workitems angelegt, die in den Inboxen der Benutzer angezeigt werden. In manchen Fällen erzeugt der Workflow jedoch auch E-Mails. Zum Beispiel können Sie eine E-Mail-Benachrichtigung an einen Benutzer senden, wenn eine Aufgabe abgeschlossen wurde. Um das Senden von E-Mails über den Workflow zu ermöglichen, ist ein spsezieller Aufgabentyp vorhanden. Standardmäßig werden diese E-Mails nicht in der UWL angezeigt, da es sich nicht um Aufgaben, sondern um Nachrichten handelt. Zur Anzeige von E-Mail-Aufgaben in der UWL stellt SAP daher den SONiC-Adapter (SAPoffice Notification Connector) zur Verfügung.

Mithilfe dieses Konnektors kann in der UWL auf SAPoffice-E-Mails zugegriffen werden, die über Anwendungen der SAP Business Suite oder SAP Business Workflow erzeugt wurden. Der Konnektor war früher als separates Add-on verfügbar, das heruntergeladen und bereitgestellt werden musste. Mit SAP NetWeaver 7.3 wurde er aber in die UWL integriert und ist nun standardmäßig vorhanden.

Der Adapter bietet u. a. die folgenden Hauptfunktionen:

- Anzeigen von Items aus der SAPoffice-Mail-Inbox in der UWL
- Weiterleiten von SAPoffice-Mail-Items
- Abrufen von Anlagen vom Typ RAW und URL
- SSO-Unterstützung (Single Sign-on) mit SAP-Anmeldetickets

4.4 Beispiele für das Universal-Worklist-Customizing

Die XML-Hauptdatei für die UWL kann über die UWL-Administrationsseite (System Administration • System Configuration • Universal Worklist • Administration) vom SAP Enterprise Portal heruntergeladen bzw. auf das Portal hochgeladen werden. Da das Verhalten der UWL (benutzerspezifische Sicht, Spalten, Aktions-Handler etc.) durch die XML-Datei gesteuert wird, können Sie eine eigene XML-Datei mit den gewünschten UWL-Customizing-Informationen hochladen. Beim Customizing der UWL wird die vorhandene XML-Standarddatei durch die Informationen in Ihrer benutzerspezifischen XML-Datei außer Kraft gesetzt bzw. ergänzt. Daher sollten Sie zunächst die vorhandene XML-Datei prüfen und verstehen, bevor Sie anschließend eine eigene XML-Datei anlegen, um das UWL-Verhalten an Ihre eigenen Geschäftsanforderungen anzupassen.

Zusätzlich ist es sinnvoll, den Inhalt der Datei *uwl_configuration.dtd* zu prüfen, die über dasselbe UWL-Administrationsmenü heruntergeladen werden kann. Diese DTD-Datei enthält die Liste der Elemente und Attribute, die in der XML-Datei für die UWL verwendet werden, und ist daher äußerst nützlich, um die Syntax Ihrer eigenen XML-Datei zu prüfen. Der Code aus Listing 4.1 stammt z. B. aus der DTD-Datei mit allen Attributen, die für das Element `Action` verfügbar sind. Anhand dieser Informationen ist sofort erkennbar, dass es sich bei `handler` um eines der für das Element `Action` verfügbaren Attribute handelt.

```
<!ATTLIST Action
    name CDATA #IMPLIED
    reference CDATA #IMPLIED
    groupAction (yes|no) "no"
    userDecision CDATA #IMPLIED
    handler CDATA #IMPLIED
    referenceBundle NMTOKEN #IMPLIED
    returnToDetailViewAllowed (yes|no) "yes"
    launchInNewWindow (yes|no|portal) "no"
    launchNewWindowName CDATA #IMPLIED
    launchNewWindowFeatures CDATA #IMPLIED
>
```

Listing 4.1 Element »Action« in der DTD-Datei für die UWL

4.4.1 Hinzufügen oder Entfernen von Spalten

Sie können problemlos Spalten aus der UWL entfernen oder zu dieser hinzufügen, indem Sie die Spaltendefinition aus der Zeichenfolge `columnOrder` im Abschnitt `View` entfernen bzw. zu dieser hinzufügen. Listing 4.2 zeigt das Original.

```
<Views>
    <View name="DefaultView" selectionMode="SINGLESELECT"
    width="98%" supportedItemTypes="uwl.task"
    columnOrder="subject, isEscalated, createdDate, priority,
    attachmentCount, dueDate, status">
```

Listing 4.2 Ursprüngliche XML-Datei für die Spaltenreihenfolge

Listing 4.3 zeigt eine angepasste Version, in der das Element `priority` nicht vorhanden ist. Demnach wird die Spalte PRIORITÄT nicht in der UWL angezeigt.

```
<Views>
    <View name="DefaultView" selectionMode="SINGLESELECT"
    width="98%" supportedItemTypes="uwl.task"
    columnOrder="subject, isEscalated, createdDate,
    attachmentCount, dueDate, status">
```

Listing 4.3 Angepasste Spaltenreihenfolge ohne die Spalte »Priorität«

4.4.2 Anlegen benutzerspezifischer Spalten

Da der Gesamtbetrag im Genehmigungsprozess typischerweise eine äußerst wichtige Information ist, ist es häufig erforderlich, eine benutzerspezifische Spalte für diesen Betrag zu integrieren, die die Aufmerksamkeit des Genehmigenden auf sich zieht. Dazu muss die benutzerspezifische Spalte zunächst in der Sicht definiert und anschließend mit Werten gefüllt werden.

Da es sich um eine benutzerspezifische Spalte handelt, müssen Sie die Definition für diese Spalte anlegen. Die Spaltendefinition wird über das Element `DisplayAttributes` im Abschnitt `View` festgelegt. Der XML-Code in Listing 4.4 definiert eine Spalte TOTAL VALUE. Beachten Sie, dass dieser Abschnitt zwischen `<View>` und `</View>` platziert werden sollte, da `View` das übergeordnete Element von `DisplayAttributes` ist. Die Hierarchie für diese Elemente können Sie der Datei *uwl_configuration.dtd* entnehmen.

```
<DisplayAttributes>
    <DisplayAttribute name="ZTOTALVALUE" type="string" width=""
    sortable="yes" format="medium" hAlign="RIGHT"
    vAlign="BASELINE" maxTextWidth="0" headerVisible="yes">
        <Descriptions default="Total Value">
            <ShortDescriptions>
                <Description Language="en"
                Description="Total Value"/>
            </ShortDescriptions>
        </Descriptions>
     </DisplayAttribute>
```

Listing 4.4 Hinzufügen der benutzerspezifischen Spalte TOTAL VALUE zur UWL-XML-Datei

Als Nächstes muss festgelegt werden, wie die benutzerspezifische Spalte mit Werten gefüllt wird. Der Wert kann aus einem Workflow-Objekt oder aus einem Workflow-Container stammen; die UWL unterstützt beide Möglichkeiten und kann Werte sowohl aus einem ABAP-BOR-Objekt (BOR = Business Object Repository) als auch aus dem Workflow-Container abrufen.

Gehen wir z. B. von einem Workflow-Objekt `BUS2121` (Einkaufswagen) aus, das über ein benutzerspezifisches Attribut `ZTOTALVALUE` verfügt und für das der Wert in der benutzerspezifischen Spalte angezeigt werden soll. Listing 4.5 zeigt den entsprechenden XML-Code, wenn die Quelle der Workflow-Objekttyp ist. Beachten Sie, dass für die `id` von `CustomAttributeSource` der Wert `ABAP_BOR` festgelegt werden muss, um den Workflow-Objekttyp als Quelle zu deklarieren. Dieser Abschnitt sollte zudem zwischen `<ItemType>` und `</ItemType>` platziert werden, da `ItemType` das übergeordnete Element von `CustomAttributes` ist. Sie können auch die Hierarchie für diese Elemente der Datei *uwl_configuration.dtd* entnehmen.

```
<CustomAttributes>
    <CustomAttributeSource id="ABAP_BOR"
    objectIdHolder="externalObjectId"
    objectType="BUS2121" cacheValidity="final">
        <Attribute name="ZTOTALVALUE" type="double"
        displayName="Total Value"/>
    </CustomAttributeSource>
</CustomAttributes>
```

Listing 4.5 ZTOTALVALUE – Verweis auf ein BOR-Objekt

Gehen wir nun davon aus, dass der Workflow über ein Containerelement `ZTOTALVALUE` verfügt und der Wert in der benutzerspezifischen Spalte angezeigt werden soll. Listing 4.6 zeigt den entsprechenden XML-Code, wenn die Quelle ein Workflow-Container ist. Beachten Sie, dass für die `id` von `CustomAttributeSource` der Wert `WEBFLOW_CONTAINER` festgelegt werden muss, um den Workflow-Container als Quelle anzugeben, aus der die Werte abgerufen werden. Dieser Abschnitt sollte zwischen `<ItemType>` und `</ItemType>` platziert werden, da `ItemType` das übergeordnete Element von `CustomAttributes` ist.

```
<CustomAttributes>
    <CustomAttributeSource id="WEBFLOW_CONTAINER"
    objectIdHolder="externalId" objectType="WebflowContainer"
    cacheValidity="final">
        <Attribute name="ZTOTALVALUE" type="double"
        displayName="Total Value"/>
    </CustomAttributeSource>
</CustomAttributes>
```

Listing 4.6 ZTOTALVALUE – Verweis auf einen Workflow-Container

4.4.3 Obligatorische Memos, wenn ein Workitem abgelehnt wird

Wenn ein Workitem abgelehnt wird, ist es sinnvoll, eine obligatorische Anmerkung zu dieser Entscheidung zu erzwingen. Diese Maßnahme lässt sich problemlos über die Eigenschaft `UserDecisionNote` implementieren, die zu `Action` gehört.

Über den in Listing 4.7 gezeigten XML-Code wird im Vorschaubereich des Workitems ein Textfeld für ein Memo angelegt, das obligatorisch ist. Über die UWL wird erzwungen, dass der Benutzer einen Memotext eingibt, bevor er eine Entscheidungsalternative übermittelt, die dem Entscheidungsschlüssel entspricht. Wenn der Benutzer einen Text eingibt und die Entscheidungsalternative übermittelt, wird ein Memo für das Workitem hochgeladen. Dieser Abschnitt sollte zwischen `<ItemType>` und `</ItemType>` platziert werden, da `ItemType` das übergeordnete Element von `Action` ist.

```
<Action name="Reject" groupAction="yes"
        handler="UserDecisionHandler">
    <Properties>
        <Property name="decisionKey" value="2"/>
        <Property name="UserDecisionNote" value="mandatory"/>
    </Properties>
</Action>
```

Listing 4.7 Benutzerentscheidung mit obligatorischer Erläuterung des Ablehnungsgrundes

Ein weiteres Beispiel für eine obligatorische Erläuterung zur Benutzerentscheidung finden Sie in Kapitel 23, »Verwendung von Web Dynpro ABAP«.

4.5 Erweiterte Benachrichtigungen

Bei Einsatz erweiterter Benachrichtigungen werden Benutzer per E-Mail oder SMS (SMS = Short Message Service) über die Workitems informiert, die sie bearbeiten müssen. Die Benachrichtigung kann Links zu Workitems enthalten, die über das SAP GUI gestartet werden. Darüber hinaus kann die Benachrichtigung eine URL enthalten, um ein Web Dynpro, BSP oder andere URLs zu starten.

4.5.1 Typen von Benachrichtigungen

Die Benutzer können Benachrichtigungen per E-Mail oder SMS empfangen:

- **E-Mail-Benachrichtigung**
  Bei einer E-Mail-Benachrichtigung kann es sich um einen einfachen Text handeln, durch den der Benutzer über Workitems in seiner Inbox informiert wird. In diesem Fall muss sich der Benutzer am System anmelden,

um die Workitems zu bearbeiten. Die E-Mail-Benachrichtigung kann zudem eine Beschreibung mit Links enthalten, über die der Benutzer das Workitem direkt anzeigen oder ausführen bzw. die Workflow-Inbox öffnen kann.

Bei E-Mail-Benachrichtigungen kann entweder für jedes einzelne Workitem oder für eine Gruppe von Workitems eine E-Mail gesendet werden. Diese E-Mail-Nachricht enthält Links zu den verschiedenen Workitems.

- **SMS-Benachrichtigung**
  Bei einer SMS-Benachrichtigung kann es sich um einen allgemeinen Text handeln, der den Benutzer über Workitems in seiner SAP-Inbox informiert, die bearbeitet werden müssen (einschließlich System- und Mandantendetails). Diese Benachrichtigung kann zudem den Workitem-Kurztext umfassen.

4.5.2 Funktionen erweiterter Benachrichtigungen

Erweiterte Benachrichtigungen können eingesetzt werden, um Benutzer über Aufgaben zu informieren, die ausgeführt werden müssen. Zu diesem Zweck werden Hyperlinks zur UWL bereitgestellt. Zudem können Sie Links bereitstellen, um das Workitem direkt im SAP GUI auszuführen.

Sie können darüber hinaus Erinnerungen für ausstehende Arbeiten einstellen. Zum Beispiel können Sie eine Erinnerung nach zwei oder drei Tagen einrichten, wenn die Arbeit bis dahin noch nicht abgeschlossen wurde. Das E-Mail-Layout dazu kann geändert werden, indem Sie eine eigene Kopie der E-Mail-Vorlage anlegen (Kopieren Sie die BSP-Anwendung `/SAP/BC/BSP/SAP/SWN_MESSAGE1/MAIN.DO`.).

4.5.3 Erforderliche Konfiguration für erweiterte Benachrichtigungen

Die Konfiguration erweiterter Benachrichtigungen hängt von den allgemeinen Einstellungen für das Senden von E-Mails über ein SAP-System ab. Um erweiterte Benachrichtigungen nutzen zu können, muss die Business-Kommunikation von einem SAP-System zu E-Mail-Systemen konfiguriert werden. Die erforderliche Konfiguration für erweiterte Benachrichtigungen wird im SAP Help Portal (*http://help.sap.com*) erläutert. In diesem Abschnitt beschreiben wir die wichtigsten Konfigurationsschritte, die für erweiterte Benachrichtigungen ausgeführt werden müssen.

1. Die primäre Transaktion für die Konfiguration erweiterter Benachrichtigungen ist SWNCONFIG. Folgende Aktionen sind möglich:
   - Anlegen eines Zustellungszeitplans
   - Hinzufügen eines Abonnements zu Szenario WORKFLOW, Kategorie STANDARD
   - Anlegen eines Selektionszeitplans mit einem Filter zum Abrufen von ALL_DELTA, um alle Workitems und die entsprechenden Deltas zu erhalten
   - Anpassen der allgemeinen Einstellungen, um den Absendernamen anzupassen und einen Link zur UWL bereitzustellen

   Nachdem Sie die Einstellungen festgelegt haben, führen Sie das Programm `SWN_SELSEN` aus, um die Workitems auszuwählen und zu senden.

Abbildung 4.14 zeigt Transaktion SWNCONFIG, die zur Konfiguration weiterer Benachrichtigungen verwendet wird. Richten Sie über diese Transaktion das Abonnement für die gewünschten Aufgaben ein, legen Sie fest, ob eine E-Mail für jedes einzelne Workitem oder für mehrere Workitems gesendet werden soll, und wählen Sie die allgemeinen Einstellungen aus.

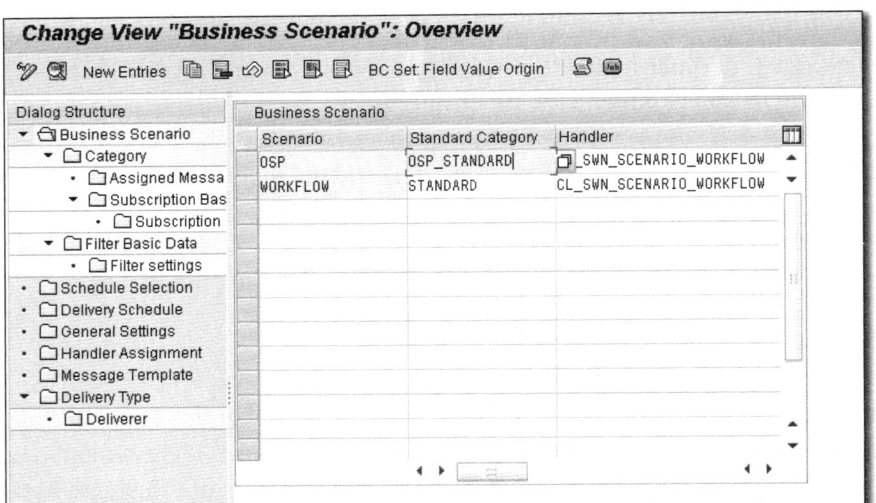

Abbildung 4.14 Transaktion SWNCONFIG

Abbildung 4.15 zeigt die Änderungen, die Sie auf jeden Fall an der grundlegenden Konfiguration der erweiterten Benachrichtigungen vornehmen sollten. Dies umfasst einen Link zur UWL sowie das Hinzufügen von System-/Mandantendetails in den Absenderinformationen.

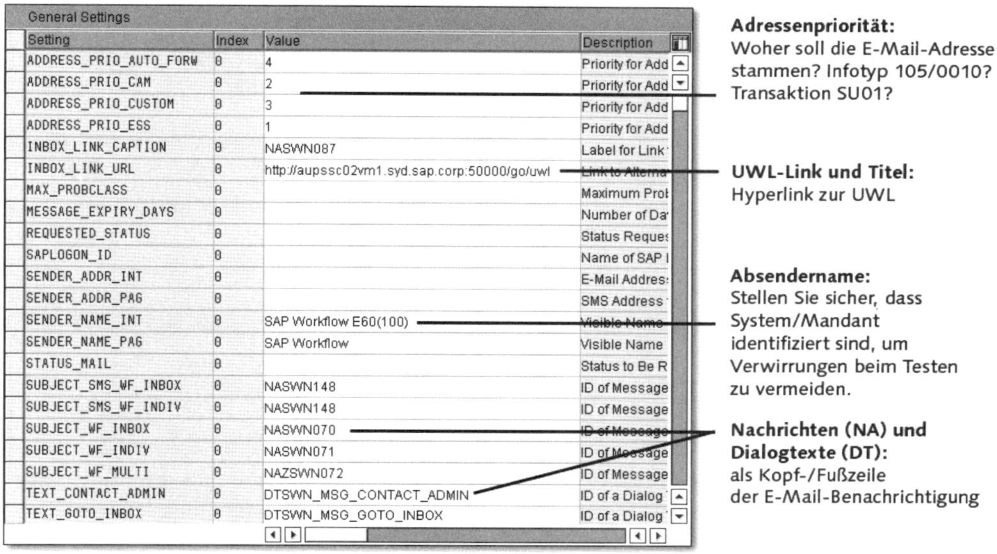

General Settings

Setting	Index	Value	Description
ADDRESS_PRIO_AUTO_FORW	0	4	Priority for Add
ADDRESS_PRIO_CAM	0	2	Priority for Add
ADDRESS_PRIO_CUSTOM	0	3	Priority for Add
ADDRESS_PRIO_ESS	0	1	Priority for Add
INBOX_LINK_CAPTION	0	NASWN087	Label for Link
INBOX_LINK_URL	0	http://aupssc02vm1.syd.sap.corp:50000/go/uwl	Link to Alterna
MAX_PROBCLASS	0		Maximum Prol
MESSAGE_EXPIRY_DAYS	0		Number of Da
REQUESTED_STATUS	0		Status Reques
SAPLOGON_ID	0		Name of SAP I
SENDER_ADDR_INT	0		E-Mail Addres
SENDER_ADDR_PAG	0		SMS Address
SENDER_NAME_INT	0	SAP Workflow E60(100)	Visible Name
SENDER_NAME_PAG	0	SAP Workflow	Visible Name
STATUS_MAIL	0		Status to Be R
SUBJECT_SMS_WF_INBOX	0	NASWN148	ID of Message
SUBJECT_SMS_WF_INDIV	0	NASWN148	ID of Message
SUBJECT_WF_INBOX	0	NASWN070	ID of Message
SUBJECT_WF_INDIV	0	NASWN071	ID of Message
SUBJECT_WF_MULTI	0	NAZSWN072	ID of Message
TEXT_CONTACT_ADMIN	0	DTSWN_MSG_CONTACT_ADMIN	ID of a Dialog
TEXT_GOTO_INBOX	0	DTSWN_MSG_GOTO_INBOX	ID of a Dialog

Abbildung 4.15 Allgemeine Einstellungen in Transaktion SWNCONFIG

Hinweis

Anstelle von Transaktion SWNCONFIG kann auch Transaktion SWNADMIN eingesetzt werden. Die Oberfläche ist eine vereinfachte Version von SWNCONFIG. SWNADMIN unterstützt alle erforderlichen Konfigurationsfunktionen für erweiterte Benachrichtigungen, bietet jedoch keine Unterstützung für Transportaufträge.

4.6 Business Workflow Work Center

Das *Business Workflow Work Center* (Abbildung 4.16) ist eine im NWBC verfügbare Workflow-Inbox. Aus Workflow-Sicht wird diese Inbox verwendet, wenn Ihr Unternehmen NWBC als Benutzeroberfläche einsetzt.

Hinweis

NWBC ist ein Rich Desktop Client mit der aktuellsten intelligenten Client-Technologie. Er bietet eine einheitliche Umgebung und einen gemeinsamen Einstiegspunkt für Web-Dynpro-Anwendungen sowie andere SAP-Geschäftsanwendungen und -technologien. Sie können auf den SAP NetWeaver Business Client (NWBC für HTML) mit Zero-Footprint über Transaktion NWBC zugreifen. Weitere Informationen zum NWBC finden Sie im SCN (*scn.sap.com*) und im SAP Help Portal (*help.sap.com*).

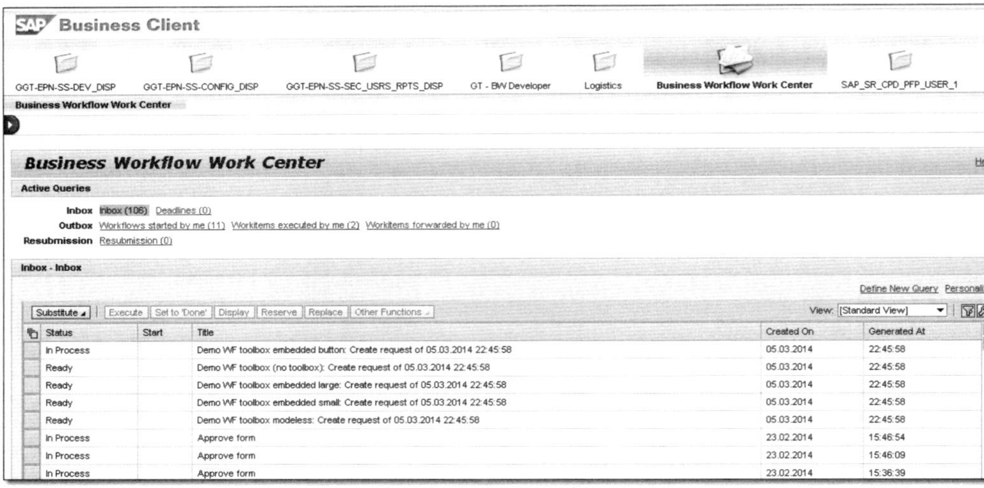

Abbildung 4.16 Business Workflow Work Center im SAP NetWeaver Business Client

Das Business Workflow Work Center wurde in Web Dynpro ABAP (Applikation SWF_WORKPLACE) geschrieben und unterstützt sämtliche ABAP-Aufgaben (Java-Aufgaben werden gegenwärtig nicht unterstützt). Auf diese Inbox kann nur aus dem NWBC zugegriffen werden. Sie können auf alle Workitems zugreifen und diese ausführen oder weiterleiten. Darüber hinaus werden auch persönliche Vertreter im Business Workflow Work Center unterstützt.

Hinweis

Das SAP Business Workflow Work Center wird in SAP-Hinweis 1149144 besprochen. Dieser Hinweis wird regelmäßig mit Problemen aktualisiert, die in Zusammenhang mit dieser neuen Inbox auftreten.

4.7 Mobile Workflows

Durch die immer größere Verbreitung von Smartphones, Tablets und anderen mobilen Endgeräten ist es wichtig, den Benutzern die Möglichkeit bereitzustellen, auch an mobilen Endgeräten an Workitems arbeiten zu können. Mitarbeiter der höheren Managementebene sind häufig unterwegs und haben über längere Zeiträume keinen Zugriff auf Desktop-Computer. Die Möglichkeit, auch an mobilen Endgeräten jederzeit und an jedem Ort auf Workitems zu reagieren, wird immer wichtiger.

SAP bietet für Unternehmen mehrere Methoden an, mithilfe derer mobile Endgeräte in SAP Workflows integriert werden können. In Kapitel 33, »SAP Fiori und Mobilität«, wird detailliert auf die zwei Hauptansätze von SAP für das mobile Arbeiten mit Workflows eingegangen.

- **SAP Fiori Approve All**
  Dies ist eine Sammlung workflow-fähiger SAPUI5-Apps von SAP.
- **SAP Gateway Unified Inbox**
  Dies ist eine Desktop-Anwendung, die auf SAPUI5 basiert und die Workflow-Funktionen von SAP Gateway nutzt.

Neben den von SAP bereitgestellten Benutzeroberflächen für den mobilen Workflow haben die Kunden auch noch die Option, eigene Benutzeroberflächen zu wählen. SAP Gateway bietet OData-Channel-Services für Workflow-Aufgaben, die von den benutzerdefinierten UIs zur Bereitstellung von Workflow-Funktionen genutzt werden können. Als Teil des SAP Gateway Workflow Services Frameworks sind zwei Services verfügbar:

- **WFSERVICE**
  Wird verwendet, wenn SAP Gateway auf dem Backend-System ausgeführt wird (eingebettete Bereitstellung).
- **WFHUBSERVICE**
  Wird verwendet, wenn SAP Gateway als zentrales System ausgeführt wird, das mit mehreren SAP-Remote-Backend-Systemen verbunden ist.

Die SAP-Gateway-Workflow-Services bieten alle Kernfunktionen von SAP Business Workflow einschließlich Entscheidungen für Aufgaben, Aufgabenweiterleitung, Anhänge und Substitutionen.

Weitere Informationen zu mobilen Workflows finden Sie in Kapitel 33, »SAP Fiori und Mobilität«.

4.8 Externe Benutzer

Bei externen Benutzern handelt es sich um Partner, Kunden oder Lieferanten, mit denen ein Unternehmen regelmäßig zusammenarbeitet (z. B. ein externer Lieferant innerhalb eines Supply-Chain-Management- oder eines Fertigungsprozesses).

Die Integration von Partnern in den Workflow stellt häufig einen entscheidenden Faktor zur Beschleunigung der Prozesse dar. Die Automatisierung eines Prozesses ergibt wenig Sinn, wenn dieser zwar intern innerhalb eines Tages abgeschlossen ist, dann aber mehrere Wochen unterbrochen wird, weil ein Partner noch keine Antwort gesendet hat. Darüber hinaus kann keinerlei Ad-hoc-Kommunikation in den Workflow einfließen, wenn der Partner nicht in den Workflow integriert ist. In workflow-fähigen Prozessen dagegen können alle Beteiligten mithilfe der Anlagen auf einen Blick erkennen, welche Teilnehmer welche Aufgaben erledigt haben. Darüber hinaus können Anlagen für Begründungen genutzt werden, um anderen Bearbeitern bestimmte Entscheidungen plausibel zu machen.

Um an einem Prozess teilnehmen zu können, müssen externe Benutzer eine SAP-Benutzerkennung erhalten. Diese Benutzerkennung wird in die Workflow-Protokolle eingetragen und dient dort zur Berechtigungsüberprüfung. Stellen Sie sicher, dass Kennwörter häufig gewechselt werden, und prüfen Sie regelmäßig, ob die Benutzer tatsächlich noch vorhanden sind. Sie können sogar einen eigenen Workflow anlegen, um die Einrichtung von Benutzern und die Sicherheit zu verifizieren.

Die beste Lösung für Ihre Partner ist ein externes Portal mit der UWL, sodass keine lokale Installation erforderlich ist. Die Benutzer können in dieser Inbox Vertreter einrichten und auf alle Funktionen zugreifen, die sie zur optimalen Nutzung des automatisierten Workflows benötigen.

Sie müssen gewährleisten, dass die Bearbeiter E-Mail-Benachrichtigungen mit einer URL empfangen, über die sie zu ihrer Inbox gelangen, da Sie nicht davon ausgehen können, dass externe Benutzer ihre Inbox regelmäßig auf neue Workitems prüfen.

4.9 Weitere Überlegungen

Zwar stellen die Bearbeiter, die direkt am Workflow beteiligt sind, Ihre hauptsächlichen »Kunden« dar, dennoch dürfen Sie die Mitarbeiter nicht außer Acht lassen, die zwar nicht in der Workflow-Definition enthalten, aber dennoch vom Prozess betroffen sind. Es gibt keine absolut lückenlose Workflow-Definition. Bevor Sie also unnötig Zeit mit der Entwicklung des perfekten Workflows verschwenden, sollten Sie besser dafür sorgen, dass alle betroffenen Benutzer in irgendeiner Form eingebunden werden.

Zum Beispiel möchten manche Mitarbeiter gerne benachrichtigt werden, wenn ein bestimmter Prozess in Gang gesetzt wurde (sich also nicht mehr im Status ANGEFORDERT befindet). Andere Kollegen dagegen möchten gern davon in Kenntnis gesetzt werden, wenn derjenige Teil des Workflows beendet ist, der sie direkt betrifft, auch wenn der Gesamtprozess noch ausgeführt wird. In beiden Fällen können Sie Ihren Kollegen diesen Gefallen tun und den Workflow so einrichten, dass bei Erreichen der entsprechenden Stufe Benachrichtigungen gesendet werden.

Auch wenn solche Mitarbeiter nicht direkt in der Workflow-Definition enthalten sind, können sie dennoch ihre Aufgaben, die sie mit herkömmlichen Methoden erledigen, zeitlich auf den Workflow abstimmen. Wenn z. B. eine Bestellung einen bestimmten Betrag übersteigt, wäre es für den Kundenbetreuer von großer Bedeutung, zum Zeitpunkt des Transports eine Benachrichtigung zu erhalten, damit er den Kunden anrufen und persönlich bestätigen kann, dass die Waren unterwegs sind.

Allerdings sollten Sie auch nicht zu viele Benachrichtigungen versenden lassen. Sie werden während der Tauglichkeitsprüfung häufig feststellen, dass Benachrichtigungen entweder ganz entfernt oder auf Abonnementbasis eingerichtet werden können.

Weitere Bücher des Autors

The Complete Guide to SAP NetWeaver Portal (SAP PRESS 2012)

Eine der wichtigsten Fragen beim Entwurf Ihrer Workflows ist, wer die Arbeit ausführen soll. Sie müssen deshalb verstehen, wie Workitems an den richtigen Bearbeiter übermittelt werden. Zudem benötigen Sie eine Strategie, um den Arbeitsablauf unabhängig von organisatorischen und personellen Änderungen aufrechtzuerhalten. Dieses Kapitel zeigt Ihnen, wie Sie in diesem Bereich einen gut funktionierenden Workflow erstellen.

5 Bearbeiter

Von Sue Keohan

Für die Verarbeitung der einzelnen Workitems haben Sie zwei Möglichkeiten:

- die Workflow Engine unter Verwendung der Systembenutzerkennung WF-BATCH
- ein Bearbeiter, dabei führt ein Benutzer eine Dialogaufgabe aus

Bearbeiter sind Mitarbeiter, die die Arbeit innerhalb des Workflows erledigen. Sie verrichten die Arbeit, die von der SAP Business Workflow Engine nicht automatisch erledigt werden kann oder soll. Da die Bearbeiter die *Entscheidungsträger* in Ihrem Geschäftsprozess sind, ist es äußerst wichtig, den richtigen Bearbeiter für ein bestimmtes Workitem zu ermitteln. Sie möchten, dass die richtige Person die Entscheidung trifft, nämlich die Person, die die Auswirkungen ihrer Entscheidung auf das Unternehmen versteht, insbesondere wenn diese Entscheidung finanzielle oder rechtliche Konsequenzen hat (z. B. die Genehmigung des Kaufs neuer Geräte oder die Einstellung eines neuen Mitarbeiters).

Einer der interessantesten und häufig zeitaufwendigsten Faktoren beim Workflow-Design ist die Entscheidung, wie die richtigen Bearbeiter für einen bestimmten Workflow – oder, noch besser, für eine Gesamtstrategie für all Ihre vorgeschlagenen Workflows – ermittelt und zugewiesen werden. Aus Unternehmenssicht kann dies ein problematischer Punkt sein, insbesondere wenn der Prozess neu und niemand so recht mit dieser Aufgabe vertraut ist. Nachdem die geschäftlichen Fragen beantwortet sind, müssen Sie die Konfigurations- und Entwicklungsaufgaben festlegen, die zur Bestimmung der Bearbeiter ausgeführt werden müssen. Können die Bearbeiter nicht automatisch bestimmt werden, ist es möglich, die dynamische Auswahl des korrekten Bearbeiters für den entsprechenden Folgeschritt mithilfe des Workflows zu unterstützen. Dazu kann z. B. der Wizard zum Auswählen von Bearbeitern genutzt werden (siehe Anhang A, »Tipps und Tricks«).

Doch bevor dies möglich ist, müssen Sie mit folgenden Punkten vertraut sein:

- Empfang, Anzeige und Ausführung von Workitems durch einen Bearbeiter
- verschiedene Möglichkeiten, mit denen der Workflow die Bearbeiter einem Workitem zuordnet
- Identifizierung von Bearbeitern im System mithilfe von Benutzerkennungen und Organisationsobjekten
- verschiedene Techniken, mit denen der gewünschte Bearbeiter für ein Workitem bestimmt werden kann

5.1 Grundlegendes zur Bearbeiterzuordnung

Sämtliche Bearbeiter haben die Hauptaufgabe, die in ihrer Workflow-Inbox empfangenen Workitems so schnell und präzise wie möglich abzuschließen. Daher muss mit größter Sorgfalt sichergestellt werden, dass ein Bearbeiter die richtigen Workitems erhält. Bei jedem Workitem müssen die konkurrierenden Ansprüche mehrerer Bearbeitergruppen gegebenenfalls von der SAP Business Workflow Engine berücksichtigt werden, bevor die korrekten Bearbeiter bestimmt werden. Beim Entwurf, der Implementierung und Pflege Ihres Workflows und der dazugehörigen Daten muss Ihnen klar sein, wie der Workflow diese verschiedenen Bearbeitergruppen einstuft, um sicherzustellen, dass der Workflow die korrekte Entscheidung trifft.

Die Bearbeitergruppen umfassen folgende Bereiche:

- **Möglicher Bearbeiter**
  Wer darf die Arbeit ausführen?
- **Zuständiger Bearbeiter**
  Wer ist für diesen Schritt zuständig?
- **Ausgeschlossener Bearbeiter**
  Wer sollte diesen Schritt *nicht* ausführen?

Diese drei Gruppen können sich bei jedem Workitem überlappen und kreuzen (siehe Abbildung 5.1). Nur durch die Auswertung aller drei Gruppen (natürlich vorausgesetzt, alle drei sind erforderlich) können die Empfänger bestimmt werden.

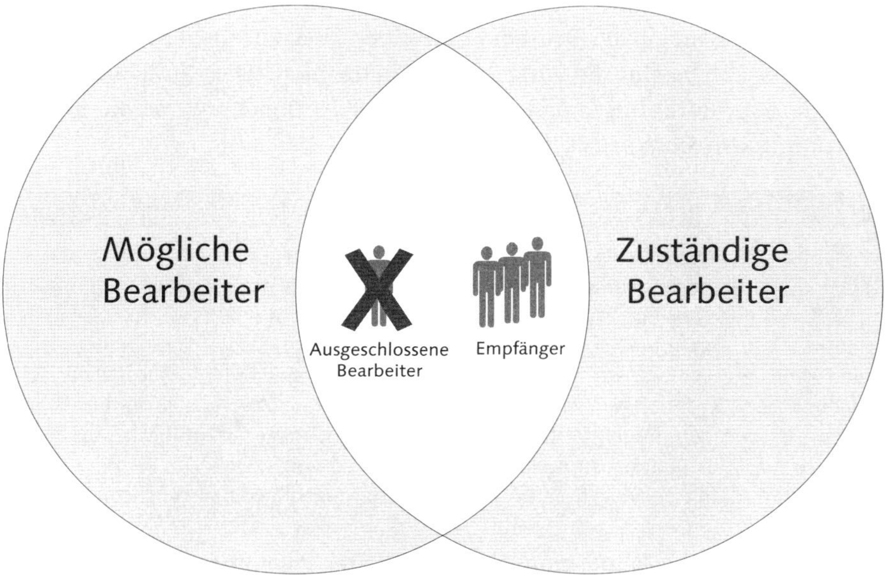

Abbildung 5.1 Empfänger des Dialog-Workitems eines Workflows

Ausgewählte Bearbeiter (auch bezeichnet als *Empfänger*) sind die Bearbeiter, die die Arbeit tatsächlich automatisch in ihren Workflow-Inboxen empfangen, d. h. die Erstempfänger des Workitems. Sie können sich die ausgewählten Bearbeiter im Workflow-Protokoll über das Symbol AGENTS anzeigen lassen. Falls erlaubt, haben Empfänger die Möglichkeit, die Arbeit an andere mögliche Bearbeiter weiterzuleiten. Aus diesem Grund muss das System sowohl die möglichen als auch die ausgeschlossenen Bearbeiter eines Workitems prüfen, bevor es festlegt, ob ein bestimmter Bearbeiter die Arbeit ausführen kann. Der Mitarbeiter, der die Arbeit tatsächlich ausgeführt und erledigt hat, wird als *tatsächlicher Bearbeiter* bezeichnet.

Beachten Sie, dass jeder Bearbeiter über eine Benutzerkennung verfügen muss, auch wenn auf das Workitem über eine externe Workflow-Inbox wie Microsoft Outlook oder Lotus Notes zugegriffen wird. Neben der Ermittlung, wer ein Workitem ausführt bzw. ausgeführt hat, steuert die Benutzerkennung den Zugriff des Bearbeiters auf das Workitem und schließlich auf das System im Allgemeinen (über Sicherheitsberechtigungen).

5.1.1 Mögliche Bearbeiter

Mögliche Bearbeiter sind die Mitarbeiter, die Workitems basierend auf einer bestimmten zugrunde liegenden Aufgabe ausführen dürfen. Mögliche Bearbeiter werden stets einer Aufgabe, auf der viele Workitems basieren können, und nicht dem Workitem selbst zugeordnet. Eine weitere Möglichkeit ist, die Zuordnung möglicher Bearbeiter als einen Weg zur Sicherung des Laufzeitzugriffs auf bestimmte Aufgaben zu betrachten. Die tatsächlich beste Variante der Zuordnung möglicher Bearbeiter ist üblicherweise die direkte Zuordnung von *Sicherheitsrollen* zu Aufgaben.

Tipp

Beachten Sie, dass das bloße Zuordnen eines Benutzers als möglicher Bearbeiter einer Aufgabe diesem keinen Zugriff auf beliebige Daten oder Routinen (Transaktion, Report etc.) erteilt, die von der Aufgabe aufgerufen werden. Sie müssen auch dafür sorgen, dass der Bearbeiter über ausreichende Berechtigungen verfügt, um die Arbeit erledigen zu können. So müssen Sie z. B. sicherstellen, dass die für das Buchen von Rechnungen verantwortlichen Benutzer über die erforderlichen Sicherheitsberechtigungen verfügen, um diese Transaktion auszuführen. Aus diesem Grund ist es überaus sinnvoll, Rollen zur Zuordnung möglicher Bearbeiter zu verwenden, damit der Zugriff auf Aufgaben, Daten und Routinen synchron bleibt.

Wenn der Aufgabe keine möglichen Bearbeiter zugeordnet wurden, kann niemand die Workitems ausführen, die auf dieser Aufgabe basieren.

Tipp

Keine Regel ohne Ausnahme. In unserem Fall trifft dies auf den *Workflow-Administrator* zu, der im Notfall die Ausführung jedes Workitems über die Funktion EXECUTE WITHOUT AGENT CHECK (Ausführen ohne Bearbeiterprüfung; in Transaktion SWIA oder über den Menüpfad TOOLS • BUSINESS WORKFLOW • ADMINISTRATION • WORKFLOW RUNTIME • EXECUTE WORK ITEMS WITHOUT AGENT CHECK) starten kann. Diese Option eignet sich insbesondere, um Probleme zu lösen, bei denen die Zuordnung möglicher Bearbeiter vergessen oder vernachlässigt wurde. Weitere Einzelheiten dazu finden Sie in Kapitel 8, »Workflow-Administration«.

Sie können eine Aufgabe auch mit dem Attribut GENERAL TASK versehen, anstatt bestimmte mögliche Bearbeiter zuzuordnen.

Hinweis

Die Definition einer Aufgabe als GENERAL TASK (generelle Aufgabe) wird im Folgenden unter der Überschrift »Zuordnen möglicher Bearbeiter« erläutert.

Eine generelle Aufgabe weist effektiv *keine* Sicherheitseinschränkungen auf, sodass die Aufgabe von einem beliebigen Benutzer erledigt werden kann. Seien Sie beim Markieren einer Aufgabe als generelle Aufgabe *sehr* vorsichtig! Benutzer, die mit dem Workflow noch nicht vertraut sind (und sogar diejenigen, die bereits damit vertraut sind), legen mitunter eine Aufgabe als generelle Aufgabe fest, um die Bearbeiterfestlegung zu vereinfachen. In einer Entwicklungsumgebung ist das in Ordnung. In einer Produktivumgebung können Sie jedoch dadurch Performanceprobleme sowie einen schwerwiegenden Sicherheitsverstoß verursachen. Gehen wir von folgendem Beispiel aus:

1. Ein Mitarbeiter fordert die Beschaffung verschiedener Artikel an, wodurch ein Workflow gestartet wird.
2. Der Workflow sendet ein Workitem mit einer Anforderung einer Beschaffungsgenehmigung an den Vorgesetzten des Mitarbeiters.
3. Der Vorgesetzte benötigt weitere Einzelheiten, bevor eine Entscheidung getroffen wird, fügt dem Workitem eine Anlage mit der Anforderung weiterer Details hinzu und leitet das Workitem an den Mitarbeiter zurück.
4. Wenn die Genehmigungsaufgabe als generelle Aufgabe gekennzeichnet wurde, kann der Mitarbeiter seinen eigenen Einkauf genehmigen (sofern er über die Sicherheitsberechtigung für diesen Vorgang verfügt).

Wäre die Aufgabe möglichen Bearbeitern ordnungsgemäß zugeordnet worden, wäre der Vorgesetzte beim Versuch, das Workitem weiterzuleiten, darüber benachrichtigt worden, dass der Mitarbeiter das Workitem nicht ausführen darf. Je nach den Aufgabenattributen wäre er zudem auch an dessen Weiterleitung gehindert worden. Aus diesem Grund sollten Sie sicherstellen, dass Sie Aufgaben nur dann als generelle Aufgaben markieren, wenn Sie möchten, dass alle Benutzer in der Lage sind, die auf dieser Aufgabe basierenden Workitems auszuführen. Gute Beispiele für generelle Aufgaben sind:

- **Bearbeiten abgelehnter Bestellungen**
  Es ist in der Regel wünschenswert, dass beliebige Benutzer in der Lage sind, ihre abgelehnten Bestellanforderungen zu ändern, um diese dann erneut einreichen zu können.
- **Antworten auf Angebote**
  Gegebenenfalls sollen beliebige Benutzer auf Angebote antworten können, die ihnen zugeschickt wurden.

- **Aufgaben, bei denen sich die möglichen Bearbeiter lediglich über die Benutzerkennung ermitteln lassen**
  Dieser Ansatz ist jedoch auch mit einigen Nachteilen verbunden. Was geschieht z. B., wenn der Mitarbeiter mit der entsprechenden Benutzerkennung nicht mehr in Ihrem Unternehmen beschäftigt ist?

Zuordnen möglicher Bearbeiter

Mögliche Bearbeiter lassen sich an verschiedenen Stellen zuweisen:

- **Im Einführungsleitfaden (IMG)**
  Im entsprechenden Abschnitt des IMG zur Workflow-Konfiguration können Sie einen Bearbeiter zuordnen.
- **Über eine Menüoption**
  Wenn Sie sich eine Aufgabe über die Menüoption Additional Data • Agent Assignment • Maintain (Transaktion PFTC_DIS) anzeigen lassen, können auch die Attribute der Aufgabe (z. B. generelle Aufgabe) zugeordnet werden.
- **Über eine Aufbauorganisation**
  Die Einstellungen für die Bearbeiter finden Sie im Abschnitt Task Profile (Aufgabenprofil) der jeweiligen Aufbauorganisation.
- **Im Workflow Builder**
  Die Schrittdefinition verfügt über ein Symbol Agent Assignment to Task, um mögliche Bearbeiter zuzuordnen (für Dialogaufgaben). Über Grunddaten können Sie mögliche Bearbeiter zum Workflow selbst zuweisen, sodass die Bearbeiter den Workflow manuell starten können.

Tipp

Standardmäßig bereitgestellten SAP-Aufgaben und -Workflows sind anfänglich keine möglichen Bearbeiter zugeordnet. Sie müssen die Zuordnung möglicher Bearbeiter stets selbst vornehmen, z. B. mithilfe des *aufgabenspezifischen Customizings*.

Bei einer Aufgabe kann die Liste der dieser Aufgabe zugeordneten möglichen Bearbeiter recht lang sein, denn Sie müssen jeden Mitarbeiter zuordnen, der ein auf dieser Aufgabe basierendes Workitem gegebenenfalls ausführen können soll. Mithilfe zuständiger und ausgeschlossener Bearbeiter können Sie die Liste der Empfänger auf die Bearbeiter beschränken, die ein bestimmtes Workitem empfangen sollen.

5.1.2 Zuständige Bearbeiter

Zuständige Bearbeiter sind die Mitarbeiter, die ein bestimmtes Workitem ausführen sollen. Diese Bearbeiter werden im Workflow-Protokoll über das Symbol Agents angezeigt. Der zuständige Bearbeiter ist für das Erledigen der Arbeit in diesem bestimmten Fall verantwortlich. Der Unterschied zwischen möglichen und zuständigen Bearbeitern kann anhand eines einfachen Beispiels erläutert werden:

- **Mögliche Bearbeiter**
  Alle Vorgesetzten genehmigen Anfragen von Mitarbeitern über den Besuch von Schulungen.
- **Zuständige Bearbeiter**
  Ihr Vorgesetzter ist verantwortlich für die Genehmigung von Anfragen über den Besuch von Schulungen, die von Ihnen eingereicht werden.

Zuständige Bearbeiter werden in der Regel auf der Workflow-Schrittebene zugeordnet, können jedoch auch auf der Aufgabenebene über die Registerkarte Agent Determination Rule in der Aufgabendefinition zugeordnet werden.

Tipp

Die Default-Regel wird nur angewandt, wenn auf der Workflow-Schrittebene keine zuständigen Bearbeiter angegeben wurden oder die Bearbeiterermittlung des Schritts misslingt. Sie wird auch angewandt, wenn eine Aufgabe ohne einen übergeordneten Workflow, d. h. als eigenständige Einzelschrittaufgabe, ausgeführt wird.

Es ist möglich, Organisationsobjekte (wie z. B. Organisationseinheiten, Stellen oder Planstellen) als zuständige Bearbeiter zuzuordnen. Diese Option wird in Produktionsumgebungen jedoch nur selten gewählt. In den meisten Fällen ist ein Ausdruck oder eine Regel die beste Möglichkeit, um zuständige Bearbeiter festzulegen. Darüber hinaus können Sie SAP-Organisationsobjekte und HR-Beziehungen zuordnen, um mögliche Bearbeiter in Ihrer Organisation festzulegen. So lässt sich auf flexible Weise eine Liste möglicher Bearbeiter anlegen, die nicht unbedingt derselben Planstelle oder Stelle zugeordnet sind bzw. für die unterschiedliche Sicherheitsregeln gelten können. Weitere Informationen dazu finden Sie in Kapitel 17, »Regeln zur Bearbeiterermittlung«.

Mithilfe eines *Ausdrucks* werden die jeweiligen Bearbeiter (abhängig vom Kontext also entweder zuständige Bearbeiter, Empfänger bei Terminüberschreitung oder Empfänger der Nachricht bei erledigter Bearbeitung) vorher bestimmt. Wenn Sie z. B. abgelehnte Anforderungen zurück an den Ersteller der Anforderung senden möchten, speichern Sie am Anfang des Workflows die Person, die die Anforderung erstellt hat (den Initiator), in einem Containerelement. Später, also bei der Bearbeiterzuordnung des Workflow-Schritts zum Senden der abgelehnten Anforderung, können Sie mit einem Ausdruck auf den Wert dieses Containerelements zugreifen. Auf diese Weise wird die abgelehnte Anforderung zurück an die Person gesendet, die sie erstellt hat. (Vergessen Sie nicht, sicherzustellen, dass der Ersteller im SAP-System noch gültig ist.)

Mit einer Regel werden die Bearbeiter dynamisch ermittelt, wenn das Workitem erstellt wird. Sie können Daten des Workflows an die Regel übergeben. Anschließend ermittelt die Regel die Bearbeiter basierend auf diesen Daten. So können Sie z. B. mit einer Regel arbeiten, die den Vorgesetzten eines Mitarbeiters mithilfe der Benutzerkennung des Mitarbeiters und der Organisationshierarchie ermittelt. Indem die Benutzerkennung zur Laufzeit übergeben wird, kann die Regel den Vorgesetzten ermitteln. Wenn Sie zuständige Bearbeiter nicht explizit zuordnen, werden standardmäßig alle möglichen Bearbeiter auch als die zuständigen Bearbeiter betrachtet, es sei denn, Sie haben für die Aufgabe selbst eine Default-Regel eingegeben.

Beachten Sie, dass die zuständigen Bearbeiter auch mögliche Bearbeiter sein müssen. Wenn Sie zuständige Bearbeiter angeben, die keine möglichen Bearbeiter sind, sendet der Workflow diesen das Workitem nicht. Dies wäre unsinnig, da die Bearbeiter ohnehin nicht über die Zugriffsberechtigungen verfügen, die erforderlich wären, um die Arbeit auszuführen. Wenn das Organisationsobjekt, der Ausdruck oder die Regel einige mögliche Bearbeiter umfasst, aber zudem auch andere, »nicht mögliche« Bearbeiter, empfangen nur die zuständigen Bearbeiter, die auch mögliche Bearbeiter sind, ein Workitem. Eine ausführliche Besprechung der regelbasierten Ermittlung zuständiger Bearbeiter finden Sie in Kapitel 17.

5.1.3 Ausgeschlossene Bearbeiter

Ausgeschlossene Bearbeiter sind Mitarbeiter, die ein bestimmtes Workitem *nicht* ausführen sollen, obwohl sie mögliche oder zuständige Bearbeiter sind. Die Liste der ausgeschlossenen Bearbeiter wird im Workflow-Protokoll angezeigt. Wählen Sie zunächst das Symbol AGENT und anschließend EXCLUDED AGENTS. Ein Beispiel: Alle Bearbeiter in einem zentralen Service-Center können Anforderungen zur Zahlung von Mitarbeiterspesen genehmigen. Normalerweise lösen Mitarbeiter außerhalb des zentralen Service-Centers die Zahlungsanforderungen aus. Wenn jedoch einer der Mitarbeiter innerhalb des zentralen Service-Centers die Zahlung der eigenen Spesen angefordert hat, sollte er nicht die eigene Zahlungsanforderung genehmigen dürfen. Andernfalls könnte er (absichtlich oder versehentlich) Betrug begehen, indem er Zahlungen genehmigt, auf die er keinen Anspruch hat.

Ausgeschlossene Bearbeiter sind auch dann nützlich, wenn die Trennung von Pflichten innerhalb von Geschäftsprozessen durchgesetzt werden soll. Auch dazu ein Beispiel: Ein Angebot muss von mindestens zwei Bearbeitern eines Angebotsprüfungsteams geprüft werden. Zuerst wird das Workitem »Angebotsprüfung« an alle Bearbeiter im Prüfungsteam gesendet. Nachdem das erste Workitem erledigt ist, wird der tatsächliche Bearbeiter des ersten Workitems als ausgeschlossener Bearbeiter für das zweite Workitem festgelegt. Das heißt, dass das zweite Workitem »Angebotsprüfung« an alle Bearbeiter des Prüfungsteams mit Ausnahme desjenigen Bearbeiters gesendet wird, der das Angebot bereits geprüft hat. Da der erste Prüfer ein ausgeschlossener Bearbeiter des zweiten Workitems ist, kann er das Angebot also nicht zweimal prüfen.

Ausgeschlossene Bearbeiter werden dem Workflow-Schritt stets durch einen Ausdruck zugeordnet. Sie müssen also alle auszuschließenden Bearbeiter in einer Liste (d.h. einem mehrzeiligen Containerelement) ablegen und anschließend einen Ausdruck verwenden, um die Liste dem Workflow-Schritt zuzuordnen.

Tipp

Ausgeschlossene Bearbeiter müssen weder mögliche noch zuständige Bearbeiter sein. Dies gilt auch für Situationen, in denen sie als Vertreter für andere Bearbeiter agieren.

5.1.4 Empfänger

Empfänger sind Mitarbeiter, die das Workitem automatisch in ihrer Inbox empfangen, wenn das Workitem vom Workflow erstellt wird. Sie werden auch als *ausgewählte Bearbeiter* bezeichnet. Es gibt folgende Empfänger:

- Sie sind mögliche Bearbeiter der Aufgabe.
- Sie müssen zuständige Bearbeiter des Workitems sein.
- Sie dürfen keine ausgeschlossenen Bearbeiter des Workitems sein.

Folgendes muss jedoch beachtet werden:

- Sind keine möglichen Bearbeiter vorhanden, empfängt niemand das Workitem!
- Wenn für einen Schritt keine zuständigen Bearbeiter definiert sind, sucht das System in der Aufgabendefinition nach einer Default-Regel. Ist keine Default-Regel vorhanden, sind alle möglichen Bearbeiter mit Ausnahme der ausgeschlossenen Bearbeiter Empfänger des Workitems.

Hinweis

Wenn keine zuständigen Bearbeiter vorhanden sind, die Aufgabe an alle möglichen Bearbeiter geleitet wird und Sie die Aufgabe als generelle Aufgabe festgelegt haben, wird die Aufgabe an *sämtliche* Empfänger gesendet. Ein Beispiel: Bei der Aufgabe zur Verarbeitung eingehender Fehler-IDocs (IDocs = Intermediate Documents) handelt es sich um eine generelle Aufgabe. Wenn keine Default-Regel zur Bearbeiterermittlung für die Aufgabe existiert, wird diese an alle möglichen Bearbeiter – also an sämtliche Empfänger – geleitet. Wenn Sie einige Tausend IDocs erhalten, empfangen all Ihre Benutzer Tausende Items in ihren Inboxen. Da so etwas bei neuen Workflow-Projekten keine Seltenheit ist, sollten Sie mit Sorgfalt vorgehen, um diese Situation zu vermeiden.

Falls erlaubt, können Empfänger Workitems an andere Bearbeiter weiterleiten. Jedoch können nur mögliche (aber keine ausgeschlossenen) Bearbeiter ein weitergeleitetes Workitem ausführen. Der Bearbeiter, der das Workitem weiterleitet, erhält eine Warnung, wenn der neue Bearbeiter kein möglicher Bearbeiter ist.

Ob ein Workitem weitergeleitet werden kann, ist durch die Attribute der zugrunde liegenden Aufgabe festgelegt. Diese Attribute können über ADDITIONAL DATA • AGENT ASSIGNMENT • MAINTAIN (Transaktion PFTC_DIS) definiert oder angezeigt werden. Zu den relevanten Optionen zählen die folgenden:

- **Generelle Aufgabe**
  Workitems dürfen an alle Benutzer weitergeleitet und von allen Benutzern ausgeführt werden.
- **Generelles Weiterleiten erlaubt**
  Workitems dürfen an alle Benutzer weitergeleitet werden.
- **Generelles Weiterleiten nicht erlaubt**
  Workitems können nur an alle möglichen Bearbeiter weitergeleitet werden.
- **Weiterleiten nicht erlaubt**
  Weiterleitungen sind nicht erlaubt.

5.1.5 Tatsächliche Bearbeiter

Wenn das Workitem noch bearbeitet wird (also noch nicht beendet ist), handelt es sich beim tatsächlichen Bearbeiter um den Benutzer, der das Workitem gegenwärtig bearbeitet. Nach Abschluss der Workitem-Bearbeitung ist der tatsächliche Bearbeiter der Benutzer, der das Workitem zuletzt bearbeitet hat.

Es ist häufig nützlich, den tatsächlichen Bearbeiter einer abgeschlossenen Aufgabe zu kennen. Sie können auf diese Weise nicht nur die Mitarbeiter benennen, die eine bestimmte Entscheidung in einem Folgeschritt im Workflow getroffen haben, sondern auch bestimmen, wer im Unternehmen tatsächlich die Entscheidungen trifft.

5.1.6 Zuordnung mehrerer Bearbeiter zu einem Workitem

Einem Workitem können mehrere Bearbeiter zugeordnet werden. Wenn Sie eine E-Mail an mehr als einen Empfänger senden, erhält jeder Empfänger eine Kopie der E-Mail. Die Empfänger können ihre Kopie der E-Mail nach Belieben anzeigen und löschen. Bei E-Mails ist das in Ordnung, weil sie nur Informationen liefern. Beachten Sie jedoch beim Senden eines *Workitems* an mehrere Bearbeiter, dass Sie neben den Informationen auch den Arbeitsauftrag senden. Die Arbeit muss in der Regel nur einmal erledigt werden. Sobald also ein Empfänger den Arbeitsauftrag angenommen oder mit der Bearbeitung begonnen hat, wird das Workitem aus den Inboxen aller übrigen Empfänger entfernt.

Um zu verstehen, wie Workitems mehreren Bearbeitern angezeigt werden, können Sie sich die gesamte auszuführende Arbeit als großen Stapel vorstellen, wobei jeder Arbeitsauftrag im Stapel von einem Workitem repräsentiert wird. Mit der Bearbeiterfestlegung können Sie die zu erledigenden Arbeitsaufträge im Stapel recht einfach verteilen.

Mitunter gibt es nur einen geeigneten Mitarbeiter für einen Arbeitsauftrag und demnach nur einen Bearbeiter für das Workitem. Diese Arbeit gilt also erst dann als erledigt, wenn dieser bestimmte Bearbeiter sie ausgeführt hat. Wenn dieser Mitarbeiter krank ist oder eine Schulung besucht, ruht die Arbeit so lange, bis der Bearbeiter zurückkehrt. In anderen Fällen gibt es wiederum mehrere Mitarbeiter, die die gleiche Arbeit erledigen können. Diese können sogar zusammenarbeiten, wie z. B. an einem Helpdesk oder im zentralen Service-Center. Die Workitems, die von diesen Mitarbeitern erledigt werden können, werden an alle Empfänger vergeben. Jeder Mitarbeiter wählt einen Arbeitsauftrag und führt ihn aus. Die zu erledigende Arbeit wird an mehrere Mitarbeiter verteilt und wesentlich schneller ausgeführt, als wenn nur ein Mitarbeiter sich darum kümmern würde. Wenn einer dieser Mitarbeiter krank ist oder eine Schulung besucht, kann die Arbeit in seiner Abwesenheit dennoch von den restlichen Empfängern erledigt werden. Bis zur Rückkehr des Bearbeiters müssen also keine Prozesse unterbrochen oder angehalten werden.

Mitunter ist es *erwünscht*, dass sich mehrere Mitarbeiter um denselben Arbeitsauftrag kümmern. Ein Beispiel: Sie möchten mehrere Personen an der Entscheidung beteiligen, ob eine teure Anlage eingekauft werden soll. Dazu müssen Sie lediglich ein Workitem pro Bearbeiter erstellen. Es gibt zahlreiche Möglichkeiten der Erstellung mehrerer Workitems, ohne dass der Workflow komplizierter wird. So können Sie z. B. eine Liste (ein mehrzeiliges Containerelement) für einen Schritt im Workflow verwenden, um mehrere Workitems (eines für jedes Element in der Liste) zu erstellen. Dieser Ansatz wird als *dynamische Parallelverarbeitung* bezeichnet. In Kapitel 14, »Erweiterte Design-Techniken für Workflows«, finden Sie weitere Informationen zur dynamischen Parallelverarbeitung.

Wenn Sie dafür sorgen möchten, dass die Arbeit auf alle Bearbeiter gerecht verteilt wird, können Sie nachverfolgen, wie viele Workitems jeder Bearbeiter bearbeiten kann und wie lange er dafür benötigt. Sie können die Bearbeiter auf diese Weise sogar zu einer höheren Produktivität motivieren. Vorschläge zur Messung und Erstellung von Reports zu Workitems finden Sie in Kapitel 8, »Workflow-Administration«, und Kapitel 19, »Benutzerdefinierte Programme«.

5.1.7 Empfänger der Nachricht bei erledigter Bearbeitung und bei Terminüberschreitung

In den meisten Workflows sind die Bearbeiter diejenigen Mitarbeiter, die zugeordnet wurden, um Aufgaben mithilfe von Workitems auszuführen. Als Workflow-Entwickler können Sie jedoch auch folgende Zuordnungen vornehmen:

- **Empfänger bei Terminüberschreitung**
  Dies sind Mitarbeiter, die entsprechende Workitems empfangen, wenn ein Termin überschritten wurde. Empfänger bei Terminüberschreitung

werden normalerweise auf der entsprechenden Registerkarte DEADLINE (LATEST START, REQUESTED END oder LATEST END) des Workflow-Schritts eingegeben.

- **Empfänger der Nachricht**
  Dies sind Mitarbeiter, die per E-Mail benachrichtigt werden, wenn ein Workitem beendet ist. Diese Empfänger werden auf der Registerkarte NOTIFICATION des Workflow-Schritts eingegeben.

Empfänger bei Terminüberschreitung können Workitems mit Termin empfangen, die aus einem Hinweis zur Eskalation einer Aufgabe und dem Button DONE IT bestehen. Auch wenn der Empfänger nicht handelt, kann der Workflow dennoch fortgesetzt werden. Häufig müssen Sie diesen Bearbeitern nicht einmal ein Workitem senden; eine einfache E-Mail kann ausreichen.

Empfänger bei Terminüberschreitung sind ebenso Empfänger von Workitems wie diejenigen, die die Aufgabe tatsächlich erledigen. Es kann jedoch hilfreich sein, sie getrennt zu betrachten. Sie sind freilich nicht nur auf Empfänger bei Terminüberschreitung beschränkt: Sie können auf Wunsch auch weitaus weiter entwickelte Termin- und Eskalationsprozeduren als einfache Meldungen in Ihren Workflow integrieren (siehe Kapitel 13, »Anlegen eines Workflows«).

5.2 Bearbeiterzuordnung mithilfe des Organisationsmanagements

Jeder Bearbeiter benötigt eine Benutzerkennung. Wenn Sie also einem Workitem Bearbeiter zuordnen, ordnen Sie im Wesentlichen Benutzerkennungen als mögliche, zuständige oder ausgeschlossene Bearbeiter zu.

Das Problem bei der direkten Zuordnung von Benutzerkennungen zu Workitems ist der hohe Verwaltungsaufwand: Ständig kommen Mitarbeiter ins Unternehmen, ändern ihre Aufgaben und Rollen, werden in andere Abteilungen versetzt oder verlassen das Unternehmen. Dabei den Überblick darüber zu behalten, wer der zuständige Bearbeiter eines bestimmten Workitems ist, kann schwierig werden. Fügen Sie dann noch weitere Workflows und Workitems hinzu, ist diese Aufgabe kaum noch zu bewältigen. Es muss also eine bessere Möglichkeit geben, Bearbeiter zu bestimmen: Die Lösung nennt sich *Aufbauorganisation*.

Tipp

Die Aufbauorganisation wird mitunter für die Zuordnung möglicher Bearbeiter verwendet, kann jedoch auch für die Zuordnung zuständiger Bearbeiter (entweder direkt oder im Rahmen von Bearbeiterfestlegungsregeln) genutzt werden.

Viele glauben, dass die Aufbauorganisation ein Bestandteil von SAP ERP HCM (HCM = Human Capital Management) und deshalb nur dann verfügbar ist, wenn HCM-Anwendungen bei ihnen im Einsatz sind. Tatsächlich verfügt jedoch jeder SAP NetWeaver Application Server auch über eine Basisaufbauorganisation mit allen erforderlichen Elementen für den Workflow. Wenn Sie SAP ERP HCM einsetzen, haben Sie nicht nur Zugriff auf die Basisaufbauorganisation, sondern auch auf die *erweiterte Aufbauorganisation*. Diese umfasst alle für den Workflow benötigten Elemente, bietet jedoch weitaus mehr Funktionen. Einige der erweiterten Funktionen können Sie auch in Ihren Workflows verwenden, so z. B. das Zuordnen von Bearbeitern zu einer Aufgabe, basierend auf ihren formalen Qualifikationen.

5.2.1 Basisaufbauorganisation

Die Basisaufbauorganisation besteht aus Beziehungen zwischen den verschiedenen Organisationsobjekttypen, die als hierarchische Organisationsstrukturen dargestellt werden. Hier einige Beispiele:

- **Organisationseinheiten ()**
  Jede Einheit repräsentiert eine Gruppe von Mitarbeitern, wie z. B. Team, Bereich, Abteilung, Arbeitsbereich, Labor, Helpdesk oder zentrales Service-Center.
- **Stellen ()**
  Jede Stelle beschreibt eine funktionale Rolle innerhalb der Organisation. Diese Rollen entsprechen einer Stellenbeschreibung. Stellen können eine Voll- oder Teilzeitrolle in Ihrer Organisation repräsentieren.
- **Planstelle ()**
  Jede Planstelle repräsentiert eine Personaleinstufung, z. B. einen physischen Arbeitsplatz oder eine freie Stelle.
- **Benutzer ()**
  Jeder Benutzer entspricht der tatsächlichen Benutzerkennung eines Mitarbeiters in Ihrer Organisation.

Tipp

Sie können eine Aufbauorganisation ohne Stellen aufbauen, auf diese Weise wird die Nutzung in SAP ERP HCM erleichtert. In SAP ERP HCM werden Stellen für spezifischere Zwecke verwendet (Stellen können z. B. direkt mit einer Gehaltsskala verknüpft werden).

Für die meisten Organisationsobjekttypen und Beziehungen gelten Gültigkeitszeiträume. Standardmäßig wird dieser Zeitraum vom Anlegedatum des Organisationsobjekttyps oder der Beziehung bis zum 31.12.9999 erstellt, der Gültigkeitszeitraum kann jedoch auch geändert werden. Das Beschränken des Gültigkeitszeitraums ist nützlich, um temporäre Beziehungen anzugeben (z. B. wenn ein Benutzer eine Planstelle vorübergehend einnimmt, etwa als »stellvertretender Leiter«) oder um anzugeben, dass ein Mitarbeiter diese Planstelle nicht mehr einnimmt.

Organisationsobjekttypen und Beziehungen werden mithilfe von Transaktionen des Organisationsmanagements wie PPOM (Organisation und Besetzung), PPOMW (Organisation und Besetzung – Workflow-Sicht) oder – in einem SAP-SRM/SAP-CRM-System – PPOMA_CRM bzw. PPOMA_BBP (Organisation, Besetzung und Attribute) gepflegt. Die Verwendung dieser Transaktionen wird ausführlich im SAP Help Portal (*http://help.sap.com*) beschrieben.

Innerhalb dieser Transaktionen können Sie Organisationsobjekttypen anhand der Kennung, Beschreibung und hierarchischen Struktur bzw. anhand der Beziehung zu anderen Organisationsobjekttypen bestimmen. So können Sie sich z. B. durch die Ermittlung einer Planstelle alle Benutzer anzeigen lassen, die dieser Planstelle zugeordnet sind. Sie können sich mehrere Sichten der Aufbauorganisation anzeigen lassen. Abhängig vom Ausgangspunkt können Sie sich die Hierarchien von oben nach unten (»Organisationseinheit zu Planstelle zu Benutzer«) oder von unten nach oben (»Benutzer zu Planstellen zu Organisationseinheiten«) anzeigen lassen. Zudem können Sie neue Organisationsobjekttypen und Beziehungen (die auch als *Zuordnungen* bezeichnet werden) anlegen, bearbeiten, kopieren, verschieben, neu anordnen, abgrenzen und löschen.

Sie können Details von Organisationsobjekttypen anzeigen und pflegen (siehe Abbildung 5.2). Eine Organisationseinheit hat z. B. eine Adresse. Sie können die Anzeige und Pflege von Organisationsobjekttypen in jedem Element der Aufbauorganisation beginnen.

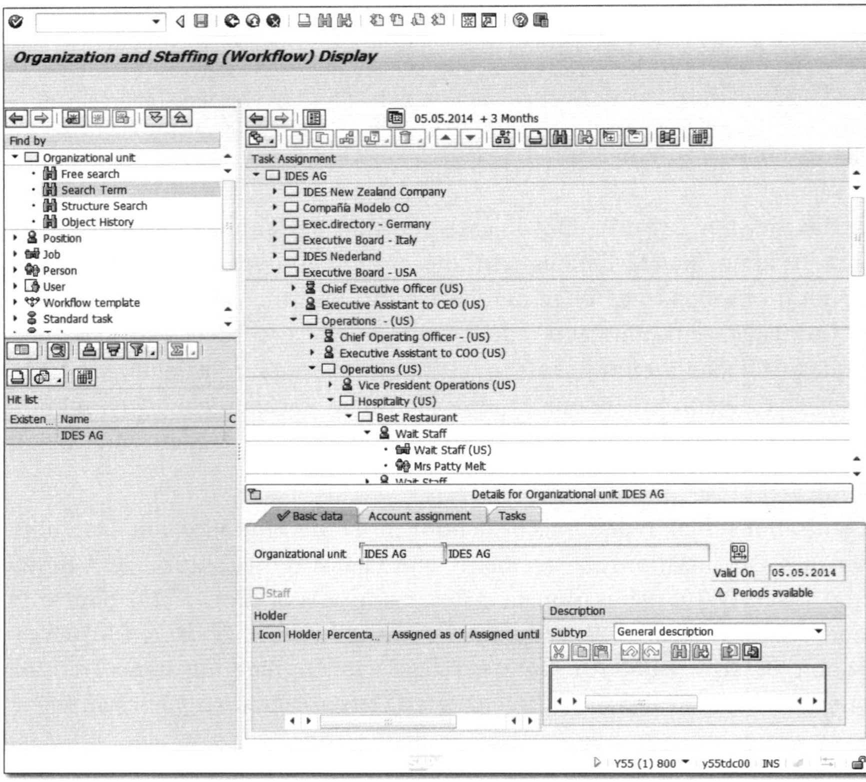

Abbildung 5.2 Pflege der Aufbauorganisation

Der folgenden Aufstellung können Sie die gängigen Beziehungen zwischen den verschiedenen Komponenten der Aufbauorganisation entnehmen (beachten Sie die Symbole aus Abbildung 5.2):

- *Organisationseinheiten* ( ) können hierarchisch mit anderen *Organisationseinheiten* verknüpft werden, wodurch eine Organisationshierarchie entsteht (z. B. »Teams innerhalb von Bereichen innerhalb von Abteilungen«).
- Eine *Organisationseinheit* kann mit mehreren *Planstellen* ( ) verknüpft sein. Dies bedeutet, dass die Planstellen die Mitarbeiter repräsentieren, die zu dem Team, Bereich oder der Abteilung etc. gehören. Beachten Sie, dass diese Beziehungen an hierarchisch höhere Organisationseinheiten vererbt werden. Ein Beispiel: Die Planstellen innerhalb einer Abteilung umfassen alle Planstellen, die direkt der Organisationseinheit der Abteilung zugeordnet sind, sowie alle Planstellen, die den Organisationseinheiten der Bereiche und Teams zugeordnet sind, die sich hierarchisch unterhalb der Abteilung befinden.

- Eine *Planstelle* kann mit *Stellen* (icon) verknüpft sein. Das heißt, die Stelle beschreibt die Aufgabe der Person, die diese Planstelle bekleidet. Eine Stelle kann mit mehreren Planstellen verknüpft sein, z. B. wenn mehrere Mitarbeiter ähnliche Aufgaben ausführen.
- Ein *Benutzer* (icon) kann mit einer *Planstelle* verknüpft sein. Dabei bekleidet der Benutzer gegenwärtig diese Planstelle. Ein Benutzer kann mehrere Planstellen innehaben (hoffentlich jeweils auf Teilzeitbasis!).
- Workflow-Aufgaben können mit einzelnen oder mehreren *Organisationseinheiten*, *Planstellen*, *Stellen* oder *Benutzern* verknüpft sein.

Dies ist der Standardansatz von SAP für HR-Organisationen. Ihre Implementierung kann jedoch abweichen. Möglicherweise verfügen Sie z. B. über eine *Planstelle*, die mit einer *Stelle* verknüpft ist. Dabei beschreibt die Stelle die Funktion der Planstellen. Eine Planstelle kann mit einer einzigen Person verknüpft sein.

Tipp

Sie müssen eng mit den Entwicklern der HR-Organisationsstruktur und deren Komponenten zusammenarbeiten.

Durch die Zuordnung einer Aufgabe zu einer Stelle werden sämtliche Benutzer, die mit allen mit dieser Stelle verknüpften Planstellen verknüpft sind, mögliche Bearbeiter dieser Aufgabe. Wenn z. B. »Vorgesetzter« eine Stelle und »Urlaubsantrag genehmigen« eine Aufgabe ist, dann bedeutet das Zuordnen der Aufgabe »Urlaubsantrag genehmigen« zur Stelle »Vorgesetzter«, dass alle Vorgesetzten Urlaubsanträge genehmigen dürfen. Sie können die Benutzer und Planstellen ändern, die mit dieser Stelle verknüpft sind, und wissen zugleich, dass alle Benutzer/Planstellen, die mit dieser Stelle verknüpft sind, die zugeordneten Aufgaben ausführen können. Durch die Zuordnung einer Aufgabe zu einer Planstelle werden die Benutzer, die mit dieser Planstelle verknüpft sind, mögliche Bearbeiter der Aufgabe. Wenn z. B. »Eigentümer des Finanzgeschäftsprozesses« eine Planstelle und »Änderungen am Finanzprozess genehmigen« eine Aufgabe ist, können alle Benutzer, die diese Planstelle bekleiden, Änderungen an Finanzprozessen genehmigen. Sie können die Benutzer ändern, die mit dieser Planstelle verknüpft sind, und wissen, dass alle Benutzer, die mit dieser Planstelle verknüpft sind, die zugeordneten Aufgaben ausführen können.

Im Zweifelsfall ist es eine gute Idee, eine Aufgabe einer Stelle oder einer Aufgabengruppe zuzuordnen, die wiederum einer Stelle oder Organisationseinheit zugeordnet ist (siehe Abbildung 5.3). Dies ist eine logische Erweiterung des Organisationsmanagementmodells. Von der anderen Seite her betrachtet, ist die Stelle eine Zusammenstellung von Aufgaben. Wenn Sie diese Strategie verwenden, können Sie sich darüber hinaus online anzeigen lassen, welche Aufgaben einer Stelle zugeordnet sind. Dadurch wird die Beschreibung der Stelle im System transparent und ist einfacher zu pflegen.

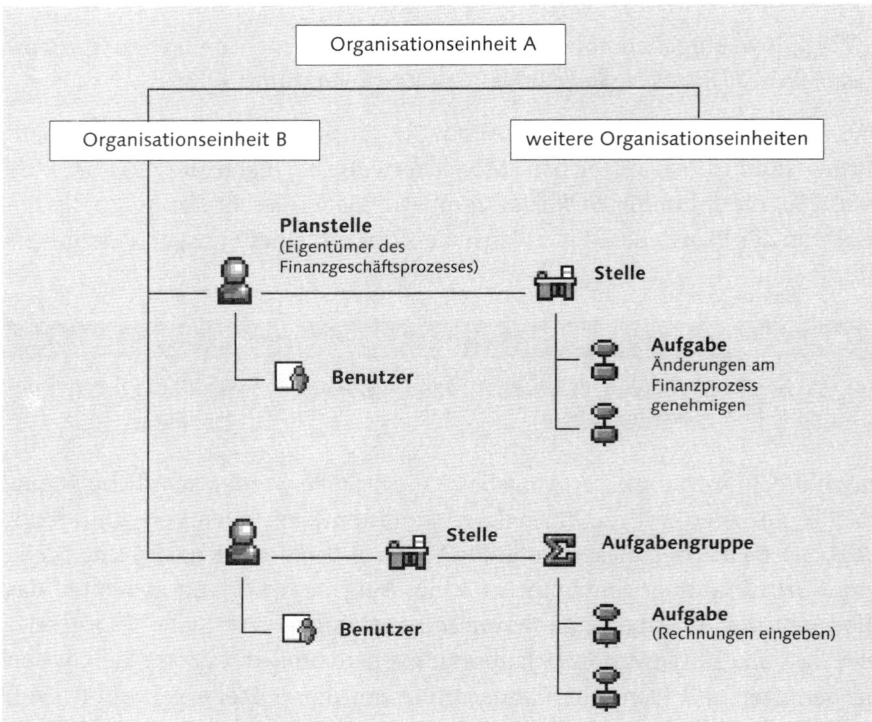

Abbildung 5.3 Beziehung zwischen Aufgaben, Stellen und Bearbeitern

In verschiedenen Planvarianten können Sie mehrere Aufbauorganisationen anlegen. Dadurch können Sie sich in den verschiedenen Planvarianten unterschiedliche Sichten Ihrer Organisation anzeigen lassen. In einer Planvariante zeigen Sie die aktuell gültige Aufbauorganisation an, die Sie für die aktuellen Geschäftsprozesse (etwa Auswertungen, Workflow, Personalplanung) verwenden. In weiteren Planvarianten können Sie sich Aufbauorganisationen als Planungsszenarien (z. B. zur Reorganisation) anzeigen lassen.

Hinweis

Der Workflow verwendet *immer* die aktuelle Planvariante.

5.2.2 Erweiterte Aufbauorganisation

Wenn in Ihrem System SAP ERP HCM eingesetzt wird, können Sie mit der erweiterten Aufbauorganisation arbeiten. Dadurch haben Sie Zugriff auf weitere Funktionen, die über die Basisaufbauorganisation hinausgehen. Der offensichtlichste Unterschied zwischen der Basis- und der erweiterten Aufbauorganisation ist, dass die erweiterte Aufbauorganisation *Personalnummern* enthält. Es gelten folgende Erweiterungen:

- Eine *Person* () repräsentiert die Personalnummer, die einem Mitarbeiter zugeordnet ist.
- Eine *Person* () kann einer einzelnen oder mehreren Planstellen zugeordnet werden.
- Ein *Benutzer* () wird einer *Person* zugeordnet, indem eine »Kommunikationsbeziehung« (auch als Infotyp 105 bekannt) eingerichtet wird.

Wenn Sie einen *Benutzer* einer Planstelle, Stelle, Aufgabe oder Organisationseinheit in einem System mit erweiterter Aufbauorganisation zuordnen, ersetzt das System standardmäßig die Objekt-zu-Benutzer-Beziehung durch eine Objekt-zu-Person-zu-Benutzer-Beziehung. Wenn in Ihrem Unternehmen also Personalnummern verwendet werden und Sie eine Benutzerkennung in der Aufbauorganisation zuordnen, ordnet das System die Benutzerkennung automatisch der Personalnummer zu. Zum Beispiel weiß das System, dass die Benutzerkennung PPARKER der Personalnummer 1007112 zugeordnet ist.

Aus Workflow-Sicht bietet der Einsatz von SAP ERP HCM neben dem zusätzlichen Organisationsobjekttyp *Person* folgende Vorteile:

- Es werden weitaus mehr Daten gespeichert, die die Organisationsobjekttypen und Beziehungen beschreiben, die in Workflows verwendet werden können. Werden die Qualifikationen (Infotyp 0024) der Mitarbeiter gespeichert, kann eine Regel definiert werden, die die zuständigen Bearbeiter eines Workitems anhand ihrer aktuellen Qualifikation für die Erledigung der Arbeit bestimmt.
- Auswertungswege können benutzerdefiniert erstellt und als Regeln für die Bestimmung zuständiger Bearbeiter verwendet werden. Auswertungswege beschreiben eine Möglichkeit der Navigation durch die Aufbauorganisation, um Organisationsobjekte zu ermitteln. Der Auswertungsweg SAP_TAGT beschreibt z. B. die Suche nach Workflow-Bearbeitern, die zu einem beliebigen Organisationsobjekt gehören, d. h. die Ermittlung von Benutzern anhand einer Organisationseinheit, Stelle, Planstelle oder Person.

Einige Auswertungswege, wie z. B. SAP_TAGT, sind auch in Systemen vorhanden, in denen SAP ERP HCM nicht im Einsatz ist. In der Regel ist es jedoch nicht erforderlich, benutzerdefinierte Auswertungswege zu erstellen, es sei denn, Sie nutzen SAP ERP HCM.

- Mithilfe struktureller Berechtigungen können für Aufgaben zusätzliche Sicherheitsvorkehrungen bereitgestellt werden.

Tipp

Wenn Ihr System SAP ERP HCM umfasst, stellen Sie sicher, dass die Verwendung der Aufbauorganisation in Ihrem Workflow mit der Gesamtstrategie für das Organisationsmanagement Ihrer Personalabteilung vereinbar ist.

5.2.3 Verzicht auf eine Aufbauorganisation

Die Pflege einer Aufbauorganisation kann einen beträchtlichen Arbeitsaufwand bedeuten. Dies gilt insbesondere, wenn für diese Pflege kein bestimmter Bereich bzw. keine bestimmte Abteilung vorgesehen ist. Die gute Nachricht: Es ist für Workflows nicht erforderlich, dass Sie eine Aufbauorganisation verwenden. Es gibt Alternativen, solange Sie die Bearbeiterzuordnungen sehr einfach halten, wie z. B. mithilfe von Büroverteilerlisten oder eigenen Z-Tabellen und Funktionsbausteinen. Weitere Informationen dazu finden Sie in Kapitel 17, »Regeln zur Bearbeiterermittlung«. Wenn Sie jedoch komplexe Beziehungen zwischen Aufgaben und Bearbeitern erstellen möchten, insbesondere für die Zuordnung möglicher Bearbeiter, bietet eine Aufbauorganisation eine wesentlich größere Flexibilität und Auswahl.

Die Alternativen zur Verwendung einer Aufbauorganisation für die Zuordnung möglicher Bearbeiter sind u. a. folgende:

- **Festlegen von Aufgaben als generelle Aufgaben in den Aufgabenattributen**
  Dadurch können alle Benutzer auf dieser Aufgabe basierende Workitems ausführen. Bedenken Sie jedoch, dass dies den *Verzicht* auf Sicherheitsvorkehrungen für die Aufgaben bedeutet.
- **Zuordnen von Rollen als mögliche Bearbeiter von Aufgaben**
  Dadurch können alle Benutzer mit dieser Rolle Workitems basierend auf der entsprechenden Aufgabe ausführen. Die Zuordnung von Rollen zu Aufgaben kann entweder über die normale Zuordnung von Aufgaben zu Bearbeitern (z. B. über den Menüpfad ADDITIONAL DATA • AGENT ASSIGNMENT • MAINTAIN in Transaktion PFTC_DIS) oder über die Rollenpflege (Transaktion PFCG) erfolgen.

Falls gewünscht, können beliebige Optionen zur Bestimmung zuständiger Bearbeiter (wie z. B. Zuständigkeitsregeln oder Auswertungswege) direkt mit Benutzerkennungen anstelle von Organisationsobjekten verknüpft werden.

5.3 Bearbeiterzuordnung mithilfe von Aufgabengruppen

Aufgabengruppen bieten eine Möglichkeit zur gemeinsamen Gruppierung von Workflow-Aufgaben. Der Zugriff auf diese Gruppen erfolgt in der Workflow-Sicht der Aufbauorganisation und im Workflow Builder über das Symbol TASK GROUP Σ. Sie können wählen, wie Aufgaben in Aufgabengruppen gruppiert werden sollen. Eine Aufgabe kann mehreren Aufgabengruppen zugeordnet werden. Sie legen eine Aufgabengruppe wie jede andere Aufgabe über Transaktion PFTC an. Sie können eine Beschreibung für die Aufgabengruppe eingeben und die der Aufgabengruppe zugeordneten Aufgaben auflisten.

- Eine Option ist die Verwendung von Aufgabengruppen zum Zusammenstellen von Aufgaben, die auf einem ähnlichen Inhalt beruhen, z. B. aller Aufgaben, die auf denselben Business-Objekttypen basieren. So können Sie schnell alle Aufgaben bestimmen, die sich auf denselben Business-Objekttyp beziehen. Mithilfe von Aufgabengruppen können Sie den Suchbereich beim Aufruf des Workflow Explorers oder im Bereich MY WORKFLOWS AND TASKS im Workflow Builder einschränken. Sie können zu diesem Zweck jedoch auch den VERWENDUNGSNACHWEIS im Business Object Repository (Transaktion SWO1) nutzen.
- Eine weitere Option ist das Zusammenstellen all derjenigen Aufgaben in einer Aufgabengruppe, die sich auf dieselben oder ähnliche Geschäftsprozesse beziehen. So lässt sich die Suche nach zusammengehörigen Aufgaben vereinfachen. Sie können aber auch die Funktion zur Workflow-Diagnose (Transaktion SWUD) verwenden, um schnell einen Überblick über alle Aufgaben in einem Workflow zu erhalten.
- Ebenso können Sie jedoch Aufgabengruppen auch mithilfe der gewöhnlichen Bearbeiterzuordnungsoptionen Organisationsobjekten wie Organisationseinheiten, Stellen, Planstellen etc. zuordnen. Das bedeutet, dass Sie auch für die Bearbeiterzuordnung Aufgaben in Aufgabengruppen zusammenfassen können. Ein Beispiel: Sie können die Aufgabengruppe »Allgemeine Vorgesetztenaufgaben« erstellen, dieser alle Aufgaben zuordnen, die alle Vorgesetzten ausführen können müssen, und dann die Aufgabengruppe der Stelle »Vorgesetzter« oder einer Rolle zuordnen. Wenn

anschließend eine neue Aufgabe für Vorgesetzte erstellt wird, können Sie diese der Aufgabengruppe hinzufügen und damit alle Vorgesetzten als mögliche Bearbeiter der neuen Aufgabe zuordnen (über Transaktion PFTC, Menüpfad EXTRAS • AGENT ASSIGNMENT • MAINTAIN).

- Sie können Aufgabengruppen auch in anderen Aufgabengruppen erfassen. Ebenfalls können Sie Aufgabengruppen für verschiedene Stellenfunktionen erstellen und diese zusammenfügen, um eine Aufgabengruppe für eine bestimmte Stelle zu erstellen. So können Sie z. B. für einen Abteilungsleiter die Aufgabengruppe »Allgemeine Vorgesetztenaufgaben« mit der Aufgabengruppe »Abteilungsleiteraufgaben« kombinieren.

5.4 Implementierung und Pflege einer Aufbauorganisation in der Praxis

In diesem Abschnitt werden einige Strategien und Tipps für das Anlegen und Pflegen Ihrer Aufbauorganisation erläutert.

5.4.1 Strategien für die Pflege der Aufbauorganisation

Häufig ist der umstrittenste Punkt bei der Pflege der Aufbauorganisation die Bestimmung der Person, die für die Aktualisierung der Aufbauorganisation zuständig sein soll. Als Grundregel gilt:

- Wenn ein HR-Bereich vorhanden ist, der aus anderen Gründen für das Aktualisieren der Aufbauorganisation zuständig ist, sollte dieser auch die Aktualisierung der Aufbauorganisation entsprechend den Workflow-Anforderungen übernehmen.
- Wird die Aufbauorganisation nur für den Workflow verwendet, sollten Mitglieder des Workflow-Teams, z. B. Geschäftsprozessverantwortliche, für das Aktualisieren der Aufbauorganisation zuständig sein.

Wenn Sie anfangs die Aufbauorganisation nur für den Workflow verwenden und diese später auch für andere Zwecke nutzen möchten, können Sie jedoch eine neue Person bestimmen, die für die Aktualität der Aufbauorganisation zuständig sein soll. Eine weitere Option sieht vor, dass der HR-Bereich die Aufbauorganisation pflegt, die Workflow-Verantwortlichen jedoch Regeln, z. B. Zuständigkeitsregeln, aktualisieren. Dies erfordert jedoch eine gute Abstimmung zwischen dem HR-Bereich und den Workflow-Verantwortlichen, um sicherzustellen, dass Änderungen an der Aufbauorganisation und den Regeldaten entsprechend synchronisiert werden.

Unabhängig davon, wer die Aufbauorganisation tatsächlich pflegt, müssen die für die Pflege zuständigen Personen folgende Aspekte beachten:

- Kenntnis der möglichen Auswirkungen ihrer Änderungen und eventueller Verzögerungen beim Vornehmen dieser Änderungen an den Workflows
- Austausch mit den zuständigen Workflow-Verantwortlichen, insbesondere mit dem Workflow-Administrator
- Bei Problemen müssen die zuständigen Workflow-Verantwortlichen, insbesondere der Workflow-Administrator und die Geschäftsprozessverantwortlichen, *jederzeit* die Möglichkeit zur Überprüfung der Eingriffe in das System erhalten. Diese Möglichkeit der Überprüfung zu einem beliebigen Zeitpunkt ist äußerst wichtig, da Probleme häufig nicht umgehend auftreten.

Tipp

Wenn ein Benutzer aus dem System entfernt werden soll, ist es normalerweise am besten, den neuen Benutzer dem Workflow zuzuordnen und daraufhin die Zuordnung des vorherigen Benutzers abzugrenzen, damit diese anschließend nicht mehr gültig ist. So verhindern Sie, dass Ihr System Workitems ohne Empfänger enthält. Es empfiehlt sich zudem, den Benutzer abzugrenzen, sodass er nicht über Workflow-Aufgaben in Arbeit verfügt. Denn dies könnte dazu führen, dass Workflows so lange »in Arbeit« bleiben, bis das Problem eine hohe Priorität aufweist (und sichtbar wird).

Achtung

Der vorherige Benutzer darf nicht gelöscht werden, da andernfalls wertvolle Überwachungs- und Berichtsinformationen verloren gehen! Bedenken Sie zudem Folgendes: Wenn Ihr Prozess eine »gültige« Benutzerkennung erfordert (also das Erstellungsdatum des Workitems innerhalb des Anfangs- und Enddatums Ihrer Benutzerkennung liegt), müssen Sie eine Strategie entwickeln, um dies sicherzustellen, denn die Verteilung von Workitems an abgegrenzte Benutzerkennungen ist in einem SAP-System zulässig.

5.4.2 Transport von Aufbauorganisationen

Der Transport von Aufbauorganisationen ist zwar möglich, jedoch nicht unproblematisch. Sie müssen eindeutig wissen, welche Teile der Aufbauorganisation transportiert und welche Teile direkt in die Produktivumgebung eingepflegt werden sollen. Dafür zu sorgen, dass eine Aufbauorganisation in einer Entwicklungsumgebung strukturiert bleibt, ist schwierig, da die für die Konfiguration Verantwortlichen und Programmierer die Aufbauorganisation häufig ändern müssen, um ihre Einstellungen und Programme zu testen. Aus diesem Grund ist die Aufbauorganisation gegebenenfalls nicht für den Transport in eine Produktivumgebung geeignet. Um sicherzustellen, dass die Aufbauorganisation strukturiert bleibt, gibt es die Möglichkeit, ihre Erstellung in einem separaten Mandanten (z. B. einem Stammmandanten für die Konfiguration) zu pflegen. Selbst wenn die Organisationseinheiten, Stellen, Planstellen etc. transportierbar sind, kann die Beziehung zwischen Stelle und Benutzer nur in der Produktivumgebung eingerichtet werden, da die meisten Benutzer in einer Entwicklungsumgebung nicht vorhanden sind.

Ähnliche Schwierigkeiten ergeben sich, wenn Aufbauorganisationen zwischen verschiedenen SAP-Komponenten, wie z. B. einem SAP-ERP-System und einem SAP-SRM-System, transportiert werden. Ein Benutzer, der im SAP-ERP-System vorhanden ist, fehlt möglicherweise im SAP-SRM-System und umgekehrt.

In der Regel werden nur die Aufbauorganisation (bzw. die Einheiten innerhalb der Aufbauorganisation) und nicht die Zuordnungen zu tatsächlichen Benutzerkennungen transportiert. Wenn Sie jedoch auch die Benutzerkennungen transportieren möchten, bietet die Zentrale Benutzerverwaltung (ZBV) eine Möglichkeit dafür, dass die Benutzerkennungen in mehreren Systemen synchron bleiben. Einige Systeme, wie z. B. SAP SRM, stellen Programme zur Massenbenutzererstellung bereit, damit Benutzerkennungen der transportierten Aufbauorganisation zugeordnet werden können.

Hinweis

Die ZBV ist eine über die SAP-Sicherheitseinstellungen bereitgestellte Option für die zentrale Verwaltung von Benutzern in mehreren SAP-Systemen. Es ist äußerst wichtig, dass Sie bei sämtlichen Transportproblemen, die mit Benutzerkennungen zusammenhängen, mit Ihrem Sicherheitsadministrator zusammenarbeiten.

Ihr Sicherheitsadministrator kennt die Optionen für den Transport der Aufbauorganisation. Einige dieser Möglichkeiten werden in diesem Kapitel beschrieben, um weitere Einzelheiten zu erfahren, müssen Sie sich jedoch mit Ihrem Sicherheitsadministrator besprechen.

Es gibt eine Reihe von Optionen für den Transport der Aufbauorganisation, die Sie mit Ihrem Sicherheits- und Systemadministrator besprechen müssen:

- Automatischer Transport aller Änderungen an der Aufbauorganisation. In Tabelle T77S0 ist der Eintrag `TRSP.CORR` auf `SPACE` gesetzt.
- Manueller Transport der Änderungen an der Aufbauorganisation. Dabei wird manuell gewählt, welcher Teil der Aufbauorganisation transportiert

werden soll. In Tabelle T77S0 ist der Eintrag `TRSP.CORR` auf `X` gesetzt. Der Transport wird über das Programm `RHMOVE30` ausgeführt.

- Transport über eine Objektsperre, d. h. über eine Änderungsanforderung. In Tabelle T77S0 ist der Eintrag `TRSP.CORR` auf `T` gesetzt. Der Transport wird über das Programm `RHMOVE50` ausgeführt.

Unabhängig von der gewählten Methode für den Transport der Aufbauorganisation erfordern alle Optionen, dass ein ALE-Verteilungsmodell (ALE = Application Link Enabling) für die HR-Stammdaten angelegt wird. Das Modell ermöglicht den Transport von IDocs des Typs HRMD_A zwischen zwei Systemen. Innerhalb des Modells müssen Sie Filter angeben, die bestimmen, welche Infotypen transportiert werden sollen. Innerhalb der Aufbauorganisationstransaktionen wird mithilfe von Änderungszeigern bestimmt, welche Objekte sich im Quellsystem geändert haben und deshalb für den Transport geeignet sind. Einträge in Tabelle T77TR (Transportsperre für Infotyp und Subtypen pro Objekt) im Zielsystem können sicherstellen, dass Objekte nicht in das Zielsystem transportiert werden. Dadurch wird verhindert, dass lokal gepflegte Objekte und Beziehungen von eingehenden Transporten überschrieben werden. Customer Exits für IDoc HRMD_A ermöglichen bei Bedarf die Anpassung aus- und eingehender Daten. Weitere Informationen zu diesem Thema finden Sie im SAP Help Portal (*http://help.sap.com*).

5.4.3 Erneute Zuordnung von Workitems zu einem anderen Benutzer

Wenn sich die Stelle oder Planstelle eines Benutzers ändert, können noch Workitems vorhanden sein, die dem ausscheidenden Benutzer zugeordnet sind und nun dem Benutzer zugeordnet werden müssen, der die entsprechende Stelle oder Planstelle übernimmt. Dies ist insbesondere dann erforderlich, wenn Änderungen an der Stelle oder Planstelle auch Änderungen an den Sicherheitseinstellungen eines Benutzers umfassen, sodass dieser nicht länger die Workitems ausführen kann, die ihm zugeordnet sind. Das erneute Zuordnen von Workitems ist gewöhnlich nur erforderlich, wenn Workitems vom Benutzer »reserviert« (also angenommen), jedoch nicht beendet wurden oder wenn der Benutzer der einzige Empfänger ist. Wenn andere Empfänger vorhanden sind und das Workitem weiter den Status READY aufweist, müssen diese Workitems nicht erneut zugeordnet werden.

Die Benutzer sollten dazu aufgefordert werden, reservierte Workitems nach Möglichkeit »zurückzulegen«, wodurch das Workitem vor dem Verschieben wieder in den Status READY versetzt wird.

- Sie können die ausstehenden Workitems eines Benutzers mithilfe der Workload-Analyse (Transaktion SWI5) anhand der Option TO BE PROCESSED BY ermitteln. Diese Transaktion muss ausgeführt werden, *bevor* der Benutzer verschoben wird.
- Um nach dem Verschieben Workitems ohne Bearbeiter zu ermitteln, können Sie Transaktion SWI2_ADM1 (Workitems ohne Bearbeiter) verwenden.

Wenn ein Benutzer einer neuen Planstelle zugeordnet wird, einen neuen Verantwortungsbereich übernimmt, das Unternehmen verlässt oder die Benutzerkennung nicht mehr gültig (also gesperrt und abgegrenzt) ist, können die Workitems dieses Benutzers mithilfe der Vertretung einem anderen Benutzer zugewiesen werden. Als Workflow-Administrator können Sie das Workitem auch an einen geeigneten Bearbeiter weiterleiten. Im Allgemeinen sollte der Workflow-Administrator Workitems jedoch nur in Notfällen weiterleiten. Die meisten Unternehmen bevorzugen ein Protokoll, aufgrund dessen sich nicht die Frage stellt, weshalb eine Genehmigungsaufgabe weitergeleitet wurde.

5.4.4 Vertretung von Benutzern

Wenn Sie für einen Bearbeiter vorübergehend eine Vertretung einrichten möchten, z. B. weil dieser krank ist oder an einer Schulung teilnimmt, haben Sie zwei Möglichkeiten:

- **planstellenbezogene Vertretung (HR-Vertretungsbeziehung A210)**
  Vertreter werden in der Aufbauorganisation gepflegt, indem Sie eine Beziehung zwischen dem Mitarbeiter und dem Vertreter anlegen. Sie können einen Vertreter für eine Planstelle anlegen, indem Sie eine A210-Beziehung zwischen der Planstelle und dem Vertreter (z. B. einer anderen Planstelle, Person oder Benutzerkennung) einrichten. Alle Workitems, die dem ursprünglichen Bearbeiter *basierend auf dieser Planstelle* zugeordnet wurden, stehen anschließend auch seinem Vertreter zur Verfügung. Durch Angabe einer Aufgabenklassifizierung können Sie genauer bestimmen, welche Workitems bestimmten Vertretern zugeordnet werden.

  Standardmäßig gibt es die Klassifizierungen DISCIPLINARY, PROFESSIONAL und PERSONAL. Wenn Sie mit Klassifizierungen arbeiten, müssen diese sowohl für die Aufgabe, die den zuzuordnenden Workitems zugrunde liegt, als auch für die A210-Beziehung definiert werden.

Sie können diesen Ansatz verwenden, wenn Sie die möglichen Bearbeiter basierend auf HR-Planstellen ableiten. Wenn Sie andere Methoden zur Bearbeiterermittlung (wie im Folgenden beschrieben) einsetzen, funktioniert diese Methode jedoch nicht.

- **Benutzervertretungen (Tabelle HRUS_D2)**
  Wenn ein Vertreter in der Inbox angelegt wird, wird in Tabelle HRUS_D2 ein Eintrag hinzugefügt. Normalerweise legt der ursprüngliche Bearbeiter den HRUS_D2-Eintrag in seiner Inbox selbst an, z. B. im Business Workplace (Transaktion SBWP) oder in der Universal Worklist. Wenn Sie diese Tabelle jedoch zentral pflegen möchten, gibt es dafür gute Voraussetzungen: Es handelt sich um einen der seltenen Fälle, in denen eine Tabelle hinreichend überschaubar und unabhängig von anderen Tabellen ist, sodass das Erstellen einer eigenen Sicht zur Pflege der Tabelle eine relativ sichere Option darstellt. Sie können einen Vertreter für einen Benutzer erstellen, indem Sie einen Eintrag in der Tabelle HRUS_D2 vornehmen, der einen anderen Benutzer als Vertreter bestimmt. Alle Workitems, die dieser Benutzerkennung zugeordnet werden, stehen dann dem Vertreter zur Verfügung. Bedenken Sie jedoch, dass Workitems, die vor dem Anfangsdatum der Vertretungszuordnung angelegt wurden, nicht für den Vertreter verfügbar sind. Daher muss die Zuordnung von Vertretern möglicherweise zurückdatiert werden.

  Werden Vertreter auf diese Weise gepflegt, können die Benutzer proaktiv sicherstellen, dass die ihnen zugewiesenen Aufgaben auch in ihrer Abwesenheit ausgeführt werden. Zudem wird der zentrale Verwaltungsaufwand reduziert.

Stellen Sie beim Anlegen von Vertretern sicher, dass Sie einen *Workflow-* und keinen Inbox-Vertreter erstellen, da ein Inbox-Vertreter nur die E-Mails des ursprünglichen Bearbeiters und nicht dessen Workitems empfängt. Vertretungen können *aktiv* oder *passiv* sein:

- **aktive Vertretungen**
  Aktive Vertretungen entsprechen automatischen Weiterleitungen. Das bedeutet, dass alle Workitems, die an den ursprünglichen Bearbeiter gesendet werden, *automatisch* auch in der Inbox des Vertreters angezeigt werden. Aktive Vertretungen sind eher geeignet, wenn ein Mitarbeiter abwesend ist.

- **passive Vertretungen**
  Passive Vertretungen (für diese Vertretungen muss der Vertreter über seinen Business Workplace SETTINGS • WORKFLOW SETTINGS • ADOPT SUBSTITUTIONS ausführen) erfordern, dass der Vertreter über die entsprechende Inbox-Option die Anzeige der Workitems des ursprünglichen Bearbeiters explizit wählt. Passive Vertretungen können sinnvoll sein, wenn ein Mitarbeiter den ursprünglichen Bearbeiter regelmäßig vertritt. Die Vertretung kann für einen langen Zeitraum eingerichtet werden, wird jedoch nur dann aktiviert, wenn der Vertreter auch tatsächlich als Ersatzkraft fungiert.

Die Workflow-Vertretung gibt dem Vertreter die Berechtigung zum Anzeigen und Ausführen des Workitems, jedoch nicht für zugrunde liegende Transaktionen und Routinen, die vom Workitem genutzt werden. Deshalb ist es üblicherweise am besten, die Vertretung auf derselben Organisationsebene zu aktivieren, z. B. einen Vorgesetzten durch einen anderen Vorgesetzten und nicht durch einen Untergebenen vertreten zu lassen.

Für die Verwaltung von Vertretungen gemäß Ihren Geschäftsregeln steht eine Reihe von APIs (APIs = Application Programming Interfaces) zur Verfügung. Um auf diese APIs zuzugreifen, wählen Sie Transaktion SE37 und geben SAP_WAPI_SUBSTITUT* ein.

Ein Benutzer kann die Arbeit eines anderen Bearbeiters, der gegenwärtig abwesend ist, auch über Workflow-Sichten ausführen. Zu diesem Zweck wählt der Benutzer in der Inbox den Menüpfad SETTINGS • WORKFLOW SETTINGS • ADOPT VIEW. Anschließend kann der Benutzer einen geeigneten Auswertungsweg auswählen und sich, sofern er zu diesem Schritt berechtigt ist, die Inhalte in der Workflow-Inbox seines Kollegen anzeigen lassen.

Unabhängig davon, ob Sie Vertretungen einsetzen oder Sichten übernehmen, müssen die Benutzer daran erinnert werden, die Vertretung oder Sicht zu beenden bzw. zu verlassen. Andernfalls könnten sie befürchten, die Arbeit eines anderen Mitarbeiters zu erhalten. Daher sollten die Benutzer umgehend, nachdem sie eine Vertretung oder Sicht beendet oder übernommen haben, in der Inbox auf das Symbol REFRESH klicken.

5.4.5 Wann soll die Aufbauorganisation aktualisiert werden?

Ein fortwährendes Problem bei der Pflege einer Aufbauorganisation ist die Pufferung. *Pufferung* bedeutet, dass das System temporäre Sichten der Aufbauorganisation speichert, die zur Laufzeit verwendet werden. Selbst wenn

Sie die Aufbauorganisation ändern, wird diese erst zur Laufzeit verwendet, nachdem der entsprechende Puffer aktualisiert wurde.

Der Hauptvorteil der Pufferung ist die verbesserte Performance. Die Verzögerung zwischen der Aktualisierung der Aufbauorganisation und den zur Laufzeit verwendeten Änderungen kann sehr verwirrend sein und ungewöhnliche Probleme verursachen, insbesondere wenn einige Puffer vor anderen aktualisiert werden. Dies gilt insbesondere für Entwicklungssysteme, in denen häufig Änderungen zu Testzwecken erfolgen.

Bei normalem Betrieb werden alle zur Aufbauorganisation gehörenden Puffer um Mitternacht (Systemzeit) aktualisiert. Deshalb besteht eine Strategie zur Vermeidung von Pufferproblemen darin, die Aufbauorganisation am Vortag desjenigen Tages zu aktualisieren, an dem diese Änderungen verwendet werden sollen. Bedenken Sie, dass auch die Workflow-Objekte aktualisiert werden, wenn Sie diese Transaktion ausführen. Wie in Kapitel 8, »Workflow-Administration«, erwähnt, wird dies allgemein als *Cinderella-Effekt* bezeichnet.

Eine weitere Möglichkeit zur Vermeidung von Pufferproblemen ist das manuelle Auslösen der Pufferaktualisierung. Zu diesem Zweck wird eigens Transaktion SWU_OBUF bereitgestellt. Diese Transaktion bietet eine Option REFRESH, die den Zeitstempel für die Puffer des Organisationsmanagements zurücksetzt, wodurch vorhandene Puffer ungültig werden. Dadurch werden alle Aufbauorganisationsdaten aus der Datenbank gelesen, und die Puffer werden mit diesen aktuellen Daten aufgefüllt. Sie können die Aktualisierung so oft ausführen, wie Sie wollen, sollten dabei allerdings beachten, dass die Systemperformance etwas geringer wird, wenn die Puffer neu aufgefüllt werden.

Wenn Sie ein eigenes Programm zur Aktualisierung der Puffer erstellen möchten, damit z. B. nur die geänderten Objekte aktualisiert werden, stehen Ihnen die folgenden Funktionsbausteine zur Verfügung:

- `RH_WF_OM_INDICES_TIMESTAMP_RFS`
  Setzt den Zeitstempel aller HR-Puffer zurück.
- `RH_TASK_INBOX_VIEW_REFRESH`
  Aktualisiert nur den Puffer des aktuellen Benutzers.
- `RH_TASK_AGENTS_INDEX_REFRESH`
  Aktualisiert nur den Puffer einer bestimmten Aufgabenkennung.

Die Puffer sollten nur dann aktualisiert werden, wenn Änderungen vorgenommen wurden, da sich andernfalls die Systemperformance ohne jeden Nutzen verschlechtert. So ist z. B. das Erstellen eines Hintergrundjobs, der den Pufferzeitstempel stündlich zurücksetzt, kontraproduktiv, da die Vorteile der Pufferung verloren gehen.

5.4.6 Schulung und Motivation von Bearbeitern

Bearbeiter stehen Workflows in der Regel sehr positiv gegenüber, wenn ihnen diese Technologie sachgerecht erklärt wird. Die Bearbeiter nehmen den Workflow als eine Unterstützung an, die sicherstellt, dass ihnen die auszuführenden Aufgaben bekannt sind und automatisch vorgelegt werden, sodass sie sich nicht selbst um diesen Schritt kümmern müssen. In der Regel ist es nicht möglich, alle Bearbeiter zu schulen. Sorgen Sie deshalb dafür, dass Power User oder technische Benutzerbetreuer zur Unterstützung der restlichen Bearbeiter eingesetzt werden, und sorgen Sie zudem für eine reibungslose Einführung (Roll-out; z. B. dadurch, dass sich Power User über den Schneeballeffekt gegenseitig schulen), damit sich alle Mitarbeiter wohlfühlen. Stellen Sie die positiven Merkmale für die einzelnen Bearbeiter und nicht die Vorteile für das Unternehmen in den Vordergrund, und ermöglichen Sie den Bearbeitern die Überwachung ihrer eigenen Performance, sodass sie erkennen können, wie sie sich verbessern (z. B. mithilfe der Inbox). Stellen Sie heraus, dass diese Statistiken nicht genutzt werden, um die einzelnen Benutzer miteinander zu vergleichen.

Einer der häufig vernachlässigten Aspekte bei der Motivation von Benutzern ist es, angemessene Schulungsmaßnahmen im Hinblick auf die Funktionalität des SAP Business Workplace sicherzustellen. Es ist eine Reihe leistungsfähiger Werkzeuge verfügbar, mit denen Ihre Benutzer maximal von den Vorteilen des Workflows und seiner Funktionen profitieren können. Wie in Kapitel 4, »Verteilung von Workitems«, bereits erwähnt, können Benutzer z. B. über die Inbox den Status von Workflows überprüfen, die sie initiiert bzw. an denen sie mitgewirkt haben. Häufig können sich die Benutzer wichtige Informationen zu einem Objekt, das sie gegenwärtig bearbeiten, anzeigen lassen, indem sie den Workplace-Bereich Objekte und Anlagen unten rechts prüfen. Zudem können sie die Dokumentation lesen, die möglicherweise mit dem Workflow übermittelt wird.

Versuchen Sie, die Probleme der Bearbeiter frühzeitig abzusehen (z. B. dass der Workflow verschwunden zu sein scheint), und bieten Sie Lösungen an. Derartige Probleme treten häufig bei Seminaren für das Schulungspersonal zutage. Sorgen Sie deshalb ausdrücklich dafür, dass Notizen gemacht werden, wenn sich das System nicht so verhält wie erwartet. Möglicherweise erkennen Sie auch, dass sich die Benutzererfahrung mit dem Workflow deutlich verbessern lässt, indem Sie den Inhalt der Workitem-Beschreibung (der einzeilige Text, der den Benutzern in ihrer Workflow-Inbox angezeigt wird) erweitern oder neu formatieren.

Stellen Sie sicher, dass alle Bearbeiter den Unterschied zwischen einer E-Mail (eine an jeden Empfänger übermittelte Kopie) und einem Workitem (das von den Empfängern gemeinsam verwendet wird) verstehen. Sorgen Sie außerdem dafür, dass die Bearbeiter die Workflow Engine nicht als einen unbegrenzt leistungsfähigen Mechanismus betrachten, der alles selbstständig kann. Die Tatsache, dass der Workflow über beschränkte eingebettete Intelligenz verfügt, damit verschiedene Aktionen in Hintergrundschritten ausgeführt werden können, bedeutet nicht, dass dadurch Benutzerfehler vermieden werden können. Der Workflow unterstützt die Bearbeiter dabei, sich ein ungefähres Bild des Gesamtprozesses zu verschaffen, an dem sie beteiligt sind. Dadurch wird nicht nur das Bewusstsein der Mitarbeiter dafür erhöht, was in ihrem Unternehmen abläuft, sondern sie können auch besser verstehen, warum die Qualität ihrer Arbeit ebenso wichtig ist wie das Tempo, mit dem sie sie erledigen. Viele Benutzer sind überrascht, wenn ihnen vor Augen geführt wird, welchen Umfang der Prozess hat und wie viele Kollegen noch an ihm beteiligt und somit betroffen sind, nachdem sie selbst ihren Teil erledigt haben.

In diesem Kapitel wird beschrieben, wie ein von SAP bereitgestelltes Workflow-Muster in SAP ERP aktiviert wird. Auch wenn Sie dieses Szenario nicht unmittelbar benötigen, vermittelt Ihnen dieses Kapitel dennoch einen Eindruck davon, welcher Zeit- und Arbeitsaufwand eingeplant werden muss. SAP-Workflows werden in vielen Anwendungsbereichen zur Verfügung gestellt.

6 Einrichtung eines von SAP bereitgestellten SAP-ERP-Workflows

Von Manish Chaitanya

In diesem Kapitel beschreiben wir, wie Sie von SAP bereitgestellte Workflow-Definitionen aktivieren. Da die Verwendung eines SAP-Workflows einfach ist, wurde dieses Kapitel bewusst kurz gehalten. Auch wenn Sie lieber selbst einen Workflow erstellen möchten, lohnt es sich dennoch, sich die SAP-Workflows einmal genauer anzusehen, nicht zuletzt um Kollegen zu veranschaulichen, worum es sich bei einem Workflow handelt.

Sie können freilich einen SAP-Workflow auch direkt produktiv nutzen, ohne dabei »Gewissensbisse« zu haben. Die SAP-Anwendungsentwickler haben sich nämlich bei folgenden Aufgaben sehr viel Mühe gegeben:

- Entwurf des optimalen Geschäftsprozesses
- Entwicklung der Workflow-Definition
- Anpassung der Anwendungstransaktionen, damit diese die Workflow-Vorteile so weit wie möglich nutzen können
- Dokumentation des Workflows und seines Customizings

Die Verwendung eines solchen Workflows lohnt sich in jedem Fall. Es gibt zwei Möglichkeiten, SAP-Workflows zu nutzen:

- Sie arbeiten mit dem Workflow ohne irgendwelche Erweiterungen. Dazu müssen Sie lediglich den verschiedenen Schritten Bearbeiter zuordnen, die auslösenden Ereignisse aktivieren und die entsprechenden IMG-Aktivitäten ausführen, die zum Prozess gehören.

- Sie fügen einfache eigene Erweiterungen (z. B. die Terminbehandlung) sowie eigene Aufgabenbeschreibungen hinzu. Ein solches Vorgehen kann den Benutzern die Verwendung des Workflows erleichtern. Diese Aktivitäten sind keine Modifikationen: Wenn Sie anschließend den Workflow in die Produktivumgebung überführen, bleiben Ihre Verbesserungen erhalten, auch wenn die nächste Fassung der Workflow-Definition von der SAP-Entwicklung erweitert werden sollte.

Das Beispiel, das wir gewählt haben, ist die *Freigabe eines gesperrten Lieferanten*. Dazu finden Sie detaillierte Hinweise in der Onlinedokumentation der SAP-ERP-Komponente Materialwirtschaft (MM) oder im Workflow-Katalog im Abschnitt zu den Workflows in der Onlinedokumentation (*help.sap.com/saphelp_erp60_sp/helpdata/en/04/92785646f311d189470000e829fbbd/content.htm*).

6.1 Wie finde ich von SAP bereitgestellte Workflows?

Bevor wir uns mit diesem Szenario befassen, möchten wir zunächst erläutern, wie Sie von SAP bereitgestellte Workflows finden können.

6.1.1 Suche nach dokumentierten SAP-Workflows im SAP Help Portal

Im SAP Help Portal finden Sie eine Dokumentation zu den bereitgestellten Workflows. Wenn Sie einen Workflow im SAP Help Portal nutzen möchten, können Sie mithilfe der vorhandenen Dokumentation Zeit sparen, da Sie Hilfe bei der Konfiguration des Workflows erhalten. Manchmal kann es sich jedoch als schwierig erweisen, die entsprechende Dokumentation zu finden. Gehen Sie dazu wie folgt vor:

1. Gehen Sie auf *help.sap.com*.
2. Wählen Sie SAP BUSINESS SUITE.
3. Wählen Sie SAP ERP, und klicken Sie dann auf den Link zum aktuellen Release.
4. Wählen Sie GOTO • APPLICATION HELP • SAP ERP CROSS-APPLICATION FUNCTIONS. Der Workflow wird normalerweise bereichsübergreifend angezeigt.
5. Wählen Sie SCENARIOS IN APPLICATIONS, und dann SAP BUSINESS WORKFLOW.

Sie haben aber auch eine weitere Option:

1. Suchen Sie nach »Szenarios in den Anwendungen« innerhalb des SAP Help Portals.
2. Eine Liste verschiedener Anwendungen wird Ihnen angezeigt. Den in diesem Kapitel beschriebenen Workflow finden Sie im Bereich LO – LOGISTIK ALLGEMEIN: WORKFLOW-SZENARIOS.
3. Wenn Sie den entsprechenden Bereich gefunden haben, werden in der Dokumentation normalerweise das Szenario sowie die technische Umsetzung (Bereitstellung der Objekttypen, der Aufgaben und der relevanten Workflow-Nummern), die Vorbereitung und das Customizing (meistens eine Beschreibung der erforderlichen Bearbeiterzuordnung für die Aufgaben und der eventuell erforderlichen IMG-Schritte) aufgeführt. Zudem finden Sie einen weiteren, anwendungs- oder workflow-spezifischen Bereich.

6.1.2 Suche nach Workflows im Workflow Builder

Es ist immer eine gute Idee, im SAP Help Portal nach Workflows zu suchen, da das Portal hilfreiche Informationen bietet. Es können jedoch weitere Workflows vorhanden sein, die nicht dokumentiert sind. Diese Workflows sollten Sie genauer prüfen, da sie möglicherweise hilfreiche Informationen für Ihre Arbeit mit dem Workflow enthalten. Führen Sie dazu die folgenden Schritte aus:

1. Navigieren Sie zum Workflow Builder (Transaktion SWDD oder Menüpfad TOOLS • BUSINESS WORKFLOW • DEVELOPMENT • DEFINITION TOOLS • WORKFLOW BUILDER • WORKFLOW BUILDER).
2. Wählen Sie WORKFLOW • OTHER WORKFLOW/VERSION.
3. Wählen Sie STRUCTURE SEARCH DROPDOWN.
4. Suchen Sie innerhalb der Struktur nach dem Anwendungsbereich. Abbildung 6.1 zeigt die Navigation für LOGISTICS – GENERAL.

Wenn Sie mit dieser Methode einen Workflow finden, sollten Sie ebenfalls im SAP Help Portal nach diesem Workflow suchen. Unabhängig davon, wie Sie den Workflow finden, müssen Sie immer die folgenden Aspekte berücksichtigen:

- Was ist das auslösende Ereignis, durch das der Workflow gestartet wird?
- Welcher Benutzer soll welche Aufgabe ausführen? Welche Rollenauflösung wird im Muster bereitgestellt?

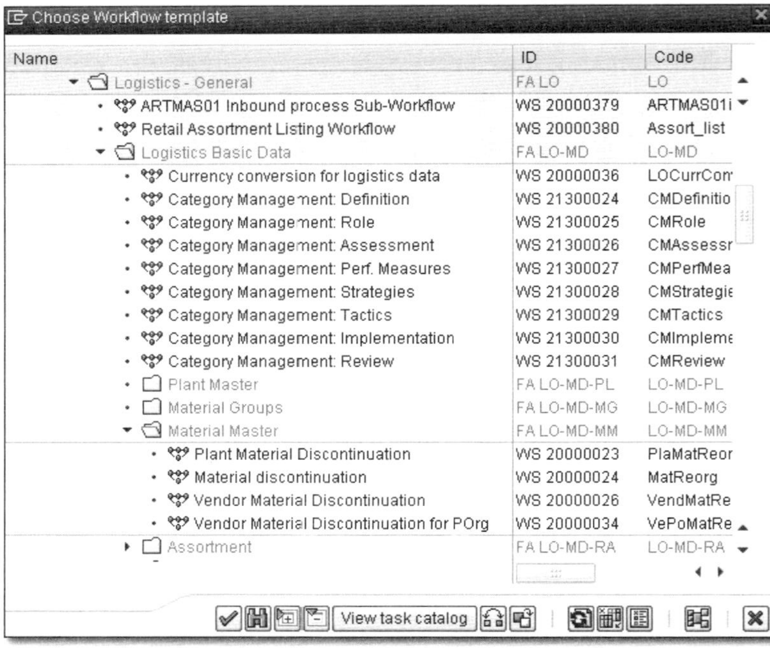

Abbildung 6.1 Suche nach Workflows über die Struktursuche im Workflow Builder

6.1.3 Technische Workflows

Auch wenn wir dies bereits in Kapitel 14, »Erweiterte Design-Techniken für Workflows«, erwähnt haben, soll an dieser Stelle erneut darauf hingewiesen werden, dass SAP für die Untersuchung der von SAP bereitgestellten Workflows auch technische Workflows bereitstellt. Anhand dieser Workflows können Sie sich mit der Verwendung bestimmter Workflow-Funktionen vertraut machen. Diese Workflows beginnen mit dem Präfix WF_VER*. Die meisten folgen der Namenskonvention WF_VERIFYxxx, wobei »xxx« für die Nummer des technischen Workflows steht.

6.2 Unternehmensszenario

Bei dem Workflow, den wir in diesem Beispiel aktivieren werden, handelt es sich um das folgende typische Szenario. Ein Lieferant kann gesperrt werden, um zu verhindern, dass ihm weitere Aufträge erteilt werden (wenn er z. B. zu häufig nicht dem Standard entsprechende Waren liefert). Lieferanten können selbstverständlich auch gesperrt werden, wenn ein neuer Lieferantendatensatz erstellt oder ein vorhandener Lieferantendatensatz geändert wird.

Dies ist ein einfacher Vorgang, um die Datenqualität des Lieferantendatensatzes sicherzustellen. Zudem ist es eine gute Möglichkeit für Hintergrundprüfungen, wie z. B. eine Kreditprüfung des Lieferanten. Bestehende Lieferanten können auch gesperrt werden, wenn sie z. B. zu häufig nicht dem Standard entsprechende Waren liefern.

Es gibt Qualitätsmanagement-Workflows, deren Zweck Qualitätsprüfungen gelieferter Waren sind. Darüber hinaus haben einige Unternehmen eigene benutzerdefinierte Workflows erstellt, um Lieferanten zu bewerten, die Dienste bereitstellen. Sie bleiben in diesem Kapitel allerdings unberücksichtigt.

Ein Lieferant, der unnötigerweise oder zu lange gesperrt wurde, ist für das Geschäft ebenso schlecht wie eine Lieferantensperre, die ohne die notwendigen Prüfungen freigegeben wurde. Indem Sie den Prozess mit einem Workflow steuern, erhöhen Sie die Kontrollmöglichkeiten durch den Geschäftsprozess selbst. Dieser Teil des Prozesses wird durch die SAP Business Workflow Engine transparent, schnell und zuverlässig gesteuert. In Abbildung 6.2 sehen Sie, dass der nächste Schritt zur Verbesserung der Effizienz und Reduzierung der Kosten die Automatisierung anderer Teile des Prozesses ist (z. B. der Liquiditätsprüfung oder des Qualitätsmanagements der empfangenen Waren).

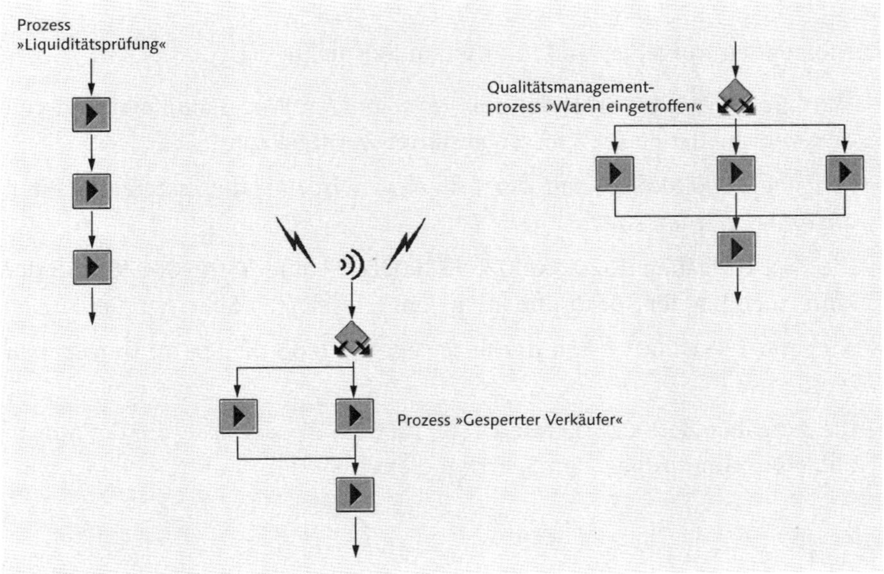

Abbildung 6.2 Beziehung zwischen dem Prozess des gesperrten Lieferanten und anderen Prozessen

Ist der Datensatz des Lieferanten gesperrt, löst die Transaktion zur Lieferantenpflege ein Ereignis aus, das wiederum einen Workflow auslöst. Der Workflow benachrichtigt den verantwortlichen Bearbeiter, der den Lieferantendatensatz (sowie alle anderen erforderlichen Elemente) prüft, bevor die Sperre aufgehoben wird.

6.3 Beteiligte SAP-Workflows

In der Dokumentation können Sie mit einem Blick erkennen, welche Workflows beteiligt sind. In unserem Beispielfall des gesperrten Lieferanten ist dies nur der Workflow WS20000001. In komplexeren Szenarien mit mehreren Workflows kann die Dokumentation auf eine Aufgabengruppe verweisen, bei der es sich schlicht um ein Workflow-Paket handelt.

In unserem Fall zeigt die Dokumentation die beteiligten Aufgaben. Sie können den Katalog jedoch problemlos auch auf folgende Weisen anzeigen:

- durch Untersuchen des Workflows im Workflow Builder
- durch Ausführen der IMG-Aktivität Aufgabenspezifisches Customizing
- durch Anzeigen des Rahmen-Workflows in der Diagnosetransaktion SWUD

Die folgenden Aufgaben sind in unserem Beispiel beteiligt:

- Workflow WS20000001, der den vollständigen Prozess umfasst und von drei verschiedenen Ereignissen gestartet werden kann
- Aufgabe TS00300025, mit der festgelegt wird, ob die Lieferantendaten angezeigt werden sollen
- die drei Aufgaben TS20000002, TS30000034 und TS00300028, die der Untersuchung der Sperre abhängig vom festgelegten Sperrtyp dienen
- Aufgabe TS00300034, mit der festgelegt wird, ob die Sperre freigegeben werden soll
- die Aufgaben TS20000003 und TS00300029, die der Freigabe der Sperre abhängig vom festgelegten Sperrtyp dienen

6.4 Starten des Workflows

Tabelle 6.1 zeigt die möglichen auslösenden Ereignisse für den Beispiel-Workflow.

Auslösendes Ereignis	Bedeutung
Ereignis `BlockedForPurchasing` im Objekttyp `LFA1`	Der Lieferant wurde vollständig gesperrt.
Ereignis `BlockedForPurchasing` im Objekttyp `LFM1`	Dieser Lieferant wurde für eine bestimmte Einkaufsorganisation gesperrt.
Ereignis `BlockedForVSROrPlan` im Objekttyp `LFM1`	Ein bestimmtes Teilsortiment oder Werk, das zu diesem Lieferanten gehört, wurde für eine bestimmte Einkaufsorganisation gesperrt.

Tabelle 6.1 Auslöser des Prozesses

Der Workflow wird gestartet, wenn eines dieser Ereignisse im Hintergrund ausgelöst wird. Die vom Workflow benötigten Daten hängen vom festgelegten Sperrtyp ab. Diese Daten werden von der Transaktion an das Ereignis und vom Ereignis an den Workflow übergeben. Verwenden Sie Workflow WS20000001 in Ihrem System, um die Auslöser und Aufgaben anzuzeigen.

6.5 Aktivierung des Szenarios

Prüfen Sie zuerst, ob das Workflow-System dem Customizing unterzogen wurde, um dieses Szenario zu aktivieren. Rufen Sie dazu das automatische Workflow-Customizing (Transaktion SWU3) auf. Stellen Sie fest, ob für das Laufzeitsystem ein grünes Häkchen angezeigt wird, das die ordnungsgemäße Einrichtung bestätigt. Ist dies nicht der Fall, wählen Sie das Symbol Perform Automatic Customizing (siehe Kapitel 3, »Konfiguration des Systems«).

Hinweis

Die Ereigniskopplung für alle Workflows im System ist so lange deaktiviert, bis Sie sie aktivieren. Dies gilt sowohl für Workflows, die Sie selbst anlegen, als auch für die von SAP bereitgestellten Workflows. Die Workflows werden erst ausgelöst, nachdem Sie diese Kopplung aktiviert haben. Workflows müssen nicht unbedingt durch Ereignisse ausgelöst werden, doch ist dies nahezu immer die empfohlene Vorgehensweise, da so Workflows problemlos durch andere Workflow-Definitionen aktiviert, deaktiviert oder ersetzt werden können. Der Workflow »Gesperrter Lieferant« bildet hier keine Ausnahme.

Bevor Sie die Ereigniskopplung aktivieren, müssen Sie den Aufgaben mögliche Bearbeiter zuordnen. Einer selbst angelegten oder von SAP bereitgestellten Aufgabe sind keine Bearbeiter zugeordnet, weshalb dieser Vorgang im Rahmen des Customizings durchgeführt werden muss.

In einer Produktivumgebung muss sorgfältig festgelegt werden, wer die Aufgabe ausführen darf. Es empfiehlt sich, mithilfe des Organisationsmanagements eine Organisationseinheit zu erstellen. Dadurch vereinfachen Sie das Berechtigungs-, Organisations-, Benutzer- und Rollenmanagement, und Sie können zudem von indirekten Vorteilen wie Bearbeitervertretung oder Reporting profitieren (siehe Kapitel 5, »Bearbeiter«). In diesem Beispiel sollen alle Benutzer im System mögliche Bearbeiter sein. Dazu werden die Aufgaben als *generelle Aufgaben* festgelegt. In diesem Workflow werden dem Bearbeiter, der den ersten Schritt ausführt, automatisch die folgenden Schritte des Workflows zugeordnet. Um das Szenario einzurichten, führen Sie folgende Schritte aus:

1. Starten Sie die IMG-Aktivität Aufgabenspezifisches Customizing durchführen des Workflow-IMGs: SAP NetWeaver • Application Server • Business Management • SAP Business Workflow • Perform Task-Specific Customizing.
2. Öffnen Sie die Baumstruktur bis zum Zweig Logistics – General • Logistics Basic Data • Business Partners • Vendor Master. Hier können Sie den Aufgaben Bearbeiter zuordnen und die Ereigniskopplung aktivieren.
3. Wählen Sie Assign Agents, wie in Abbildung 6.3 dargestellt. Es werden nun die Dialogaufgaben in Tabelle 6.2 angezeigt (Hintergrundaufgaben können ignoriert werden).

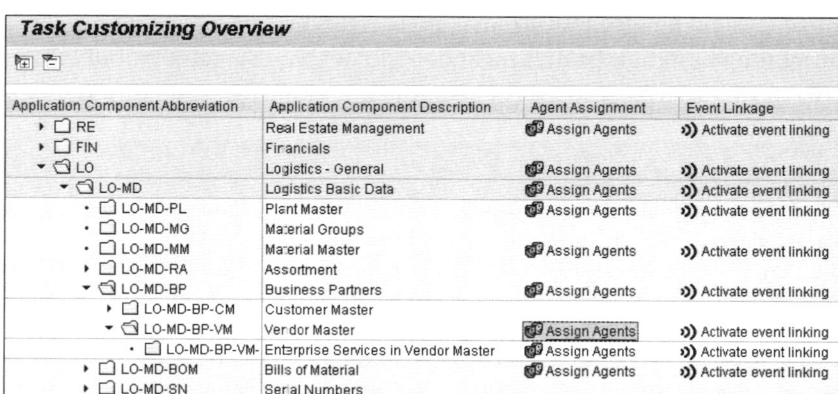

Abbildung 6.3 Bearbeitern Aufgaben zuweisen

Aufgabenkennung	Name	Mögliche Bearbeiter
TS20000002	ALLGEMEINE LIEFERANTENDATEN PRÜFEN	generelle Aufgabe
TS20000034	EKORG-DATEN LIEFERANT PRÜFEN	generelle Aufgabe
TS00300028	LIEFERANTENTEILSORTIMENT-/ WERKSDATEN LIEFERANT PRÜFEN	generelle Aufgabe
TS00300034	ENTSCHEIDUNG LIEFERANTEN-DATEN FREIGEBEN	generelle Aufgabe
TS20000003	ZENTRALE EINKAUFSSPERRE LIEFERANT AUFHEBEN	generelle Aufgabe
TS00300029	DETAILLIERTE EINKAUFSSPERRE LIEFERANT AUFHEBEN	generelle Aufgabe
TS00300025	ENTSCHEIDUNG LIEFERANTEN-DATEN PRÜFEN	Ordnen Sie sich selbst und alle anderen Benutzer im System, die an diesem Szenario beteiligt sein sollen, zu. Normalerweise erfolgt diese Zuordnung zum Job, der für die Pflege der Lieferantendaten verantwortlich ist.

Tabelle 6.2 Im Prozess verwendete Aufgaben

Aufgaben, die als generelle Aufgaben eingestuft sind, können von allen Benutzern im System ausgeführt werden. In der Praxis stellt der Workflow sicher, dass der richtige Benutzer ausgewählt wird. Der erste Schritt im Workflow wird allen Bearbeitern angezeigt, die der Aufgabe CHECK VENDOR DATA DECISION (Entscheidung Lieferantendaten prüfen) zugeordnet sind. Der Bearbeiter, der die Aufgabe ausführt, wird allen folgenden Workitems im Workflow zugeordnet. Weisen Sie daher die Aufgabe CHECK VENDOR DATA DECISION nur Benutzern zu, die für die Pflege der Lieferantendaten verantwortlich sind. In einer Produktivumgebung ordnen Sie diese Aufgabe wahrscheinlich einer Stelle zu, doch zur Demonstration des Workflows können Sie Benutzer auch direkt zuordnen.

4. Wählen Sie ACTIVATE EVENT LINKAGE. Wenn Sie den Zweig des Workflows WS20000001 erweitern, werden alle drei möglichen auslösenden Ereignisse angezeigt. Aktivieren Sie alle.

Dieser von SAP bereitgestellte Workflow wird nun immer gestartet, wenn ein Lieferant gesperrt ist. Alle Benutzer, die Sie dem ersten Schritt zugeordnet haben, empfangen in ihrer Inbox ein Workitem. Nachdem ein Bearbeiter das Workitem ausgeführt hat, muss er entscheiden, ob die Lieferantendaten angezeigt werden sollen (dies hängt davon ab, wie vertraut er mit dem Lieferanten ist). Schließlich kann der Bearbeiter selbst die Lieferantensperre freigeben.

Gratulation, Sie haben soeben Ihren ersten Workflow konfiguriert und aktiviert! Wenn Sie unternehmungslustig sind, können Sie zur Workflow-Konfiguration (Transaktion SWDD_CONFIG oder Menüpfad Tools • Business Workflow • Development • Definition Tools • Workflow Configuration) wechseln und dem ersten Schritt einen Termin zuordnen, indem Sie ein Zeitlimit angeben und den Termin aktivieren.

6.6 Häufig verwendete SAP-ERP-Workflows

SAP Business Workflow wird schon seit vielen Jahren von Kunden verwendet, und es steht eine Vielzahl an verschiedenen Workflows zur Verfügung, die sehr beliebt sind und von vielen Kunden eingesetzt werden. Einer der von SAP bereitgestellten Workflows, der wahrscheinlich am häufigsten verwendet wird, ist der Workflow WS00000038 (Banf-Freigabe). Mit dem Freigabestatus ist ein wenig Konfigurationsaufwand im IMG verbunden, trotzdem handelt es sich um einen typischen Workflow für die ersten Schritte. Ein weiterer häufig verwendeter Workflow ist der Workflow WS98000001 (Vorerfasste Rechnungen). Die folgende Aufzählung umfasst einige der bekanntesten von SAP bereitgestellten Workflows in SAP ERP:

- Eingehende IDocs für EDI. Diese sind eindeutig, da sie normalerweise nur ausgeführt werden, wenn das eingehende IDoc einen Fehler enthält. Dabei handelt es sich normalerweise nicht um eine Workflow-Aufgabe WS, sondern um eine einzelne TS-Aufgabe. Die Konfiguration erfolgt in der Eingangsverarbeitung für das IDoc (TS00008068).
- vorerfasste Belege (WS20001004), Kontrakte (WS20000079), abgeschlossene Rechnungen zur Buchung (WS20001003)
- Reisekostenabrechnung genehmigen (WS12500022)
- Änderungsaufträge und -anträge (WS20000989)
- Banf-Freigabe (WS00000038), Bestellung (WS20000075), Lieferplaneinteilung (WS20000078) und gesperrte Lieferantendaten (WS20000001)
- Qualitätsmeldungen (WS24500047) und -prüfungen (WS00200067)

- Instandhaltungsmeldungen (WS20000317), Instandhaltungsaufträge (TS20000650) und Servicemeldungen (WS20000318)

Empfehlung

Für Einzelheiten zu diesen Workflows verwenden Sie den Pfad der Onlinehilfe, der in Abschnitt 6.1.1, »Suche nach dokumentierten SAP-Workflows im SAP Help Portal«, beschrieben ist. In einigen Fällen stehen mehrere Workflow-Muster zur Verfügung. Es ist also äußerst wichtig, dass Sie die Onlinehilfe nutzen, um den richtigen Workflow zu untersuchen.

Weitere Bücher des Autors

The Complete Guide to SAP NetWeaver Portal (SAP PRESS 2012)

In diesem Kapitel wird ein SAP-HANA-Add-on beschrieben, das entwickelt wurde, um es in Verbindung mit verschiedenen Workflow-Systemen, einschließlich SAP Business Workflow, zu verwenden. Dieses Add-on eröffnet Ihnen neue Möglichkeiten, durchbricht viele technische Beschränkungen und ermöglicht Transparenz und Steuerung des zugrunde liegenden Workflows.

7 SAP Operational Process Intelligence Powered by SAP HANA

Von Alan Rickayzen

Nachdem Sie Ihren Workflow aktiviert haben, besitzen Sie einen ordentlichen und steuerbaren Geschäftsprozess. In den Anfängen waren diese Prozesseigenschaften bereits Grund genug, um SAP Business Workflow zu implementieren. Jede weitere nützliche Funktion wurde zwar als Mehrwert angesehen, aber eben auch nicht mehr. Heutzutage ist es der Mehrwert, die zusätzlichen Funktionen zum automatisierten Prozess, die den Unterschied im Wettbewerb mit anderen Unternehmen ausmachen. Die Wahrnehmung eines Unternehmens gründet sehr stark auf dessen Fähigkeiten im laufenden Betrieb. Dies gilt besonders für Mitarbeiter und deren Wahrnehmung des eigenen Unternehmens. Menschen arbeiten gerne und sind stolz auf ihr Unternehmen, wenn es in der Lage ist, betriebliche Prozesse zu optimieren, Kontinuität herzustellen und relativ reibungslos Störungen zu beseitigen.

Daher müssen Unternehmen nicht nur Geschäftsprozesse automatisieren (in diesem Fall den Workflow), sondern bestehende betrieblichen Prozesse optimieren und anschließend auch regelmäßig prüfen. Dies wird auch als auch *operationelle Exzellenz* bezeichnet. Zur Optimierung kann das Verbessern der Prozessdefinitionen beitragen, aber zuerst muss ein Team von mit den internen Abläufen vertrauten Mitarbeitern dafür sorgen, dass alle Prozesse fehlerfrei arbeiten. Bei den Zielen hat sich der Fokus von einem monatlichen Report zu einer täglichen Nachbesprechung verschoben; so wird sichergestellt, dass die stetig ansteigende Zahl an Standards eingehalten werden kann.

Wie lange kann ein Unternehmen, das großartige Produkte liefert, seinen Erfolg genießen, wenn die Prozesse mit Kundenkontakt oder sogar die internen – also die Mitarbeiter betreffenden – Prozesse versagen? Es kommt immer der Zeitpunkt, an dem der Ärger über die fehlende Lieferung von Büromaterial oder Verzögerungen beim Ersatz von Personal negative Auswirkungen auf die Einstellung und die tägliche Arbeit der Mitarbeiter haben. Diese Probleme entstehen unternehmensintern und werden nicht von außen ausgelöst.

Die Software zur Sicherstellung der Optimierung von Prozessen, besonders im Falle von Workflows, ist SAP Operational Process Intelligence powered by SAP HANA. Diese Software geht weit über die Automatisierung von Teilen eines Prozesses hinaus: Sie strukturiert und begleitet den vollständigen End-to-End-Prozess von Anfang bis Ende, unabhängig davon, wie viele Softwaresysteme, Mitarbeiter und verschiedene Drittanbieter integriert werden müssen.

In diesem Kapitel erhalten Sie einen Überblick über SAP Operational Process Intelligence. Wir erklären Ihnen die neuen Funktionen für Workflows und beschreiben anschließend die benötigten technischen Anforderungen. SAP Operational Process Intelligence besitzt zwei Hauptkomponenten: szenariospezifische Dashboards in einem Add-in zu SAP HANA namens *space.me* für Geschäftsbenutzer und ein SAP-HANA-Studio-Plug-in, das die Lösungsexperten zum Erstellen dieser Dashboards verwenden. Die Dashboards werden im letzten Abschnitt dieses Kapitels behandelt. Zuerst lernen Sie die Funktionen kennen, die Sie mit SAP Operational Process Intelligence deutlich leichter nutzen können.

7.1 Die Zielsetzung von SAP Operational Process Intelligence

Im folgenden Abschnitt werden die drei wichtigsten Zielsetzungen von SAP Operational Process Intelligence behandelt:

- Prozesstransparenz
- unbegrenzte Szenariotransparenz
- Insight to Action

7.1.1 Prozesstransparenz

Bei der Herstellung von Prozesstransparenz geht es darum, den Workflow-Prozess sicht- und fassbar zu machen. Diese Visualisierung muss für die Benutzer, die für den Betrieb verantwortlich und von den Prozessen abhängig sind, leicht verständlich sein. Benutzer möchten sowohl den Prozessfluss als auch die wichtigsten Kennzahlen (einschließlich der Ziele und ihrer Einhaltung) in einem Dashboard sehen, das übersichtlich und einfach nachzuvollziehen ist. Das bedeutet jedoch nicht, Fakten und Zahlen einfach anzeigen zu lassen. Der Workflow-Prozess wird stattdessen in einer einfachen grafischen Form dargestellt (Abbildung 7.1).

Abbildung 7.1 Betriebliche Realität – wie Benutzer den Prozess wahrnehmen

Diese Softwaresicht heißt *space.me*, da es der Softwarebereich ist, den der Prozessbenutzer aufruft, um eine Übersicht über den gesamten Prozess oder Teilprozess zu erhalten, für den er verantwortlich ist. In Abschnitt 7.3, »space.me-Dashboards«, werden Sie sehen, dass space.me mit den modernsten Benutzeroberflächen-Paradigmen erzeugt wird und auf den zugrunde liegenden Prozess- und Kontextdaten basiert. Dazu sind die Prozessdaten (Zeiten, Instanzdaten, beteiligte Personen) und die Kontextdaten (die indirekt mit dem Prozess verknüpften Daten wie z. B. die gelieferten Waren) gleichermaßen wichtig. Und space.me ist der Ort, an dem beide gleichzeitig angezeigt werden können, um dem Prozessbenutzer eine ganzheitliche Sicht darüber zu bieten, was passiert und was wichtig ist.

Teil der Konfiguration von space.me ist das Abbilden der grafischen Benutzerwahrnehmung des Prozesses und der komplexen Realität (siehe die in Abbildung 7.2 dargestellte technische Komplexität) des zugrunde liegenden automatisierten Softwareprozesses und der Teilprozesse. Dieses Abbilden ist wichtig, damit der Benutzer ein Live-Piktogramm des Prozesses im Fluss sieht. So kann der Benutzer Probleme direkt korrigieren und muss nicht auf über Nacht berechnete Reports warten.

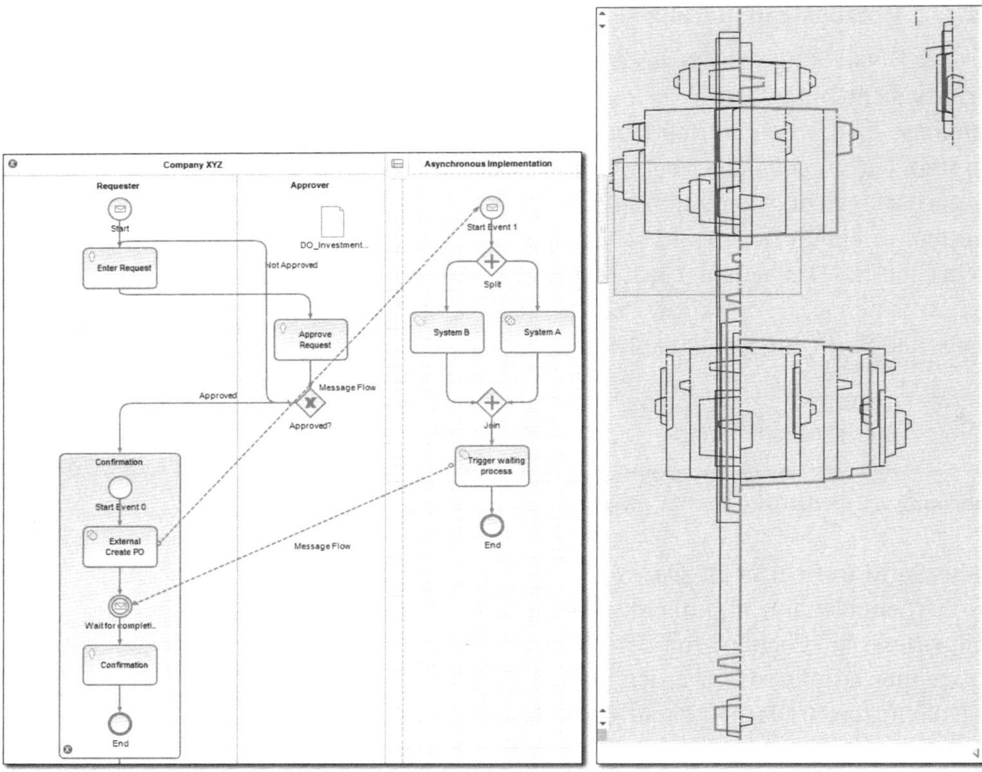

Abbildung 7.2 Technische Realität des Workflow-Protokolls – keine große Hilfe für Geschäftsbenutzer

7.1.2 Unbegrenzte Szenariotransparenz

Da bei diesem Werkzeug die Sichtbarkeit nicht auf einen Workflow beschränkt ist, sondern sich die Transparenz an den Anforderungen der Benutzer ausrichtet, werden Sie bei der Verwendung feststellen, dass viel mehr sichtbar ist als nur der einzelne Prozess, den Sie zu visualisieren begonnen haben. Es wird eine Sichtbarkeitskarte mit mehreren technischen Workflow-Prozessen, wahrscheinlich verteilt über mehrere Systeme oder Werkzeuge, angezeigt. Daher nennen wir diese Karte *Szenario* und nicht Prozess-Dashboard. So verdeutlichen wir den Unterschied zwischen den Grenzen eines einzelnen automatisierten Prozesses und der unbegrenzten Geschäftssicht des Prozesses samt Kontext.

Man könnte dieses Werkzeug als das GPS der Prozesse in Ihrem System bezeichnen. Die Prozesssicht ist wie eine Straßenkarte auf Papier, während die Szenariosicht wie die Anzeige eines GPS-Geräts ist – eine stilisierte

Ansicht darüber, was gerade vor sich geht, nicht nur die Straßen, sondern mit Kontext (Verkehrsbedingungen, Filterung irrelevanter oder entfernter Straßen, Kontext wie Tankstellen, Kennzahlen (Key Performance Indicators; KPIs) wie gefahrene Zeit und Vorhersagen wie erwartete Ankunftszeit).

7.1.3 Insight to Action

Eine übergeordnete Sicht eines Prozesses zu haben und gleichzeitig die einzelnen Kontext- oder Prozessdetails abrufen zu können ist eine sehr nützliche Funktion. Auf diese Weise kann der Benutzer viele Probleme verhindern, indem er gegebenenfalls die entsprechenden Personen per E-Mail oder Telefon informiert, sobald sich erste Probleme abzeichnen. Aber in größeren Unternehmen braucht es mehr als einen Helden. Auch das restliche Team muss sehen können, was vor sich geht, und muss an der Problemlösung mitwirken können. Daher besitzt diese Software einige Werkzeuge, mit denen der Bearbeiter den Prozessfluss optimieren oder Probleme direkt im System mindern kann.

Nicht nur die Prozesse sind transparent, auch die Maßnahmen zur Lösung eines Problems (z. B. Benachrichtigungen, Aktionen, Aufgaben, Checklisten) sind transparent und werden fortgeführt, auch wenn der Initiator abwesend ist oder diese an einen Kollegen weitergegeben hat.

7.2 Voraussetzungen für operationelle Exzellenz

Die Voraussetzung für operationelle Exzellenz auf dieser Ebene ist eine vollständige Zugriffsmöglichkeit auf Echtzeit*kontext-* und *-prozessdaten*. Bevor es In-Memory-Datenbanken gab, war die Prozessoptimierung in dieser Form nicht möglich. Sie war begrenzt auf Prozessfragmente, da in der Praxis die Kontext- und Prozessdaten über mehrere Systeme – SAP- (ABAP und Java) und Drittanbieter-Systeme – verteilt waren. Mit SAP HANA können jedoch große Datenmengen konsolidiert und es kann in Echtzeit auf sie zugegriffen werden, sodass diese Voraussetzung erfüllt ist.

Die *Kontextdaten* müssen sofort und regelmäßig in eine einzelne schnelle Datenbank repliziert werden, sodass die Geschäftssichten die Daten fast in Echtzeit mit einer Verzögerung von einer oder zwei Minuten (aber nicht Stunden oder Tagen) anzeigen. Dazu werden in SAP Operational Process Intelligence SAP-Standardwerkzeuge genutzt, um Funktionen und Fertigkeiten wiederverwenden zu können.

Die *Prozessdaten* müssen auch repliziert werden. Dies ist ohne spezielle Werkzeuge schwierig, da jedes Workflow-Werkzeug Prozessflüsse anders speichert und ausführt. Darüber hinaus müssen die Prozessdaten in eine Universal Description transformiert werden, damit Prozessfragmente aus verschiedenen Werkzeugen miteinander verknüpft werden können. Es ist ein großer Vorteil, dass die Software SAP Business Workflow (und SAP Business Process Management (SAP BPM) und Process Observer für die SAP Business Suite) versteht, denn dadurch werden die komplexen Transformationen automatisch ausgeführt. Auf ähnliche Weise können auch die Ausführungsdaten (Workflow-Ereignisse und Workflow-Container) von dieser Software repliziert werden, denn die Software versteht die (in diesem Anwendungsfall) zugrunde liegenden SAP-Business-Workflow-Mechanismen.

Im folgenden Abschnitt werden die Softwarevoraussetzungen beschrieben, die zum Erreichen von operationeller Exzellenz erforderlich sind.

7.2.1 SAP HANA

Die schnelle Datenbank, die in der Lage ist, diese großen Datenmengen zu bewältigen und die Daten gleichzeitig zu transformieren, ist SAP HANA. SAP HANA ist eine In-Memory-Datenbank mit eigener Programmiersprache (XS) für blitzschnelle Transformation und Datenzugriff. Aus der Geschäftsperspektive besitzt die SAP-HANA-Datenbank noch einen weiteren großen Vorteil: die Vorhersage-Engine, mit der nebenher noch Prozessvorhersagen getroffen werden können. Selbst wenn z. B. ein Prozess auf einer frühen Prozessstufe verspätet ist, hat er die Möglichkeit, später wieder aufzuholen. Daher sind Vorhersagen sehr wichtige Instrumente für die Analyse eines Prozessflusses und für Entscheidungen, auf denen Wahrscheinlichkeiten gründen, ob bestimmte Kennzahlen (KPIs) eingehalten werden oder nicht. Vorhersagen sind besonders wichtig für Prozesse, bei denen viele Daten dynamisch sind. Eine Prozessvorhersage anhand statischer Daten ist genauso unzuverlässig wie eine Wettervorhersage anhand eines Satellitenbilds: Auch die Wetterprognose funktioniert nur mit aktuellen Zeitraffersequenzen, kombiniert mit lokalen Messungen von Windgeschwindigkeit und Temperaturgefälle.

7.2.2 SAP Operational Process Intelligence für SAP HANA

Auf der SAP-HANA-Datenbank setzt direkt SAP Operational Process Intelligence auf. Diese native SAP-HANA-Anwendung wurde in SAP HANA XS entwickelt und kennt im Hinblick auf den Zugriff auf zugrunde liegende Prozess- und Kontextdaten keine Kompromisse.

Das Werkzeug hat zwei Teile:

1. **space.me**
   der Arbeitsbereich, mit dem die Benutzer Prozesse nachverfolgen und auftretende Probleme lösen
2. **SAP HANA Studio**
   Hier erzeugt der Lösungsexperte die Benutzeroberflächen für Endbenutzer und Kontextdaten basierend auf den zugrunde liegenden Workflows.

In den nächsten Abschnitten lernen Sie die Verwendungsweise der unterschiedlichen Teile von SAP Operational Process Intelligence kennen.

7.3 space.me-Dashboards

Bevor Sie lernen, wie Sie space.me mit seinen Prozessobjekten und Dashboards erzeugen können, werfen wir einen Blick auf ein typisches space.me, um dessen Potenzial zu verstehen (siehe Abbildung 7.3).

space.me ist eine Ansammlung szenariospezifischer Dashboards. Wie bereits beschrieben, sind in einem Szenario deutlich mehr Dinge sichtbar als im Prozess. Der Bearbeiter ist unter Umständen für mehrere verschiedene Geschäftsbereiche zuständig und benötigt daher unterschiedliche Dashboards für die einzelnen Bereiche.

Zusätzlich zu den Dashboards ist eine *Arbeitsmappe* für gerade bearbeitete Aktivitäten verfügbar. Dies alles wird in SAPUI5 gerendert. SAPUI5 ist die SAP-Bibliothek für HTML5, die moderne Art, Webseiten zu rendern, damit sich Webseiten mehr wie Anwendungen und weniger wie statische Webseiten verhalten, d. h., Sie finden fließende und ästhetische Übergänge von einem Bildschirm zum anderen oder einer Funktion zur anderen. Der Bildschirm kann direkt aus den Daten in der SAP-HANA-Datenbank (d. h. dem Server) aktualisiert werden, ohne dass der Benutzer aktiv werden muss. Aus diesem Grund sind SAP HANA und SAPUI5 eine perfekte Kombination. Weiterführende Informationen zu SAPUI5 finden Sie in Kapitel 27, »Verwendung von SAPUI5«.

Abbildung 7.3 space.me

SAP Operational Process Intelligence geht noch einen Schritt weiter, indem es eine reaktionsfähige Benutzeroberfläche für das Rendern der Dashboards verwendet. Das bedeutet, dass sich die am Bildschirm dargestellten Informationen automatisch an Bildschirmgröße, Auflösung und Bildformat anpassen. Dadurch kann ein Benutzer, der an einem großen Desktop-Monitor arbeitet, schnell mal mit einem Tablet auf die Fertigungsebene wechseln und sich dieselben Daten auf einem Überwachungsmonitor anzeigen lassen, ohne dass er Einstellungen oder Konfigurationen anpassen muss. Der reaktionsfähige Desktop ist sehr praktisch, besonders für jemanden, der häufig schnell Entscheidungen treffen muss.

Das Schöne an space.me ist, dass der Benutzer jede dieser Kacheln (Leistungskennzahlen, Messungen, Prozessphasen etc.) öffnen kann, die Probleme verursachenden Instanzen analysieren und die Details der einzelnen Instanzen untersuchen kann. Im Gegensatz zu einem Reporting-Dashboard zeigt space.me die Situation aus der Prozessperspektive an. So kann der Benutzer antizipieren, ob zusätzliche Aktionen erforderlich sind, um die einzelne Szenarioinstanz erfolgreich zu gestalten. Der Benutzer kann sich, basierend auf SAP-HANA-Daten und der Historie, sogar eine Vorhersage (Forecast) anzeigen lassen (rechte obere Ecke von Abbildung 7.4), um festzustellen, ob das Szenario erfolgreich sein wird.

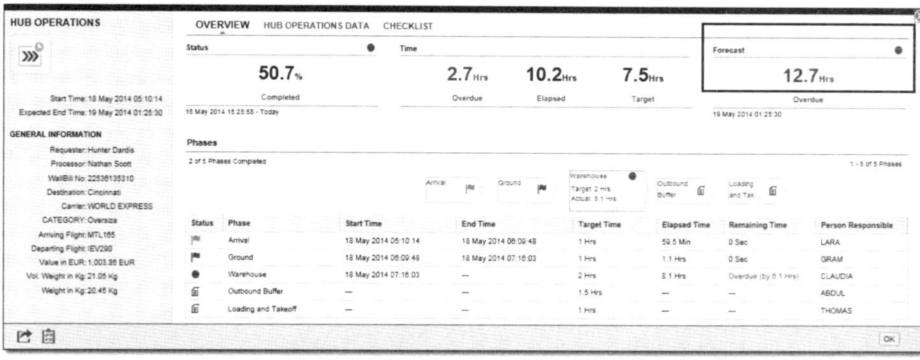

Abbildung 7.4 Szenarioinstanz – Details

Ein Beispiel dafür wäre eine Bestellung, die in einer Phase bereits überfällig ist, bei der aber die Wahrscheinlichkeit hoch ist, dass die Bestellung rechtzeitig geliefert wird, wenn es sich dabei um eine kurze Phase handelt und normalerweise Bestellungen dieser Kategorie im Laufe des Prozesses eine Verzögerung noch aufholen.

Die space.me-Sicht unterscheidet sich jedoch stark von einer technischen Workflow-Sicht des Prozesses, da zusätzlich zu den Prozessdaten auch die Details der Position angezeigt werden. Diese benötigt der Benutzer bei der Entscheidung, ob er intervenieren soll und welche Intervention erforderlich ist. Daten wie Gewicht, Ziel, Kosten und Transportpartner sind genauso wichtig wie die Prozessdaten.

In den nächsten Abschnitten gehen wir auf die verschiedenen zur Verfügung stehenden Dashboard-Widgets (Komponenten in der Oberfläche, die Funktionen bereitstellen) ein. Diese Widgets können beliebig oft kombiniert werden, sie sollten in Übereinstimmung mit den Sichten des Prozesses stehen, die benötigt werden, um den Prozess effizient zu überwachen. Widgets werden entsprechend den Benutzeranforderungen in der space.me-Benutzeroberfläche erzeugt – und zwar basierend auf der Konfiguration der Lösungsexperten, die in Abschnitt 7.4, »SAP HANA Studio«, beschrieben wird.

7.3.1 Das Phasendiagramm

Das Phasendiagramm zeigt den Prozessfluss des Szenarios in einer vereinfachten schematischen Sicht an (siehe Abbildung 7.5). Sie finden auch die Basisinformationen dazu, wie viele Szenarioinstanzen (Bestellungen, Lieferungen, Genehmigungen etc.) in jeder Phase vorhanden sind und wie gut diese ausgeführt werden.

Abbildung 7.5 Phasendiagramm

Der Benutzer kann sofort erkennen, ob sich eine große Menge an Positionen in einer Phase aufbaut, was zu Problemen führen kann, wenn die Positionen in einem kurzen Zeitintervall in die nächste Phase übergehen. Er kann auch sehen, wie viele Positionen verspätet und wie viele termingenau sind. Die KPIs zur Ermittlung verspäteter und pünktlicher Positionen sind komplex und können vom Kontext des Szenarios abhängen (z. B. eine große Bestellung im Gegensatz zu einer kleinen Bestellung). Von hier aus kann der Benutzer tiefer einsteigen, Details aufrufen und genau erkennen, welche Positionen verspätet sind (oder Gefahr laufen, sich zu verspäten), oder er kann die Ergebnisse anhand eines Kontextes – z. B. einer geografischen Region oder eines Partners – filtern (siehe Abbildung 7.6).

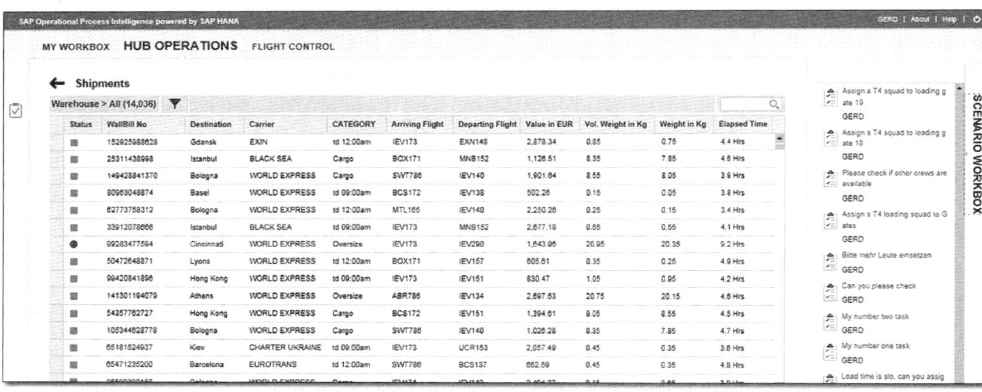

Abbildung 7.6 Szenarioinstanzen mit Filter

7.3.2 Messungen

Die Messungen werden anhand der Daten in der SAP-HANA-Datenbank berechnet. Dies können Zeiten (z. B. Durchschnittszeit bis zum Abschluss einer Phase), Zählungen (z. B. Positionen eines bestimmten Typs) oder komplexere Werte wie der Gesamtgeldwert aller Positionen in einer bestimmten Phase sein. Wenn man eine Messungskachel »aufreißt«, werden Historientrends (siehe Abbildung 7.7) angezeigt, damit der Benutzer die Ergebnisse am Monatsanfang mit den Ergebnissen eines vorangegangenen Monats vergleichen, nach beunruhigenden Trends suchen oder Verbesserungen antizipieren kann (d. h. keine Intervention erforderlich), indem er verschiedene Zeiträume miteinander vergleicht.

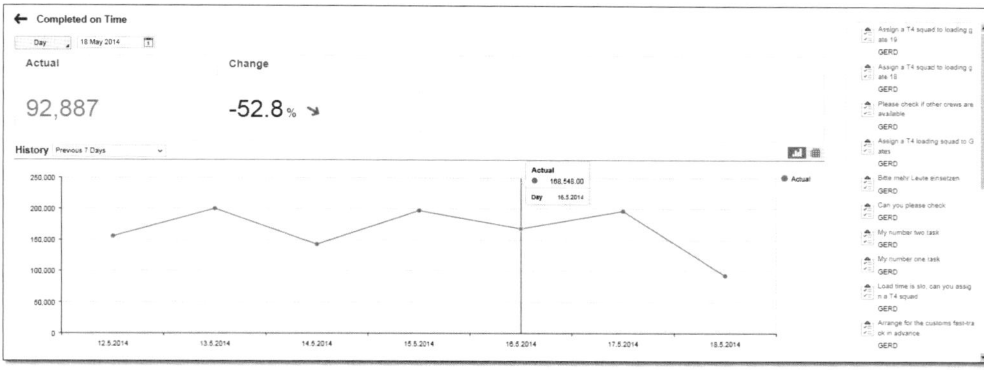

Abbildung 7.7 Messungen und Historiendaten

Messungen können auch abhängig vom Pfad prozessbezogen sein, z. B. die Anzahl an Ausschussgenehmigungen, die in der Endphase der Bearbeitung abgelehnt wurden. Dies ist z. B. ein Indikator für verschwendeten Arbeitsaufwand von Mitarbeitern.

7.3.3 Kennzahlen

Die Kennzahlen-Kacheln (KPIs) zeigen an, ob eine Kennzahl erfüllt wird, gefährdet ist oder fehlschlägt. Diese Kennzahlen werden in SAP HANA Studio eingerichtet – und zwar basierend darauf, was der Prozessverantwortliche als wichtig angesehen hat. Das können einfache zeitbasierte Kennzahlen sein – etwa die Anzahl an Positionen, die in einer Phase oder im vollständigen Prozess in einer in einem *Service Level Agreement* (SLA) angegebenen Zeit abgeschlossen werden, oder die in der Abteilung verabredete Zielzeit. Es können aber auch komplexere Kennzahlen sein wie die Gesamtsumme aller für diesen Tag erreichten Bestellungen.

Eine Kennzahl wird aus einer Messung und einem Ziel erstellt, und beide wurden vorher in SAP HANA Studio konfiguriert. Das Ziel besitzt Schwellenwerte, so ist eine Unterscheidung zwischen fehlgeschlagenen Kennzahlen und Kennzahlen möglich, die das Ziel gerade eben noch erfüllt haben. Hier müssen Sie mit großer Sorgfalt vorgehen (siehe Abbildung 7.8).

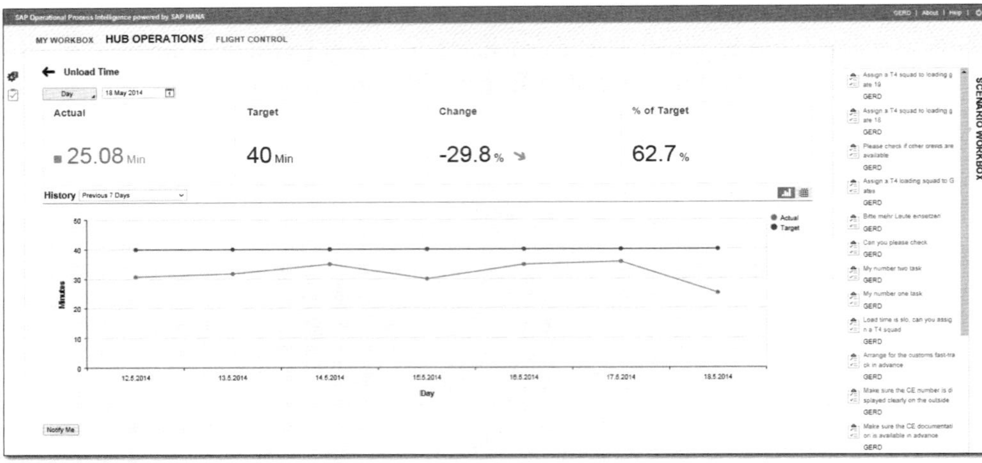

Abbildung 7.8 Erfüllte und fehlgeschlagene Kennzahlen

Wenn der Benutzer sich die Kennzahlen im Detail ansieht, kann er Historientrends erkennen und diese Trends sogar noch weiter nach Kategorie, Standort oder jedem anderen Kontext unterteilen.

Der Benutzer kann auch bestimmte Kennzahlen abonnieren, sodass er eine Warnung erhält, sobald die Kennzahl nicht erfüllt wird oder Gefahr läuft, nicht erreicht zu werden.

7.3.4 Aufgaben

Häufig ist der verantwortliche Benutzer bei Interventionen auf die Unterstützung von Kollegen angewiesen. Diese Unterstützung kann durch E-Mails oder Anrufe erfolgen, aber in größeren Unternehmen, in denen ein funktionierender 24-Stunden-Betrieb gewährleistet sein muss, ist die beste Methode Beharrlichkeit und direkte Intervention über space.me. So kann die Aktion von allen beteiligten Kollegen mitverfolgt werden, und die Arbeit wird nicht versehentlich doppelt gemacht.

Die Aufgaben werden einem bestimmten Szenario oder einer bestimmten Szenarioinstanz zugewiesen. Es gibt ein einfaches Statusmanagement (offen, in Bearbeitung, abgeschlossen und bestätigt vom Initiator), um Mehrdeutigkeit zu verhindern. Die Zusammenarbeit bei einer Aufgabe steht im Zentrum des Interesses, daher sind das Feedback der Kollegen (siehe Abbildung 7.9) und die Möglichkeit, neue Kollegen aufzunehmen, um eine besonders knifflige Situation zu klären, innerhalb der Aufgabe sehr intuitiv gestaltet.

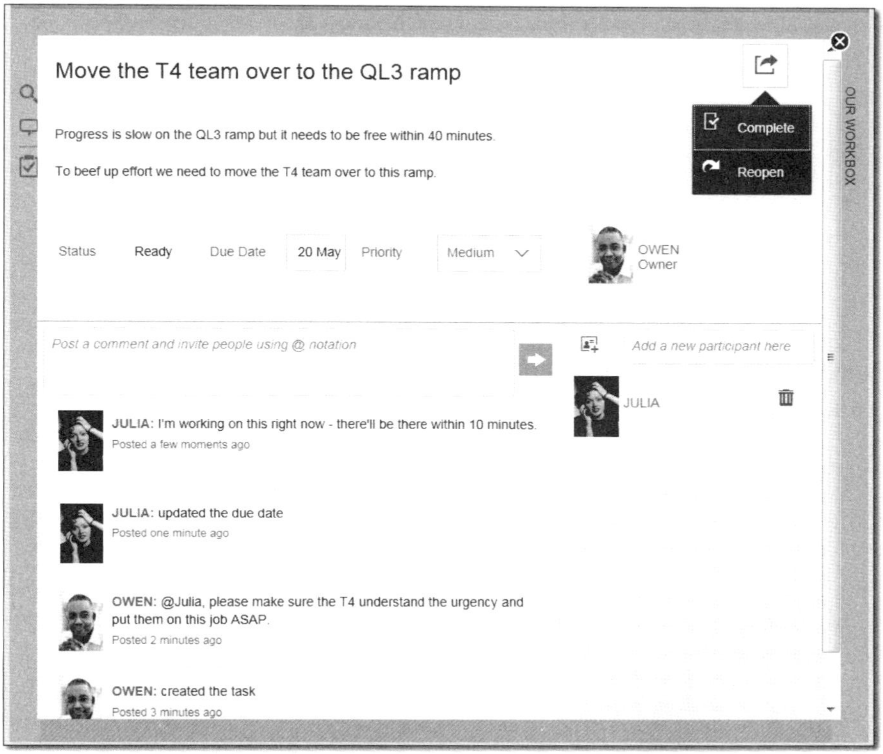

Abbildung 7.9 Eine kollaborative Aufgabe

Die Benutzer greifen über ihr My Workbox auf ihre Aufgaben zu. Hier können sie alle Aufgaben sehen, an denen sie persönlich beteiligt sind. Es gibt aber noch eine weitere Sicht namens Scenario Workbox, in der der Benutzer alle aktuell in Bearbeitung befindlichen Aufgaben sieht, die einen Bezug zum fraglichen Szenario haben. Mit dieser Sicht soll verhindert werden, dass ein Benutzer Aktivitäten dupliziert, wenn mehrere Benutzer an der Überwachung eines großen Szenarios beteiligt sind.

7.3.5 Checklisten

Checklisten (siehe Abbildung 7.10) sind Aufgabensammlungen, die Best Practices für den Umgang mit Störungen oder zur Verbesserung der Situation darstellen, wenn Kennzahlen Gefahr laufen, Anforderungen nicht zu erfüllen. Diese optionalen Checklisten werden jedes Mal bei der Erzeugung einer Szenarioinstanz erzeugt, damit der Benutzer sie immer verwenden kann, wenn die Situation auftritt.

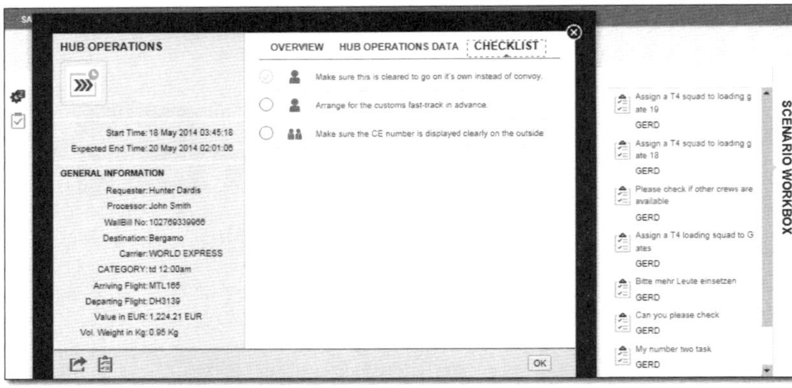

Abbildung 7.10 Checkliste

Checklisten sind auch besonders nützlich, wenn der formelle automatisierte Prozess Lücken aufweist, besonders zwischen Prozessen. Wenn z. B. ein SAP-Business-Workflow zu Umzugsgenehmigungen direkt zu einem zweiten Prozess hinführt, der in SAP ERP Human Capital Management (SAP ERP HCM) konfiguriert ist, kann es sein, dass die Zwischenphase zwischen Genehmigung und Einrichten der Räumlichkeiten vernachlässigt wurde. Diese Phase erfordert dann viel manuellen Abwicklungsaufwand auch per E-Mail und Telefon. Aus Sicht der einzelnen Prozesse (Genehmigung und Räumlichkeiten) funktionieren die Prozesse. Aber aus Sicht des vollständigen End-to-End-Szenarios, besonders aus der Sicht des umziehenden Mitarbeiters, kann der ganze Vorgang aufgrund der Lücke zwischen den Prozessen sehr langsam und unstrukturiert ablaufen. Hier setzen die Checklisten an.

Dieses Szenario kann in drei Phasen unterteilt werden: Genehmigung, Logistik und Büroeinrichtung. Die Logistikphase (Visa, Transport, Schulen, Wohnung) kann mithilfe einer Checkliste von Aufgaben, an denen Kollegen zusammenarbeiten, gelöst werden. Nun läuft das ganze Szenario reibungslos ab, und dies spiegelt sich in den Szenariokennzahlen und der Zufriedenheit der umgezogenen Person wider. Es waren keine Backend-Entwicklungen erforderlich, und es mussten keine Anpassungen am SAP-Business-Workflow-Prozess vorgenommen werden.

Derartige Verbindungen zwischen automatischen Workflows, besonders Workflows, an denen verschiedene Werkzeuge oder Systeme beteiligt sind, sind durchaus üblich. Checklisten sind sehr nützliche »Klebeverbindungen«, um Situationen mit wenig Aufwand zu verbessern, was zu weiterer Prozessautomatisierung führt, wenn die Ressourcen dies ermöglichen und der Vorteil erkannt wurde.

7.3.6 Zusätzliche Kontextdaten

Es kommt zu einer weiteren Unterbrechung, wenn es eine Lücke zwischen den Daten gibt, die aus Geschäftsperspektive erforderlich sind, und den Daten, die erforderlich sind, damit das End-to-End-Szenario reibungslos abläuft. Im vorangegangenen Beispiel ist die Anzahl der Kinder des Mitarbeiters für den Umzugsgenehmigungs- und den Räumlichkeiten-Workflow nicht relevant. Für den gesamten End-to-End-Umzug ist sie aber sehr wichtig. Derartige Daten können mithilfe von Formularen, die in der space.me-Benutzeroberfläche erzeugt werden, gesammelt werden, damit sie in den Details der Szenarioinstanz sichtbar sind und bearbeitet werden können. Die Daten fließen dann in den Prozess ein, obwohl sie vom Backend-Geschäftssystem nicht benötigt werden.

Damit sind auch diese Kontextdaten eine sehr nützliche Komponente der »Klebeverbindung«, um unterschiedliche Prozesse zu verbinden und die Gesamtleistung zu verbessern, obwohl sie für die einzelnen Workflows oder Prozessteile irrelevant sind.

Wie Sie sehen, ist space.me weit davon entfernt, ein rein technisches Monitoring-Werkzeug für Prozesse zu sein. Es ist eine Geschäftssicht der zugrunde liegenden Geschäftsprozesse mit Interaktionsmöglichkeiten, um sicherzustellen, dass der verantwortliche Benutzer alle wichtigen Informationen zur Verfügung hat, die er für einen reibungslosen Ablauf benötigt. Im nächsten Abschnitt schauen wir uns an, wie SAP HANA für diese Zwecke konfiguriert wird.

7.4 SAP HANA Studio

SAP HANA Studio ist eine Eclipse-Entwicklungsumgebung für SAP HANA. SAP Operational Process Intelligence verfügt über ein eigenes SAP-HANA-Studio-Plug-in, damit die space.me-Umgebung mit den prozessspezifischen Funktionen vom gleichen Arbeitsbereich aus konfiguriert werden kann. Der Lösungsexperte führt den Rest der SAP-HANA-Konfiguration aus – etwa Autorisierungen und Sichten.

Anstatt die einzelnen Funktionen zu beschreiben, werden wir die typischen Schritte beim Erzeugen eines space.me für ein Szenario betrachten.

7.4.1 Kontext

Der Kontext sind die Daten aus den unterschiedlichen Backend-Systemen, die mit einem Szenario verknüpft sind. Ein Szenario ist der End-to-End-Prozess, unabhängig von Workflow-Werkzeugen und Systembeschränkungen. Der Lösungsexperte nimmt die Tabellen der verschiedenen Backend-Systeme und identifiziert jene Felder, die als Attribute auf der Szenarioinstanzebene von space.me angezeigt werden müssen.

Diese Daten werden später alle paar Minuten vom zugrunde liegenden Backend-System an SAP HANA repliziert und können auf Detailebene angezeigt oder Messungen und Kennzahlen für das Monitoring in space.me zugeordnet werden (Historie oder auch Vorhersage). Nachdem die Tabellen und Felder ausgewählt wurden, können die Sichten auf Knopfdruck erzeugt werden. So wird dafür gesorgt, dass die In-Memory-Kapazitäten von SAP HANA für umgehenden Zugriff und schnelle Analyse genutzt werden können.

7.4.2 Prozesse

In diesem Abschnitt lernen Sie die Schritte kennen, die notwendig sind, um Szenariosichten und Funktionen in space.me zu erzeugen. Diese Vorgehensweise ist es, die space.me von einfacher Data Intelligence unterscheidet.

Schritt 1: Prozess finden

Der Lösungsexperte kann die SAP-Business-Workflow-Prozesse (oder Process Observer oder SAP BPM) mithilfe der Suchfunktion von SAP HANA Studio suchen. Wurden die Prozesse gefunden, können sie per Drag & Drop in den Canvas-Bereich kopiert werden (siehe Abbildung 7.11). Die Prozesse werden in Business Process Modeling Notation (BPMN) 2.0 gerendert, der standardmäßigen grafischen Notation für Prozessmodellierung. Von dort aus können Sie sie dann vereinfachen. Der Canvas-Bereich kann ein Sortiment an Prozessdefinitionen aus verschiedenen Workflow-Werkzeugen enthalten. Der Vorteil ist, dass alle in der gleichen grafischen Notation angezeigt werden und der Lösungsexperte keine besonderen SAP-Business-Workflow-Kenntnisse benötigt, um diese komplexe Ist-Sicht der Prozesse in etwas umzuwandeln, auf das sich die Bearbeiter und Geschäftsbenutzer in space.me beziehen können.

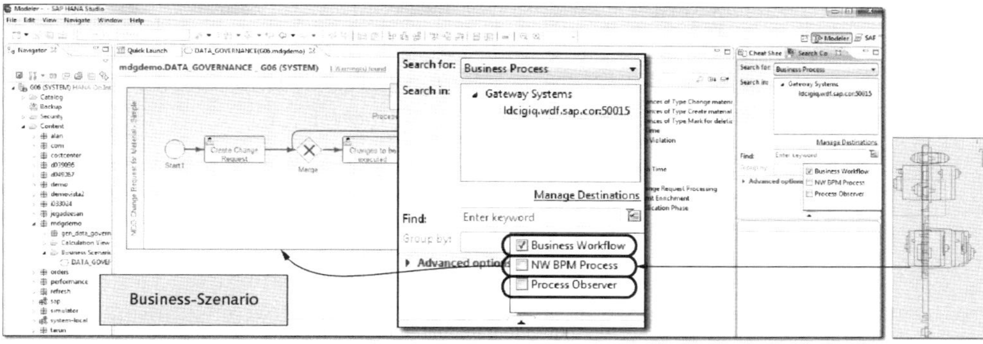

Abbildung 7.11 Suchen und Hinzufügen eines Prozesses zum Szenario

Schritt 2: Prozess skizzieren

In diesem Schritt wird der Prozess aus Sicht des Geschäftsbenutzers als Set sequenzieller Phasen skizziert (Abbildung 7.12).

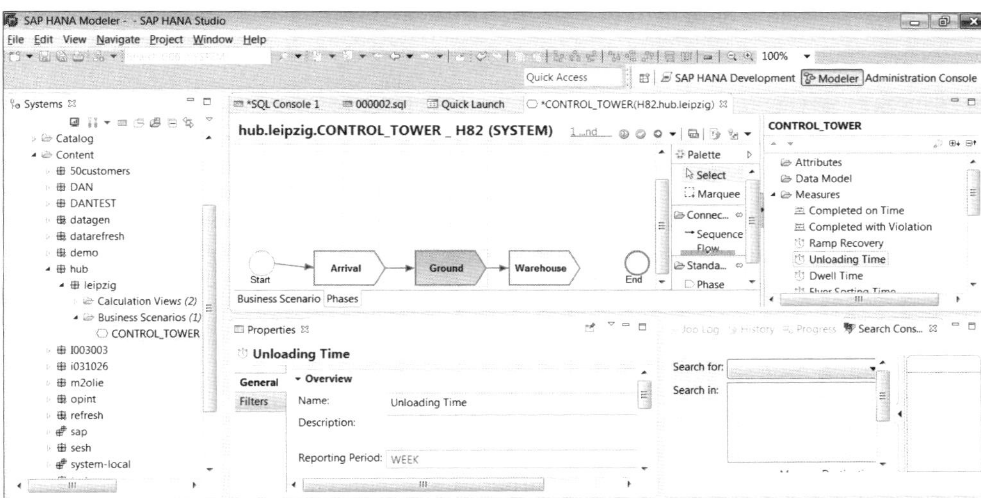

Abbildung 7.12 Skizzieren der Geschäftssicht des Prozesses in Phasen

Schritt 3: Ereignisse auswählen

Nun wählt der Lösungsexperte die Ereignisse aus, die eine Phase beenden und die nächste Phase starten (siehe Abbildung 7.12). Diese Ereignisse können durch ODER verknüpft werden, damit komplexe Bedingungen möglich sind. Die vorgeschlagenen Ereignisse stammen aus der SAP-Business-Workflow-Definition als Teil von Schritt 1, oder sie stammen aus anderen Workflow-Werkzeugen (wie SAP BPM) oder SAP Business Suite (über den Process Observer). Dies ist das Mapping zwischen den komplexen technischen Workflow-Prozessen und der Geschäftssicht. Es definiert auch die Korrelation zwischen verschiedenen Prozessfragmenten und Anwendungsdaten, etwa wie ein SAP-Business-Workflow und ein SAP-BPM-Prozess in Beziehung zueinander stehen, um gemeinsam Teil einer übergeordneten Szenarioinstanz zu werden.

Die Workflow- und Geschäftsereignisse werden während der Laufzeit auch alle paar Minuten repliziert. Wenn das System produktiv ist, lösen dadurch die Ereignisse ständig neue Szenarioinstanzen aus und zeigen in space.me die Verschiebung der Szenarien von einer Phase zur nächsten.

Dank der in SAP Operational Process Intelligence integrierten Prozessintelligenz und Kenntnis der verschiedenen SAP-Workflow-Werkzeuge haben diese drei Schritte den Bedarf an kundenspezifischer Anpassung deutlich reduziert.

7.4.3 Messungen, Indikatoren und mehr

Ab diesem Punkt ist die Konfiguration sehr einfach. Definieren Sie die Maßeinheiten (siehe Abbildung 7.13), und, falls erforderlich, weisen Sie Ziele zu (falls nötig, unterteilen Sie diese in Ziele für verschiedene Kategorien), um diese als Indikatoren zu verwenden, die grafisch die Leistung des Szenarios anzeigen, und ermöglichen Sie den Empfang von Benachrichtigungen, wenn Ziele nicht erfüllt werden oder Gefahr laufen, nicht erfüllt zu werden.

Wenn Sie Checklisten verwenden möchten, erstellen Sie einen Satz an Aufgaben, indem Sie einen Name und eine Description (Beschreibung) eingeben. Diese werden jedes Mal erzeugt, wenn ein Szenario instanziiert wird. Die Aufgaben werden erst in der Arbeitsmappe (My Workbox) angezeigt, wenn die Aufgabe einem Mitarbeiter zugewiesen wird oder er beginnt, an der Aufgabe zu arbeiten. So stören die Aufgaben nicht, können aber verwendet werden, wenn sie benötigt werden. Sie können auch Navigationsaktionen definieren, die der Benutzer aufrufen kann, wenn er auf Positionen außerhalb von SAP Operational Process Intelligence zugreifen und Aktionen direkt ausführen muss.

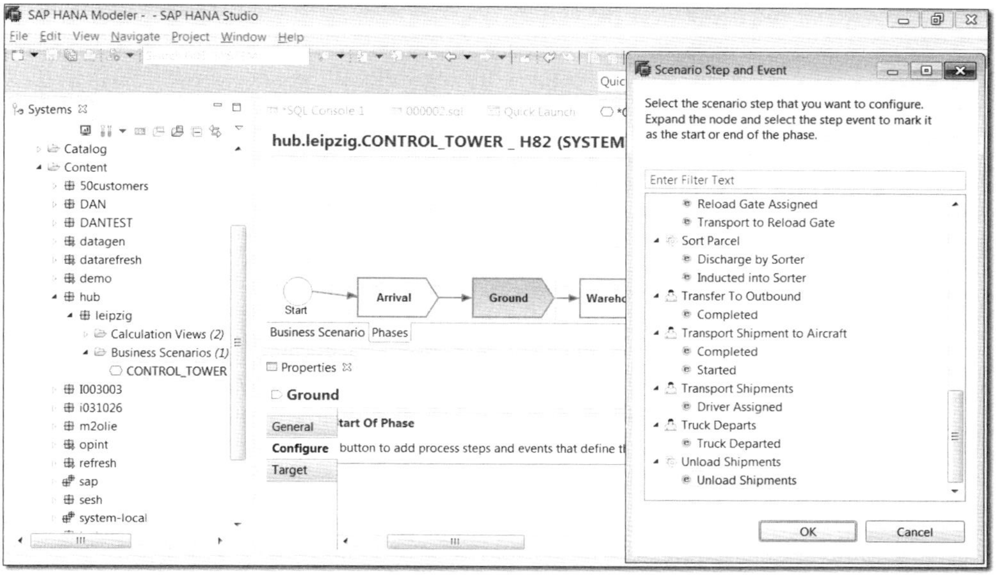

Abbildung 7.13 Definieren von Maßeinheiten

7.4.4 Aktivierung des Szenarios

Klicken Sie abschließend auf GENERATE (Generieren). Die SAP-HANA-Datenbanktabellen, -Sichten, und -Prozeduren werden erzeugt, und das Szenario wird space.me hinzugefügt. Alle Benutzer, die die Berechtigung haben, auf dieses Szenario zuzugreifen, sehen nun die in Abschnitt 7.3, »space.me-Dashboards«, beschriebenen Funktionen und können sich die Details des Szenarioflusses anschauen. Sie können den Berechtigungsumfang abhängig vom Szenariokontext auch auf verschiedene Sichtbarkeitsstufen begrenzen. So kann ein Benutzer z. B. die Kennzahlen und Instanzen für eine geografische Region oder eine Produktkategorie sehen, während ein anderer Benutzer diese für eine andere Kategorie sieht.

Die Software, die die periodische Replizierung der Daten an SAP HANA ausführt, ist in der Basisversion von SAP HANA integriert. Dies ist die *SAP Landscape Transformation* (SLT), eine vollständige Beschreibung finden Sie in der SAP-HANA-Dokumentation. Nach Konfiguration und Aktivierung sind die erzeugten Dashboards voll funktionsfähig.

7.5 Nächste Schritte

Da jetzt die Prozessbearbeiter eine signifikant bessere Geschäftssicht des vollständigen End-to-End-Szenarios haben, können Sie beruhigt »mit der Revolution« fortfahren. Sie können die Grenzen dieses Szenarios ausweiten, indem Sie Prozessfragmente aus anderen SAP-Systemen oder sogar Drittanbieter-Softwaresystemen aufnehmen. Darüber hinaus können Sie Abläufe für noch unklare Teile des Szenarios schnell verbessern, indem Sie Unterstützung durch Checklisten oder zusätzliche Kontextdaten bereitstellen.

Das Beste daran ist, dass die Prozessvorgänge nun aktive, transparente Echtzeitfunktionen besitzen. Die Verbesserungen für die verantwortlichen und sonstigen beteiligten Benutzer an den Prozessen sind sofort sichtbar, und die Ergebnisse werden nicht wie bisher ohne weitere Konsequenzen und Korrekturen einfach in monatlichen Reports abgelegt. Diese Entwicklung wiederum führt zu taktischen Verbesserungen, gute taktische Entscheidungen sind sofort sicht- und nachweisbar.

All diese Aspekte können Szenario für Szenario im ganzen Unternehmen umgesetzt werden, ohne dass die zugrunde liegenden Workflows unterbrochen oder neu strukturiert werden müssen, und sind unabhängig von den beteiligten Workflow-Werkzeugen. Da SAP Business Workflow wahrscheinlich eines der etabliertesten Werkzeuge in den meisten SAP-Installationen ist, werden die Vorteile dieses Add-ons hier besonders schnell sichtbar.

Willkommen in der neuen Welt der SAP-HANA-In-Memory-Funktionen für SAP Business Workflow.

TEIL II

Verwalten von Workflows

Der Administrator spielt eine wichtige Rolle für den Erfolg des Workflows, sowohl in technischer Hinsicht als auch bezüglich der Akzeptanz, die der Workflow bei den Beteiligten erfährt. Denn sollten Probleme auftreten, muss der Administrator sie schnell und überzeugend lösen. In diesem Kapitel werden die wichtigsten Reports und Werkzeuge beschrieben, die Sie zur Verwaltung und Pflege Ihrer Workflows einsetzen können.

8 Workflow-Administration

Von Sue Keohan

Der Workflow-Administrator hat die Aufgabe, sicherzustellen, dass Workflows ausgeführt und transportierte Workflows aktiviert werden und dass die Workflow Engine überwacht wird. Obwohl diese Pflichten nur einen geringen Zeitaufwand erfordern, sind sie von großer Bedeutung und müssen ernst genommen werden: Um die folgende einfache Grundregel kommt niemand herum: Wenn Sie mit einem System arbeiten, benötigen Sie einen Systemadministrator. Wenn Sie mit einem Workflow arbeiten, benötigen Sie einen Workflow-Administrator.

Die Erfahrung zeigt, dass, wenn es nach der Aktivierung eines Workflows zu Problemen mit beliebigen Teilen des Geschäftsprozesses kommt, in der Regel dem Workflow die Schuld gegeben wird, wobei es keine Rolle spielt, ob dies gerechtfertigt ist. Das ist eine sehr natürliche Reaktion seitens der Mitarbeiter, die an dem Geschäftsprozess beteiligt sind, denn:

- Der Workflow steuert ihre Sicht des Geschäftsprozesses.
- Der Workflow steuert ihren Zugriff auf den Geschäftsprozess.
- Der Workflow steuert den Fluss des Geschäftsprozesses zwischen ihnen und anderen Benutzern.
- Der Workflow führt Teile des Geschäftsprozesses automatisch aus, die die Mitarbeiter nicht manuell ausführen können oder von denen sie nicht erwarten, dass sie diese manuell ausführen müssen.

Indem Sie kritische oder wesentliche Prozesse bzw. solche Prozesse automatisieren, die sehr häufig ausgeführt werden, lassen sich signifikante Vorteile erzielen. Eine Ihrer Aufgaben als Workflow-Administrator kann es z. B. sein, Reports zu folgenden Zwecken zu entwickeln und auszuführen:

- Belegen, dass Vorteile erzielt wurden
- Rechtfertigen der Implementierung und der Support-Kosten des Workflows
- Belegen des Geschäftsfalls zur Änderung des Geschäftsprozesses oder des Workflow-Designs
- Darlegen, dass Änderungen am Workflow die gewünschten Auswirkungen hatten
- Aufzeigen, dass die Benutzer Aufgaben effizient und umgehend ausführen

In den folgenden Abschnitten werden wir beschreiben, wie Sie diese Vorteile erzielen können.

8.1 Reporting zu Workflows

Mit SAP Business Workflow wird standardmäßig eine Reihe an Reports bereitgestellt, und über Werkzeuge wie SAP Business Warehouse (SAP BW) können Sie eine Vielzahl weiterer Reports anlegen. Das Workflow-Reporting mit SAP BW wird in Kapitel 9, »Verwendung von SAP Business Warehouse für das SAP-Business-Workflow-Reporting«, beschrieben. Wenn das System keinen Standardreport zur Verfügung stellt, können Sie einen eigenen Report erstellen. Weitere Informationen zur Erstellung benutzerdefinierter Reports finden Sie in Kapitel 19, »Benutzerdefinierte Programme«. Die hier genannten Reports dienen als nützlicher Ausgangspunkt. Sie können jedoch auch nach anderen Reports suchen. Wenn standardmäßige Workflow-Muster für bestimmte Transaktionen oder Daten erstellt wurden, gibt es für diese häufig spezielle Workflow-Reports.

Sämtliche Standardreports bieten Zugriff auf das Workflow-Protokoll. Sie können immer dann auf das Workflow-Protokoll zugreifen, wenn das Symbol Workflow Log angezeigt wird. Die Reports bieten gängige Reportingfunktionen wie Sortieren, Filtern, Durchführung von Layout-Änderungen etc. Wenn Sie eine Workflow-Instanz auswählen, zeigen die meisten Reports die wichtigsten Schritte bis zu diesem Zeitpunkt, die zugehörigen Bearbeiter und die wichtigsten Objektinstanzen an, die bisher verwendet wurden. In den meisten Standardreports können Auswahlkriterien angegeben werden, um die Liste auf eine bestimmte Aufgabe, Aufgabengruppe, Komponente bzw. einen bestimmten Auswahlzeitraum (heute, letzte Woche, letzten Monat, letztes Jahr, alle) oder auf aktive oder abgeschlossene Instanzen zu beschränken.

Achtung

Aufgaben können in nicht technischen Workflow-Protokollen »ausgeblendet« werden. Daher muss der Workflow-Administrator die Schritte kennen, die der Workflow-Entwickler ausgeblendet hat. Schritte können z. B. ausgeblendet werden, weil die Workflow-Protokolle aufgrund dieser Informationen unübersichtlich werden.

Bei der Bewertung von Workflows ist es sinnvoll, zu wissen, was die verschiedenen Workflow- und Workitem-Statuszustände bedeuten. Eine vollständige Liste finden Sie in Kapitel 19, »Benutzerdefinierte Programme«. In Tabelle 8.1 sind die Statuszustände angegeben, die am häufigsten angezeigt werden.

Technischer Status	Bedeutung
READY	Dieser Status gilt in der Regel für Workitems. Das Workitem wurde angelegt und aktiviert, allerdings noch nicht ausgeführt. Zum Beispiel befindet es sich in der Inbox eines Benutzers, wurde jedoch noch nicht geöffnet.
SELECTED	Dieser Status wird in der Workitem-Anzeige als IN PROCESS angezeigt und gilt in der Regel für Workitems. Das Workitem wurde von einem Benutzer geöffnet oder angenommen, ohne bislang ausgeführt worden zu sein.
COMMITTED	Dieser Status wird in der Workitem-Anzeige als EXECUTED angezeigt und gilt in der Regel für Workitems. Das Workitem wurde ausgeführt, der Benutzer muss das Beenden der Bearbeitung (z. B. über die Option SET TO DONE) jedoch noch manuell bestätigen.
COMPLETED	Dieser Status zeigt an, dass der Workflow oder das Workitem abgeschlossen wurde. Danach sind keine weiteren Änderungen mehr möglich.

Tabelle 8.1 Die wichtigsten Workitem-Status

8.1.1 Reporting zum Workflow-Fortschritt

Üblicherweise lautet die interessanteste Frage aller Beteiligten an einem Geschäftsprozess, bei welchem Bearbeiter sich der Workflow gegenwärtig befindet. Nützliche Reports zur Beantwortung dieser Frage sind u. a.:

- **Workflows zu Objekt**
  Wählen Sie Runtime Tools • Workflows for Object (Transaktion SWI6). Dieser Report zeigt alle Workflow-Instanzen, die mit einer bestimmten Objektinstanz verknüpft sind.

> **Tipp**
>
> Dies ist nicht nur für den Administrator einer der sinnvollsten Reports für die allgemeine Überwachung, sondern auch für alle anderen Benutzer des Workflows. In neueren SAP-Komponenten wie SAP Supplier Relationship Management (SAP SRM) liegen die Objektschlüssel jedoch im GUID-Format (also als interne Kennung aus 32 Zeichen) vor. Möglicherweise ist es einfacher, den Report *Workflows zu Objekttyp* (siehe nächster Punkt) zu generieren und die spezifische Instanz auszuwählen, als eine GUID aus 32 Zeichen einzugeben.

- **Workflows zu Objekttyp**
  Wählen Sie Runtime Tools • Workflows for Object Type (Transaktion SWI14). Dieser Report zeigt alle Workitems und Workflow-Instanzen für alle Objektinstanzen eines Business-Objekttyps, wie z. B. sämtliche Workflows im Zusammenhang mit Bestellungen.
- **Diagnose fehlerhafter Workflows**
  Wählen Sie Administration • Workflow Runtime • Diagnosis of Workflows with Errors (Transaktion SWI2_DIAG). Dieser Report zeigt alle Workflows an, die innerhalb eines angegebenen Zeitraums initiiert wurden und für die ein Fehlerstatus gesetzt wurde. Sie können die Auswahl auf einen bestimmten Workflow, eine bestimmte Aufgabe oder eine bestimmte Hintergrundaufgabe beschränken. Bei dieser Transaktion kann der Administrator den Workflow zudem über den Button Restart Workflow neu starten.

8.1.2 Reporting zur Workflow-Performance

Beim Erstellen von Reports zur Workflow-Performance müssen Sie sowohl die Häufigkeit der Workitems bzw. Workflow-Instanzen als auch den Zeitraum untersuchen, der für eine realistische Bewertung des Workflow-Verhaltens benötigt wird. Alle Workflow-Instanzen und Workitems zeichnen den Zeitpunkt des Anlegens, des Starts (Zeitpunkt, zu dem das Workitem erstmals geöffnet wurde) und des Endes (Zeitpunkt, zu dem das Workitem abgeschlossen wurde) auf. Wird mit Terminüberwachung gearbeitet, werden auch die relevanten Terminzeitpunkte für das Workitem aufgezeichnet.

Bei der Bewertung der Performancezeit ist es wichtig, nicht nur die insgesamt verstrichene Zeit, sondern auch die Liege- und Arbeitszeiten zu berücksichtigen. Beispiel: Der Workflow hat von Anfang bis Ende fünf Tage gedauert. Dabei wurden jedoch vier Tage nur für das Warten auf eine Aktion des ersten Bearbeiters aufgewendet. Wenn Sie den Prozess weiter beschleunigen müssen, sollten Sie ermitteln, ob Sie den Schwerpunkt Ihrer Anstrengungen auf die Verbesserung des Workflow-Designs oder des Benutzerverhaltens setzen sollten.

Liegezeiten können die Folge verschiedener Faktoren sein:

- Der Bearbeiter war krank, hat an einer Schulung oder Besprechung teilgenommen oder war in Urlaub, ohne einen Vertreter zu pflegen.
- Der Bearbeiter hat das Workitem nicht beachtet (d. h. versäumt, seine Inbox regelmäßig zu überprüfen).
- Der Bearbeiter war sich nicht sicher, wie das Workitem ausgeführt werden sollte.
- Der Bearbeiter musste sich mit anderen besprechen, bevor er das Workitem beenden konnte.

Sie sollten nie grundsätzlich davon ausgehen, dass eine lange Liegezeit ein Fehlverhalten des Benutzers bedeutet, sondern stets die Ursache der Verzögerung untersuchen.

Wenn der Report zur Dauer jedoch anzeigt, dass die Ausführung Ihrer Hintergrundaufgaben einen langen Zeitraum in Anspruch nimmt, ist eine sorgfältige Analyse erforderlich. In Kapitel 11, »Erweiterte Diagnose«, erfahren Sie weitere Einzelheiten zu diesem Thema. An dieser Stelle sollen jedoch bereits einige häufige Ursachen für Verzögerungen bei Hintergrundaufgaben genannt werden:

- Die Verbindung zwischen der Warteschlange transaktionaler RFCs (tRFCs) und einem SAP-Partnersystem (also von SAP ERP zu SAP SRM oder umgekehrt) wurde möglicherweise unterbrochen. Als Folge reagieren Transaktionen oder Funktionen, die mehrere SAP-Systeme umfassen, nicht mehr. Die tRFC-Warteschlange kann über Transaktion SM58 angezeigt werden.
- Für die von der Hintergrundaufgabe verarbeitete Business-Objektmethode ist ein Fehler aufgetreten, für den kein geeignetes Coding vorhan-

den ist. Möglicherweise benötigt die Methode zur Verarbeitung die Inhalte eines Business-Objektattributs, zur Laufzeit wird das tatsächliche Attribut jedoch nicht gefüllt. Bei dieser Art von Problem empfiehlt es sich, die tatsächlichen Daten erneut anzulegen und ein Debugging für die Methode durchzuführen.

- Das Kennwort für den Benutzer WF-BATCH wurde versehentlich geändert. Halten Sie mit Ihrem Basis-Team Rücksprache, um sicherzustellen, dass dieses Kennwort mit dem RFC-Benutzer WF-BATCH synchronisiert ist.
- Der Hintergrundjob für die Terminüberwachung wird möglicherweise nicht ordnungsgemäß ausgeführt. Dieser Job – SWWDHEX – sollte als Teil des normalen Workflow-Customizings eingerichtet werden. Nach einem vordefinierten Zeitraum legt sich dieser Job selbst zur Ausführung wieder vor. Wenn Sie Termine für Ihre Workitems festgelegt haben, können detailliertere Analysen durchgeführt werden, z. B. mithilfe des Standardreports Workitems mit Terminüberschreitung (Transaktion SWI2_DEADSWI2_DEAD).
- Wenn Sie die Anzahl der pro Zeitraum bearbeiteten Workitems erfahren möchten, verwenden Sie den Report Workitems pro Aufgabe (Transaktion SWI2_FREQSWI2_FREQ).

8.1.3 Workitems nach Bearbeitungsdauer

Bei Auswahl von Reporting • Work Item Analysis • Work Items by Processing Duration (Transaktion SWI2_DURA) zeigt der gestartete Report Informationen zur Bearbeitungsdauer für die Workitems des angegebenen Typs oder für die angegebenen Aufgaben an, die innerhalb des Zeitraums beendet wurden. Dabei werden die Daten nach Aufgabe sortiert. Vorausgesetzt, es gibt entsprechende Workitems, wird der aktuelle Zeitraum mit einem vorherigen Zeitraum gleicher Länge verglichen, um die Abweichungen und Unterschiede zu veranschaulichen.

Die Bearbeitungsdauer aller Workitems für eine Aufgabe wird als Standardwert mit drei Schwellwerten angezeigt (Schwellwerte bei 10 %, 50 % und 90 %). Die Schwellwerte werden wie folgt interpretiert: Die Bearbeitungsdauer des Schwellwertes *x* % bedeutet, dass *x* % aller Workitems für diese Aufgabe innerhalb dieses oder eines kürzeren Zeitraums bearbeitet wurden. Sie können den Modus ändern, um die Wait Time (d. h. die nicht genutzte Zeit), die Processing Time und die Total Time anzuzeigen, was häufig sinnvollere Informationen als die drei Schwellwerte liefert. Sie können bestimmte Workitems genauer untersuchen. Wenn z. B. die meisten Workitems in Sekunden ausgeführt wurden, einige jedoch mehrere Tage dauerten, können Sie diese Workitems eingehender prüfen, die Bearbeiter ermitteln und diese befragen, warum sie so lange gebraucht haben.

8.1.4 Workitems mit Terminüberwachung

Bei Auswahl von Reporting • Work Item Analysis • Work Items with Monitored Deadlines (Transaktion SWI2_DEAD) zeigt der gestartete Report Workitems an, für die eine Terminüberwachung festgelegt wurde. Dieser Report ist besonders zweckmäßig, um zu bestimmen, ob Termine eingehalten oder überschritten wurden, da alle überschrittenen Termine unabhängig davon angezeigt werden, ob das Workitem mittlerweile abgeschlossen ist oder nicht. Bei jeder Terminüberschreitung wird auch der aktuelle Status des Workitems angezeigt.

Da Terminüberschreitungen nach Aufgaben gruppiert angezeigt werden, können Sie rasch erkennen, ob bestimmte Aufgaben wiederholt Schwierigkeiten bereiten. Dies kann bedeuten, dass der gesetzte Termin unrealistisch ist oder eine weitere Schulung, Onlinehilfe o. Ä. erforderlich ist.

8.1.5 Reporting zum Bearbeiterverhalten

Neben der Überwachung der Geschwindigkeit, mit der Bearbeiter ihre Workitems bearbeiten, lohnt sich auch die Prüfung des Workloads der Bearbeiter. Dies gilt insbesondere, wenn sich die Bearbeiter beklagen, dass sie zu viele Workitems empfangen. Sie können sowohl die bisherige Arbeitsauslastung (d. h. die Anzahl der Workitems, die der Bearbeiter in einem bestimmten Zeitraum bearbeitet hat) als auch die künftige Arbeitsauslastung (d. h. die noch nicht bearbeiteten Workitems in der Inbox) einer Analyse unterziehen.

Um die Workload-Analyse aufzurufen, wählen Sie Reporting • Workload Analysis (Transaktion SWI5). In Transaktion SWI5 wird die Workload Analysis für die in der Vergangenheit bearbeiteten Workitems sowie für die Workitems angezeigt, die noch ausgeführt werden müssen.

Workload-Analyse für vergangene Arbeitsbelastung

Der Report Workload-Analyse für vergangene Arbeitsbelastung ist besonders nützlich für die Bewertung der Arbeitsauslastung über bestimmte Zeiträume wie etwa ein Monat oder ein Geschäftsjahr. Um die bisherige Arbeitsauslastung zu bestimmen, wählen Sie in der Workload Analysis die Option

COMPLETED SINCE (Fertiggestellt seit). Der Report zeigt die vor dem angegebenen Datum abgeschlossenen Workitems an. Nur abgeschlossene Workitems werden angezeigt. Die Workitems müssen zudem einen tatsächlichen Bearbeiter aufweisen, bei dem es sich um einen Benutzer handelt, der direkt oder indirekt dem Organisationsobjekt zugeordnet ist, das in den Auswahlkriterien angegeben ist.

Sie können sich darüber hinaus die folgenden Statistiken zur Anzahl der Workitems anzeigen lassen, die von Mitarbeitern abgeschlossen wurden, die mit einer Organisationseinheit, einem Bearbeiter, einer Aufgabe oder einem Enddatum verknüpft sind.

Workload-Analyse für zukünftige Arbeitsbelastung

Der Report Workload-Analyse für zukünftige Arbeitsbelastung ist besonders nützlich für das Reporting zu Typ und Häufigkeit von Aufgaben, die einem Bearbeiter gesendet werden. Um die künftige Arbeitsauslastung zu bestimmen, wählen Sie die Option WORK ITEMS TO BE COMPLETED (Fertigzustellende Workitems). Für diese Option muss ein Datum in der Zukunft ausgewählt werden. Die Auswahl erzeugt eine Liste mit Workitems, die von den Mitgliedern des Organisationsobjekts bis zum eingegebenen Datum bearbeitet sein müssen.

Diese Transaktion ist zudem nützlich, wenn ein Workflow-Bearbeiter seinen Arbeitsplatz unerwartet verlassen muss. Der Workflow-Administrator kann anschließend die Prozessverantwortlichen über Workitems in Arbeit informieren, die nun von anderen Bearbeitern ausgeführt werden müssen.

Tipp

Wenn kein Datum angegeben ist, entspricht die Arbeitsauslastung des Benutzers dem Inhalt seiner Workflow-Inbox. Fehlerhafte Workitems werden nicht angezeigt.

Die Liste der Workitems ist nach den tatsächlichen Bearbeitern und Aufgaben sortiert. Am Ende der Liste werden die Workitems und Aufgaben, für die kein tatsächlicher Benutzer vorhanden ist, unter der Überschrift NOT RESERVED BY AN AGENT angezeigt.

8.1.6 Ermittlung und Begründung potenzieller Verbesserungen

Wenn Sie analysieren, wie sich der Geschäftsprozess verbessern lässt, dürfen Sie nicht nur den Workflow, sondern müssen auch den Prozess als Ganzes betrachten. Zwar kann ein veränderter Workflow primär für eine Verbesserung des Geschäftsprozesses sorgen, dennoch können auch einfache Punkte dazu beitragen, den Prozess zu optimieren, ohne dass der Workflow selbst geändert wird. Dazu gehören Punkte wie die Überprüfung, ob alle Bearbeiter an einer Workflow-Schulung teilgenommen haben, oder der Versand von E-Mail-Benachrichtigungen an Bearbeiter über ausstehende Workitems oder eine Liste mit häufig gestellten Fragen im Intranet.

Die nützlichsten Werkzeuge zur Begründung potenzieller Verbesserungen sind die Fehlerübersicht und Performance-Reports.

- **Fehlerübersicht**
  Aus der Fehlerübersicht (Transaktion SWI2_DIAG) geht hervor, welche Fehler gegenwärtig häufig bzw. wiederholt auftreten, wenn Sie die relevanten Daten für einen bestimmten Zeitraum erfassen. Insbesondere häufige Fehler bei der Bestimmung von Bearbeitern können dazu führen, dass striktere Regeln bei der Bearbeiterermittlung oder straffere Prozeduren bei der Bearbeiterpflege durch die Personalabteilung und das Sicherheitspersonal umgesetzt werden.
- **Performance-Reports**
  Über Reports zur Workflow-Performance können Aufgaben angezeigt werden, die lange Liege- und Arbeitszeiten aufweisen. Im Folgenden sind gängige Möglichkeiten aufgeführt, um die Arbeitszeiten zu verbessern:
  - Verbesserung der Onlinehilfe
  - Hervorhebung der wichtigsten Details für die Entscheidung beim Anzeigen und Ausführen des Workitems
  - Verbesserung der Schulung und Sicherstellen, dass alle Bearbeiter geschult wurden
  - Versand von E-Mail-Benachrichtigungen über ausstehende Workitems an den Bearbeiter
  - Einrichtung von Vertretern
  - Verbesserung des Eskalationsprozesses durch Benachrichtigen eines Mitarbeiters, wenn ein Bearbeiter eine Aufgabe nicht rechtzeitig erledigt hat, oder durch automatisches Umleiten von Workitems zu einem neuen Bearbeiter, wenn ein Termin überschritten wurde

Es empfiehlt sich, den Bearbeitern und anderen Personen, die am Prozess beteiligt oder von diesem betroffen sind, die Möglichkeit zu bieten, Vorschläge zur Verbesserung des Workflows zu machen, z. B. über einen

»Onlinekummerkasten«. Wenn genügend Bearbeiter ähnliche Verbesserungen vorschlagen, kann dies schon eine ausreichende Begründung für eine Änderung des Workflows sein.

8.2 Fehlerbehebung

Wenn ein unternehmenswichtiger Prozess fehlschlägt, hat das große Nachteile für das Unternehmen. Eine rasche Fehlerbehebung ist von großer Bedeutung, wenn das Vertrauen sowohl in den Geschäftsprozess als auch in den Workflow erhalten bleiben soll. Der schlimmste Fehler, den Sie als Workflow-Administrator begehen können, ist es, anzunehmen, dass es keine Ausfälle gibt, und deshalb die Einplanung von Ausfällen zu unterlassen.

Der wahrscheinlichste Zeitraum für Ausfälle ist der Zeitraum unmittelbar nach der Aktivierung des Workflows bzw. nach Änderungen am Workflow. Dies ist zudem der wichtigste Zeitraum, um Vertrauen in den Workflow und den Geschäftsprozess aufzubauen. Sie müssen sicherstellen, dass Sie als Workflow-Administrator wissen, wie wichtig der Prozess ist, wer von dem Ausfall betroffen ist (damit Sie den Betroffenen benachrichtigen können, dass das Problem bald behoben sein wird), welche Schritte zu unternehmen sind und an wen Sie sich wenden müssen, damit alle Fehler schnell und überzeugend beseitigt werden. Dies gilt insbesondere für den allerersten Workflow, der in Ihrer Organisation aktiviert wird!

Der Prozess der Fehlerbehebung besteht aus drei Schritten:

1. Erkennen des Problems (per Diagnose)
2. Beseitigen des Problems
3. Verhindern, dass das Problem nochmals auftritt

Der Workflow-Administrator muss zudem zwischen Workflows unterscheiden, die tatsächlich einen Status Error aufweisen, und Workflows, die »ihr Ziel verfehlt haben«, also den erwarteten Empfänger nicht erreicht haben. Der Schwerpunkt dieses Kapitels liegt auf der Beseitigung tatsächlicher Fehler, nicht auf der Korrektur von Workflows, die ein unerwartetes Verhalten aufweisen.

Für die Fehlerdiagnose stehen zahlreiche Werkzeuge zur Verfügung. Diese Werkzeuge reichen von einfachen Reports über detaillierte technische Ablaufverfolgungen bis hin zu komplexen grafischen Anzeigen. Diese Fehlerdiagnose-Werkzeuge werden besonders von Workflow-Entwicklern zum

Testen ihrer Workflows und bei Bedarf von Workflow-Administratoren zur Fehlerdiagnose verwendet. Aufgrund der großen Anzahl und Vielfalt der Werkzeuge wird die Fehlerdiagnose in Kapitel 11, »Erweiterte Diagnose«, separat behandelt. Wenn die Workflow-Administration für Sie Neuland ist, können Sie die Workflow-Entwickler um Unterstützung bei der Fehlerdiagnose bitten. Das Beobachten eines Workflow-Entwicklers bei der Lösung eines Workflow-Problems ist eine sehr effektive Möglichkeit, sich mit der Diagnose von Workflow-Fehlern vertraut zu machen.

Wenn jedoch ein Workflow-Entwickler eine Problemdiagnose durchführt, beendet er in der Regel lediglich die fehlgeschlagene Workflow-Instanz, nimmt einige Änderungen vor und startet eine neue Workflow-Instanz. In einer Produktivumgebung können Sie sich normalerweise nicht den Luxus leisten, fehlgeschlagene Workflow-Instanzen zu ignorieren. Ihre Aufgabe ist es, das Problem zu beheben. Der Schwerpunkt in diesem Kapitel soll deshalb auf der Beseitigung eines Fehlers (nach erfolgter Diagnose) und der Vermeidung eines erneuten Auftretens dieses Fehlers liegen.

Die möglichen Probleme zur Laufzeit können in folgende Kategorien eingestuft werden:

- **Fehler bei der Bearbeiterermittlung**
  Für das Dialog-Workitem wurde der falsche oder kein Bearbeiter ermittelt.
- **Pufferfehler**
  Pufferfehler treten üblicherweise auf, wenn der Zugriff auf Workitems fehlschlägt, obwohl die Pflege der Bearbeiterermittlung und der Berechtigungseinstellungen auf dem aktuellen Stand ist.
- **Workitem-Fehler**
  Workitem-Fehler werden in der Regel durch einen falsch modellierten Workflow oder übereilten Transport verursacht. Beispiel: Der Workflow berücksichtigt keine unvollständigen Daten, die aus älteren Systemen extrahiert wurden, oder Ausnahmen in Objektmethoden werden nicht abgefangen.
- **Ereigniskopplungsfehler**
  Diese werden üblicherweise durch Änderungen beim Anwendungs-Customizing oder falsch modellierte Workflows verursacht. Symptome dafür sind, dass der Workflow nicht gestartet wurde, weil das auslösende Ereignis nicht eingetreten ist oder es den Workflow nicht gestartet hat, oder dass der Workflow mitten im Prozess hängenbleibt, weil er auf ein beendendes Ereignis wartet, das nie eintritt.

Wie Sie sehen, kann die Mehrzahl möglicher Fehler durch ein überlegtes Workflow-Design und sorgfältiges Testen (werden z. B. die Ausnahmen abgefangen?) vermieden werden. Doch trotz größtmöglicher Anstrengungen der Entwickler kann es aufgrund von Zeitdruck, Unerfahrenheit oder Änderungen durch Mitarbeiter, die mit den entsprechenden Auswirkungen auf den Workflow nicht vertraut sind, immer zu unerwarteten Fehlern kommen, wenn auch meist nur in der ersten Zeit nach dem Übergang in die Produktivumgebung.

Sorgen Sie dafür, dass die am Geschäftsprozess beteiligten Personen wissen, dass Probleme sofort gemeldet werden müssen. Einzelberichte darüber, dass ein Prozess ausgefallen ist, können häufig nur sehr schwer dem verursachenden Workitem zugeordnet werden. Weisen Sie die Mitarbeiter deshalb an, Folgendes anzugeben: Objektschlüssel (z. B. ob das Workitem auf einem Finanzdokument basierte, sowie den Buchungskreis, die Dokumentnummer und/oder das Geschäftsjahr des Dokuments), Datumsangaben zum Prozessstart sowie den Zeitpunkt, zu dem das Problem erstmalig aufgetreten ist. Wie zuvor erwähnt, sind Prozesse, die in Workflows integriert wurden, nahezu immer unternehmenskritisch, grundlegend oder höchst umfangreich. Sollte also ein Fehler auftreten, müssen Sie sofort reagieren und diesen so schnell wie möglich beheben!

Tipp

Es ist äußerst nützlich, eine Protokolldatei aller aufgetretenen Workflow-Fehler zu pflegen, die kontinuierlich erweitert wird und die Schritte, bei denen die Fehler auftreten, sowie die entsprechende Lösung enthält. Sie können diese Protokolldatei anschließend als FAQ-Liste zur Fehlerbehebung und zur Schulung weiterer Mitarbeiter nutzen, die in die Workflow-Administration involviert sind. Ein einfaches Tabellenblatt mit Datum, System, Objekttyp, Objektschlüssel, Schritt, Fehler und Lösung kann darüber hinaus ebenfalls ein nützliches Werkzeug sein, um Verbesserungsmöglichkeiten zu ermitteln oder nach Mustern zu suchen, die andernfalls nur schwer zu identifizieren sind.

8.3 Allgemeine Techniken zur Behebung von Laufzeitfehlern

In diesem Abschnitt erhalten Sie Informationen zu den Grundeinstellungen zur Unterstützung der Fehlerüberwachung sowie zu einigen allgemeinen Techniken zur Ermittlung und Untersuchung von Workitems und fehlerhaften Workflows. Einige der spezifischeren Diagnosetechniken setzen voraus, dass Sie mit den allgemeinen Workflow-Transaktionen vertraut sind. Insbesondere müssen Sie folgende Schritte ausführen können:

- Zugriff auf und Lesen von Workflow-Protokollen
- Zugriff auf sowie Lesen und Ändern von Workitems

Tipp

Obwohl die Informationen in diesem Kapitel für Workflow-Administratoren von entscheidender Bedeutung sind, kann Ihnen der Lesestoff ein wenig trocken vorkommen, wenn Sie noch nicht in der Phase sind, in der Sie »echte« Workflows in der Produktivumgebung auslösen. Außerdem werden Sie feststellen, dass einige Fehleranalysen Kenntnisse voraussetzen, die erst in späteren Kapiteln vermittelt werden. Aus diesem Grund können Sie auch direkt mit Abschnitt 8.4, »Arbeiten mit der Workitem-Anzeige«, fortfahren und erst später zu diesem Abschnitt zurückkehren, wenn Sie weitere Einzelheiten erfahren möchten.

8.3.1 Grundeinstellungen für die Fehlerüberwachung

Einige Einstellungen für die Workflow-Laufzeitumgebung sind für die Fehlerüberwachung zur Laufzeit besonders wichtig. Die meisten dieser Einstellungen werden in Kapitel 3, »Konfiguration des Systems«, erläutert. Doch auch im Einführungsleitfaden (IMG) finden Sie Einzelheiten zu diesem Thema (SAP NetWeaver • Application Server • Business Management • SAP Business Workflow).

Die wichtigste Konfigurationseinstellung legt den Workflow-Administrator fest, sodass fehlerhafte Workitems proaktiv in die Inbox des Administrators geleitet werden. Als Workflow-Administrator müssen Sie Ihre Inbox regelmäßig prüfen bzw. über Ihre Einstellungen sicherstellen, dass Benachrichtigungen zu Fehlern automatisch regelmäßig an Sie weitergeleitet werden. Zu diesen Einstellungen zählen eine korrekte E-Mail-Adresse (wählen Sie unter Business Workplace Settings • Office Settings die Registerkarte Automatic Forwarding, und geben Sie Ihre E-Mail-Adresse ein) sowie die Planung und regelmäßige Ausführung eines automatischen Weiterleitungsjobs (verwenden Sie in SAP-Releases vor SAP ERP 5.0 das Programm `RSWUWFML2` und in neueren Releases *Extended Notifications*).

8.3.2 Suchen und Korrigieren von Workitems

Wenn es um die Korrektur von Workitems geht, stufen Workflow-Experten unterschiedliche Werkzeuge als am besten geeignet ein. Aus diesem Grund werden in den nächsten Abschnitten die drei leistungsfähigsten Werkzeuge beschrieben:

- **SWI2_DIAG**
  Diagnose fehlerhafter Workflows
- **SWI1**
  Workitem-Selektion
- **SWI2_FREQ**
  Workitem-Häufigkeit

8.3.3 Diagnose fehlerhafter Workflows

Wenn Sie bereits wissen, dass Sie über einen fehlerhaften Workflow verfügen, ist die Auswahl von ADMINISTRATION • WORKFLOW RUNTIME • DIAGNOSIS OF WORKFLOWS WITH ERRORS (Transaktion SWI2_DIAG) wahrscheinlich die schnellste Möglichkeit, um einen entsprechenden Report auszuführen. Diese Funktion zeigt alle fehlerhaften Workflows an und gruppiert sie gemäß der Fehlerursache (Bearbeiter, Termine, Datenfluss oder weitere Kriterien). Mithilfe dieses Reports können Sie feststellen, ob bestimmte Fehlertypen in mehreren Workflows immer wieder vorkommen oder ob das Problem nur bei einem bestimmten Workitem auftritt. In diesem Report können Sie den Workflow auch korrigieren und neu starten.

Tipp

Das System bestimmt die fehlerhaften Workitems auf der höchsten Ebene. Wenn ein Workitem den Status ERROR hat, gehört das angezeigte Workitem zum höchsten fehlerhaften Workflow, der sich in der Hierarchie über ihm befindet.

Bei diesem Report wird versucht, die Fehler aller Workflows zu kategorisieren, die den Status ERROR aufweisen. Im Folgenden sind einige dieser Kategorien aufgelistet:

- **Bearbeiter**
  Wenn ein Bearbeiterfehler angezeigt wird, weist dies darauf hin, dass Dialogaufgaben nicht an die Bearbeiter übermittelt werden konnten. Doppelklicken Sie auf eine einzelne Zeile des Reports, um sich Details zu dem entsprechenden Fehler anzeigen zu lassen. Abbildung 8.1 zeigt ein Beispiel für einen Fehler, der aufgetreten ist, weil kein Bearbeiter ermittelt werden konnte. Diese Fehler werden mit Dialogaufgaben verknüpft.

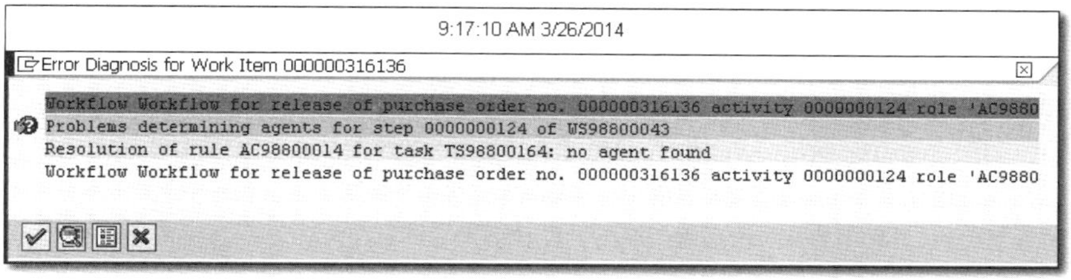

Abbildung 8.1 Beispiel für einen Fehler, weil kein Mitarbeiter ermittelt werden konnte

- **Datenfluss von Workflow zu Workitem**
  Dieser Fehlertyp zeigt an, dass Ihr Workflow nicht korrekt modelliert wurde. Möglicherweise wurden einige Importparameter als obligatorisch gekennzeichnet, zur Laufzeit jedoch nicht gefüllt.
- **Sonstiges**
  Wenn der Fehlertyp nicht über den Diagnosereport ermittelt werden kann, werden die Fehler als MISCELLANEOUS kategorisiert. In diesem Fall ist der Workflow-Administrator in der Lage, die Fehlerursache durch Prüfen der Workflow-Details zu finden. Abbildung 8.2 zeigt ein Beispiel für einen sonstigen Fehler.

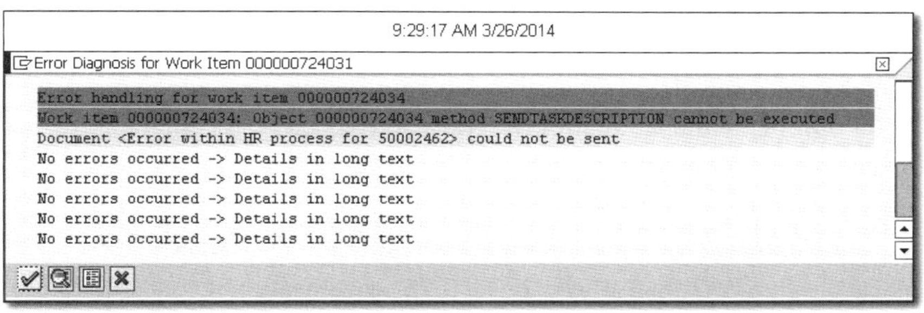

Abbildung 8.2 Sonstiger Fehler

Unabhängig vom Ergebnis des Reports kann der Workflow-Administrator die Liste über verschiedene Werkzeuge ändern (filtern, sortieren) oder workflow-spezifische Werkzeuge nutzen (zum Neustart des Workflows, zur Anzeige des Workflow-Protokolls, zur Änderung des Workflows).

8.3.4 Workitem-Selektion

Wählen Sie UTILITIES • WORK ITEM SELECTION, um den Status von Workflows zu prüfen. Über diese Option wird der Selektionsreport für Workitems (Transaktion SWI1) aufgerufen. Dieser ermöglicht die Auswahl und Anzeige von Workitems aller Typen anhand verschiedener Kriterien. Diese Funktion ist besonders nützlich, um nach »verloren gegangenen« Workitems zu suchen, die weder in der erwarteten noch überhaupt in irgendeiner Workflow-Inbox angezeigt werden. Nachdem Sie das gesuchte Workitem gefunden haben, bietet dieser Report zudem eine Vielzahl von Optionen zum Reparieren des betreffenden Workitems.

Der Report ist außerdem besonders zweckmäßig, wenn Sie sich einen schnellen Überblick über bestimmte Typen von Workitems verschaffen möchten, z. B. über alle Hintergrund-Workitems (geben Sie den Workitem-Typ »B« ein), um zu prüfen, ob diese umgehend abgeschlossen werden. Sie können Workitems mithilfe von Kriterien wie TYPE, STATUS, TASK/TASK GROUP ID oder DATE/TIME CREATED auswählen.

Tipp

Die Aufgabenkennung muss dem ausgewählten Workitem-Typ entsprechen. Der Workitem-Typ W repräsentiert Aufgaben (TS-Typ – TSxxxxxxxx); der Workitem-Typ F repräsentiert Workflows (WS-Typ WSxxxxxxxx).

Das Auswahlkriterium ist standardmäßig so festgelegt, dass alle Workitems angezeigt werden, die in der letzten Stunde aktiviert wurden. Stellen Sie beim Angeben von Zeiträumen sicher, dass der erste Eintrag zeitlich vor dem zweiten liegt. Beispiel: Verwenden Sie keine Zeiträume wie »von 13:05:00 bis 00:00:00«, sondern »von 13:05:00 bis 23:59:59«. Sie können auch ein einzelnes Workitem über dessen Kennung auswählen.

Tipp

Wenn Sie eine Workitem-ID als Auswahlkriterium eingeben, ignoriert das System alle anderen Auswahlkriterien.

Für ein effektives Reporting mithilfe von Transaktion SWI1 ist es wichtig, die verschiedenen Workitem-Typen zu verstehen. In Tabelle 8.2 sind die gängigsten Workitem-Typen aufgeführt. Wenn Sie die Liste der Workitems in Transaktion SWI1 betrachten, sehen Sie auch den Workitem-Typ.

Hinweis

In der sich ergebenden Workitem-Liste können Sie zur Workitem-Anzeige oder zum Workflow-Protokoll wechseln.

Workitem-Typ	Bedeutung
W	Dialog-Workitem oder Aufgabe, das bzw. die von einem Benutzer abgeschlossen werden muss
B	Hintergrundaufgabe, die von der SAP Business Workflow Engine ausgeführt wird
F	Workflow oder Sub-Workflow, über den nicht nur ein einzelner Schritt, sondern der Prozessfluss angezeigt wird
D	Terminüberschreitungs-Workitem (z. B. hatte ein Benutzer zwei Tage Zeit, um die Aufgabe abzuschließen; diese zwei Tage sind nun verstrichen, sodass das Workitem überfällig ist)

Tabelle 8.2 Workitem-Typen

8.3.5 Workitem-Häufigkeit

Wählen Sie Reporting • Work Item Analysis • Work Items Per Task (Transaktion SWI2_FREQ), um einen Report mit sämtlichen Workflows zu starten, die innerhalb eines angegebenen Zeitraums initiiert wurden. Sie können die Auswahl auf einen bestimmten Workflow, eine bestimmte Aufgabe oder eine bestimmte Hintergrundaufgabe beschränken. Dieser Report ist auch nützlich, um die tatsächliche Menge an Workflow-Prozessen darzustellen.

Bei der Umsetzung eines Workflow-Projekts verfügen einige Unternehmen möglicherweise lediglich über ungenaue Informationen zum Geschäftsprozess. Mithilfe dieser Reports lassen sich jedoch die tatsächlichen Daten zusammentragen:

- Anzahl an Workflows, die für einen spezifischen Business-Objekttyp initiiert wurden
- Gesamtzahl an Workflows, die während eines bestimmten Zeitraums initiiert wurden
- Anzahl an Dialogaufgaben, die Ihre Anwender bearbeiten

Um fehlerhafte Workitems zu korrigieren, stehen unter Edit • Work Item oder in den Reports zur Administration, die im Menü Administration verfügbar sind, zahlreiche Optionen zur Verfügung:

- Restart after Error/Execute without Check
  Über diese Optionen können Sie ein Workitem ausführen.
  - Ist das Workitem fehlerhaft, verwenden Sie Restart after Error (Neustart nach Fehler), nachdem Sie die Ursache identifiziert und korrigiert haben.

- Wenn das Workitem keinen gültigen Bearbeiter hat und Sie es dennoch ausführen müssen, wählen Sie EXECUTE WITHOUT CHECK (Ohne Prüfung ausführen). Mithilfe dieser Option können Sie Workitems ohne entsprechende Berechtigungen ausführen. Deshalb darf die Berechtigung für die Verwendung dieser Option nur dem Workflow-Administrator in einer Produktivumgebung erteilt werden. Da der Workflow-Administrator allerdings als tatsächlicher Bearbeiter (also als der Genehmigende) protokolliert wird, sollte diese Funktion aufgrund von Data Governance und zu Sicherheitszwecken nur in Notfällen verwendet werden.

- COMPLETE MANUALLY (manuell beenden)
  Mit dieser Option können Sie ein Workitem abschließen, ohne es erneut auszuführen. Dies ist insbesondere dann nützlich, wenn ein Hintergrund-Workitem nicht mehr reagiert und der Workflow-Administrator die erforderlichen Korrekturen am Container vorgenommen hat, um die Fortsetzung des Prozesses zu ermöglichen.
- REPLACE MANUALLY (manuell zurücklegen)
  Wenn ein Workitem von einem bestimmten Bearbeiter angenommen wurde, können Sie mit der Option MANUELL ZURÜCKLEGEN die Reservierung aufheben, damit das Workitem in den Inboxen aller Empfänger angezeigt wird. Diese Funktion wird wahrscheinlich am häufigsten in der Implementierungsphase zu Beginn des Workflows verwendet, bevor sich die Benutzer bewusst sind, dass ein Workitem aus den Warteschlangen der anderen Bearbeiter entfernt wird, sobald sie es »anfassen«.

Tipp

Wenn Sie ein Workitem nach einem Fehler erneut starten, sorgen Sie dafür, dass der Neustart mithilfe des Administrationsreports Restart after Error (Neustart nach Fehler) erfolgt (Transaktion SWPR), um sicherzustellen, dass sowohl das Workitem als auch der Workflow der obersten Ebene neu gestartet werden. Sie müssen stets prüfen, ob der Neustart des Workflows ordnungsgemäß ausgeführt wurde, falls ein Fehler auftreten sollte (bei dem es sich auch um einen neuen Fehler handeln kann), bevor der Workflow fortgesetzt werden kann.

8.4 Arbeiten mit der Workitem-Anzeige

In diesem Abschnitt erläutern wir den Unterschied zwischen der *Workitem-Anzeige* und dem *Workflow-Protokoll*. Dieser Unterschied besteht darin, dass Sie in der Workitem-Anzeige die Details zu einer bestimmten Aufgabe aufrufen können, während das Workflow-Protokoll lediglich einen Überblick über den gesamten Workflow-Prozess liefert. Sie können aus den meisten Workflow-Reports, auch aus der Workitem-Selektion, in die Workitem-Anzeige verzweigen. Die Workitem-Anzeige zeigt detaillierte Informationen zum Workitem und ermöglicht außerdem die Beseitigung bestimmter Probleme. Der Zugriff auf die Workitem-Anzeige erfolgt üblicherweise über den Link GOTO innerhalb des Menüs.

Es ist wichtig, zu wissen, dass sowohl das Workflow-Protokoll als auch die Workitem-Anzeige abhängig von den Benutzerparametern in verschiedenen Formaten angezeigt werden können. Für eine bessere Kommunikation mit den Benutzern sollte der Workflow-Administrator diese alternativen Sichten kennen. Die Benutzersicht eignet sich selbstverständlich in erster Linie für Benutzer, während die technische Anzeige über einige zusätzliche Optionen für Entwickler und Administratoren verfügt. In Ihren persönlichen Workflow-Einstellungen können Sie die zu verwendende Sicht voreinstellen. Über die Menüoption GOTO • TECHNICAL WORK ITEM DISPLAY können Sie von der Standard- zur technischen Workitem-Sicht wechseln. Es wird ein Popup-Fenster angezeigt, in dem Sie aus unterschiedlichen Formaten auswählen können. Ihre technische Workflow-Anzeige variiert basierend auf dem SAP-Release, das Sie einsetzen.

Insbesondere in der technischen Anzeige (siehe auch Abschnitt 8.4.2, »Workitem-Anzeige: technische Sicht«) können Sie folgende Aufgaben ausführen:

- Weiterleiten, d. h. Workitems an andere Bearbeiter senden
- Zurücklegen von Workitems, die von einem ausgewählten Bearbeiter angenommen wurden, sodass diese Items in den Inboxen anderer Empfänger angezeigt werden
- Ablehnen von Workitems, sodass der Workflow dem entsprechenden im Workflow Builder definierten Pfad folgt
- Ändern von Terminen
- Anhänge, in denen Sie z. B. erläutern können, warum es erforderlich war, ein Workitem ohne Bearbeiterprüfung auszuführen; Anlagen erleichtern die spätere Zurückverfolgung der Vorgänge

Hinweis

In Transaktion SU01 können (und sollten für Ihre Benutzer) auf der Registerkarte PARAMETERS Kennzeichen für die WORKFLOW LOG DISPLAY für den Parameter `WLC` gesetzt werden. Dieser Parameter verfügt über die beiden Positionskennzeichen `X` (ein) und `blank` (aus). Im Folgenden finden Sie die Werte dieser Positionen:

- Position 1: immer gesetzt
- Position 2: Beim Doppelklick auf ein Objekt wird ein neues Fenster geöffnet.
- Position 3: technische Sicht oder Benutzersicht für Workitems ohne ActiveX
- Position 4: Weiterleiten von Workitems an mehrere Benutzer ermöglichen
- Position 5: immer gesetzt
- Position 6: Workitem-Texte in Anmeldesprache anzeigen
- Position 7: technische Sicht/Benutzersicht des Workflow-Protokolls ohne ActiveX
- Position 8: Benutzersicht des Workflow-Protokolls mit ActiveX
- Position 9: Workitem-Benutzersicht mit ActiveX
- Position 10: keine Tipps und Tricks im Workplace
- Position 11: kein HTML bei der Ausführung von Entscheidungsaufgaben

8.4.1 Workitem-Anzeige: Standardsicht

Die Workitem-Standardsicht (siehe Abbildung 8.3) dient hauptsächlich der übersichtlichen Anzeige der Informationen zu Dialog-Workitems. Sie enthält Details zu Terminen, Statuszuständen, Bearbeitern, Anlagen und verknüpften Objekten eines Workitems. Es ist ratsam, sich mit allen verfügbaren Features in der Workitem-Anzeige vertraut zu machen. Bei fehlgeschlagener Ausführung eines Workitems zeigt die Funktion ERRORS (EXTRAS • TECHNICAL DATA) die Fehlermeldung oder Rückgabecodes für ausgeführte Workitems an.

Alle Objekte mit einer Beziehung zum Workitem, so auch die formalen Prozessobjekte und Ad-hoc-Anlagen, werden auf der Registerkarte AVAILABLE OBJECTS in der Liste der verfügbaren Objekte angezeigt. Von besonderem Interesse sind folgende Objekte:

- das gegenwärtig bearbeitete Objekt (Containerelement `_WI_Object_ID` des Aufgabencontainers)
- das zu Gruppierungszwecken hinzugefügte Objekt (Containerelement `_WI_Group_ID` des Aufgabencontainers)
- Anlagenobjekte, also zusätzliche Informationen, die als Anlage zu einem Workitem hinzugefügt wurden

Sie können jedes Objekt, das im Workitem-Container referenziert wird, mit seinem Default-Attribut anzeigen. Wurde kein Default-Attribut für den Objekttyp definiert, werden die Schlüsselfelder des Objekts angezeigt. Die Default-Methode jedes Objekts kann auf Anforderung ausgeführt werden.

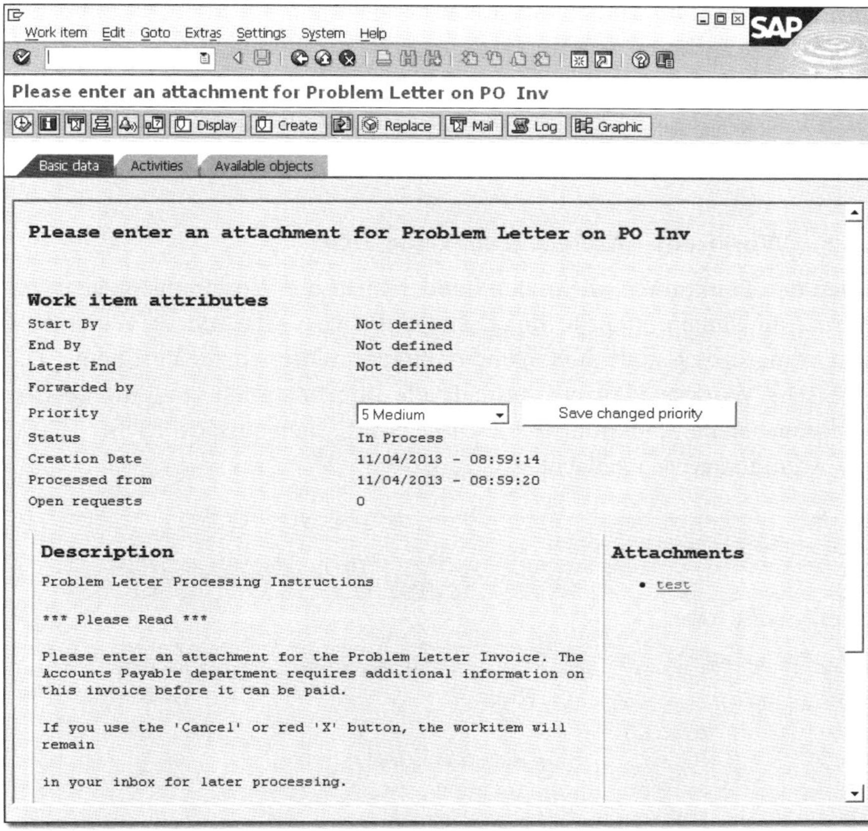

Abbildung 8.3 Workitem-Anzeige – Standardsicht

> **Tipp**
>
> Bei den meisten Objekten ist die Methode `Display` als Default-Methode festgelegt. Wenn Sie also die Details des Objekts, z. B. zur Unterstützung der Fehlerdiagnose, prüfen möchten, müssen Sie sich im Allgemeinen nicht die Mühe machen, die zur Anzeige benötigte Transaktion zu suchen. Wenn die Verwendung der Default-Methode durch Ihre Geschäftsregeln untersagt werden muss (z. B. um die Datensichtbarkeit zu schützen), können Sie die Default-Methode zu diesem Zweck innerhalb des Business Object Repositorys (BOR) überdefinieren.

Sie können die Liste der Objekte erweitern und bearbeiten, d. h. Objekte anlegen, anzeigen und entfernen. Der Hauptzweck dessen ist die Bereitstellung zusätzlicher Informationen für Bearbeiter der Folgeschritte im Workflow, damit der Bearbeiter z. B. Gründe für das Weiterleiten eines bestimmten Workitems angeben kann. Wenn Sie versuchen, Probleme bei der

Bearbeiterermittlung zu beheben, oder herausfinden möchten, wer über ein bestimmtes Workitem verfügt, ist GOTO • AGENT die nützlichste Workitem-Funktion. Hier werden die verschiedenen Bearbeiterkategorien angezeigt. Über die INBOX werden die Benutzer markiert, in deren Inboxen sich das Workitem befindet.

8.4.2 Workitem-Anzeige: technische Sicht

Neben den Funktionen, die in der Standardsicht der Workitem-Anzeige verfügbar sind, stehen in der technischen Sicht (GOTO • TECHNICAL WORK ITEM DISPLAY) darüber hinaus die folgenden Zusatzfunktionen zur Verfügung: Die technische Workitem-Anzeige enthält alle Informationen zum angezeigten Workitem (siehe Abbildung 8.4). Diese Sicht ist hauptsächlich für Workflow-Administratoren gedacht.

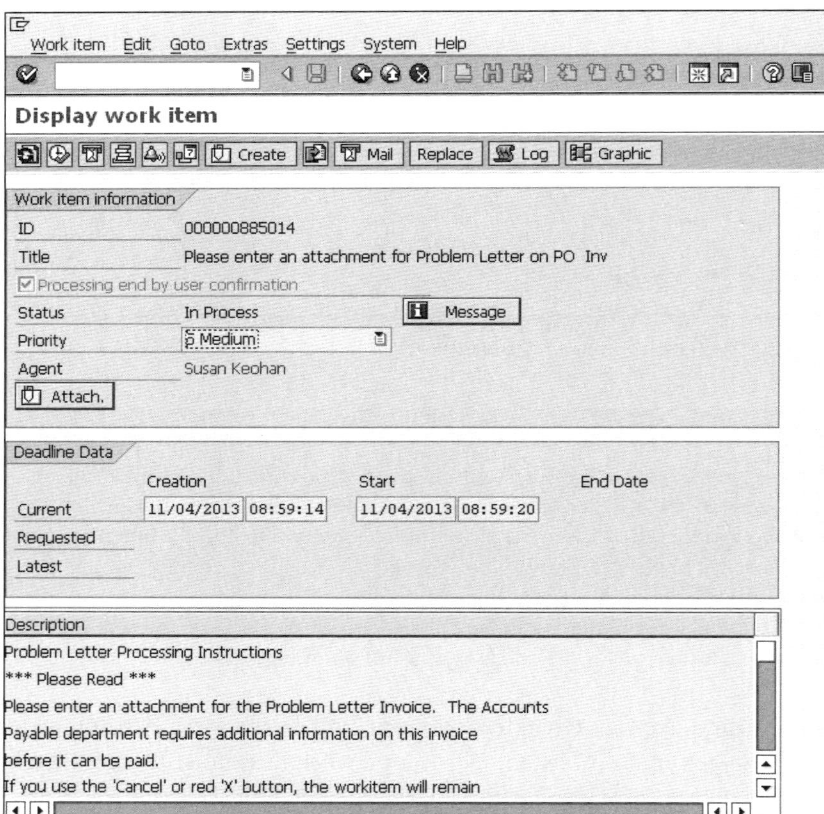

Abbildung 8.4 Workitem-Anzeige – technische Sicht

Abhängig vom Workitem-Typ werden folgende Daten angezeigt:

- Workitem-ID
- Workitem-Status
- tatsächlicher Bearbeiter eines Dialog-Workitems (nach dessen Ausführung)

Darüber hinaus werden für das Workitem Anlagen und E-Mails angezeigt. Wenn bei der Ausführung der Methode eine Fehlermeldung erzeugt wurde, können Sie diese anzeigen, indem Sie MESSAGE oder EXTRAS • DISPLAY RETURN VALUE wählen.

Angezeigt werden die aktuellen Datums- und Zeitangaben sowie die vom Laufzeitsystem überwachten Termine (Vorlagetermin und spätester Starttermin sowie gewünschter Endtermin und Frist). Tabelle 8.3 zeigt die entsprechenden Workitem-Zeitstempel.

Zeitpunkt	Bedeutung
Erzeugungstermin	Datum, an dem das Workitem von der SAP Business Workflow Engine erzeugt wurde, mit dem Status READY oder WAITING (falls ein Vorlagetermin angegeben wurde)
Startzeitpunkt	Datum und Uhrzeit, zu der sich der Status des Workitems erstmals von READY in SELECTED oder STARTED ändert, z. B. wenn ein Empfänger das Workitem ausführt
Endzeitpunkt	Datum und Uhrzeit, zu der sich der Status des Workitems in COMPLETED (Beendet) oder CANCELLED (Gelöscht) ändert
Vorlagetermin	Datum, an dem die SAP Business Workflow Engine den Status des Workitems von WAITING in READY ändert (falls ein Vorlagetermin angegeben wurde)

Tabelle 8.3 Workitem-Zeitstempel

Ein markierter überwachter Termin zeigt, dass dieser überschritten wurde. Wenn auch das Symbol der läutenden Glocke angezeigt wird, wurde vom Hintergrundjob des Termins eine Eskalationsaktion ausgelöst.

Über EXTRAS • INSTANCE LINKAGE gelangen Sie zur Definition der Instanzkopplung für beendende Ereignisse oder Warteschritt-Workitems. Dort können Sie bestimmen, welches Ereignis (identifiziert durch einen Objekttyp und eine Ereignisbezeichnung) von welchem Objekt (identifiziert durch eine Objektreferenz) erwartet wird. Dies ist nützlich, wenn das Workitem ausgeführt wurde, jedoch auf ein beendendes Ereignis wartet, da Sie mithilfe dieser Funktion genau ermitteln können, welches beendende Ereignis und welche Ereigniswerte erwartet werden. Wählen Sie Extras • Container, um den Inhalt des Workitem-Containers anzuzeigen.

Über die Option Edit • Change können Sie Folgendes ausführen:

- Ändern des Workitem-Containers, wenn z. B. durch Datenflussfehler falsche oder unvollständige Daten übermittelt wurden
- Ändern von Workitem-Text oder -Sprache
- Ändern der Workitem-Priorität
- logisches Löschen des Workitems, indem es als nicht mehr benötigt markiert wird
- manuelles Beenden des Workitems, ohne es erneut auszuführen
- Sperren/Entsperren des Workitems, um dessen Ausführung zu verhindern bzw. den Zugriff darauf zu gestatten

Bei diesen Workitem-Typen können Sie sich weitere Details anzeigen lassen, indem Sie Goto • Type specific Data wählen:

- Bei Arbeitsvorrats-Workitems werden die Objekte und Aufgaben im Arbeitsvorrat aufgeführt.
- Bei Warteschritt-Workitems gibt das System die Anzahl der erwarteten und eingetretenen Ereignisse an.

8.4.3 Arbeiten mit der Workitem-Containeranzeige

Der Inhalt des Containers des entsprechenden Workitems wird in einer Gesamtsicht angezeigt. Die Anzeige enthält die aktuellen, laufzeitspezifischen Daten zu diesem Workitem. Wenn Sie sich ein Dialog- oder Hintergrund-Workitem anzeigen lassen, gehört der Container nur zu diesem Workitem. Wenn Sie sich ein *Workflow*-Workitem anzeigen lassen, gehört der Container zur gesamten Workflow-Instanz. Abbildung 8.5 zeigt den Workitem-Container, der sämtliche Daten enthält, die zur Laufzeit für die Aufgabe verfügbar sind.

Der Container enthält folgende Elemente:

- workflow-relevante Systemfelder
- auf dem ABAP Dictionary basierende Containerelemente
- auf Objekten basierende Containerelemente, d. h. Objektreferenzen

Abbildung 8.5 Workitem-Container

Vor Objektreferenzen wird stets die logische Systemkennung angegeben. Auf diese folgen die Kennung des Objekttyps und der zusammengesetzte Schlüssel des Objekts. Wenn Sie eine Objektreferenz ändern müssen, verwenden Sie die Eingabehilfe im Objektreferenzfeld. Die Eingabehilfe ermöglicht die richtige Eingabe des Objektschlüssels, bestimmt die entsprechenden System-/Mandantenreferenzen für Sie und prüft, ob das Objekt vorhanden ist.

8.5 Arbeiten mit dem Workflow-Protokoll

Zur Laufzeit verfügt ein Workflow über ein eigenes Workitem (Typ F), das die Workflow-Instanz repräsentiert. Mithilfe der Workitem-Selektion und ähnlicher Reports können Sie das Workitem Ihres Workflows ermitteln. Die Workitem-Anzeige gibt jedoch nur eingeschränkt Informationen zur Workflow-Instanz. Die beste Möglichkeit der Untersuchung der Workflow-Instanz bietet das Workflow-Protokoll.

Das Workflow-Protokoll fasst an zentraler Stelle alle Informationen zusammen, die während der Ausführung des Geschäftsprozesses (d. h. der Workflow-Instanz) erstellt oder erfasst wurden (siehe auch Kapitel 4, »Verteilung von Workitems«). Das Workflow-Protokoll ist in verschiedenen Formaten verfügbar. Zwei dieser Formate sind für Bearbeiter und Prozessverantwortliche konzipiert, die sich einen Überblick über die bisher bearbeiteten Schritte verschaffen möchten. Diese Formate sind hier aufgeführt:

- Benutzersicht
- Benutzersicht klassisch
- Workflow-Protokoll – Chronik in der Benutzersicht

Der Übersicht halber zeigen wir lediglich die Benutzersicht und erläutern, welche Optionen für die Anwender zur Verfügung stehen. Alle drei Sichten bieten im Wesentlichen die gleichen Informationen und unterscheiden sich lediglich durch die etwas anderen Formate. Workflow-Administratoren sollten sich eher mit dem technischen Workflow-Protokoll beschäftigen.

8.5.1 Benutzersicht

In der Benutzersicht (siehe Abbildung 8.6) werden nur Daten für die wichtigsten Schritttypen gezeigt. In der Workflow-Definition können Sie bei Bedarf Schritte mit den oben genannten Schritttypen von der Anzeige im Workflow-Protokoll ausschließen. Wenn Sie das vollständige Protokoll anzeigen lassen möchten, wechseln Sie in die technische Sicht des Protokolls, indem Sie auf das Icon TECHNICAL DETAILS klicken. Das Workflow-Protokoll enthält die folgenden Registerkarten:

- VIEW: WF CHRONICLE (Was wurde wann bearbeitet?)

  Die Ansicht WF CHRONICLE () zeigt eine hierarchische Sicht aller Schritte im Workflow, die bislang bearbeitet wurden oder gegenwärtig bearbeitet werden können. Wenn der Workflow eine Sub-Workflow-Struktur besitzt, werden die Sub-Workflows ebenfalls angezeigt.

  Die Funktion DETAILS () listet im unteren Teil des Bildschirms die folgenden Informationen zu jedem Schritt auf:

  - die Personen, die bestimmte detaillierte Aktionen für diese Workitems ausgeführt haben, und die entsprechenden Ergebnisse
  - der Zeitpunkt der Ausführung dieser Aktionen
  - die beteiligten Objekte

Die Funktion AGENTS ( ) zeigt die ausgewählten/möglichen/ausgeschlossenen Bearbeiter eines Schritts.

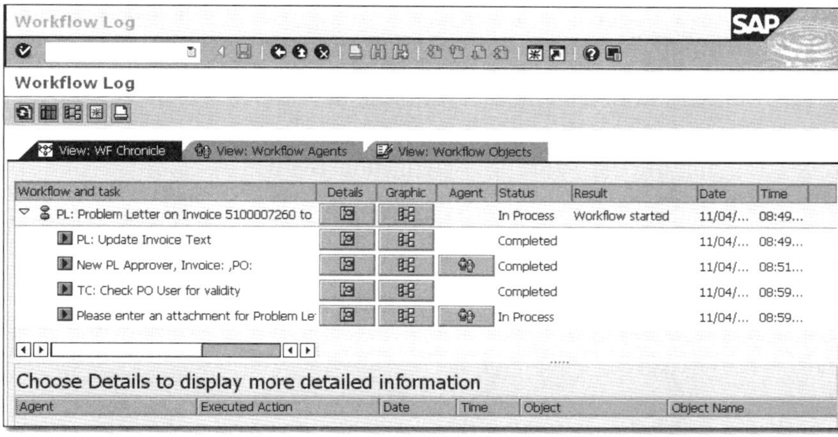

Abbildung 8.6 Workflow-Protokoll mit Benutzersicht

- VIEW: WORKFLOW AGENTS (Wer hat was bearbeitet?)
  Die Registerkarte WORKFLOW AGENTS ( ) zeigt die Bearbeiter, die bisher am Workflow beteiligt waren. Für jeden Bearbeiter werden die folgenden Informationen angezeigt:
  - die in den verschiedenen Schritten ausgeführten Aktionen
  - der Zeitpunkt der Ausführung dieser Aktionen
  - die beteiligten Objekte

Tipp

Um die Namen der Bearbeiter auszublenden, z. B. aufgrund rechtlicher oder auch gewerkschaftlicher Bestimmungen, legen Sie in Transaktion SWPA (Customizing des Workflow-Laufzeitsystems) den Customizing-Parameter fest.

- VIEW: WORKFLOW AGENTS (Was wurde bearbeitet?)
  Die Registerkarte WORKFLOW OBJECTS ( ) enthält die Objekte, die mit dem Workflow verknüpft sind oder bis jetzt in die Ausführung des Workflows einbezogen wurden. Diese Sicht zeigt, welche Objekte in welcher Weise erstellt und bearbeitet wurden. Im Einzelnen sind dies:
  - das Hauptobjekt des Workflows
  - alle Anlagen und Objekte, die in den einzelnen Schritten des Workflows hinzugefügt wurden

Für jedes Objekt werden die folgenden Informationen angezeigt:

- die Personen, die detaillierte Aktionen für die entsprechenden Aufgaben ausgeführt haben
- der Zeitpunkt der Ausführung dieser Aktionen

Darüber hinaus können Sie in das grafische Workflow-Protokoll verzweigen (siehe Abbildung 8.7), das die bereits bearbeiteten Schritte (✔) in einer grafischen Darstellung der Workflow-Definition zeigt.

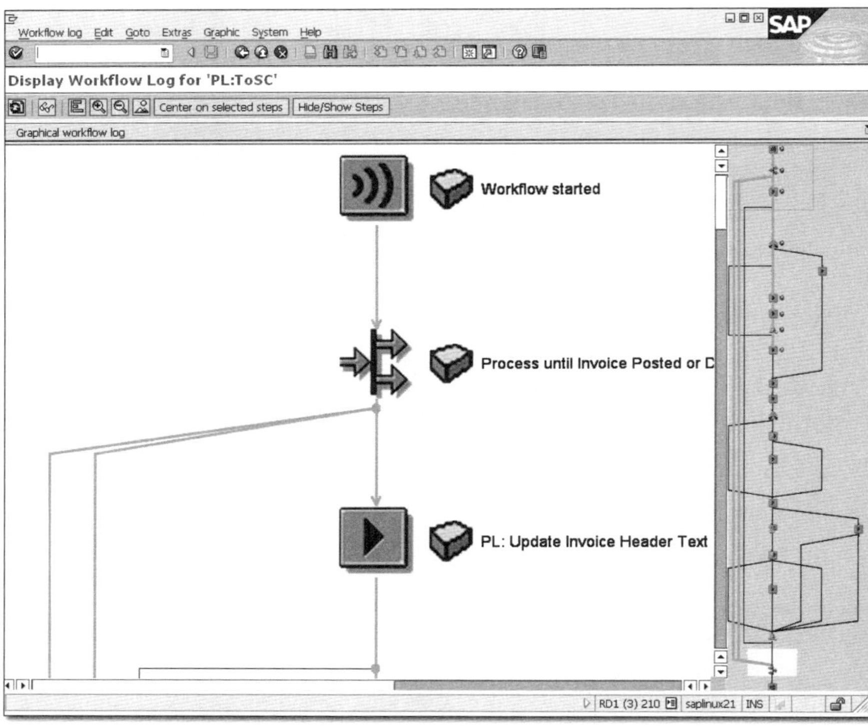

Abbildung 8.7 Grafisches Workflow-Protokoll

Der Hauptvorteil des grafischen Workflow-Protokolls ist, dass Sie auf einen Blick erkennen können, welchen Weg eine Workflow-Instanz gewählt hat und welche Aktivitäten parallel zu Ihren eigenen innerhalb eines Geschäftsprozesses erfolgen. Im Gegensatz zur Textversion des Workflow-Protokolls zeigt das grafische Workflow-Protokoll darüber hinaus den weiteren Weg der Workflow-Instanz. In dieser Sicht können Sie zudem Ad-hoc-Änderungen an dieser einzelnen Workflow-Instanz vornehmen.

8.5.2 Technische Sicht

Die technische Sicht (siehe Abbildung 8.8) zeigt die technischen Steuerungsinformationen und ist deshalb hauptsächlich für Workflow-Administratoren gedacht. Bei einem fehlerhaften Workflow ermöglicht sie auf einen Blick das Erfassen der Fehlerstelle und aller Meldungen (einschließlich Warnmeldungen), die vom Workflow erzeugt wurden. Darüber hinaus eignet sich diese Anzeige zur Ermittlung des detaillierten Workflow-Ablaufs.

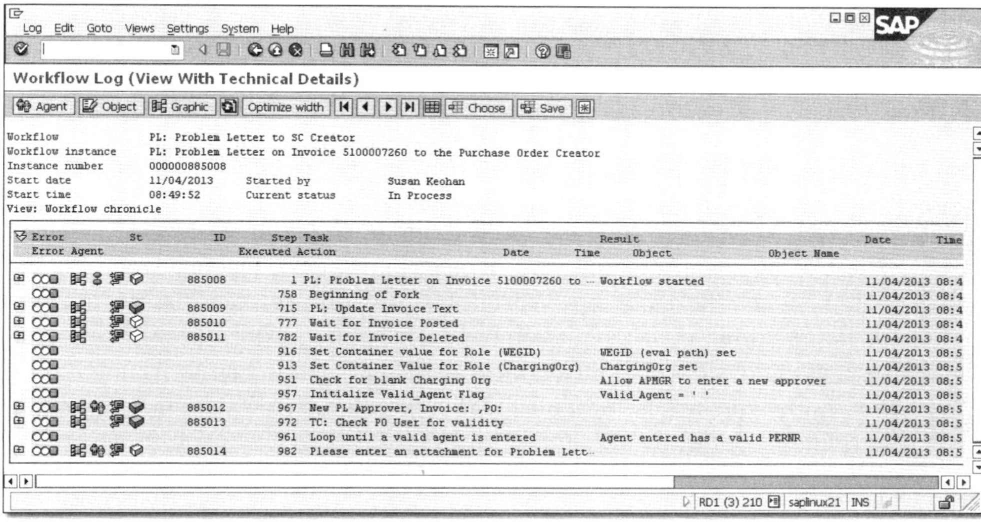

Abbildung 8.8 Workflow-Protokoll: technische Sicht

Das Workflow-Protokoll wird als hierarchische Liste mit zwei Ebenen angezeigt. Mithilfe von Layouts können Sie das Erscheinungsbild der Liste Ihren Anforderungen entsprechend anpassen. Die technische Sicht zeigt die technischen Knoten und Steuerstrukturen an und stellt weitere Daten zur Verfügung, wie z. B. Containerelemente ( ), Bearbeiterdaten ( ) und Workflow-Daten ( ). Der Status der einzelnen Workitems wird ebenfalls angezeigt.

Wenn der Workflow den Status Error aufweist, kann das Workflow-Protokoll eine hierarchische Liste zugrunde liegender SAP-Business-Workflow-Engine-Funktionsbausteine enthalten, die die genaue Fehlerstelle angeben. Dadurch können besonders schwer zu ermittelnde Fehler gefunden werden.

Über Views • Other Views • With Subworkflow Structure können Sie festlegen, ob Sub-Workflows und ihre Struktur angezeigt werden sollen. Abhängig von Ihren Personalisierungseinstellungen müssen Sie möglicherweise Views • Other View • With Error Indicators wählen, um die Fehler anzuzeigen. Diese sind im Protokoll durch eine rote Ampel gekennzeichnet . Die Standardkennzeichnung für fehlerfreie Workitems ist die grüne Ampel . Dies ist sehr nützlich, um fehlerhafte Workitems auf einen Blick zu bestimmen, insbesondere in komplexeren Workflows, bei denen zahlreiche Workitems im Protokoll angezeigt werden.

Tipp

Wenn Sie auf das Fehlersymbol klicken, das dem übergeordneten Workflow-Item (ganz oben in der Liste – CURRENT STATUS) zugeordnet ist, wird eine vollständige Fehleranalyse des Workflows eingeblendet, die die wahrscheinliche Ursache des Problems angibt.

Wie bei der Standardsicht können Sie sich auch in der technischen Sicht eine Chronik-, Bearbeiter- oder Objektsicht anzeigen lassen.

Seit SAP NetWeaver 2004 hat das technische Protokoll ein neues Aussehen. Diese Sicht ist in Abbildung 8.9 dargestellt. Wenn Sie jedoch weiterhin die »alte« technische Sicht des Workflow-Protokolls anzeigen lassen müssen, sollten Sie über die Tastenkombination [Strg] + [P] dorthin wechseln können. Weitere Informationen zum klassischen technischen Workflow-Protokoll finden Sie in Abschnitt 8.6, »Arbeiten mit dem klassischen technischen Workflow-Protokoll«.

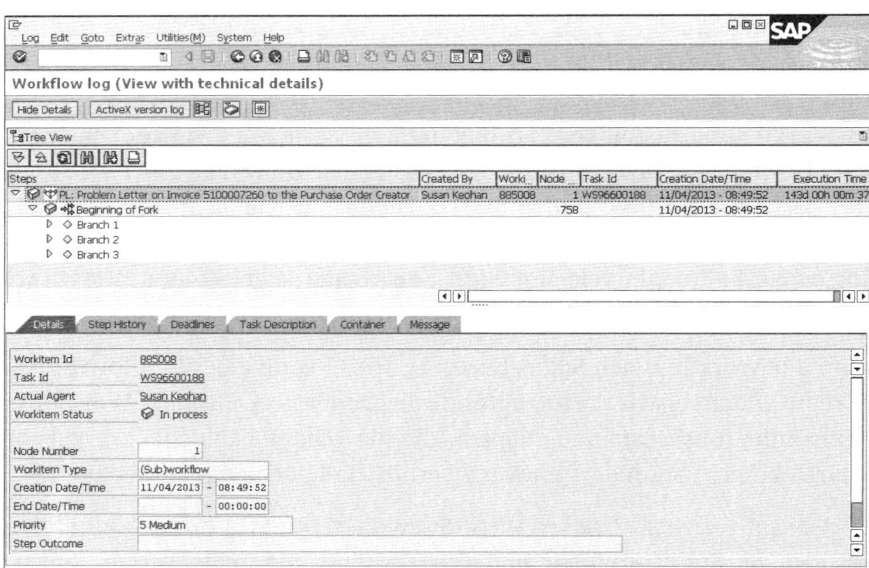

Abbildung 8.9 Neues technisches Protokoll

Das neuere technische Protokoll unterscheidet sich im Wesentlichen dadurch von der alten Version, dass der Prozessfluss über die nach rechts weisenden Pfeile (▷) erweitert werden kann. Darüber hinaus werden die Details zu den einzelnen Aufgaben im unteren Fensterbereich der Protokollanzeige als Fenster mit Registerkarten angezeigt. Darüber können Sie sich nun mit wenigen Mausklicks kritische Informationen anzeigen lassen.

Um über das neue technische Protokoll auf die Administrationsaufgaben (Ändern eines Workitem-Status oder -Containers) zuzugreifen, wählen Sie das gewünschte Workitem und anschließend GOTO • WORK ITEM bzw. klicken mit der rechten Maustaste auf das Workitem und wählen DISPLAY WORK ITEM.

8.6 Arbeiten mit dem klassischen technischen Workflow-Protokoll

Viele Workflow-Entwickler und -Administratoren bevorzugen die klassische Sicht des technischen Workflow-Protokolls. Dies ist eine persönliche Vorliebe, aber sie verdient es, hier beschrieben zu werden. Die Informationen des neuen und des klassischen technischen Protokolls sind im Grunde die gleichen, aber das klassische Protokoll zeigt alle Details des Workflow-Protokolls, ohne dass die Unterkonten erweitert werden müssen.

Um das klassische technische Protokoll aus einer beliebigen Workflow-Protokollanzeige zu verwenden, müssen Sie zuerst GOTO • PERSONAL WORKFLOW SETTINGS wählen. Wählen Sie in diesem Fenster TECHNICAL VIEW aus dem Dropdown-Menü WORK ITEM DISPLAY und anschließend CLASSIC TECHNICAL VIEW aus dem Dropdown-Menü WORKFLOW LOG (siehe Abbildung 8.10). Sie müssen erst zurückgehen und dann erneut das Protokoll öffnen, damit die Einstellungen wirksam werden.

Sie sehen Kopfinformationen mit Angaben darüber, wer wann den Workflow gestartet hat (siehe Abbildung 8.11). Im unteren Bereich des Protokolls können Sie genau nachverfolgen, welche Schritte ausgeführt wurden, welche Schritte auf Ausführung warten und welche noch nicht bearbeitet wurden:

- Aufgabe wurde abgeschlossen
- Aufgabe wurde gestartet, aber noch nicht beendet
- Aufgabe wurde noch nicht gestartet

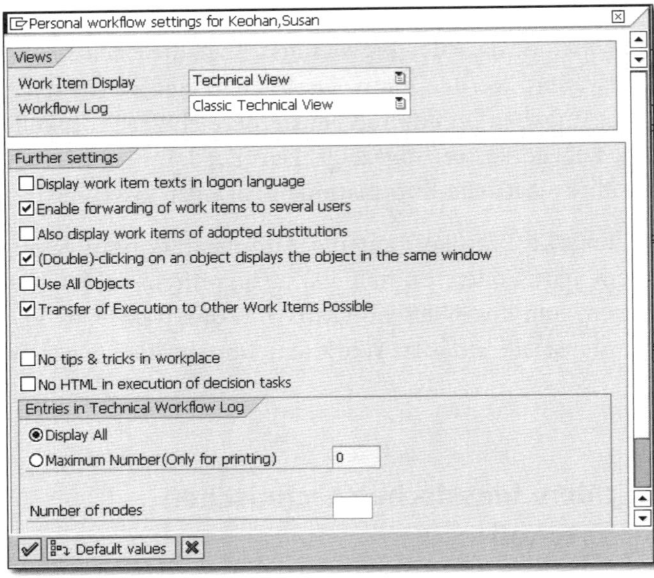

Abbildung 8.10 Persönliche Workflow-Einstellungen

Sie können sehen, welche Aufgaben noch Bearbeiter benötigen (in den Zeilen mit dem Bearbeitersymbol), und zusätzlich sehen Sie die individuelle Workitem-ID, die Schritt-ID in der Workflow-Definition, das Ergebnis aus jedem Container oder Bedingungsschritt und die Dauer. Die Schritt-ID ist nützlich bei der Fehlerbehebung, einem besonderen Schritt über den Workflow Builder.

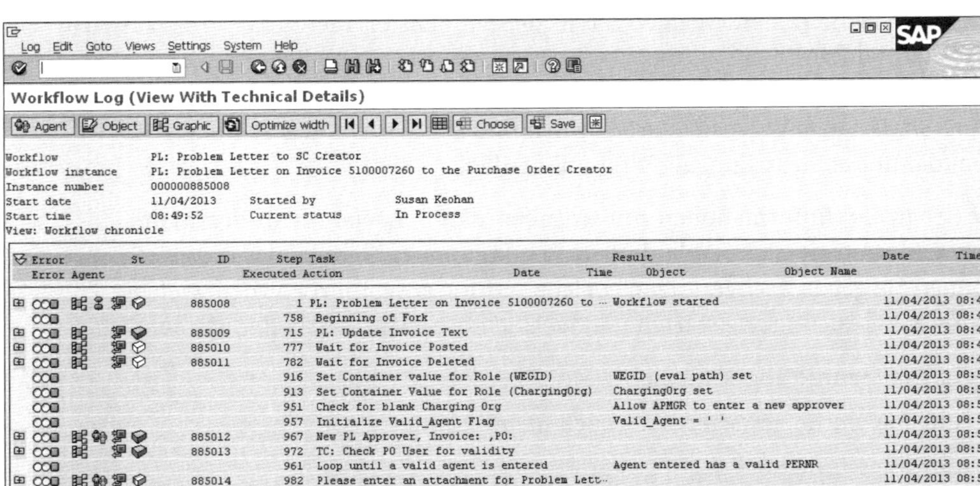

Abbildung 8.11 Details des klassischen Workflow-Protokolls

Indem Sie auf das Symbol MORE () neben einer Zeile im Workflow-Protokoll klicken, können Sie sich weitere Details anzeigen lassen. Für Hintergrundaufgaben können Sie ermitteln, ob für die Aufgabe temporäre Fehler aufgetreten sind (was z. B. auf Sperrprobleme hinweist).

Wenn Sie auf das Symbol klicken, können Sie für Aufgaben, die von Personen ausgeführt werden, erkennen, was mit dieser Dialogaufgabe bisher getan wurde, von wem und wann. Dies ist besonders nützlich, um Beschwerden wie »Dieses Workitem ist seltsamerweise plötzlich in meiner Inbox aufgetaucht!« nachzuverfolgen (Sie werden sehen, dass es weitergeleitet wurde).

Auch die Containeranzeige ist im klassischen technischen Protokoll verfügbar. Und wie vorher bereits beschrieben, sind die hier enthaltenen Informationen für das Debugging der Workflows von großer Bedeutung.

8.7 Beheben von Fehlern bei der Bearbeiterermittlung

Ein Workflow-Problem, das in einer Produktivumgebung am wahrscheinlichsten auftritt, ist ein Problem bei der Bearbeiterermittlung. Hier geht es darum, dass ein Workitem an die falschen Bearbeiter oder gar nicht gesendet wurde.

Tipp

Sie erhalten keine Warnung durch die Workflow Engine, wenn der falsche Bearbeiter ein Workitem empfängt (falls z. B. die Bearbeiterermittlungsdaten veraltet sind). In diesem Fall erweist sich eine gute Workitem-Beschreibung als sehr hilfreich.

Nachdem ein Workflow entwickelt und in die Produktivumgebung transportiert wurde, kann er für eine gewisse Zeit unverändert eingesetzt werden. Doch auch Änderungen können eingeplant werden. Mithilfe eines überlegten Designs und sorgfältiger Tests können Sie die meisten Workflow-Probleme vermeiden. Die Bearbeiterermittlung basiert jedoch auf Daten, die in der Regel direkt in der Produktivumgebung gepflegt werden und gegebenenfalls kurzfristig geändert werden müssen. Selbst eine relativ kurze Verzögerung bei der Aktualisierung der Bearbeiterermittlungsregeln oder -berechtigungen kann sich sofort negativ auf einen Workflow auswirken.

Der häufigste Grund für Fehler bei der Bearbeiterermittlung ist eine unzulängliche Pflege der Bearbeiterermittlungsregeln bzw. der den Bearbeitern erteilten Berechtigungen. Indem Sie eine rechtzeitige Pflege der Bearbeiterermittlungsregeln und Workflow-Berechtigungen sicherstellen, kann die Mehrzahl der Fehler bei der Bearbeiterermittlung vermieden werden. Probleme können auch auftreten, wenn ein Bearbeiter das Unternehmen verlassen hat oder aus einem anderen Grund fehlt, keinen Vertreter hat oder ein Workitem angenommen hat, sodass keiner der anderen Bearbeiter darauf Zugriff hat.

Sie können allerdings durch das Implementieren einfacher Strategien, wie z. B. Vertretungen oder Standardbearbeiter, die Probleme bei der Bearbeiterermittlung erheblich reduzieren. Weitere Informationen zu diesen und anderen Strategien finden Sie in Kapitel 5, »Bearbeiter«.

8.7.1 Fehlerbehebung bei Workitems ohne Bearbeiter oder mit falschen Bearbeitern

Als Workflow-Administrator sind Sie üblicherweise dafür zuständig, Workitems umzuleiten, die zum falschen Bearbeiter gesendet wurden oder keinen Bearbeiter haben. Sie müssen wahrscheinlich auch ermitteln, warum das Problem aufgetreten ist, und mit dem entsprechenden Personal Problemen bei der Datenpflege nachgehen. Andernfalls kann das Problem bei künftigen Workitems immer wieder auftreten.

Bevor Sie ein Workitem mit einem Bearbeiterproblem korrigieren, müssen Sie stets prüfen, ob Sie den korrekten Bearbeiter angegeben haben. Sprechen Sie sich dazu mit dem Prozessverantwortlichen ab. Verlassen Sie sich nicht auf das Wort eines Bearbeiters, der behauptet, der zuständige Bearbeiter zu sein, da Sie dadurch unabsichtlich eine Sicherheitsverletzung verursachen können.

Ein weiterer Punkt, den Sie beim Korrigieren von Workitems mit falschem Bearbeiter beachten müssen, ist, dass Sie ein Workitem nicht zu einem neuen Bearbeiter senden können, wenn dieses bereits abgeschlossen ist. Wenn also der falsche Bearbeiter das Workitem schon beendet hat, können Sie lediglich verhindern, dass das Problem erneut auftritt, und die Situation mit den beteiligten Bearbeitern und Prozessverantwortlichen besprechen. Es wird empfohlen, für die Auditoren ein Verlaufsprotokoll zu speichern oder eine Anlage an den Workflow anzufügen, in der erklärt wird, warum der falsche Bearbeiter das Workitem ausgeführt hat.

Die Diagnose der Gründe für die misslungene Bearbeiterermittlung ist ein eigenständiges Thema. In Kapitel 11, »Erweiterte Diagnose«, wird ein Einsatzplan für die Diagnose von Problemen bei der Bearbeiterermittlung durchlaufen. Nur wenn Sie die Ursache kennen, können Sie das Problem lösen. Tabelle 8.4 zeigt typische Probleme und empfohlene Lösungsvorschläge.

Problemstellung	Lösungen
Der Bearbeiter verfügt nicht über die Berechtigung zur Ausführung des Workitems, d. h., der gewünschte Bearbeiter ist kein möglicher Bearbeiter des Workitems.	▶ Leiten Sie das Workitem nach Korrektur der Bearbeiterberechtigung an den gewünschten Bearbeiter weiter. ▶ Wenn der Bearbeiter über die richtige Berechtigung verfügt, er das Workitem aber dennoch nicht ausführen kann, besteht möglicherweise ein Pufferungsproblem. ▶ Ermitteln Sie, ob der Vertreter des Bearbeiters über die erforderlichen Berechtigungen verfügt, und bitten Sie den Vertreter, das Workitem auszuführen. ▶ Wenn das Workitem ausgeführt werden muss, bevor die Berechtigung korrigiert werden kann, sollten Sie die Daten mit dem gewünschten Bearbeiter besprechen und EXECUTE WITHOUT AGENT CHECK verwenden, um das Workitem auszuführen und zu beenden.
Es wurde der falsche oder kein Bearbeiter gefunden, obwohl der gewünschte Bearbeiter über ausreichende Berechtigungen verfügt. Dies bedeutet, dass die Bearbeiterermittlungsregel fehlgeschlagen ist.	▶ Wenn der Bearbeiter bereits ein möglicher Bearbeiter ist, jedoch weder ausgeschlossen noch ausgewählt wurde, leiten Sie das Workitem an den gewünschten Bearbeiter weiter.
Der gewünschte Bearbeiter kann das Workitem nicht ausführen, da er ein ausgeschlossener Bearbeiter ist. Das heißt, er wurde ausdrücklich vom Ausführen des Workitems ausgeschlossen.	▶ Ein ausgeschlossener Bearbeiter kann das Workitem nicht ausführen, weshalb Sie das Workitem an einen anderen Bearbeiter weiterleiten müssen. Der Prozessverantwortliche kann Ihnen einen geeigneten Bearbeiter nennen. Stellen Sie vor dem Weiterleiten des Workitems sicher, dass der neue Bearbeiter ein möglicher Bearbeiter der Aufgabe und kein ausgeschlossener Bearbeiter ist. ▶ Sie können auch die Daten mit dem geeigneten Bearbeiter besprechen und anschließend das Workitem über EXECUTE WITHOUT AGENT CHECK ausführen und beenden.

Tabelle 8.4 Gängige Probleme und empfohlene Lösungen

Problemstellung	Lösungen
Auf das Workitem kann aus keiner Inbox heraus zugegriffen werden.	▸ Wenn ein abwesender Bearbeiter das Workitem angenommen hat, andere Empfänger jedoch zur Verfügung stehen, legen Sie das Workitem zurück. Dadurch wird anderen Bearbeitern die Anzeige des Workitems ermöglicht. Das Gleiche gilt für Workitems in der Wiedervorlagemappe eines Bearbeiters. ▸ Wenn ein abwesender Bearbeiter das Workitem angenommen hat und die Bearbeiter an die Arbeit mit der Workflow-Vertretung gewöhnt sind, legen Sie für den abwesenden Bearbeiter einen Vertreter an. Wenn der Workflow-Administrator das Workitem zurückgelegt hat, kann dieses durch den Vertreter ausgeführt werden. Beachten Sie, dass der Vertreter dazu über die erforderlichen Berechtigungen verfügen muss. ▸ Wenn in der gewählten Bearbeiterliste keine alternativen Bearbeiter vorhanden sind und Sie nicht mit der Vertretung arbeiten möchten, sollten Sie das Workitem an den entsprechenden (möglichen) Bearbeiter weiterleiten, der vom Prozessverantwortlichen vorgeschlagen wird.

Tabelle 8.4 Gängige Probleme und empfohlene Lösungen (Forts.)

Tipp

Der Benutzer soll versuchen, die Aufgabe auf einem anderen Computer auszuführen. Wenn der Benutzer die Aufgabe auf einem anderen Computer ausführen kann, muss der (erste) Computer und/oder SAP GUI überprüft werden.

Tipp

Um sicherzustellen, dass Workitems an die Bearbeiter übermittelt werden, ist es aufgrund strengerer Regeln zur Trennung der Aufgaben möglicherweise am besten, Vertreter für abwesende Bearbeiter einzurichten. Zudem sollte eine entsprechende E-Mail- oder Berechtigungsanforderung für diese Vertretung gepflegt werden. Auf diese Weise hinterlässt der Workflow-Administrator keine »Fingerabdrücke« im Protokoll. Stattdessen werden bei Betrachtung des Protokolls an sämtlichen Stellen des Prozesses die gültigen Geschäftsprozessbearbeiter angezeigt.

8.7.2 Vermeidung des erneuten Auftretens von Problemen bei der Bearbeiterermittlung

Nachdem Sie das unmittelbare Problem gelöst haben, müssen Sie dafür sorgen, dass es nicht erneut auftritt. Dies bedeutet insbesondere:

- Sie müssen sicherstellen, dass die Berechtigungsverwaltung und Regelfestlegung umgehend erfolgt. Wenn Ihnen dies nicht möglich ist, wenden Sie sich gegebenenfalls an den Prozessverantwortlichen und die entsprechenden Vorgesetzten, damit diese für eine Verbesserung sorgen.
- Darüber hinaus müssen Sie dafür sorgen, dass Mitarbeiter, die workflowrelevante Einstellungen ändern können, sich über die Auswirkungen auf den Workflow im Klaren sind. Sie benötigen unter Umständen die Unterstützung des Prozessverantwortlichen, um die Situation zu verbessern.
- Sie müssen das Design des Workflows oder der Regelfestlegung ändern. Wenn Sie z. B. eine Zuständigkeitsregel verwenden, können Sie die sekundären Prioritäten aktivieren, damit ein Standardbearbeiter festgelegt wird, wenn ein bestimmter Bearbeiter nicht ermittelt werden kann.
- Zudem sollten Sie sicherstellen, dass für das Workflow-Design oder das Design zur Regelermittlung bestimmte geschäftsbezogene Kriterien in der Zukunft berücksichtigt werden. Ist es z. B. zulässig, ein Workitem an eine Person zu senden, deren Gültigkeitsdaten entweder noch nicht aktiv bzw. schon abgelaufen sind? Wessen Personalstatus ist inaktiv? Wessen Benutzerkennung ist gesperrt oder abgegrenzt?

  Durch eine korrekte Modellierung Ihrer Regeln zur Bearbeiterermittlung können Sie die meisten übersehenen Szenarien vermeiden. Denn Tatsache ist, dass Mitarbeiter ihre Position oder Verantwortlichkeiten innerhalb einer Organisation häufig wechseln und ein Workflow-Design, bei dem dies nicht berücksichtigt wird, eine große Herausforderung für den Workflow-Administrator darstellt.

8.7.3 Unterstützende Werkzeuge für Probleme bei der Bearbeiterermittlung

Im Folgenden sind Reports aufgeführt, die Sie als unterstützende Werkzeuge zur Behandlung von Problemen bei der Bearbeiterermittlung nutzen können:

- **Bedingungen für Workitems prüfen**
  Administration Workflow Runtime • Execute Rules for Work Items (Transaktion SWI1_RULE)

  Mithilfe dieser Funktion können Sie die Empfänger eines Workitems erneut festlegen. Wurde eine Regel zur Bearbeiterermittlung verwendet, wird diese Regel erneut ausgeführt.

- **Workitems ohne Bearbeiter**
  Administration • Workflow Runtime • Work items without Agents (Transaktion SWI2_ADM1)

  Dieser Report ermittelt alle Workitems ohne Bearbeiter, d. h. verwaiste Workitems, im Rahmen eines bestimmten Auswahlzeitraums. Die angezeigte Liste ähnelt dem Report *Workitem-Selektion*. Sie bietet Ihnen die gleichen Optionen für die Untersuchung oder Korrektur von Workitems.

- **Workitems ohne Bearbeiterprüfung ausführen**
  Administration • Workflow Runtime • Execute Work Item without Agent Check (Transaktion SWIA)

  Dieser Report ermöglicht die Ausführung von Workitems, für die Sie kein möglicher Bearbeiter sind. Aus diesem Grund ist dieses Werkzeug sehr leistungsstark und sollte nur Administratoren in Produktivumgebungen zur Verfügung gestellt werden. Mithilfe der Workitem-Selektion können Sie die benötigten Workitems auswählen und anschließend ausführen, sie beenden oder wieder für die Empfänger bereitstellen (d. h., sie »zurücklegen«).

  Wenn Sie zur Fehlerbehebung die Option Execute without Agent Check einsetzen müssen, sollten Sie in einer Anlage zum Workitem erläutern, warum die Aktion erforderlich war und wer die Ausführung der Aktion angewiesen hat. Dadurch können unangenehme Fragen von Auditoren und Vorgesetzten beantwortet bzw. vermieden werden, die die Geschäftsprozesse lange nach der Problemlösung überprüfen.

- **Massenlöschen von Workitems**
  Administration • Workflow Runtime • Execute Work Item without Agent Check (Transaktion SWIA)

  Zu dieser Transaktion wurde eine neue Funktion hinzugefügt (siehe SAP-Hinweis 1286336). Über diese Funktion kann ein Massenabbruch für Workflows ausgeführt werden. In früheren Releases musste der Workflow-Administrator die einzelnen Workflows manuell löschen, ein Programm zum Abbrechen der Workflows schreiben oder das Programm

`RSWWWIDE` ausführen, was nicht empfohlen wird. Durch die Implementierung dieser neuen Funktion wird dem Workflow-Administrator ein äußerst nützliches – und leistungsfähiges – Werkzeug zur Verfügung gestellt.

8.7.4 Beheben von Pufferfehlern

Pufferung bedeutet lediglich, dass das System eine Kopie bestimmter Daten im Arbeitsspeicher speichert, anstatt diese aus der Datenbank auszulesen. Dies dient der Verbesserung der Gesamtsystemperformance und ist ein gängiges Verfahren, besonders bei Entitäten des Organisationsmanagements wie Organisationseinheiten, Stellen, Planstellen, Bearbeitern, Aufgaben sowie ihren Beziehungen untereinander. Da es sehr viele Puffer für Entitäten des Organisationsmanagements gibt, werden die meisten dieser Puffer normalerweise nur um Mitternacht (Systemzeit) aktualisiert. Veraltete Puffer können sich auf höchst eigenartige Weise auf einen Workflow auswirken.

Die Mehrzahl der Pufferfehler kann vermieden werden, indem sichergestellt wird, dass Puffer aktualisiert werden, wenn neue Bearbeiter hinzugefügt werden oder sich die Regelfestlegung oder workflow-bezogene Berechtigungen ändern. Ein weiterer Ansatz ist folgender: Gewöhnen Sie sich an, Bearbeiterzuordnungen und Sicherheitsberechtigungen mindestens einen Tag vor ihrer geplanten Verwendung einzurichten.

Pufferprobleme führen zu scheinbar unmöglichen Situationen:

- Das Workitem kann in der Inbox des Bearbeiters vorliegen, ohne dass der Bearbeiter es ausführen kann.
- Alle Administrations- und Berechtigungseinstellungen des Bearbeiters sind richtig, doch die Bearbeiterermittlung funktioniert trotzdem nicht.

Zudem ist es möglich – und äußerst frustrierend –, dass Sie den ganzen Tag erfolglos nach einer Lösung suchen, am nächsten Morgen ins Büro kommen und feststellen, dass alles wieder wie gewünscht funktioniert. Dieses Phänomen wird oft scherzhaft als *Midnight Magic* oder *Cinderella-Effekt* bezeichnet, da die Abläufe nach Mitternacht wieder ordnungsgemäß funktionieren.

8.7.5 Korrektur von Workitems mit Pufferproblemen

Pufferprobleme können durch die Aktualisierung von Puffern folgendermaßen behoben werden:

- Die Option SYNCHRONIZE RUNTIME BUFFER (Transaktion SWU_OBUF). Über diese Option wird die Mehrzahl an Puffern des Organisationsmanagements aktualisiert.
- Die Option REFRESH INDEX bei der Zuordnung von Bearbeitern zu Aufgaben. Über diese Option wird die Pufferung der Bearbeiterzuordnung zu einer Aufgabe aktualisiert.
- Die Option REFRESH ORGANIZATIONAL ENVIRONMENT im SAP Business Workplace oder in der Transaktion zum Starten von Workflows (START WORKFLOW, Transaktion SWUS). Über diese Option werden die Puffer der aktuellen Benutzerkennung aktualisiert.

Wenn die Pufferung den Zugriff eines Bearbeiters auf ein Workitem verhindert, reicht die Aktualisierung der Puffer aus. Wenn die Pufferung jedoch ein Problem bei der Bearbeiterermittlung bewirkt hat, das Workitem also nicht zum richtigen Bearbeiter gesendet wurde, müssen Sie dennoch das Problem bei der Bearbeiterermittlung für Workitems lösen, die vor der Aktualisierung der Puffer erstellt wurden.

Mitunter scheinen Berechtigungsprobleme Pufferprobleme zu sein. Wenn Sie z. B. in einem SAP-ERP-System die SAP-ERP-HCM-Funktionen (HCM = Human Capital Management) verwenden und strukturelle Berechtigungen implementieren, können Bearbeiter mit nicht ausreichenden bzw. nicht geeigneten Berechtigungen nicht auf ihre Workitems zugreifen. Die angezeigten Fehlermeldungen beim Versuch, das Workitem auszuführen, entsprechen oder ähneln den Fehlermeldungen, die bei Pufferproblemen angezeigt werden.

8.7.6 Erneutes Auftreten von Pufferproblemen vermeiden

Langfristig können Sie Pufferprobleme durch die folgenden Maßnahmen vermeiden:

- Sicherstellen, dass die Aktualisierung relevanter Berechtigungen, Organisationsmanagement- und Workflow-Daten bereits am Tag vor deren Verwendung erfolgt
- Synchronisieren der Laufzeitpuffer nach dringenden Änderungen an workflow-bezogenen Berechtigungseinstellungen, wenn diese sofort verwendet werden müssen
- Informieren der Bearbeiter über Symptome von Pufferproblemen (z. B. über das Intranet). Darüber hinaus empfiehlt es sich, ihnen nach Möglich-

keit Zugriff auf die Option Refresh Organizational Environment (Organisatorisches Umfeld aktualisieren) zu erteilen, damit sie die Puffer selbst aktualisieren können.

8.7.7 Unterstützende Werkzeuge bei Pufferproblemen

Sie können die Funktion Administration • Workflow Runtime • Synchronize Runtime Buffer (Transaktion SWU_OBUF) verwenden, um die Puffer des Hauptspeichers zu initialisieren, die von der SAP Business Workflow Engine verwendet werden. Sie können die aktuelle Zeit als neue Startzeit der Pufferung einstellen. Nach Einstellung der neuen Startzeit der Pufferung liest das System die Daten aus der Datenbank und nicht aus dem Puffer, sodass die aktuellen Daten verwendet werden. Während dieses Vorgangs werden die Daten aus der Datenbank den Puffern erneut hinzugefügt.

Tipp

Sie sollten den Laufzeitpuffer stets aktualisieren, nachdem Sie eine Aufgabendefinition geändert oder neue Workflows bzw. Workflow-Versionen transportiert haben, die am Tag des Transports verwendet werden sollen.

Nach der Ausführung dieser Funktion weisen einige Workflow-Funktionen zunächst eine etwas schwächere Performance auf.

8.8 Weitere unterstützende Werkzeuge

In der folgenden Liste finden Sie verschiedene Transaktionen, die beim Korrigieren von Workitem-Problemen nützlich sein können:

- **Workflow-Restart nach Fehler**

  Administration • Workflow Runtime • Workflow Restart After Error (Transaktion SWPR)

  Mit diesem Report können Sie sich eine Liste fehlerhafter Workflows in einem bestimmten Auswahlzeitraum anzeigen lassen und diese neu starten. Dieser Report bietet die Möglichkeit eines Massenneustarts von Workflows.

- **Workitems mit Terminüberwachung**

  Administration • Workflow Runtime • Work Item Deadline Monitoring

Für Aufgaben mit Terminen gibt es auch eine Terminüberwachung, die auf einem Hintergrundjob basiert. Sie können die Dauer des Hintergrundjobs oder den Job selbst ändern oder diesen planen, anzeigen oder manuell ausführen (Transaktion SWWA). Typischerweise plant der Workflow-Administrator diesen Job während der ursprünglichen Konfiguration der Workflow-Laufzeit. Es kann jedoch notwendig sein, die Jobparameter basierend auf Produktionsarbeitslasten zu optimieren.

- **Workitem-Regelüberwachung**
  Administration • Workflow Runtime • Work Item Rule Monitoring

  Wenn für Schritte im Workflow Bedingungen für den Workitem-Start oder das Workitem-Ende definiert sind, müssen diese Bedingungen regelmäßig geprüft werden. Diese Aufgabe wird von einem Report ausgeführt, der von einem Hintergrundjob gesteuert wird.

  Sie können den Hintergrundjob planen und anzeigen. Sie können den Report auch manuell über die Option Execute Work Item Rule Monitoring (Report RSWWCOND) starten. Die Planung dieses Reports sollte normalerweise über Transaktion SWU3 (Automatisches Workflow-Customizing) erfolgen.

- **Workflow fortsetzen nach Systemabsturz**
  Administration • Workflow Runtime • Continue Workflow After System Crash (Transaktion SWPC)

  Mit diesem Report können Sie Workflows auswählen und fortsetzen, die länger als einen Tag den Status Started aufweisen. Auf diese Weise können Sie Workflows fortsetzen, die nach einem Systemfehler angehalten wurden.

8.9 Helpdesk im Intranet

Wie Sie bereits feststellen konnten, ist eine gute Vorbereitung die beste Möglichkeit, eine reibungslose und effiziente Verarbeitung sicherzustellen. Durch die Verteilung der Zuständigkeit auf die Workflow-Bearbeiter können Sie jedoch dafür sorgen, dass der gesamte Prozess für die Bearbeiter durchschaubarer und damit weniger »rätselhaft« wird. Dadurch können sie schneller auf außergewöhnliche Umstände reagieren (z. B. wenn ein Bearbeiter ein Workitem zu lange unbearbeitet lässt) und andere, im Prozess nachfolgende Bearbeiter proaktiv unterstützen.

Wählen Sie dazu einen mehrfach unterteilten Ansatz:

- Arbeiten Sie mit einem Helpdesk, um Informationen zu verteilen und allgemeine Unterstützung bereitzustellen.
- Weisen Sie die Bearbeiter an, Probleme umgehend zu melden und Sie bei der Diagnose zu unterstützen. Versorgen Sie die Bearbeiter mit genügend Informationen, damit diese erkennen können, bei welchen Vorkommnissen es sich tatsächlich um Probleme handelt. Viele zunächst als problematisch wahrgenommene Situationen lassen sich durch intelligente Workitem-Beschreibungen lösen.
- Weisen Sie die Workflow-Administratoren an, sich um Probleme zu kümmern, noch bevor diese für die Bearbeiter erkennbar werden.

8.9.1 Webbasierte Helpdesks

Es ist sinnvoll, eine auf Webtechnologien (Intranet/Extranet) basierende Helpdesk-Site einzurichten, die Folgendes bereitstellt:

- Kontakttelefonnummern zur Lösung von Problemen
- Listen mit häufig gestellten Fragen (FAQs): FAQs vereinfachen das Verständnis und unterstützen die Benutzer bei der selbstständigen Diagnose und Lösung ihrer Probleme.
- Zugriff auf allgemeines Schulungsmaterial
- Zugriff auf Tipps und Tricks zum Umgang mit Inboxen, Anlagen, der Durchführung von Aufgaben etc.
- Referenzdokumente mit Erläuterungen des Geschäftsprozesses und des Workflows, z. B. ein grafisches Ablaufdiagramm
- Informationen zu neuen und bald verfügbaren Workflows
- interessante statistische Informationen, wie z. B. die Dauer des Prozesses vor und nach der Implementierung des Workflows oder die Anzahl und Häufigkeit von Workflows
- einen »Kummerkasten« für Anregungen zur Verbesserung des Workflows
- anerkennende Worte für Benutzer, die zur Verbesserung von Workflows beigetragen haben
- ein Wiki für Ihre Benutzer-Community, um Probleme zu erfassen, Umfragen durchzuführen, Verbesserungsvorschläge zu sammeln und Informationen bereitzustellen

Wenn sich der Geschäftsprozess ändert, ist ein Helpdesk außerdem der ideale Ort zur Veröffentlichung von Informationen zu folgenden Zwecken:

- darauf hinweisen, dass sich der Workflow geändert hat
- erläutern, warum sich der Workflow geändert hat und welche Vorteile die Änderungen bringen
- Unterschiede zwischen neuem und altem Prozess erklären
- mögliche Auswirkungen für die Workflow-Benutzer erläutern

8.9.2 Selbsthilfe

Sorgen Sie dafür, dass die Bearbeiter ihre Rolle im Geschäftsprozess gut nachvollziehen können. Stellen Sie den Bearbeitern z. B. eine Kopie des Workflow-Ablaufdiagramms zur Verfügung, in dem die von ihnen durchgeführten Aufgaben hervorgehoben sind. Eine andere Möglichkeit ist das Verteilen von Informationsdokumenten, die das Workflow-Ablaufdiagramm, die erwarteten Vorteile des neuen Workflows und den Zugriff auf die Workitems erläutern, die aktuellsten Schulungsinformationen vermitteln und die Kontaktpersonen bei Problemen angeben.

Sorgen Sie dafür, dass die mit dem Workitem übergebenen Anweisungen klar, präzise und vollständig sind. Lassen Sie nach Möglichkeit einige Bearbeiter vor Aktivierung des Workflows die Anweisungen lesen, um sicherzugehen, dass diese verständlich sind. Versorgen Sie die Bearbeiter mit ausreichenden Informationen, damit sie Probleme identifizieren, untersuchen und beheben können. Neben einer beschleunigten Fehlerbehebung wird dadurch auch der Bearbeiter stärker in den Prozess einbezogen.

Informieren Sie den Bearbeiter im Workitem darüber, warum er das Workitem empfangen hat und an wen er sich wenden kann, wenn er meint, er sei nicht der richtige Empfänger oder er könne das Workitem nicht ausführen: So wird der Bearbeiter Folgendes sehen:

- »Sie haben dieses Workitem empfangen, weil ...«
- »Wenden Sie sich an ..., wenn Sie meinen, dass Sie nicht der richtige Empfänger dieses Workitems sind.«
- »Wenden Sie sich an ..., wenn Sie dieses Workitem nicht bearbeiten/auf diesen Hyperlink nicht zugreifen können.«

Fordern Sie die Bearbeiter auf, Probleme sofort zu melden. Einzelprobleme sind oft schwierig nachzuvollziehen, da das Workitem häufig bereits abgeschlossen ist und damit wichtige Hinweise verloren gehen, bevor eine Diagnose möglich ist.

Vereinfachen Sie die Meldung von Problemen mithilfe eines einfachen Workflows. Lassen Sie z. B. den Bearbeiter einen Text mit folgenden Informationen eingeben: Problembeschreibung, Code für die Art des aufgetretenen Problems (falscher Bearbeiter, fehlende Informationen, Workitem kann nicht ausgeführt werden), Code für den Prozess, zu dem das Workitem gehört (Beschaffungsanforderung, Urlaubsantrag etc.), Benutzerkennung und Kontaktinformationen. Sorgen Sie dafür, dass der Workflow das gemeldete Problem basierend auf der Art des aufgetretenen Problems und des betroffenen Prozesses an einen geeigneten Bearbeiter weiterleitet. Richten Sie eine E-Mail-Antwort an den Initiator ein, die die Lösung des Problems bestätigt.

8.10 Ein Tag im Leben eines Workflow-Administrators

Die Überschrift dieses Abschnitts ist vielleicht ein wenig irreführend. Denn dank des hohen Integrationsgrades der SAP Business Workflow Engine mit den weiteren Komponenten der SAP-Software bewegt sich die Zeit, die für die reine Administration (im Gegensatz zur Entwicklung) aufgewendet werden muss, in der Größenordnung von einer Stunde pro Woche. Dies gilt selbst in großen Unternehmen, in denen Workflows verstärkt eingesetzt werden. Der Großteil dieser Zeit wird für die Aktualisierung des Organisationsmodells zur Einarbeitung von Personal- und organisatorischen Änderungen oder für die Prüfung von Workflows benötigt, die sich in der Entwicklung befinden.

Sollten Sie jedoch zum Workflow-Administrator bestimmt werden oder für die Bereitstellung von Ressourcen für Workflow-Administratoren zuständig sein, müssen Sie diese Aufgabe ernst nehmen. Für diesen Fall ist es sinnvoll, eine Vorstellung von den laufenden Aufgaben eines Workflow-Administrators zu haben. Sie müssen folgende Festlegungen treffen:

- **Wer soll Workflow-Administrator werden?**
  Welche Fähigkeiten werden von einem Workflow-Administrator verlangt? Technische Fähigkeiten, geschäftliches Wissen oder beides? Kann der Systemadministrator auch als Workflow-Administrator fungieren? Handelt es sich um eine Voll- oder Teilzeitposition?
- **Wer trifft bei einem Workflow-Ausfall die geschäftlichen Entscheidungen?**
  Workflows sind aktive Geschäftsprozesse. Wie interagiert der Geschäftsprozessverantwortliche mit dem Workflow-Administrator, wenn der

Workflow ausfallen sollte? Unabhängig von den Qualifikationen des Workflow-Administrators müssen die einzelnen Prozessverantwortlichen sicherstellen, dass die Verantwortlichkeiten für eine möglichst schnelle und effektive Fehlerbehebung klar definiert sind.

- **Ausfallreaktion**
  Wenn ein Workflow fehlschlägt, fällt auch der Geschäftsprozess aus. Wenn der Prozess wichtig genug war, um als Workflow implementiert zu werden, ist jeder Ausfall ebenfalls kritisch. Was muss der Workflow-Administrator bei einem Ausfall unternehmen? Ist es erforderlich, dass die Geschäftsabläufe auf papierbasierten Genehmigungen basieren?
- **laufende Überwachung**
  Welche sind neben der Ausfallreaktion die laufenden Aufgaben eines Workflow-Administrators? Ein Workflow-Administrator nimmt eine morgendliche Prüfung aller Kurzdumps (im Zusammenhang mit dem Workflow) und der tRFC-Warteschlange vor. Da der Workflow-Administrator nach Bedarf über regelmäßige Ausfälle benachrichtigt wird, ist dies üblicherweise ausreichend.
- **regelmäßige Umgebungsprüfungen**
  Führen die Benutzer die Workitems in ihren Inboxen täglich aus? Drucken sie Workitems aus, oder nehmen sie weitere Untersuchungen vor, bevor sie die Aufgabe ausführen?
- **Administration und Wartung**
  Wie sorgt ein Workflow-Administrator für die Erhaltung einer optimalen Effizienz der Workflow-Umgebung? Hier sollte der Workflow-Administrator eng mit dem Basis-Team zusammenarbeiten, um eine optimierte Performance sicherzustellen.
- **optimale Nutzung einer wertvollen Ressource**
  Die Nachfrage nach Workflow-Kenntnissen ist häufig groß. Wie kann demnach der Workflow-Administrator in Ihrem Unternehmen am besten eingesetzt werden?

8.10.1 Zuordnung als Workflow-Administrator

Die Workflow-Administration umfasst in der Regel sowohl technische als auch betriebswirtschaftliche Aktivitäten. Deshalb ist es sinnvoll, dass Mitarbeiter sowohl aus dem technischen als auch dem betriebswirtschaftlichen Bereich als Administratoren fungieren. Es gibt nur selten eine Person, die über alle technischen und betriebswirtschaftlichen Fähigkeiten zur Unterstützung von Workflows verfügt. Aus diesem Grund sollten Sie ein interagierendes Administratorenteam zusammenstellen oder eine Kontaktierungsfolge für den Support einrichten.

Sowohl die technischen als auch die betriebswirtschaftlichen Mitarbeiter müssen mit dem Konzept Workflow vertraut sein. Bedenken Sie, dass die Workflow-Administration nicht komplex und umfangreich genug ist, um eine einzige Person – geschweige denn ein ganzes Team – in Vollzeit zu beschäftigen. Daher wird der Administrator auch andere Aufgaben übernehmen.

Möglich sind verschiedene Teamstrukturen:

- ein zentrales, dediziertes Team aus technischen und geschäftlichen Administratoren
- ein zentraler, dedizierter Administrator und ein dezentraler geschäftlicher Administrator, der bedarfsorientiert seine Arbeitszeit zur Verfügung stellt
- regionale Teams technischer und geschäftlicher Administratoren auf Teilzeitbasis
- ein zentraler Systemadministrator, der in Teilzeit als Workflow-Administrator fungiert, mit festgelegten geschäftlichen Kontakten für jeden Geschäftsprozess
- Workflow-Administratoren, die auch als Workflow-Entwickler fungieren

Die für Ihre Organisation geeignete Teamstruktur hängt von folgenden Aspekten ab:

- **Anzahl und Häufigkeit ausgeführter Workflows**
  Je mehr Workflows ausgeführt werden bzw. sich in der Entwicklung befinden, desto wahrscheinlicher ist es, dass die Administration zu einer Vollzeitaktivität wird.
- **Anzahl der Mitarbeiter, die vom Workflow betroffen sind**
  Dies betrifft nicht nur die Bearbeiter, sondern auch Mitarbeiter, die davon abhängig sind, dass der Workflow für sie Prozesse beendet. Je mehr Mitarbeiter betroffen sind, desto mehr geschäftliche Administratoren werden benötigt, um das Workflow-Verhalten zu vermitteln und zu erläutern. Sie können diesen Aufwand mithilfe einer Website reduzieren, auf der das Workflow-Verhalten vermittelt und erläutert wird.
- **Verfügbarkeit der Workflow-Ressourcen**
  Wenn nur wenige Mitarbeiter über Workflow-Kenntnisse verfügen, können diese als Workflow-Entwickler und -Administratoren fungieren.

Sobald Anzahl und Häufigkeit von Workflows zunehmen, ist es ratsam, diese Rollen zu trennen, um das Änderungsmanagement der Workflows zu verbessern.

- **Wie intensiv werden Workflows genutzt?**
  Wird der Workflow als ständige geschäftliche Verbesserung empfunden? Spielt der Administrator also regelmäßig eine Rolle bei der Entwicklung neuer Szenarien, oder wurden nur einige wenige beschränkte Prozesse aktiviert?

Die grundsätzliche Verteilung der Verantwortlichkeiten gliedert sich wie folgt:

- Richten Sie einen Helpdesk oder eine Website als erste Kontaktstelle für Fragen zur Funktionsweise des Prozesses und zu den erforderlichen Vorgehensweisen ein.
- Stellen Sie einen technischen Administrator zur Lösung umfassender Probleme bereit.
- Ordnen Sie Prozessverantwortliche zu, die bei einem Ausfall kontaktiert werden können, um betriebswirtschaftliche Entscheidungen zu treffen. Stellen Sie außerdem stellvertretende Kontaktpersonen zur Verfügung. Bei einem Ausfall kann es nötig sein, innerhalb von Minuten nach Auftreten des Problems einen Support-Kontakt herstellen zu können.
- Stellen Sie sicher, dass der Workflow-Entwickler zur Unterstützung der Problembehebung verfügbar ist. Dies gilt insbesondere für die ersten Wochen nach der Aktivierung eines neuen oder geänderten Workflows in der Produktivumgebung.

Der Workflow-Administrator steht an vorderster Front, wenn Workflow-Probleme auftreten. In der Regel handelt es sich um unternehmenswichtige, grundlegende oder ausgesprochen weitreichende Geschäftsprozesse, die den Aufwand ihrer Implementierung als Workflows rechtfertigen. Aus diesem Grund muss der Workflow-Administrator in der Lage sein, ab dem Moment, in dem in Ihrer Produktivumgebung zum ersten Mal ein Workflow ausgeführt wird, Probleme zu bewältigen. Wie Sie wissen, treten die meisten Probleme in den ersten Instanzen eines neuen oder geänderten Workflows auf.

Darüber hinaus ist es unrealistisch, die Workflow-Administration einem Systemadministrator zu übertragen und zu erwarten, dass dieser ohne jede Workflow-Schulung Probleme untersuchen und lösen kann. Ein Workflow-Administrator benötigt Folgendes:

- Einsicht in die Workflow-Grundlagen
- Kenntnis der von ihm unterstützten Workflows
- Zugang zum SAP-Online-Support-System
- Praxis im Umgang mit den verschiedenen unterstützenden Werkzeugen zur Fehlerdiagnose und -behebung
- geschäftliche Ansprechpartner, wenn ein Workflow ausfällt und eine geschäftliche Entscheidung getroffen werden muss

Tipp

Wählen Sie einen Administrator mit guten *kommunikativen* Fähigkeiten und nach Möglichkeit auch mit Hotline-Erfahrung.

8.10.2 Wer trifft bei einem Workflow-Ausfall die geschäftlichen Entscheidungen?

Die Korrektur fehlerhafter Workflows ist, unabhängig vom Problem, wesentlich mehr als nur eine technische Aktivität. Bedenken Sie stets, dass der Workflow den Geschäftsprozess repräsentiert. Wenn Sie also Entscheidungen zum Umgang mit ausgefallenen Prozessen treffen, beeinflussen Sie unmittelbar die Geschäftsvorgänge. Sie benötigen einen Prozessverantwortlichen (und einen Vertreter, da bei einem Ausfall sofort ein Ansprechpartner verfügbar sein muss), der kontaktiert werden kann, um den Ausfall zu verwalten und zu beheben. Dabei müssen folgende Fragen beantwortet werden:

- Wie schwerwiegend ist der Ausfall aus geschäftlicher Sicht?
- Wie kritisch ist dieser bestimmte Ausfall? Kann der Ausfall, falls noch nicht kritisch, zu einem größeren Problem werden, wenn er nicht in der nächsten Stunde, am nächsten Tag, in der nächsten Woche etc. behoben wird?
- Wer muss über den Ausfall benachrichtigt werden? Wenn sich der Workflow auf Kunden auswirkt, kann dies bedeuten, dass der Kunde benachrichtigt werden muss. Wenn sich der Workflow auf das Leisten von Zahlungen auswirkt, kann dies bedeuten, dass Lieferanten benachrichtigt werden müssen.
- Gibt es eine Behelfslösung? Kann die Arbeit z. B. manuell erledigt werden, bis das Problem gelöst ist?

- Wie kann ein nochmaliger gleichartiger Ausfall verhindert werden? Muss der Workflow erweitert werden, um dieses Problem zu vermeiden? Müssen Prozeduren (z. B. für die Pflege von Bearbeiterdaten) aktualisiert werden? Muss der Helpdesk oder die Website Anweisungen für die Bearbeiter enthalten, um eine bessere und schnellere Meldung ähnlicher Probleme künftig zu fördern?

Auch wenn der Workflow-Administrator die Antworten auf diese Fragen kennt, können es sich die meisten Unternehmen nicht erlauben, dass die Entscheidungen von einer Person allein getroffen werden. Ein Unternehmen muss üblicherweise dafür sorgen, dass der richtige Prozess weiterhin umgesetzt wird und die entsprechenden Mitarbeiter in die Entscheidungen über die auszuführenden Aktionen einbezogen werden. Auf der anderen Seite darf die Lösung von Workflow-Problemen nicht dadurch verzögert werden, dass in Besprechungen verschiedene Vorgehensweisen ausdiskutiert werden. Folgende Grundregeln sollten unbedingt beachtet werden:

- Sorgen Sie dafür, dass Workflows für einen problemlosen Neustart nach einem Ausfall konzipiert werden.
- Erstellen Sie Workflows, die auf manuelle Aktionen reagieren, damit außerhalb des Workflows ergriffene Korrekturmaßnahmen den Workflow reaktivieren können.
- Erstellen Sie einen Maßnahmenplan, *bevor* das Problem auftritt. Antizipieren Sie im Rahmen des Workflow-Designs mögliche Ausfälle und entsprechende Korrekturmaßnahmen.
- Führen Sie nach jedem Problem, insbesondere nach wiederholt auftretenden Problemen, Nachbesprechungen durch, und ermitteln Sie die zugrunde liegende Fehlerursache sowie Verbesserungsmöglichkeiten zur zukünftigen Vermeidung des Fehlers.
- Sorgen Sie dafür, dass Probleme im Workflow schnell bekannt gemacht werden, sodass Korrekturmaßnahmen eingeleitet werden können. Das bedeutet, dass der Workflow Fehler effektiv melden muss (z. B. mithilfe des standardmäßigen Fehlerüberwachungsprogramms zur Benachrichtigung des Administrators).

Unabhängig von der Qualität des Workflow-Designs muss bei einem Ausfall der Prozessverantwortliche entscheiden, welche Korrekturmaßnahme ergriffen werden soll und ob die Korrektur des ausgefallenen Workflows ausreicht, um den Prozess aus geschäftlicher Sicht zu korrigieren.

Praxisbeispiele

Es folgt ein Workflow-Beispiel aus der Praxis, das die Fehlerbehandlung veranschaulicht:

- An einer Stelle im Workflow aktualisiert ein Hintergrund-Workitem einige Daten. Da auch andere Mitarbeiter die Daten bearbeiten können, stellen Sperrkonflikte ein Problem dar. Das Hintergrund-Workitem hat die Aufgabe, alle Fehler, also auch Sperrfehler, zurückzumelden. Indem dieser Fehler als temporärer Fehler festgelegt wird, wiederholt die SAP Business Workflow Engine die Methodenausführung stets dann, wenn ein Sperrproblem auftritt.
- Wenn das Hintergrund-Workitem gesperrte Daten ermittelt, wiederholt die SAP Business Workflow Engine den Vorgang automatisch mehrmals nach Ablauf einer vordefinierten Wartefrist (z. B. zehn Minuten).
- Sobald der Wiederholungszähler abgelaufen ist, wird das Workitem in einen Fehlerstatus versetzt. Die Workflow-Definition sendet anschließend ein Dialog-Workitem an einen benannten Bearbeiter und fordert diesen auf, die Aufgabe manuell abzuschließen.

Hier ein weiteres Beispiel:

- An einer Stelle in einem Workflow wird ein Workitem, das eine Genehmigungs-/Ablehnungsentscheidung anfordert, an einen Bearbeiter gesendet. Die Pflege der Bearbeiterermittlungsregeln ist oft problematisch, da häufig kein Bearbeiter ermittelt werden kann. Die Bearbeiterermittlungsregeln werden mithilfe einer Zuständigkeitsregel gepflegt.
- Für die Zuständigkeitsregel ist die Option SECONDARY PRIORITIES aktiviert. Aufgrund dieser Regel werden besondere Bearbeiter mit einer hohen Prioritätseinstellung und Standardbearbeiter mit einer niedrigeren Prioritätsstufe gepflegt. Demzufolge prüft der Workflow bei der Zuordnung des Workitems zuerst die besonderen Bearbeiter. Nur wenn kein besonderer Bearbeiter gefunden wird, werden die Standardbearbeiter ausgewählt. Die Standardbearbeiter wurden geschult, um den korrekten Bearbeiter bestimmen, das Workitem an den korrekten Bearbeiter weiterleiten und die Zuständigkeitsregel aktualisieren zu können.

Der Workflow-Entwickler und die technischen Workflow-Administratoren können bestimmt noch weitere Beispiele nennen. Doch es ist der Prozessverantwortliche, der die optimale Entscheidung für das Unternehmen treffen muss.

8.10.3 Ausfallreaktion

Die Reaktion auf Probleme und Ausfälle ist die wichtigste aller Workflow-Administratoraufgaben. Wenn ein Prozess ausfällt, können die negativen Auswirkungen auf den Geschäftsbetrieb und damit auch für die Workflow-Administration beträchtlich sein. Deshalb ist für diese Krisenfälle ein Reaktionsplan von großer Bedeutung. Die meisten der folgenden Punkte erschließen sich von selbst:

- Lassen Sie die sich Symptome des Problems von der Person genau beschreiben, die das Problem meldet.
- Machen Sie den Workflow mit dem gemeldeten Problem ausfindig.
- Prüfen Sie, ob der Workflow wie konzipiert ausgeführt wird.
- Wenn der Workflow wie konzipiert funktioniert und kein Fehler vorliegt, benachrichtigen Sie die Person, die das Problem gemeldet hat, und den Prozessverantwortlichen. Bitten Sie den Prozessverantwortlichen, der Person den konzipierten Prozess zu erläutern. Bitten Sie eventuell den Prozessverantwortlichen, auch zu besprechen, ob der Workflow verbessert werden sollte.
- Wenn der Workflow wie konzipiert funktioniert, jedoch von einer schlechten Datenpflege beeinträchtigt wird, benachrichtigen Sie den Prozessverantwortlichen. Bitten Sie ihn, sich an der Organisation der Datenkorrekturen zu beteiligen, und besprechen Sie, ob bis zur Korrektur der Daten Maßnahmen getroffen werden sollen. Informieren Sie die Person, die das Problem gemeldet hat, über die Ursache des Problems und die Schritte zu dessen Lösung. Vermeiden Sie Schuldzuweisungen.
- Ist ein Fehler aufgetreten, nehmen Sie eine Diagnose vor. Benachrichtigen Sie den Prozessverantwortlichen über das Problem, und besprechen Sie mögliche Lösungen. Informieren Sie die Person, die das Problem gemeldet hat, über die Ursache des Problems und die Schritte zu dessen Behebung. Vermeiden Sie Schuldzuweisungen. Beseitigen Sie das Problem. Informieren Sie zum Schluss die meldende Person und den Prozessverantwortlichen über die Lösung des Problems.
- Speichern Sie ein Protokoll gemeldeter Fehler. Zeichnen Sie z. B. die folgenden Informationen auf: betroffener Workflow-Fehlertyp (etwa Schulungsmangel, Prozessdiskrepanz, mangelnde Datenpflege), Melder des Fehlers und an der Lösung beteiligter Prozessverantwortlicher.
- Halten Sie eine Nachbesprechung mit dem Prozessverantwortlichen ab. Je nach Problem kann dies ein kurzes Gespräch oder eine formelle Besprechung sein. Diskutieren Sie, ob das Problem hätte besser gelöst werden können und ob der Workflow geändert werden muss.
- Demonstrieren Sie der Geschäftsleitung mithilfe des Protokolls gemeldeter Fehler, welche Workflows Probleme verursachen, damit Korrekturmaßnahmen ergriffen werden.

Sie können nach Wunsch auch einen eigenen Workflow für die Benutzer zum Melden von Problemen einrichten, der Sie beim Suchen und Benachrichtigen des Prozessverantwortlichen unterstützt und schließlich das Protokoll mit den gemeldeten Fehlern aktualisiert. Wird das Protokoll im System gespeichert, können Sie die Daten zur Administration problemlos zusammenfassen.

Häufig ist nicht der Workflow selbst die Ursache des Problems, sondern eine zugrunde liegende Transaktion oder Routine, die auf eine Weise fehlgeschlagen ist, die im Workflow nicht vorhergesehen werden konnte. Unter anderem sind folgende Ursachen möglich:

- Änderungen an der Konfiguration der Transaktionen oder Routinen ohne Berücksichtigung der Auswirkung auf den Workflow. Dazu können auch scheinbar unproblematische Änderungen gehören, wie z. B. das Hinzufügen eines neuen Wertes für einen Code.
- Änderungen von Werten – einschließlich Stammdaten –, die von der Transaktion bzw. Routine zur Ermittlung von Bearbeitern für Folgeschritte im Workflow verwendet werden (aufgrund der geänderten Werte kann z. B. eine Bearbeiterermittlung fehlgeschlagen sein).
- Benutzer führen die Transaktionen bzw. Routinen auf unerwartete Weise aus, möglicherweise aufgrund nicht ausreichender oder ineffektiver Prozessschulung.
- Am Prozess beteiligte Benutzer agieren nicht rechtzeitig, insbesondere wenn zugrunde liegende Transaktionen oder Routinen veränderliche Daten verwenden.

Es ist normal, dass viele »Workflow-Fehler« gemeldet werden, die überhaupt keine Workflow-Fehler sind. Bedenken Sie, dass der Workflow die Sicht der Mitarbeiter auf den Geschäftsprozess darstellt. Auch wenn der Workflow selbst nicht das Problem ist, sollten Sie zumindest dafür sorgen, dass eine Reaktion koordiniert wird. Zu den Aufgaben des Workflow-Administrators gehören demnach nicht nur die Diagnose und Beseitigung von Fehlern, sondern er wirkt auch als Vermittler, um einen reibungslosen Ablauf des gesamten Prozesses zu gewährleisten. Diese Aufgabe kann problemlos gemeinsam vom Administrator und dem Prozessverantwortlichen übernommen werden. Es ist ratsam, die Zuständigkeiten zu regeln, bevor der Workflow in der Produktivumgebung aktiviert wird.

8.10.4 Laufende Überwachung

Auch wenn alles reibungslos läuft, gibt es einige Aufgaben, die der Administrator erledigen kann. Bei den folgenden Aufgaben handelt es sich zumeist um Statusprüfungen, die mindestens einmal täglich ausgeführt werden sollten. Wenn in Ihrem Unternehmen zahlreiche Workflows eingesetzt werden, sollten Sie diese Prüfungen natürlich häufiger vornehmen.

- Prüfen Sie Ihre Inbox regelmäßig auf Workflow-Fehler. Der Fehlerüberwachungsjob (SWWERRE) sendet schwerwiegende Fehler wie Ereigniskopplungs-, Datenfluss- und Regelauflösungsfehler direkt in Ihre Inbox. Auf diese Weise können Sie gegebenenfalls ein Problem lösen, bevor es von den Bearbeitern bemerkt wird.
- Führen Sie den Fehlerübersichtsreport (Diagnose fehlerhafter Workflows, Transaktion SWI2_DIAG) aus, um eventuell nicht berücksichtigte Fehler anzuzeigen.
- Prüfen Sie, ob die Workflow-Hintergrundjobs (eingerichtet in Transaktion SWU3, Workflow-Customizing) wie erwartet ausgeführt werden. Über Transaktion SM37 (System • Services • Jobs • Job Overview) können Sie sich die geplanten und verarbeiteten Hintergrundjobs anzeigen lassen.

  Normalerweise sollten die folgenden Jobs angezeigt werden:

  - SWWCLEAR
  - SWWCOND
  - SWWDHEX
  - SWWERRE

Achtung

Wenn Sie bemerken, dass ein hier aufgeführter Hintergrundjob beendet wurde oder dass die Ausführung dieses Jobs nicht geplant ist, starten Sie den Job nicht umgehend. Dies kann unerwünschte Konsequenzen haben. Ermitteln Sie stattdessen die Workflow-Instanzen, die möglicherweise betroffen sind – z. B. wenn der Job SWWDHEX nicht ausgeführt wird, sämtliche Workflow-Instanzen mit Terminüberwachung. Bewerten Sie anschließend mit den Prozessverantwortlichen, welche Auswirkungen ein Restart von Workflows hat, die ihre erwarteten Termine tatsächlich überschritten haben.

An einem Kundenstandort ist es z. B. üblich, dass der Workflow-Administrator seinen Arbeitstag stets mit den folgenden Aufgaben beginnt:

- Ausführen von Transaktion ST22, um mögliche Kurzdumps in den vergangenen 24 Stunden anzuzeigen. Dabei werden die Daten insbesondere auf Kurzdumps mit dem Benutzernamen WF-BATCH geprüft.

- Ausführen von Transaktion SM37, um die ordnungsgemäße Verarbeitung der Workflow-Hintergrundjobs (üblicherweise mit SWW* gekennzeichnet) zu bestätigen.
- Ausführen von Transaktion SM58, um mögliche Fehler im Zusammenhang mit transaktionalen RFCs zu ermitteln. Dabei liegt ein besonderes Augenmerk auf Fehlern, bei denen der Funktionsbaustein mit dem Workflow verbunden ist (z. B. SWW*) oder das Zielsystem Workflow_Local lautet. Durch einen Drilldown für die Transaktionskennung sollte die Workitem-ID abgerufen werden können. Ist dies der Fall, ermittelt der Administrator Hintergrundaufgaben, die aufgrund von Sperrungen oder Konnektivitätsproblemen möglicherweise nicht mehr reagieren.
- Ausführen von Transaktion SWI2_DIAG. Wenn die Einstellungen des Workflow-Administrators bereits so konfiguriert sind, dass er diese Nachrichten über seinen E-Mail-Client erhält, behandelt er mögliche Probleme selbstverständlich proaktiv.

8.10.5 Regelmäßige Umgebungsprüfungen

Es kann nicht genug betont werden, wie wichtig der Faktor Mensch für das Erreichen des maximalen Erfolgs der Workflow-Automatisierung ist. Eine Workflow-Definition zu erstellen, die den optimalen Prozess beschreibt, ist eine Sache. Dafür zu sorgen, dass die Benutzer diesen Prozess auch unterstützen, eine andere.

Prüfen Sie regelmäßig die verschiedenen Benutzergruppen, um festzustellen, ob diese mit dem Workflow in der beabsichtigten Weise arbeiten, insbesondere unmittelbar nach der Aktivierung in der Produktivumgebung. Seien Sie nicht enttäuscht, wenn die Benutzer Ihre Richtlinien nicht befolgen. Arbeiten Sie mit ihnen zusammen, um die Abläufe zu verbessern. Die in Tabelle 8.5 aufgeführten Fehlverhalten sind immer wieder anzutreffen.

Problemstellung	Lösungsvorschlag
Bearbeiter drucken Workitems auf Papier aus, damit Kollegen die Details auf Papier ausfüllen können. Der ursprüngliche Bearbeiter gibt dann die Informationen vom Papier in die entsprechende Transaktion ein.	Prüfen Sie die Geschäftslogik der Bearbeiterermittlungsregeln.

Tabelle 8.5 Gängige Bearbeiterprobleme und mögliche Lösungen

Problemstellung	Lösungsvorschlag
Bearbeiter erledigen ihre Arbeit nicht rechtzeitig, weil sie weitere Informationen benötigen, bevor sie die Aufgabe ausführen können.	Versuchen Sie, alle erforderlichen Informationen von vornherein in die Workitem-Beschreibung einzufügen.
Bearbeiter erledigen ihre Arbeit nicht rechtzeitig, weil sie von anderen Prozessen aufgehalten werden, die nicht mit dieser Aufgabe synchronisiert sind.	Mithilfe von Ereignissen können Sie Prozesse miteinander synchronisieren.
Der Bearbeiter versteht die auszuführende Aufgabe nicht (möglicherweise fehlt die Workitem-Beschreibung).	Erweitern Sie die Workitem-Beschreibung, und stellen Sie im Web mehr Hintergrundinformationen zur Verfügung.
Benachrichtigungen über Termine werden an die Vorgesetzten gesendet, die sich jedoch nie beim System anmelden.	Senden Sie Benachrichtigungen über Termine direkt an die Bearbeiter und nicht an die Vorgesetzten.
Berechtigungsprobleme hindern den Bearbeiter an der Ausführung der Aufgabe auf die vorgesehene Weise.	Ändern Sie die Berechtigung, oder verwenden Sie eine alternative Methode (wie ein Formular).

Tabelle 8.5 Gängige Bearbeiterprobleme und mögliche Lösungen (Forts.)

Glücklicherweise sind diese Probleme eher die Ausnahme als die Regel, doch lassen sie erkennen, wie wichtig Umgebungsprüfungen *nach* dem Übergang in die Produktivumgebung sind. Die meisten gängigen Probleme können mühelos gelöst werden. Wenn sie jedoch nicht behoben werden, können sie sich negativ auf die Gesamtperformance des Workflows auswirken. Das Einplanen einer Umgebungsprüfung für den Zeitraum nach dem Übergang in die Produktivumgebung ist ebenso wichtig wie das Einplanen der Benutzerakzeptanz vor diesem Zeitpunkt. Beide Punkte dürfen nicht vernachlässigt werden.

8.10.6 Wartung und Archivierung

Der Workflow-Administrator ist außerdem für die langfristige Betriebsfähigkeit der SAP Business Workflow Engine zuständig. Es ist ein wichtiger Bestandteil dieses Jobs, dass alte Workitems und Workflow-Protokolle regelmäßig aus dem System entfernt werden. Wenn Sie Daten aus den Workitems oder Workflow-Protokollen verwenden, um mithilfe der standardmäßigen Workflow-Reports, mit SAP BW oder ähnlichen Werkzeugen Reports zu erzeugen, müssen Sie sicherstellen, dass Sie Ihre Reports ausführen und die relevanten Daten zusammenfassen, bevor die Workitems und Protokolle gelöscht werden. Die folgenden Wartungs- und Archivierungsaufgaben sind üblich:

- **Aufräumarbeiten**
  ADMINISTRATION • WORKFLOW RUNTIME • CLEARING TASKS

  Die Hintergrundjobs der SAP Business Workflow Engine erzeugen Job-Protokolle, die regelmäßig gelöscht werden müssen. Diese Aufgabe wird von einem Report ausgeführt, der von einem Hintergrundjob gesteuert wird. Sie können den Hintergrundjob planen und anzeigen. Sie können den Report Aufräumarbeiten ausführen auch manuell ausführen.
- **Archivierung und Reorganisation**
  ADMINISTRATION WORKFLOW RUNTIME • REORGANIZATION

  Die Funktionen zur Archivierung und Reorganisation umfassen Reports für das Archivieren und Löschen von Workitems.
- **Workitem archivieren**
  Das Archivobjekt für Workitems heißt WORKITEM. Die Archivierung erfolgt mithilfe standardmäßiger Archivierungsprogramme. Nur beendete oder abgebrochene Workitems werden archiviert. Wenn das Workitem auf eine Workflow-Instanz verweist, werden abhängige Workitems ebenfalls archiviert. Wenn das Workitem zu einem Workitem auf höherer Ebene gehört (z. B. wenn es ein Schritt in einem Workflow ist), kann es erst archiviert werden, nachdem das Workitem auf höherer Ebene abgeschlossen oder abgebrochen wurde. Sowohl die Workitem-Daten als auch entsprechende Protokolldaten werden archiviert.

  Containerreferenzen werden archiviert; die Objekte, die sie repräsentieren, bleiben davon jedoch unberührt. Wenn z. B. ein Workitem über eine Objektreferenz für einen Materialstamm verfügt, wird die Referenz archiviert, ohne dass die Materialstammdaten betroffen sind.

  Bei der Archivierung werden Daten, die im System nicht mehr benötigt werden, mithilfe anwendungsspezifischer Kriterien geprüft und in einer Archivdatei abgelegt. Die Daten werden nicht aus der Datenbank entfernt. Nachdem die zu archivierenden Dateien vollständig in die Archivdatei kopiert wurden, können sie in einem getrennten Programmlauf aus der Datenbank gelöscht werden.

  Alle Vorgänge und Programme werden im Hintergrund verarbeitet. Sie können die erforderlichen Hintergrundjobs in der Archivverwaltung planen.

- **Workflows aus Archiv anzeigen**
  Mithilfe dieses Reports können Sie sich einen Workflow für ein Anwendungsobjekt anzeigen lassen. Nachdem das über die Auswahlkriterien bestimmte Workflow-Workitem aus dem Archiv gelesen wurde, zeigt das System das Workflow-Protokoll an. Die Funktionen des Workflow-Protokolls stehen jedoch nicht vollständig zur Verfügung.
- **Workitem löschen**
  Mithilfe dieses Reports werden Workitems aus Tabellen ohne Archivierung gelöscht. Dieser Report löscht ohne Überprüfung die von Ihnen angegebenen Workitems. Sie können also auch Workitems aus einem aktiven Workflow löschen! Er dient hauptsächlich dem Entfernen verwaister Workitems aus Entwicklungssystemen. Wenn Sie das Kennzeichen DELETE IMMEDIATELY nicht setzen, wird der Report nur auf Testbasis ausgeführt. In einem Produktivsystem müssen Sie die Archivverwaltung zum Archivieren und Löschen von Workitems verwenden, um die Datenkonsistenz sicherzustellen.

Achtung

Dieser Report darf in Produktivsystemen nicht verwendet werden. Er wird nicht nur langsamer als der Archivierungsreport ausgeführt, sondern kann bei falscher Verwendung die guten Arbeitsbeziehungen gefährden, die Sie mit Ihren Kollegen aufgebaut haben! Verhindern Sie über Berechtigungskontrollen eine versehentliche Ausführung (mit Ausnahme einer getesteten Reportvariante).

- **Workitem-Historie löschen**
  Dieser Report löscht alle zu Workitems gehörenden Workflow-Protokolleinträge (Workitem-Historie) ohne Archivierung. Wenn Sie das Kennzeichen DELETE IMMEDIATELY nicht setzen, wird der Report nur auf Testbasis ausgeführt.

8.10.7 Optimale Nutzung einer wertvollen Ressource

Nutzen Sie die Fähigkeiten des Workflow-Administrators optimal, und gestalten Sie die Aufgabe interessant, damit Ihnen Ihr Administrator so lange wie möglich erhalten bleibt. Außer für die Administration selbst kann der Workflow-Administrator für folgende Aufgaben eingesetzt werden:

- Entwicklung neuer Workflows
- Erweiterung vorhandener Workflows
- Überprüfung neuer und erweiterter Workflows (Qualitätssicherung)

- Schulung von Bearbeitern im Umgang mit ihren Workflows
- Schulung von Personal, das für die Datenpflege verantwortlich ist (insbesondere für die Pflege der Bearbeiterermittlungsregeln und der workflowbezogenen Berechtigungen)
- Einweisung neuer Prozessverantwortlicher in die Funktionsweise von Workflows sowie in die Arten von Problemen, die in ihren Workflows aufgetreten sind oder auftreten können, und die entsprechenden Lösungen
- Betonung der Workflow-Vorteile für das Unternehmen. Dazu können Sie von Reports erzeugte Messwerte verwenden, die die Vorteile von Workflows in Zahlen ausdrücken. Außerdem können Sie dazu den Betrieb von Workflows in der Praxis präsentieren. Sie können darüber hinaus auch zeigen, wie die verschiedenen Workflow-Protokolle die Abläufe dokumentieren, und die Informationen vorstellen, die nach Abschluss des Prozesses ausgewertet werden können.

Sobald Sie Ihre Workflows in der Produktivumgebung einsetzen, müssen Sie ihre Performance ermitteln. Wenn Sie Reports zur Workflow-Ausführung für die Geschäftsleitung generieren möchten, bietet SAP Business Warehouse eine geeignete Lösung, um die Reportingdaten für Ihren Workflow bereitzustellen.

9 Verwendung von SAP Business Warehouse für das SAP-Business-Workflow-Reporting

Von Amol Palekar

Wenn Sie mit der Verwendung von Workflows beginnen, stellen sich Ihnen vermutlich die folgenden Fragen: Wie viele Workflows wurden für die Genehmigung von Bestellanforderungen ausgeführt? Wie lange dauerte die Ausführung im Durchschnitt? Welche Engpässe führten zu einer möglicherweise zu langen Ausführungsdauer? Wie lang war die durchschnittliche Arbeitszeit in den Inboxen der einzelnen Benutzer? An welchen Stellen kommt es bei Workflows mit langer Dauer zu längeren Verarbeitungszeiten? Wie häufig werden Termine überschritten? All diese Fragen lassen sich mit vorhandenen Workflow-Reports beantworten. Viele dieser Reports werden in Kapitel 8, »Workflow-Administration«, erläutert. Möglicherweise sollen jedoch auch managementorientierte Reports zur Workflow-Ausführung für die Geschäftsleitung erzeugt werden, um die Rolle der Workflows und deren Leistung im Kontext der Prozesswerte insgesamt zu veranschaulichen.

Zu diesem Zweck können Sie SAP Business Warehouse (SAP BW) einsetzen. SAP BW bietet standardmäßig Content, den Sie umgehend für das Workflow-Reporting nutzen können. Dieser Content wird ab SAP NetWeaver 7.0 bereitgestellt.

In diesem Kapitel werden einleitend die Grundlagen von SAP BW für den Workflow-Benutzer erläutert, anschließend liegt der Schwerpunkt auf dem Workflow-Content für diesen Bereich. Das hier vermittelte Wissen sollte mit den SAP-BW-Experten besprochen werden. Anschließend sind die SAP-BW-

Experten in der Lage, Ihnen zu erläutern, wie Sie die relevanten Workflow-Daten für das Reporting in das SAP-BW-System übertragen können.

Innerhalb dieses Kapitels konzentrieren wir uns auf die Objekte, die im BI-Content (Business Intelligence) standardmäßig für den Workflow verfügbar sind (siehe Abschnitt 9.2, »Standard-Workflow-Analyse mit SAP Business Warehouse«). Dabei gehen wir lediglich auf den bereitgestellten Content ein, erläutern jedoch nicht, wie Sie eigene Reports anlegen. Das Anlegen neuer Reports überlassen wir den Reportingexperten.

9.1 SAP-Business-Warehouse-Grundlagen für den Workflow-Experten

Für die Inhalte dieses Kapitels wird vorausgesetzt, dass Sie SAP BW kennen. Sie sollten bereits wissen, dass diese Komponente – gemeinsam mit den Frontend-Werkzeugen des SAP Business Explorers (SAP BEx) oder SAP BusinessObjects – leistungsfähige Analysewerkzeuge, Planungs- und Simulationsfunktionen sowie Data-Warehousing-Funktionen bietet. Die BI-Funktionen von SAP NetWeaver werden eingesetzt, um Daten zu integrieren und in nützliche Geschäftsinformationen zu transformieren, die für eine durchdachte Entscheidungsfindung, gezielte Maßnahmen und solide Geschäftsergebnisse rechtzeitig bereitgestellt werden. Wir hoffen, dass SAP BW in Ihrem Unternehmen bereits eingesetzt bzw. die Implementierung gegenwärtig durchgeführt wird!

Hinweis

Wenn Sie dieses Kapitel als SAP-BW-Experte lesen, finden Sie die für Sie relevanten Informationen ebenfalls in Abschnitt 9.2. In diesem Abschnitt wird der von SAP für den Workflow bereitgestellte Content erläutert.

Um die Kommunikation mit dem SAP-BW-Experten zu vereinfachen, müssen Sie als Workflow-Benutzer einige wenige grundlegende Begriffe kennen. Um SAP BW für das Workflow-Reporting nutzen zu können, müssen die Workflow-Daten im BW-System verfügbar sein. Für die in SAP BW gespeicherten Daten wird eine spezifische Terminologie verwendet.

Einer der wichtigsten Begriffe, die Sie verstehen müssen, ist *InfoObjects*. Sie können sich InfoObjects als die Felder aus dem Workflow vorstellen, die für das Reporting benötigt werden. InfoObjects könnten z. B. eine Abteilung, ein Produkt, eine Geschäftseinheit, ein Unternehmen oder sogar der Nettoumsatz, der Gesamtumsatz oder die Umsatznebenkosten sein. InfoObjects umfassen Datenfelder und berechnete Felder. Wichtige Begriffe in diesem Zusammenhang sind *Merkmal* und *Kennzahl*:

- **Merkmale**
  Merkmale sind InfoObjects, die auf bekannten Daten basieren. Bei Merkmalen handelt es sich um Gruppierungen zur Geschäftsauswertung, über die Klassifizierungsoptionen wie Einkäufergruppe, Abteilung, Produkt und Unternehmen angegeben werden.

  In der Workflow-Terminologie könnten InfoObjects-Merkmale z. B. die Workitem-ID, die Workflow-Nummer, Business-Objekte oder Bearbeiter sein.
- **Kennzahlen**
  Kennzahlen sind InfoObjects, die auf messbaren Feldern basieren. Bei Kennzahlen handelt es sich um Werte, Mengen oder abgeleitete Daten wie Nettoumsatz, Gesamtumsatz und Umsatznebenkosten.

  In der Workflow-Terminologie könnte es sich bei InfoObject-Kennzahlen um die Gesamtzahl an Workitems, die verstrichene Zeit oder die Gesamtzahl an Terminen handeln.
- **InfoProvider**
  InfoProvider ist ein allgemeiner Begriff für Objekte, für die SAP-BW-Anfragen erstellt werden können.
- **InfoCube**
  Ein InfoCube ist eine wichtige Komponente von SAP BW, in der die Transaktionsdaten (Kennzahlen) umgeben von unterschiedlichen Dimensionen gespeichert sind, in denen wiederum die Eigenschafteninformationen hinterlegt sind. Anhand der verschiedenen Dimensionen können die Benutzer Informationen aus unterschiedlichen Perspektiven analysieren, z. B. für eine geografische Region oder einen Typ von Vertriebskanal.
- **DataStore-Objekt**
  Ein DataStore-Objekt (DSO) ist ein weiterer Typ von InfoProvider, in dem Daten in einem flachen relationalen Tabellenformat gespeichert werden, im Gegensatz zu einem InfoCube, in dem Daten in einem multidimensionalen Schema gespeichert werden.

SAP stellt solche InfoProvider, einschließlich InfoCubes, DSOs, InfoSets (InfoSets sind Joins anderer InfoProvider), Querys, Arbeitsmappen, Fortschreibungsregeln (Regeln zur Angabe, wie die Daten im InfoProvider verbucht werden) und anderer Elemente standardmäßig für das Workflow-Reporting bereit.

Im Folgenden wird der Datenfluss beim Schreiben von Workflow-Daten nach SAP BW beschrieben:

1. Ein Quellsystem (SAP- oder Nicht-SAP-System) stellt Daten bereit.
2. Die Daten werden in eine Datenquelle innerhalb von SAP BW verschoben, bei der es sich um eine Persistent Staging Area (PSA) für die Daten handelt.
3. Anschließend wird ein Transformationsprozess gestartet, bei dem die Daten in die Datenziele (InfoCube, DSO oder Stammdaten-InfoObject) verschoben werden.
4. Sobald sich die Daten im InfoProvider befinden, können die Workflow-Daten untersucht und Querys für diese Daten ausgeführt werden.

9.2 Standard-Workflow-Analyse mit SAP Business Warehouse

SAP BW bietet einen starken Satz an vordefinierten Objekten und Informationsmodellen, die *SAP Business Content* heißen. Dieser Content bietet vordefinierte, rollenbasierte und aufgabenorientierte Informationsmodelle innerhalb von SAP BW. Der BI-Content wird eingesetzt, um die relevanten Informationen für spezifische Rollen innerhalb eines Unternehmens bereitzustellen. Auf diese Weise verfügen die jeweiligen Benutzer über die erforderlichen Informationen, um ihre täglichen betrieblichen Aufgaben ausführen zu können.

Im Folgenden sind einige der unter SAP Business Content bereitgestellten Objekte aufgelistet:

- SAP-ECC-Extraktorprogramme
- DataSources
- InfoObjects und Stammdaten
- InfoSources
- Transformationen
- Datenziele (InfoCubes und DSOs)
- InfoProvider
- Queries und verschiedene Query-Komponenten
- Workbooks

- Web Templates
- Rollen

Mit SAP NetWeaver 7.0 BI Content Add-on 2 wird Standard-Content für SAP Business Workflow und SAP Process Orchestration (SAP PO) bereitgestellt. Sie können diesen standardmäßigen Content nutzen, um prozessbezogene Informationen zu analysieren.

Hinweis

SAP PO ermöglicht die Integration zwischen heterogenen Anwendungen. Weitere Informationen finden Sie in Kapitel 20, »Servicefähige Workflows«.

Im Folgenden finden Sie Beispiele für Fragen, die sich mithilfe des bereitgestellten Contents beantworten lassen:

- Wie viele Prozesse vom Typ XYZ wurden ausgeführt?
- Wie hoch ist die durchschnittliche Verarbeitungszeit für einen Prozess oder einen bestimmten Schritt?
- Wie viele Schritte vom Typ XYZ wurden von Organisationseinheit ABC ausgeführt?
- Wie viele Genehmigungsprozesse weisen den Status ABC auf?
- Wie viele Prozesse werden für Bestellungen mit einem Wert von > 10.000 EUR ausgeführt?

9.2.1 Datenfluss und Übersicht über den bereitgestellten Business Content

Abbildung 9.1 zeigt den Datenfluss und einen Teil des Workflow-Contents, der in SAP BW verfügbar ist. Dies umfasst die DataSources, DSOs, Aktualisierungsregeln und InfoCubes zum Speichern aggregierter Daten. Es ist je ein InfoCube für die Workflow-Daten und die Alert-Daten vorhanden. Es gibt Datenquellen für Workitem-Kopfzeileninformationen, Workitem-Historie, Workitem-Beziehung zum Business-Objekt, Termindaten und Alert-Daten.

Hinweis

Dieser Content wurde ursprünglich für Workflows angelegt, die in SAP PO (SAP Process Orchestration) ausgeführt werden – allgemein als ccBPM-Prozesse (cross-component Business Process Management) bezeichnet. Da der ccBPM-Prozess möglicherweise das Alert Framework startet, umfasst der Content daher Container sowohl für Workitems als auch für Alerts.

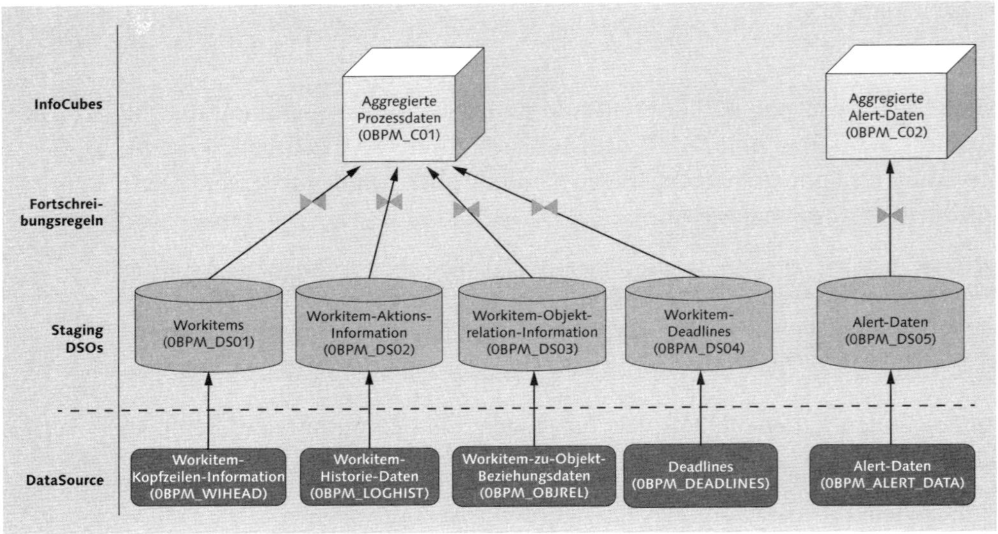

Abbildung 9.1 Datenfluss und bereitgestellter Workflow-Content

9.2.2 InfoCube: Aggregierte Prozessdaten

Der bereitgestellte InfoCube 0BPM_C01 mit den aggregierten Workflow-Daten enthält umfassende Einzelheiten zur Workflow-Ausführung. Es folgt ein Beispiel einer Analyse, die für diesen InfoCube ausgeführt werden kann:

- **Kennzahlen**
  - Anzahl an Workitems
  - Workflow-Ausführung in Tagen (Arbeitszeit im Vergleich zur Liegezeit)
  - Anzahl an Terminen
  - Anzahl an Workitem-Aktionen
  - Anzahl an Anhängen
  - Anzahl an Wiederholungsversuchen
- **Merkmale**
  - Objektkategorie (z. B. ABAP-Klasse oder BOR-Objekt)
  - Objekttyp (z. B. `BUS1006`)
  - Business-Objektinstanz-ID (Geschäftspartnernummer 1234)
  - übergeordnetes Workitem (Workitem-ID des WS-Workflows)

  - Workitem-ID (Workitem-Nummer der TS-Aufgabe)
  - Workitem-Typ (Termin, normal, Hintergrund etc.)
  - Bearbeiter (tatsächliche, weitergeleitet von)
  - Termindaten
- **Zeitmerkmale**
  - Kalendertag, Monat, Quartal, Jahr

Anhand dieser Informationen können Sie u. a. die folgenden Fragen beantworten:

- Wie viele Prozesse (Schritte) eines Aufgabentyps wurden ausgeführt?
- Wie viele Teilprozesse (Schritte) eines Aufgabentyps wurden für einen bestimmten Prozess ausgeführt?
- Wie lange (minimale Dauer, Durchschnittsdauer, maximale Dauer) dauert die Ausführung eines Schritts vom Typ X? Wie lang ist die Liegezeit?
- Wie viele Ausnahmen wurden während der Ausführung eines bestimmten Schritttyps ausgelöst?
- Sind während der Ausführung eines Prozesses (Schritts) Termine fällig?
- Wie häufig wurde ein Schritt weitergeleitet?
- Wie viele Workitems wurden von einem bestimmten Bearbeiter angelegt?

9.2.3 Aggregierte BPM- und HR-Daten

Der bereits im vorangegangenen Abschnitt beschriebene InfoCube 0BPM_C01 ist auch mit den Mitarbeiterinformationen verknüpft, sodass eine Query für die Workflow-Daten ausgeführt werden kann, die die Mitarbeiterdetails des Bearbeiters umfasst.

In Abbildung 9.2 sehen Sie, wie der InfoCube 0BPM_CO1 mit dem InfoObject 0EMPLOYEE (Employee Master Data) zusammengefasst wird, um ein InfoSet 0BPM_IS01 anzulegen, das sowohl Workflow- als auch Mitarbeiterinformationen enthält. Die Query, mit der aggregierte Prozess- und Organisationsmanagementdaten analysiert werden, wird direkt in diesem InfoSet bereitgestellt.

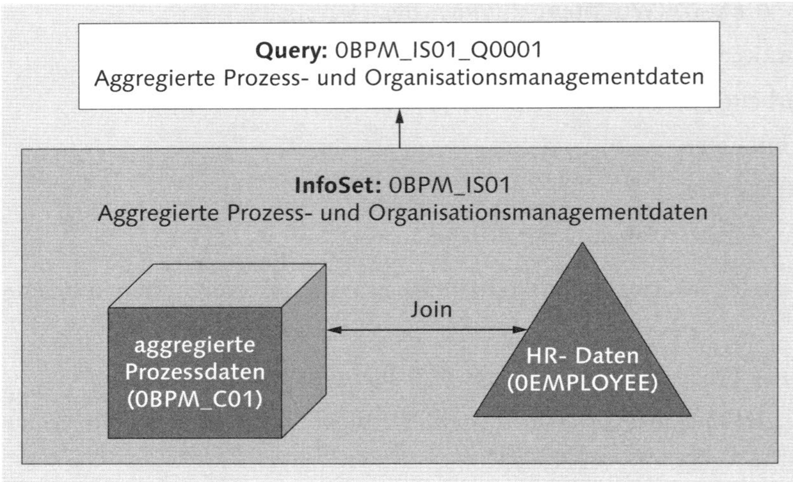

Abbildung 9.2 Aggregierte BPM- und HR-Daten

9.2.4 Verwendung des Standard-BI-Contents

SAP-BW-Administratoren und -Entwickler kennen die erforderlichen Schritte, um ein System für die Verwendung des Standard-BI-Contents einzurichten. Im Folgenden finden Sie eine allgemeine Übersicht über diese Schritte:

1. **Konfigurieren Sie die grundlegenden Einstellungen für das Quellsystem und das SAP-BW-System**
   Es muss eine Verbindung zwischen dem SAP-BW-System und dem Workflow-System eingerichtet werden.
2. **Legen Sie das SAP-Quellsystem an**
   Das Workflow-System muss im SAP-BW-Workbench-Bereich (Transaktion RSA1) als SAP-Quellsystem definiert werden.
3. **Aktivieren Sie den BI-Content**
   Der SAP-BW-Experte installiert den ausgewählten Business-Content. Nach der Installation des Contents können die Workflow-Daten in das SAP-BW-System geladen werden.

Abbildung 9.3 zeigt den im SAP-BW-System verfügbaren Content für den Workflow; die InfoProvider sind im Content enthalten. Wie Sie sehen, beginnen diese mit 0BPM und umfassen die aggregierten Prozessdaten und Workitem-Daten.

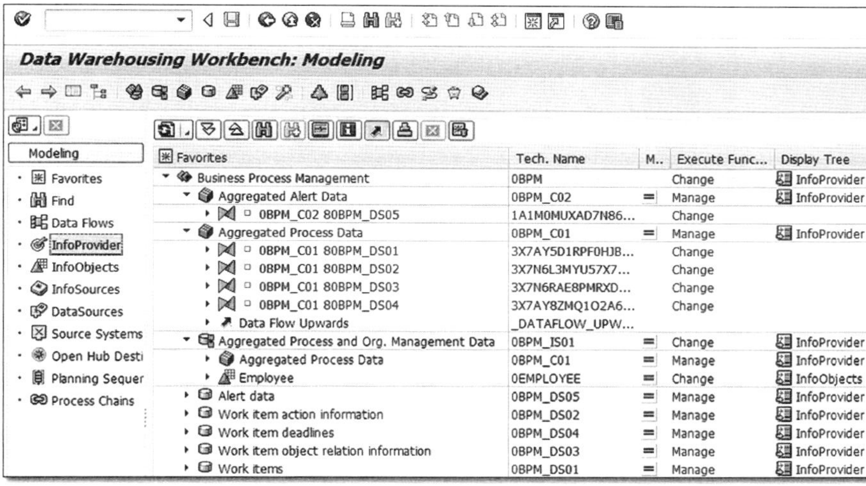

Abbildung 9.3 BI-Content für SAP Business Workflow

Weitere Bücher des Autors

SAP NetWeaver BW 7.3 – Practical Guide (2. Auflage, SAP PRESS 2013)

Workflows zur Fehlerbehebung umfassen Fehler, die in Entwicklungs-, Test- und Produktionsumgebungen auftreten. In diesem Kapitel werden die gängigsten Fehler und deren Behebung beschrieben.

10 Administration – Leitfaden für die Fehlersuche

Von Sue Keohan

In diesem Kapitel erhalten Sie einen praktischen Leitfaden, mit dem Sie einige der kniffligen Probleme lösen können, die in der Entwicklungsumgebung auftreten können. Diese Abschnitte mögen zwar einen recht trockenen Lesestoff darstellen, werden sich aber im Verlauf der Workflow-Entwicklung als nützlich erweisen. Im ersten Teil dieses Kapitels lernen Sie die verschiedenen Fehlertypen kennen, die während der Entwicklung und bei Tests von Workflows häufig auftreten. Im zweiten Teil wird die Unterstützung für Workflows im produktiven Umfeld beschrieben.

Die beiden bei der Fehleranalyse am häufigsten verwendeten Transaktionen sind SWUD (Workflow-Diagnose) und SWI2_DIAG (Diagnose von Workflows mit Fehlern).

Wenn Sie ein Problem untersuchen, ist Transaktion SWUD (Workflow-Diagnose) die erste Anlaufstelle. Sie ist eine zentrale »Universallösung« für die Zeit, in der Sie Ihre Debugging-Techniken erlernen und aufbauen. Wenn Sie die Fehlertypen erst mal besser kennen, werden Sie vielleicht direkt Transaktion SWI2_DIAG wählen. Sie stellt einen schnellen Report bereit, in dem alle Workflows mit Status ERROR aufgelistet sind.

Aber zuerst behandeln wir die gängigsten Fehler.

10.1 Untersuchung eines nicht startenden Workflows

Die Ursache für Auslöseprobleme eines Workflows sind einfach festzustellen, wenn Sie in Transaktion SWUD gehen. Geben Sie den Namen der Workflow-Vorlage (WEnnnnnnnn) in das Eingabefeld ein, und wählen Sie PROB-

LEM: TASK NOT STARTED. Zunächst wird geprüft, ob der Workflow tatsächlich nicht ausgelöst wurde oder ob er zwar gestartet, aber in der richtigen Inbox kein Workitem angelegt wurde.

10.1.1 Wurde der Workflow tatsächlich nicht gestartet?

Wählen Sie die erste Menüposition aus dem Workflow-Diagnosemenü (DETERMINE INSTANCES FOR TASK), um zu ermitteln, ob die Liste leer ist. In der Liste werden alle Workflow-Workitems angezeigt, die an diesem Tag für die jeweilige Workflow-Definition angelegt wurden. Wenn Sie sich die Workitems anzeigen lassen möchten, die an einem anderen Tag angelegt wurden, wählen Sie im vorangegangenen Bildschirm das entsprechende Datum. Sie können auch über einen direkten Aufruf der Workitem-Selektion (Transaktion SWI1) einen Datumsbereich durchsuchen.

Wird eine leere Liste angezeigt, zeigt dies eindeutig, dass der Workflow nicht gestartet wurde. In diesem Fall sollten Sie mit dem nächsten Test fortfahren (siehe Abschnitt 10.1.2, »Wurde das auslösende Ereignis richtig konfiguriert?«). Wurde jedoch ein Workflow-Workitem angelegt, untersuchen Sie das Workflow-Protokoll, um festzustellen, ob das erste Workitem angelegt und wem es zugeordnet wurde. Sollte dies der Fall sein, können Sie diesen Abschnitt überspringen und direkt zu Abschnitt 10.2, »Ein Workflow wird frühzeitig angehalten«, wechseln.

10.1.2 Wurde das auslösende Ereignis richtig konfiguriert?

Ihr Workflow wurde also tatsächlich nicht gestartet. Diese Erkenntnis stellt einen wichtigen Schritt auf dem Weg zur Problemlösung dar. Soll der Workflow über ein Ereignis ausgelöst werden (dies ist die empfohlene Methode zum Starten eines Workflows), arbeiten Sie die folgende Prüfliste für Ereignisse durch. Wenn dies nicht der Fall ist, springen Sie zu Abschnitt 10.1.6, »Weshalb wird der Workflow nicht gestartet?«.

Bei den nun erforderlichen Tests sollten Sie folgende Punkte überprüfen:

- **Wurde das Ereignis ordnungsgemäß ausgelöst?**
  - Prüfen Sie, ob das Ereignis ausgelöst wurde.
  - Stellen Sie sicher, dass die Implementierung im Anschluss an das auslösende Ereignis eine `COMMIT WORK`-Anweisung enthält (hier ist eine Prüfung nur erforderlich, wenn Sie ein benutzerdefiniertes Ereignis untersuchen).

  - Vergewissern Sie sich, dass das Ereignis erst ausgelöst wird, nachdem das Anwendungsobjekt an die Datenbank übergeben wurde.
- **Erfolgte die Kopplung zwischen Ereignis und Workflow erwartungsgemäß?**
  - Prüfen Sie, ob die Ereigniskopplung richtig implementiert wurde.
  - Prüfen Sie, ob Startbedingungen oder Check-Funktionsbausteine die richtigen Ergebnisse zurückliefern.
  - Vergewissern Sie sich, dass das Ereignis die obligatorischen Daten an den Workflow übergibt.
- **Funktioniert das Ereignis wie erwartet, wird aber das erste Workitem nicht angezeigt?**
  - Prüfen Sie, ob dem ersten Workflow-Schritt ein Bearbeiter zugewiesen wurde.

Die Ereignisprüfungen sind relativ unkompliziert und im Menü verfügbar. Sie müssen nur aus der Liste das entsprechende Ereignis wählen, das den Workflow auslösen sollte (falls mehrere Ereignisse möglich sind). Nun führen Sie der Reihe nach folgende Tests durch.

10.1.3 Untersuchung der RFC-Queue: Wurde die Ereignisauslösung abgebrochen?

Prüfen Sie, ob die RFC-Queue leer ist (Transaktion SM58). Dabei handelt es sich um eine einfache Prüfung, die üblicherweise einen leeren Wert zurückgibt, sodass Sie rasch zum nächsten Test übergehen können. Stellen Sie bei einer Durchführung dieser Prüfung sicher, dass die unter AUFRUFER angegebene Benutzerkennung die Kennung desjenigen Benutzers ist, der die Transaktion aufgerufen hat, mit der dieses Ereignis hätte ausgelöst werden sollen (dies ist normalerweise Ihre eigene Kennung). Sollte sich in der Queue ein Eintrag befinden, ermitteln Sie anhand des Zeitstempels, ob dieser durch Ihren Test erzeugt wurde. Ein Eintrag in der Queue weist darauf hin, dass die Fehlerursache in einem falsch konfigurierten System (dies sollte allerdings bereits von Ihnen geprüft worden sein), einem fehlerhaften Datenfluss zwischen Ereignis und Workflow oder nicht vorhandenen obligatorischen Daten im Ereigniscontainer liegt.

Prüfen Sie den Ereignis-Trace, um festzustellen, ob das Ereignis tatsächlich ausgelöst wurde und die Startbedingung oder der Check-Funktionsbaustein (falls vorhanden) keine Ausnahme zurückgegeben hat. Denken Sie daran, dass Startbedingungen technisch gesehen als Check-Funktionsbausteine implementiert werden. Eine fehlgeschlagene Startbedingung wird also ebenfalls als Ausnahme eines Check-Funktionsbausteins ausgegeben. Kann kein Ereignis gefunden werden, stellen Sie sicher, dass der Ereignis-Trace aktiviert ist. Wiederholen Sie den Test gegebenenfalls.

Tipp

Sie können den Workflow-Trace einsetzen, um Probleme mit den Definitionen der Startbedingung zu untersuchen.

Wenn das Ereignis auch dann nicht im Ereignis-Trace angezeigt wird, wurde es nicht ordnungsgemäß ausgelöst. Im Folgenden sind die wahrscheinlichsten Ursachen aufgelistet:

- Das Customizing der Anwendung ist fehlerhaft, oder es fehlt der Aufruf der ABAP-Anweisung `COMMIT WORK` nach Aufruf des Funktionsbausteins `SAP_WAPI_CREATE_EVENT` (benutzerdefinierte Transaktion).
- Die Transaktion kann nicht auf den Aufruf `SAP_WAPI_CREATE_EVENT` zugreifen (prüfen Sie dies mit dem ABAP Debugger). Wird das Ereignis zweimal angezeigt, liegt ein fehlerhaftes Anwendungs-Customizing vor. Zum Beispiel wurde das Ereignis so konfiguriert, dass es bei einer Statusänderung ausgelöst wird, gleichzeitig löst die Anwendung das Ereignis direkt aus.

Der Fehler OBJECT DOES NOT EXIST (Meldung OL826) zeigt an, dass das Ereignis fehlschlägt, weil das Objekt noch nicht in der Datenbank vorhanden ist. Dieser Fehler tritt meist dann auf, wenn ein Objekt erstmalig angelegt und das `CREATED`-Ereignis durch eine falsche Programmimplementierung ausgelöst wird. Anders gesagt: Das Ereignis wird ausgelöst, bevor das Objekt an die Datenbank übergeben wurde, da es sich zum Zeitpunkt der Ereigniserzeugung noch in der Warteschlange der Verbuchung befindet.

In Kapitel 19, »Benutzerdefinierte Programme«, wird die richtige Vorgehensweise zum Auslösen solcher Ereignisse beschrieben.

Hinweis

Die Ereignisauslösung wird ausgeführt, obwohl der Benutzer die Transaktionsausführung abgebrochen hat, d. h., die Statusänderung, die durch das Ereignis gemeldet werden soll, hat in Wirklichkeit nicht stattgefunden. Dieser Fehler tritt meist dann auf, wenn das Ereignis ungeachtet der LUW (Logical Unit of Work) in der Transaktion ausgelöst wird (z. B. in der Dialogaufgabe anstelle der Verbuchung).

10.1.4 Prüfen Sie die Workflow-Definition auf Konsistenz

Als nächster Schritt empfiehlt sich eine Konsistenzprüfung, weil sie einfach durchzuführen ist und manchmal sehr rasch das grundlegende Problem aufdecken kann. Wenn dieser Test ergibt, dass die Workflow-Definition richtig ist, können Sie sofort zum nächsten Test übergehen, der eine etwas eingehendere Analyse darstellt.

Mit dem Test stellen Sie sicher, dass die Workflow-Definition richtig ist, den Workflow-Aufgaben Bearbeiter zugewiesen und die Ereignisdatenflüsse ordnungsgemäß definiert wurden. In früheren Releases kann der Workflow nicht ausgelöst werden, wenn der Dialogaufgabe im ersten Workflow-Schritt kein Bearbeiter zugeordnet wurde. Ebenso führt eine fehlerhafte Workflow-Definition zum Fehlschlagen des Workflow-Starts.

10.1.5 Simulieren Sie das Ereignis

Simulieren Sie das Ereignis im Menü des Workflow-Diagnoseprogramms, um die Ereigniskopplung zu prüfen. Auf diese Weise werden alle mit dem Ereignis verknüpften Workflows angezeigt, und Sie können anhand eines Ursachencodes ermitteln, warum ein Workflow nicht ausgelöst wird. Die Gründe für ein Fehlschlagen sind je nach Release verschieden (das Workflow-System weist mit jedem Release eine höhere Fehlertoleranz auf), aber Sie können an dieser Stelle auf einen Blick erkennen, ob Ihr Workflow in Ordnung ist. Nach der Durchführung dieses Tests werden Sie häufiger feststellen, dass die Ereigniskopplung automatisch deaktiviert wurde.

Wenn Sie keine Ereigniskopplung verwenden (vor Release 4.6C) und der Workflow aufgrund eines schwerwiegenden Fehlers nicht gestartet wurde, wird die Ereigniskopplung im System deaktiviert, um ein »Verstopfen« der Ereignis-Queue zu verhindern. Dies bedeutet: Nach der Aktivierung der Ereigniskopplung sollten Sie das Ereignis stets erneut auslösen, um so sicherzustellen, dass der Workflow ordnungsgemäß gestartet wird. Wird die Ereigniskopplung nun erneut vom System deaktiviert, liegt die Ursache des Problems tiefer. Höchstwahrscheinlich handelt es sich dabei um ein fehlendes obligatorisches Element im Ereigniscontainer oder eine inaktive Workflow-Definition.

Um die Deaktivierung von Ereigniskopplungen zu verhindern, sollten Sie Ereignis-Queues aktivieren (wie in Kapitel 18, »Verwendung von Ereignissen und anderen Business-Interfaces«, beschrieben). Ereignis-Queues sind auch dann außerordentlich hilfreich, wenn bereits eine ganze Reihe von Ereignissen fehlgeschlagen ist, bevor Sie den Fehler beheben konnten: Da

Ereignis-Queues sämtliche fehlgeschlagenen Ereignisse an zentraler Stelle sammeln, können Sie diese problemlos alle gemeinsam neu starten.

Sollten alle bisher beschriebenen Tests erfolglos verlaufen, müssen Sie nun den Workflow direkt starten und die Tests des nächsten Abschnitts durchführen.

10.1.6 Weshalb wird der Workflow nicht gestartet?

Sie wissen bereits, dass das Ereignis-Customizing ordnungsgemäß durchgeführt wurde (oder keine auslösenden Ereignisse vorhanden sind). Starten Sie nun den Workflow direkt aus der Testumgebung von Transaktion SWUD oder über den Workflow Builder.

Diese Vorgehensweise birgt den Vorteil, dass eventuelle Fehlermeldungen während des Workflow-Starts direkt auf dem Bildschirm angezeigt werden. Wenn der Workflow ordnungsgemäß und ohne Fehlermeldung gestartet wird, liegt die Problemursache höchstwahrscheinlich darin, dass im Testszenario andere Parameter an den Workflow übergeben wurden als in der auslösenden Transaktion. Sie haben zwei Möglichkeiten, die durch ein Ereignis übergebenen Parameter zu untersuchen:

- mithilfe des Workflow-Traces (siehe Kapitel 11, »Erweiterte Diagnose«)
- mit dem Funktionsbaustein `SWE_EVENT_MAIL`

Wenn Sie benachrichtigt werden möchten, wann immer ein Ereignis erzeugt wird (unabhängig davon, ob damit ein Workflow-Start verbunden ist), können Sie zu diesem Zweck den Funktionsbaustein `SWE_EVENT_MAIL` einsetzen, um eine SAPoffice-Mail zu senden. Erstellen Sie einfach eine Ereigniskopplung (Transaktion SWETYPV) für das Ereignis, und geben Sie als Verbrauchertyp Ihre Benutzerkennung und als Verbraucher-Funktionsbaustein `SWE_EVENT_MAIL` an.

Nach dem Auslösen des Ereignisses wird eine SAPoffice-Mail an Ihre Dokument-Inbox gesendet, die eine Liste der Containerelemente des Ereignisses enthält. Prüfen Sie, ob in dieser Liste alle vom Workflow benötigten obligatorischen Elemente enthalten sind. Prüfen Sie ebenfalls, ob die Elemente das erforderliche Format aufweisen. Zum Beispiel sollten Sie sicherstellen, dass die führenden Nullen übereinstimmen und der Objektschlüssel vollständig ist. Wenn der Workflow das Objekt trotz richtig angegebenen Objektschlüssels nicht finden kann, sollten Sie Abschnitt 10.3.2, »Business-Objekt ist nicht vorhanden«, lesen.

10.2 Ein Workflow wird frühzeitig angehalten

Die Fehlersuche bei angehaltenen Workflows stellt den kniffligsten Teil der Workflow-Diagnose dar. Dies liegt unter anderem daran, dass es äußerst schwierig sein kann, den Fehler zu reproduzieren. Aus diesem Grund lohnt sich die Mühe, einen Workflow von Anfang an stabil aufzubauen, um später möglichst wenige Fehler ermitteln zu müssen.

Die meisten Fehler werden durch nicht sorgfältig durchdachte Hintergrundmethoden erzeugt. Denken Sie daran: Beim Beenden einer Hintergrundmethode, die keine Ausnahmen abfängt, wird eine Fehlermeldung nur auf einem »virtuellen« Bildschirm angezeigt und kann von keinem Benutzer gelesen werden. Wenn die Ausnahmen nicht abgefangen werden, verschwinden sämtliche Hinweise einfach im Nichts, und Sie haben keine Chance, jemals zu ermitteln, was schiefgegangen ist. Wird die Ausnahme jedoch über eine in der Methode definierte Ausnahme abgefangen, wird diese Ausnahme im Workflow-Protokoll angezeigt, und Sie können problemlos herausfinden, wo der Fehler liegt.

Wenn Sie in der Diagnosetransaktion die Option PROBLEM: WORKFLOW IS HANGING in Transaktion SWUD wählen, wird Ihnen als erste Möglichkeit die Anzeige der zurzeit laufenden Workflows (DETERMINE INSTANCES FOR TASK) angeboten, damit Sie das technische Workflow-Protokoll untersuchen können. Stellen Sie sicher, dass Sie die technische Sicht ausgewählt haben. Die Fehlermeldungen sind mit roten Ampelsymbolen gekennzeichnet, um Ihnen das Auffinden zu erleichtern. Durch Auswahl des Ampelsymbols wird die Fehlermeldung angezeigt. Üblicherweise finden Sie im Langtext der Fehlermeldung eine genaue Beschreibung des aufgetretenen Problems. Wenn Sie das erste rote Ampelsymbol in einem Workflow auswählen, wird eine Analyse der relevanten Fehler angezeigt. Bei einfachen Fehlern ist dies bereits eine große Hilfe; zur Lösung komplexerer Probleme kann die Analyse jedoch nicht dienen, da sie dafür nicht detailliert genug ist. Halten Sie sich an folgende Grundregel: Prüfen Sie zunächst die angebotene Analyse; sobald Sie jedoch feststellen, dass darin keine Lösung zu finden ist, halten Sie sich nicht länger damit auf, sondern versuchen Sie auf andere Weise, eine Lösung zu finden.

Wurde ein Workitem mit einem Fehler angehalten, wird auch das übergeordnete Workflow-Workitem in den Status ERROR versetzt, und für dieses wird eine neue Meldung (WL394) protokolliert. Diese Meldung informiert lediglich darüber, in welchem Schritt der Fehler aufgetreten ist. Nachdem Sie diesen Schritt ermittelt haben (dies ist meist der zuletzt ausgeführte Schritt), sollten Sie nun den Fehler eingehender untersuchen, der für das Workitem protokolliert wurde.

Folgende vier Fehlertypen können auftreten:

- Workflow-Systemfehler (Meldungsnummer WL)
- Fehler, die in Business-Objekten auftreten, wenn die Auswertung eines Ausdrucks fehlschlägt (Meldungsnummer OL)
- Fehler während der Bearbeiterermittlung (Meldungsnummer 5W)
- Ausnahmen von Business-Objektmethoden, die in den Aufgaben aufgerufen werden (Meldungsnummern, die nicht den oben genannten entsprechen, stammen üblicherweise aus der aufgerufenen Anwendung)

Es ist manchmal relativ schwierig, Folgefehler von solchen Fehlern zu unterscheiden, die tatsächlich auf die Problemursache hinweisen. Am besten untersuchen Sie die klassische technische Anzeige des Workitems. Sie können sich die Fehlermeldung anzeigen lassen, die zum Abbruch des Workitems führte, indem Sie DISPLAYED rechts neben dem Workitem-Status wählen. Unter »normalen« Umständen (es liegt kein Fehler vor) ist dieser Button nicht sichtbar oder zeigt eine temporäre Fehlermeldung wie etwa CANCELLED BY USER an. Ein fehlerhaftes Workitem zeigt jedoch die Ausnahme an, die in der Methode ausgelöst wurde, z. B. INVOICE LOCKED, MASTER RECORD DOES NOT EXIST oder NO AUTHORIZATION TO PERFORM THIS TASK. Nun ist die Lösung des Problems ein Kinderspiel.

Wurde allerdings in der Methode keine Ausnahme definiert, wird auch keine Meldung protokolliert, und Sie müssen die Suche fortsetzen, indem Sie versuchen, den Fehler zu reproduzieren. Anstatt lange herumzuprobieren, wo denn der Fehler liegen könnte, ist es häufig einfacher, die Methode dahingehend abzuändern, dass sie Ausnahmen abfängt, und anschließend den ganzen Vorgang noch einmal auszuführen.

10.3 Wahrscheinlichste Fehlerursachen (und wie Sie sie vermeiden)

Dieser Abschnitt beschreibt häufige Probleme und deren Vermeidung.

10.3.1 Hintergrund-Workitems werden während der Ausführung abgebrochen

Hintergrund-Workitems, die mitten in der Ausführung abgebrochen werden (ohne jedoch eine Ausnahme auszulösen), geben kein Ergebnis an den

Workflow zurück und bleiben daher im Status STARTED. Der Hintergrundjob SWWERRE führt in regelmäßigen Abständen Suchvorgänge nach solchen Workitems aus, setzt sie in den Status ERROR und schreibt eine entsprechende WL-Meldung ins Fehlerprotokoll. Diese Fehlermeldung ist allerdings nicht sehr aussagekräftig, daher empfiehlt es sich, die Methode direkt zu testen und zu versuchen, den Fehler erneut zu erzeugen.

Häufig sind falsche oder unzureichende an die Methode übergebene Daten die Ursache für ein Fehlschlagen der Hintergrundmethode. Mithilfe des Workflow-Traces können Sie genau ermitteln, welche Parameter an die Methode übergeben werden. Wenn eine Hintergrundaufgabe fehlschlägt, kann dies häufig auch daran liegen, dass die Methode unerwarteterweise Dialogeingaben erfordert, um fortgesetzt werden zu können. Die Ursache kann auch darin liegen, dass die Voreinstellungen WF-BATCH (etwa für Datumsformat oder Dezimaltrennzeichen) sich von denen unterscheiden, die der Benutzer zur Erstellung und Prüfung der Hintergrundprüfung verwendet hat. Üblicherweise müssen Sie die Methodenimplementierung so ändern, dass Dialogeingaben nicht auftreten können oder die Methode mit einer Ausnahme abbricht, wenn zusätzliche Daten vom Benutzer benötigt werden.

Methoden können mithilfe des Business Object Builders (Transaktion SWO1) getestet werden. Hier können Sie die Parameter verändern, die an die Methode übergeben werden. Über diese Transaktion können Sie allerdings nicht testen, ob der Bearbeiter bzw. der Benutzer WF-BATCH über eine ausreichende Berechtigung zur Ausführung der Methode verfügt. Ein solcher Test kann vor dem Übergang in die Produktivumgebung nur mit »echten« Bearbeitern oder Testbearbeitern durchgeführt werden, denen ein restriktives Berechtigungsprofil zugewiesen wurde. Wenn in Ihrem SAP-System SAP ERP HCM im Einsatz ist, sollten Sie an dieser Stelle auf strukturelle HR-Berechtigungen achten, da diese oft vergessen werden.

Die Diagnosetransaktion SWUD prüft auch, ob im Benutzer WF-BATCH aufgrund fehlerhafter Hintergrundmethoden Kurzdumps erzeugt wurden. Falls Kurzdumps ermittelt werden, muss üblicherweise die Implementierung der Methode umgeschrieben werden, um das Problem zu lösen.

10.3.2 Business-Objekt ist nicht vorhanden

Wenn der Workflow versucht, eine auf einem nicht vorhandenen Objekt basierende Methode auszuführen oder einen obligatorischen Ausdruck auszuwerten, wird im Fehlerprotokoll eine OL826-Meldung angezeigt. Die Ursache dafür ist zumeist eine der folgenden:

- In der Workflow-Definition wurde ein falscher Datenfluss angegeben.
- Das Objekt ist in der Datenbank noch nicht vorhanden.

Letzteres ist häufig der Fall, wenn bei der Workflow-Modellierung nicht sorgfältig genug vorgegangen wurde und die Verbuchung und das Workflow-System mit unterschiedlicher Geschwindigkeit arbeiten (siehe Abbildung 10.1). Der Lesevorgang (❶) wird vor dem Schreibvorgang (❷) ausgeführt.

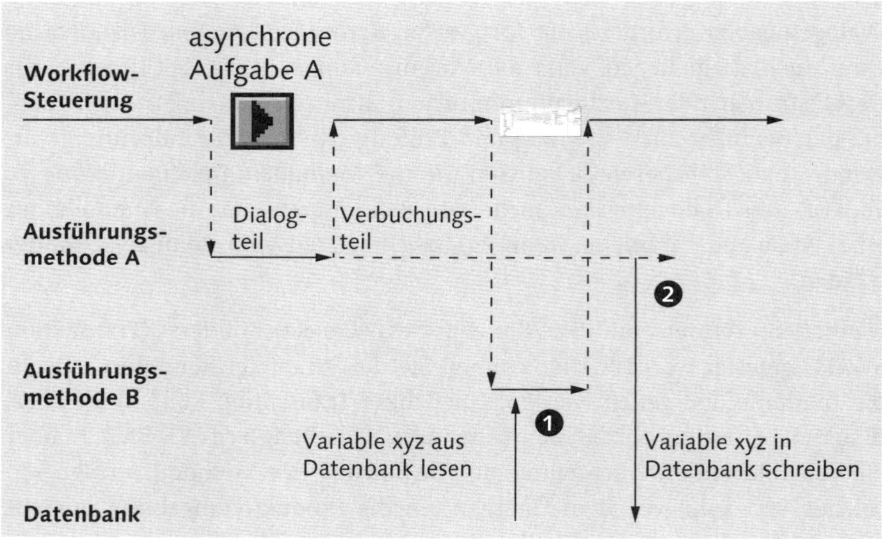

Abbildung 10.1 Unterschiedliche Verarbeitungsgeschwindigkeit bei der Verbuchung

Dieses Problem tritt meist nach der Einführung eines neuen Releasestands auf. Die Leistung des Workflow-Systems wird ständig verbessert, sodass mit jedem neuen Release die Wahrscheinlichkeit steigt, dass das Workflow-System in der Verarbeitung bereits weiter fortgeschritten ist, bevor die Verbuchung eine Datenbankaktualisierung vorgenommen hat. Das Problem lässt sich lösen, indem die Workflow-Definition ordnungsgemäß modelliert wird. Tabelle 10.1 zeigt die Vor- und Nachteile dieser Methoden. Alle drei in der Tabelle aufgeführten Möglichkeiten sind problemlos anwendbar, sollten aber in der Reihenfolge ihrer Aufstellung erwogen werden.

Methodisches Vorgehen	Vorteil	Nachteil
Implementieren Sie die Verbuchung als asynchrone Aufgabe mit einem beendenden Ereignis, das bestätigt, dass die Daten in die Datenbank eingefügt wurden, z. B. `object CREATED` oder `status CHANGED`.	Der Workflow wird fortgesetzt, sobald die Daten verfügbar sind. Diese Lösung funktioniert immer.	Für Einsteiger etwas knifflig (der Lernaufwand lohnt sich jedoch). Sie müssen einen passenden Mechanismus zur Ereigniserzeugung einrichten, wenn durch die Anwendung kein Standardereignis ausgelöst wird.
Fügen Sie eine `Execution`-Bedingung in den Workflow-Schritt ein. Der Workflow-Schritt wird erst beendet, wenn die Bedingung `object EXISTS` als `true` ausgewertet wird.	Problemlos zu implementieren. Diese Lösung funktioniert immer.	Durch die regelmäßig ausgeführte Bedingungsauswertung dauert es einige Minuten, bevor der nächste Workflow-Schritt ausgeführt wird. Stattdessen können für den nächsten Schritt `Create workitem`-Bedingungen eingesetzt werden.
Legen Sie im nächsten Schritt einen Vorlagetermin fest, damit der Workflow den nächsten Schritt erst nach einer bestimmten Zeitspanne (z. B. fünf Minuten) startet.	problemlos zu implementieren	Dies ist keine wasserdichte Lösung. Wenn die Ausführung der Verbuchungsaufgabe länger als fünf Minuten dauert oder fehlschlägt, kann der nächste Schritt nicht ausgeführt werden.

Tabelle 10.1 Vor- und Nachteile der Methoden

Hinweis

Beachten Sie, dass alle Vorgehensweisen zu Performanceeinbußen führen, sei es bei der Ereigniserzeugung, der Ausführung von Hintergrundaufgaben oder weil zusätzliche Methoden ausgeführt werden müssen. Es liegt in Ihren Händen, Optimierungsoptionen wie etwa die Ereignis-Queue einzusetzen, um diese Auswirkungen auf ein Mindestmaß zu reduzieren. Denken Sie auch daran, dass die Ausfallkosten für einen Geschäftsprozess stets höher liegen als die Performancekosten. Mehr zu asynchronen Aufgaben und beendenden Ereignissen finden Sie in Kapitel 15, »Business-Objekte«, Kapitel 18, »Verwendung von Ereignissen und anderen Business-Interfaces«, und Kapitel 19, »Benutzerdefinierte Programme«.

10.3.3 Inkonsistente Definition

Das Workflow-Laufzeitsystem legt den Verarbeitungspfad während der Workflow-Ausführung fest. Dies ist ein wesentliches Merkmal des Workflow-Systems, da so Ad-hoc-Verarbeitung und Versionierung unterstützt werden. Wenn das System an einen Punkt gelangt, an dem es den nächsten Schritt nicht ermitteln kann oder eine Aufgabe aufzurufen versucht, die nicht mehr existiert, muss das Workflow-Workitem mit dem Fehler W8 auf den Status ERROR gesetzt werden.

In diesem Fall sollten Sie zunächst prüfen, ob es sich bei der Version des Workflow-Workitems tatsächlich um die letzte aktive Version handelt. Zur Ermittlung der Version führen Sie die Workitem-Selektion (Transaktion SWI1) mit gesetztem Kennzeichen ADDITIONAL DATA aus, um die Versionen der Workflow-Workitems in getrennten Spalten anzuzeigen. Alternativ dazu können Sie auch im technischen Protokoll die Attribute des Workflow-Workitems im Workflow-Container untersuchen. Wenn der Workflow der aktuellen Version folgt, liegt die Problemursache höchstwahrscheinlich in einer fehlerhaften oder nicht vollständig generierten Workflow-Laufzeitdefinition. Solche Fehler treten zuweilen bei Transportproblemen auf.

Erzeugen Sie die Workflow-Laufzeitversion erneut im Workflow Builder (Anzeigemodus), oder aktivieren Sie sie noch einmal. Bei der nächsten Ausführung folgt der Workflow dem richtigen Pfad.

10.3.4 Workflow-Schritt muss manuell bestätigt werden

In einer Produktivumgebung melden neue Benutzer hin und wieder, dass ein Workitem immer noch angezeigt wird, obwohl es bereits ausgeführt wurde. Prüfen Sie, ob der Workflow-Schritt eine manuelle Bestätigung erfordert. Die Benutzer können bei der Definition einer Aufgabe für diesen Schritt die Option CONFIRM END OF PROCESSING auswählen. Wenn der Workflow-Schritt eine manuelle Bestätigung erfordert, weisen Sie den Bearbeiter darauf hin, dass die Ausführung dieses Workitems manuell bestätigt werden muss.

10.3.5 Bedingung wurde nicht ordnungsgemäß eingerichtet

Wenn der Workflow komplexe Bedingungen enthält, deren Auswertung offensichtlich falsche Ergebnisse liefert, simulieren Sie die Bedingungen zunächst im Bedingungseditor, um die Ursache zu ermitteln. Falls das nicht funktioniert, verfolgen Sie im Workflow-Trace die Ergebnisse der Bedingungsauswertung (und die entsprechende Analyse) während der Workflow-Ausführung.

10.3.6 Untersuchung von Datenflussproblemen mit dem Workflow-Trace

Datenflussprobleme sind nicht ganz einfach zu diagnostizieren. Meist stehen Sie vor einem anderen Problem, z. B. lässt sich ein Workitem nicht ausführen, oder es wird an einen falschen Bearbeiter übermittelt. In diesen Fällen kommt jedoch häufig erschwerend hinzu, dass die Datenübermittlung im Workflow nicht wie vorgesehen funktioniert. Daten gehen unterwegs verloren, oder es werden falsche Daten an Schritte übergeben.

Korrigieren Sie die Workflow-Definition, damit die richtigen Daten an die richtigen Schritte übergeben werden. Aber zuerst finden Sie heraus, in welchem Teil der Workflow-Definition der Fehler liegt. Dies hat zwei Vorteile: Prüfen Sie jede einzelne Datenflussdefinition in der Workflow-Definition, oder überwachen Sie alle Datenflüsse, während diese in der Workflow-Instanz ausgeführt werden. Im Workflow Builder gibt es zwar einen sehr hilfreichen Verwendungsnachweis der Containerelemente in der Workflow-Definition, oft ist es aber einfacher, die Datenübermittlung im Workflow zur Laufzeit zu überwachen. Das liegt daran, dass in Datenflüssen häufig Ausdrücke verwendet werden (die z. B. auf ein Attribut eines Objekts Bezug nehmen), es sich also nicht nur darum dreht, welches Containerelement an welcher Stelle eingesetzt wird. Der in Abschnitt 10.1.3, »Untersuchung der RFC-Queue: Wurde die Ereignisauslösung abgebrochen?«, beschriebene Workflow-Trace ist das Werkzeug zur Überwachung der Datenflüsse.

Behalten Sie dabei Folgendes im Hinterkopf: Zwischen Aufgabe und Methode (bzw. umgekehrt) besteht üblicherweise kein Datenfluss, da zur Übergabe der Daten der Aufgabencontainer direkt in den Methodencontainer (und umgekehrt) kopiert wird. Sollten Probleme bei der Ausführung eines Workflows auftreten, sollten Sie sich also auf die Datenflüsse Workflow • Task (Workflow zur Aufgabe) und Task • Workflow Bindings (Aufgabe zu Workflow-Verbindungen) konzentrieren. Zur Ursachensuche bei Bearbeiterermittlungsproblemen empfiehlt es sich, mit den Datenflüssen Workflow • Rule Bindings (Workflow zu Regelverbindungen) zu beginnen und – sollte sich herausstellen, dass der Workflow-Container zur Zeit der Datenflussdefinition fehlerhaft war – die Untersuchung gegebenenfalls auf die anderen Datenflussarten auszudehnen.

10.3.7 Ermittlung der Gründe für das doppelte oder mehrfache Auslösen eines Workflows

Wenn ein Workflow doppelt gestartet wird oder ein Ereignis mehrere Workflows auslöst, ist möglicherweise die Anwendung nicht richtig konfiguriert. Denken Sie daran, dass einige Anwendungen (wie z. B. ein Änderungsantrag) den Workflow nicht über Ereignisse, sondern direkt aus Customizing-Tabellen starten. Wenn Sie also den Workflow gleichzeitig für die Auslösung durch ein Ereignis konfiguriert haben, wird dieser einmal durch das Ereignis und ein zweites Mal von der Anwendung direkt gestartet. Prüfen Sie die Onlinedokumentation der Anwendung, um herauszufinden, auf welche Weise der Workflow gestartet werden soll.

Betrachten Sie zunächst die Liste der gestarteten Workflows (Transaktion SWI1). Anhand der Spalte Task ID in dieser Liste können Sie ermitteln, ob es sich um eine zweimal ausgelöste Workflow-Definition oder um zwei getrennte Workflows handelt.

Verwenden Sie die Funktion Problem: Task not started in Transaktion SWUD, um den Ereignis-Trace zu untersuchen (Werden zwei Ereignisse ausgelöst?). Prüfen Sie mithilfe dieser Transaktion ebenfalls die Ereignissimulation, um herauszufinden, ob zwei Workflows für die Auslösung durch dasselbe Ereignis konfiguriert wurden. Mögliche Ursachen sind in Tabelle 10.2 zusammengestellt.

Ursache	Lösungsvorschlag
Zwei Workflows werden durch dasselbe Ereignis gestartet.	Deaktivieren Sie eine der beiden Ereigniskopplungen.
Startbedingungen legen fest, welcher Workflow durch ein bestimmtes Ereignis ausgelöst werden soll, diese Startbedingungen überschneiden sich jedoch.	Korrigieren Sie die Startbedingungen.
Ein Workflow wird durch ein Ereignis des Subtyps, der andere durch ein Ereignis des Supertyps gestartet.	Sorgen Sie mithilfe einer Delegation dafür, dass nur ein Ereignis ausgelöst wird, deaktivieren Sie eine der Ereigniskopplungen, oder setzen Sie Workflow-Startbedingungen (oder einen Check-Funktionsbaustein) ein, um festzulegen, welcher Workflow gestartet werden soll.
Der Workflow wird durch ein Ereignis und gleichzeitig direkt aus einer Customizing-Tabelle gestartet.	Prüfen Sie die Onlinedokumentation für diesen Workflow, und deaktivieren Sie gegebenenfalls die Ereigniskopplung.

Tabelle 10.2 Häufige Ursachen dafür, dass zwei Workflows aus einem Ereignis starten

10.3.8 Ermittlung der Gründe für das Fehlschlagen der Workitem-Übermittlung

In einem Produktivsystem ist der Grund, weshalb ein Bearbeiter kein Workitem erhält, vermutlich ein anderer als in einem Entwicklungssystem, der Administrator muss jedoch für alle Eventualitäten gewappnet sein. Wenn Sie herausfinden möchten, warum ein Workitem nicht in der Inbox eines Benutzers angezeigt wird, sollten Sie stets im Auge behalten, unter welchen Voraussetzungen Workitems überhaupt empfangen werden können:

- Der Benutzer wurde der Aufgabe als möglicher Bearbeiter zugewiesen (oder es handelt sich um eine generelle Aufgabe).
- Der Workflow-Schritt hat bei der Bearbeiterermittlung (per Ausdruck, Regelauflösung etc.) diesen Benutzer gefunden – vorausgesetzt, es wurde ein solches Verfahren zur Bearbeiterermittlung definiert.
- Die Bearbeiterermittlungsregel hat auf der Aufgabenebene diesen Benutzer ermittelt – vorausgesetzt, es wurde eine Standardauflösung definiert. Die standardmäßige Bearbeiterermittlungsregel wird nur aufgerufen, wenn keine Bearbeiterermittlungsregel auf Schrittebene definiert wurde oder diese fehlschlägt.
- Der Bearbeiter befindet sich nicht in der Liste der ausgeschlossenen Bearbeiter.
- Das Workitem wurde von keinem Bearbeiter angenommen und an keinen Bearbeiter weitergeleitet.
- Die Puffer des Organisationsmanagements sind bezüglich dieses Benutzers auf dem aktuellsten Stand. Andernfalls wird der Bearbeiter zwar als tatsächlicher Bearbeiter angezeigt, erhält das Workitem jedoch nicht.
- Der Benutzer verfügt über ausreichende Berechtigungen, um Workitems anzuzeigen und auszuführen. Achten Sie besonders auf strukturelle HR-Organisationen: Diese werden häufig vergessen.
- Der Benutzer ist im System nicht gesperrt.

Sie können die in den folgenden Abschnitten beschriebenen Aktionen verwenden, um auf Fehler zu prüfen.

Prüfen Sie, ob der Bearbeiter dem Workitem zugeordnet wurde

Prüfen Sie die Liste der Empfänger im Workflow-Protokoll, um festzustellen, ob der Benutzer wirklich Empfänger ist. Um ganz sicherzugehen, prüfen Sie außerdem die Benutzerkennungen. (Es kommt gelegentlich vor, dass ein und derselbe Benutzer unterschiedliche Benutzerkennungen im System besitzt.)

Wenn der Benutzer zwar angezeigt wird, er das Workitem aber trotzdem nicht in der Inbox vorfindet, sind die gepufferten Daten dieses Benutzers nicht auf dem neuesten Stand. In einem Produktivsystem kann ein Benutzer den Puffer in SAP Business Workplace über das Menü WORKFLOW SETTINGS aktualisieren, oder der Workflow-Administrator kann dies mit Transaktion SWU_OBUF für den Benutzer übernehmen. Je nach Arbeitsumfeld muss der Benutzer sich möglicherweise ab- und erneut wieder anmelden.

In einem Entwicklungssystem können Sie die Puffer für alle Benutzer mithilfe der Diagnosetransaktion (PROBLEM: TASK NOT STARTED) aktualisieren. Verwenden Sie im nächsten Bildschirm REFRESH ORGANIZATIONAL ENVIRONMENT, um die Puffer zu aktualisieren. In einem Produktivsystem sollten Sie davon nach Möglichkeit absehen, da es den ersten Aufruf aller Workflow-Inboxen verlangsamt (weitere Aufrufe werden nicht beeinträchtigt).

Prüfen Sie, ob der Bearbeiter der Aufgabe zugeordnet wurde

Prüfen Sie die Liste der möglichen Bearbeiter im technischen Workflow-Protokoll, um festzustellen, ob der Name des Benutzers wirklich auf der Liste steht. Möglicherweise müssen Sie diese Liste expandieren, um anstelle der Objekte des Organisationsmanagements die Benutzer anzuzeigen. Wenn der Benutzer sich nicht auf dieser Liste befindet, prüfen Sie, ob es sich bei der Aufgabe um eine generelle Aufgabe handelt. Falls nicht, liegt das Problem vermutlich darin begründet, dass der Benutzer dieser Aufgabe nicht zugeordnet wurde. Dies muss vom Administrator nachgeholt werden.

Prüfen Sie, ob es sich um einen ausgeschlossenen Bearbeiter handelt

Dieser Fall ist zwar nicht sehr wahrscheinlich, lässt sich aber rasch und einfach überprüfen. Untersuchen Sie die Liste der ausgeschlossenen Bearbeiter für dieses Workitem (im Workflow-Protokoll), und stellen Sie sicher, dass dieser Benutzer sich nicht auf dieser Liste befindet.

Prüfen Sie, ob die Bearbeitermittlungsregel einen Benutzer ausgewählt hat

Die Auflösung der Bearbeiterermittlungsregel lässt sich sehr einfach prüfen, indem Sie die Testfunktion in der Regeldefinition aufrufen. In einem Entwicklungssystem empfiehlt sich der Einsatz des Workflow-Traces, um sicherzustellen, dass der Regelcontainer mit den richtigen Daten gefüllt wird.

10.3.9 Untersuchung der Gründe für eine Zuweisung des Workitems zum falschen Bearbeiter

Wenn ein Benutzer fälschlicherweise ein Workitem empfängt, müssen Sie die gleichen Tests durchführen, wie zuvor beschrieben. Es besteht allerdings ein bedeutender Unterschied zum dort behandelten Problem: Da der Bearbeiter tatsächlich ein Workitem erhalten hat, können Sie ihm auf diesem Weg Informationen an die Hand geben, um das Problem selbst zu lösen oder den Vorgang zur Behebung des Fehlers zu beschleunigen. Je schneller Probleme gelöst werden können, desto schneller kann der Workflow fortgesetzt werden.

Wenn also der Langtext des Workitems eine Begründung liefert, warum dieser Benutzer ausgewählt wurde (z. B.: »Sie haben dieses Workitem erhalten, weil Sie als Leiter der Kostenstelle 9999 ermittelt wurden.«) und Kontaktinformationen zur Hilfestellung enthält (»Falls Sie nicht Leiter der Kostenstelle 9999 sind, wenden Sie sich bitte an den Helpdesk (Durchwahl 1111).«), kann der Bearbeiter sofort erkennen, ob möglicherweise ein Fehler vorliegt. Darüber hinaus kann eine eher proaktiv ausgerichtete Umgebung dazu beitragen, dass die Benutzer den Prozess verstehen und nicht nur darauf reagieren.

Noch besser ist es allerdings, wenn der Bearbeiter Zugriff auf eine Liste mit häufig gestellten Fragen (FAQs) hat, mit deren Hilfe er Probleme selbstständig lösen könnte. Zum Beispiel:

- **Puffer muss aktualisiert werden**
  Dieses Problem kann vom Bearbeiter gelöst werden.
- **Organisationsmanagement ist nicht aktuell**
  Dieses Problem muss vom Administrator behoben werden.
- **Berechtigungseinstellungen sind nicht aktuell**
  Dieses Problem muss ebenfalls vom Administrator gelöst werden.

10.3.10 Untersuchung der Gründe, weshalb der Workflow einen falschen Verlauf nimmt

Folgende Ursachen sind möglich, wenn ein Workflow in einem falschen Zweig fortgesetzt wird: ein falscher Ausdruck in einem Zweig, eine falsche Workflow-Version oder eine Auswertung der falschen Containerelementdaten in einem Zweig. Zur Lösung des Problems korrigieren Sie in jedem Fall die Workflow-Definition.

10.4 Erste Hilfe für den Administrator

In diesem Teil dieses Kapitels lernen Sie, wie Sie schnell Fehler in einem Produktivsystem beseitigen können. Dabei müssen Sie mit besonderer Sorgfalt vorgehen. Die Kommunikation mit Ihren Geschäftspartnern ist besonders wichtig, da es sehr wahrscheinlich ist, dass die Fehler im Zusammenhang mit Live-Daten stehen, und es erforderlich ist, dass der Workflow-Administrator an Workflow-Protokolle und Objekte heranmuss und dort seine »Fingerabdrücke« hinterlässt.

10.4.1 Beheben von Workitem-Fehlern

Durch ein gutes Workflow-Design und sorgfältiges Testen des Workflows in der Entwicklungsumgebung können die meisten Workitem-Fehler bereits im Vorfeld vermieden werden. Grundsätzlich lassen sich Workitem-Fehler in zwei Kategorien unterteilen:

- **Workitems im Status »Error«**
  Diese Workitems lassen sich mühelos mit Transaktion SWI2_DIAG auffinden; die Meldungen in Workitem-Anzeige und Workflow-Protokoll erleichtern die Problemdiagnose.
- **Workitems, die sich nicht erwartungsgemäß verhalten**
  Diese Art von Fehlern ist nur sehr schwer zu ermitteln, insbesondere wenn der Fehler erst nach Abschluss des Workitems entdeckt wird. Da abgeschlossene Workitems nicht reaktiviert werden können, müssen Sie in diesen Fällen das Problem manuell lösen. Wenn viele Workitems von diesem Fehler betroffen sind, lohnt es sich möglicherweise, ein eigenes Programm zur Fehlerbehebung zu schreiben. Dies ist jedoch der ungünstigste Fall. Wenn das Workitem noch aktiv ist (sich z. B. im Status READY oder STARTED befindet), lässt sich das Problem meist rasch lösen.

Achten Sie auf Workitems, deren Abschluss ungewöhnlich lange dauert, da dies auf eine Fehlersituation hinweisen kann. Eine solche Situation kann u. a. folgende Gründe haben: Fehlschlagen von beendenden Ereignissen, Fehlschlagen von Eskalationsprozeduren bei Terminen oder Hintergrundprozessen, die gestartet, aber nicht ordnungsgemäß beendet wurden. Möglich ist auch, dass kein Bearbeiter zugeordnet wurde. Ebenso besteht auch immer die Möglichkeit, dass der Bearbeiter, dem das Workitem zugewiesen wurde, dieses einfach noch nicht bearbeitet hat. Folgende Probleme können bei Workitems auftreten:

- **Workitem befindet sich im Status »Fehlerhaft« und meldet »Object does not exist«**
  Mögliche Gründe dafür sind: Datenflussprobleme (die Objektübergabe funktioniert nicht ordnungsgemäß), Probleme bei der Verarbeitungsreihenfolge (zum Zeitpunkt des Anlegens/Ausführens des Workitems war das Objekt nicht vorhanden) oder ein fehlerhafter Prozessentwurf (im Workflow wird z. B. nicht berücksichtigt, dass Objekte manuell gelöscht werden können).
- **Workitem befindet sich im Status »Fehlerhaft« und meldet »Mail could not be sent«**
  Die Ursache dafür ist meist in einer unvollständigen Konfiguration zu finden. Möglicherweise lassen die Office-Einstellungen des Systems nicht zu, dass Mails an einen bestimmten Mailtyp (z. B. HR-Objekte) gesendet werden. Wenn Mails extern über einen Mail-Server gesendet werden, könnte ein Konfigurationskonflikt zwischen dem SAP NetWeaver Application Server und dem Mail-Server vorliegen. Dies kann ein schwerwiegendes Problem darstellen, da bei häufiger Ausführung eines Workflows viele Workitems mit diesem Fehler beendet werden. Wenn allerdings die E-Mail-Übertragung ansonsten funktioniert und der Fehler nur in dieser Workflow-Instanz auftritt, kann es sich schlicht um einen Datenflussfehler handeln.
- **Workitem befindet sich im Status »Fehlerhaft« und enthält eine Anwendungsmeldung (die zugrunde liegende Objektmethode ist fehlgeschlagen)**
  Solche Fehler treten auf, wenn die Objektmethode die zugrunde liegenden Anwendungen und Routinen ausführt. Dafür können z. B. folgende Gründe vorliegen: Änderungen in der Konfiguration, Änderungen an den verwendeten Daten, Benutzer führen zugrunde liegende Operationen anders aus als erwartet oder Änderungen in User Exits oder BAdIs (Business Add-ins) etc. Der Workflow ist zwar meist nicht das eigentliche Problem, dennoch müssen Sie für eine koordinierte Problemlösung sorgen und den Workflow nach Beseitigung des Fehlers neu starten.
- **Ein Dialog-Workitem wird nicht abgeschlossen, weil das beendende Ereignis nicht eingetreten ist**
  Dies könnte daran liegen, dass der Benutzer das Workitem nicht ordnungsgemäß beendet hat, das beendende Ereignis also nicht ausgelöst wird. Möglicherweise liegt auch ein Fehler bei der Ereigniskopplung vor.
- **Hintergrund-Workitems werden gestartet, aber nicht beendet**
  Wenn ein Hintergrund-Workitem vergeblich auf ein beendendes Ereignis wartet, kann es sich um ein Ereigniskopplungsproblem handeln. Mögli-

cherweise ist das Hintergrund-Workitem aufgrund eines schwerwiegenden Fehlers in der zugrunde liegenden Methode fehlgeschlagen. Um herauszufinden, ob dies tatsächlich der Fall ist, empfiehlt sich die Suche nach entsprechenden ABAP-Kurzdumps. Lösen Sie das Problem, und führen Sie das Workitem erneut aus.

Wenn das Hintergrund-Workitem versucht, einen Dialogschritt auszuführen, nehmen Sie die fehlgeschlagene Routine über den RFC-Monitor (tRFC) vor, und verarbeiten Sie den Prozessschritt.

Die meisten weiteren Probleme lassen sich mithilfe der Option für das erneute Ausführen des Hintergrund-Workitems lösen. Sollte dies nicht funktionieren, können Sie die Aufgabe manuell erledigen und anschließend das Hintergrund-Workitem manuell beenden. In Tabelle 10.3 sind die gängigen Probleme bei Workitems und ihre Lösung aufgelistet.

Problemstellung	Instandsetzung
Der Workitem-Termin wurde trotz Überschreitung nicht eskaliert.	▸ Hier kann es sich um ein einfaches Koordinationsproblem handeln. Denken Sie daran, dass Termine nicht sofort nach Überschreitung eskaliert werden, sondern erst bei der nächsten Ausführung des Terminüberwachungsjobs. Das bedeutet, dass sich die zeitliche Planung des Terminüberwachungsjobs zum einen danach richten muss, ob der Job fallspezifisch oder auf regelmäßiger Basis geplant wird, und zum anderen von der Effizienz der Hintergrund-Queue abhängt. ▸ Wenn der Terminüberwachungsjob (Hintergrundjob SWWDHEX) bereits geplant und freigegeben wurde, aber aufgehalten wird, sollten Sie gemeinsam mit den Systemadministratoren nach einer Lösung suchen. Möglicherweise muss die Priorität des Jobs heraufgesetzt oder es müssen weitere Hintergrund-Queues erstellt werden, um Hintergrundjobs verarbeiten zu können.

Tabelle 10.3 Gängige Probleme bei Workitems und ihre Lösung

Problemstellung	Instandsetzung
	▸ Sollte sich herausstellen, dass die Hintergrund-Queue zu viele Terminüberwachungsjobs (Hintergrundjob SWWDHEX) enthält und diese sich gegenseitig blockieren, muss der Job möglicherweise neu geplant werden. Eventuell muss eine fallspezifische Jobausführung in eine regelmäßige Überwachung geändert werden. Da alle Terminüberwachungsjobs alle überschrittenen Termine in allen überwachten Workitems auswerten, können Sie nicht benötigte Terminüberwachungsjobs abbrechen, damit der aktive Job beendet werden kann. ▸ Wurde der Terminüberwachungsjob zeitlich nicht geplant, genügt es meist, den Terminüberwachungsjob (Hintergrundjob SWWDHEX) über das Workflow-Customizing (Transaktion SWU3) neu zu starten. Allerdings sollten Sie Workflows beachten, die auf einen Termin warten. Nachdem Sie den Hintergrundjob SWWDHEX ausgeführt haben, warten diese Workflows nicht länger auf den Termin, was unbeabsichtigte Folgen haben kann.
Das Workitem wurde trotz eines Fehlers erfolgreich beendet, d. h., die Objektmethode hat den Fehler nicht gemeldet. Die Diagnose dieser Art von Fehlern kann sich als äußerst schwierig herausstellen, da unter Umständen einige Zeit vergehen kann, bevor auffällt, dass ein augenscheinlich erfolgreicher Workflow-Prozess nicht zum gewünschten Ergebnis führt. Wenn dieser Prozess temporäre Daten verwendet, die am Ende des Workflows gelöscht werden, stehen Sie möglicherweise vor einem sehr großen Problem.	▸ Wenn der Workflow noch nicht beendet ist, können Sie die Daten möglicherweise manuell korrigieren, anschließend die Container aller fehlgeschlagenen Workitems ändern und die fehlgeschlagenen Workflows neu starten. ▸ Ist der Workflow bereits beendet, können Sie die Daten unter Umständen manuell korrigieren. Ist bereits einige Zeit verstrichen, bevor das Problem entdeckt wurde, muss möglicherweise ein Entwickler ein Programm schreiben, um große Datenmengen zu korrigieren.

Tabelle 10.3 Gängige Probleme bei Workitems und ihre Lösung (Forts.)

Vermeidung eines erneuten Auftretens von Problemen

Nachdem Sie das unmittelbare Problem gelöst haben, müssen Sie dafür sorgen, dass es nicht erneut auftritt. Das bedeutet insbesondere:

- Veranlassen Sie Änderungen am Workflow-Design, um Datenflussfehler zu beheben oder häufige Anwendungsfehler besser zu bewältigen (z. B. um das Objekt manuell zu löschen, während der Workflow weiter ausgeführt wird).
- Verbessern Sie die Checklisten der Qualitätssicherung, um mehr Probleme zu erfassen. Prüfen Sie z. B., ob jedes Workflow-Design die Auswirkungen von nicht zum Workflow gehörenden Aktivitäten auf den Workflow berücksichtigt.
- Stellen Sie sicher, dass alle Workflows, die mit temporären Objekten arbeiten oder Objekte löschen, nachvollziehbar sind. Dazu sollten in Workitem-Texten oder Containerelementen ausreichende Informationen enthalten sein, damit Sie nach Abschluss des Workflows über Anhaltspunkte zur Korrektur von Problemen verfügen. Es kann sich sogar lohnen, dem Workflow zur Aufnahme dieser Zusatzinformationen redundante Containerelemente hinzuzufügen.
- Überprüfen Sie die Priorität, mit der der Hintergrundjob zur Terminüberwachung eingeplant ist (möglicherweise muss diese heraufgesetzt werden), und prüfen Sie die Ausführungsart (fallspezifisch oder regelmäßige Überwachung).

Unterstützende Werkzeuge bei Workitem-Problemen

In diesem Abschnitt finden Sie verschiedene Transaktionen, die bei der Korrektur von Workitem-Problemen nützlich sein können.

Diagnose fehlerhafter Workflows

Administration • Workflow Runtime • Diagnosis of Workflows with Errors (Transaktion SWI2_DIAG)

Diese Funktion zeigt alle fehlerhaften Workflows an und gruppiert sie nach der Fehlerursache (Bearbeiter, Termine, Datenfluss oder weitere Kriterien). Mithilfe dieses Reports können Sie feststellen, ob bestimmte Fehlertypen in mehreren Workflows immer wieder vorkommen oder ob das Problem nur für ein bestimmtes Workitem gilt. In diesem Report können Sie den Workflow auch korrigieren und neu starten.

Tipp

Das System bestimmt die fehlerhaften Workitems auf der höchsten Ebene. Wenn ein Workitem den Status ERROR hat, gehört das angezeigte Workitem zum höchsten fehlerhaften Workflow, der sich in der Hierarchie über diesem befindet.

Workflow-Neustart nach Fehler

ADMINISTRATION • WORKFLOW RUNTIME • WORKFLOW RESTART AFTER ERROR (Transaktion SWPR)

Mit diesem Report können Sie sich eine Liste fehlerhafter Workflows in einem bestimmten Auswahlzeitraum anzeigen lassen und diese neu starten. Dieser Report bietet die Möglichkeit eines Massenneustarts von Workflows.

Terminüberwachung für Workitems

ADMINISTRATION • WORKFLOW RUNTIME • WORK ITEM DEADLINE MONITORING (Transaktion SWI2_DEAD)

Für Aufgaben mit Terminen gibt es auch eine Terminüberwachung, die auf einem Hintergrundjob basiert. Sie können die Dauer des Hintergrundjobs oder den Job selbst ändern oder diesen planen, anzeigen oder manuell ausführen.

Workitem-Regelüberwachung

ADMINISTRATION • WORKFLOW RUNTIME • WORK ITEM RULE MONITORING (Transaktion RSWWCOND)

Wenn für Schritte im Workflow Bedingungen für den Workitem-Start oder das Workitem-Ende definiert sind, müssen diese Bedingungen regelmäßig geprüft werden. Diese Aufgabe wird von einem Report ausgeführt, der von einem Hintergrundjob (SWWCOND) gesteuert wird. Sie können den Hintergrundjob planen und anzeigen. Sie können den Report auch manuell über die Option EXECUTE WORK ITEM RULE MONITORING starten.

10.4.2 Beseitigen von Workflow-Instanzfehlern

Workflow-Fehler werden meist durch fehlerhafte Workitems verursacht. Gewöhnlich müssen diese Workitems korrigiert werden, und anschließend muss der Workflow neu gestartet werden (siehe Tabelle 10.4).

Hinweis

Fehler in der Workflow-Instanz und Workitem-Fehler dürfen keinesfalls verwechselt werden: Befindet sich ein Workitem im Status ERROR, wird auch die Workflow-Instanz in diesen Status gesetzt, die Ursache des Fehlers ist aber auf Workitem-Ebene zu suchen. Wenn nur die *Workflow-Instanz* den Status ERROR aufweist, die zugrunde liegenden Workitems aber alle fehlerfrei sind, handelt es sich eindeutig um einen Workflow-Instanzfehler.

Einige Probleme treten nur auf Workflow-Ebene auf, etwa die folgenden:

- Es ist eine falsche Version aktiv.
- Es ist keine Workflow-Definition aktiv.
- Der Workflow schlägt aufgrund von Datenflussfehlern fehl.
- Der Workflow wird augenscheinlich erfolgreich beendet, die Arbeit wurde jedoch nicht erledigt.

Die meisten Workflow-Instanzfehler können vermieden werden, wenn neue oder veränderte Workflows mit großer Umsicht entworfen und vor dem Verschieben in die Produktivumgebung sorgfältig getestet werden.

Workflow-Instanzfehler beseitigen

Die Diagnose der Ursachen von Workflow-Instanzfehlern ist ein eigenständiges Thema. Um die Ursache des Problems zu ermitteln, lesen Sie bitte Abschnitt 10.1, »Untersuchung eines nicht startenden Workflows«. Nur wenn Sie die Ursache kennen, können Sie das Problem lösen. Tabelle 10.4 zeigt gängige Workflow-Fehler und ihre Lösung.

Vermeidung des nochmaligen Auftretens von Workflow-Instanzproblemen

Nachdem Sie das unmittelbare Problem gelöst haben, müssen Sie dafür sorgen, dass es nicht erneut auftritt. Dies bedeutet insbesondere:

- Sie sollten sicherstellen, dass Transportprotokolle für Workflows sehr sorgfältig geprüft werden, und gewährleisten, dass nach dem Transport der Version die Aktivierung der Workflow-Definitionsversion, die Aktivierung der Ereigniskopplung und die Startbedingungen ebenfalls geprüft werden.
- Verbessern Sie die Checklisten der Qualitätssicherung, um z. B. sicherzustellen, dass der Workflow sorgfältig getestet wurde.

Ursache	Instandsetzung
Die falsche Workflow-Version ist aktiv.	▸ Stellen Sie sicher, dass die Produktivumgebung die richtige Version der Workflow-Definition enthält. Möglicherweise wurde der Workflow fehlerhaft, gar nicht oder nur teilweise transportiert. ▸ Aktivieren Sie gegebenenfalls die richtige Workflow-Definition. Alle zurzeit laufenden Workflows verwenden in jedem Fall die alte Version. Entscheiden Sie gemeinsam mit dem Prozessverantwortlichen, ob auf diese Weise weiter verfahren werden soll oder ob die Workflows angehalten und in neuen Versionen neu gestartet werden sollen, z. B. über GENERATE EVENT (Transaktion SWUE). Diese Entscheidung hängt davon ab, welche Unterschiede zwischen den Versionen bestehen und wie weit der Workflow bereits vorangeschritten ist. Befindet sich der Workflow noch im Anfangsstadium, empfiehlt sich meist ein Anhalten und erneutes Auslösen. Haben die Bearbeiter jedoch bereits relativ viele Aktivitäten ausgeführt, ist ein solches Vorgehen nicht sinnvoll.
Der Workflow schlägt aufgrund von Datenflussfehlern fehl.	Da die Workflow-Instanz über ein eigenes Workitem (Typ F) verfügt, können Sie den Workflow-Container in der technischen Sicht der Workitem-Anzeige ändern. Starten Sie den Workflow anschließend erneut.

Tabelle 10.4 Gängige Workflow-Fehler und ihre Lösung

Unterstützende Werkzeuge für Workflow-Instanzfehler

Die folgenden Transaktionen sind neben den in Abschnitt 10.4.1, »Beheben von Workitem-Fehlern«, aufgeführten unterstützenden Werkzeugen ebenfalls hilfreich.

Workflow fortsetzen nach Systemabsturz

ADMINISTRATION • WORKFLOW RUNTIME • CONTINUE WORKFLOW AFTER SYSTEM CRASH (Transaktion SWPC)

Mit diesem Report können Sie Workflows auswählen und fortsetzen, die länger als einen Tag den Status STARTED aufweisen. Auf diese Weise können Sie Workflows fortsetzen, die nach einem Systemfehler angehalten wurden.

Workflow-Neustart nach Fehler

Administration • Workflow Runtime • Workflow Restart After Error (Transaktion SWPR)

Mit diesem Report können Sie Workflows auswählen und fortsetzen, die den Status Error aufweisen, wenn die Ursache des Problems (z. B. ungültige Daten) korrigiert wurde.

Neustart von suspendierten Deadline-Callbacks

- Administration • Workflow Runtime • Restart Suspended Workflow Callbacks (Transaktion SWF_ADM_SUSPEND)

  Dieser Job kann ausgeführt werden, wenn Sie sicher sind, dass Workflows angehalten wurden (vielleicht aufgrund einer nicht korrekt modellierten Queue). Die Einträge für angehaltene Workflows befinden sich in der Tabelle SWP_SUSPEN. Über diesen Report wird das Problem der angehaltenen Workflow-Rückrufe gelöst. Diese Bedingung kann auch anhand von Meldungen identifiziert werden.
- Administration • Workflow Runtime • Restart Suspended Workflow Callbacks (Transaktion SWF_ADM_SWWWIDH)

  Diese Transaktion zeigt die angehaltenen Terminaktionen, also alle SWWWIDH-Einträge mit dem Wert 02 in der Komponente STATUS, an. Verwenden Sie die Option Edit • Reactivate, um die Terminaktion neu zu starten. Über diese Funktion wird sichergestellt, dass die ausgewählten Einträge während der nächsten Ausführung des Hintergrundjobs bearbeitet werden.

10.4.3 Auffinden scheinbar verschwundener Workflows

Das Auffinden scheinbar verschwundener Workflows wird häufig reklamiert, unmittelbar nachdem ein Workflow in die Produktivumgebung verschoben wurde. Dies ändert sich, sobald sich die Benutzer mit der SAP Business Workflow Engine vertraut gemacht haben.

Ursache

Dieses Problem tritt auf, wenn ein Benutzer ein Workitem erwartet, dieses aber nicht erhält. Die Ursache dafür ist fast immer, dass der Bearbeiter dem Workitem ganz einfach nicht zugeordnet wurde oder dass ein anderer Benutzer, dem die Aufgabe ebenfalls zugeordnet wurde, diese bearbeitet hat.

Aus der Sicht der Benutzer gilt ein Workflow als »verschwunden«, wenn nach der Bearbeitung eines Workitems durch einen Benutzer das nächste Workitem nicht in der Inbox des nächsten Bearbeiters angezeigt wird.

Instandsetzung

Wenn Ihnen als Administrator dieses Problem gemeldet wird, können Sie natürlich ohne Weiteres das Workflow-Protokoll und die Workitem-Anzeige prüfen. Einfacher und effizienter ist es allerdings, auf der Intranet-Support-Site Anweisungen für die Benutzer zu veröffentlichen, wie sie z. B. ein Problem melden oder wie sie selbst den weiteren Fortgang des Workflows ermitteln können. Denken Sie dabei aber daran, dass die Bearbeiter möglicherweise nicht wissen, wie der Workflow technisch funktioniert. Sie sollten also für die Bearbeiter verständliche Formulierungen wählen, wie etwa »Was ist zu tun, wenn der Workflow verschwindet?«

Um den Benutzern eine eigenständige Problemsuche zu ermöglichen, sollten Sie Erklärungen bieten, wie sie den Workflow lokalisieren, z. B. im Ausgang des ersten Bearbeiters oder über die generischen Objektdienste (Generic Object Services, GOS) für das Objekt, und auf welche Weise sie über das Workflow-Protokoll herausfinden können, welcher Bearbeiter das Workitem erhalten hat.

10.4.4 Beseitigung von Ereigniskopplungsfehlern

Fehler bei der Ereigniskopplung können dazu führen, dass Workflows nicht gestartet oder Workitems nicht beendet werden, falls diese ein beendendes Ereignis erfordern. Ereigniskopplungsfehler dürfen keinesfalls mit Workflow-Instanzfehlern verwechselt werden, die ein »Hängenbleiben« des Workflows zur Folge haben, denn diese Probleme erfordern einen komplett anderen Lösungsansatz. Die meisten Ereigniskopplungsfehler können vermieden werden, wenn neue oder veränderte Ereigniskopplungen vor dem Verschieben in die Produktivumgebung sorgfältig getestet werden.

In Produktivumgebungen sind folgende Probleme am häufigsten anzutreffen:

- Eine Anwendung konnte ein Ereignis nicht auslösen, da die Workflow-Umgebung oder die Anwendung nicht oder fehlerhaft konfiguriert wurde.
- Die Ereigniskopplung wurde nicht aktiviert. Denken Sie daran, dass Ereignisse aktiviert werden müssen.

- Bei der Verwendung von Startbedingungen: Das Ereignis erfüllt die Startbedingung nicht, oder die Startbedingung ist fehlerhaft.
- Beim Einsatz von Check-Funktionsbausteinen: Die Objektinstanz entspricht nicht den Check-Funktionsbausteinen.
- Der Datenfluss für die Ereigniskopplung ist fehlerhaft.

Den meisten dieser Probleme können Sie begegnen, indem Sie das Ereignis manuell erneut auslösen, etwa über Transaktion SWUE (Erzeugen eines Ereignisses). Dabei müssen Sie jedoch darauf achten, dass alle erforderlichen Daten für das Ereignis vorhanden sind, einschließlich der Angaben zum Workflow-Initiator.

Auch eine verzögerte Ereignisauslösung kann zu Problemen führen. Sie kann aufgrund unzureichender Systemleistung eintreten, könnte aber auch absichtlich herbeigeführt werden, indem die Ereignisse in eine Ereignis-Queue gestellt werden. Bei Ereignis-Queues handelt es sich um ein Verfahren, das zur zeitlichen Verteilung der Arbeitsauslastung bei der Ereignisauslösung dient. Setzen Sie sich mit dem Entwickler in Verbindung, wenn Sie glauben, dass eine Ereignis-Queue verwendet wird. Beachten Sie, dass fehlgeschlagene Ereignisse nicht vom System deaktiviert werden müssen, sondern über die Konfiguration der Ereigniskopplung (Transaktion SWE2) und der Ereignis-Queue (Transaktion SWEQADM) auch an eine Ereignis-Queue gesendet werden können (siehe auch Kapitel 18, »Verwendung von Ereignissen und anderen Business-Interfaces«). Anschließend kann das Ereignis einschließlich sämtlicher während der Ereigniserzeugung verwendeter ursprünglicher Daten über die Ereignis-Queue erneut übermittelt werden.

Tipp

Denken Sie daran: Wenn die Workflow-Fehlerüberwachung eingerichtet ist, werden aufgrund von Datenflussproblemen fehlgeschlagene oder automatisch durch das System deaktivierte Ereigniskopplungen dem Workflow-Administrator (also Ihnen) in der Inbox gemeldet. Daher müssen Sie Ihre Inbox in regelmäßigen Abständen auf eingegangene Meldungen hin prüfen.

Sobald das unmittelbare Problem beseitigt wurde, sollten Sie unbedingt dafür sorgen, dass es nicht wieder auftreten kann.

Korrektur nicht gestarteter Workflows

Tabelle 10.5 zeigt häufige Ursachen für nicht gestartete Workflows und die entsprechende Problembehandlung.

Ursache	Instandsetzung
Das Ereignis wurde nicht ausgelöst.	▸ Wenn sich weder im Workflow-Protokoll noch im transaktionalen RFC-Monitor ein Fehler ermitteln lässt, prüfen Sie, ob für den aktuellen Mandanten das Workflow-Customizing durchgeführt wurde und die logische Workflow-Destination ordnungsgemäß arbeitet. Führen Sie gegebenenfalls ein weiteres Workflow-Customizing durch, oder ändern Sie die logische Workflow-Destination. Lösen Sie anschließend das Ereignis manuell über GENERATE EVENT aus. ▸ Wenn die Einstellungen der Ereignisauslösung fehlerhaft sind, korrigieren Sie die Konfiguration. Lösen Sie anschließend das Ereignis manuell über GENERATE EVENT aus. Stellen Sie bei der manuellen Auslösung des Ereignisses mithilfe der Option GENERATE EVENT (Transaktion SWUE) sicher, dass alle benötigten Daten übergeben werden. Gehen Sie dabei mit besonderer Umsicht vor, da die Person, die das Ereignis erzeugt, später im Workflow als Ereignisinitiator eingesetzt wird (um z. B. Bearbeiter zu ermitteln). Bitten Sie unter Umständen den tatsächlichen Initiator, sich anzumelden und das Ereignis unter seiner Benutzerkennung zu erzeugen.
Die Ereigniskopplung wurde deaktiviert.	▸ Die Ereigniskopplung kann mithilfe der Funktion SIMULATE EVENT (Transaktion SWUO) reaktiviert werden. Verfügt das Ereignis jedoch über eine Startbedingung, sollten Sie die Reaktivierung über die Funktion START CONDITION (Transaktion SWB_COND) vornehmen. ▸ Lösen Sie das Ereignis anschließend – wenn möglich – über die Anwendung erneut aus. ▸ Sollte dies nicht möglich sein, lösen Sie das Ereignis mithilfe von GENERATE EVENT (Transaktion SWUE) manuell aus, und stellen Sie sicher, dass alle benötigten Daten übergeben werden.

Tabelle 10.5 Häufige Ursachen dafür, dass ein Workflow nicht gestartet wird

Ursache	Instandsetzung
Die Ereigniskopplung erfüllt eine Startbedingung nicht.	▸ Wenn ein falscher logischer Ausdruck verwendet wurde, sollten Sie diesen mithilfe der Funktion START CONDITION (Transaktion SWB_COND) korrigieren. ▸ Lösen Sie das Ereignis anschließend – wenn möglich – über die Anwendung erneut aus. ▸ Sollte dies nicht möglich sein, lösen Sie das Ereignis mithilfe von GENERATE EVENT (Transaktion SWUE) manuell aus, und stellen Sie sicher, dass alle benötigten Daten übergeben werden.
Ein Check-Funktionsbaustein verhindert die Ereigniskopplung.	Prüfen und korrigieren Sie gegebenenfalls die zugrunde liegenden Ereignisdaten. Lösen Sie das Ereignis mithilfe von GENERATE EVENT (Transaktion SWUE) manuell aus, und stellen Sie sicher, dass alle benötigten Daten übergeben werden.
Die Ereigniskopplung ist aufgrund von Datenflussfehlern fehlgeschlagen.	▸ Wenn ein Ereignisdatenfluss fehlerhaft implementiert wurde und es sich dabei um ein auslösendes Ereignis für einen Workflow handelt, darf ein Workflow nicht manuell über GENERATE EVENT ausgelöst werden. Verwenden Sie zum manuellen Start des Workflows stattdessen Transaktion SWUS (Test Workflow), und stellen Sie sicher, dass alle erforderlichen Daten übergeben werden. ▸ Wenn der Ereignisdatenfluss für ein beendendes Ereignis fehlschlägt, können Sie den Container möglicherweise über die Workitem-Anzeige mit den richtigen Rückgabewerten füllen und das Workitem manuell beenden. Dieses Problem tritt allerdings bei beendenden Ereignissen selten auf.

Tabelle 10.5 Häufige Ursachen dafür, dass ein Workflow nicht gestartet wird (Forts.)

Tipp

Bei ereignisbezogenen Problemen sollten Sie zum Erzeugen des Ereignisses mit besonderer Umsicht vorgehen, da die Person, die das Ereignis erzeugt, später im Workflow als Ereignisinitiator eingesetzt wird (um z. B. Bearbeiter zu ermitteln). Bitten Sie unter Umständen den tatsächlichen Initiator, sich anzumelden und das Ereignis unter seiner Benutzerkennung zu erzeugen.

Verhindern des erneuten Auftretens von Ereigniskopplungsfehlern

Nachdem Sie das unmittelbare Problem gelöst haben, müssen Sie dafür sorgen, dass es nicht erneut auftritt. Dies kann Folgendes bedeuten:

- Stellen Sie sicher, dass Datenflussfehler oder fehlgeschlagene Check-Funktionsbausteine von den Workflow-Entwicklern behoben werden, und erweitern Sie die Checklisten der Qualitätssicherung für neue und geänderte Workflows.
- Stellen Sie sicher, dass Fehler im transaktionalen RFC-Monitor (tRFC) im System beseitigt werden. Solche Fehler können aufgrund von Konfigurationsänderungen in der Anwendung oder der Ereigniskopplung auftreten.
- Stellen Sie sicher, dass vor dem Starten des Workflows alle Ereignisauslösungen konfiguriert wurden.
- Stellen Sie sicher, dass Transportprotokolle für Workflows sehr sorgfältig geprüft werden, und sorgen Sie dafür, dass nach dem Transport der Version die Aktivierung der Workflow-Definitionsversion, die Aktivierung der Ereigniskopplung und die Startbedingungen ordnungsgemäß funktionieren.

Unterstützende Werkzeuge bei Problemen mit der Ereigniskopplung

Administration • Workflow Runtime • Workflow RFC Monitor (Transaktion SWU2)

Mithilfe des Workflow RFC Monitors können Sie die Protokolldatei des tRFCs aufrufen. Die Protokolleinträge werden für das Zielsystem (die logische Destination) WORKFLOW_LOCAL_<client> angezeigt. Anhand dieses Reports können Sie Fehler nachverfolgen, die im Zusammenhang mit Rückmeldungen von Workitems nach deren Ausführung im Workflow-Laufzeitsystem aufgetreten sind.

Das Beheben von Workflow-Problemen ist keine einfache Aufgabe. Mit den vielen zur Verfügung stehenden Werkzeugen können Sie fehlerhafte Workflows aber schnell untersuchen und korrigieren. Dieses Kapitel wendet sich insbesondere an diejenigen, die mit der Erstellung oder Erweiterung von Workflows zu tun haben, und dient als Vorbereitung für den Workflow-Administrator.

11 Erweiterte Diagnose

Von Eddie Morris

Dieses Kapitel ergänzt Kapitel 8, »Workflow-Administration«, in dem wir Vorgehensweisen zur Wiederherstellung bei häufigen Problemen in Produktivumgebungen beschreiben. Glücklicherweise hat sich die SAP Business Workflow Engine als äußerst stabil erwiesen, weshalb die Problemdiagnosen in diesem Kapitel primär in der Entwicklungsumgebung anwendbar sind, in der alles – von Programmierfehlern bis hin zu inkonsistentem Customizing oder Berechtigungsproblemen – möglich ist.

Wir werden die Fehler behandeln, die in Workflows auftreten können und eine Diagnose erfordern. Anschließend werden die erweiterten Diagnoseaktivitäten beschrieben: die Verwendung verschiedener Diagnoseprotokolle und die Arbeit mit dem ABAP Debugger. Schließlich erfahren Sie, wie Sie diese Änderungen reibungslos in Ihren Workflow integrieren. Legen wir los!

11.1 Fehlerbehebung bei Workflows

Ein Buch über den Workflow ist nur mit einem Abschnitt über die Fehlerdiagnose vollständig. Da Workflows Geschäftsprozesse und nicht nur einzelne Aktivitäten implementieren, haben sie mehr Dimensionen als eine einfache Transaktion, die in einer LUW (Logical Unit of Work) gestartet, ausgeführt und beendet wird. Ein Workflow umfasst verschiedene Benutzer, dauert über einen bestimmten Zeitraum an und wird mit fortlaufender Dauer gegebenenfalls mit anderen Workflows oder Business-Transaktionen synchronisiert. All diese Faktoren hindern Sie daran, einen Workflow auf dieselbe Weise wie ein einfaches Programm in Einzelschritten zu durchlaufen. Der Workflow bietet jedoch verschiedene Diagnosewerkzeuge, die Ihnen die Arbeit erleichtern. Allerdings müssen Sie Ihre Analysetechniken möglicherweise überdenken, wenn Sie in der Vergangenheit ein einfaches Debugging für Ihre Programme eingesetzt haben.

Tipp

Je besser Sie Ihre Workflows dokumentieren, desto einfacher ist es für Sie und alle anderen, die mit der Workflow-Pflege beschäftigt sind, die Workflows nachzuvollziehen und Fehler zu beheben, nachdem Sie das nächste Projekt in Angriff genommen haben. Die Geschäftsprozessverantwortlichen werden zwangsläufig Änderungen anfordern, und eine gute Dokumentation kann die Umsetzung dieser Änderungen vereinfachen. Wenn Sie als Berater an einem Workflow-Projekt beteiligt sind, werden die Kunden eine gewissenhafte Dokumentation als Teil des Wissenstransfers sicherlich zu schätzen wissen.

Tipp

Dokumentieren Sie insbesondere die Workflow-Komponenten sehr sorgfältig, die bei unzureichender oder ungenauer Datenpflege in der Produktivumgebung zu Ausfällen neigen können.

Damit Sie eine Vorstellung davon bekommen, wie sich die Fehlersuche bei Workflows vom Debugging von Transaktionen unterscheidet, zeigen wir Ihnen im Folgenden einige Beispiele für Probleme, die auftreten können:

- Der falsche Bearbeiter empfängt das Workitem.
- Der Workflow »verschwindet« (was in der Regel bedeutet, dass der erwartete Bearbeiter das Workitem nicht empfangen hat).
- Zu viele Bearbeiter empfangen ein Workitem.
- Niemand empfängt das Workitem.
- Der Workflow wird nicht automatisch ausgelöst.
- Workflows werden mehrfach ausgelöst.
- Der Workflow kommt zum Stillstand (wird also nicht mehr ausgeführt).
- Ein Hintergrundschritt wird gestartet, jedoch zeitweise nicht beendet.
- Der Workflow wird mit dem Status ERROR abgebrochen.

Wie Sie sehen, können viele unerwünschte Situationen eintreten, auch wenn die meisten sehr schnell gelöst werden können und in der Produktivumgebung nur sehr selten auftreten werden. Einige der Probleme sind am ehesten auf einen falsch modellierten Workflow zurückzuführen, andere treten bei unzureichender Administration oder Datenpflege auf.

Sie müssen sich darüber im Klaren sein, dass die Grenze zwischen den Symptomen einer nachlässig modellierten Workflow-Definition und Problemen in einer herkömmlichen Produktivumgebung, die auf nicht harmonisierte Stammdaten zurückzuführen sind, nur schwer zu ziehen ist (weitere Informationen zu Stammdaten-Governance finden Sie in Kapitel 34, »SAP Master Data Governance«). Sorgen Sie also dafür, dass Ihre Administratoren auch in verschiedenen Techniken zur Fehlersuche geschult werden, sodass sie Probleme schnell lösen können.

11.2 Diagnoseprotokolle

Die Diagnoseprotokolle sind für die genaue Erkennung von Problemen Ihre besten Instrumente. Daher lohnt es sich, sich näher mit ihnen zu beschäftigen, bevor Sie die Liste der Symptome und Lösungen durcharbeiten.

11.2.1 Workflow-Protokoll

Das *Workflow-Protokoll* zeichnet den Fortschritt des Workflows auf. Für jeden gestarteten Workflow wird ein neues Protokoll geschrieben. Alle Vorkommnisse bei der Ausführung des Workflows, wie z. B. Systeminteraktionen (Erstellung von Workitems) und Benutzerinteraktionen (Weiterleitung von Workitems), werden protokolliert.

Für dieses Protokoll gibt es verschiedene Sichten, von denen die technische Sicht (List with technical Details) für die Fehlersuche die wichtigste ist.

Tipp

In jeder Umgebung können Sie in Ihren persönlichen Workflow-Einstellungen die technische Sicht als Standardsicht festlegen. Sie können sogar Ihre eigene Sicht anpassen (siehe Kapitel 8, »Workflow-Administration«).

Die technische Sicht zeigt alle Schritte im Workflow, einschließlich derjenigen, die Sie aus den Standardprotokollen ausgeschlossen haben, da sie entweder zu technisch sind oder in der Workflow-Schrittdefinition explizit ausgeschlossen wurden (siehe Kapitel 13, »Anlegen eines Workflows«).

Die technische Sicht zeigt die ausgeführten Schritte sowie die Meldungen, die im Verlauf des Workflows erzeugt wurden. Einige davon sind Warnungen (gelbe Ampeln), die ignoriert werden können. Die Fehler (mit roten Ampeln markiert) liefern die wichtigsten Informationen zum Beseitigen der Workflow-Fehler. Ein schwerwiegender Fehler wird unter dem Workflow-Schritt protokolliert, in dem er aufgetreten ist. Dabei wird auch eine neue entsprechende Fehlermeldung auf der obersten Ebene des Workflows (in dem Workitem, das die Workflow-Instanz repräsentiert) ausgelöst. Die zum Workflow-Schritt gehörende Fehlermeldung ist die bedeutendere der beiden.

Folgende Symptome können Sie mithilfe des Workflow-Protokolls untersuchen:

- Der Workflow wechselt in den Status ERROR.
- Der Benutzer empfängt kein Workitem in seiner Inbox.
- Der Workflow scheint falsch zu verzweigen.

Als Startpunkt für die Untersuchung können folgende Fragen gestellt werden:

- In welchem Schritt tritt der Fehler auf?
- Wer ist ein möglicher Bearbeiter für diesen Schritt?
- Wie lauteten die Containerwerte unmittelbar vor der Verzweigung?

11.2.2 Diagnosetransaktion

Die Diagnosetransaktion (Transaktion SWUD) ist Ihr wichtigstes Diagnosewerkzeug. Nach dem Aufruf analysiert sie Ihre Workflow-Definition und zeigt basierend auf Ihrer Analyse eine Liste der durchzuführenden Prüfungen. Aus diesem Grund ist es ratsam, sich mit der Transaktion ein wenig vertrauter zu machen. Die Reihenfolge der durchgeführten Tests beruht auf einem pragmatischen Ansatz: Zuerst werden die Tests angezeigt, mit denen die gängigsten Fehler ermittelt werden. Sie sollten die Tests daher in der vorgeschlagenen Reihenfolge durchführen.

Betrachten Sie diese Transaktion als Ihre zentrale »Universallösung« für die Workflow-Diagnose. Auch wenn alle nachfolgenden Diagnosewerkzeuge über unterschiedliche Transaktionscodes verfügbar sind, werden sie hier in einer logischen Reihenfolge für den direkten Einsatz gebündelt. Der erste Bildschirm (siehe Abbildung 11.1) ist in drei Abschnitte unterteilt:

- aktuelle zu analysierende Workflow-Definition
- Liste der Testoptionen
- Liste der letzten zehn bearbeiteten Workflow-Definitionen

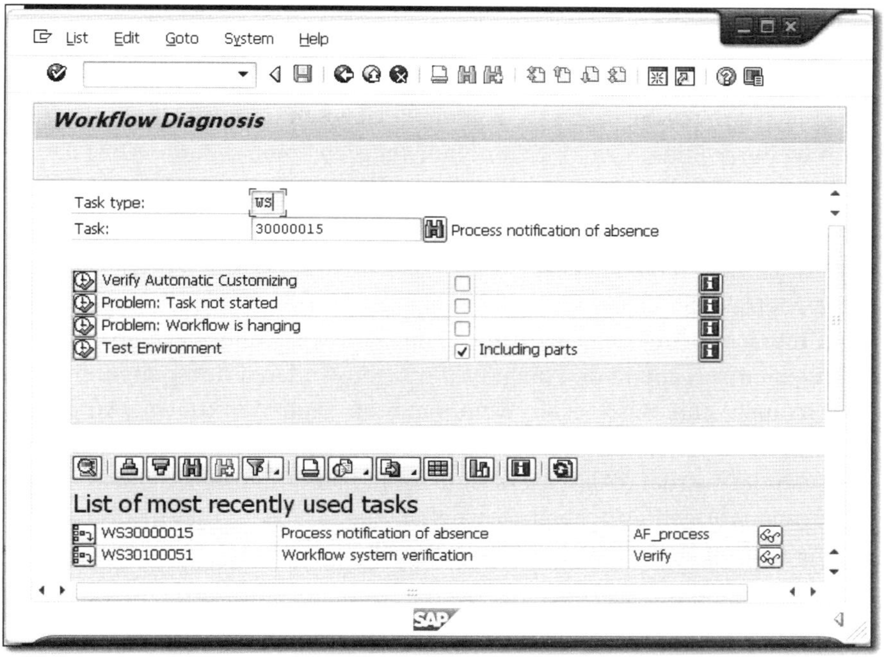

Abbildung 11.1 Ausgangsbildschirm von Transaktion SWUD

Geben Sie zur Untersuchung einer neuen Workflow-Definition einfach die ID des Workflows ein, oder verwenden Sie die Suchfunktion, um diese basierend auf Standardsuchkriterien zu bestimmen. Die vier Testoptionen werden im Folgenden vorgestellt:

- Verify Automatic Customizing
  Die Überprüfung des Customizings steht in der Liste ganz oben, da ein unvollständiges Customizing die häufigste Ursache von Problemen in einem nicht vertrauten System ist. Diese Prüfung wird in der Praxis am seltensten durchgeführt. Wählen Sie diese Option stets, wenn Sie feststellen, dass der von Ihnen letzte Woche erstellte und getestete Workflow plötzlich nicht mehr funktioniert! Es besteht die Möglichkeit, dass ein Dritter die Customizing-Einstellungen ohne Ihr Wissen geändert hat.
- Problem: Task not started
  Wenn der Workflow nicht startet oder nicht gefunden wird, sollten Sie diese Option aufrufen, um die Ursache zu ermitteln. Bei dieser Option wird Ihnen eine weitere Liste möglicher Ursachen angezeigt, die geprüft werden müssen, wie z. B. der Ereignis-Trace oder die tRFC-Queue (tRFC).

- PROBLEM: WORKFLOW IS HANGING
  Wenn der Workflow startet, jedoch unvollständig abgebrochen wird – entweder mit einem Fehler oder weil der nächste Schritt im Workflow nicht gestartet werden kann –, sollten Sie diese Option wählen. Ihnen wird ein weiterer Bildschirm mit Optionen angezeigt, wie z. B. die ABAP DUMP ANALYSIS und die tRFC-Queue (tRFC-Protokoll).
- TEST ENVIRONMENT
  Diese Option bietet sich an, wenn Sie einen Workflow entwickeln und von zentraler Stelle auf die vollständige Gruppe der Testwerkzeuge zugreifen möchten. Angezeigt wird nicht nur eine Liste aller verfügbaren Prüfungen entsprechend den im Workflow verwendeten Komponenten, sondern auch eine Liste aller Komponenten (Sub-Workflows, Aufgaben, Business-Objekte, delegierte Business-Objekte), die im Rahmen-Workflow verwendet werden. Außerdem können Sie auf einen Blick erkennen, ob den zugehörigen Aufgaben Bearbeiter zugeordnet wurden, deshalb ist diese Option auch für Administratoren nützlich.

Der letzte Abschnitt auf dem ersten Bildschirm zeigt eine Historienliste der bisher von Ihnen bearbeiteten Workflows. Um einen der bisherigen Workflows für die Analyse auszuwählen, wählen Sie links das Symbol RECENTLY USED TASKS (). Die gewählte Workflow-Kennung wird oben auf dem Bildschirm angezeigt. Anschließend können Sie mit einer detaillierten Analyse fortfahren. Nach der Untersuchung des Workflows wird diese Kennung an die oberste Stelle in der Historienliste verschoben. Der Workflow, an dem Sie zuvor gearbeitet haben, wird um eine Stelle nach unten verschoben.

Wenn Sie sich einen der Workflows anzeigen lassen möchten, an dem Sie zuvor gearbeitet haben, wählen Sie das Symbol DISPLAY () rechts neben der Definition.

11.2.3 Ereignis-Trace

Der *Ereignis-Trace* schreibt einen Trace aller ausgelösten Ereignisse (siehe Abbildung 11.2). Der Ereignis-Trace darf nicht mit *Ereignis-Queues* verwechselt werden, die in Kapitel 18, »Verwendung von Ereignissen und anderen Business-Interfaces«, vorgestellt werden. Ereignis-Queues werden eingesetzt, um die zu Spitzenzeiten durch eine hohe Ereigniszahl ausgelöste Arbeitsauslastung abzufedern und nicht erfolgreiche Ereignisse zur späteren erneuten Verarbeitung in eine getrennte Queue zu stellen.

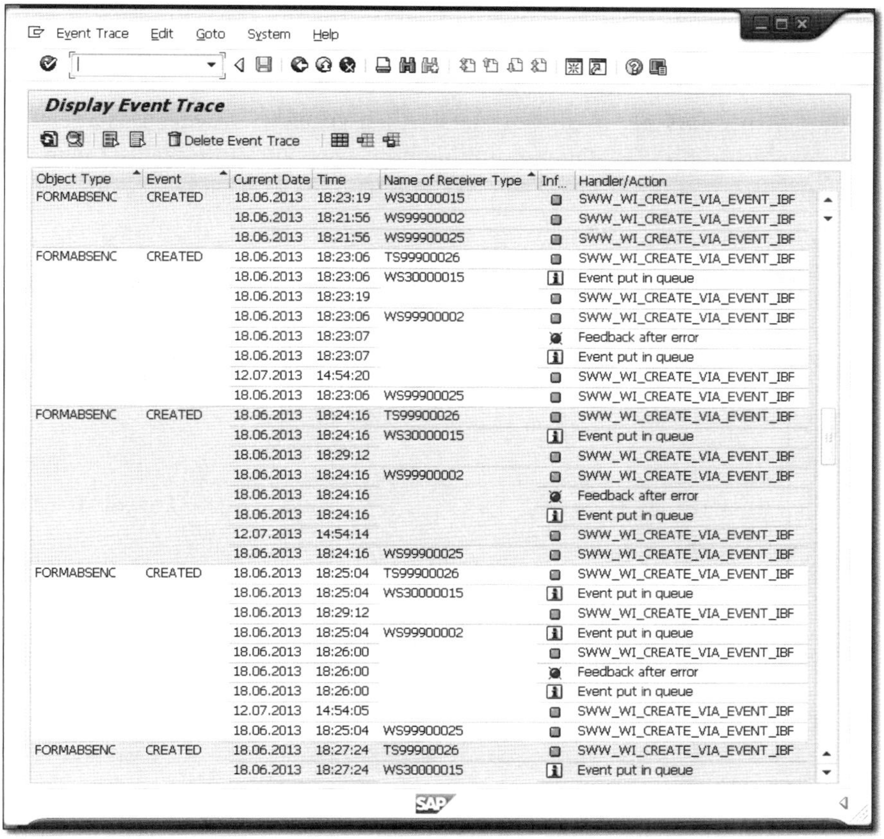

Object Type	Event	Current Date	Time	Name of Receiver Type	Inf...	Handler/Action
FORMABSENC	CREATED	18.06.2013	18:23:19	WS30000015		SWW_WI_CREATE_VIA_EVENT_IBF
		18.06.2013	18:21:56	WS99900002		SWW_WI_CREATE_VIA_EVENT_IBF
		18.06.2013	18:21:56	WS99900025		SWW_WI_CREATE_VIA_EVENT_IBF
FORMABSENC	CREATED	18.06.2013	18:23:06	TS99900026		SWW_WI_CREATE_VIA_EVENT_IBF
		18.06.2013	18:23:06	WS30000015		Event put in queue
		18.06.2013	18:23:19			SWW_WI_CREATE_VIA_EVENT_IBF
		18.06.2013	18:23:06	WS99900002		SWW_WI_CREATE_VIA_EVENT_IBF
		18.06.2013	18:23:07			Feedback after error
		18.06.2013	18:23:07			Event put in queue
		12.07.2013	14:54:20			SWW_WI_CREATE_VIA_EVENT_IBF
		18.06.2013	18:23:06	WS99900025		SWW_WI_CREATE_VIA_EVENT_IBF
FORMABSENC	CREATED	18.06.2013	18:24:16	TS99900026		SWW_WI_CREATE_VIA_EVENT_IBF
		18.06.2013	18:24:16	WS30000015		Event put in queue
		18.06.2013	18:29:12			SWW_WI_CREATE_VIA_EVENT_IBF
		18.06.2013	18:24:16	WS99900002		SWW_WI_CREATE_VIA_EVENT_IBF
		18.06.2013	18:24:16			Feedback after error
		18.06.2013	18:24:16			Event put in queue
		12.07.2013	14:54:14			SWW_WI_CREATE_VIA_EVENT_IBF
		18.06.2013	18:24:16	WS99900025		SWW_WI_CREATE_VIA_EVENT_IBF
FORMABSENC	CREATED	18.06.2013	18:25:04	TS99900026		SWW_WI_CREATE_VIA_EVENT_IBF
		18.06.2013	18:25:04	WS30000015		Event put in queue
		18.06.2013	18:29:12			SWW_WI_CREATE_VIA_EVENT_IBF
		18.06.2013	18:25:04	WS99900002		Event put in queue
		18.06.2013	18:26:00			SWW_WI_CREATE_VIA_EVENT_IBF
		18.06.2013	18:26:00			Feedback after error
		18.06.2013	18:26:00			Event put in queue
		12.07.2013	14:54:05			SWW_WI_CREATE_VIA_EVENT_IBF
		18.06.2013	18:25:04	WS99900025		SWW_WI_CREATE_VIA_EVENT_IBF
FORMABSENC	CREATED	18.06.2013	18:27:24	TS99900026		SWW_WI_CREATE_VIA_EVENT_IBF
		18.06.2013	18:27:24	WS30000015		Event put in queue

Abbildung 11.2 Ereignis-Trace

Tipp

Der Ereignis-Trace sollte in einer Produktivumgebung ausgeschaltet werden, da er sich negativ auf die Systemperformance auswirkt. Wenn Sie den Ereignis-Trace bei einem Notfall aktivieren, sollten Sie dafür sorgen, dass die Aktivierung nur so kurz wie möglich andauert. Und vergessen Sie nicht, den Report RSWELOGD zu verwenden, um die Ereignisprotokolldateien anschließend zu bereinigen. Informationen über die Verwendung des Ereignis-Traces finden Sie im Knowledge-Base-Artikel 1709418.

Der Trace schreibt einen Eintrag für alle im System ausgelösten Ereignisse, auch wenn dem jeweiligen Ereignis kein Workflow zugeordnet ist. Das Einschalten des Traces in der Entwicklungsumgebung ermöglicht die Rückverfolgung von Fehlern in Workflows (und deren Schritten), die nicht ausgelöst oder wie erwartet beendet werden.

Der nächste Schritt nach dem Schreiben des Ereignis-Trace-Eintrags besteht darin, den Befehl `start workflow` in die tRFC-Queue zu stellen (siehe Abbildung 11.3). Auch wenn also der Ereignis-Trace einen Erfolg anzeigt, bedeutet dies nicht, dass der Workflow tatsächlich gestartet wurde. Das Ereignis muss weiterhin die RFC-Queue durchlaufen, weshalb diese tRFC-Queue als Nächstes über Transaktion SM58 oder SWUD überprüft werden sollte.

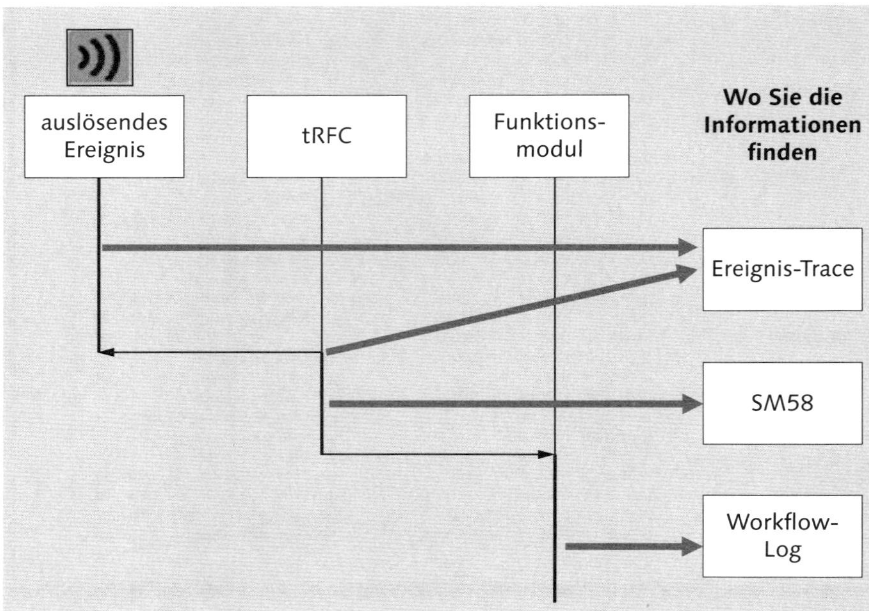

Abbildung 11.3 Diagramm der Ereignisfolge (Protokoll, tRFC, Workflow-Protokoll)

Folgende Symptome können Sie mithilfe des Ereignis-Traces untersuchen:

- Workflows werden nicht ausgelöst
- Workflows werden mehrfach ausgelöst
- beendende Ereignisse beenden einen Workflow-Schritt nicht

Als Startpunkt für die Untersuchung können folgende Fragen gestellt werden:

- Wird ein Ereignis überhaupt protokolliert?
- Werden Startbedingungen verwendet?

Hinweis

Wenn ein beliebiges in der Startbedingung verwendetes Objektattribut eine Ausnahme zurückgibt, wie z. B. OBJECT DOES NOT EXIST, wird die Startbedingung unerwartet abgebrochen. Wenn Sie mehrere Startbedingungen für dasselbe Objekt verwenden, müssen Sie zudem bedenken, dass sich diese vollständig gegenseitig ausschließen müssen. Ein bestimmtes Objekt darf niemals mehr als eine Startbedingung erfüllen. Andernfalls erhalten Sie die Mitteilung WORKFLOW NOT UNIQUE.

- Wird ein Check-Funktionsbaustein aufgerufen? Wie lautet das Ergebnis? Wenn Sie unsicher sind, sollten Sie die Daten im Check-Funktionsbaustein replizieren können, um zu ermitteln, wie der Ausgang lauten sollte.
- Wird das Ereignis dupliziert?
- Lösen zwei verschiedene Ereignisse eine einzelne Workflow-Definition aus?
- Ist der Objektschlüssel korrekt, einschließlich führender Nullen?

11.2.4 Transaktionales RFC-Protokoll

Die Workflow Engine arbeitet bei Hintergrundschritten und der Ereignisauslösung mit internen tRFC-Aufrufen. Wenn ein Workflow grundlos zum Stillstand kommt oder ein Ereignis einen Workflow nicht auslöst, besteht die Möglichkeit, dass sich der tRFC-Aufruf noch in der Queue befindet oder bei der Verarbeitung abgebrochen wurde.

Es werden zwei Destinationen verwendet: die Destination WORKFLOW_LOCAL_xxx und die Destination NONE (die Queue muss nach dem Benutzer durchsucht werden, der zum Zeitpunkt angemeldet war, als die SAP Business Workflow Engine den Aufruf ausgelöst hat). Transaktion SWUD zeigt die für Sie relevante Queue an.

Folgende Symptome können Sie mithilfe des tRFC-Protokolls untersuchen:

- Sporadische Ladeprobleme, die zu einer Überfüllung der tRFC-Queue führen: Workflow kommt zum Stillstand, Korrektur über Customizing.
- Falsch programmierte Hintergrundmethoden, die abbrechen oder mitten in der Ausführung »hängenbleiben«: Workflow kommt zum Stillstand, Korrektur durch Verbesserung des BOR-Objekts (Business Object Repository).
- Ereignis-zu-Workflow-Datenflüsse sind fehlerhaft: Workflow startet nicht, Workflow-Definition erfordert Korrektur.

Als Startpunkt für die Untersuchung können folgende Fragen gestellt werden:

- Ist die Queue leer? Einträge werden automatisch aus dem Protokoll gelöscht, wenn diese erfolgreich beendet wurden.
- »Hängt« die Hintergrundmethode aufgrund einer unerwartet erforderlichen Dialogeingabe? Dieses Problem ist besonders wahrscheinlich, wenn die Methode auf BDC (Batch Data Communication) – Batch-Input – oder CATT (Computer-Aided Test Tool) basiert, speziell nach einem Upgrade, bei dem sich die zugrunde liegenden aufgerufenen Transaktionen geändert haben.
- Welche Fehlermeldungen werden für die zum Stillstand gekommenen Einträge angezeigt?

11.3 Debugging mit dem ABAP Debugger

Wenn Sie auf einer SAP-Basis 6.40 oder höher arbeiten, verfügt der Debugger über zwei Hauptbereiche: Im linken Bildschirmbereich können Sie sich den Quelltext und im rechten Bildschirmbereich Variablen unterschiedlicher Typen (sowohl lokal als auch global) anzeigen lassen. Außerdem gibt es zahlreiche Registerkarten, um Strukturen, Objekte, Haltepunkte etc. anzuzeigen. Der Zeitaufwand, um sich mit dem neuen Debugger vertraut zu machen, lohnt sich, selbst wenn Sie die ältere Version bevorzugen (auf die Sie zurückgreifen können, indem Sie den rechten Bildschirmbereich schließen).

Unabhängig von der auf Ihrem System genutzten Debugger-Version kann gelegentlich das Debugging eines ABAP-Codeabschnitts erforderlich sein, wie z. B. einer Business-Objektmethode oder von Code, der vor einem auszulösenden Ereignis steht. Dabei müssen Sie beachten, dass einige Aufrufe über einen internen tRFC-Aufruf erfolgen. Sie verlieren in diesem Fall die Steuerung, wenn Sie an der Stelle des tRFC-Aufrufs keinen Haltepunkt setzen. Andere Aufrufe, insbesondere in Bezug auf die Ereignisauslösung, erfolgen in der Verbuchungsaufgabe, weshalb Sie im *ABAP Debugger* das Debugging der Verbuchungsaufgabe einschalten müssen, um die Steuerung zu behalten.

In einigen Situationen können Sie jedoch debuggen, insbesondere wenn Sie in Ihrer eigenen Entwicklungsumgebung arbeiten. Wenn es z. B. eine Hintergrundaufgabe gibt, die »ihr Ziel verfehlt«, können Sie jederzeit einen Haltepunkt (*Break Username*) in der Methode setzen, das Objekt erzeugen und die Aufgabe von einer Hintergrund- in eine Dialogaufgabe ändern. Wenn Sie den Workflow instanziieren, sollten Sie diese Aufgabe ausführen und in den ABAP Debugger einfügen. Gehen Sie bei der Ausführung der Aufgabe schnell vor, um Ihre Kollegen nicht zu sehr zu beeinträchtigen. Im Debugger können Sie das Debugging für die Methode wie über das Business Object Repository (BOR) vornehmen. Das ABAP Debugging ist auch zur Ermittlung von Regelauflösungsfehlern geeignet, wenn ein Funktionsbaustein zur Rückgabe von Bearbeitern verwendet wird.

Tipp

SAP-Hinweis 1782731 hat Tipps zum Debugging von Hintergrundschritten.

Eine weitere Methode für das Debugging einer Aufgabe (Methode) im Kontext des Workflows ist das Setzen von Haltepunkten innerhalb des BOR-Codes. Starten Sie Transaktion SWO1 (Business Object Builder), selektieren Sie den gewünschten Objekttyp, und klicken Sie auf den Button ANZEIGEN. Nun können Sie die gewünschte Methode auswählen und sich über den Link PROGRAMM den Quellcode anzeigen lassen. Wählen Sie nun den Menüpfad UTILITIES • BREAKPOINT • SET. Während des Testens können Sie Ihre START OPTIONS (GOTO • OPTIONS) in Transaktion SWUS auf ASYNCHRONOUS EXECUTION USING ARFC setzen (siehe Abbildung 11.4).

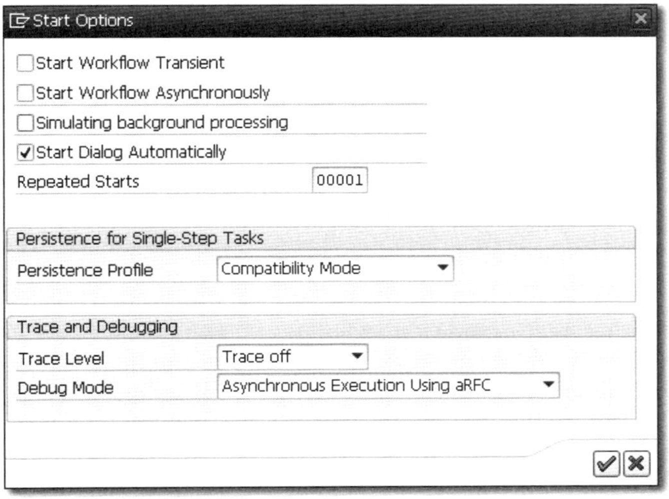

Abbildung 11.4 Startoptionen aus Transaktion SWUS

Beim Start des Workflows gelangen Sie direkt zum ABAP Debugger, wenn die Methode ausgeführt wird. Dies ist besonders hilfreich, weil Ihr Haltepunkt auch dann ausgeführt wird, wenn die betroffene Methode nicht die erste Methode im Workflow ist. Ebenso können Sie einen externen Haltepunkt in einer Funktion setzen, der von der BOR-Methode aufgerufen wird, und die Startoptionen auf die gleiche Weise einstellen.

Die Workflow Engine verwendet tRFC- und dynamische Funktionsaufrufe ausgiebig, daher ist es schwierig, das Debugging über die SAP Business Workflow Engine auszuführen. Es wird empfohlen, die verschiedenen Workflow-Protokolle und Traces in Kombination mit Funktionstests der einzelnen Komponenten (z. B. Methoden, Funktionsbausteine, Aufgaben) zu verwenden.

Wenn Sie SAP SRM (Supplier Relationship Management) oder eine andere Anwendung einsetzen, in der die Benutzerschnittstelle nicht nativ im SAP GUI ist, können Sie den ABAP Debugger ebenfalls verwenden, wenn der Ausgangspunkt bekannt ist. In SAP SRM können Sie einen *externen Haltepunkt* (Breakpoint) im Funktionsbaustein `BBP_PDH_WFL_DB_UPDATE` setzen. Prüfen Sie außerdem die IP-Matching-Einstellungen (Utilities • Settings • Debugging). Wenn Sie eine Genehmigungsaufgabe über die SAP-SRM-Inbox ausführen, wird der ABAP Debugger im SAP GUI angezeigt. Es gibt viele weitere Punkte, an denen Sie einen Haltepunkt setzen könnten. Der hier aufgeführte Funktionsbaustein ist nur ein Beispiel.

11.3.1 Workflow-Trace

Der Workflow-Trace wurde bislang als technischer Trace bezeichnet und ist, gelinde ausgedrückt, sehr technisch. Obgleich dieser Trace ursprünglich für Entwickler für alle Arten der Problemanalyse (Sperren, Synchronisationsprobleme etc.) vorgesehen war, ist sein Hauptzweck mittlerweile die Untersuchung von Datenflussproblemen. Der Trace zeigt detailliert jeden einzelnen Datenflussvorgang, der für eine Workflow-Instanz erfolgt. Angezeigt werden die Container vor dem Vorgang und die Werte, die im Zielcontainer nach dem Vorgang hinzugefügt oder geändert wurden.

Dieser Trace kann für ein bestimmtes Ereignis oder eine bestimmte Workflow-Instanz eingeschaltet werden und wird während des gesamten Lebenszyklus des Workflows unabhängig von dessen Dauer und der Anzahl der beteiligten Benutzer weitergeschrieben. Es besteht keine Gefahr, dass der Trace in der Produktivumgebung global für Workflows eingeschaltet wird.

Um den Workflow-Trace zu starten, gibt es im Wesentlichen folgende Möglichkeiten:

- **Setzen des Workflow-Trace-Kennzeichens in der Diagnose-Testumgebung (Transaktion SWUD: Optionen »Start Task« oder »Create Event«)**
  Dies ist die einfachste Methode, da der Trace nach dem Start des Workflows automatisch ausgeschaltet wird. Verlassen Sie den Bildschirm START WORKFLOW, und wählen Sie im Einstiegsbild die Option DISPLAY WORKFLOW TRACE. Das richtige Protokoll wird sofort angezeigt.
- **Einschalten des Workflow-Traces für genau diese Sitzung (Transaktion SWU9 oder Transaktion SWF_TRC) und anschließendes Ausführen der Anwendung, ohne zu einem anderen Sitzungsfenster zu wechseln**
  Schalten Sie den Trace aus (erneut mit Transaktion SWU9 oder mit Transaktion SWE_TRC), oder schließen Sie das Sitzungsfenster nach der Ausführung der Transaktion, sodass keine neuen Workflows in derselben Protokolldatei protokolliert werden. Auch nachdem Sie den Sitzungstrace ausgeschaltet haben, werden die Workflows, die in dieser Sitzung gestartet wurden, weiterprotokolliert.

Tipp

Sie müssen einen Workflow-Trace nur selten ausschalten, da nur der Workflow protokolliert wird, der bei eingeschaltetem Trace gestartet wird. Nach Abschluss des Workflows wird auch der Trace beendet. Der Workflow-Trace verlangsamt jedoch die Workflow-Ausführung erheblich, sodass es mitunter angebracht ist, den Trace manuell abzubrechen. Dieselbe Technik kann zum Starten eines Workflow-Traces für einen Workflow verwendet werden, der bereits ausgelöst wurde. Wenn Sie nur einen Abschnitt des Workflows protokollieren möchten, schalten Sie den Trace für das Workflow-Workitem kurz vor dem Zeitpunkt ein, zu dem das betreffende Workitem erstellt wird.

In den folgenden Abschnitten wird die Weiterentwicklung des Workflow-Traces über die verschiedenen Releases beschrieben. Zusätzlich werden einige neue und sehr nützliche Funktionen erläutert.

Auswertung des Workflow-Traces in SAP-Systemen vor SAP ERP

Um Datenflüsse zu analysieren, suchen Sie nach `ContBindExecute`-Einträgen (oder wählen Sie im Menü EDIT die Option SET FILTER, während Sie die Spalte LOG ACTION markiert haben) und doppelklicken auf die Einträge (siehe Abbildung 11.5). Der Protokolleintrag vor den `ContBindExecute`-Einträgen zeigt den Typ des erfolgten Datenflusses (Workflow zu Aufgabe, Workflow zu Regel, Methode zu Aufgabe etc.).

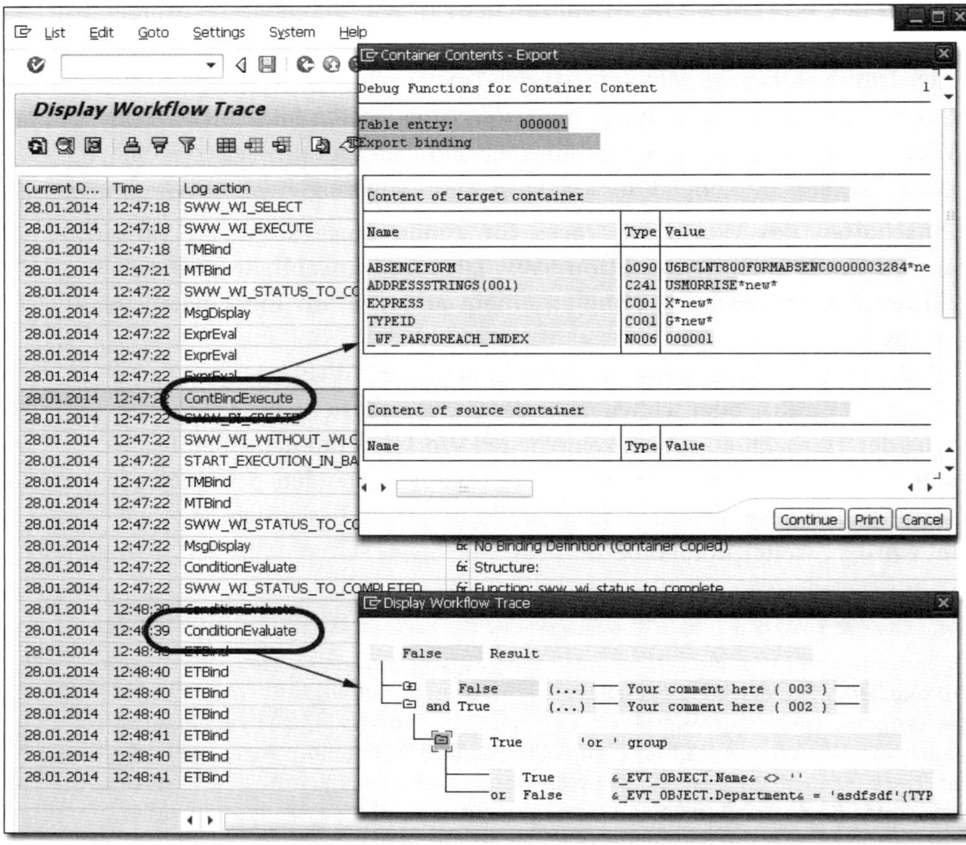

Abbildung 11.5 Workflow-Protokoll in älteren SAP-Systemen

Angezeigt werden der Quell- und der Zielcontainer. Neue Einträge im Zielcontainer werden mit `*new*` markiert. Geänderte Einträge werden mit dem Wert vor und nach der Ausführung des Datenflusses angezeigt. Tabelleneinträge werden mit ihrem Indexwert angezeigt und Strukturen in aufeinanderfolgenden Feldern.

> **Achtung**
>
> Komplexe, im XML-Format gespeicherte Datentypen können im Workflow-Trace nicht angezeigt werden.

Mithilfe des Workflow-Traces können Sie auch die Bedingungsauswertung in Schritten analysieren, deren Definition logische Ausdrücke enthält (z. B. `Until`- und `While`-Schleifen, Bedingung, Mehrfachbedingung, bedingungsabhängiger Workitem-Start und -Abschluss sowie Startbedingungen in der

Konfiguration der Ereigniskopplung). Ein Doppelklick auf `Condition-Evaluate`-Einträge zeigt nicht nur das Ergebnis der Bedingung an, sondern liefert auch detaillierte Informationen dazu, wie dieses Endergebnis erreicht wurde. Angezeigt werden der für diese Bedingung verwendete Container sowie die Endergebnisse, Teilergebnisse der verschiedenen Ausdrücke in der Bedingung und alle Warnungen und Fehler (z. B. OBJECT DOES NOT EXIST), die bei der Auswertung aufgetreten sind.

Auswertung des Workflow-Traces in SAP ERP

Die Workflow-Trace-Funktion wurde in SAP ERP (ECC 6.0), bei Einsatz von SAP NetWeaver 7.0 und höher, erheblich erweitert. Transaktion SWU9 und Transaktion SWF_TRC sind Ihre Startpunkte für die Initiierung und Auswertung des Traces. In der neuen Version dieser Transaktion zeigt sich das Engagement von SAP, einen objektorientierten Ansatz zu implementieren, deutlich. Hier finden Sie mehr Verweise auf Klassen und Persistenz als in früheren Versionen (siehe Abbildung 11.6).

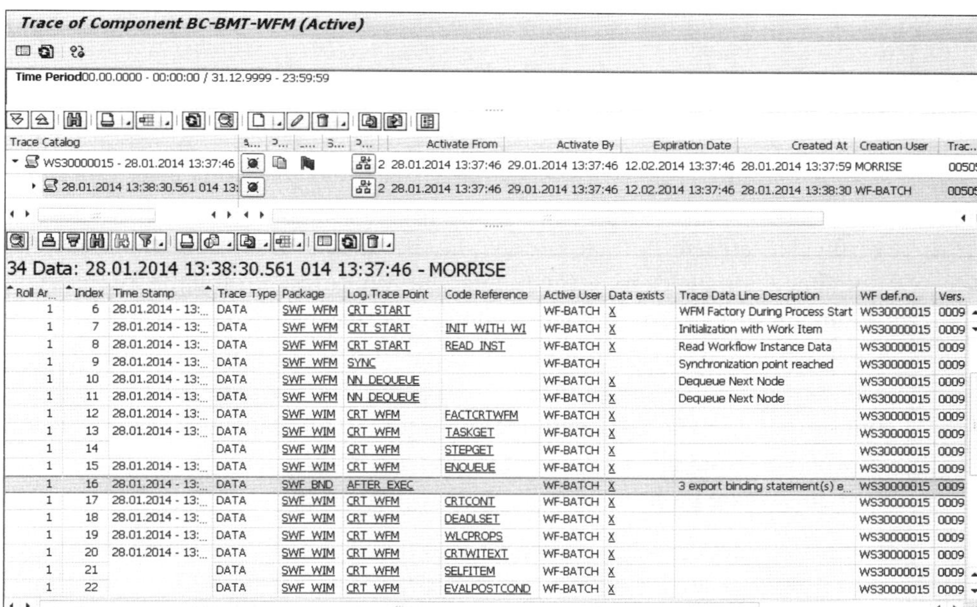

Abbildung 11.6 Workflow-Trace

Um die Datenflüsse, die ausgeführt wurden, zu prüfen, suchen Sie nach dem Paket `SWF_BND` oder verwenden Sie die ALV-Filter des ABAP List Viewers. Wenn Sie sich die Details der Datenflussausführungen ansehen möchten, klicken Sie auf die Spalte Data Exists. Bei dem in Abbildung 11.7 gezeigten Trace wurde die Spalte Data Exists für SWF_BND ausgewählt. Beachten Sie das zusätzliche Popup-Fenster mit weiteren Details zum Datenfluss.

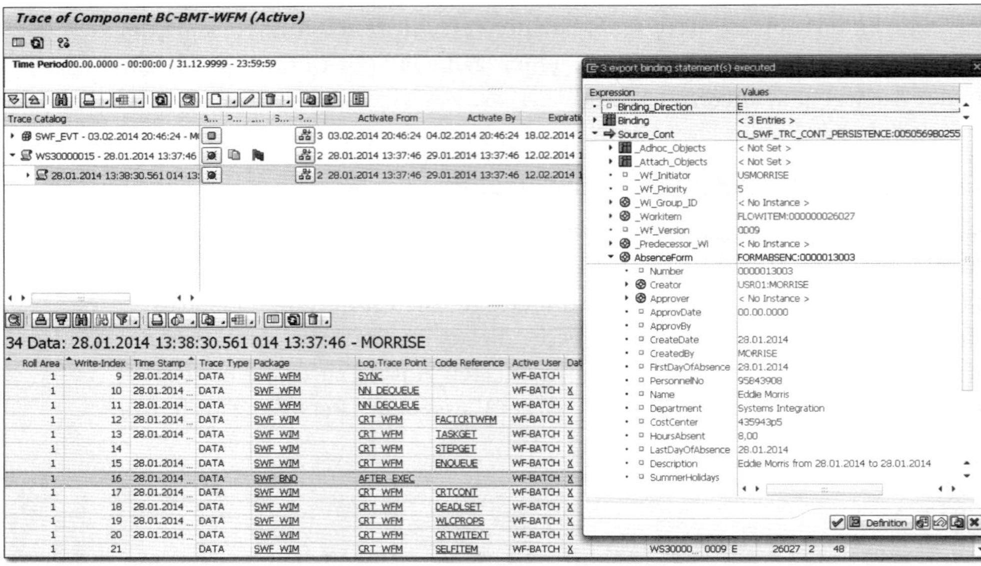

Abbildung 11.7 Anzeige der Trace-Datenflussdetails

Aus Abbildung 11.7 wird ersichtlich, dass das Popup-Fenster mit dem Datenfluss über den Objekttyp (FORMABSENC) und alle Attribute im Objekttyp verfügt. In diesem Format können Sie die für den Datenfluss verwendeten Container im gleichen Format wie die Workflow-Protokolle betrachten. Wenn Sie sich einmal an diese Benutzeroberfläche gewöhnt haben, werden Sie feststellen, dass sie wesentlich benutzerfreundlicher ist als die der älteren SAP-Releases. Über die Zeile SWF_BND können Sie auswählen, ob Sie sich die Import- oder Export-Datenflüsse anzeigen lassen möchten. Wie bei den Workflow-Protokollen können Sie also ein Containerelement öffnen und sich die Inhalte im unteren Bereich anzeigen lassen.

Der neue Workflow-Trace ermöglicht es Ihnen zudem, die Bedingungen und ihre Ausgänge über das Paket SWF_RLS anzuzeigen (sodass Sie nicht den älteren Trace nach ConditionEvaluate durchsuchen müssen). Mit dem neuen Workflow-Trace sind die Details des Workflow-Containers (innerhalb des Traces als *Regelcontainer* bezeichnet) klar sichtbar.

11.3.2 Wann werden Workflow-Traces verwendet?

Folgende Symptome können Sie mithilfe des Workflow-Traces untersuchen:

- Ein Ereignis löst einen Workflow nicht aus, nachdem Sie den Ereignis-Trace im Hinblick auf Inkonsistenzen ausgewertet haben.
- Im Workflow gibt es inkonsistente Daten.
- Programmierter Datenfluss funktioniert nicht korrekt.
- Ein Workflow-Schritt wird nach der Prüfung auf Kurzdumps und tRFC-Fehler nicht ausgeführt.

Als Startpunkt für die Untersuchung können folgende Fragen gestellt werden:

- Erfolgt der Datenfluss auf die richtige Weise?
- Wird der Zielcontainer wie erwartet aufgefüllt? Achten Sie auf Konvertierungsprobleme, wenn die Elemente im Datenfluss keine übereinstimmenden Datentypen verwenden.
- Werden bei der Auswertung der Bedingung Warnungen angezeigt?

Workflow-Trace-Dateien werden zwei Wochen nach dem Schreiben des letzten Trace-Eintrags automatisch gelöscht. Derselbe Trace-Mechanismus wird in anderen Teilen des Systems verwendet, z. B. für die Kommunikation. Seien Sie deshalb nicht beunruhigt, wenn andere Trace-Dateien erstellt werden, die nicht zum Workflow gehören.

11.3.3 Zusätzliche Trace-Funktionalität

Innerhalb des Workflow-Traces haben Sie die Option Create Trace for Package. Diese stellt Optionen bereit, mit denen Sie zusätzlich zu Workflow-Instanzen auch die Workflow-Laufzeitausführung verfolgen können. Hier einige Beispiele von Paketen:

- `SWF_EVT`: Event Manager (Erweiterung für den Workflow-Trace)
- `SWF_API`: Workflow-APIs (Delta-Pull-Aufrufe oder Workflow-API-Aufrufe (WAPIs))
- `SWF_EXIT`: Programmierer-Exits (Protokollaufrufe zu Programmierungs-Exits)

Wenn Sie, wie in Abbildung 11.8 gezeigt, in Transaktion SWF_TRC sind, wählen Sie das Dropdown-Menü im Symbol Create (), in dem sich die Option Create Trace For Package befindet. Wählen Sie das Paket aus, das Sie verfolgen wollen: Zum Beispiel verfolgt das Paket `SWF_API` alle Aufrufe von WAPIs während der Laufzeit.

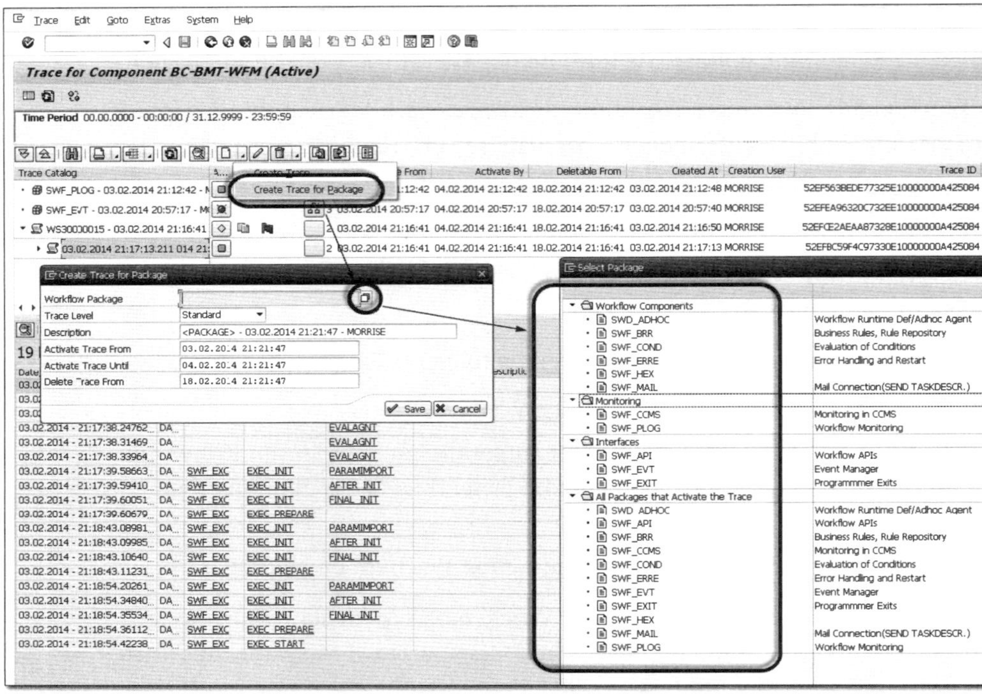

Abbildung 11.8 Liste der Pakete, die verfolgt werden können

Sie können anhand der Workflow-Trace-Hinweise sicherstellen, dass Sie die neuesten Trace-Funktionen und Pakete haben. SAP-Hinweis 1954734 führt ein Standard-Trace ein, das automatisch erzeugt wird und zur Lösung von Problemen mit der Workflow-Laufzeitausführung verwendet werden kann (siehe Tabelle 11.1).

Hinweis	Bezeichnung
1960978	Überarbeitung von SWF_TRC-Trace für Ad-hoc-Bearbeiter
1954734	Default-Trace für Business Workflow
1909331	Workflow-Trace für Exit-Programmierung
1774246	Mobile Inbox: Inbox-API
1711956	Workflow-Trace: Event Manager Package

Tabelle 11.1 Workflow-Trace-Hinweise

11.3.4 Supportability-Werkzeug

Wenn Sie ein Workflow-Problem analysieren, müssen Sie unter Umständen eine große Informationsmenge zusammentragen, um das Problem zu lösen. Dies ist der Fall, wenn z. B. das Workitem an den falschen Benutzer gesendet wird, es nach der Ausführung nicht aus der Inbox entfernt wird oder es im Status In Process hängenbleibt etc. Um ein solches Problem zu lösen, müssen Sie alle Informationen sammeln, die einen Bezug zum Workitem haben.

Wenn Sie Erfahrung mit Workflows haben, wissen Sie, dass Sie verschiedene Transaktionen verwenden müssen oder Funktionen aufreißen müssen, um all diese Informationen zu sammeln. Wenn Sie jedoch keine Workflow-Erfahrung haben, wissen Sie womöglich nicht, wie und wo Sie diese Informationen finden.

SAP-Hinweis 1741407 wurde daher mit folgendem Ziel erstellt:

- Beschleunigung des Datensammelprozesses, um Workflow-Probleme besser lösen zu können
- Erleichtern des Sammelns wichtiger Workitem-Definitions- und Laufzeitdaten für Benutzer und Entwickler mit nur wenig oder keiner Workflow-Erfahrung

Auf die Funktion kann aus der Workitem-Anzeige heraus zugegriffen werden. Sie können von verschiedenen Punkten aus auf die Workitem-Anzeige zugreifen, z. B. aus SAP Business Workplace (Transaktion SBWP) oder mit den Administratortransaktionen SWI1, SWIA oder SWI2_ADM1. Sie können »SUPP« in das Feld OK Code eingeben oder Extras • Support aus dem Anzeigemenü des technischen Workitems auswählen. Mehr darüber erfahren Sie im Knowledge-Base-Artikel 1835067. Diesem ist ein Leitfaden mit weiteren Details angehängt.

Abbildung 11.9 zeigt den Workitem-Bildschirm, in dem die Menüoption Support ausgewählt ist. Der XML-Dump wird automatisch erzeugt und angezeigt. Diese XML-Datei kann für die sofortige Fehlersuche verwendet oder gespeichert und an Kollegen oder den SAP-Support als Analysehilfe gesendet werden.

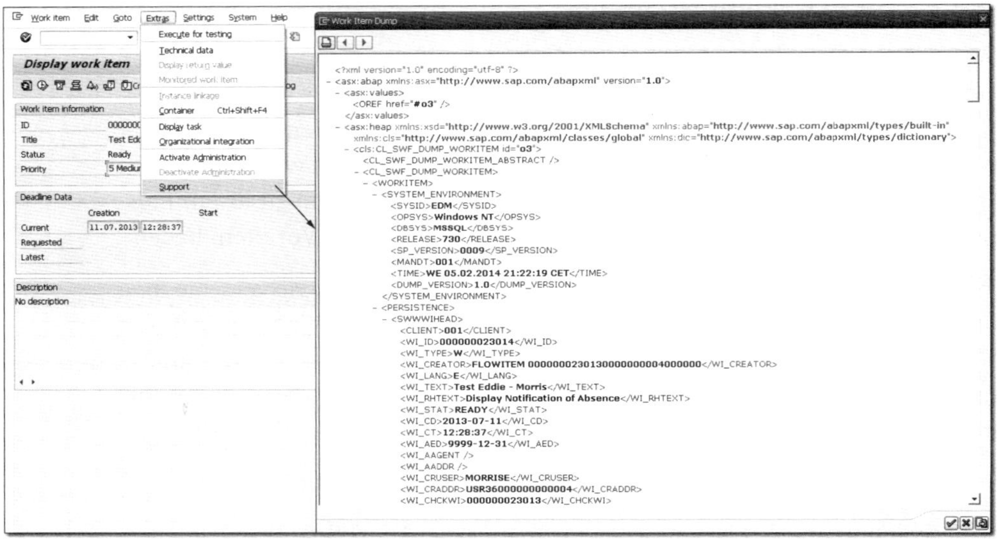

Abbildung 11.9 XML-Dump des Workitems mit allen relevanten Instanzdaten

11.4 Vorbereiten einer Aufgabe für den Produktivstart

Um eine reibungslose Einführung eines neuen oder geänderten Workflows in die Produktivumgebung sicherzustellen, müssen zuvor ausführliche Tests und eine umfassende Dokumentation der Entwicklungsarbeit erfolgen. Dies gilt insbesondere für Workflows, da hier die Fehlersuche – wie eingangs erwähnt – komplizierter ist als bei herkömmlichen Programmen. Da der Workflow zahlreiche herkömmliche IT-/Geschäftsgrenzen überschreitet, müssen für einen neuen Workflow oder eine Erweiterung diverse Aspekte und Voraussetzungen berücksichtigt bzw. erfüllt sein.

Sind Sie z. B. sicher, dass die Stammdaten bereitstehen? Ist das HR-Team über zusätzliche Anforderungen zur Bearbeiterermittlung informiert? Im folgenden Abschnitt sind einige Aufgaben aufgeführt, die Sie vor der Einführung in die Produktivumgebung erledigen müssen.

Die SAP Business Workflow Engine bietet zahlreiche Testwerkzeuge, die Sie nach Möglichkeit stets nutzen sollten. Dieser Abschnitt veranschaulicht, welche Werkzeuge für die verschiedenen Testarten verwendet werden. Sie können die folgende Testreihenfolge als allgemeine Richtlinie sehen, um einen typischen, völlig neuen Workflow von Grund auf zu testen:

- **Testen der Business-Objekte**
  Wählen Sie die TEST-Option für Business-Objekte, um zu prüfen, ob alle neuen und geänderten Attribute ordnungsgemäß funktionieren. Sie können auf die Testoption im Business Object Builder (Transaktion SWO1) zugreifen, indem Sie das entsprechende Business-Objekt wählen.
- **Testen der Methoden**
  Wählen Sie erneut die Option TEST, um alle neuen und geänderten Objektmethoden zu testen. Dies umfasst auch den Test, ob Ausnahmen unter den entsprechenden Umständen von Methoden ausgelöst werden. Nur wenn Sie eine instanzunabhängige Methode testen (wie z. B. `Create` oder `Find`), müssen Sie zuerst eine Objektinstanz erstellen. Dies ist einfacher, als es klingt. Sie müssen lediglich die Business-Objektentsprechung des Anwendungsobjekts erstellen, das Sie testen möchten, indem Sie in der Menüleiste CREATE INSTANCE wählen und den Schlüssel des Objekts angeben. Dabei werden die Tabellen in der SAP-Datenbank nach diesem Objektschlüssel durchsucht, um eine virtuelle Business-Objekt-Entsprechung zu erzeugen, die Sie testen können.

  Beachten Sie, dass die getesteten Methoden nicht simuliert werden, sondern tatsächlich die vorgesehene Aufgabe ausführen. Mit der Methode `PurchaseOrder.Delete` wird die Bestellung also tatsächlich gelöscht.

Tipp

Wenn Sie eine Methode debuggen müssen, empfiehlt es sich, der Methode vor dem Test die Anweisung `BREAK-POINT` hinzuzufügen. Vergessen Sie anschließend nicht, den Haltepunkt wieder zu entfernen. Aktivieren Sie den DEBUGGING-Parameter (im Menü SETTINGS), bevor Sie mit dem Debuggen der Methode beginnen.

- **Testen der Regel- und Bearbeiterermittlungsfunktionen**
  Stellen Sie mithilfe von Transaktion PFAC sicher, dass die Regel Bearbeiter zurückgibt. Entwicklungsumgebungen stimmen typischerweise nicht mit Produktivumgebungen überein, insbesondere hinsichtlich der Konsistenz der Personen/Benutzer. Wenn Sie Ihre neue oder erweiterte Workflow-Definition in die Produktivumgebung überführen, müssen Sie daher sicherstellen, dass die Regeln und anderen Bearbeiterermittlungsfunktionen gültige Bearbeiter zurückgeben können.
- **Testen der Aufgaben-Workflow-Konsistenz**
  Wenden Sie mithilfe von Transaktion SWUD eine Konsistenzprüfung (vergleichbar mit der Syntaxprüfung eines Programms) auf den Workflow und alle dazugehörigen Aufgaben und Ereignisse an. Abbildung 11.10 zeigt die Ergebnisse.

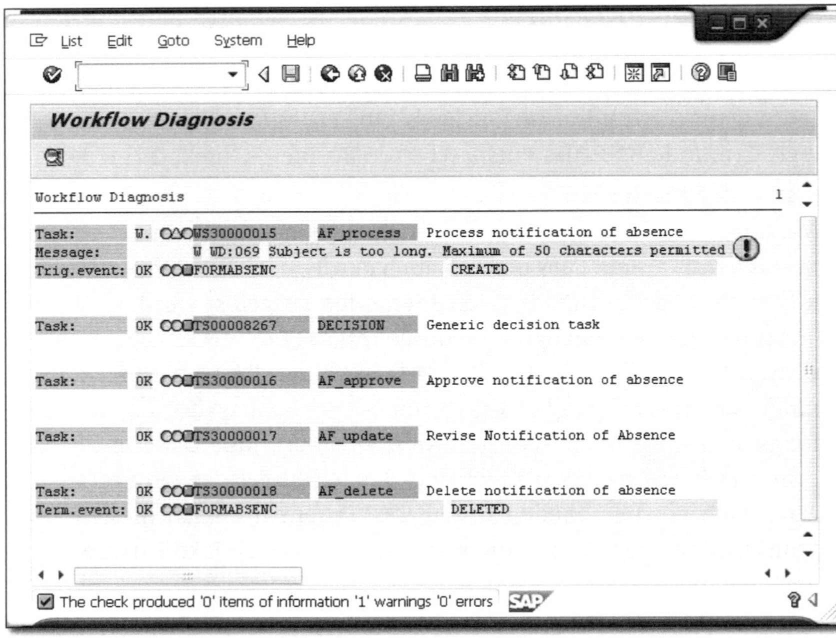

Abbildung 11.10 Ergebnisse einer Konsistenzprüfung

- **Testen der Aufgaben**
  Wählen Sie das Werkzeug START TASK, um alle neuen und geänderten Aufgaben zu testen. Stellen Sie sicher, dass Sie sich zuerst als möglicher Bearbeiter der Aufgabe zuordnen, weil Sie andernfalls die Aufgabe nicht ausführen können. Es ist ratsam, auch Hintergrundaufgaben auf diese Weise zu testen. Sie müssen jedoch zuvor das Kennzeichen BACKGROUND PROCESSING von der Aufgabe entfernen, damit Sie sie im Dialogmodus testen können. Nachdem Sie sichergestellt haben, dass die Aufgabe funktioniert, können Sie das Kennzeichen BACKGROUND PROCESSING wieder aktivieren und die Aufgabe nochmals im Hintergrundmodus testen, um zu prüfen, ob sie weiterhin wie gewünscht funktioniert. Bei einer asynchronen Aufgabe müssen Sie außerdem testen, ob das beendende Ereignis die Bearbeitung des Workitems wie erwartet beendet (z. B. mit dem Werkzeug CREATE EVENT).
- **Testen der Bearbeiterermittlungsregeln**
  Simulieren Sie die im Workflow verwendeten Bearbeiterermittlungsregeln mithilfe der Regelsimulation im Regeleditor (Transaktion PFAC). Sie können die Ergebnisse auch im Containerelement _RULE_RESULT prüfen, wenn Sie für die Bearbeiterermittlungsregel einen Rückgabedaten-

fluss definiert haben. Es kann sinnvoll sein, diesen Datenfluss nur so zu definieren, dass Sie etwaige Probleme in der Produktivumgebung mühelos zurückverfolgen können.

- **Testen der Bedingungen**
  Die im Workflow verwendeten komplexen Bedingungen werden gemäß der mathematischen Priorität der Operatoren ausgewertet. Wenn Sie Schwierigkeiten mit dieser Auflösung haben, können Sie Klammern verwenden, um die explizite Reihenfolge der Auswertung festzulegen. Die Regel wird beim Speichern geparst, sodass die Klammern sich nicht auf die Leistung auswirken. Simulieren Sie alle im Workflow verwendeten Bedingungen. Der Bedingungseditor enthält ein leistungsstarkes Simulationswerkzeug, das bei komplexen Bedingungen sehr hilfreich ist.
- **Testen der Workflows und Sub-Workflows**
  Testen Sie mit dem Werkzeug START TASK alle Sub-Workflows und anschließend den gesamten Workflow. Bei Datenflussproblemen kann das Einschalten der Containerüberwachung oder des Workflow-Traces nützlich sein. Vergessen Sie nicht, diese(n) nach Abschluss der Bearbeitung wieder auszuschalten.

Achtung

Wenn Sie Workflows für SAP SRM (oder SAP CRM) entwickeln, müssen Sie unbedingt sicherstellen, dass die Containermonitore ausgeschaltet sind. Wird eine Workflow-Aufgabe über das Web-Frontend ausgeführt, versucht das System, die Inhalte des Containers an den Benutzer zurückzugeben. Da es dafür keinen Kontext gibt, erhalten Sie den Kurzdump `DYNPRO_SEND_IN_BACKGROUND`.

- **Testen der Ereigniskopplung**
  Mit SIMULATE EVENT können Sie prüfen, ob die Ereigniskopplungen für das Auslösen und Beenden der verwendeten Ereignisse richtig definiert und aktiviert wurden (siehe Abbildung 11.11).
- **Manuelles Testen der auslösenden Ereignisse**
  Mit CREATE EVENT können Sie die Ereignisse manuell auslösen und mit dem EVENT TRACE prüfen, ob diese sich wie erwartet auf den Workflow auswirken. Simulieren Sie alle Startbedingungen (bzw. Check- oder Verbrauchertyp-Funktionsbausteine), die zum Auslösen des Workflows verwendet werden. Außerdem sollten Sie sicherstellen, dass keine *anderen* Workflows unerwartet von diesen Ereignissen gestartet oder beendet wurden.

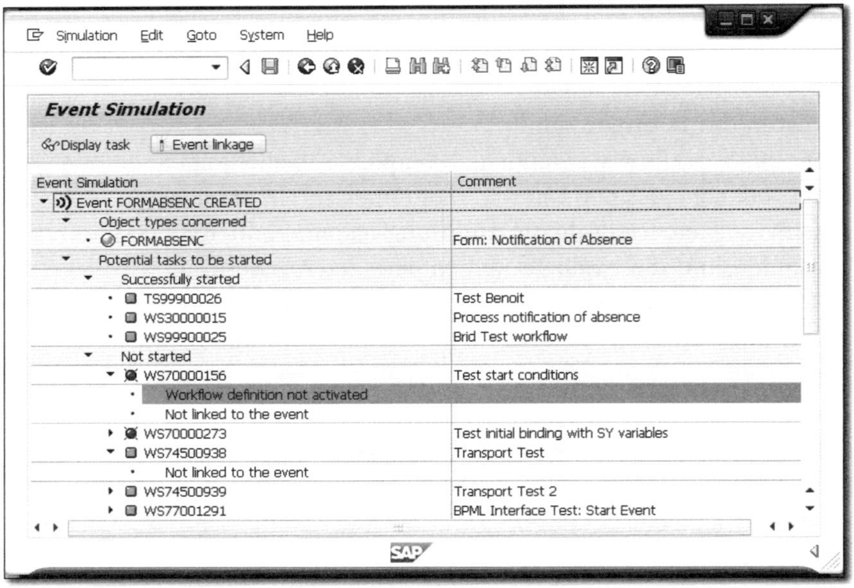

Abbildung 11.11 Menü für die Ereignissimulationsprüfung

- **Testen der auslösenden Ereignisse in der Business-Anwendung**
  Testen Sie den Workflow durch Erstellen der Ereignisse in der Anwendung. Berücksichtigen Sie dabei alle auslösenden und beendenden Ereignisse. Hoffentlich ist der Workflow-Entwickler seiner Pflicht nachgekommen und hat die am Workflow beteiligten Geschäftsvorgänge dokumentiert. Dies vereinfacht das Testen und Validieren der Geschäftsanwendung.
- **Testen der Berechtigungen**
  Die meisten Workflow-Entwickler haben in ihren Entwicklungs- und Testsystemen mehr Berechtigungen als die Benutzer in den Produktivsystemen. Deswegen ist es sehr wichtig, vor einem Going-live den Workflow mit den Berechtigungsprofilen zu testen, die die Benutzer in der Produktivumgebung haben werden.
- **Testen von Fehlerszenarien**
  Wenn alles wie gewünscht funktioniert, sollten Sie alle möglichen Workflow-Zweige testen, einschließlich der Simulation von Fehlersituationen (indem z. B. die Objektmethode gezwungen wird, eine Ausnahme zu senden), um sicherzustellen, dass diese sich wie erwartet verhalten. Sie müssen nicht für jeden möglichen Fehler im Workflow eine Antwort bereitstellen. Es ist jedoch unbedingt erforderlich, dass schwerwiegende Fehler

eine Ausnahme auslösen, damit im Fehlerfall die standardmäßige Workflow-Engine-Fehlerbehandlung bzw. der Administrator den Fehler abfangen und beheben kann. Simulieren Sie vor allem Fehlersituationen, die durch eine unzureichende oder falsche Datenpflege verursacht werden können.

Im Idealfall werden Ihnen beim Ausführen von CONSISTENCY CHECK (Konsistenzprüfung, siehe Abbildung 11.10) nur grüne Ampeln angezeigt; einige gelbe Ampeln sind allerdings auch akzeptabel. Möglicherweise haben Sie z. B. in einem Schritt zum Versenden von E-Mails bei der Konsistenzprüfung die Warnmeldung SUBJECT IS TOO LONG. MAXIMUM OF 50 CHARACTERS PERMITTED erhalten. Da wir bereits wissen, dass der Betreff in E-Mails nicht mehr als 50 Zeichen umfassen darf, und den vorhandenen Platz entsprechend genutzt haben, ist diese Warnung nicht weiter wichtig.

Wenn Sie Termine in Ihrem Workflow testen müssen, sollten Sie vermeiden, kurze Testterminzeiträume (deren Entfernen Sie später möglicherweise vergessen) in Ihren Workflow-Schritt zu integrieren. Geben Sie stattdessen die tatsächlichen Termindaten/-uhrzeiten in Ihren Workflow-Schritten an. Sie können überprüfen, ob die richtige Terminzeit berechnet wird, und die Termine ändern (wählen Sie in der Workitem-Anzeige WORK ITEM • MORE FUNCTIONS • CHANGE DEADLINES), um zu verifizieren, ob der Eskalationsprozess ordnungsgemäß funktioniert. Vergessen Sie nicht zu prüfen, ob der Terminhintergrundjob aktiviert wurde (siehe Kapitel 3, »Konfiguration des Systems«).

Upgrade-Projekte umfassen auch dann Workflow-Upgrades, wenn der Workflow auf eine rein technische Aktualisierung begrenzt ist. In diesem Kapitel erhalten Sie Empfehlungen zur Planung und Durchführung eines Upgrades.

12 Upgrade von SAP Business Workflow

Von Eddie Morris

Wenn dies das erste Kapitel ist, das Sie in diesem Buch lesen, verfügen Sie wahrscheinlich bereits über mehrere Workflows in Ihrem Produktivsystem, planen derzeit ein Upgrade und fragen sich, wie der Ablauf aussehen könnte. In diesem Kapitel beschreiben wir die empfohlenen Schritte, die Sie vor dem Upgrade, währenddessen und danach ausführen sollten.

Ein Workflow-Upgrade ist erfolgreich, wenn Sie über einen ausgereiften Projektplan verfügen. Dazu gehören ein umfassendes Verständnis der vorhandenen Workflows, die Vorbereitung der Benutzer auf das, was sie vor und nach dem Upgrade erwartet, das Anlegen von Workflow-Testplänen sowie die Durchführung einer Machbarkeitsstudie und wichtiger Prüfungen. In diesem Kapitel werden diese Punkte näher beschrieben.

12.1 Erste Schritte beim Upgrade von SAP Business Workflow

Wenn Sie ein Upgrade in Betracht ziehen und sich über die Auswirkungen auf Ihre vorhandenen Workflows Gedanken machen, sollten Ihnen als Erstes die Begriffe *bewerten*, *lernen* und *planen* in den Sinn kommen: Betrachten wir nacheinander die einzelne Themenschwerpunkte:

- **Sie sollten mit einer Bestandsaufnahme der vorhandenen Workflows beginnen**
  Dabei sollten Sie folgende Fragen beantworten können:
  - Wie viele Workflows werden im Produktivsystem eingesetzt?
  - Wie oft werden sie ausgeführt?

  - Wie viele Workflow-Instanzen sind fehlerhaft?
  - Welche benutzerspezifischen Business-Objekte haben Sie angelegt?
  - Wie viele benutzerspezifischen Attribute und Methoden haben Sie in einem Business-Objekt erstellt?
  - Haben Sie Änderungen an den vorhandenen Objekten oder anderen Workflow-Funktionen vorgenommen?
  - Haben Sie benutzerspezifische Kopien der von SAP bereitgestellten Workflow-Muster angelegt und diese Kopien angepasst?

- **Planen Sie die Durchführung einer Machbarkeitsstudie für das Upgrade**
  Das vollständige Upgrade-Projekt umfasst vermutlich ein Test-Upgrade oder eine Machbarkeitsstudie, die auf einer Kopie des Produktivsystems durchgeführt wird. Stellen Sie sicher, dass diese Tests auch den Workflow umfassen.

  Der Workflow-Test sollte für die wichtigsten Workflow-Prozesse durchgeführt werden. So können Sie realistische Zeitfenster und Erwartungen der Benutzer für dieses Projekt definieren.
- **Bestimmen Sie vor dem Upgrade eine Archivierungsstrategie**
  Wenn Ihr bestehendes System schon seit vielen Jahren existiert, gibt es möglicherweise Workitems, die bereits vor Jahren abgeschlossen wurden. Wenn Sie diese Workitems archivieren, können Sie den Zeit- und Arbeitsaufwand für das Upgrade verringern.
- **Profitieren Sie von der Erfahrung anderer Kunden, die bereits ein Upgrade durchgeführt haben**
  In Ihrer Region sollte eine lokale SAP User Community vorhanden sein. Tauschen Sie sich mit den Benutzern Ihrer regionalen SAP User Community aus, um Kunden zu finden, die bereits ein Workflow-Upgrade abgeschlossen haben. Einige Benutzergruppen verfügen möglicherweise über eine spezielle Interessengruppe für den Workflow. Der Austausch mit anderen Kunden, die bereits ein Upgrade durchgeführt haben, ist in der Regel sehr aufschlussreich.
- **Machen Sie sich mit den neuen Workflow-Funktionen vertraut**
  Stellen Sie sicher, dass Sie die von SAP gelieferte Funktion vollständig nutzen. Sie müssen eine Funktion nicht selbst entwickeln, wenn sie bereits von SAP bereitgestellt wird. Wenn Sie die neuen Workflow-Funktionen genau studieren, können Sie sich Entwicklungszeit sparen.

In anderen Kapiteln dieses Buches haben Sie bereits begonnen, sich mit den neuen Funktionen vertraut zu machen! Lesen Sie Kapitel 14, »Erweiterte Design-Techniken für Workflows«, um ein Upgrade vorzubereiten. In diesem Kapitel erläutern wir die neuen Container- und Datenflussfunktionen, die Sie verstehen müssen, wenn Sie die Workflows nach dem Upgrade testen.

12.2 Erforderliche Schritte vor dem Upgrade

Die Planung ist das A und O Ihres Workflow-Upgrades. Im Folgenden beschreiben wir, welche Schritte Sie *vor* dem Upgrade durchführen müssen. Einige dieser Schritte können Sie zu Beginn des Planungsprozesses einleiten. Für viele Schritte gilt: Je früher Sie sie ausführen, desto besser!

12.2.1 Abschluss aller laufenden Workflow-Instanzen

Dies ist vielleicht nicht für alle Instanzen möglich, aber Sie sollten zumindest all jene abschließen, die *sinnvoll* beendet werden können. Das ist leichter gesagt, als getan. Viele der nach einem Upgrade auftretenden Probleme sind auf bestehende Workitems in den Benutzer-Inboxen zurückzuführen. Sie sollten eine Auswertung durchführen, um herauszufinden, welche Workflows sinnvoll abgeschlossen werden können.

Stellen Sie sicher, dass Sie so viele Workflow-Instanzen wie möglich abschließen. Bei Workflows mit langer Ausführungsdauer, wie z. B. Schulungs-Workflows, die sich über mehrere Monate erstrecken, können Sie nicht alle Instanzen abschließen. Sie sollten jedoch jeden einzelnen Workflow betrachten und bestimmen, welche Workflows Sie vor dem Upgrade abschließen können oder sollten. Viele der kurz andauernden Genehmigungs- und EDI-Workflows (EDI = Electronic Data Interchange) sollten vor dem Upgrade abgeschlossen werden.

12.2.2 Anlegen der Workflow-Testpläne

Die vorhandenen Workflows müssen vollständig getestet werden. Die Testpläne sollten eine vollständige Ausführung jedes im Produktivsystem bestehenden Workflows umfassen:

- Bei wichtigen Workflows muss jedes Prozessszenario (jeder Zweig) innerhalb des Workflows getestet werden.

- Bei Workflows, die während des Upgrades »in Arbeit« sein müssen, müssen Sie entsprechende Beispiele dieser Workflows in Ihren Testplan aufnehmen.

Im Anschluss an das Upgrade sollte es bei der Ausführung eines Workitems, das vor dem Upgrade den Status READY aufwies, keine Überraschungen geben.

12.2.3 WF- und T-Aufgaben vs. WS- und TS-Aufgaben

Abhängig vom Release, von dem Sie upgraden, haben Sie beim Erstellen Ihrer eigenen Workflows möglicherweise WF- und T-Aufgaben angelegt. Wenn Sie das Upgrade für ein Release durchführen, in dem WF- und T-Aufgaben verwendet wurden, beachten Sie den Hinweis, dass gemäß SAP-Empfehlung alle Workflows auf WS- und TS-Aufgaben basieren sollten. WS- und TS-Aufgabentypen sind mandantenunabhängige Objekte. SAP empfiehlt diese für alle kundenspezifischen Workflow-Entwicklungen.

Es ist nicht erforderlich, dass Sie die Aufgaben WF und T in WS- und TS-Aufgaben umwandeln. Es wird empfohlen, die T- in die TS-Aufgaben und die WF- in die WS-Aufgaben zu kopieren. Sie müssen diese Aufgabe jedoch nicht vor, sondern können sie zu einem späteren Zeitpunkt nach dem Upgrade erledigen.

12.2.4 Bereinigung der Laufzeittabellen

Das Bereinigen der Laufzeittabellen ist eine der wichtigsten Aufgaben, mit deren Hilfe Sie nicht nur das Upgrade beschleunigen, sondern auch das Debugging nach Abschluss des Workflow-Upgrades vereinfachen können. Indem Sie die Workflow-Laufzeittabellen aller nicht benötigten Daten entfernen, kann das Upgrade schneller durchgeführt werden. Die beste Option ist, so viele Workflow-Laufzeitdaten wie möglich zu *archivieren* (siehe auch SAP-Hinweis 573656).

Wir sind uns der Tatsache bewusst, dass die *Archivierung* kein beliebtes Thema ist. Viele Kunden möchten überhaupt keine Archivierung vornehmen. Das Knifflige bei der Archivierung eines Workflows ist, dass die Workflow-Workitems normalerweise als Teil eines umfassenderen Archivierungsprojekts angesehen werden. Wenn Sie z. B. über Genehmigungen für Einkaufswagen in einem SAP-SRM-System (SAP Supplier Relationship Management) verfügen, könnte die Archivierungsstrategie vorgeben, dass Sie den gesamten Einkaufswagen und die zugehörigen Einkaufsbelege archivieren. Wenn Ihr Unternehmen über eine Archivierungsstrategie verfügt, stellen Sie sicher, dass der Workflow integriert ist. Ist dies nicht der Fall, entwickeln Sie gemeinsam mit den beteiligten bzw. verantwortlichen Mitarbeitern ein mögliches Archivierungsprojekt für Ihre alten Workitems.

Es könnten auch Laufzeitdaten vorhanden sein, die nicht mehr benötigt werden, wie z. B. mit der EDI-Verarbeitung verbundene Workflows oder andere Workitems, bei denen der Workflow keiner Betriebs- oder Systemprüfung unterliegt. Wenn Sie über Laufzeitdaten verfügen, die in Zukunft nicht benötigt werden, sollten Sie diese Daten gegebenenfalls über den Report RSWWWIDE löschen (siehe SAP-Hinweis 49545). Bitte beachten Sie, dass die Daten nach dem Löschen nicht mehr verfügbar sind. Verschiedene Workflow-Datenbanktabellen können nach dem Löschen der Workitems nicht erforderliche Einträge enthalten. Daher sollten Sie den Report RSWWWIDE_DEP und den Report RSWW_REORG_SWWUSERWI ausführen, um diese nicht erforderlichen Einträge zu entfernen. Weitere Informationen zu Report RSWW_REORG_SWWUSERWI finden Sie im SAP-Hinweis 1427068.

SAP-Hinweis 1068627 beschreibt alle Hinweise, die Sie verwenden sollten, wenn Sie ein Upgrade auf SAP NetWeaver Application Server 6.40 oder 7.0 durchführen. Stellen Sie sicher, dass *alle genannten Hinweise* in Ihrem System zum Einsatz kommen. Außerdem müssen Sie *alle darin enthaltenen Empfehlungen* prüfen.

12.3 Erforderliche Schritte während und nach dem Upgrade

In diesem Abschnitt erläutern wir die Schritte, die während des Upgrades und danach ausgeführt werden müssen.

12.3.1 Konvertierung der Ereigniskopplungstabellen

In Release SAP R/3 4.6C wurde die Instanzkopplung für Workflow-Schritte in der Tabelle SWEINSTCOU gespeichert. Ab Release 4.7 (Basis 6.20) werden diese Informationen in der Tabelle SWFDEVINST abgelegt. Während des Upgrades werden mithilfe des Reports RSWFEVTXPRA die Einträge der alten Tabelle in die neue Tabelle verschoben. Diese Konvertierung kann unter Umständen sehr lange dauern. Wenn Sie jedoch vorhandene Workitems löschen und archivieren können, werden auch die Ereigniskopplungstabellen bereinigt.

12.3.2 Basis-Support-Package

Nach dem Workflow-Upgrade sollte das aktuellste Basis-7.0-Support-Package angewandt werden. Das neueste Support Package umfasst alle aktuellen Fixes, und es ist wichtig, dass Sie umgehend ein Upgrade darauf durchführen.

12.3.3 Konfiguration des Systems für den Workflow

Nach Abschluss des Workflow-Upgrades müssen Sie das Upgrade-System konfigurieren, indem Sie das Workflow-Customizing aufrufen (Transaktion SWU3). Sie müssen den Workflow-Administrator definieren, die RFC-Destination konfigurieren und die Workflow-Hintergrundjobs planen. Sie können über die Option PERFORM AUTOMATIC WORKFLOW CUSTOMIZING oder über den Button EXECUTE alle Aktivitäten manuell ausführen.

Weitere Informationen zur Konfiguration finden Sie in Kapitel 3, »Konfiguration des Systems«.

Empfehlung

Führen Sie PERFORM AUTOMATIC WORKFLOW CUSTOMIZING für den Abschnitt CLASSIFY TASKS AS GENERAL, nicht aus, da dies dazu führen kann, dass vorher nicht zugewiesene Workitems an die Inboxen aller Benutzer gesendet werden. Im Knowledge-Base-Artikel 1504215 im Support Portal finden Sie weitere Informationen zu diesem Thema.

12.3.4 Workflow-Definition und Datenfluss

Nach dem Upgrade treten in der Workflow-Definition und im Datenfluss möglicherweise Probleme auf. SAP-Hinweis 1060762 erläutert Containeroperationen mit Datums- und Zeitfeldern und bietet Unterstützung für Containeroperationen, die möglicherweise angepasst werden müssen. Zudem könnte Ihr Workflow-Container ABAP-Data-Dictionary-Objekte enthalten, die nach dem Upgrade nicht mehr gültig sind. Dies wird in SAP-Hinweis 1058159 beschrieben.

Die Datenflussprüfungen sind ab SAP NetWeaver 7.0 strenger. Datenflussdefinitionen, die bisher keine Fehler oder Probleme verursacht haben, können zu Datenflussfehlern führen. Ihre Workflow-Muster-Container können auf ABAP-Data-Dictionary-Datentypen verweisen, die im aktualisierten System nicht mehr existieren. SAP-Hinweis 939489 behandelt dieses Problem und empfiehlt, das fehlende ABAP-Dictionary-Element neu anzulegen. Wenn dies nicht möglich ist, stellt der Hinweis auch ein Programm zur Verfügung, das Sie zur Lösung des Problems ausführen können.

Mit dem Release 7.10 wurde der Datenfluss-Mechanismus sogar noch strenger. Nach dem Upgrade können laufende Instanzen aufgrund der strengeren Datenflussprüfung zur Laufzeit plötzlich fehlerhaft werden. Beachten Sie dazu SAP-Hinweis 1787443, da nach dessen Anwendung der Datenfluss wieder fehlertoleranter gemacht werden kann. Mit den entsprechenden Unterstützungspaketen von SAP-Hinweis 1787443 können Sie mit Transaktion SWPA die Datenfluss-Laufzeitprüfungen ein- und ausschalten. Weitere Informationen dazu finden Sie im Knowledge-Base-Artikel 1732734.

12.3.5 Tabellen SWW_CONTOB und SWW_CONT

Eine wichtige Änderung im Vergleich zu Release SAP R/3 4.7 ist die Persistenz des Workflow-Containers, die in Kapitel 14, »Erweiterte Design-Techniken für Workflows«, erläutert wird. Diese Änderung umfasst den Einsatz der XML-Persistenz. Die Tabellen SWW_CONTOB und SWW_CONT werden nur dann weiterverwendet, wenn Sie die »alte« Containerpersistenz auswählen. Wenn Sie die XML-Persistenz in Ihrem Workflow einsetzen, werden keine Einträge in diese Tabellen geschrieben. Sie können die Einstellungen für das Persistenzprofil eines Workflows ändern. Wählen Sie im Workflow Builder den Pfad GOTO • BASIC DATA • VERSION DEPENDENT • CONTROL. Auf der Registerkarte PERSISTENCE PROFILE können Sie die Einstellungen ändern.

In Abbildung 12.1 sehen Sie die Persistenzoptionen für den Workflow-Container. XML PERSISTENCE ist der neue Eintrag. Die anderen Optionen verwenden weiterhin die Tabellen SWW_CONTOB und SWW_CONT für die Containerpersistenz.

Die Einträge mit XML-Persistenz werden in der Tabelle SWWCNTP0 abgelegt. Das einzige Problem, das beim Einsatz der XML-Persistenz auftreten könnte, ist der kundenspezifische Code, der aus den Tabellen SWW_CONTOB und SWW_CONT liest.

Empfehlung

Ändern Sie das Persistenzprofil für vorhandene Workflows nicht. Verwenden Sie die XML-Persistenz für neue Workflows, die nach dem Upgrade erstellt wurden.

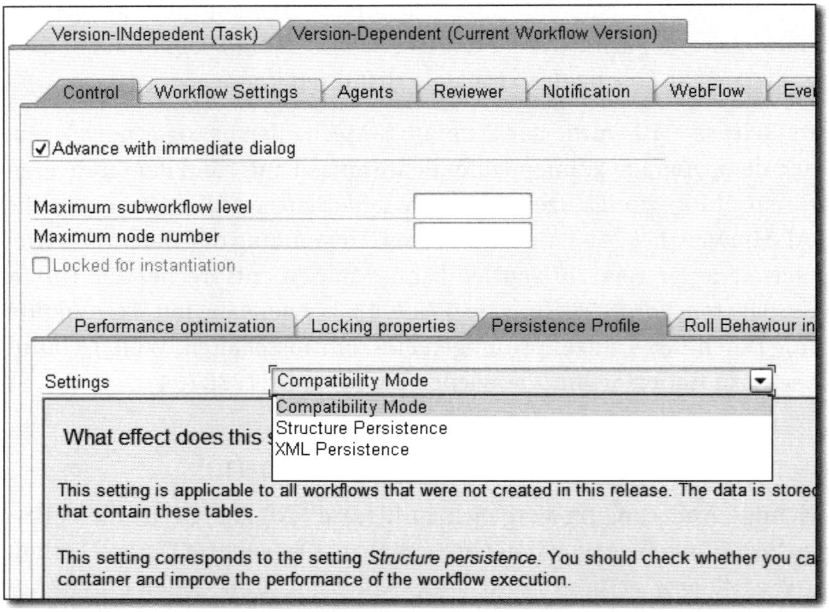

Abbildung 12.1 Persistenzprofil für die Containerspeicherung

12.3.6 Verändertes Sperrverhalten der Laufzeit

Das Sperrverhalten zur Laufzeit wurde in SAP NetWeaver 7.0 für das Weiterschalten mit sofortigem Dialog geändert. Diese Änderung wurde zur Verbesserung des Durchsatzes vorgenommen.

Der Unterschied zwischen dem alten und dem neuen Sperrmechanismus wird in Abbildung 12.2 dargestellt. Wenn bei aktivierter Weiterschaltung mit sofortigem Dialog in früheren Releases ein Schritt ausgeführt wurde, wurde die Workitem-ID während der Ausführung des Schritts gesperrt. Die Sperre wird zu Beginn des Schritts gesetzt und bei Abschluss wieder entfernt. Wenn der erste Schritt abgeschlossen wird, wird die übergeordnete Workitem-ID (Workitem-ID für das Workflow-Muster) gesperrt. Die übergeordnete ID wird entsperrt, wenn der nächste Schritt beginnt. Während der drei Schritte ist entweder die übergeordnete Workitem-ID oder die TS-Aufgabenkennung gesperrt. So musste wiederholt eine Sperre gesetzt und aufgehoben werden.

Für Kunden mit einer sehr hohen Anzahl an Items, die einen höheren Durchsatz benötigen, wurde das Design so geändert, dass die übergeordnete Workitem-ID während der gesamten Weiterschaltung mit sofortigem Dialog gesperrt ist.

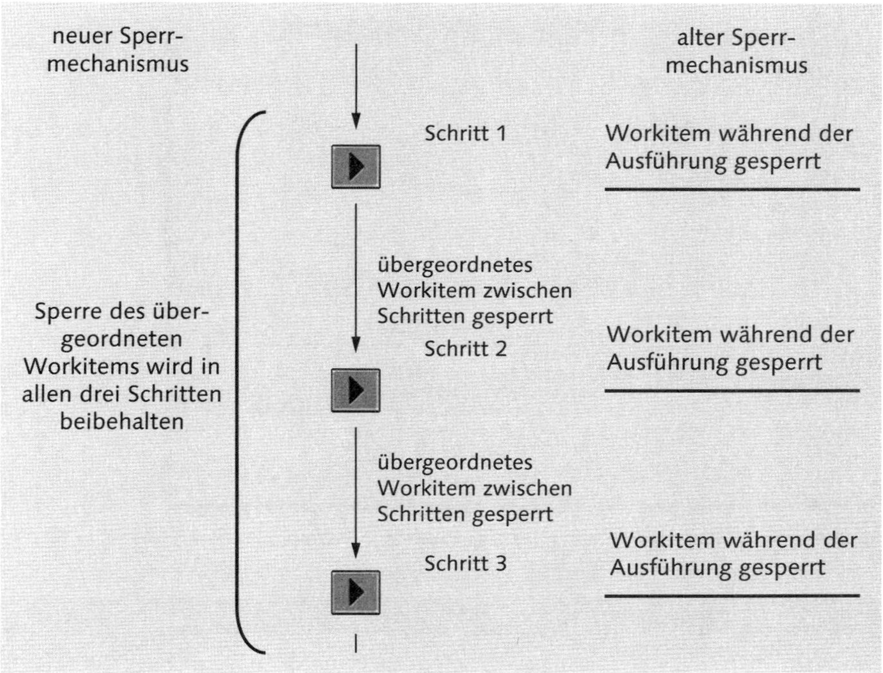

Abbildung 12.2 Sperrverhalten für Weiterschaltung mit sofortigem Dialog

Die Sperrung während der gesamten Weiterschaltung mit sofortigem Dialog führt zu einem höheren Durchsatz und einem geringeren Verbrauch der Systemressourcen. Wenn allerdings ein Workflow mit parallelen Schritten ausgeführt wird, kann die neue Sperre gelegentlich zu Sperrkonflikten führen. Tritt dieser Fall ein, wird der Workflow bis zur nächsten geplanten Ausführung des Jobs SWWERRE angehalten, um die Workflow-Fehler zu beheben.

Sie können den Einsatz des Standardsperrmechanismus oder des neuen Sperrmechanismus konfigurieren. Um diese Einstellung in der Workflow-Definition zu konfigurieren, wählen Sie den Menüpfad GOTO • BASIC DATA • VERSION DEPENDENT • CONTROL. Gehen Sie anschließend auf die Registerkarte LOCKING PROPERTIES. Mögliche Ursachen sind in Abbildung 12.3 dargestellt.

Es wird empfohlen, das Standardverhalten (den alten Sperrmechanismus) oder die Option ENHANCED LOCKING PROCEDURE (ALL WORKITEMS) (Erweiterte Sperrprozedur (Alle Workitems)) zu verwenden.

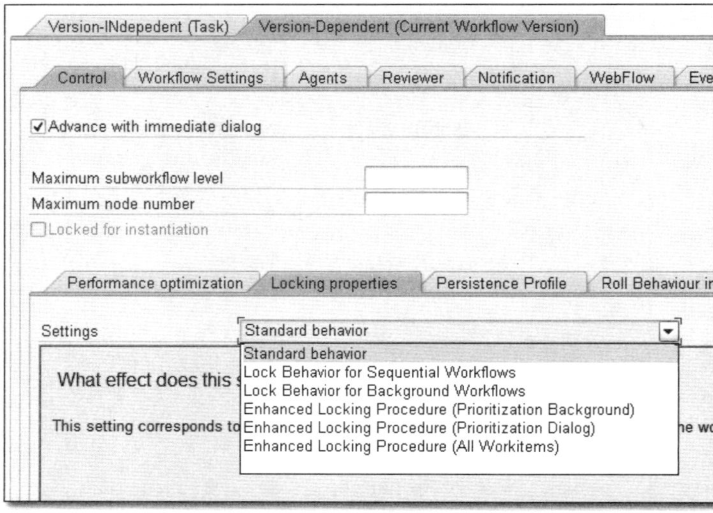

Abbildung 12.3 Sperreigenschaften für eine Workflow-Definition

Empfehlung

Verwenden Sie die Standardsperrung, sofern Sie keine Verbesserung des Durchsatzes erzielen müssen, für die der erweiterte Sperrmechanismus erforderlich ist. Wenn der erweiterte Sperrmechanismus erforderlich ist, verwenden Sie die Option ENHANCED LOCKING PROCEDURE (ALL WORKITEMS). Weitere Einzelheiten finden Sie im SAP-Hinweis 1122756.

12.3.7 Weitere Probleme nach dem Upgrade

Nach dem Abschluss des Upgrades gibt es weitere Probleme, die Sie beachten müssen:

- Wenn Sie weiterhin mit dem SAP GUI arbeiten, müssen Sie ein Upgrade auf das aktuelle SAP-GUI-Release und den aktuellsten Patch-Level durchführen.
- Nach dem Upgrade können einige Benutzer die Objektmethode nicht mehr anzeigen, indem sie auf den Link im Vorschaubereich von Transaktion SBWP (die Transaktion für die Inbox) klicken. Möglicherweise können die Benutzer auch keine Workitem-Anlagen oder Nebenmethoden mehr anzeigen. Dies ist auf die fehlende Berechtigung in Transaktion SWO_ASYNC zurückzuführen, die im SAP-Hinweis 1006235 und im Knowledge-Base-Artikel 1840681 detailliert beschrieben wird.

- Nach Abschluss des Upgrades können Probleme im Zusammenhang mit Terminen, nicht reagierenden Workflows und Transporten auftreten, die vor Beginn des Upgrades in Arbeit waren. Hinweise zur Lösung dieser Upgrade-Probleme finden Sie in Tabelle 12.1.
- Nach dem Upgrade ist es möglich, dass einige Objekte nicht wie gewohnt funktionieren. Um dieses Problem zu lösen, generieren Sie über Transaktion SWO1 das Objekt und die mit dem Objekt verbundenen Subtypen.

12.4 Wichtige SAP-Hinweise

In Tabelle 12.1 sind wichtige SAP-Hinweise im Hinblick auf das Upgrade zusammengestellt.

Hinweis	Zum Thema
Vorbereitung auf das Upgrade	
1068627	Sammelhinweis zum Thema Workflow-Upgrade
573656	Sammelhinweis zur Archivierung im Workflow
Ereigniskopplungen	
1019080, 808790	»Schlechte Performance RSWFEVTXPRA« und »ERP 2004: Optimierung der Upgrade-Phase XPRAS_UPG«
Workflow-Definition und -Datenfluss, Bedingungen	
1060762	Containeroperation mit Datums- und Zeitfeldern
1058159, 939489	»Elemente fehlen im Workflow-Container« und »Workflow: Containerelemente fehlen nach Upgrade«
1228836	Kompatibilität von Bedingungen mit Datum-/Uhrzeit-Konstanten
1787443, 1732734	Strengerer Datenfluss aus Basis-Release 7.10
Sicherheitszugriff für Transaktion SWO_ASYNC	
1006235	Berechtigungsprüfung für Transaktion SWO_ASYNC
1840681	Fehler bei asynchronem Methodenstart
Termine, Transport und hängende Workflow-Hinweise	
1092157, 1025249	Termine
215753	Upgrade: Alte Workflows bleiben hängen
571302	Sammelhinweis für Transporte im Workflow

Tabelle 12.1 Wichtige SAP-Hinweise

TEIL III
Entwickeln von Workflows

Unabhängig davon, ob Sie einen neuen Workflow anlegen oder einen von SAP bereitgestellten Workflow verwenden, müssen Sie die Funktionsweise des Workflow Builders verstehen. In diesem Kapitel erhalten Sie die erforderlichen Informationen, um Ihren ersten Workflow anzulegen, Ihren Workflow zu erweitern und den Datenfluss sowie die Schritttypen zu verstehen, die Sie beim Anlegen eines Workflows nutzen können. Außerdem lernen Sie, wie Sie einen Workflow produktiv setzen.

13 Anlegen eines Workflows

Von Manish Chaitanya

Der Workflow Builder stellt das zentrale Werkzeug für das Anlegen, Anzeigen und Verarbeiten eines Workflows dar. Der Zugriff auf den Workflow Builder erfolgt über Transaktion SWDD. Alternativ wählen Sie den Menüpfad TOOLS • BUSINESS WORKFLOW • DEVELOPMENT • DEFINITION TOOLS • WORKFLOW BUILDER • WORKFLOW BUILDER. Sie können innerhalb des Workflow Builders sämtliche Bestandteile eines Workflows anlegen, einschließlich Prozessfluss, Details zu jedem Schritt und Datenfluss zwischen den Schritten.

In diesem Kapitel werden die wichtigsten Funktionen des Workflow Builders beschrieben, sodass Sie mithilfe dieser Grundlagen mit der Entwicklung eigener Workflows beginnen können. Um den Workflow Builder vorzustellen, erläutern wir, wie Sie einen einfachen Workflow anlegen. Anschließend erweitern wir diesen einfachen Workflow, um Ihnen zusätzliche Funktionen zu erläutern. Allerdings liefern diese Beschreibungen keine umfassenden Informationen zu sämtlichen Workflow-Funktionen. Eine detaillierte Beschreibung aller Funktionen des Workflow Builders finden Sie im SAP Help Portal (*http://help.sap.com*).

Die meisten Workflows werden durch ein *Ereignis* in einer Geschäftsanwendung gestartet (z. B. wenn ein Auftrag angelegt, ein Angebot eingegeben, eine E-Mail empfangen oder ein Dokument gedruckt wird bzw. wenn ein Fehler auftritt). Die Daten, die von diesem Ereignis an den Workflow übergeben werden müssen, werden in einem sogenannten *Datenfluss* definiert. Ereignisse werden in Kapitel 18, »Verwendung von Ereignissen und anderen Business-Interfaces«, und in Kapitel 19, »Benutzerdefinierte Programme«, beschrieben. Sie können einen Workflow auch direkt starten, z. B. über einen Transaktionscode, eine Benutzeroberfläche oder ein Konzept, das als *generischer Objektdienst* bezeichnet wird (siehe ebenfalls Kapitel 18). Da Ereignisse ein wichtiges und eigenständiges Thema darstellen und der Schwerpunkt in diesem Kapitel auf den Grundlagen des Workflow Builders liegen soll, wird der Workflow an dieser Stelle mithilfe von Testwerkzeugen direkt gestartet.

Die für den Workflow erforderlichen Daten werden in einem *Workflow-Container* gespeichert. Jeder Workflow besteht aus einer Reihe von *Workflow-Schritten*, die zur Ausführung von Aktivitäten oder zur Steuerung des Workflows dienen. Daten können von einem Schritt an den nächsten übergeben werden. Die Aktivitäten werden innerhalb von *Aufgaben* durchgeführt. Bei Bedarf kann ein und dieselbe Aufgabe in verschiedenen Workflow-Schritten eingesetzt werden (oder sogar in einzelnen Schritten unterschiedlicher Workflows). Eine Aufgabe verfügt über einen *Aufgabencontainer*, der alle für diese Aufgabe erforderlichen Daten enthält. Wie bereits beschrieben, wird der Begriff *Datenfluss* für die Übergabe von Daten vom Workflow-Container in den Aufgabencontainer bzw. vom Aufgabencontainer zurück in den Workflow-Container verwendet. Jeder Schritt verfügt abhängig von Schritttyp, Aufgabe und Aktion, die über den Schritt ausgeführt wird, über einen oder mehrere *Ausgänge*. Ein Genehmigungsschritt verfügt z. B. möglicherweise über die Ausgänge APPROVE oder REJECT.

Bei *Ausdrücken* handelt es sich um Variablen, mit denen der Workflow gesteuert wird (z. B. Zweige), oder Ergebnisse bereitgestellt werden (z. B. die Bearbeiterkennung zur Ausführung eines Schritts). Bei Ausdrücken kann es sich um einfache Containerelemente oder um die Attribute von Business-Objekten handeln (Diese werden in Kapitel 15, »Business-Objekte«, und in Kapitel 16, »ABAP-Klassen«, erläutert.). Mithilfe der *Grunddaten* werden die allgemeinen Aspekte des Workflows gesteuert, wie z. B. die Konstruktor- und Destruktormethoden sowie die Standardeinstellungen für die Workflow-Schritte. Ein Teil dieser Grunddaten gilt nur für eine Workflow-Version, ein Teil ist versionsunabhängig. Und schließlich verfügt ein Workflow immer über einen *Endpunkt*. Es gibt keine verborgenen Ausgangspunkte.

13.1 Grundlegendes zum Workflow Builder

Dieser Abschnitt wird Sie mit dem Workflow Builder vertraut machen.

13.1.1 Look & Feel des Workflow Builders

Der Workflow Builder bietet eine grafische Ansicht der Workflow-Definition. Das Workflow-Builder-Fenster gliedert sich in die folgenden Bereiche (siehe auch Abbildung 13.1). Sie können die Größe der einzelnen Bereiche an Ihre Anforderungen anpassen:

- **Workflow**
  Hier können neue Schritte in die Workflow-Definition eingefügt und vorhandene Schritte bearbeitet werden. Per Doppelklick auf einen Schritt wird die zugehörige Schrittdefinition aufgerufen.
- **Overview**
  Hier wird die Übersichtsgrafik mit sämtlichen Schritten in einem Workflow angezeigt. Der zurzeit im WORKFLOW-Bereich dargestellte Teil der Workflow-Grafik ist mit einem grünen Rechteck gekennzeichnet. Durch Änderung der Größe oder Position des Rechtecks ändern Sie die Anzeige im WORKFLOW-Bereich.

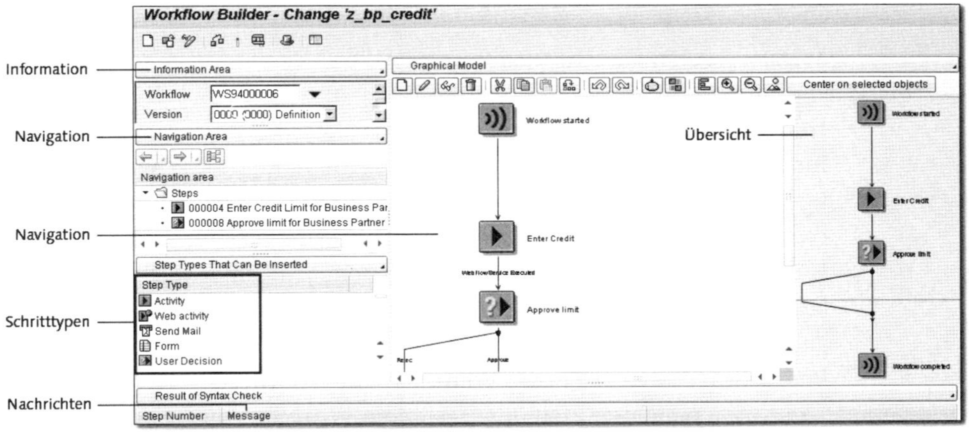

Abbildung 13.1 Hauptelemente des Workflow Builders

- **Schritttypen**
  STEP TYPE ist die Standardansicht, wenn Sie einen Workflow eingeben. In diesem Bereich werden alle Schritttypen aufgeführt, die Sie in Ihren Ablauf einfügen können. Um einen neuen Schritt in den Workflow einzu-

fügen, ziehen Sie den Schritt in das Workflow-Fenster und platzieren ihn an der gewünschten Position. Wenn Sie neue Schritttypen auf diese Weise in den Workflow ziehen, wird an den geeigneten Positionen, an denen Schritte hinzugefügt werden können, ein Pluszeichen (+) angezeigt. In Abbildung 13.1 ist eine eingeschränkte Liste mit Schrittoptionen dargestellt. Wenn Sie diesen Bereich vergrößern, werden weitere Schrittoptionen sichtbar (siehe Abbildung 13.2).

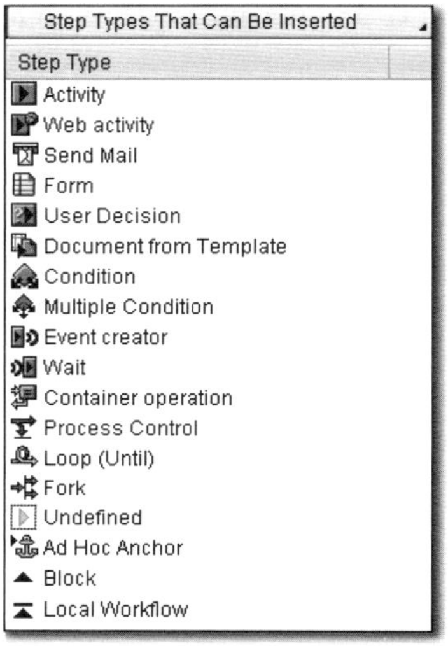

Abbildung 13.2 Weitere Schrittoptionen

- **Information**
  Im Bereich Information Area (siehe Abbildung 13.3) wird angezeigt, welcher Workflow in welcher Definition geladen ist und welchen Status dieser Workflow besitzt. Darüber hinaus wird die Versionsnummer des Workflows im Originalsystem angegeben. Um eine andere Version zu laden, wählen Sie die Version aus. Um einen anderen Workflow zu laden, geben Sie die Workflow-Nummer mit dem Format WS<number> ein und drücken die ↵-Taste. Wenn Sie die Workflow-Nummer nicht kennen, wählen Sie den Pfeil, um nach dem Workflow zu suchen.

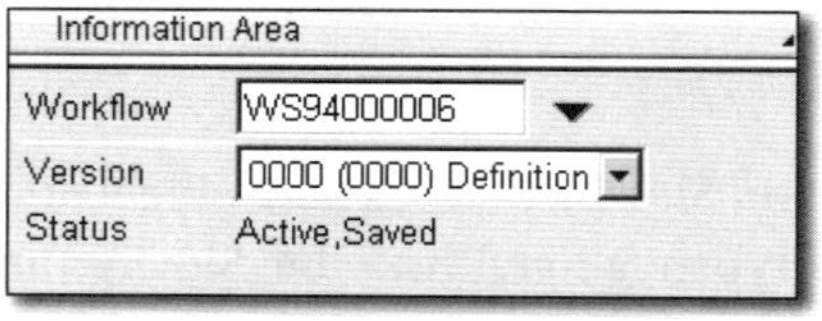

Abbildung 13.3 Informationsbereich

- **Navigation**
  Im Bereich Navigation Area wird eine Liste aller Schritte innerhalb des Workflows angezeigt. Sie können aus dieser Liste direkt in die zugehörige Schrittdefinition verzweigen. Ebenso wie die anderen Bildbereiche im Workflow Builder können Sie auch diesen Bereich in der Größe verändern, um sich alle erforderlichen Informationen anzeigen lassen zu können. Die angezeigte Schrittnummer entspricht der Nummer im technischen Protokoll. (Protokolle werden auch in Kapitel 8, »Workflow-Administration«, behandelt.)
- **Messages**
  Hier werden Meldungen wie allgemeine Meldungen und Ergebnisse aus den Verwendungsnachweisen, Syntaxprüfungen und Suchvorgängen angezeigt.
- **Optionale Informationen für die Anzeige**
  Neben den in Abbildung 13.1 dargestellten Bereichen können Sie optional den Bereich Step Types in einen der in Abbildung 13.4 aufgeführten Bereiche ändern.

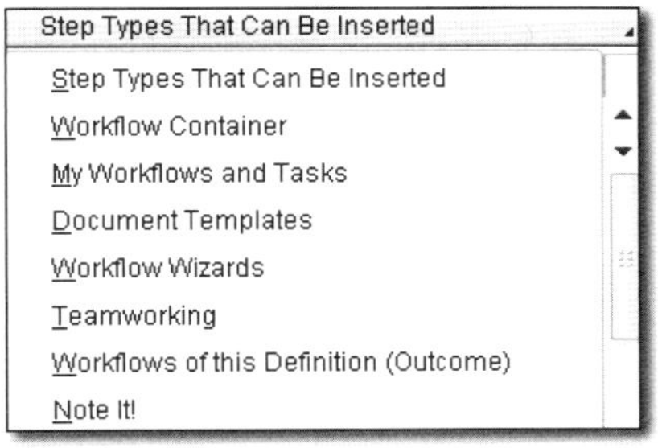

Abbildung 13.4 Optionale Informationen für die Anzeige

- Workflow Container
  Der Workflow-Container umfasst sämtliche Elemente, die während der Lebensdauer des Workflows benötigt werden. Containerelemente werden automatisch angelegt, Sie können jedoch auch eigene Workflow-Containerelemente erstellen.
- My Workflows and Tasks
  Über diesen Bereich können Sie sich rasch sämtliche Workflows anzeigen lassen, die Sie bearbeitet haben. Darüber hinaus können Sie nach Aufgaben suchen, die zur Liste hinzugefügt werden sollen. Durch Ihre Auswahl wird auch festgelegt, welche Aufgaben im Business Workflow

Explorer angezeigt werden. Dabei handelt es sich um eine separate Transaktion (Transaktionscode SWDM).

- DOCUMENT TEMPLATES
  Über Dokumentvorlagen werden digitale Dokumente zu einem Workflow hinzugefügt. Hier werden alle Dokumentvorlagen des Workflows angezeigt, die in Schritten vom Typ DOCUMENT FROM TEMPLATE verwendet werden können. Mithilfe eines Verwendungsnachweises können Sie ermitteln, in welchen Schritten Dokumentvorlagen eingesetzt wurden.
- WORKFLOW WIZARDS
  Hier werden alle Workflow Wizards angezeigt, die Sie für die Workflow-Definition einsetzen können.
- TEAMWORKING
  Hier können Sie mithilfe verschiedener Kriterien nach Schritten suchen. Mögliche Kriterien sind der Benutzername des letzten Änderers eines Schritts oder auch die Gruppierungsbezeichnung eines Schritts. Das Ergebnis der Suche wird im WORKFLOW-Bildbereich grafisch dargestellt.
- WORKFLOWS OF THIS DEFINITION (OUTCOME)
  In diesem Bereich wird Ihr Workflow-Ausgang mit allen Workflows angezeigt, die gegenwärtig für diese Definition ausgeführt werden.
- NOTE IT!
  Hier können Sie Notizen und eine Dokumentation zum Workflow anlegen.

13.1.2 Anlegen des ersten Workflows

In diesem Abschnitt legen Sie einen einfachen Workflow an, den Sie Schritt für Schritt erweitern. Das Ergebnis wird ein Workflow mit unterschiedlichen Typen von Workflow-Schritten sein: Im ersten Benutzerinteraktionsschritt muss der Benutzer eine Entscheidung treffen: »Möchten Sie den Geschäftspartner anzeigen?« Lautet die Antwort »Ja«, wird der Geschäftspartner angezeigt. Verneint der Benutzer die Frage, wird er in einer E-Mail darüber informiert, dass er sich gegen die Anzeige eines Geschäftspartners entschieden hat.

Diese simplen Szenarien veranschaulichen, wie einfach es ist, Ihren ersten Workflow-Prozess anzulegen und auszuführen. Später wird dieser Workflow mit der Erstellung eines Geschäftspartners in der Anwendung verknüpft, die den Workflow auslöst. Wenn anschließend ein Geschäftspartner angelegt wird, informiert der Workflow einen Benutzer, dass ein neuer Geschäftspartner angelegt wurde, und bietet dem Benutzer die Option, den Geschäftspartner anzuzeigen und zu überprüfen. In diesem Kapitel konzentrieren wir uns jedoch auf die Erstellung des grundlegenden Workflows.

Zunächst legen wir den Workflow an und erstellen einen Entscheidungsschritt. Um das Ganze möglichst einfach zu halten, werden Sie selbst der Bearbeiter sein. Wenn Sie über ein Testsystem verfügen, sollten Sie diesen Prozess selbst anlegen. Mithilfe dieses einfachen Beispiels, das im Laufe des Kapitels immer weiter verfeinert wird, erhalten Sie einen Einblick in die Leistungsfähigkeit von Workflows.

Aufruf des Workflow Builders

Wenn Sie den Workflow Builder zum ersten Mal aufrufen oder einen neuen Workflow anlegen möchten, wird eine neu angelegte initiale Workflow-Definition angezeigt (siehe Abbildung 13.5).

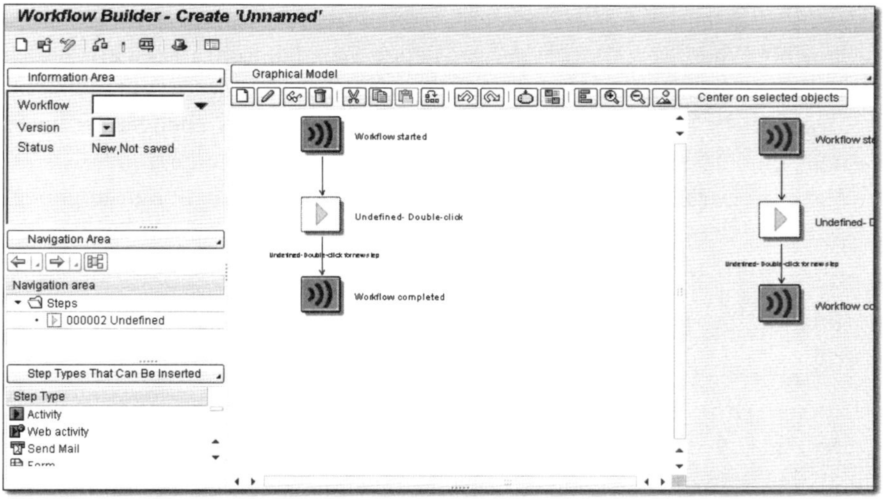

Abbildung 13.5 Initialer Workflow

Dieser Workflow enthält folgende Bestandteile:

- Der Start der Workflow-Definition wird durch WORKFLOW STARTED () gekennzeichnet.
- Der Start der Workflow-Definition wird durch WORKFLOW COMPLETED () gekennzeichnet.

- Der Bereich, in dem Sie eine neue Workflow-Definition angeben können, ist durch einen unbestimmten Schritt mit einem Ausgang gekennzeichnet ( ). Schritte werden durch Symbole dargestellt. Die Bezeichnung des Ausgangs wird in der Standardsicht auf dem Pfeil angegeben, der zum nächsten Schritt führt.

Anlegen und Speichern Ihres ersten Workflows

Nun können Sie Ihren ersten Workflow anlegen:

1. Sofern Sie den Workflow Builder noch nicht gestartet haben, führen Sie diesen Schritt nun aus, indem Sie Transaktion SWDD aufrufen oder den Menüpfad Tools • Business Workflow • Development • Definition Tools • Workflow Builder • Workflow Builder wählen.
2. Wenn kein mit Abbildung 13.5 vergleichbarer initialer Workflow angezeigt wird, wählen Sie Workflow • New oder klicken auf das Icon Create new Workflow .
3. Der Workflow weist nun den Titel Unnamed und den Status New, Not saved auf.
4. Speichern Sie Ihren Workflow, und geben Sie zu diesem Zweck ein Kürzel und eine Bezeichnung ein. Nähere Informationen dazu finden Sie in Abschnitt 13.1.3, »Speichern, Aktivieren und Testen«. Geben Sie an dieser Stelle eine Bezeichnung ein, die Sie sich gut merken können, z. B. »zErster-Workfl«. Darüber hinaus müssen Sie Transportinformationen angeben. Wenn Sie diese Schritte auf einem Sandbox-System ausführen, wählen Sie Local Object.

Gratulation, Sie haben soeben Ihren ersten Workflow angelegt und gespeichert!

Der erste Schritt dieses eigenen Workflows veranschaulicht die Funktionsweise einer Benutzerentscheidung. *Benutzerentscheidungen* verfügen über einen eigenen Schritttyp und ein eigenes Symbol: . Während der Ausführung einer Benutzerentscheidung werden den Empfängern eine Frage sowie eine vordefinierte Liste mit Antworten (den möglichen Ausgängen) angezeigt. Benutzerentscheidungen sind in folgenden Situationen von Nutzen:

- Zur Laufzeit soll nur *eine von mehreren* möglichen Alternativen im Workflow ausgeführt werden. Ein Bearbeiter muss entscheiden, welche Alternative die richtige ist.

- Zur Fortführung des Workflows ist eine *Anweisung* (d. h. eine Benutzerentscheidung mit einem Ausgang) erforderlich.
- Bei Schritten der Typen *Genehmigung*, *Freigabe* oder *Statusänderung* etwa muss der Empfänger eine Genehmigung oder eine Ablehnung erteilen.

Auf der Registerkarte Decision geben Sie alle für die Definition einer ausführbaren Benutzerentscheidung erforderlichen Informationen ein. Zur Laufzeit wird der Decision Title als Subject des Workitems in der Inbox des Benutzers angezeigt.

Hinzufügen eines Benutzerentscheidungsschritts zu Ihrem Workflow

Im nächsten Schritt unseres Beispiels legen Sie einen Workflow an, bei dem ein Benutzer entscheiden muss, ob ein Geschäftspartner angezeigt wird oder nicht. Für diese Entscheidung kann der Benutzer »Ja« oder »Nein« wählen.

1. Wählen Sie im Workflow Builder im Bereich Steps that can be Inserted den Schritttyp User Decision.
2. Ziehen Sie das Symbol User Decision (Benutzerentscheid,) in den Schritt Undefined. Nun wird die Schrittdefinition der Benutzerentscheidung angezeigt.
3. Geben Sie den Titel »Möchten Sie den Geschäftspartner anzeigen?« ein.
4. Geben Sie die Entscheidungstexte »Ja« und »Nein« ein. Die Ausgangsbezeichnungen werden automatisch auf die Entscheidungstexte gesetzt, Sie können aber auch selbst Bezeichnungen angeben.
5. Wählen Sie im Bereich Agents die Option Expression. Es wird ein Dropdown-Feld angezeigt. Setzen Sie den Bearbeiter auf den Ausdruck für Workflow Initiator.
6. Der Workflow-Initiator ist stets die Person, die den Workflow startet. Wie in Kapitel 5, »Bearbeiter«, erläutert, stehen viele weitere Optionen zur Verfügung, wenn Sie einen Bearbeiter ermitteln. Um diesen ersten Workflow jedoch nicht zu komplex werden zu lassen, leiten wir sämtliche Schritte an den Workflow-Initiator.
7. Schließen Sie den Schritt ab, indem Sie auf den Button Transfer to Graphic klicken.

Sie haben nun einen Workflow mit einem Benutzerentscheidungsschritt definiert. Dieser muss jedoch gespeichert und aktiviert werden, bevor Sie ihn einsetzen können.

13.1.3 Speichern, Aktivieren und Testen

Wenn Sie für einen neuen Workflow SAVE wählen, um den Workflow zu speichern, werden Sie vom Workflow-System zur Eingabe eines Kürzels und einer Bezeichnung für diesen Workflow aufgefordert. Beide Werte können jederzeit in den Grunddaten des Workflows geändert werden. Darüber hinaus müssen Sie ein Paket angeben, mit dem der Workflow auf andere Systeme transportiert werden kann. Wenn Sie in Ihrer Sandbox-Umgebung arbeiten, können Sie LOCAL OBJECT wählen, um zu kennzeichnen, dass das Objekt nicht in ein anderes System verschoben wird. Der Status lässt sich immer in der Titelleiste des Workflow Builders erkennen. Nachdem Sie Ihren Workflow gespeichert haben, weist dieser einen WS-Namen und eine Nummer auf. Workflow-Muster werden in der Datenbank mit einem WS-Namen und einer Nummer gespeichert. Der Nummernkreis basiert auf den Einstellungen, die Sie in Kapitel 3, »Konfiguration des Systems«, vorgenommen haben.

Bevor Sie den Workflow ausführen können, müssen Sie ihn mithilfe der Option ACTIVATE ( ) aktivieren. Dadurch wird die Definition kompiliert, sodass die SAP Business Workflow Engine den Workflow für die Ausführung interpretieren kann. Vor der Aktivierung wird die Workflow-Definition einer Syntaxprüfung unterzogen. Wenn Sie nur die Syntax der Workflow-Definition prüfen möchten, wählen Sie SYNTAX CHECK ( ). Alle dabei ermittelten Probleme werden als Fehler oder Warnungen klassifiziert und mit weiteren nützlichen Informationen im Meldungsbereich angezeigt. Sie können zu einem fehlerhaften Schritt navigieren, indem Sie auf die entsprechende Meldung klicken.

Der Workflow wird nur dann aktiviert, wenn keine Syntaxfehler ermittelt werden. Nun lautet der Workflow-Status ACTIVE, SAVED. Sie können den Workflow jetzt testen, indem Sie TEST ( ) wählen.

Tipp

Wenn Sie TEST wählen, wird der Workflow automatisch gespeichert, geprüft und aktiviert, falls er sich im Status INACTIVE befand und Sie den Workflow Builder im Änderungsmodus ausführen. In diesem Fall müssen Sie den Workflow nicht gesondert prüfen und aktivieren.

Test 1

Ein Beispiel: Sie speichern, aktivieren und testen den Workflow.

1. Speichern Sie Ihren neuen Workflow.
2. Aktivieren Sie den Workflow.
3. Wählen Sie TEST (), um den Workflow zu testen.
4. Wählen Sie in der Testumgebung die Option EXECUTE (, Ausführen), um den Workflow zu starten.
5. Nehmen Sie die Benutzerentscheidung vor. Beachten Sie den Text DO YOU WANT TO DISPLAY THE BUSINESS PARTNER? sowie die verfügbaren Auswahlmöglichkeiten. Wählen Sie YES oder NO für die Anzeige der Geschäftspartner.
6. Wechseln Sie erneut in den Workflow Builder (klicken Sie im Fenster TEST auf den BACK-Pfeil). Wechseln Sie von STEPS THAT CAN BE INSERTED zum Bereich WORKFLOWS OF THIS DEFINITION.
7. Doppelklicken Sie auf den neuen Eintrag, um das zugehörige Workflow-Protokoll anzuzeigen. Wie Sie sehen, lautet der Status des Workflows COMPLETED, und das Ergebnis des Entscheidungsschritts wird in der Spalte RESULT angezeigt.

Test 2

Im vorangegangenen Test haben Sie den Workflow umgehend ausgeführt, ohne vorher zur Inbox zu navigieren. In diesem Beispiel testen Sie den Workflow erneut, verwenden dabei jedoch auch die Inbox:

1. Wählen Sie wie im vorangegangenen Test die Optionen TEST und EXECUTE, um den Workflow erneut zu testen. Der Workflow wird umgehend ausgeführt.
2. Wenn die Entscheidung angezeigt wird, sehen Sie drei Optionen: YES, NO und CANCEL AND KEEP WORK ITEM IN INBOX (Abbrechen und Workitem in der Inbox behalten).
3. Wählen Sie die Option CANCEL AND KEEP WORK ITEM IN INBOX.
4. Wählen Sie BUSINESS WORKPLACE.
5. Wählen Sie INBOX • WORKFLOW. Ihr Workitem wird angezeigt. Doppelklicken Sie auf das Workitem, und wählen Sie YES oder NO.
6. Wechseln Sie über den BACK-Pfeil von der Inbox erneut in die Workflow-Definition.

7. Wie Sie sehen, ist bei beiden Ausführungen des Workflows nur ein einziger Schritt vorhanden: der Entscheidungsschritt. Weiter unten in diesem Kapitel fügen Sie den Schritt hinzu, um bei Auswahl von YES den Geschäftspartner anzuzeigen und bei Auswahl von NO eine E-Mail zu senden.

Wenn Sie dieses Beispiel in einem Testsystem nachvollzogen haben, hat es Sie möglicherweise überrascht, dass beim Testen des Workflows sofort die Entscheidung angezeigt wurde, ohne dass Sie zuerst zur Workflow-Inbox wechseln mussten. Das liegt daran, dass der Schritt standardmäßig für das Weiterschalten mit sofortigem Dialog konfiguriert wurde (siehe Kapitel 4, »Verteilung von Workitems«). Da die Person, die den Workflow startet, mit der Person identisch ist, der der erste Workflow-Schritt zugewiesen wurde (in beiden Fällen Sie), wird die Aufgabe sofort angezeigt. Um dieses Verhalten zu ändern, führen Sie die folgenden Schritte aus:

1. Doppelklicken Sie innerhalb Ihres Workflows auf den Schritt USER DECISION (Benutzerentscheidung).
2. Wählen Sie die Registerkarte DETAILS.
3. Deaktivieren Sie das Ankreuzfeld ADVANCE WITH DIALOG (Mit Dialog weiterschalten).
4. Wechseln Sie erneut in Ihren Workflow, und aktivieren und testen Sie ihn.
5. Wenn Sie den Test diesmal ausführen, erhalten Sie im unteren Bildschirmbereich eine Meldung TASK STARTED UNDER WORK ITEM ID ##### (CURRENT STATUS: IN PROCESS). Ihr Workflow weist den Status IN PROCESS auf und befindet sich in der Inbox.
6. Um das Workitem auszuführen, wählen Sie BUSINESS WORKPLACE.

Herzlichen Glückwunsch! Sie haben soeben Ihren ersten Workflow ausgeführt!

13.2 Erweiterung Ihres Workflows

Nachdem Sie Ihren ersten Workflow angelegt haben, wird es nun Zeit, ihn zu erweitern. In diesem Abschnitt werden verschiedene wichtige Themen behandelt, um Workflows anlegen zu können. Sie fügen einen einfachen Termin hinzu, um sicherzustellen, dass die Arbeit gemäß den Prozessrichtlinien pünktlich erledigt wird. Zudem fügen Sie den Schritt zur Anzeige eines Geschäftspartners hinzu. Zu diesem Zweck müssen Sie neue Aufgaben anlegen und verstehen, wie Objekte im Workflow verwendet werden und wie auf Daten zugegriffen wird bzw. wie diese verwaltet werden. Darüber hinaus erhalten Sie Informationen zu Ad-hoc-Aktivitäten für Workflows und zur Verwendung von Review-Workflows, um wichtige oder vertrauliche Prozesse streng zu überwachen.

13.2.1 Terminüberwachung

Einer der größten Vorteile eines Workflows ist die Fähigkeit, Workflow-Schritte anhand eines vordefinierten Zeitplans zu überwachen. Dies kann äußerst nützlich sein, wenn Sie Service Level Agreements oder andere Ablaufsteuerungen überwachen möchten, über die sichergestellt wird, dass Zeitfenster innerhalb des Ablaufs eingehalten werden. Sie können verschiedene Termine (Datum/Uhrzeit) für jeden einzelnen Workflow-Schritt überwachen: Requested Start, Latest Start, Requested End und Latest End (Frist):

- Wenn für ein Workitem ein Vorlagetermin *(Requested Start)* aktiviert wurde, wird dieses Workitem den Empfängern erst nach dem angegebenen Zeitpunkt zugestellt. Hintergrund-Workitems werden gestartet (ausgeführt), wenn der Vorlagetermin erreicht ist.
- Wenn Termine wie spätester Starttermin *(Latest Start)*, gewünschter Endtermin *(Requested End)* oder Frist *(Latest End)* aktiv sind, reagiert der Workflow entsprechend, sobald der angegebene Zeitpunkt erreicht wurde.

Üblicherweise sendet das Workflow-System in diesen Fällen eine Eskalations-E-Mail. Sie können aber auch komplexere Eskalationsprozeduren durchführen, indem Sie eine Bezeichnung für den Terminausgang angeben. Auf diese Weise können Sie dem Workflow Schritte hinzufügen, die nach einer Terminüberschreitung ausgeführt werden. Dabei handelt es sich um die sogenannte *modellierte Terminüberwachung*.

Termine werden anhand eines *Bezugszeitpunktes* definiert. Folgende Bezugszeitpunkte stehen im System zur Verfügung:

- **Erzeugungstermin des Workitems**
  Gehen wir z. B. davon aus, dass ein Workflow zehn Schritte umfasst. Schritt 6 muss innerhalb von drei Stunden nach dem Startzeitpunkt ausgeführt werden. Der Ablauf dieser drei Stunden beginnt, wenn Schritt 6 initiiert wird.

- **Erzeugungstermin des Workflows, zu dem das überwachte Workitem gehört**
  Gehen wir für dieses Beispiel davon aus, dass Schritt 6 des Workflows mit zehn Schritten innerhalb von zwei Tagen nach Start des Workflows ausgeführt werden muss. Der Ablauf dieses Zeitraums beginnt, wenn der Workflow initiiert wird, nicht wenn Schritt 6 initiiert wird.
- **Datum in Form eines Ausdrucks, der während der Workflow-Ausführung aus dem Anwendungskontext abgeleitet wird**
  In diesem Beispiel gehen wir davon aus, dass der Schritt gemäß einer bestimmten Geschäftsrichtlinie ausgeführt werden muss. Möglicherweise stehen Ihnen zwei Tage für Servicereklamationen der Priorität B zur Verfügung, für Servicereklamationen der Priorität A jedoch nur ein Tag. Ein weiteres Beispiel wäre die Bearbeitung innerhalb von drei Tagen nach dem Buchungsdatum einer Rechnung. Das Workitem muss das Buchungsdatum der Rechnung lesen und den Ablauf der Frist basierend auf diesem Datum starten.

Um die Terminoptionen anzuzeigen, doppelklicken Sie in Ihrem Workflow auf die Aufgabe User Decision. Es werden die folgenden Registerkarten angezeigt: Latest End, Requested Start, Latest Start und Requested End. Sie können die Überwachung des relevanten Termins aktivieren, indem Sie auf eine der Terminregisterkarten klicken, den Bezugszeitpunkt für den Termin auswählen und die Uhrzeitdetails angeben. Aktivierte Termine sind durch das Symbol der läutenden Glocke im Registerkartenindex gekennzeichnet.

Wenn Sie Expression wählen, müssen Sie einen Bezugszeitpunkt angeben, indem Sie einen Ausdruck für das Datum oder die Uhrzeit festlegen. Verwenden Sie zur Eingabe von Ausdrücken die Eingabehilfe (F4). Im vorangegangenen Beispiel einer Bearbeitungsfrist von drei Tagen nach Buchungsdatum muss der Workflow-Container ein Buchungsdatum umfassen. Anschließend verwenden Sie die Option Expression, um die Variable für das Buchungsdatum im Container auszuwählen und als Zeitraum den Wert »3« festzulegen. In Abschnitt 13.3, »Grundlegendes zu Containern und Datenfluss«, erhalten Sie nähere Informationen zur Vorgehensweise, um das Buchungsdatum (und andere Felder) in den Container aufzunehmen.

Tipp

Der Wert, der über den Ausdruck referenziert wird, muss für das Datum den Datentyp D und für die Uhrzeit den Typ T aufweisen. Wenn Sie ein Datum, aber keine Uhrzeit angeben, setzt das System die Uhrzeit auf 00:00:01 (spätester Starttermin und Vorlagetermin) oder 23:59:59 (gewünschter Endtermin und Frist).

Legen Sie den Termin fest, indem Sie eine Zeitdauer und eine entsprechende Zeiteinheit (z. B. Minuten, Stunden oder Tage) wählen. Eine negative Zeitdauer kann nur dann angegeben werden, wenn Sie den Bezugszeitpunkt über einen Ausdruck definieren.

Bei Angabe des Termintyps, des Grenzwertes für Datum/Uhrzeit, können Sie zudem festlegen, welcher Benutzer benachrichtigt wird und welchen Text er empfangen soll. Der Text wird in den Details der Aufgabe gespeichert, die überwacht wird. Wenn die Terminüberwachung z. B. für einen Schritt zur Genehmigung von Bestellanforderungen aktiviert wird, wird der Benachrichtigungstext, der im Fall einer Terminüberschreitung versendet wird, in der Aufgabe zur Genehmigung von Bestellanforderungen gespeichert. Jede Aufgabe kann über einen separaten Terminüberwachungstext verfügen.

Tipp

Die standardmäßige Reaktion auf einen Termin hat keine Auswirkungen auf den Status des überwachten Workitems. Das Workitem muss von einem der Empfänger ausgeführt werden, bevor der Workflow fortgesetzt wird. Wenn das überwachte Workitem bei Überschreitung des Termins abgebrochen werden soll, müssen Sie die modellierte Terminüberschreitung einrichten. Weitere Einzelheiten dazu finden Sie in Kapitel 14, »Erweiterte Design-Techniken für Workflows«, und Anhang A, »Tipps und Tricks«.

Hinzufügen eines Termins zu Ihrem Ablauf

Im folgenden Beispiel fügen Sie der Benutzerentscheidung einen Termin hinzu und testen diesen.

1. Wechseln Sie im Workflow Builder zu Ihrer Workflow-Definition.
2. Doppelklicken Sie auf den Schritt User Decision. Wählen Sie die Registerkarte Latest End.
3. Wählen Sie als Bezugszeitpunkt Work Item Creation.
4. Wählen Sie im Feld Time die Option Minutes, und geben Sie den Wert »2« ein. Das bedeutet, dass der Benutzer das Workitem innerhalb von zwei Minuten ab dem Zeitpunkt der Workitem-Erzeugung beenden muss.

5. Wählen Sie für Recipient of Message when Latest End missed (Nachrichtenempfänger, wenn Frist verstrichen ist), die Option Expression und anschließend aus dem Dropdown-Menü den Eintrag Workflow Initiator.
6. Testen Sie den geänderten Workflow (wenn Sie die Test-Option im Workflow Builder verwenden, erfolgen Speicherung und Aktivierung automatisch). Nehmen Sie die Benutzerentscheidung nicht vor (falls Sie das Kennzeichen Advance with Dialog nicht entfernt haben, brechen Sie den Schritt ab).
7. Wechseln Sie in den SAP Business Workplace.
8. Nachdem dieser Termin überschritten wurde, erhalten Sie im SAP Business Workplace eine entsprechende Terminmeldung: Die Mappe Deadline Messages enthält eine Benachrichtigung, dass der Termin überschritten wurde. In der Mappe Overdue Entries (überfällige Einträge) werden sämtliche Workitems mit überfälligen Terminen angezeigt.

Tipp

Der Hintergrundjob für die Terminüberwachung muss eingerichtet werden, damit die Workflow Engine Termine überwachen und eskalieren kann. Dieser Vorgang wird in Kapitel 3, »Konfiguration des Systems«, näher erläutert. Die Ausführung eines Terminüberwachungsjobs führt zu einer Eskalation aller überschrittenen Termine. Wenn Sie diesen Hintergrundjob in regelmäßigen Abständen ausführen, wird die tatsächliche Eskalationszeit auf den Ausführungszeitpunkt des nächsten Hintergrundjobs verschoben. Verwenden Sie Transaktion SWWB, um den Job umgehend auszuführen.

13.2.2 Anlegen und Verwenden von Aufgaben

In diesem Abschnitt fügen Sie weitere Aufgaben zu unserem Workflow hinzu. Sie erfahren, wie Sie eine Aufgabe zur Anzeige eines Geschäftspartners bzw. zum Senden einer E-Mail anlegen. Die meisten Schritte innerhalb Ihres Workflows sind an Geschäftsfunktionen gebunden: Geschäftspartner aktualisieren, Rechnungen buchen, Einkaufsbelege genehmigen, Mitarbeiterdaten aktualisieren etc. Um Geschäftsfunktionen auszuführen, verwenden Sie den Schritttyp Activity (Aktivitäten).

Aktivitätsschritte sind mit Aufgaben verknüpft, die mit dem Präfix TS beginnen. Workflows werden mit dem Kürzel WS und einer Nummer angelegt. Der Nummernkreis basiert auf den Einstellungen, die Sie in Kapitel 3, »Konfiguration des Systems«, vorgenommen haben. Dieselben Nummernkreise werden für TS-Schritte innerhalb des Workflows verwendet.

Die zuvor verwendete Benutzerentscheidung basiert auf einer generischen Entscheidungsaufgabe (TS00008267). Wenn Sie in Ihrem Workflow auf die Benutzerentscheidung doppelklicken und die Registerkarte CONTROL wählen, wird die Aufgabennummer angezeigt. Nachdem eine TS-Aufgabe angelegt wurde, kann sie in mehreren Workflows wiederverwendet werden.

In diesem Abschnitt legen Sie innerhalb des Workflows Aufgaben an. Sie können Aufgaben auch unabhängig vom Workflow Builder über Transaktion PFTC anlegen. Für die Bearbeitung einer Aufgabendefinition wird immer der gleiche Bildschirm angezeigt, unabhängig davon, wie Sie darauf zugreifen.

Erläuterungen zu einer Standardaufgabe (TS): das Fenster »Anlegen«

Bevor wir eine Aufgabe zum Anzeigen eines Geschäftspartners anlegen, sollen zunächst die möglichen Optionen erläutert werden, um eine Aufgabe anzulegen. Abbildung 13.6 zeigt die verfügbaren Felder beim Anlegen einer neuen Aufgabe.

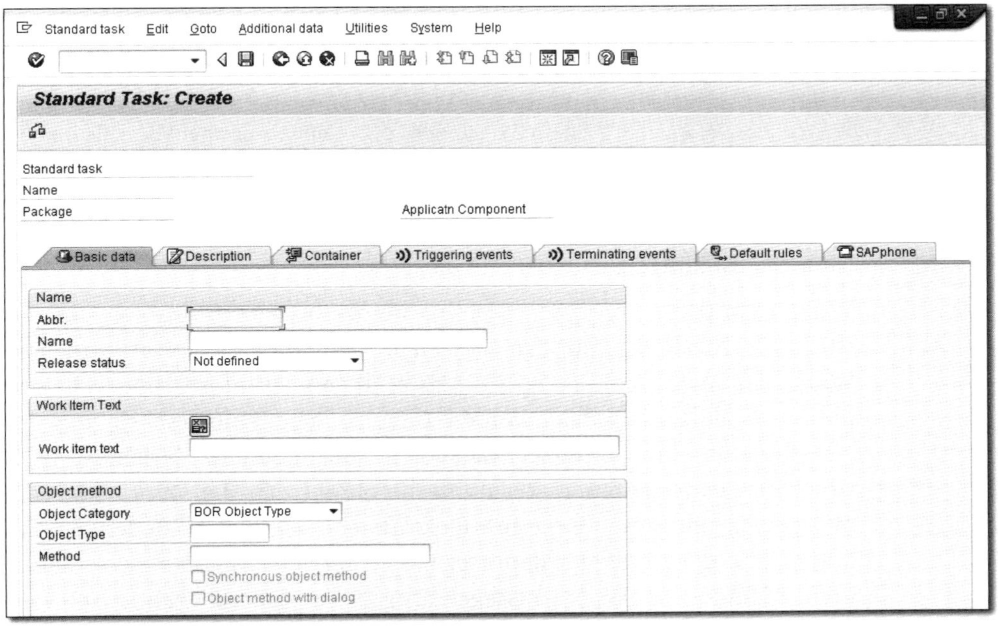

Abbildung 13.6 Anlegen einer neuen Standardaufgabe (TS-Aufgabe)

Für jede Aufgabe müssen zwei wichtige Fragen beantwortet werden:

- *Welche Aktion* soll über die Aufgabe ausgeführt werden (Geschäftspartner *anzeigen*, Geschäftspartner *aktualisieren*, Mitarbeiterabwesenheiten *genehmigen*)?
- *Welcher Benutzer* soll die Aufgabe ausführen können?

Bedenken Sie bei unserer Beschreibung der Optionen in Abbildung 13.6, dass diese beiden Fragen stets für eine Aufgabe beantwortet werden müssen.

- ABBR.
  ist der abgekürzte Name der Aufgabe. Sie verwenden diesen Namen, wenn Sie nach der Aufgabe suchen. Sie sollten eine Namenskonvention für das Anlegen von TS-Standardaufgaben und WS-Aufgaben festlegen.

Tipp

Um das Auffinden von Aufgaben zu erleichtern, empfiehlt sich die Festlegung einer Namenskonvention. Sie können z. B. alle Aufgaben, die innerhalb eines Projekts angelegt werden, mit einem einheitlichen Präfix versehen. Namenskonventionen werden normalerweise von den Kunden selbst festgelegt. Einige Kunden beginnen z. B. alle Namen ihrer Workflows mit Z, andere verwenden die ersten beiden Buchstaben für den Funktionsbereich, gefolgt von einem Unterstrich und einem Text aus neun Zeichen. Der Name *HR_DisplPern* könnte z. B. für den Workflow zur Anzeige von Personaldaten aus dem HR-Bereich verwendet werden. Oder, wenn alle Workflow-Namen mit einem Z beginnen sollen, um anzuzeigen, dass sie durch den Kunden selbst angelegt wurden, könnte der Name *ZHR_DispPern* lauten.

- NAME
  ist der vollständige Name der Aufgabe.
- WORK ITEM TEXT
  ist die Beschreibung, die zur Laufzeit in der Inbox angezeigt wird. Der Workitem-Text ist äußerst wichtig, da er die ersten Informationen liefert, die dem Benutzer angezeigt werden. Daher sollte er eine Beschreibung der Aufgabe für den Benutzer darstellen. Sie können Variablen (z. B. Geschäftspartnernummer, Rechnungsbetrag etc.) in den Workitem-Text übergeben, um diesen Text aussagekräftiger zu gestalten. Bedenken Sie, dass sich in der Inbox der Benutzer möglicherweise Hunderte von Workitems befinden, sodass ein aussagekräftiger Text äußerst wichtig ist. Während der Design-Phase sollten Sie mit den Benutzern zusammenarbeiten, um kurze, aber dennoch aussagekräftige Texte festzulegen.
- OBJECT CATEGORY
  beschreibt, wie Sie diese Aufgabe mit tatsächlichen Geschäftsdaten verknüpfen. Die verfügbaren Optionen sind BOR-Objekttypen (Business

Object Repository) und ABAP-Klassen. BOR-Objekte werden im Detail in Kapitel 15, »Business-Objekte«, ABAP-Klassen in Kapitel 16 erläutert.

- Object Type
  Hier wird der tatsächliche Objektname eingegeben. Die Schwierigkeit bei diesem Feld ist, dass Sie wissen müssen, welches Objekt verwendet werden soll. Im Lauf der Zeit werden Sie sich mit den von SAP bereitgestellten Objekten vertraut machen und insbesondere die Objekte im Detail kennen, die Sie selbst angelegt haben. Gängige BOR-Objekte sind u. a. `BUS1006` (Geschäftspartner), `BUS2032` (Kundenauftrag), und `PERSDATA` (Mitarbeiterdaten).
- Im Feld Method
  geben Sie die Aktion an, die für die Aufgabe ausgeführt werden soll. Beispiele für Methoden umfassen folgende Aktionen: `create`, `display`, `update`, `block`, `remove block`, `approve` und `release`.

Über die Felder Object und Method wird die Frage, welche Aktion ausgeführt werden soll, beantwortet. Sie benötigen sowohl einen Objekttyp als auch eine Methode, um zu wissen, welche Aktion die Aufgabe ausführen kann. Wenn Sie eine Methode einfügen, übernimmt das System gegebenenfalls eine der folgenden Informationen aus der Definition der Objektmethode:

- synchrone oder asynchrone Objektmethode
- Objektmethode mit oder ohne Dialog

Diese Einstellungen können nicht geändert werden. Wenn für die Objektmethode Methodenparameter definiert sind, bietet Ihnen das System die Option, entsprechende Containerelemente automatisch im Aufgabencontainer anzulegen. Auf diese Weise erhalten die Containerelemente in Aufgaben- und Methodencontainer die gleiche Bezeichnung.

Tipp

Sie können mit einer Aufgabe sowohl synchrone als auch asynchrone Methoden ausführen. In Abschnitt 13.2.3, »Einsatz asynchroner Aufgaben«, werden die Unterschiede zwischen diesen beiden Arten von Methoden sowie deren Auswirkungen auf die Modellierung näher beschrieben.

Um die Frage nach dem Benutzer zu beantworten, der die Aufgabe ausführen darf, wählen Sie innerhalb des in Abbildung 13.6 gezeigten Fensters den Menüpfad Additional Data • Agent Assignment • Maintain. Sie ordnen sämtliche Bearbeiter zu, die diese Aufgabe potenziell ausführen dürfen. (Auf das Thema Bearbeiter wird in Kapitel 5, »Bearbeiter«, und in Kapitel 17, »Regeln zur Bearbeiterermittlung«, im Detail eingegangen.) Wenn über die Aufgabe z. B. ein Geschäftspartner angezeigt wird, müssen Sie sämtliche Benutzer ermitteln, die potenziell einen Geschäftspartner anzeigen müssen (oder eine Bestellanforderung genehmigen bzw. Reisekosten eingeben müssen). Die Frage nach den möglichen Benutzern muss hier so allgemein beantwortet werden wie möglich. In unseren Beispielen legen wir eine Aufgabe normalerweise als GENERAL fest, sodass jeder Benutzer ein möglicher Bearbeiter ist. Um eine Aufgabe als generelle Aufgabe festzulegen, wählen Sie ATTRIBUTES • GENERAL TASK.

Neben den Feldern in Abbildung 13.6 sind die folgenden Registerkarten verfügbar:

- Auf der Registerkarte DESCRIPTIONkönnen Sie eine längere Aufgabenbeschreibung hinzufügen. Diese *Aufgabenbeschreibung* wird zur Laufzeit in den Inboxen der Benutzer angezeigt. Der *Workitem-Text* ist der einzeilige Text, der in der Inbox angezeigt wird; die Aufgabenbeschreibung ist der Langtext, der dem Benutzer angezeigt wird, nachdem dieser das Workitem ausgewählt hat. Die *Aufgabenbeschreibung* kann zudem Variablen umfassen, um die Aufgabe besser zu beschreiben und dem Benutzer zu verdeutlichen, welche Aktionen für die Aufgabe erforderlich sind.

  Auf der Registerkarte DESCRIPTION können darüber hinaus Texte für Termine hinzugefügt werden. Dieser Text wird dem Benutzer angezeigt, wenn ein Termin überschritten wurde. Wenn ein Benutzer z. B. innerhalb von zwei Tagen einen Geschäftspartner aktualisieren muss, diese Aufgabe jedoch nicht fristgerecht erledigt, erhält der Manager eine Benachrichtigung, dass der Termin überschritten wurde. Die an den Manager gesendete Benachrichtigung enthält den Text, den Sie in der Aufgabenbeschreibung für den Termin eingegeben haben. Für jeden Termintyp ist Text verfügbar: LATEST END TEXT, REQUESTED END TEXT und LATEST START TEXT. Zusätzlich gibt es einen COMPLETION TEXT (Erledigungstext), der für Benachrichtigungen (siehe Abschnitt 13.2.5) verwendet wird.
- Auf der Registerkarte CONTAINER werden die Daten im Aufgabencontainer angezeigt. Der Aufgabencontainer umfasst alle erforderlichen Laufzeitdaten. Der Container gibt immer an, welches Objekt verwendet wird und welcher Benutzer die Aufgabe ausführt.
- Auf den Registerkarten TRIGGERING EVENTS und TERMINATING EVENTS werden Ereignisse angezeigt, die zum Anhalten und Starten dieser spezifischen Aufgabe verwendet werden können. Dieses fortgeschrittene Thema

wird in Kapitel 18, »Verwendung von Ereignissen und anderen Business-Interfaces«, behandelt.

- Die Registerkarte DEFAULT RULES wird verwendet, wenn die Aufgabe außerhalb des Workflow-Musters (WS-Aufgabe) ausgeführt wird.

  Ein Beispiel ist eine Aufgabe, die aufgrund eines eingehenden IDocs (Intermediate Document) gestartet wird. Eingehende IDocs führen normalerweise keinen vollständigen WS-Workflow, sondern eine einzelne TS-Aufgabe aus. In diesem Fall müssen Sie wissen, welcher Benutzer diese Aufgabe zur Laufzeit erhalten soll. Wenn z. B. ein eingehendes Auftrags-IDoc fehlschlägt, sollte es gegebenenfalls an den Sales Area Manager für die Vertriebsorganisation weitergeleitet werden. Wie in Kapitel 17, »Regeln zur Bearbeiterermittlung«, erläutert, wird der richtige Sales Area Manager basierend auf einer Regel ermittelt.

Anlegen einer Aufgabe, um den Geschäftspartner anzuzeigen

Im Folgenden legen Sie nun die Aufgabe an, um den Geschäftspartner anzuzeigen. In diesem Beispiel fügen Sie einen Schritt hinzu, über den ein Geschäftspartner angezeigt wird, wenn ein Benutzer im Benutzerentscheidungsschritt die Option YES wählt.

1. Wechseln Sie im Workflow Builder zu Ihrem Workflow.
2. Ziehen Sie einen Schritttyp ACTIVITY (▶) auf den Zweig YES Ihrer Benutzerentscheidung.
3. Wählen Sie in der Liste für den Button neben TASK die Option CREATE TASK (neue Aufgabe; siehe Abbildung 13.7). Geben Sie das Kürzel und die Bezeichnung ein, z. B.:
   - ABBR: zbp_display
   - NAME: Geschäftspartner anzeigen

   Geben Sie die folgenden Informationen für die Business-Objektfelder ein:
   - OBJECT CATEGORY: BOR OBJECT TYPE
   - OBJECT TYPE: BUS1006
   - METHOD: DISPLAY

Tipp

Wenn Sie die Methode eingeben, können Sie sich über die Dropdown-Liste eine Auflistung aller Methoden für das Objekt anzeigen lassen.

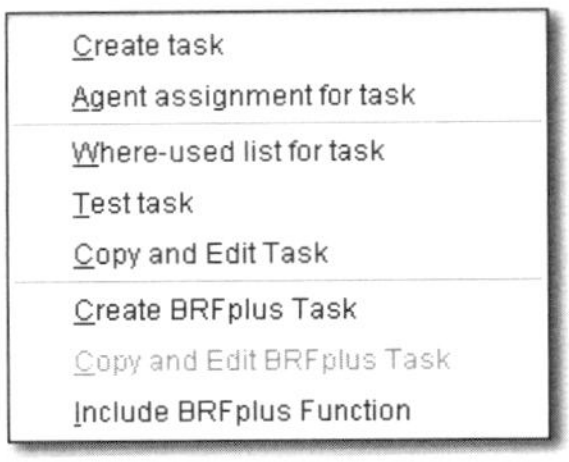

Abbildung 13.7 Dropdown-Liste zum Anlegen einer Aufgabe im Workflow Builder

Falls die Meldung TRANSFER MISSING ELEMENTS FROM THE OBJECT METHOD? (Fehlende Elemente aus der Objektmethode übertragen?) angezeigt wird, bestätigen Sie diese mit YES. Auf diese Weise unterstützt Sie das System bei der Einrichtung des Aufgabencontainers. (Weitere Informationen zu diesem Thema erhalten Sie in Abschnitt 13.3, »Grundlegendes zu Containern und Datenfluss«).

4. Geben Sie einen Workitem-Text ein. Bedenken Sie, dass dieser Text zur Laufzeit dem Benutzer angezeigt wird. Um den Text aussagekräftiger zu gestalten, übergeben wir Variablen aus dem Business-Objekt. Geben Sie den Text »Review Business Partner« ein.
5. Wählen Sie das Symbol INSERT VARIABLES. Wählen Sie `BUS1006` • BUSINESS PARTNER NUMBER. Wie Sie sehen, umfasst der Workitem-Text nun die folgende Variable: `&_WI_OBJECT_ID.BUSINESSPARTNER&`. Platzieren Sie den Cursor am Textende, und wählen Sie die Beschreibung für den Geschäftspartner aus, indem Sie die Variable `BUS1006` • DESCRIPTION einfügen.
6. Ihr Workitem-Text sollte nun wie folgt lauten: REVIEW BUSINESS PARTNER `&_WI_OBJECT_ID.BUSINESSPARTNER&` `&_WI_OBJECT_ID.DESCRIPTION&`.
7. Speichern Sie die Aufgabe. (Sie müssen LOCAL OBJECT oder eine Entwicklungsklasse auswählen.)
8. Legen Sie über ADDITIONAL DATA • AGENT ASSIGNMENT • MAINTAIN die Sicherheit für diese Klasse fest. Normalerweise würden Sie die geeignete Rolle oder die entsprechenden Organisationsobjekte zuordnen, der Einfachheit halber legen Sie die Aufgabe an dieser Stelle jedoch über ATTRIBUTES • GENERAL TASK fest.
9. Wechseln Sie zurück in den Workflow. Der Workflow bietet einen Datenfluss zwischen Workflow und Aufgabe an. Übernehmen Sie den Datenfluss, indem Sie ✔ wählen. Setzen Sie unter Verwendung des Auswahlfeldes den zuständigen Bearbeiter für die Aktivität auf den Ausdruck für den Workflow-Initiator.

10. Wenn Sie in Ihren Workflow zurückkehren, sollte Ihre neue Aufgabe als Teil des Zweiges YES der Benutzerentscheidung angezeigt werden. Wenn der Workflow nun ausgeführt wird, können Sie einen Geschäftspartner anzeigen.
11. Zu Testzwecken müssen Sie die Geschäftspartnernummer angeben, wenn der Workflow gestartet wird. Wechseln Sie dazu vom Bereich STEPS THAT CAN BE INSERTED zu WORKFLOW CONTAINER, und doppelklicken Sie auf das Workflow-Containerelement `BUS1006`.
12. Wählen Sie die Registerkarte PROPERTIES und anschließend die Parametereinstellung IMPORT. Das bedeutet, dass der Geschäftspartner beim Starten des Workflows importiert werden kann. Normalerweise wird diese Einstellung festgelegt, damit die Anwendung den Geschäftspartner an den Workflow-Container übergeben kann. Wird diese Einstellung nicht aktiviert, ist der Geschäftspartner lediglich im Kontext des Workflows enthalten.
13. Testen Sie den Workflow. Geben Sie zu diesem Zweck eine Objektinstanz Ihres Geschäftspartner-Objekttyps ein. Wählen Sie `BUS1006`. Im unteren Bildschirmbereich werden der OBJECT TYPE und ein KEY angezeigt. Wählen Sie die Dropdown-Liste im Feld KEY, und geben Sie eine gültige Geschäftspartnernummer an. (Wenn Sie nicht über einen Geschäftspartner verfügen und mit einem Sandbox-System arbeiten, können Sie über Transaktion BP einen Geschäftspartner anlegen.) Beim Anlegen eines Geschäftspartners ist es am einfachsten, eine Person anzulegen und lediglich den Vor- und Nachnamen anzugeben.
14. Nachdem Sie eine gültige Geschäftspartnernummer eingegeben haben, wählen Sie im Bildschirmbereich TEST DATA die Option SAVE. Auf diese Weise können Sie in nachfolgenden Tests die Option LOAD wählen, um dieselbe Geschäftspartnernummer wiederzuverwenden und diese nicht für jeden Test erneut eingeben zu müssen.
15. Nach dem Starten Ihres Workflows sollten Sie zwei Tests ausführen. Wählen Sie im ersten Test für die Benutzerentscheidung die Option YES. Bei Auswahl von YES sollte ein Geschäftspartner angezeigt werden. Wählen Sie im zweiten Test für die Benutzerentscheidung NO. Der Workflow sollte beendet werden.
16. Wie Sie wissen, wird jede Ausführung im Bereich WORKFLOWS OF THIS DEFINITION (OUTCOME) angezeigt.

Hinweis

Ob der erste Schritt beim Testen Ihres Workflows automatisch gestartet wird oder nicht, hängt vom Kennzeichen Advance with Dialog auf der Registerkarte Details der Aufgabe ab.

Tipp

Die Grunddaten werden zur Identifizierung einer Aufgabe verwendet. Als Angaben werden die Objektbezeichnung TS (für Standardaufgabe) sowie eine achtstellige Aufgabennummer benötigt, die beim Anlegen automatisch durch das System zugewiesen wird.

Beim Speichern der Aufgabe geben Sie ein Paket an, aus dem das System die zugehörige Anwendungskomponente ermittelt. Beide Daten werden in der Aufgabenpflege angezeigt. Das Transportobjekt ist in diesem Fall PDTS. Wenn Sie Local Object auswählen, kann der Workflow nicht in ein anderes System transportiert werden.

Tipp

Wenn Sie die Aufgaben und Workflows als Aufgabengruppe zusammenfassen, können Sie diese für das gesamte Szenario als logisches Paket einsetzen. Diese Vorgehensweise empfiehlt sich nicht nur zur Dokumentation der aktiven gültigen Workflows (um diese von Test-Workflows oder veralteten Workflows zu unterscheiden), sondern erleichtert auch die Navigation im Workflow Builder und Workflow Explorer.

Wie Sie wissen, ist der Workitem-Text für Ihre Aufgabe von größter Bedeutung. Dieser Text wird in der Inbox, in der Trefferliste der Workitem-Selektion und im Workflow-Protokoll angezeigt. Wenn Sie keinen Workitem-Text angeben, wird stattdessen die Aufgabenbezeichnung verwendet. Sie können im Workitem-Text auch Ausdrücke einsetzen. Diese werden zur Ausführungszeit durch die aktuellen Werte aus dem Aufgabencontainer ersetzt.

Beachten Sie, dass im Workitem-Text verwendete Containerelemente mithilfe eines Datenflusses gefüllt werden müssen. Um Ausdrücke in den Workitem-Text einzufügen, positionieren Sie den Cursor an der entsprechenden Stelle im Text und wählen Expression ().

Tipp

Wenn Sie sich im Anzeigemodus für eine SAP-Aufgabe oder eine aus einem anderen System importierte Aufgabe befinden, können Sie die Aufgabenbeschreibung (diese wird in der Inbox als Workitem-Text angezeigt) überdefinieren. Wählen Sie das Symbol REDEFINE WORK ITEM TEXT (), und geben Sie einen neuen Text ein, der den ursprünglichen Text ersetzen soll. Auf diese Weise überlagert Ihre Version die ursprüngliche Aufgabenbeschreibung. Dabei handelt es sich nicht um eine Modifikation, sondern um eine Erweiterung.

13.2.3 Einsatz asynchroner Aufgaben

In Kapitel 15, »Business-Objekte«, finden Sie eine genaue Erläuterung der Gründe für die Verwendung asynchroner Methoden und der daraus resultierenden Konsequenzen. Gehen wir z. B. von einem Schritt aus, über den Daten gelöscht werden: Ein Mitarbeiter reicht einen Urlaubsantrag ein und entschließt sich später, diesen Urlaub doch nicht in Anspruch zu nehmen. Der ursprüngliche Antrag wird gelöscht.

Löschvorgänge sind eine nativ asynchrone Aktivität. Da die Aufgabe erst beendet werden soll, nachdem der Löschvorgang abgeschlossen ist, handelt es sich bei einer Löschaufgabe normalerweise um eine asynchrone Aufgabe. Im Workflow Builder bedeutet dies, dass Sie beim Anlegen einer asynchronen Aufgabe die beendenden Ereignisse als Schrittausgänge aktivieren müssen. Bei der Modellierung einer Aktivität können Sie die Ergebnisse einer asynchronen Methode in einem Datenfluss an einen Workflow übergeben, sobald die Methode beendet ist. Die asynchrone Methode kann jedoch über die Datenflüsse von Methode zu Aufgabe bzw. von Aufgabe zu Workflow keine Daten an den Workflow zurückgeben. Stattdessen muss mindestens ein beendendes Ereignis definiert werden. Von diesem beendenden Ereignis zur Aufgabe kann ein Datenfluss angelegt werden.

Die *beendenden Ereignisse* einer Aufgabe bestimmen die möglichen Statuszustände der Aufgabe. Ein beendendes Ereignis verweist stets auf das Objekt, für das das Ereignis ausgelöst werden muss. Wenn ein Workitem z. B. Dokument 123456 löscht, darf dieses Workitem nur dann beendet werden, wenn das Ereignis »Dokument 123456 wurde gelöscht« eintritt. Eine Beendigung darf nicht erfolgen, wenn ein anderes Dokument gelöscht wurde.

Sobald ein Workitem angelegt wurde, registriert die Workflow Engine automatisch, dass dieses Workitem für das betreffende Objekt ein beendendes Ereignis erfordert. Dabei handelt es sich um eine sogenannte *Ereignisinstanzkopplung* (Näheres dazu finden Sie in Kapitel 18, »Verwendung von Ereignissen und anderen Business-Interfaces«.). Die Definition des Objekts, für das das Ereignis ausgelöst werden muss, erfolgt in der Definition des beendenden Ereignisses unter Verwendung eines Containerelements im Aufgabencontainer, das auf den Objekttyp des Ereignisses verweist.

Beispiel

Das Ereignis `DELETED` mit dem Objekttyp `BUS2032` (Kundenauftrag) wurde als beendendes Ereignis für eine Aufgabe definiert. Zur Laufzeit wird der Auftrag 123456 aus dem Aufgabencontainer übergeben. Nun wird das Workitem nur dann beendet, wenn der Auftrag 123456 gelöscht und das Ereignis `BUS2032.DELETED` für diesen Auftrag ausgelöst wird. Das Löschen eines anderen Auftrags beendet das Workitem nicht.

Wenn ein Workitem durch ein Ereignis beendet wird, wird der Workflow im zugehörigen Ausgang weitergeführt. Dieser Ausgang muss aktiviert werden, damit das beendende Ereignis berücksichtigt wird. Die Methode muss nicht notwendigerweise vor Eintritt des Ereignisses ausgeführt worden sein. Wird die Aufgabe abgebrochen oder der Prozess in einen nicht definierten Status versetzt, erfolgt keine Beendigung des Workitems, da kein Ereignis erzeugt wurde. Erst nach Empfang des beendenden Ereignisses wird das Workitem abgeschlossen und der Workflow fortgesetzt.

Innerhalb einer TS-Aufgabe werden die beendenden Ereignisse auf der Registerkarte Terminating Events gepflegt. Dort wird ein Containerelement des Aufgabencontainers angegeben, das zur Laufzeit einen Verweis auf das entsprechende Objekt enthält. Dabei handelt es sich meist um das Aufgabencontainerelement `_WI_Object_ID`. Die Felder Object Category und Object Type werden automatisch gefüllt.

Ereignisse werden anhand der Ereignisbezeichnung identifiziert. Das Ereignis muss für diesen Objekttyp definiert werden. Das Workflow-System erzeugt eine Instanzkopplung für das Ereignis, die zur Laufzeit benötigt wird, und aktiviert diese. Wenn Sie die Eigenschaften des beendenden Ereignisses prüfen möchten, wählen Sie das Icon Settings (). Nun werden die Eigenschaften der Instanzkopplung angezeigt und können geändert werden.

13.2.4 Zugriff auf Daten und Aktivitäten

Um den Zugriff auf Daten, Aktivitäten und Ereignisse in einem Workflow zu ermöglichen, müssen diese als Bestandteile eines Objekts definiert werden. Das Objekt könnte Teil des Business Object Repositorys (siehe Kapitel 15, »Business-Objekte«) oder auch eine ABAP-Klasse (siehe Kapitel 16) sein. Auf diese Weise können die Objekte in unterschiedlichen Workflows, Aufgaben und Regeln eingesetzt werden. SAP-Komponenten enthalten viele vordefinierte Business-Objekttypen und ABAP-Klassen. Diese Daten, Aktivitäten oder Ereignisse können in der vordefinierten Form eingesetzt oder den jeweiligen Bedürfnissen angepasst werden:

- Objekte beschreiben die Daten (Attribute), Funktionen (Methoden) und Ereignisse einer bestimmten Geschäftseinheit, die in einem Workflow verarbeitet werden sollen. In unserem Beispiel verwenden wir den Business-Objekttyp `BUS1006`, der einen Geschäftspartner repräsentiert.
- Zu einer Geschäftseinheit gehörende Daten müssen als *Attribut* eines Business-Objekttyps definiert werden, bevor sie im Workflow verarbeitet werden können. Attribute werden für den Objekttyp definiert, mit dem sie am engsten verknüpft sind. Die Attribute `Material name` und `Material number` werden z. B. im Objekttyp `Material` definiert, `Order number` und `Order value` jedoch als Bestandteil des Objekttyps `Order`. Anders gesagt: Attribute beschreiben die zu einem Business-Objekt gehörenden Daten.
- Aktivitäten, die in einer Geschäftseinheit durchgeführt werden sollen (oder für deren Ausführung eine Geschäftseinheit benötigt wird), werden als *Methoden* eines Business-Objekttyps definiert, bevor sie in einem Workflow eingesetzt werden können. Jedes Objekt verfügt über Methoden, die Aktivitäten definieren, die für das Objekt oder seine Daten ausgeführt werden können (z. B. »Geschäftspartner anlegen« oder »Geschäftspartner aktualisieren«). Innerhalb der Methode können Sie SAP-Funktionen, eigene Funktionen oder andere externe Anwendungen aufrufen.
- Zu den wichtigen Bestandteilen eines Objekts gehören auch Ereignisse. Ereignisse beschreiben die Statusänderungen, die sich für ein Objekt ergeben können (wie etwa »Geschäftspartner gelöscht« oder »Geschäftspartner geändert«). Durch Auslösen eines solchen Ereignisses kann ein Workflow gestartet, abgebrochen oder erneut gestartet werden. Auch Ereignisse müssen, genau wie Attribute und Methoden, für ein Business-Objekt definiert werden, bevor sie in einem Workflow zum Einsatz kommen. Ereignisse werden in Kapitel 18, »Verwendung von Ereignissen und anderen Business-Interfaces«, besprochen.

Wenn Sie einen Geschäftsprozess per Workflow implementieren möchten, müssen beim Zugriff auf die relevanten Daten und Funktionen folgende Aspekte berücksichtigt werden:

1. Zunächst werden alle am Geschäftsprozess beteiligten Geschäftseinheiten ermittelt. Anschließend legen Sie fest, welche Business-Funktionen und -Ereignisse im Szenario zugeordnet werden sollen und welche Daten benötigt werden.

2. Prüfen Sie, ob die relevanten Business-Objekttypen und ihre Methoden, Attribute und Ereignisse im BOR oder als ABAP-Klasse definiert sind. Die Gruppierung der Objekttypen innerhalb der Hierarchie der Anwendungskomponenten sowie die Möglichkeit, generische Suchen für Teilbezeichnungen durchzuführen, erleichtert das Auffinden vorhandener Objekttypen:
    - Vorhandene Objekttypen, deren Definition genau den Anforderungen Ihres Geschäftsprozesses entspricht, können unverändert übernommen werden.
    - Entspricht die Definition eines Objekttyps nicht exakt den Erfordernissen, kann sie erweitert werden.
    - Ist kein passender Objekttyp vorhanden, können Sie selbst Objekttypen definieren.

    Die Methoden, Attribute und Ereignisse eines Objekttyps werden in den entsprechenden Workflow-Bestandteilen eingesetzt.

Weitere Informationen zur Erstellung von Objekttypen bzw. zur Erweiterung vorhandener Objekttypen finden Sie in Kapitel 15, »Business-Objekte«, und in Kapitel 16, »ABAP-Klassen«.

Hinzufügen von Attributen eines Geschäftspartnerobjekts zu einer Benutzerentscheidung

In diesem Beispiel fügen Sie Ihrer Benutzerentscheidung ein Attribut des Geschäftspartnerobjekts `BUS1006` hinzu:

1. Kehren Sie zu Ihrem Workflow zurück, und doppelklicken Sie auf den Benutzerentscheidungsschritt.
2. Fügen Sie im Titel Ihrer Benutzerentscheidung eine Variable hinzu. Beispiel: DO YOU WANT TO DISPLAY BUSINESS PARTNER &1? (Möchten Sie den Geschäftspartner &1 anzeigen?). Setzen Sie den Parameter 1 mithilfe der Eingabehilfe auf die Beschreibung Ihres Geschäftspartners `&BUS1006.Description&`.
3. Testen Sie den Workflow. Wenn Sie die Daten eines vorangegangenen Tests gespeichert haben, wählen Sie LOAD (Laden). Andernfalls müssen Sie vor dem Testen des Workflows einen Objektschlüssel des Business-Objekts eingeben. Um Ihre Testdaten für verschiedene Ausführungen wiederverwenden zu können, wählen Sie nach der Auswahl eines Geschäftspartners aus der Dropdown-Liste im Bereich TEST DATA die Option SAVE.

In nachfolgenden Tests wählen Sie im Bereich TEST DATA die Option LOAD, um Ihre Geschäftspartnernummer zu laden.

Nachdem Sie Ihren Workflow nun bereits einige Male getestet haben, wissen Sie, dass Sie nach dem Start des Tests in den Business Workplace wechseln können, um das Workitem anzuzeigen. Wie Sie sehen, umfasst der Workitem-Text für die Benutzerentscheidungsaufgabe nun Parameter.

13.2.5 Benachrichtigungen

Sie können einen Benutzer benachrichtigen, wenn ein wichtiger Schritt abgeschlossen wurde. Dabei handelt es sich um eine einfache Benachrichtigung, über die ein Hinweis in Textform (kein Workitem) an einen festgelegten Benutzer gesendet wird, sobald ein Schritt beendet ist. Üblicherweise informiert sie einen Benutzer, wenn ein kritischer Schritt beendet ist.

Hinzufügen einer Benachrichtigung zum Schritt für die Anzeige des Geschäftspartners

Führen Sie diese Schritte aus, um einen Benutzer zu informieren, wenn der Schritt zur Anzeige des Geschäftspartners beendet wurde:

1. Wechseln Sie im Workflow Builder zu Ihrem Workflow.
2. Doppelklicken Sie auf Ihren Schritt zur Anzeige des Geschäftspartners (im Zweig YES der Benutzerentscheidung).
3. Wählen Sie die Registerkarte NOTIFICATION. Auf dieser Registerkarte aktualisieren Sie, an *welchen Benutzer* die Benachrichtigung gesendet wird und *welchen Inhalt* die Benachrichtigung enthalten soll.
4. Gegenwärtig ist kein bestimmter Text für NOTIFICATION (COMPLETION) verfügbar. Doppelklicken Sie auf den Link, um einen Benachrichtigungstext für das Beenden hinzuzufügen.
5. Stellen Sie sicher, dass Sie sich im Änderungsmodus für die Aufgabe befinden. (Verwenden Sie das Symbol DISPLAY – CHANGE, um zwischen dem Änderungs- und dem Anzeigemodus zu wechseln.)
6. Wählen Sie die Registerkarte DESCRIPTION. Für den TEXT TYPE wählen Sie COMPLETION TEXT. Wählen Sie das Symbol CHANGE TEXT, um den Text zu aktualisieren.
7. Nachdem Sie einen COMPLETION TEXT hinzugefügt haben, speichern Sie Ihre Aufgabe und wechseln über den BACK-Pfeil erneut in den Workflow.

8. Aktualisieren Sie den MESSAGE RECIPIENT FOR COMPLETION (Nachrichtenempfänger zum Beenden), und wählen Sie WORKFLOW INITIATOR.
9. Testen Sie den Workflow erneut. Wählen Sie den Pfad, um den Geschäftspartner anzuzeigen. Wechseln Sie in den SAP Business Workplace, wenn der Workflow beendet ist. In der Eingangsmappe DOCUMENTS wird der Benachrichtigungstext angezeigt.

13.3 Grundlegendes zu Containern und Datenfluss

Wenn Sie beginnen, mit dem Workflow zu arbeiten, erscheinen Container und Datenflüsse zunächst eher kompliziert. Sobald Sie jedoch die Stabilität, Flexibilität und Skalierbarkeit dieser Konzepte kennenlernen, werden Sie den großen Nutzen von Datenflüssen zwischen Containern zu schätzen wissen. Im Folgenden sind einige der Vorteile von Datenflüssen aufgeführt:

- Workflow-Containerelemente können wiederverwendet werden.
- Sie können innerhalb des Prozesses umfassende Änderungen an Aktivitäten vornehmen, ohne den Prozess als Ganzes zu gefährden (oder umgekehrt: Änderungen am Gesamtprozess wirken sich nicht auf die einzelnen Aktivitäten aus).
- Auch wenn in den verschiedenen Releases unterschiedliche Anwendungen den Workflow auslösen, bleibt der Workflow selbst von diesen Veränderungen unberührt.
- Sie können innerhalb des Workflows Aktivitäten parallel ausführen und müssen sich dabei keine Gedanken um einen Abgleich oder mögliche Konflikte zwischen den Aktivitäten machen.

Container und Datenflüsse werden in Kapitel 14, »Erweiterte Design-Techniken für Workflows«, näher erläutert. In diesem Abschnitt erhalten Sie eine Einführung in ihre Verwendung. Dabei liegt der Schwerpunkt zunächst auf dem Aufgabencontainer, anschließend konzentrieren wir uns auf den Workflow-Container.

Alle Daten, die zur Ausführung einer Methode benötigt oder im Aufgabentext angezeigt werden sollen, müssen im Aufgabencontainer verfügbar sein. Bei Angabe einer Methode in der Aufgabe werden Containerelemente für den Aufgabencontainer automatisch angelegt. Die zur Ausführung erforderlichen Containerelemente werden im Workflow-System ermittelt; anschließend werden Sie gefragt, ob diese Containerelemente automatisch in den

Aufgabencontainer eingefügt werden sollen. Neben den Elementen, die automatisch in den Containern bereitgestellt werden, können Sie eigene Containerelemente im Aufgabencontainer anlegen und einen Datenfluss zwischen der Aufgabe und dem Workflow definieren, sodass diese Containerelemente zur Laufzeit gefüllt werden.

13.3.1 Anlegen von Containern und Datenflüssen für Aufgaben

Der Aufgabencontainer wird auf der Registerkarte CONTAINER bearbeitet (siehe auch Abbildung 13.6). Um die Verarbeitung der Daten durch die Methode zu ermöglichen, können Sie (optional) einen Datenfluss zwischen Aufgabencontainer und Methodencontainer definieren. Das Aufgabenobjekt selbst wird automatisch an den Methodencontainer gebunden. Für andere Methodenparameter stellt das System einen Vorschlag für den Datenfluss bereit, der auf der Registerkarte BASIC DATA der Aufgabe geprüft werden kann, indem Sie auf das Symbol BINDING OBJECT METHOD klicken.

Sofern die Namen der Containerelemente in beiden Containern übereinstimmen, ist es jedoch einfacher, keinen Datenfluss zwischen einer Aufgabe und einer Methode zu definieren. Zudem führt dies zu einer besseren Performance. Dann werden nämlich die Inhalte des Aufgabencontainers anhand der Elementbezeichnungen zugeordnet und automatisch in den Methodencontainer kopiert (für alle in der Methode definierten Elemente). Das Gleiche gilt für den umgekehrten Datenfluss.

Variablen, die in Workitem-Texten und -Beschreibungen eingesetzt werden, werden ebenfalls per Datenfluss aus dem Aufgabencontainer gefüllt. In unserem Beispiel »Anlegen einer Aufgabe, um den Geschäftspartner anzuzeigen« in Abschnitt 13.2.2, »Anlegen und Verwenden von Aufgaben«, haben Sie eine Aufgabe zu Ihrem Workflow hinzugefügt und die Geschäftspartnernummer und eine Beschreibung mit dem Workitem-Text verknüpft. Um während der Bearbeitung der Beschreibung Variablen aus dem Aufgabencontainer hinzuzufügen, wählen Sie INSERT EXPRESSION. Sie können eine beliebige Anzahl an Variablen zum Text hinzufügen (bis zur Größe des Textfelds).

13.3.2 Erstellen von Containerelementen im Workflow-Container

Im Workitem-Textfür die Benutzerentscheidung können aktuelle Laufzeitwerte des Workflows angezeigt werden. Sie können diese Werte integrieren, indem Sie relevante Variablen für die Entscheidung direkt in den Workitem-

Text einfügen. Diese Variablen werden zur Laufzeit durch Werte aus den zugehörigen Workflow-Containerelementen ersetzt.

Dabei handelt es sich natürlich nur um eine von vielen Möglichkeiten zur Verwendung von Containerelementen im Workflow, und es ist gleichzeitig ein Beispiel, das Sie rasch einmal selbst ausprobieren können. (In Abschnitt 13.2.4, »Zugriff auf Daten und Aktivitäten«, wurde anhand eines Beispiels veranschaulicht, wie Sie den Workflow-Container verwenden, um Variablen für den Workitem-Text der Benutzerentscheidung zu verknüpfen.)

1. Um Containerelemente anzulegen, wählen Sie den Bereich WORKFLOW CONTAINER und doppelklicken auf die Zeile <DOUBLE-CLICK TO CREATE>.
2. Geben Sie im Feld ELEMENT den technischen Namen des Containerelements ein.
3. Jedes Containerelement benötigt zur eindeutigen Identifizierung einen technischen Namen, der aus mindestens zwei Zeichen bestehen muss. Der technische Name muss mit einem Buchstaben beginnen (die Groß-/Kleinschreibung wird nicht beachtet), danach können Buchstaben, Unterstriche oder Ziffern folgen. Da der technische Name nicht übersetzt wird, empfiehlt sich in mehrsprachigen Umgebungen die Verwendung englischer Wörter.
4. Name und Beschreibung (optional) bearbeiten Sie im Bereich TEXTS. Beide können in mehrsprachigen Umgebungen übersetzt werden.
5. Je nach der Datentypreferenz des Containerelements sind auf der Registerkarte DATA TYPE Eingaben erforderlich: Prüfen Sie zunächst, ob das gewählte Containerelement anhand eines vordefinierten Datentyps modelliert wird. Wählen Sie das Icon SELECTION OF PRE-DEFINED TYPES ( ), und doppelklicken Sie, um den vordefinierten Typ auszuwählen. Die erforderlichen Einträge für den Datentyp werden vom System vorgenommen. Wenn Sie ein nicht vordefiniertes Containerelement erstellen möchten, machen Sie, je nach gewünschtem Datentyp, folgende Angaben:
   - **Objekttyp**
     Wählen Sie OBJECT TYPE sowie eine Objekttypkategorie, und geben Sie die Bezeichnung des Objekttyps ein. Beispiele sind ein bestimmtes BOR-Objekt (z. B. `BUS1006`) oder eine bestimmte ABAP-Klasse.
   - **ABAP-Data-Dictionary-Referenz**
     Wählen Sie STRUCTURE und FIELD. In diesem Fall geben Sie eine Tabelle/Struktur und ein Feld ein, auf der bzw. dem die Containerdaten basie-

ren sollen. Dadurch wird im Container Platz reserviert (entsprechend dem eingegebenen Feld). Die Funktionsweise ist mit einer `like`-Anweisung identisch.

- **ABAP-Data-Dictionary-Datentyp**
  Wählen Sie ABAP Dictionary Reference, und geben Sie im Feld Type Name die Tabelle oder Struktur ein. Verwenden Sie diese Möglichkeit, um einen Datentyp zur Beschreibung des Feldes im Workflow-Container bereitzustellen.

Tipp

Die Angabe eines Objekttyps ist nicht zwingend erforderlich. Wird kein Objekttyp bestimmt, kann dem Containerelement zur Laufzeit eine Referenz auf einen beliebigen Objekttyp zugewiesen werden. Einschränkungen hinsichtlich des Datenflusses können jedoch im späteren Verlauf des Workflows die Verwendung einiger Objekttypen ausschließen.

Tipp

Eines der häufigsten Missverständnisse im Zusammenhang mit dem Workflow ist der Irrglaube, pro Workflow könne nur ein Business-Objekt verwendet werden. Dies ist nicht der Fall. In anwendungsübergreifenden Workflows werden häufig verschiedene Business-Objekte eingesetzt. Die Verknüpfung zwischen diesen Objekten wird durch den Workflow gebildet. Ein Beispiel: Zwischen einem gescannten Dokument (z. B. mit dem Objekttyp `IMAGE`) und dem Rechnungsdatensatz, der an die Datenbank übermittelt wird (z. B. mit dem Objekttyp `BUS2081`) besteht eine Verbindung durch den Workflow.

Geben Sie auf der Registerkarte Properties an, ob es sich bei dem neuen Element um ein Import- und/oder ein Export-Element handelt. Kennzeichnen Sie gegebenenfalls ein Import-Element als Mandatory. Import bedeutet, dass dieses Feld aus der Anwendung an den Workflow übergeben wird. Beispiel: Ein Dokument wird angelegt und löst ein Ereignis aus, über das ein Workflow gestartet wird. Damit der Workflow die Dokumentinformationen von der Anwendung empfängt, muss das empfangende Element im Workflow-Container als Import-Element gekennzeichnet sein.

13.3.3 Ändern von Containerelementen

Wenn Sie ein Workflow-Containerelement hinzufügen, sind Sie dafür verantwortlich, Daten mit dem Workflow-Element zu verknüpfen. Andernfalls ist das Element leer. Sie haben mehrere Möglichkeiten, um Ihre benutzerspezifischen Workflow-Containerelemente mit Daten zu füllen:

- **durch Initialwerte**
  Sie können einem Containerelement einen konstanten Initialwert zuweisen. Bei Ausführung des Workflows wird das Containerelement zunächst mit diesem Wert gefüllt. Durch Änderungen am Inhalt des Containerelements wird der Initialwert überschrieben.
- **durch eine Containeroperation**
  Mithilfe einer Containeroperation kann ein Containerelement mit einer Konstanten oder einem anderen Containerelement gefüllt werden.
- **durch Datenflüsse in einem Workflow-Schritt**
  Mithilfe von Datenflüssen vom bzw. zum Container können Sie aus jedem Workflow-Schritt, der Daten an den Workflow übergeben kann (z. B. Schritte der Typen Aktivität, Benutzerentscheidung, Dokument aus Vorlage, Webaktivität, Formular etc.), Daten aus dem Aufgabencontainer des Workflow-Schritts an den Workflow-Container (oder umgekehrt) übermitteln. Datenflüsse stellen sozusagen die Regeln dar, anhand derer im Workflow Parameter übergeben werden.
- **durch Datenflüsse aus einem Ereignis**
  Wenn der Workflow auf ein Ereignis reagiert (etwa beim Starten des Workflows durch ein auslösendes Ereignis), können Daten aus dem Ereigniscontainer an den Workflow-Container übergeben werden. Wenn zum Starten des Workflows Daten von einem auslösenden Ereignis übertragen werden sollen, muss für diejenigen Workflow-Containerelemente, die aus dem Ereigniscontainer gefüllt werden sollen, das Kennzeichen IMPORT gesetzt werden, bevor Datenflüsse definiert werden können. Weitere Einzelheiten finden Sie in Kapitel 18, »Verwendung von Ereignissen und anderen Business-Interfaces«.

Hinzufügen eines benutzerspezifischen Workflow-Containerelements und Zuordnen von Daten zu diesem Element

In diesem Beispiel üben Sie, wie Workflow-Containerelemente hinzugefügt und bearbeitet werden. Sie fügen ein Containerelement hinzu, das ein Datum repräsentiert. Anschließend fügen Sie ein weiteres Datum zu diesem Datum hinzu und verwenden das neue Datum in der Benutzerentscheidung. (Normalerweise fügen Sie nicht zwei Datumsangaben gemeinsam hinzu, sodass dieses Beispiel in einer Produktivumgebung eher unwahrscheinlich ist. An dieser Stelle ist es jedoch nützlich, um sich mit der Arbeit mit Containerelementen vertraut zu machen.)

1. Wechseln Sie in den Bereich WORKFLOW CONTAINER, und legen Sie mit einem Doppelklick auf die Zeile <DOUBLE-CLICK TO CREATE> ein neues Containerelement an. Geben Sie die folgenden Informationen an:
   - ELEMENT: NEWDATE
   - NAME: MYNEWDATE
   - SHORT DESCRIPTION: Mein erster Versuch mit Containern

   Wählen Sie ABAP DICTIONARY REFERENCE:
   - STRUCTURE: SYST
   - FIELD: DATLO

   Das neue Feld wird nun in Ihrem Workflow-Container angezeigt.
2. Wechseln Sie vom Bereich WORKFLOW CONTAINER zum Bereich STEP TYPES THAT CAN BE INSERTED (Schritttypen, die eingefügt werden können). Ziehen Sie den Schritttyp CONTAINER OPERATION auf die Linie vor dem Schritt USER DECISION (Benutzerentscheid), und geben Sie die folgenden Informationen ein:
   - STEP NAME: ADDDATES
   - OUTCOME NAME: TWO DATES ADDED
   - RESULT ELEMENT: Wählen Sie NEWDATE aus dem Dropdown-Menü.
   - EXPRESSION: Wählen Sie das Objekt `BUS1006` aus dem Dropdown-Menü und dann CREATEDON.
   - OPERATOR: Wählen Sie ADD aus dem Dropdown-Menü.
   - EXPRESSION: Wählen Sie SYSTEM FIELDS aus dem Dropdown-Menü und dann TIMLO.

   Ihr Workflow Builder verfügt nun vor dem Benutzerentscheidungsschritt über einen Schritt ADDDATES. Sie werden nun das Ergebnis der Containeroperation in der Benutzerentscheidung anzeigen.
3. Doppelklicken Sie auf den Schritt BENUTZERENTSCHEIDUNG. Setzen Sie PARAMETER 2 auf Ihr Containerelement NEWDATE. Verwenden Sie zu diesem Zweck das Auswahlfeld.
4. Setzen Sie im Workitem-Text die Variable `&1` an der Position ein, an der der Wert angezeigt werden soll. Beispiel: »Möchten Sie den Geschäftspartner `&1 &2` anzeigen?«

Tipp

Durch die Variable &2 wird festgelegt, dass es sich um einen Verweis auf Parameter 2 dieser Schrittdefinition handelt. Diese Angabe ist optional, Sie könnten auch einfach die Variable & einsetzen. In einer mehrsprachigen Umgebung empfiehlt sich jedoch die Angabe der Variablennummer, da die Variablen in einer anderen Sprache oft in anderer Reihenfolge im Text erscheinen.

5. Speichern, aktivieren und testen Sie den Workflow. Beachten Sie das Datum, das im Workitem-Text angezeigt wird. Es sollte sich um ein Datum in der weit entfernten Zukunft handeln. (Wie Sie wissen, dient dieses Beispiel lediglich dazu, ein Workflow-Containerelement hinzuzufügen und den Schritttyp Containeroperation zu verwenden.)

Zusätzliche Informationen zur Aufgabenbeschreibung in der Benutzerentscheidung

Der Kurztext der generischen Entscheidung wird in der Schrittdefinition angegeben (Dadurch wird der Vorgang vereinfacht.), der Langtext dagegen gehört zur Aufgabe selbst. Wenn Sie selbst einen Langtext erstellen möchten, können Sie Aufgabe TS00008267 in eine neue Aufgabe kopieren und für diese eine entsprechende Aufgabenbeschreibung formulieren. Dabei können Sie eigene Variablen erstellen und diese dem Aufgabencontainer hinzufügen. Nachdem Sie die Aufgabe fertiggestellt haben, ersetzen Sie auf der Registerkarte CONTROL des Schritts die Aufgabe TS00008267 durch die neue Aufgabe. Denken Sie auch daran, dass Sie der neuen Aufgabe mögliche Bearbeiter zuweisen müssen.

13.4 Schritte

Neben den Schritttypen USER DECISION, CONTAINER OPERATION und ACTIVITY, die Sie bereits kennengelernt haben, stehen zur Modellierung eines Workflows weitere Schritttypen zur Verfügung. Obwohl ACTIVITY der wichtigste Schritttyp ist, um den Workflow mit der Anwendung zu verknüpfen, wird eine Vielzahl weiterer Schritttypen benötigt, um den Workflow-Ablauf zu steuern.

13.4.1 Weitere Schritttypen

Tabelle 13.1 zeigt alle in SAP NetWeaver 7.4 verfügbaren Schritttypen. Diese Schritttypen decken sämtliche Funktionen ab, die Sie benötigen, um den Workflow-Ablauf zu steuern: welche Geschäftsfunktionen aufgerufen werden sollen, Schleifen, Bedingungen, Containeränderungen, Einsatz mehrerer Zweige und viele weitere Funktionen.

Schritttyp	Symbol	Funktion zur Laufzeit
Activity		Ausführung einer Aufgabe oder eines Sub-Workflows. Zur Laufzeit werden Daten aus der Aufgabe oder dem Sub-Workflow an den Workflow-Container übergeben, sobald das entsprechende Workitem erzeugt wird. Mit Abschluss des Workitems erfolgt der Vorgang in umgekehrter Richtung.
Ad hoc Anchor (Ad-hoc-Anker)		Bei der Definition werden Workflows hinterlegt, die diesen Schritt ersetzen können. Zur Laufzeit kann ein berechtigter Benutzer einen der hinterlegten Workflows auswählen. Der Ad hoc Anchor wird dynamisch durch die Schritte dieses Workflows ersetzt.
Condition (Bedingung)		Je nach Ergebnis der Condition-Auswertung wird entweder der TRUE- oder der FALSE-Pfad durchlaufen. Im Bedingungseditor können die Bedingungsergebnisse simuliert werden. Dies erleichtert das Testen komplexer Bedingungen.
Container Operation		Unter Verwendung von Konstanten und Daten im Workflow-Container werden Rechenoperationen oder Wertzuweisungen für Workflow-Containerelemente ausgeführt. Es können auch Operationen auf mehrzeilige Container ausgeführt werden, wie etwa auf Anhänge an eine Liste.
Document from Template		Aus einer Dokumentvorlage wird ein digitales Dokument erzeugt. Dabei werden im Text Variablen eingesetzt, die während der Workflow-Ausführung aus Workflow-Containerelementen gefüllt werden. Der Workflow-Container empfängt ein neues Containerelement mit der Dokument-ID.
Event Creator		Ein Ereignis wird erzeugt. Der Ereigniscontainer wird aus dem Workflow-Container gefüllt.
Form (Formular)		Ein strukturbasiertes Containerelement kann als Formular angezeigt, bearbeitet oder genehmigt werden. Die Daten werden direkt aus dem Workflow-Container übertragen und nach der Verarbeitung wieder dorthin gesendet.

Tabelle 13.1 Schritttypen

Schritttyp	Symbol	Funktion zur Laufzeit
FORK (Paralleler Abschnitt)		Ein paralleler Abschnitt wird für die Parallelverarbeitung eingesetzt. Sie können definieren, wie viele parallele Zweige vorhanden sind und wie viele Zweige vollständig durchlaufen werden müssen, damit der parallele Abschnitt beendet und der Workflow fortgesetzt werden kann. Eine andere Möglichkeit ist die Definition einer Endbedingung.
LOOP (UNTIL) (Schleife)		Eine Schrittsequenz wird wiederholt durchlaufen (mindestens jedoch einmal), bis die definierte Abbruchbedingung eintritt.
MULTIPLE CONDITION (Mehrfache Bedingung)		Abhängig vom Wert eines Workflow-Containerelements wird einer von mehreren in der Workflow-Definition angegebenen Zweigen durchlaufen. Werte, die keinem Zweig zugeordnet wurden, können in einem Zweig OTHER VALUES (Andere Werte) verarbeitet werden.
PROCESS CONTROL		Über diesen Schritt kann die Ausführung eines Workitems oder Workflows abgebrochen bzw. ein Workitem obsolet gesetzt werden, sodass im Zweig PROCESSING OBSOLETE (Verarbeitung überflüssig) alternative Schritte ausgeführt werden können.
SEND MAIL		Der in diesem Schritttyp eingegebene Text wird als E-Mail gesendet. Die dazu benötigte Aufgabe sowie die erforderlichen Datenflüsse werden im Workflow-System erzeugt.
BLOCK		Ein Block ist ein Modellierungskonstrukt, um eine Gruppe aus Schritten gemeinsam zu modellieren. Der Block verfügt über eine Datenschnittstelle. Zusätzlich können Sie Termine zu einem Block hinzufügen, um sicherzustellen, dass der gesamte Block innerhalb eines bestimmten Zeitraums abgeschlossen wird. Blöcke werden in Kapitel 14, »Erweiterte Design-Techniken für Workflows«, näher erläutert.
USER DECISION		Dem Bearbeiter wird eine Frage mit einer Liste vordefinierter Antworten angezeigt. Jede vordefinierte Antwort entspricht einem separaten Zweig im Workflow.

Tabelle 13.1 Schritttypen (Forts.)

Schritttyp	Symbol	Funktion zur Laufzeit
LOCAL WORKFLOW		Ein lokaler Workflow ist ein »freier« Block, der nicht mit dem Haupt-Workflow verbunden ist. Lokale Workflows werden durch Ereignisse ausgelöst und ermöglichen die Einbindung eines Design-Elements in den Workflow. Während der Ausführung eines Workflows müssen sie möglicherweise mehrmals ausgeführt werden, in anderen Fällen werden sie überhaupt nicht ausgeführt. Lokale Workflows werden ebenfalls in Kapitel 14 näher erläutert.
UNDEFINED STEP		Ein unbestimmter Schritt kann während der Entwicklung als Platzhalter verwendet werden. Zur Laufzeit haben diese Schritte keine Bedeutung.
WAIT FOR EVENT		Das System wartet auf ein bestimmtes Ereignis. Das Workitem wird erst dann beendet, wenn das erwartete Ereignis eintritt. Mithilfe eines Datenflusses können Daten aus dem Ereigniscontainer an den Workflow-Container gesendet werden.
WEB ACTIVITY		Die ausgewählten Containerelemente werden in Form einer XML- oder SOAP-Nachricht über HTTP gesendet. Dieser Schritt kann auch auf eine Antwort auf eine Nachricht warten.

Tabelle 13.1 Schritttypen (Forts.)

13.4.2 Einfügen neuer Schritte

Um einen neuen Schritt einzufügen, ziehen Sie den Schritttyp per Drag & Drop an die Position, an der der Schritt eingefügt werden soll. Schritte können vor oder nach einem vorhandenen Schritt eingefügt werden. Tabelle 13.2 zeigt, wie Sie Schritte in einen Workflow einfügen.

Wo soll der Schritt eingefügt werden?	Welches Objekt wird benötigt?
nach einem Schritt	Ziehen Sie den Schritttyp auf den Ausgang des vorangegangenen Schritts.
vor einem Schritt	Ziehen Sie den Schritttyp auf einen Schritt, um ihn vor diesem einzufügen.
als neuer Zweig eines parallelen Abschnitts	Ziehen Sie den Schritttyp auf das Symbol FORK () vor dem parallelen Abschnitt.

Tabelle 13.2 Einfügen von Schritten in einen Workflow

Über den Bereich My Workflows and Tasks (Meine Workflows und Aufgaben) können Aufgaben effizient als Aktivitäten in den Workflow eingefügt werden. Hier werden Aufgaben und Workflows angezeigt, die Sie ausgewählt oder zuvor bearbeitet haben. Die Auswahl erfolgt in einem Suchbereich, in dem verschiedene Suchkriterien zur Verfügung stehen. Wenn Sie zur Definition der Workflows bestimmte Aufgaben häufiger benötigen, können Sie diese Aufgaben in einer Gruppe zusammenfassen und diese Gruppe dem Suchbereich hinzufügen.

Lassen Sie sich die Aufgabengruppe im Bereich detailliert anzeigen, wählen Sie die Stelle des Workflows, an der die Aufgabe eingefügt werden soll, und doppelklicken Sie auf die Aufgabe, um diese auszuwählen. Es wird im Workflow automatisch eine Aktivität eingefügt, die auf diese Aufgabe verweist.

Einfügen eines Schritts zum Versenden einer E-Mail

In diesem Beispiel fügen Sie einen Schritt Send Mail ein, um eine E-Mail zu versenden, wenn sich der Benutzer entscheidet, das Material nicht anzuzeigen.

1. Wechseln Sie in Ihren Workflow, und ziehen Sie den Schritt Send Mail auf den Zweig No des Schritts User Decision.
2. Markieren Sie das Ankreuzfeld Send Express.
3. Wählen Sie das Feld Subject, wählen Sie Insert Expression und anschließend `BUS1006` • Business Partner.
4. Geben Sie im Feld für den Langtext den Text für die E-Mail ein.
5. Wählen Sie das Icon Transfer and to Graphic (Übernehmen und zur Grafik). Sie werden zur Angabe eines Kürzels und einer Bezeichnung aufgefordert, um eine neue Aufgabe anzulegen. Geben Sie die entsprechenden Werte für den Namen und die Beschreibung ein. Zudem müssen Sie eine Entwicklungsklasse angeben oder die Aufgabe als Local Object festlegen.

Ihr Ablauf sollte nun mit Abbildung 13.8 übereinstimmen. Auf die Benutzerentscheidung folgen zwei Schritte: Prüfen des Geschäftspartners und Versenden der E-Mail.

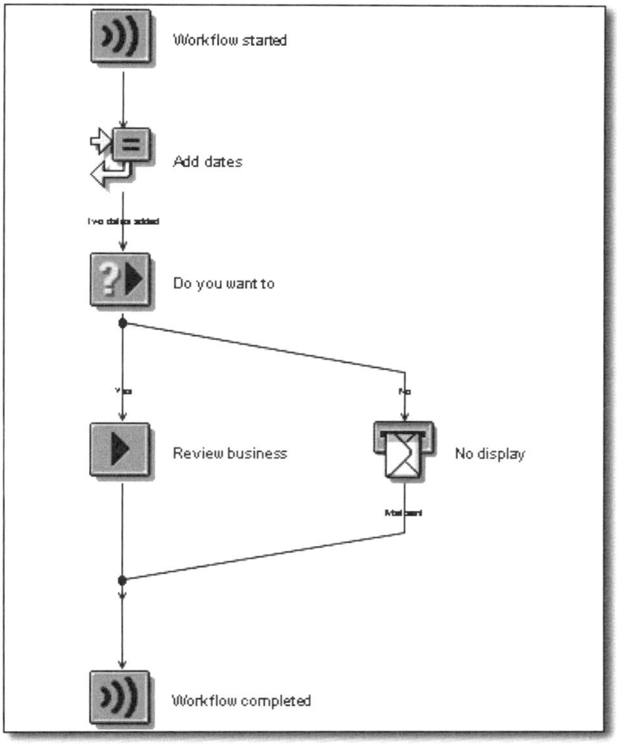

Abbildung 13.8 Beispielablauf

13.4.3 Typen von Ausgängen

Ausgänge sind das, was der aufrufende Schritt bzw. die aufrufende Funktion zurückgeben kann. Bestimmte Ausgänge werden im Workflow Builder standardmäßig angezeigt. Ausgänge sind daher wichtig, weil die Zweige des Workflow-Ablaufs auf Ausgängen basieren. Abhängig vom gewählten Schritttyp sind verschiedene Ausgänge möglich. Um die möglichen Ausgänge eines Schritts anzuzeigen, führen Sie die folgenden Schritte aus:

1. Doppelklicken Sie auf einen Schritt, und wählen Sie die Registerkarte OUTCOMES (Ausgänge).
2. Wenn Sie in dem in Abbildung 13.8 gezeigten Workflow auf den Schritt USER DECISION (DO YOU WANT TO DISPLAY THE BUSINESS PARTNER?) doppelklicken und die Registerkarte OUTCOMES wählen, werden drei Ausgänge angezeigt: YES, NO und PROCESSING OBSOLETE.
3. Wenn Sie den Schritt OUTCOMES wählen, werden drei Ausgänge angezeigt: STEP EXECUTED und PROCESSING OBSOLETE.

Beachten Sie, dass der Ausgang PROCESSING OBSOLETE für den Schritt USER DECISION im Workflow Builder nicht angezeigt wird. Normalerweise werden nur Ausgänge angezeigt, die eine Reaktion durch den Workflow erfordern. Einige dieser Ausgänge sind optional, andere werden vom System nur dann angezeigt, wenn sie als Ergebnis für bestimmte Einstellungen benötigt werden. Tabelle 13.3 zeigt alle möglichen Ausgänge.

Ausgang	Ausgang ist unter diesen Bedingungen vorhanden	Hinweise und Kommentare
Ereignisbezeichnung (beendendes Ereignis der Aufgabe)	In der Aufgabe wurden beendende Ereignisse definiert.	Falls es sich bei der zugrunde liegenden Methode um eine asynchrone Methode handelt, müssen Sie mindestens ein Ereignis als Ausgang aktivieren.
Wertbezeichnung (möglicher Wert des Ergebnisses der Methode)	Die synchrone Objektmethode wurde mit einem Ergebnis definiert, für das im ABAP Dictionary festgelegte Werte gepflegt werden.	Wenn Sie alle Werte des Ergebnisses deaktivieren, aktiviert das System den Ausgang STEP EXECUTED.
Ausnahmebezeichnung (Ausnahme der Methode)	Die Objektmethode wurde mit Ausnahmen definiert.	Nähere Informationen dazu finden Sie in Kapitel 15, »Business-Objekte«.
Systemausgänge: DOCUMENT COULD NOT BE CREATED	Es handelt sich um einen Schritt des Typs Dokument aus Vorlage.	Dieser Ausgang wird verwendet, wenn die Dokumenterstellung fehlschlägt.
Systemausgang: TASK EXECUTED SYNCHRONOUSLY	Es handelt sich um einen Schritt des Typs Dokument aus Vorlage.	Der Schritt DOKUMENT AUS VORLAGE wird wie gewohnt beendet.
Systemausgang: STEP EXECUTED	▸ Die Aktivität verweist auf eine synchrone Objektmethode ohne Ergebnis. ▸ Die Aktivität verweist auf eine synchrone Objektmethode mit Ergebnis, es wurde aber kein Ergebnis ausgewählt.	Der Schritt wird wie üblich beendet.

Tabelle 13.3 Schrittausgänge

Ausgang	Ausgang ist unter diesen Bedingungen vorhanden	Hinweise und Kommentare
Systemausgänge: Processing rejected	Das Kennzeichen Processing can be rejected wurde gesetzt.	Wenn die Verarbeitung des Workitems zur Laufzeit abgelehnt wird (z. B. im Business Workplace über Reject Execution), werden die im Anschluss an diesen Ausgang definierten Schritte ausgeführt.
Systemausgang: Processing obsolete	Das Workitem kann über einen Schritt des Typs Process Control als obsolet gekennzeichnet werden.	▸ Die nach diesem Ausgang definierten Schritte werden ausgeführt. ▸ Dieser Ausgang dient zum Überspringen von Schritten bei Überschreitung modellierter Terminüberwachungen.
Systemausgänge: Requested End, Latest End, Latest Start	Die entsprechende Terminüberwachung wird aktiviert und eine modellierte Reaktion gefordert. Dies gilt für den Workflow Wizard Model Deadline Monitoring.	▸ Innerhalb dieser Zweige werden Schritte modelliert, die ausgeführt werden, wenn der Termin überschritten wird. Zum Beispiel können Sie einen Schritt Process Control modellieren, der das Workitem dieses Schritts obsolet setzt. ▸ Diese Einstellungen können nicht geändert werden.

Tabelle 13.3 Schrittausgänge (Forts.)

13.4.4 Welche Aufgaben- und Schrittattribute beeinflussen die Workitem-Ausführung?

Beim Einrichten einer Aufgabe wirken sich bestimmte Optionen auf das Verhalten der Aufgabe zur Laufzeit aus. Attribute, die sich auf die Ausführung von Workitems auswirken, finden sich sowohl in der Aufgabendefinition (beim Anlegen der TS-Aufgabe) als auch in der Schrittdefinition (beim Einfügen einer Aufgabe in einen Workflow). In der Aufgabendefinition finden Sie die folgenden Einstellungen (siehe Abbildung 13.6):

- BACKGROUND PROCESSING (Hintergrundverarbeitung)
  Wählen Sie dieses Ankreuzfeld, wenn das Workflow-System (also der Benutzer WF-BATCH) das Workitem ohne Benutzerinteraktion automatisch im Hintergrund ausführen soll. Dieses Kennzeichen steht nur dann zur Verfügung, wenn es sich bei der zugrunde liegenden Methode nicht um eine Dialogmethode handelt, sie also keine Benutzerinteraktion erfordert. Das Workitem wird in keiner Benutzer-Inbox angezeigt, Sie können es sich nur in den Workitem-Reports oder Workflow-Protokollen anzeigen lassen.
- CONFIRM END OF Processing (Ende der Verarbeitung bestätigen)
  Aktivieren Sie dieses Ankreuzfeld, wenn der Benutzer entscheiden soll, wann das Workitem beendet ist. In diesem Fall bleibt ein Workitem so lange in der Inbox eines Bearbeiters, bis dieser das Verarbeitungsende bestätigt, auch wenn das Workitem bereits ausgeführt wurde. Der Bearbeiter kann das Workitem erneut ausführen oder es weiterleiten. Dieses Kennzeichen *kann nicht* für Aufgaben gesetzt werden, die im Hintergrund ausgeführt werden.

Tipp

Wenn Sie CONFIRM END OF PROCESSING wählen, muss der Benutzer nicht nur die mit der Aufgabe verknüpfte Arbeit erledigen, sondern die Fertigstellung seiner Arbeit auch anschließend bestätigen. Verwenden Sie dieses Kennzeichen nur, wenn Sie eine zusätzliche Bestätigung wünschen, bevor das Workitem beendet wird. Bei Auswahl dieser Einstellung kann der Benutzer zudem eine Anlage mit der Bestätigung hinzufügen.

Die folgenden Einstellungen sind in der Schrittdefinition zulässig (doppelklicken Sie im Workflow Builder auf eine Aufgabe, und wählen Sie die Registerkarte DETAILS):

- PROCESSING CAN BE REJECTED (Verarbeitung kann abgelehnt werden)
  Wählen Sie diese Einstellung, wenn der Benutzer den Schritt überspringen kann. Sie können über den entsprechenden Ausgang REJECTED alternativ auszuführende Schritte modellieren.
- STEP NOT IN WORKFLOW LOG (Schritt nicht im Workflow-Protokoll)
  Workitems für diesen Schritt werden in den Standardprotokollen nicht angezeigt, sind jedoch immer im technischen Workflow-Protokoll enthalten. Im grafischen Protokoll werden nicht nur diese Schritte, sondern auch die Ausgänge herausgefiltert. Das bedeutet, dass beim Herausfiltern eines Schritts mit mehreren Ausgängen alle Zweige und die darin enthaltenen

Schritte nicht im grafischen Protokoll angezeigt werden. Diese Zweige und Schritte werden erst ab dem Punkt wieder angezeigt, an dem die Wege zusammenlaufen.

- Advance with Dialog (Synchronous Dialog Chain) (Mit Dialog weiterschalten (synchrone Dialogkette))
  Wenn der Bearbeiter des vorangegangenen Schritts auch für diesen Schritt als Bearbeiter ermittelt wurde, erfolgt die Ausführung dieses Schritts direkt nach Abschluss des vorangegangenen Schritts. Dieser Vorgang wird in Kapitel 4, »Verteilung von Workitems«, näher beschrieben.

13.5 Dokumentation, Übersetzung, Transport und Teamentwicklung

In diesem Abschnitt werden Themen behandelt, die Sie in Ihr Workflow-Design aufnehmen sollten. Dazu zählen die Dokumentation für Ihren Workflow, die Übersetzung, der Transport Ihres Workflows aus der Entwicklungs- in die Produktivumgebung sowie Optionen für die gemeinsame Workflow-Entwicklung innerhalb eines Teams.

13.5.1 Wie dokumentieren Sie Workflow-Definitionen?

Sie sollten für Ihr Projekt bestimmte Richtlinien und Erwartungen im Hinblick auf die Workflow-Dokumentation festlegen. Sie können die Workflow-Definition in verschiedener Hinsicht dokumentieren. Zunächst können Sie in der Beschreibung der Workflow-Definition den Zweck des Workflows erläutern und beschreiben, auf welche Weise er gestartet wird und welche Sub-Workflows aufgerufen werden. Diese Dokumentation finden Sie im Workflow Builder über den Menüpfad Goto • Basic Data. Wählen Sie die Registerkarte Description. Sie können den Link Note It! verwenden, um Notizen zu Dokumentationszwecken hinzuzufügen. Zusätzlich können Sie auf Aufgabenebene detaillierte Aufgabenbeschreibungen bereitstellen, die zur Laufzeit verfügbar sind. Objekte können auf Objektebene dokumentiert werden.

Hinweis

Beachten Sie, dass die Aufgabenbeschreibung für Dialogschritte in der Workitem-Vorschau angezeigt wird. Hier sollten also nur Anweisungen für die Benutzer eingegeben werden. Fügen Sie nur dann eine technische Dokumentation in die Aufgabenbeschreibung ein, wenn der Schritt im Hintergrund ausgeführt wird.

Zur Dokumentation eines Workflow-Projekts gehört natürlich erheblich mehr als nur die Workflow-Definition. Unter *http://www.sap-press.de/2209* stehen Checklisten zum Download bereit, die Sie bei diesen Aufgaben zu unterstützen.

13.5.2 Übersetzung des Workflows in andere Sprachen

Alle sprachabhängigen Texte in einer Workflow-Definition können übersetzt werden. Dies gilt für folgende Elemente:

- Schritt- und Ausgangsnamen
- Entscheidungstexte und -titel von Benutzerentscheidungen
- Bezeichnungen der Containerelemente

Benutzer können in ihren persönlichen Einstellungen festlegen, ob Workitem-Texte und Workitem-Vorschau in der ursprünglichen Sprache des Workflows oder in der Anmeldesprache angezeigt werden sollen (vorausgesetzt, der jeweilige Text ist in dieser Sprache verfügbar).

Um eine vollständige Übersetzung zu erhalten, müssen Sie sowohl die Schritte im Workflow Builder als auch sämtliche im Workflow eingesetzten Aufgaben in der Übersetzungstransaktion (Transaktionscode SE63) übersetzen. Nach erfolgter Übersetzung wählen Sie im Workflow Builder die Funktion zum Abgleich von Übersetzungen, um die Änderungen in die aktuelle Workflow-Version zu übernehmen. Andernfalls werden die Änderungen erst beim Import des Workflows in nachfolgende Systeme übernommen.

13.5.3 Transport neuer Versionen eines Workflows

Beim Erstellen eines neuen Workflows ist dieser stets in einer Version mit der Nummer 0000 vorhanden. Diese Version wird standardmäßig beim Speichern des Workflows überschrieben. Wenn Sie dieses Systemverhalten ändern möchten, wählen Sie Workflow • Generate Version, um eine neue Version zu erzeugen. Die Workflow-Definition wird auf den Status New, Saved gesetzt.

Um nicht übermäßig Speicherplatz für die Workflow-Definitionen zu beanspruchen, sollten Sie eine neue Version nur in diesen Situationen erzeugen:

- wenn inkompatible Änderungen vorgenommen wurden
- wenn produktive Workflows ausgeführt werden, die auf die aktuelle Version verweisen

Das System verwaltet verschiedene Versionen einer Workflow-Definition; nur eine davon ist jeweils aktiv. Sie können die passende Version als aktive Version auswählen.

Tipp

Die Import- und Exportparameter des Workflow-Containers unterliegen keiner Versionierung.

Im Informationsbereich wird die Nummer der Version angezeigt, die Sie bearbeiten. Dort wird ebenfalls angezeigt, ob es sich dabei um die aktive Version handelt. Wählen Sie im Workflow Builder das Symbol BASIC DATA (), um sich eine Übersicht aller vorhandenen Versionen anzeigen zu lassen. Die Versionsnummer wird in den versionsunabhängigen Grunddaten auf der Registerkarte VERSION OVERVIEW (Versionsübersicht) angezeigt. Auf der Registerkarte VERSIONS der versionsabhängigen Grunddaten können Sie sich eine Übersicht über alle Versionen der Workflow-Definition anzeigen lassen.

Tipp

Ein laufender Workflow bezieht sich stets auf die zum Startzeitpunkt aktive Workflow-Version. Selbst wenn später eine neue Version des Workflows zur aktiven Version wird, verweisen noch ausgeführte Workflows weiterhin auf die Version, die zum Zeitpunkt des Workflow-Starts aktiv war. Wenn Sie diese Version überschreiben und noch aktive Workflows vorhanden sind, können unerwartete Fehler auftreten.

Beim Transport einer Workflow-Definition in ein anderes System wird nur die aktive Version transportiert. Sollte im Zielsystem eine Workflow-Definition mit der gleichen Versionsnummer vorhanden sein, wird diese durch die transportierte Version überschrieben, solange für diese keine Workflows mehr ausgeführt werden. Andernfalls wird die transportierte Workflow-Definition unter einer neuen, nicht belegten Versionsnummer gespeichert. Die transportierte Workflow-Definition wird im Zielsystem zur aktiven Workflow-Definition.

13.5.4 Workflow-Entwicklung innerhalb eines Teams

Der Workflow Builder bietet Teamworking-Funktionen, mit denen die Entwicklung von Workflows im Team unterstützt wird. Darüber hinaus steht Ihnen die Möglichkeit zur Verfügung, jedem Schritt eine selbst definierte Gruppierungsbezeichnung zuzuordnen. Im optional anzeigbaren Bereich

TEAMWORKING können Sie nach Schritten suchen, denen eine bestimmte Gruppierungsbezeichnung zugeordnet ist oder die bestimmte Änderungsdaten enthalten. In den Optionen des Workflow Builders können Sie einstellen, dass alle Schritte hervorgehoben werden, auf die eine kundenspezifische Gruppierungsbezeichnung zutrifft. Ebenfalls können Sie einstellen, dass alle Schritte, die vom selben Benutzer zuletzt geändert wurden, farblich hervorgehoben werden. Der letzte Änderer wird auf der Registerkarte CHANGE DATA der Schrittdefinition angezeigt. Die Gruppierungsbezeichnung der einzelnen Schritte tragen Sie auf derselben Registerkarte CHANGE DATA der Schrittdefinition ein.

Sie können jedem Schritt eine Gruppierungsbezeichnung zuweisen. Mithilfe dieser Bezeichnung können Sie die grafische Darstellung des Workflows strukturieren. Das Auswahlfeld zeigt alle bereits definierten Gruppierungsbezeichnungen an. Wenn Sie eine neue Gruppierungsbezeichnung eintragen, wird diese automatisch in das Auswahlfeld eingefügt und steht auch für alle weiteren Schritte zur Auswahl. So können Sie Schritte markieren, die überarbeitet werden müssen oder an einen Sub-Workflow übermittelt werden sollen. Ebenso können Sie auf diese Weise die verschiedenen logischen Bestandteile eines umfangreichen Workflows voneinander abgrenzen.

Weitere Bücher des Autors

The Complete Guide to SAP NetWeaver Portal (SAP PRESS 2012)

Bei der erweiterten Workflow-Erstellung werden Themen behandelt, die über die Schritte zum Anlegen Ihrer ersten Workflows hinausgehen. Dieses Kapitel bietet Workflow-Experten Informationen zu den neueren Workflow-Funktionen und beschreibt deren optimale Verwendung.

14 Erweiterte Design-Techniken für Workflows

Von Manish Chaitanya

Dieses Kapitel behandelt eine Vielzahl an Themen, die von Sub-Workflows und Bedingungen bis hin zu parallelen Abschnitten und zur Parallelverarbeitung reichen. Zudem werden Workflow-Container im Detail untersucht, und Sie erfahren, worum es sich bei diesen Elementen handelt, wie sie funktionieren und weshalb sie wichtig sind.

Wenn Sie mit der Workflow-Erstellung beginnen, kann der Datenfluss zu den schwierigsten Konzepten zählen, die Sie verstehen müssen. In diesem Kapitel wird der Datenfluss daher im Detail erklärt, und wir erläutern neue Optionen, die in den aktuellsten SAP-Releases verfügbar sind. Zusätzlich werden Blöcke und lokale Workflows beschrieben und veranschaulicht. Wenn Sie dieses Kapitel gelesen haben, sind Sie bereit für die nächste Entwicklungsebene Ihres Workflow-Designs.

14.1 Schrittbedingungen

Bedingungen wurden bisher noch nicht detailliert behandelt. Untersuchen wir also zunächst die Arten von Bedingungen, die beim Anlegen von Workflows verfügbar sind (siehe Tabelle 14.1).

Bedingungstyp	Bezeichnung	Verwendungsbeispiel
CONDITION (Bedingung)	Prüft einen bestimmten Wert und gibt ein boolesches Ergebnis (wahr oder falsch) zurück. Der Schritttyp wird im Workflow Builder modelliert. Die Bedingung wird anhand von Daten angelegt, die im Workflow-Container verfügbar sind.	Für Aufträge ab einer bestimmten Summe sind zusätzliche Bearbeitungsschritte erforderlich. Verwenden Sie einen Bedingungsschritt, um zu ermitteln, ob die Auftragssumme den Schwellwert überschreitet.
MULTIPLE CONDITION (Mehrfachbedingung)	Prüft einen Wert über einen Vergleich mit mehreren Werten. Der Vergleich basiert auf einer Case-Anweisung (Vergleich basierend auf einem Containerelement, System oder Konstantenfeld) oder auf einer Switch-Anweisung (jeder mögliche Ausgang, basierend auf einer Bedingung zum Testen des Wertes).	Beim Anlegen eines Geschäftspartners werden für bestimmte Länder spezifische Verarbeitungsschritte ausgeführt. Verwenden Sie eine Mehrfachbedingung zum Testen des Landes, um den korrekten Zweig zu ermitteln.
STEP CONDITION (Schrittbedingung)	Platziert eine Bedingung, basierend auf einem spezifischen Schritt innerhalb des Workflows (nicht als Teil des Prozessflusses enthalten).	Ein Workitem soll nur dann abgeschlossen werden, wenn eine bestimmte Bedingung erfüllt ist – etwa wenn alle Felder eines Formulars ausgefüllt sind.

Tabelle 14.1 Bedingungstypen

Der Schwerpunkt dieses Abschnitts liegt auf der Schrittbedingung. Schrittbedingungen können auf zwei Bedingungsarten basieren: Workitem erzeugen und Workitem beenden. Um Bedingungen für einen Schritttyp zu konfigurieren, doppelklicken Sie auf einen Aktivitätsschritt in Ihrem Workflow und wählen die Registerkarte CONDITIONS (siehe Abbildung 14.1).

Tipp

Wenn für einen Aktivitätsschritt eine Bedingung hinzugefügt wird, geschieht dies innerhalb des Schritts. Das heißt, dass im Workflow Builder nicht anhand eines visuellen Kennzeichens sichtbar ist, dass der Schritt über eine Bedingung verfügt. Wenn Sie auf den Schritt doppelklicken, wird jedoch auf der Registerkarte CONDITION anhand eines Symbols angezeigt, dass eine Bedingung gesetzt wurde.

Daher ist es wichtig, dass Sie die Bedingung entweder in der Benennung des Schritts oder im Bereich NOTE IT! dokumentieren. Dieser Hinweis sollte an einer Stelle hinzugefügt werden, an der zukünftige Workflow-Entwickler problemlos erkennen können, dass für einen bestimmten Schritt eine Bedingung gesetzt wurde.

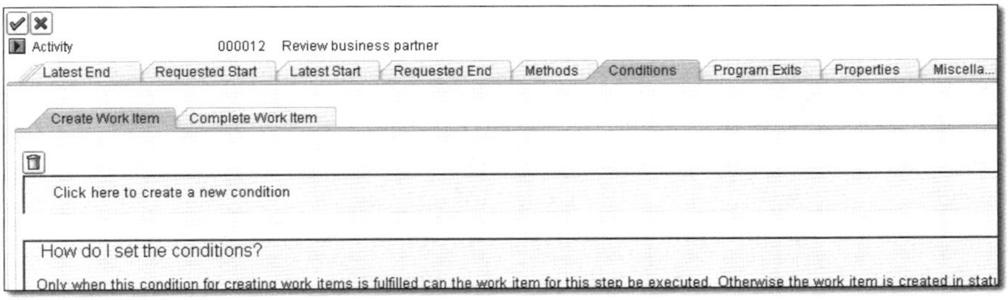

Abbildung 14.1 Hinzufügen einer Bedingung zu einem Aktivitätsschritt

Abbildung 14.2 zeigt die Typen von Bedingungen, die Sie für einen Aktivitätsschritt anlegen können: CREATE WORK ITEM und COMPLETE WORK ITEM. Diese Bedingungstypen werden nun im Detail untersucht.

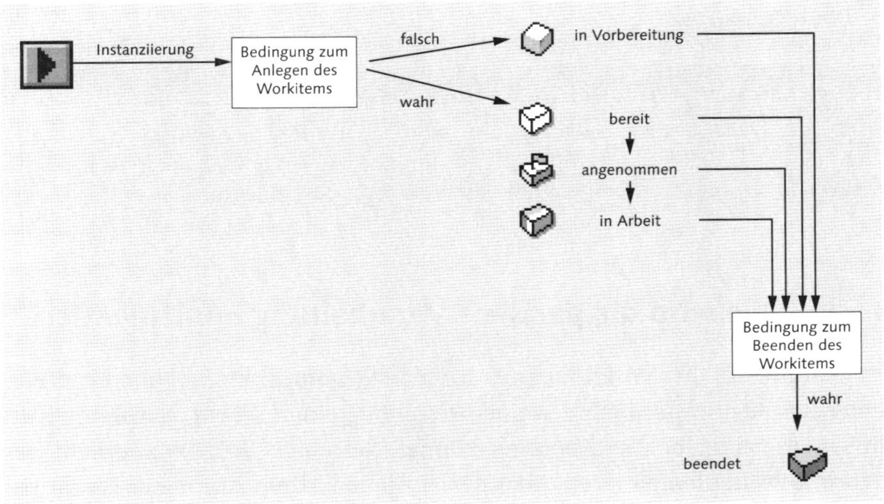

Abbildung 14.2 Mögliche Bedingungstypen für einen Aktivitätsschritt

14.1.1 Schrittbedingung: Workitem anlegen

Über die Bedingung Create Work Item wird eine Bedingung ausgewertet, bevor das Workitem *angelegt* wird. Wenn der Aktivitätsschritt innerhalb des Workflows gestartet wird, wird für das Workitem der Status In Preparation (in Vorbereitung) gesetzt, bis die Bedingung erfüllt ist. Erst wenn die Bedingung erfüllt ist, weist das Workitem den Status Ready (bereit) auf. Die Bedingung wird über den Hintergrundjob SWWCOND ausgeführt.

14.1.2 Schrittbedingung: Workitem abschließen

Über die Bedingung Complete Work Item wird eine Bedingung ausgewertet, bevor das Workitem *abgeschlossen* wird. Das Workitem wird erst abgeschlossen, wenn die Bedingung erfüllt ist.

Sowohl die Bedingung Create Work Item als auch Complete Work Item wird durch den Hintergrundjob SWWCOND oder durch ein Workflow-Ereignis ausgewertet, das in den Grunddaten des Workflows definiert ist. Ereignisse für die Schrittbedingungen werden im Fenster Basic Data angezeigt. Führen Sie dazu die folgenden Schritte aus:

1. Wählen Sie im Workflow Builder Goto • Basic Data.
2. Klicken Sie auf die Registerkarte Version-Dependent und dann auf die Registerkarte Events.
3. Auf der Registerkarte Events befindet sich die Spalte Receiver Type. Eine der Optionen im Dropdown-Feld lautet Evaluate Preconditions and Postconditions.

Tipp

Der Job SWWCOND muss ausgeführt werden, um Bedingungen auswerten zu können. Die Bedingungszeit hängt vom Job ab, der ausgeführt wird. Dieser Job wurde in Kapitel 3, »Konfiguration des Systems«, näher erläutert.

14.2 Wie wird die parallele Verarbeitung implementiert?

Angenommen, Ihr Workflow muss für jede Einzelposition in einem Auftrag, einer Bestellanforderung oder einer Bestellung einen Schritt ausführen. Mithilfe der parallelen Verarbeitung können Sie einen Schritt innerhalb des Workflows implementieren, über den für jede Einzelposition ein Workitem angelegt und an den richtigen Bearbeiter geleitet wird.

In einigen Situationen kann es auch notwendig sein, dass der Workflow zwei Zweige gleichzeitig ausführt. Der Workflow muss dann in einen parallelen Abschnitt mit mehreren parallelen Zweigen verzweigen, die gleichzeitig ausgeführt werden. Ein gängiges Beispiel für diese Verarbeitung ist der Workflow zur Genehmigung von Rechnungen: Ein Zweig führt die Genehmigung aus, während der andere Zweig den Ablauf auf Ereignisse hin überwacht, die den Genehmigungsprozess beeinflussen könnten (wenn z. B. jemand die Rechnung zurückzieht, sollte der Genehmigungszweig abgebrochen werden).

SAP Business Workflow unterstützt beide Arten der parallelen Verarbeitung: die Ausführung eines Schritts für mehrere Positionen und die parallele Ausführung mehrerer Zweige. Tabelle 14.2 vergleicht zwei Verfahren zur parallelen Verarbeitung, damit Sie entscheiden können, welches Verfahren sich für Ihren Workflow am besten eignet.

Tabellengesteuerte dynamische Parallelverarbeitung	Paralleler Abschnitt
Die zu verarbeitenden Objekte müssen den gleichen Objekttyp aufweisen.	Die zu verarbeitenden Objekte können unterschiedliche Objekttypen aufweisen.
Alle Objekte werden mit der gleichen Aufgabe verarbeitet. Dabei kann es sich um eine Aufgabe mit Dialog oder eine Aufgabe ohne Dialog oder aber einen Sub-Workflow handeln.	Jedes Objekt wird in einem eigenen Zweig verarbeitet. In jedem Zweig können unterschiedliche Schritte, Aufgaben oder sogar Sub-Workflows eingesetzt werden.
Vor der Ausführung des nächsten Workflow-Schritts müssen alle Objekte verarbeitet worden sein.	Damit der Workflow fortgesetzt werden kann, müssen nicht notwendigerweise alle Zweige bearbeitet worden sein (*n*-aus-*m*-Logik oder Bedingungslogik). Zum Beispiel können Sie festlegen, dass zwei von drei Zweigen abgeschlossen sein müssen, um den Prozess fortzusetzen.
Die Zahl der zu verarbeitenden Objekte ist erst zur Laufzeit bekannt. Bei einer Objektliste aus Positionen einer Bestellanforderung variiert z. B. die Anzahl der Positionen.	Die Anzahl der zu verarbeitenden Objekte ist bereits zur Definitionszeit bekannt.
Die Objektliste steht zur Laufzeit in einem mehrzeiligen Container bereit.	Zur Laufzeit stehen die Objekte in verschiedenen Containerelementen des Workflow-Containers zur Verfügung.

Tabelle 14.2 Vergleich verschiedener Verfahren zur parallelen Verarbeitung

Tabellengesteuerte dynamische Parallelverarbeitung	Paralleler Abschnitt
Zur Laufzeit wird für jedes Objekt ein Dialog-, Hintergrund- oder Workflow-Workitem angelegt. Dieses Workitem wird wie üblich bearbeitet.	Zur Laufzeit wird für jeden Schritt im parallelen Abschnitt ein passendes Workitem angelegt. Dieses Workitem wird wie üblich bearbeitet.
Terminüberwachung, Bearbeiterermittlungsregeln und Datenflüsse werden einmal definiert und können dann gleichermaßen für alle angelegten Workitems angewandt werden.	Terminüberwachung, Bearbeiterermittlungsregeln und Datenflüsse werden auf die übliche Weise individuell definiert.

Tabelle 14.2 Vergleich verschiedener Verfahren zur parallelen Verarbeitung (Forts.)

14.2.1 Implementierung der tabellengesteuerten dynamischen Parallelverarbeitung

Sie haben im Workflow-Container ein mehrzeiliges Containerelement definiert, das zur Laufzeit eine Liste aus gleichartigen Werten enthält. Bis zur Laufzeit ist die genaue Anzahl dieser Werte nicht bekannt. Für jeden Wert dieser Liste wird die gleiche Aufgabe (bzw. der gleiche Sub-Workflow) als Workflow-Schritt ausgeführt. Ein Beispiel: Materialien, die mit einem Auftrag verknüpft sind, werden in einem mehrzeiligen Containerelement des Workflow-Containers gespeichert. Für jede Materialart muss der Lagerbestand geprüft werden.

Tipp

Ein weiteres Beispiel ist eine Liste mit Bearbeitern, die ein Objekt genehmigen müssen. Sämtliche Genehmigungen werden parallel durchgeführt. Bis zur Laufzeit ist die genaue Anzahl dieser genehmigenden Bearbeiter nicht bekannt. (Im Workflow Builder steht Ihnen eine Reihe von Wizards zur Verfügung, die Sie bei der Erstellung stabiler Genehmigungsprozesse unterstützen.)

Ein mehrzeiliges Containerelement wird mit einer einzigen Datentypreferenz erstellt und kann daher stets nur Werte enthalten, die auf denselben Datentyp Bezug nehmen. Dabei kann es sich um eine Liste aus Objektreferenzen handeln. Das mehrzeilige Containerelement kann folgendermaßen mit einer Werteliste gefüllt werden:

- **Datenfluss aus einem Ereignis**
  etwa beim Start des Workflows von einem auslösenden Ereignis zum mehrzeiligen Import-Containerelement im Workflow-Container

- **Datenfluss aus einer Aufgabe**
  z. B. von einem mehrzeiligen Containerelement in einem Aufgabencontainer (Ergebnis- oder Rückgabeparameter einer Methode) zum mehrzeiligen Containerelement im Workflow-Container
- **Wiederholter Datenfluss**
  z. B. in einer Schleife von Einzelwert-Containerelementen an das mehrzeilige Containerelement im Workflow-Container

Tragen Sie in der Schrittdefinition auf der Registerkarte MISCELLANEOUS das mehrzeilige Workflow-Containerelement ein. Die Anzahl der parallel ausführbaren Workitems richtet sich danach, wie viele Werte für dieses Containerelement eingegeben wurden. Für jeden Wert wird ein Workitem angelegt. Ist die Tabelle leer, wird der Schritt übersprungen.

Achtung

Das mehrzeilige Containerelement kann maximal 99 Werte enthalten.

Je nachdem, wie die Aufgabe ausgeführt werden soll, muss das mehrzeilige Containerelement unterschiedliche Daten enthalten, und Sie müssen unterschiedliche Datenflüsse vom Workflow- zum Aufgabencontainer definieren. Die Werte des mehrzeiligen Containerelements müssen nicht an die Aufgabe übergeben werden. Sie haben folgende Möglichkeiten und müssen sich für eine entscheiden:

- Sie verwenden auf der Registerkarte MISCELLANEOUS eine Liste mit Objekten, die denselben Objekttyp aufweisen wie die Aufgabendefinition, und legen einen Datenfluss zwischen dem relevanten aktuellen Objekt und der Aufgabe an. Auf diese Weise wird jedes Objekt genau einmal verarbeitet.
- Sie verwenden auf der Registerkarte MISCELLANEOUS eine Liste mit Werten (oder Objekten, die einen anderen Typ aufweisen als die Aufgabendefinition) und legen einen Datenfluss an, der ein und dasselbe Objekt und den jeweils relevanten aktuellen Wert mit der Aufgabe im Workflow-Aufgabe-Datenfluss verbindet. Auf diese Weise wird dasselbe Objekt mehrfach (für jeden Wert einmal) verarbeitet.

Wenn Sie den entsprechenden aktuellen Wert des Containerelements an das Workitem übergeben möchten, definieren Sie auf der Registerkarte CONTROL einen Datenfluss von dem mehrzeiligen Containerelement des Workflow-Containers zu einem einzeiligen Containerelement im Aufgabencontainer. Das einzeilige Containerelement im Aufgabencontainer muss die gleiche Datentypreferenz aufweisen wie das mehrzeilige Containerelement. Zur

Definition des Datenflusses können Sie in der Eingabehilfe (F4) den Eintrag <SOURCE_ELEMENT> WITH INDEX wählen.

Tipp

Wenn unterschiedliche Workitems von verschiedenen Bearbeitern ausgeführt werden, ist zuweilen eine tabellengesteuerte dynamische Schleife erforderlich. Ein Beispiel: Verschiedene Bearbeiter sollen die Daten für unterschiedliche Sichten eines Stammdatensatzes eingeben. In diesem Fall sollten Sie nicht eine Aufgabe in einer dynamischen Schleife, sondern einen Sub-Workflow starten.

Übergeben Sie das Objekt und den betreffenden Bearbeiter mithilfe eines Datenflusses aus der dynamischen Schleife an den Sub-Workflow; auf diese Weise kann der Bearbeiter anhand eines Ausdrucks im Sub-Workflow-Schritt ermittelt werden. Beispiel:

```
TargetAgent <== &MultilineElement [_WF_PARFOREACH_INDEX].agent&
```

Technische Anforderungen, um einen parallelen dynamischen Schritt zu implementieren

Anhand des folgenden Beispiels werden die erforderlichen Schritte veranschaulicht, um einen parallelen dynamischen Schritt zu implementieren. Das Beispiel basiert auf einem Workflow, der eine mehrzeilige Auftragsliste empfängt, für die jeder Auftrag angezeigt werden muss. Das zu Demonstrationszwecken verwendete Business-Objekt ist `BUS2032`.

1. Das für den parallelen Schritt verwendete Objekt muss im Workflow-Container als mehrzeilig gekennzeichnet werden. Wählen Sie das Item im Workflow-Container aus, und wählen Sie unter PROPERTIES den Wert MULTILINE (siehe Abbildung 14.3).

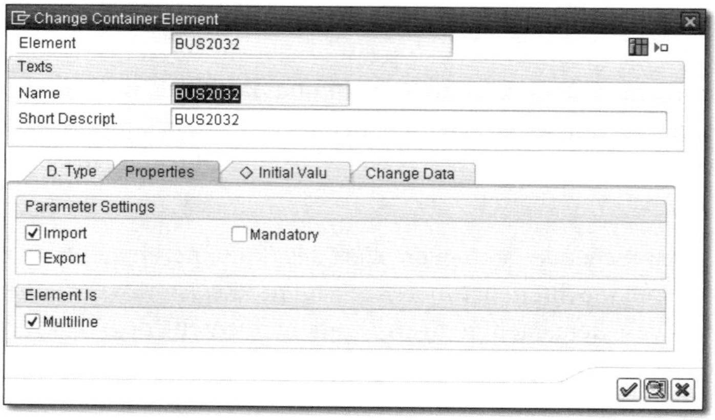

Abbildung 14.3 Business-Objekt als mehrzeilig festlegen

2. Der Schritt, der als mehrzeiliges Element ausgeführt wird, muss über die Registerkarte MISCELLANEOUS (siehe Abbildung 14.4) in der Schrittdefinition mit dem mehrzeiligen Containerelement verknüpft werden. Doppelklicken Sie auf einen Schritt, und wählen Sie die Registerkarte MISCELLANEOUS ❶.
3. Wählen Sie im Feld MULTILINE ELEMENT die Dropdown-Liste, um den Workflow-Container anzuzeigen ❷.
4. Wählen Sie im Workflow-Container MULTILINE ELEMENT BUS2032 ❸.

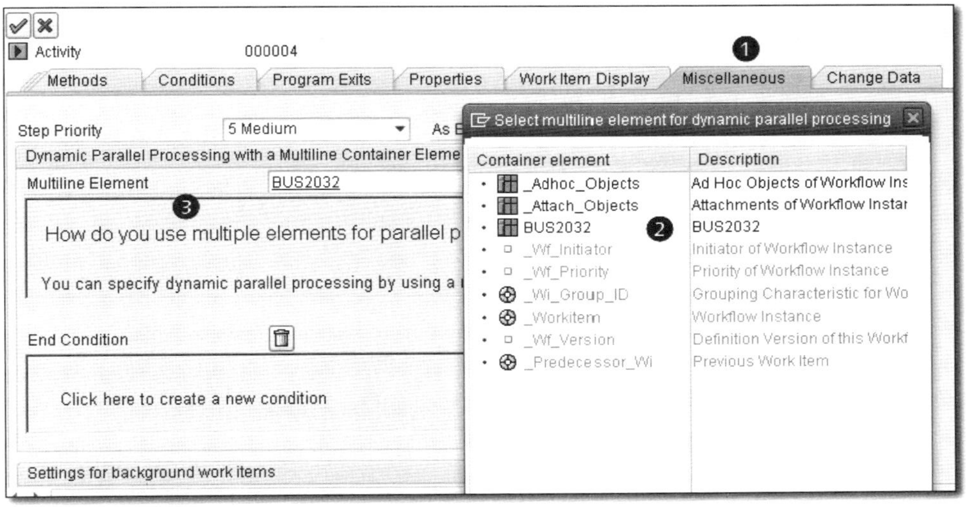

Abbildung 14.4 Dynamische Parallelverarbeitung, basierend auf einem mehrzeiligen Containerelement

5. Um Ihren Workflow zu testen, navigieren Sie in den Testbereich, geben zwei Aufträge als Eingabedaten ein und wählen TEST. Abbildung 14.5 zeigt, wie das Testfenster angezeigt wird.

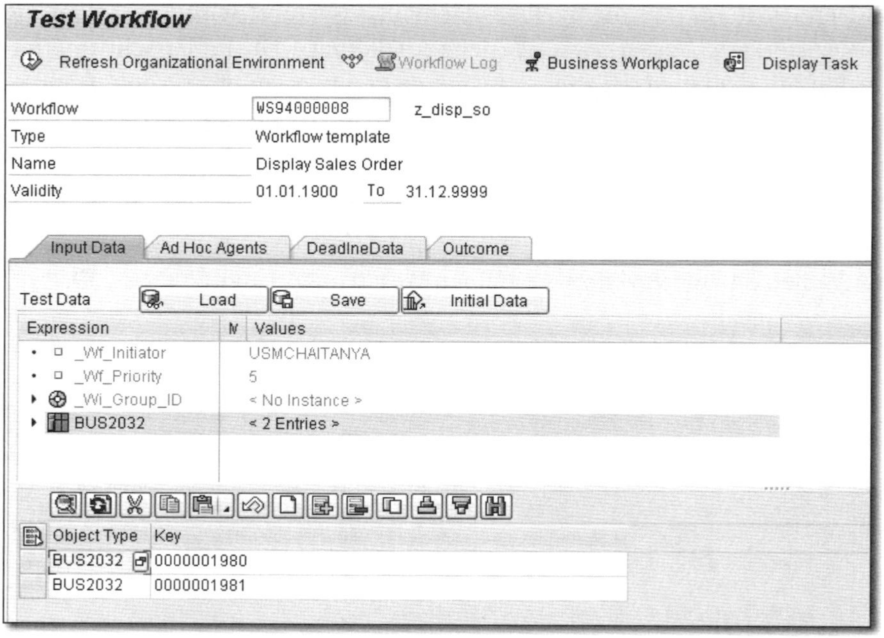

Abbildung 14.5 Testen eines Workflows mit mehrzeiligem Containerelement

14.2.2 Implementierung eines parallelen Abschnitts

In einer Workflow-Definition kommen parallele Abschnitte zum Einsatz, wenn unterschiedliche Teilprozesse parallel ausgeführt werden können. Sie können in der Definition des parallelen Abschnitts festlegen, ob alle Zweige vollständig durchlaufen werden müssen, bevor der Workflow fortgesetzt wird.

In der Workflow-Definition werden der Start ( ) und das Ende ( ) eines parallelen Abschnitts durch die entsprechenden Symbole dargestellt. In einem parallelen Abschnitt können beliebig viele Zweige angelegt werden. Sämtliche Zweige eines parallelen Abschnitts münden in einen JOIN OPERATOR ( ). Sobald ein Zweig zur Laufzeit diesen Vereinigungsoperator erreicht hat, werden die Endbedingungen geprüft.

Geben Sie zur Definition eines parallelen Abschnitts die Anzahl der benötigten parallelen Zweige sowie eine Schrittbezeichnung an. Der parallele Abschnitt besteht aus einem START OPERATOR, den Zweigen (die zunächst je einen unbestimmten Schritt beinhalten) sowie einem JOIN OPERATOR und wird in die Workflow-Definition eingefügt. Um das Ende des parallelen Abschnitts anzugeben, legen Sie die Anzahl der erforderlichen Zweige (*n*-aus-*m*-Logik) oder eine Endbedingung fest.

Tipp

Sie können einen bereits modellierten Block als neuen Zweig in einen parallelen Abschnitt übernehmen, indem Sie diesen Block ausschneiden oder kopieren. Wählen Sie anschließend das Symbol für den parallelen Abschnitt () und im Kontextmenü die Option Paste Block.

Sie können festlegen, dass alle Zweige, einer von drei Zweigen, zwei von drei, zwei von fünf oder beliebige andere Kombinationen von Zweigen abgeschlossen werden müssen. Das wird als *n-aus-m-Logik* bezeichnet. Wurde in der Definition des parallelen Abschnitts eine *n*-aus-*m*-Logik angegeben, prüft das System, ob die Anzahl der durchlaufenen Zweige mit der in der Definition festgelegten übereinstimmt. Wurde in der Definition eine Endbedingung festgelegt, prüft das System, ob die Bedingung wahr ist.

Wenn entweder die *n*-aus-*m*-Logik oder die Endbedingung erfüllt ist, werden alle nicht beendeten Workitems im parallelen Abschnitt in den Status Logically Deleted versetzt, und der Workflow wird nach dem Join Operator fortgesetzt.

Tipp

Die einzelnen Zweige eines parallelen Abschnitts sollten funktional voneinander unabhängig sein.

Die *n*-aus-*m*-Logik ist insbesondere dann von Nutzen, wenn ein Teil eines Prozesses vorzeitig beendet und die nächste Prozessphase gestartet werden soll, weil eine weitere Verarbeitung nicht mehr erforderlich ist. Ein Beispiel: Falls eine Entscheidung dann als endgültig betrachtet werden soll, wenn zwei von drei Bearbeitern ihr zugestimmt haben, können Sie diesen Prozess in parallelen Abschnitten modellieren. Auf diese Weise können Sie die Verarbeitungsgeschwindigkeit erhöhen, da zur Analyse des Ergebnisses nicht auf die dritte Entscheidung gewartet werden muss. Wenn Sie keine Endbedingung angeben oder die Anzahl der erforderlichen Zweige nicht begrenzen, geht das System davon aus, dass alle Zweige durchlaufen werden müssen, bevor der Workflow fortgesetzt werden kann.

14.3 Wiederverwenden von Workflows als Sub-Workflows

Sub-Workflows können zur Strukturierung von Workflows eingesetzt werden. Zwar sind Sub-Workflows selbstständige Workflows, verfügen aber üblicherweise nicht über auslösende Ereignisse, da sie immer von einem anderen Workflow gestartet werden. Um einen Sub-Workflow aufzurufen, können Sie eine Aktivität einsetzen und in dieser anstelle einer Standardaufgabe den Sub-Workflow definieren. Für die Übergabe von Daten aus dem Workflow in den Sub-Workflow richten Sie in der Aktivität einen Datenfluss des Typs Workflow-Workflow ein. In den Datenfluss können nur solche Sub-Workflow-Containerelemente eingebunden werden, die das Kennzeichen IMPORT oder EXPORT aufweisen.

Wenn Sie Sub-Workflow-Schritte direkt in den Workflow einfügen möchten, können Sie den Sub-Workflow erweitern. Sollten zwischen den Containerelementen im bereits vorhandenen Workflow-Container und den einzufügenden Elementen Namenskonflikte auftreten, werden Sie vom System darüber informiert und können diese Elemente umbenennen.

Wenn Sie einen umfangreichen Workflow in mehrere Sub-Workflows unterteilen möchten, um die Pflege zu vereinfachen, sollten Sie sorgfältig auswählen, wie diese Unterteilung erfolgen soll. Denken Sie daran, dass Sub-Workflows in anderen Workflows (oder auch in einem einzigen Workflow) mehrfach wiederverwendet werden können, und unterteilen Sie den Workflow in logische Abschnitte, damit diese Funktionalität optimal genutzt werden kann. Folgende Workflows eignen sich besonders zur Einrichtung von Sub-Workflows:

- Ausnahmebehandlung
- wiederholte Verarbeitung von Hintergrundprozessen
- Vorentscheidung und Vorentscheidungsverarbeitung

In einem Genehmigungsprozess etwa könnte der Prozess, der zu einer Genehmigungs-/Ablehnungsentscheidung führt, in einem Sub-Workflow implementiert sein, und ein weiterer Sub-Workflow könnte die Verarbeitung nach getroffener Entscheidung übernehmen. Auf diese Weise können Sie sicherstellen, dass sich eine Veränderung des Sub-Workflows für die Genehmigungs-/Ablehnungsentscheidung nicht auf die weitere Verarbeitung nach der Entscheidung auswirkt. Darüber hinaus können Sie den Verarbeitungsprozess nach der Entscheidung in einem neuen Workflow wiederverwenden, in dem ein anderer Genehmigungs-/Ablehnungsprozess ausgeführt wird.

Zur Vereinfachung der Workflow-Pflege empfiehlt es sich, einen Rahmen-Workflow zu erstellen, der nur zum Aufruf eines Sub-Workflows mit parallelen Zweigen dient, in denen die Ausnahmebehandlung verarbeitet wird. Die Zweige enthalten Schritte vom Typ WAIT FOR EVENTS (Warten auf Ereignisse), sodass sie nur verarbeitet werden, wenn ein Ereignis ausgelöst wird, das die Ausnahme darstellt (z. B. durch einen Schritt CREATE EVENT an anderer Stelle innerhalb der Workflow-Definition).

Abbildung 14.6 zeigt einen Workflow, der einen parallelen Abschnitt verwendet, um einen Sub-Workflow auszuführen. Gleichzeitig wird auf ein Ereignis zu einem geänderten oder gelöschten Auftrag innerhalb der Anwendung gewartet.

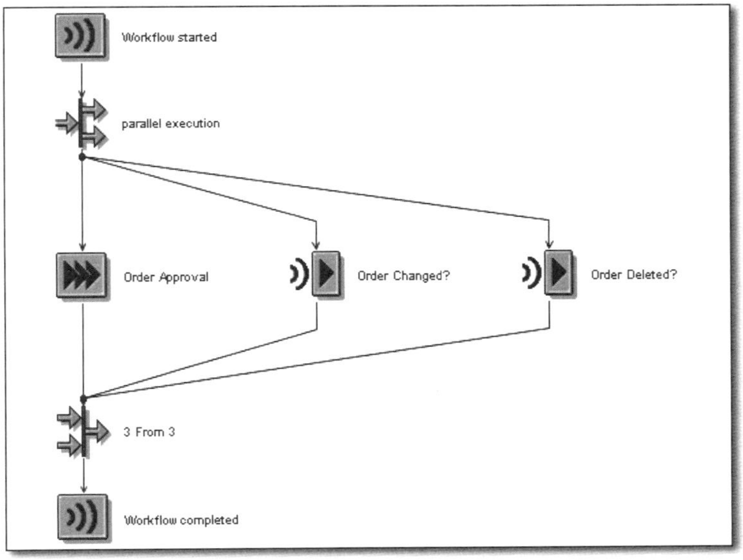

Abbildung 14.6 Workflow mit parallelem Abschnitt und parallelen Zweigen

14.4 Modellierte Terminüberwachung

Bei den in Kapitel 13, »Anlegen eines Workflows«, besprochenen Standardelementen handelte es sich um einfache Termine. Wenn die festgelegte Frist abläuft, wird eine Textbenachrichtigung an den ausgewählten Bearbeiter gesendet. Modellierte Termine gehen mit einer aktiveren Terminüberwachung einher. Bei einem modellierten Termin kann eine Maßnahme ergriffen werden, wenn die Frist abläuft bzw. der Termin überschritten wird.

Wenn Sie die Reaktion auf eine Terminüberschreitung modellieren, erhalten Sie einen neuen Ausgang, in dem eine Verarbeitung gestartet wird, sobald ein Termin überschritten ist. Im Gegensatz zu allen weiteren Workflow-Zweigen sind Terminüberschreitungszweige nicht mit dem eigentlichen Workflow verknüpft. Aus diesem Grund sollten in diesem Zweig nur solche Schritte eingefügt werden, die für genau diese Terminüberschreitung ausgeführt werden müssen. Sie erhalten für den gewünschten Endtermin, die Frist und den spätesten Starttermin jeweils einen eigenen Zweig.

Tipp

Die Datums- und Uhrzeitangaben in der Termindefinition beziehen sich üblicherweise auf Datum und Uhrzeit im Standardkalender, wobei weder Wochenenden noch Feiertage berücksichtigt werden. Wenn die Daten sich auf den Werkskalender beziehen sollen, müssen Sie in der Definition des Termins Ausdrücke verwenden, die auf ein zuvor erstelltes Objekt zur Kalenderprüfung verweisen. In Anhang A, »Tipps und Tricks«, wird ein solches Verfahren erläutert.

Im Folgenden werden die beiden wichtigsten Beispiele für die modellierte Terminüberwachung näher erläutert.

14.4.1 Benachrichtigung der Empfänger per E-Mail, wenn ein Termin überschritten wurde

Wenn die Benachrichtigung der Empfänger nicht als Workitem implementiert werden kann oder soll, können die Empfänger auch per E-Mail oder in einem externen Dokument über eine Terminüberschreitung benachrichtigt werden. Gehen Sie dafür folgendermaßen vor:

1. Auf der Terminregisterkarte pflegen Sie den Bezugszeitpunkt, und auf der Registerkarte MODELED geben Sie eine Bezeichnung ein.
2. Modellieren Sie im neu angelegten Zweig einen Schritt des Typs SEND MAIL.

Tipp

Denken Sie daran, dass das überwachte Workitem sich noch nicht im Status COMPLETED befindet, denn Status und Bearbeiterzuordnung des Workitems ändern sich durch die Pflege einer Terminüberschreitung und die daraus folgende Benachrichtigung nicht.

14.4.2 Überspringen des Workitems bei Überschreitung eines Termins

Sie können die Ausführung eines Workitems abbrechen (dieses also als obsolet markieren), sobald ein Termin überschritten wurde. Diese Vorgehensweise kann dann erforderlich werden, wenn die für dieses Workitem geplante Aktivität nicht mehr ausgeführt werden muss oder an andere Bearbeiter umgeleitet werden soll. Fügen Sie zu diesem Zweck einen Schritt vom Typ PROCESS CONTROL in den neuen Zweig ein.

Tipp

Der Workflow Wizard MODEL DEADLINE MONITORING kann Sie bei der Einrichtung einer modellierten Terminüberwachung unterstützen. Markieren Sie den zu überwachenden Schritt, und wählen Sie mit einem Doppelklick den Workflow Wizard.

1. In der Definition des Schritts, für den eine Terminüberwachung angelegt werden soll, sind folgende Einstellungen erforderlich:
   - Aktivieren Sie auf der Registerkarte OUTCOMES den Ausgang PROCESSING OBSOLETE.
   - Geben Sie auf der entsprechenden Registerkarte DEADLINE Bezugszeitpunkt und Verzögerung für den Termin an, und geben Sie auf der Registerkarte MODELED eine Bezeichnung für den Terminausgang ein (z. B. »Termin überschritten«).

   Fügen Sie nach dem Ausgang DEADLINE MISSED einen neuen Zweig und dort einen Schritt des Typs PROCESS CONTROL ein.
2. Geben Sie in der Definition dieses Schritts an, dass das Workitem des terminauslösenden Schritts als obsolet gekennzeichnet werden soll.
3. Im Zweig PROCESSING OBSOLETE können Sie Alternativschritte modellieren, die bei einer Terminüberschreitung ausgeführt werden sollen.

Tipp

Für jede Terminüberschreitungsart, die Sie mit einer modellierten Reaktion aktivieren, wird in der Workflow-Definition ein neuer Zweig angelegt. Modellieren Sie in diesem Zweig alle Schritte, die bei Überschreitung dieser Terminart ausgeführt werden sollen. Alle Schritte, die unabhängig von der Art des überschrittenen Termins ausgeführt werden sollen, modellieren Sie im Zweig PROCESSING OBSOLETE.

Beachten Sie, dass beim Einsatz modellierter Termine der Empfänger für Terminüberschreitungen nicht automatisch benachrichtigt wird. Wenn eine

Benachrichtigung gesendet werden soll, müssen Sie mithilfe des Schritttyps SEND MAIL den Zweig modellieren, der sich hinter dem entsprechenden Ausgang DEADLINE MISSED befindet.

14.5 Container

In Containern werden die während der Lebensdauer des Workflows benötigten Daten gespeichert. Ein Workflow könnte in ein bis zwei Tagen, ein bis zwei Wochen oder sogar ein bis zwei Monaten abgeschlossen werden. Während dieses Zeitraums muss der Workflow stets nachverfolgen, welche Prozess- und Schlüsseldaten erforderlich sind, um den Prozess auszuführen. Sie verwenden Container als Schnittstelle zur Übermittlung von Daten zwischen den einzelnen Workflow-Bestandteilen sowie zwischen dem Workflow und Anwendungen.

14.5.1 Container und Datenflüsse im Detail

In der SAP Business Workflow Engine werden folgende Container eingesetzt:

- **Workflow-Container für jeden Workflow und Sub-Workflow**
  Nur die als IMPORT klassifizierten Containerelemente können beim Start des Workflows gefüllt werden (z. B. über einen Ereigniscontainer oder Transaktion SWUS).
- **Aufgabencontainer für jede Aufgabe**
  IMPORT-Containerelemente werden über den Workflow-Container gefüllt, EXPORT-Containerelemente werden zurückübertragen.
- **Methodencontainer für jede Methode**
  IMPORT-Containerelemente werden über den Aufgabencontainer gefüllt, EXPORT-Containerelemente werden zurückübertragen.
- **Ereigniscontainer für jedes Ereignis**
  Bei sämtlichen Ereigniscontainern handelt es sich ausschließlich um EXPORT-Containerelemente.
- **Regelcontainer für jede Regel**
  Die IMPORT-Containerelemente werden über den Workflow-Container gefüllt (oder über den Aufgabencontainer, wenn es sich um die Default-Regel der Aufgabe handelt). Das Element `_RULE_RESULT` stellt den einzigen EXPORT-Parameter dar und kann optional gesetzt werden (siehe Kapitel 17, »Regeln zur Bearbeiterermittlung«).

Abbildung 14.7 zeigt den Datenfluss zwischen den verschiedenen Containern eines Workflows. Über *Datenflüsse* wird gesteuert, welche Daten aus dem Quellcontainer benötigt und auf welche Weise diese Daten einem Zielelement im Zielcontainer zugeordnet werden.

Wenn Sie sich Abbildung 14.7 anschauen, gehen Sie von einem Prozess aus, der gestartet wird, wenn ein Geschäftspartner angelegt wird. Basierend auf der Region wird der Geschäftspartner an den richtigen Bearbeiter gesendet, um die für die Business-to-Business-XML-Kommunikation mit dem Geschäftspartner benötigten Informationen einzurichten.

- Beim Anlegen eines Geschäftspartners wird ein *Ereignis* angelegt. Der *Ereigniscontainer* wird mit der Geschäftspartnernummer und der Benutzerkennung der Person gefüllt, die den Geschäftspartner angelegt hat. Der Ereigniscontainer enthält immer Informationen dazu, *wer* das Ereignis angelegt hat und *welches* Objekt beteiligt war.
- Dieser *Ereigniscontainer* wird an den *Workflow-Container* übergeben. Der Benutzer, der den Geschäftspartner anlegt, wird zum Workflow-Initiator (`WF_INITIATOR`). Die Geschäftspartnernummer wird verwendet, um das *Objekt* (`WI_OBJECT_ID`) zu instanziieren.
- Nach der Ausführung des Workflows muss der Workflow-Container das Objekt und weitere relevante Informationen an den Aufgabencontainer übergeben. Der Aufgabencontainer übergibt anschließend das Objekt an den Methodencontainer, der die Funktion aufruft (Transaktionscode oder Programm, abhängig davon, was ausgeführt werden muss).

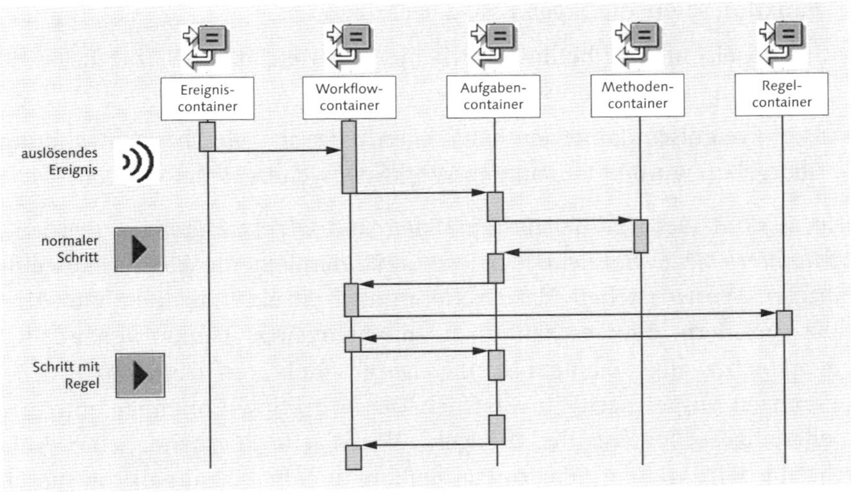

Abbildung 14.7 Datenfluss in Containern

- Wenn die Methode und die Aufgabe abgeschlossen sind, geben sie Informationen an den Workflow-Container zurück.
- Der zweite Schritt muss durch den Bearbeiter ausgeführt werden, der für die Region des Geschäftspartners zuständig ist. Das Länderfeld des Geschäftspartnerobjekts wird dem *Regelcontainer* zugeordnet. Der Regelcontainer verwendet die importierte Region, um den richtigen Bearbeiter zu ermitteln. Das Ergebnis wird im *Workflow-Container* zugeordnet. Dieser Schritt ist die Aktualisierung des Geschäftspartners, für den eine Änderungstransaktion ausgeführt wird.
- Der Geschäftspartner wird an den *Aufgabencontainer* gesendet, der den Geschäftspartner wiederum an den *Methodencontainer* sendet. Die Methode und die Aufgabe geben den Ausgang zurück (z. B. die erfolgreiche Aktualisierung des Geschäftspartners).

Alle Daten, die während der Workflow-Ausführung benötigt werden, sind in Containern gespeichert:

- Der Workflow-Container enthält alle Datenwerte, die in entsprechenden Schritten (z. B. die Typen Containeroperation, Bedingung, Schleife) verwendet und von diesen an die nachfolgenden Schritte weitergegeben werden.
- Der Aufgabencontainer enthält alle Daten, die in Workitem-Texten und Beschreibungen sowie bei der Übermittlung an die und aus der Methode verwendet werden.
- Der Methodencontainer speichert die Parameter der auszuführenden Funktion sowie die Ergebnisse der Funktion.
- Im Regelcontainer befinden sich die Kriterien, die z. B. zur Bearbeiterermittlung verwendet werden.
- Der Ereigniscontainer enthält Daten, die aus Geschäftsanwendungen übergeben wurden und an den Workflow weitergeleitet werden.

Die in Containern gespeicherten Daten und Objektreferenzen werden als *Containerelemente* bezeichnet. Diese Containerelemente können aus einem einzigen Wert bestehen (dazu gehören auch Strukturen), eine Objektreferenz speichern, oder es kann sich um mehrzeilige Elemente handeln. In einem mehrzeiligen Element ist eine Liste aus mehreren Werten bzw. Objektreferenzen gespeichert. Ein Beispiel: Der Workflow-Container enthält ein mehrzeiliges Element für Anlagen. Wenn ein Bearbeiter eine Anlage schreibt, wird diese an das Anlageelement angefügt, und so kann die Liste aller bisher erstellten Anlagen an den nächsten Bearbeiter im Workflow übergeben werden.

In den meisten Containern sind Standardsystemelemente enthalten. Der Workflow-Container etwa beinhaltet das Element des Workflow-Initiators. Sie können einem Container selbst definierte Containerelemente hinzufügen. Einzelwert-Containerelemente können auf komplexen Datentypen mit eingebetteten Strukturen und Strukturhierarchien basieren.

Daten können zwischen den verschiedenen Containertypen mithilfe von Datenflüssen übermittelt werden. Diese Datenflüsse werden immer dann eingesetzt, wenn zwei Container »aufeinandertreffen«. Zum Beispiel tritt der Datenfluss zwischen Workflow und Aufgabe in der Aktivitätsdefinition auf, die die Aufgabe mit dem Workflow verknüpft. Zur Laufzeit werden die Datenflüsse an der entsprechenden Stelle im Workflow ausgeführt. Bei einer synchronen Aufgabe wird z. B. der Datenfluss von Workflow zu Aufgabe während der Workitem-Erzeugung ausgeführt, der Datenfluss von Aufgabe zu Workflow wird bei Abschluss des Workitems ausgeführt.

Hinweis

Wurden die Bearbeiter einer Aktivität einer Regel zugeordnet, besteht der Datenfluss zwischen Workflow und Regel (nicht etwa zwischen der zugrunde liegenden Aufgabe und der Regel) und wird unmittelbar vor Erzeugung des Workitems ausgeführt. Sollte die Regel fehlschlagen, kann der Workflow angehalten und der Administrator informiert werden, ohne dass ein teilweise bearbeitetes Workitem zurückbleibt. Nach Beseitigung des Problems kann der Administrator den Workflow neu starten, und der Datenfluss wird fortgesetzt.

Je nachdem, welche Containertypen betroffen sind, können Sie möglicherweise nur solche Containerelemente in den Datenfluss einbeziehen, für die das Kennzeichen Import oder Export gesetzt wurde. Um z. B. Daten in einem Datenfluss von einem Ereignis an einen Workflow weiterzuleiten, können Elemente des Ereigniscontainers nur an solche Elemente des Workflow-Containers übergeben werden, für die das Kennzeichen Import gesetzt wurde. Wenn ein Datenfluss in beiden Richtungen möglich ist (also z. B. Workflow zu Aufgabe und Aufgabe zu Workflow), müssen Sie darauf achten, dass Sie die richtige Datenflussrichtung angeben.

Einige Datenflüsse erfolgen automatisch. Das Systemcontainerelement `_WI_Object_ID` im Aufgabencontainer ermittelt z. B. automatisch das Objekt, auf das die Methode angewandt werden soll. Es geschieht häufig, dass während der Workflow-Ausführung automatisch Containerelemente übergeben werden, die in beiden Containertypen die gleiche Bezeichnung besitzen. Sie sollten jedoch, um Unklarheiten so weit wie möglich auszuschließen, alle benötigten Datenflüsse explizit definieren.

Tipp

Häufig schlägt das System Datenflüsse vor. Diese sollten *immer* von Ihnen geprüft werden.

Um Workflows möglichst übersichtlich und effizient zu gestalten, sollten Sie nur diejenigen Datenflüsse definieren, die im Workflow tatsächlich benötigt werden. Wenn Sie z. B. über einen Schritt ACTIVITY verfügen, der den Workflow mit einer Aufgabe REVIEW BUSINESS PARTNER verknüpft, sollten Sie nur dasjenige Containerelement in einem Datenfluss von Workflow zu Aufgabe binden, das die Objektreferenz `BUS1006` enthält. Für das Containerelement `Business Partner` muss kein Datenfluss von der Aufgabe zum Workflow angelegt werden, denn selbst wenn Sie die Geschäftspartnerdetails ändern, ändern Sie nicht, welcher Geschäftspartner bearbeitet wird (der Objektschlüssel wird nicht geändert).

14.5.2 Neuimplementierung des Containers

In Releases vor SAP R/3 4.7 (ausgeführt auf SAP Web Application Server 6.20) basiert die Containerimplementierung auf zwei Datenbanktabellen: SWW_CONT und SWW_CONTOB. Bei den meisten Kunden, die den Workflow umfassend einsetzen, stieg die Größe dieser beiden Tabellen jeden Monat deutlich an. In Release SAP R/3 4.7 wurde die Containertechnologie vollständig neu implementiert. Das Speicherformat des Containers wurde standardmäßig in XML geändert (Zu Kompatibilitätszwecken wird das vorherige Format jedoch weiterhin unterstützt.). Diese Änderung bietet mehrere Vorteile:

- Ein entscheidender Vorteil ist die Entfernung von Beschränkungen für Datentypen. Es werden sämtliche ABAP-Data-Dictionary-Typen unterstützt. Dazu zählen u. a. Binärdaten, Strukturen von beliebiger Länge und Komplexität oder ABAP-Objektreferenzen. Diese Vielfalt der unterstützten Datentypen ist möglich, indem die Containerdaten als XML-Dokument gespeichert werden.
- Ein weiterer Vorteil ist der reduzierte Speicherbedarf. Dies gilt insbesondere für große Container und Strukturen. Vor der Neuimplementierung war für jedes strukturierte Feld ein Datenbankeintrag erforderlich. Dies ist nun nicht mehr der Fall.

Bei Verwendung des neuen XML-Containers ist die Beziehung zwischen Business-Objektinstanzen und Workitems in der Tabelle SWW_WI2OBJ gespeichert. Wenn Sie Beziehungen zwischen Workitems und Business-Objektinstanzen auswerten möchten, verwenden Sie nicht direkt die Datenbanktabelle SWW_CONTOB, sondern die Funktionsbausteine `SAP_WAPI_OBJECTS_IN_Workitem` und `SAP_WAPI_WorkitemS_TO_OBJECT`.

In Abbildung 14.8 sehen Sie, dass Sie die XML-Persistenz im Workflow Builder über die folgenden fünf Schritte aktualisieren können:

❶ Wählen Sie Basic Data.

❷ Wählen Sie die Registerkarte Version-Dependent (Current Workflow Version).

❸ Wählen Sie die Registerkarte Control.

❹ Klicken Sie auf die Registerkarte Profile Persistence.

❺ Wählen Sie XML Persistence.

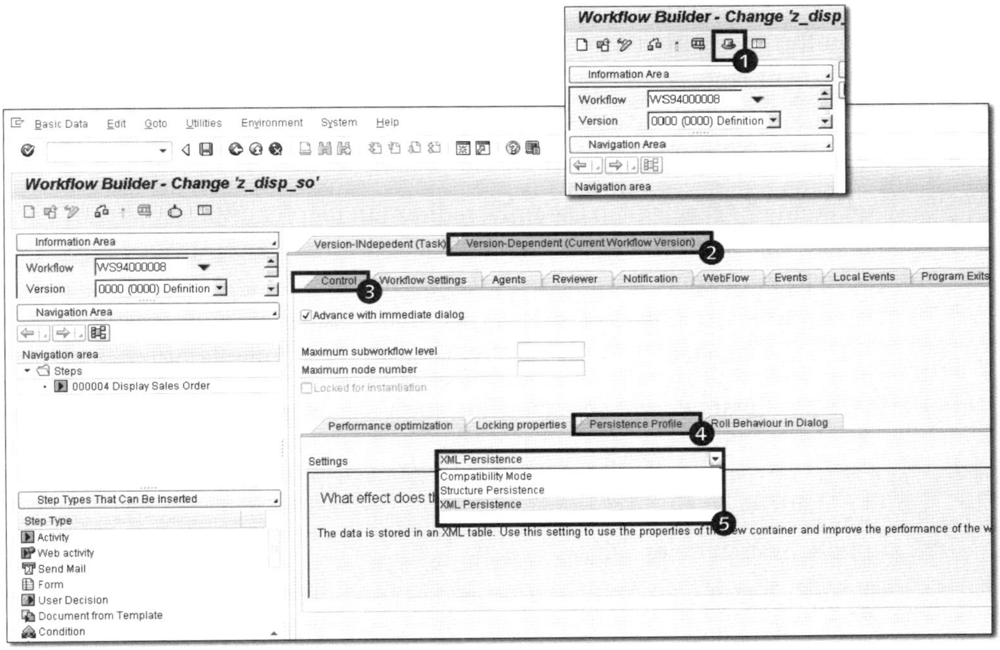

Abbildung 14.8 Konfiguration der Persistenz für den Workflow-Container

Tipp

Wenn Sie neue Workflows anlegen, lautet der Persistenzmechanismus standardmäßig XML (der empfohlene Mechanismus). Sie können jedoch auch den alten Speichermechanismus auswählen. Der alte Mechanismus wird zu Kompatibilitätszwecken für vorhandene Workflows weiterhin unterstützt. Beim Anlegen neuer Workflows sollten Sie jedoch die »neue« XML-Persistenz verwenden.

14.6 Datenfluss

Über den Datenfluss wird festgelegt, wie Daten zwischen den verschiedenen Containern übergeben werden. Wenn z. B. ein Ereignis einen Workflow auslöst, enthält der Ereigniscontainer Informationen dazu, *welcher Benutzer* das Ereignis ausgelöst hat und *welches* Objekt beteiligt war. Diese Informationen werden über einen Datenfluss an den Workflow-Container übergeben. Der Workflow-Container ordnet die Daten dann dem Workitem-Container zu. Der Workitem-Container kann ebenfalls verwendet werden, um einen Datenfluss von einer Schrittausführung zurück zum Workflow-Container zu implementieren.

14.6.1 Datenflusseditor

Abbildung 14.9 zeigt den Datenflusseditor mit den Hauptbereichen des Containers. Dazu zählen u. a. Quelle, Ziel und Drag-&-Drop-Vorgänge, um Import- und Exportdatenflüsse zu kennzeichnen. Bei Quelle und Ziel einer Datenflussanweisung handelt es sich um *Ausdrücke*. Ein Quellausdruck basiert auf dem Quellcontainer, ein Zielausdruck auf dem Zielcontainer.

Bei Datenflussoperationen haben Sie eine Vielzahl an Optionen:

- Zuordnen eines Wertes
- Anhängen an eine Tabelle
- Initialisieren eines Wertes
- Durchführen von XSLT-Transformationen
- Zusammenführen von Elementen
- Verwenden eines programmierten Datenflusses (Datenfluss über kundenspezifischen Code)

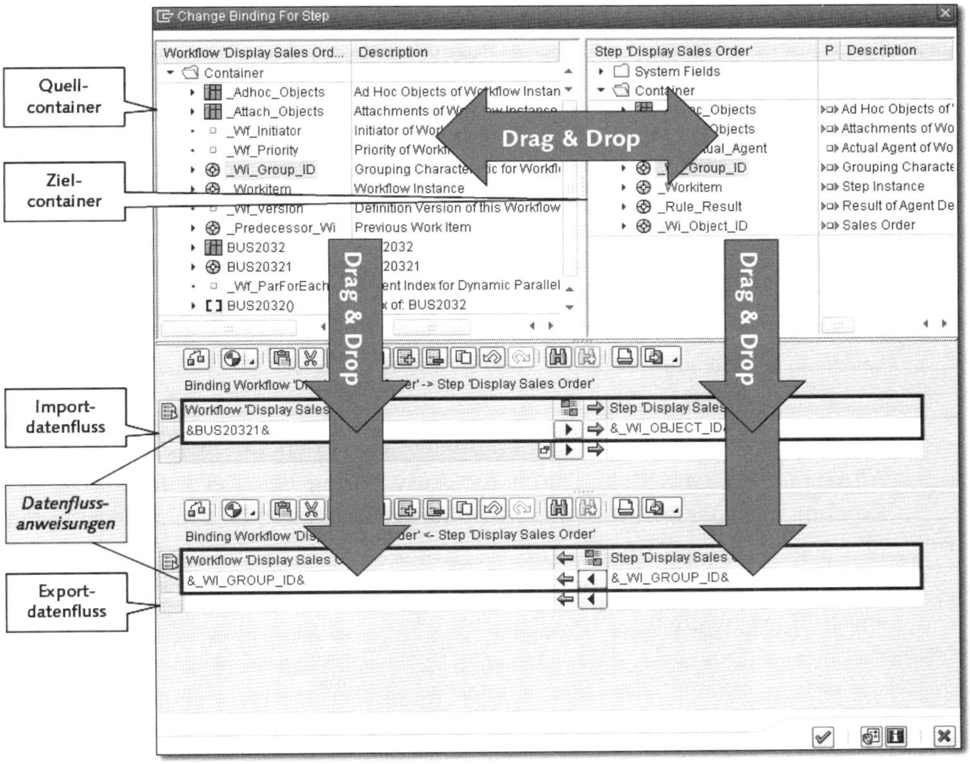

Abbildung 14.9 Datenflusseditor

Neben der reinen Zuordnung sind verschiedene interessante Datenflussoperationen verfügbar, wie das Aufrufen von Anzeigemethoden, funktionale Methoden (siehe Kapitel 15, »Business-Objekte«), das Initialisieren von Werten oder das Anhängen an Tabellen.

Datenflüsse bieten leistungsfähige Möglichkeiten, die Sie untersuchen und testen sollten. Beginnen Sie mit den standardmäßigen Datenflüssen. Wenn Sie auf Probleme stoßen, die Sie zunächst nicht lösen können, sollten Sie immer überlegen, ob die Verwendung von Datenflüssen Ihnen dabei helfen kann.

14.6.2 Ausdrücke

Wenn Sie mit der Workflow-Erstellung beginnen, ordnen Sie Objekte zwischen Containern über Datenflüsse zu. Die in Datenflüssen eingesetzten Ausdrücke bieten nun jedoch auch Indexzugriff für mehrzeilige Elemente. Sie können auf eine vollständige Tabellenzeile, eine bestimmte Spalte in einer

Zeile, eine vollständige Spalte oder andere spezifische Informationen zugreifen. Tabelle 14.3 zeigt gängige Ausdrücke für den Zugriff auf Tabellendaten. Sie können auf die gesamte Tabelle, eine Spalte oder eine Zeile zugreifen.

Ausdruck	Bezeichnung
`&table[index]&`	Zugriff auf eine vollständige Tabellenzeile
`&table[index].columnName&`	Zugriff auf eine Komponente einer Tabellenzeile
`&table[].columnName&`	Projektion für eine einzelne Spalte
`&customers[1].orders[2]&`	zweiter Auftrag des ersten Kunden

Tabelle 14.3 Ausdrucksoptionen

Ausdrücke können Aufrufe funktionaler Methoden für BOR-Objekte oder ABAP-Klassen enthalten. Durch die Auswertung des Ausdrucks wird der Ergebniswert der Methode ermittelt. Sie können Parameter in die Methoden übergeben. Wenn Sie Ausdrücke einsetzen, um Methoden auszuführen, müssen die Methoden schreibgeschützt sein. Es sind keine Datenbankänderungen möglich.

14.7 Blöcke und lokale Workflows

Blöcke sind Modellierungselemente, die andere Modellierungselemente enthalten können. Sie stellen einen Daten-Sub-Kontext dar, verfügen über eine Datenschnittstelle sowie einen Start- und einen Endknoten und können mit Terminüberwachung implementiert werden. Mithilfe von Block-Items werden in Workitem-Hierarchien neue Ebenen eingeführt. Sie werden in den Workflow-Protokollen als Mappen angezeigt. Ein Block wird erst dann abgeschlossen, wenn die abhängigen Workitems beendet sind. Wird ein Block abgebrochen, werden alle abhängigen Workitems ebenfalls abgebrochen.

14.7.1 Lokale Workflows als Praxisbeispiel für die Blockimplementierung

Da lokale Workflows Blöcke verwenden, stellen sie ein hervorragendes Beispiel für die Verwendung eines Blocks in der Praxis dar. Bei lokalen Workflows handelt es sich um freie Blöcke, die also nicht direkt mit dem Rahmen-Workflow verbunden sind. Sie werden durch Workitems vom Typ Block repräsentiert und bieten die meisten Funktionen, die auch von normalen Blöcken unterstützt werden.

Ein lokaler Workflow kann z. B. für Ausnahmen eingesetzt werden: Sie möchten eine Ausnahme im Prozess abfangen und eine alternative Verarbeitung ausführen. Da die Ausnahme zu verschiedenen Zeitpunkten innerhalb des Workflows auftreten kann, wird der Ausnahmeprozess außerhalb des normalen Workflow-Ablaufs behandelt.

Abbildung 14.10 zeigt ein Beispiel für einen lokalen Workflow. Beachten Sie zunächst, dass der Workflow über einen Block verfügt. Innerhalb des Blocks wird eine Ausnahme ausgelöst (❶). Die Ausnahme ist mit dem Block verbunden (❷) und löst ein lokales Ereignis aus (❸). Der lokale Workflow wird basierend auf dem lokalen Ereignis ausgelöst (❹).

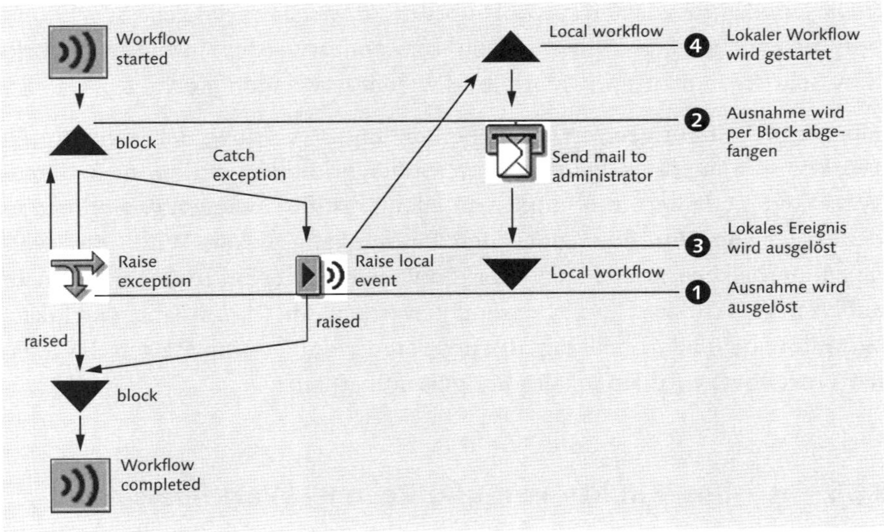

Abbildung 14.10 Lokale Workflows

Für lokale Workflows ist keine Termin- oder Ausnahmebehandlung verfügbar. Diese Workflows können nur durch lokale Ereignisse gestartet werden (Datenflüsse können definiert werden). Lokale Ereignisse werden entweder direkt über einen Schritt EVENT TRIGGER oder indirekt ausgelöst, indem Sie in den BASIC DATA des Workflows ein globales Ereignis mit einem lokalen Ereignis verbinden. Lokale Workflows gehören zum Rahmen-Workflow. Ihre Wiederverwendung in mehreren Workflows ist nicht möglich.

14.7.2 Lokale Workflows und andere von SAP bereitgestellte Beispiel-Workflows

In sämtlichen SAP-Systemen wird eine Vielzahl an Beispiel-Workflows bereitgestellt. Um die Beispiel-Workflows anzuzeigen, verwenden Sie Transaktion SWDD und wählen Workflows, die mit WF_Verify* beginnen. Der Beispiel-Workflow für die Verwendung von Blöcken und lokalen Workflows ist WF_Verify042.

14.7.3 Empfohlene Verwendung lokaler Workflows im Vergleich zu Sub-Workflows

In diesem Kapitel wurden sowohl Sub-Workflows als auch lokale Workflows besprochen. Sub-Workflows sollten verwendet werden, wenn Sie Workflow-Schritte in mehreren Workflows wiederverwenden möchten.

Ein Beispiel ist ein generischer Genehmigungs-Workflow, der in mehreren Workflows aufgerufen werden kann. Sub-Workflows werden im Rahmen-Workflow modelliert und müssen an allen Positionen eingefügt werden, an denen der Sub-Workflow aufgerufen werden kann. Lokale Workflows werden innerhalb eines einzigen Workflows verwendet und können nicht in anderen Workflows wiederverwendet werden. Allerdings kann der lokale Workflow bei Bedarf beliebig oft aufgerufen werden. Zum Starten des lokalen Workflows wird ein lokales Ereignis aufgerufen.

14.8 Ad-hoc-Funktionen und Review-Workflows

Sie sollten die verfügbaren Ad-hoc-Funktionen innerhalb des Workflows kennen und wissen, wie ein Reviewer an einem Workflow-Prozess beteiligt sein kann. Dies ist insbesondere wichtig, wenn Sie den Workflow in SAP Supplier Relationship Management (SAP SRM; siehe Kapitel 29) einsetzen.

14.8.1 Ad-hoc-Funktionen für kurzfristige Änderungen von Workflows

In manchen Fällen müssen Benutzer zur Laufzeit entscheiden können, welche Bearbeiter eingesetzt und welche Schritte ausgeführt werden sollen. Innerhalb von SAP Business Workflow besteht die Möglichkeit der benutzergesteuerten Bearbeiterauswahl, um entscheiden zu können, welche Schritte im Workflow ausgeführt werden sollen. Im Folgenden sind diese Funktionen zusammengefasst:

- **Modellierte Ad-hoc-Bearbeiterzuordnung**
  Sie können einen Dialogschritt in den Workflow einfügen, der Ihnen das Festlegen von Bearbeitern für einen nachfolgenden Schritt ermöglicht. Der Empfänger des Workitems kann aus den möglichen Bearbeitern des folgenden Schritts einen zuständigen Bearbeiter auswählen. Dieser empfängt anschließend das Workitem.

  Zur Modellierung dieses Schritts können Sie den Workflow Wizard Include »Select Editor« einsetzen. Die Verwendung dieses Schritts ist sinnvoll, wenn der Bearbeiter durch eine Person ausgewählt werden muss und keine Regel zur Bearbeiterermittlung vorhanden ist. Beispiel: Der Workflow wird zur Verwaltung eines Projekts eingesetzt. Es gibt einen Schritt, über den ein Bearbeiter zugeordnet wird, um einen Projektschritt auszuführen. Angenommen, bei diesem Projektschritt findet eine Kundeninteraktion statt, z. B. die detaillierte Ermittlung der Kundenanforderungen. Der Bearbeiter für die Zusammenarbeit mit einem bestimmten Kunden sollte möglicherweise individuell (manuell) ausgewählt werden. Daher wird im Workflow ein Schritt benötigt, in dem der Bearbeiter nicht über eine Regel, sondern durch eine Person ausgewählt wird.

- **Generelle Ad-hoc-Bearbeiterzuordnung**
  Beim Start eines Workflows ermittelt das Workflow-System unter Verwendung von Ad-hoc-Bearbeiterobjekten die für die Schritte zuständigen Bearbeiter. Löschen Sie dafür zunächst die Bearbeiterzuordnung aus den entsprechenden Schritten.

  Anschließend aktivieren Sie die Ad-hoc-Bearbeiterzuordnung für alle Schritte ohne zuständigen Bearbeiter, indem Sie im Workflow Builder Extras • Ad Hoc Functions • Enable Ad Hoc Agent Assignment wählen und das Default-Objekt für Ad-hoc-Bearbeiter `AGENT` durch die gewünschten Bearbeiterobjekte in den erzeugten Containerelementen ersetzen.

  Die Bearbeiter, die für noch nicht beendete (oder noch nicht gestartete) Workitems zuständig sind, können während der Workflow-Ausführung bestimmt werden (z. B. durch den Workflow-Administrator).

- **Ad-hoc-Erweiterung eines Workflows**
  Zur Laufzeit können Sie einen Workflow an vorgegebenen Stellen mithilfe des Schritts Ad hoc Anchor erweitern. Dieser Anker-Ad-hoc-Schritt kann zur Laufzeit durch einen Sub-Workflow ersetzt werden. Die Containerdefinition des Sub-Workflows muss mit der des Ad-hoc-Ankers

exakt übereinstimmen. Der Sub-Workflow kann ebenfalls Ad-hoc-Anker enthalten. Zur Definitionszeit legen Sie fest, welche Workflows den Ad-hoc-Anker ersetzen dürfen.

Zur Laufzeit kann dann ein berechtigter Benutzer im grafischen Protokoll den Ad-hoc-Anker durch einen dieser Workflows ersetzen. Der zurzeit ausgeführte Workflow wird erweitert, indem die Schritte des ausgewählten Workflows in diesen eingefügt werden. Dieser Vorgang wird im Protokoll sofort angezeigt. Wenn der Anker nicht ersetzt wird, wird er während der Workflow-Ausführung ignoriert.

Zum Beispiel soll der Benutzer in der Lage sein, kurzfristig einen zusätzlichen Genehmigungsschritt hinzuzufügen. Sie modellieren den zusätzlichen Schritt als einen Sub-Workflow. Der Ad-hoc-Ankerschritt zeigt dann auf diesen Sub-Workflow. Zur Laufzeit kann ein berechtigter Benutzer entscheiden, ob der zusätzliche Genehmigungsschritt verwendet wird, sodass der Sub-Workflow instanziiert wird.

Hinweis

In Anhang A, »Tipps und Tricks«, wird die Verwendung des Ad-hoc-Ankerschritts im Detail beschrieben.

14.8.2 Review-Workflow

Mithilfe von Review-Workflows können Sie einen Prozess überwachen und eine Dokumentation zu diesem Prozess hinzufügen. Diese Workflows erweisen sich dann als nützlich, wenn (wie z. B. in einem Workflow zur Kontrolle von Gefahrguttransporten) Fachkenntnisse gefordert sind oder wenn mehrere Benutzer über das Ergebnis eines Workflows informiert werden sollen und den Fortschritt verfolgen und beeinflussen möchten.

Üblicherweise können nur Workitem-Empfänger und Systemadministratoren Einfluss auf den Ablauf eines Workflows nehmen, andere Benutzer können sich lediglich das Workflow-Protokoll anzeigen lassen. Bei einem Review-Workflow trifft dies jedoch nicht zu. Der Review-Workflow sollte eine Aufgabe enthalten, die auf dem Objekttyp `REVIEW` und einer `EXECUTE`-Methode basiert (diese übergibt im Datenfluss die Workflow-Kennung). Die Kennung des Review-Workflows wird in den Grunddaten des zu überwachenden Workflows eingegeben.

Dadurch wird dem grafischen Protokoll des zu überwachenden Workflows eine weitere Spalte hinzugefügt. Hier können autorisierte Benutzer den

Review-Workflow starten. Nach dem Start des Review-Workflows werden automatisch Daten aus dem zu überwachenden Workflow an den Review-Workflow übertragen. Der Reviewer erhält nicht nur Nachrichten aus dem zu überwachenden Workflow, sondern kann auch Anlagen hinzufügen, die in diesem Workflow angezeigt werden.

Hinweis

In Anhang A, »Tipps und Tricks«, finden Sie ein Beispiel für einen Review-Workflow.

Weitere Bücher des Autors

The Complete Guide to SAP NetWeaver Portal (SAP PRESS 2012)

Business-Objekte oder das Business Object Repository (BOR) dienen zur Integration von Anwendungsdaten und -funktionen in einen Workflow. Sie ermöglichen SAP Business Workflow die flexible und zuverlässige Kommunikation mit den Anwendungskomponenten. Unabhängig davon, ob Sie vorhandene SAP-Objekte erweitern oder eigene Objekte erstellen: Sie werden die Leistungsfähigkeit der BOR-Objekte schnell zu schätzen wissen.

15 Business-Objekte

Von Paul Bakker und Rick Bakker

Der Zweck eines Workflows besteht im Allgemeinen darin, zueinander in Beziehung stehende Anwendungen in einem geschlossenen Geschäftsprozess zusammenzuführen. Aufgrund der Vielzahl vorhandener Anwendungen in SAP-Komponenten muss die SAP Business Workflow Engine in der Lage sein, mit diesen Anwendungen zu kommunizieren, um den Entwicklungsaufwand zu minimieren und den ROI (Return on Investment) der implementierten SAP-Komponente zu maximieren.

Business-Objekte sind eine wichtige Schnittstelle zwischen dem Workflow und den Geschäftsanwendungen in SAP-Komponenten. Das vorliegende Kapitel beschreibt diese Schnittstelle und zeigt, wie Workflows die Schnittstelle zur Einflussnahme auf Anwendungen nutzen. Kapitel 18, »Verwendung von Ereignissen und anderen Business-Interfaces«, beschäftigt sich mit der logischen Folge daraus: Es wird dargestellt, wie Anwendungen in SAP-Komponenten mithilfe von Business-Objekten einen Workflow beeinflussen können.

Als SAP Business Workflow eingeführt wurde, war die objektorientierte Programmierung innerhalb von ABAP noch eher eine Wunschvorstellung als Realität. Dennoch war klar, dass objektorientierte Techniken das Zukunftsmodell und für den Workflow eine entscheidende Grundlage darstellten, um effiziente und effektive Services bereitzustellen. Infolgedessen wurde SAP Business Workflow mit einer Annäherung an die objektorientierte Programmierung angeboten, dem *Business Object Repository* (BOR).

Hinweis

Business-Objekttypen werden normalerweise von Workflow-Analysten und Entwicklern als *BOR-Objekte* bezeichnet. In diesem Kapitel wird diese Bezeichnung übernommen.

Ziel des BOR ist die Bereitstellung von Techniken und Services im objektorientierten Stil. Für die große Leistungsfähigkeit des BOR spricht, dass objektorientierte Konzepte – wie Vererbung, Delegation, Assoziation und Polymorphismus – bereits äußerst umfangreich bereitgestellt werden konnten, während ein vergleichbarer Umfang an objektorientierten Optionen in ABAP-Klassen erst mit SAP R/3 4.6C verfügbar wurde. Und erst mit dem SAP Web Application Server 6.20 konnten ABAP-Klassen in vergleichbarem Umfang wie das BOR in SAP Business Workflow integriert werden.

Hinweis

SAP unterstützt BOR-Objekte und ABAP-Klassen innerhalb von SAP Business Workflow gleichermaßen. In diesem Kapitel werden BOR-Objekte behandelt, Kapitel 16 befasst sich mit ABAP-Klassen.

In diesem Kapitel sollen die Hauptfunktionen der BOR-Objekttypen beschrieben werden, um Ihnen das erforderliche Wissen für deren Einsatz in einem Workflow oder sogar für die Entwicklung eigener Objekttypen zu vermitteln. Aus Platzgründen mussten jedoch einige weniger wichtige Funktionen ausgelassen werden. Weitere Informationen finden Sie im SAP Help Portal (*http://help.sap.com*), in dem alle Funktionen der BOR-Objekte beschrieben werden.

Im folgenden Abschnitt mit den grundlegenden Informationen zu BOR-Objekten erhalten Sie einen Überblick über die in diesem Kapitel verwendeten Fachbegriffe und Konzepte. Die hier bereitgestellten Informationen unterstützen Sie beim Auffinden, Anzeigen und Verstehen vorhandener BOR-Objekttypen für den Workflow-Einsatz und bieten Hilfestellung bei der Frage, ob Sie vorhandene Objekttypen erweitern oder die Erstellung neuer Objekttypen vorziehen sollten.

Um Ihnen ein besseres Verständnis der Definition von BOR-Objekttypen zu vermitteln, bieten die folgenden Abschnitte eine Einführung in die wichtigsten Transaktionen und Merkmale der Business-Objekte. Wenn Sie Zugriff auf ein System besitzen, auf dem Sie die hier vorgestellten Beispiele praktisch nachvollziehen können, werden Sie die zugrunde liegenden Konzepte noch leichter verstehen. Wenn Sie als Prozessanalytiker oder Workflow-Entwickler für die Erweiterung oder Erstellung von BOR-Objekttypen verantwortlich sind, werden für Sie besonders die Abschnitte zur Erstellung eigener BOR-Objekttypen und Objekttypkomponenten von Interesse sein. Für Workflow-Entwickler hält vor allem der Abschnitt zur Programmierung von BOR-Objekttypen wertvolle Informationen bereit.

Im Abschnitt zu den vordefinierten BOR-Objekttypen schließlich werden einige der nützlichsten Funktionen vorgestellt, die Ihnen helfen, kostbare Implementierungszeit einzusparen. Darüber hinaus liefert dieser Abschnitt Beispiele zur Erstellung eigener BOR-Objekttypen.

15.1 BOR-Objekte – Grundlagen

BOR-Objekte bieten die Verbindung zwischen SAP Business Workflow und den Daten und Funktionen in Geschäftsanwendungen. Business-Daten können folgendermaßen verwendet werden:

- in Schritten zur Workflow-Steuerung (einschließlich Bedingungen, Schleifen und Containeroperationen)
- in Datenflüssen (einschließlich Ereignis zu Workflow, Workflow zu Aufgabe, Aufgabe zu Methode, Workflow zu Regel)
- in Texten (einschließlich Workitem-Text und Benutzeranweisungen)
- in Startbedingungen, die bestimmen, ob ein Workflow gestartet wird (siehe Kapitel 18, »Verwendung von Ereignissen und anderen Business-Interfaces«)

Business-Funktionen können folgendermaßen verwendet werden:

- in Methoden, innerhalb von Aufgaben und innerhalb von Workflows
- in Regeln zur Bearbeiterermittlung (innerhalb programmierter Regeln, siehe Kapitel 17, »Regeln zur Bearbeiterermittlung«)
- in Ereigniskopplungen innerhalb von Startbedingungen, in Check-Funktionsbausteinen oder in Verbrauchertyp-Funktionsbausteinen (siehe Kapitel 19, »Benutzerdefinierte Programme«)
- in Neben-, Vor- und Folgemethoden (siehe Anhang A, »Tipps und Tricks«) innerhalb der Workflow-Schrittdefinition

Tipp

SAP stellt viele standardmäßigen BOR-Objekte bereit – mehr als 2.000 in SAP ERP. Einige dieser Objekttypen umfassen ein großes Volumen an Daten und Funktionen, andere weniger. Die vordefinierten Objekttypen basieren in überwiegender Zahl auf Geschäftsentitäten, wie z. B. `Customer`, `SalesOrder`, `ParkedDocument`, `Material` und `Invoice`. Es gibt außerdem einige weitere nützliche Objekttypen, wie z. B. `WF_TASK` (dieser repräsentiert den Workflow oder die Aufgabe) und `SELFITEM` (dieser repräsentiert das Workitem).

BOR-Objekte bieten eine *objektorientierte* Sicht auf die Business-Anwendungen. Die verfügbaren Geschäftsdaten und -funktionen werden in wiederverwendbaren Komponenten strukturiert, auf die mithilfe der SAP Workflow Engine zugegriffen werden kann. Hinsichtlich des Workflows bietet die Objektorientierung folgende Vorteile:

- **Wiederverwendbarkeit**
  Alle definierten Geschäftsdaten und -funktionen sind potenziell in allen Workflows verfügbar. Noch wichtiger: Alle verfügbaren Daten stehen in gleicher Weise zur Verfügung. Durch den Einsatz von *Attributen* ist es ohne Belang, ob die Daten aus einer Datenbank stammen, berechnet wurden, ob es sich um Einzelwerte oder eine Werteliste handelt. Darüber hinaus stehen auch alle Geschäftsfunktionen in gleicher Weise zur Verfügung. Durch Verwendung von *Methoden* spielt es keine Rolle, ob die Funktionen auf Transaktionen, Reports, Funktionsbausteinen, BAPIs (Business Application Programming Interfaces) oder RFCs (Remote Function Calls) für externe Systemroutinen etc. basieren.
- **Kapselung**
  Sämtliche Geschäftsdaten und -funktionen werden nur einmalig im wichtigsten BOR-Objekttyp definiert. Der Name des Kunden wird z. B. im `Customer`-Objekttyp definiert. Zum Abruf des Kundennamens greift der Workflow auf das `Name`-Attribut des `Customer`-Objekttyps zu. Werden Formatierung oder Ableitung des Kundennamens geändert, erfolgt diese Änderung nur im `Customer`-Objekttyp, das neue Format steht anschließend umgehend und automatisch allen Workflows zur Verfügung.
- **Vererbung**
  SAP stellt zahlreiche BOR-Objekttypen mit vordefinierten Daten und Funktionen bereit, auf die mithilfe der SAP Workflow Engine zugegriffen werden kann. Müssen diese Objekte erweitert werden (müssen also diesen Objekttypen Daten und Funktionen hinzugefügt werden), können Sie die von SAP bereitgestellten BOR-Objekttypen an Ihre eigenen BOR-

Objekttypen vererben, anstatt gänzlich neue Objekttypen zu erstellen. Auf diese Weise können Ihre Objekte alle vorhandenen Daten und Funktionen umgehend nutzen. Sie können dann das BOR-Objekt mit mehr Daten und Funktionen ergänzen und sogar bereitgestellte Daten und Funktionen durch eigene ersetzen. Bei der Vererbung durch ein SAP-BOR-Objekt gehen vorhandene SAP-Objekte nicht verloren. So werden sämtliche durch ein Upgrade bereitgestellten neuen Daten oder Funktionen automatisch an Ihre Objekte vererbt.

- **Polymorphismus**
  BOR-Objekte ermöglichen eine generische Programmierung. Dies ist für Ihre eigenen Workflows nicht notwendigerweise wichtig, für die Überwachungs- und Steuerungstools jedoch von grundlegender Bedeutung. Über das Workflow-Protokoll können Sie z. B. – unabhängig vom verwendeten BOR-Objekt – die `Display`-Methode eines beliebigen Objekts ausführen, das zu dem Protokoll in Beziehung steht (z. B. indem Sie daraufklicken).

Hinweis

Tatsächlich handelt es sich bei der ausgeführten Methode um die Default-Methode des Objekts. In der Praxis sollte es sich immer um eine Methode zur Anzeige handeln. Falls Ihr Objekt mehrere Anzeigesichten unterstützt, sollten Sie die geeignetste als Default-Methode auswählen.

Tipp

Für alle Fans der Objektorientierung sei hier angemerkt, dass BOR-Objekte aus historischen Gründen keine wirklich objektorientierte Funktionalität bieten. Sie besitzen vor allem keine echten Konstruktor-/Dekonstruktor-Methoden und verwenden einen Objektschlüssel zur eindeutigen Identifizierung jeder Objektinstanz. Die allgemeinen Konzepte der Objektorientierung – Wiederverwendbarkeit, Vererbung, Kapselung und Polymorphismus – finden jedoch Anwendung.

15.1.1 BOR-Objekte: Terminologie

Der Begriff *BOR-Objekt* kann sich (je nach Kontext) entweder auf den Objekttyp, die Objektreferenz oder auf die Objektinstanz beziehen.

- Der *Objekttyp* beschreibt Design und Implementierung des Daten- und Funktionszugriffs, d. h., der Objekttyp enthält das Programm, mit dem Daten eingelesen oder berechnet sowie Geschäftsfunktionen aufgerufen werden. Der Objekttyp `Customer` definiert z. B. den Zugriff auf alle kundenbezogenen Daten. Dazu zählen Kundenkennung und -name sowie alle kundenbezogenen Funktionen, etwa »Kundenstamm ändern«. Wenn Entwickler von einem BOR-Objekt sprechen, meinen sie meist den Objekttyp.

- Jede *Objektinstanz* ist eine einzelne Laufzeitkopie des zugehörigen Objekttyps, die Daten enthält oder auf die für diese Objektinstanz relevanten Funktionen zugreift. Die Objektinstanz `Customer` für die Kundenkennung `ACMYC` etwa wird zur Laufzeit für den Zugriff auf den Kundennamen »Acme Incorporated« und die Kundenfunktion zur Änderung des Kundenstamms `ACMYC` eingesetzt.
- Eine *Objektreferenz* enthält die technische Kennung des Objekttyps, den Objektschlüssel und weitere technische Informationen, die das System für den Zugriff auf eine Objektinstanz benötigt.

Hier ein kurzer Überblick über einen BOR-Objekttyp. Jeder Objekttyp umfasst folgende Komponenten:

- **Schlüssel**
  Über den Schlüssel wird jede Objektinstanz eindeutig definiert. Für den BOR-Objekttyp `Customer` entspricht der Schlüssel z. B. der Kundenkennung.
- **Attribute**
  Attribute dienen dem Zugriff auf Geschäftsdaten. Es kann sich dabei um berechnete Werte oder um Daten handeln, die aus der Datenbank extrahiert wurden. Attribute können auf Einzel- oder Mehrfachwerte zugreifen. Attribute können zudem selbst andere BOR-Objekte referenzieren, um Beziehungen zwischen Objekten einzurichten.
- **Methoden**
  Methoden dienen dem Zugriff auf Geschäftsfunktionen. Der zugrunde liegende Quelltext kann auf beliebigen Geschäftsfunktionen basieren, einschließlich (aber nicht beschränkt auf) Transaktionen, Reports, Programmen, Funktionsbausteinen und BAPIs. Sie können eigenen Quelltext aufnehmen (z. B. zur Aktualisierung benutzerdefinierter Tabellen).
- **Ereignisse**
  Ereignisse geben Auskunft über den Status eines Objekts (z. B. CREATED, CHANGED). Sie ermöglichen einer Anwendung z. B. die Beeinflussung des Workflows. Ereignisnamen werden für das BOR-Objekt definiert und in der jeweiligen Anwendung implementiert (siehe Kapitel 18, »Verwendung von Ereignissen und anderen Business-Interfaces«).

BOR-Objekte weisen eine zusätzliche Komponente auf, die sogenannten *Interfaces*. Diese sind nur für Design und Implementierung relevant und werden zur Laufzeit nicht verwendet. Es handelt sich dabei nicht um Schnittstellen zu anderen Systemen oder Anwendungen, sondern um das objektorientierte Konzept der Schnittstelle. Interfaces ermöglichen im Wesentlichen eine generische Programmierung, indem sie zu einer Standardisierung der Attribut-, Methoden- und Ereignisnamen beitragen.

15.1.2 Beziehungen zwischen BOR-Objekten

Ein BOR-Objekt kann unterschiedlichste Beziehungen zu anderen BOR-Objekten besitzen. Beziehungen zwischen Attributen sind innerhalb des Workflows außerordentlich nützlich. Angenommen, Sie möchten in einem Workflow zur Erfüllung eines Kundenauftrags Workitems versenden, die Namens- und Kontaktinformationen des für den Kunden zuständigen Vertriebsmitarbeiters enthalten. Sofern der Objekttyp `SalesOrder` über ein Attribut `Customer` verfügt, das auf den Objekttyp `Customer` verweist, der Objekttyp `Customer` wiederum ein Attribut `PersonResponsible` mit Verweis auf den Objekttyp `User` besitzt und der Objekttyp `User` schließlich über die Attribute `Name` und `PhoneNumber` verfügt, können Sie in Ihrem Workitem `SalesOrder.Customer.PersonResponsible.Name` und `SalesOrder.Customer.PersonResponsible.PhoneNumber` referenzieren.

Durch ein grundlegendes Verständnis der möglichen Beziehungen sowie deren Implementierung im Business-Objekttyp können Sie diese optimal im Workflow einsetzen. Dies gilt insbesondere, wenn Sie BOR-Objekttypen erstellen oder erweitern möchten.

Der vorliegende Abschnitt erläutert die Hauptbeziehungen zwischen BOR-Objekttypen. Dazu zählen:

- Vererbung
- Komposition
- Association
- Interfaces

Mit Ausnahme der Beziehung zum Interface `IFSAP`, das zur Implementierung objektorientierter Funktionen in den einzelnen BOR-Objekten benötigt wird, ist keine dieser Beziehungen obligatorisch. Durch ihre Verwendung werden jedoch die Konsistenz, Flexibilität und Wiederverwendbarkeit Ihrer BOR-Objekttypen deutlich verbessert und der Entwicklungsaufwand minimiert.

Vererbung

Vererbung ist die wichtigste Beziehung, die zwischen zwei Objekten bestehen kann. Das BOR-Objekt, von dem Attribute und Methoden vererbt werden, wird als *Supertyp* bezeichnet. Der *Subtyp* wiederum erbt alle Komponenten vom Supertyp. Der Subtyp verfügt über dieselben Schlüsselfelder wie der zugehörige Supertyp, besitzt jedoch einen größeren Funktionsumfang.

Mithilfe der Vererbung können Sie aus einem generischen BOR-Objekt – wie z. B. `Material` – einen spezifischeren Subtyp wie etwa `StockMaterial` erstellen. Der Subtyp `StockMaterial` erbt alle Komponenten des Supertyps `Material`, Sie können jedoch neue Komponenten hinzufügen und vorhandene Komponenten für das spezifischere Objekt überdefinieren. Vorhandene Geschäftsdaten und -funktionen werden so optimal genutzt, und der Entwicklungs- und Upgrade-Aufwand kann minimiert werden, da beim Einsatz vererbter Komponenten das Supertyp-Programm referenziert wird und keine Codierung dieser Komponenten im Subtyp erforderlich ist. Das Fehlerrisiko wird minimiert, da gemeinsame Daten und Funktionen nur einmalig im Supertyp definiert werden müssen.

Sie implementieren die Vererbung durch Erstellung eines Subtyps aus einem vorhandenen BOR-Objekt. Üblicherweise wird die Supertyp-Subtyp-Beziehung bei Erstellung des Subtyps definiert, eine spätere Änderung ist jedoch möglich. Bei Erstellung eines Objekttyps ist eine sorgfältige Auswahl des Supertyps erforderlich, um eine spätere Umarbeitung zu vermeiden. Ist kein geeigneter Supertyp vorhanden, können Sie ein BOR-Objekt auch ohne Supertyp erstellen, d. h., Sie erstellen ein BOR-Objekt von Grund auf neu.

Anhand der Vererbung können Sie darüber hinaus vorhandene SAP-Objekte zu eigenen Subtypen erweitern. Anschließend ersetzen Sie den SAP-Objekttyp mittels *Delegation* durch Ihren Subtyp, d. h., Sie weisen das System an, bei Benutzung des SAP-Objekttyps immer den erstellten Subtyp zu verwenden.

Komposition

Eine *Komposition* stellt die »Ist-Teil-von«-Beziehung zwischen Objekttypen dar. Zum Beispiel das BOR-Objekt `OrderItem` »ist Teil von« BOR-Objekt `Order`. Das BOR-Objekt `Order` wird als *Aggregat*typ des Objekttyps `OrderItem` bezeichnet.

Bei der Komposition verfügt der »Ist-Teil-von«-Objekttyp im Vergleich zum Aggregattyp über einen erweiterten Schlüssel (BOR-Objekttyp `Order` z. B. weist eine Auftragsnummer auf, BOR-Objekttyp `OrderItem` beinhaltet Auftragsnummer und Positionsnummer) und eine vollständig andere Funktionalität.

Kompositionsbeziehungen werden durch die Erstellung eines Attributs erzeugt, das einen Objekttyp mit einem anderen verknüpft. Der Objekttyp `Order` verfügt z. B. über ein Attribut `OrderItems`, das die Auftragsobjekte mit einer Liste in Beziehung stehender Auftragspositionsobjekte verknüpft. Umgekehrt verfügt das `OrderItems`-Objekt über ein Attribut `Order`, das ein Auftragspositionsobjekt mit dem entsprechenden Auftrag verknüpft.

Assoziation

Als *Assoziation* wird eine Beziehung zwischen Objekttypen bezeichnet, die sich dadurch ergibt, dass ein Attribut über eine Objektreferenz auf einen anderen Objekttyp verweist. Der BOR-Objekttyp `Customer` wird z. B. im Attribut `OrderingParty` des BOR-Objekttyps `SalesOrder` referenziert. Ein Objekttyp kann mithilfe seiner Attribute verschiedene dieser Beziehungen einrichten. In vielen Fällen stellt die Komposition lediglich eine Sonderform der Assoziation dar.

Interfaces

Interfaces stellen die Konsistenz sicher und ermöglichen eine generische Programmierung. Viele Objekttypen verfügen z. B. über eine Methode zur Änderung des Objekts. Das Interface `IFEDIT` stellt sicher, dass alle Änderungsmethoden `Edit` heißen – egal, ob es sich bei dem zu ändernden Objekt um `Customer`, `SalesOrder`, `User`, `Invoice`, `Contract`, `Material` oder `Service` handelt. Anschließend können Sie Programme erstellen, die die Methode `Edit` für beliebige Objekte ausführen. Das Objekt wird zur Laufzeit dynamisch aus allen Objekten mit implementiertem Interface `IFEDIT` ausgewählt. Dieser Ansatz ist sehr viel vorteilhafter als die Verwendung unterschiedlicher Methodennamen für gleiche Operationen, z. B. `Change`, `Update`, `Alter`, `Modify` und `Adjust`.

Interfaces stellen Kombinationen aus Attributen, Methoden und Ereignissen dar, die entweder keine Implementierung oder nur eine Standardimplementierung aufweisen. SAP stellt etwa 60 dieser Interfaces zur Verfügung.

Sie implementieren ein Interface in einem BOR-Objekttyp, indem Sie das Interface als Komponente in den BOR-Objekttyp aufnehmen. Damit eine generische Programmierung möglich ist, müssen Sie eine Implementierung (d. h. zugrunde liegenden Quelltext) für alle Attribute und Methoden im

Interface erstellen, falls Sie nicht die Standardimplementierung des Interfaces verwenden möchten. Dies stellt häufig kein Problem dar, da Interfaces üblicherweise höchstens eine oder zwei Komponenten enthalten.

Hinweis

Alle BOR-Objekttypen unterstützen das `IFSAP`-Interface.

15.1.3 BOR-Objekt-Tools

Für die Arbeit mit BOR-Objekten stehen zwei grundlegende Tools zur Verfügung: der Business Object Builder und der Business Object Repository Browser.

Business Object Builder

Um den Business Object Builder zu starten, rufen Sie Transaktion SWO1 auf oder wählen den Menüpfad Tools • Business Workflow • Development • Definition Tools • Application Integration • Business Object Builder. Sie können mithilfe des Business Object Builders (siehe Abbildung 15.1) Business-Objekttypen anzeigen, testen, anlegen, generieren, ändern, löschen, delegieren und ihren Status ändern. Alle Beziehungen zwischen Objekttypen können Sie sich über Utilities • Relationships im Einstiegsbildschirm anzeigen lassen. Darüber hinaus können Sie anhand eines Verwendungsnachweises für das BOR-Objekt ermitteln, wo dieses in Aufgaben und Workflows eingesetzt wird.

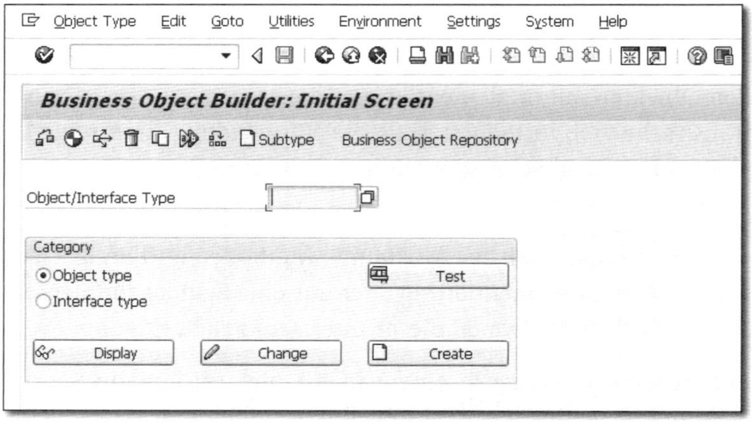

Abbildung 15.1 Initialer Business Object Builder

Wenn Sie im Business Object Builder auf einen BOR-Objekttyp zugreifen möchten, verwenden Sie dazu seine technische Kennung. SAP stellt Suchhilfen zum Auffinden der technischen Kennung anhand des Objektnamens oder der Beschreibung zur Verfügung, alternativ können Sie auch den Business Object Repository Browser verwenden.

Business Object Repository Browser

Transaktion SWO3 ist der Business Object Repository Browser (BOR Browser), der in Abbildung 15.2 zu sehen ist. Dieser Repository Browser zeigt eine hierarchische Sicht aller verfügbaren BOR-Objekte nach SAP-Anwendungsmodul an. Jedes BOR-Objekt wird über die Zuordnung zu einem Paket indirekt einer SAP-Anwendungskomponente zugeordnet.

Abbildung 15.2 Business Object Repository mit Hierarchie

Hinweis

Sie können sich in dieser Sicht vorhandene BOR-Objekte anzeigen lassen, jedoch keine neuen BOR-Objekttypen im BOR-Browser anlegen.

15.1.4 Anzeigen vorhandener BOR-Objekte

Wenn Sie ein bestimmtes BOR-Objekt in Ihrem Workflow einsetzen oder einfach nur dessen Funktionsweise verstehen möchten, empfiehlt sich zunächst ein kurzer Blick in den Business Object Builder. Die angezeigten Informationen werden im Folgenden anhand eines BOR-Objekttyps erläutert, der bereits im Business Object Repository vorliegt. Dieses BOR-Objekt trägt den Namen `SBOOK` und repräsentiert eine Flugbuchung. Es umfasst einige geeignete Beispiele, wenn Sie BOR-Objekte anlegen oder erweitern. Da dieser Objekttyp in sämtlichen SAP-Komponenten vorliegt, wird er an dieser Stelle verwendet, um zu veranschaulichen, wie BOR-Objekte angezeigt werden.

Wechseln Sie zum Business Object Builder (Transaktion SWO1), geben Sie als Objekt- bzw. Interface-Typ `SBOOK` ein, und wählen Sie DISPLAY. Es wird ein mit Abbildung 15.3 vergleichbares Fenster angezeigt.

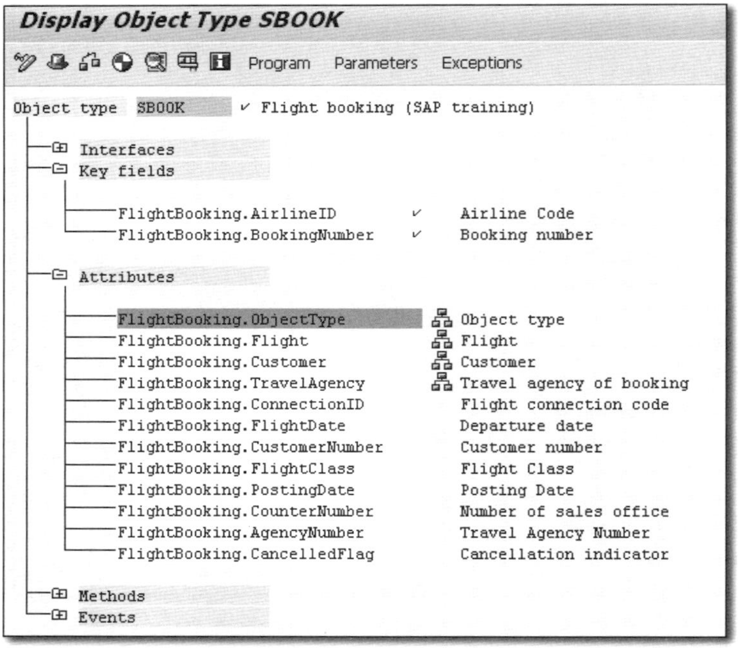

Abbildung 15.3 BOR-Objekt SBOOK

Hier können Sie sich alle Komponenten des BOR-Objekts anzeigen lassen, Interfaces, Schlüssel, Attribute, Methoden und Ereignisse eingeschlossen. Jeder Knoten ist zur Anzeige der einzelnen Komponenten erweiterbar. Die verschiedenen Komponenten sind farblich markiert. Rot hinterlegte Komponenten wurden von einem Supertyp oder Interface vererbt (Interface-Komponenten ohne Standardimplementierung, die bisher nicht lokal implementiert wurden, werden hellrot hinterlegt), lokale BOR-Objektkomponenten werden weiß hinterlegt angezeigt.

Wenn Sie auf das Symbol Basic Data () klicken, sehen Sie die Basisdaten für das BOR-Objekt. Die Basisdaten zeigen den unmittelbaren Supertyp. Wie aus Abbildung 15.4 hervorgeht, liegt für `SBOOK` kein Supertyp vor.

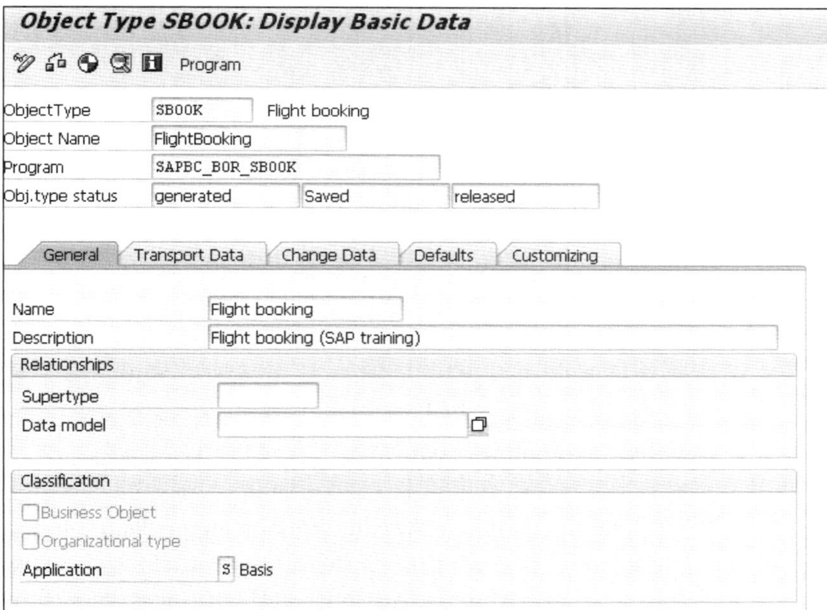

Abbildung 15.4 Anzeige der Basisdaten

Sie können Detailinformationen zu jeder Komponente anzeigen, indem Sie den Komponentennamen mit einem Doppelklick auswählen. Einzelne Komponenten können lokal für dieses BOR-Objekt vorliegen oder aus darüberliegenden Supertypen oder Interfaces (sofern Sie die Standardimplementierung eines Interfaces verwenden) stammen. Sie können anhand der Komponentendetails (Feld `Object Type`) feststellen, von welchem BOR-Objekt bzw. von welchem Interface die Komponente erbt. Bei lokalen Komponenten zeigt das Feld Object Type den aktuellen BOR-Objekttyp an.

Wenn Sie sich die Detailinformationen zu einem Schlüsselfeld ansehen, können Sie sich die zugehörige Datentypdefinition mithilfe der Einstellungen REFERENCE TABLE und REFERENCE FIELD anzeigen lassen. Durch Doppelklick-Auswahl des Feldes können Sie die ABAP-Data-Dictionary-Datentypdefinition des Feldes untersuchen. Aus Abbildung 15.5 geht hervor, dass das Schlüsselfeld `AirlineID` des BOR-Objekts `SBOOK` über eine Referenz zum Feld `CARRID` in Tabelle SBOOK verfügt (wo es als Feld mit drei Zeichen definiert ist).

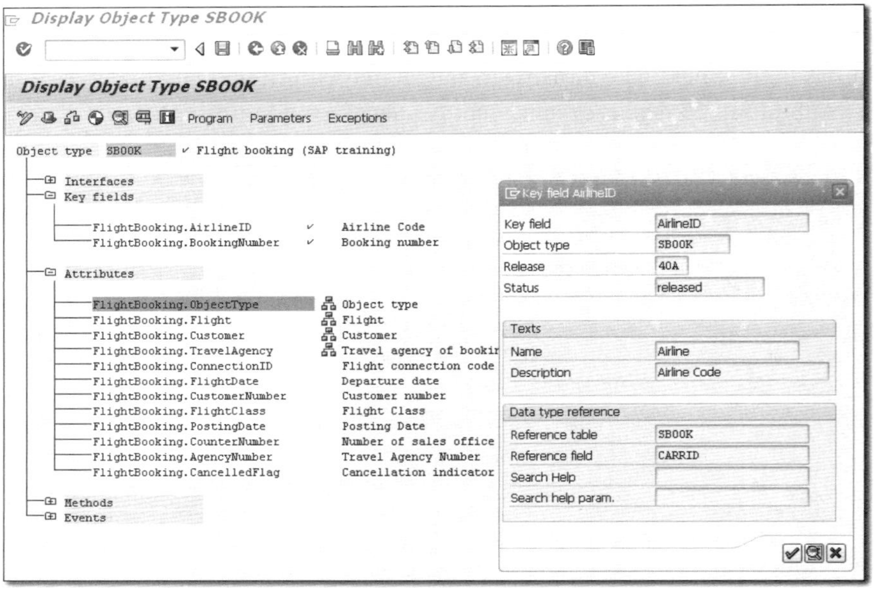

Abbildung 15.5 BOR-Objekt SBOOK: Detailinformationen zum Schlüsselfeld »AirlineID«

Aus den Detailinformationen zu einem Attribut können Sie ersehen, ob dessen Quelle ein Datenbankfeld ist oder ob es sich um ein Attribut vom Typ VIRTUAL handelt (also ein berechnetes Attribut). SAP Business Workflow muss die Quelle der Daten nicht bekannt sein, dem BOR-Objekt hingegen schon, damit der Attributwert bestimmt werden kann. Ist das Kennzeichen MULTILINE (mehrzeilig) nicht gesetzt, enthält das Attribut nur einen Wert, bei gesetztem Kennzeichen beinhaltet das Attribut mehrere Werte. Die DATA TYPE REFERENCE zeigt die jeweilige Attributwertdefinition, die auf einer ABAP-Data-Dictionary-Tabelle bzw. einem ABAP-Data-Dictionary-Feld basieren oder auf ein anderes BOR-Objekt verweisen kann.

Aus Abbildung 15.6 geht hervor, dass das Attribut `ConnectionID` des BOR-Objekts `SBOOK` aus der Datenbank stammt und dass es sich um einen Einzelwert des Datentyps `SBOOK-CONNID` handelt (ein numerisches 4-Byte-Textfeld).

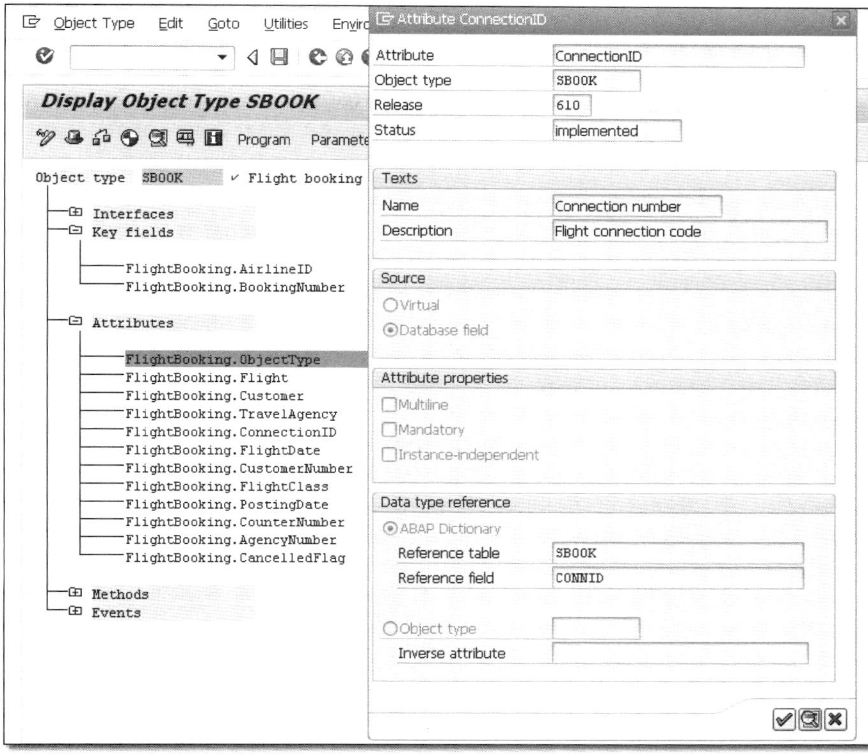

Abbildung 15.6 BOR-Objekt SBOOK: Detailinformationen zum Attribut »ConnectionID«

Abbildung 15.7 zeigt das Attribut `TravelAgency`, ein virtuelles (d.h. berechnetes), auf dem BOR-Objekt `SAGENCY` basierendes Einzelwertattribut. Wenn Sie Zugriff auf ein System besitzen, können Sie sich das BOR-Objekt `SAGENCY` anzeigen lassen, indem Sie durch einen Doppelklick `SAGENCY` auswählen.

Sehen Sie sich nun die Detailinformationen einer Methode an:

- Ist das Kennzeichen Dialog gesetzt, erfordert die Methode eine Benutzerinteraktion. Ist das Kennzeichen nicht gesetzt, kann die Methode im Hintergrund ausgeführt werden.
- Ist das Ankreuzfeld Synchronous deaktiviert, handelt es sich um eine asynchrone Methode. Asynchron bedeutet nicht, dass die Methode gestartet und der Workflow fortgesetzt wird, ohne das Ende der Methode abzuwarten. Damit wird lediglich angegeben, welcher Mechanismus zur Bestätigung des Methodenabschlusses eingesetzt wird, damit der Workflow fortgesetzt werden kann. Dies wird in Kapitel 13, »Anlegen eines Workflows«, im Detail beschrieben.

- Wenn das Ankreuzfeld Result Parameter aktiviert ist, sehen Sie, dass auf der Registerkarte Result Type angegeben wurde.

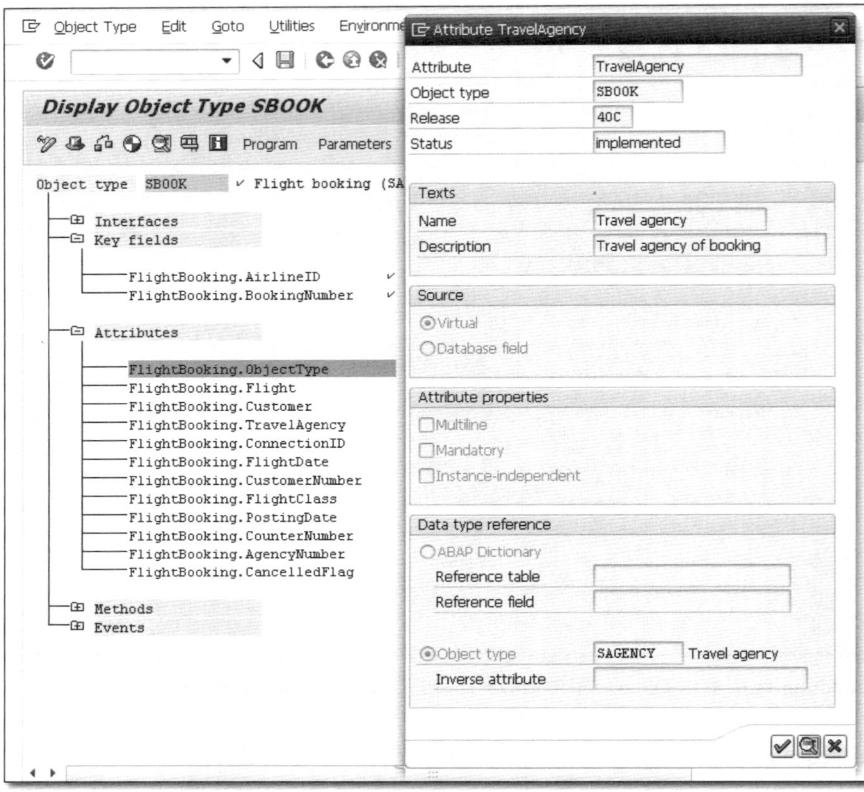

Abbildung 15.7 BOR-Objekt SBOOK: Detailinformationen zum Attribut »TravelAgency«

Wenn Sie durch einen Klick den Methodennamen auswählen und anschließend Parameters wählen, werden die von der Methode verwendeten Parameter angezeigt. Diese Parameter können entweder vom Typ Import oder Export sein. Bei Importparametern handelt es sich um Eingabekriterien, die zur Ausführung der Methode verwendet werden; Exportparameter sind zusätzliche Ergebnisse, die von der Methode zurückgegeben werden können. Wenn Sie auf den Methodennamen klicken und anschließend Exceptions wählen, werden die Ausnahmen (Fehler) angezeigt, die von der Methode zurückgegeben werden können. Durch den Fehlertyp bestimmt die SAP Business Workflow Engine, wie der Fehler behandelt werden soll.

Abbildung 15.8 zeigt, dass die Methode `Edit` des BOR-Objekts `SBOOK` eine Benutzerinteraktion erfordert, synchron ausgeführt wird und kein Ergebnis zurückgibt. Wenn Sie Zugriff auf ein System besitzen, können Sie sehen, dass die Methode keine Parameter und eine Ausnahme besitzt. Über die Detailinformationen zu einer Ereignisdefinition können Sie sich den Ereignisnamen anzeigen lassen. Anwendungen können diesen Namen zur Kommunikation mit der SAP Business Workflow Engine verwenden, z. B. zum Auslösen der Workflow-Ausführung. In Abbildung 15.9 können Sie das Ereignis `Created` des BOR-Objekts `SBOOK` sehen.

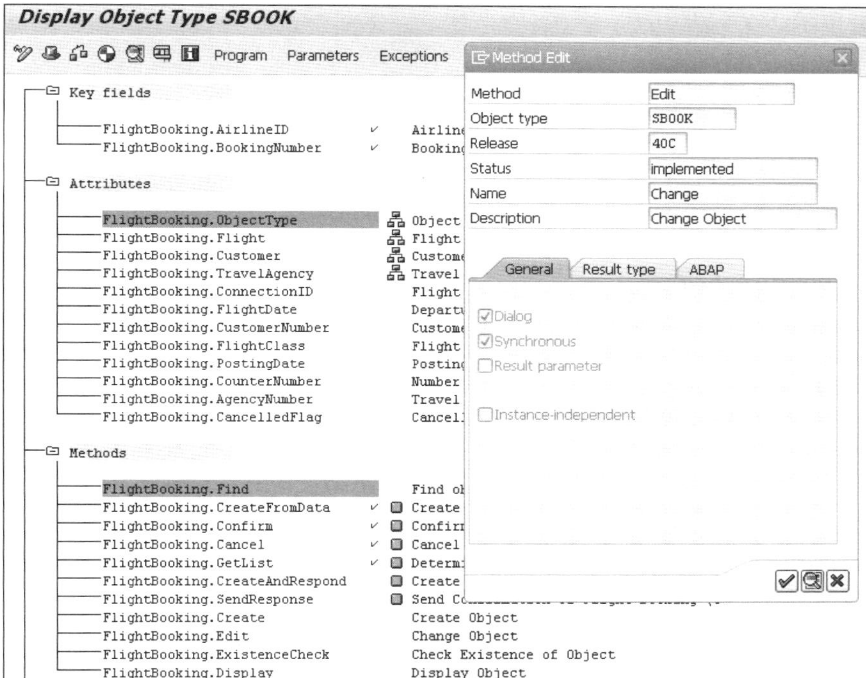

Abbildung 15.8 BOR-Objekt SBOOK: Details der Methode »Edit«

Hinweis

Um die Dokumentation zu einer Komponente anzuzeigen, klicken Sie auf die Komponente und wählen das Symbol DOCUMENTATION (i). Die Vervollständigung der Dokumentation liegt in der Verantwortlichkeit des Programmierers – bekanntlich sind einige Programmierer gewissenhafter als andere. Sie müssen nicht das gesamte Implementierungsprogramm lesen, um zu erkennen, was die einzelnen Attribute oder Methoden bewirken. Name, Dokumentation und ein wenig Testaufwand sind ausreichend.

Zur Anzeige der Implementierung jeder Komponente markieren Sie die Komponente und wählen anschließend PROGRAM. Sie gelangen so zu der Zeile im Implementierungsprogramm, an der die Implementierung für die jeweilige Komponente beginnt. Wenn Sie vor der Auswahl von PROGRAM keine Komponente ausgewählt haben, wird die erste Zeile des BOR-Objekt-Implementierungsprogramms angezeigt.

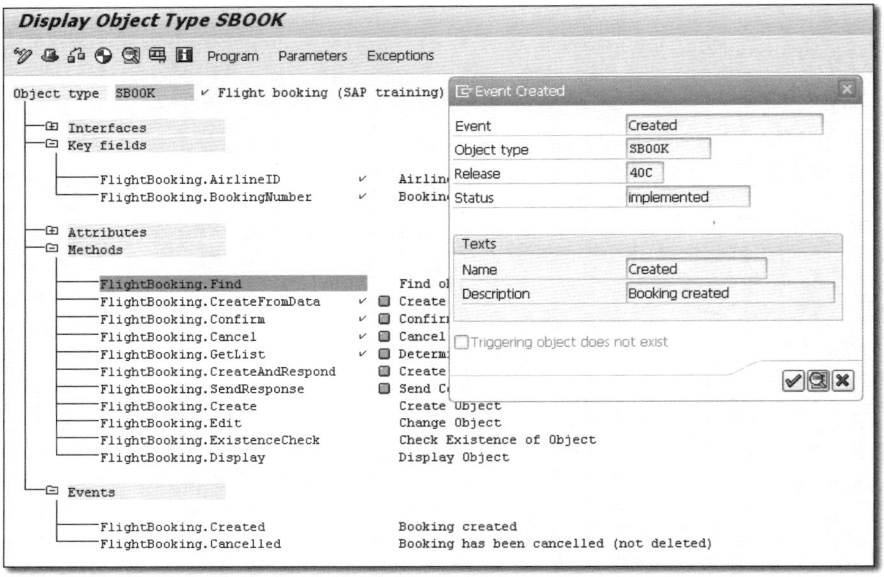

Abbildung 15.9 BOR-Objekt SBOOK: Detailinformationen zum Ereignis »Created«

Schlüsselfelder und Ereignisse weisen keinen verknüpften Programmquelltext auf. Schlüsselfelder werden einfach innerhalb des Objekts deklariert und bei der Objektinstanziierung gefüllt. Die Ereignisimplementierung wird in der Anwendung vorgenommen, nicht in der BOR-Objektdefinition (Einzelheiten finden Sie in Kapitel 18, »Verwendung von Ereignissen und anderen Business-Interfaces«).

Sie können mithilfe der Option TEST/EXECUTE (▣) das BOR-Objekt testen. Sie können hier eine Objektinstanz nutzen, indem Sie einen geeigneten Schlüssel eingeben. Sämtliche Attribute werden aus der Datenbank extrahiert oder einmalig berechnet, sodass Sie die Inhalte prüfen können. Mithilfe der Option REFRESH können Sie virtuelle Attribute neu berechnen. Darüber hinaus können Sie Methoden ausführen, um sicherzustellen, dass diese sich wie erwartet verhalten.

Sofern Sie Zugriff auf ein System besitzen und diese Vorgehensweise anhand des BOR-Objekts SBOOK nachvollziehen möchten, wechseln Sie zur Option TEST/EXECUTE des BOR-Objekts SBOOK (siehe Abbildung 15.10). Wählen Sie mithilfe der Option CREATE INSTANCE (□) eine vorhandene Flugbuchung aus. Liegen im System keine Flugbuchungen vor, können Sie über Transaktion BC_DATA_GEN die Schulungsdaten einfügen. Informationen zur Vorgehensweise finden Sie in der SAP-Dokumentation. Wenn Sie eine Instanz anlegen, können Sie entweder den Schlüssel eingeben (sofern bekannt) oder die Eingabehilfe bzw. die Option FIND verwenden, um den geeigneten Schlüssel abzurufen.

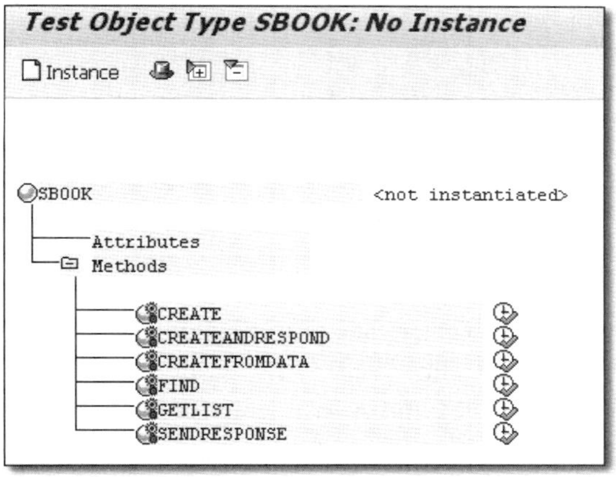

Abbildung 15.10 BOR-Objekt SBOOK: Test

Nun werden sämtliche Attribute angezeigt (siehe Abbildung 15.11). Datenbankattribute, wie z. B. AGENCYNUMBER, werden einfach nur angezeigt. Virtuelle Attribute wie etwa TRAVELAGENCY verfügen über eine Option REFRESH (▣), damit sie neu berechnet werden können. Für mehrzeilige Attribute wird die Anzahl der gespeicherten Werte angegeben. Sie können die Liste über das Symbol MULTILINE (▣) erweitern, um die einzelnen Werte anzuzeigen. Bei Objektreferenzen können Sie sich über das Symbol OBJECT die verknüpften Objektinstanzen anzeigen lassen.

Lassen Sie sich über das Symbol OBJECT z. B. die Detailinformationen zu TRAVELAGENCY anzeigen. Es werden die Attribute des Reisebüros (z. B. das mehrzeilige Attribut CustomerList) und Testmethoden (z. B. die Methode Display, mit der Name und Adresse des Reisebüros dargestellt werden können) für das TRAVELAGENCY-Objekt angezeigt.

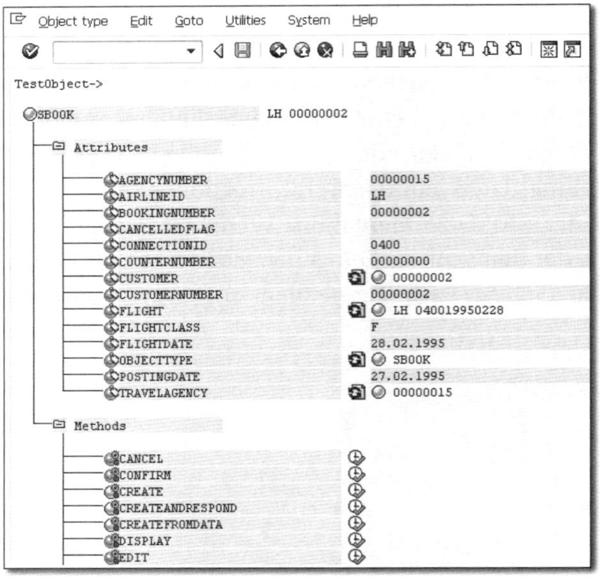

Abbildung 15.11 BOR-Objekt SBOOK: Objektinstanz-Bildschirm

Jede Methode verfügt über die Option EXECUTE METHOD (), mit der Sie die Methode starten können. Führen Sie die `Display`-Methode der `SBOOK`-Objektinstanz aus (siehe Abbildung 15.12). Bei Ausführung dieser Methode wird die Flugbuchung angezeigt.

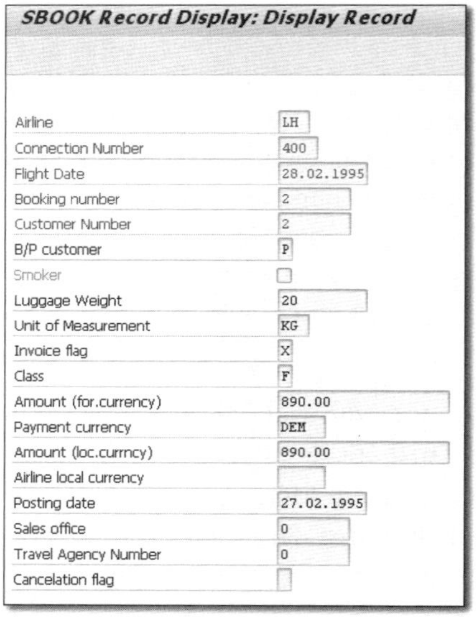

Abbildung 15.12 BOR-Objekt SBOOK: Bildschirm nach Methodenausführung

15.2 Erstellen eigener BOR-Objekte

> **Hinweis**
>
> Wir empfehlen Ihnen, jede neue Entwicklung mit ABAP-Klassen (siehe Kapitel 16) anstelle von BOR-Objekten auszuführen.

Bevor Sie eigene BOR-Objekte erstellen, sollten Sie mithilfe von Business Object Builder und Business Object Repository ein vorhandenes Objekt ermitteln, das dem gewünschten BOR-Objekt möglichst nahekommt. Das Ziel besteht darin, den Entwicklungsaufwand zu minimieren und den ROI zu maximieren, daher sollten Sie die Verwendung oder Erweiterung vorhandener BOR-Objekte dem Anlegen neuer BOR-Objekte stets vorziehen. Ähnliche BOR-Objekte können in jedem Fall als Vorlage dienen und Ideen für die Erstellung eigener BOR-Objekte liefern. Folgende Punkte sollten dabei sorgfältig bedacht werden:

- Welche Objekttypen werden für Ihren Workflow benötigt? Beispiele sind `SalesOrder`, `Customer`, `ParkedDocument`.
- Welche Attribute erfordert Ihr Workflow? Zu welchen Objekten gehören diese Ereignisse? Kenntnisse zur Theorie der Objektorientierung sind hier vorteilhaft, ein einfacher Ansatz ist, die stärkste Beziehung zu ermitteln. Der Name eines Kunden ist z. B. eindeutig mit dem Kundenobjekt verknüpft. Oder betrachten Sie einmal einen Kundenauftrag: Hier könnte der auf dem Kundenauftrag vermerkte Kundenname von Interesse sein. Legen Sie ein Kundenattribut, das eine Verknüpfung zum Kundenobjekt herstellt, für das Kundenauftragsobjekt an. So können Sie nicht nur auf den Kundennamen, sondern auch auf weitere Attribute des Kundenobjekts zugreifen, z. B. auf Adresse und Kreditlimit.
- Welche Methoden benötigen Sie für Ihren Workflow? Zu welchen Objekten gehören diese Ereignisse? Bedenken Sie, dass jede Methode üblicherweise nur eine Aktivität ausführt, daher werden in Ihrem Workflow eventuell mehrere Methoden benötigt. Anstatt eine Vielzahl umfangreicher Methoden zu erstellen, die speziell auf Ihren Workflow zugeschnitten sind, sollten Sie die einzelnen Aktivitäten trennen. Auf diese Weise können die Methoden in unterschiedlicher Kombination durch verschiedene Workflows genutzt werden. Diese Vorgehensweise vereinfacht gleichzeitig eine spätere Änderung des Workflows, wenn Sie z. B. zusätzliche Aktivitäten einfügen oder die Reihenfolge der Aktivitäten neu festlegen möchten.

- Welche Ereignisse erfordert Ihr Workflow? Zu welchen Objekten gehören diese Ereignisse? Wann muss die Anwendung den Workflow über eine Änderung des Objektstatus benachrichtigen?
- Gibt es relevante Interfaces? Wenn Sie z. B. eine Änderungsmethode benötigen, können Sie das Interface `IFEDIT` verwenden. Zur Bereitstellung einer Druckmethode verwenden Sie `IFPRINT`.

Neue BOR-Objekte können auf zwei Arten angelegt werden:

- Wenn Sie Ihre eigenen BOR-Objekte von Grund auf neu erstellen möchten, wählen Sie dazu die Option Create im Einstiegsbildschirm des Business Object Builders. Ein neu angelegtes BOR-Objekt weist nur die vom Standard-Interface `IFSAP` geerbten Objekttypkomponenten auf. Das Interface `IFSAP` wird von allen Objekttypen unterstützt.
- Wenn Sie für das zu erstellende BOR-Objekt ein vorhandenes BOR-Objekt zugrunde legen, können Sie durch die Eingabe des vorhandenen BOR-Objekts einen Subtyp dieses Objekttyps anlegen. Verwenden Sie dazu die Option Create Subtype im Einstiegsbildschirm des Business Object Builders. Schlüssel, Attribute, Methoden und Ereignisse des Supertyps werden an den Subtyp vererbt. Alle geerbten Komponenten werden rot hinterlegt.

Bei der Erstellung eines neuen BOR-Objekts (siehe Abbildung 15.13) geben Sie folgende Informationen an.

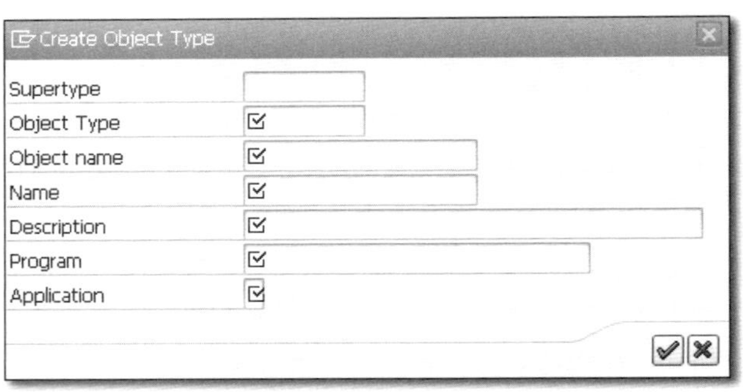

Abbildung 15.13 Neues BOR-Objekt erzeugen

- Supertype
  Falls vorhanden. Die Eingabe in diesem Feld ist optional.
- Object Type
  Die technische Kennung des Objekts. Wie die meisten technischen Kennungen sind keine Leerzeichen erlaubt, die Kennung muss mit einem Buchstaben beginnen. Sie muss nicht zwingend mit einem Z beginnen,

durch die Einhaltung der SAP-Namenskonventionen können eigene BOR-Objekte jedoch leichter von SAP-BOR-Objekt unterschieden werden.

- Object Name
  Beschreibt das BOR-Objekt. Sie sollten einen aussagekräftigen Namen wählen, da der hier eingegebene Name in den Administrationswerkzeugen des Workflows angezeigt wird.
- Name
  eine kurze Beschreibung des BOR-Objekts, die das Auffinden des Objekts erleichtert
- Description
  eine längere Beschreibung des BOR-Objekts, die das Auffinden des Objekts erleichtert
- Program
  Jedes BOR-Objekt verfügt über ein eigenes Implementierungsprogramm. Wie jedes andere Programm im SAP-System muss dieses vor seiner Verwendung aktiviert werden. Darüber hinaus erfordert jede Änderung eine erneute Aktivierung. Die Aktivierung des BOR-Objekts führt zur Aktivierung des Implementierungsprogramms und umgekehrt.
- Application
  eine Komponente, z. B. S für das Basis-System oder M für Logistik

Name, Beschreibung und Anwendung können später in den Basisdaten des BOR-Objekts geändert werden. Falls Sie vergessen haben sollten, den Supertype anzugeben, oder diesen später ändern möchten, können Sie dies mithilfe der Menüoption Object Type • Inheritance • Change Supertype tun.

Der ursprüngliche Status des BOR-Objekts lautet Modeled. Ein modelliertes BOR-Objekt in diesem Status wurde entworfen, jedoch noch nicht implementiert, d. h., Sie können es noch nicht verwenden. Der Status Modeled eines modellierten BOR-Objekts kann in den Status Implemented geändert werden. Nach dem Generieren () des Objekts können Sie das BOR-Objekt verwenden und testen. Sofern die Tests erfolgreich verlaufen, können Sie den Status in Released ändern.

Tipp

Das Hinzufügen neuer Komponenten oder die Änderung vorhandener Komponenten führt zu einem Wechsel in den Status Modeled, auch dann, wenn das BOR-Objekt selbst bereits freigegeben wurde. Für den Einsatz einzelner Komponenten gelten ähnliche Einschränkungen in den unterschiedlichen Statuszuständen (ausgenommen davon ist der Status Released).

15.2.1 Anlegen neuer BOR-Objekte

In diesem Beispiel legen Sie ein neues BOR-Objekt »Widget« an, das einen beliebigen Materialtyp repräsentieren soll. In SAP ERP stellt SAP das BOR-Objekt BUS1001 bereit. Dieses repräsentiert ein Material, das über eine Vielzahl vordefinierter Attribute und Methoden verfügt. Der Einsatz dieses Objekttyps in diesem und den folgenden Beispielen verdeutlicht die Vorteile der Verwendung bzw. Erweiterung vorhandener BOR-Objekte anstelle der Erzeugung gänzlich neuer Objekte.

Achtung

Für die folgenden Beispiele wurde das BOR-Objekt BUS1001 gewählt, da es sehr viel interessanter ist, ein BOR-Objekt zu verwenden, das eine echte Geschäftseinheit abbildet, als auf einfache Schulungsobjekte wie z. B. SBOOK zurückzugreifen. Darüber hinaus erhalten Sie ein klareres Verständnis der Vorteile, die sich aus der Erweiterung vordefinierter SAP-BOR-Objekte ergeben. Sie sollten jedoch unbedingt Folgendes beachten:

- Die meisten der von SAP gelieferten BOR-Objekte, die echte Geschäftsentitäten abbilden, wurden über viele Releases hinweg angelegt und aktualisiert, d. h., ihre Implementierung wurde aufgrund praktischer Erfahrungen optimiert. Bei der Erstellung oder Erweiterung von BOR-Objekten werden in Schulungs-BOR-Objekten wie SBOOK, SAGENCY oder SCUSTOMER etc. die *aktuellen Best Practices* für Ihr Release der SAP-Komponente angezeigt.
- Sie können in den Beispielen beliebige BOR-Objekte verwenden, z. B. LFA1 (Lieferant). Falls das BOR-Objekt über einen mehrteiligen Schlüssel verfügt, müssen Sie sicherstellen, dass Sie alle Beispielschlüsselfelder bei deren Erstellung deklarieren.
- Sofern Sie eine SAP-Komponente ohne BOR-Objekt BUS1001 oder Materialstämme verwenden, müssen Sie stattdessen ein vorhandenes BOR-Objekt aus der SAP-Komponente auswählen. In einem SAP-SRM- oder SAP-CRM-System könnten Sie z. B. die BOR-Objekte BUS1178 (Produkt) oder BUS1006 (Geschäftspartner) verwenden.
- Sie können diese Beispiele auch unter Verwendung des Schulungs-BOR-Objekts SBOOK in einer beliebigen SAP-Komponente ausführen.
- Unabhängig davon, welches BOR-Objekt Sie einsetzen, müssen Sie dieses vorher testen, um sicherzugehen, dass Ihnen Schlüssel, Attribute und Methoden des BOR-Objekts geläufig sind.
- Stellen Sie sicher, dass Ihnen entsprechende Testdaten zur Verfügung stehen. Für Objekttyp BUS1001 etwa benötigen Sie eine gültige Materialkennung, für LFA1 eine gültige Lieferantenkennung, für BUS1178 eine gültige Produkt-GUID, für BUS1006 eine Geschäftspartnerkennung und für SBOOK eine gültige Buchungsnummer.

Im SAP Help Portal (*http://help.sap.com*) stehen Tutorials mit Schulungs-BOR-Objekten bereit, die Sie in einer beliebigen SAP-Komponente ausführen können. Wir raten Ihnen dringend, diese Tutorials durchzuarbeiten, um sich mit den Verwendungsmöglichkeiten der SAP Business Workflow Engine vertraut zu machen.

Anlegen eines völlig neuen BOR-Objekts

Führen Sie die folgenden Schritte aus, um ein neues BOR-Objekt anzulegen:

1. Geben Sie in Transaktion SWO1 den Namen »ZWIDGET1« (oder einen anderen Namen mit »Z«) ein, und wählen Sie Create.
2. Lassen Sie das Feld Supertype leer. Dieses Objekt wird nicht über ein übergeordnetes Objekt verfügen.
3. Geben Sie für alle anderen Felder »ZWIDGET2« und im Feld Application »S« ein.
4. Wenn Sie das grüne Häkchen (✔) wählen, um fortzufahren, werden Sie aufgefordert, ein Package für das Transportsystem anzugeben.

Hinweis

Sie sollten eine Paket für Ihr Objekt bereitstellen und dieses nicht als lokales Objekt belassen. Selbst wenn Sie nicht planen, Ihr Testobjekt zu transportieren, wird dennoch empfohlen, eine Paket und einen Transportauftrag anzugeben.

Anlegen eines neuen BOR-Objekts als Subtyp

Über die folgenden Schritte wird ein neues Objekt angelegt und mit einem übergeordneten Objekt verknüpft. In diesem Test weist `ZWIDGET2` das BOR-Objekt `BUS1001` (Material) als übergeordnetes Element auf. Sie werden den Unterschied zwischen einem Objekt mit Vererbung (`ZWIDGET2`) und einem Objekt feststellen, bei dem Sie sämtliche Elemente völlig neu anlegen müssen (`ZWIDGET1`).

1. Geben Sie in Transaktion SWO1 »ZWIDGET2« ein, und wählen Sie Create.
2. Geben Sie »BUS1001« im Feld Supertype ein.
3. Geben Sie für alle anderen Felder »ZWIDGET2« und im Feld Application »S« ein.
4. Vergleichen Sie die beiden BOR-Objekte. Beachten Sie, dass `ZWIDGET2` bei geringerem Entwicklungsaufwand einen deutlich größeren Funktions-

umfang bietet. ZWIDGET1 lässt Ihnen freiere Hand, erfordert jedoch einen erheblich höheren Entwicklungsaufwand.

5. Zeigen Sie mithilfe der Option PROGRAM die Implementierungsprogramme der beiden Objekte an. Beim Vergleich der beiden Programme werden Sie sehen, dass sie sich sehr ähneln. Wenn ein Objekt von einem übergeordneten Objekt erbt, verbleibt der Code im übergeordneten Objekt (Supertyp). Im untergeordneten Objekt (Subtyp) wird nur der Code angezeigt, der speziell für dieses Objekt angelegt wurde.
6. Ändern Sie den Status des BOR-Objekts über die Menüoption EDIT • CHANGE RELEASE STATUS • OBJECT TYPE • TO IMPLEMENTED in IMPLEMENTED. Stellen Sie in den BASIC DATA des Objekts sicher, dass der Status in IMPLEMENTED geändert wurde.
7. Generieren Sie die Objekte.
8. Testen Sie den neuen Objekttyp mithilfe der Option TEST. Jetzt werden die Vorteile der Vererbung sichtbar: Während Sie über ZWIDGET2 auf eine Vielzahl von Daten und Funktionen zugreifen können, bietet ZWIDGET1 lediglich eingeschränkte Funktionalität.

15.2.2 Erweitern vorhandener BOR-Objekte über Delegation

Wenn Sie einen Subtyp eines BOR-Objekts erstellen, können Sie eine *Delegationsbeziehung* zwischen Supertyp und Subtyp definieren. Auf diese Weise wird bei jeder Referenzierung des Supertyps im Workflow anstelle des Supertyps tatsächlich der Subtyp verwendet. Dies ist insbesondere dann nützlich, wenn ein bereits vorhandenes SAP-BOR-Objekt über viele der benötigten Attribute, Methoden und Ereignisse verfügt und bereits in SAP-Aufgaben und Workflows eingesetzt wird. Durch Anlegen eines Subtyps können Sie das SAP-BOR-Objekt um die gewünschten Attribute, Methoden und Ereignisse erweitern.

Mithilfe der Delegation können alle vorhandenen, auf dem SAP-BOR-Objekt basierenden Aufgaben und Workflows so genutzt werden, als würden Sie einen benutzerdefinierten Subtyp verwenden. Anders gesagt: Mithilfe der Delegation können Sie Teile des ursprünglichen BOR-Objekts durch eigene Implementierungen ersetzen, gleichzeitig jedoch alle anderen Bestandteile des ursprünglichen BOR-Objekts weiternutzen und auch von Erweiterungen zukünftiger SAP-Releases profitieren.

Sie könnten z. B. das standardmäßige SAP-Kundenobjekt KNA1 an einen Subtyp namens ZCUSTOMER delegieren. Dann fügen Sie ZCUSTOMER eine neue

Methode mit dem Namen IncreaseCreditLimit hinzu. Diese Methode ist im BOR-Objekt KNA1 nicht vorhanden. Bei Einsatz der Delegation können Sie eine Standardaufgabe anlegen, die auf die Methode KNA1.IncreaseCreditLimit verweist.

Ein weiteres Beispiel ist die Erweiterung der Workitem-Beschreibung einer SAP-Standardaufgabe, indem Sie (mithilfe von Attributen) ein delegiertes BOR-Objekt zur Bereitstellung zusätzlicher Informationen erstellen. Sofern Sie die Option Redefine Text in der Aufgabe (siehe Kapitel 13, »Anlegen eines Workflows«) zum Hinzufügen der neuen Attribute verwenden, ist keine Modifikation in BOR-Objekt, Aufgabe oder Workflow erforderlich.

Eine Delegation ist nur für den unmittelbaren Subtyp zulässig. Ein BOR-Objekt kann nur an jeweils einen Subtyp delegiert werden. Zum Definieren einer Delegationsbeziehung zwischen Supertyp und Subtyp wählen Sie im Einstiegsbildschirm des Business Object Builders die Menüoption Settings • Delegate. Geben Sie als Object Type das ursprünglichen BOR-Objekt und als Delegation Type den Subtyp für die Delegation ein.

15.3 Anlegen von BOR-Komponenten

Vor der Erstellung einer BOR-Objekttypkomponente sollten Sie zunächst prüfen, ob ein geeignetes Interface zur Festlegung des Komponentennamens vorhanden ist. Der Einsatz von Interfaces trägt zur Standardisierung der Definition von BOR-Objekttypkomponenten bei und ermöglicht eine generische BOR-Objektimplementierung. Da viele der Administrationswerkzeuge von der generischen Programmierung Gebrauch machen, können Sie sie mithilfe von Interfaces optimal nutzen.

Ebenso wie zum Auffinden von BOR-Objekten können Sie den Business Object Builder auch zum Ermitteln geeigneter Interfaces nutzen. Alle von SAP gelieferten Interfaces beginnen mit IF. Sie können eigene Interfaces erstellen, dies ist jedoch in der Regel nicht erforderlich. Durch Einsatz eines Interfaces garantieren Sie dem System, dass das BOR-Objekt alle im Interface definierten Methoden (einschließlich aller Parameter und Ausnahmen), Attribute und Ereignisse unterstützt. Die meisten Interfaces enthalten nur einige wenige Attribute, Methoden oder Ereignisse. Das Interface IFEDIT etwa beinhaltet nur die Methode Edit.

Um ein Interface zu Ihrem BOR-Objekt hinzuzufügen, wählen Sie den Komponentennamen Interfaces und dann das Symbol Create (□). Anschließend können Sie das gewünschte Interface für das BOR-Objekt auswählen (verwenden Sie zum Auffinden des Interfaces gegebenenfalls die Suchhilfe).

15.3.1 Hinzufügen von Interfaces

Im Folgenden erfahren Sie, wie Sie ein Interface zu Ihrem neuen Objekt hinzufügen:

1. Fügen Sie Ihrem Objekt `ZWIDGET1` das Interface `IFDISPLAY` hinzu. Beachten Sie, dass zu Ihrem Objekt die `Display`-Methode hinzugefügt wurde.
2. Markieren Sie die Methode, und wählen Sie PROGRAM, um die Standardimplementierung der Interface-Methode anzuzeigen.
3. Zur Erstellung einer neuen BOR-Objektkomponente markieren Sie den Komponentennamen, z. B. ATTRIBUTES, und wählen anschließend CREATE. Die technische Bezeichnung einer Komponente entspricht den üblichen Regeln für SAP-Namen, d. h., sie muss mit einem Buchstaben beginnen und darf keine Leerzeichen umfassen.
4. Wenn Sie eine vorhandene, geerbte Komponente überdefinieren möchten, z. B. um die zugrunde liegende Implementierung zu ändern, markieren Sie den Komponentennamen und wählen anschließend REDEFINE (). Die zunächst rot hinterlegte Komponente (geerbt) wird nun weiß (lokal) hinterlegt dargestellt, und Sie können die gewünschten Änderungen vornehmen.

Bezüglich der Änderung einer überdefinierten Komponente gelten gewisse Einschränkungen. Sie können z. B. neue Parameter hinzufügen, geerbte Parameter einer überdefinierten Methode jedoch weder löschen noch ändern. Der nächste Arbeitsschritt hängt vom Typ der erstellten Komponente ab.

15.3.2 Anlegen von Schlüsselfeldern

Der Schlüssel eines BOR-Objekts wird weder berechnet noch aus der Datenbank extrahiert. Stattdessen wird der Schlüssel (üblicherweise per Objektreferenz) bei jeder Verwendung des Objekts durch den aufrufenden Workflow, die Aufgabe, die Methode, das Attribut oder durch das aufrufende Ereignis bereitgestellt. Die Objektinstanz (eine Laufzeitkopie des angelegten Objekttyps), die aus Objekttyp und Schlüssel erstellt wird, bietet Zugriff auf alle Attribute und Methoden des betreffenden Objekts.

Anhand der Schlüsselfelder eines BOR-Objekts wird eine einzelne Objektinstanz dieses BOR-Objekts eindeutig identifiziert. Der Schlüssel des Kundenobjekts etwa ist die Kundenkennung. Schlüssel können mehrteilig sein. Der Schlüssel für das vorerfasste Dokument besteht z. B. aus Unternehmen, Dokumentnummer und Geschäftsjahr. Nehmen Sie keinesfalls den Mandanten (SY-MANDT) in den Objektschlüssel auf. Es wird stets vorausgesetzt, dass Sie im aktuellen SAP-Mandanten arbeiten.

Jedes Schlüsselfeld muss über eine Referenz zu einer ABAP-Data-Dictionary-Tabelle bzw. einem ABAP-Data-Dictionary-Feld verfügen. Diese werden zur Definition von Datentyp und Länge des Schlüsselfeldes verwendet. Die jeweiligen Schlüsselfelder müssen auf einem Einzelwert basieren, Strukturen oder komplexe Datentypen sind nicht zulässig. Die Gesamtlänge aller Schlüsselfelder eines BOR-Objekts ist auf 70 Zeichen beschränkt.

Wenn Sie den Subtyp eines vorhandenen BOR-Objekts erstellen, können Sie dessen Schlüsselfelder nicht ändern. Bei der Änderung des Subtypschlüssels handelt es sich nach den Regeln der Objektorientierung nicht länger um einen echten Subtyp. Legen Sie stattdessen ein separates BOR-Objekt an. Zum Beispiel könnte SalesOrder als Subtyp des generischen BOR-Objekts Order definiert werden, da beide über den gleichen Schlüssel, die Auftragsnummer, verfügen. OrderItem dagegen verwendet als Schlüssel Auftragsnummer und Auftragspositionsnummer und ist demnach kein Subtyp von Order.

Hinzufügen eines Schlüsselfeldes

Im folgenden Beispiel fügen Sie dem Objekt ZWIDGET1 die Materialkennung als Schlüsselfeld hinzu. Falls Sie als BOR-Objektbeispiel nicht BUS1001 verwenden, erstellen Sie gleiche Schlüsselfelder mit gleichen Datentypreferenzen für Ihr BOR-Objektbeispiel.

1. Fügen Sie dem Objekt ZWIDGET1 ein Schlüsselfeld hinzu, indem Sie den Komponentennamen KEY markieren und anschließend die Option CREATE auswählen.
2. Legen Sie für das Schlüsselfeld das Feld MATNR der ABAP-Data-Dictionary-Tabelle MARA zugrunde.
3. Wechseln Sie nach der Erstellung des Schlüsselfeldes zum BOR-Objektimplementierungsprogramm, und prüfen Sie, ob die Objektdeklaration geändert wurde.

Tipp

Sie brauchen sich den Quelltext des Programms zu diesem Zeitpunkt nicht genauer anzusehen: Im weiteren Verlauf dieses Kapitels gehen wir noch näher auf die BOR-Objekt-Programmierung des Implementierungsprogramms ein.

4. Generieren Sie den geänderten Objekttyp erneut, und testen Sie ihn.
5. Versuchen Sie, zu ZWIDGET2 ein neues Schlüsselfeld hinzuzufügen. Beachten Sie, dass keine neuen Schlüsselfelder angelegt werden können, da es sich bei ZWIDGET2 um einen Subtyp handelt. Vergleichen Sie Schlüssel und Objektdeklaration von ZWIDGET1 und ZWIDGET2.

15.3.3 Anlegen von Attributen

Attribute ermöglichen einen objektinstanzbasierten Zugriff auf Geschäftsdaten. Wenn Sie in einem Workflow Geschäftsdaten einsetzen möchten, z. B. in einem Workitem-Text oder einem Datenfluss, müssen diese zunächst als Attribut eines Objekts definiert werden. Ein Attribut ist entweder bekannt oder kann aus dem Schlüssel oder anderen Attributen eines Objekts abgeleitet werden. Der Kundenname (Name) ist z. B. als Attribut des Objekts Customer definiert. Bei der Kundenkennung handelt es sich um den Schlüssel des Objekttyps Customer. Wenn die Kundenkennung bekannt ist, kann der Name des Kunden aus der Datenbank abgerufen werden. Ebenso handelt es sich bei DaysSinceLastOrderPlaced um ein Attribut des Objekttyps Customer, das abgeleitet werden kann, indem Sie das mit der Kundenkennung verknüpfte Erstellungsdatum des letzten Kundenauftrags einlesen.

Attribute können auch instanzunabhängig vorliegen. Diese Art von Attributen benötigt nicht einmal einen Objektschlüssel. Der Gesamtwert aller Kundenaufträge kann z. B. ohne Referenzierung eines bestimmten Kunden berechnet werden. Attribute tragen keine Parameter und liefern abgesehen von ihrem Wert keine weiteren Ergebnisse zurück. Attributnamen bestehen aus Substantiven, z. B. TotalValue, Name, DateCreated, CreatedBy und Currency.

Beim Anlegen neuer Attribute (siehe Abbildung 15.14) müssen Sie über die entsprechende Option folgende Attributinformationen festlegen:

- Handelt es sich um ein virtuelles (d. h. berechnetes) Attribut oder um ein Objektstatusattribut? Datenbank- und Objektstatusattribute werden bei der Objektinstanziierung erzeugt. Virtuelle Attribute werden nur dann berechnet, wenn sie verwendet werden, bei jeder weiteren Verwendung wird das Attribut neu berechnet.

Tipp

Sie können den Objektstatus nur dann wählen, wenn für das BOR-Objekt das Interface `IFSTATUS` implementiert wurde. Ein Objektstatusattribut ist ein Kennzeichen, das Auskunft darüber gibt, ob sich das Objekt (gemäß zentraler SAP-Statusverwaltung) in diesem Status befindet.

- Besteht das Attribut aus einem Einzelwert (Standard), oder ist es mehrzeilig (mehrere Werte)? Bei mehrzeiligen Attributen handelt es sich praktisch immer auch um virtuelle Attribute.
- Ist das Attribut instanzabhängig (Standard) oder instanzunabhängig?

Sie geben außerdem an, ob das Attribut (basierend auf ABAP-Data-Dictionary-Tabelle/-Feld) auf einer Datentypdefinition beruht oder ob es sich um eine Objekttypreferenz handelt.

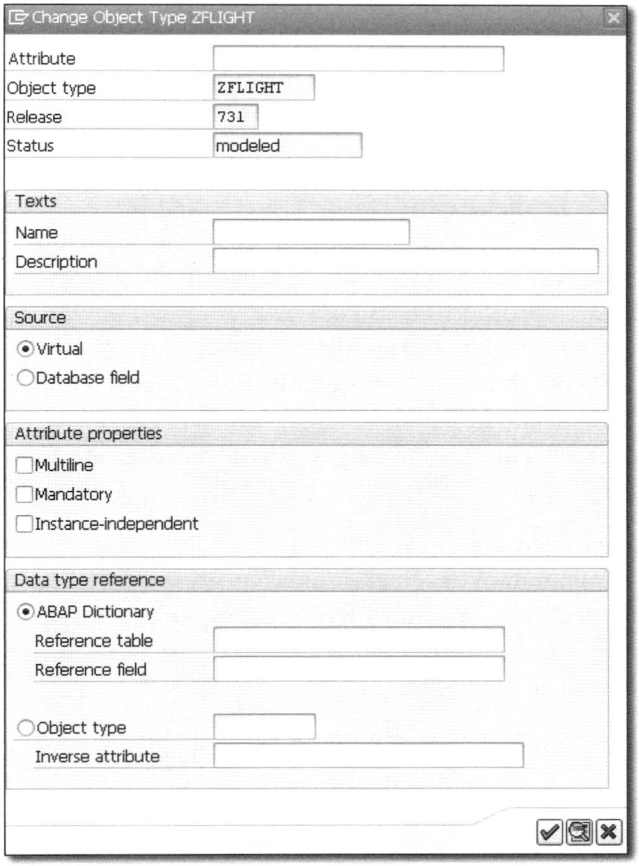

Abbildung 15.14 Anlegen eines neuen Attributs

Üblicherweise ist dies eine Entweder-oder-Entscheidung, in einem besonderen Fall trifft jedoch beides zu: Handelt es sich bei dem Datenbankfeld auch um den Schlüssel eines weiteren BOR-Objekts, können Sie mithilfe eines Datenbankattributs eine Objektreferenz definieren. Sie geben über die Option OBJECT TYPE Datentyptabelle (bzw. -feld) und Objekttypreferenz ein. Wenn beim Einlesen der Datenbank der Feldwert zurückgegeben wird, instanziiert das System basierend auf der Objekttypreferenz automatisch ein Objekt und verwendet den Feldwert als Schlüssel. Auf diese Weise muss die Konvertierung vom Feldwert zur Objektinstanz nicht implementiert werden. Dabei darf die Objekttypreferenz jedoch nur auf ein BOR-Objekt mit lediglich einem Schlüsselfeld verweisen. Abgesehen von diesem Sonderfall, handelt es sich bei Attributen, die auf Objekttypreferenzen basieren, nahezu immer um virtuelle Attribute.

Da Datenbankfeldattribute am häufigsten verwendet werden, werden Sie beim Anlegen neuer Attribute gefragt, ob Sie ein Datenbankfeldattribut erstellen möchten. Falls Sie auf die Frage CREATE WITH ABAP DATA DICTIONARY FIELD PROPOSALS? (Mit ABAP-Data-Dictionary-Feldvorschlägen erstellen?) mit YES antworten, bietet das System Ihnen eine Hilfestellung beim Auffinden einer geeigneten Tabelle bzw. eines Feldes und gibt Standards für NAME, DESCRIPTION und DATA TYPE REFERENCE.

Wenn Sie ein Objektstatusattribut oder ein virtuelles Attribut anlegen möchten oder die Tabelle bzw. das Feld bereits kennen, sollten Sie auf die Frage CREATE WITH ABAP DATA DICTIONARY FIELD PROPOSALS? mit NO antworten und direkt zum Bildschirm mit den Attributdetailinformationen wechseln und die Eingabe manuell vornehmen. Objektstatusattribute basieren immer auf dem SWCEDITOR-Tabellenfeld `OBJSTATUS`. Zur Laufzeit geben Statusattribute bei gesetztem Status ein `X`, bei nicht gesetztem Status keinen Wert zurück.

Alle lokalen Attribute verfügen über eine entsprechende Implementierung im Implementierungsprogramm. Von einem Supertyp geerbte Methoden verfügen über eine entsprechende Implementierung im Supertypprogramm. Das Attribut kann innerhalb der Implementierung gepuffert werden, um unnötige Neuberechnungen zu vermeiden.

Tipp

Geben Sie die Attributdetails der Definition immer *vor* Erstellung der Implementierung an, da das System so eine Implementierung vorschlagen kann.

Datenbankattribute, die auf unterschiedliche Felder derselben Tabelle verweisen, verwenden eine gemeinsame Implementierung, damit die Tabelle nur einmalig gelesen wird. Wenn Sie ein lokales Datenbankattribut anlegen, das auf einem Feld derselben Tabelle wie ein geerbtes Datenbankattribut basiert, wird die Supertypimplementierung gemeinsam genutzt. Sie können ein Attribut in den Basic Data des BOR-Objekts als Default-Attribut deklarieren. Das Attribut wird anschließend in allen Workflow-Überwachungsreports zur Beschreibung des Objekts verwendet.

Hinzufügen eines Datenbankattributs

Im folgenden Beispiel fügen Sie dem Objekttyp `ZWIDGET1` ein neues Attribut für den Materialtyp hinzu. Falls Sie nicht `BUS1001` als BOR-Objektbeispiel verwenden, wählen Sie ein ABAP-Data-Dictionary-basiertes, einwertiges Attribut aus Ihrem BOR-Objektbeispiel, und legen Sie dasselbe Attribut in Ihrem `ZWIDGET1`-Objekt an.

1. Fügen Sie dem Objekt `ZWIDGET1` ein Schlüsselfeld hinzu, indem Sie den Komponentennamen Attributes markieren und anschließend die Option Create auswählen.
2. Antworten Sie mit Yes auf die Frage Create with ABAP Dictionary Field Proposals?. Legen Sie für die neue Komponente das Feld `MTART` (Materialtyp) der ABAP-Data-Dictionary-Tabelle MARA zugrunde. Übernehmen Sie die Systemvorgaben für Attributname und -beschreibung. (Falls Sie in einer SAP-Komponente ohne `MARA-MTART`-Feld arbeiten, verwenden Sie ein anderes, für Ihr Objekt relevantes Feld.)
3. Beachten Sie, welche Kennzeichen und Werte im Bildschirm mit den Attributdetailinformationen gesetzt wurden: Sie sehen, dass die Attributkennzeichen ID, Name, Description, Database und Data Type Reference für Sie gesetzt wurden. Beachten Sie außerdem, dass sich das Attribut im Status Modeled befindet.
4. Speichern Sie Ihr Objekt, und generieren Sie es neu. Testen Sie das Objekt nun: Können Sie das neue Attribut im Status Modeled verwenden? Nein.
5. Wechseln Sie nun zurück zum Objekt, markieren Sie das neue Attribut, und wählen Sie Program. Sie werden gefragt, ob Sie eine Implementierung für das Attribut erstellen möchten. Antworten Sie mit Yes.
6. Nehmen Sie zu diesem Zeitpunkt keine Änderungen an der Implementierung vor. Beachten Sie, dass der Attributstatus automatisch in Implemented geändert wurde.

7. Generieren Sie das Objekt neu, und testen Sie es nun mit einer gültigen Materialnummer. Das neue Attribut zeigt den Materialtyp des ausgewählten Materials an.

15.3.4 Anlegen von Methoden

Eine Methode ist eine Aktivität, die für ein Objekt ausgeführt werden kann, d. h., eine Methode bietet Zugriff auf die für eine Objektinstanz relevanten Geschäftsfunktionen. Wenn Sie eine Funktion in einem Workflow einsetzen möchten (z. B. in einer Aufgabe), muss die Funktion zunächst als Methode eines Objekttyps definiert werden. Bei einer Methode handelt es sich üblicherweise um eine Einzelaktivität, die für eine Objektinstanz ausgeführt werden kann. Die Methode kann folgende Dinge umfassen: Parameter zur Übermittlung zusätzlicher Werte von einem Workflow, Parameter zur Rückgabe von Ergebnissen an den Workflow und Ausnahmen zur Benachrichtigung über Fehler.

Tipp

Alle BAPIs sind als Methoden der von SAP bereitgestellten BOR-Objekte definiert. BAPIs sind von SAP zur Verfügung gestellte, gekapselte Standardroutinen, auf die aus SAP-Komponenten heraus sowie komponentenextern zugegriffen werden kann. Sie können unverändert im Workflow eingesetzt werden, in der Praxis können Sie jedoch auch eigene Methoden als Wrapper anlegen, um den Funktionsumfang der BAPIs einzuschränken. Es handelt sich um stabile, effiziente Geschäftsfunktionen.

Eine Methode kann auf einer beliebigen Geschäftsfunktion oder auf Quelltext basieren, einschließlich (jedoch nicht beschränkt auf) Transaktionen, BAPIs, Funktionsbausteinen, RFCs für externe Systemroutinen etc. Eine Methode kann verschiedene Geschäftsfunktionen oder sogar andere Methoden aufrufen. Methodennamen sollten aus Verben gebildet werden, z. B. `Display`, `Change`, `Create`, `Delete` oder `Post`.

Wenn Sie eine Methode anlegen, werden Sie gefragt, ob der Methode ein Funktionsbaustein zugrunde gelegt werden soll. Falls Sie keinen Funktionsbaustein verwenden, sollten Sie die Frage CREATE WITH FUNCTION MODULE AS TEMPLATE? mit NO beantworten und direkt zu den Detailinformationen der Methode wechseln. Falls Sie die Frage mit YES beantworten, erstellt das System – basierend auf den Parametern des Funktionsbausteins – Parameter für die Methode und platziert einen Aufruf des Funktionsbausteins in der Methodenimplementierung. Wie üblich müssen Sie auch hier den generierten Quelltext prüfen und gegebenenfalls anpassen.

Bei der Erstellung einer Methode (siehe Abbildung 15.15) müssen Sie über Kennzeichen folgende Informationen zur Methode angeben.

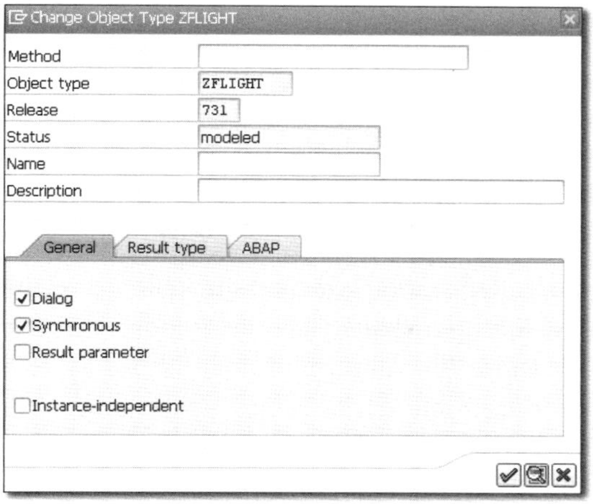

Abbildung 15.15 Neue Methode anlegen

- **Mit Dialog oder ohne Dialog**
  Die Auswahl eines Dialogs (gesetztes Kennzeichen) bewirkt, dass die Methode eine Benutzerinteraktion erfordert. Ein nicht gesetztes Kennzeichen weist darauf hin, dass die Methode im Hintergrund ausgeführt werden kann. Die SAP Business Workflow Engine prüft anhand dieser Option, ob Bearbeiter ermittelt werden müssen und ob eine Hintergrundverarbeitung möglich ist.
- **Synchron oder asynchron**
  Die Auswahl SYNCHRON (gesetztes Kennzeichen) gibt an, dass die Aktivität abgeschlossen ist, sobald die Methodenausführung beendet ist. Ein nicht gesetztes Kennzeichen weist darauf hin, dass die Aktivität erst abgeschlossen ist, wenn ein beendendes Ereignis empfangen wurde (z. B. durch eine Anwendung).
- **Rückgabe eines Ergebnisses im Standardparameter**
  Wenn Sie das Kennzeichen RESULT PARAMETER setzen, müssen Sie auf der Registerkarte RESULT TYPE eine Datentypdefinition oder Objektreferenz für das Ergebnis angeben. Das Ergebnis kann einzeilig oder mehrzeilig sein. Ergebnisse sind nur für synchrone Methoden relevant. Handelt es sich um einen einzeiligen Ergebniswert, der auf einem ABAP-Data-Dictionary-Datentyp mit festen Werten basiert, können Sie im Workflow Builder für jeden festen Wert einen eigenen Ausgang modellieren. Zusätzlich wird der Ergebniswert selbst zurückgegeben.

- **Instanzabhängig oder instanzunabhängig**
  Die Mehrzahl der Methoden ist instanzabhängig (Kennzeichen nicht gesetzt), d. h., zur Methodenausführung ist eine Objektinstanz erforderlich. Zur Ausführung einer `Display`-Methode eines Objekts `Customer` muss die Methode z. B. wissen, welcher Kunde angezeigt werden soll. Instanzunabhängige Methoden (gesetztes Kennzeichen) können ohne Objektinstanz aufgerufen und zur Erstellung einer Objektinstanz verwendet werden. Eine `Create`-Methode z. B. erfordert zur Ausführung keine Objektinstanz, sollte jedoch die neu erstellte Objektinstanz an den Workflow übergeben.

Sie können darüber hinaus auf der Registerkarte ABAP einstellen, welche Funktion (z. B. Transaktion, BAPI, Funktionsbaustein oder Report) mit der Methode ausgeführt werden soll. Diese Einstellung unterstützt das System beim Vorschlag einer Implementierung, stellt nach Festlegung der ursprünglichen Implementierung jedoch lediglich eine Information dar.

Sie können eine BOR-Objektmethode in den Basic Data des Objekts als Default-Methode deklarieren. Die Default-Methode lautet üblicherweise `Display`. Sie wird bei der Anzeige von Objekten in Workflow-Protokollen und Überwachungsreports eingesetzt.

Hinzufügen einer Methode zu Ihrem BOR-Objekt

Im folgenden Beispiel fügen Sie dem Objekt `ZWIDGET1` eine neue Methode zum BOR-Objekt namens `Display` hinzu. Falls Sie nicht `BUS1001` als BOR-Beispielobjekt verwenden, wählen Sie eine dialogbasierte, synchrone Methode aus Ihrem BOR-Beispielobjekt und legen dieselbe Methode in Ihrem `ZWIDGET1`-Objekt an. Wählen Sie möglichst eine Methode ohne Parameter, die auf einem einfachen Transaktionsaufruf basiert. Falls keine solche Methode verfügbar ist, müssen Sie unter Umständen Quelltext und Parameter aus Ihrem Beispielobjekttyp kopieren.

1. Fügen Sie dem Objekt `ZWIDGET1` eine neue Methode hinzu, indem Sie den Komponentennamen Methods markieren und anschließend die Option Create auswählen.
2. Antworten Sie mit No auf die Frage Create with Function Module as Template?.
3. Geben Sie Kennung, Bezeichnung und Kurzbeschreibung für die Methode an. Definieren Sie die Methode als dialogbasierte, synchrone Methode.
4. Wählen Sie Transaction auf der Registerkarte ABAP, und geben Sie im Feld Name den Transaktionscode »MM03« ein.

5. Beachten Sie, dass sich die Methode im Status MODELED befindet.
6. Generieren Sie Ihr Objekt, und testen Sie es. Können Sie eine im Status MODELED befindliche Methode verwenden? Nein.
7. Wechseln Sie zurück zum Objekt, markieren Sie die Methode, und wählen Sie PROGRAM. Sie werden gefragt, ob Sie eine Implementierung für Ihre Methode anlegen möchten. Antworten Sie mit YES.
8. Nehmen Sie zu diesem Zeitpunkt keine Änderungen an der Implementierung vor. Beachten Sie, dass der Methodenstatus automatisch in IMPLEMENTED geändert wurde.
9. Generieren Sie das Objekt neu, und testen Sie es nun mit einer gültigen Materialnummer. Führen Sie die neue Methode aus (EXECUTE), um den Materialstamm zum gewählten Material anzuzeigen.

Wann definieren Sie eine synchrone Methode?

Synchrone Methoden werden als unterbrechungsfreie Sequenz von Verarbeitungsschritten zwischen Workflow, Aufgabe und Methode aufgerufen, ausgeführt und beendet und liefern Ergebnisse zurück. Dies bedeutet, dass die von der Methode ausgeführte Funktion – einschließlich eventueller Datenbankaktualisierungen – abgeschlossen sein muss, wenn die Methodenausführung endet. Folgende Gründe sprechen für die Definition einer synchronen Methode:

- Die Funktion innerhalb der Methode aktualisiert die Daten im Dialogmodus, d. h., es wird keine Verbuchung verwendet.
- Die Methode soll einfach nur ausgeführt werden und hat keinerlei Auswirkungen auf die Datenbank. Ein Beispiel dafür wäre die Methode `Display` zur Anzeige eines Objekts.
- Der Benutzer muss die Methode während der Verarbeitung des Workitems möglicherweise mehrfach aufrufen, und der Benutzer bestätigt den Abschluss manuell.
- Es ist kein Ereignis vorhanden, mit dem die Aktivität nach Abschluss beendet werden kann. In diesem Fall müssen Sie Ihrem Workflow unter Umständen Bedingungen zum Beenden oder Folgeschritte hinzufügen, über die geprüft werden kann, ob die Aktivität abgeschlossen wurde. Anschließend wird die Methode gegebenenfalls erneut ausgeführt.

Wann definieren Sie eine asynchrone Methode?

Bei der Ausführung asynchroner Methoden wird die Workflow-Verarbeitung erst dann mit dem nächsten Workflow-Schritt fortgesetzt, wenn eine Bestätigung über den Methodenabschluss empfangen wurde. Diese Bestätigung erfolgt durch ein beendendes Ereignis; dieses wird üblicherweise von der Anwendung erstellt, die von der Methode aufgerufen wird.

Wenn Sie z. B. über eine Methode `IncreaseCreditLimit` für ein Objekt `Customer` verfügen, wird der Workflow erst fortgesetzt, wenn das Ereignis `Customer.CreditLimitIncreased` empfangen wurde. Zeigt der Bearbeiter, der die Methode (über ein Workitem) ausführt, das Kreditlimit lediglich an oder verringert das Kreditlimit, wird das Ereignis nicht erstellt, und das Workitem bleibt in der Inbox des Bearbeiters. Auf diese Weise erhält auch der Bearbeiter eine Bestätigung über die erfolgreiche Bearbeitung einer Aufgabe.

Tipp

Wenn Sie lediglich einen weiteren Prozess erzeugen möchten, der unabhängig vom aktuellen Prozess ausgeführt wird, können Sie anstelle der Erzeugung einer asynchronen Methode über einen Workflow-Schritt Event Creator einen weiteren Workflow auslösen.

Ergebnisse werden nicht von der Methode an die Aufgabe und von dort an den Workflow übergeben, sondern vom beendenden Ereignis an die Aufgabe und anschließend an den Workflow. Durch Einrichten einer Methode, die das Warten auf ein beendendes Ereignis erzwingt, können Sie gewährleisten, dass sich das System in einem konsistenten Status befindet, bevor der Workflow fortgesetzt wird. Auf diese Weise stellen Sie insbesondere sicher, dass eventuelle Datenbankänderungen übernommen wurden.

Folgende Gründe sprechen für die Definition einer asynchronen Methode:

- Die Geschäftsfunktionen in der Methode verwenden die Verbuchung zum Ändern der Datenbank.
- Die Geschäftsfunktion in der Methode kann auch von außerhalb des Workflows aufgerufen werden. Sie müssen unabhängig davon, ob die Funktion über das Workitem oder direkt über eine Anwendung ausgeführt wurde, sicherstellen, dass die Aktivität abgeschlossen wurde.
- Die in der Methode aufgerufene Geschäftsfunktion weist neben der Möglichkeit zur Aufgabenausführung zahlreiche Navigationsmöglichkeiten auf. Sie können den Abschluss einer spezifischen Aktivität nur ermitteln, indem das spezifische beendende Ereignis empfangen wird. Die Methode

`RemoveBillingBlock` etwa ruft eine Transaktion zur Änderung eines Kundenauftrags auf, in dem verschiedene Änderungen vorgenommen werden können. Sie können nur sicher sein, dass die Abrechnungssperre entfernt wurde, wenn das Ereignis `BillingBlockDeleted` empfangen wurde.

Tipp

Obwohl die Datenbankaktualisierung durch die Verbuchung nur leicht verzögert wird, kann es verheerende Folgen haben, wenn der Workflow fortgesetzt wird, ohne die Übernahme der Änderungen abzuwarten. Wird z. B. im Aktualisierungsmodus ein Objekt in der Datenbank angelegt, wird der nächste Schritt mit einem Fehler beendet, wenn dieser Schritt versucht, die Datenbankreferenz des Objekts abzufragen, bevor der Datenbankeintrag geschrieben wurde. Eine asynchrone Methode stellt sicher, dass der nächste Schritt erst gestartet wird, wenn die Datenbankaktualisierung übernommen wurde.

Parameter und Ausnahmen

Sie können für jede Methode Parameter und Ausnahmen definieren. Synchrone Methoden können Importparameter und ein Ergebnis aufweisen und zudem Exportparameter und Ausnahmen zurückliefern. Asynchrone Methoden können nur Importparameter aufweisen; Ergebnisse können nicht direkt an den Workflow, sondern nur indirekt über beendende Ereignisse zurückgegeben werden.

Hinweis

Die überwiegende Zahl der Methoden erfordert keine Parameter – die Kenntnis der Objektinstanz ist ausreichend.

Parameter (siehe Abbildung 15.16) können einzeilig oder mehrzeilig sein und auf einer ABAP-Data-Dictionary-Datentypdefinition oder einer Objektreferenz basieren. Sie müssen nicht einmal einen Typ aufweisen. Die Methode `GenericInstantiate` des BOR-Objekts `SYSTEM` etwa liefert einen Exportparameter namens `ObjectInstance` zurück, bei dem es sich um eine Objektinstanz handelt. Das referenzierte Objekt ist jedoch erst zur Laufzeit bekannt (und basiert in diesem Fall auf dem Wert des Importparameters `ObjectType`).

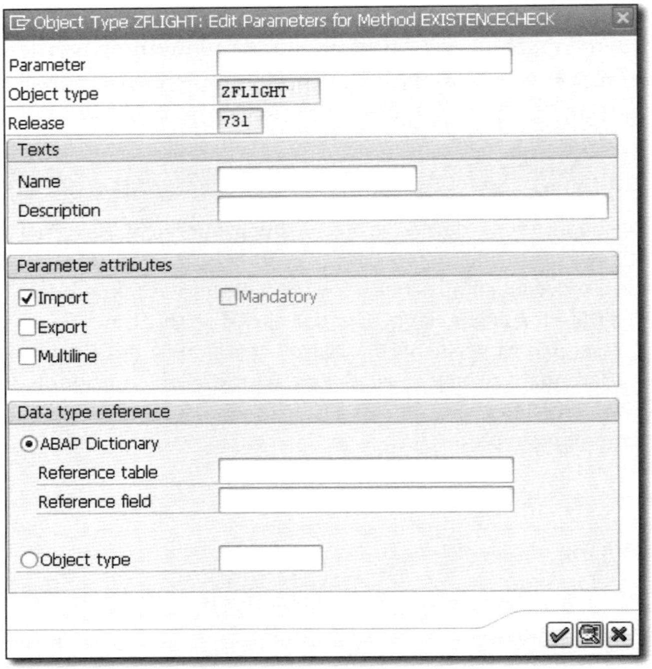

Abbildung 15.16 Anlegen eines neuen Parameters für eine Methode

Die unterschiedlichen Parameterarten können wie folgt verwendet werden:

- **Import**
  Importparameter dienen zur Übergabe von Laufzeitkriterien (neben der Objektinstanz) an die Methode. Diese Kriterien werden methodenintern zur Durchführung der Aktivität verwendet.
- **Ergebnis**
  Ergebnisparameter dienen zur Übergabe von Methodenergebnissen. Diese Parameter werden für die Hauptergebnisse einer Methode eingesetzt (Das Ergebnis – `Result` – einer Genehmigungsmethode könnte z. B. der Status APPROVED/REJECTED sein.).
- **Export**
  Exportparameter dienen zur Übergabe von Methodenergebnissen, die nicht mit dem Parameter `Result` übergeben werden (z. B. die Ablehnungsgründe einer Genehmigungsmethode).

Ausnahmen (siehe Abbildung 15.17) informieren über aufgetretene Fehler. Sie sind in zweierlei Weise nützlich. Erstens kann der Workflow auf Fehlersituationen reagieren (z. B. durch Ausführung von Schritten zur Fehlerkorrektur), zweitens wird der Workflow darüber informiert, dass die von der Methode ausgeführte Aktivität nicht erfolgreich beendet wurde. Sofern ein Fehler eine Ausnahme auslöst, ist es möglich, über die aufrufende Aufgabe oder den aufrufenden Workflow entsprechende Maßnahmen einzuleiten, z. B. durch einen Wechsel in den Status ERROR.

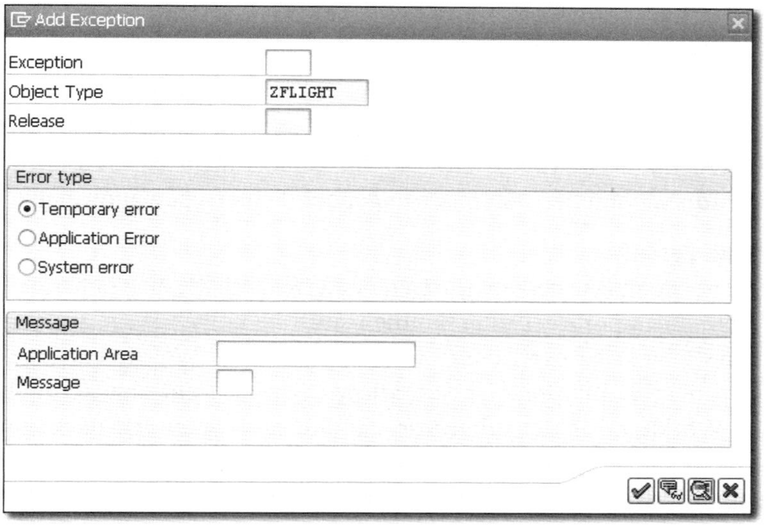

Abbildung 15.17 Anlegen einer neuen Ausnahme für eine Methode

Achtung

Erfolgt keine Fehlerbenachrichtigung, werden Methode, Workitem und Workflow möglicherweise als erfolgreich abgeschlossen angezeigt, obwohl die Aktivität in Wahrheit fehlgeschlagen ist. Dies kann in einer Produktivumgebung schwerwiegende Probleme verursachen (siehe Kapitel 8, »Workflow-Administration«).

Jede Ausnahme verfügt über eine vierstellige Kennung. Eigene Ausnahmen können Sie im Nummernkreis 9000–9999 definieren. SAP stellt darüber hinaus eine Vielzahl von Standardausnahmen zur Verfügung, unter anderem folgende:

- 0001–1000
  Ausnahmen für Interfaces
- 1001–7999
  anwendungsspezifische Ausnahmen, reserviert für die SAP-Entwicklung
- 8000–8999
  durch den Objektmanager ausgelöste Ausnahmen

- 9000–9999
  durch den Kunden definierte Ausnahmen, für Kunden reserviert

Tipp

Die Ausnahmen sind in der Aufgabendefinition nicht sichtbar, werden aber angezeigt, wenn Sie sich die möglichen Ausgänge des Workflow-Schritts anzeigen lassen.

Sie geben für jede Ausnahme Klasse und Nummer der Meldung an, die beim Auftreten der Ausnahme angezeigt werden sollen. Ausnahmen werden zudem mit einem Fehlertyp klassifiziert. Der Fehlertyp bestimmt die standardmäßige Workflow-Reaktion, falls die Ausnahme nicht im Workflow modelliert wurde. Sie müssen einen der folgenden Fehlertypen zuordnen:

- **Temporärer Fehler**
  Ein Fehler, bei dem das Problem durch einen erneuten Versuch behandelt werden kann. Temporäre Fehler können auftreten, wenn ein anderer Benutzer das Objekt gesperrt oder die Ausführung des Workitems abgebrochen hat. Die standardmäßige Workflow-Reaktion sieht den Verbleib des Dialog-Workitems in der Inbox vor, damit dieses später erneut ausgeführt werden kann. Wird ein Hintergrund-Workitem mit einem temporären Fehler beendet, versucht die SAP Business Workflow Engine nach einigen Minuten erneut, die Methode aufzurufen. (Dieser Vorgang wird mehrfach wiederholt, das Intervall zwischen den Versuchen ist konfigurierbar.)
- **Anwendungsfehler**
  Ein Fehler, der durch eine Anwendung ausgelöst wird, z. B. weil nicht genügend Daten an die Geschäftsfunktion übergeben wurden. Die standardmäßige Workflow-Reaktion auf einen Anwendungsfehler besteht darin, Workitem und Workflow in den Status ERROR zu setzen.
- **Systemfehler**
  Dieser Fehlertyp weist auf eine fehlerhafte Konfiguration der SAP Business Workflow Engine oder eine Inkonsistenz zwischen BOR-Objektdefinition und Methodenaufruf hin. Ein Systemfehler kann z. B. auftreten, wenn beim Methodenaufruf obligatorische Methodenparameter fehlen. Die standardmäßige Workflow-Reaktion auf einen Anwendungsfehler besteht darin, Workitem und Workflow in den Status ERROR zu setzen.

Alle lokalen Methoden verfügen über eine entsprechende Implementierung im Implementierungsprogramm. Von einem Supertyp geerbte Methoden verfügen über eine entsprechende Implementierung im Supertypprogramm.

Bei der Überdefinition geerbter Methoden ist es nicht möglich, die geerbten Parameter oder Ausnahmen zur Definition der Methodenschnittstelle zu ändern oder zu löschen. Sie können jedoch zusätzliche Parameter und Ausnahmen hinzufügen.

Tipp

Geben Sie die Methodendetails der Definition immer *vor* der Erstellung der Implementierung an, da das System so eine Implementierung vorschlagen kann.

Hintergrundmethode vs. virtuelle Attribute

Wenn eine Methode die folgenden Bedingungen erfüllt, empfehlen wir, sie in ein virtuelles Attribut zu konvertieren:

- Die Methode kann im Hintergrund ausgeführt werden.
- Die Methode gibt ein Ergebnis zurück.
- Die Methode verfügt über keine weiteren Parameter.
- Die Methode weist keine Ausnahmen auf.
- Die Methode führt keine Schreiboperationen aus (z. B. Aktualisierung der Datenbank).

Die Konvertierung wirkt sich positiv auf die Gesamtperformance des Systems aus, da ein Attribut weniger Ressourcen verbraucht als eine Methode und außerdem den Entwicklungsaufwand minimiert. Zur Ausführung einer Methode ist üblicherweise eine Aktivität im Workflow erforderlich, auf ein virtuelles Attribut hingegen kann direkt zugegriffen werden, z. B. in einer Containeroperation. Wie Methoden werden virtuelle Attribute nur ausgeführt, wenn sie im Workflow verwendet werden.

15.3.5 Anlegen von Ereignissen

Ereignisse kündigen eine Änderung des BOR-Objektstatus an. Anwendungen ändern den Status von BOR-Objekten; daher muss die geeignete Anwendung die Ereignisimplementierung enthalten (und nicht das BOR-Objekt selbst). Das BOR-Objekt hingegen definiert lediglich die Ereignisbezeichnung, damit bei einer Änderung des Objektstatus durch mehrere Anwendungen die SAP Business Workflow Engine durch immer gleiche Ereignisse über die Statusänderung informiert wird.

Ereignisbezeichnungen werden aus Verben gebildet, üblicherweise in der Vergangenheitsform. Das Kundenobjekt kann z. B. über die Ereignisse `Created` und `Changed` verfügen. Das Ereignis `Created` zeigt an, dass soeben eine Objektinstanz erstellt wurde, das Ereignis `Changed` weist auf die Änderung einer Objektinstanz hin.

Anlegen eines Ereignisses

Führen Sie die folgenden Schritte aus, um ein Ereignis zu einem Objekt hinzuzufügen:

1. Fügen Sie dem Objekt `ZWIDGET1` ein Ereignis hinzu, indem Sie den Komponentennamen Events und anschließend die Option Create auswählen.
2. Geben Sie eine Bezeichnung für das Ereignis an.
3. Generieren Sie das Objekt neu.

Alle Ereignisse umfassen automatisch bestimmte Parameter in der Ereignisimplementierung. Dazu zählen z. B. die Objektinstanz und der Ereignisinitiator (der Benutzer der Anwendung zum Zeitpunkt der Ereignisauslösung).

Ereignisse können über zusätzliche Parameter verfügen, diese werden ähnlich wie die Parameter einer Methode definiert. Wenn Sie zusätzliche Parameter für ein Ereignis definieren, müssen Sie sicherstellen, dass die Ereignisimplementierung diese Parameter füllen kann. Dies bedeutet in der Regel, dass Sie eine eigene Ereignisimplementierung programmieren, anstatt standardmäßige SAP-Ereignisimplementierungen zu verwenden (siehe Kapitel 18, »Verwendung von Ereignissen und anderen Business-Interfaces«, und Kapitel 19, »Benutzerdefinierte Programme«). Da die Implementierung nicht Bestandteil des BOR-Objekts ist, müssen Sie sicherstellen, dass in der Ereignisdokumentation (wählen Sie das Symbol Documentation) erläutert ist, wie das Ereignis ausgelöst wird. So erleichtern Sie anderen Workflow-Entwicklern die Arbeit.

Tipp

Sie sollten immer genau dokumentieren, welcher Mechanismus das Ereignis auslöst. Wird das Ereignis durch ein Programm oder eine Transaktion ausgelöst, sollten Sie in der Dokumentation den Programmnamen nennen. Wird das Ereignis von außerhalb der SAP-Komponente ausgelöst, ist eine Dokumentation umso wichtiger.

15.4 BOR-Objektprogrammierung

Der Zugriff auf Geschäftsdaten und die Geschäftsfunktionsaufrufe werden im ABAP-Quelltext des BOR-Objekts implementiert. In den vorangegangenen Abschnitten wurde deutlich, dass das System Sie dabei unterstützen kann, Quelltext für das Implementierungsprogramm zu generieren. In der Regel muss dieser jedoch angepasst oder durch eigenen Quelltext ergänzt werden.

Es ist wichtig, dass Sie das Implementierungsprogramm ausschließlich über den Objekttyp im Business Object Builder bearbeiten, da die Beziehung zwischen BOR-Objekt und zugehörigem Programm sehr eng ist. Nehmen Sie nach Möglichkeit keine Bearbeitung mit den standardmäßigen Bearbeitungstransaktionen SE38 (ABAP Editor) und SE80 (Object Navigator) vor, um das Risiko von Synchronisierungsproblemen zwischen Objekttyp und zugehörigem Programm zu minimieren.

Bei der Erstellung eines BOR-Objekts führt das System vor der Generierung des Implementierungsprogramms eine Syntaxprüfung durch. Das BOR-Objekt kann erst generiert werden, nachdem alle Syntaxfehler beseitigt wurden.

Bei einer Betrachtung des im Rahmen der Beispielattribute und -methoden generierten Quelltextes haben Sie wahrscheinlich bemerkt, dass in den BOR-Objekt-Implementierungsprogrammen intensiver Gebrauch von *Makros* gemacht wird. Makros sind Quelltextfragmente, die in Pseudo-ABAP-Befehlen gekapselt sind. Sie dienen einer beschleunigten Programmierung. Sie sollten die für Workflows bereitgestellten Makros in jedem Fall verwenden, insbesondere innerhalb des BOR-Objekt-Implementierungsprogramms. Auf diese Weise können Sie die Konsistenz sicherstellen und Aktualisierungsprobleme minimieren.

Sämtliche der innerhalb des Implementierungsprogramms verwendeten Makros sind im `INCLUDE`-Programm `<OBJECT>` enthalten. Dieses Programm wird automatisch in Ihr Implementierungsprogramm eingefügt, wenn das BOR-Objekt zu Beginn des Programms mit der folgenden Anweisung angelegt wird:

```
INCLUDE <OBJECT>.
```

Im `INCLUDE`-Programm `<CNTN01>` sind Workflow-Makros enthalten, die außerhalb des Implementierungsprogramms eingesetzt werden können, z. B. durch Anwendungen, die Ereignisse an den Workflow senden, oder programmierte Regeln zur Bearbeiterermittlung. Das Programm <OBJECT> ist immer Bestandteil des Programms <CNTN01>. Verwenden Sie für ABAP-Klassen INCLUDE <CNTN02> und INCLUDE <CNTN03>.

15.4.1 Schlüsselfelder und Objektdeklaration

Am Anfang eines jeden BOR-Objekt-Implementierungsprogramms befindet sich die Objektdeklaration, die von den Makros BEGIN_DATA und END_DATA eingeschlossen ist. Die Objektdeklaration ist eine komplexe Struktur, die die Schlüsselfelder und den Attributpuffer beinhaltet. Darüber hinaus gibt es einen Datenbereich mit privaten Attributen, in dem Felder für Zwischenberechnungen gepuffert werden können, die von mehreren Attributen genutzt werden.

In Listing 15.1 sehen Sie eine Objektdeklaration, die in den verbleibenden Beispielen dieses Kapitels noch häufiger zum Einsatz kommen wird. Die Tabelle ZWIDGETS stellt eine imaginäre ABAP-Data-Dictionary-Tabelle dar, die verschiedene Felder wie z. B. MANDT (Mandant), ID, Widget_Type, Price und Quantity enthält. Diese Objektdeklaration dient als ideales Beispiel für die BOR-Objekt-Implementierung und zeigt die empfohlene Vorgehensweise zum Zeitpunkt der Drucklegung dieses Buches. Wenn Sie diese Programmierung in Ihrer SAP-Komponente nachvollziehen möchten, können Sie alternativ Schulungs-BOR-Objekttypen wie SBOOK, SAGENCY, SCUSTOMER etc. verwenden.

```
BEGIN_DATA OBJECT. " Do not change. DATA is generated.
* only private members may be inserted into structure private
DATA:
  begin of private,
"   to declare private attributes remove comments and
"   insert private attributes here ...
    accountlist type standard table of zwidget_account,
  end of private,
   BEGIN OF KEY,
       ID LIKE ZWIDGETS-ID,
   END OF KEY,
       TOTAL LIKE ZWIDGETS-PRICE,
       COSTCENTERLIST LIKE ZWIDGET_ACCOUNT-COST_CENTER OCCURS 0,
       OWNER TYPE SWC_OBJECT,
       _ZWIDGETS LIKE ZWIDGETS.
END_DATA OBJECT. " Do not change. DATA is generated.
```

Listing 15.1 Objektdeklaration im Implementierungsprogramm

Sofern das Objekt instanziiert wurde, sind die Schlüsselfelder immer gefüllt. Sie können die Schlüsselfelder in beliebigen Attributen oder Methoden des BOR-Objekts direkt referenzieren. In Listing 15.1 können Sie die Schlüsselfeldkennung z. B. als `object-key-id` referenzieren.

Der Attributpuffer dient dazu, Neuberechnungen auf ein Mindestmaß zu reduzieren. Er wird mit Daten gefüllt, sobald die Implementierung der einzelnen Attribute ausgeführt wird. Rufen Sie das Attribut anschließend erneut auf, wird anstelle einer erneuten Ausführung des gesamten Quelltextes in der Attributimplementierung der zuvor berechnete Wert aus dem Attributpuffer abgerufen.

Da Sie nicht vollständig steuern können, wann die Attributimplementierungen ausgeführt werden, sollten Sie den Attributpufferwert eines Attributs nie von anderer Stelle als aus dem jeweiligen Attribut direkt abrufen. Wenn Sie einen Attributwert aus einer anderen Attributimplementierung oder aus einer Methodenimplementierung heraus aufrufen möchten, sollten Sie dazu immer die geeigneten Makros verwenden:

- Verwenden Sie für einzelne Attributwerte das Makro `SWC_GET_PROPERTY`:

  ```
  SWC_GET_PROPERTY <Object> <Attribute> <AttributeValue>.
  ```

  Für den Werteabruf des Attributs `Name` desselben Objekts verwenden Sie folgende Syntax:

  ```
  SWC_GET_PROPERTY self 'Name' namevalue
  ```

  Stellen Sie sicher, dass die Variable `namevalue` dieselbe Datentypdefinition aufweist wie das `Name`-Attribut. Bei `Self` handelt es sich um ein besonderes Objekt, mit dem Sie die Objektinstanz selbst referenzieren können.

- Verwenden Sie für mehrwertige Attribute das Makro `SWC_GET_TABLE_PROPERTY`:

  ```
  SWC_GET_TABLE_PROPERTY <Object> <Attribute> <AttributeValue>.
  ```

  Wenn Sie z. B. über eine `Customer`-Objektreferenz den Wert des Attributs `SalesOrderList` abrufen möchten (d. h. alle von einem Customer platzierten Aufträge), verwenden Sie folgende Implementierung:

  ```
  SWC_GET_TABLE_PROPERTY Customer 'SalesOrderList' salesordertab.
  ```

  Stellen Sie dabei sicher, dass es sich bei der Variablen `salesordertab` um eine interne Tabelle handelt, deren Zeilen dieselbe Datentypdefinition wie das Attribut `SalesOrderList` aufweisen. `Customer` ist eine Objektreferenz, die auf die Kundenobjektinstanz verweist.

- Alle Objektreferenzen weisen, unabhängig vom BOR-Objekt, die Datentypdefinition `SWC_OBJECT` auf. Im Beispiel oben würde `Customer` zunächst über folgende Anweisung deklariert werden:

```
DATA: Customer TYPE SWC_OBJECT.
```

- Zum Füllen der Objektreferenz können Sie das Objekt mithilfe des Makros `SWC_CREATE_OBJECT` instanziieren:

```
SWC_CREATE_OBJECT <Object> <ObjectType> <ObjectKey>.
```

  Dazu müssen Sie die technische Kennung des Auftragsobjekts, in diesem Fall `KNA1` (Standardobjekt für einen Kunden), und den Schlüssel der Objektinstanz kennen. Im vorliegenden Fall wird die Kundenkennung im Feld `customer_number` gespeichert. Dieses Feld besitzt dieselbe Datentypdefinition wie die Schlüsselfelder des Objekts `KNA1`:

```
SWC_CREATE_OBJECT Customer 'KNA1' customer_number.
```

15.4.2 Programmierung von Attributen

Virtuelle Attribute werden mithilfe von Quelltext implementiert. Ein virtuelles Attribut beginnt mit dem Makro `BEGIN_PROPERTY` und wird mit dem Makro `END_PROPERTY` beendet. Die `BEGIN/END`-Makros erstellen eine Subroutine, mit deren Hilfe der Attributwert berechnet werden kann. Sie können Quelltext- und Workflow-Makros zur Wertberechnung einsetzen. Die üblichen Regeln für Subroutinen gelten auch für ihre Implementierung. Die Implementierungen virtueller Attribute werden erst dann ausgeführt, wenn sie im Workflow verwendet werden.

Die Implementierung eines einwertigen virtuellen Attributs wird mit einem `SWC_SET_ELEMENT`-Makro abgeschlossen, um den berechneten Wert unter der Attributkennung im Objektcontainer zu platzieren. Die SAP Business Workflow Engine liest den Attributwert aus dem Objektcontainer aus.

Tipp

Der Container eines Objekts enthält alle Daten, auf die der Workflow für dieses Objekt zugreifen kann, und trägt *immer* den Namen `CONTAINER`. Der Objektcontainer enthält alle Attribute, die vom Workflow angefordert werden, und zudem alle Parameter, die von Methoden und an Methoden übergeben werden.

Die grundlegende Implementierung für ein einwertiges virtuelles Attribut sieht folgendermaßen aus:

```
GET_PROPERTY <AttributeID> CHANGING CONTAINER.
  SWC_SET_ELEMENT CONTAINER <AttributeID> <Value>.
END_PROPERTY.
```

Zwischen den Makros GET_PROPERTY und SWC_SET_ELEMENT können Sie Quelltext zur Berechnung des Attributwerts einfügen. Bei Listing 15.2 handelt es sich z. B. um die Codierung des einwertigen Datentypattributs Total, das Preis und Menge multipliziert und anschließend den berechneten Wert zurückgibt. Price und Quantity sind Datenbankattribute desselben Objekts, deren Implementierung im weiteren Verlauf dieses Kapitels noch näher untersucht wird.

```
GET_PROPERTY Total CHANGING CONTAINER.
DATA: price type zwidgets-price,
      quantity type zwidgets-quantity.
  If object-total is initial.
     SWC_GET_PROPERTY self 'Price' price.
     SWC_GET_PROPERTY self 'Quantity' quantity.
     Object-total = price * quantity.
  Endif.
  SWC_SET_ELEMENT CONTAINER 'Total' object-total.
END_PROPERTY.
```

Listing 15.2 Beispiel eines einwertigen virtuellen Attributs

Beachten Sie die Verwendung des Attributpufferfeldes OBJECT-TOTAL. Dieses wird im vorliegenden Quelltextfragment nicht deklariert. Eine explizite Deklaration ist nicht erforderlich, da die Deklaration bereits automatisch während der Erstellung der Attributdetailinformationen in der Objektdeklaration vorgenommen wurde. Sie können dies in der oben stehenden Objektdeklaration erkennen. Beachten Sie außerdem, dass vor der Berechnung des Wertes geprüft wird, ob bereits eine Berechnung vorgenommen wurde. Dabei wird getestet, ob das Attributpufferfeld leer ist. Die Zahl der Berechnungen wird so auf ein Minimum reduziert, um Systemressourcen einzusparen.

Beachten Sie außerdem, dass nur der Attributpuffer des aktuellen Attributs verwendet wird: Jegliche weiteren Attribute werden unter Verwendung des Makros SWC_GET_PROPERTY abgerufen. Sie können andere Attribute nicht direkt aus dem Puffer abrufen, da es keine Garantie dafür gibt, dass die Implementierung anderer Attribute bereits ausgeführt wurde. Durch den Einsatz von SWC_GET_PROPERTY stellen Sie sicher, dass die Implementierung anderer Attribute vor Verwendung der Attribute mindestens einmal ausgeführt wurde.

Mehrzeilige Attribute

Bei mehrzeiligen Attributen handelt es sich fast immer um virtuelle Attribute. Die Implementierung eines mehrzeiligen Attributs ähnelt der eines Attributs mit einem Einzelwert. Der Hauptunterschied liegt darin, dass es sich bei dem Attributpufferfeld um eine interne Tabelle handelt, deren Zeilen jeweils die in den Attributdetails angegebene Datentypreferenz aufweisen. Jeder Workflow kann auf die Werteliste zugreifen. Zum Schreiben der Tabelle in den Container verwenden Sie das Makro `SWC_SET_TABLE`.

Die grundlegende Implementierung für ein mehrzeiliges virtuelles Attribut sieht folgendermaßen aus:

```
GET_PROPERTY <AttributeID> CHANGING CONTAINER.
 SWC_SET_TABLE CONTAINER <AttributeID> <InternalTable>.
END_PROPERTY.
```

Zwischen den Makros `GET_PROPERTY` und `SWC_SET_TABLE` können Sie Quelltext zur Berechnung des Attributwerts einfügen. Listing 15.3 enthält z. B. die Implementierung des mehrzeiligen Datentypattributs `CostCenterList`, mit dem eine Liste der aus Tabelle ZWIDGET_ACCOUNT abgerufenen Kostenstellen berechnet und zurückgegeben wird.

```
GET_PROPERTY CostCenterList CHANGING CONTAINER.
DATA: account_tab TYPE STANDARD TABLE OF zwidget_account,
      w_account_line TYPE zwidget_account.
  If object-costcenterlist[] is initial.
     SELECT id, account_line, cost_center FROM ZWIDGET_ACCOUNT
      INTO CORRESPONDING FIELDS OF TABLE account_tab
      WHERE ID = object-key-id.
     LOOP AT account_tab INTO w_account_line
      WHERE NOT cost_center IS INITIAL.
      Append w_account_line-cost_center to object-costcenterlist.
     ENDLOOP.
  Endif.
  SWC_SET_TABLE CONTAINER 'CostCenterList' object-costcenterlist.
END_PROPERTY.
```

Listing 15.3 Beispiel eines mehrzeiligen Attributs

Für die Zwecke dieses Beispiels lautet der Schlüssel von `ZWIDGET_ACCOUNT` hier `ZWIDGET-ID` und `ZWIDGET-ACCOUNT_LINE`. Eine `ZWIDGET-ID` kann mehrere `ZWIDGET_ACCOUNT`-Einträge umfassen, die die Kontierungsverteilung für die `ZWIDGET-ID` enthalten. Nicht jede Kontierungszeile enthält eine Kostenstelle, aber der Zweck des `CostCenterList`-Attributs liegt darin, alle für die jeweilige ZWIDGET-ID relevanten Kostenstellen zurückzugeben. ZWIDGET-ID ist der Schlüssel des aktuellen Objekts.

Beachten Sie, wie der Objektschlüssel mithilfe von OBJECT-KEY-ID referenziert wird. Im Gegensatz zu den Attributpufferfeldern sind die Schlüsselfelder eines Objekts immer verfügbar – vorausgesetzt, das Objekt wurde instanziiert, denn die Schlüsselfelder werden während der Instanziierung gefüllt. Beachten Sie auch, dass Sie in der Attributimplementierung jeglichen ABAP-Standardquelltext verwenden können, z. B. SELECT, CALL FUNCTION etc. Sie haben bei der Berechnung der Werteliste freie Hand.

Wenn allerdings mehrere virtuelle Attribute Daten aus der Tabelle ZWIDGET_ACCOUNT auslesen müssen und die Attribute alle innerhalb eines Workflows eingesetzt werden, könnte dies dazu führen, dass die Datenbank zur Abfrage derselben Daten mehrmals aufgerufen wird. Es gibt verschiedene Möglichkeiten zur Optimierung der Ressourcennutzung:

- Puffern Sie im ABAP Data Dictionary ZWIDGET_ACCOUNT, um die Zahl der direkten Datenbanklesevorgänge zu minimieren.
- Verwenden Sie anstelle virtueller Attribute Datenbankattribute, weil diese die Implementierung gemeinsam nutzen (ein SELECT auf der Datenbank). Natürlich ist dies nur sinnvoll, wenn es sich um einwertige Attribute handelt, die direkt aus den Tabellenfeldern abgerufen werden.
- Verwenden Sie ein Unterprogramm, um die Daten einmalig auszulesen, und speichern Sie die Daten im privaten Objektpuffer. Rufen Sie die Daten bei jedem folgenden Lesevorgang aus dem privaten Objektpuffer ab.

In einem der folgenden Abschnitte erhalten Sie weitere Informationen zur Implementierung von Datenbankattributen, daher wurde in Listing 15.4 das CostCenterList-Beispiel so umgeschrieben, dass andere Attribute ebenfalls auf die ZWIDGET_ACCOUNT-Daten im privaten Objektpuffer zugreifen können.

```
GET_PROPERTY CostCenterList CHANGING CONTAINER.
DATA: account_tab TYPE STANDARD TABLE OF zwidget_account,
      w_account_line TYPE zwidget_account.
  If object-costcenterlist[] is initial.
     Perform get_zwidget_account using account_tab.
     LOOP AT account_tab INTO w_account_line
      WHERE NOT cost_center IS INITIAL.
      Append w_account_line-cost_center to object-costcenterlist.
     ENDLOOP.
  Endif.
  SWC_SET_TABLE CONTAINER 'CostCenterList' object-costcenterlist.
END_PROPERTY.
```

```
FORM GET_ZWIDGET_ACCOUNT USING P_ACCOUNT_TAB.
  If object-private-accountlist[] is initial.
   SELECT * FROM ZWIDGET_ACCOUNT
    INTO TABLE object-private-accountlist
    WHERE ID = object-key-id.
  Endif.
  P_account_tab = object-private-accountlist.
ENDFORM.
```

Listing 15.4 Beispiel zur Verwendung des privaten Objektpuffers

Auf Objektreferenzen basierende Attribute

Die bisher genannten Beispiele zu einwertigen und mehrzeiligen Attributen haben gezeigt, wie Attribute mithilfe von ABAP-Data-Dictionary-Datentypreferenzen implementiert werden. Darüber hinaus ist es auch möglich, auf Objektreferenzen basierende Attribute zu verwenden. Der für die Implementierung eines solchen Attributs verwendete Quelltext ist grundsätzlich derselbe, abgesehen davon, dass der Datentyp der Objektreferenz stets `SWC_OBJECT` lautet (siehe die automatisch generierte Owner-Deklaration in der Objektdeklaration). Darüber hinaus enthält die Objektreferenz keinen Wert, sondern einen Objektinstanzverweis. Die Objektinstanz kann mithilfe des Makros `SWC_CREATE_OBJECT` erstellt werden.

Das Beispiel in Listing 15.5 zeigt, wie Sie ein Attribut namens `Owner` implementieren können, das eine einzelne Objektreferenz zum BOR-Objekt `User` enthält. Der Owner ist der Benutzer, der für »Widgets« eines bestimmten Typs und Preises verantwortlich ist. Der Schlüssel des Objekttyps `User` ist eine Benutzerkennung vom Datentyp `USR01-BNAME`.

```
GET_PROPERTY Owner CHANGING CONTAINER.
DATA: widget_type type zwidgets-widget_type,
      price type zwidgets-price,
      owner type usr01-bname.
  If object-owner is initial.
     SWC_GET_PROPERTY self 'Price' price.
     SWC_GET_PROPERTY self 'Widget_Type' widget_type.
     CALL FUNCTION 'Z_FIND_OWNER'
       EXPORTING
         Price = price
         Type  = widget_type
       IMPORTING
         Owner = owner
       EXCEPTIONS
         Others = 1.
     If sy-subrc eq 0.
```

```
      SWC_CREATE_OBJECT object-owner 'User' owner.
    Endif.
  Endif.
  SWC_SET_ELEMENT CONTAINER 'Owner' object-owner.
END_PROPERTY.
```

Listing 15.5 Beispiel eines virtuellen Attributs auf Basis einer Objektreferenz

Beachten Sie, dass der Hauptunterschied zwischen dieser Implementierung und der Implementierung des Attributs `Total` lediglich in der Erstellung der Objektreferenz liegt. Wenn Sie über ein mehrzeiliges Attribut verfügen, das auf einer Objektreferenz basiert, stellt jede Zeile der internen Attributtabelle eine Objektreferenz dar, und die Objektreferenz wird in gleicher Weise erstellt. Beachten Sie außerdem, dass Sie einen Funktionsbaustein über ein Attribut genauso aufrufen wie in jedem anderen ABAP-Programm.

Datenbankattribute, deren Datentypreferenz zeigt, dass sie derselben Tabelle angehören, verwenden eine gemeinsame Implementierung, d. h., es gibt anstelle einer Implementierung pro Feld nur eine Implementierung pro Tabelle. Dies dient der Minimierung der Ressourcennutzung: Jede dieser Tabellen wird bei der Objektinstanziierung nur einmal gelesen. Die gemeinsam genutzte Datenbankattribut-Implementierung beginnt mit dem Makro `GET_TABLE_PROPERTY` und endet mit dem Makro `END_PROPERTY`:

```
GET_TABLE_PROPERTY <Tablename>.
END_PROPERTY.
```

Die `BEGIN/END`-Makros für die Tabelleneigenschaft erstellen eine Subroutine, mit deren Hilfe unter Verwendung derselben Tabelle die Werte aller Datenbankattribute berechnet werden können. Wenn Sie die Datenbankattributdetails anlegen und PROGRAM wählen, wird eine der folgenden Implementierung ähnliche Implementierung generiert (oder angezeigt, falls die Implementierung bereits generiert wurde). Listing 15.6 zeigt den Quelltext, den Sie zur Implementierung der aus der Tabelle ZWIDGETS stammenden Datenbankattribute `Type`, `Price` und `Quantity` verwenden können.

```
TABLES: zwidgets.
*
GET_TABLE_PROPERTY ZWIDGETS.
DATA subrc LIKE sy-subrc.
PERFORM select_table_zwidgets USING subrc.
IF sy-subrc ne 0.
  Exit_object_not_found.
Endif.
END_PROPERTY.
```

```
*
FORM select_table_zwidgets USING subrc LIKE sy-subrc.
  If object-_zwidgets-mandt is initial
  And object-_zwidgets-id is initial.
     SELECT SINGLE * FROM ZWIDGETS CLIENT SPECIFIED
       WHERE mandt = sy-mandt
         AND id = object-key-id.
     Subrc = sy-subrc.
     If subrc ne 0. exit. Endif.
     Object-_zwidgets = zwidgets.
  Else.
     Subrc = 0.
     Zwidgets = object-_zwidgets.
  Endif.
ENDFORM.
```

Listing 15.6 Beispielimplementierung von Datenbankattributen

Das Makro `EXIT_OBJECT_NOT_FOUND` sendet eine Ausnahme (Fehlermeldung) an den Workflow, die mitteilt, dass das Objekt nicht vorhanden ist. Auf diese Weise wird der Workflow darüber informiert, dass entweder eine ungültige Kennung von »Widget« oder eine schwerwiegende Datenbankinkonsistenz vorliegt.

Beachten Sie die besondere Verwendung der `TABLES`-Anweisung (wie Sie bereits wissen, sollten Sie die `TABLES`-Anweisung in anderen ABAP-Quelltextsegmenten eher nicht verwenden). Anstatt die Attribute im Container zu platzieren, füllen Sie den `TABLES`-Arbeitsbereich `ZWIDGETS` mit den Daten, und die SAP Business Workflow Engine ruft die Daten von dort ab. Diese Vorgehensweise gilt nur für Datenbankattribute. Abgesehen davon, gleichen die Verwendung des Attributpuffers und die Werteberechnung größtenteils der anderer Attribute.

Tipp

Sie können den generierten Quelltext durch eigenen Quelltext ersetzen, müssen bei der Implementierung der Datenbankattribute jedoch sicherstellen, dass sämtliche in den Datentypreferenzen aller Datenbankattribute verwendeten Tabellenfelder für dieses Objekt *und* seine Subtypen gefüllt werden. Beim Anlegen der Attributdetails haben Sie gesehen, dass die in Subtypen erstellten Datenbankattribute die Datenbankattribut-Implementierung des Supertyps verwenden, wenn der Supertyp bereits über eine Datenbankattribut-Implementierung für die betreffende Tabelle verfügt.

15.4.3 Programmierung von Methoden

Methoden weisen eine Implementierung pro Methode auf. Eine Methodenimplementierung beginnt mit dem Makro BEGIN_METHOD und wird mit dem Makro END_METHOD beendet. Die BEGIN/END-Makros erstellen eine Subroutine, mit deren Hilfe die geeigneten Geschäftsfunktionen aufgerufen werden können. Die grundlegende Implementierung einer Methode sieht folgendermaßen aus:

```
BEGIN_METHOD <MethodID> CHANGING CONTAINER.
END_METHOD.
```

Zwischen den BEGIN/END-Makros können Sie beliebigen Quelltext zum Aufruf der gewünschten Funktion(en) einfügen.

Tipp

Sie sollten die Methodendetails sowie Parameter und Ausnahmen vor der Erstellung der Methodenimplementierung definieren. Auf diese Weise kann der Business Object Builder nicht nur den Start- und Endcode der Methode generieren, sondern auch den Makroquelltext zum Auslesen der Importparameter aus dem Container. Zusätzlich werden die Ergebnis-/Exportparameter am Ende der Methodenimplementierung in den Container kopiert.

Listing 15.7 zeigt ein Beispiel für eine dialogbasierte (also eine Benutzerinteraktion erfordernde), synchrone Methode namens Display, mit der Transaktion ZWIDGET_DIS aufgerufen wird. Die Methode ist synchron, da sie keine Datenbankänderungen umfasst. Diese Methode verwendet weder Parameter noch Ausnahmen.

```
BEGIN_METHOD display CHANGING CONTAINER.
  SET PARAMETER ID 'ZWIDGET' FIELD object-key-id.
  CALL TRANSACTION 'ZWIDGET_DIS' AND SKIP FIRST SCREEN.
END_METHOD.
```

Listing 15.7 Dialogbasierte, synchrone Methode zum Aufruf einer Transaktion

Wie aus Listing 15.7 hervorgeht, greifen Methoden in gleicher Weise auf Attribute zu wie Attribute selbst auch: entweder unter Verwendung des Attributpuffers für die Schlüsselfelder (z. B. OBJECT-KEY-ID) oder unter Zuhilfenahme des Makros SWC_GET_PROPERTY für den Zugriff auf andere Attribute. Der Transaktionsaufruf erfolgt – wie bei einem Transaktionsaufruf aus jedem anderen Programm auch – über eine CALL TRANSACTION-Anweisung.

Dialogbasierte, asynchrone Methodenaufrufe

Listing 15.8 zeigt ein Beispiel für eine dialogbasierte, asynchrone Methode namens Edit, mit der Transaktion ZWIDGET_CHG aufgerufen wird. Die Methode ist asynchron, da ZWIDGET_CHG – wie die meisten SAP-Transaktionen – zur Aktualisierung der Datenbank die Verbuchung UPDATE TASK verwendet. Diese Methode verwendet weder Parameter noch Ausnahmen.

```
BEGIN_METHOD edit CHANGING CONTAINER.
  SET PARAMETER ID 'ZWIDGET' FIELD object-key-id.
  CALL TRANSACTION 'ZWIDGET_CHG' AND SKIP FIRST SCREEN.
END_METHOD.
```

Listing 15.8 Dialogbasierte, asynchrone Methode zum Aufruf einer Transaktion

Wie aus Listing 15.8 hervorgeht, wirkt sich die Kennzeichnung einer Methode als synchron oder asynchron nicht zwangsläufig auf den Quelltext zur Methodenimplementierung aus; die Kennzeichnung beeinflusst lediglich die Art und Weise, in der das aufrufende Workitem beendet wird. In Listing 15.8 ist Transaktion ZWIDGET_CHG dafür verantwortlich, ein beendendes Ereignis ZWIDGET.Changed an die aufrufende Aufgabe zu senden, sobald die Datenbankaktualisierung abgeschlossen ist (z. B. über die Erzeugung eines Ereignisses im Falle der Erstellung eines Änderungsbelegs). In Kapitel 18, »Verwendung von Ereignissen und anderen Business-Interfaces«, erfahren Sie, wie Anwendungen Ereignisse senden. Das Workitem wird erst beendet, wenn das beendende Ereignis empfangen wurde. Der Aufruf von Transaktionen ist üblicherweise dialogbasierten Methoden vorbehalten, der Workflow muss den Bearbeiter lediglich zu der Transaktion führen, in der die Geschäftsaktivität ausgeführt werden kann.

Hintergrundmethoden

Hintergrundmethoden rufen für gewöhnlich Funktionsbausteine oder BAPIs auf, bei denen die Geschäftsaktivität automatisch, d. h. ohne Benutzerinteraktion, ausgeführt wird. Funktionsbausteine erfordern zur Aktivitätsverarbeitung in der Regel eine Parametereingabe. Das Makro SWC_GET_ELEMENT wird für den Abruf einwertiger Parameter aus dem Container verwendet, das Makro SWC_GET_TABLE dient zum Abruf mehrzeiliger Parameter:

```
SWC_GET_ELEMENT CONTAINER <ParameterID> <Value>.
SWC_GET_TABLE CONTAINER <ParameterID> <InternalTable>.
```

In Listing 15.9 sehen Sie ein Beispiel für eine im Hintergrund ausgeführte, synchrone Methode namens Delete, die zur Durchführung des Löschvorgangs ein BAPI verwendet. Dieses BAPI erfordert den Importparameter AuthorizedBy. Anhand dieses Parameters werden (per Datenfluss zwischen Workflow, Aufgabe und Methode) die zu löschende ZWIDGET-ID sowie der Name des Benutzers übergeben, der den Löschvorgang autorisiert.

```
BEGIN_METHOD delete CHANGING CONTAINER.
Data: authagent type usr01-bname,
      authorizer type swc_object,
      authname type addr3_val-name_text.
  SWC_GET_ELEMENT CONTAINER 'AuthAgent' authagent.
  SWC_CREATE_OBJECT authorizer 'User' authagent.
  SWC_GET_PROPERTY authorizer 'Name' authname.
  CALL FUNCTION 'BAPI_ZWIDGET_DELETE'
  EXPORTING
    ID = object-key-id
    AuthorizedBy = authname
  EXCEPTIONS
    Others = 1.
END_METHOD.
```

Listing 15.9 Im Hintergrund ausgeführte, synchrone Methode unter Verwendung eines BAPIs

Der Workflow übergibt die Benutzerkennung des autorisierenden Bearbeiters im Importparameter AuthAgent, bei dem es sich um einen einwertigen Parameter mit Datentypreferenz USR01-BNAME handelt. Die Methode ruft den Namen des autorisierenden Bearbeiters aus dem Attribut Name des BOR-Objekts User ab, der mithilfe der im AuthAgent-Parameter übergebenen Benutzerkennung instanziiert wird.

Hinweis

Wie Sie sehen, gehen Sie innerhalb der Methoden bei der Erstellung von Objektreferenzen und beim Abruf von Attributwerten genauso vor wie in Attributimplementierungen. Darüber hinaus werden Funktionsbausteine wie in anderen ABAP-Programmen aufgerufen.

Arbeiten mit Ausnahmen

Bei der oben beschriebenen Methodenimplementierung gibt es jedoch ein grundsätzliches Problem: Tritt ein Fehler innerhalb der Aktivität auf, wird die Workflow Engine darüber nicht benachrichtigt. Die Verarbeitung wird deshalb auch bei einem Fehler scheinbar erfolgreich beendet. Methoden ohne Fehlerausgabe können aus geschäftlicher Sicht ein schwerwiegendes Problem verursachen. Abgesehen davon, dass der Geschäftsprozess nicht erfolgreich beendet wurde, kann die Ermittlung der Fehlerursache extrem schwierig sein, wenn sämtliche Daten im Workflow-Protokoll auf eine erfolgreiche Methodenausführung hinweisen. Es ist unerlässlich, einen Mechanismus zur Erkennung solcher Fehler innerhalb der Methode zur Hand zu haben. Sie können z. B. über Funktionsbausteine Ausnahmen zurückgeben oder die `MESSAGES`-Option einer `CALL TRANSACTION USING`-Anweisung einsetzen. Alternativ können Sie eine asynchrone Methode verwenden und mithilfe eines beendenden Ereignisses die erfolgreiche Ausführung der aufgerufenen Geschäftsfunktion bestätigen.

Die Methode könnte durch die Implementierung einer Fehlerbehandlung verbessert werden. Es können grundsätzlich zwei Fehler auftreten:

- Es könnte sich bei `AuthAgent` um einen ungültigen Benutzer handeln.
- Der Löschvorgang könnte selbst fehlschlagen, etwa aufgrund eines gesperrten `ZWIDGETS`-Tabelleneintrags.

Die Ausnahmen müssen im Abschnitt Exceptions der Methodendetails definiert werden, bevor sie verwendet werden können.

Jede Ausnahme verfügt über eine vierstellige Nummer, wie z. B. 9001, die an Klasse und Nummer der anzuzeigenden Meldung gekoppelt ist. Darüber hinaus weist jede Ausnahme einen Fehlertyp auf (Temporary, Application oder System), anhand dessen der Workflow über die Art der Fehlerbehandlung entscheiden kann. Ausnahmen werden mithilfe des Makros `EXIT_RETURN` an den Workflow gesendet, wobei das Makro Ausnahmenummer und Meldungsparameter angibt. Meldungen können maximal vier Parameter aufweisen (`SY-MSGV1` bis `SY-MSGV4`), das Makro erfordert jedoch immer die Übergabe von vier Parametern. Wenn Sie also für eine Meldung einen der Parameter nicht benötigen, verwenden Sie in diesem Fall das reservierte Wort `SPACE`:

```
EXIT_RETURN <Exception> <Var1> <Var2> <Var3> <Var4>.
```

In Listing 15.10 werden die Systemausnahme 9001 (`AuthAgent &1` nicht vorhanden) und die temporäre Ausnahme 9002 (`Widget &1` konnte nicht gelöscht werden) ausgegeben. Beachten Sie, dass sich der Fehlertyp der Ausnahme nicht auf die Implementierung auswirkt.

```
BEGIN_METHOD delete CHANGING CONTAINER.
Data: authagent type usr01-bname,
      authorizer type swc_object,
      authname type addr3_val-name_text.
  SWC_GET_ELEMENT CONTAINER 'AuthAgent' authagent.
  SWC_CREATE_OBJECT authorizer 'User' authagent.
```

```
  If sy-subrc ne 0.
    EXIT_RETURN 9001 authagent SPACE SPACE SPACE.
  Endif.
  SWC_GET_PROPERTY authorizer 'Name' authname.
  CALL FUNCTION 'BAPI_ZWIDGET_DELETE'
  EXPORTING
    ID = object-key-id
    AuthorizedBy = authname
  EXCEPTIONS
    Others = 1.
  If sy-subrc ne 0.
    EXIT_RETURN 9002 object-key-id SPACE SPACE SPACE.
  Endif.
END_METHOD.
```

Listing 15.10 Implementierung von Ausnahmen

Ebenso wie bei der Ausnahmenausgabe durch Funktionsbausteine werden bei der Ausgabe einer Methodenausnahme weder Ergebnis- noch Exportparameter gesendet, weshalb Ausnahmen nur für Fehler- oder Abbruchsituationen verwendet werden sollten. Der Workflow kann auf verschiedene Weise auf den Fehler reagieren. Entweder wird versucht, das Workitem zu einem späteren Zeitpunkt erneut abzurufen – in diesem Fall wird das Workitem in den Status ERROR gesetzt –, oder es werden, abhängig vom Fehlertyp und davon, ob die Ausnahme im Workflow modelliert wurde, alternative Workflow-Schritte ausgeführt.

Methoden können Ergebnisse über Exportparameter oder über den speziellen Parameter `Result` zurückliefern. Die `Result`- und Exportparameter müssen vor einem Einsatz in der Methode in den Methodendetails definiert werden. Bei der Rückgabe von Ergebnissen an den Container verwenden Sie das Makro `SWC_SET_ELEMENT` für Einzelwerte und das Makro `SWC_SET_TABLE` für mehrzeilige Parameter:

```
SWC_SET_ELEMENT CONTAINER <ParameterID> <Value>.
SWC_SET_TABLE CONTAINER <ParameterID> <InternalTable>.
```

Listing 15.11 zeigt als Beispiel die dialogbasierte, synchrone Methode `ApproveDeletion`, die als Ergebnis den Wert 0 (für »genehmigt«) oder den Wert 1 (für »abgelehnt«) liefert. Bei einer Ablehnung wird zusätzlich der Exportparameter `RejectionReason` zurückgegeben. Die spezielle Variable `RESULT` stellt sicher, dass das Ergebnis über den besonderen vordefinierten Parameternamen `_RESULT` zurückgegeben wird.

```
BEGIN_METHOD approvedeletion CHANGING CONTAINER.
Data: approvalstate type syst-index,
```

```
      rejreason type zwidget-text.
  Clear rejreason.
  CALL FUNCTION 'BAPI_ZWIDGET_APPROVEDELETE'
  EXPORTING
    ID = object-key-id
  IMPORTING
    Approvalstate = approvalstate
    Rejection_text = rejreason
  EXCEPTIONS
    Cancelled = 1
    Others = 2.
  Case sy-subrc.
    When 0.
      SWC_SET_ELEMENT CONTAINER RESULT approvalstate.
      SWC_SET_ELEMENT CONTAINER 'RejectionReason' rejreason.
    When 1.
      EXIT_CANCELLED.
    When Others.
* Send exception "approval failed"
      EXIT_RETURN 9003 object-key-id SPACE SPACE SPACE.
  Endcase.
END_METHOD.
```

Listing 15.11 Dialogbasierte, synchrone Methode mit Ergebnisrückgabe

Beachten Sie die spezielle Ausnahme EXIT_CANCELLED. Sie teilt dem Workflow mit, dass der Benutzer sich dazu entschlossen hat, die Aktivität nicht zu diesem Zeitpunkt auszuführen. Standardmäßig belässt der Workflow das Workitem in der Inbox des Bearbeiters und setzt es in den Status IN PROCESS, damit der Bearbeiter die Aktivität später ausführen kann. Wie bei jeder anderen Ausnahme können Sie alternative Schritte definieren, die beim Empfang der Ausnahme ausgeführt werden.

Zwei weitere verfügbare Ausnahmen sind EXIT_NOT_IMPLEMENTED, die dem Workflow mitteilt, dass keine Methode implementiert wurde, und EXIT_PARAMETER_NOT_FOUND, die ausgelöst werden sollte, wenn ein obligatorischer Parameter einer Methode fehlt.

Wenn Sie eine instanzunabhängige Methode implementieren möchten, die anstelle eines Parameters eine Objektreferenz auf eine Instanz des aktuellen BOR-Objekts zurückgibt, verwenden Sie das Makro SWC_SET_OBJECTKEY:

```
SWC_SET_OBJECTKEY <ObjectKey>.
```

Gelegentlich kann es sinnvoll sein, eine Methode zur Attributberechnung oder innerhalb einer anderen Methode aufzurufen. In diesen Fällen verwenden Sie das Makro SWC_CALL_METHOD:

SWC_CALL_METHOD <Object> <Method> <Container>.

Um die Importparameter für die Methode zu füllen, die im Container aufgerufen werden soll, können Sie die Makros SWC_SET_ELEMENT und SWC_SET_TABLE einsetzen. Die Makros SWC_GET_ELEMENT und SWC_GET_TABLE können nach der Ausführung der Methode zum Lesen der Exportparameter und Ergebnisse verwendet werden. Wenn Sie einen separaten temporären Container für den Methodenaufruf erstellen möchten, um die Platzierung von Zwischendaten im aktuellen Objektcontainer zu vermeiden, können Sie das Makro SWC_CONTAINER für die Containerdeklaration verwenden und den Container über das Makro SWC_CREATE_CONTAINER initialisieren.

Ein Laufzeitcontainer wie etwa der Objektcontainer ist nur in der Umgebung des jeweils aktuellen Programms vorhanden. Ein persistenter Container kann an ein anderes Programm übergeben werden, wenn Sie z. B. in einem Check- oder Verbrauchertyp-Funktionsbaustein den Ereigniscontainer ändern möchten. Das Makro SWC_CONTAINER_TO_PERSISTENT konvertiert den angegebenen Container in einen persistenten Container, während SWC_CONTAINER_TO_RUNTIME genau das Gegenteil bewirkt. Ein ähnliches Makro ist SWC_OBJECT_FROM_PERSISTENT, das eine persistente Objektreferenz in eine Laufzeitreferenz konvertiert.

Das Makro SWC_REFRESH_OBJECT kennzeichnet den Objektreferenzpuffer als ungültig, sodass alle Attribute beim nächsten Aufruf neu berechnet werden. Sie sollten sich überlegen, dieses Makro aufzurufen, wenn eine Methode eines der Attribute ändern könnte. Weitere nützliche Makros sind SWC_GET_OBJECT_TYPE (gibt Objekttyp zurück), SWC_GET_OBJECT_KEY, SWC_COPY_ELEMENT und SWC_DELETE_ELEMENT.

15.5 Einige nützliche vordefinierte BOR-Objekte

Im Folgenden werden verschiedene vordefinierte BOR-Objekte erläutert, die äußerst nützlich sein können.

15.5.1 BOR-Objekt SELFITEM

Das BOR-Objekt SELFITEM stellt Methoden bereit, die auf einem Workitem operieren, das die eigene Aufgabe repräsentiert. Wenn Sie das Workitem ausführen, handelt es sich bei dem Objekt, auf dem die Methode operiert, um dieses Workitem selbst. Dies ist besonders nützlich, wenn Sie mithilfe der Methode SendTaskDescription eine E-Mail versenden oder Anlagen bearbeiten möchten. Alle Anlagen müssen Objekte vom Typ `SOFM` sein. `SELFITEM` verfügt über einige nützliche Methoden, zu denen unter anderem folgende zählen:

- `SendTaskDescription`
  Die Aufgabenbeschreibung wird im Hintergrund als Mail gesendet. Kann die E-Mail nicht gesendet werden, gibt die Methode eine Ausnahme aus.
- `PrintTaskDescrBatch`
  Druckt die Aufgabenbeschreibung im Hintergrund auf einem angegebenen Drucker aus.
- `PrintTaskDescrDialog`
  Druckt die Aufgabenbeschreibung im Dialog aus. Der Bearbeiter wird aufgefordert, die Druckparameter (einschließlich des zu verwendenden Druckers) anzugeben.
- `Note_Create`
  Erstellt ein Dokument und fügt dieses dem Workitem als Anlage hinzu. Der Bearbeiter wird aufgefordert, entweder das Dokument zu erstellen oder ein Dokument aus dem lokalen Dateisystem oder einer SAPoffice-Mappe zu importieren.
- `Note_Display`
  Über diese Methode wird eine Anlage angezeigt. Die meisten Inboxen gestatten die optionale Anzeige von Anlagen. Mit dieser Methode können Sie die Anlagenanzeige erzwingen.
- `Note_Change`
  Über diese Methode wird eine Anlage geändert.

Tipp

Das `SELFITEM`-Objekt kann nicht delegiert werden. Es handelt sich um das einzige BOR-Objekt im System, bei dem das System eine Delegation verhindert.

15.5.2 BOR-Objekt WF_TASK

Das BOR-Objekt `WF_TASK` stellt Methoden zur Bearbeiterermittlung und -zuordnung für Schritte im Workflow bereit. Ein Objekt vom Typ `WF_TASK` ist eine Aufgabe, die durch Typ (z. B. TS für Standardaufgabe) und Nummer (achtstellig) spezifiziert wird.

- Das nützlichste Attribut von `WF_TASK` ist `AllAgentsOfTask` und liefert eine Liste aller möglichen Bearbeiter für eine Aufgabe.
- Das nützlichste Attribut von `WF_TASK` ist `AllAgentsOfTaskGetAndDispatch`. Sie erlaubt einem Bearbeiter die Auswahl von Empfängern für einen Folgeschritt. Die Auswahl wird anhand einer Liste der möglichen Bearbeiter für die zu einem Workflow-Schritt gehörige Aufgabe getroffen. Diese Methode wird im Workflow Builder vom Wizard CHOOSE AGENT verwendet.

15.5.3 BOR-Objekt SYSTEM

Der Objekttyp `SYSTEM` enthält verschiedene nützliche Hilfsmethoden, darunter auch `GenericInstantiate`. Diese Hilfsmethode erstellt eine Objektreferenz aus Objekttyp und zugehörigem Schlüssel. Die Parameter weisen keinen Typ auf, daher kann eine beliebige Objektreferenz erstellt werden.

15.5.4 BOR-Objekt FORMABSENC

Dieses BOR-Objekt liefert ein Beispiel für eine Abwesenheitsmitteilung eines Anwendungsobjekts. Er wird außerdem in vielen SAP-Demo-Workflows und in den Workflow-Tutorials im SAP Help Portal eingesetzt. Geben Sie auf der Seite *http://help.sap.com* den Suchbegriff »Workflow Tutorial« ein.

15.5.5 BOR-Objekt USR01

Der Objekttyp `USR01` repräsentiert einen Benutzer und umfasst eine sehr nützliche Methode: `FindUserFromAgentStructure`. Sie konvertiert einen Bearbeiter in ein Benutzerobjekt (Objekttyp `USR01`). Anschließend können Sie auf Benutzerattribute wie Name und Kontaktdetails zugreifen.

Tipp

Dieses BOR-Objekt wird häufig als Attribut in andere BOR-Objekte aufgenommen, wie z. B. bei `DialogItem`. Wenn Sie daher das BOR-Objekt per Delegation erweitern, stellen Sie Ihre Erweiterungen (z. B. Hinzufügen der E-Mail-Adresse des Benutzers) ohne zusätzliche Bearbeitung allen weiteren BOR-Objekten und Workflows innerhalb des Systems zur Verfügung. Selbst die von SAP bereitgestellten Workflows erhalten so Zugriff auf Ihre Erweiterung.

15.6 Praxisbeispiele für das Customizing von BOR-Objekten

Wie bereits erwähnt, sollten Sie eher einen Objekttyp erweitern, als einen neuen Objekttyp anzulegen, wenn Sie zusätzliche Komponenten für ein SAP-BOR-Objekt anlegen oder zusätzliche Komponenten für ein BOR-Objekt hinzufügen möchten. So stellen Sie sicher, dass die Standardszenarien mit dem ursprünglichen SAP-BOR-Objekt weiterhin funktionsfähig sind.

Sie können ein neues BOR-Objekt als Subtyp des ursprünglichen BOR-Objekts anlegen, das dann die Komponenten und verknüpften Implementierungen des übergeordneten BOR-Objekts erbt. Anschließend können Sie dieses BOR-Objekt erweitern und als Delegationstyp des Supertyps festlegen. Sämtliche Aufrufe des »alten« BOR-Objekts (Supertyp) werden umgeleitet und an das »neue« BOR-Objekt (Subtyp) delegiert, um seine Definition zu lesen und auszuführen (Delegation).

Betrachten wir einige Geschäftsszenarien aus der Praxis, für die ein von SAP bereitgestelltes BOR-Objekt erweitert werden musste.

15.6.1 Kundenspezifische Attribute

In diesem Abschnitt finden Sie Beispiele für kundenspezifische Attribute, die von Kunden selbst entwickelt wurden.

BOR-Objekt BUS2121 – Genehmigung für Einkaufswagen (SAP SRM)

In SAP SRM wird das BOR-Objekt zur Genehmigung von Einkaufswagen – `BUS2121` – von verschiedenen Workflows verwendet. Die Geschäftsanforderung eines Kunden lautet z. B., dass ein kundenspezifischer Workflow für Einkaufswagen ausgelöst werden soll, die einen festgelegten Höchstwert für Bestellungen überschreiten. Der Geschäftsprozess muss eine E-Mail an den Besteller senden, um diesen darüber zu informieren, dass der soeben erstellte Einkaufswagen diesen Höchstwert überschreitet.

Da SAP keinen Genehmigungs-Workflow für diese Anforderung bereitstellt, muss der Kunde einen kundenspezifischen Workflow anlegen. Dabei sollen so viele von SAP bereitgestellte Komponenten wiederverwendet werden wie möglich. Bevor ein Genehmigungs-Workflow ausgelöst wird, sollen zusätzlich Startbedingungen ausgewertet werden, um den Wert des Einkaufswagens mit dem zulässigen Höchstwert für Bestellungen des Benutzers zu vergleichen. Zu diesem Zweck führt der Kunde folgende Schritte aus:

- Er legt einen Subtyp ZBUS2121 für das Objekt BUS2121 an und führt eine Delegation durch.
- Er legt im Subtyp ZBUS2121 ein neues virtuelles Attribut ZOutOfLimit an. Das Programm für dieses neue Attribut ermittelt den Höchstwert für Bestellungen des Benutzers und vergleicht diesen mit dem Wert des Einkaufs. Dieser ist bereits verfügbar, wenn das BOR-Objekt instanziiert wird.
- Wenn der Höchstwert überschritten ist, wird ZOutOfLimit auf 1 gesetzt. Wird dieser Wert nicht überschritten, wird das Attribut auf 0 gesetzt.

Sobald die Änderungen am BOR-Objekt vorgenommen sind, kann der Benutzer das neu definierte Attribut im kundenspezifischen Workflow einsetzen. Dieses kann zusätzlich verwendet werden, um Startbedingungen auszuwerten und zu ermitteln, ob für neu angelegte Einkaufswagen ein normaler Workflow oder ein kundenspezifischer Workflow bei Überschreitung des Höchstwertes für Bestellungen ausgelöst werden soll.

BOR-Objekt BUS2089 – Mitarbeiter Reise

In diesem Szenario ist ein Design erforderlich, bei dem ein zweistufiger Genehmigungsprozess für Mitarbeiterreiseanträge mit Vorauszahlung implementiert wird. Die erste Genehmigung erfolgt durch den direkten Vorgesetzten des Mitarbeiters, die zweite durch den Leiter der Buchhaltung.

Um diese Anforderung zu erfüllen, wird ein Subtyp ZBUS2089 für das BOR-Objekt BUS2089 angelegt. Im BOR-Objekt ZBUS2089 wird ein Attribut CashAdvance eingefügt. Dies ist ein Kennzeichen, das auf true gesetzt wird, wenn für eine Reise in PTRV_SHDR-SUM_ADVANC eine Vorauszahlung enthalten ist. Enthält dieses Feld keinen Wert, wird das Kennzeichen auf false gesetzt.

Das Attribut CashAdvance kann anschließend innerhalb des Workflow-Musters in einem Bedingungsschritt verwendet werden, um zu ermitteln, ob für die Reise eine Genehmigung durch den Leiter der Buchhaltung erforderlich ist.

BOR-Objekt BUS7026 – Beurteilung

Der Kunde implementiert einen SAP Business Workflow zur Mitarbeiterbeurteilung mit einigen Erweiterungen gemäß den eigenen Prozessen. Der Vorgesetzte eines Mitarbeiters legt eine Beurteilung an. Wenn er die Beurteilung abschließt und speichert, wird ein Workflow ausgelöst, der ein Workitem zur Prüfung an den Mitarbeiter sendet. Der Mitarbeiter kann die Beurteilung prüfen, Kommentare hinzufügen und das Dokument speichern. Wenn der Mitarbeiter die Beurteilung speichert und das Workitem beendet, sollte der Workflow erneut zum Vorgesetzten zurückkehren, sodass dieser finale Kommentare hinzufügen kann. Da das auslösende Ereignis für diesen Workflow jedoch `CompletedAppraisal` ist, wird ein weiterer Workflow für dieselbe Beurteilung ausgelöst, wenn der Mitarbeiter die Beurteilung speichert. Um doppelte Workflows zu vermeiden, geht der Kunde wie folgt vor:

- Er legt einen Subtyp `ZBUS7026` für das Objekt `BUS7026` an und führt eine Delegation durch.
- Er legt im Subtyp `ZBUS7026` ein neues virtuelles Attribut `ZWorkflowStarted` an. Das Programm für dieses neue Attribut verwendet `SAP_WAPI_WORKITEMS_TO_OBJECT`, um zu ermitteln, ob aktive Workflows für das Beurteilungsobjekt vorhanden sind.
- Wenn bereits ein aktiver Workflow ausgeführt wird, wird `ZWorkflowStarted` auf `S` gesetzt. Wird kein aktiver Workflow ermittelt, wird das Attribut auf `X` gesetzt.
- Der Kunde legt eine Startbedingung für den Business-Objekttyp `BUS7026` (Muster `WS########`) an, um zu prüfen, ob `ZWorkflowStarted` auf `X` gesetzt ist, bevor ein neuer Workflow ausgelöst wird. Auf diese Weise wird sichergestellt, dass jeweils nur ein Workflow für ein Beurteilungsobjekt ausgelöst wird.

15.6.2 Kundenspezifische Methoden

Mithilfe kundenspezifischer Methoden können Sie ein Objekt erweitern, um zusätzliche Funktionalität des BOR-Objekts einzufügen. Im Folgenden finden Sie drei Kundenbeispiele.

BOR-Objekt LFA1 – Lieferantenstamm

In diesem Szenario benötigt der Kunde einen Genehmigungsprozess für Änderungen, die an bestimmten Daten im Lieferantenstammsatz vorgenommen werden. In diesem Fall handelt es sich dabei um die Kontonummer (`LFBK-BANKN`). Die Kontonummer im Lieferantenstammsatz kann mit einer Änderungsmarkierung versehen sein. Wird diese Änderungsmarkierung gesetzt, wird ein Ereignis ausgelöst und der Workflow gestartet.

Der Workflow überprüft, ob bestimmte Bedingungen erfüllt sind:

- Sind die Bedingungen erfüllt, wird ein Workitem an die berechtigten Benutzer gesendet, um die Änderung zu genehmigen. Die kundenspezifische Methode wird verwendet, um das Lieferantenkonto zu entsperren.
- Werden die Bedingungen nicht erfüllt, ist keine Genehmigung erforderlich. Der Workflow führt die Aufgabe aus und ruft die kundenspezifische Methode auf, um die Sperrung des Kontos automatisch aufzuheben.

BOR-Objekt BUS2089 – Mitarbeiter Reise

Dieses Szenario basiert auf der Genehmigung der Reisekosten für einen Mitarbeiter. Normalerweise führen Genehmigungsprozesse automatisch zum direkten Vorgesetzten des Mitarbeiters. Bei diesem Kunden ist jedoch über eine Richtlinie festgelegt, dass alle durch den CEO angelegten Kosten durch den CFO genehmigt werden. Diese Genehmigungsanforderung führt zu Konflikten mit der HR-Aufbauorganisation, da der CFO an den CEO berichtet. Folglich ist eine Ausnahme im Workflow-Genehmigungsprozess erforderlich, sodass Kosten, die durch den CEO angelegt werden, in diesem Ausnahmefall an die Planstelle des CFO gesendet werden.

Zu diesem Zweck wird eine kundenspezifische Methode angelegt, die ermittelt, ob die Kosten durch den CEO angelegt wurden. Dazu wird ein Subtyp von `BUS2089` verwendet, der an das SAP-BOR-Objekt delegiert wird. Die Methode wird anschließend als initialer Schritt innerhalb des Workflows aufgerufen, um den Genehmigungspfad für die Kostenabrechnung zu ermitteln.

BOR-Objekt BUS2014 – Einkaufskontrakt

Der Kunde benötigt einen Genehmigungsprozess für sämtliche Verträge, die in erheblichem Maße geändert wurden. Das Kriterium für solche Änderungen ist, ob Wert, Menge oder Gültigkeitsdatum eines Vertrags geändert wurden. Bei einer solchen Vertragsänderung wird ein Genehmigungs-Workflow ausgelöst und die Änderung zur Genehmigung an den Vorgesetzten gesendet. Mithilfe von Terminregeln muss der Vorgesetzte diese Genehmigung innerhalb von zwei Werktagen bearbeiten. Wird der Termin überschritten, wird der Benutzer, der die Vertragsänderung vorgenommen hat, in einem Workitem über diese Terminüberschreitung informiert. Zudem kann er über dieses Workitem einen geeigneten Genehmigenden auswählen, der ihm innerhalb der HR-Aufbauorganisation vorgesetzt ist.

Im Folgenden sind die erforderlichen kundenspezifischen Schritte für dieses Szenario aufgeführt:

- Der Kunde erweitert das BOR-Objekt `BUS2014` auf `ZBUS2014`.
- Es wird eine kundenspezifische dialogbasierte, synchrone Methode angelegt. Die neue Methode muss die »Ebene« des aktuellen Benutzers lesen und eine interne Tabelle für alle möglichen Genehmigenden anlegen. Durch diese wird bis zur Geschäftsführungsebene navigiert.
- Zudem wird dem Benutzer innerhalb dieser Methode in einem Popup-Fenster eine Liste der möglichen Genehmigenden angezeigt.
- Für die Auswahl des Genehmigenden im vorangegangenen Schritt werden bestimmte Validierungen durchgeführt.
- Die finale Auswahl wird als Bearbeiter an den nächsten Schritt übergeben, also zur Genehmigung einer Vertragsänderung in einem Workitem.

So haben die Benutzer die Möglichkeit, einen Ad-hoc-Genehmigenden auszuwählen, um die geänderten Verträge zu prüfen.

Bei ABAP-Klassen handelt es sich um die Weiterentwicklung von ABAP in eine objektorientierte Sprache. Während BOR-Objekte spezielle Programmierkenntnisse erfordern, verwenden ABAP-Klassen im Workflow das normale objektorientierte ABAP. Dadurch wird die Entwicklung von Workflows für Entwickler mit aktuellen ABAP-Entwicklungskenntnissen vereinfacht und die Wiederverwendung von Objekten im Workflow und anderen Anwendungen ermöglicht.

16 ABAP-Klassen

Von Mike Pokraka

Eine Vielzahl der Gründe für die Verwendung eines objektorientierten Ansatzes bei der Workflow-Entwicklung wird in Kapitel 15, »Business-Objekte«, beschrieben. Aus diesem Grund konzentrieren wir uns in diesem Kapitel auf die neuen Aspekte, wenn Sie ABAP-Klassen einsetzen. Sie erfahren, wodurch sich die Verwendung von ABAP-Klassen und der Einsatz von BOR-Objekten (BOR = Business Object Repository) im Workflow unterscheiden. Darüber hinaus werden erweiterte Techniken beschrieben, die nur bei Verwendung von ABAP-Klassen im Workflow möglich sind.

Hinweis

Obwohl der eigentliche Name *ABAP Objects* lautet (also ebenfalls von Objekten die Rede ist), verwenden wir innerhalb dieses Buches die Bezeichnung *ABAP-Klassen*, um den Unterschied zwischen BOR-Objekten und ABAP-Objekten herauszustellen.

In der BOR-Welt wird der Begriff *Objekt* häufig generalisiert und sowohl für Objektinstanzen als auch für Objekttypen verwendet. In der Welt von ABAP Objects wird diese Unterscheidung betont, indem für die beiden Konzepte separate Begriffe verwendet werden: Objekte (Instanzen) und Klassen (Objekttypen).

Da Sie entweder ein erfahrener Entwickler und bereits mit Klassen vertraut sind oder sich als Workflow-Entwickler zum ersten Mal mit der Verwendung von Klassen beschäftigen, verfolgt dieses Kapitel einen sehr praxisorientierten Ansatz. Auf die in Kapitel 15, »Business-Objekte«, erläuterten Theorien wird an dieser Stelle nicht erneut eingegangen. Wenn Sie also weder mit dem Workflow *noch* mit ABAP Objects vertraut sind und Kapitel 15 übersprungen haben, sollten Sie in jedem Fall zunächst dessen Lektüre nachholen, da Sie die Informationen in diesem Kapitel anschließend deutlich besser verstehen werden. In Kapitel 15 werden die Grundlagen eines objektorientierten Ansatzes weitgehend erläutert. Zudem ist das BOR weiterhin sehr wichtig, da viele der von SAP bereitgestellten Workflows auf ihm basieren.

In diesem Kapitel werden zunächst die Hintergründe der unterschiedlichen Technologien erläutert. Anschließend erfahren Sie anhand von Praxisbeispielen, wie Sie ein vollwertiges Business-Objekt als ABAP-Klasse im Workflow implementieren. Wir verwenden zwei Beispielszenarien, die in einem SAP-NetWeaver-Testsystem (verfügbar in SAP SCN, *http://scn.sap.com*) nachgestellt werden können. Wir beginnen mit einer sehr einfachen Utility-Klasse und fahren mit einer einfachen Business-Klasse fort, um das Äquivalent des BOR-Objekts `USR01` zu implementieren. Das SAP-NetWeaver-System umfasst zudem eine hervorragende workflow-fähige ABAP-Beispielklasse, `CL_SWF_FORMABSENC`, die Techniken verwendet, die mit den in diesem Kapitel beschriebenen Techniken vergleichbar sind.

16.1 Grundlegendes zu ABAP-Klassen

Ein recht neues Feature innerhalb von SAP Business Workflow ist die Möglichkeit, ABAP-Klassen anstelle von BOR-Objekten einzusetzen. Das Verhalten dieser Klassen bzw. Objekte ist innerhalb des Workflow Builders weitgehend mit dem herkömmlicher BOR-Objekte identisch. Möglicherweise fragen Sie sich nun, weshalb zwei völlig unterschiedliche Technologien eingesetzt werden, um dasselbe Ziel zu erreichen. Um diese Frage zu beantworten, betrachten wir zunächst die Entwicklung der beiden Ansätze:

16.1.1 Entwicklung von BOR und ABAP

SAP Business Workflow wurde mit Release 3.0C in SAP R/3 eingeführt. Zu diesem Zeitpunkt war ABAP eine rein prozedurale Programmiersprache, bei der Modularität durch Verwendung von `PERFORM` und `CALL FUNCTION` erreicht wurde. Die Design-Philosophie des Workflows machte Funktionen notwendig, die nur ein objektorientierter Ansatz bieten konnte. Dazu zählten z. B. Abstraktion und Kapselung (siehe Kapitel 15, »Business-Objekte«). Um die Einschränkungen von ABAP zu umgehen, wurde das Business Object Repository (BOR) entwickelt. Auf diese Weise konnte in einer prozeduralen Sprache ein objektorientierter Ansatz emuliert werden. Die Emulation eines objektorientierten Ansatzes der BOR-Objekte bietet bereits große Vorteile. Da es sich jedoch nicht um eine nativ objektorientierte Methode handelt, fehlten einige Funktionen, die in vollständig objektorientierten Programmiersprachen zu finden sind.

Es bestehen folgende Möglichkeiten:

- In Release 4.6C wurde ABAP eine eigenständige objektorientierte Sprache mit nativer Unterstützung für Klassen. Inzwischen war der Workflow jedoch bereits zu einer ausgereiften Technologie geworden, die auf BOR-Objekten basierte und keine Klassen unterstützte.
- Ab Basis-Release 6.20 (SAP R/3 4.7 Enterprise Edition) konnte der Workflow zwar ABAP-Klassen nutzen, jedoch war dies mit Einschränkungen verbunden. Zudem wurde die Verwendung durch Kunden nicht offiziell von SAP unterstützt. Zu diesem Zeitpunkt umfasste der BOR-Inhalt bereits mehr als 1.000 Objekttypen.
- Ab Release 6.40 können ABAP-Klassen vollständig im Workflow verwendet werden, und ihre Nutzung durch Kunden wird von SAP unterstützt. Und in SAP ERP (ECC 6.0) – basierend auf SAP NetWeaver 7.0 – werden ABAP-Klassen schließlich auch in von SAP bereitgestellten Workflows verwendet.

In Abbildung 16.1 ist die Entwicklung objektorientierter Technologien in Bezug auf den Workflow dargestellt.

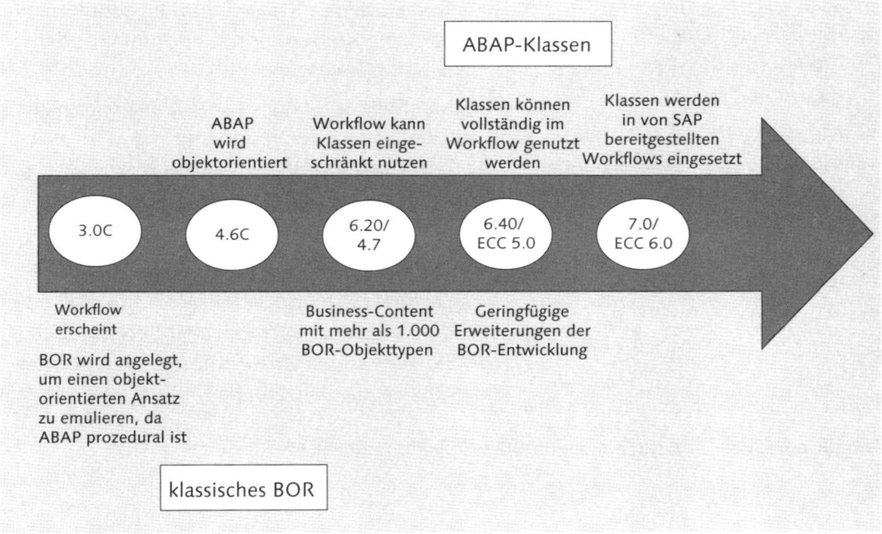

Abbildung 16.1 Entwicklung objektorientierter Technologien im Workflow

16.1.2 Gründe für die Verwendung von Klassen

Da ein derart umfangreiches Repository aus BOR-Objekten verfügbar ist, fragen Sie sich vielleicht, weshalb Sie Klassen verwenden sollten. Offensichtlich handelt es sich um eine neuere und damit moderne Technologie, doch neuer ist nicht immer gleichbedeutend mit besser. In Tabelle 16.1 sind einige der Vor- und Nachteile von ABAP-Klassen und BOR-Objekten aufgeführt.

Hinweis

Wenn es um die Frage geht, ob ABAP-Klassen oder BOR-Objekte für ein Workflow-Projekt verwendet werden sollen, scheiden sich die Geister. Einige Workflow-Experten, die ABAP-Klassen verwenden, bewerten diese als Verbesserung im Vergleich zu BOR-Objekten und setzen Klassen daher so oft wie möglich ein. SAP unterstützt sowohl ABAP-Klassen als auch BOR-Objekte für die Workflow-Entwicklung.

BOR-Objekte	ABAP-Klassen
Vorteile	
▸ Es sind über 1.000 BOR-Objekttypen vorhanden, und praktisch die gesamte vorhandene Workflow-Funktionalität, die von SAP bereitgestellt wird, verwendet diese Objekttypen. ▸ SAP-Business-Suite-Anwendungen wie SAP ERP, SAP CRM und SAP SRM verwenden BOR-Objekte. ▸ Mit BOR-Objekten ist eine Vielzahl von Ereignissen verknüpft, die nativ im SAP-System ausgelöst werden. Dabei handelt es sich um systemweite Ereignisse.	▸ ABAP-Klassen verwenden den neueren ABAP Editor und erzwingen verbesserte Coding-Standards, indem ausschließlich die Verwendung objektorientierter ABAP-Standards und -Syntax zulässig ist. ▸ Funktionale Methoden bieten hervorragende neue Möglichkeiten für Datenflüsse. ▸ Zu vorhandenen Klassen können problemlos zusätzliche Komponenten oder Funktionen hinzugefügt werden. ▸ Die Verwendung von ABAP-Klassen ist nicht auf den Workflow beschränkt. ▸ ABAP-Klassen können von Entwicklern ohne Expertenwissen im Hinblick auf den Workflow gepflegt werden. ▸ SAP-Business-Suite-Anwendungen wie SAP SRM, SAP CRM und SAP ERP HCM Employee Self-Service/Management Self-Service (ESS/MSS) verwenden ABAP-Klassen im Workflow zusätzlich zu BOR-Objekten.

Tabelle 16.1 Vor- und Nachteile von BOR-Objekten und ABAP-Klassen

BOR-Objekte	ABAP-Klassen
Nachteile	
▸ Die Verwendung von Makros, um »objektorientierte« Konstrukte zu simulieren, ist für die BOR- und Workflow-Programmierung spezifisch. Daher benötigen Workflow-Entwickler Fachkenntnisse, die die herkömmlichen ABAP-Kenntnisse übersteigen. ▸ Obwohl BOR die meisten Komponenten eines objektorientierten Paradigmas bietet, werden einige objektorientierte Konzepte, wie Vererbung und Polymorphismus, nur teilweise unterstützt. (Dies trifft für Klassen im Workflow in geringerem Maße zu.)	▸ Um eine neue Klasse anzulegen, ist vorab ein etwas größerer Arbeitsaufwand erforderlich. Dieser zusätzliche Aufwand ist jedoch nur kurzfristig nötig; langfristig lohnen sich Klassen, da sich der reduzierte Pflegeaufwand sehr schnell bezahlt macht. ▸ Das Konzept der Delegation ist nicht vorhanden. In der objektorientierten Programmierung wird dieses Konzept nicht benötigt, da dasselbe Ziel mithilfe von Interfaces erreicht werden kann. Diese werden von der SAP Business Workflow Engine jedoch nicht unterstützt. ▸ Erfahrene BOR-Entwickler, die nicht mit ABAP Objects vertraut sind, müssen sich zunächst Kenntnisse der objektorientierten Syntax aneignen. Dies ist jedoch nicht wirklich nachteilig, da praktisch der gesamte interne Workflow-Code von SAP objektorientiert ist.

Tabelle 16.1 Vor- und Nachteile von BOR-Objekten und ABAP-Klassen (Forts.)

ABAP-Klassen sind ein wichtiger Bestandteil der ABAP-Sprache. Daher ist die Entwicklung von Business-Klassen für die Verwendung im Workflow im Hinblick auf die Sprache keine Besonderheit. Dies bedeutet, dass es in Projekten, in denen eine ABAP-Klasse sowohl für die Workflow-Entwicklung als auch für andere Entwicklungsaufgaben verwendet wird, deutlich einfacher ist, eine für den Workflow entwickelte Klasse für andere Entwicklungen wiederzuverwenden oder umgekehrt. Doch noch wichtiger ist, dass die Workflow-Programmierung bei Verwendung von Klassen von deutlich mehr Entwicklern durchgeführt werden kann.

Um Funktionen zu nutzen, die in einem BOR-Objekt entwickelt wurden, müssen stets BOR-Makros verwendet werden, um z. B. eine Methode aufzurufen oder ein Attribut des Objekts zu lesen. Daher können nur Entwickler, die mit dem Workflow vertraut sind, diesen Schritt ausführen.

Auch Leser ohne umfassende Entwicklungskenntnisse, die das Erlernen eines neuen Programmierstils möglicherweise etwas abschreckend finden, profitieren, wenn Klassen eingesetzt werden. Mit ABAP-Klassen wird die

Lernkurve vereinfacht, da Sie Ihren hilfsbereiten ABAP-Entwickler um Unterstützung bitten können, wenn Sie auf ein Problem stoßen.

16.1.3 Weitere Ressourcen

Der Übergang von SAP R/3 zu SAP NetWeaver war weit mehr als lediglich eine Namensänderung. Die ABAP-Sprache selbst wurde grundlegend von einer prozeduralen zu einer objektorientierten Sprache weiterentwickelt, und ABAP Objects bildet in modernen SAP-NetWeaver-ABAP-Systemen nun die Grundlage von ABAP. Ein Grund für den recht großen Unterschied zwischen BOR-Objekten und ABAP-Klassen im Workflow ist, dass BOR speziell für den Workflow entworfen wurde. ABAP-Klassen hingegen sind native Konstrukte der ABAP-Sprache, deren Kompatibilität mit dem Workflow erst später umgesetzt wurde.

Aus diesem Grund wird das objektorientierte ABAP in diesem Kapitel nicht im Detail erläutert, sondern wir konzentrieren uns stattdessen auf die workflow-spezifischen Aspekte. Zu ABAP-Klassen finden Sie in verschiedenen Ressourcen weitere Einzelheiten: im SAP Help Portal (*help.sap.com*), in SCN-Inhalten (*scn.sap.com*) oder in verschiedenen Büchern, die von Einführungen in das Thema bis hin zu Beschreibungen erweiterter Techniken reichen und alle Kenntnisstufen abdecken, z. B. die *ABAP-Referenz* (3. Auflage, SAP PRESS 2010) und *Next Generation ABAP Development* (2. Auflage, SAP PRESS 2011).

Wenn Sie intensiv mit der Entwicklung beschäftigt sind, empfehlen wir Ihnen insbesondere den letzten Titel. Obwohl dieses Werk wenige Details zur objektorientierten Sprache selbst liefert, bietet es kurze Übersichten über verschiedene Technologien und Konzepte, die häufig in Kombination mit dem Workflow verwendet werden. Dazu zählen u. a. Datenpersistenz, persistente Klassen, Business-Klassen, Web Dynpro ABAP, Business Server Pages (BSPs), SAP Interactive Forms by Adobe und SAP Enterprise Portal.

16.2 ABAP-Klassen und BOR-Objekte im Vergleich

Die beiden Technologien unterscheiden sich in diversen Aspekten. In diesem Abschnitt erhalten Sie einen allgemeinen Überblick über die wichtigsten Unterschiede, die Sie kennen müssen, bevor Sie Ihre erste Klasse anlegen. Darüber hinaus erläutern wir einige der wichtigsten oder geänderten Begriffe.

16.2.1 Interfaces

Interfaces werden in BOR-Objekten und ABAP-Klassen auf unterschiedliche Weise verwendet:

- **BOR-Objekte**
  Sämtliche BOR-Objekte implementieren das Standard-Interface `IFOBJECT`, das den Großteil der objektorientierten Funktionen bietet. Alle Elemente werden automatisch generiert, sodass sich die Entwickler kaum mit diesem Interface beschäftigen müssen.

  Es sind weitere Interfaces verfügbar, die jedoch ebenfalls nicht sehr häufig von den Entwicklern genutzt werden. Dies ist teilweise durch den eingeschränkten Umfang der objektorientierten Emulation begründet, den BOR in diesem Bereich bietet: Interfaces werden vorwiegend für das objektorientierte Konzept des Polymorphismus (die Möglichkeit, einen Objekttyp zur Laufzeit durch einen anderen zu ersetzen, ohne dass dies Auswirkungen auf die Anwendung hat, die den Objekttyp verwendet) eingesetzt, das nur in bestimmten Szenarien funktioniert. Sie können z. B. kein Containerelement vom Typ `IFAPPROVE` für einen generischen Genehmigungs-Workflow für verschiedene Objekttypen definieren. Dies gilt in gewissem Maße auch weiterhin für ABAP-Klassen.
- **ABAP-Klassen**
  Im Gegensatz zu BOR-Objekten hängen ABAP-Klassen stark von Interfaces ab. Der erste große Unterschied, den Sie zwischen BOR-Objekten und ABAP-Klassen feststellen werden, ist, dass Sie die Objektinstanziierung im Persistenz-Interface selbst implementieren müssen – bei Verwendung von BOR-Objekten wird dieser Schritt automatisch durchgeführt. Auch wenn Ihnen dies als zusätzlicher Aufwand erscheinen mag, bietet dieser Schritt mehr Flexibilität bei der Entwicklung mit Klassen.

16.2.2 Objektidentifikation

Der Workflow identifiziert die verschiedenen Instanzen eines Business-Objekts über einen Schlüssel. Wenn ein Objekt ein Geschäftsdokument repräsentiert, ist dies üblicherweise die Dokumentnummer oder -kennung. Dieser Schlüssel ist Teil der *Local Persistent Object Reference* (LPOR), die die Grundlage der Persistenzverwaltung bei Objekten im Workflow bildet:

- **BOR-Objekte**
  BOR-Objektschlüssel umfassen mindestens ein Feld und weisen eine maximale Länge von insgesamt 70 Zeichen auf.

Bei BOR-Objekten wurde auch dieser Punkt einfach gehalten: Sämtliche Aspekte werden transparent innerhalb des generierten BOR-Codes behandelt. Nur in seltenen Fällen (z. B. bei programmiertem Datenfluss) muss ein Entwickler mithilfe der Makros `swc_object_to_persistent` und `swc_object_from_persistent` mit Persistenz arbeiten.

- **ABAP-Klassen**
  ABAP-Klassenschlüssel können ebenfalls ein oder mehrere Felder umfassen, die kombinierte Länge ist jedoch auf 32 Zeichen beschränkt. Dies kann durch die Verwendung eines Globally Unique Identifiers (GUID) überwunden werden, wie in Abschnitt 16.4.1, »Local Persistent Object Reference«, unter dem Punkt »Strukturierte Schlüssel und GUIDs«, beschrieben wird.

  Beim Einsatz von ABAP-Klassen müssen Sie die Instanz- und Persistenzverwaltung selbst im Interface `BI_PERSISTENT` implementieren. Obwohl dies nach mehr Arbeit aussieht, bietet dieser Ansatz gleichzeitig bessere Steuerungs- und Kontrollmöglichkeiten.

16.2.3 Klassen-/Komponentenebene

Auch wenn das Konzept *instanziierter* und *instanzunabhängiger* Objekte und Komponenten bei BOR-Objekten und ABAP-Klassen identisch ist, wird unterschiedliche Terminologie für die beiden Bereiche verwendet:

- **BOR-Objekte**
  Im Zusammenhang mit BOR-Objekten beziehen sich sämtliche Abläufe entweder auf eine Instanz, oder es wird eigens die Bezeichnung *instanzunabhängig* verwendet. Das heißt, es ist nicht üblich, einen speziellen Begriff für instanzspezifische Objekte oder Komponenten zu verwenden.
- **ABAP-Klassen**
  Bei ABAP-Klassen sprechen wir von *Ebenen*. Was beim BOR als instanzspezifisch bezeichnet wurde, heißt nun *Instanzebene*. Instanzunabhängige Komponenten werden als *statisch* bezeichnet. Darüber hinaus gibt es eine dritte Ebene – eine *Konstante* –, deren Verhalten einer Konstantendeklaration in herkömmlichem ABAP-Code entspricht.

16.2.4 Attribute

Im Hinblick auf Attribute gibt es einen entscheidenden konzeptionellen Unterschied zwischen BOR-Objekten und ABAP-Klassen:

- **BOR-Objekte**
  Bei der objektorientierten Entwicklung sind Methoden auszuführende Funktionen, Attribute repräsentieren Werte, die mit einem Objekt verknüpft sind. BOR-Objekte weichen von dieser Philosophie ab, da Attribute Bestandteile des Codes sind, die ausgeführt werden, wenn ein Programm ein Attribut abfragt. Dies beschreibt exakt die Funktionsweise eines virtuellen Attributs; und ein Datenbankattribut generiert den Code für Sie.

  Dieses Konzept bietet gegenüber der traditionellen objektorientierten Programmierung den Vorteil, Werte in virtuellen Attributen rasch berechnen zu können. Nachteilig ist, dass sämtliche Attribute schreibgeschützt sind (das heißt, es ist nicht möglich, einem Attribut außerhalb des Objekts einen Wert zuzuordnen).
- **ABAP-Klassen**
  Bei ABAP-Klassen weisen Attribute ein intuitiveres Verhalten auf: Sie repräsentieren Variablen, die zu einem Objekt gehören. Das bedeutet, dass keine virtuellen Attribute mehr möglich sind. Allerdings bieten *funktionale Methoden* (auf die wir in Abschnitt 16.3.7 eingehen werden) eine bessere Alternative.

16.2.5 Methoden

Auch Methoden unterscheiden sich bei BOR-Objekten und ABAP-Klassen erheblich:

- **BOR-Objekte**
  BOR-Methoden weisen drei Typen von Parametern auf: `import`, `export` und `result`. Diese verfügen zudem über zusätzliche Eigenschaften, die sich auf die Aufgabe auswirken, in der sie verwendet werden: die Einstellungen für Dialog/Hintergrund und synchron/asynchron.
- **ABAP-Klassen**
  Bei ABAP-Klassen weisen die Methoden keinen Ergebnisparameter auf, sie verfügen jedoch über einen Rückgabeparameter, der in funktionalen Methoden verwendet wird. Zudem umfassen sie keine workflow-spezifischen Informationen. Das Verhalten Dialog/Hintergrund und synchron/asynchron wird vollständig von der Aufgabe gesteuert.

16.2.6 Ereignisse

Ereignisse können aus zwei Perspektiven betrachtet werden: Sie können ausgelöst und es kann auf die Ereignisse reagiert werden. Das Verbrauchen von bzw. die Reaktion auf Ereignisse ist bei BOR-Objekten und ABAP-Klassen identisch. Beachten Sie beim Auslösen von Ereignissen jedoch die folgenden Unterschiede:

- **BOR-Objekte**
  Wie Sie in Kapitel 18, »Verwendung von Ereignissen und anderen Business-Interfaces«, sehen werden, können Ereignisse über diverse Mechanismen ausgelöst werden. Ereignisse werden systemweit eingesetzt und können für Workflows, andere Ereignisse und beliebige andere Verbraucher genutzt werden, die auf ein Ereignis reagieren müssen.
- **ABAP-Klassen**
  Leider bieten nicht viele der Ereignismechanismen Unterstützung für ABAP-Klassen. Die verschiedenen möglichen Workarounds werden in diesem Kapitel beschrieben.

16.3 Utility-Klassen

Die einfachsten Objekttypen in Workflows sind *Utility-Klassen*. Diese Klassen sind Objekte, die häufig nicht instanziiert werden müssen und normalerweise anwendungsübergreifende Funktionen bieten. Typische Beispiele innerhalb von SAP-Standardkomponenten sind Entscheidungen, Formulare und Webservices. Möglicherweise müssen Sie für Dummy-Hintergrundschritte, zur Durchführung von Berechnungen, zur Auswertung von Regeln oder für komplexere Objekte wie Werkskalendertermine eigene Utility-Klassen entwickeln.

16.3.1 Interface IF_WORKFLOW

Tausende ABAP-Klassen im SAP-Standardsystem haben keinerlei Verbindung zum Workflow. Um eine Klasse im Workflow verwenden zu können, nutzen Sie das Interface `IF_WORKFLOW`. Wenn Sie dieses Interface in einer Klasse definieren, kann diese anschließend im Workflow Builder und in Aufgabeneditoren genutzt werden.

Dieses Interface umfasst zwei weitere Interfaces: `BI_PERSISTENT` und `BI_OBJECT`. Sie werden automatisch zur Klasse hinzugefügt:

- `BI_PERSISTENT`
  Dieses Interface definiert Methoden, die für den Persistenzdienst benötigt werden, mit anderen Worten, zur Verwaltung der Objektinstanziierung:

  - `FIND_BY_LPOR` gibt eine Instanz eines Objekts zurück.
  - `LPOR` bestimmt den Schlüssel eines Objekts.
  - `REFRESH` lädt ein Objekt erneut aus der Datenbank.
- `BI_OBJECT`
  Dieses Interface definiert Methoden zur Verwaltung eines Objekts:
  - `DEFAULT_ATTRIBUTE_VALUE` gibt das Default-Attribut zurück.
  - `EXECUTE_DEFAULT_METHOD` implementiert die Default-Aktion für das Objekt.
  - `RELEASE` führt beliebige Aktionen aus, wenn ein Objekt nicht mehr benötigt wird.

Diese beiden Interfaces werden später in diesem Kapitel näher beschrieben.

16.3.2 Anlegen einer Utility-Klasse

In unserem ersten Beispiel implementieren wir die einfachste Version einer Utility-Klasse: eine leere Methode zum Anlegen eines Dummy-Schritts. Im Folgenden sind einige Szenarien aufgeführt, in denen Dummy-Methoden häufig verwendet werden:

- Warteschritt in Kombination mit Vorlagetermin, um einen Workflow anzuhalten
- Kontextwechsel, um einen Wechsel zum Workflow-Systembenutzer zu erzwingen
- Platzhalter für Anwendungen, die ausschließlich über die Universal Worklist (UWL) ausgeführt werden, z. B. eine Web-Dynpro-ABAP-Anwendung zum Ausfüllen eines Adobe-Formulars
- Popup-Fenster mit Informationen/zur Benachrichtigung

Das letztgenannte Szenario ist nützlich, wenn Mails ungeeignet sind, z. B. wenn Sie nachverfolgen müssen, wann ein Benutzer die Informationen gelesen hat. Dies kann erforderlich sein, um Protokoll- und Abhängigkeitsanforderungen zu erfüllen (d. h., ein Prozess soll erst fortgesetzt werden, wenn ein Benutzer benachrichtigt wurde). Wir verwenden dieses Szenario für unser erstes Beispiel.

Beispielszenario

Einem neuen SAP-Benutzer wird ein Willkommensbildschirm mit verschiedenen Informationen und einem Link angezeigt. Über diesen Link gelangt der Benutzer zu den Nutzungsbedingungen des SAP-Unternehmenssystems, denen er zustimmen muss.

Um dieses Programm anzulegen, wenden wir einen einfachen Trick an: Legen Sie einen Dialogschritt mit einer leeren Methode an, und aktivieren Sie die Einstellung CONFIRM END OF PROCESSING (Verarbeitungsende bestätigen). Wenn der Benutzer das Workitem über seinen SAP Business Workplace ausführt, führt die Methode keinerlei Aktionen aus, und das Dialogfeld CONFIRM END OF PROCESSING wird umgehend angezeigt. Da dieses Fenster den Workitem-Text in einer einfachen, übersichtlichen Oberfläche anzeigt, kann es nicht nur einfach angelegt werden, sondern ist darüber hinaus auch äußerst benutzerfreundlich.

Hinweis

Eine ähnliche Benachrichtigung kann auch mithilfe einer Entscheidungsaufgabe mit einem einzigen Ergebnis erstellt werden. Bei Verwendung des SAP Business Workplaces ist das Bildschirm-Layout eines Popup-Fensters jedoch weniger komplex, und der Fokus liegt nicht auf den Entscheidungsbuttons, sondern auf dem Workitem-Text. Wenn Sie die UWL einsetzen, ist eine Entscheidung die bessere Alternative.

Der Workflow und die resultierende Ausführung sind in Abbildung 16.2 dargestellt.

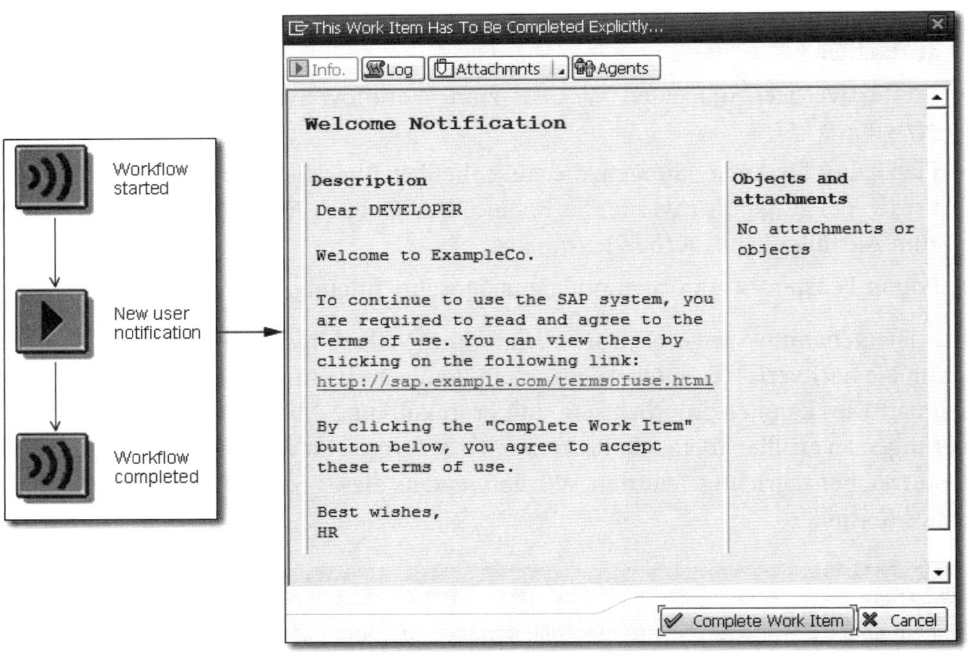

Abbildung 16.2 Verwendung der Option »End of Processing« beim Anlegen einer Popup-Benachrichtigung

Um diesen Ablauf zu erstellen, legen Sie zunächst in Transaktion SE80 oder SE24 eine neue Klasse `ZCL_WF_UTIL` an und geben auf der Registerkarte INTERFACES das Interface `IF_WORKFLOW` ein. Sobald das Interface hinzugefügt wurde, werden zwei weitere Interfaces angezeigt: `BI_OBJECT` und `BI_PERSISTENT` (siehe Abbildung 16.3).

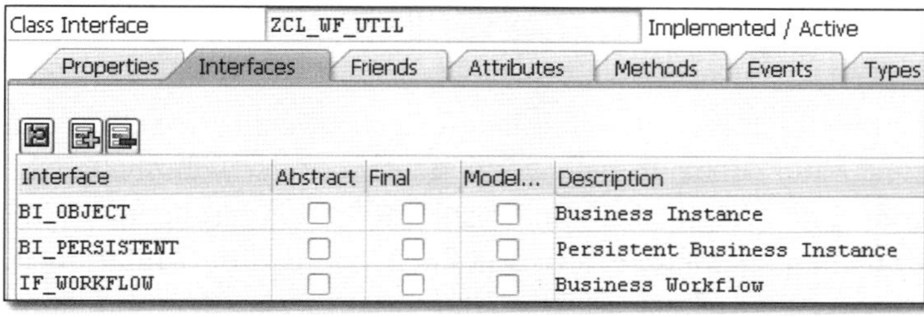

Abbildung 16.3 Vom Workflow verwendete Interfaces

Wenn Sie erneut auf die Registerkarte METHODS wechseln, sehen Sie die Interface-Methoden, die hinzugefügt wurden. Zu diesem Zeitpunkt wurden sie lediglich *definiert*, eine *Implementierung* (also der Quelltext) ist jedoch noch nicht vorhanden. Diese Methoden müssen implementiert werden, auch wenn Sie sie möglicherweise nicht für eine Utility-Klasse verwenden müssen. Andernfalls versucht das Workflow-System eventuell, eine nicht vorhandene Methode aufzurufen, was zu einem Dump führt. Doppelklicken Sie zur Implementierung auf jede Methode, um die erforderlichen Anweisungen `method` und `endmethod` zu generieren, und aktivieren Sie die Klasse anschließend.

16.3.3 Komponentensichtbarkeit

Bevor wir weitere Komponenten zu unserer Klasse hinzufügen, muss zunächst die Sichtbarkeit von Komponenten erläutert werden. In ABAP Objects gibt es drei Sichtbarkeitsstufen für Attribute, Methoden und Ereignisse:

- **Private**
  Private Elemente können nur in den Methoden der Klasse verwendet werden.
- **Protected**
  Geschützte Elemente sind nur für eine Klasse und ihre Unterklassen sichtbar.

- **Public**
  Öffentliche Elemente sind für externe Komponenten sichtbar, können also im Workflow verwendet werden.

Es empfiehlt sich, Elemente nur als so sichtbar festzulegen wie nötig. Der wesentliche Vorteil ist, dass Änderungen an privaten Komponenten deutlich einfacher durchgeführt und getestet werden können, da Sie genau wissen, wo und wie diese genutzt werden.

Wird eine Komponente jedoch als öffentlich festgelegt, kann sie von einem beliebigen Benutzer an beliebiger Stelle verwendet werden. Damit haben Sie weniger Kontrolle und Möglichkeiten für zukünftige Änderungen. Daher sollten an öffentlichen Elementen ausschließlich kompatible Änderungen vorgenommen werden. Löschen Sie also keine öffentlichen Komponenten, und benennen Sie keine öffentlichen Methoden oder Ereignisparameter um. Dies gilt insbesondere, wenn eine Klasse bereits in einem Workflow in der Produktivumgebung verwendet wurde. Denn bereits zur Anzeige des Protokolls für einen abgeschlossenen Workflow muss die Klasse verwendet werden, um ein Containerobjekt und seine Attribute anzuzeigen.

Im Gegensatz zu Workflows sind ABAP-Klassen und BOR-Objekte nicht versionsspezifisch, und ihr Verhalten basiert stets auf dem aktuellen Coding. So finden Sie sich möglicherweise in einer Situation wieder, in der eine alte Version eines Workflows ein Attribut oder eine Methode referenziert, das bzw. die nicht mehr vorhanden ist oder eine andere Funktionsweise aufweist, sodass der Zugriff auf diese Elemente über das Protokoll zu einem Fehler führt.

16.3.4 Methoden

Wie bei den anderen Komponententypen können Sie auch öffentliche oder private Methoden anlegen. Private Methoden eignen sich, um Hilfsfunktionen oder Subroutinen zu implementieren. Für den Workflow können lediglich öffentliche Methoden verwendet werden. Wenn Sie eine Workflow-Aufgabe basierend auf einer Klassenmethode anlegen, werden sämtliche Parameter, die Sie für die öffentliche Methode definieren, automatisch vom Aufgabeneditor erkannt und als Containerelemente hinzugefügt.

Beachten Sie, dass die Einstellung OPTIONAL für Parameter automatisch auf Aufgabencontainerelemente angewandt wird, wenn eine neue Aufgabe basierend auf der Methode angelegt wird. Wenn Sie einen Parameter nicht als optional kennzeichnen, ist dieser in der Aufgabencontainerdefinition obligatorisch (dies kann zu einem späteren Zeitpunkt jedoch geändert werden).

Hinweis für BOR-Entwickler

Das BOR-Konzept des Ergebnisparameters `_RESULT` ist in ABAP-Klassen nicht verfügbar. Das Äquivalent lässt sich jedoch problemlos implementieren, indem Sie einen regulären Parameter einsetzen und diesen in einem nachfolgenden Bedingungsschritt auswerten.

Durch die Implementierung des Interfaces `IF_WORKFLOW` wird Ihre Klasse nun vom Workflow-System erkannt. Nun müssen Sie lediglich eine Methode anlegen, um eine Aufgabe erstellen zu können. Geben Sie dazu Ihren Methodennamen »NOTIFY« und als Ebene »Static« (keine Instanz erforderlich) ein; wählen Sie für die Sichtbarkeit PUBLIC (um die Methode im Workflow verwenden zu können), und fügen Sie eine Beschreibung hinzu (siehe Abbildung 16.4).

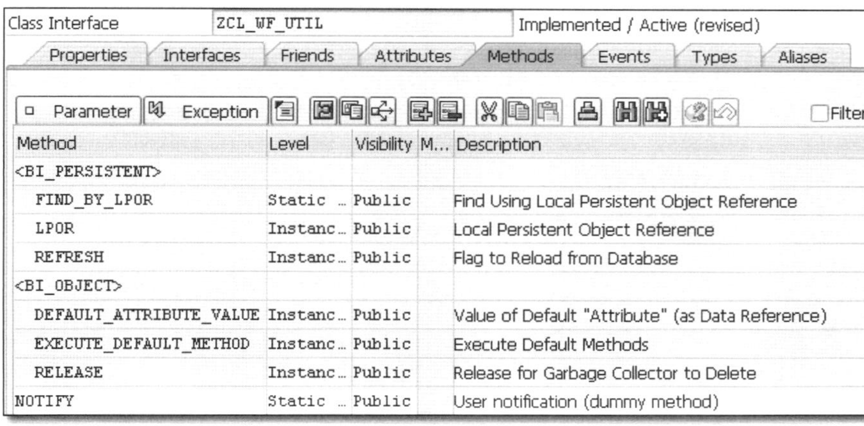

Abbildung 16.4 Einfache workflow-fähige Klasse

Wie bei den Interface-Methoden haben wir bisher lediglich die Definition der Methode angelegt. Auch hier müssen Sie auf die Methode doppelklicken, um eine leere Codevorlage zu erzeugen. Zudem sollten Sie gegebenenfalls in einem Kommentar hinzufügen, dass die Methode absichtlich leer ist. Speichern und aktivieren Sie Ihre Klasse anschließend.

Hinweis für BOR-Entwickler

Bei BOR-Methoden können Sie diese als Hintergrund-/Dialogmethoden oder synchrone/asynchrone Methoden definieren. Sie können diese Eigenschaften im Gegensatz dazu separat für die einzelnen Aufgaben festlegen, in denen eine Klassenmethode verwendet wird.

Sie haben soeben eine workflow-fähige Klasse angelegt, ohne eine einzige Zeile ABAP zu schreiben! Doch dies wird sich bald ändern.

16.3.5 Verwendung einer Utility-Klasse in einer Aufgabe

Die Verwendung von Klassen in Workflow-Aufgaben ist sehr einfach. Für unser Beispiel werden wir einen einfachen Workflow erstellen, mit dem einem neuen Mitarbeiter ein Willkommensgruß gesendet wird und in dem er aufgefordert wird, zu bestätigen, dass er die AGB des Unternehmens gelesen hat. Sie legen entweder im Workflow Builder (Transaktion SWDD) oder über Transaktion PFTC eine neue Aufgabe an, setzen die Objektkategorie auf ABAP CLASS und geben den Klassennamen und die Methode ein (siehe Abbildung 16.5). Beachten Sie, dass die Einstellung SYNCHRONOUS OBJECT METHOD ausgegraut ist, bis eine Aufgabe erstmalig gespeichert wurde.

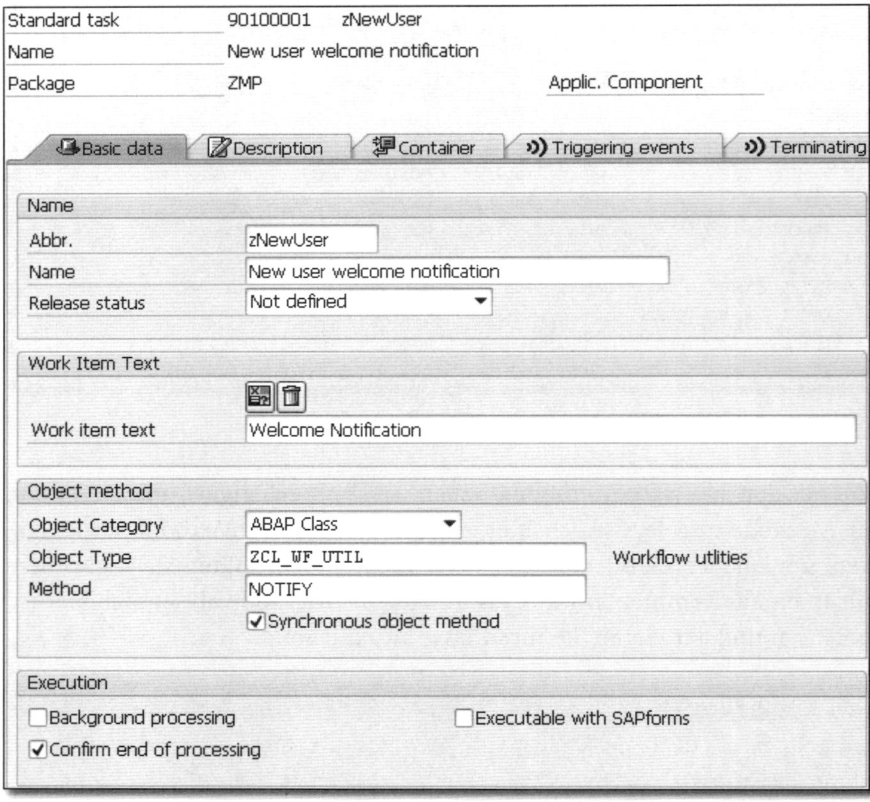

Abbildung 16.5 Auf einer ABAP-Klasse basierende Aufgabe

Als Aufgabentext können Sie eine kurze Willkommensnachricht für einen neuen Benutzer hinzufügen. Als letzten Schritt müssen Sie nun einen neuen Workflow anlegen, Ihre neue Aufgabe hinzufügen und – für ein vereinfachtes Testen – zur Definition der möglichen Bearbeiter wechseln, um die Aufgabe als generelle Aufgabe zu kennzeichnen. Ordnen Sie anschließend den Workflow-Initiator als Bearbeiter zu.

Starten Sie Ihren Workflow über die Testfunktion. Es sollte ein Popup-Fenster CONFIRM END OF PROCESSING (Ende der Verarbeitung bestätigen) angezeigt werden, das gleichzeitig als Benutzerbenachrichtigung dient.

Tipp

Die Workflow-Testumgebung umfasst die Option, den Workflow ohne automatische Ausführung des ersten Dialogschritts zu starten. Darüber hinaus sind weitere nützliche Optionen vorhanden (siehe Abbildung 16.6). Diese können sinnvoll sein, wenn Sie die Ausführung über die Inbox testen möchten, anstatt das Workitem direkt zu starten.

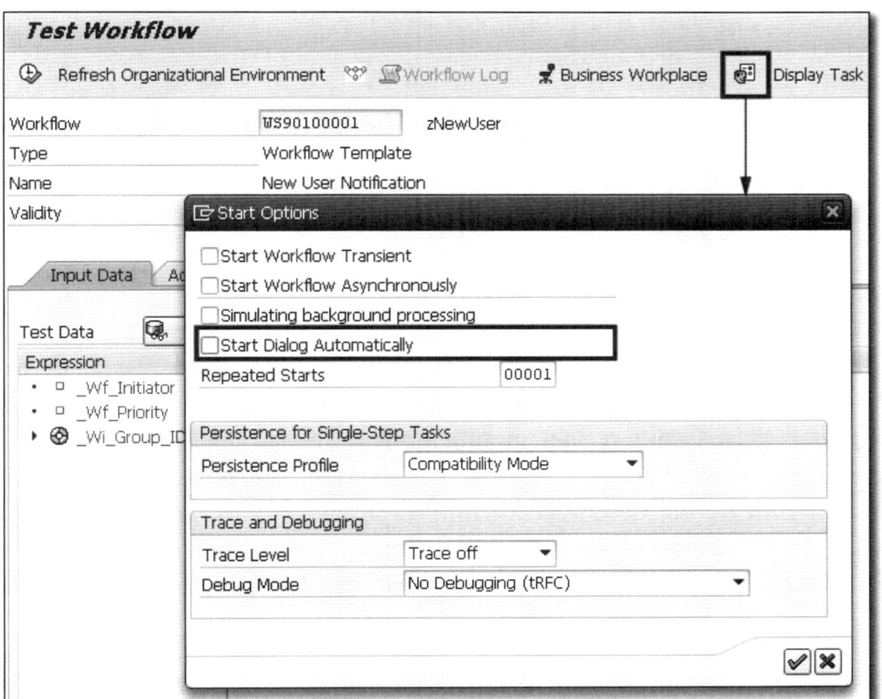

Abbildung 16.6 Workflow-Testoptionen

16.3.6 Attribute

Ein Attribut ist konzeptionell mit einer Variablen in einem Programm identisch. Das bedeutet, dass Sie dem Attribut Werte zuordnen können. Allerdings wird dies im Workflow üblicherweise nicht empfohlen, da diese Werte – im Gegensatz zu Containerelementen – nur im Speicher vorhanden sind und verloren gehen, wenn der aktuell ausgeführte Prozess abgeschlossen wird.

Öffentliche Attribute werden in Utility-Klassen nicht sehr häufig verwendet, da funktionale Methoden im Allgemeinen besser geeignet sind und für eine bessere Performance sorgen. Aus diesem Grund gehen wir in Abschnitt 16.4, »Business-Klassen«, näher auf dieses Thema ein.

Namenskonvention für Attribute

Da alle *öffentlichen* Komponenten für den Endbenutzer sichtbar sind, wenn dieser das Protokoll durchforsten möchte, wird empfohlen, korrekte deutsche Namen für Attribute zu verwenden.

Bei privaten und geschützten Komponenten wird dieser Aspekt allerdings etwas flexibler gehandhabt, und auch in den verschiedenen Bereichen des von SAP bereitgestellten Codes sind Abweichungen zu finden. Die meisten workflow-bezogenen Klassen verwenden das Präfix `M_` im Stil der C++- bzw. der ungarischen Notation, um private und geschützte Attribute zu kennzeichnen (das M steht für »Member«-Attribut). Diese Notation entspricht den offiziellen SAP-Programmierrichtlinien, und da wir sie als hilfreiches visuelles Kennzeichen betrachten, um innerhalb von Code zu unterscheiden, welche Elemente für den Workflow offengelegt werden und welche nicht, haben wir uns in diesem Buch ebenfalls für diese Konvention entschieden.

Wenden wir uns erneut unserem Beispiel zu. Im nächsten Schritt muss nun eine URL im Workitem-Text hinzugefügt werden, über die der Benutzer zu den Nutzungsbedingungen gelangt, die er bestätigen muss. Da eine URL typischerweise geändert oder in anderen Aufgaben wiederverwendet werden kann, können Sie ein Attribut mit der URL anlegen. Die einfachste Möglichkeit ist, ein CONSTANT-Attribut (»konstantes« Attribut) (siehe Abbildung 16.7) anzulegen; Konstanten sind immer instanzunabhängig, und der Zugriff erfolgt wie bei statischen Elementen.

Attribute	Level	Visibility	K..	R...	Typing	Associated Type		Description	Initial value
TERMS_OF_USE_URL	Constant	Public	☐	☐	Type	STRING	⇨	Terms of Use URL	'http://sap.examp

Abbildung 16.7 Konstantes Attribut für eine URL

Diese Vorgehensweise ist eine hervorragende Möglichkeit, um konstante Textwerte zu definieren, die sowohl innerhalb eines Objekts als auch im Workflow verwendet werden müssen. Allerdings sind URLs meist veränderlich, sodass dieser Ansatz gegebenenfalls nicht viel besser ist als das direkte Hartcodieren im Aufgabentext. Dies gilt insbesondere, da URLs auf verschiedene Portale zeigen können, wenn der Workflow innerhalb der SAP-Landschaft transportiert wird. Die Möglichkeit, ein STATIC-Attribut zu nutzen (siehe Abbildung 16.8), bietet hingegen mehr Flexibilität.

Attribute	Level	Visibility	K..	R...	Typing	Associated Type		Description	Initial value
TERMS_OF_USE_URL	Static Att...	Public	☐	☐	Type	STRING	⇨	Terms of Use URL	

Abbildung 16.8 Konstantes Attribut für eine URL

Doch wie wird dieser Wert gefüllt? ABAP-Klassen verfügen stets über zwei spezielle *Konstruktor*methoden, die bei der erstmaligen Verwendung einer Klasse automatisch ausgeführt werden:

- Die Methode CLASS_CONSTRUCTOR wird immer ausgeführt, wenn eine Klasse zum ersten Mal in einer Anwendung verwendet wird – unabhängig davon, ob sie instanziiert wurde oder nicht.
- Die Methode CONSTRUCTOR wird auf ähnliche Weise bei der Erstellung jeder Instanz ausgeführt.

Da die Utility-Klasse statisch ist, müssen Sie statische Attribute mithilfe der Methode CLASS_CONSTRUCTOR füllen (siehe Abbildung 16.9). Wählen Sie EDIT • CREATE CLASS CONSTRUCTOR, oder klicken Sie auf den Button CLASS CONSTRUCTOR, um die Klassenkonstruktionsmethode CLASS_CONSTRUCTOR anzulegen.

Method	Level	Visibility	M...	Description
CLASS_CONSTRUCTOR	Static ...	Public		CLASS_CONSTRUCTOR

Abbildung 16.9 Klassenkonstruktor

Bearbeiten Sie die Methode, um Code hinzuzufügen, der unserer URL mit den Nutzungsbedingungen einen Wert zuordnet, wie in Listing 16.1 gezeigt.

```
METHOD class_constructor.
  "Populate static attributes
  CONCATENATE 'http://' sy-host '.example.com/termsofuse.html'
      INTO terms_of_use_url.
ENDMETHOD.
```

Listing 16.1 Code für den Klassenkonstruktor, um die URL zu erstellen

Über diesen Beispielcode wird eine URL erzeugt, die immer auf den aktuellen Host verweist. Wird die URL transportiert, zeigt sie weiterhin auf das System, auf dem sie ausgeführt wird. Wenn Sie dieses Beispiel auf Ihr System anwenden, muss der Code selbstverständlich an Ihre Umgebung angepasst werden.

Die Verwendung von Attributen in einem Workflow ist für instanziierte Objekte sehr einfach (wie Sie später in diesem Kapitel sehen werden). Bei statischen (instanzunabhängigen) Klassenattributen wie dem hier gezeigten URL-Beispiel gelten jedoch einige Einschränkungen:

- Zunächst können statische Klassenattribute nicht direkt in einer Workitem-Beschreibung eingesetzt werden. Dies ist keine Workflow-Einschränkung. Die Workitem-Beschreibung wird mithilfe von SAPscript erzeugt, einer älteren Technologie, die durch SAP Smart Forms und SAP Interactive Forms by Adobe abgelöst wurde. Da SAPscript keine Unterstützung für statische Klassen bietet, können statische Attribute nur dann direkt in einem Workitem-Text verwendet werden, wenn die Klasse instanziiert wurde, sodass über ein Containerelement darauf zugegriffen werden kann. Als Workaround für diese Einschränkung können Sie eine Singleton-Instanz mit einem Dummy-Schlüssel zur Verwendung innerhalb der Aufgabe anlegen.
- Zudem können Sie ohne Instanz nicht auf statische Klassenattribute in Workflow-Datenflüssen zugreifen.

In der Praxis werden statische Attribute im Workflow nur sehr selten verwendet, sondern eher in einem ABAP-Kontext eingesetzt.

16.3.7 Funktionale Methode

Eine *funktionale Methode* ist eine Methode, die ein Einzelergebnis zurückgibt, also eine Methode mit einem *Rückgabeparameter*. Typischerweise werden funktionale Methoden eingesetzt, um einen Wert zu berechnen. So könnten Sie eine funktionale Methode z. B. verwenden, um die Anzahl an Einträgen in einer Tabelle oder den formatierten Namen eines Mitarbeiters zurückzugeben. Im Gegensatz zu statischen Attributen können statische funktionale Methoden in Workflow-Ausdrücken wie Datenflüssen eingesetzt werden (nicht jedoch in Workitem-Beschreibungen, da diese SAPscript verwenden). In vielen Fällen sind funktionale Methoden zudem effizienter, da nur der angeforderte Wert berechnet wird (im Klassenkonstruktor hingegen werden mehrere statische Attribute berechnet, unabhängig davon, wie viele Werte angefordert werden).

Die Methode kann über Eingangsparameter (*Importing*), muss über einen Rückgabeparameter (*Returning*) und darf nicht über weitere Ausgabeparameter (*Exporting*) verfügen. Darüber hinaus sollten Sie Datenänderungen vermeiden und beachten, dass Ausnahmen in Workflow-Ausdrücken ignoriert werden (stattdessen wird ein leerer Wert zurückgegeben). Beachten Sie, dass dies nur Richtlinien sind, da über den Class Builder Ausnahmen hinzugefügt werden können. Selbstverständlich können Sie Daten stets ändern, wenn Sie ABAP-Code schreiben. Ab SAP NetWeaver 7.4 sind Exportparameter für funktionale Methoden auch in ABAP-Sprache erlaubt, aber da SAP Business Workflow diese nicht nutzen kann, ist es sinnvoll, sie in workflow-fähigen Klassen zu vermeiden, um keine Verwirrung zu stiften.

Der Ausdruck *funktionale Methode* ist nicht nur ein technischer Begriff, sondern beschreibt zudem den Zweck der Methode: nämlich eine kleine Servicefunktion, um Daten innerhalb eines Ausdrucks bereitzustellen. Das Ändern von Daten in einer Methode, die während des Datenflusses oder in einer ABAP-Zuordnungsoperation aufgerufen wird, kann zu nicht vorhersagbaren Ergebnissen führen. Andererseits können Sie zu einer normalen Methode, die ein Dokument aktualisiert und Ausnahmen auslöst, problemlos einen Returning-Parameter hinzufügen. Wenn wir jedoch von *funktionalen Methoden* sprechen, beziehen wir uns normalerweise auf die erstgenannte Verwendung. Ein wesentlicher Vorteil funktionaler Methoden ist die Möglichkeit, diese direkt in ABAP-Ausdrücken und auch in Workflow-Datenflüssen und -Containeroperationen verwenden zu können. Innerhalb von Code sehen diese Methoden wie folgt aus:

```
email = user->get_email_address( ).
```

Die empfohlene Namenskonvention, die auch von SAP verwendet wird, ist `GET_` für Methoden, die einen Wert abrufen oder berechnen, und `SET_` für Methoden, die einen Attributwert aktualisieren. In einigen Versionen erkennt der Workflow Builder diese Namenskonvention und zeigt eine funktionale Methode `GET_...` wie ein Attribut an. Abbildung 16.10 zeigt, wie das Beispiel einer Methode `get_email_address` in einem Datenfluss aussehen würde.

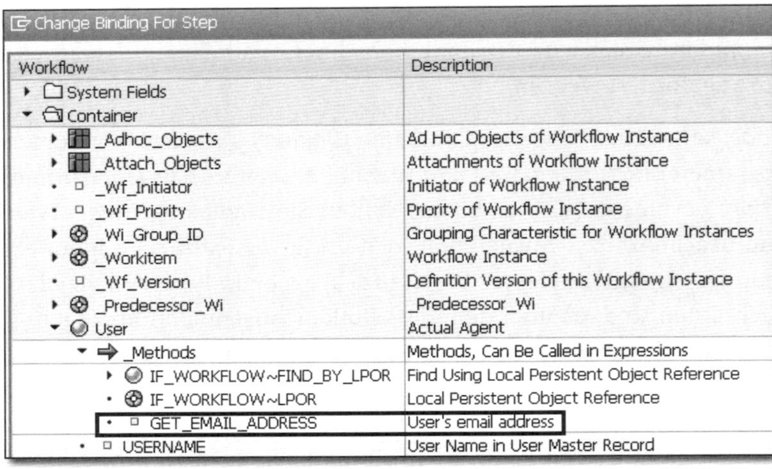

Abbildung 16.10 Datenfluss für funktionale Methoden

Versionsunterschiede

Es gibt einige feine Unterschiede im Verhalten zwischen den SAP-NetWeaver-Versionen 7.0 (auf der die letzte Auflage dieses Buches basiert) und 7.4, das für die Beispiele in diesem Kapitel verwendet wird. In älteren Versionen war es notwendig, der Konvention `GET_` zu folgen, um eine funktionale Methode im Datenflusseditor zu verwenden. Dies ist bei neueren Versionen nicht mehr notwendig, hier genügt ein Parameter `RETURNING`.

In älteren Versionen würde bei einer Methode `GET_` das Präfix entfernt, und die Methode würde zusätzlich als Attribut angezeigt; z. B. würde ein Datenfluss eine Methode `GET_EMAIL_ADDRESS` und zusätzlich ein Attribut `EMAIL_ADDRESS` (hier nicht dargestellt) anzeigen.

Um mit unserem Beispiel fortzufahren, fügen wir eine funktionale Methode zu unserer Utility-Klasse hinzu, um einen einfachen Termin basierend auf einem Werkskalender zu implementieren. Legen Sie dazu zunächst eine statische öffentliche Methode `get_fc_date` an, und fügen Sie anschließend die folgenden Parameter hinzu, wie in Abbildung 16.11 gezeigt:

- `I_OFFSET type SWD_TIME_O`
  Importing-Parameter zur Angabe des erforderlichen Zeitraums in Tagen
- `R_DATE type SWF_DLDATE`
  Returning-Parameter für das Fälligkeitsdatum

Parameter	Type	P...	O...	Typing ...	Associated Type	Default ...	Description
I_OFFSET	Importing	☐	☐	Type	SWD_TIME_O		Workflow Definition: Offset for Deadlines
R_DATE	Returning	☑	☐	Type	SWF_DLDATE		WF: Deadline Date

Abbildung 16.11 Parameter zur Terminberechnung

Fügen Sie innerhalb der Methode den Code hinzu, um das Datum basierend auf dem Werkskalender zu berechnen (siehe Listing 16.2). Beachten Sie, dass für dieses einfache Beispiel der internationale Werkskalender verwendet wird.

```
METHOD get_fc_date.
  "Calculate n workdays from today based on factory calendar
  CALL FUNCTION 'END_TIME_DETERMINE'
    EXPORTING
      duration         = i_offset
      unit             = 'TAG'
      factory_calendar = '99'    "International
    IMPORTING
      end_date         = r_date
    EXCEPTIONS
      OTHERS           = 1.
  IF sy-subrc <> 0.
    "Return default date without calendar calculation
    r_date = sy-datum + i_offset.
  ENDIF.
ENDMETHOD.
```

Listing 16.2 Methode zur Berechnung eines auf dem Werkskalender basierenden Datums

Ein kleinerer Nachteil bei statischen Methoden ist, dass kein Containerelement vorhanden ist, das als Basis in Datenflüssen und Ausdrücken verwendet werden kann. Aus diesem Grund kann das Dialogfeld EXPRESSION nicht verwendet werden, sondern die Eingabe muss direkt erfolgen. Da kein Containerelement vorhanden ist, kann auch die Containersyntax nicht verwendet werden, bei der Ausdrücke in das kaufmännische Und (&) eingeschlossen werden. Stattdessen werden statische Klassenmethoden als Systemelemente behandelt, unter Verwendung des Klassennamens direkt angegeben und in Prozentzeichen (%) eingeschlossen. Daher muss der Ausdruck direkt wie folgt eingegeben werden:

```
%zcl_wf_util.get_fc_date( i_offset = 3 )%
```

Wenn nur ein einziger obligatorischer Importing-Parameter vorhanden ist, kann der Parametername ausgelassen und der Ausdruck weiter gekürzt werden:

```
%zcl_wf_util.get_fc_date( 3 )%
```

Sie können diesen Ausdruck direkt im Workflow-Schritt auf der Registerkarte LATEST END eingeben, wie in Abbildung 16.12 gezeigt.

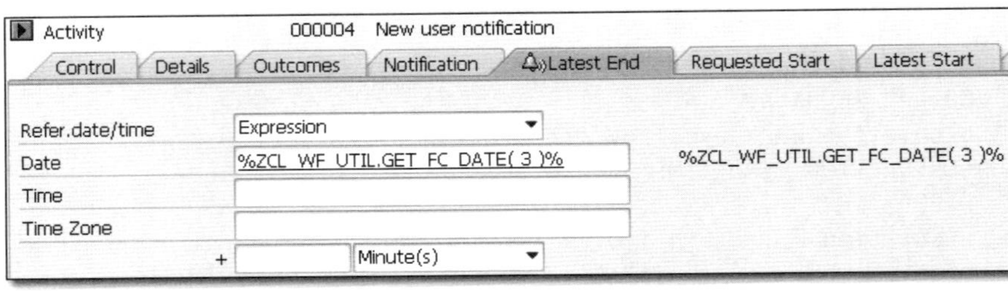

Abbildung 16.12 Auf dem Werkskalender basierende Frist

In einem Praxisszenario würden Sie wahrscheinlich mit anderen Terminszenarien arbeiten und daher eine separate Klasse verwenden, um unterschiedliche Typen von Terminen zu implementieren. Möglicherweise verwenden Sie auch unterschiedliche Werkskalender, sodass Sie zwei Variablen benötigen. Mehrere Parameter werden sequenziell hinzugefügt:

```
%zcl_wf_util.get_fc_date( i_offset = 3 i_calid = 'GB' )%
```

16.4 Business-Klassen

Es gibt keinen wirklichen technischen Unterschied zwischen einer Utility-Klasse und einer Business-Klasse. Wir verwenden die beiden Begriffe lediglich, um zu unterscheiden, wie die beiden Klassen entworfen und verwendet werden. Während Utility-Klassen eher einfach aufgebaut sind und häufig nicht instanziiert werden müssen, basiert eine Business-Klasse typischerweise auf einem Geschäftsdokument oder einem ähnlichen Objekt in der SAP-Datenbank (z. B. Bestellungen, SAP-Benutzer, Rechnungen, Mitarbeiter). Die Instanziierung erfolgt über einen Schlüssel, üblicherweise die Nummer des Dokuments, das die Instanz der Business-Klasse repräsentiert.

Für unser Beispiel legen wir eine klassenbasierte Implementierung des BOR-Objekts `USR01` an, mit dem viele Workflow-Entwickler vertraut sein sollten. Legen Sie zunächst gemäß dem `ZCL_WF_UTIL`-Beispiel eine neue Klasse

ZCL_USER an, und fügen Sie das Interface IF_WORKFLOW hinzu (wie Sie wissen, müssen Sie es sich zur Gewohnheit machen, für sämtliche Interface-Methoden einen Doppelklick auszuführen, um die leere Codevorlage zu erzeugen). Wechseln Sie auf die Registerkarte ATTRIBUTES, fügen Sie ein Instanzattribut USERNAME vom Typ XUBNAME hinzu, legen Sie es als öffentlich fest, und aktivieren Sie die Ankreuzfelder KEY ATTRIBUTE und READ-ONLY (siehe Abbildung 16.13).

Attribute	Level	Visibility	Key attribute	Read-Only	Typing	Associated Type		Description
USERNAME	Instance	Public	☑	☑	Type	XUBNAME	⇨	User Name in User Master Record

Abbildung 16.13 Instanzattribut für den USERNAME

Die Datentypen von Schlüsselfeldern sollten mit dem zugrunde liegenden Datenbanktabellenschlüssel übereinstimmen.

Tipp

Es empfiehlt sich, öffentliche Attribute als schreibgeschützt festzulegen. Dies gilt insbesondere, wenn sie Datenbankfelder repräsentieren. Da Klassenattributen (im Gegensatz zu BOR) Werte zugeordnet werden können, wären andernfalls Attributwerte möglich, die nicht den zugrunde liegenden Daten entsprechen.

Da Sie nicht steuern können, wann das Workflow-System eine Klasse instanziiert, können Sie nicht feststellen, ob ein Attribut von außerhalb der Klasse geändert wurde. Daher kann es schwierig sein, einen effektiven Verbuchungsmechanismus zu implementieren, um geänderte Daten in die Datenbank zu schreiben. Deshalb sollten Verbuchungen stets mithilfe von Methoden erfolgen.

Eine Instanz ist bei rein objektorientierter Betrachtung anonym und benötigt keinen Schlüssel. Das Vorhandensein der Instanz wird vollständig durch die Variable gesteuert, die sie referenziert. Um eine normale objektorientierte Klasse in eine Business-Klasse umzuwandeln, müssen Sie den »Business«-Teil erstellen. Dabei ist der Schlüssel das Hauptunterscheidungsmerkmal.

Aus technischer Sicht wirkt sich die Einstellung KEY ATTRIBUTE für Attribute nicht auf die Funktionsweise der Klasse aus. Diese Einstellung wird hauptsächlich zur Kennzeichnung von Schlüsselattributen für externe Anwendungen verwendet, um den korrekten Datentyp bzw. die korrekte Struktur zu identifizieren, sowie für die entsprechende Validierung für den Schlüssel Ihres Objekts. Das Testwerkzeug (Transaktion SWUS) verwendet das KEY ATTRIBUTE z. B., um zu ermitteln, welche Felder zum Einrichten einer Testinstanz eingegeben werden können.

Nachdem der Schlüssel definiert wurde, muss sichergestellt werden, dass eine Klasse stets nur mit diesem Schlüssel instanziiert werden kann und dass die Schlüsselattribute unseren Schlüsselwert enthalten. Zu diesem Zweck müssen Sie eine Methode CONSTRUCTOR implementieren und einen obligatorischen Importing-Parameter für den Schlüssel hinzufügen. Da Konstruktormethoden beim Instanziieren einer Klasse automatisch aufgerufen werden und der Importing-Parameter nicht optional ist, ist es nicht mehr möglich, die Klasse ohne einen Schlüssel zu instanziieren.

Wählen Sie Edit • Create Constructor, oder klicken Sie auf den Button Constructor, um die Konstruktormethode anzulegen. Klicken Sie auf den Parameters-Button, um einen Importing-Parameter I_USERNAME vom Typ XUBNAME hinzuzufügen. Da Sie mit Geschäftsdaten arbeiten, sollten Sie diese zudem validieren und eine Ausnahme auslösen, wenn Probleme auftreten. Wenn in einem Konstruktor eine Ausnahme ausgelöst wird, schlägt die Instanziierung der Klasse fehl. Fügen Sie dazu über den Button Exceptions eine Ausnahme CX_BO_INSTANCE_NOT_FOUND zum Konstruktor hinzu. Fügen Sie zuletzt den Code zum Konstruktor hinzu, um Ihr USERNAME-Attribut zu füllen und zu verifizieren, dass der Schlüssel gültig ist (siehe Listing 16.3).

```
METHOD constructor.
  "Validate key and populate key attribute
  SELECT SINGLE bname INTO username FROM usr01
      WHERE bname = i_username.
  IF sy-subrc NE 0.
    RAISE EXCEPTION TYPE cx_bo_instance_not_found.
  ENDIF.
ENDMETHOD.
```

Listing 16.3 Konstruktormethode zum Abruf des Schlüssels

Sie können nun verifizieren, dass diese Klasse nur mit einem gültigen Benutzernamen instanziiert wird, und das Attribut USERNAME anschließend mit dem Benutzernamen füllen. Beachten Sie, dass die SAP Business Workflow Engine eine Klasse nie direkt instanziiert. Die Instanziierung erfolgt immer über das Interface BI_PERSISTENT, das im weiteren Verlauf dieses Abschnitts beschrieben wird.

Tipp

In diesem Beispiel haben wir der Einfachheit halber eine SELECT-Anweisung verwendet. Wenn jedoch ein BAPI oder ein anderes Interface verfügbar ist, sollte dieses verwendet werden. In der Praxis könnte eine Klasse ZCL_USER z. B. stattdessen BAPI_USER_GET_DETAIL verwenden.

16.4.1 Local Persistent Object Reference

Um im Workflow verwendet werden zu können, muss der Schlüssel eines Objekts ein bestimmtes Strukturformat aufweisen, das als *Local Persistent Object Reference* (LPOR) bezeichnet wird. Diese Referenz kann als ein »erweiterter Schlüssel« betrachtet und muss vom Entwickler implementiert werden. Daher ist es wichtig, zu verstehen, wie das Workflow-System Objektreferenzen verwaltet.

Ein Objekt kann zwei Persistenzzustände aufweisen:

- **Transient**
  Bei diesem Laufzeitstatus ist ein instanziiertes Objekt im Speicher einer ausgeführten Anwendung wie dem Workflow-System oder dem Business Workplace vorhanden. Wie der Name vermuten lässt, ist dies ein temporärer Zustand, und das Objekt wird beim Beenden der Anwendung entfernt. Laufzeitobjekte können geändert und ausgeführt werden, werden jedoch nicht gespeichert.
- **Persistent**
  Für diesen permanenten Zustand sind keine aktiven Anwendungen erforderlich. In diesem Zustand werden Objekte in der Datenbank gespeichert.

Hinweis

Wenn die Bedeutung eindeutig ist, wird der Interface-Name in diesem Buch ausgelassen, sodass diese Methoden lediglich als `FIND_BY_LPOR` und `LPOR` bezeichnet werden. Diese beiden Methoden beschreiben jeweils den umgekehrten Vorgang der anderen:

- `FIND_BY_LPOR`
  Schlüssel vorhanden, Objektinstanz benötigt
- `LPOR`
  Objekt instanziiert, Schlüssel benötigt

Die BOR-Äquivalente dieser beiden Methoden sind `swc_object_from_persistent` und `swc_object_to_persistent`.

Während der Lebensdauer eines Workflows wechselt der Zustand von Objekten zwischen diesen beiden Zuständen. Wenn das Objekt im Container gespeichert werden muss, speichert das Workflow-System *nur* die LPOR. Wenn mit dem Objekt gearbeitet werden muss, wird dieses instanziiert. Datenflüsse werden immer unter Verwendung von LPORs durchgeführt, da es sich um eine Containeroperation handelt und Container in der Datenbank gespeichert werden. Selbst wenn zwei aufeinanderfolgende Aufgaben für denselben Benutzer also dasselbe Objekt verwenden, konvertiert das System das Objekt zurück in die LPOR und instanziiert es für die zweite Aufgabe neu.

Das Workflow-System ruft zu diesem Zweck die Methoden `BI_PERSISTENT~LPOR` und `BI_PERSISTENT~FIND_BY_LPOR` eines Objekts auf.

Abbildung 16.14 zeigt die Workitem-Ausführung unter Verwendung von `FIND_BY_LPOR`, um die Instanz abzurufen, und `LPOR`, um den Schlüssel eines instanziierten Objekts abzurufen.

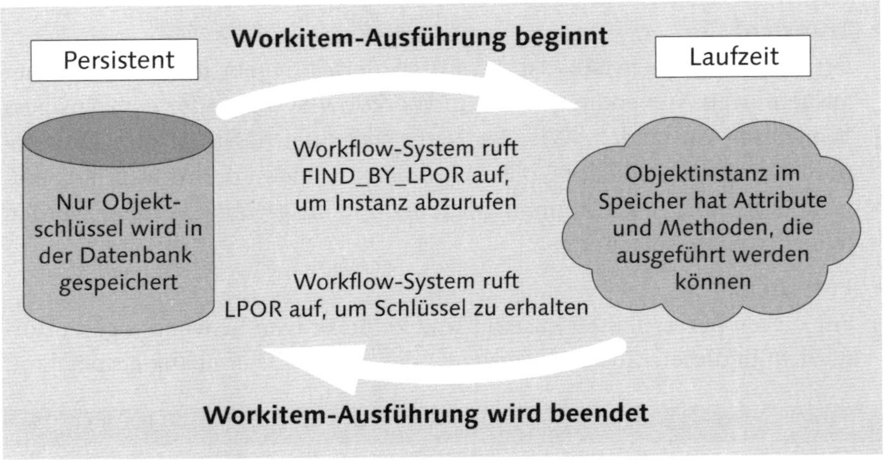

Abbildung 16.14 Wechsel zwischen persistentem Zustand und Laufzeitstatus

Die Implementierung einer einfachen Instanzverwaltung ist recht unkompliziert. Eine `LPOR` weist stets den ABAP-Data-Dictionary-Typ `SIBFLPOR` auf, bei dem es sich um eine Struktur mit drei Feldern handelt:

- `CATID`
  Ein Code aus zwei Zeichen zur Angabe der Objektkategorie. Für ABAP-Klassen lautet dieser stets `CL`. Weitere gegenwärtig verwendete Werte sind `BO` für BOR-Objekte und `NN` für nicht definierte Werte (dieser Code kann auch als Platzhalter für dynamische Objekttypen verwendet werden).
- `TYPEID`
  der technische Name des Objekttyps (ABAP-Klasse oder BOR-Objekttyp)
- `INSTID`
  Feld mit 32 Zeichen für die eindeutige Instanzkennung (die wir üblicherweise als den Schlüssel eines Business-Objekts betrachten). Für die Instanzkennung gibt es zwei Möglichkeiten:

- Die Schlüsselfelder der zugrunde liegenden Tabelle, sofern die Gesamtlänge 32 Zeichen nicht überschreitet. Dies ist der empfohlene Ansatz für Klassen, die modelliert werden, um ein BOR-Objekt zu erweitern oder zu ersetzen – insbesondere, wenn BOR- und Klassenfunktionen kombiniert werden sollen.
- Eine GUID, die aus einer Reihe von Design-Gründen passender sein kann, wenn z. B. ein Schlüssel länger ist als 32 Zeichen, das zugrunde liegende Objekt über eine GUID verfügt, das Objekt nicht in einer Tabelle gespeichert ist oder der Zugriff über eine persistente Klasse erfolgt.

Strukturierte Schlüssel und GUIDs

Zwei Szenarien, die in diesem Kapitel nicht anhand von Beispielen erläutert werden, sind Schlüssel, die auf mehreren Feldern basieren, und Schlüssel, die länger sind als die in der LPOR-Struktur definierten 32 Zeichen:

- **Strukturierte Schlüssel**
  Schlüssel mit mehreren Feldern können auf exakt die gleiche Weise implementiert werden wie Einzelfelder, indem Sie sie einfach als solche in den Attributen definieren und zusätzliche Importing-Parameter zu den Konstruktor- und anderen Methoden hinzufügen, die die Schlüsselfelder verwenden. Zudem kann es sinnvoll sein, einen privaten Typ anzulegen, um die einzelnen Felder in einer Struktur zu ordnen. Wenn Sie z. B. über eine Klasse mit den Schlüsselfeldern `PO_NUMBER` und `ITEM_NUMBER` verfügen, definieren Sie einen Typ `T_KEY`, wie in Listing 16.4 gezeigt.

```
types:
  begin of t_key,
    po_number   type ebeln,
    item_number type ebelp,
  end of t_key.
```

  Listing 16.4 Definition eines Schlüssels für eine Bestellposition

  Innerhalb Ihres Codes würden Sie bei der Arbeit mit der Instanzkennung dann immer diesen Datentyp verwenden.

- **GUID**
  Eine GUID ist eine eindeutige Kennung innerhalb des gesamten SAP-Systems. Wie bereits erwähnt, gibt es verschiedene Szenarien, in denen eine GUID verwendet werden muss – etwa wenn ein Schlüssel mehr als 32 Zeichen umfasst.

Einige der neueren von SAP bereitgestellten Lösungen verwenden bereits GUIDs als Primärschlüssel, sodass Sie diese GUIDs nutzen können. Ist dies nicht der Fall, müssen Sie einige Änderungen an der Anwendung vornehmen, um neue Dokumente/Objekte anzulegen. Auf diese Weise stellen Sie sicher, dass neue Datensätze einen GUID-Schlüssel umfassen. Um eine neue GUID für einen neuen Datensatz in der Datenbank zu erhalten, können Sie die Klasse `CL_SYSTEM_UUID` verwenden. Um eine GUID mit dem ursprünglichen Dokumentschlüssel zu verknüpfen, haben Sie zwei Möglichkeiten:

- Erweitern/Ändern der vorhandenen Tabelle, um eine GUID-Referenz hinzuzufügen
- Anlegen einer Zuordnungstabelle, um einen Querverweis zwischen der GUID und den Schlüsselfeldern in der Haupttabelle zu erstellen

Wenn Sie mit einer rein kundenspezifischen Entwicklung mit eigenen Tabellen arbeiten, vereinfacht dies den Vorgang, da Sie einen GUID-Schlüssel bereits zu Beginn in das Design integrieren können.

Nachdem eine GUID auf Datenbank- und Anwendungsebene implementiert wurde, lässt sie sich problemlos im Workflow einsetzen, da ihr Verhalten mit dem eines regulären Schlüssels identisch ist. Außerdem können Sie Objekte mithilfe einer Reihe unterschiedlicher Referenzfelder instanziieren, z. B. über die Dokumentnummer oder andere Lookup-Daten. Ein Bespiel, das sich problemlos für die Instanziierung eines Objekts mit GUID-Schlüssel anhand einer Dokumentnummer oder eines strukturierten Schlüssels anpassen lässt, finden Sie in Abschnitt 16.4.5, »Alternative Möglichkeiten zur Instanziierung von Objekten«.

16.4.2 Implementierung von FIND_BY_LPOR

Die Methode `FIND_BY_LPOR` ist statisch und wird mit einem Objektschlüssel aufgerufen. Ihre Aufgabe als Entwickler ist es, dem Aufrufer eine Objektinstanz zu übergeben (siehe Listing 16.5).

```
METHOD bi_persistent~find_by_lpor.
  "Called by workflow to request an object instance
  DATA: user  TYPE REF TO zcl_user,
        uname TYPE xubname.  "Needed for casting
  uname = lpor-instid.
  TRY.
      CREATE OBJECT user
        EXPORTING
          i_username = uname.
```

```
    CATCH cx_bo_error.
      "Caller must check existence
      RETURN.
  ENDTRY.
  result = user.
ENDMETHOD.
```

Listing 16.5 BI_PERSISTENT~FIND_BY_LPOR

> **Tipp**
>
> Sie können die Anzeige von Interface-/Methodennamen im Class Builder ändern, indem Sie unter UTILITIES • SETTINGS die Option GROUP BY INTERFACES AND SUPERCLASSES auswählen.

16.4.3 Implementierung von LPOR

Theoretisch ist für unsere LPOR-Methode nichts weiter erforderlich als der Code in Listing 16.6.

```
METHOD bi_persistent~lpor.
  "Called by workflow requesting an instance's key
  result-catid  = 'CL'.
  result-typeid = 'ZCL_USER'.
  result-instid = username.
ENDMETHOD.
```

Listing 16.6 BI_PERSISTENT~ LPOR

In der Praxis gibt es jedoch möglicherweise weitere Verwendungszwecke für die LPOR-Methode in Ihrer Klasse. Daher sollten Sie typischerweise ein entsprechendes privates Attribut anlegen und in der LPOR-Methode darauf verweisen (siehe Abbildung 16.15).

Attribute	Level	Visibility	Key attr...	Read-Only	Typing	Associated Type		Description
USERNAME	Instance	Public	☑	☑	Type	XUBNAME	⇨	User Name in User Master Record
M_LPOR	Instance	Private	☐	☐	Type	SIBFLPOR	⇨	Local Persistent Object Reference

Abbildung 16.15 Privates Attribut für LPOR

Dieses Element kann anschließend im Konstruktor gefüllt werden (siehe Listing 16.7), und die LPOR-Methode kann auf den in Listing 16.8 gezeigten Code reduziert werden.

```
METHOD constructor.
  "Validate key and populate key attribute
  SELECT SINGLE bname INTO username FROM usr01
```

```
      WHERE bname = i_username.
  IF sy-subrc NE 0.
    RAISE EXCEPTION TYPE cx_bo_instance_not_found.
  ENDIF.
  "Populate LPOR
  m_lpor-catid = 'CL'.
  m_lpor-typeid = 'ZCL_USER'.
  m_lpor-instid = username.
ENDMETHOD.
```

Listing 16.7 CONSTRUCTOR

```
METHOD bi_persistent~lpor.
  "Called by workflow requesting an instance's key
  result = m_lpor.
ENDMETHOD.
```

Listing 16.8 BI_PERSISTENT~LPOR

16.4.4 Instanziierung von ABAP-Klassenobjekten

Wir haben bereits erläutert, wie der Wechsel zwischen den beiden verschiedenen Instanzformaten im Workflow-System gehandhabt wird. Allerdings stellt sich die Frage, wie eine Instanz überhaupt im Workflow aufgerufen wird. Diese Aktion ist über Ereignisse und das Ergebnis von Methoden möglich. Doch wie gehen Sie vor, wenn Sie lediglich über den Schlüssel eines Objekts verfügen, das instanziiert werden muss?

Ein einfacher und zuverlässiger Ansatz ist die Verwendung einer funktionalen Methode. Legen Sie zu diesem Zweck eine Methode `GET_INSTANCE` an. Da Sie nicht über eine Instanz verfügen, sondern die Methode von außerhalb der Klasse aufrufen, muss sie *statisch* und *öffentlich* sein. Als funktionale Methode muss sie (bei erfolgreicher Ausführung) über exakt einen Rückgabeparameter für die Objektinstanz verfügen. Da Ausnahmen in funktionalen Methoden in Workflow-Ausdrücken ignoriert werden, ist es darüber hinaus dem Aufrufer überlassen, zu überprüfen, ob eine Instanz zurückgegeben wurde. Legen Sie eine Methode `GET_INSTANCE` an, und fügen Sie einen Importing-Parameter für den Benutzernamen und einen Returning-Parameter vom Typ `ref to` für die Klasse `ZCL_USER` hinzu (siehe Abbildung 16.16).

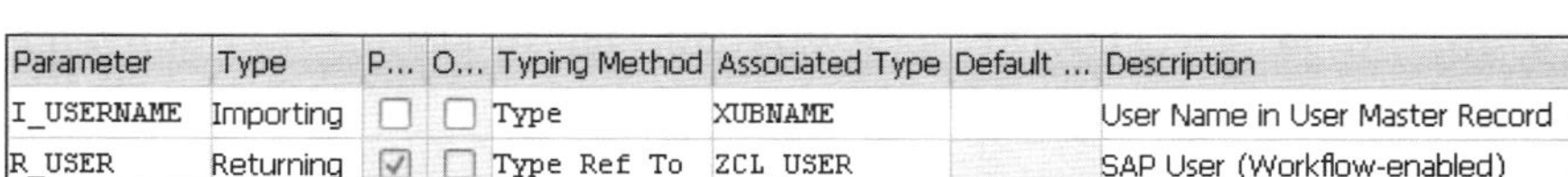

Parameter	Type	P...	O...	Typing Method	Associated Type	Default ...	Description
I_USERNAME	Importing	☐	☐	Type	XUBNAME		User Name in User Master Record
R_USER	Returning	☑	☐	Type Ref To	ZCL_USER		SAP User (Workflow-enabled)

Abbildung 16.16 Parameter der Methode GET_INSTANCE

Der Code zum Zurückgeben einer Instanz sieht in etwa wie der Code in Listing 16.9 aus.

```
METHOD get_instance.
  "Return object instance based on key
  TRY.
      CREATE OBJECT r_user
        EXPORTING
          i_username = i_username.
    CATCH cx_bo_error.
      "Caller must check existence
      RETURN.
  ENDTRY.
ENDMETHOD.
```

Listing 16.9 Methode zur direkten Instanziierung des Objekts

Möglicherweise haben Sie bemerkt, dass dieser Ansatz mit `FIND_BY_LPOR` vergleichbar ist. Es ist durchaus sinnvoll, `FIND_BY_LPOR` über `GET_INSTANCE` aufzurufen (siehe Listing 16.10).

```
METHOD get_instance.
  "Called by workflow to request an object instance
  DATA: lpor TYPE sibflpor.

  lpor-catid  = 'CL'.
  lpor-typeid = 'ZCL_USER'.
  lpor-instid = i_username.
  r_user ?= zcl_user=>bi_persistent~find_by_lpor( lpor ).
ENDMETHOD.
```

Listing 16.10 Methode zur Instanziierung des Objekts mithilfe von FIND_BY_LPOR

In Abschnitt 16.8.1, »Performance und Instanzverwaltung«, werden Sie die Gründe für diese Vorgehensweise erfahren. Möglicherweise haben Sie auch die Verwendung des Casting-Operators `?=` zum Durchführen der Zuordnung bemerkt. Der Grund dafür ist, dass ein Narrowing Cast standardmäßig nicht zulässig ist und auf diese Weise explizit angegeben werden muss. Andernfalls erhalten Sie einen Syntaxfehler, weil das zurückgegebene Objekt als Typ `ref to BI_PERSISTENT` deklariert ist.

Vielleicht fragen Sie sich, weshalb wir über zwei Methoden zum Instanziieren des Objekts verfügen. Die Antwort lautet: der Einfachheit halber. `FIND_BY_LPOR` erfordert eine spezielle Importing-Parameterstruktur, die außerhalb des Workflows nicht unbedingt verwendet würde. `GET_INSTANCE` hingegen erfordert lediglich den Objektschlüssel. Innerhalb des Workflows arbeiten wir typischerweise ausschließlich mit dem Objektschlüssel oder mit der

Dokumentnummer. Das Gleiche gilt für andere Entwickler, die die Klasse für andere Zwecke als den Workflow nutzen.

16.4.5 Alternative Möglichkeiten zur Instanziierung von Objekten

Um aufzuzeigen, wie schnell sich der anfängliche Aufwand beim Anlegen einer Klasse bezahlt macht, fügen wir ein weiteres gängiges Szenario zur Benutzerklasse hinzu: das Instanziieren eines Objekts aus einer Workflow-Bearbeiterstruktur (z. B. Workflow-Initiator, letzter Bearbeiter, Ergebnis der Regelauflösung). Dieser Vorgang kann bereits über die BOR-Methode `USR01.FindUserFromAgentStructure` ausgeführt werden, in diesem Fall ist jedoch ein eigener Workflow-Aktivitätsschritt erforderlich.

Funktionale Methoden hingegen können in Datenflüssen oder Containeroperationsschritten eingesetzt werden. Wie Sie wissen, handelt es sich dabei um eine Struktur mit einer zweistelligen Objekttypkennung (`'US'` für Benutzer – engl.: User –, `'P'` für Person etc.), auf die die Objektkennung folgt. Für die Benutzerklasse muss lediglich eine funktionale Methode hinzugefügt werden, um den Bearbeiter in eine Benutzerkennung zu konvertieren und `GET_INSTANCE` aufzurufen. Legen Sie zunächst eine neue statische öffentliche Methode `GET_INSTANCE_FROM_WFAGENT` mit einem Importing-Parameter `I_WFAGENT` vom Typ `SWHACTOR` und einem Returning-Parameter vom Typ `ref to zcl_user` an.

Der entsprechende Code ist recht einfach (siehe Listing 16.11). Sie können diesen Code problemlos erweitern, um andere Organisationsobjekttypen aufzunehmen.

```
METHOD get_instance_from_wfagent.
  "Create instance using WF agent structure.
  DATA: uname TYPE xubname.

  "Handle different org object types
  CASE i_wfagent-otype.
    WHEN 'US'.            " SAP User
      uname  = i_wfagent-objid.
      r_user = zcl_user=>get_instance( uname ).
  ENDCASE.
ENDMETHOD.
```

Listing 16.11 Instanziierung eines Objekts über einen Workflow-Bearbeiter

Die Verwendung dieser Methode ist ebenfalls sehr einfach. Um das Benutzerobjekt zu instanziieren, können Sie einen Containeroperationsschritt anlegen. Dies ist viel performance-effizienter als ein Workitem mit all seinen zugeordneten Tabelleneinträgen und Protokollierungsaktivitäten. Oder, wenn Sie eine Objektinstanz für den tatsächlichen Bearbeiter abrufen möchten, der einen Schritt ausgeführt hat, können Sie die Methode alternativ auch direkt im Datenfluss einsetzen.

Tipp

Die Typgruppe SWFCO enthält viele nützliche Workflow-Konstanten, wie swfco_org_user im oben genannten Beispiel. Vor den Releases 7.0 EHP 2 und 7.2 mussten Typgruppen auf der Registerkarte PROPERTIES einer ABAP-Klasse deklariert werden, bevor Elemente verwendet werden konnten. In den neueren Releases lädt der ABAP-Compiler Typgruppen auf Anfrage, immer wenn eines seiner Elemente angesprochen wird. Daher ist eine Deklaration nicht länger erforderlich.

Um den modernen ABAP-Programmierrichtlinien zu entsprechen, sollten keine neuen Typgruppen erstellt werden. Wenn Sie also Ihre eigenen globalen, konstanten Definitionen erstellen möchten, dann erstellen Sie stattdessen globale Klassen mit konstanten Attributen, z. B. ZCL_WF_CONST.

Fügen Sie in unserem Beispiel-Workflow ein Containerelement Actual_Agent vom Typ ZCL_USER hinzu, um den tatsächlichen Bearbeiter zu repräsentieren, der einen Schritt ausgeführt hat. Geben Sie dann mithilfe des Systemelements _WI_Actual_Agent als Eingabe für Ihre neue Methode im Datenfluss eines Schritts eine Instanz der Benutzerklasse an den Workflow zurück (siehe Abbildung 16.17).

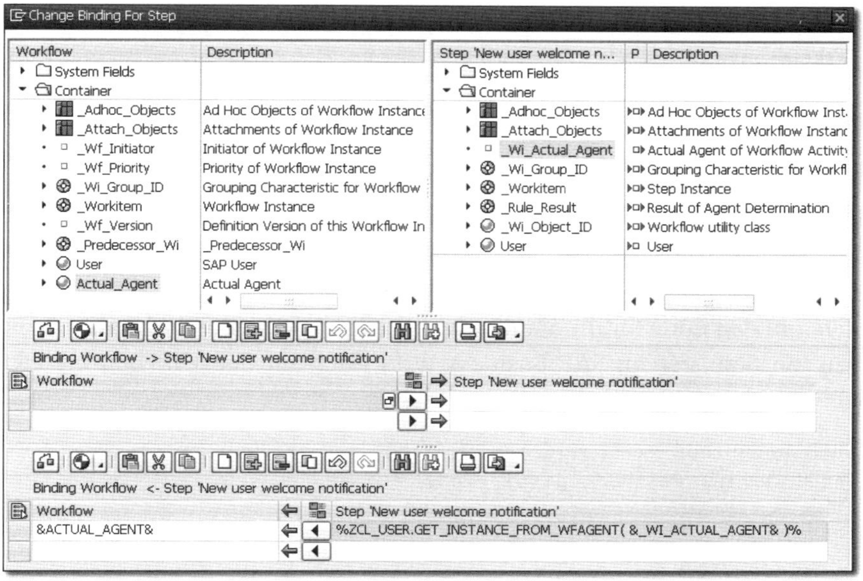

Abbildung 16.17 Instanziierung und Zuordnung eines Benutzerobjekts zum Workflow

Um diesen Programmierschritt zu testen, führen Sie die Aufgabe aus und überprüfen den Container im Workflow-Protokoll. Das Element `Actual_Agent` sollte nun eine Instanz aufweisen (siehe Abbildung 16.18).

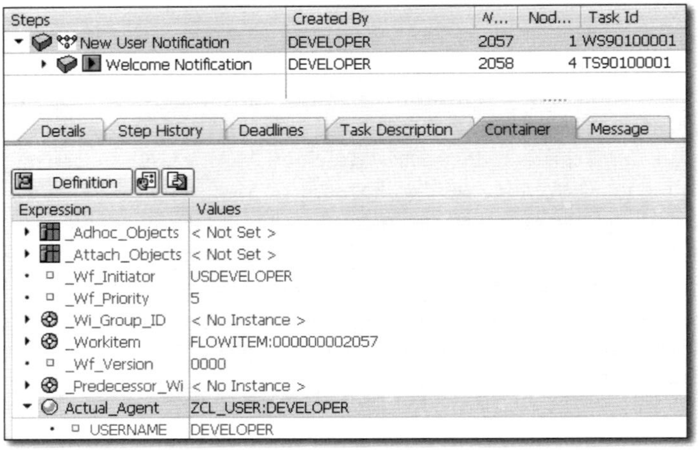

Abbildung 16.18 Erfolgreiche Objektinstanziierung aus einer funktionalen Methode »Binding«

Eine weitere häufig verwendete Methode ist eine Anzeigefunktion. Definieren Sie zunächst die Methode (siehe Listing 16.12). Um einen bestimmten Benutzer anzuzeigen, muss die Methode auf Instanzebene definiert werden, für die Verwendung im Workflow muss sie öffentlich sein.

```
METHOD display.
  "Display User
  SET PARAMETER ID 'XUS' FIELD username.
  CALL TRANSACTION 'SU01D' AND SKIP FIRST SCREEN.
ENDMETHOD.
```

Listing 16.12 Anzeigemethode

Anschließend können Sie die Methode `BI_OBJECT~EXECUTE_DEFAULT_METHOD` füllen, um den Code für die Standardaktion für das Objekt zu schreiben, z. B. wenn ein Benutzer im SAP Business Workplace auf den Objektlink klickt (siehe Listing 16.13).

```
METHOD bi_object~execute_default_method.
  "Call default method: display user
  me->display( ).
ENDMETHOD.
```

Listing 16.13 Standardaktion, wenn ein Benutzer in SAP Business Workplace auf ein Objekt klickt

16.4.6 Attribute

Nachdem Sie nun die grundlegende Struktur für eine Business-Klasse angelegt haben, müssen Sie einige Attribute hinzufügen, die im Workflow verwendet werden. Gemäß der bereits erwähnten Design-Philosophie, Elemente nur dann als öffentlich festzulegen, wenn dies wirklich erforderlich ist, sollten Sie öffentliche Attribute nur für Felder anlegen, die im Workflow verwendet werden sollen. Wenn Sie andere Felder intern verwenden müssen, sollten Sie ein privates Attribut – in unserem Beispiel M_USR01 – für den Datenbankdatensatz anlegen und anschließend nur die benötigten Felder in die öffentlichen Attribute übertragen. Da das Workflow-Protokoll bei dieser Vorgehensweise nicht den gesamten Datenbankdatensatz umfasst, sondern eine deutlich geringere Anzahl an Elementen, wird auf diese Weise auch die Lesbarkeit des Protokolls verbessert.

Nun fügen wir die Sprache für unser Beispiel hinzu. Legen Sie ein öffentliches Attribut LANGUAGE vom Typ XULANGU an. Da Attribute in Klassen schlichtweg Variablen sind, müssen Sie die Attribute in Ihrer CONSTRUCTOR-Methode mit den richtigen Werten füllen. Die aktualisierte SELECT-Anweisung sehen Sie in Listing 16.14.

```
SELECT SINGLE bname langu FROM usr01
      INTO (me->username, me->language)
      WHERE bname = i_username.
```

Listing 16.14 Select-Anweisung einschließlich Language

16.4.7 Attribute im Vergleich zu funktionalen Methoden

Nun stellt sich die Frage, ob Sie Attribute oder funktionale Methoden verwenden sollten. In der objektorientierten Philosophie verfügt das ideale Objekt nicht über öffentliche Attribute, da diese das Ziel der Kapselung verhindern, indem externe Komponenten direkten Zugriff auf die Daten eines Objekts erhalten. Theoretisch sollten Sie aus diesem Grund – wenn möglich – funktionale Methoden anstelle von Attributen nutzen.

In der Praxis ist der Workflow jedoch nicht immer hundertprozentig mit funktionalen Methoden kompatibel, und es sind verschiedene Fälle möglich, in denen Sie keine funktionalen Methoden verwenden können. Zum Beispiel können Sie funktionale Methoden nicht in Workitem-Texten einsetzen, da diese SAPscript verwenden. SAPscript bietet im Hinblick auf die Verarbeitung von Variablen und Programmierelementen äußerst eingeschränkte Möglichkeiten. Zudem erfordert der Workflow ein Attribut bestimmten

Typs, um über eine Klasse auf ein BOR-Objekt zugreifen zu können. Und schließlich ist die Verwendung funktionaler Methoden möglicherweise eher ungeeignet, wenn Sie über eine große Anzahl an ähnlichen Datenelementen verfügen, wie z. B. Datenfelder einer Tabelle.

Im Folgenden finden Sie nützliche Hilfestellungen, um die richtige Entscheidung zu treffen (Beachten Sie jedoch, dass unter bestimmten Umständen andere Empfehlungen gelten können.):

Verwenden Sie Attribute in den folgenden Situationen:

- Sie benötigen mehrere Felder, alle aus derselben Datenbanktabelle. Ziehen Sie auch das Anlegen einer Struktur in Betracht, um diese Felder zu gruppieren – bei einer großen Anzahl von Attributen wird dadurch die Lesbarkeit des Protokolls verbessert.)
- Der Wert wird in einem Workitem-Text benötigt. Alternativ können Sie jedoch auch eine Zuordnung zwischen einer funktionalen Methode und einem Containerelement der Aufgabe anlegen, das dann im Text verwendet wird.
- Sie möchten ein BOR-Objekt referenzieren, das nicht separat im Workflow-Container vorhanden ist. Das liegt daran, dass ein Standardwert zur Angabe des BOR-Typs für das Workflow-Protokoll benötigt wird, um das Objekt in der Containersicht erweitern zu können.

Vermeiden Sie Attribute in den folgenden Situationen:

- wenn sie nicht im Workflow benötigt werden
- wenn der Wert eine Berechnung erfordert oder aus der Datenbank gelesen werden muss (sofern er nicht Teil der Schlüsseltabelle ist), da durch diesen Vorgang ein Performance-Overhead für jede Instanziierung entsteht (unabhängig davon, ob diese erforderlich ist oder nicht)

Verwenden Sie funktionale Methoden in den folgenden Situationen:

- wenn es sich um einen berechneten Wert handelt
- wenn die Verwendung nur gelegentlich erfolgt

Tipp

Das Interface `IF_WORKFLOW` wird nur zum Speichern von Objekten als Containerelemente benötigt oder wenn eine Aufgabe auf einer Klassenmethode basiert. Klassen, die als Rückgabeparameter funktionaler Methoden oder Attribute einer workflowfähigen Klasse bzw. zum Bereitstellen statischer funktionaler Methoden in einem Ausdruck verwendet werden, benötigen das Interface `IF_WORKFLOW` nicht.

16.5 Ausnahmeklassen

Ausnahmeklassen sind eine weitere entscheidende Verbesserung, die mit dem objektorientierten ABAP eingeführt wurde. Da sie viele der objektorientierten Konstrukte wie z. B. die Vererbung unterstützen und Sie sogar kundenspezifischen Code in Ausnahmeklassen hinzufügen können (hier gelten jedoch Einschränkungen), sind diese Klassen leistungsfähiger und flexibler als Ausnahmemeldungen. Für Einsteiger auf dem Gebiet der objektorientierten Programmierung zeigt Tabelle 16.2, dass Ausnahmeklassen in etwa dem früheren Konzept der Ausnahmemeldungen entsprechen.

Ausnahmemeldungen	Ausnahmeklassen
Nachrichtenklasse	Ausnahmeklasse
Nachrichtennummer	Text-ID
Meldungsvariablen (bis zu vier)	Eigenschaften

Tabelle 16.2 Ausnahmemeldung und Ausnahmeklasse im Vergleich

Das Workflow-System ermöglicht eine ausgesprochen einfache Implementierung von Ausnahmeklassen. Als Namenskonvention verwenden alle Ausnahmeklassen das Präfix CX (ZCX/YCX für durch den Kunden angelegte Klassen); die von SAP bereitgestellten und vom Workflow erkannten Klassen verwenden CX_BO (Business-Objekt, allerdings hier im generischen Sinne, nicht als BOR-Objekte), dies ist jedoch nicht obligatorisch. Auf der obersten Ebene befindet sich die abstrakte Klasse CX_BO_APPLICATION, die ausschließlich zum Abfangen von Fehlern eingesetzt werden sollte, die über Unterklassen ausgelöst wurden. Sie verfügt über drei Unterklassen, die vom Workflow erkannt werden und den drei Fehlertypen entsprechen, die eine BOR-Methode an den Workflow zurückgeben kann: *temporärer* Fehler, *Anwendungs*fehler und *System*fehler (siehe Tabelle 16.3).

BOR-Ausnahmetyp	Ausnahmeklasse
temporär	CX_BO_TEMPORARY
Anwendung	CX_BO_ERROR
System	CX_BO_ABORT

Tabelle 16.3 Ausnahmeklassen

Unterklassen dieser Klassen werden gemäß ihrer übergeordneten Klasse behandelt. Alle Unterklassen von CX_BO_ERROR werden also als Anwendungsfehler behandelt. Im Standardsystem sind bereits verschiedene Unterklassen definiert, Sie können jedoch auch eigene Unterklassen anlegen.

Beachten Sie, dass die Ausnahmeklasse CX_BO_TEMPORARY über zwei Verwendungsmöglichkeiten verfügt:

- Bei Verwendung in einem Hintergrundschritt führt sie dazu, dass das Workflow-System in vordefinierten Intervallen wiederholt versucht, einen Vorgang auszuführen, bis der Fehler schließlich als dauerhafter Fehler eingestuft wird.
- Bei Verwendung in einem Dialogschritt zeigt sie an, dass die Aktion unvollständig ist – z. B. durch den Benutzer abgebrochen wurde – und das Item in Arbeit bleibt.

Gehen wir für unser Beispiel nun davon aus, dass kundenspezifische Funktionalität implementiert werden soll, um Vertretungen zentral zu verwalten. Zudem benötigen wir eine Methode, um einem Benutzer einen Vertreter zuzuordnen (z. B. durch die Aktualisierung der Tabelle HRUS_D2). Wenn die angegebene Benutzerkennung des Vertreters nicht gültig ist, soll eine Ausnahme ausgelöst werden.

Legen Sie zunächst die Ausnahmeklasse als Unterklasse von CX_BO_ERROR an. Zeigen Sie dazu CX_BO_ERROR über Transaktion SE24 (Menü Edit • Create Subclass) an, und erstellen Sie eine Unterklasse ZCX_BO_USER (siehe Abbildung 16.19).

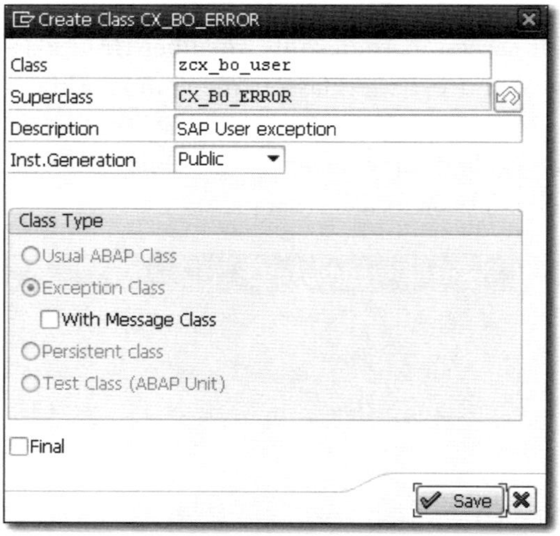

Abbildung 16.19 Anlegen einer Ausnahmeklasse

Sie können öffentliche Attribute zu Ausnahmeklassen hinzufügen, die in Fehlertexten oder Klassenmethoden genutzt werden können. Da die offensichtliche Information für eine Benutzerklassenausnahme der Benutzername ist, fügen Sie ein öffentliches Attribut USERNAME vom Typ XUBNAME hinzu. Der Class Builder erzeugt die CONSTRUCTOR-Methode für Ausnahmeklassen und fügt automatisch zusätzliche öffentliche Attribute als Importing-Parameter hinzu. Sie können nun einen Benutzernamen übergeben, wenn die Ausnahme ausgelöst wird.

Ausnahmeklassen bieten darüber hinaus die Möglichkeit, auf der Registerkarte TEXTS Meldungstexte hinzuzufügen. Beachten Sie, dass die Texte für sämtliche Oberklassen bereits angezeigt werden. Darüber hinaus wurde eine Ausnahme-ID mit dem Namen der aktuellen Klasse – in unserem Fall ZCX_BO_USER – hinzugefügt.

Dieser Standardtext wird verwendet, wenn beim Auslösen der Ausnahme keine spezielle Text-ID angegeben ist. Fügen Sie einen Kurztext zur standardmäßigen Ausnahme-ID ZCX_BO_USER und eine weitere Ausnahme INVALID_USERNAME hinzu. Um öffentliche Attribute in Texte einzufügen, schließen Sie diese in das kaufmännische Und-Zeichen (&) ein. So können Sie den Benutzernamen als Teil der Beschreibung verwenden (wie in Abbildung 16.20 dargestellt). Falls gewünscht, können Sie auch einen Langtext hinzufügen.

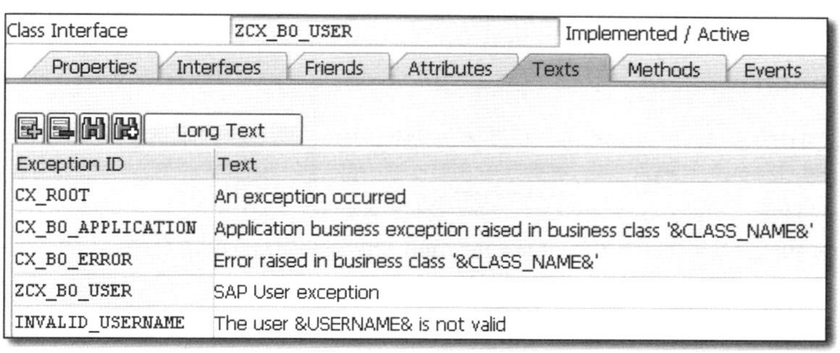

Abbildung 16.20 Hinzufügen von Ausnahme-IDs

Dieses öffentliche Attribut enthält die Text-ID des verknüpften Textes im Online Text Repository (OTR) und sollte immer verwendet werden, um beim Auslösen einer Ausnahme die Ausnahme-ID anzugeben (auf dieses Thema werden wir später erneut eingehen). Wie Sie sehen werden, wurden für Ihre Beispielklasse, ähnlich wie in Abbildung 16.21 dargestellt, Attribute für ZCX_BO_USER und INVALID_USERNAME angelegt.

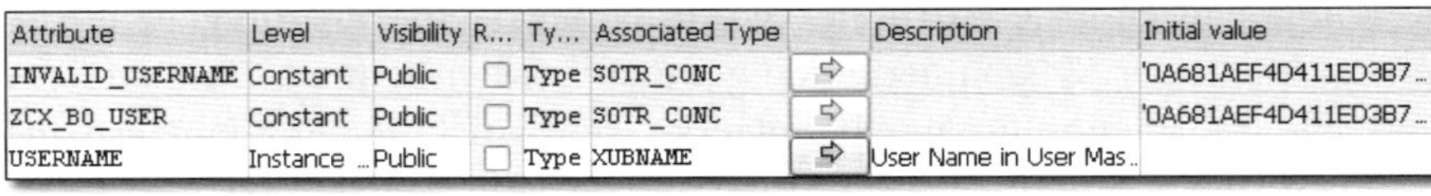

Attribute	Level	Visibility	R...	Ty...	Associated Type		Description	Initial value
INVALID_USERNAME	Constant	Public	☐	Type	SOTR_CONC	⇨		'0A681AEF4D411ED3B7...
ZCX_BO_USER	Constant	Public	☐	Type	SOTR_CONC	⇨		'0A681AEF4D411ED3B7...
USERNAME	Instance ...	Public	☐	Type	XUBNAME	⇨	User Name in User Mas...	

Abbildung 16.21 Erzeugte Text-IDs für Ausnahme-IDs

Da die Ausnahmeklasse nun abgeschlossen ist, können Sie sie speichern und aktivieren. Im nächsten Schritt muss die Klasse in einer Methode genutzt werden, die im Workflow verwendet wird. Um mit unserem Beispiel fortzufahren, bearbeiten Sie die Klasse ZCL_USER und legen eine neue Methode ASSIGN_SUBSTITUTE mit Importing-Parametern für die Benutzerkennung des Vertreters sowie das Start- und Enddatum der Vertretung an, wie in Abbildung 16.22 gezeigt.

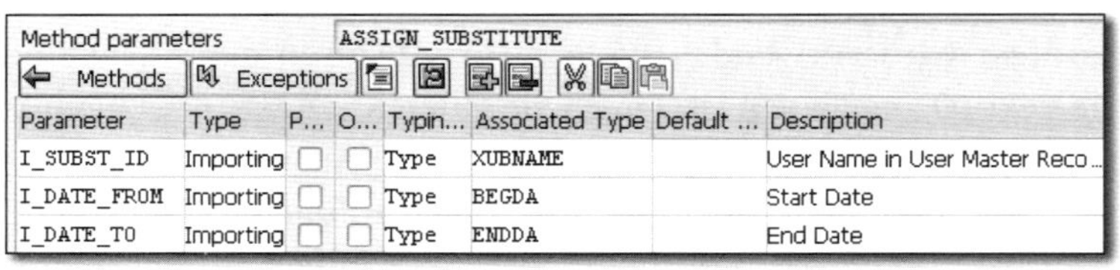

Parameter	Type	P...	O...	Typin...	Associated Type	Default ...	Description
I_SUBST_ID	Importing	☐	☐	Type	XUBNAME		User Name in User Master Reco...
I_DATE_FROM	Importing	☐	☐	Type	BEGDA		Start Date
I_DATE_TO	Importing	☐	☐	Type	ENDDA		End Date

Abbildung 16.22 Parameter für die Methode ASSIGN_SUBSTITUTE

Klicken Sie anschließend auf den Button EXCEPTIONS, um Ihre Ausnahmeklasse hinzuzufügen (siehe Abbildung 16.23).

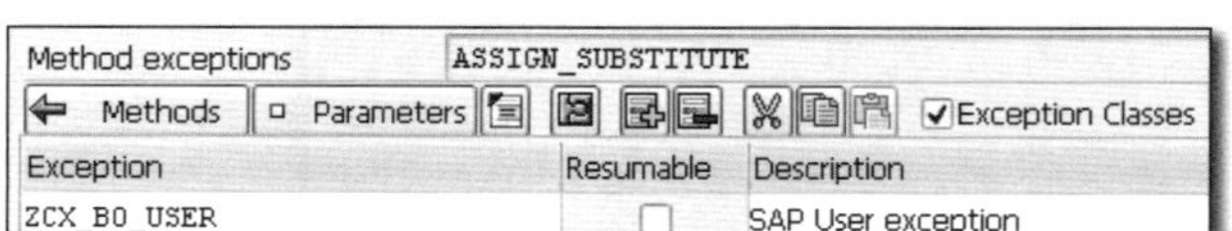

Exception	Resumable	Description
ZCX_BO_USER	☐	SAP User exception

Abbildung 16.23 Hinzufügen einer Ausnahme zur Methode ASSIGN_SUBSTITUTE

Über den Code in Listing 16.15 können Sie die Ausnahme auslösen, wenn die bereitgestellte Benutzerkennung ungültig ist. Der tatsächliche Code zur Zuordnung des Vertreters ist zu Testzwecken nicht erforderlich und wird daher in diesem Beispiel nicht hinzugefügt. Beachten Sie die Verwendung der erzeugten öffentlichen Konstante INVALID_SUBSTITUTE, um die Text-ID für die Ausnahme bereitzustellen.

```
METHOD assign_substitute.
  "Assign substitute for user
  DATA: substitute TYPE REF TO zcl_user.

  "Instantiate the substitute user object
```

```
  substitute = zcl_user=>get_instance( i_subst_id ).
  IF substitute IS NOT BOUND.    " UserID is invalid
    RAISE EXCEPTION TYPE zcx_bo_user
      EXPORTING
        textid   = zcx_bo_user=>invalid_username
        username = i_subst_id.
  ENDIF.

  "...[code to assign substitute]...

ENDMETHOD.
```

Listing 16.15 Zuordnung eines Vertreters zu einem Benutzer

Um diese Programmierschritte zu testen, legen Sie einen neuen Workflow mit einer Instanz der Benutzerklasse an (um die Instanziierung eines Objekts für das Testing zu verkürzen, können Sie auf der Registerkarte INITIAL VALUE des Containerelements direkt eine ID angeben), fügen eine auf Ihrer Methode basierende Aufgabe ein und ordnen dem Vertreter im Datenfluss eine ungültige Benutzerkennung zu (siehe Abbildung 16.24).

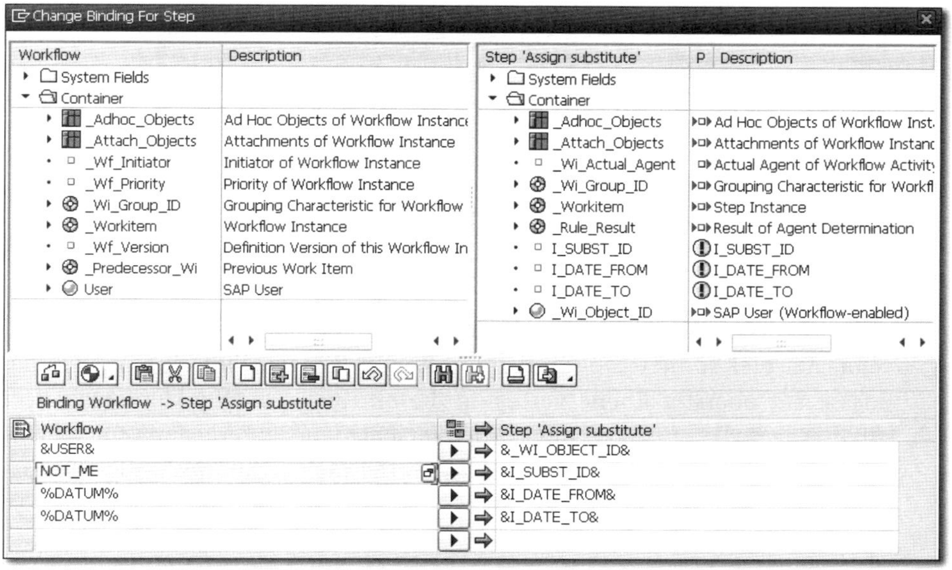

Abbildung 16.24 Zuordnung einer ungültigen Benutzerkennung, um eine Ausnahme auszulösen

Aktivieren und testen Sie Ihren Workflow. Wenn ein Anwender in der Benutzersicht einen Drilldown im Protokoll durchführt, wird eine aussagekräftige Fehlermeldung gezeigt (siehe Abbildung 16.25).

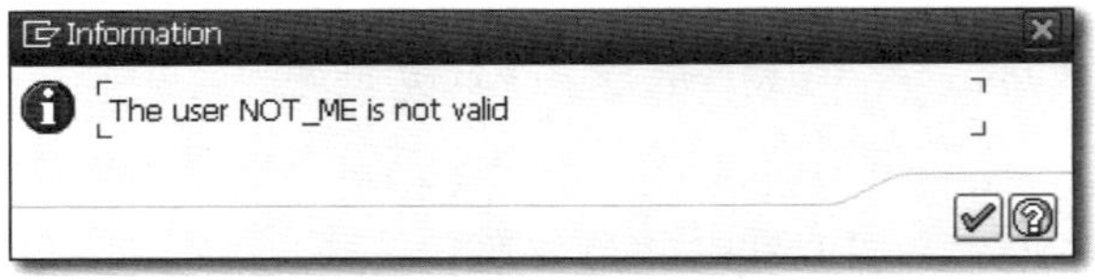

Abbildung 16.25 Benutzersicht einer Ausnahme

Dem Workflow-Administrator wird dieselbe Meldung im technischen Protokoll angezeigt, wie in Abbildung 16.26 dargestellt.

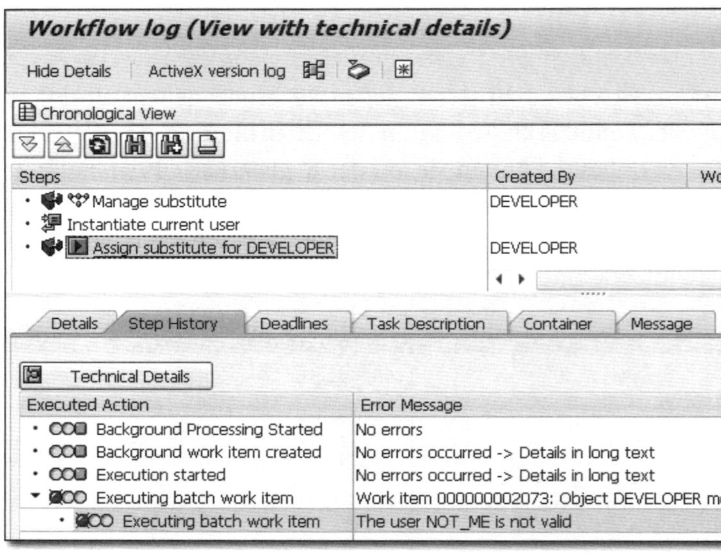

Abbildung 16.26 Ausnahmen im technischen Protokoll

Es gibt diverse Design-Ansätze, um Ausnahmeklassen zu implementieren. Zum Beispiel können Sie in einem größeren Projekt über eine Ausnahmeklasse auf oberster Ebene verfügen, die ein Business-Objekt repräsentiert (in diesem Fall ZCX_USER), sowie über verschiedene Unterklassen für spezifische Szenarien, z. B. ZCX_USER_SUBSTITUTION für vertretungsbezogene Ausnahmen.

16.6 Verwendung von BOR-Objekten in Klassen

Da im Standardsystem bereits umfassende BOR-Funktionalität verfügbar ist, müssen Sie das Rad nicht neu erfinden, nur um ABAP-Klassen verwenden zu können – es sei denn, die BOR-Komponenten sind wirklich einfach. Sie können die Funktionen recht problemlos kombinieren: Eine Klasse kann ein BOR-Objekt als Attribut enthalten. Umgekehrt ist dies jedoch nicht ohne Weiteres möglich.

Hinweis

Beachten Sie Folgendes:

- Eine Klasse kann ein BOR-Objekt referenzieren.
- Ein BOR-Objekt kann nicht problemlos eine Klasse als eines seiner Attribute referenzieren.
- Ein BOR-Objekt kann eine Klasse intern innerhalb seines Codes verwenden.

Obwohl es technisch möglich ist, über ähnliche Techniken, wie in diesem Abschnitt beschrieben, ein klassenbasiertes Attribut eines BOR-Objekts anzulegen, können möglicherweise Kompatibilitätsprobleme mit älterem Code auftreten, der basierend auf BOR-Objekten entworfen wurde. Deshalb wird dieser Ansatz nicht empfohlen.

Um vorhandene BOR-Funktionalität zu erweitern und Wiederverwendbarkeit zu ermöglichen, bietet es sich an, neue Funktionalität mithilfe von ABAP-Klassen anzulegen und das BOR-Objekt als Attribut der Klasse einzuschließen. Wenn Sie z. B. über eine Aufgabe verfügen, die auf einem BOR-Objekt basiert, können Sie das BOR-Attribut einer Klasse direkt dem Hauptobjekt der Aufgabe zuordnen. Wenn Sie z. B. über eine Aufgabe verfügen, die auf einer Methode oder einem BOR-Objekt `USR01` basiert, können Sie Ihrem Datenfluss-Workflow zu Aufgabe `ZCL_USER.BO_USR01` direkt `_Wi_Object_ID` zuordnen.

Damit der Workflow ein Attribut als BOR-Objekt erkennt, müssen Sie auf einen kleinen Trick zurückgreifen: Verwenden Sie den speziellen Datentyp `SIBFLPORB`. Dass Sie mit Persistenz und LPORs arbeiten müssen, stellt in diesem Szenario einen Vorteil dar, da es sich hier – wie Sie sehen werden – um nichts anderes als eine weitere LPOR handelt. Dieser Datentyp unterscheidet sich geringfügig von `SIBFLPOR` – diesen verwenden wir für die Klassen-LPOR –, da der Schlüssel (`INSTID`) eine maximale Länge von 70 Zeichen (die Länge des BOR-Schlüssels) aufweist. Die standardmäßige LPOR-Schlüssellänge hingegen beträgt 32 Zeichen.

Zur Implementierung in unserer Beispielklasse fügen Sie ein öffentliches Instanzattribut `BO_USR01` vom Typ `SIBFLPORB` hinzu (siehe Abbildung 16.27).

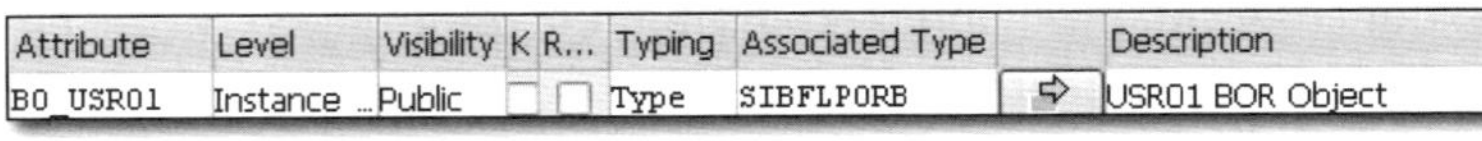

Abbildung 16.27 BOR-Objektattribut einer Klasse

Anschließend können Sie die LPOR-Struktur des BOR-Objekts in der `CONSTRUCTOR`-Methode füllen. Es muss jedoch ein weiteres Detail berücksichtigt werden: Auch wenn es möglich ist, Komponenten in Datenflüssen zu verketten, wenn ein Objekt ein Attribut eines anderen Objekts ist, ist ein etwas größerer Arbeitsaufwand erforderlich, wenn dies auch für BOR-Attribute von Klassen funktionieren soll. Zum Beispiel:

- Die Klasse `ZCL_PURCHASE_ORDER` verfügt über ein Attribut `CREATOR` vom Typ `ZCL_USER`.
- Der Ausdruck `&PURCHASEORDER.CREATOR.FULLNAME&` ist gültig. Das Gleiche gilt für BOR-Objekte als Attribute von BOR-Objekten.

Um Klassen und BOR-Objekte auf diese Weise kombinieren zu können, muss der Datenflusseditor jedoch bereits im Voraus den BOR-Objekttyp kennen. Wenn Sie z. B. über ein Containerelement `USER` vom Typ `ZCL_USER` mit einem Attribut `BO_USR01` verfügen, das das Objekt `USR01` repräsentiert, können Sie `&USER.BO_USR01.NAMEWITHLEADINGUS&` nicht verwenden, wenn Sie die BOR-Struktur nur in Ihrer Konstruktormethode füllen. Das liegt daran, dass das Workflow-System den BOR-Objekttyp *vor* der Instanziierung kennen muss. Dies lässt sich besser veranschaulichen, wenn Sie versuchen, das BOR-Attribut der aktuellen Beispielklasse in einem Datenfluss zu verwenden. Wie in Abbildung 16.28 gezeigt, wird das Attribut als Objekt erkannt, aber es ist nicht möglich, auf die Attribute des BOR-Objekts zuzugreifen.

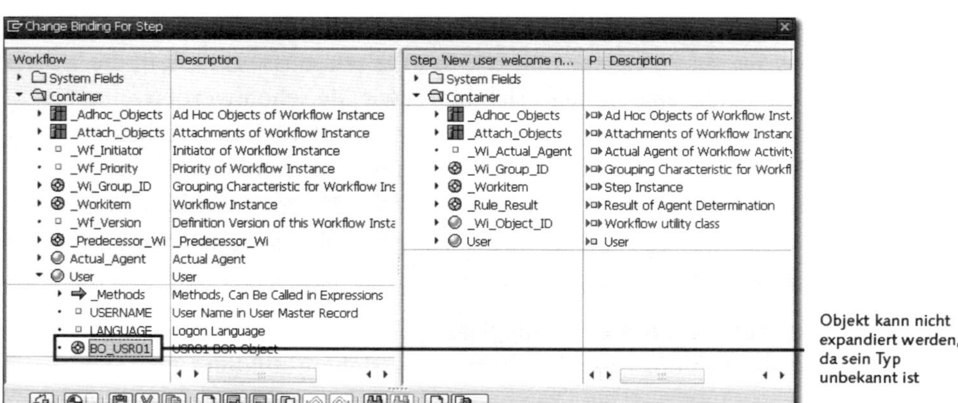

Abbildung 16.28 BOR-Objekt ohne Typdefinition

Hier ist es wichtig, dass Kategorie und Typ der BOR-Referenz (`CATID` und `INSTID`) auch dann vorbelegt werden müssen, wenn keine BOR-Objektinstanz vorhanden ist. Der Grund dafür ist, dass die Anzeigen des Workflow-Containers (z. B. Protokoll, Datenfluss) diese Informationen verwenden, um den Typ von BOR-Objekt zu bestimmen, den das Attribut darstellt.

Da ein BOR-Objekt als Attribut verschiedener Klassen verwendet werden kann, ist es sinnvoll, die Typdefinitionen getrennt von unserer Klasse zu speichern und einen globalen Zugriff zu ermöglichen. Legen Sie zu diesem Zweck eine weitere Klasse `ZCL_BOR_TYPES` an, um all unsere BOR-Definitionen in öffentlichen konstanten Attributen zu platzieren. Wechseln Sie auf die Registerkarte ATTRIBUTES, und fügen Sie eine öffentliche Konstante `USR01` (mit ASSOCIATED TYPE `SIBFLPORB`) für Ihr BOR-Objekt hinzu, das in einer Klasse repräsentiert werden soll (siehe Abbildung 16.29).

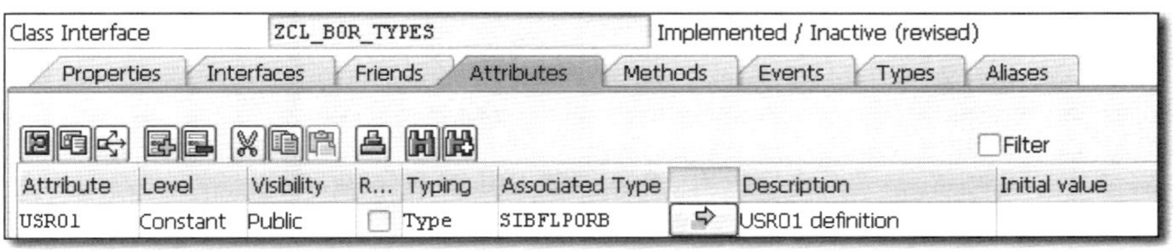

Abbildung 16.29 BOR-Objekt mit Typdefinition

Da der Datentyp eine Struktur ist, geben wir den Konstantenwert nicht als Literal ein, sondern ordnen stattdessen den einzelnen Komponenten Werte zu. Klicken Sie auf den Button DIRECT TYPE ENTRY (⇨), um den Wert direkt zuzuweisen. Ersetzen Sie die vorgeschlagene Zeichenfolge

```
constants USR01 type SIBFLPORB.
```

durch die LPOR eines initialen BOR-Objekts vom Typ `USR01`:

```
CONSTANTS:
      BEGIN OF usr01,
        instid TYPE sibflporb-instid VALUE space,
        typeid TYPE sibflporb-typeid VALUE 'USR01',
        catid  TYPE sibflporb-catid  VALUE 'BO',
      END OF usr01.
```

Speichern und aktivieren Sie diese Klasse, und kehren Sie zur Klasse `ZCL_USER` zurück. Als INITIAL VALUE für Ihr Attribut `BO_USR01` können Sie nun die Konstante aus Ihrer neuen Klasse als `ZCL_WF_BOR_TYPES=>USR01` angeben (siehe Abbildung 16.30).

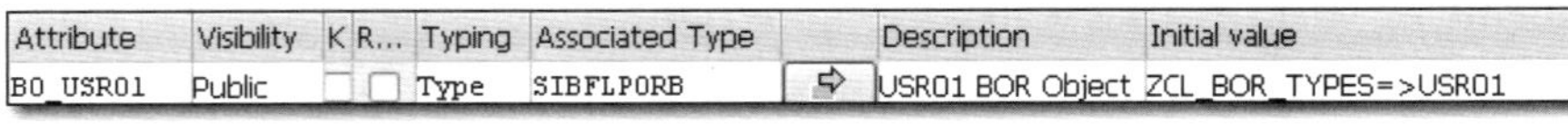

Attribute	Visibility	K	R...	Typing	Associated Type		Description	Initial value
BO_USR01	Public			Type	SIBFLPORB		USR01 BOR Object	ZCL_BOR_TYPES=>USR01

Abbildung 16.30 Initialwert, der den Typ eines BOR-Objektattributs angibt

Wenn Sie nun versuchen, das Attribut `BO_USR01` in einem Datenfluss zu verwenden, stellen Sie fest, dass der Datenflusseditor den Objekttyp vollständig versteht. Abbildung 16.31 zeigt, wie das BOR-Attribut vom Typ `USR01` der Benutzerklasse nun erweitert werden kann, um auf seine Attribute zuzugreifen.

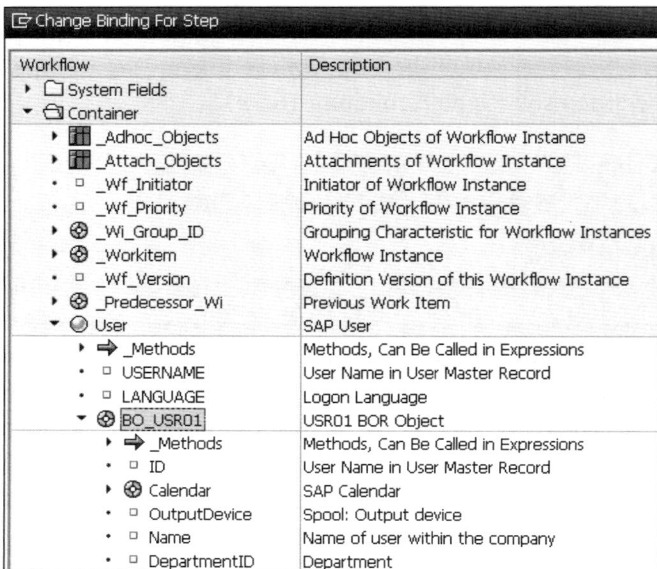

Abbildung 16.31 BOR-Objekte mit Typdefinition erweitern

Bei Betrachtung der SAP-Beispielklasse `CL_SWF_FORMABSENC` sehen Sie, dass dieselbe Technik unter Verwendung eines statischen Attributs einer globalen Klasse `CL_SWF_BOR_TYPES` implementiert wurde. Diese Klasse wiederum referenziert eine Typgruppe `SWHCL`, die die Standardwerte für verschiedene Objekttypen (u. a. `USR01`) umfasst.

Möglicherweise fragen Sie sich nun, weshalb wir eine Klasse verwenden, um eine Konstante bereitzustellen, anstatt die Konstanten aus einer Typgruppe direkt anzugeben. Der Grund ist ganz einfach, dass in älteren Versionen (vor Version 7.2) jede Komponente, die extern auf die Klasse zugreift, über dieselbe Typgruppendeklaration verfügen muss, um den Wert zu interpretieren. Da dies nicht realistisch ist, wird eine globale Klasse verwendet, die an jeder Stelle ohne weitere Deklaration verfügbar ist. Außerdem sind Typgruppen ältere Sprachelemente, die nicht mehr für die Implementierung neuer Funktionen verwendet werden sollten.

Verwendung von BOR-Objekten innerhalb einer Klasse

Wenn Sie in Ihrem Code innerhalb der Klasse Methoden aufrufen oder Attribute des BOR-Objekts auswerten müssen (z. B., wenn Sie ein BOR-Attribut benötigen, um eine Berechnung durchzuführen), müssen Sie die BOR-Makros auch in Ihrer Klasse aktivieren. Klicken Sie dazu im Class Builder auf den Button MACROS, und fügen Sie die folgenden Include-Dateien hinzu:

```
include <cntn03>.    " local types
include <cntn02>.    " BOR macros
```

Anschließend können Sie das BOR-Objekt instanziieren und die Workflow-Makros wie `SWC_GET_PROPERTY` und `SWC_CALL_METHOD` verwenden. Eine Vielzahl von BOR-Komponenten ist jedoch so einfach, dass Sie den BOR-Code ebenso portieren und das Äquivalent in Ihrer Klasse implementieren können. Dies bietet den Vorteil, dass von anderen Nicht-Workflow-Anwendungen problemloser auf die BOR-Komponenten zugegriffen werden kann (z. B. die Verwendung derselben Business-Klasse als Grundlage für den Workflow und für eine Web-Dynpro-ABAP-Anwendung). Darüber hinaus wird die Performance etwas verbessert, wenn innerhalb Ihrer Klasse keine BOR-Objekte instanziiert werden müssen.

Generische Objektdienste

Ein abschließender Hinweis zur Interaktion zwischen BOR-Objekten und Business-Klassen im Zusammenhang mit dem Workflow betrifft die generischen Objektdienste (*Generic Object Services (GOS)*). In den meisten Fällen ist der Objekttyp für die generischen Objektdienste in der Anwendung hart codiert. Zudem handelt es sich meist um ein BOR-Objekt.

Beispiel: Eine Bestellung wird durch ein BOR-Objekt `BUS2012` repräsentiert. Wenn Sie aus den generischen Objektdiensten innerhalb einer Bestelltransaktion auf die Workflow-Übersicht zugreifen, wird nach Workflows mit einem BOR-Objekt vom Typ `BUS2012` gesucht, das den Schlüssel des aktuellen Dokuments aufweist.

Wenn Sie also z. B. basierend auf einer kundenspezifischen Klasse ZCL_PURCHASE_ORDER einen Genehmigungs-Workflow für Bestellungen entwickeln, ist Ihr Workflow in der Transaktion zur Anzeige von Bestellungen nicht sichtbar. Deshalb ist es häufig erforderlich, sowohl die Business-Klasse als auch das entsprechende BOR-Objekt als Containerelemente Ihres Workflows auf oberster Ebene aufzunehmen. Dies ist häufig der Fall, wenn Ihr Workflow durch ein BOR-Ereignis ausgelöst wird und Sie das BOR-Objekt einem Workflow-Containerelement zuordnen. Wenn Ihre Workflows jedoch durch ein Klassenereignis ausgelöst werden, müssen Sie sicherstellen, dass das entsprechende BOR-Objekt als Attribut der Klasse verfügbar ist, und dieses einem Containerelement in einem Containeroperationsschritt zuordnen.

Gehen wir z. B. davon aus, dass Sie über ein kundenspezifisches Ereignis für Kreditanträge eines Geschäftspartners verfügen, das in einer Geschäftspartnerklasse ZCL_BP implementiert ist. Außerdem wird der Workflow durch das Klassenereignis ZCL_BP.CREDIT_REQUESTED ausgelöst. Wenn der Workflow über die generischen Objektdienste sichtbar sein soll, müssen Sie das entsprechende BOR-Objekt BUS1006 als Attribut von ZCL_BP implementieren (oft ist dies ohnehin der Fall) und eine Containeroperation ausführen, um ZCL_BP.BO_BUS1006 einem Containerelement BO_BP zuzuordnen (dies könnte sogar im Ereignisdatenfluss erfolgen). Dieses Element muss nicht verwendet werden, sondern lediglich vorhanden sein.

Eine andere Methode, dieses Problem zu umgehen, ist es, die GOS-Funktionalität der Anwendung zu verbessern. Dies ist allerdings eine fortgeschrittene Technik, deren Beschreibung den Umfang dieses Buches sprengen würde.

16.7 Ereignisse

Ereignisse sind komplex und stellen den Bereich mit der geringsten Unterstützung für ABAP-Klassen dar. In einem rein auf die ABAP-Sprache bezogenen Kontext unterscheidet sich das Ereigniskonzept zudem von unserem Verständnis eines Ereignisses im Workflow-Kontext.

16.7.1 Reaktion auf Ereignisse

Beginnen wir zunächst mit dem einfachen Teil, mit der Reaktion auf die Ereignisse einer ABAP-Klasse. Dieser Vorgang ist unkompliziert, und die

Funktionen werden in Kapitel 18, »Verwendung von Ereignissen und anderen Business-Interfaces«, beschrieben.

Um klassenbasierte Ereignisse zu verwenden, setzen Sie die Objektkategorie CATEGORY einfach auf CL und geben Ihr Klassenereignis ein, wie in Abbildung 16.32 dargestellt. Abbildung 16.33 zeigt einen Warteschritt `Wait for Event` in einem Workflow, der auf einem ABAP-Klassenereignis basiert.

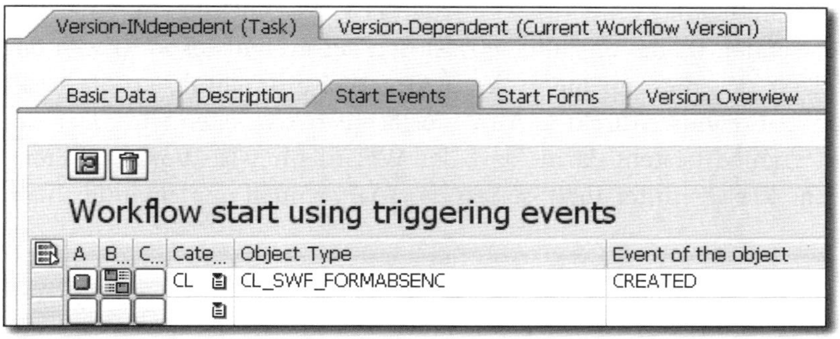

Abbildung 16.32 Workflow-Auslöser unter Verwendung eines Klassenereignisses

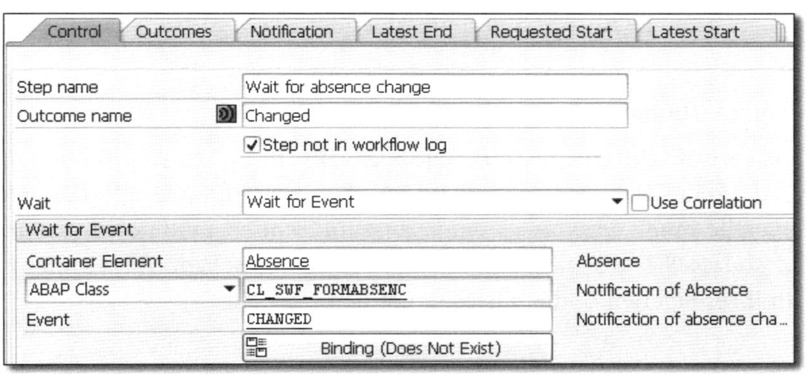

Abbildung 16.33 Warteschritt unter Verwendung eines Klassenereignisses

16.7.2 Auslösen von Ereignissen

Im Folgenden sind die wichtigsten Methoden aufgeführt, um Ereignisse auszulösen. Eine detailliertere Beschreibung zu Ereignissen für SAP Business Workflow finden Sie in Kapitel 18, »Verwendung von Ereignissen und anderen Business-Interfaces«.

Änderungsbelege

Änderungsbelege bieten volle Unterstützung für ABAP-Klassenereignisse. Sie müssen lediglich die Objektkategorie auf CL setzen und Ihre ABAP-Klassendetails eingeben.

Business Transaction Events

Business Transaction Events (BTEs) werden fast ausschließlich im Finanzbereich verwendet. Da das eigentliche Auslösen des Ereignisses in ABAP-Code erfolgt, lässt sich dies auf die exakt gleiche Weise durchführen, die unter dem Punkt »Ereignisse direkt in ABAP auslösen« beschrieben wird. Der einzige Unterschied besteht darin, dass der Wizard für BTE-Workflow-Ereignisse keine Klassen unterstützt, sodass das BTE manuell implementiert werden muss.

Statusverwaltung

Statusverwaltungsereignisse werden nur mit BOR-Ereignissen unterstützt. Als Workaround können Sie BOR-Ereignisse replizieren – dies erfordert allerdings etwas mehr Aufwand und umfassendere Kenntnisse.

HR-Ereignisse (Human Resources)

Wie Statusverwaltungsereignisse bieten auch die HR-Ereignistransaktionen gegenwärtig keine Unterstützung für ABAP-Klassenereignisse. Sie können jedoch anstelle eines Ereignisses einen auszuführenden Funktionsbaustein angeben, sodass Sie anschließend ein klassenbasiertes Workflow-Ereignis innerhalb Ihres eigenen Codes auslösen können.

Ereignisse direkt in ABAP auslösen

Wenn Sie bereits mit Workflow-Ereignissen vertraut sind, stoßen Sie möglicherweise auf Dokumentation oder Beispiele für eine ABAP-Klasse und sind der Meinung, dass die Verwaltung von ABAP-Ereignissen aus Workflow-Perspektive nicht sinnvoll ist. Der Grund dafür ist, dass diese beiden Konzepte völlig unterschiedlich sind.

Workflow-Ereignisse gelten systemweit und werden verwendet, um eine Statusänderung für ein Objekt an externe Komponenten zu kommunizieren. Der Ereignisbehandler ist außerhalb von Objekt und Anwendung implementiert. Workflow-Ereignisse werden zentral durch den Ereignismanager verwaltet, und Verbraucher werden über RFC in ihren eigenen LUWs (Logical Units of Work) gestartet. Die Frage, wer auf ein Ereignis reagiert, ist statisch und systemweit über Verbraucher in der Ereigniskopplungstabelle definiert. Ereignisse können von jedem Benutzer ausgelöst werden, und das Objekt muss nicht einmal involviert sein.

Die objektorientierten ABAP-Ereignisse hingegen sind nur innerhalb eines Modus vorhanden und stellen einen Teil der Schnittstelle zwischen einer ABAP-Klasse und anderen ABAP-Klassen bzw. sich selbst dar. Ereignisse können nur innerhalb der Klasse ausgelöst werden, in der sie definiert sind, bzw. in einer zugehörigen Unterklasse. Sie werden eingesetzt, damit ein Objekt eine Statusänderung entweder intern oder an ein anderes Objekt kommunizieren kann, das zur Laufzeit registriert ist. Dies kann entweder ein »Inside-Out«-Prozess sein (ein Objekt löst ein Ereignis aus, auf das extern reagiert werden muss) oder ein Loopback-Prozess (ein Objekt reagiert auf seine eigenen Ereignisse). Das Äquivalent eines *Ereignisempfängers* beim Workflow sind in ABAP *Ereignisbehandler*, die sich zur Laufzeit selbst registrieren müssen.

Hinweis

Die Definition auf der Registerkarte EVENTS in Transaktion SE24 wird für beide ABAP-Ereignistypen verwendet (obwohl vom Workflow lediglich öffentliche Ereignisse verwendet werden können).

Bei der Entwicklung von Workflow-Ereignissen ist es am einfachsten, ABAP-Klassenereignisse vollständig zu ignorieren und Ihre Workflow-Ereignisse mithilfe einer Utility-Funktion oder -Methode im Code auszulösen. In den meisten Workflow-Entwicklungsprojekten ist dies ausreichend.

In unserem Beispiel möchten wir kundenspezifische Funktionen für die zentrale Verwaltung von Vertretungen implementieren und benötigen ein Ereignis, um den Workflow zu benachrichtigen, wenn ein Vertreter zugeordnet wurde. Um dies zu veranschaulichen, fahren wir mit dem in Abschnitt 16.5, »Ausnahmeklassen«, verwendeten Beispiel fort. Angenommen, unsere Implementierung einer kundenspezifischen Vertretungsverwaltung soll zusätzlich ein Ereignis umfassen, um den Workflow zu benachrichtigen, wenn ein Vertreter zugeordnet wurde. Definieren Sie zunächst auf der Registerkarte EVENTS ein öffentliches Instanzereignis `SUBSTITUTE_ASSIGNED`, wie in Abbildung 16.34 dargestellt.

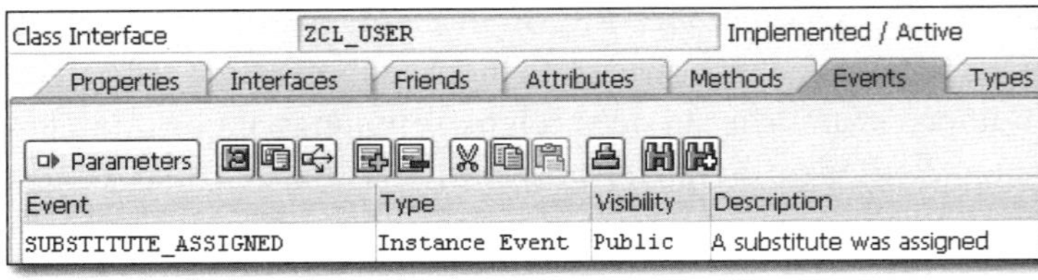

Abbildung 16.34 Definition eines Ereignisses in der ABAP-Klasse

Verwenden Sie wie bei den Methoden den PARAMETERS-Button, um die Ereignisparameter zu definieren. Sie können eine Referenz auf ein separates Benutzerobjekt, das den Vertreter repräsentiert, sowie ein Start- und ein Enddatum definieren (siehe Abbildung 16.35).

Parameters	O...	Typing	Associated Type	Default val...	Description
SUBSTITUTE	☐	Type Ref To	ZCL_USER		SAP User (Workflow-enabled)
DATE_FROM	☐	Type	BEGDA		Start Date
DATE_TO	☐	Type	ENDDA		End Date

Abbildung 16.35 Ereignisparameter

Um ein Workflow-Ereignis auszulösen, kennen vielleicht einige von Ihnen die BOR-API SAP_WAPI_CREATE_EVENT. Da diese allerdings nicht mit ABAP-Klassen kompatibel ist, stellt SAP SAP_WAPI_CREATE_EVENT_EXTENDED bereit, das eine LPOR-Struktur als Input akzeptiert. Um Elemente zu standardisieren und das Auslösen von Ereignissen mit den richtigen Parametern zu vereinfachen, ist es sinnvoll, eine entsprechende RAISE-Methode zum Auslösen der einzelnen Ereignisse anzulegen. Definieren Sie z. B. eine Methode RAISE_SUBSTITUTE_ASSIGNED mit denselben Parametern wie das Ereignis SUBSTITUTE_ASSIGNED. Auch hier sei noch einmal erwähnt, dass Sie die Methode als privat festlegen können, wenn sie nicht von außerhalb der Klasse aufgerufen werden soll.

Das Auslösen des Workflow-Ereignisses umfasst folglich drei Schritte:

1. Eine Methode führt die Aktion ASSIGN_SUBSTITUTE aus.
2. Bei erfolgreichem Abschluss ruft die Methode RAISE_SUBSTITUTE_ASSIGNED auf.
3. RAISE_SUBSTITUTE_ASSIGNED löst das Workflow-Ereignis aus.

Listing 16.16 zeigt, wie das Ereignis ausgelöst werden kann. Beachten Sie Folgendes: Weil einer unserer Ereignisparameter ein Objekt und der Containerparameter eine einfache Tabelle ist, müssen wir eine LPOR-Struktur verwenden, um eine persistente LPOR-Repräsentation des Laufzeitobjekts an das Ereignis zu transferieren. Wie bereits in diesem Kapitel beschrieben, ist diese in der Methode BI_PERSISTENT~LPOR implementiert. Allerdings verwenden die meisten der BOR-kompatiblen API-Parameter eine leicht unterschiedliche Struktur, da – wie Sie im letzten Abschnitt gelernt haben – ein BOR-Objekt einen längeren Schlüssel als den standardmäßigen LPOR-Schlüssel haben kann. Daher müssen wir noch einen Zusatzschritt ausführen, um von einer Klassen-LPOR zum BOR-kompatiblen Äquivalent zu gelangen.

```
METHOD raise_substitute_assigned.
  DATA: container TYPE STANDARD TABLE OF swr_cont,
        cont_elem TYPE swr_cont,
        bor_lpor  TYPE sibflporb,
        instid    TYPE sibfboriid.

  "Cast class LPOR to a BOR LPOR
  MOVE-CORRESPONDING i_substitute->bi_persistent~lpor( )
                  TO bor_lpor.

  "Populate event container
  cont_elem-element = 'SUBSTITUTE'.
  cont_elem-value   = bor_lpor.
  APPEND cont_elem TO container.

  cont_elem-element = 'DATE_FROM'.
  cont_elem-value   = i_date_from.
  APPEND cont_elem TO container.

  cont_elem-element = 'DATE_TO'.
  cont_elem-value   = i_date_to.
  APPEND cont_elem TO container.

  "Raise event
  instid = m_lpor-instid.
  CALL FUNCTION 'SAP_WAPI_CREATE_EVENT_EXTENDED'
    EXPORTING
      catid           = m_lpor-catid
      typeid          = m_lpor-typeid
      instid          = instid
      event           = 'SUBSTITUTE_ASSIGNED'
      commit_work     = abap_false
    TABLES
      input_container = container.
ENDMETHOD.
```

Listing 16.16 Auslösen eines Ereignisses aus einer ABAP-Klasse

Wichtiger Hinweis

Beachten Sie, dass wir den Standardparameter commit_work ausgeschaltet haben und vom Aufrufer ein COMMIT WORK ausgeführt werden muss, weil das Ereignis ansonsten nicht ausgelöst wird. Hier wird *kein* Commit ausgeführt, weil dies eine niedrigstufige Funktion ist, die aus einer LUW aufgerufen werden kann, die über eine eigene COMMIT-Anweisung verfügt (z. B. während eines Speichervorgangs für ein Dokument).

Fügen Sie stattdessen einen Importing-Parameter DO_COMMIT hinzu, um zu steuern, ob die Methode ein COMMIT ausführen soll oder nicht.

Was in unserem Beispiel jetzt noch fehlt, um das Ereignis auszulösen, ist der Anwendungscode, der den gesamten Vorgang ins Laufen bringt. Sie können die im Ausnahmenabschnitt angelegte Methode ASSIGN_SUBSTITUTE verwenden und einen Aufruf der Methode RAISE_SUBSTITUTE_ASSIGNED hinzufügen, auf die ein COMMIT WORK folgt (siehe Listing 16.17). Auch hier wird die eigentliche Funktionalität, um den Vertreter zuzuordnen, für unser Beispiel nicht benötigt.

```
METHOD assign_substitute.
  "Assign substitute for user
  DATA: substitute TYPE REF TO zcl_user,
        ls_subst      TYPE hrus_d2.

  "Instantiate the substitute user object
  substitute = zcl_user=>get_instance( i_subst_id ).
  IF substitute IS NOT BOUND.    " UserID is invalid
    RAISE EXCEPTION TYPE zcx_bo_user
      EXPORTING
        textid   = zcx_bo_user=>invalid_username
        username = i_subst_id.
  ENDIF.

  "...[code to assign substitute]...

  "Raise event
  raise_substitute_assigned( i_substitute = substitute
                             i_date_from  = i_date_from
                             i_date_to    = i_date_to ).
  COMMIT WORK.
ENDMETHOD.
```

Listing 16.17 Methode zum Auslösen von Ereignissen

Um dies zu testen, können Sie den Workflow wiederverwenden oder kopieren, den Sie für das Ausnahmebeispiel angelegt haben. Ordnen Sie diesmal jedoch eine gültige Benutzerkennung zur Aufgabe für die Vertreterzuordnung zu. Testen Sie den Workflow mit aktiviertem Ereignis-Trace. Das Ereignis sollte in etwa so wie in Abbildung 16.36 im Ereignis-Trace angezeigt werden.

Object Type	Event	Current Date	Time	Receiver Type	Inf...	Handler/Action
	Trace ON	19.05.2014	01:41:01	DEVELOPER		
ZCL_USER	SUBSTITUTE_ASSIGNED	19.05.2014	01:41:37			No receiver entered

Abbildung 16.36 Ereignis-Trace mit ABAP-Klassenereignis

Kombinieren von ABAP Objects und Workflow-Ereignissen

Optional

Dieser Abschnitt geht genauer auf die technischen Aspekte von ABAP-Sprachelementen ein und ist eher für größere, komplexe Projekte von Bedeutung, sodass die Inhalte für Sie möglicherweise nicht relevant sind.

Eventuell widerspricht die bisher beschriebene Methode Ihrer Meinung nach den Vorteilen, die die Verwendung von ABAP-Klassen im Workflow bietet: die Möglichkeit, dass die Entwicklungsaufgaben von Workflow-Entwicklern und Entwicklern anderer Komponenten gemeinsam durchgeführt werden können. Ein ABAP-Entwickler ohne das erforderliche Hintergrundwissen weiß möglicherweise nicht, dass er die »normale« Ereignissyntax nicht verwenden kann, mit der er vertraut ist. Zudem geht die Verwendung einer Methode, um Ereignisse auf diese Weise auszulösen, bei komplexeren objektorientierten Design-Konzepten mit Einschränkungen einher. Dies können Szenarien sein, in denen z. B. mehrere Ereignisbehandler vorhanden sind, in denen sich die Ereignisbehandler in einer anderen Klasse befinden oder in denen das dynamische Ändern, Aktivieren oder Deaktivieren der Ereignisbehandler erforderlich ist. All diese Szenarien sind Teil des ABAP-Ereigniskonzepts.

Glücklicherweise gibt es eine recht einfache und elegante Lösung für dieses scheinbare Dilemma: Sie können den Ereignisbehandler einer ABAP-Klasse verwenden, um ein Workflow-Ereignis mit demselben Namen auszulösen. Im Grunde wird so ein objektorientiertes ABAP-Ereignis an ein Workflow-Ereignis »weitergeleitet«. Doch zunächst müssen wir die Funktionsweise von ABAP-Objects-Ereignissen etwas vertiefen.

Auf der Registerkarte EVENTS in Transaktion SE24 finden Sie lediglich eine Definition, bestehend aus dem Ereignisnamen und Parametern, die mit dem

Ereignis übergeben werden (vergleichbar mit BOR). In der Workflow-Welt gibt es einen Ereignismanager, der weiß, wie mit einem Ereignis verfahren werden soll und für welche Benutzer das Ereignis interessant ist. In ABAP Objects ist jeder Ereignisbehandler eine Methode, die *zur Laufzeit* registriert werden muss.

Für unser Beispiel umfasst das Auslösen des Workflow-Ereignisses über den Ereignisweg von ABAP Objects nun die folgenden Schritte:

1. Um aufgerufen werden zu können, muss der Ereignisbehandler registriert werden.
2. Wir benötigen eine Methode, die diese Aktion ausführt: `ASSIGN_SUBSTITUTE`.
3. Bei Abschluss löst die Methode das ABAP-Ereignis `SUBSTITUTE_ASSIGNED` aus.
4. Der ABAP-Objects-Ereignisbehandler `RAISE_SUBSTITUTE_ASSIGNED` löst das Workflow-Ereignis aus.

Für den Ereignisbehandler können wir einfach die Methode `RAISE_SUBSTITUTE_ASSIGNED` aus dem vorangegangenen Beispiel verwenden. Um eine Methode als Behandler für ein bestimmtes Ereignis festzulegen, klicken Sie auf den Button METHOD PROPERTIES () und geben die Klasse und das Ereignis an (siehe Abbildung 16.37).

Sie werden aufgefordert, den Löschvorgang für die vorhandenen Parameter zu bestätigen, da ein Ereignisbehandler ausschließlich Parameter verwenden kann, die für das Ereignis definiert wurden. Anschließend wird das Symbol EVENT RECEIVER () in der Spalte METHOD TYPE angezeigt. Die Parameter müssen erneut definiert werden, und es ist nicht mehr möglich, die Datentypen zu deklarieren. Außerdem können Sie lediglich die Parameter angeben, die für das Ereignis definiert wurden. Daher müssen Sie den Code vielleicht anpassen, wenn Sie unterschiedliche Namen für die Ereignis- und Methodenparameter gewählt haben; in diesem Beispiel müssen die Präfixe `i_` entfernt werden.

Das Äquivalent zur Ereigniskopplung ist in ABAP Objects die Registrierung des Ereignisbehandlers. Dieser Schritt wird zur Laufzeit ausgeführt und kann an einer beliebigen Stelle innerhalb der Klasse erfolgen. In unserem Beispiel registrieren wir den Ereignisbehandler in der Konstruktormethode, wie in Listing 16.18 gezeigt.

Abbildung 16.37 Methode zum Auslösen von Workflow-Ereignissen

```
METHOD constructor.
  "Validate key and populate key attribute
  SELECT SINGLE bname langu FROM usr01
      INTO (me->username, me->language)
      WHERE bname = i_username.
  IF sy-subrc NE 0.
    RAISE EXCEPTION TYPE cx_bo_instance_not_found.
  ENDIF.
  "Populate LPOR
  m_lpor-catid = 'CL'.
  m_lpor-typeid = 'ZCL_USER'.
  m_lpor-instid = username.
  SET HANDLER raise_substitute_assigned FOR me.
ENDMETHOD.
```

Listing 16.18 Registrierung des Ereignisbehandlers

Wenn das Ereignis `substitute_assigned` im objektorientierten Sinn ausgelöst wird, wird für jede Instanz des Objekts automatisch die Ereignisbehandlermethode `raise_substitute_assigned` aufgerufen. Die zuvor verwendete Methode `assign_substitute` sieht nun aus, wie in Listing 16.19 dargestellt.

```
METHOD assign_substitute.
  "Assign substitute for user
  DATA: substitute TYPE REF TO zcl_user,
        ls_subst       TYPE hrus_d2.

  "Instantiate the substitute user object
  substitute = zcl_user=>get_instance( i_subst_id ).
  IF substitute IS NOT BOUND.   " UserID is invalid
    RAISE EXCEPTION TYPE zcx_bo_user
      EXPORTING
        textid   = zcx_bo_user=>invalid_username
        username = i_subst_id.
  ENDIF.

  "...[code to assign substitute]...

  "Raise OO event
  RAISE EVENT substitute_assigned
    EXPORTING
      substitute = substitute
      date_from  = i_date_from
      date_to    = i_date_to.
  COMMIT WORK.
ENDMETHOD.
```

Listing 16.19 Auslösen eines objektorientierten Ereignisses, um den Workflow auszulösen

Obwohl ABAP-Objects-Ereignisse nicht außerhalb der Klasse ausgelöst werden können, in der sie definiert sind (oder einer ihrer Unterklassen), bietet diese Art der Implementierung eines Ereignisbehandlers doch die Möglichkeit, die Methode von außerhalb der Klasse direkt aufzurufen. Daher verwenden Sie innerhalb der Klasse `raise event`; für einen externen Aufruf (z. B. in einem BAdI) verwenden Sie eine Objektinstanz und rufen `raise_substitute_assigned` auf. Aus diesem Grund haben wir in diesem Beispiel nicht die objektorientierte ABAP-Namenskonvention `ON_<name of event>` für Ereignisbehandler verwendet.

16.8 Empfehlungen und weiterführende Themen

In diesem Abschnitt finden Sie Empfehlungen und erweiterte Techniken, um im Workflow effektiv mit ABAP-Klassen zu arbeiten.

16.8.1 Performance und Instanzverwaltung

Wenn Sie ABAP-Klassen im Workflow verwenden, empfehlen wir Ihnen dringend, eine Form von Instanzverwaltung zu implementieren. Dafür gibt es mehrere Gründe:

- Während der Lebensdauer der Transaktion wechselt der Workflow zwischen den persistenten und den Laufzeitdarstellungen eines Objekts. Das bedeutet, dass Datenbankzugriffe oder Berechnungen im Konstruktor bei jeder Instanziierung des Laufzeitobjekts wiederholt werden.
- Modulare Design-Methodologien wie die Kapselung bedeuten, dass ein Objekt wahrscheinlich mehrfach in einem lokalen Kontext instanziiert wird. Zum Beispiel instanziieren die Eingangsliste, die Workitem-Vorschau und die Workitem-Ausführung möglicherweise je eine eigene lokale Objektinstanz. (In der Realität ist dieser Aspekt sogar noch komplexer.)
- Ohne Instanzverwaltung instanziieren mehrere Programme jedes seine eigene Kopie eines Objekts. Wird eine Instanz geändert, sind umgehend alle anderen überholt.

In einem SAP-NetWeaver-7.0-System kann eine einfache Business-Klasse in einem Workitem mit einem Workitem-Text, der Attribute der Klasse enthält, durchschnittlich fünf- bis zehnmal instanziiert werden, wenn ein Benutzer den Business Workplace öffnet und die Aufgabe auswählt und ausführt. Bereits beim Klicken auf andere Workitems in der Worklist werden mehrere neue Objekte instanziiert.

Wie Sie sehen, kann die Instanzverwaltung äußerst wichtig sein, da dieser Aspekt die Performance des SAP Business Workplaces potenziell drastisch beeinträchtigen kann, wenn die Benutzer über eine Vielzahl von Workitems verfügen (insbesondere, wenn dynamische Spalten verwendet werden).

Der Name Instanzverwaltung ist selbsterklärend: Die Instanzen eines Objekts werden verwaltet, um die zuvor genannten Performanceprobleme zu verhindern. Bei BOR erfolgt diese Verwaltung intern, bei ABAP-Klassen müssen Sie die Instanzverwaltung jedoch selbst implementieren. Obwohl es nach zusätzlicher Arbeit aussieht, ist diese Maßnahme unkompliziert, und Sie erhalten mehr Kontrolle und Flexibilität.

Eine einfache Technik für die Instanzverwaltung ist die Verwendung einer statischen Tabelle für die Klasse, in der sämtliche Instanzen und ihre zugehörigen Schlüssel enthalten sind (siehe Abbildung 16.38).

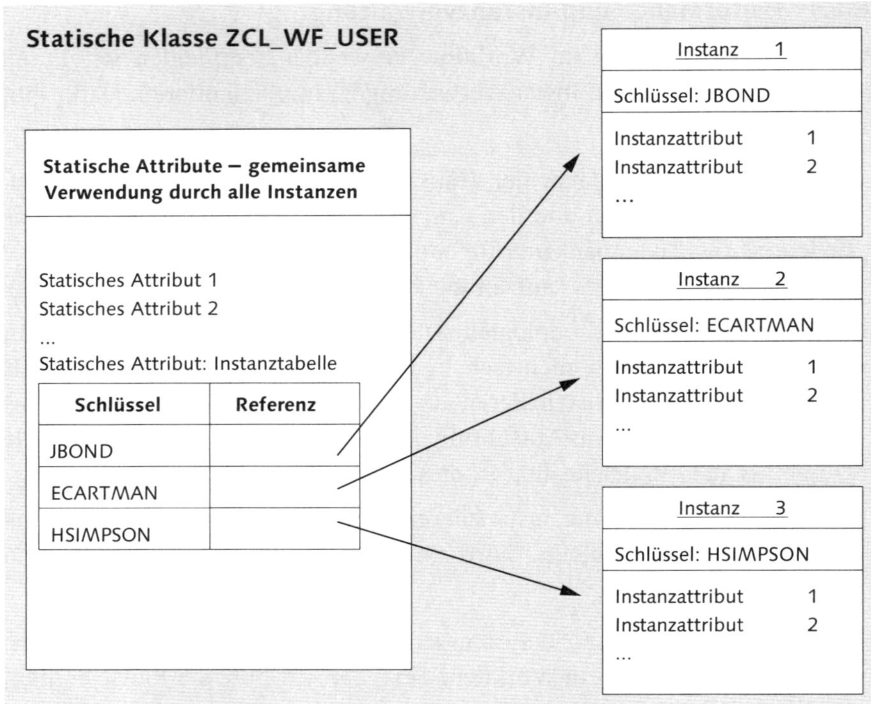

Abbildung 16.38 Instanzverwaltung mithilfe einer statischen Tabelle

Da eine Objektvariable lediglich eine Referenz ist (also `type ref to`), können mehrere Programme gleichzeitig dieselbe Instanz verwenden, obwohl die Objektreferenz in der lokalen `DATA`-Anweisung eines Programms deklariert ist. Dies ist zu dem Zeitpunkt möglich, zu dem ein Programm versucht, die Klasse in ein Objekt zu instanziieren. Die Klasse kann anhand der Instanztabelle prüfen, ob ein Objekt mit einem bestimmten Schlüssel bereits instanziiert wurde. Ist dies der Fall, wird keine zweite Instanz benötigt. Stattdessen wird die vorhandene Instanz an den Aufrufer zurückgegeben.

Doch wie sieht dies in Code aus? Nicht so kompliziert, wie es sich anhört: Zunächst benötigen Sie eine Instanztabelle. Kapselung bedeutet, dass diese Tabelle nicht sichtbar sein muss. Daher muss keine ABAP-Data-Dictionary-Struktur definiert werden. Stattdessen können Sie lokale Typdeklarationen anlegen. Es werden zwei Typen benötigt: ein Typ, um die Instanzstruktur zu definieren, und ein weiterer Typ für die Tabelle. Definieren Sie auf der Registerkarte TYPES einen privaten Typ `T_INSTANCE`, geben Sie jedoch keinen

Datentyp ein, sondern klicken Sie auf das Symbol DIRECT TYPE ENTRY ( ), um den Datentyp in regulärem ABAP zu deklarieren. Der Class Builder generiert eine Stub-Deklaration:

```
types T_INSTANCE.
```

Diese Deklaration kann erweitert oder überschrieben werden, um Ihre Struktur aus einem Schlüssel und der Instanz zu definieren:

```
TYPES: BEGIN OF t_instance,
         username TYPE xubname,
         instance TYPE REF TO zcl_user,
       END OF t_instance.
```

Legen Sie auf ähnliche Weise einen Tabellentyp `T_INSTANCES` als Tabelle an:

```
TYPES t_instances TYPE STANDARD TABLE OF t_instance.
```

Definieren Sie anschließend ein statisches privates Attribut `M_INSTANCES` vom Typ `T_INSTANCES` für Ihre Instanztabelle. Für die »Verwaltung« muss die Methode `FIND_BY_LPOR` den zuvor beschriebenen Prozess implementieren. Dies ist mithilfe des in Listing 16.20 gezeigten Codes möglich.

```
METHOD bi_persistent~find_by_lpor.
  "Called by workflow to request an object instance

  DATA: instance TYPE t_instance,
        uname TYPE xubname. "Needed for casting
  CHECK lpor-instid IS NOT INITIAL.
  uname = lpor-instid.

  "Buffered instantiation
  READ TABLE m_instances WITH KEY username = uname
                         INTO instance.
  "If not found, instantiate
  IF sy-subrc <> 0.
    instance-username = uname.
    TRY.
        CREATE OBJECT instance-instance
          EXPORTING
            i_username = uname.
      CATCH cx_bo_error.
        "Caller must check existence
        RETURN.
    ENDTRY.
    "Add new object to the instance table
    APPEND instance TO m_instances.
```

```
  ENDIF.
  result = instance-instance.

ENDMETHOD.
```

Listing 16.20 Instanzverwaltung mithilfe einer statischen Instanztabelle

Abschließend müssen Sie sicherstellen, dass das Objekt *nur* über die Instanzverwaltung instanziiert werden kann. Auf der Registerkarte PROPERTIES des Class Builders können Sie den Wert bei Instanzerzeugung auf PRIVATE ändern, wie in Abbildung 16.39 gezeigt.

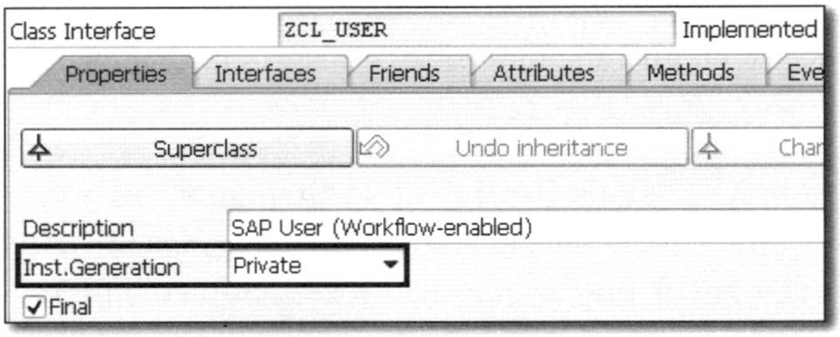

Abbildung 16.39 Private Instanziierung

Dadurch kann die `create object`-Anweisung für diese Klasse nur in der Klasse selbst verwendet werden. Versucht ein anderes reguläres ABAP-Programm, das Objekt mit einer `create object`-Anweisung zu instanziieren, schlägt dieser Versuch fehl.

16.8.2 Persistente Klassen

Eine weitere Technik für die Instanzverwaltung ist die Verwendung vorhandener Funktionalität. *Persistente Klassen* in ABAP Objects lassen sich problemlos im Workflow implementieren. Auch wenn diese Klassen die Instanzverwaltung im Vergleich zu den in diesem Kapitel beschriebenen Techniken vereinfachen können, benötigen Sie für diesen Ansatz umfassende Kenntnisse über ABAP Objects und persistente ABAP-Klassen, die wir Ihnen im Rahmen dieses Buches nicht vermitteln können. Um herauszufinden, wie diese Klassen implementiert werden, betrachten Sie die Methoden `LPOR` und `FIND_BY_LPOR` der Demo-Klasse `CL_BOOK_PPF`.

Wenn persistente Objekte direkt auf diese Weise eingesetzt werden, ist ihre Verwendung nicht immer geeignet. In einfachen Szenarien mit einer 1:1-Zuordnung zur zugrunde liegenden Datentabelle funktionieren sie meist gut; wenn die zugrunde liegenden Daten jedoch eine komplexe Struktur aufweisen, wie z. B. HR-Infotypen, wird die Arbeit mit diesen Objekten rasch mühsam. Im Allgemeinen wird es als besseres Design angesehen, wenn man Datenzugriffsmodule und betriebswirtschaftliche Logik voneinander trennt. Daher sollten Sie intern innerhalb Ihrer workflow-fähigen Business-Klasse persistente Klassen für die Datenquelle verwenden. In diesem Szenario ist Instanzverwaltung in der Workflow-Klasse vielleicht überhaupt nicht erforderlich, da die persistente Klasse ihre Instanzen bereits selbst puffert.

16.8.3 Überlegungen zum Klassen-Design

Wie zu Beginn dieses Kapitels erläutert, ist die gemeinsame Verwendung von Komponenten zwischen verwandten Anwendungen ein Design-Ziel, mit dem sich die Gesamtkosten einer Anwendung reduzieren lassen. Daher ist es möglich, eine Workflow-Klasse in einer anderen Anwendung wiederzuverwenden, z. B. einer Web-Dynpro-Anwendung.

Andererseits sollten wir jedoch nicht zu viel workflow-spezifische Funktionalität in einer Klasse implementieren, die für andere Verwendungszwecke nicht benötigt wird. Die Arbeit mit komplexen Klassen kann rasch umständlich und zu aufwendig werden. Es gibt diesbezüglich keine festen Regeln, und das Software-Design ist ein komplexer Themenbereich, zu dem bereits eine Vielzahl von Büchern verfasst wurde. Dennoch möchten wir Ihnen einige Richtlinien und Hilfestellungen für Szenarien an die Hand geben, in denen sich die erwartete Nutzung einer Business-Klasse sowohl auf Workflow- als auch auf Nicht-Workflow-Anwendungen bezieht.

Eine häufige Frage, die sich bei kleineren Projekten oder Anwendungen stellt, ist, ob Sie eine einzige Business-Klasse mit der gesamten Workflow-Funktionalität oder eine separate Workflow-Klasse implementieren. Um diese Frage zu beantworten, bewerten Sie, wie viele der geplanten Klassenkomponenten Business-Funktionalität und wie viele workflow-spezifische Services bereitstellen. Bedenken Sie, dass das Business-Interface `BI_PERSISTENT` nicht workflow-spezifisch ist und auch die Instanzverwaltung Teil eines jeden durchdachten objektorientierten Designs ist. Diese beiden Elemente können also vernachlässigt werden.

Zudem lässt die Frage, ob eine Komponente workflow-spezifisch ist oder nicht, verschiedene Interpretationsmöglichkeiten zu. Eine Methode, über die das Workflow-Protokoll zu technischen Zwecken innerhalb eines Workflows gelesen wird, kann z. B. als workflow-spezifisch betrachtet werden. Eine Methode hingegen, die das Workflow-Protokoll liest, um den Genehmigenden eines Dokuments zu ermitteln, kann als Geschäftsfunktion eingestuft werden, da diese Funktion auch in einer BSP- oder Web-Dynpro-Anwendung verwendet werden könnte. Auf ähnliche Weise sind Attribute, die Daten einer Bestellposition repräsentieren, Komponenten auf Geschäftsebene. Eine Methode zur Rückgabe einer Tabelle mit Positionsinformationen als Textzeilen, die für eine Workitem-Textanzeige formatiert sind, ist jedoch workflow-spezifisch.

Wenn die Mehrheit der Komponenten für Geschäftsfunktionen verwendet wird, können Sie generell sämtliche Elemente in derselben Klasse implementieren. Wenn jedoch mehr als ein Viertel Ihrer Attribute und Methoden workflow-spezifisch ist, sollten Sie das Anlegen separater workflow-spezifischer Unterklassen oder workflow-spezifischer zusammengesetzter Klassen (Klassen, in denen die Business-Klasse als Attribut enthalten ist) in Betracht ziehen.

Bei komplexeren Implementierungen ist auch ein mehrschichtiger Ansatz möglich:

- Auf unterster Ebene bieten persistente ABAP-Objects-Klassen Zugriff auf die zugrunde liegenden Daten. Diese werden ausschließlich von Business-Klassen verwendet.
- Auf Geschäftslogikebene wird die Business-Funktionalität über Business-Klassen zur Verfügung gestellt. Dies umfasst die Instanzverwaltung und Objektfunktionen, die über das Interface `IF_WORKFLOW` bereitgestellt werden, sowie eine Vielzahl der eher business-orientierten Attribute und Methoden, die im Workflow verwendet werden.
- Auf Anwendungsebene kapseln Anwendungsklassen die Business-Klassen und bieten zusätzliche anwendungsspezifische Funktionen. Beispiele für solche Werkzeuge sind:
  - spezielle Workflow-Funktionen, die nur für bestimmte Szenarien relevant sind (z. B. um zu ermitteln, ob ein Workflow für ein bestimmtes Dokument bereits ausgeführt wird)
  - Modellklassen in einer MVC-basierten (MVC = Model View Controller) BSP-Anwendung oder in einem Web-Dynpro-ABAP-Szenario. Dazu zählen auch verschiedene unterstützende Komponenten, die außerhalb des BSP-/Web-Dynpro-Kontextes nicht relevant sind.

Der entscheidende Vorteil dieses Ansatzes ist die Abstraktion. Die Komponenten auf den oberen Ebenen müssen nicht wissen, wo die Daten gespeichert sind und wie sie abgerufen werden. Der gesamte Datenspeicher kann auf ein anderes System verschoben werden, und nur die Persistenzschicht muss geändert werden. Bei den Fusionen, Betriebsaufspaltungen und Übernahmen in der heutigen Geschäftswelt ist dies nicht so weit hergeholt, wie es möglicherweise scheint.

In einigen Szenarien könnten Sie eine zusätzliche Schicht als Ebene für die Business-Klassen hinzufügen. Gehen wir z. B. von verschiedenen Tochterunternehmen aus, in denen je ein eigenes SAP-System eingesetzt wird. Sie könnten eine zentrale Business-Klasse mit Funktionen pflegen, die in allen Unternehmen verwendet werden, sowie eine Unterklasse in jedem System, über die zusätzliche unternehmensspezifische Funktionalität implementiert wird.

Abbildung 16.40 zeigt ein Beispiel, wie eine große Organisation mit mehreren Tochterunternehmen ein Business-Objekt in einem komplexen Projekt implementieren könnte, das sowohl den Workflow als auch andere Technologien umfasst (basierend auf Praxisszenarien). Beachten Sie, dass dies nur eine Möglichkeit ist, die als sehr einfaches Design-Muster dargestellt wird. Objektmodellierung und Software-Design sind komplexe Themen, die den Umfang dieses Buches überschreiten.

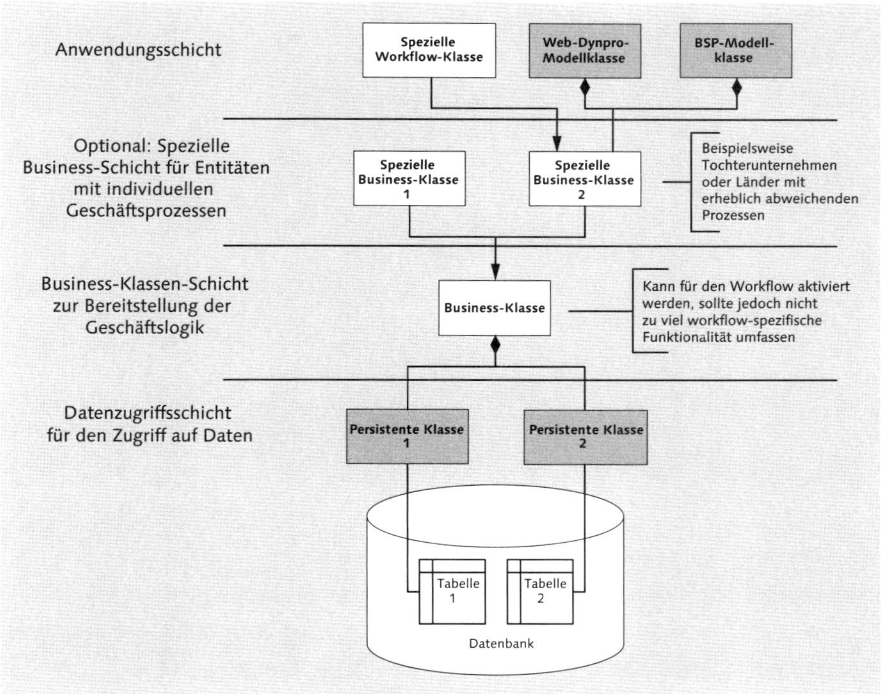

Abbildung 16.40 UML-Diagramm für ein komplexes Projektszenario

Aufgrund der globalen Denkweise und der gemeinsamen Verwendung von Funktionalität durch mehrere Entwickler einerseits und in verschiedenen Projekten andererseits sind ABAP-Klassen eine hervorragende Grundlage für die Workflow-Entwicklung.

Die Ermittlung der möglichen Bearbeiter und Empfänger für ein Workitem ist einer der wichtigsten und interessantesten Aspekte der Workflow-Entwicklung. Bei der Erstellung von Regeln zur Bearbeiterermittlung können verschiedene Techniken zum Einsatz kommen. Einige dieser Regeln umfassen dedizierte Pflegetransaktionen, während andere eine Programmierung erfordern. In diesem Kapitel werden die verschiedenen verfügbaren Methoden erläutert.

17 Regeln zur Bearbeiterermittlung

Von Sue Keohan

In Kapitel 5, »Bearbeiter«, haben Sie erfahren, dass Empfänger eine Untermenge der möglichen Bearbeiter darstellen, die einer Aufgabe zugeordnet werden können. Mit der Zuordnung möglicher Bearbeiter zu einer Aufgabe oder mehreren Aufgaben können Sie den Zugriff auf zugrunde liegende Transaktionen einschränken. Es handelt sich im Wesentlichen um eine relativ *statische* Liste aller Personen, die die zu einer bestimmten Aufgabe gehörenden Workitems ausführen können. Zuständige Bearbeiter legen fest, wer das Workitem ausführen soll.

Damit sind zuständige Bearbeiter innerhalb eines Unternehmens die Entscheidungsträger in Bezug auf einen bestimmten Schritt in einem Geschäftsprozess. Da die zuständigen Bearbeiter je nach Workitem und in Abhängigkeit von relevanten Daten oder der Workflow-Instanz variieren, reicht eine statische Liste nicht aus. Die ausgewählten Bearbeiter werden während der Workflow-Definition zugeordnet (siehe Abbildung 17.1).

In Abbildung 17.1 wird eine Regel angewandt, durch die der entsprechende Vorgesetzte ermittelt wird. Bei dieser Regel zur Bearbeiterermittlung handelt es sich um einen Funktionsbaustein, der einen Eingabeparameter erhält, z. B. den Workflow-Initiator, und über die Aufbauorganisation ermittelt, wer der direkte Vorgesetzte ist. Regeln zur Bearbeiterermittlung werden benötigt, um anhand festgelegter Kriterien zu ermitteln, welcher Benutzer ein Workitem erhalten sollte.

Zum Beispiel sind alle strategischen Account Manager mögliche Bearbeiter der Aufgabe »Antwort auf Kundenreklamationen«. Der strategische Account Manager Kris Kringle ist jedoch für die Bearbeitung des Workitems »Antwort auf Kundenreklamationen von Igloos Incorporated« zuständig, da die Regeln zur Bearbeiterermittlung festlegen, dass sämtliche Aufgaben, die in den Verantwortungsbereich der strategischen Account Manager fallen, für Kunden des nördlichen Raums Kris Kringle zugewiesen werden. Es ist von entscheidender Bedeutung, dass das Workitem dem richtigen strategischen Account Manager zugewiesen wird – der Person, die Einblick in die derzeitige Kundenbeziehung hat und bei der Workitem-Bearbeitung qualifizierte Entscheidungen treffen kann, um optimale Ergebnisse zu erzielen.

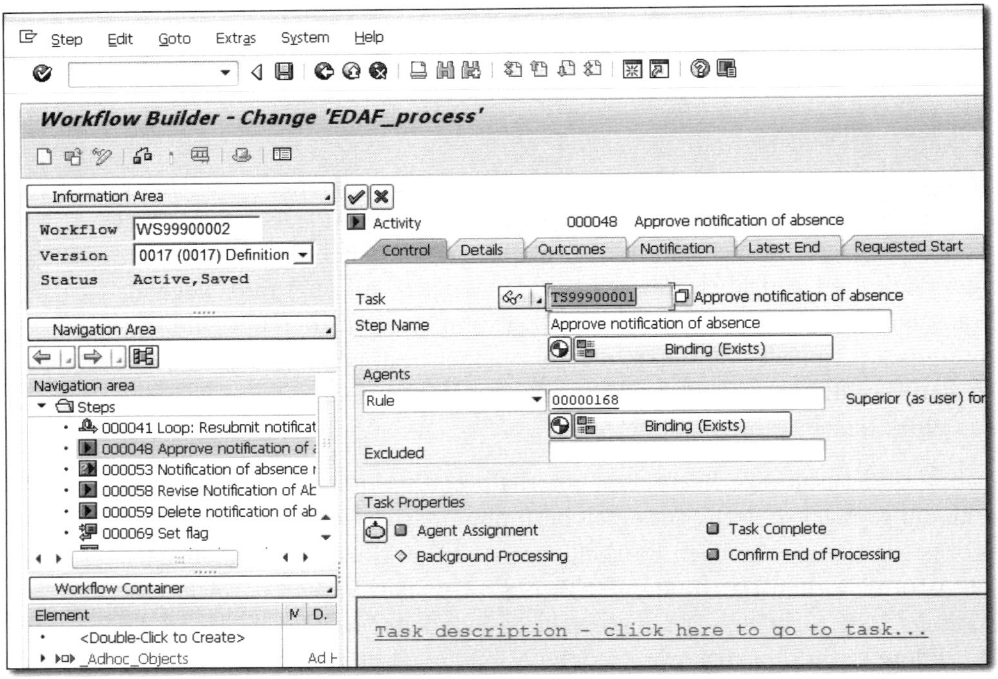

Abbildung 17.1 Zuordnung ausgewählter Bearbeiter im Workflow

Es ist nicht immer einfach, diese Entscheidung zu treffen. Dieses Kapitel erläutert die verschiedenen Techniken für die Erstellung der Regeln zur Bearbeiterermittlung. Die gewählte Technik wirkt sich auf Entwicklung, Performance und Pflege der erstellten Regeln aus.

17.1 Ermittlung zuständiger Bearbeiter durch Regelauflösung

Die Ermittlung der zuständigen Bearbeiter ist einer der wichtigsten Aspekte in jedem Workflow. Es ist gleichzeitig einer der Workflow-Bereiche, die in der Praxis am ehesten scheitern, daher sollten Sie Ihre Regelauflösung möglichst zuverlässig gestalten. Sind viele mögliche Bearbeiter vorhanden, erlaubt die Regelauflösung eine Aufgabenverteilung gemäß den definierten Geschäftsregeln. Damit können Sie mithilfe der Regelauflösung (auch als *Rollenauflösung* bezeichnet) die Aufgaben genau den Ad-hoc-Bearbeitern zuweisen, die für diese Aufgaben zuständig sind. Die Regelauflösung ermöglicht das Auffinden des zuständigen Bearbeiters für ein bestimmtes Workitem, üblicherweise basierend auf Laufzeitkriterien. Sie könnten z. B. eine Regel einsetzen, die den Vorgesetzten eines Mitarbeiters ermittelt. Wenn Sie der Regel zur Laufzeit eine Mitarbeiterkennung übergeben, wird über die Regel der Vorgesetzte des Mitarbeiters ermittelt.

In SAP Business Workflow gibt es verschiedene Optionen für die Erstellung von Regeln, die direkt mit einem Workflow-Schritt verknüpft werden können. Sie können dort einstellen:

- Zuständigkeitsregeln
- Auswertungswege
- Funktionsbausteine
- SAP-Organisationsobjekte

Sie können darüber hinaus Techniken wie Ad-hoc-Bearbeiterzuordnung oder benutzerdefinierte Methoden anwenden, wenn Sie eine Regel vor dem Workflow-Schritt auflösen möchten, in dem diese zum Einsatz kommt. Dies kann z. B. vorteilhaft sein, wenn Sie das Ergebnis einer Regelauflösung für mehrere Workflow-Schritte einsetzen möchten.

Jede SAP-Komponente umfasst verschiedene vordefinierte Regeln. Diese Regeln können ohne Anpassung oder als Vorlagen zur Erstellung eigener Regeln eingesetzt werden. Alle Regeln weisen einige gemeinsame Merkmale und Funktionen auf, deren Verständnis für die Erstellung eigener Regeln eine Grundvoraussetzung ist.

17.2 Grundlegendes zu Regeln

Sie erstellen oder bearbeiten Regeln zur Bearbeiterermittlung mithilfe von Transaktion PFAC. Alternativ wählen Sie den Menüpfad Tools • Business Workflow • Development • Definition Tools • Rules for Agent Assignment. Nach der Speicherung weist das System jeder Regel eine Kennung zu, die aus einer achtstelligen Nummer mit dem Präfix AC besteht und zur Identifizierung dient.

Alle Standardregeln enthalten folgende Grundbestandteile:

- ID
  der technische Bezeichner für eine Regel (wird automatisch durch das System zugewiesen)
- Abbreviation
  eine Abkürzung, die primär bei der Regelsuche eingesetzt wird
- Description
  ein Text, der die Regel beschreibt
- Long Description
  Ein Textbereich, in dem die Regeldokumentation platziert werden kann. Es ist sinnvoll, in diesem Bereich Informationen zur Funktionsweise der Regel bereitzustellen, damit diese von anderen Workflow-Entwicklern oder von Mitarbeitern genutzt werden können, die für die Regelpflege zuständig sind.
- Category
  Um Ihre Regel aufzulösen, können Sie verschiedene Methoden angeben, z. B.:
  - Zuständigkeiten
  - Organisationsdaten
  - eine auszuführende Funktion
  - eine asynchron auszuführende Funktion
  - ein Organisationsmodell

Hinweis

Die genannten Regelkategorien werden im weiteren Verlauf dieses Kapitels beschrieben.

- CONTAINER
  Wenn Sie auf das Symbol CONTAINER ( ) klicken, werden die Kriterien definiert, auf denen die Regel basiert. Alle Daten, die vom Workflow an die Regel übergeben werden müssen, damit eine Bearbeiterermittlung möglich ist, müssen hier definiert werden. Wie bei jedem Container in der Workflow-Umgebung kann es sich bei den Elementen um einfache Werte (z. B. um Mitarbeiterkennungen) oder Objektreferenzen (z. B. eine Mitarbeiterobjektreferenz) handeln. Es können Einzel- und Mehrfachwerte verwendet werden. Die Definition einer Objektreferenz als Containerelement ermöglicht den einfachen Zugriff auf beliebige Attribute dieses Objekts. Üblicherweise werden jedoch nur einfache Werte verwendet, da so die zugrunde liegenden Regelkriterien leichter erkennbar sind.
- TERMINATE ON RULE RESOLUTION FAILURE
  Dieses Kennzeichen gibt an, ob der Workflow beendet (in den Status FEHLERHAFT gesetzt) werden soll, wenn zur Laufzeit über die Regel keine Bearbeiter ermittelt werden können. Sofern dieses Kennzeichen gesetzt ist, wird eine in der Aufgabe definierte Default-Regel für die Bearbeiterermittlung ignoriert.

17.2.1 Testen und Simulieren von Regeln

Regeln können entweder unter Verwendung des Symbols SIMULATE RULE RESOLUTION ( ) von Transaktion PFAC oder durch Aufruf von `RH_GET_ACTORS` im benutzerdefinierten Testprogramm getestet und simuliert werden.

Die Standardtestfunktion ermöglicht die Eingabe von Werten für die Containerelemente der Regel. Darüber hinaus können Sie sich anzeigen lassen, ob Benutzerkennungen für die ermittelten Bearbeiter vorliegen. Sind für die Bearbeiter keine übereinstimmenden Benutzerkennungen vorhanden, kann kein Workitem an die Bearbeiter gesendet werden. Mitunter ist es bequemer, eigene, benutzerdefinierte Programme für die Regelprüfung zu schreiben, z. B. zur Durchführung einer vordefinierten Testreihe oder wenn Sie prüfen möchten, ob es sich bei den ermittelten zuständigen Bearbeitern auch um mögliche Bearbeiter handelt.

17.2.2 Regel zur Ermittlung des Betriebsleiters

Listing 17.1 zeigt Code für ein Beispielprogramm, das eine Regel zeigt, die auf einem einzigen Kriterium `Plant` basiert. Diese Regel ermittelt den Betriebsleiter. Sie müssen nicht wissen, wie der Betriebsleiter gefunden wird, um die Regel zu testen. Die Ermittlung könnte über einen Funktionsbaustein oder durch Zuständigkeitsregeln erfolgen. Der Testvorgang verläuft unabhängig vom verwendeten Regeltyp auf die gleiche Weise.

```
PROGRAM ZTESTRULE.
Include <CNTN01>.

* Here we have a parameter so that we can test our rule against
* different plants.

Parameters: p_plant type t001w-werks.

data: ev_holders     type standard table of swhactor,
      actor_tab      type standard table of swhactor,
      ac_agents      type standard table of swhactor,
      wa_ac_agents   type swhactor,
      num_lines      type i.


* Here we define our rule container
swc_container ac_container.
swc_clear_container ac_container.

* Here we fill the container with the plant value entered via
* the parameter
swc_set_element ac_container 'Plant' p_plant.

* Call the rule to find the plant manager
* Note our rule id is number 90000001, so the technical id of
* the rule is AC90000001
* The list of agents will be returned in Table ac_agents
  CALL FUNCTION 'RH_GET_ACTORS'
    EXPORTING
      ACT_OBJECT                      = 'AC90000001'
    TABLES
      ACTOR_CONTAINER                 = ac_container
      ACTOR_TAB                       = ac_agents
    EXCEPTIONS
      NO_ACTIVE_PLVAR                 = 1
      NO_ACTOR_FOUND                  = 2
      EXCEPTION_OF_ROLE_RAISED        = 3
      NO_VALID_AGENT_DETERMINED       = 4
      OTHERS                          = 5.
  IF SY-SUBRC <> 0.
* Message ...
  ENDIF.
```

```
* Here's an extra step to resolve the agents found to user IDs
* using an evaluation path SAP_TAGT
* This isn't necessary here - Workflow will resolve the agents
* to user IDs at runtime - but it helps us check that valid
* agents were found
 loop at ac_agents into wa_ac_agents.
  if wa_ac_agents-otype = 'US'.
    append wa_ac_agents to actor_tab.
  else.
    clear ev_holders[].
    swc_clear_container ac_container.
    swc_set_element ac_container 'OTYPE' wa_ac_agents-otype.
    swc_set_element ac_container 'OBJID' wa_ac_agents-objid.

    CALL FUNCTION 'RH_GET_STRUCTURE'
      EXPORTING
        ACT_WEGID              = 'SAP_TAGT'
      TABLES
        ACTOR_TAB              = ev_holders
        AC_CONTAINER           = ac_container
      EXCEPTIONS
        NOBODY_FOUND           = 1
        NO_ACTIVE_PLVAR        = 2
        OTHERS                 = 3.
    IF SY-SUBRC <> 0.
* Message ...
    ENDIF.
    APPEND LINES OF ev_holders TO actor_tab.
  endif.
endloop.

* Reduce the list of agents to user IDs only
delete actor_tab where otype ne 'US'.

* Check for no-one found
describe table actor_tab lines num_lines.
if num_lines is initial.
  Write: 'No agents found'.
endif.

Write: / 'The following agents were found:'.
Loop at actor_tab into wa_ac_agents.
  Write: / wa_ac_agents-otype, wa_ac_agents-objid.
Endloop.
```

Listing 17.1 Auf einem Kriterium basierende Regel

Wie aus dem Testprogramm hervorgeht, kommen – unabhängig vom Regeltyp – bei der Regelauflösung immer dieselben Grundsätze zur Anwendung:

- Die Inhalte des Regelcontainers werden gelesen.
- Die Regel wird basierend auf Regelcontainerdaten und Regeltyp ausgewertet.
- Die Liste der ermittelten Bearbeiter wird in einer internen Tabelle zurückgegeben. Diese Tabelle enthält die Bearbeiter in Form von Organisationsobjekten (Benutzer, Person, Planstelle, Stelle, Organisationseinheit).

Auswertungswege

Unabhängig davon, ob Sie die von SAP bereitgestellten Regeln anwenden oder Ihre eigenen Regeln entwickeln, ist es immer hilfreich, wenn Sie verstehen, wie *Auswertungswege* funktionieren. SAP stellt Hunderte von Auswertungswegen zur Verfügung, und Sie können bei Bedarf auch eigene Auswertungswege anlegen. Mit Funktionen wie `RH_STRUC_GET` oder `RH_GET_STRUCTURE` im genannten Beispiel können Sie die Ergebnisse der verschiedenen Auswertungswege testen und auswerten.

17.3 Regelauflösung zur Bearbeiterermittlung im Workflow-Schritt

Wenn Sie eine Regel direkt in einen Workflow-Schritt im Workflow Builder (oder als Default-Regel in eine Aufgabe) aufnehmen möchten, geben Sie die Regelnummer im Bereich AGENTS ein, und drücken Sie die [↵]-Taste. Wählen Sie die neu eingeblendete Funktion DATENFLUSS, und definieren Sie den Datenfluss zwischen Workflow- und Regelcontainer. Prüfen Sie, ob der Datenfluss richtig angegeben wurde. Für einige Regeln (z. B. *AC00000168 – Vorgesetzter von*) generiert das System den Datenfluss automatisch, sobald sie das erste Mal in den Workflow-Schritt eingegeben werden. Sie sollten den generierten Datenfluss immer prüfen, da üblicherweise nur einfache Containerelemente im Workflow mit den Regelcontainerelementen verglichen werden. Wenn Sie z. B. ein Attribut einer Objektreferenz übergeben möchten, ist eine manuelle Definition erforderlich.

Achtung

Der Datenfluss findet zwischen Workflow-Container (nicht dem Aufgabencontainer) und Regelcontainer statt. Das heißt, die Regel wird *vor* der Erstellung des Workitems ausgewertet. Falls die Regelauflösung fehlschlägt und das Kennzeichen TERMINATE RULE RESOLUTION ohne Ergebnis gesetzt ist, wird der Workflow angehalten, *bevor* das Workitem erstellt wird. Wenn Sie den Workflow neu starten, beginnt die Ausführung bei der Regelauswertung.

Bei der Erstellung eines Workitems werden die Ergebnisse der Regelauflösung in Form einer Liste der *ausgewählten Empfänger* in der Workitem-Anzeige oder im Workflow-Protokoll angezeigt. Denken Sie daran, dass die Empfänger nur die von der Regel ermittelten Bearbeiter sind, bei denen es sich auch um mögliche Bearbeiter handelt. Über die Regel ermittelte Bearbeiter, d. h. *zuständige Bearbeiter*, die keine möglichen Bearbeiter sind, werden nicht angezeigt. Das Ergebnis der Regelauflösung steht auch im Standardelement `_RULE_RESULT` des Regelcontainers zur Verfügung, und Sie können für die Regel einen Datenfluss zu einem geeigneten Workflow-Containerelement definieren.

Nach Abschluss der Workitem-Bearbeitung wird normalerweise nur der tatsächliche Bearbeiter angezeigt. Wenn Sie die Empfänger nach Abschluss der Workitem-Ausführung benötigen, sollten Sie in einem vorgelagerten Schritt die zuständigen Bearbeiter separat ermitteln und sie dann in einem mehrzeiligen Workflow-Containerelement des Datentyps `SWHACTOR` speichern oder den Datenfluss vom Containerelement `_RULE_RESULT` verwenden.

Zur Ermittlung der Bearbeiter in einem früheren Schritt verwenden Sie entweder die Ad-hoc-Bearbeiterzuordnung, oder Sie erstellen ein Objektattribut oder eine Objektmethode mit begleitender Aufgabe, um die relevante Regel mithilfe des Funktionsbausteins `RH_GET_ACTORS` aufzurufen. Eine weitere Option ist der Wizard BEARBEITER AUSWÄHLEN, mit dessen Hilfe ein Bearbeiter die Empfänger eines späteren Schritts dynamisch aus einer Liste möglicher Bearbeiter auswählen kann.

In diesen Situationen ist es sinnvoll, die Empfänger im Voraus zu ermitteln:

- Sie möchten dieselbe Bearbeiterliste für verschiedene Schritte im Workflow verwenden.
- Falls die Workitem-Ausführung nicht bis zu einem bestimmten Termin abgeschlossen wird, sollen alle Empfänger des Workitems erinnert werden.
- Sie möchten die Bearbeiterliste weiter prüfen, indem Sie einen Administrator oder Geschäftsprozessverantwortlichen einen geeigneten Bearbeiter

auswählen lassen, anstatt den Workflow mit einem Fehler in der Regelauflösung zu beenden. Prüfen Sie z. B., ob es sich bei mindestens einem der Bearbeiter um einen möglichen Bearbeiter handelt. Ist dies nicht der Fall, nehmen Sie mithilfe des Workflows eine Korrektur vor.

- Sie möchten eine E-Mail an sämtliche über die Regelauflösung ermittelten Bearbeiter senden.

17.4 Was geschieht, wenn die Regelauflösung zu keinem Ergebnis führt?

Jede Regel verfügt über ein Kennzeichen, das die Systemreaktion festlegt, falls die Regelauflösung kein Ergebnis liefert: das Kennzeichen TERMINATE IF RULE RESOLUTION HAS NO RESULT. Die Regelauflösung schlägt fehl, wenn Folgendes gilt:

- Eine Regelauflösung, die auf einem Funktionsbaustein basiert, löst die Ausnahme `NOBODY_FOUND` aus.
- Es wird eine leere Bearbeiterliste zurückgegeben.

Das Setzen des Kennzeichens TERMINATE IF RULE RESOLUTION HAS NO RESULT hat folgenden Vorteil: Kann über die Regel kein Bearbeiter ermittelt werden, wird der Workflow angehalten, wechselt in den Status FEHLERHAFT, und der Administrator wird per E-Mail über den Fehler benachrichtigt. Anschließend kann der Administrator (je nach Fehlerursache) die Regeldaten oder die Bearbeiterzuordnung korrigieren und den Workflow an der Fehlerstelle, d. h. beginnend bei der Regelauswertung, neu starten. Der Workflow wird allerdings nur dann abgebrochen, wenn über die Regel kein Bearbeiter ermittelt wird. Werden über die Regelauflösung Bearbeiter ermittelt, bei denen es sich nicht um mögliche Bearbeiter für den Workflow-Schritt handelt, wird der Workflow angehalten. Das Gleiche gilt, wenn über die Regel Bearbeiter ermittelt werden, für die keine Auflösung in Benutzerkennungen vorgenommen werden kann.

Tipp

Sie können diesen Ablauf durch eine Konfiguration von Tabelle T77S0 bis zu einem gewissen Grad verhindern. Indem Sie den Eintrag `WFLOW.ROLE` auf `X` setzen, wertet der Workflow sowohl die einem Workflow-Schritt zugewiesene Regel als auch die möglichen Bearbeiter der zugrunde liegenden Aufgabe aus. Der Workflow wird beendet, sofern keine zuständigen Bearbeiter ermittelt werden, bei denen es sich gleichzeitig um gültige Bearbeiter handelt.

Falls die zuständigen Bearbeiter im Workflow-Schritt auf einem Ausdruck oder einem Organisationsobjekt (Stelle, Planstelle etc.) basieren und es sich bei den Bearbeitern nicht um mögliche Bearbeiter handelt, wird der Workflow natürlich ebenfalls nicht beendet.

Können keine zuständigen Bearbeiter für einen Workflow-Schritt ermittelt werden und ist das Kennzeichen TERMINATE ON FAILURE ohne Ergebnis nicht gesetzt, wird normalerweise wie folgt vorgegangen: Das Workitem wird entweder dem Workflow-Administrator zugewiesen, oder es »verwaist«, d. h., der Workflow bleibt ohne zugewiesene Bearbeiter im Status READY.

Tipp

Empfängt der Administrator ein fehlgeschlagenes Workitem, kann dieses an den richtigen Bearbeiter weitergeleitet werden. Mithilfe des Reports »Workitems ohne Bearbeiter« (Transaktion SWI2_ADM1) können verwaiste Workitems angezeigt und korrigiert werden. Sie können die Regelauflösung nach Beseitigung des Problems unter Verwendung dieses Reports auch neu starten.

Probleme bei der Bearbeiterermittlung sind üblicherweise auf Verzögerungen bei der Datenpflege zurückzuführen. Diese Verzögerungen können eintreten, wenn z. B. nach einem Personalwechsel die Personaldaten über manuelle, papierbasierte Formulare aktualisiert werden. Häufig reicht es bereits aus, dass der Administrator diese Probleme behebt (siehe dazu die Beschreibung in Kapitel 8, »Workflow-Administration«). Wenn Sie über einen besonders kritischen Workflow verfügen, bei dem schnelle Personalwechsel und Verzögerungen bei der Datenpflege regelmäßig zu Problemen bei der Bearbeiterermittlung führen, können Sie stattdessen Standardbearbeiter verwenden.

Bei kritischen Workflows ist es im Allgemeinen vorteilhafter, eine Regel mit Standardbearbeitern zu erstellen, als eine Beendigung zuzulassen. Die Ermittlung und Beseitigung des Fehlers in der Regelauflösung sowie der Neustart des Workflows durch den Administrator kosten Zeit. Während dieser Zeitspanne wird der Geschäftsprozess für diese Workflow-Instanz angehalten. Besser ist es, Standardbearbeiter einzurichten, bei denen es sich auch um mögliche Bearbeiter der Aufgabe handelt. Dieses Vorgehen ist einfach, wenn Sie Zuständigkeitsregeln (unter Verwendung sekundärer Prioritäten) oder programmierte Regeln verwenden.

Auf diese Weise wird nicht nur ein Fehler im Workflow vermieden, sondern der Standardbearbeiter kann das Workitem auch an den geeigneten Bearbeiter weiterleiten oder selbst handeln und so den Geschäftsprozess fortsetzen. Die Ursache für den Fehler in der Regelauflösung kann später korrigiert werden, eine sofortige Problembeseitigung zur Aufrechterhaltung des Workflows ist nicht erforderlich. Wenn Sie sicherstellen, dass der Workitem-Text Hinweise zur Auswahl des Bearbeiters liefert, kann dies den Standardbearbeiter bei der Ergreifung geeigneter Maßnahmen unterstützen. Sie könnten z. B. am Ende Ihres Workitem-Textes schreiben: »Dieses Workitem wurde an Sie gesendet, da Sie als Vorgesetzter von Max Mustermann identifiziert wurden.«

17.5 Zuständigkeitsregeln

Zuständigkeitsregeln sind üblicherweise am einfachsten zu erstellen und zu pflegen, denn Regelkriterien und Regelauswertung sind leicht nachvollziehbar. Mithilfe sekundärer Prioritäten können Sie darüber hinaus als Bestandteil der Zuständigkeitsregel Standardbearbeiter definieren und so das Risiko eines Fehlers bei der Regelauflösung minimieren. Beim Einsatz einer Zuständigkeitsregel erstellen Sie, wie bei jeder anderen Regel auch, Containerelemente für jedes auszuwertende Kriterium. Es ist dabei sinnvoll, die Anzahl der Containerelemente gering zu halten: Zu viele Kriterien können Verwirrung stiften und den Pflegeaufwand für die Regel erhöhen.

17.5.1 Zuständigkeitsregeln mit mehreren Kriterien

Wenn eine Vielzahl an Kriterien zu berücksichtigen ist, sollten Sie in Erwägung ziehen, anstelle einer sehr verwirrenden Regel mehrere Regeln zu erstellen. Angenommen, Sie möchten basierend auf Kontierungszuweisung und Wert den Vorgesetzten ermitteln. Mögliche Kontierungszuweisungen sind Kostenstelle, Innenauftrag und PSP-Element (Projektstrukturplan-Element). Sie erstellen daher eine Regel mit folgenden Kriterien:

- Kostenstelle
- Innenauftrag
- PSP-Element, das in der Produktionsplanung (PP) verwendet wird
- Wert

In der Praxis sieht es jedoch so aus, dass bei einer Zuweisung zu einer Kostenstelle nur Kostenstelle und Wert relevant sind, bei einer Zuweisung zu einem Innenauftrag nur Innenauftrag und Wert etc. Es ist daher sinnvoller, die folgenden drei Regeln zu erstellen:

- Regel 1: Kostenstelle, Wert
- Regel 2: Innenauftrag, Wert
- Regel 3: PSP-Element, Wert

Wenn Sie dennoch alle drei Regeln für denselben Workflow-Schritt auswerten möchten, könnten Sie eine auf einem Funktionsbaustein basierende Regel erstellen, die ermittelt, welche der drei Regeln anzuwenden ist, und die entsprechende Regel aufruft.

Verwechseln Sie diese Vorgehensweise jedoch nicht mit dem Einsatz unterstützender Kriterien wie z. B. der folgenden:

- Kostenrechnungskreis
- Kostenstelle
- Wert
- Währung

In diesem Fall können Sie mithilfe des Kostenrechnungskreises die Kostenstelle und mithilfe der Währung den Wert definieren. Die Regel basiert damit weiterhin auf Kostenstelle und Wert, Sie stellen über Kostenrechnungskreis und Währung lediglich sicher, dass Kostenstelle und Wert richtig abgebildet werden.

Nachdem Sie die Containerelemente erstellt haben, erstellen Sie Zuständigkeiten, bei denen es sich um Kombinationen aus Containerelementwerten handelt. Innerhalb einer Zuständigkeit können einzelne oder mehrere Werte sowie Wertebereiche angegeben werden. Die Regeldefinition ist ein mandantenunabhängiges Entwicklungsobjekt, die Zuständigkeitsdefinitionen erfordern jedoch ein mandantenabhängiges Customizing. Für eine auf Kostenstelle und Wert basierende Regel könnten Sie z. B. die in Tabelle 17.1 gezeigten Zuständigkeiten erstellen.

Verantwortung	Kostenstelle	Wert
Genehmigender A	1000	0,00 EUR
Genehmigender B	1000	0,01 EUR bis 500,00 EUR
Genehmigender C	2000, 3000, 4000	0,00 EUR bis 500,00 EUR
Genehmigender D	1000, 2000 bis 4000	500,01 EUR bis 1.000,00 EUR

Tabelle 17.1 Zuständigkeiten für eine Zuständigkeitsregel

Anschließend weisen Sie diesen Zuständigkeiten Bearbeiter zu. Sie können beliebige Organisationsobjekte zuweisen, z. B. Organisationseinheiten, Stellen, Planstellen oder Benutzerkennungen. Standardmäßig werden Bearbeiter vom aktuellen Datum bis zum 31.12.9999 zugewiesen; Sie können das Ende der Bearbeiterzuordnung jedoch auf ein früheres Datum festlegen, z. B. auf das Datum, an dem ein Bearbeiter das Unternehmen verlässt.

Mithilfe einiger Testbeispiele ist leicht nachvollziehbar, welche Personen als Bearbeiter ermittelt werden:

- Wenn Sie die Regel mit Kostenstelle = 1000 und Wert = 450 EUR testen, werden die Bearbeiter mit der Zuständigkeit »Genehmigender B« ausgewählt.
- Wenn Sie die Regel mit Kostenstelle = 3000 und Wert = 550 EUR testen, werden die Bearbeiter mit der Zuständigkeit »Genehmigender D« ausgewählt.

Abbildung 17.2 zeigt, wie diese Regel in der Praxis konfiguriert wird. Zuständigkeitsregeln werden in Transaktion PFPFAC auf der Registerkarte RESPONSIBILITIES festgelegt.

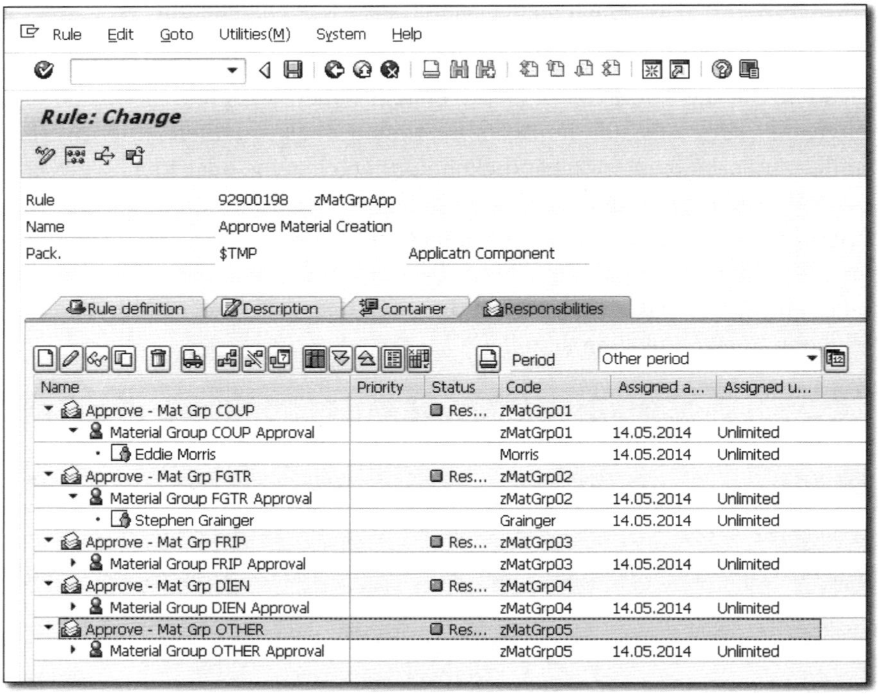

Abbildung 17.2 Konfiguration einer Zuständigkeitsregel

17.5.2 Sekundäre Prioritäten

Durch den Einsatz von sekundären Prioritäten können Sie Standardbearbeiter für die Regel erstellen. Sie nehmen sekundäre Prioritäten in eine Regel auf, indem Sie das Kennzeichen TAKE SECONDARY PRIORITIES INTO ACCOUNT aktivieren. Prioritäten weisen einen Wert zwischen 01 und 99 auf. Höhere Prioritätswerte werden vor niedrigeren Prioritäten ausgewertet, d. h., Zuständigkeiten mit Priorität 99 werden vor Zuständigkeiten mit Priorität 98 ausgewertet.

Bei der Verwendung von Prioritäten werden zur Laufzeit zuerst die Zuständigkeiten mit der höchsten Priorität ausgewertet. Können Bearbeiter ermittelt werden, wird die Regelauswertung abgebrochen. Werden keine Bearbeiter ermittelt, werden die Zuständigkeiten mit der nächstniedrigeren Priorität so lange ausgewertet, bis Bearbeiter ermittelt werden oder keine weiteren Zuständigkeiten für die Auswertung vorliegen.

Zur Veranschaulichung des Einsatzes von Prioritäten fügen wir die in Tabelle 17.2 gezeigte neue Zuständigkeit »Genehmigender E« mit Priorität 01 hinzu. Vergleichen Sie diese mit den Zuständigkeiten »Genehmigender A« bis »Genehmigender D« in der Tabelle 17.1, die alle über die höchste Priorität verfügen, d. h. Priorität 99.

Verantwortung	Kostenstelle	Wert	Priorität
Genehmigender E	*	0,00 EUR bis 9.999,99 EUR	01

Tabelle 17.2 Beispiel für die Zuordnung von Zuständigkeiten

Das Sternchen (*) dient als Platzhalter. Über diese Zuständigkeit werden alle Kostenstellen ermittelt, die mit Werten bis zu 9.999,99 EUR verknüpft sind. Wenn Sie die Regel mit Kostenstelle = 6000 und Wert = 600 EUR testen, werden zunächst die Zuständigkeiten mit der höchsten Priorität auf diese Kombination geprüft. Wird keine Übereinstimmung gefunden, werden die Zuständigkeiten mit Priorität 01 ausgewertet, und die Zuständigkeit »Genehmigender E« wird ermittelt. In diesem Fall sind daher Bearbeiter mit der Zuständigkeit »Genehmigender E« die zuständigen Bearbeiter. Da keine Bearbeiter für Kostenstelle 6000 und Wert 600 EUR definiert sind, ermittelt das System die Standardbearbeiter für alle Kostenstellen, die mit einem Wert bis zu 9.999,99 EUR verknüpft sind.

Wenn Sie jedoch die Regel mit Kostenstelle = 1000 und Wert = 450 EUR getestet haben, sind die Bearbeiter mit der Zuständigkeit »Genehmigender B« immer noch ausgewählt. Obwohl die Zuständigkeit »Genehmigender E« mit allen Kostenstellen übereinstimmt, deren zugeordneter Wert unter 9.999,99 EUR liegt, wird die Zuständigkeit »Genehmigender E« nicht ausgewertet, da die Zuständigkeit »Genehmigender B« eine höhere Priorität aufweist.

Sie können demnach über höhere Prioritäten zuständige Bearbeiter für bestimmte Kombinationen aus Kostenstelle/Wert ermitteln. Wenn Sie z. B. über eine Kostenstelle zur Erfassung von Hardware-/Softwareausgaben verfügen, soll für diese Kostenstelle vielleicht ein bestimmter Vorgesetzter zuständig sein. Niedrigere Prioritäten können verwendet werden, um andere Kombinationen aus Kostenstelle/Wert an Standardbearbeiter zu senden. Kostenstellen für Büro-Equipment und Büromaterial könnten z. B. anstelle eines Vorgesetzten durch eine Gruppe von Standardbearbeitern gepflegt werden.

Hinweis

Obwohl bis zu 99 Prioritätsstufen eingesetzt werden können, reichen für die meisten Geschäftsszenarien zwei oder drei Prioritäten aus.

Wie nun erkennbar sein sollte, ist es aufgrund der Flexibilität der Zuständigkeitsregel sinnvoll, die verwendeten Kriterien für andere Workflow-Entwickler und für die Regeldatenpflege zuständige Personen in der Regeldokumentation zu erläutern. Da Zuständigkeitsregeln eine Bearbeiterzuordnung beinhalten, sollten Sie auf Pufferprobleme achten, sofern Sie Bearbeiter zuweisen und die Regel anschließend sofort anwenden. Verwenden Sie Transaktion SWU_OBUF, um die Puffer nach der Bearbeiterzuordnung und vor dem Einsatz der Regel zu aktualisieren.

17.6 Bearbeiterermittlung mithilfe von SAP-Organisationsdaten

Sie können den Business-Objekten zuständige Bearbeiter mithilfe von SAP-Organisationsdaten zuweisen. Um die zuständigen Bearbeiter mit spezifischen Daten zu ermitteln, die mit einem Business-Objekt (entweder von SAP bereitgestellt oder vom Kunden definiert) verknüpft sind, können Sie die Kategorie RULE der SAP-Organisationsdaten (auch als *SAP-Organisationsobjekte* bezeichnet) verwenden. Ein gängiges Beispiel ist die Verwendung von Einkaufsgruppen zur Ermittlung der zuständigen Bearbeiter.

Hier werden gemäß Ihren Geschäftsregeln bestimmte Werte der Einkaufsgruppe verschiedenen Planstellen, Positionen oder Personen zugewiesen. Die zugelassenen Zuweisungen werden in Tabelle T7791 definiert. Nachdem Sie die Verknüpfung definiert haben, können Sie die spezifischen Werte der Einkaufsgruppe den Organisationsobjekttypen zuweisen.

Beispiel

In Ihrer Einkaufsabteilung gibt es Mitarbeiter, die verschiedenen Einkaufsgruppen zugeordnet sind. In Tabelle T7791 definieren Sie einen Eintrag, sodass die Einkaufsgruppe mit Objekttyp `S` (Planstelle) verknüpft werden kann. Hier können Sie Transaktion PFOM verwenden, um die definierten Werte für die Einkaufsgruppe verschiedenen Planstellen zuzuweisen. Anschließend können Sie die Regel so definieren, dass die SAP-Organisationsdaten verwendet werden und der entsprechende Organisationsobjekttyp (`OrgObjType`) `T024` lautet.

Diese Technik bietet mehr Transparenz als eine programmierte Regel, erfordert jedoch den Einsatz spezieller Transaktionen zur Anzeige der Zuordnungen zur Aufbauorganisation. Zudem müssen Sie sicherstellen, dass die Verwendung des SAP-Organisationsobjekts in Ihrer HR-Aufbauorganisation von Ihrer Personalabteilung akzeptiert wird. Die grundlegende Vorgehensweise ist folgende:

1. Erstellen eines Business-Objekttyps, der die Customizing-Tabelle repräsentiert. Dieser Business-Objekttyp muss über einen Schlüssel verfügen, der die Kennung in der zuzuweisenden Customizing-Tabelle repräsentiert, und muss darüber hinaus mindestens ein `Description`-Attribut und eine `Existence Check`-Methode aufweisen. Außerdem muss in den Grunddaten des Business-Objekttyps das Kennzeichen ORGANIZATIONAL TYPE gesetzt werden.
2. Erstellen einer Regel vom Typ ORGANIZATIONAL DATA und Eingabe der Kennung des Business-Objekttyps
3. In Tabelle T7791 können Sie definieren, welche Organisationsobjekte (Organisationseinheit, Stelle, Planstelle etc.) den Instanzen des Business-Objekttyps zugewiesen werden können.
4. Einsatz der speziellen Transaktionen PFOM (Erstellen von Zuordnungen zu SAP-Organisationsobjekten) und PFOS (Anzeigen von Zuordnungen zu SAP-Organisationsobjekten) zur Zuweisung der Werte aus der Customizing-Tabelle, d. h. Instanzen des Business-Objekttyps, zu den relevanten Organisationseinheiten, Stellen, Planstellen etc. Diese Transaktionen verwenden zur Definition von Beziehungen zwischen Business-Objekt und

Aufbauorganisation den HR-Infotyp 1208. Wenn Sie eigene Programme zur Aktualisierung der Zuordnungen erstellen möchten, können Sie dazu den Funktionsbaustein RH_SAP_ORG_OBJEC_RELATE einsetzen.

5. Wenn Sie die Regel im Workflow-Schritt verwenden, müssen Sie eine Instanz des Business-Objekttyps aus dem Workflow-Container an die Regel binden. Sie können diese Instanz entweder durch Einsatz der Aufgabe SYSTEM.GENERICINSTANTIATE zum Anlegen einer Instanz aus dem Kennungswert explizit erstellen, oder Sie können implizit vorgehen, indem Sie ein Attribut erstellen, das das Business-Objekt der Customizing-Tabelle in einem der weiteren Business-Objekte im Workflow referenziert. Wenn Ihr Workflow z. B. hauptsächlich auf dem Business-Objekttyp Material basiert, könnten Sie ein Objekttypattribut Laboratory erstellen, das eine Verknüpfung zum Organisationstyp Business-Objekt für Laborkennungen herstellt.

Eine neuere Variante dieser Technik ist die Implementierung des Interfaces IFSTROBJCT im Business-Objekttyp. Dieses Interface verfügt über ein Agents-Attribut, mit dem alle Bearbeiter ermittelt werden, die einer Instanz des Business-Objekttyps zugeordnet sind, d. h., es werden alle Beziehungen des Infotyps 1208 zu dieser Instanz ermittelt. Diese Vorgehensweise erfordert keine Regelerstellung, Sie können die Bearbeiter als Ausdruck zuordnen. Wenn Sie z. B. ein Attribut Laboratory für den im Workflow verwendeten Business-Objekttyp Material erstellt haben, könnten Sie die zuständigen Bearbeiter als Ausdruck &Material.Laboratory.Agents& definieren. Anders gesagt: Die Bearbeiter werden dem Labor zugeordnet, das in Beziehung zu dem Material steht, das zur Laufzeit im Workflow verwendet wird. Weitere Informationen zu dieser Vorgehensweise finden Sie im SAP Help Portal (*http://help.sap.com*).

17.7 Funktionsbausteine als Regeln

Der Einsatz von Funktionsbausteinen als Regeln bietet maximale Flexibilität, aber minimale Transparenz. Sie können Daten im aktuellen System von praktisch überall anzeigen und selbst in externen Systemen Bearbeiter ermitteln. Sie können sogar verschiedene Regeln in einem Funktionsbaustein kombinieren. Es ist z. B. möglich, zunächst eine Regel auszuwerten und, falls keine Bearbeiter ermittelt werden konnten, zu einer Alternativregel zu wechseln. Es ist dabei jedoch für den Bearbeiter oder Prozessverantwortlichen und selbst für andere Workflow-Entwickler schwierig, die Art und

Weise der Bearbeiterermittlung nachzuvollziehen. Aus diesem Grund ist es besonders wichtig, die Regel gut zu dokumentieren.

Auf Funktionsbausteinen basierende Regeln sind besonders nützlich, wenn komplexe Kriterien ausgewertet werden müssen. Handelt es sich um eine einfache Regel, sollten Sie andere Regeltypen wie z. B. Zuständigkeitsregeln oder Auswertungswege vorziehen, die keine explizite Programmierung erfordern.

17.7.1 Erstellen einer auf einem Funktionsbaustein basierenden Regel

Bei der Erstellung einer auf einem Funktionsbaustein basierenden Regel gehen Sie grundsätzlich wie folgt vor:

1. Erstellen Sie den Funktionsbaustein. Zu diesem Zeitpunkt reicht es aus, die Schnittstelle des Funktionsbausteins zu erstellen, sie einer geeigneten Funktionsgruppe zuzuweisen und zu aktivieren. Um den Funktionsbaustein in der Regel einzusetzen, müssen Sie die Parameter und Datentypreferenzen aus Tabelle 17.3 als Schnittstelle für Ihren Funktionsbaustein verwenden. Wenn Sie diese Schnittstelle nicht einsetzen, kann der Funktionsbaustein nicht für die Regel eingegeben werden.

Parametertyp	Name	Datentypreferenz	Bedeutung
Tabelle	AC_CONTAINER	SWCONT	Regelcontainer für eingehende Daten
Tabelle	ACTOR_TAB	SWHACTOR	ausgehende Liste der Bearbeiter im Bearbeiterformat
Exception	NOBODY_FOUND		Die Auslösung dieser Ausnahme zeigt an, dass keine Bearbeiter ermittelt wurden.

Tabelle 17.3 Regelcontainer zur Bearbeiterermittlung für einen Funktionsbaustein

2. Erstellen Sie wie gewohnt eine Regel. Wählen Sie dabei den Typ FUNCTION TO BE EXECUTED.
3. Geben Sie den Namen des Funktionsbausteins ein. Das System prüft, ob es sich um die richtige Funktionsbaustein-Schnittstelle handelt, und gibt einen Fehler aus, wenn eine ungültige Schnittstelle vorliegt.

4. Erstellen Sie die Containerelemente für Ihre Regelkriterien.
5. Programmieren Sie Ihren Funktionsbaustein nach folgendem Algorithmus:
   - Alle Workflow-Makros müssen dem Funktionsbaustein über die Anweisung `INCLUDE <CNTN01>` im globalen Datenbereich der Funktionsgruppe zugänglich gemacht werden.
   - Zum Auslesen der eingehenden Daten aus dem Regelcontainer `AC_CONTAINER` müssen Workflow-Makros verwendet werden. Verwenden Sie das Makro `SWC_GET_ELEMENT` zum Auslesen einzelner Werte und Objektreferenzen aus dem Container und das Makro `SWC_GET_TABLE` zum Auslesen mehrzeiliger Werte und Objektreferenzen.
   - Ermitteln Sie die Bearbeiter. An dieser Stelle platzieren Sie komplexe Kriterien. Bearbeiter können über das Auslesen von Tabellen, Stammdaten, durch den Aufruf anderer Regeln oder Systeme etc. ermittelt werden. Ergreifen Sie alle zur Ermittlung der zuständigen Bearbeiter erforderlichen Maßnahmen.
   - Konvertieren Sie die Bearbeiter in das Bearbeiterformat. Anders gesagt: Alle Benutzerkennungen müssen über das Präfix `US` verfügen.
   - Füllen Sie die ausgehende Tabelle ACTOR_TAB mit der Liste der Bearbeiter.
   - Prüfen Sie, ob die Tabelle ACTOR_TAB leer ist, und lösen Sie in diesem Fall die Ausnahme `NOBODY_FOUND` aus.

Tipp

Beachten Sie, dass das Auslösen einer anderen Ausnahme als `NOBODY_FOUND` nicht sinnvoll ist. Die verschiedenen Workflow-Bestandteile mit Regelnutzung ermitteln lediglich anhand der Ausnahme `NOBODY_FOUND` oder über eine leere Tabelle ACTOR_TAB, dass ein Regelfehler vorliegt. Alle weiteren Ausnahmen werden ignoriert.

17.7.2 Verknüpfen von Regelfunktionsbausteinen aus verschiedenen SAP-Komponenten heraus

Im Folgenden sehen Sie ein realistisches Beispiel für eine Regel, die auf einem Funktionsbaustein basiert. In diesem Szenario ruft der Funktionsbaustein der Regel zur Bearbeiterermittlung eine Regel in einer anderen SAP-Komponente auf. Dies ist recht nützlich, wenn Sie verschiedene SAP-Komponenten einsetzen (z. B. ein SAP-ERP-System und ein SAP-SRM-System

(SRM = Supplier Relationship Management) und Sie die Regeln in beiden Systemen einsetzen möchten, damit die Daten nur einmalig angelegt werden müssen. In unserem Fall liegen Regel und Daten in der anderen SAP-Komponente vor. Von der aktuellen SAP-Komponente sollen folgende Arbeitsschritte ausgeführt werden:

1. Abrufen der Kriterienwerte aus dem aktuellen System
2. Auffüllen des Regelcontainers mit den Kriteriennamen aus der Regel in der anderen SAP-Komponente, die mit den Kriterienwerten des aktuellen Systems übereinstimmen
3. Aufrufen der Regel im anderen System mit vorbereitetem Regelcontainer
4. Auslesen der durch die Regel des anderen Systems zurückgegebenen Bearbeiter. Zu diesem Zeitpunkt kann die Bearbeiterliste Organisationsobjekte wie z. B. Planstellen enthalten, die nur in der anderen SAP-Komponente vorliegen. Aufruf eines Funktionsbausteins in der anderen SAP-Komponente, um die Inhaber der Planstellen in der anderen SAP-Komponente als Benutzerkennungen aufzufinden.

Im Rahmen dieses Szenarios wurde vorausgesetzt, dass ein Bearbeiter in allen Systemen dieselbe Benutzerkennung aufweist. Dieses Beispiel kann daher verbessert werden, indem geprüft wird, ob die in der anderen SAP-Komponente ermittelten Benutzerkennungen auch im aktuellen System vorliegen, ob also der Bearbeiter auch im aktuellen System vorhanden ist. Sie sollten auch die Gültigkeitsdaten der Benutzerkennung prüfen, um sicherzustellen, dass aktive (und nicht gesperrte oder abgegrenzte) Benutzer verwendet werden.

Im Beispiel aus Listing 17.2 wurde die `INCLUDE`-Anweisung `<CNTN01>` bereits in die globalen Daten der Funktionsgruppe aufgenommen. Der Regelcontainer weist die einzeiligen Containerelemente `CostCtr`, `Value` und `Destination` auf.

```
FUNCTION Z_FIND_COSTCTR_MGR.
*"----------------------------------------------------------------
*"*"Local interface:
*"  TABLES
*"      ACTOR_TAB STRUCTURE  SWHACTOR
*"      AC_CONTAINER STRUCTURE  SWCONT
*"  EXCEPTIONS
*"      NOBODY_FOUND
*"----------------------------------------------------------------

data: Costctr        type KOSTL,
```

```
      TotalValue      type NETWR,
      Destn           type rfcdes-rfcdest.

data: lt_holders      type standard table of swhactor,
      lt_agents       type standard table of swhactor,
      wa_lt_agents    type swhactor,
      num_lines       type i.

*Read values assigned to the rule criteria in the
*current system
swc_get_element ac_container 'CostCtr'        costctr.
swc_get_element ac_container 'Value'          totalvalue.
swc_Get_element ac_container 'Destination'    destn.

* Call backend rule to determine responsible agents
* Fill container for backend rule - a separate container
* "lt_container" is used to keep the containers for the two
* rules separate

  swc_container lt_container.
  swc_clear_container lt_container.
  swc_set_element lt_container 'CostCenter'     costctr.
  swc_set_element lt_container 'Amount'         totalvalue.

* Call the rule in the other system
  CALL FUNCTION 'RH_GET_ACTORS'
    DESTINATION destn
    EXPORTING
      ACT_OBJECT                       = 'AC90000001'
    TABLES
      ACTOR_CONTAINER                  = lt_container
      ACTOR_TAB                        = lt_agents
    EXCEPTIONS
      NO_ACTIVE_PLVAR                  = 1
      NO_ACTOR_FOUND                   = 2
      EXCEPTION_OF_ROLE_RAISED         = 3
      NO_VALID_AGENT_DETERMINED        = 4
      OTHERS                           = 5.
  IF SY-SUBRC <> 0.
  ENDIF.


* Return the list of agents in agent format
* As the agents belong to another system, we will need to use
* that other system to convert them to user IDs - if we did
* everything in the current system, this step would not be
* necessary.
```

```
* Here we have assumed that both systems use the same user IDs

loop at lt_agents into wa_lt_agents.
  if wa_lt_agents-otype = 'US'.
    append wa_lt_agents to actor_tab.
  else.

* Here we call an evaluation path in the other system to find
* the holders of positions/jobs, and so on assigned as agents
    clear lt_holders[].
    swc_clear_container lt_container.
    swc_set_element lt_container 'OTYPE' wa_lt_agents-otype.
    swc_set_element lt_container 'OBJID' wa_lt_agents-objid.

    CALL FUNCTION 'RH_GET_STRUCTURE'
    destination destn
      EXPORTING
        ACT_WEGID              = 'SAP_TAGT'
      TABLES
        ACTOR_TAB              = lt_holders
        AC_CONTAINER           = lt_container
      EXCEPTIONS
        NOBODY_FOUND           = 1
        NO_ACTIVE_PLVAR        = 2
        OTHERS                 = 3.
    IF SY-SUBRC <> 0.
    ENDIF.
    APPEND LINES OF lt_holders TO actor_tab.
  endif.
endloop.

* Return list of agents as user IDs only
* Remove all nonuser ID agents as the org plans in the two
* systems are different, so any jobs/positions, and so on will
* be meaningless in the current system

delete actor_tab where otype ne 'US'.

* Check that at least one agent was found
describe table actor_tab lines num_lines.
if num_lines is initial.
  raise nobody_found.
endif.

ENDFUNCTION.
```

Listing 17.2 Funktionsbaustein der Regel zum Aufruf einer anderen Regel in einer anderen SAP-Komponente

Sie können die Regel wie gewohnt mithilfe der Option RULE TESTING in Transaktion PFAC simulieren oder in Transaktion SE37 mit der Option FUNCTION MODULE TESTING testen.

Tipp

Beim Anlegen und Testen Ihrer Funktionsbausteine sollten Sie verschiedene Testdatensätze speichern. Dies ist besonders sinnvoll, wenn Sie mehrere Werte in die Funktion in Ihrem Container übergeben.

17.8 Auswertungswege als Regeln

Auswertungswege beschreiben die Art und Weise, wie, ausgehend von einem bestimmten Organisationsobjekt, ein oder mehrere Organisationsobjekte ermittelt werden können. Zu den gängigen Auswertungswegen zählen z. B. die in Tabelle 17.4 genannten.

Auswertungsweg	Beschreibung
A003	Ermittelt die Organisation, zu der eine Planstelle oder Position gehört.
A008	Zeigt die Person an, die die Planstelle oder Position bekleidet.
WF_ORGUN	Ermittelt die Organisationseinheit einer Benutzerkennung oder Person.
WF_ORGUS	Ermittelt alle Benutzer einer Organisationseinheit, Stelle, Planstelle etc.
US_CHEF	Zeigt den Vorgesetzten eines Benutzers.
SAP_HOLD	Zeigt den Inhaber einer Planstelle.

Tabelle 17.4 Hilfreiche Standardauswertungswege

Auswertungswege gibt es in allen SAP-Komponenten. Sie nutzen die in der Aufbauorganisation festgelegten Beziehungen, um sich von einem Organisationsobjekt zu einem anderen zu bewegen. Auch können Sie eigene Auswertungswege erstellen. Auswertungswege können mithilfe von Transaktion OOAW angezeigt und gepflegt werden.

Tipp

Sie können die von SAP bereitgestellten Auswertungswege stets als Grundlage für die Erstellung eigener Auswertungswege verwenden. Für flexible Auswertungswege können Sie ebenfalls Ihre kundeneigenen Beziehungen einfügen. Denken Sie daran, dass das SAP-System automatisch die entsprechende Umkehrbeziehung anlegt, wenn Sie Ihre eigenen Beziehungen erstellen. Das heißt, wenn Sie die Beziehung A01 (»Schuldet Geld«) anlegen, werden Sie aufgefordert, eine Beschreibung für die Umkehrbeziehung einzugeben: »Wird Geld geschuldet«. Beziehungen werden in Transaktion OOVK gepflegt.

Der Auswertungsweg ist als Sequenz zu testender Beziehungen definiert. Wenn Sie z. B. mithilfe des Auswertungswegs WF_ORGUN die Organisationseinheit eines Benutzers oder einer Person ermitteln, geschieht Folgendes:

1. Als Startorganisationsobjekt wird eine Benutzer- oder Personenkennung bereitgestellt.
2. Sofern eine Benutzerkennung vorliegt, wird über den Auswertungsweg geprüft, ob eine entsprechende Personenkennung vorhanden ist (wenn es sich um ein System mit implementiertem HR-Modul in SAP ERP Human Capital Management (SAP ERP HCM) handelt, ist der Beziehungstyp 208).
3. Anschließend werden Planstellen ermittelt, die zur Benutzer- oder Personenkennung gehören.
4. Ausgehend von den ermittelten Planstellen, wird nach verknüpften Organisationseinheiten gesucht.
5. Die ermittelten Organisationseinheiten werden zurückgegeben.

Abbildung 17.3 zeigt ein Konfigurationsbeispiel für Auswertungswege.

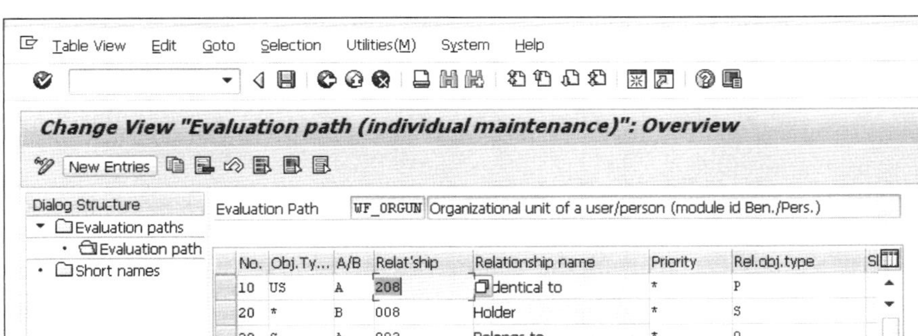

Abbildung 17.3 Konfiguration eines Auswertungswegs

Anhand des Reports RHWEGID0 können Sie – basierend auf gewünschten Ausgangs- und Ergebnisorganisationsobjekten – geeignete Auswertungswege ermitteln. So erstellen Sie eine auf einem Auswertungsweg basierende Regel:

1. Legen Sie den zu verwendenden Auswertungsweg fest.
2. Erstellen Sie wie gewohnt eine Regel. Wählen Sie den Typ FUNCTION TO BE EXECUTED (d. h., es handelt sich um eine Regel, die auf einem Funktionsbaustein basiert).
3. Geben Sie den Funktionsbaustein »RH_GET_STRUCTURE« ein.
4. Es erscheint automatisch (oder durch Drücken der Taste [↵]) das Feld EVALUATION PATH. Geben Sie in dieses Feld die Kennung für den Auswertungsweg ein.
5. Erstellen Sie die in Tabelle 17.5 aufgeführten Containerelemente.

Name	ABAP-Datentypreferenz	Beschreibung
OTYPE	OTYPE	Typ des Objekts im Organisationsmanagement
OBJID	OBJID	Kennung des Objekts im Organisationsmanagement
ORG_AGENT	WFSYST-AGENT	Objekt im Organisationsmanagement

Tabelle 17.5 Regelcontainer zur Bearbeiterermittlung für einen Auswertungsweg

Die so angelegten Containerelemente enthalten zur Laufzeit das Ausgangsorganisationsobjekt. Sie können das anfängliche Organisationsobjekt durch einen der beiden folgenden Datenflüsse an die Regel übergeben:

- ORG_AGENT mit vollständiger Organisationsobjektkennung (z. B. USSMITH für Benutzerkennung SMITH)
- OTYPE mit Organisationsobjekttyp (z. B. US) und OBJID mit Organisationsobjektkennung (z. B. SMITH)

Da Auswertungswege Beziehungen in der Aufbauorganisation auswerten, müssen Sie auf Pufferprobleme achten, wenn Sie die Aufbauorganisation ändern und die Regel anschließend sofort anwenden. Verwenden Sie Transaktion SWU_OBUF, um die Puffer nach Eingabe der Änderungen und vor Einsatz der Regel zu aktualisieren.

17.9 Weitere Optionen für die Zuweisung zuständiger Bearbeiter

Es gibt verschiedene von SAP zur Verfügung gestellte Regeln, deren Einsatz Sie gegenüber der Erstellung eigener Regeln erwägen sollten:

- AC30000012
  Gibt alle Bearbeiter zurück, die einer SAPoffice-Verteilerliste zugeordnet sind. Diese Methode eignet sich besonders für eine Bearbeiterermittlung auf Abonnementbasis. Bearbeiter tragen sich selbstständig in die Verteilerlisten ein und aus ihnen aus (Self-Service), sodass keinerlei Verwaltungsaufwand entsteht.
- AC00000168
  Gibt die Leiterplanstelle einer Organisationseinheit zurück, der ein Benutzer zugeordnet wurde.

SAP stellt auch viele Regeln bereit, die speziell auf SAP-Workflows zugeschnitten sind. Dazu zählt z. B. Regel *AC00000148 (Verantwortlicher für BANF-Freigabe)*, die zur Ermittlung der zuständigen Bearbeiter verschiedene Customizing-Tabellen ausliest, insbesondere für den SAP-Workflow WS00000038 (Workflow BANF-Freigabe). Wenn Sie den ausgelieferten Workflow unverändert nutzen möchten, benötigen Sie die zugehörige Regel. Sie können dieselben Regeln jedoch bei Bedarf auch in eigenen Workflows verwenden.

Anstatt eine Regel zu verwenden, können Sie einem Workflow-Schritt auch einen Ausdruck als zuständiger Bearbeiter zuweisen. Es ist z. B. gängige Praxis, den Ausdruck `&_Workflow_Initiator&` als zuständigen Bearbeiter eines Workflow-Schritts einzusetzen. Ein Ausdruck bezieht sich auf ein Workflow-Containerelement oder eine auf einem Workflow-Containerelement basierende Referenz. Daher liegt es in Ihrer Verantwortung, sicherzustellen, dass das Containerelement vor dem Einsatz im betreffenden Workflow-Schritt ordnungsgemäß gefüllt wird. `&_Workflow_Initiator&` wird z. B. üblicherweise während der Kopplung zwischen Workflow und auslösendem Ereignis zu Beginn des Workflows mit dem Ereigniserzeuger aufgefüllt.

Wenn Sie sicherstellen möchten, dass derselbe Bearbeiter verschiedene Schritte im Workflow ausführt, können Sie den tatsächlichen Bearbeiter eines Schritts in einem Workflow-Containerelement speichern und an einen weiteren Schritt übergeben. Der tatsächliche Bearbeiter eines Workitems befindet sich im Aufgabencontainerelement `_Work_item`. Das Containerelement _Work_item enthält eine Instanz des Business-Objekts WorkingWI, das über ein ExecutedByUser-Attribut verfügt. Wenn Sie also den Bearbeiter des Schritts im Bearbeiterformat abrufen möchten, könnten Sie dazu im Datenfluss Ihrem Workflow-Containerelement den Wert von &_Work_item.ExecutedByUser.NameWithLeadingUS& zuweisen – und zwar zwischen Aufgabe und Workflow (d. h. nach der Bearbeitung des Workitems).

Denken Sie immer daran: Unabhängig davon, wie die Bearbeiterermittlung erfolgt, müssen Bearbeiter dem Workflow-Schritt im Bearbeiterformat (Typ SWHACTOR) übergeben werden, d. h. der zweistellige Bearbeitertyp (US für Benutzerkennung, S für Planstelle, C für Stelle etc.), gefolgt von der zwölfstelligen Benutzerkennung (Benutzerkennung, Planstellenkennung, Stellenkennung etc.).

17.10 Praxisbeispiel für Regeln zur Bearbeiterermittlung

Das Anlegen eigener Regeln zur Bearbeiterermittlung spielt bei der Workflow-Entwicklung eine wichtige Rolle. In einem realen Kundenszenario sind mehrere Workflows vorhanden, um verschiedene Geschäftsprozesse zu verarbeiten. Einige dieser Prozesse betreffen HR-Leistungen und Personalmitteilungen, andere die Beschaffung (Einkaufswagen, Bestellung), und wieder andere beziehen sich auf die Genehmigung von Rechnungen.

- Der Kunde verwendet, wenn möglich, SAP-Organisationsdaten (siehe Abschnitt 17.6, »Bearbeiterermittlung mithilfe von SAP-Organisationsdaten«), indem er kundenspezifische Business-Objekte definiert, um eine Verbindung mit HR-Organisationsobjekttypen anzulegen. Einige der SAP-Organisationsobjekte sind eher generisch und werden für Workflows verwendet, die in verschiedenen Bereichen des Unternehmens eingesetzt wurden. In diesen Fällen sind keine spezifischeren Angaben als z. B. »Verwaltungsassistent« oder »Sicherheitskoordinator« erforderlich.
- Andere Regeln wiederum erfordern detailliertere Auswahlkriterien. Zum Beispiel sind finanzielle Genehmigungen mit verknüpften Schwellwerten erforderlich. Einige Bearbeiter können Genehmigungen für Beträge bis zu 1.000 EUR erteilen, andere für Beträge bis zu 10.000 EUR. Wiederum andere Bearbeiter möchten nur Bestellungen über 100.000 EUR genehmigen. Für dieses SAP-Organisationsobjekt wurden verschiedene Schwellwerte als Attribut des Objekts integriert. Wenn also die Werte an den

Regelcontainer übergeben werden, ist einer dieser Werte der Schwellwert für die Genehmigung.

- Für Situationen, in denen für vorangegangene Regeln die Verwendung des SAP-Organisationsobjekts erforderlich ist, um die Bearbeiter zu ermitteln, wurden Funktionsbaustein-»Verschalungen« geschrieben, in denen im Wesentlichen Aufrufe der SAP-Funktion RH_SAP_ORG_OBJEC_ACTORS_LIST zusammengefasst sind. Die von diesen Funktionen zurückgegebenen Daten werden anschließend ausgewertet, um zu überprüfen, ob weitere Einschränkungen notwendig sind.
- Dennoch erfordern andere Workflows angepasste Beziehungen, um zu ermitteln, welcher Benutzer für die Genehmigung einer bestimmten Art von Bestellung oder Rechnung zuständig ist. Um die Personen zu ermitteln, die für die einzelnen Organisationseinheiten zuständig sind, wird eine Beziehung zwischen den möglichen Bearbeitern (Objekttyp S) und der Organisation (Objekttyp O) angelegt. So kann das Unternehmen Genehmigende außerhalb der eigenen Organisation benennen. Wenn z. B. der Einkaufsassistent für Abteilung 100 nicht erreichbar ist, kann der Einkaufsassistent in Abteilung 200 über die kundenspezifische Beziehung »Genehmigt Rechnungen für« die Rechnungen für Abteilung 100 bearbeiten, auch wenn es keine Standardbeziehung zwischen diesen beiden Abteilungen gibt. Die von SAP bereitgestellte Funktion für diese Art der Regelauflösung ist RH_STRUC_GET; sie liefert zahlreiche Organisationsdaten.

Die kombinierte Nutzung dieser Methoden bietet bei der Bearbeiterermittlung hohe Flexibilität und integrierte Redundanzen, wenn geschäftskritische Prozesse ausgeführt werden. Da Gruppen von Genehmigenden wahrscheinlicher zu ermitteln sind, gibt es auf diese Weise nur sehr wenige Fälle, in denen kein Genehmigender gefunden wird. Außerdem werden diese Methoden auch in anderen Anwendungen (z. B. individuellen Erweiterungen und kundeneigenen Anwendungen) genutzt, sodass der ROI des Kunden für workflow-basierte Technologien verbessert wird.

In diesem Kapitel erfahren Sie, wie Sie Ihren Workflow mit der Anwendung verknüpfen. Es werden die folgenden Fragen beantwortet: Wie können Sie Ihren Workflow starten, und welche Möglichkeiten gibt es für einen Workflow-Start? Wie gehen Sie vor, wenn ein Benutzer außerhalb des Workflows eine Aktion ausführt, aufgrund derer der Workflow geändert werden sollte?

18 Verwendung von Ereignissen und anderen Business-Interfaces

Von Sue Keohan

Da Workflows Geschäftsprozesse repräsentieren, ist es von entscheidender Bedeutung, dass Anwendungsprogramme mit Workflows kommunizieren. Es kann z. B. in folgenden Fällen erforderlich sein, dass eine Anwendung mit der Workflow Engine Daten austauscht:

- beim Start eines Geschäftsprozesses
- bei Abschluss eines Geschäftsprozesses oder einer Aktivität
- wenn ein gestarteter Geschäftsprozess oder eine Aktivität nicht mehr benötigt wird
- wenn veränderte Umstände einen anderen Ablauf des Geschäftsprozesses erforderlich machen

In Kapitel 15, »Business-Objekte«, wurde erläutert, auf welche Weise SAP Business Workflow Business-Objekte verwendet, um nach dem Start des Workflows auf Geschäftsdaten oder Routinen zuzugreifen. Kapitel 16, »ABAP-Klassen«, beschreibt, wie ABAP-Klassen verwendet werden, um auf Geschäftsdaten zuzugreifen. In diesem Kapitel erfahren Sie, wie Anwendungen mit einem Workflow interagieren können, um den Workflow zu starten, zu beenden und zu benachrichtigen, wenn ein Anwendungsprogramm den Status eines Objekts geändert hat.

Das primäre Business-Interface zwischen Anwendungsprogrammen und Workflows ist das *Ereignis*. Ereignisse, die auf BOR-Objekten (BOR = Business Object Repository) basieren, und Ereignisse, die auf ABAP-Klassen basieren, werden hier gleich behandelt. Sollte es Unterschiede geben, werden wir dies anmerken.

Am Ende dieses Kapitels lernen Sie weitere Schnittstellen zwischen Anwendungsprogrammen und Workflows kennen, wie z. B. die generischen Objektdienste (*Generic Object Services*, GOS).

18.1 Grundlegendes zu Ereignissen

Ein *Ereignis* ist im Grunde nichts anderes als die Statusänderung einer Instanz eines Business-Objekttyps. Wenn Sie in einem Anwendungsprogramm ein Ereignis erzeugen, benachrichtigen Sie die Workflow Engine über diese Statusänderung. Wenn Ihre Anwendung z. B. Kundenstammdaten ändert, müssen Sie zur Benachrichtigung der SAP Business Workflow Engine über die Änderungen des Kundenstamms das Ereignis `Changed` für den Business-Objekttyp `Customer` erzeugen und die Kundenkennung übergeben, um anzuzeigen, dass der Kunde geändert wurde. Die Workflow Engine kann anschließend auf dieses Ereignis reagieren, indem ein Workflow zur Bestätigung der Änderungen gestartet wird, der die Vertriebs- und Support-Mitarbeiter informiert, die regelmäßig mit diesem Kunden zusammenarbeiten.

Um ein Ereignis als Interface zwischen Anwendungsprogramm und Workflow zu verwenden, benötigen Sie Folgendes:

- **Ereignisdefinition**
  Das Ereignis benötigt einen technischen Namen, den Sie formal in der Business-Objekttypdefinition hinterlegen. Darüber hinaus können auch spezielle Ereignisparameter festgelegt werden. Standardmäßig erhält ein Ereignis als Daten den Namen des Objekttyps, den Ereignisnamen, die Objektinstanz und den Ereignisinitiator (die Benutzerkennung des Mitarbeiters, der das Anwendungsprogramm zum Zeitpunkt der Ereigniserzeugung ausgeführt hat). Soll durch das Auslösen eines Ereignisses ein Geschäftspartner angelegt werden, übergibt das Ereignis die folgenden Parameter:
  - Objekttyp: `BUS1006`
  - Ereignisname: `Created`
  - Objektinstanz: z. B. Geschäftspartnernummer 221
  - Ereignisinitiator: z. B. Benutzerkennung I001234

Enthält ein Ereignis Parameter, müssen Sie diese explizit beim Auslösen des Ereignisses aus der Anwendung heraus füllen. Diese Datenübergabe wird jedoch nicht von allen Mechanismen zur Ereignisauslösung unterstützt. Wenn Sie Daten bei der Ereignisauslösung an den Ereigniscontainer übergeben, müssen die Ereignisparameter auch für das Ereignis in der Objekttypdefinition hinterlegt sein. Andernfalls kann ein aufgrund dieses Ereignisses gestarteter Workflow die Daten nicht nutzen. Die Ereignisdefinition enthält keine Informationen zur Art der Auslösung des Ereignisses. Stattdessen beschreibt sie die Schnittstelle des Ereignisses (Name und Parameter), damit es sowohl vom Ereigniserzeuger als auch vom Ereignisempfänger verwendet werden kann.

- **Ereigniserzeuger**
  Ein *Ereigniserzeuger* ist in der Regel ein Anwendungsprogramm, doch kann es sich auch über den Schritttyp Event Creator um einen Workflow selbst handeln. Der Ereigniserzeuger wird mitunter auch als *Ereignisersteller* oder *Ereignisveröffentlicher* bezeichnet. Das Ereignis kann über eine FORM-Routine (üblicherweise der Fall bei SAP-Transaktionen) oder als generischer Mechanismus (zweckmäßig für das Auslösen eigener Ereignisse mithilfe von SAP-Transaktionen) erzeugt werden. Die Laufzeitausführung des Mechanismus zur Ereigniserzeugung wird als *Auslösen des Ereignisses* bezeichnet.
- **Ereignisempfänger**
  Ereignisempfänger ist ein generischer Begriff für denjenigen, der auf das Ereignis reagiert. Der Ereignisempfänger wird mitunter auch als *Ereignisverbraucher* bezeichnet (die Begriffe sind synonym). Im Allgemeinen ist der Ereignisempfänger ein Workflow. Es kann sich aber auch um eine Aufgabe oder den Schritt Wait for Event (Auf Ereignis warten) in einem Workflow handeln. Sie können auch nicht zum Workflow gehörende Ereignisempfänger verwenden, wie z. B. eine Routine, die eine E-Mail zur Benachrichtigung eines Empfängers darüber erstellt, dass ein Ereignis eingetreten ist (Informationen dazu finden Sie in Kapitel 11, »Erweiterte Diagnose«).
- **Ereigniskopplung**
  Die Beziehung zwischen dem Ereignis und dem Ereignisempfänger sowie die für diese Beziehung geltenden Regeln müssen angegeben werden. Mithilfe von Startbedingungen und speziellen Funktionsbausteinen können Sie festlegen, ob der Verbraucher benachrichtigt werden soll, welche Ereignisdaten an den Verbraucher übergeben werden sollen und wie der Ereignisempfänger zur Laufzeit bestimmt werden soll. Ereigniskopplun-

gen können aktiv oder inaktiv sein. Nur aktive Kopplungen werden zur Laufzeit ausgewertet. Kopplungen können inaktiv sein, wenn sie unvollständig oder fehlerhaft sind oder die entsprechende Schnittstelle zum gegenwärtigen Zeitpunkt nicht verwendet werden soll.

Ein Ereignis kann keinen, einen oder mehrere Ereignisempfänger aufweisen. Das bedeutet, dass das Ereignis für den angelegten Geschäftspartner (`BUS1006.CREATED`) keinen Workflow umfassen oder über mehrere Workflows verfügen kann, die als Ereignisempfänger agieren. Für jeden Ereignisempfänger muss eine Kopplung zwischen dem Ereignis und dem Verbraucher erstellt werden.

Tipp

Der Event Creator muss nicht wissen, ob es eventuell Verbraucher gibt. Er informiert lediglich die Workflow Engine darüber, dass das Ereignis eingetreten ist. Wenn es keine aktiven Ereigniskopplungen gibt, da das Ereignis gegenwärtig für keinen Workflow von Interesse ist, geschieht nichts.

18.2 Welche Ereignisse liegen vor?

Bevor wir uns mit der Definition neuer Ereignisse befassen, sollte eine Frage wie die folgende geklärt werden: Wird ein Ereignis standardmäßig ausgelöst, wenn ein Geschäftspartner angelegt oder geändert wird? Unabhängig von Ihrem Workflow-Szenario müssen Sie den Workflow wahrscheinlich basierend auf einem Ereignis starten. Wie können Sie wissen, ob ein Ereignis basierend auf einer bestimmten Aktion ausgelöst wird?

18.2.1 Suche im Objekt

Wenn Sie das entsprechende Business-Objekt (BOR-Objekt) oder die relevante ABAP-Klasse kennen, können Sie direkt im Objekt suchen und sich die Ereignisse anzeigen lassen. Ist das BOR-Objekt z. B. `BUS1006`, können Sie Transaktion SWO1 aufrufen und »BUS1006« eingeben. Daraufhin werden die Ereignisse `BusinessPartner.Created` und `BusinessPartner.Changed` angezeigt. Dies sagt allerdings noch nichts darüber aus, wie das Ereignis technisch ausgelöst wird. In diesem Beispiel wird es wahrscheinlich durch das Anlegen und Ändern eines Geschäftspartners ausgelöst. Aber die Tatsache, dass das Ereignis in Transaktion SWO1 aufgeführt ist, lässt noch nicht erkennen, wie das Ereignis technisch ausgelöst wird.

18.2.2 Suche in der Ereigniskopplungstabelle

Bei von SAP bereitgestellten Workflows und Standardereignissen können Sie auch in der Ereigniskopplungstabelle nachschauen, welche Ereignisse aufgeführt werden. Die Ereigniskopplungstabelle umfasst *sowohl* die Ereignisse als auch den Workflow, der mit dem Ereignis verknüpft ist. Um die Ereigniskopplungstabelle anzuzeigen, können Sie Transaktion SWE2 (Transaktion SWETYPV) aufrufen oder alternativ dem Menüpfad Tools • Business Workflow • Development • Definition Tools • Events • Event Linkages • Type Linkages folgen. Hier wird das mit dem Workflow verknüpfte Objektereignis angezeigt.

Abbildung 18.1 zeigt eine Liste aus der Ereigniskopplungstabelle von BOR-Objektereignissen für einen Workflow.

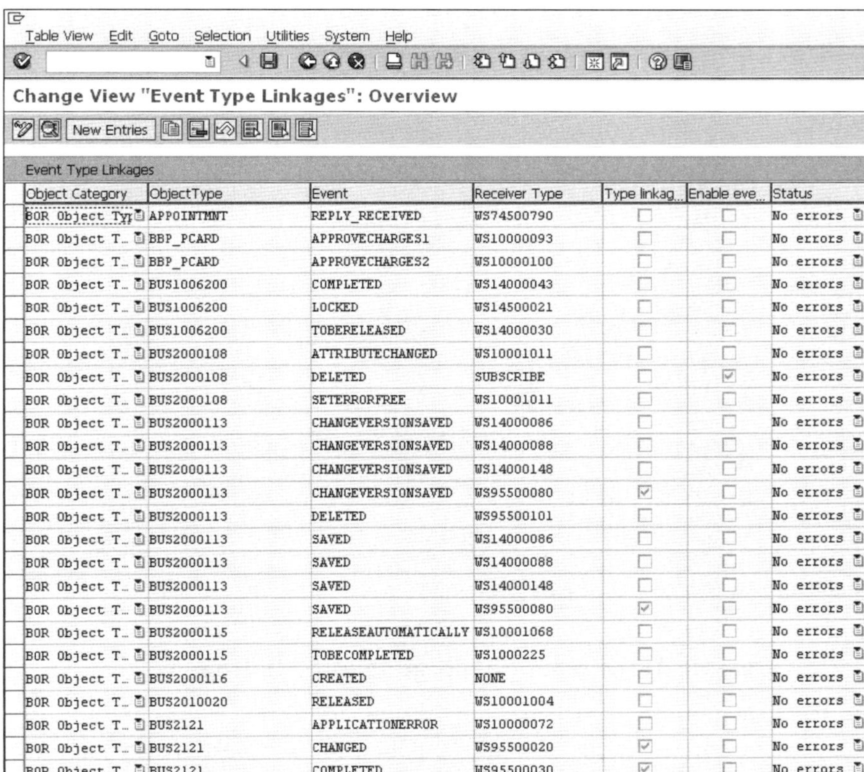

Object Category	ObjectType	Event	Receiver Type	Type linkag...	Enable eve...	Status
BOR Object Typ	APPOINTMNT	REPLY_RECEIVED	WS74500790			No errors
BOR Object T...	BBP_PCARD	APPROVECHARGES1	WS10000093			No errors
BOR Object T...	BBP_PCARD	APPROVECHARGES2	WS10000100			No errors
BOR Object T...	BUS1006200	COMPLETED	WS14000043			No errors
BOR Object T...	BUS1006200	LOCKED	WS14500021			No errors
BOR Object T...	BUS1006200	TOBERELEASED	WS14000030			No errors
BOR Object T...	BUS2000108	ATTRIBUTECHANGED	WS10001011			No errors
BOR Object T...	BUS2000108	DELETED	SUBSCRIBE		X	No errors
BOR Object T...	BUS2000108	SETERRORFREE	WS10001011			No errors
BOR Object T...	BUS2000113	CHANGEVERSIONSAVED	WS14000086			No errors
BOR Object T...	BUS2000113	CHANGEVERSIONSAVED	WS14000088			No errors
BOR Object T...	BUS2000113	CHANGEVERSIONSAVED	WS14000148			No errors
BOR Object T...	BUS2000113	CHANGEVERSIONSAVED	WS95500080	X		No errors
BOR Object T...	BUS2000113	DELETED	WS95500101			No errors
BOR Object T...	BUS2000113	SAVED	WS14000086			No errors
BOR Object T...	BUS2000113	SAVED	WS14000088			No errors
BOR Object T...	BUS2000113	SAVED	WS14000148			No errors
BOR Object T...	BUS2000113	SAVED	WS95500080	X		No errors
BOR Object T...	BUS2000115	RELEASEAUTOMATICALLY	WS10001068			No errors
BOR Object T...	BUS2000115	TOBECOMPLETED	WS1000225			No errors
BOR Object T...	BUS2000116	CREATED	NONE			No errors
BOR Object T...	BUS2010020	RELEASED	WS10001004			No errors
BOR Object T...	BUS2121	APPLICATIONERROR	WS10000072			No errors
BOR Object T...	BUS2121	CHANGED	WS95500020	X		No errors
BOR Object T...	BUS2121	COMPLETED	WS95500030	X		No errors

Abbildung 18.1 Mit Workflows gekoppelte BOR-Objektereignisse

Der erste Eintrag verfügt z. B. über den Objekttyp `APPOINTMENT`, das Ereignis `REPLY_RECEIVED` und den Verbrauchertyp WS74500790. In der nächsten

Spalte, TYPE LINKAGE, ist das Ankreuzfeld aktiviert. Das bedeutet, dass der Workflow WS0040095 gestartet werden sollte, wenn das Ereignis APPROVED für den Objekttyp ABSENCE angelegt wird. Das Ankreuzfeld zeigt an, dass das Ereignis aktiv ist, der Workflow also gestartet wird. Wenn das Ankreuzfeld, wie in diesem Fall, nicht aktiviert ist, bedeutet dies, dass das Ereignis mit keinem Workflow verknüpft ist. In der Ereigniskopplungstabelle erhalten Sie einen Überblick darüber, welche Verknüpfungen zwischen Ereignissen und Workflows in Ihrem SAP-System zur Verfügung stehen.

Abbildung 18.2 zeigt die gleichen Informationen für ABAP-Klassenereignisse.

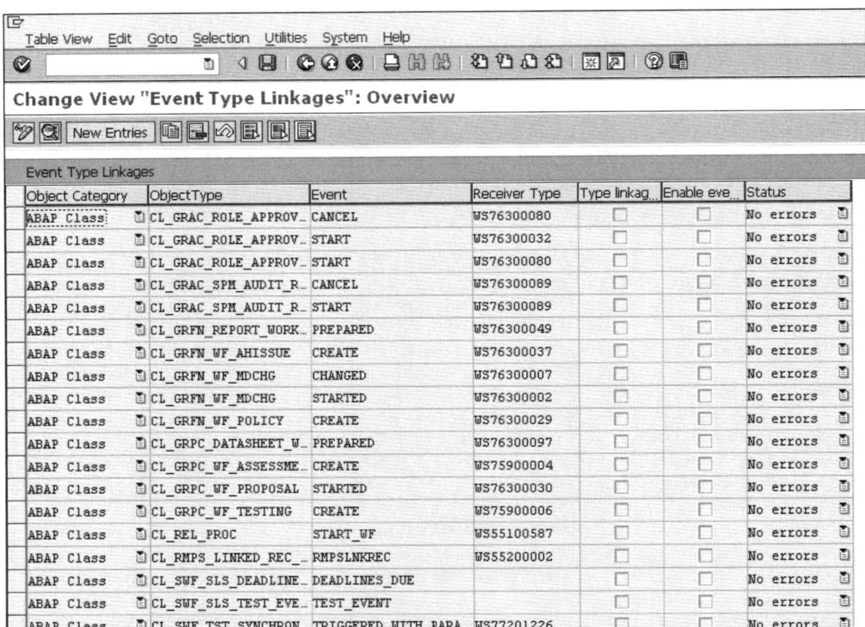

Abbildung 18.2 Mit Workflows gekoppelte ABAP-Klassenereignisse

18.2.3 Ereignis-Trace nach Beendigung ausschalten

Um festzustellen, ob es sich bei der Aktion, die Ihren Workflow auslösen soll, bereits um ein Ereignis handelt, gehen Sie am besten wie folgt vor: Schalten Sie einen Ereignis-Trace ein, führen Sie die Aktion aus, und prüfen Sie, ob ein Ereignis erzeugt wird. Dies sollten Sie normalerweise nur in einem Sandbox- oder Entwicklungssystem, aber *nie* in einem Produktivsystem tun. Wo auch immer Sie diesen Test durchführen, denken Sie auf jeden Fall daran, den Trace anschließend wieder auszuschalten.

Verwenden des Ereignis-Traces zur Überwachung nativer Ereignisse

In den nächsten Schritten wird beschrieben, wie Sie den Ereignis-Trace verwenden:

1. Rufen Sie Transaktion SWELS auf, oder folgen Sie dem Menüpfad Tools • Business Workflow • Development • Utilities • Events • Event Trace • Switch Event Trace On/Off.
2. Schalten Sie den Trace ein. Wie Sie sehen, sind Einschränkungen verfügbar, um den Trace auf eine Benutzerkennung oder andere Kriterien zu beschränken. So können Sie die Einträge einschränken, die in den Trace geschrieben werden.
3. Rufen Sie nach dem Einschalten des Traces in einer Sitzung Transaktion SWEL auf, oder folgen Sie dem Menüpfad Tools • Business Workflow • Development • Utilities • Events • Event Trace • Display Event Trace.
4. Führen Sie den Trace aus. Es sollte ein Eintrag angezeigt werden, der Sie darüber informiert, dass der Trace eingeschaltet wurde.
5. Behalten Sie den aktiven Trace bei. Navigieren Sie in einer zweiten Sitzung zu der Aktion, von der Sie wissen möchten, ob ein entsprechendes Ereignis ausgelöst wird. Legen Sie z. B. einen Kundenauftrag, einen Mitarbeiter, einen Geschäftspartner oder eine Bestellanforderung an, buchen Sie eine Rechnung, führen Sie irgendeine Aktion aus. Wenn Sie sich in einem Sandbox-System befinden, können Sie mithilfe von Transaktion BP einen Geschäftspartner anlegen. Sie müssen nur auswählen, dass Sie eine Person anlegen möchten, einen Vor- und Nachnamen eingeben und dann speichern.
6. Wechseln Sie zurück zum Trace, und wählen Sie Refresh. Wenn ein Ereignis angelegt wurde, wird ein neuer Eintrag angezeigt. In unserem Beispiel, in dem ein Geschäftspartner angelegt wurde, sieht der Trace aus, wie in Abbildung 18.3 dargestellt. Das Business-Objekt ist `BUS1006`; das Ereignis ist `CREATED`. Der Eintrag No receiver entered zeigt an, dass kein Workflow das System auf das Ereignis abhört. Das heißt, ein Ereignis wird ausgelöst, es wird jedoch kein Workflow oder keine Aktion ausgeführt, wenn das Ereignis eintritt.
7. Verwenden Sie Transaktion SWELS, um den Trace nach Abschluss abzuschalten. Über den Trace werden Daten in eine Protokolldatei geschrieben, und dies ist nicht erforderlich, wenn Sie den Trace nicht speziell ausführen müssen. Ihre Systemadministratoren werden Ihnen dankbar sein.

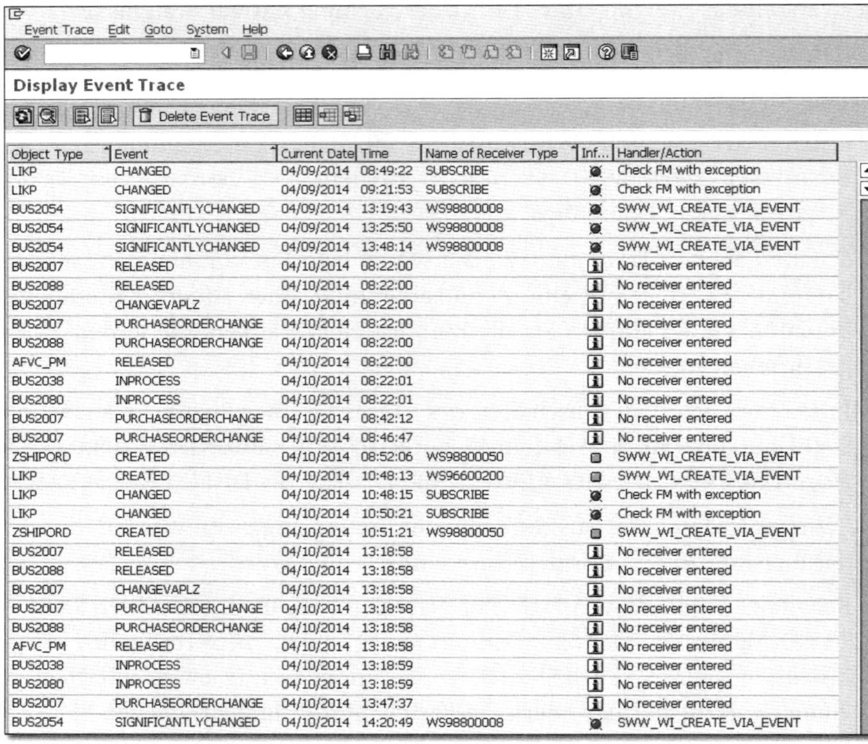

Object Type	Event	Current Date	Time	Name of Receiver Type	Inf...	Handler/Action
LIKP	CHANGED	04/09/2014	08:49:22	SUBSCRIBE		Check FM with exception
LIKP	CHANGED	04/09/2014	09:21:53	SUBSCRIBE		Check FM with exception
BUS2054	SIGNIFICANTLYCHANGED	04/09/2014	13:19:43	WS98800008		SWW_WI_CREATE_VIA_EVENT
BUS2054	SIGNIFICANTLYCHANGED	04/09/2014	13:25:50	WS98800008		SWW_WI_CREATE_VIA_EVENT
BUS2054	SIGNIFICANTLYCHANGED	04/09/2014	13:48:14	WS98800008		SWW_WI_CREATE_VIA_EVENT
BUS2007	RELEASED	04/10/2014	08:22:00			No receiver entered
BUS2088	RELEASED	04/10/2014	08:22:00			No receiver entered
BUS2007	CHANGEVAPLZ	04/10/2014	08:22:00			No receiver entered
BUS2007	PURCHASEORDERCHANGE	04/10/2014	08:22:00			No receiver entered
BUS2088	PURCHASEORDERCHANGE	04/10/2014	08:22:00			No receiver entered
AFVC_PM	RELEASED	04/10/2014	08:22:00			No receiver entered
BUS2038	INPROCESS	04/10/2014	08:22:01			No receiver entered
BUS2080	INPROCESS	04/10/2014	08:22:01			No receiver entered
BUS2007	PURCHASEORDERCHANGE	04/10/2014	08:42:12			No receiver entered
BUS2007	PURCHASEORDERCHANGE	04/10/2014	08:46:47			No receiver entered
ZSHIPORD	CREATED	04/10/2014	08:52:06	WS98800050		SWW_WI_CREATE_VIA_EVENT
LIKP	CREATED	04/10/2014	10:48:13	WS96600200		SWW_WI_CREATE_VIA_EVENT
LIKP	CHANGED	04/10/2014	10:48:15	SUBSCRIBE		Check FM with exception
LIKP	CHANGED	04/10/2014	10:50:21	SUBSCRIBE		Check FM with exception
ZSHIPORD	CREATED	04/10/2014	10:51:21	WS98800050		SWW_WI_CREATE_VIA_EVENT
BUS2007	RELEASED	04/10/2014	13:18:58			No receiver entered
BUS2088	RELEASED	04/10/2014	13:18:58			No receiver entered
BUS2007	CHANGEVAPLZ	04/10/2014	13:18:58			No receiver entered
BUS2007	PURCHASEORDERCHANGE	04/10/2014	13:18:58			No receiver entered
BUS2088	PURCHASEORDERCHANGE	04/10/2014	13:18:58			No receiver entered
AFVC_PM	RELEASED	04/10/2014	13:18:58			No receiver entered
BUS2038	INPROCESS	04/10/2014	13:18:59			No receiver entered
BUS2080	INPROCESS	04/10/2014	13:18:59			No receiver entered
BUS2007	PURCHASEORDERCHANGE	04/10/2014	13:47:37			No receiver entered
BUS2054	SIGNIFICANTLYCHANGED	04/10/2014	14:20:49	WS98800008		SWW_WI_CREATE_VIA_EVENT

Abbildung 18.3 Trace nach dem Anlegen eines Geschäftspartners

18.3 Definition von Ereignissen

Sie finden vorhandene Ereignisse, indem Sie im Business Object Builder (Transaktion SWO1 oder im ABAP Class Builder (Transaktion SE24) dem Menüpfad Tools • Business Workflow • Development • Definition Tools • Application Integration • Business Object Builder oder Class Builder folgen. Wenn kein geeignetes Ereignis vorhanden ist, können Sie ein neues Ereignis erstellen. Das Anlegen neuer Ereignisse wurde in Kapitel 15, »Business-Objekte«, und in Kapitel 16, »ABAP-Klassen«, erläutert.

Für eine Ereignisdefinition ist keine Programmierung erforderlich, da die Implementierung zur Erzeugung des Ereignisses im Anwendungsprogramm selbst erfolgt. Die meisten Ereignisse verfügen nicht über spezielle Parameter, da die standardmäßigen Ereigniscontainerelemente ausreichend sind.

Bei den standardmäßigen Ereigniscontainerelementen handelt es sich um folgende:

- Ereignisobjekt (z. B. BUS1006, &_EVT_OBJECT&)
- Ereignisinitiator (die Person, unter deren Benutzerkennung das Ereignis erstellt wurde, &_EVT_CREATOR&))
- Ereignisname (z. B. CREATED)
- Objektschlüssel (z. B. Geschäftspartnernummer 221)
- Datum/Uhrzeit der Ereigniserstellung

Sie können beliebige Containerelemente vom Ereignis an den Ereignisempfänger übergeben.

Hinweis

Das Ereignis muss die Informationen über den Ereigniserzeuger (&_EVT_CREATOR&) und die betroffenen Datenobjekte (&_EVT_OBJECT&) übergeben. Wenn Ereignisse zum Starten von Workflows verwendet werden, wird der Ereigniserzeuger zum Workflow-Initiator, und das Ereignisobjekt instanziiert den Workflow-Container.

18.4 Erzeugung von Ereignissen in Anwendungen

Bevor eine Anwendung ein Ereignis erzeugen kann, muss die Ereigniserzeugung im Anwendungsprogramm implementiert werden. Die gute Nachricht ist, dass SAP diese Aufgabe häufig bereits für Sie erledigt hat. In der Regel beschränkt sich die Implementierung darauf, dass Sie nur konfigurieren müssen, welche Statusänderungen Ereignisse erzeugen und welche Ereignisse verwendet werden sollen. Ein Beispiel: Die Anwendungsprogramme für die Vorerfassung prüfen eine Konfigurationstabelle, um zu untersuchen, ob der vorerfasste Beleg für den Workflow von Belang ist, bevor Ereignisse für diesen Beleg ausgelöst werden.

Häufig können Sie sogar eigene neue Ereignisse in die Konfiguration eingeben, woraufhin die bereitgestellte Ereignisimplementierung die Ereigniserzeugung für Sie übernimmt. Sie müssen anhand der Konfigurationsdokumentation prüfen, was konfiguriert werden muss und ob Sie eigene Ereignisse hinzufügen können. Im weiteren Verlauf dieses Kapitels erfahren Sie, wie einige Elemente der Konfiguration funktionieren. Wenn Sie jedoch die Ereigniserzeugung Ihren eigenen Programmen hinzufügen möchten, können Sie die Ereigniserzeugung selbst implementieren (die APIs werden in Kapitel 19, »Benutzerdefinierte Programme«, beschrieben). Business Add-ins (BAdIs) können zur Implementierung einer Ereignisauslösung in vorhandenen SAP-Programmen verwendet werden, ohne dass diese bearbeitet werden müssen. Das Gleiche gilt für die folgenden generischen Mechanismen:

- **Änderungsbelege** (z. B. Protokolldatei)
  Sie können Ereignisse konfigurieren, die erzeugt werden sollen, wenn ein Änderungsbeleg geschrieben wird (z. B. bei einer Änderung der Stammdaten). Sie können eigene Ereignisse hinzufügen.
- **Allgemeine Statusverwaltung**
  Mithilfe der Statusverwaltung können Sie Ereignisse konfigurieren, die bei überwachten Statusänderungen erzeugt werden sollen. Sie können mit von SAP bereitgestellten und eigenen, benutzerdefinierten Statuswerten arbeiten. Sie können eigene Ereignisse hinzufügen.
- **Nachrichtensteuerung**
  Mithilfe der Nachrichtensteuerung können Sie Ereignisse konfigurieren, die erzeugt werden sollen, wenn ein Beleg erstellt wird (z. B. die Ausgabe eines Auftrags). Sie können eigene Ereignisse hinzufügen.
- **HR-Stammdaten**
  Basierend auf HR-Infotypvorgängen, können Sie die zu erzeugenden Ereignisse konfigurieren. Sie können eigene Ereignisse hinzufügen.
- **Business Transaction Events (BTEs)**
  In Finanzanwendungsprogrammen können Sie basierend auf Business Transaction Events die zu erzeugenden Ereignisse konfigurieren. Sie dürfen nur vorhandene Ereignisse verwenden.
- **Anwendungsspezifische Konfiguration** (z. B. vorerfasste Belege, Freigabe einer Bestellanforderung)
  Basierend auf der anwendungsspezifischen Konfiguration können Sie Ereignisse erzeugen. Da die Konfiguration bei jeder Anwendung anders ist, sollten Sie die Konfigurationsdokumentation verwenden, um festzustellen, ob Sie auch eigene Ereignisse erzeugen dürfen. Wenn eine Anwendung über eine besondere Workflow-Konfiguration verfügt, wird diese in der Konfiguration der Anwendung und nicht in den Workflow-Menüs angezeigt.

Mithilfe von Wizards können Sie die Ereigniserzeugungskonfiguration einrichten. In den folgenden Abschnitten werden die wichtigsten Mechanismen beschrieben.

18.4.1 Erzeugung von Ereignissen mithilfe von Änderungsbelegen

Wenn das Anwendungsprogramm einen *Änderungsbeleg* schreibt, können Sie die Erstellung des Änderungsbelegs zum Erzeugen eines Ereignisses verwenden. Viele Business-Objekte ändern sich häufig. Deshalb ist es (für Audit-Zwecke) hilfreich und erforderlich, die erfolgten Änderungen zurückverfolgen zu können. Viele Anwendungen protokollieren Änderungen mithilfe von Änderungsbelegen. Dies gilt insbesondere für Anwendungen zur Stammdatenpflege. Änderungsbelege werden üblicherweise geschrieben, wenn Objekte erstellt, geändert oder gelöscht werden.

Damit Änderungen in einem Änderungsbeleg protokolliert werden können, muss im System ein entsprechendes Änderungsbelegobjekt definiert werden. In seiner Definition enthält ein Änderungsbeleg Tabellen, die ein Business-Objekt im System repräsentieren, und generierten Quelltext, der in das entsprechende Anwendungsprogramm integriert wird. Falls gewünscht, können Sie Änderungsbelege auch in Ihre eigenen Programme integrieren.

Ein Änderungsbeleg wird nur geschrieben, wenn ein im ABAP Data Dictionary als *change document-relevant* gekennzeichnetes Tabellenfeld geändert wurde. So werden z. B. Änderungen an den SAP-ERP-Kostenstellendaten im Attribut `BUS0012-PersonInCharge` (Verantwortlicher der Kostenstelle) automatisch in einem Änderungsbeleg des Änderungsbelegobjekts `KOSTL` protokolliert.

Tipp

Vor der Konfiguration von Ereignissen, die über Änderungsbelege ausgelöst werden, sollten Sie prüfen, ob ein Änderungsbeleg für das zu überwachende Tabellenfeld geschrieben wird. Die einfachste Möglichkeit dazu besteht darin, die entsprechende Änderung mithilfe der Anwendung durchzuführen und anschließend zu prüfen, ob ein Änderungsbeleg mithilfe des entsprechenden Änderungsbelegreports erstellt wurde.

Um ein Ereignis über einen Änderungsbeleg zu erzeugen, müssen Sie das Ereignis über Transaktion SWEC oder den Menüpfad Tools • Business Workflow • Development • Definition Tools • Events • Event Creation • Change Documents • Linkage konfigurieren. Dazu sind folgende Mindestangaben notwendig: Änderungsbelegobjekt, Business-Objekttyp, Ereignisname und Geltungsbereich des Ereignisses (für eingefügte, aktualisierte oder gelöschte Daten). Sie können die Ereigniserzeugung weiter einschränken, indem Sie die alten und neuen Werte von Tabellenfeldern oder eine Bedingung (einen logischen Ausdruck) angeben, die erfüllt werden muss, bevor das Ereignis erzeugt wird. So können Sie z. B. angeben, dass das Feld MARA-WRKST (Werkstoff) nicht leer sein darf, bevor das Ereignis erzeugt wird.

Das System erzeugt das Ereignis stets, wenn ein Änderungsbeleg geschrieben wird, der den Konfigurationseinträgen entspricht. Änderungsbelege werden in der Regel geschrieben, nachdem die Änderung selbst in der Datenbank verbucht wurde. Durch die Nutzung von Änderungsbelegen zum Erzeugen des Ereignisses stellen Sie sicher, dass das Ereignis nur erzeugt wird, wenn die entsprechende Änderung tatsächlich erfolgt ist.

Das System füllt den Ereigniscontainer mit Informationen zum Änderungsbeleg. Sie können erzwingen, dass das System die alten und neuen Werte eines geänderten Feldes in den Ereigniscontainer schreibt, indem Sie im Business Object Builder das Feld als ein Datenbankfeldattribut für den Objekttyp definieren. Dadurch stellen Sie sicher, dass die ABAP-Data-Dictionary-Referenz des Attributs der des Feldes im Änderungsbeleg entspricht. Um diese Werte aus dem Ereigniscontainer in den Workflow zu übertragen, müssen Sie mehrzeilige Ereignisparameter mit einem dem Attribut entsprechenden Namen festlegen. Zur Laufzeit schreibt das System die alten und neuen Werte des Attributs als zwei Zeilen in das entsprechende Ereigniscontainerelement. (Der neue Wert hat den Index 0001, der alte den Index 0002.)

Tipp

Das System schreibt auch die Elemente CD_OBJECTCLAS (Änderungsobjektklasse), CD_OBJECTID (Änderungsobjektkennung) und CD_CHANGENR (Änderungsnummer) in den Ereigniscontainer. Über diese Elemente können Sie aus dem Workflow auf den Änderungsbeleg zugreifen. Dies ist besonders nützlich, wenn das Änderungsbelegobjekt Positionen enthält, die Sie analysieren müssen. Um diese Elemente im Workflow zu verwenden, müssen Sie diese als Ereignisparameter definieren, damit Sie sie im Datenfluss vom Ereignis- zum Workflow-Container verwenden können.

Hinzufügen von Ereignissen bei Materialänderung

Im folgenden Beispiel wird ein Ereignis erzeugt, wenn ein Material geändert wird. Bei einer Materialänderung wird ein Änderungsbeleg angelegt. Bei dem Objekt handelt es sich um ein BOR-Objekt (BUS1001006). Mithilfe von Transaktion *MM02* kann ein Material geändert werden; über Transaktion *MM04* kann der Änderungsbeleg angezeigt werden.

1. Stellen Sie sicher, dass Sie mit einem Beispielmaterial arbeiten, und ändern Sie das Material. Bei Bedarf können Sie den Änderungsbeleg für das Material auch überprüfen. (Verwenden Sie dazu die oben genannte Transaktion, oder folgen Sie dem Menüpfad LOGISTICS • MATERIALS MANAGEMENT • MATERIAL MASTER • MATERIAL • DISPLAY CHANGES.)
2. In Tabelle CDHDR können Sie überprüfen, welche Art von Änderungsbeleg angelegt wurde. Im Feld `OBJECTCLAS` wird der *Typ* des Änderungsbelegs angegeben. Sie müssen den Typ des Änderungsbelegs kennen, um den Beleg mit einem Ereignis verknüpfen zu können. Der Typ des angelegten Änderungsbelegs bei einer Materialänderung lautet `MATERIAL`.
3. Vergewissern Sie sich, dass der Ereignis-Trace aktiviert ist (weitere Informationen dazu finden Sie in Abschnitt 18.2.3, »Ereignis-Trace nach Beendigung ausschalten«). Ändern Sie das Material, und schauen Sie sich den Trace an. Wenn Sie in einem System ohne vorangegangene Workflow-Entwicklung arbeiten, werden Sie sehen, dass beim Ändern des Materials *kein* Ereignis erzeugt wird.
4. Rufen Sie Transaktion SWEC auf, oder folgen Sie dem Menüpfad TOOLS • BUSINESS WORKFLOW • DEVELOPMENT • DEFINITION TOOLS • EVENTS • EVENT CREATION • CHANGE DOCUMENTS • LINKAGE, und wählen Sie den Eintrag NEW ENTRIES.
5. Geben Sie »MATERIAL« für das Änderungsbelegobjekt ein. Der Business-Objekttyp sollte `BUS1001006` lauten. Wählen Sie die Dropdown-Liste für das Feld EVENT. Wenn Sie `BUS1001006` verwenden, wird kein Änderungsereignis angezeigt. Bevor Sie diesen Schritt ausführen, muss das Ereignis im Objekt definiert werden (weitere Informationen dazu erhalten Sie in Kapitel 15, »Business-Objekte«, und in Kapitel 16, »ABAP-Klassen«). Wählen Sie das geeignete Ereignis und die Option ON CHANGE zum Auslösen des Ereignisses aus.
6. Speichern Sie das Ereignis. Beim Speichern muss ein Transportauftrag angegeben werden.
7. Wechseln Sie zurück zur Anwendung, und ändern Sie ein Material. Nun können Sie das ausgelöste Ereignis im Ereignis-Trace (Transaktion SWEL) sehen.

Hinweis

Änderungsbelege können sowohl mit ABAP-Klassen als auch mit BOR-Objekten verknüpft sein.

18.4.2 Erzeugung von Ereignissen mithilfe von Statusänderungen

Wenn eine Anwendung die *allgemeine Statusverwaltung* einsetzt, können Sie die Ereigniserzeugung bei Systemstatusänderungen konfigurieren. Anwendungen für Innenaufträge, Finanzmittelüberwachung, Projekte, Fertigungsaufträge, Qualitätsprüfung und Änderungsanträge gehören zu den Anwendungen, die mit der Statusverwaltung arbeiten. Die Konfiguration der Anwendung gibt an, ob die Statusverwaltung verwendet wird. Die Statusverwaltung ermöglicht die Dokumentation des aktuellen Verarbeitungsstatus eines Anwendungsobjekts mithilfe von Statuswerten. So können Sie etwa mit der Statusverwaltung überwachen, ob alle Qualitätsprüfungen eines Objekts, das den Qualitätsprüfungsprozess durchläuft, abgeschlossen wurden.

Ein *Statusobjekttyp* bestimmt das Anwendungsobjekt, dessen Status verwaltet wird. Mithilfe von *Statusprofilen* werden Statuswerte mit Statusobjekttypen verknüpft. Wenn Sie eigene Statuswerte erstellen möchten, müssen Sie ein entsprechendes Statusprofil anlegen; bei vom System festgelegten Statuswerten sind die Beziehungen vordefiniert.

Jeder Status ist ein Indikator, der entweder aktiv oder inaktiv ist. Ein Beispiel: Der Status INSPECTION CLOSE COMPLETED (der angibt, dass alle Prüfungen abgeschlossen sind) ist entweder wahr (aktiv) oder falsch (inaktiv). Statuswerte können je nach Status vom System oder vom Benutzer festgelegt werden. Ereignisse können sowohl über Statuswerte erzeugt werden, die vom System festgelegt wurden, als auch über Werte, die von einem Benutzer definiert wurden.

Wenn ein Status sich ändert, können Sie die Erzeugung eines Ereignisses konfigurieren, indem Sie Transaktion BSVW oder den Menüpfad TOOLS • BUSINESS WORKFLOW • DEVELOPMENT • DEFINITION TOOLS • EVENTS • EVENT CREATION • STATUS MANAGEMENT verwenden. Sie müssen den Statusobjekttyp, den Business-Objekttyp und den Ereignisnamen angeben. Anschließend können Sie angeben, welche Statusänderungen das Ereignis erzeugen, indem Sie die Ereigniserzeugung auf einen bestimmten Status beschränken und zudem darauf, ob dieser Status aktiv oder inaktiv ist.

Weitere Informationen dazu finden Sie im Tutorial zum Erzeugen von Ereignissen bei Statusänderungen im SAP Help Portal.

Hinweis

Mit Statusänderungen verknüpfte Ereignisse *können nicht* für an ABAP-Klassen gebundene Ereignisse verwendet werden.

Abbildung 18.4 zeigt Transaktion BSBSVX für die Systemeinstellungen. Es werden das Business-Objekt, das Ereignis und der benötigte Status angezeigt. Diese Einstellungen können nur für SAP-Anwendungen verwendet werden, in denen die Statusverwaltung nativ eingesetzt wird. Wenn dies nicht eindeutig ist, wird in Ihrer Anwendung wahrscheinlich nicht nativ mit der Statusverwaltung gearbeitet. `CDM` bezieht sich auf eine Änderung eines Stammsatzes im Änderungsdienst. `ECM` ist der Objekttyp, `APPROVED` das Ereignis und `I0253` der Status für eine erteilte Genehmigung.

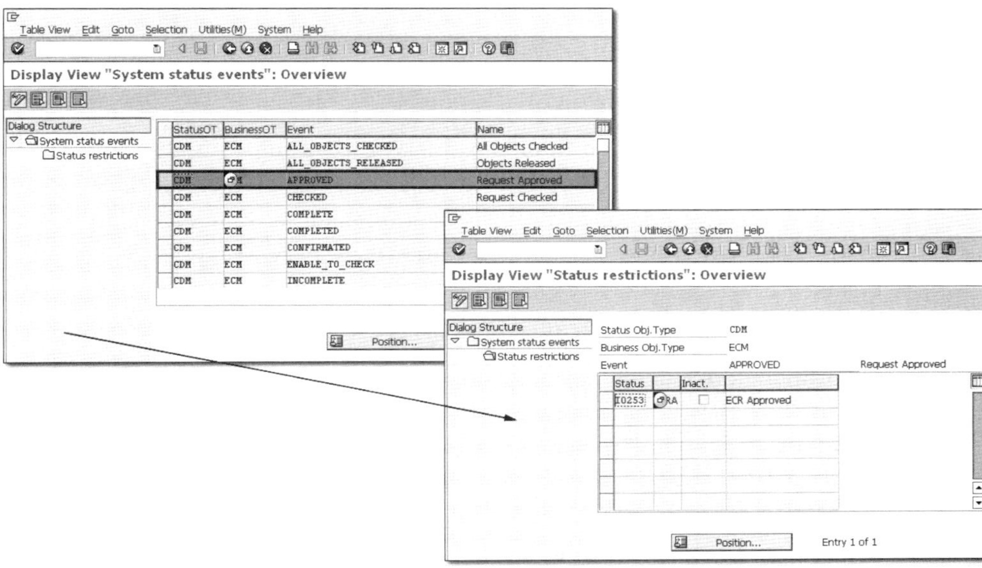

Abbildung 18.4 Verwendung der Statusverwaltung zum Hinzufügen eines Ereignisses

18.4.3 Erzeugung von Ereignissen mithilfe der Nachrichtensteuerung

Wenn eine Anwendung die *Nachrichtensteuerung* zum Austausch von Informationen zwischen Geschäftspartnern verwendet, können Sie die Ereigniserzeugung als Teil der Nachrichtensteuerung konfigurieren. Anwendungen für Kundenaufträge und Bestellungen zählen zu den Anwendungen, die mit der Nachrichtensteuerung arbeiten. Bei der Ausführung der Nachrichtensteuerung werden alle konfigurierten Ereignisse erzeugt. Wenn Sie z. B. einen Kundenauftrag erzeugen, wird die Nachrichtensteuerung ausgeführt, um den Auftrag für den Kunden auszugeben (z. B. per Ausdruck, E-Mail, Fax oder XML). Sie können ein Ereignis (z. B. `SALESORDER.CREATED`) konfigurieren, das zeitgleich mit der Auftragsvergabe erzeugt werden soll.

Wenn die Nachrichtensteuerung ausgeführt wird, können Sie die Erzeugung eines Ereignisses konfigurieren, indem Sie Transaktion NACE oder den Menüpfad Tools • Business Workflow • Development • Definition Tools • Events • Event Creation • Message Control wählen. Für die entsprechende Anwendung müssen Sie einen getrennten Ausgabetyp erstellen (z. B. `EVENT`, »Auslösendes Ereignis für Workflow«) und Sendemedium 9, »Events (Workflow)«, wählen.

Tipp

Alternativ können Sie das Sendemedium T, »Task (Workflow)«, wählen, wenn Sie ausnahmslos nur einen Workflow starten möchten. Durch Ereignisse können Sie jedoch flexibler festlegen, ob, wie und welche Workflows betroffen sind.

Dem neuen Ausgabetyp ordnen Sie eine Verarbeitungsroutine zu. SAP stellt zu diesem Zweck das Programm `RVNSWE01` mit der FORM-Routine `CREATE_EVENT` bereit. Diese Routine enthält die Implementierung der Ereigniserzeugung. Sie können diesen Quelltext durch Ihr eigenes Programm bzw. Ihre eigene Routine ersetzen, wenn Sie z. B. Ihren eigenen Ereignisparametern Werte zuordnen möchten, bevor das Ereignis erzeugt wird.

Sie ordnen den neuen Ausgabetyp einer entsprechenden *Zugriffsfolge* zu. Die Zugriffsfolge bestimmt, welche *Bedingungen* zur Festlegung der Ausgabe verwendet werden können. Bei Ereignissen dienen die Bedingungen der Festlegung, welches Ereignis erzeugt werden soll. Eine Bedingung kann z. B. auf einem Belegtyp basieren. Anschließend können Sie einen *Konditionssatz* für den jeweiligen Belegtyp und das zu erzeugende Ereignis erstellen. Bei der Ausführung der Nachrichtensteuerung wird das gewünschte Ereignis abhängig vom Belegtyp erzeugt.

Sie müssen die entsprechenden Konditionssätze erstellen. Im Abschnitt Communication des Konditionssatzes geben Sie den Business-Objekttyp und den Ereignisnamen ein. In den Abschnitt Control geben Sie den neuen Ausgabetyp der entsprechenden Nachrichtensteuerungsprozedur ein. Mit dieser Prozedur können Sie angeben, was passiert, wenn die Nachrichtensteuerung ausgeführt wird. Die Prozedur kann z. B. angeben, dass die Auftragsvergabe per Fax erfolgen und das Ereignis zeitgleich erzeugt werden soll. Die Anwendungskonfiguration legt fest, welche Nachrichtensteuerungsprozedur zur Laufzeit verwendet wird.

18.4.4 Erzeugung von Ereignissen basierend auf Änderungen an HR-Stammdaten

Sie können Ereignisse auch basierend auf Änderungen an HR-Stammdaten erzeugen: Sie können die Erzeugung eines Ereignisses konfigurieren, wenn sich HR-Daten ändern, indem Sie die Transaktionen SWEHR1, SWEHR2 und SWEHR3 oder den Menüpfad Tools • Business Workflow • Development • Definition Tools • Events • Event Creation • Change to HR Master Data verwenden. HR-*Infotypen* und ihre *Subtypen* bestimmen den Typ der geänderten Stammdaten.

Sie verknüpfen einen Business-Objekttyp mit einem HR-Infotyp. Falls angebracht, können Sie die Verknüpfung auch auf einen bestimmten Subtyp beschränken. So können Sie z. B. den Infotyp 4000, der Bewerber repräsentiert, mit dem Business-Objekt `APPLICANT` verknüpfen. SAP stellt verschiedene vordefinierte Verknüpfungen zur Verfügung, die Sie erweitern können.

Ein Infotyp legt den Typ der Änderung fest. Sie verknüpfen den Infotypvorgang mit einem Business-Objekttyp und Ereignisnamen. Wenn in HR ein neuer Bewerber eingegeben wird, können Sie z. B. den Einfügevorgang für Infotyp 4000 mit dem Business-Objekttyp `APPLICANT` und dem Ereignis `CREATED` verknüpfen, um ein Ereignis zu erzeugen.

SAP stellt verschiedene vordefinierte Verknüpfungen zwischen Infotypvorgängen und Ereignissen zur Verfügung. Sie können diese Verknüpfungen unverändert verwenden, sie durch eigene Verknüpfungen ersetzen oder den von SAP bereitgestellten oder eigenen Ereignissen vollständig neue Verknüpfungen hinzufügen. Anstatt den Infotypvorgang mit einem bestimmten Ereignis zu verknüpfen, können Sie auch einen Funktionsbaustein angeben, bei dem das zu erzeugende Ereignis basierend auf den alten und neuen Werten des Infotyps dynamisch bestimmt werden kann. SAP stellt zahlreiche Beispiele dieser Funktionsbausteine zur Verfügung, wie z. B. den Funktionsbaustein `HR_EVENT_RULES_PB4000`, der angibt, welche Ereignisse für Bewerber erzeugt werden sollen.

Hinweis

Mit diesen Transaktionen können nur BOR-Objekte definiert werden. Sie können jedoch ABAP-Klassenereignisse mithilfe eines eigenen Funktionsbausteins erzeugen, der das Ereignis dynamisch auslöst.

18.4.5 Erzeugung von Ereignissen mithilfe von Business Transaction Events

Sie können zu erzeugende Ereignisse auf BTEs konfigurieren. BTEs sind nicht mit Business-Objektereignissen verwandt. Sie werden durch Finanzanwendungen ausgelöst (wie z. B. Hauptbuchhaltung und Debitoren-/Kreditorenbuchhaltung in SAP ERP Financials) und dienen der Benachrichtigung anderer Teile des Systems über Vorgänge, die im Rechnungswesen durchgeführt wurden, wie z. B. die Erstellung eines Belegs.

Sie können ein Business Transaction Event über Transaktion SWU_EWBTE oder den Menüpfad Tools • Business Workflow • Development • Definition Tools • Events • Event Creation • Set Up with Wizard • Business Transaction Events mit einem Business-Objektereignis verknüpfen. Wenn ein BTE mit einem Business-Objektereignis verknüpft ist, ruft das System beim Eintritt des BTEs einen Funktionsbaustein auf, der Quelltext zur Ereigniserzeugung enthält. Der Funktionsbaustein wandelt die Daten im BTE in Ereigniscontainerelemente um und erzeugt das Business-Objektereignis.

Wenn Sie ein BTE mit einem Business-Objektereignis verknüpfen, generiert das SAP-System einen Funktionsbaustein mit der entsprechenden Schnittstelle und Implementierung. Sie müssen den Namen des neuen Funktionsbausteins und dessen Funktionsgruppe angeben. Über Transaktion BF34 können Sie die mithilfe des Wizards erstellten vorhandenen Funktionsbausteine anzeigen. Bei der Verknüpfung müssen Sie ein neues *Kundenprodukt* zuordnen. Das Kundenprodukt identifiziert Ihre Erweiterungen der BTE-Funktionen im Gegensatz zu den vom System bereitgestellten Funktionen. Über Transaktion BF24 können Sie sich die vorhandenen Kundenprodukte anzeigen lassen. Sie dürfen nur die vordefinierten BTEs und Business-Objektereignisse verwenden. Über Transaktion BF01 können alle BTEs angezeigt werden. Die vordefinierten Ereignisbeziehungen finden Sie in Tabelle 18.1.

Hinweis

ABAP-Klassenereignisse können nicht über den Wizard angegeben werden. Sie können jedoch den BTE-Funktionsbaustein manuell anlegen (oder einen generierten Funktionsbaustein ändern), um ein ABAP-Klassenereignis auszulösen.

Business Transaction Event	Ereignis	
00001030 POST DOCUMENT: Verbuchen der Standarddaten	BKPF Buchhaltungsbeleg	CREATED Beleg erzeugt
00001040 REVERSE CLEARING (nach Standard-Update)	BKPF Buchhaltungsbeleg	CLEARINGREVERSED Ausgleich zurückgenommen
00001050 POST DOCUMENT: FI/CO-Schnittstelle	BKPF Buchhaltungsbeleg	CREATED Beleg erzeugt
00001030 POST DOCUMENT: Verbuchen der Standarddaten	BKPF Buchhaltungsbeleg	CHANGED Beleg geändert
00001320 CUSTOMER MASTER DATA (sichern)	BUS3007 Debitorenkonto	CREATED Konto eröffnet
00001420 VENDOR MASTER DATA (sichern)	BUS3008 Kreditorenkonto	CREATED Konto eröffnet
00001520 CREDIT MANAGEMENT (sichern)	BUS1010 Debitorenkreditkonto	CREATED Konto eröffnet

Tabelle 18.1 Beziehungen zwischen Business Transaction Events und Ereignissen

18.4.6 Erzeugung von Ereignissen durch Aufruf einer Workflow-API

Wenn keine der Ereigniskonfigurationsoptionen geeignet ist oder Sie Ereignisse in eigene Programme einbeziehen möchten, können Sie mithilfe der von SAP bereitgestellten Funktionsbausteine die Ereigniserzeugung selbst programmieren. Einzelheiten dazu finden Sie in Kapitel 19, »Benutzerdefinierte Programme«.

18.5 Einsatz von Ereignissen in Workflows

Dafür zu sorgen, dass die Anwendung das Ereignis erzeugt, ist nur die eine Seite der Medaille. Der Workflow muss im Kontext des Geschäftsprozesses nach wie vor jedes Ereignis überwachen und eine Reaktion darauf bereitstellen.

Tipp

Ebenso, wie der Ereigniserzeuger nicht wissen muss, ob aktive Ereignisempfänger vorhanden sind, muss der Ereignisempfänger nicht wissen, wie oder in welcher Anwendung das Ereignis erzeugt wurde. Dies macht den Mechanismus überaus stabil und transparent.

18.5.1 Einsatz von Ereignissen in Workflows

Ereignisse bieten folgende Möglichkeiten innerhalb des Workflows:

- Verwendung als *auslösendes Ereignis* eines Workflows oder einer Aufgabe
- Verwendung als *beendendes Ereignis* zum Anhalten eines Workflows oder einer Aufgabe bzw. Beenden eines Schritts vom Typ WAIT FOR EVENT. Der Workflow enthält den Typ WAIT FOR EVENT, um auf eine wichtige Änderung der Rechnung zu reagieren, die sich auf den ausgeführten Workflow auswirkt.
- Erzwingen, dass der Workflow einen Vorgang auf sich selbst anwendet, etwa das Aktualisieren der Bearbeiterzuordnungen zu den Workitems oder Neustarten des Workflows. Aus Sicht der Ereigniskopplung entsprechen diese Ereignisse beendenden Ereignissen, da das Ereignis auf eine Workflow-Instanz reagiert, die bereits ausgeführt wird.

Darüber hinaus kann der Workflow über den Schritttyp EVENT CREATOR selbst als Ereigniserzeuger fungieren. Ein Beispiel: Wenn der Workflow »Einstellungsstopp implementieren« gestartet wird, soll der Workflow das Ereignis `ALLHIRINGFROZEN` erzeugen, über das anschließend alle gegenwärtig aktiven Workflows vom Typ »Bewerbung bearbeiten« abgebrochen werden.

18.5.2 Auslösende Ereignisse

Ein Ereignis, das dem Start eines Workflows oder einer Aufgabe dient, wird *auslösendes Ereignis* genannt. Dieses Ereignis kann jedoch auch in einem anderen Workflow als ein beendendes Ereignis verwendet werden. Abhängig vom Kontext, in dem das Ereignis verwendet (oder *verbraucht*) wird, wird das Ereignis als auslösendes oder beendendes Ereignis bezeichnet.

Bei der Erzeugung des Ereignisses wird der Workflow bzw. die Aufgabe gestartet. Voraussetzung dafür ist, dass die Ereigniskopplung aktiv ist und die Kopplungsregeln erfüllt sind. Wenn z. B. ein Ereignis für »Rechnung angelegt« mit einem Workflow verknüpft wird, wird beim Anlegen einer Rechnung immer ein Ereignis erzeugt und ein Workflow gestartet. Dies kann beliebig oft am Tag der Fall sein. Mit jedem Ereignis wird eine neue Workflow-Instanz ausgelöst. Damit dies geschieht, müssen folgende Voraussetzungen für das Ereignis erfüllt sein:

- Das Ereignis ist mit einem Workflow verknüpft.
- Das Ereignis ist im Workflow aktiviert.

  Ereignisse können mit Workflows verknüpft, aber inaktiv sein. Sind sie inaktiv, wird der Workflow nicht gestartet, wenn das Ereignis eintritt.
- Die Startbedingungen müssen erfüllt sein.

  Im vorangegangenen Beispiel wurde bei jedem Vorgang zum Anlegen einer Rechnung ein Workflow gestartet. In der Praxis ist es jedoch möglicherweise nicht sinnvoll, dass bei *jeder* Erstellung einer Rechnung ein Workflow gestartet wird, sondern nur dann, wenn der Betrag einen Schwellwert darstellt oder andere Kriterien erfüllt sind. Sie können für die mit dem Workflow verknüpften Ereignisse Bedingungen definieren.

Im Rahmen der Anwendung »Bestellanforderung erstellen« wird beim Speichern der neuen Anforderung das Ereignis »Bestellanforderung erstellt« erzeugt. Anschließend können Sie das System automatisch den Workflow »Bestellanforderung genehmigen« starten lassen. Für einen Workflow oder eine Aufgabe kann es mehrere auslösende Ereignisse geben. Der Workflow wird gestartet, wenn eines dieser auslösenden Ereignisse erzeugt wird.

Tipp

Durch die Verknüpfung eines auslösenden Ereignisses mit einer Aufgabe wird die Aufgabe im Grunde als Einzelschritt-Workflow verwendet. Doch selbst bei nur einem Einzelschritt in Ihrem Geschäftsprozess ist es in der Regel besser, diesen in einen Workflow einzubetten, anstatt die Aufgabe direkt zu verwenden, da der Workflow mehr Steuerungsmöglichkeiten bietet. Sie können z. B. Termine im Workflow-Schritt angeben, die mit der Aufgabe verknüpft sind.

Verknüpfung des Workflows mit einem auslösenden Ereignis

Das Verknüpfen eines Ereignisses mit einem Workflow ist auch als *Ereigniskopplung* bekannt.

Tipp

Dasselbe Ereignis kann sowohl als auslösendes Ereignis (z. B. für einen oder mehrere Workflows) als auch als beendendes Ereignis (z. B. für eine oder mehrere Aufgaben oder einen oder mehrere Schritte vom Typ WAIT FOR EVENT) dienen. Für jeden Verbraucher wird jedoch eine eigene Ereigniskopplung benötigt.

Die Ereigniskopplungen können sich dabei beträchtlich unterscheiden. Sie können auslösende Ereignisse über den Menüpfad GOTO • BASIC DATA im Workflow Builder mit einem Workflow verknüpfen. Klicken Sie auf die Registerkarte VERSION-INDEPENDENT und dann auf die Registerkarte START EVENTS. Auf der Registerkarte TRIGGERING EVENTS der Aufgabendefinition können Sie ein auslösendes Ereignis für eine Aufgabe bestimmen.

Um das auslösende Ereignis Ihrem Workflow zuzuweisen, müssen Sie einen Datenfluss zwischen dem Ereignis- und dem Workflow-Container einrichten, um Ereignisinformationen an den Workflow zu übergeben. Elemente des Ereigniscontainers können nur an solche Elemente des Workflow-Containers übergeben werden, für die das Kennzeichen IMPORT gesetzt wurde. In der Regel werden zumindest die Ereignisobjektinstanz im Ereigniscontainerelement `_EVT_OBJECT` und der Ereignisinitiator im Ereigniscontainerelement `_EVT_CREATOR` übergeben. Der Ereignisinitiator entspricht im Allgemeinen der Benutzerkennung des Benutzers, der das Ereignis indirekt auslöst. Als Präfix werden die beiden Zeichen `US` verwendet, um anzugeben, dass auf eine Benutzerkennung verwiesen wird. Wenn Sie *Import*elemente im Workflow-Container mit demselben ABAP-Data-Dictionary-Typ oder derselben Objekttypreferenz wie für die Elemente im Ereigniscontainer definieren, versucht der Workflow Builder vor der Zuordnung des auslösenden Ereignisses zu Ihrem Workflow, die Ereignis- und Workflow-Containerelemente für Sie abzugleichen.

Nachdem Sie das auslösende Ereignis bestimmt und den Datenfluss erstellt haben, erzeugt das System automatisch eine Typkopplung, die aus folgenden Elementen besteht:

- dem Business-Objekttyp und Ereignisnamen
- dem aktuellen Workflow (oder der aktuellen Aufgabe) als Ereignisempfänger

Weitere Kopplungseinstellungen, wie z. B. die Verbraucherfunktion, werden automatisch erstellt. Diese Einstellungen werden in Kapitel 19, »Benutzerdefinierte Programme«, detailliert beschrieben.

Tipp

Sie können die meisten Felder in der Ereigniskopplung ändern; nicht ändern sollten Sie jedoch den angegebenen Verbraucher-Funktionsbaustein.

Zunächst wird die Ereigniskopplung inaktiv angelegt. Sie müssen sie aktivieren, damit das System sie zur Laufzeit verwenden kann, andernfalls wird sie ignoriert. Wenn Sie noch an der Entwicklung des Workflows arbeiten, können Sie die Kopplung inaktiv lassen, bis der Workflow nach der Publikation des Ereignisses gestartet werden kann.

Ereigniskopplungen stellen Customizing-Einträge dar. Sie können mithilfe des standardmäßigen SAP-Transport-Management-Systems in ein anderes System transportiert werden (z. B. aus einem Entwicklungs- in ein Produktionssystem).

Sie können alle auslösenden Ereigniskopplungen über Transaktion SWE2 oder den Menüpfad Tools • Business Workflow • Development • Definition Tools • Events • Event Linkages • Type Linkages anzeigen. Um zu testen, ob die Ereigniskopplung korrekt definiert wurde, können Sie sie über Transaktion SWUO oder den Menüpfad Tools • Business Workflow • Development • Utilities • Events • Simulate Event testen.

Hinzufügen von Ereignissen zu Ihrem Geschäftspartner-Workflow

Führen Sie die folgenden Schritte aus, um Ihrem Geschäftspartner-Workflow ein Ereignis hinzuzufügen:

1. In Kapitel 13, »Anlegen eines Workflows«, haben Sie einen Workflow für Ihren Geschäftspartner angelegt. Wechseln Sie in den Workflow Builder (Transaktion SWDD), und bearbeiten Sie Ihren Workflow.
2. Wechseln Sie in den Bereich Workflow-Container, und doppelklicken Sie auf Ihr Objekt `BUS1006`. Wählen Sie die Registerkarte Properties. Vergewissern Sie sich, dass das Kennzeichen Import gesetzt ist. Das Kennzeichen Import wird für das Ereignis benötigt, damit Informationen an den Workflow-Container übergeben werden können.
3. Wählen Sie im Workflow Goto • Basic Data. Wählen Sie auf der Registerkarte Version-Independent (Task) die Registerkarte Start Events.
4. Wählen Sie im Feld Object Type Category den Eintrag BO für Business-Objekt. Geben Sie im Feld Object Type die Bezeichnung »BUS1006« ein. Wählen Sie in der Dropdown-Liste für das Feld Event of the Object das Ereignis Created.
5. Es gibt drei weitere Spalten. Die erste Spalte ist die Spalte Active. Die zweite Spalte lautet Binding und die dritte Condition. Wählen Sie das Symbol in der Spalte Binding.

6. Der Datenfluss sollte aussehen, wie in Abbildung 18.5 dargestellt. Beachten Sie, dass &_EVT_OBJECT& an das Business-Objekt BUS1006 und &_EVT_CREATOR& an den Workflow-Initiator gebunden ist.

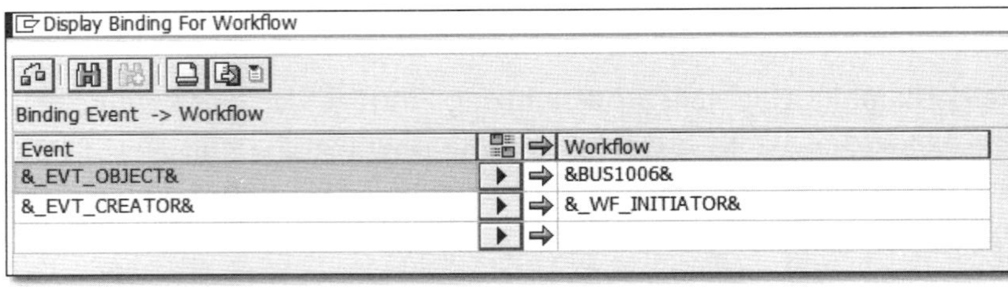

Abbildung 18.5 Datenfluss zwischen Startereignis und Workflow

7. Nachdem Sie den Datenfluss ausgewählt haben, wird das Spaltensymbol grün angezeigt.
8. Aktivieren Sie das Ereignis, indem Sie auf das Symbol in der Spalte ACTIVE klicken.
9. Wenn Sie in den Workflow Builder wechseln, können Sie sehen, dass der Schritt EVENT zu Ihrem Workflow hinzugefügt wurde. Speichern und aktivieren Sie den Workflow.
10. Legen Sie über Transaktion BP einen Geschäftspartner an. Sie können eine Person anlegen, einen Vor- und Nachnamen eingeben und dann speichern. Beim Speichern wird ein Ereignis erzeugt, über das Ihr Workflow gestartet wird. Ist der Ereignis-Trace eingeschaltet, können Sie in Transaktion SWEL sehen, dass das Ereignis ausgelöst und der Workflow gestartet wurde.
11. Navigieren Sie zur Workflow-Inbox (Transaktion SBWP), wo der erste Schritt angezeigt wird, und führen Sie Ihren Workflow aus.

18.5.3 Startbedingungen für Workflows

Mithilfe von Startbedingungen können Sie für ein bestimmtes Ereignis angeben, ob ein Workflow gestartet werden soll. Startbedingungen werden nur für auslösende Ereignisse benötigt. Es gibt verschiedene Gründe für die Verwendung einer Startbedingung. Zum Beispiel wird immer ein Ereignis erzeugt, wenn ein Material angelegt wird. Ihr Workflow soll jedoch nur für Gefahrstoffe ausgeführt werden. Mithilfe einer Startbedingung können Sie die Materialart überprüfen, bevor der Workflow gestartet wird.

Im vorangegangenen Beispiel haben wir das Ereignis hinzugefügt, um unseren Workflow zu starten, wenn ein Geschäftspartner angelegt wird. Möglicherweise soll der Workflow jedoch nur gestartet werden, wenn es sich um einen Geschäftspartner vom Typ `organization` handelt. In diesem Fall würde die Startbedingung auf der Kategorie oder dem Typ des Geschäftspartners basieren.

Die Startbedingung selbst ist ein logischer Ausdruck, der auf Konstanten, Attributen der Ereignisobjekte und Systemfeldern basieren kann. Der Workflow wird nur gestartet, wenn der logische Ausdruck wahr ist. Da Startbedingungen Konfigurationseinträge sind, können Controller, Administratoren und Super User auch ohne Programmierkenntnisse die Startbedingungen (d. h. den logischen Ausdruck) anzeigen lassen und ändern. Sie können in Startbedingungen mit komplexen logischen Ausdrücken arbeiten, wie z. B. logischen `AND`/`OR`/`NOT`-Ausdrücken, Existenzprüfungen, Mustervergleichen und mehrfach verschachtelten Klammern. Für die allgemeine Systemperformance ist es am effizientesten, nicht benötigte Workflows so schnell wie möglich zu beenden.

Mithilfe einer Startbedingung (oder eines Check-Funktionsbausteins) können Sie also den Start nicht benötigter Workflows verhindern, anstatt einen Workflow zu starten und anschließend den ersten Schritt des Workflows abbrechen zu müssen, weil er nicht benötigt wird.

Startbedingungen (oder Verbrauchertyp-Funktionsbausteine) sind außerdem sehr nützlich und effizient, um ein Ereignis an einen von mehreren Workflows zu senden, anstatt einen riesigen Workflow zu erstellen, der lediglich andere Workflows auslöst. Ein Beispiel: Wenn Sie mit drei verschiedenen Genehmigungsszenarien für eine Bestellanforderung arbeiten (»Keine Genehmigung nötig«, »Ein Genehmigender erforderlich«, »Zwei Genehmigende erforderlich«), können Sie sich gegenseitig ausschließende Startbedingungen verwenden. Sie können so den entsprechenden Workflow für jede Bestellanforderung basierend auf z. B. dem Geldwert der Anforderung und der Ausgabenbegrenzung desjenigen Benutzers auslösen, der die Anforderung erstellt hat.

Startbedingungen können im Workflow definiert werden. Zudem können sämtliche Startbedingungen über den Eintrag DEFINE START CONDITIONS in Transaktion SWB_COND (Menüpfad TOOLS • BUSINESS WORKFLOW • DEVELOPMENT • DEFINITION TOOLS • EVENTS • EVENT LINKAGES • WORKFLOW START CONDITIONS angezeigt werden bzw. üblicherweise auch an allen Stellen, an denen Sie einen Workflow oder eine Aufgabe mit einem auslösenden Ereignis verknüpfen können.

Wenn Sie eine Startbedingung für ein Ereignis erstellen, fügt das System automatisch einen vordefinierten Check-Funktionsbaustein für die Ereigniskopplung hinzu, wie z. B. `SWB_ CHECK_FB_START_COND_EVAL`. Stellen Sie beim späteren Ändern der Ereigniskopplung sicher, dass Sie diesen Check-Funktionsbaustein erhalten, da die Startbedingung sonst nicht funktioniert.

Hinzufügen einer Startbedingung zum Workflow

Führen Sie die folgenden Schritte aus, um eine Startbedingung zum Workflow hinzuzufügen:

1. Wählen Sie im Workflow Goto • Basic Data. Wählen Sie auf der Registerkarte Version-Independent (Task) die Registerkarte Start Events.
2. Klicken Sie auf die Spalte Condition. Sie sehen das in Abbildung 18.6 gezeigte Fenster.

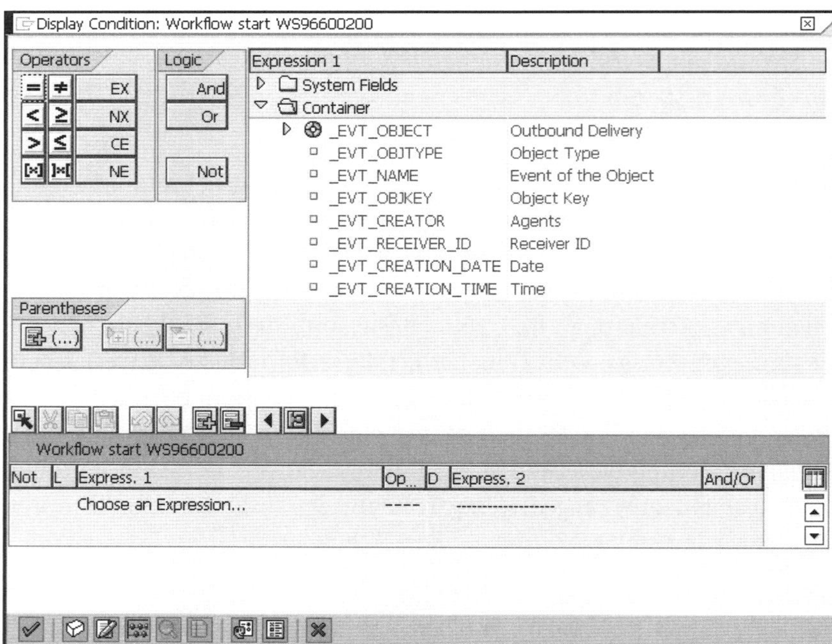

Abbildung 18.6 Hinzufügen einer Startbedingung zum Workflow

3. Verzweigen Sie auf das Objekt `Business Partner`, und doppelklicken Sie auf Bus Partner Category.
4. Doppelklicken Sie auf das Symbol Contains Pattern (*).
5. Geben Sie im Feld Constant den Wert »1« ein, und drücken Sie die [↵]-Taste. Die Bedingung sollte wie folgt lauten:

   ```
   &Business Partner.Bus Partner Category& = 1.
   ```

   Bei Typ `1` handelt es sich bei dem Geschäftspartner um eine Person, bei Typ `2` um eine Organisation.
6. Sie werden aufgefordert, die Bedingung mit einem Änderungsantrag zu verknüpfen. Wenn Sie dies getan haben, wird in der Spalte Condition das Symbol Condition () angezeigt, d. h., eine Bedingung ist vorhanden.
7. Testen Sie die Bedingung, indem Sie das Symbol Enter Test Data () auswählen.
8. Wählen Sie das Objekt Business Partner, und geben Sie eine Geschäftspartnernummer an. Sie können in das Objekt `Business Partner` verzweigen, um die Kategorie anzuzeigen.
9. Wählen Sie das Symbol Evaluate Condition with Test Data (), um die Bedingung zu testen. Anschließend werden die Ergebnisse der Auswertung angezeigt.
10. Um die Bedingung zu entfernen, markieren Sie die Zeile mit der Bedingung und wählen das Symbol Delete Row ().
11. Denken Sie daran, dass Sie das Ereignis erneut aktivieren müssen, nachdem Sie die Zeile gelöscht haben. Aktivieren Sie den Workflow, nachdem Sie die Bedingung entfernt haben.

18.5.4 Beendende Ereignisse

Ein Ereignis, das der Beendigung eines Workflows oder einer Aufgabe bzw. der Änderung des Verhaltens eines bereits gestarteten Workflows dient, wird *beendendes Ereignis* genannt. Bedenken Sie, dass dieses Ereignis im selben oder in einem anderen Workflow auch als auslösendes Ereignis verwendet werden kann. Lediglich der Verwendungskontext macht das Ereignis zu einem beendenden Ereignis.

Das gängigste Beispiel ist eine Aufgabe, die asynchron ausgeführt wird. Ist dies der Fall, verfügt der Workflow nicht über Informationen darüber, wann die Aufgabe abgeschlossen wird. Es wird also ein beendendes Ereignis benötigt, um den Workflow darüber zu informieren, dass er mit dem nächsten Schritt fortfahren kann. Ein Beispiel dafür ist die Aufgabe TS 7986 aus dem Workflow WS00000038. Dabei handelt es sich um den Workflow für die Genehmigung von Bestellanforderungen. Die Aufgabe zur Freigabe der Bestellanforderung ist asynchron, und es sind beendende Ereignisse für diese Aufgabe definiert. Verfügt eine Aufgabe über eine asynchrone Methode, muss sie ebenfalls über ein beendendes Ereignis verfügen. Andernfalls weiß der Workflow nicht, wann die Aufgabe abgeschlossen wird.

Bei der Erzeugung des Ereignisses wird der Status von Workflow, Aufgabe oder Schritt auf BEENDET gesetzt. Voraussetzung dafür ist, dass die Ereigniskopplung aktiv ist und die Kopplungsregeln erfüllt sind. Wenn eine Aufgabe oder ein Schritt abgeschlossen ist, wird der Workflow fortgesetzt. Abbildung 18.7 zeigt die beendenden Ereignisse für Aufgabe TS 7986.

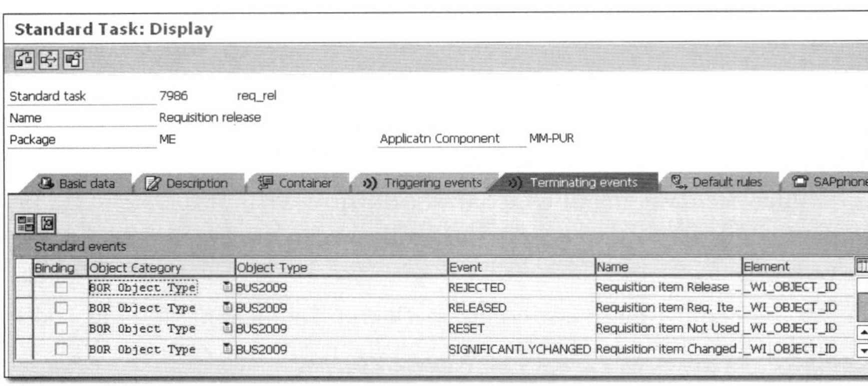

Abbildung 18.7 Beendende Ereignisse für eine Aufgabe

Verknüpfung mit beendenden Ereignissen

Wenn ein Workflow, eine Aufgabe oder ein Schritt vom Typ WAIT FOR EVENT beim Erzeugen eines Ereignisses abgeschlossen werden soll, wird automatisch eine Ereigniskopplung zwischen dem Ereignis und dem entsprechenden Ereignisempfänger erstellt. Während einem auslösenden Ereignis nur die Workflow-Definition bekannt sein muss, für die eine neue Workflow-Instanz gestartet werden soll, muss einem beendenden Ereignis genau bekannt sein, welche Workflow-Instanzen, Workitems oder Instanzen des Schritts WAIT FOR EVENT beendet werden sollen.

Wenn ein Ereignis z. B. den Workflow-Schritt »Änderungsantrag 103 freigeben« beendet, dürfen alle anderen Änderungsanträge, die auf die Freigabe warten, davon nicht betroffen sein. Aus diesem Grund besteht die Kopplung für beendende Ereignisse stets aus zwei Komponenten:

- einer *Ereignistypkopplung* zur Angabe der Regeln, die für alle Objektinstanzen des Ereignisses identisch sind
- einer *Ereignisinstanzkopplung*, die die entsprechenden Verbraucher (Workitem-IDs) pro Objektinstanz festlegt

Nachdem das System das beendende Ereignis verarbeitet hat, wird die Instanzkopplung automatisch gelöscht.

Hinweis

Auf der Registerkarte TERMINATING EVENTS der Aufgabendefinition können Sie beendende Ereignisse für eine Aufgabe bestimmen (siehe Abbildung 18.7).

Das beendende Ereignis für einen Schritt vom Typ WAIT FOR EVENT wird in der Schrittdefinition selbst definiert.

Zuordnung von beendenden Ereignissen zu Containerelementen

Um das beendende Ereignis Ihrem Workflow, einer Aufgabe oder einem Schritt vom Typ WAIT FOR EVENT zuzuordnen und den Business-Objekttyp und den Ereignisnamen anzugeben, müssen Sie auch ein Containerelement angeben, das eine Referenz auf die Objektinstanz enthält. Mithilfe dieser Objektinstanz wird die Ereignisinstanzkopplung zur Laufzeit automatisch erstellt. Das bedeutet, dass ein Workflow, eine Aufgabe oder ein Schritt vom Typ WAIT FOR EVENT stets auf ein beendendes Ereignis für die Kombination aus Business-Objekttyp, Ereignisname und Objektinstanz wartet. Wenn Sie also z. B. das auf der Objektinstanz »Kunde: ABC GmbH« basierende Workitem »Kundenstammdaten aktualisieren« mit dem beendenden Ereignis »Kunde aktualisiert« erstellen, soll das Workitem nur beendet werden, wenn das Ereignis für diesen bestimmten und keinen anderen Kunden erzeugt wird. Wenn es mehrere Workitems gibt, die auf dasselbe beendende Ereignis warten (etwa zwei Workitems, die auf das Ereignis »Kunde aktualisiert« für »Kunde: ABC GmbH« warten), werden zur Laufzeit bei der Erzeugung des Ereignisses beide Workitems beendet.

Eine Datenflussdefinition ist für beendende Ereignisse optional. In der Regel reicht es aus, zu wissen, dass das Ereignis für die angegebene Objektinstanz eingetreten ist. Sie können nach Wunsch jedoch einen Datenfluss zwischen dem Ereignis- und dem Workflow-Container einrichten, um Ereignisinformationen an den Workflow zu übergeben. Dies ist tatsächlich die einzige

Möglichkeit, um Informationen von einer asynchronen Methode an den Workflow zurückzugeben.

Achtung

Sie können nur beendende Ereignisse an die Workflow-Containerelemente übergeben, für die das Kennzeichen IMPORT gesetzt ist.

Nachdem Sie das beendende Ereignis und das Containerelement bestimmt haben, das die Objektinstanz zur Laufzeit enthält, erstellt das System automatisch eine Ereignistypkopplung, die aus folgenden Elementen besteht:

- dem Business-Objekttyp und Ereignisnamen
- einem generischen Namen für den Ereignisempfänger, z. B. `Workitem` für beendende Ereignisse, die mit Aufgaben und Workflows verknüpft sind, oder `EVENTITEM` für beendende Ereignisse, die mit Schritten vom Typ WAIT FOR EVENT verknüpft sind
- einem Kennzeichen, das angibt, dass die Instanzkopplung zur Laufzeit überprüft werden muss

Hinweis

Das Ereignis wird automatisch aktiviert. Deaktivieren Sie es nicht.

Ein entsprechender Verbraucher-Funktionsbaustein und die Standardeinstellungen für die anderen Ereigniskopplungsfelder werden automatisch in die Ereigniskopplung aufgenommen. Sie können die meisten Felder in der Ereigniskopplung ändern; nicht ändern sollten Sie jedoch den angegebenen Verbraucher-Funktionsbaustein. Die Typkopplung des beendenden Ereignisses muss in der Regel nicht geändert werden. Sie können sich alle beendenden Ereigniskopplungen über Transaktion SWEINST oder über den Menüpfad TOOLS • BUSINESS WORKFLOW • DEVELOPMENT • UTILITIES • INSTANCE LINKAGE anzeigen lassen.

18.5.5 Workflow-Header-Ereignisse

Mithilfe von Ereignissen, die im Header des Workflows definiert sind, kann der Workflow als Verbraucher auf Ereignisse reagieren, die sich auf die laufende Instanz des Workflows auswirken. Abbildung 18.8 zeigt, wie Workflow-Header-Ereignisse definiert werden. Um beendende Ereignisse für einen Workflow zu definieren, wählen Sie im Workflow Builder BASIC DATA • VERSION-DEPENDENT und anschließend die Registerkarte EVENTS.

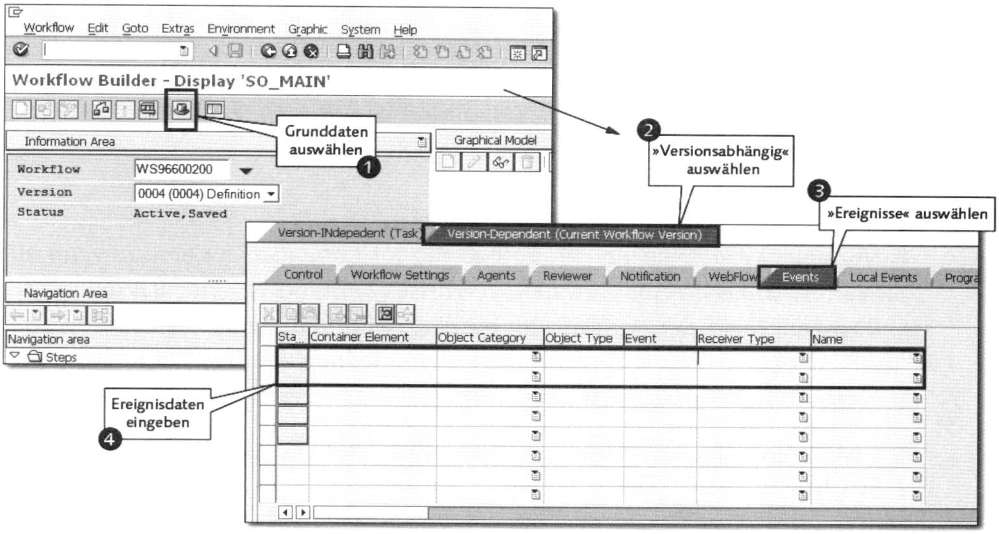

Abbildung 18.8 Definieren von Workflow-Header-Ereignissen

Hier legen Sie fest, welche Aktion ausgeführt bzw. welches Ereignis definiert werden soll:

- **Cancel the Workflow**
  Der gesamte Workflow wird abgebrochen (z. B. wenn der Kundenauftrag oder die Rechnung zurückgezogen wird).
- **Evaluate Preconditions and Postconditions**
  Alle Schritte für die Bedingungen werden ausgewertet (weitere Informationen dazu erhalten Sie in Kapitel 14, »Erweiterte Design-Techniken für Workflows«).
- **Reevaluate Rules of Active Work Items**
  Die Regelauflösung für aktive Workitems wird ausgeführt. Wenn sich z. B. der Verantwortliche der Kostenstelle ändert, sollten die Regeln neu ausgewertet werden.
- **Cancel and Restart a Workflow**
  Der Workflow wird abgeschlossen, abgebrochen und mit den Werten im Workflow-Container neu gestartet.
- **Go to the Wait Step Event**
  Das Ereignis wird für einen im Workflow definierten Warteschritt bereitgestellt; gibt es kein aktives Ereignis (wenn der Warteschritt noch nicht erreicht wurde), wird das Ereignis »geparkt«. Dies wird in Abschnitt 18.5.6, »Geparkte Ereignisse«, näher beschrieben.

- **Trigger Local Event**
  Es wird ein lokales Ereignis ausgelöst, das zum Starten eines im Workflow definierten lokalen Workflows oder zum Abschließen eines Warteschritts verwendet werden kann.

18.5.6 Geparkte Ereignisse

Normalerweise kann der Workflow nur auf Ereignisse reagieren, wenn ein Warteschritt zum Abhören des Ereignisses definiert ist und sich der Workflow innerhalb der Ausführung an der Stelle befindet, an der der Warteschritt instanziiert wurde. Tritt das Ereignis jedoch vor dem Warteschritt auf, verpasst der Workflow das Ereignis.

Gehen wir von folgendem Beispiel aus: Ihr Workflow umfasst sechs Schritte. In Schritt 2 wird eine Aufgabe ausgeführt. In Schritt 4 wird auf ein Ereignis gewartet (z. B. Rechnung zurückgezogen, Formular gelöscht). Tritt das Ereignis für Schritt 4 auf, während Schritt 2 ausgeführt wird, geht das Ereignis verloren. Um dies zu verhindern, werden die Ereignisse nun automatisch im Workflow »geparkt«, und es wird auf das Ereignis gewartet. Wenn das Ereignis für Schritt 4 also während der Ausführung von Schritt 2 auftritt, parkt die SAP Business Workflow Engine das Ereignis. Erst wenn Schritt 2 und Schritt 3 abgeschlossen wurden und Schritt 4 erreicht wird, verarbeitet der Workflow das Ereignis, und der Warteschritt wird abgeschlossen. Gibt es mehrere Warteereignisse, verbraucht das erste übereinstimmende Ereignis-Item das erste geparkte Ereignis.

18.5.7 Ereignis-Queues

Ereignis-Queues können zur Verbesserung der allgemeinen Systemperformance und zur Korrektur fehlerhafter Ereignisse verwendet werden. Ereignis-Queues speichern die Ergebnisse der Ereigniskopplung vorübergehend in einer Datenbanktabelle, nachdem die Startbedingungen und Check-Funktionen ausgewertet wurden. Dadurch kommt es vor dem Start der Workflows zu einer geringfügigen Verzögerung, was eine Verteilung der bei der Workflow-Erstellung erzeugten Systemlast bewirkt.

Für die Arbeit mit Ereignis-Queues müssen Sie drei grundlegende Schritte ausführen:

- **Aktivieren Sie in der Ereigniskopplung des auslösenden Ereignisses die Ereignis-Queue**
  Um die Ereignis-Queue zur Verteilung der Systemlast zu nutzen, müssen Sie in der Ereigniskopplung das Kennzeichen ENABLE EVENT QUEUE setzen. Greifen Sie über den Menüpfad TOOLS • BUSINESS WORKFLOW • DEVELOPMENT • UTILITIES • EVENTS • TYPE LINKAGES oder über Transaktion SWETYPV auf dieses Kennzeichen zu.
- **Aktivieren, verwalten und überwachen Sie die Ereignis-Queue über die Queue-Verwaltung**
  Die Queue-Verwaltung finden Sie über den Menüpfad TOOLS • BUSINESS WORKFLOW • DEVELOPMENT • ADMINISTRATION • EVENT MANAGER • EVENT QUEUE oder Transaktion SWEQADM.

  Auf der Registerkarte BASIC DATA wird die standardmäßige Fehlerbehandlung für alle Ereignisse angegeben. Auf der Registerkarte BACKGROUND JOB können Sie sich den Hintergrundjob SWEQSRV anzeigen lassen und planen, der die Ereignis-Queue regelmäßig verarbeitet. Auf der Registerkarte LINKAGES WITH ERRORS können Sie sich alle Ereignisse anzeigen lassen, die gegenwärtig den Status FEHLERHAFT aufweisen.
- **Zeigen Sie wartende Ereignisse und deren Status über den Ereignis-Browser an**
  Die Ereignis-Queue können Sie sich über den Menüpfad TOOLS • BUSINESS WORKFLOW • DEVELOPMENT • UTILITIES • EVENTS • EVENT QUEUE BROWSER oder über Transaktion SWEQBROWSER anzeigen lassen. Hier werden die Ereignisse in der Ereignis-Queue und die bereits verarbeiteten Ereignisse samt Status angezeigt, z. B. wenn die Verarbeitung beim ersten Mal keinen Erfolg hatte. Beim nächsten Durchlauf wird erneut versucht, das Ereignis zu übermitteln. Wurde ein Ereignis noch nicht übermittelt oder ist das Ereignis fehlerhaft, können Sie die Übermittlung auch manuell starten. Sie können optional Ereignisse übermitteln, die in der Queue warten.

  Mithilfe der Ereignis-Queue können Sie auch fehlerhafte Ereigniskopplungen speichern, damit diese später nach der Fehlerkorrektur neu gestartet werden können. Um fehlerhafte Ereignisse in die Ereignis-Queue zu senden, setzen Sie das Kennzeichen BEHAVIOR UPON ERROR FEEDBACK in der Auslösungsereigniskopplung auf MARK LINKAGE AS HAVING ERRORS oder DO NOT CHANGE LINKAGE.

  Der Hintergrundjob SWEQSRV verarbeitet regelmäßig die Elemente in der Ereignis-Queue. Er wird im Workflow-Customizing eingerichtet.

Sie dürfen die Ereignis-Queue nicht mit dem Ereignis-Trace verwechseln. In der Ereignis-Queue warten die Ereignisse auf ihre Ausführung. Im Ereignis-Trace wird nachverfolgt, welche Ereignisse tatsächlich im System auftreten (unabhängig davon, wie diese mit einem Workflow verknüpft sind). Der Ereignis-Trace dient allgemein zur Lösung von Problemen und wird detailliert in Kapitel 11, »Erweiterte Diagnose«, vorgestellt.

18.6 Generische Objektdienste

Generic Object Services (GOS) sind verschiedene auf Business-Objekten basierende Dienste, die Sie in Anwendungsprogramme einbeziehen können. Häufig hat SAP für bereitgestellte Anwendungen diese Aufgabe schon für Sie übernommen. In der Regel sind GOS in Anwendungen enthalten, die das Anzeigen oder Ändern der Business-Objektinstanz ermöglichen.

Beim Anzeigen eines Änderungsantrags oder eines Leads können Sie für dieses Objekt auf die generischen Objektdienste zugreifen. Je nach verwendetem SAP-Release und grafischer Benutzeroberfläche können Sie auf die Dienste über das Menü (System • Services for Object), einen Button oder eine bewegliche Symbolleiste zugreifen. Beachten Sie, dass nicht alle Business-Objekte Unterstützung für generische Objektdienste bieten.

Obwohl die Liste der Dienste je nach Release unterschiedlich ist, bieten sie standardmäßig immer Folgendes:

- den Ad-hoc-Start neuer Workflows, basierend auf der Objektinstanz über den Dienst Start Workflow Service
- die Anzeige aller aktuellen und abgeschlossenen Workflows unter Einbeziehung der Objektinstanz über den Dienst Workflow Overview Service
- das Abonnieren (oder Aufheben von Abonnements) von Ereignissen, basierend auf der Objektinstanz über den Dienst Subscribe to/Cancel Object; dies bedeutet, dass Sie benachrichtigt werden, wenn ein Ereignis für diese Objektinstanz eintritt
- das Senden einer E-Mail mit dieser Objektinstanz als Anlage über den Dienst Send Object with Note
- das Hinzufügen von Anlagen oder Notizen zum Business-Objekt

Sie können z. B. die GOS zum Anzeigen aller aktuellen Workflows basierend auf dem ausgewählten Lead verwenden und so deren Status überwachen.

Hinweis

Auf diese Dienste können Sie nur zugreifen, wenn Sie zuvor die Transaktion um die generischen Objektdienste erweitert haben. Wenn Sie Ihren eigenen Transaktionen generische Objektdienste hinzufügen möchten, finden Sie in Kapitel 19, »Benutzerdefinierte Programme«, eine entsprechende Anleitung.

18.6.1 Manuelles Starten von Workflows

Mitunter ist es sinnvoll, Workflows auf Ad-hoc-Basis manuell zu starten. Ein Beispiel: Bei der Anzeige von Materialstammdaten fällt einem Benutzer ein Wert auf, der aktualisiert werden muss. Er hat jedoch keine Berechtigung zum Ändern des Wertes. Stattdessen startet er einen Workflow, um den Mitarbeiter zu kontaktieren, der für dieses Material zuständig ist.

Indem der Mitarbeiter einen Workflow manuell startet, ohne eine E-Mail zu senden, kann er sicherstellen, dass das richtige Material übergeben wird (ohne dass sich Tippfehler einschleichen), und es dem Workflow überlassen, den für dieses Material zuständigen Bearbeiter zu bestimmen. Außerdem kann der Workflow die Mitarbeiter über die Durchführung der Änderung benachrichtigen.

Beim manuellen Starten eines Workflows wird der Workflow unmittelbar aktiviert, und Sie werden gegebenenfalls direkt zum ersten Schritt geführt (siehe Abschnitt 4.2.5, »Weiterschalten mit sofortigem Dialog«, »Verteilung von Workitems«). Wenn Sie für den Workflow ein Startformular definiert haben, wird dieses Formular angezeigt. Um einen Workflow manuell zu starten, müssen Sie ein möglicher Bearbeiter des Workflows sein.

Tipp

Im Notfall können alle Workflows vom Systemadministrator über Runtime Tools • Test Workflow (Transaktion SWUS) manuell gestartet werden. Falls der Administrator ein möglicher Bearbeiter des Workflows ist, kann er diesen auch über Runtime Tools • Start Workflow (Transaktion SWUI) starten.

Wie Sie in Abbildung 18.9 sehen können, enthält der Standardbildschirm für das Starten von Workflows zwei Bereiche. Links sind alle Workflows aufgeführt, für die Sie ein möglicher Bearbeiter sind. Wenn Sie einen Workflow auswählen, wird dessen Beschreibung rechts gezeigt. Über die Funktion Start with details können Sie dem Workflow Informationen wie z. B. Anlagen, Notizen oder Termine hinzufügen. (Es stehen drei Registerkarten zur Verfügung.) Die Anlagen und Notizen sind allen Bearbeitern zugänglich.

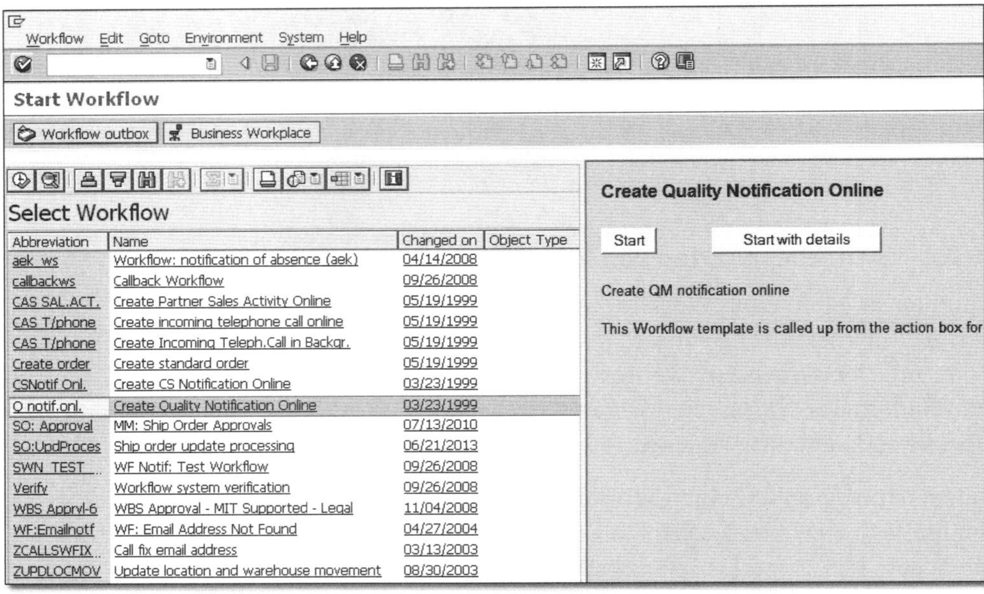

Abbildung 18.9 Manuelles Starten eines Workflows

18.6.2 Anzeige der Protokolle zusammengehöriger Workflows

Es wird eine Liste aller Workflows angezeigt, die auf diese Business-Objektinstanz Bezug nehmen. Sie können zu den verschiedenen Protokollen der einzelnen Workflows navigieren. Diese Liste umfasst Ad-hoc-Workflows und Workflows, bei denen das Objekt als Anlage und nicht als Teil der Workflow-Definition hinzugefügt wurde.

18.6.3 Abonnieren einer Objektinstanz

Wenn Sie einen Workflow nicht starten müssen, sondern nur über bestimmte Ereignisse im Zusammenhang mit einer bestimmten Objektinstanz benachrichtigt werden möchten, können Sie über den generischen Objektdienst `SUBSCRIBE` eine Objektinstanz abonnieren. Dies ist eine nützliche Funktion für Benutzer, die über Ereignisse informiert werden möchten, die für eine bestimmte Objektinstanz eintreten, z. B. eine Änderung des Kostenstellenstamms.

Um Empfänger einer E-Mail-Ereignisbenachrichtigung zu werden, müssen Sie in den generischen Objektdiensten das gewünschte Objekt abonnieren. Falls Sie keine Benachrichtigungen mehr wünschen, müssen Sie das Abonnement aufheben. Dazu wechseln Sie in eine Anwendung, die die generischen

Objektdienste unterstützt und die mit dem gewünschten Objekt arbeitet. Damit ein Benutzer Ihre eigenen Ereignisse abonnieren kann, müssen Sie für Ihr Ereignis eine Ereigniskopplung erstellen (Transaktion SWE2) und SUBSCRIBE als Verbrauchertyp, SGOSSUB_REC_FB_SEND_MAIL als Verbraucher-Funktionsbaustein und SGOSSUB_CHECK_FB als Check-Funktionsbaustein angeben. Die Texte der E-Mail und der spezifisch zu verwendende Check-Funktionsbaustein können in der Konfigurationstabelle SGOSSUB angepasst werden.

18.6.4 E-Mail-Versand

Über diese Option können Sie eine E-Mail mit der Business-Objektinstanz als Anlage an Dritte senden. Das Objekt kann nur angezeigt werden, wenn der Empfänger die E-Mail in Business Workplace empfängt. Je nach verwendeter Schnittstelle können Microsoft Outlook und Lotus Notes dieses Feature unterstützen.

Dem Objekt wird eine Referenz auf diese E-Mail angefügt, sodass jeder Benutzer, der die Transaktion zur Anzeige des Objekts verwendet, erkennt, dass die E-Mail gesendet wurde. Wenn Sie mit diesem Feature arbeiten möchten, sollten Sie dafür sorgen, dass alle Benutzer wissen, wie und zu welchem Zweck es verwendet wird. Stellen Sie sicher, dass die Benutzer die E-Mail nicht an Benutzer außerhalb des Systems senden, da die Anlage dabei nicht verwendet werden kann.

18.7 Starten von Workflows über Meldungen

Wenn eine Meldung (z. B. eine Fehler- oder Warnmeldung) auf einem Bildschirm ausgegeben wird, kann der Benutzer den Langtext der Meldung anzeigen. Wenn Sie einen Workflow erstellen, der bei der Anzeige einer Fehlermeldung gestartet werden soll, wird der zusätzliche Button START WORKFLOW auf dem Bildschirm mit dem Langtext der Fehlermeldung hinzugefügt, damit die Benutzer optional diesen Button zum Starten des Workflows wählen können.

Achtung

Bei der Anzeige einer Fehlermeldung kann ein Workflow nicht automatisch gestartet werden.

Ein Beispiel: Wenn die Fehlermeldung angibt, dass einige Stammdaten fehlen, können Sie einen Workflow einrichten, den der Benutzer starten kann, um den für diese Stammdaten zuständigen Mitarbeiter zu kontaktieren.

Um einen Workflow zu erstellen, der mit einer Fehlermeldung verknüpft ist, verwenden Sie den Wizard über Transaktion SWUY oder den Menüpfad Tools • Business Workflow • Development • Definition Tools • Execute the Wizard Create Workflow-Message Linkage. Dadurch werden ein Eintrag in der Tabelle T100W und ein Workflow mit allen relevanten Containerelementen erstellt, sodass die Details der Fehlermeldung (wie z. B. Typ, Klasse, Nummer, Text und Parameter) im Workflow ausgewertet werden können.

Wenn Sie Workflows mit benutzerdefinierten Reports oder Steuermechanismen erweitern möchten, nutzen Sie am besten veröffentlichte Interfaces. In diesem Kapitel lernen Sie die am häufigsten eingesetzten Workflow-APIs (WAPIs) kennen und erhalten eine Übersicht über die SAP Business Workflow Engine.

19 Benutzerdefinierte Programme

Von Paul Bakker und Rick Bakker

Nachdem Sie einige Workflows in die Produktivumgebung übergeben und sich mit SAP Business Workflow vertraut gemacht haben, müssen Sie möglicherweise von außerhalb der Anwendung auf den Workflow zugreifen. Zum Beispiel verfügen Sie eventuell über einen Hintergrundjob, der von einem Lieferanten empfangene Daten verarbeitet, und Sie möchten einen Workflow starten. Oder Sie möchten, dass von Ihnen angelegte, benutzerdefinierte Programme mit einem Workflow interagieren. Dazu müssen Sie die Typen von Workitems, mit denen Sie arbeiten können, und die WAPIs (*Workflow Application Programming Interfaces)* verstehen. Dieses Kapitel liefert dem Systemadministrator darüber hinaus eine umfassende Beschreibung der SAP Business Workflow Engine.

19.1 Die SAP Business Workflow Engine

Die SAP Business Workflow Engine bietet zahlreiche Möglichkeiten, um eigene Funktionen zu einem Prozess hinzuzufügen. Bevor Sie mit der Erstellung eigener, benutzerdefinierter Programme beginnen, erhalten Sie in diesem Kapitel einen Überblick über die SAP Business Workflow Engine.

Achtung

Die hier bereitgestellte detaillierte Beschreibung soll Sie dabei unterstützen, sich mit der Arbeitsweise des Systems vertraut zu machen. Legen Sie keine Funktionen an, die direkt oder indirekt (z. B. über interne SAP-Funktionsbausteine) Schreibvorgänge in den Datenbanktabellen durchführen, da dies zu Inkonsistenzen führen kann, die sich verheerend auf derzeit ausgeführte Workflows auswirken können.

Gehen Sie auf Nummer sicher – greifen Sie auf öffentliche Schnittstellen zurück, und setzen Sie diese mit Vorsicht ein.

19.1.1 Workitems

Bei der Ausführung eines Workflows wird ein Anker (die *Workflow-Instanz*) generiert, über den alle relevanten Daten der jeweiligen Instanz referenziert werden. Die Workflow-Instanz wird in Tabelle SWWWIHEAD als Workitem vom Typ F gespeichert. Die Workflow-Kennung ist innerhalb des Systems eindeutig und wird mithilfe eines Nummernkreises zugeordnet, der angepasst werden kann.

Die Hauptschritte im Workflow erhalten einen eigenen Anker, die Workitem-ID. Das Workitem kann vom Typ W, B oder F sein – je nachdem, ob es sich um eine Dialogaufgabe (erscheint in einer Benutzer-Inbox), eine Hintergrundaufgabe (wird automatisch und ohne Benutzereingriff ausgeführt) oder einen Sub-Workflow handelt (ein Workflow, der als Schritt eines übergeordneten Workflows aufgerufen wird). Darüber hinaus gibt es noch weitere Workitem-Typen, auf die wir später in diesem Abschnitt eingehen werden.

Einige technische Schritte, z. B. die Containeroperation, werden nicht als Workitems abgebildet. Sämtliche Dialog- und Hintergrundaufgaben dagegen werden durch Workitems dargestellt. Obwohl Sie einen aufgabenbasierten Workflow-Schritt so anpassen können, dass dieser nicht im Standard- und grafischen Workflow-Protokoll erscheint, wird dennoch ein Workitem erstellt, das im technischen Workflow-Protokoll angezeigt wird. Die detaillierte Historie zu jedem Workitem wird in einer separaten Tabelle (SWWLOGHIST) gespeichert.

Die einem Workitem zugeordneten Bearbeiter werden ebenfalls in separaten Tabellen gespeichert. Dies kann jedoch von Release zu Release variieren. Bei einigen Tabellen handelt es sich lediglich um flüchtige Puffer, die gelöscht werden, sobald das Workitem ausgeführt wurde. Verwenden Sie daher ausschließlich öffentliche Schnittstellen zur Abfrage der einem Workitem zugeordneten Bearbeiter.

Jedes Workitem referenziert die Aufgabe, auf der es basiert, sowie das übergeordnete Workflow-Workitem, sofern dies anwendbar ist (siehe Abbildung 19.1). Auf diese Weise kann die Workflow Engine in der Baumstruktur von einem Workitem zum nächsten, übergeordneten Workitem springen, bis die Wurzel-Workflow-Instanz erreicht ist. Workflow-Workitems referenzieren den Workflow (z. B. WS00000001) über die Versionsnummer.

Diese Versionsnummer ist wichtig, denn wenn Sie die Workflow-Definition ändern, müssen alte Instanzen dem alten Workflow-Prozess entsprechen, neue Instanzen dagegen müssen der neu aktivierten Workflow-Definition folgen. In einigen Systemen mit langer Verarbeitungsdauer und geändertem Workflow gelten – abhängig vom Beginn der Workflow-Instanz – unter Umständen mehrere Versionen einer Workflow-Definition gleichzeitig.

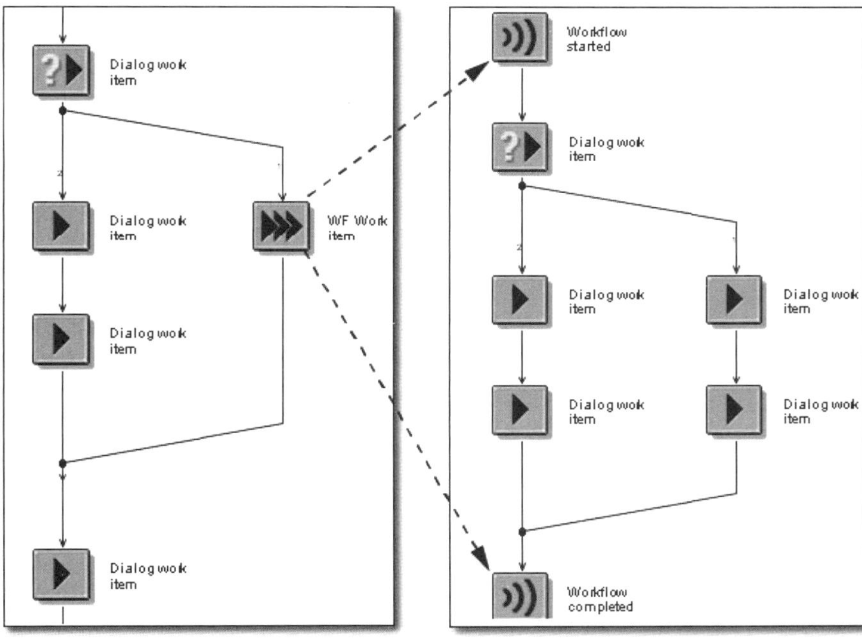

Abbildung 19.1 Workitem-Hierarchie

Hinweis

Generieren Sie bei jeder Änderung des Prozessflusses oder des Datenflusses eine neue Version im Workflow Builder.

Tabelle 19.1 zeigt eine vollständige Liste aller Workitem-Typen. Ein System, das bereits über viele Releases hinweg in Betrieb ist, könnte noch einige der in der Tabelle als obsolet angegebenen Workitem-Typen aufweisen.

Workitem-Typ	Zweck	
A	Arbeitsvorrats-Workitem	Dieser Workitem-Typ wird für Arbeitsvorräte eingesetzt. Im Anlagenmanagement-Workflow handelt es sich bei einem Arbeitsvorrat um eine Liste von Anlagen, die von derselben Workflow-Instanz bearbeitet werden.
B	Hintergrund-Workitem	Hintergrund-Workitems werden durch den Hintergrundbenutzer WF-BATCH im Hintergrund ausgeführt. Eine Hintergrundaufgabe weist keine möglichen Bearbeiter auf und erscheint in keiner Inbox. Hintergrund-Workitems verwenden Aufgaben, die als »Hintergrund« definiert sind und auf einer Methode ohne das Kennzeichen Dialog basieren.
C	Container-Anker-Workitem	Obsolet. Container-Anker-Workitems sind streng genommen keine Workitems, da sie mit keinem Workflow verknüpft sind. Sie wurden eingesetzt, um IDocs mit dem vom eingehenden IDoc angelegten Business-Objekt zu verknüpfen. Zum Löschen dieser Workitems verwenden Sie den Report RSWWCIDE, wie in SAP-Hinweis 153205 beschrieben. Sie werden nicht über Transaktion SARA gelöscht.
D	Terminüberschreitungs-Workitem	Ein derartiges Workitem wird erstellt, wenn ein (modellierter) Termin überschritten wird und als Reaktion Text anzeigen gewählt wurde. Alle Empfänger bei Terminüberschreitung erhalten das Terminüberschreitungs-Workitem.
E	Warteschritt-Workitem	Ereignis-Workitems, die angelegt werden, wenn ein Schritt Wait for Event im Workflow abgewartet werden muss. Wenn das Ereignis auftritt und mit den im Warteschritt gesetzten Bedingungen übereinstimmt, wird das Ereignis-Item auf Completed gesetzt. Der Workflow fährt mit dem auf diesen Schritt folgenden Zweig fort.

Tabelle 19.1 Workitem-Typen

Workitem-Typ	Zweck	
F	Workflow-Workitem	Das Workflow-Workitem repräsentiert einen einzelnen Workflow oder Sub-Workflow. Dem Workflow-Workitem werden Workitems zugeordnet, die die einzelnen Workflow-Schritte darstellen. Wenn Sie in Transaktion SWI1 auf ein Workitem doppelklicken, wird das Workflow-Protokoll angezeigt. Wenn die WORKFLOW INSTANCE den Status COMPLETED aufweist, werden alle von ihr abhängigen Workitems abgeschlossen oder abgebrochen.
W	Dialog-Workitem	Dialog-Workitems werden in der Workflow-Inbox oder in der Worklist angezeigt. Die Aufgabe eines solchen Workitems wird gestartet, wenn der Benutzer das Workitem startet. Diese Aufgabe kann die verbundene Dialogmethode zum Start einer SAP-Transaktion aufrufen oder eine verknüpfte BSP- oder Web-Dynpro-Anwendung starten.

Tabelle 19.1 Workitem-Typen (Forts.)

Obwohl Sie auf die Workitem-Tabelle SWWWIHEAD ausschließlich über öffentliche Schnittstellen zugreifen sollten, ist es nützlich, die wichtigsten verfügbaren Felder zu kennen (siehe Tabelle 19.2), da die überwiegende Zahl der öffentlichen Schnittstellen diese zurückliefert.

Technischer Name des Feldes	Bedeutung
`WI_ID`	Workitem-ID
`WI_TYPE`	Kürzel, das den Workitem-Typ angibt (siehe Tabelle 19.1)
`WI_STAT`	Status, in dem sich das Workitem befindet (siehe Tabelle 19.3)
`WI_CHCKWI`	Übergeordnetes Workitem. Ist dieses Feld leer, handelt es sich um ein Top-Level-Workitem.

Tabelle 19.2 Wichtige Felder der Tabelle SWWWIHEAD

Die vom Workflow benötigten Daten werden in Containern gespeichert. Es kann sich dabei um Standardtabellen oder um XML-Containertabellen handeln. Jedes Workitem verfügt über einen eigenen Container. Dies schließt das Workflow-Workitem und sämtliche darunter angeordneten (Sub-)Workflow-Workitems, Dialog- oder Hintergrund-Workitems ein. Obwohl der Workflow-Container dazu dient, andere Container zu füllen (wie in Abbildung 19.2), erlauben eigene Container der Aufgabe, unabhängig von anderen Aufgaben zu arbeiten. Dies ist besonders bei der parallelen Ausführung von großer Bedeutung: Sobald die Aufgabe beendet wurde, werden die Inhalte des Aufgabencontainers nach den Datenflussregeln wieder an den Workflow-Container zurückgegeben (siehe Kapitel 13, »Anlegen eines Workflows«).

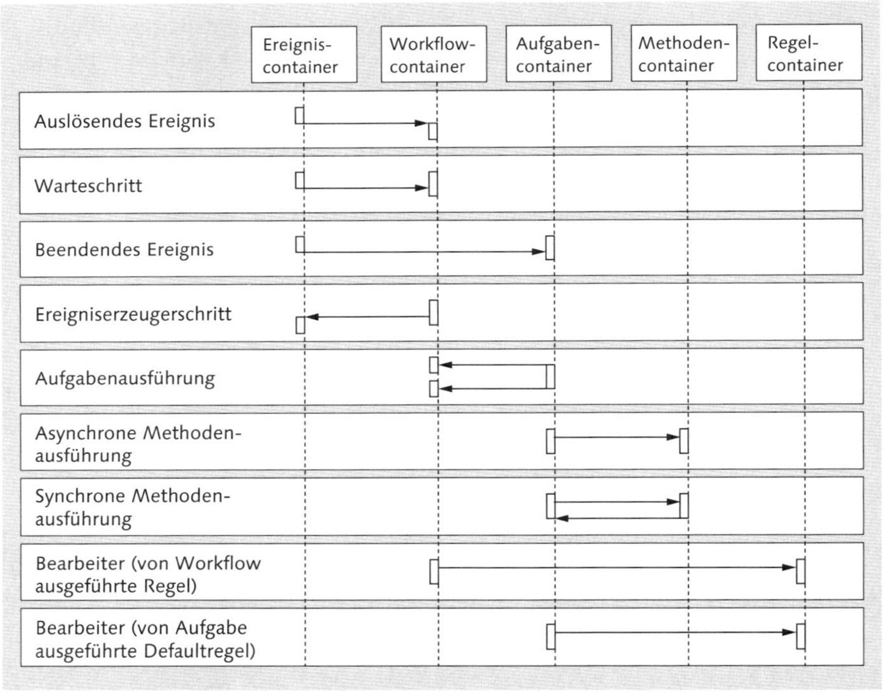

Abbildung 19.2 Mögliche Datenflussdefinitionen innerhalb eines Workflows

Wenn Sie von Ihren eigenen Programmen auf die Container-Laufzeitdaten zugreifen möchten, verwenden Sie den Funktionsbaustein SAP_WAPI_READ_CONTAINER. Diese Funktion gibt die Workflow-Daten zurück, unabhängig davon, ob sie im XML-Format oder in einem älteren Format gespeichert wurden. Die älteren Workflows oder diejenigen Workflows, die nicht für den Einsatz von XML-Containern konfiguriert wurden, verwenden die Tabellen

SWW_CONT und SWW_CONTOB. Die Tabelle SWW_CONTOB enthält Elemente, die auf Objektreferenzen basieren, die Tabelle SWW_CONT enthält Strukturen und einfache Elemente.

Der Datenfluss von einem Container zu einem anderen wird in der Datenflussdefinition beschrieben. Abbildung 19.2 zeigt die möglichen Datenflüsse.

Hinweis

Aus Performancegründen ist es besser, den Datenfluss zwischen der Aufgabe und der Methode *nicht* zu definieren. Wenn dieser Datenfluss nicht definiert ist, übergibt das SAP-System den gesamten Aufgabencontainer einfach an den Methodencontainer und umgekehrt.

19.1.2 Ereignisse

Ereignisse sind transient, d. h., sie werden nicht gespeichert. Sie können mithilfe von Ereignis-Traces, Workflow-Traces oder Ereignis-Queues Zustände der Ereignisse erfassen. Beachten Sie jedoch, dass ein Ereignis nach der Ausführung der ihm zugedachten Aufgabe (z. B. dem Auslösen eines Workflows) verschwindet, (fast) ohne Spuren zu hinterlassen. Dies gilt ebenso für den Ereigniscontainer.

19.1.3 Workitem-Status

Durch einen Blick auf den Status eines Workflow-Workitems ist sofort erkennbar, ob sich ein Workflow in Bearbeitung befindet oder bereits abgeschlossen wurde. Ein Zugriff auf die Workflow-Historie ist demnach nur erforderlich, wenn Sie an Detailinformationen interessiert sind (wenn Sie z. B. wissen möchten, wer eine Anlage wann eingefügt hat).

Die Verarbeitung des übergeordneten Workitems wird erst beendet, wenn alle Schritte im Workflow abgeschlossen oder logisch gelöscht wurden. Jedes Workitem kann, abhängig von den verwendeten Schritten und Techniken, verschiedene Status durchlaufen. In Tabelle 19.3 erhalten Sie einen Überblick über die verfügbaren Status und ihre Ursachen.

Workitem-Status	Beschreibung
Checked	In Vorbereitung Das Workitem kann angelegt werden, die Bedingung Create Work Item für den Schritt ist jedoch noch nicht erfüllt.
Waiting	Wartend Das Workitem wurde für seinen *Vorlagetermin*vorgemerkt. Ein Workitem befindet sich in folgenden Fällen im Wartestatus: ▸ Das Workitem wurde bereits angelegt, der in der Workflow-Definition angegebene *Vorlagetermin* ist jedoch noch nicht erreicht. ▸ Das Workitem ist zur Wiedervorlage vorgesehen. Dialog-Workitems mit dem Status Waiting werden nicht in der Workflow-Inbox angezeigt.
Ready	Bereit Das Dialog-Workitem wurde zur Ausführung freigegeben und erscheint in der Workflow-Inbox aller Empfänger. Über die Option Replace in der Workflow-Inbox kann ein Workitem ebenfalls in den Status Readyversetzt werden.
Selected	Reserviert Das Dialog-Workitem wurde durch einen der Empfänger angenommen (z. B. über die Reserve-Option in der Inbox), daraufhin ändert sich der Status von Ready in Selected. Ein Workitem im Status Selected wird anschließend nur diesem Empfänger angezeigt. Es erscheint nicht mehr in den Workflow-Inboxen der weiteren Empfänger.
Started	In Arbeit Das Workitem wird aktuell durch einen Bearbeiter verarbeitet oder wird zurzeit im Hintergrund ausgeführt. Ein Workitem befindet sich auch in folgenden Fällen in diesem Status: ▸ Das Workitem wartet auf ein beendendes Ereignis. ▸ Der Benutzer hat die Methode abgebrochen. ▸ Es handelt sich dabei um den Anker eines gesamten (Sub-)Workflows, und die Instanz wird noch immer ausgeführt.
Committed	Ausgeführt Das Dialog-Workitem wurde ausgeführt, wartet jedoch auf die explizite Bestätigung seiner Beendigung. Das Workitem erhält diesen Status nur, wenn seine Beendigung bestätigt werden muss. Ein Workitem mit dem Status Committed kann wiederholt ausgeführt oder weitergeleitet werden, bis es in den Status Completed versetzt wird.

Tabelle 19.3 Workitem-Status

Workitem-Status	Beschreibung
COMPLETED	BEENDET Die Ausführung des Workitems ist abgeschlossen. Die Dialog-Workitems im Status COMPLETED werden automatisch aus der SAP-GUI-Inbox entfernt. In der UWL (Universal Worklist) oder POWL (Personal Object Worklist) werden sie bei der nächsten REFRESH-Aktion entfernt.
CANCELLED	LOGISCH GELÖSCHT Die Ausführung des Workitems ist nicht mehr möglich. Ein Workitem wird in folgenden Fällen in den Status CANCELLED versetzt: ▸ Die erforderliche Anzahl an Verarbeitungszweigen in einem parallelen Abschnitt wurde durchlaufen. Die Workitems in den weiteren Zweigen, die noch nicht den Status COMPLETED erreicht haben, werden automatisch in den Status CANCELLED gesetzt. ▸ Ein Schritt vom Typ Ablaufsteuerung setzt den Status, z. B. als Bestandteil einer modellierten Terminüberwachung. ▸ Ein Administrator greift ein. Der Administrator kann ein Workitem nur dann in den Status LOGISCH GELÖSCHT versetzen, wenn es den Status BEENDET noch nicht erreicht hat und kein Bestandteil eines übergeordneten Workflows ist. ▸ Workitems mit dem Status CANCELLED werden nicht in der Workflow-Inbox angezeigt. Ein Workitem mit dem Status CANCELLED kann Datenbankänderungen oder andere Aktionen ausgelöst haben (es kann z. B. ein Ereignis generiert oder eine E-Mail gesendet haben). Für diese Änderungen wird nicht automatisch ein Rollback durchgeführt.
ERROR	FEHLERHAFT Die Ausführung des Workitems wurde mit einem Anwendungs- oder Systemfehler beendet. Wird ein Workflow-Schritt mit einem Fehler beendet, wird der übergeordnete Workflow ebenfalls in den Status ERROR gesetzt. Diese Workitems werden im Fehlerbericht des Administrators angezeigt. Eine WORKFLOW INSTANCE im Status ERROR kann über Transaktion SWPR neu gestartet werden, nachdem die Ursache des Fehlers beseitigt wurde. Kann eine Hintergrundmethode z. B. den Bearbeiter für den nächsten Schritt in einer kundenspezifischen Tabelle nicht finden, löst sie die Fehlerausnahme aus. Nachdem die Daten manuell in diese Tabelle eingefügt wurden, kann der Workflow-Administrator die Workflow-Instanz neu starten.

Tabelle 19.3 Workitem-Status (Forts.)

Obwohl nicht alle Workitem-Typen alle Statuswerte aufweisen können, vermittelt diese Tabelle Ihnen dennoch einen nützlichen Einblick in die möglichen Status. Die Statusänderungen für Dialog-Workitems sehen Sie in Abbildung 19.3.

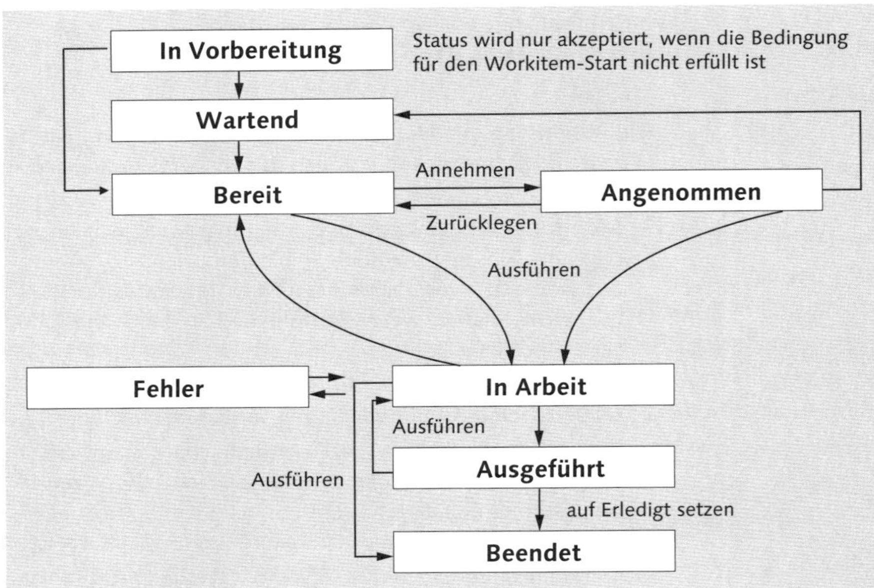

Abbildung 19.3 Statusänderungen für Dialog-Workitems

Hinweis

Der Status eines Workitems kann in CANCELLED geändert werden, solange das Workitem noch nicht den Status ERROR oder COMPLETED hat.

19.2 Workflow-APIs

Workflow-APIs ermöglichen die Entwicklung eigener, benutzerdefinierter Programme, die Workflow-Daten anzeigen oder den Status von Workitems ändern. Ein Vorgesetzter benötigt z. B. einen angepassten Prozessmonitor, der die Workflows und deren Inhalte bei einem bestimmten Status anzeigt.

Hinweis

Beispiele für den Einsatz von WAPIs finden Sie in den Kapiteln 23 bis 25 über die Web-Dynpro- und BSP-Programme.

Hinweis

Die Liste der bereitgestellten Funktionsbausteine wächst mit jedem Release. Suchen Sie einfach nach allen Funktionsbausteinen, die mit SAP_WAPI beginnen. Starten Sie diese Funktionen in einem Testsystem, indem Sie eine vorhandene Workitem-ID oder eine Business-Objektinstanz bereitstellen.

Die WAPI-Funktionsbausteine werden als Teil des SAP NetWeaver Application Servers ABAP bereitgestellt. Die Parameterschnittstelle für die Funktionsbausteine wurde so entworfen, dass die WAPIs problemlos von außerhalb der Workflow-Umgebung aufgerufen werden können. Die SAP_WAPI-Funktionsbausteine sind RFC-fähig. In den folgenden Abschnitten beschreiben wir, wie Sie einen Workflow mit den SAP_WAPI-Funktionsbausteinen aufrufen.

19.2.1 Einfacher WAPI-Container

Der einfache WAPI-Container wird von verschiedenen WAPI-Aufrufen eingesetzt und unterscheidet sich von der Struktur her von dem im Workflow verwendeten Container. Der WAPI-Container enthält einfache Name/Wert-Paare. Die Containerstruktur SWR_CONT weist demnach zwei Felder auf: ELEMENT und VALUE, jeweils vom Typ String, wodurch sie einfach gefüllt werden können. Das für Zeiten verwendete Format ist hhmmss, und das Datumsformat ist yyyymmdd (das interne SAP-Format). Die SWC-Containermakros zum Füllen der Objektcontainer können *nicht* zum Füllen des WAPI-Containers verwendet werden.

19.2.2 SAP_WAPI_CREATE_EVENT

Wie der Name SAP_WAPI_CREATE_EVENT bereits vermuten lässt, wird über diesen Aufruf ein Ereignis erzeugt, das zum Start eines Workflows oder für einen anderen Ereignisempfänger verwendet werden kann. Die anderen Verbraucher können gemäß der Definition in der Ereigniskopplung beendende Ereignisse für Aufgaben oder Funktionsbausteine sein. Bei diesem Aufruf wird der WAPI-Container zur Datenübergabe an den Ereigniscontainer genutzt, der wiederum einen Datenfluss zum Verbraucher besitzt.

Eine nützliche Variante dieses WAPIs ist SAP_WAPI_CREATE_EVENT_EXTENDED, mit dem Sie Ereignisse für ABAP-Klassen erzeugen können. Die Schnittstelle dieses Funktionsbausteins ähnelt der Schnittstelle von SAP_WAPI_CREATE_

EVENT, außer dass Sie jetzt die CATID, TYPEID und INSTID bereitstellen müssen, um die Objektinstanz anzugeben; z. B. den Code in Listing 19.1.

```
data: ls_event_struc type SWR_OBJ_2,
          lv_number type SWX_FNUMB.

* Set up the Function call
clear ls_event_struc.
ls_event_struc-catid = 'CL'.
* Notification of Absence class
ls_event_struc-typeid = 'CL_SWF_FORMABSENC'.
ls_event_struc-instid = lv_number.          "NOA number

* Raise the Event
CALL FUNCTION 'SAP_WAPI_CREATE_EVENT_EXTENDED'
  EXPORTING
    CATID                  = ls_event_struc-catid
    TYPEID                 = ls_event_struc-typeid
    INSTID                 = ls_event_struc-instid
    EVENT                  = 'APPROVED'
    COMMIT_WORK            = ''.
```

Listing 19.1 Beispiel für den Aufruf von SAP_WAPI_CREATE_EVENT_EXTENDED

Hinweis

Zur Laufzeit wird das Ereignis erst nach dem nächsten COMMIT WORK des aufrufenden Programms ausgeführt. Wenn Sie diese Funktionsbausteine in einem BAdI verwenden, fügen Sie kein COMMIT WORK hinzu. Das aufrufende Programm gibt diesen Befehl.

19.2.3 SAP_WAPI_START_WORKFLOW

Der Aufruf SAP_WAPI_START_WORKFLOW ist, neben SAP_WAPI_CREATE_EVENT, der einfachste und nützlichste WAPI-Aufruf. Sie müssen den Container lediglich mit Name/Wert-Paaren füllen und die zu startende Workflow-Definition angeben. Ist der Rückgabewert 0, wurde der Workflow ordnungsgemäß gestartet. Eine Analyse zur Frage, ob ein Workflow mit einem Ereignis oder direkt gestartet werden sollte, finden Sie in Abschnitt 19.3.1.

Wenn Sie einen Workflow direkt starten, müssen Sie sicherstellen, dass der Benutzer, der das Programm zum Workflow-Start ausführt, dem Workflow als möglicher Bearbeiter zugeordnet wurde. Andernfalls ist der Benutzer nicht autorisiert, den Workflow zu starten. Dies gilt auch, wenn das WAPI durch einen Hintergrundjob aufgerufen wird.

Wenn Sie SAP_WAPI_START_WORKFLOW verwenden, übergeben Sie Name/Wert-Paare, d. h., Sie übergeben kein instanziiertes Objekt. Das bedeutet, dass der empfangende Workflow das Objekt im ersten Workflow-Schritt instanziieren muss. Listing 19.2 zeigt ein Beispiel eines Funktionsbausteins, der einen Workflow über SAP_WAPI_START_WORKFLOW startet.

```
*-> Prepare import parameters of the workflow

data: RETURN_CODE TYPE  SYSUBRC.
data: WI_CONTAINER TYPE STANDARD TABLE OF swr_
cont WITH HEADER LINE.
data: objkey TYPE BU_PARTNER.
data: WI_ID TYPE SWW_WIID.

move 'BUSINESSPARTNER' to WI_CONTAINER-element.
move  objkey   to WI_CONTAINER-value.
append WI_CONTAINER.

*-> Start workflow
  CALL FUNCTION 'SAP_WAPI_START_WORKFLOW'
    EXPORTING
      task     = 'WS99800011'
    IMPORTING
      return_code     = RETURN_CODE
      Workitem_ID     = WI_ID
    TABLES
      input_container = WI_CONTAINER.
```

Listing 19.2 Beispiel für den Aufruf von SAP_WAPI_START_WORKFLOW

In Listing 19.2 wird der Geschäftspartner an den Funktionsbaustein als ein Importparameter im Feld objkey übergeben. Der Funktionsbaustein gibt die Workitem-ID des Workflows zurück, der gestartet wurde (WI_ID). Dieser Code startet den Workflow WS99800011, der ein Containerfeld mit dem Namen BusinessPartner und ein Containerelement für den Objekttyp Business_Partner hat. Die allererste Aufgabe im Workflow führt eine Methode aus, um ein Objekt von Business_Partner zu instanziieren, wie in Listing 19.3 gezeigt.

```
BEGIN_METHOD ZGET_BP CHANGING CONTAINER.

swc_get_element container 'BusinessPartner'
  object-key-businesspartner.
swc_set_objectkey object-key-businesspartner.

END_METHOD.
```

Listing 19.3 Methode zur Instanziierung des Geschäftspartners

Denken Sie beim Einsatz von SAP_WAPI_START_WORKFLOW daran, dass das Objekt im Workflow instanziiert wird.

Hinweis

Eine weitere Möglichkeit zur Instanziierung eines Objekts in Ihrem Workflow besteht darin, eine Aufgabe auf Basis des Objekts SYSTEM und der Methode GENERICINSTANTIATE anzulegen. Die Methode empfängt einen Objekttyp, einen Schlüssel und Importparameter und gibt einen instanziierten Objekttyp zurück. Weitere Informationen dazu finden Sie in Anhang A, »Tipps und Tricks«.

19.2.4 SAP_WAPI_WorkitemS_TO_OBJECT

Der Funktionsaufruf SAP_WAPI_WorkitemS_TO_OBJECT ist nützlich, wenn Sie eigene Statusreports zum Lebenszyklus eines Objekts erstellen möchten. Zum Beispiel verfügen Sie über einen benutzerdefinierten Workflow für den Materialstammprozess, in dem jede Sicht ein eigener Dialogschritt ist. Nun benötigen Sie einen Report, der den Erzeuger jeder Sicht anzeigt. Indem Sie alle Workitems sammeln, die zu diesem Materialstammdatensatz in Beziehung stehen, und diese chronologisch ordnen, können Sie einen einfachen Statusbericht erstellen, der zeigt, wer wann was getan hat und welcher Benutzer derzeit am Materialstamm arbeitet.

Die Menge der gesammelten Daten richtet sich nach den verwendeten Eingabeparametern. Sie können den Aufruf beschleunigen, indem Sie das Kennzeichen TEXT nicht setzen. In diesem Fall wird die Liste der Workitems ohne Workitem-Text zurückgegeben. Wenn Sie lediglich wissen möchten, ob ausgeführte Workitems vorhanden sind, verwenden Sie SAP_WAPI_COUNT_WORKITEMS mit einem geeigneten Filter.

Hinweis

Beachten Sie die Werte für die Variable SELECTION_STATUS_VARIANT:

- 0000: alle Instanzen
- 0001: aktive Instanzen (RUNNING, READY, COMMITTED etc.)
- 0002: abgeschlossene Instanzen (COMPLETED, CANCELLED)
- 0003: aktive Instanzen (ALL)

19.2.5 SAP_WAPI_READ_CONTAINER

Verwenden Sie den Aufruf `SAP_WAPI_READ_CONTAINER`, um die aktuellen Werte der Containerelemente aus einem Workitem zu lesen. Dies kann sinnvoll sein, wenn Sie benutzerdefinierte Reports zur Anzeige der Details einer Workflow-Bearbeitung schreiben.

19.3 Erweiterte Techniken beim Einsatz von Business-Interfaces

Hier beschreiben wir die erweiterten Optionen für den Einsatz der SAP-WAPIs in Verbindung mit Ereignissen zum Starten von Workflows.

19.3.1 Wann sollte ein Workflow mithilfe eines Ereignisses gestartet werden?

Wenn Sie einen Workflow automatisch starten möchten, ist in der Regel die Verwendung eines Ereignisses am zweckmäßigsten. Es ist auch möglich, einen Workflow direkt aus einem Anwendungsprogramm automatisch zu starten, z. B. durch Verwendung des Funktionsbausteins `SAP_WAPI_START_WORKFLOW` im Quelltext. Ereignisse sind jedoch in vielerlei Hinsicht flexibler:

- Sie können keinen, einen oder mehrere Workflows starten, ohne die Anwendung wechseln zu müssen.
- Sie können die Bedingungen ändern, unter denen der Workflow startet, und festlegen, welcher Workflow gestartet werden soll, ohne die Anwendung wechseln zu müssen.
- Sie können Ereignisse jederzeit aktivieren/deaktivieren. So können Sie z. B. einen vorhandenen Workflow deaktivieren und an dessen Stelle einen neuen Workflow aktivieren, ohne die Anwendung wechseln zu müssen.
- Sie können ein Ereignis nicht nur zum Starten von Workflows, sondern auch zu folgenden Zwecken einsetzen: zum Beenden von Workitems, zum Beenden von Workflows, zum Neustarten von Workflows und zur Änderung der Richtung vorhandener Workflows.
- Sie können mithilfe der Ereignis-Queue eine Lastverteilung vornehmen, um die Systemperformance zu verbessern.
- Indem Sie einen Workflow über ein Ereignis starten, hat ein möglicher Fehler im Workflow keine Auswirkungen auf das startende Programm.

Das Auslösen eines Workflows per Ereignis hat jedoch folgende Nachteile:

- Ereignisse können die RFC-Queue überfüllen, wenn sie innerhalb kurzer Zeit Tausende Male ausgelöst werden – typischerweise bei über Nacht erstellten Hintergrundreports.

Hinweis

Aktivieren Sie bei Problemfällen die Ereignis-Queue über Transaktion SWEQADM. Dadurch verhindern Sie das RFC-Problem.

- Es wird kein Handle (Workitem-ID) an das aufrufende Programm zurückgegeben.
- Wenn Sie möchten, dass dem Benutzer der erste Workitem-Schritt automatisch in Form eines Dialogfensters angezeigt wird, ohne dass dieser seine Workflow-Inbox öffnet (Weiterschalten mit sofortigem Dialog), kann der Workflow nicht über ein Ereignis gestartet werden.

Hinweis

Die UWL stellt keine Option zum Weiterschalten mit sofortigem Dialog bereit.

Sofern nicht einer der oben genannten Ausnahmefälle zutrifft, sollten Sie es nahezu immer vorziehen, den Workflow über eine Ereignisauslösung zu starten. Nur wenn Sie eine Version vor Release SAP R/3 4.6C verwenden, wenn schwerwiegende Performanceprobleme auftreten, die nicht mithilfe einer Ereignis-Queue gelöst werden können, oder wenn Sie sehr viele Workflows in Form von Hintergrundjobs ausführen, sollten Sie einen direkten Workflow-Start über eigene Programme erwägen.

Tipp

Wenn Sie Release SAP R/3 4.6C oder höher verwenden und mit Workflows arbeiten, die große Mengen an Workitems erzeugen, sollten Sie die Ereigniserstellung zu Spitzenzeiten mithilfe von Ereignis-Queue verteilen. Auf diese Weise lassen sich bessere Ergebnisse erzielen als über das direkte Starten des Workflows. Die Ereignis-Queue wird in Kapitel 18, »Verwendung von Ereignissen und anderen Business-Interfaces«, näher beschrieben.

19.3.2 Erzeugung von Ereignissen durch Aufruf eines Funktionsbausteins

Wenn keine der in Kapitel 18 beschriebenen Ereigniskonfigurationsoptionen geeignet ist oder Sie Ereignisse in eigene Programme einbeziehen möchten, können Sie mithilfe der von SAP bereitgestellten Funktionsbausteine die Ereigniserzeugung selbst implementieren.

Stellen Sie sicher, dass das Ereignis zur richtigen Zeit erstellt wird. Wenn Sie z. B. ein Ereignis erzeugen, mit dem die SAP Business Workflow Engine darüber informiert wird, dass Sie soeben ein neues Anwendungsobjekt erstellt haben, müssen Sie sicherstellen, dass das Ereignis nur dann erzeugt wird, wenn das Anwendungsobjekt auch tatsächlich erstellt wurde. (Es soll also kein Ereignis erzeugt werden, wenn der Benutzer das Programm abbricht oder die Objekterstellung fehlschlägt.) Andernfalls könnte der Workflow mit einem Fehler gestartet werden (falls das Objekt noch nicht vorhanden ist) oder anstelle neuer Daten alte Daten auswerten (wenn z. B. Änderungen noch nicht in die Datenbank übernommen wurden).

Ereignisse benachrichtigen den Workflow über Objektstatusänderungen, die bereits stattgefunden haben. Stellen Sie daher sicher, dass das Ereignis erst dann erzeugt wird, wenn die relevante Statusänderung tatsächlich vorgenommen – d. h. in der Datenbank aktualisiert – wurde. Aus diesem Grund sollte der Funktionsbaustein zur Ereigniserzeugung in derselben *Logical Unit of Work* (LUW) aufgerufen werden wie derjenige, über den die Statusänderung vorgenommen wird.

Achtung

Das Ereignis wird erst ausgelöst, wenn der ABAP-Befehl `COMMIT WORK` aufgerufen wird. Ein häufiger Fehler in benutzerdefinierten Programmen mit Ereignisauslösung besteht darin, dass dem Funktionsbausteinaufruf kein expliziter `COMMIT WORK`-Aufruf folgt. Wenn Sie diesen Aufruf vergessen, werden die im Programm vorgenommenen Datenänderungen zwar in die Datenbank übernommen (nämlich per implizitem Commit bei Programmabschluss), es wird jedoch kein Ereignis ausgelöst.

Wenn Sie diesen Aufruf in einem BAdI verwenden, sollten Sie den `COMMIT WORK`-Aufruf den SAP-Programmen überlassen, um die SAP-Commit-Logik (die LUW) nicht zu beeinträchtigen und die Datenkonsistenz sicherzustellen. Der Funktionsbaustein `SAP_WAPI_CREATE_EVENT` verfügt über einen Parameter, mit dem ermittelt wird, ob ein `COMMIT WORK` durch den WAPI-Aufruf selbst vorgenommen werden sollte oder nicht.

Es ist üblicherweise ausreichend, Ereignisse durch Aufruf des Funktionsbausteins SAP_WAPI_CREATE_EVENT zu erstellen. Dabei muss mindestens das auszulösende Ereignis, einschließlich Objekttyp und -schlüssel, angegeben werden. Wenn das Ereignis mit Parametern in Transaktion SWO1 definiert ist, können Sie den optionalen Ereigniscontainer zur Übergabe der zusätzlichen Daten verwenden.

Listing 19.4 zeigt ein Programmbeispiel, mit dem bei der Aktualisierung einer zugehörigen Anwendungstabelle ein Cancelled-Ereignis für das Business-Objekt SBOOK erzeugt wird. Beachten Sie, dass das Ereignis erst erzeugt wird, wenn die Datenbank erfolgreich aktualisiert wurde.

```
PROGRAM ZCREATE_EVENT.

* Change your application object ...
  UPDATE sbook ...
* Check that the change has worked before raising the event
  IF sy-subrc EQ 0.
* If the new data needs to be committed to the database
* for the receiver type function module, check function
* module, or workflow start condition, you can add another
* COMMIT WORK statement at this point
* Fill the container with any event parameters ...
    EVENT_CONT-ELEMENT = 'ELEMENT1NAME'.

    EVENT_CONT-VALUE   = 'VALUE1'.
    APPEND EVENT_CONT.
* Cast the reservation number to the object key.
    OBJ_KEY = reservation_no.
* Raise the event
    CALL FUNCTION 'SAP_WAPI_CREATE_EVENT'
      EXPORTING
          OBJECT_TYPE              = 'SBOOK'
          OBJECT_KEY               = OBJ_KEY
          EVENT                    = 'Cancelled'
          COMMIT_WORK              = ' '
      IMPORTING
           RETURN_CODE             = rc
      TABLES
           INPUT_CONTAINER         = EVENT_CONT.
      IF rc is not initial.
           MESSAGE ...
      ENDIF.
   ENDIF.
```

```
* Perform additional database access
* Save all the work in the one logical unit of work
  COMMIT WORK.
```

Listing 19.4 Programmbeispiel zum Auslösen eines Ereignisses für ein Business-Objekt

In komplexeren Situationen muss über alternative Funktionsbausteine sichergestellt werden, dass das Ereignis zum richtigen Zeitpunkt erstellt wird. Diese Funktionsbausteine weisen dieselbe Schnittstelle auf wie `SWE_EVENT_CREATE`.

SWE_EVENT_CREATE_IN_UPD_TASK

Der Funktionsbaustein `SWE_EVENT_CREATE_IN_UPD_TASK` ermöglicht die Erzeugung von Ereignissen in einer Verbuchungstask, bei der die LUW in Dialog- und Aktualisierungsprozesse aufgeteilt wird. Im Gegensatz zum Funktionsbaustein `SWE_EVENT_CREATE` kann dieser Funktionsbaustein mit `IN UPDATE TASK` aufgerufen werden, sodass eine Synchronisierung mit den Datenbankänderungen erfolgt.

Verwenden Sie diesen Funktionsbaustein, wenn Ihr Programm das Anwendungsobjekt mithilfe der Verbuchungstask aktualisiert. Die überwiegende Zahl der von SAP bereitgestellten Programme verwendet zur Durchführung von Datenbankaktualisierungen die Verbuchungstask. Stellen Sie sicher, dass die Ereigniserzeugung in der Aktualisierungsreihenfolge nach der Aktualisierung des Anwendungsobjekts, aber vor dem Aufruf von `COMMIT WORK` erfolgt.

Typische Situationen sind die Ereignisauslösung innerhalb von User Exits, BAdIs oder eigenen Transaktionen. Stellen Sie sicher, dass die Benutzerkennung der Person, die den Workflow auslöst, dem Ereigniscontainer hinzugefügt wird und so über Verbuchungstask und RFC-Queue an den Workflow übergeben wird. Auf diese Weise ist gewährleistet, dass der Workflow-Initiator trotz Auslösung durch die Verbuchungstask richtig gesetzt wird. Das Gleiche gilt für den nächsten Funktionsbaustein, `SWE_EVENT_CREATE_FOR_UPD_TASK`.

SWE_EVENT_CREATE_FOR_UPD_TASK

Der Funktionsbaustein `SWE_EVENT_CREATE_FOR_UPD_TASK` ist für eine sehr spezielle Situation gedacht, und zwar für Fälle, in denen Sie eine asynchrone Aufgabe verwenden, die auf einer `Create`-Methode basiert. Mit anderen Worten: Sie verwenden diesen Funktionsbaustein, wenn der Abschluss der

Aufgabe erfolgen soll, sobald das Objekt physisch in der Datenbank erstellt wurde. Normalerweise müssen beendende Ereignisse bereits bei der Erstellung des Workitems den Objektschlüssel kennen. Wenn Sie jedoch ein Objekt erstellen, ist der neue Objektschlüssel häufig erst nach Abschluss der Methode bekannt.

Ihr eigener Quelltext zur Erstellung eines neuen Objekts sollte diesen Funktionsbaustein umfassen, der vor der Erzeugung des Ereignisses das letzte Workitem als Workitem-Requester selektiert, sodass das beendende Ereignis dem wartenden Workitem richtig zugeordnet werden kann. Stellen Sie sicher, dass der Aufruf dieses Funktionsbausteins in der Aktualisierungsreihenfolge nach der Aktualisierung des Anwendungsobjekts, aber vor dem Aufruf von `COMMIT WORK` erfolgt.

Achtung

Eine häufige Ursache für Synchronisationsprobleme in einem Workflow liegt darin, dass ein beendendes Ereignis einer Datenbankänderung vorgreift. Wählen Sie den auslösenden Funktionsbaustein sorgfältig aus, um derartige Probleme zu vermeiden.

Auch die SAP-Programme zur Steuerung der Ereignisauslösung für allgemeine Statusverwaltung oder Änderungsbelegkonfiguration verwenden diese Funktionsaufrufe. Aus diesem Grund müssen Sie explizit angeben, ob Sie in diesen Transaktionen ein Ereignis zur Erstellung auslösen möchten oder nicht. Denken Sie daran, dass der Ereigniserzeuger – unabhängig vom verwendeten Funktionsbaustein – keine Kenntnis darüber hat, ob (und falls ja, wie viele) Ereignisempfänger vorhanden sind. Daher kann der Funktionsaufruf auch keine Informationen dazu liefern, ob sich das Ereignis auf einen Workflow auswirkt.

Check-Funktionsbaustein

Ein Check-Funktionsbaustein legt dynamisch fest, ob ein Verbraucher über die Erzeugung eines Ereignisses benachrichtigt werden sollte, z. B. darüber, ob der Workflow ausgelöst wird. Sie sollten möglichst über Startbedingungen festlegen, ob ein Workflow ausgelöst werden soll oder nicht (wie in Kapitel 18, »Verwendung von Ereignissen und anderen Business-Interfaces«, beschrieben). Greifen Sie nur zur Implementierung sehr komplexer Regeln auf Check-Funktionsbausteine zurück. Das Ergebnis eines Check-Funktionsbausteins kann folgendermaßen aussehen:

- **erfolgreiche Ausführung**
  Der Verbraucher wird aufgerufen. Das heißt, der Workflow wird ausgelöst, oder der Schritt wird ordnungsgemäß beendet.
- **eine Ausnahme**
  Der Verbraucher wird nicht aufgerufen. Das heißt, das Ereignis wird von diesem Verbraucher ignoriert.

In der Praxis erstellen Sie nur dann einen Check-Funktionsbaustein, wenn Sie festlegen möchten, ob ein Workflow gestartet werden soll. Sie können jede der im Ereigniscontainer enthaltenen Informationen dazu verwenden, das Ergebnis im Check-Funktionsbaustein zu bestimmen. Die Schnittstelle des Check-Funktionsbausteins wird in der Dokumentation zum Funktionsbaustein `SWE_TEMPLATE_CHECK_FB` beschrieben. Sie müssen die Schnittstelle genau wie angegeben verwenden. Es gibt keine Einschränkung bezüglich der Namensgebung für den Funktionsbaustein, und in Bezug auf den Quelltext innerhalb des Funktionsbausteins haben Sie natürlich freie Hand.

Listing 19.5 zeigt ein Beispiel eines Check-Funktionsbausteins für ein `SBOOK.CREATED`-Ereignis. Beachten Sie, dass alle Parameter Informationen darstellen, anhand derer Sie bestimmen können, ob der Verbraucher benachrichtigt werden sollte. Als Ergebnis ist nur eine Ausnahme oder eine erfolgreiche Ausführung möglich. Damit die geeigneten Workflow-Makros eingesetzt werden können (z. B. `SWC_GET_ELEMENT`), sollte die Anweisung `INCLUDE <CNTN01>` in den globalen Datenbereich der entsprechenden Funktionsgruppe aufgenommen werden.

```
FUNCTION Z_CHECK_CHANGED_BY_VALID_USER.
*"----------------------------------------------------------
*"*"Local interface:
*"  IMPORTING
*"   VALUE(OBJTYPE) LIKE  SWETYPECOU-OBJTYPE
*"   VALUE(OBJKEY) LIKE  SWEINSTCOU-OBJKEY
*"   VALUE(EVENT) LIKE  SWETYPECOU-EVENT
*"   VALUE(RECTYPE) LIKE  SWETYPECOU-RECTYPE
*"  TABLES
*"   EVENT_CONTAINER STRUCTURE  SWCONT
*"  EXCEPTIONS
*"   INVALID_USER
*"----------------------------------------------------------
* This check function module checks if the user who created
* the flight booking is a workflow tester. The tester is stored
* in a custom Table ZPILOT_USER. After the test is done, then
*  this check function module can be deleted
* from the event linkage
```

```
  DATA: pilot_users LIKE pilot_user_line,
        initiator   LIKE swhactor,
        user        LIKE sy-uname.
* Read the event initiator from the event container
* The standard container element for the event initiator
* is called _EVT_CREATOR and is in agent format
  SWC_GET_ELEMENT event_container '_EVT_CREATOR' initiator.
  SELECT user FROM ZPILOT_USER
   WHERE user = initiator-objid.
  IF sy-subrc NE 0.
    RAISE invalid_user.
  ENDIF.
ENDFUNCTION.
```

Listing 19.5 Check-Funktionsbaustein für ein Ereignis

Zur Verwendung des Check-Funktionsbausteins fügen Sie diesen nach der Aktivierung der Ereigniskopplung im Workflow Builder in den geeigneten Ereigniskopplungseintrag ein (Transaktion SWETYPV). Bevor Sie mit der Erstellung eigener Check-Funktionsbausteine beginnen, sollten Sie Folgendes bedenken: Wenn Sie festlegen möchten, ob basierend auf Ereignisparametern oder auf der Grundlage von mit dem Ereignisobjekt verknüpften Attributen ein Workflow gestartet werden sollte oder nicht, ist es häufig einfacher, schneller und sehr viel transparenter, eine Startbedingung zu erstellen.

19.3.3 Erweiterte Ereigniskopplung

Die Ereigniskopplungen (Transaktion SWETYPV) werden normalerweise automatisch durch den Workflow Builder für Sie erstellt. Die einzigen Ausnahmen davon sind folgende Situationen:

- Sie lösen ein Ereignis in einer Remote-SAP-Komponente aus. In diesem Fall muss die Ereigniskopplung manuell definiert werden.
- Sie verwenden einen Check-Funktionsbaustein.
- Sie erstellen einen eigenen Verbrauchertyp-Funktionsbaustein, um den dynamisch zu startenden Workflow zu bestimmen.
- Sie aktivieren die Überwachung der »Ereignis-Queue« für dieses Ereignis. Wenn also das Ereignis-Queue-Programm ausgeführt wird (Transaktion SWEQADM), werden diese Ereignisse zur Optimierung der Systemperformance verteilt.

Verarbeitung der Typkopplungstabelle

Bevor wir uns der Erstellung eigener Verbrauchertyp-Funktionsbausteine zuwenden, werfen wir jedoch einen etwas genaueren Blick auf die Verarbeitung der Typkopplungstabelle. Wenn zur Laufzeit ein Ereignis erzeugt wird, führt der *Ereignismanager* folgende Aufgaben aus:

- **Ereigniscontainer anlegen**
  Dies umfasst das Erstellen und Hinzufügen einer Objektinstanz (basierend auf dem Objektschlüssel, der zur Ereigniserzeugung eingesetzt wird) und eines Ereignisinitiators (basierend auf dem aktuellen Benutzer). Bei der Ereigniserzeugung eventuell übergebene besondere Parameter werden ebenfalls hinzugefügt.
- **Prüfen, ob ein bestimmter Workitem-Requestor gespeichert wurde**
  Dies erfolgt über den Funktionsbaustein `SWE_EVENT_CREATE_FOR_UPD_TASK`.
- **Alle aktiven Ereigniskopplungen für das Ereignis ermitteln**
  Dies umfasst nicht nur die Ermittlung aller aktiven Kopplungen für dieses Objekt und Ereignis, sondern auch für eventuell vorhandene Supertypobjekte, die mit dem Ereignis gekoppelt sind. Wenn Sie z. B. ein Ereignis `RetailCustomer.Created` erstellen und es sich bei `RetailCustomer` um einen Subtyp vom Business-Objekttyp `Customer` handelt, wird auch die Ereigniskopplung `Customer.Created` ausgewertet.

  Wurde der Workitem-Requester übergeben, wird er zum Auffinden der geeigneten Ereigniskopplung eingesetzt.
- **Für jede Ereigniskopplung den Verbraucher festlegen**
  Wurde ein einzelner Verbraucher in der Ereigniskopplung angegeben, wird dieser Verbraucher verwendet. Haben Sie in der Ereigniskopplung einen Verbrauchertyp-Funktionsbaustein verwendet, wird dieser zur dynamischen Verbraucherermittlung aufgerufen.
- **Für jede Ereigniskopplung prüfen, ob der Verbraucher benachrichtigt werden sollte**
  Wurde in der Ereigniskopplung ein Check-Funktionsbaustein angegeben, wird durch dessen Ausführung geprüft, ob der Verbraucher benachrichtigt werden sollte. Wird der Funktionsbaustein erfolgreich ausgeführt, sollte der Verbraucher benachrichtigt werden. Löst der Funktionsbaustein eine Ausnahme aus, sollte der Verbraucher nicht benachrichtigt werden.

  Denken Sie daran, dass bei der Angabe einer Startbedingung diese durch den Check-Funktionsbaustein geprüft wird (der Check-Funktionsbaustein wird bei der Definition der Startbedingung automatisch durch das System hinzugefügt). Wird die Startbedingung als wahr ausgewertet, wird der Verbraucher benachrichtigt. Andernfalls wird der Verbraucher nicht benachrichtigt.

- **Für jede Ereigniskopplung den Verbraucher starten**
  Unter der Voraussetzung, dass sowohl der Verbrauchertyp-Funktionsbaustein als auch der Check-Funktionsbaustein erfolgreich ausgeführt wurden, wird der Verbraucher gestartet (durch Aufruf des Verbraucherfunktionsbausteins oder der Verbrauchermethode). Sofern Sie das Ereignis-Debugging eingeschaltet haben, wird der Verbraucher in einer separaten LUW gestartet.
- **Für jede Ereigniskopplung einen Datensatz in den Ereignis-Trace schreiben, sofern der Trace aktiv ist**
  Wenn der Ereignis-Trace aktiviert ist (Transaktion SWELS), wird er mithilfe von Transaktion SWEL angezeigt. (Aus Performancegründen sollte dieser Trace normalerweise im Produktivsystem deaktiviert sein.) Dieser Trace zeigt die Workflow-Instanz, die durch das Ereignis gestartet wurde. Ist ein Problem aufgetreten, wird es als Fehler im Trace angezeigt. Weitere Informationen zu Fehlerfällen erhalten Sie in Kapitel 11, »Erweiterte Diagnose«.

Verbrauchertyp-Funktionsbaustein

Ein *Verbrauchertyp-Funktionsbaustein* legt den Verbraucher zur Laufzeit dynamisch fest. Es kann nur ein Verbraucher zurückgegeben werden. Bei diesem Verbraucher handelt es sich üblicherweise um die Kennung des Workflows bzw. der Aufgabe, der/die gestartet werden soll. Das SAP-Dokumentverwaltungssystem (SAP DMS) ermittelt anhand dieser Kennung und der Belegart, welcher Prozess (d. h. welcher Workflow) gestartet werden soll. Sie können anhand beliebiger Daten im Ereigniscontainer festlegen, welcher Workflow gestartet werden sollte.

Die Schnittstelle des Verbrauchertyp-Funktionsbausteins wird in der Dokumentation zum Funktionsbaustein `SWE_TEMPLATE_RECTYPE_FB` beschrieben. Sie müssen die Schnittstelle genau wie angegeben verwenden. Es gibt keine Einschränkung bezüglich der Namensgebung für den Funktionsbaustein, und in Bezug auf den Quelltext innerhalb des Funktionsbausteins haben Sie natürlich freie Hand.

Listing 19.6 zeigt ein Beispiel eines Verbrauchertyp-Funktionsbausteins für ein SBOOK.CREATED-Ereignis. Beachten Sie, dass das Ergebnis im Parameter RECTYPE zurückgegeben wird. Alle weiteren Parameter enthalten Informationen, die Sie zur Bestimmung des Verbrauchers verwenden können. Damit die geeigneten Workflow-Makros eingesetzt werden können (z. B. SWC_GET_PROPERTY), sollte die Anweisung INCLUDE <CNTN01> in den globalen Datenbereich der entsprechenden Funktionsgruppe aufgenommen werden.

```
FUNCTION Z_RECTYPE_BY_FLIGHT_CLASS.
*"----------------------------------------------------------------
*"*"Local interface:
*"   IMPORTING
*"    VALUE(OBJTYPE) LIKE  SWETYPECOU-OBJTYPE
*"    VALUE(OBJKEY) LIKE  SWEINSTCOU-OBJKEY
*"    VALUE(EVENT) LIKE  SWETYPECOU-EVENT
*"    VALUE(GENERIC_RECTYPE) LIKE  SWETYPECOU-RECTYPE
*"   EXPORTING
*"    VALUE(RECTYPE) LIKE  SWEINSTCOU-RECTYPE
*"   TABLES
*"    EVENT_CONTAINER STRUCTURE  SWCONT
*"   EXCEPTIONS
*"    OBJECT_NOT_FOUND
*"----------------------------------------------------------------
* This receiver type fm determines the workflow to be started
* by flight class of the reservation in the object key
  DATA: OBJECT  TYPE SWC_OBJECT.
  DATA: FCLASS   LIKE SBOOK-CLASS.
* To find the flight class, first instantiate the
* reservation object from the object type and key.
  SWC_CREATE_OBJECT OBJECT OBJTYPE OBJKEY.
  IF SY-SUBRC NE 0.
    RAISE OBJECT_NOT_FOUND.
  ENDIF.
* Then get the flightclass attribute of the reservation
  SWC_GET_PROPERTY OBJECT 'FLIGHTCLASS' FCLASS.
* Set the appropriate receiver based on the class value.
  IF FCLASS EQ 'F' AND ...
    RECTYPE = 'WS96000011'.
  ELSE.
    RECTYPE = 'WS96000012'.
  ENDIF.
ENDFUNCTION.
```

Listing 19.6 Verbrauchertyp-Funktionsbaustein für Ereignis

Ein Verbrauchertyp-Funktionsbaustein ermöglicht unter Verwendung eines einzigen Ereigniskopplungseintrags die Auswahl eines Verbrauchers aus einer Liste möglicher Verbraucher. Sie erzielen dasselbe Ergebnis, wenn Sie separate Ereigniskopplungseinträge für jeden Verbraucher anlegen und sich gegenseitig ausschließende Startbedingungen definieren. Die Entscheidung für den Einsatz von Startbedingungen oder die Entwicklung eines Funktionsbausteins richtet sich nach der Anzahl möglicher Workflows und danach, wie die Konfiguration der Ereigniskopplung durchgeführt werden soll.

19.3.4 Hinzufügen generischer Objektdienste zu eigenen Transaktionen

Die generischen Objektdienste (GOS) wurden bereits in Kapitel 18, »Verwendung von Ereignissen und anderen Business-Interfaces«, ausführlich behandelt. Im Folgenden erfahren Sie noch einmal das Wichtigste in Kürze. Die GOS stellen angesichts der Fülle der enthaltenen nützlichen Funktionen sozusagen ein Schweizer Offiziersmesser dar. Es handelt sich dabei um einen Mechanismus, der die Anwendungstransaktionen mit den Workflow-Protokollen verknüpft, die zu dem angezeigten Objekt gehören. Der Benutzer kann also vom Eintrag direkt zu den Workflow-Protokollen verzweigen, die den Eintrag verarbeitet haben (oder diesen zurzeit verarbeiten).

Wenn Sie einer eigenen Transaktion GOS hinzufügen möchten, sollten Sie die Objektinstanz unmittelbar vor ihrer Anzeige publizieren. Im folgenden Beispiel wird eine Objektinstanz mit Schlüssel 4500000138 und Typ `BUS2105` publiziert.

- In Systemen vor Release SAP R/3 4.6C rufen Sie zur Übergabe von Objekttyp und -schlüssel den Funktionsbaustein `SWU_OBJECT_PUBLISH` auf:

```
CALL FUNCTION 'SWU_OBJECT_PUBLISH'
 EXPORTING       objtype  = 'BUS2105'
                 objkey = '4500000138'
 EXCEPTIONS      OTHERS  = 1.
```

- Ab Release SAP R/3 4.6C instanziieren Sie zur Übergabe der Business-Objektinstanz die Klasse `CL_GOS_MANAGER`:

```
DATA:
  borident    TYPE borident,
  gos_manager TYPE REF TO cl_gos_manager.
borident-objtype = 'BUS2105'.
borident-objkey  = '4500000138'.
```

```
CREATE OBJECT gos_manager
  EXPORTING    is_object = borident
  EXCEPTIONS   OTHERS    = 1.
```

Dieser einfache Aufruf führt dazu, dass bei der Ausführung der Transaktion (d. h. bei der Anzeige des benutzerdefinierten Eintrags) die Symbolleiste der GOS angezeigt wird. Darüber hinaus werden diese Dienste auch im Systemmenü aktiviert. Wenn Sie bedenken, dass dem Benutzer durch das einfache Hinzufügen dieses Quelltextes zu Ihrer Transaktion viele nützliche Features zur Verfügung gestellt werden können, sollte diese Schnittstelle *in jedem Fall* implementiert werden. Im Aufwand-Nutzen-Verhältnis sind GOS einfach unschlagbar!

19.3.5 Implementierung der Workflow-Toolbox in eigenen Transaktionen

Die Workflow-Toolbox ist ein Workitem-basierter Satz an Diensten, die bei der Ausführung eines Workitems aus jedem geeigneten Bildschirm einer SAP-Komponente heraus aufgerufen werden können. Angenommen, Sie erhalten eine Aufgabe, die Sie auffordert, einen Materialstamm zu aktualisieren, indem Sie die Transaktion zur Materialstammaktualisierung aufrufen. Wenn Sie basierend auf dieser Aufgabe ein Workitem ausführen, wird – während Sie sich in der Transaktion zur Materialstammaktualisierung befinden – die Workflow-Toolbox angezeigt. Über die Workflow-Toolbox können Sie die Workitem-Beschreibung prüfen, dem Workitem Anlagen hinzufügen, das Workflow-Protokoll anzeigen etc., ohne dass Sie zur Workflow-Inbox zurückwechseln müssen. Wird die Transaktion zur Materialstammaktualisierung in der SAP-Komponente auf herkömmliche Art ohne Workflow ausgeführt, wird die Workflow-Toolbox nicht angezeigt (da sie nicht relevant ist).

Zur Aufnahme der Workflow-Toolbox in eigene Transaktionen und Bildschirme müssen Sie vor der Anzeige des Bildschirms ein auf der Klasse `CL_WAPI_WF_TOOLBOX` basierendes Toolbox-Objekt instanziieren. Über den Modusparameter wird die Anzeige der Toolbox gesteuert: modal oder amodal, als Button, Menü oder bewegliche Symbolleiste. Das in Listing 19.7 dargestellte Beispiel zeigt, wie Sie die Workflow-Toolbox in den Bildschirm 0900 des benutzerdefinierten Programms `ZMYPROGRAM` aufnehmen, mit dem die relevante Workitem-ID übergeben wird. Die Variable `CC_TOOLBOX` verweist auf eine Instanz der Klasse `CL_GUI_CUSTOM_CONTAINER`, einen benutzerdefinierten Container, der angibt, wo auf dem Bildschirm die Toolbox angezeigt wird.

```
data: c_toolbox  TYPE REF TO CL_WAPI_WF_TOOLBOX.

CREATE OBJECT c_toolbox
  EXPORTING
    i_container = cc_toolbox
    i_mode      = cl_wapi_wf_toolbox=>c_mode_inplace_with_info
    i_repid     = 'ZMYPROGRAM'
    i_dynnr     = '0900'
    i_wi_id     = Workitemid
 EXCEPTIONS
    OTHERS      = 1.
```

Listing 19.7 Aufnahme der Workflow-Toolbox

19.4 Office-Dokumentschnittstellen

Neben den WAPI-Funktionsbausteinen, die zur programmatischen Handhabung des Workflows genutzt werden, gibt es auch Funktionsbausteine, die als Schnittstellen für Office-Dokumente dienen, z. B. als Schnittstelle zwischen E-Mail und Workflow. Dies ist eine gängige Anforderung für Workflow. In diesem Abschnitt beschreiben wir den Bereich der E-Mail-Funktionsbausteine.

19.4.1 Business Communication Services

Business Communication Services (BCS) bieten für sämtliche Anwendungen eine generische Möglichkeit, um eine Sendefunktion zu integrieren. Die ausführliche Behandlung der BCS würde den Rahmen dieses Buches sprengen, da diese nicht workflow-spezifisch sind. Sie werden aber im SAP Help Portal (*help.sap.com*) beschrieben. Diese Schnittstelle ermöglicht eine sehr flexible Erzeugung von E-Mails und Anlagen. Weitere Informationen dazu finden Sie im SAP Help Portal (*http://help.sap.com*). BCS umfassen sämtliche Klassen, die Sie zur Interaktion mit oder zum Anlegen und Verwalten von E-Mail-Dokumenten, Express-Nachrichten in Anwendungen, SAP-Terminen, GOS (wie in Abschnitt 19.3.4, »Hinzufügen generischer Objektdienste zu eigenen Transaktionen«, bereits beschrieben) und dem Post Processing Framework benötigen.

19.4.2 SO_*_API1-Funktionsbausteine

Diese Bausteine sind der Vorgänger der BCS. Die Funktionsbausteine selbst sind dokumentiert. Anhand der `SO_*_API1`-Funktionsbausteine erläutern wir beispielhaft, wie Sie aus den Workflow-Daten eine E-Mail generieren und als Benachrichtigung oder Erinnerung an die Workflow-Bearbeiter senden können. Die Aufrufe unterstützen unterschiedliche Empfängertypen, u.a. SAPoffice-Benutzer und Internet-Mail-Adressen.

- `SO_OLD_DOCUMENT_SEND_API1`
  Sendet eine vorhandene Mail an eine oder mehrere Adressen. Die Verwendung dieser Schnittstelle eignet sich insbesondere für Standardantworten, deren Text sich nicht ändert. Der Hauptimportparameter ist hier der Schlüssel der zu sendenden Nachricht.
- `SO_NEW_DOCUMENT_SEND_API1`
  Erstellt eine neue Nachricht (der Text wird als Parameter übergeben) und sendet die Nachricht an eine oder mehrere Adressen.
- `SO_NEW_DOCUMENT_ATT_SEND_API1`
  Erstellt eine neue Nachricht mit Anlagen. Der Text der Mail und der Anlagen wird als Parameter übergeben. Der Mailversand erfolgt im MIME-Format, falls die Nachricht über das Internet gesendet wird, damit die Anlagen für alle E-Mail-Clients lesbar sind.
- `SO_DOCUMENT_READ_API1`
  Erfordert den Schlüssel einer vorhandenen Mail als Importparameter. Die Funktion exportiert den Text der Mail. Das ist nützlich, wenn Sie eingehende Nachrichten analysieren möchten.

Hinweis

Erweiterte Benachrichtigungen (Report SWN_SELSEN) sollten am besten verwendet werden, um Benutzer über Workitems in ihren Inboxen zu informieren.

Es kann vorkommen, dass Sie einen Workflow extern als Enterprise Service auslösen möchten. Für diesen Fall finden Sie in diesem Kapitel die entsprechenden Optionen und Schritte, um einen Workflow als Service zu veröffentlichen und diesen extern aufzurufen.

20 Servicefähige Workflows

Von Manish Chaitanya

Inzwischen haben Sie sich sicherlich mit der Konfiguration und Verwendung von SAP Business Workflow vertraut gemacht. Nun erweitern wir dieses Konzept um Fälle, in denen Sie einen Workflow extern als Teil eines größeren Geschäftsprozesses auslösen müssen.

20.1 Workflows im Kontext eines Geschäftsprozesses

Workflows werden normalerweise innerhalb eines einzelnen Systems ausgeführt, um die Effizienz von Geschäftsprozessen zu steigern. Heutzutage werden Prozesse jedoch über System- und häufig sogar Unternehmensgrenzen hinweg ausgeführt, eine Vorgehensweise, die sich durch die explosionsartige Entwicklung entsprechender Technologien weit verbreitet hat. In diesem Kapitel lernen Sie Vorgehensweisen kennen, die den externen Zugriff auf Ihren Workflow über einen dieser systemübergreifenden Prozesse zu ermöglichen.

Insbesondere beschreiben wir, wie Sie einen Workflow über ein Enterprise-Service-Interface als Teil eines größeren systemübergreifenden Prozesses auslösen können. Ein gutes Beispiel ist das Anlegen eines Geschäftspartners. Diesen setzen wir in den Kontext eines systemübergreifenden Prozesses, der teilweise von einem externen Bearbeiter ausgeführt wird (siehe Abbildung 20.1).

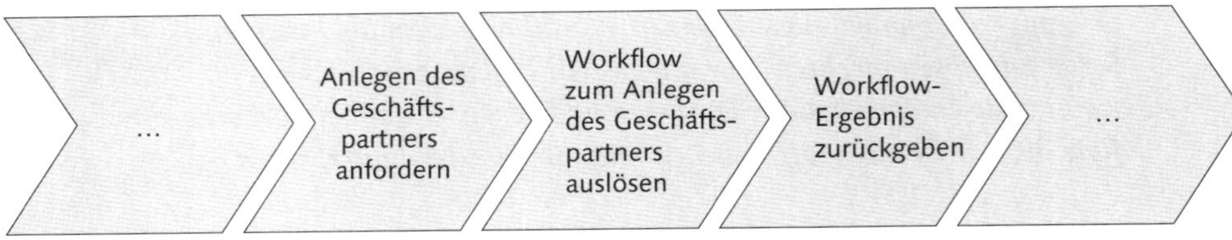

Abbildung 20.1 Schritte eines systemübergreifenden Prozesses

Im mittleren Schritt in Abbildung 20.1 führt ein externer Bearbeiter einen Aufruf in unserem System aus, um über unseren Workflow einen Geschäftspartner anzulegen. Im nächsten Schritt gibt der Workflow entweder die Geschäftspartnernummer an den externen Bearbeiter zurück oder zeigt in einer Meldung den Grund an, weshalb dessen Anforderung abgelehnt wurde.

An dieser Stelle möchten wir darauf hinweisen, dass unser Workflow in diesem Prozess als elementarer Schritt behandelt wird. Beachten Sie, dass die einzelnen Schritte dieses Prozesses den verschiedenen Bearbeitern, ob intern oder extern, nicht offengelegt werden. Workflow-Experten, die mehr über die Anwendung von SOA-Prinzipien (SOA = Service-Oriented Architecture) auf kollaborative, insbesondere systemübergreifende, Prozesse erfahren möchten, empfehlen wir, sich näher mit SAP Business Process Management (SAPBPM) zu befassen. Diese zukunftsfähige Anwendung bietet eine modellbasierte Engine für den Aufbau systemübergreifender Prozesse.

In diesem Kapitel erfahren Sie, wie Sie den Workflow als Schritt in einem größeren Prozess auslösen können. Workflows lassen sich über remotefähige Funktionsbausteine auslösen. Auf diese Weise ist es möglich, den Workflow als einen Schritt des Gesamtgeschäftsprozesses zu aktivieren. Doch wie kann der Funktionsbaustein remote aufgerufen werden? Eine Möglichkeit besteht darin, den Funktionsbaustein als Webservice offenzulegen. Im Folgenden beschreiben wir diesen Ansatz, da die Verwendung von Webservices die vorherrschende Methode bei der Anwendungsintegration ist.

Hinweis

Wenn wir Services im Allgemeinen besprechen, werden wir den Begriff *Webservices* verwenden. Wenn jedoch von SAP-Services die Rede ist, wird der Begriff *Enterprise Service* verwendet.

Zu Beginn fassen wir die Themen Enterprise Services und Service-Oriented Architecture (SOA) kurz für die Leser zusammen, die mit diesen Konzepten möglicherweise noch nicht vertraut sind. Wenn Sie über mindestens grundlegende Kenntnisse zu diesen Themen verfügen, können Sie direkt mit Abschnitt 20.4, »Implementierung von Service-Interfaces für einen Workflow«, fortfahren. Dort erläutern wir zwei Methoden, um die Funktion remote aufzurufen. Die erste Methode ist zwar einfacher, dafür aber nur eingeschränkt verwendbar. Die zweite Methode nutzt das Enterprise Services Repository (Outside-in-Ansatz) und optional SAP-NetWeaver-SOA-Middleware (bekannt als SAP Process Orchestration), um den Workflow-Service anzulegen und aufzurufen.

20.2 Webservices und Service-Oriented Architecture

Webservices und Service-Oriented Architecture (SOA) stellen ein wichtiges Paradigma zum Entwerfen und Anlegen von Anwendungen und Datenmanagement-Services dar. Da Services sowohl die Entwicklung als auch die Integration vereinfachen, nutzen IT-Organisationen sie für eine schnellere Anpassung. Dies steigert wiederum die Agilität von Unternehmen: Sie können so flexibel auf neue Umgebungsanforderungen reagieren und ihre Geschäftsprozesse innovativer gestalten. Im SOA-Bereich spielt SAP eine entscheidende Rolle, denn schon seit Jahren nutzen Kunden die SAP Enterprise Services.

Obwohl eine ausführliche Erläuterung von Webservices und SOA den Rahmen dieses Buches sprengen würde, möchten wir Ihnen hier einige grundlegende Konzepte dazu vorstellen.

20.2.1 Webservices – Definition

Webservices ermöglichen es Ihnen, Anwendungen basierend auf allgemeinen Standards zu entwickeln und zu integrieren. Bei einem Webservice handelt es sich um Anwendungsfunktionalität, die offengelegt wird, sodass sie über ein Computernetzwerk (z. B. das Internet oder das Intranet eines Unternehmens) aufgerufen werden kann. Dabei wird ein Standardprotokoll wie HTTP verwendet. An einem Serviceaufruf sind zwei Entitäten beteiligt: der *Service-Provider*, d. h. das eigentliche System, das die servicebasierte Funktionalität implementiert, und der *Service-Consumer*, d. h. jede Entität, die den Service aufruft.

Der Hauptvorteil bei der Bereitstellung von Anwendungen als Webservices liegt darin, dass der Zugriff auf diese Services über weitverbreitete Standards erfolgt, die von Anbieter, Plattform und Sprache unabhängig sind. Der

Consumer benötigt daher keine spezifischen Kenntnisse des Services oder der Anwendung, die diesen bereitstellt. Grundlegende Informationen für den Zugriff auf den Service sind ausreichend: die Struktur des Service-Interfaces, die Adresse, unter der er aufgerufen werden kann, und bestimmte technische Daten, z. B. die erforderliche Sicherheitsstufe (etwa Basisauthentifizierung mit Benutzername und Kennwort oder Zertifikatsautorisierung über den Austausch von X.509-Zertifikaten). Dies steht in starkem Gegensatz zu älteren Servicemodellen, die eine komplexe Programmierung erforderten, um auf APIs auf Systemebene der Provider-Anwendung zuzugreifen.

Standards sind demnach die entscheidenden Faktoren, die das ganze Webservice-Konzept erst ermöglichen. Der nächste Abschnitt gibt Ihnen einen Überblick über einige der wichtigsten Webservice-Standards und -Ansätze.

20.2.2 Web Services Description Language

Webservices werden in einem Standardformat beschrieben, das als *Web Services Description Language* (WSDL) bezeichnet wird. Diese Beschreibung umfasst die abstrakten und physischen Parameter, die verwendet werden können, um einen Webservice aufzurufen. WSDL ist ein Standard des World Wide Web Consortiums (W3C). Eine vollständige Dokumentation zu diesem Standard finden Sie unter *http://www.w3.org/TR/wsdl*.

Der abstrakte Teil der Servicedefinition schließt die Datentypen, die zum Aufruf eines Services verwendet werden, und das Nachrichtenformat für die Codierung dieser Typen ein. Zum physischen Teil der Definition gehören das *Binding (Datenfluss)*, das beschreibt, wie auf den Service zugegriffen werden kann (z. B. über ein im Body-Element einer HTTP-Anforderung gesendetes XML-Dokument oder – die gängigste Methode – über einen SOAP-Aufruf über HTTP; weitere Erläuterungen zu SOAP folgen gleich), und die physische Adresse, die als URI (URI = Uniform Resource Locator) ausgedrückt wird, unter dem der Service aufgerufen werden kann. Abbildung 20.2 zeigt ein XML-Dokument, das die Parameter für ein Service-Interface beschreibt.

Die WSDL-Beschreibung eines Services umfasst einen Vertrag, der die Kompatibilität von Service-Providern und -Consumern sicherstellt. So sind beide sowohl von der Plattform unabhängig, auf der sie ausgeführt werden, als auch von der Programmiersprache, in der sie geschrieben sind. WSDL-Dokumente werden typischerweise in einer *Services Registry* publiziert, einem Repository aus verfügbaren Services mit Endpunkt und anderen Informationen, das durchsucht werden kann. Üblicherweise werden diese Registrys in (oder kompatibel mit) einem anderen Standard implementiert, der als *Universal Description, Discovery, and Integration* (UDDI) bezeichnet wird. Sie werden für gewöhnlich mit den Gelben Seiten verglichen, also dem früher allgegenwärtigen Verzeichnis mit Dienstleistungsanbietern in der realen Welt. In Services Registrys können Entwickler nach bereits vorhandenen Webservices suchen, um diese bei der Entwicklung eines Prozesses einzusetzen. Indem die WSDL über den Link in der Services Registry heruntergeladen und in eine intelligente Entwicklungsumgebung transportiert wird, kann der Clientcode zum Aufruf des Services generiert werden. Da Ansätze mit nur wenig oder gar keinem Code genutzt werden, wird der Entwicklungsprozess gestrafft und so die Gesamtdauer für die Erstellung neuer Anwendungen und Integrationen verkürzt.

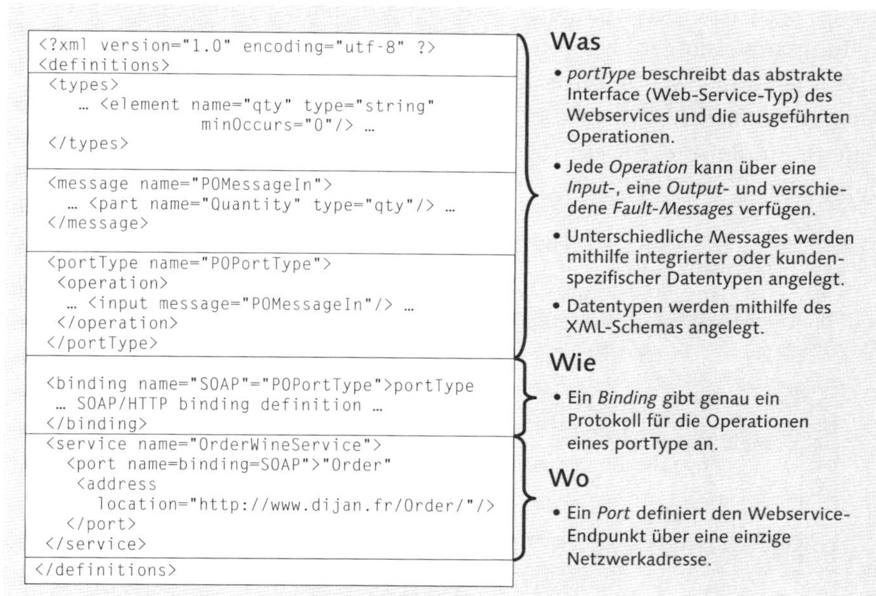

Abbildung 20.2 WSDL-Dokument

20.2.3 Webservices und SOAP

Es gibt mehrere Methoden, um Webservices abzurufen. Die mit Abstand gängigste Methode ist das Senden einer HTTP-Anforderung, die im Body eine XML-Struktur in einem als *SOAP* bekannten Format aufweist. SOAP ist ein Standardprotokoll des W3C. Die offizielle Definition finden Sie unter *http://www.w3.org/TR/soap*.

Wofür steht SOAP?

Die ursprüngliche Version des Standards hieß *Simple Object Access Protocol* und wurde mit dem Akronym SOAP abgekürzt. Da sich jedoch herausstellte, dass dies keine treffende Beschreibung für die Verwendung von SOAP war, wurde der ehemalige Name in den folgenden Versionen des Standards nicht mehr verwendet. Das Protokoll wurde schlichtweg SOAP genannt, wobei die einzelnen Buchstaben nicht mehr für bestimmte Wörter stehen. Heute wird SOAP manchmal auch als *Service-Oriented Architecture Protocol* bezeichnet.

Bei einer SOAP-Nachricht handelt es sich um ein XML-Dokument mit einer besonderen Struktur. Eine SOAP-Nachricht besteht aus einem SOAP-*Envelope*, der zwei Komponenten umfasst: einen optionalen SOAP-*Header* und einen obligatorischen SOAP-*Body*. Der SOAP-Header enthält anwendungsspezifische Informationen wie Sicherheitsinformationen oder Verarbeitungsanweisungen, während im SOAP-Body die Geschäftsdaten zu finden sind, die an den Webservice übergeben werden sollen (oder, im Fall einer Antwortnachricht, die an die aufrufende Anwendung zurückzugebenden Daten). Ein Beispiel für eine SOAP-Nachricht über HTTP sehen Sie in Abbildung 20.3.

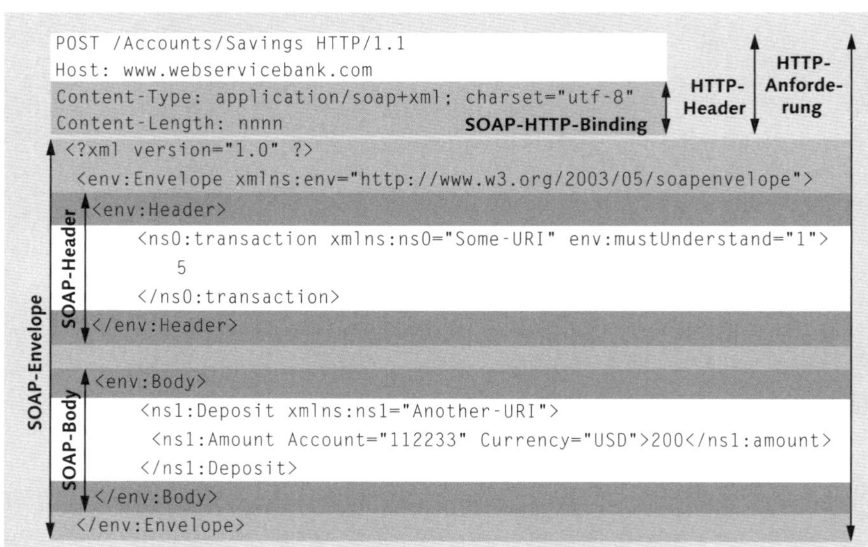

Abbildung 20.3 Einfaches Beispiel für eine SOAP-Anforderungsnachricht

Die SOAP-Nachricht ist im Body-Element der HTTP-Anforderung enthalten. In diesem Beispiel enthält der SOAP-Header einen Transaktionscode, der für die Anwendung, die diese SOAP-Anforderung verarbeitet, eine bestimmte

Bedeutung hat. Der SOAP-Body enthält die Geschäftsdaten: Kontonummer, Währung und Betrag der Onlineüberweisung. Die implementierende Anwendung muss wissen, wie diese Nachricht geparst und verarbeitet wird. Da es sich bei SOAP um einen weitverbreiteten Standard handelt, gibt es viele Messaging-Systeme und sogar Anwendungen, die SOAP-Nachrichten nativ verarbeiten können.

20.2.4 Service-Oriented Architecture (SOA)

SOA ist, wie aus dem Namen bereits hervorgeht, eine serviceorientierte Architektur. Bei einer »Architektur« im klassischen Sinn, wie bei der Architektur von Gebäuden, denkt man an einen *Entwurf* und einen *Plan*. Obwohl zur Umsetzung eines Plans eine ganze Menge an Technologien und Materialien benötigt wird – etwa Erdbaumaschinen, Verkabelung oder Stahlträger –, ist der Plan selbst ein eigenständiges Stück Arbeit. SOA ist demnach ein Plan zur Implementierung der Strukturen, durch die Unternehmen Webservices umfassend und ganzheitlich nutzen können.

Bei SOA handelt es sich weder um eine Sammlung von Technologien noch um ein Produkt, das von einem Anbieter erworben werden kann. Dies kann verwirrend sein, da wir von SOA-Anbietern oder SOA-Technologie sprechen. Zwar sind diese Begriffe nützlich, aber genau genommen wird der Begriff SOA falsch verwendet. Für die Implementierung einer SOA werden zwar Technologien und Produkte benötigt, der Kern einer SOA sind jedoch immer der Plan und die Methodologie, um Anwendungen anzulegen und Geschäftsprozesse zu integrieren.

SOA bietet ein Framework für die Zerlegung von Prozessen in separate Einheiten: die zuvor erläuterten Webservices. Anschließend können diese Services in komplexen Prozessen zusammengefasst, Handelspartnern sicher zur Verfügung gestellt oder für den Aufbau von Edge-Anwendungen verwendet werden, die den vorhandenen Funktionsumfang von Paketanwendungen erweitern.

Einige Ziele einer effektiven SOA sind im Folgenden näher beschrieben:

- **Wiederverwendbarkeit**
  Beim Programmieren von Geschäftsprozessen müssen Entwickler zu häufig »das Rad neu erfinden«. Das bedeutet, dass sie einen vollständigen Programmierzyklus implementieren müssen, während die Funktionalität oder etwas Vergleichbares möglicherweise bereits in den IT-Assets des Unternehmens vorhanden ist. Mit SOA wurde die Funktionalität jedoch in

Services zerlegt, die in einer zentralen Registry publiziert wurden. Entwickler können rasch ermitteln, ob es bereits einen Service gibt, der unverändert oder verändert genutzt werden kann, um die Anforderungen in einer bestimmten Situation zu erfüllen.

- **prozessorientiertes Design**
  Mit einer effektiven SOA können Prozesse aus geschäftlicher Sicht modelliert und dann mithilfe moderner Coding-Methodologien (wenig Code, Interface-First-Design) implementiert werden. Auf diese Weise bestimmen die geschäftlichen Aspekte den Prozess, und die IT wird an die Geschäftsanforderungen angepasst.
- **schnelle Entwicklung**
  Mit modernen Werkzeugen lässt sich eine erhebliche Menge an Code generieren, und das Anlegen von Anwendungen wird vereinfacht. So können sich Entwickler auf wichtige Aufgaben konzentrieren, ohne sich um nebensächliche Aspekte wie die Integrationslogik Gedanken machen zu müssen.
- **vereinfachte Integration**
  Die lose Kopplung von Systemen und ein gemeinsames Interface-Design (basierend auf der WSDL-Beschreibung eines Services) machen die Integration zwischen homogenen Systemen wesentlich einfacher. Sogenannte *Middleware* (normalerweise in Form eines Enterprise Service Bus, ESB) dient der Bereitstellung von Konnektivität für Systeme, die nicht SOA-konform sind, und vereinfacht diese Aufgabe, da weniger Code erforderlich ist.
- **Agilität**
  Unternehmen, die ihre IT-Assets in einem SOA-Framework modelliert haben, können besser auf sich ändernde Marktanforderungen und gesetzliche Bestimmungen reagieren.

Wenn Sie eine SOA implementieren möchten, bedeutet dies, dass in Ihrem Unternehmen nicht nur die Entwicklung auf SOA-Prinzipien basieren muss, sondern dass Sie darüber hinaus die entsprechenden Technologien und Anwendungen benötigen, um Geschäftsprozesse in Services zu zerlegen und diese Services nativ bereitzustellen und abzurufen. Diese Technologien sind in zukunftsorientierten Unternehmen weitverbreitet und werden auch immer häufiger in kleineren IT-Organisationen eingesetzt. Eine stabile SOA-Grundlage sollte auf jeden Fall Folgendes umfassen:

- **mit SOA-Standards konforme Anwendungen und Anwendungsserver**
  Sie können Anwendungen direkt als Services einrichten oder vorhandene Funktionalität für Services aktivieren, wenn die entsprechende Technologie verfügbar ist. Anwendungsserver müssen z. B. in der Lage sein, SOAP-Dokumente (einschließlich Header für verschiedene Standards wie WS-Security oder WS-ReliableMessaging) zu parsen.
- **SOA-Middleware oder Enterprise Services Bus (ESB)**
  Mithilfe dieser Lösungen wird Konnektivität für Legacy-Anwendungen, verwaltete Services, Sicherheitsservices und Automatisierungsfunktionen für Geschäftsprozesse bereitgestellt. Legacy-Anwendungen innerhalb des Rechenzentrums sind nicht servicefähig. Middleware dient dazu, die vorhandenen Integrationsfunktionen dieser Anwendungen in Webservice-Aufrufe zu übersetzen, was normalerweise keinen manuellen Programmieraufwand erfordert. Über den ESB können Routing- und Mapping-Services, Publikations-/Subskriptionsfunktionen sowie die garantierte Bereitstellung und Serialisierung von Nachrichten angeboten werden. WS-BPEL-Prozesseditoren und Laufzeitumgebungen sind häufig Bestandteile der Middleware-Schicht.
- **Überwachungs- und Governance-Werkzeuge**
  Diese Werkzeuge helfen Ihnen dabei, den Design-, Entwicklungs- und Prozessoptimierungszyklus abzuschließen.

20.3 SOA bei SAP

SAP hat die Bedeutung von Webservices und SOA als Computing-Infrastruktur der nächsten Generation bereits vor vielen Jahren erkannt. Daher hat SAP seine Infrastruktur und Anwendungen umstrukturiert, um von den Möglichkeiten und Vorteilen einer SOA zu profitieren. SAP stellt heute weltweit Enterprise-Service-Pakete (SAP-spezifische Webservices) für Kunden bereit und ermöglicht es ihnen, die Services flexibel und ohne Unterbrechungen auf der Plattform zu nutzen, auf der bereits ihre Geschäftsprozesse laufen.

2006 begann SAP damit, Enterprise-Service-Pakete zur Verfügung zu stellen. Enterprise Services können wie folgt beschrieben werden:

- Technisch gesehen, handelt es sich um Webservices, d. h., sie werden durch ein WSDL-Dokument beschrieben und über SOAP-Messaging aufgerufen.

- Sie sind semantisch aufeinander sowie auf die SAP Business Suite abgestimmt.
- Sie basieren auf globalen Datentypen, die gemäß dem UN/CEFACT-CCTS-Standard modelliert wurden.
- Sie werden mithilfe strenger Governance-Mechanismen entwickelt.
- Sie bieten einen hohen betriebswirtschaftlichen Nutzen.
- Sie werden in einem zentralen UDDI Repository publiziert, um eine problemlose Suche zu ermöglichen.

Diese Enterprise Services stellen nicht nur eine willkürliche Zerlegung von SAP-Funktionalität in WSDL-verpackte Services dar, sondern bieten auch einen wirklichen Nutzen für den Kunden. SAP steht in engem Kontakt mit Kunden aus verschiedenen Branchen, um zu ermitteln, welche Services am häufigsten benötigt werden und wie diese Services strukturiert sein sollten, damit sie die Anforderungen dieser Branchen erfüllen.

Zudem hostet SAP eine kollaborative Online-Community, das *SAP Community Network* (*http://scn.sap.com*), in dem Geschäftsprozessexperten, Techniker und SOA-Architekten Wissen und Erfahrungen aus diesen Bereichen austauschen können.

Enterprise Services laufen auf SAP NetWeaver, der Plattform für alle SAP-Anwendungen, die eine stabile technische Grundlage für SOA bei SAP bietet und die folgenden Funktionen zur Verfügung stellt:

- **Enterprise Services Repository**
  Ein zentrales Repository mit Servicemetadaten, das SAP- und Nicht-SAP-Servicedefinitionen umfasst. Dabei handelt es sich um ein Design Time Repository, das ein transparentes Modellieren und Entwerfen von Services ermöglicht.
- **Services Registry**
  eine UDDI-V.3-konforme Services Registry mit erweiterten Klassifizierungs- und Suchfunktionen, die die Suche nach und die Wiederverwendung von Services vereinfacht
- **Enterprise Service Bus/SOA-Middleware**
  Bei SAP Process Orchestration (SAP PO) handelt es sich um einen Servicebus, um SAP- und Nicht-SAP-Services aufzurufen, automatisierte System-to-System-Prozesse zu implementieren, Legacy-Anwendungen zu integrieren und umfangreiche Werkzeuge für die Serviceüberwachung bereitzustellen.

- **SAP Business Process Management**
  SAP BPM ist ein BPMN-basiertes (BPMN = Business Process Modeling Notation) BPM-Entwicklungswerkzeug mit integrierten Verwaltungsfunktionen für Geschäftsregeln (SAP Business Rules Management (SAP BRM)).
- **servicefähiges Datenmanagement**
  Dazu zählen leistungsfähige Business-Intelligence- und Stammdaten-Managementfunktionen.
- **Anwendungsserver**
  Auf einem Anwendungsserver laufen sowohl ABAP- als auch Java-Anwendungen. Zusätzlich umfasst er eine integrierte Enterprise-Services-Laufzeit, die wichtige Standards wie WS-Security, SAML (Security Assertion Markup Language), WS-ReliableMessaging und WS-Policy unterstützt.
- **Umgebung zur Anwendungsentwicklung**
  Dabei handelt es sich um eine integrierte Umgebung zur Anwendungsentwicklung, die auf dem Standard Eclipse basiert. Dieser Standard ermöglicht die Entwicklung servicefähiger Anwendungen.
- **Framework**
  Ein SOA-Framework, das auf TOGAF (The Open Group Architecture Framework) basiert. Bei TOGAF handelt es sich um das führende Framework für SOA-Implementierungen.
- **Modellierungs- und Entwicklungswerkzeuge**
  Modellierungs- und Entwicklungswerkzeuge, um die Lücke zwischen Anwendern und IT-Implementierern zu schließen

Kunden verwenden diese Werkzeuge bei Bedarf, um eine SOA in SAP-Umgebungen zu implementieren. Erfahrungen aus der Vergangenheit haben ebenso wie aktuelle Erfahrungen gezeigt, dass sie die schnellste Möglichkeit darstellen, eine SOA für SAP-fähige Unternehmen einzuführen.

20.4 Implementierung von Service-Interfaces für einen Workflow

Wie bereits erwähnt, wird in unserem Beispiel der Workflow über einen remotefähigen Funktionsbaustein ausgelöst, der als Enterprise Service bereitgestellt wird. Um den Workflow zu starten, haben wir einen recht einfachen Funktionsbaustein geschrieben; mit diesem werden wir uns zunächst befassen und Ihnen danach zwei Möglichkeiten erläutern, ihn für Services zu aktivieren.

20.4.1 Funktionsbaustein

In unserem Funktionsbaustein wird eine Geschäftspartnernummer als Eingabeparameter verwendet. Der Baustein löst dann den Workflow aus, der als Beispiel in diesem Buch verwendet wird. Listing 20.1 zeigt den entsprechenden Code.

```
FUNCTION Z_START_WS99800008.
*"----------------------------------------------------------------
*"*"Local Interface:
*"  IMPORTING
*"     VALUE(OBJKEY) TYPE  BUT000-PARTNER
*"  EXPORTING
*"     VALUE(WI_ID) TYPE  SWWVPUBLIC-WI_ID
*"----------------------------------------------------------------
INCLUDE <CNTN01>. " definition of container and object macros
data: RETURN_CODE TYPE  SYSUBRC.
data: WI_CONTAINER TYPE STANDARD TABLE OF swr_cont
                   WITH HEADER LINE.

move 'BusinessPartner' to WI_CONTAINER-element.
move  objkey   to WI_CONTAINER-value.
append WI_CONTAINER.
*-> Start workflow
  CALL FUNCTION 'SAP_WAPI_START_WORKFLOW'
    EXPORTING
      task     = 'WS99800008'
    IMPORTING
      return_code     = RETURN_CODE
      Workitem_ID     = WI_ID
    TABLES
      input_container = WI_CONTAINER.

ENDFUNCTION.
```

Listing 20.1 Beispiel eines Funktionsbausteins, über den ein Workflow mit SAP_WAPI_START_WORKFLOW gestartet wird

Wie Sie sehen, ist der Code recht einfach gehalten, damit Sie die einzelnen Schritte nachvollziehen können. Die Name/Wert-Paare werden an den Workflow-Container übergeben. Hier handelt es sich bei `BusinessPartner` um ein Feld im Workflow-Container und bei `objkey` um die Geschäftspartnernummer, die an den Funktionsbaustein `Z_START_WS99800008` übergeben wird. `SAP_WAPI_ START_WORKFLOW` wird aufgerufen und empfängt die Name/Wert-Paare. Über `SAP_WAPI_START_ WORKFLOW` wird der Workflow WS998000008 mit der Geschäftspartnernummer als Eingabeparameter gestartet. Der Funktionsbaustein gibt die Workitem-ID des instanziierten Workflows sowie den Funktionsbaustein-Rückgabewert zurück. Der Rückgabewert zeigt an, ob die Funktion erfolgreich ausgeführt werden konnte. Wir geben auch eine Nachricht zurück, dass der Workflow erfolgreich ausgeführt wurde.

SAP NetWeaver bietet eine einheitliche Enterprise-Services-Laufzeit. Das heißt, dass unabhängig davon, ob der Service direkt über den Anwendungsserver aufgerufen wird, auf dem der Service gehostet wird, oder ob es sich um einen verwalteten Service handelt, der über SAP PO aufgerufen wird, eine einzige Umgebung und Aufrufstruktur vorhanden ist. Im Folgenden werden zwei Möglichkeiten näher erläutert, um unseren Funktionsbaustein für Services zu aktivieren: die direkte Bereitstellung über den Anwendungsserver (Inside-out) und die Erstellung eines Proxy-Interfaces in SAP PO.

20.4.2 Aktivierung für Services in der Anwendung (Inside-out-Ansatz)

Sie können den Object Navigator (Transaktion SE80) verwenden, um aus dem Funktionsbaustein einen Enterprise Service anzulegen:

1. Wählen Sie aus dem SAP-Menü TOOLS • ABAP WORKBENCH • OVERVIEW • OBJECT NAVIGATOR.
2. Wählen Sie dann im linken Navigationsfenster im Dropdown-Feld den Eintrag FUNCTION GROUP. Geben Sie im Dateneingabefeld darunter den Namen der Funktionsgruppe ein, die Ihren Funktionsbaustein enthält, und drücken Sie die [↵]-Taste. Die Elemente der Funktionsgruppe wie Funktionsbausteine, Makros und Includes sind in Ordnern strukturiert.
3. Öffnen Sie den Ordner FUNCTION MODULES, klicken Sie mit der rechten Maustaste auf Ihren Funktionsbaustein, und wählen Sie im Kontextmenü den Eintrag CREATE • ENTERPRISE SERVICE (siehe Abbildung 20.4). Daraufhin wird ein Wizard gestartet.
4. Geben Sie im ersten Fenster des Wizards (siehe Abbildung 20.5) einen Namen und eine Kurzbeschreibung für den Service ein.
5. Da Sie den Wizard über das Kontextmenü des Funktionsbausteins gestartet haben, ist der Name bereits ausgewählt. Wenn Sie das Ankreuzfeld MAP NAME aktivieren (Es ist standardmäßig deaktiviert.), wird der vorhandene Name für den Serviceendpunkt übernommen. Anfangsbuchstaben werden dabei jedoch großgeschrieben und Unterstriche entfernt. Lautete der Name des Funktionsbausteins z. B. `z_my_function_module`, würde `ZMyFunctionModule` als Bezeichnung für den Endpunkt übernommen.

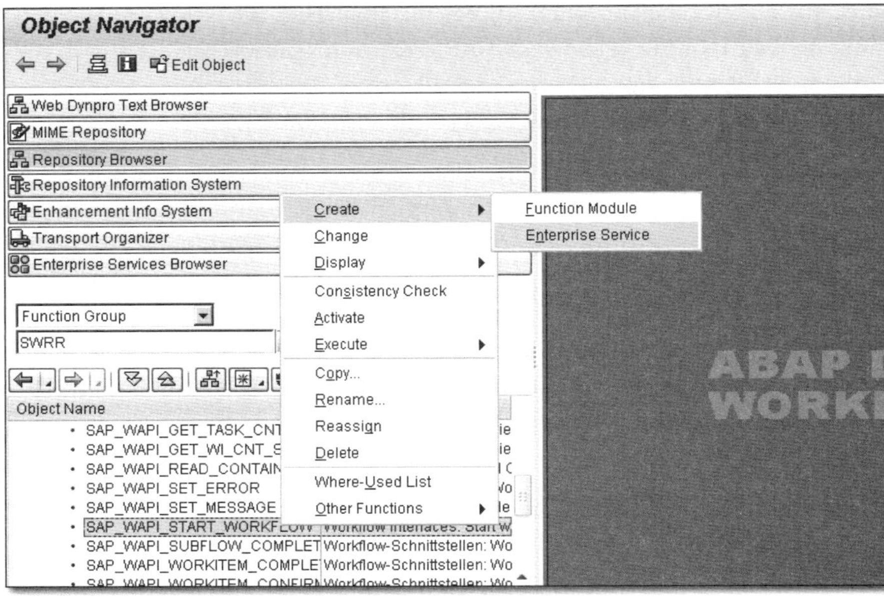

Abbildung 20.4 Wizard zum Anlegen eines Enterprise Services aus Funktionsbaustein SE80

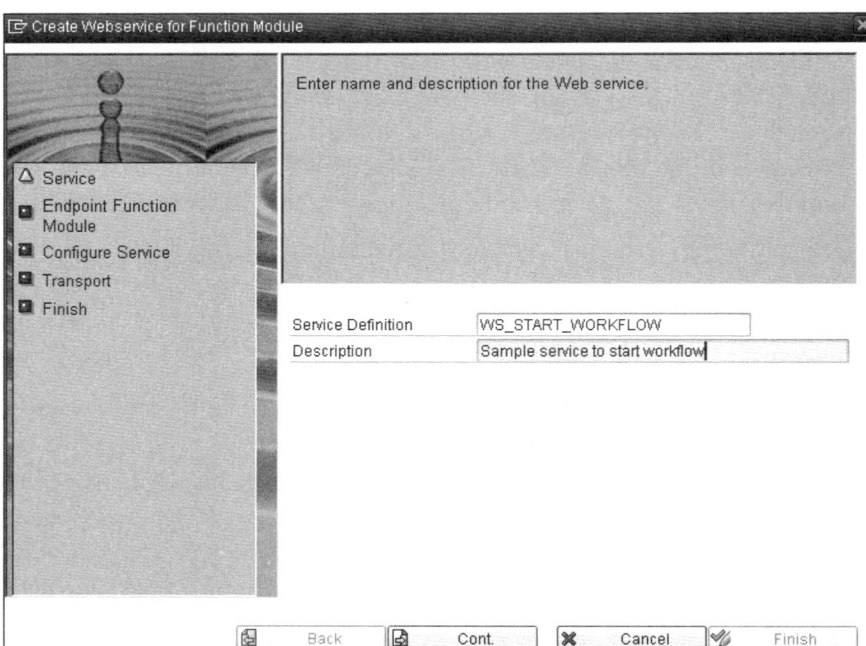

Abbildung 20.5 Der Wizard zum Anlegen von Enterprise Services

6. Wenn Sie ein BAPI (Business Application Programming Interface) oder eine Funktionsgruppe konfigurieren würden, würde nun ein Fenster angezeigt, in dem Sie die Operation auswählen könnten, z. B. den Funktionsbaustein aus der Funktionsgruppe, der aktiviert werden soll. Da Sie jedoch einen Funktionsbaustein aktivieren, wird dieser Schritt vom Wizard ausgelassen. Stattdessen wird direkt ein Fenster angezeigt, in dem Sie den Service konfigurieren können (siehe Abbildung 20.6).

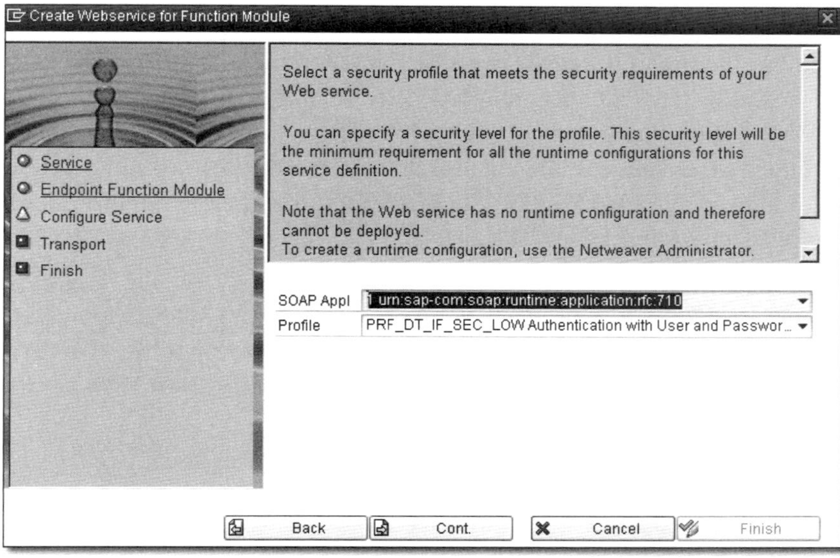

Abbildung 20.6 Konfiguration des Services

In diesem Bildschirm legen Sie ein Sicherheitsprofil fest. Die folgenden Profile stehen Ihnen zur Verfügung:

- PRF_DT_IF_SEC_NO
  No Authentication und No Transport Guarantee
- PRF_DT_IF_SEC_MEDIUM
  Authentication with User and Password and Transport Guarantee
- PRF_DT_IF_SEC_LOW
  Authentication with User and Password, No Transport Guarantee
- PRF_DT_IF_SEC_HIGH
  Authentication with Certificates and Transport Guarantee

Im nächsten Fenster des Wizards werden Sie aufgefordert, den Service einem Paket zuzuweisen. Wenn Sie ein transportierbares Paket wählen, müssen Sie zusätzlich einen Transportauftrag bereitstellen (oder anlegen), damit der Service in der Systemlandschaft transportiert werden kann. Geben Sie die benötigten Informationen an, wählen Sie Continue, um zum nächsten Fenster zu gelangen, und klicken Sie schließlich auf den Button Complete, um den Enterprise Service anzulegen. Wenn Sie die Servicedefinition erstellt haben, sichern und aktivieren Sie sie. Wenn der Service fertiggestellt wurde, können Sie sich den Service anzeigen lassen, die Konfiguration ändern oder zusätzliche Endpunkte anlegen, indem Sie Transaktion SOAMANAGER aufrufen. Arbeiten Sie mit einem System, das auf einem niedrigeren Release als SAP NetWeaver 7.0 SP14 basiert, müssen Sie stattdessen Transaktion WSADMIN verwenden. In Transaktion SOAMANAGER müssen Sie zu Enterprise Service Administration gehen, den Namen Ihres Services im Feld Search Pattern eingeben und auf den Button Go klicken. Wählen Sie Ihre Servicedefinition zur Konfiguration des Services (siehe Abbildung 20.7).

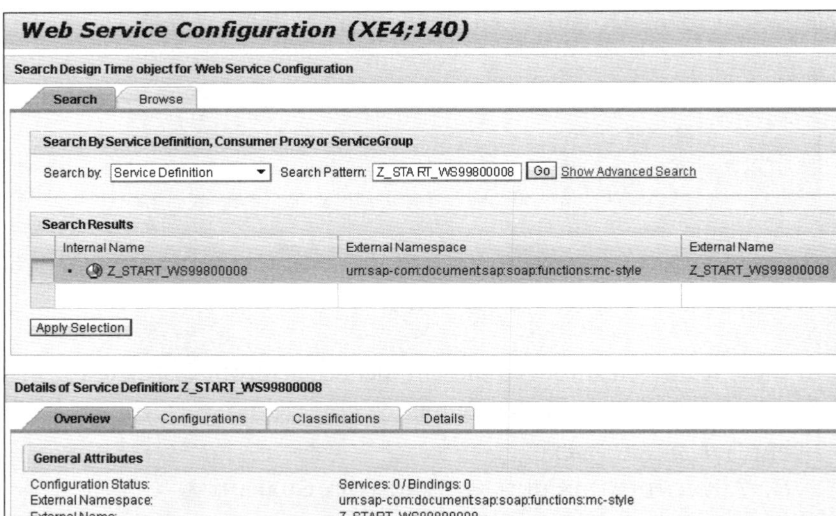

Abbildung 20.7 Transaktion SOAMANAGER

Bei Transaktion SOAMANAGER handelt es sich um eine Web-Dynpro-ABAP-Transaktion, die in einem Browserfenster ausgeführt wird. Sie dient dazu, Serviceendpunkte zu konfigurieren, Services zu publizieren und weitere Service-Managementaufgaben auszuführen.

7. Ihr Service wird in der Tabelle mit den Suchergebnissen angezeigt. Klicken Sie auf den Button Apply Selection, um sich weitere Einzelheiten anzeigen zu lassen. Hier können Sie die Konfiguration bearbeiten, den Enterprise Service Navigator aufrufen, um sich die WSDL anzeigen zu lassen oder den Service zu testen, und weitere administrative Aufgaben bezüglich Ihres Services ausführen.

Testen des Services

Um den Service zu testen, führen Sie die folgenden Schritte aus:

1. Sie benötigen zum Testen des Enterprise Services einen SAP-NetWeaver-Java-Stack. Öffnen Sie den Enterprise Service Navigator auf dem Java-Stack, indem Sie zur URL *http://<host>:<port>/wsnavigator* gehen. Geben Sie hier die URL des WSDL aus Transaktion SOAMANAGER ein, und klicken Sie auf Next (siehe Abbildung 20.8). Wählen Sie im nächsten Bildschirm den Operationsnamen aus, und klicken Sie auf Next.

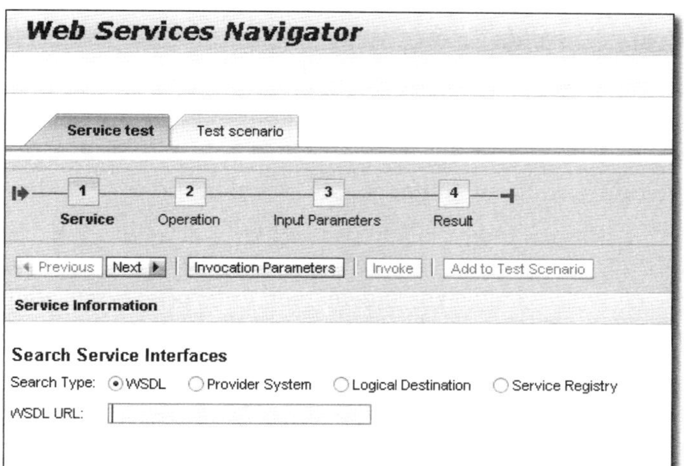

Abbildung 20.8 Web Services Navigator zum Testen eines Services

2. Im Testwerkzeug können Sie die Eingabeparameter des Services eingeben. Tragen Sie die Geschäftspartnernummer zum Testen ein, und klicken Sie auf den Button Next. Das Ergebnis wird Ihnen im darauffolgenden Fenster angezeigt (siehe Abbildung 20.9). Wenn der Aufruf erfolgreich war, wird die Workitem-ID in der Antwortnachricht angezeigt.

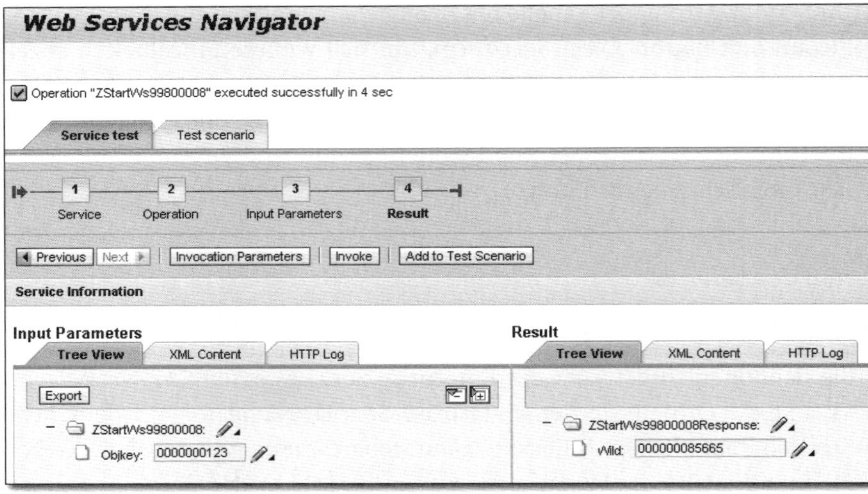

Abbildung 20.9 Erfolgreicher Test im Web Services Navigator

20.4.3 Aktivierung für Services über das Enterprise Services Repository (Outside-in-Ansatz)

Sie wissen bereits, wie Sie Funktionsbausteine und damit den Workflow für Services direkt über die Anwendung aktivieren können. Es gibt noch einen weiteren Ansatz, den *Outside-in*-Ansatz, mit dem Sie sowohl indirekte als auch direkte Aufrufe ausführen können. Der Ausgangspunkt bei diesem Ansatz ist das Enterprise Services Repository. Indirekte Aufrufe sind Enterprise-Service-Aufrufe, die über die SOA-Middleware bzw. SAP PO ausgeführt werden. Sie bieten zusätzlich zur allgemeinen Enterprise-Service-Funktionalität folgende Möglichkeiten:

- Aufruf des Services über nicht servicefähige Anwendungen
- Weiterleitung der Serviceaufrufe an mehrere Empfänger
- Mapping (Transformation) zu oder von mehreren Interfaces
- Einbinden des Serviceaufrufs in einen automatisierten Geschäftsprozess
- zentrale Konfiguration eines direkten Aufrufs zwischen SAP-Systemen

Wenn Sie den Service auf diese Weise anlegen, steht Ihnen zusätzlich zu diesen Funktionen das zentral im Enterprise Services Repository definierte Service-Interface zur Verfügung. Dies erhöht die Transparenz sowohl in der Servicedefinition als auch generell in Ihrer Integrationslandschaft. Ausführliche Informationen zum Enterprise Services Repository, zum Anlegen von

Services und zur Verwendung von SAP PO übersteigen den Rahmen dieses Buches. Trotzdem möchten wir im Folgenden den Prozess kurz skizzieren:

1. Sie legen zunächst ein Service-Interface und die erforderlichen Datenobjekte im Enterprise Services Repository an.
2. Nach der Aktivierung dieser Objekte erzeugen Sie einen *Proxy* in der ABAP-Entwicklungsumgebung. Bei einem Proxy handelt es sich lediglich um das ABAP Data Dictionary und die Code-Objekte, die für die Implementierung eines auf der Interface-Definition basierenden Services benötigt werden.
3. Nachdem Sie den Proxy erzeugt haben, stellen Sie das Coding für Ihren Service fertig und konfigurieren den Service, sodass er zur Laufzeit ausgeführt wird.

Datenobjekte für die Servicedefinition

Wir beschreiben zunächst, wie Serviceobjekte im Enterprise Services Repository angelegt werden. Danach werden die Serviceobjekte vorgestellt.

Wir werden ein *Service-Interface* im Enterprise Services Repository anlegen. Dabei handelt es sich um ein WSDL-Dokument, das die Operationen und Datenstrukturen für einen Enterprise Service beschreibt. Dies ist der abstrakte Teil des WSDL-Dokuments, da noch keine physischen Systeme oder Einschränkungen auf ein bestimmtes Laufzeit-Binding (wie HTTP oder SMTP) definiert wurden. Ein Service-Interface umfasst eine oder mehrere Operationen. Wenn Sie das Service-Interface z. B. für den Service zu einer Bestellung definieren, können Sie Operationen zum Anlegen einer Bestellung, zum Abfragen der Daten einer Bestellung und zum Aktualisieren oder Löschen einer Bestellung definieren.

Die Operationen selbst basieren auf *Message-Typen*. Bei einem Message-Typ handelt es sich um ein XML-Schema, das die eigentliche Nachricht definiert, die zur Laufzeit übermittelt werden soll: also die Geschäftsdaten, die die SOAP-Payload des Serviceaufrufs darstellen. Ein synchroner Service (Anforderung/Antwort) verfügt über einen definierten Request-Message-Typ und einen definierten Response-Message-Typ. Asynchrone Services verfügen nicht über eine definierte Response-Message, da die aufrufende Anwendung keine Antwort erwartet und auch keine Antworten verarbeiten kann. Zusätzlich zu diesen Message-Typen können (und sollten, zumindest in den meisten Fällen) der Operation *Fault*-Messages zugewiesen werden, damit der Server eine Fehlermeldung ausgeben kann, falls während des Serviceaufrufs ein

Problem auftritt. (Natürlich wird einer asynchronen Outbound-Operation keine Fault-Message zugewiesen, da die Anwendung keine Antwort erwartet, d. h. noch nicht einmal eine Fehlermeldung. Einer asynchronen Inbound-Operation kann jedoch eine Fault-Message zugewiesen werden, da nur so ein Fehler für die Middleware registriert werden kann.)

Message-Typen wiederum basieren auf *Datentypen*. Diese Datentypen sind konform mit der XML Schema Definition Language (XSD). Datentypen können in mehreren Message-Typen wiederverwendet werden. Wie zuvor erwähnt, basieren diese Datentypen bei Enterprise Services auf dem UN/CEFACT-CCTS-Standard (Core Component Technical Specification), der für eine strikte Datentyp-Governance und ein einheitliches Datenmodell in verschiedenen SAP-Anwendungen sorgt. Für die meisten kundenspezifischen, selbst angelegten Services werden *frei definierte* Datentypen verwendet. Dabei handelt es sich in den meisten Fällen um Datentypen, die nicht dem CCTS-Standard entsprechen.

Das Service-Interface verfügt über zwei Attribute, die definiert werden müssen und für alle Operationen des Service-Interfaces gelten: eine *Kategorie* und ein *Interface-Muster*. Die möglichen Kategorien sind folgende:

- **Inbound**
  Verwenden Sie diese Kategorie, um einen Provider-Service zu definieren, d. h., die Request-Message für diesen Service wird an die Anwendung gesendet.
- **Outbound**
  Verwenden Sie diese Kategorie, um einen Consumer-Service zu definieren, d. h., die Request-Message wird von der Anwendung gesendet.
- **Abstract**
  Diese Kategorie dient der Definition von Interfaces, die in BPEL-basierten (Business Process Execution Language) Prozessen verwendet werden, und wird hier nicht näher erläutert.

Mithilfe des Interface-Musters wird definiert, wie das Coding für den Service im Backend erfolgt. Auch hier spielen die Einzelheiten keine weitere Rolle für uns. Es reicht, wenn Sie wissen, dass in den meisten Fällen, d. h. auch in unserem Beispiel, das Muster STATELESS verwendet werden sollte.

Anlegen der Serviceobjekte im Enterprise Services Repository

Servicefähige SAP-Systeme sind einer bestimmten Instanz des Enterprise Services Repositorys zugeordnet. Sie können auf das Enterprise Services Repository über Transaktion SSXMB_IFR zugreifen. Wenn Sie diese Transaktion ausführen, wird eine Webseite in einem Browser geöffnet, die Links zum Enterprise Services Repository und zu anderen Funktionen (z. B. zur Services Registry) enthält. Welche Links auf der Seite genau angezeigt werden, hängt davon ab, ob das Enterprise Services Repository von einem SAP-PO-System oder einem SAP-NetWeaver-Composition-Environment-System gehostet wird. Unabhängig davon müssen Sie immer auf den Link ENTERPRISE SERVICES BUILDER klicken, um die Benutzeroberfläche zum Anlegen der Objekte aufzurufen.

Beim Enterprise Services Builder (siehe Abbildung 20.10) handelt es sich um eine Java-basierte UI-Anwendung zum Anlegen von Objekten im Enterprise Services Repository. Der Content ist nach Softwarekomponentenversion (SWCV) und Namensraum organisiert. Voraussetzung für die Entwicklung im Enterprise Services Builder ist, dass eine SWCV im System Landscape Directory (SLD) angelegt und in den Enterprise Services Builder importiert wurde. Zudem muss ein Namensraum in der Entwicklungs-SWCV angelegt sein.

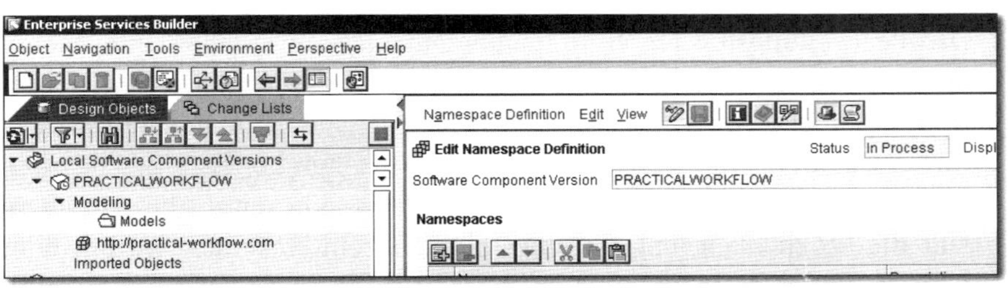

Abbildung 20.10 Enterprise Services Builder

Anlegen von Datentypen

Im Navigationsfenster im linken Bildschirmbereich können Sie in die einzelnen Softwarekomponentenversionen und Namensräume zur Entwicklung der Objekte verzweigen. Sie können den Objekttyp, der angelegt werden soll, aus dem Navigationsbaum auf der linken Seite auswählen und die Kopfdaten für das Objekt auf der rechten Seite eingeben.

1. Klicken Sie mit der rechten Maustaste auf den entsprechenden Namensraum in Ihrer Softwarekomponentenversion (SWCV), und wählen Sie NEW.
2. Erweitern Sie im Popup-Fenster in der Objektliste die Hierarchie der Interface-Objekte, und wählen Sie DATA TYPE. Füllen Sie die Felder NAME und DESCRIPTION aus (optional), und klicken Sie auf den Button CREATE (siehe Abbildung 20.11).

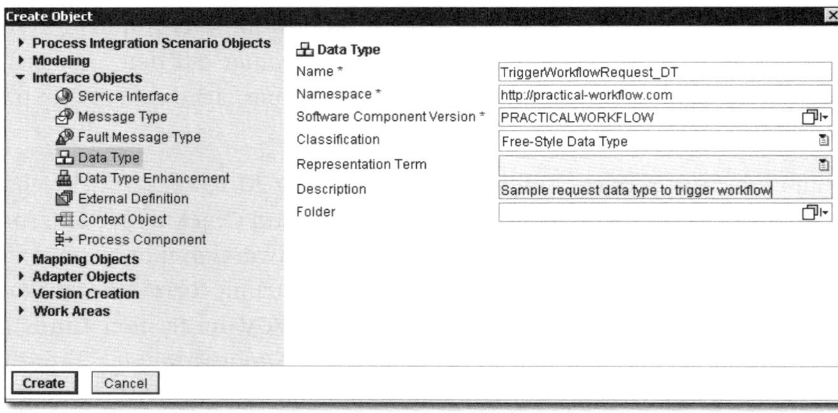

Abbildung 20.11 Dialogfenster zum Anlegen eines Objekts im Enterprise Services Builder

3. Das Bearbeitungsfenster verfügt über eine eigene Symbol- und Menüleiste, einen Kopfbereich und einen Bearbeitungsbereich, der wiederum ebenfalls über eine eigene Symbolleiste verfügt. Sie können neue Zeilen zu Ihrem Datentyp hinzufügen, indem Sie in der Symbolleiste des Bearbeitungsbereichs auf das Symbol INSERT NEW LINES klicken. Es besteht ebenfalls die Möglichkeit, ein einzelnes Element, ein einzelnes Attribut oder mehrere Zeilen (vom Typ Element oder Attribut) zu einer Datentypdefinition hinzuzufügen. Jede Zeile eines Datentyps im Editor entspricht entweder einem XML-Element oder einem XML-Attribut des finalen XSD-Typs (XML Schema Document). Jeder Zeile, d. h. jedem Element oder jedem Attribut, können die folgenden Felder zugewiesen werden:
   - NAME (obligatorisch)
     Dabei handelt es sich um den Namen des Attributs oder Elements, wie er im instanziierten SOAP-XML-Dokument zur Laufzeit angezeigt wird.
   - CATEGORY (wird automatisch zugeordnet)
     Die Kategorie gibt an, ob über die Zeile ein Strukturelement, ein Datenelement oder ein Attribut definiert wird.

- Type (obligatorisch)
  Weisen Sie hier entweder einen integrierten XSD-Datentyp (String, Integer etc.) zu oder einen zuvor angelegten Datentyp aus dem Enterprise Services Builder (So können Sie gängige Datentypen wie Adressstrukturen wiederverwenden.).
- Occurrence (obligatorisch, aber implizit für Wurzelelemente)
  Diese Option gibt die Anzahl oder möglichen Instanzen des Elements oder Attributs im XML-SOAP-Dokument zur Laufzeit an. Attribute können optional oder obligatorisch sein; Elementen können Vorkommen gemäß den XSD-Regeln zugewiesen werden. Ein Element kann z. B. Vorkommen 1 haben, also obligatorisch sein, aber es ist nur eine Instanz erlaubt. 0..n bedeutet, dass das Element optional ist, aber höchstens *n* Instanzen erlaubt sind; m. n bedeutet, dass mindestens *m* Instanzen, aber höchstens *n* Instanzen zulässig sind.
- Default (optional)
  Hier können Sie festlegen, ob ein Vorschlagswert für das Element zur Laufzeit eingefügt werden soll, auch wenn zur Laufzeit in der Nachricht kein Element enthalten ist.
- Details (optional)
  Mithilfe dieser Option können Sie XSD-Facetten wie Mindest- oder Höchstlänge und ein Muster für das Feld (z. B. das Datumsformat) definieren oder festlegen, ob es sich um einen Enumerationstyp handelt, und die Enumerationswerte bestimmen.
- Business Context (optional)
  Hier kann ein Geschäftskontext für das Feld eingetragen werden, z. B. eine branchenspezifische Bestimmung.
- Description (optional)
  Hier kann eine Beschreibung des Elements oder Attributs eingegeben werden.
- UI Text Object (optional)
  UI-Textobjekte werden verwendet, wenn der Datentyp in einer UI-Anwendung genutzt wird und Sie dem UI-Feld einen Text zuordnen möchten.

Wenn Sie alle Felder für Ihren Datentyp angelegt haben, müssen Sie diesen speichern, bevor Sie fortfahren können.

Für unser einfach gehaltenes Interface haben wir zwei einfache Datentypen angelegt: einen für den Request-Message-Typ (`TriggerWorkflowRequest_DT`), der ein einziges Element zur Übermittlung der Geschäftspartnernummer an den Funktionsbaustein enthält, und einen Datentyp für den Response-Message-Typ (`TriggerWorkflowResponse_DT`), der ein einziges Feld zum Empfang der Workitem-ID vom Funktionsbaustein umfasst (siehe Abbildung 20.12).

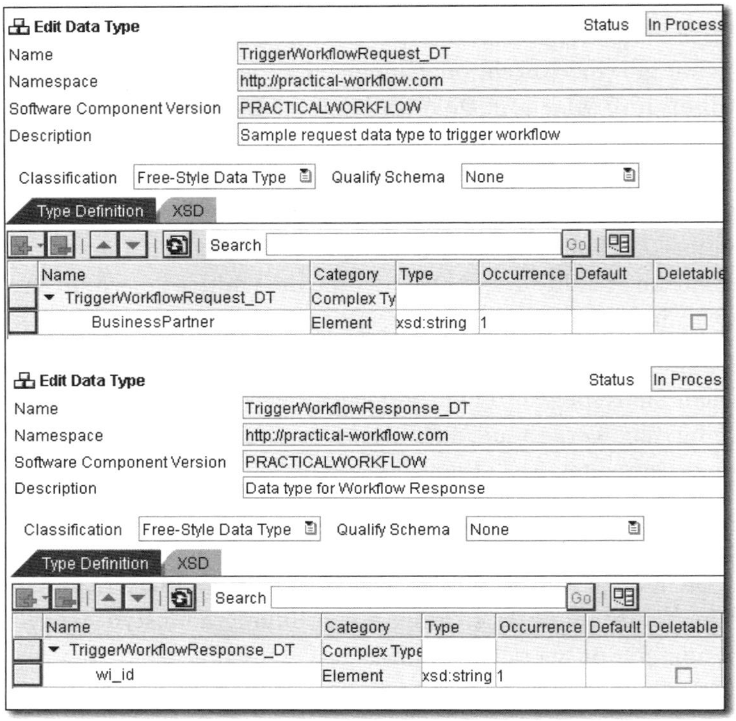

Abbildung 20.12 Datentypen für den Service zum Auslösen des Workflows

Anlegen von Message-Typen

Das Anlegen der Message-Typen ist noch einfacher als das Anlegen der Datentypen:

1. Klicken Sie mit der rechten Maustaste auf den entsprechenden Namensraum, und wählen Sie New, um einen Message-Typ anzulegen.
2. Erweitern Sie im Popup-Fenster in der Objektliste die Hierarchie der Interface-Objekte, und wählen Sie Message Type. Geben Sie einen Namen und eine Beschreibung (optional) ein, und klicken Sie auf den Button Create.
3. Geben Sie erneut einen Namen und eine Beschreibung ein; der Name des Message-Typs spielt jedoch auch außerhalb der Design-Zeit eine Rolle. Der Name, den Sie für den Datentyp wählen, muss mit dem Namen des

Wurzelelements des SOAP-XML-Dokuments übereinstimmen, das zur Laufzeit verarbeitet wird. Wenn das Wurzelelement des SOAP-Bodys also `TriggerWorkflowRequest` lautet, muss die gleiche Bezeichnung für den Message-Typ im Enterprise Services Builder verwendet werden.

4. Nachdem Sie einen Message-Typ angelegt haben, müssen Sie nur noch den entsprechenden Datentyp zuweisen, den Sie für den Message-Typ erstellt haben. Dazu können Sie den Datentyp per Drag & Drop vom Navigationsfenster in das Bearbeitungsfenster ziehen oder die Suchhilfe im Message-Typ-Editor verwenden. Für unseren Service haben wir zwei Message-Typen angelegt: `TriggerWorkflowRequest`, der unseren Datentyp `TriggerWorkflow Request_DT` nutzt (siehe Abbildung 20.13), und `TriggerWorkflowResponse`, der unseren Datentyp `TriggerWorkflow-Response_DT` nutzt.

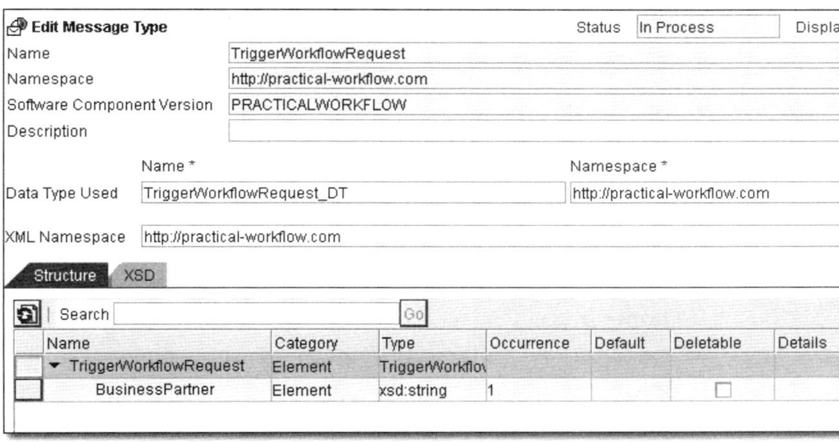

Abbildung 20.13 Message-Typ, der im Service zum Auslösen des Workflows verwendet wird

Anlegen des Service-Interfaces

Um das Service-Interface anzulegen, führen Sie die folgenden Schritte aus:

1. Klicken Sie auch hier mit der rechten Maustaste auf den entsprechenden Namensraum, und wählen Sie New.
2. Erweitern Sie im Popup-Fenster in der Objektliste die Hierarchie der Interface-Objekte, und wählen Sie Service Interface. Geben Sie einen Namen und eine Beschreibung (optional) ein, und klicken Sie auf den Button Create.

3. Geben Sie im Kopfbereich des Bearbeitungsfensters die entsprechenden Attribute für das Service-Interface ein. Wählen Sie als CATEGORY INBOUND, da Sie den Provider-Service anlegen, und, wie zuvor beschrieben, die Option STATELESS für das INTERFACE PATTERN.
4. Beim Anlegen des Services wird automatisch eine Operation erstellt, die den gleichen Namen wie Ihr Service-Interface hat. Übernehmen und verwenden Sie diese Operation. Sie müssen zwei Attribute für die Operation festlegen: das OPERATION PATTERN und den MODE (siehe Abbildung 20.14). In den meisten Fällen ist NORMAL das einzige verfügbare Operationsmuster für diesen Service-Interface-Typ. Der Modus zeigt an, ob die Operation synchron oder asynchron ist. Da Sie in diesem Beispiel eine Partnernummer übermitteln und eine Workitem-ID erhalten, handelt es sich hier um eine synchrone Operation.

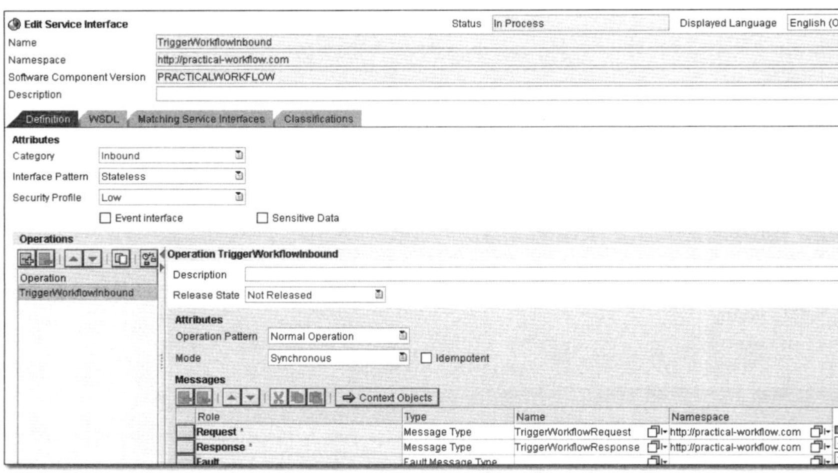

Abbildung 20.14 Service-Interface für den Service zum Auslösen des Workflows

5. Da es sich hier um eine synchrone Operation handelt, müssen Sie einen Request-Message-Typ, einen Response-Message-Typ und optional einen Fault-Message-Typ bereitstellen. Um das Beispiel so einfach wie möglich zu halten, werden wir keinen Fault-Message-Typ verwenden. Ziehen Sie für die Request- und Response-Message die zuvor angelegten Message-Typen `TriggerWorkflowRequest` und `TriggerWorkflowResponse` einfach per Drag & Drop auf die entsprechenden Eingabefelder im Bearbeitungsbereich der Operation. Speichern Sie das Service-Interface.

6. Bevor Sie den Enterprise Services Builder verlassen, müssen Sie noch eine letzte Aufgabe ausführen: Sie müssen Ihre Objekte aktivieren. Wählen Sie im Navigationsfenster die Registerkarte CHANGE LISTS aus, verzweigen Sie in der Softwarekomponentenversion auf die automatisch angelegte Änderungsliste, klicken Sie mit der rechten Maustaste auf die Änderungsliste, und wählen Sie die Option ACTIVATE. Nun haben Sie alle Aufgaben im Enterprise Services Builder abgeschlossen.

Erzeugung des Proxys

Wie bereits erwähnt, wird der Proxy mit wenigen Klicks erzeugt. Bei der Proxy-Generierung wird das Objekt erzeugt, das Sie benötigen, um einen Service bereitzustellen und abzurufen (da Sie ein Inbound-Service-Interface angelegt haben, legen Sie einen Provider-Proxy an).

Welche Objekte genau erstellt werden, hängt davon ab, ob Sie einen Provider- oder einen Consumer-Proxy erzeugen. Für Consumer-Proxys werden sämtliche Objekte vollständig angelegt: die ABAP-Data-Dictionary-Objekte, bei denen es sich um die ABAP-Implementierungen der Datenstrukturen handelt, die für die Datentypen und Message-Typen des Service-Interfaces verwendet werden, sowie die implementierende ABAP-Proxy-Klasse für das Proxy-Interface und die Methode zum Aufrufen des Services. Der Entwickler muss lediglich ein Programm schreiben, um die Ausführungsmethode der Proxy-Klasse aufzurufen.

Für Provider-Proxys werden die ABAP-Data-Dictionary-Objekte sowie ein Interface für die Proxy-Klasse angelegt. (Da die Terminologie an dieser Stelle etwas verwirrend ist, möchten wir kurz näher darauf eingehen: Bisher haben wir von *Service-Interfaces* gesprochen. In der objektorientierten Programmierung bezieht sich der Begriff *Interface* jedoch auf ein Modell für eine Klasse. Im Grunde handelt es sich um einen Vertrag, in dem die Anforderungen dargelegt sind, die ein Objekt dieser Klasse erfüllen muss, wenn es angelegt wird.) Wir verwenden hier diese Bedeutung des Begriffs Interface. Hier muss der Entwickler die Ausführungsmethode der Proxy-Klasse implementieren.

1. Navigieren Sie im SAP GUI zur Transaktion SPROXY, um den Proxy zu erzeugen.
2. Ihre Softwarekomponentenversion, Ihre Namensräume und weitere Objekte aus dem Enterprise Services Repository werden in einer Hierarchie im linken Navigationsfenster angezeigt. Verzweigen Sie auf die Softwarekomponentenversion und den Namensraum, und erweitern Sie den Baum SERVICE INTERFACE.

3. Doppelklicken Sie auf das Service-Interface, für das Sie einen Proxy erzeugen möchten (oder klicken Sie mit der rechten Maustaste auf das Interface, und wählen Sie im Kontextmenü die Option Create Proxy). Daraufhin wird der Wizard zur Erzeugung eines Proxys gestartet (siehe Abbildung 20.15).

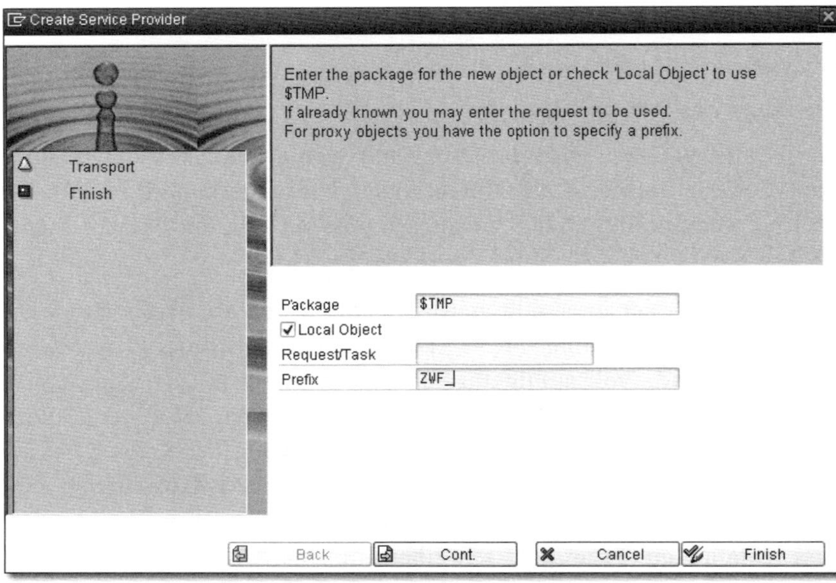

Abbildung 20.15 Wizard zur Erzeugung eines Proxys

4. Geben Sie im ersten Fenster des Wizards ein Package für Ihre Entwicklungen an. Wenn Sie ein transportierbares Paket wählen, müssen Sie zusätzlich einen Änderungsauftrag auswählen oder anlegen. Darüber hinaus müssen Sie einen Wert unter Prefix eintragen. Dies sollte kurz erläutert werden.
   Wie Sie bereits feststellen konnten, sind die Entwicklungsobjekte im Enterprise Services Repository nach Softwarekomponentenversion und Namensraum organisiert. In der ABAP-Umgebung können Sie Ihre Entwicklung nicht basierend auf diesen Strukturen organisieren. Daher wird den Namen von ABAP-Strukturen und -Objekten das Präfix vorangestellt, um sicherzustellen, dass diese im ABAP Repository einen eindeutigen Namen erhalten.
5. Nachdem Sie die benötigten Informationen eingetragen haben, wählen Sie Cont., und klicken Sie im nächsten Fenster auf den Button Complete, dann auf Save und Activate. Daraufhin wird der Proxy erzeugt.

Abbildung 20.16 zeigt die Objekte, die während der Proxy-Generierung angelegt wurden.

- ZWF_II_TRIGGER_WORKFLOW_INBOUN
  ein ABAP-Objects-Interface, auf dem die Proxy-Klasse basiert
- ZWF_TRIGGER_WORKFLOW_REQUEST
  eine ABAP-Data-Dictionary-Struktur, bei der es sich um die ABAP-Implementierung der Request-Message handelt
- ZWF_TRIGGER_WORKFLOW_REQUEST_D
  eine ABAP-Data-Dictionary-Struktur, bei der es sich um die ABAP-Implementierung des Request-Datentyps handelt
- ZWF_TRIGGER_WORKFLOW_RESPONSE
  eine ABAP-Data-Dictionary-Struktur, bei der es sich um die ABAP-Implementierung der Response-Message handelt
- ZWF_TRIGGER_WORKFLOW_RESPONSE1
  eine ABAP-Data-Dictionary-Struktur, bei der es sich um die ABAP-Implementierung des Response-Datentyps handelt

Type	ABAP Name	Prefix	Name	Namespace
	ZWF_II_TRIGGER_WORKFLOW_INBOUN	ZWF_	TriggerWorkflowInbound	http://practicalworkflow.com
	ZWF_TRIGGER_WORKFLOW_REQUEST	ZWF_	TriggerWorkflowRequest	http://practicalworkflow.com
	ZWF_TRIGGER_WORKFLOW_REQUEST_D	ZWF_	TriggerWorkflowRequest_DT	http://practicalworkflow.com
	ZWF_TRIGGER_WORKFLOW_RESPONSE	ZWF_	TriggerWorkflowResponse_DT	http://practicalworkflow.com
	ZWF_TRIGGER_WORKFLOW_RESPONSE1	ZWF_	TriggerWorkflowResponse	http://practicalworkflow.com

Abbildung 20.16 Über den Wizard zur Erzeugung eines Proxys angelegte Proxy-Objekte

Bezüglich der Namen dieser Objekte sind Ihnen möglicherweise folgende Aspekte aufgefallen: Erstens beginnen sie alle mit dem Präfix ZWF_, das Sie im Wizard zum Erzeugen eines Proxys angegeben haben; zweitens sind einige Namen in der Liste nicht mehr mit dem Namen aus dem Enterprise Services Repository identisch. Einige Namen wurden gekürzt (Nr. 1, 3 und 5 in Abbildung 20.16), damit sie nicht über die Maximallänge für ABAP-Strukturen von 30 Zeichen hinausgehen, und an einen Namen wurde eine Zahl angehängt (der fünfte Eintrag der aufgeführten Interfaces in Abbildung 20.16), um sicherzustellen, dass der Name im ABAP Repository eindeutig ist.

Um die Serviceimplementierung abschließen zu können, müssen Sie die erzeugten Proxy-Objekte speichern und aktivieren. Verwenden Sie dazu im Menü den Pfad Proxy • Activate.

Abschluss der Proxy-Implementierung

Da Sie einen Provider-Proxy angelegt haben, müssen Sie die Logik für die Ausführungsmethode der Proxy-Klasse schreiben. Der angelegte Klassenname lautet <Prefix>CL<ABAP name of the service interface>. Daher lautet der Name für unsere Klasse ZWF_CL_TRIGGER_WORKFLOW_INBOUN.

1. Sie können auf die Klasse zugreifen, indem Sie in Transaktion SPROXY auf der Registerkarte PROPERTIES der Proxy-Definition auf den Klassennamen doppelklicken (siehe Abbildung 20.17) oder indem Sie sie direkt im ABAP Class Builder (Transaktion SESE24) öffnen.

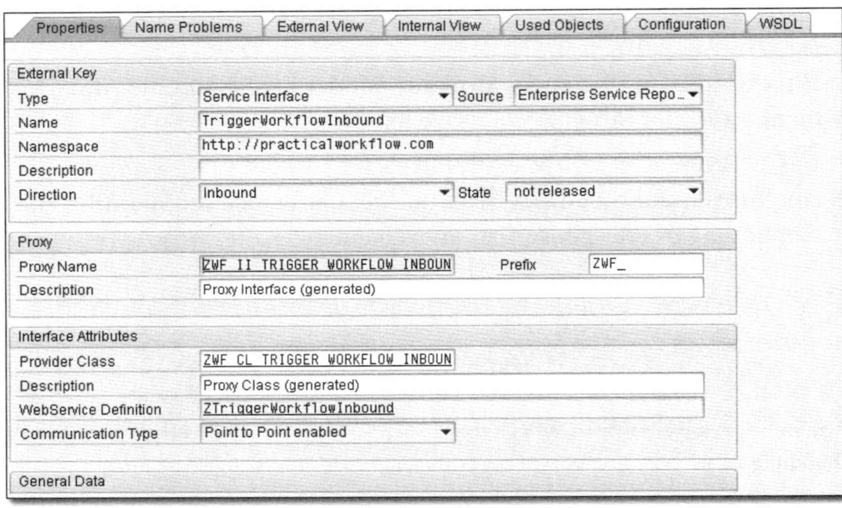

Abbildung 20.17 Eigenschaften des erzeugten Proxys

2. Jede Proxy-Klasse verfügt über eine Methode EXECUTE; der Name dieser Methode wird wie folgt angegeben: <Class Name>~<Operation Name>. In unserem Beispiel lautet der Name der Methode also ZWF_II_TRIGGER_WORKFLOW_INBOUN~TRIGGER_WORKFLOW_INBOUND.

Hinweis

In früheren Releases von SAP PO (früher bekannt als SAP NetWeaver Process Integration bzw. SAP NetWeaver Exchange Infrastructure (SAP XI)) war nur eine einzige Operation pro Interface zulässig. In älteren Versionen lautet der Name der Ausführungsmethode entweder <Class_Name>~EXECUTE_SYNCHRONOUS oder <Class_Name>~EXECUTE_ASYNCHRONOUS.

3. Öffnen Sie die Methode im Methodeneditor, und geben Sie den Implementierungscode ein. Listing 20.2 zeigt eine einfache Methodenimplementierung für den Workflow-Service. Wie Sie sehen, sind die grundlegenden Aufgaben für die Implementierung der Inbound-Proxy-Methode recht einfach. Erfassen Sie die Eingabedaten aus der Inbound-Message, und weisen Sie diese den Eingabedaten des Funktionsbausteins zu. Zudem weisen Sie die Ausgabedaten des Funktionsbausteins der Response-Message-Struktur der Serviceoperation zu.

```
method ZWF_II_TRIGGER_WORKFLOW_INBOUN~TRIGGER_WORKFLOW_INBOUND.

*** **** Simple Execute method for calling a function module ***
* ***

*" Declare local variables to send and receive FM parameters
data: l_objkey type BUT000-PARTNER,
      l_wi_id  type SWWVPUBLIC-WI_ID.

*" Assign the business partner from the incoming message
*" to the local variable for calling the function module
l_objkey = INPUT-TRIGGER_WORKFLOW_REQUEST-BUSINESS_PARTNER.

*" Call the function module and receive the return parameter
*" In the local variable
Call function 'Z_START_WS99800008'
exporting OBJKEY = l_objkey
IMPORTING WI_ID = l_wi_id.

*" Assign the output of the function module to the
*" output structure of the service operation
OUTPUT-TRIGGER_WORKFLOW_RESPONSE-WORK_ITEM_ID = l_wi_id.

endmethod.
```

Listing 20.2 Einfaches Beispiel einer Ausführungsmethode zum Aufruf eines Funktionsbausteins

4. Natürlich müssen Sie die Methode erst aktivieren, bevor Sie sie einsetzen können.

In der Praxis würden wir in einer Proxy-Anwendung selbstverständlich eine Prüfung auf gültige Daten hin durchführen, vom Funktionsbaustein zurückgegebene Fehler behandeln und (sofern ein Fehler auftritt) eine Fault-Message an den Service-Consumer senden. Da wir uns nicht zu sehr im Detail verlieren möchten, wird die Proxy-Programmierung hier allerdings nicht näher erläutert.

Doch selbst mit diesen wünschenswerten Features ist die Methodenimplementierung noch immer relativ einfach. Dabei handelt es sich um einen *Ansatz mit wenig Code*, da wir uns nicht um komplexe Vorgänge wie das Parsen von Nachrichten, die Übergabe von Parametern oder das Anlegen von Code kümmern mussten, um den HTTP-Aufruf letztlich auszuführen. Dies erfolgt alles automatisch über die Proxy-Laufzeit. Wir müssen uns nur auf die wesentlichen Aufgaben für die Implementierung der gewünschten Funktion kümmern.

Anlegen des Enterprise Services

Auch wenn Sie nun die Proxy-Implementierung abgeschlossen haben, wurde bis jetzt noch kein aufrufbarer Service angelegt. Soll Ihr Proxy in indirekten Szenarien verwendet werden, d. h., wird er aus SAP-PO heraus aufgerufen, müssen Sie im Moment nichts mehr tun. Sie müssen die Szenarien, in denen Ihr Proxy eingesetzt werden soll, über das SAP-PO-Konfigurationswerkzeug konfigurieren. Eine Beschreibung dieser Schritte würde allerdings den Rahmen dieses Buches sprengen.

Wenn Sie den Service direkt über den Anwendungsserver aufrufen möchten, wie im vorangegangenen Beispiel beschrieben, müssen Sie einen Endpunkt für den Service anlegen:

1. Rufen Sie Transaktion SOAMANAGER auf, und wählen Sie auf der Registerkarte APPLICATION AND SCENARIO COMMUNICATION die Option SINGLE SERVICE ADMINISTRATION.
2. Geben Sie einen Suchbegriff für Ihren Service ein (für unser Beispiel könnten Sie z. B. nach *trigger* suchen), klicken Sie auf den Button GO, wählen Sie den Service im Suchergebnis aus, und klicken Sie auf APPLY SELECTION.
3. Wechseln Sie dann im Bereich DETAILS auf die Registerkarte CONFIGURATIONS, und wählen Sie die Option CREATE SERVICE. Tragen Sie einen Namen für den Service, eine Kurzbeschreibung und einen Namen für den Datenfluss ein. Klicken Sie auf APPLY SETTINGS. An dieser Stelle können Sie bei Bedarf Serviceeinstellungen wie die Sicherheits- oder Transporteinstellungen ändern.

Nachdem Sie den Endpunkt gespeichert haben, ist der Service verfügbar und kann über eine Clientanwendung aufgerufen werden. Zusammenfassend kann man sagen, dass dies wesentlich mehr Aufwand erfordert als das einfache Erzeugen eines Services aus dem Funktionsbaustein. Allerdings ist dieser Vorgang auch wesentlich allgemeiner gehalten. Proxys ermöglichen es Ihnen, beliebige Funktionen im Backend – und nicht nur Funktionsbausteine – für Services zu aktivieren. So können Sie Services entweder über die Punkt-zu-Punkt-Methode oder indirekt aufrufen. Proxys platzieren Metadaten im Enterprise Services Repository, wo sie für alle Prozessbeteiligten sichtbar sind und verstanden werden. Außerdem ermöglichen sie es Ihnen, Serviceoperationen über Outside-in- und Interface-First-Ansätze anzulegen, wie es eine ausgereifte SOA-Methodologie vorsieht. Es lohnt sich also, mit Proxys zu arbeiten!

Weitere Bücher des Autors

The Complete Guide to SAP NetWeaver Portal (SAP PRESS 2012)

Für strategische, taktische und operative Entscheidungen ist die korrekte Anwendung von Geschäftsregeln essenziell. In SAP Business Workflow können automatisierte Entscheidungen (Entscheidungsservices) und diesen zugrunde liegende Regeln verwendet werden, um für Geschäftsexperten einfache und effektive Steuerungsmöglichkeiten für Schwellenwerte, Fristen, Prozesspfad-Auswahl und sogar flexible Bearbeiterzuordnung bereitzustellen.

21 BRFplus und SAP Decision Service Management

Von Jocelyn Dart

Jeder kennt sich mit Entscheidungen aus, schließlich treffen wir ständig Entscheidungen; was esse ich, was ziehe ich an, auf welche Schule schicke ich die Kinder, wie investiere ich mein Geld etc. Im Berufsleben müssen wir entscheiden, in welches Projekt wir investieren, welchen Preis ein Produkt haben soll, welcher Mitarbeiter eine Aufgabe übernehmen soll, welchen Rabatt ein Kunde bekommt etc. Im Prinzip stellt jede Entscheidung eine Frage, erfordert die Erwägung der relevanten Faktoren, Bedingungen und Wünsche und hat schließlich ein Ergebnis – die Wahl, die wir treffen.

In einem Unternehmen sind viele der Entscheidungen viel zu kompliziert, um sie über das ganze Unternehmen hinweg konsistent ohne Automatisierung treffen zu können. Es müssen unter Umständen Unmengen an Faktoren und zugehörigen Regeln berücksichtigt werden, z. B. verschiedene Produkte, Services, geografische Regionen, Branchen, Kundenarten, Teams, Wettbewerbsdruck, Richtlinien und Gesetze. Die Automatisierung von Entscheidungen als integraler Teil von IT-Systemen (ob mit Transaktionen, Konfigurationen, Workflows oder Code) ist eine effektive Methode, um sicherzustellen, dass Entscheidungen korrekt und angemessen umgesetzt werden. Derartige Entscheidungen müssen häufig wiederholt getroffen werden, um normale Änderungen im operativen Geschäft z. B. bei Preisen zu unterstützen, oder sie müssen schnell getroffen werden, um auf eine veränderte Marktsituation reagieren zu können.

Sehr häufig wird die Automatisierung solcher Entscheidungen jedoch auf eine hauptsächlich statische Art und Weise implementiert, meistens direkt als Programmierung. In diesem Fall benötigen Sie jedoch schon bei kleinen Anpassungen die Unterstützung eines erfahrenen IT-Entwicklers. Obwohl solche programmierten Entscheidungen üblicherweise als robust, stabil und skalierbar gelten können, sind sie selten leicht anzupassen. Selbst wenn ein erfahrener IT-Entwickler vorhanden ist, der bereit und dazu in der Lage ist, jederzeit Anpassungen zu implementieren, sind IT-Projektzyklen, Transportterminpläne und der IT-Auftragsüberhang oft Hindernisse für die Anpassung automatisierter Entscheidungen.

Seit der letzten Auflage dieses Buches hat das Wachstum an *Geschäftsregel-Engines* neue Möglichkeiten für Geschäftsexperten eröffnet, mit denen diese automatisierte Entscheidungen und Geschäftsregeln erstellen, verwalten und bereitstellen können. Dabei können diese Experten viele typische IT-Entwicklungs- und Bereitstellungsprobleme vermeiden. Geschäftsregel-Engines haben eine besondere und offensichtliche Relevanz für Workflows, bei denen viele Entscheidungen und Regeln bereits als Teil des Workflow-Prozesses automatisiert sind. Geschäftsregel-Engines erweitern den Workflow, indem sie die Flexibilität und die Anpassbarkeit solcher Entscheidungen und Regeln erhöhen. Der Zweck der Verwendung von Geschäftsregel-Engines in Kombination mit Workflow-Engines ist es letztlich, den Lebenszyklus und die Reichweite von Workflows zu erweitern, indem Änderungen bei Richtlinien, im Markt, bei der Gesetzgebung und sogar in der organisatorischen Struktur in einem Zeitrahmen implementiert werden, der den Geschäftsanforderungen und nicht den IT-Projektlebenszyklen entspricht.

Dieses Kapitel ist eine Einführung in die Geschäftsregeln und den Rahmen, der diese unterstützt (BRFplus), und in SAP Decision Service Management. In SAP Business Workflow können Sie diese Technologien nutzen, um Schwellenwerte, Termine, Pfadauswahl und vieles mehr zu steuern.

21.1 Einführung in Geschäftsregeln und Entscheidungsservices

Geschäftsregel-Engines lösen das Problem der Entscheidungsfindung durch die Trennung von Belangen. Sie ermöglichen es der IT, übergeordnete Lösungen zu verwalten. Diese Lösungen werden stabil und robust gehalten, während automatisierte eingekapselte *Entscheidungsservices* etabliert werden, die aus IT-Lösungen abgerufen werden können, aber hauptsächlich von

Geschäftsexperten direkt verwaltet werden. Diese Entscheidungsservices sind so konzipiert, dass sie mit sich schnell oder häufig ändernden Anforderungen umgehen können.

Es gibt einige Parallelen zwischen Entscheidungsservices und anderen eingekapselten Services wie Enterprise Services. Ein Entscheidungsservice hat, wie ein Enterprise Service, definierte Eingänge und Ausgänge und kann von mehreren Anwendungen aufgerufen werden. Entscheidungsservices werden durch folgende Aspekte von weiteren eingekapselten Services unterschieden:

- **Content (Inhalt)**
  Anstelle von Code enthalten Entscheidungsservices *Geschäftsregeln* in einem natürlichen Sprachformat, das von Geschäftsbenutzern gelesen und verwaltet werden kann.
- **Sichtbarkeit**
  Der Content eines Entscheidungsservices wird von Geschäftsbenutzern gesehen und verwaltet.
- **Governance**
  Das Erstellen, Testen und sogar die Bereitstellung von Änderungen am Inhalt des Entscheidungsservices sollen hauptsächlich von der Geschäftseinheit verwaltet werden, während der Aufruf der Anwendungen selbst unter der Kontrolle der IT bleibt.

Geschäftsregeln gibt es in vielen Varianten. Mathematische Formeln (mit Prozentsätzen und Deckelungen), Kalkulationsblätter in Tabellen (mit Sätzen und Faktoren) und If-Then-Else-Anweisungen (die Pfade und Ausnahmen steuern) gehören zu den üblichen Varianten, aber es ist die Leistungsfähigkeit der spezifischen Geschäftsregel-Engine, die bestimmt, was wirklich möglich ist.

Hinweis

Geschäftsregeln enthalten üblicherweise keine statischen physikalischen oder tatsächlichen Beschränkungen, die nativ in Anwendungen vorhanden sind, wie z. B. »Das Datum muss ein gültiges Datum sein.«.

Entscheidungsservices sind dort am effektivsten, wo der Bedarf an der Entscheidung und die Abläufe der Entscheidung (wie Eingänge und Ausgänge) ziemlich statisch sind, aber der Inhalt der Entscheidung (d. h. die zugrunde liegende Geschäftsregel) sich häufiger oder schneller ändert, als dies von der IT in einem für die Geschäftszwecke angemessenen Zeitrahmen verwaltet werden kann.

Denken Sie z. B. an folgende Situationen:

- Der Marktdruck durch die Sonderangebote eines Wettbewerbers erfordert es, dass die eigenen Rabatte noch am selben Tag geändert werden.
- Ein neues Gesetz zu Steuern und Alterszulagesätzen und Deckelungen muss innerhalb von Wochen oder Monaten umgesetzt werden.
- Geschäftsübliche Änderungen bezüglich jährlicher Inflationsfaktoren müssen implementiert werden.

Wenn man die IT-Abteilung von diesen alltäglichen Aufgaben befreien kann, reduziert man die Frustrationen, die zwischen der IT und Geschäftsabteilungen entstehen, und ermöglicht es der IT, sich auf transformative Projekte zu konzentrieren, die einen längerfristigen Mehrwert bieten.

21.1.1 Geschäftsregel-Szenarien in Workflows

Im Folgenden finden Sie einige Szenarien, in denen Entscheidungsservices und deren zugrunde liegende Geschäftsregeln einen Mehrwert bieten:

- **Fristen**
  Eskalationszeiträume werden für Urlaubszeiträume oder Änderungen an SLAs angepasst.
- **Steuerungsschritte**
  Der Pfad, dem ein Prozess folgt, hängt von Schwellenwerten ab, die abhängig von Marktbedingungen oder Gesetzgebung gelockert oder verschärft werden können.
- **Bearbeiterzuordnung**
  Die Verteilung von Arbeitslast muss sich unterschiedlichen Teamgrößen und Kapazitäten und Neustrukturierungen im Unternehmen anpassen.
- **Auslösen von Workflows**
  Workflows können genutzt werden, um wichtige Mitarbeiter über besonders gewünschte oder nicht gewünschte Aktionen von Kunden und Zulieferern zu informieren und die Reaktionen dieser Mitarbeiter zu verwalten.
- **Ausnahmen in Workflow-Ereignissen**
  Als wie wichtig eine Ausnahme wahrgenommen wird und ob eine gesteuerte Antwort auf eine Ausnahme innerhalb des betroffenen Workflows erforderlich ist, ist häufig abhängig vom Ausnahmetyp und der Wirkung der Ausnahme auf das Geschäft.

21.1.2 Geschäftsregel-Engines im SAP-System

SAP stellt aktuell drei Geschäftsregel-Engines bereit. Im ersten Augenblick mag das nach sehr viel klingen, aber die Wahl der zu verwendenden Geschäftsregel-Engine ist sehr einfach und hängt stark von der Systemlandschaft ab.

- SAP Business Rules Management (SAP BRM)
- SAP-HANA-Regeln
- SAP Decision Service Management (DSM) und BRFplus

SAP BRM ist eine Java-basierte Regel-Engine und ein fester Bestandteil von SAP-NetWeaver-Java-Lösungen wie SAP Process Orchestration (SAP PO). SAP BRM dient hauptsächlich der Unterstützung Java-basierter Lösungen, die auf Java-Plattformen ausgeführt werden.

SAP-HANA-Regeln stellen tabellenähnliche Regeln (*Entscheidungstabellenregeln*) für SAP-HANA-Systeme bereit. Sie sind eine einfache, aber effektive Lösung für die Regeln in einer SAP-HANA-Datenbank.

Sowohl SAP-BRM- als auch SAP-HANA-Regeln bieten Unterstützung für ihre jeweils eigenen Plattformen. Dadurch wird vermieden, dass einzelne Instanzenlösungen in heterogene Plattformen ausgebaut werden müssen, nur um Geschäftsregelfunktionen hinzuzufügen.

SAP Decision Service Management (SAP DSM) hat einen anderen Ansatz. DSM zielt auf die übliche Situation von Unternehmensstandorten von SAP-Kunden, bei denen häufig eine heterogene Mischung aus SAP-Systemen, typischerweise große ABAP-Systeme (wie SAP ERP, SAP CRM und SAP SRM), zu finden ist, und in denen auch Java-, SAP-HANA- und Nicht-SAP-Plattformen vorhanden sind. SAP DSM fügt starke Steuerungsfunktionen hinzu, mit denen multiple Systeme aus einer zentralen Entscheidungs- und Regelerstellungsumgebung verwaltet werden können. Zusätzlich bietet SAP DSM die schnelle Bereitstellung für jedes verwaltete System einschließlich Versionierungs-, Traceability- und Aufhebungsoptionen. Während der inhärente Fokus von SAP DSM auf ABAP-Systemen und -Lösungen liegt, kann SAP DSM auch SAP-HANA-Systeme und – mit entsprechender Adaptersoftware – auch Java-Systeme bereitstellen. Außerdem besteht auch die Möglichkeit, Nicht-SAP-Systeme zur Verfügung zu stellen.

SAP DSM verwendet und enthält BRFplus als Entscheidungs- und Regelerstellungstool. BRFplus ist in ABAP-Plattformen ab Release 7.01 nativ als

Erstellungstool integriert und kann auch ohne SAP DSM verwendet werden. Dann besitzt es allerdings die folgenden Einschränkungen:

- Ohne SAP DSM müssen Entscheidung und Regeln direkt in jedem ABAP-System erstellt werden. Eine zentrale Erstellung ist nur mit SAP DSM möglich.
- Ohne SAP DSM sind Transport und Bereitstellung auf standardmäßiges Change- und Transport-Management beschränkt. Eine schnelle Bereitstellung ist nur mit SAP DSM möglich.
- Verbesserungen der Erstellungsfunktionen der BRFplus-Workbench, wie Testfall-Administration, sind nur über SAP DSM verfügbar. Umgekehrt bietet SAP DSM während der Erstellung und des Tests Zugriff auf Metadaten von verwalteten ABAP-Systemen bis hinab zu Release 6.40. Zu Laufzeitzwecken konvertiert SAP DSM die Entscheidungsservices und Regeln in bereitstellbaren generierten Code, der für die spezifische Systemversion geeignet ist.

Dadurch, dass SAP Business Workflow ein Bestandteil der SAP-NetWeaver-ABAP-Plattform ist, ist DSM/BRFplus die offensichtlich beste Geschäftsregel-Engine für Entscheidungen und Regeln in Workflows.

21.2 Übersicht über Entscheidungsservices in SAP DSM/BRFplus

Das Erstellen von Entscheidungsservices in SAP DSM/BRFplus erfordert einige einfache Schritte mithilfe der DSM Workbench (eine über Transaktion DSM aufrufbare browser-basierte Steuerung) und der BRFplus Workbench (eine über Transaktion BRFplus aufrufbare browser-basierte Steuerung).

Hinweis

Sowohl die SAP-DSM- als auch die BRFplus-Workbench besitzen benutzerfreundliche Navigationsoptionen, um von einer Workbench zur anderen zu gelangen.

Vor dem Aufbau sollten Sie das Design des Entscheidungsservices mit den Geschäftsexperten besprechen; Input und Unterstützung der IT sind hier meist sehr sinnvoll. Daher sollten Sie sich u. a. die folgenden wichtigen Fragen stellen:

- Welche Frage stellt der Entscheidungsservice? Wenn die Entscheidung nicht als Frage gestellt werden kann, ist es wahrscheinlich keine geeignete

Entscheidung. Zum Beispiel ist »Finde alle Personen, die diese Arbeit empfangen können!« keine Entscheidung, »Wer kann diese Arbeit empfangen?« ist hingegen eine wahre Entscheidung.

- Wie und wo wird dieser Entscheidungsservice aufgerufen? Aus der Konfiguration? Wenn er aus der Konfiguration aufgerufen wird, kann es einen vordefinierten Servicenamen oder Servicekontext (Eingänge und Ausgänge) geben, der beachtet werden muss. Aus einem Benutzerausgang oder BAdI oder benutzerdefiniertem Programm? Das IT-Team muss den Aufruf verstehen und implementieren.
- Was ist der Kontext, d. h. die Eingänge und Ausgänge des Entscheidungsservices? Sind diese für die Adaption adäquat? Wenn wir die Entscheidung nachträglich ausführen müssen, wurde das Datum und/oder die Zeit der Ausführung beachtet?
- Wie werden die dem Entscheidungsservice zugrunde liegenden Regeln organisiert? Können wir die wichtigen Geschäftsregeln und die untergeordneten Regeln klar identifizieren? In der Praxis können Regeln sehr vielschichtig sein, aber aus der Design-Perspektive ist es üblicherweise ausreichend, die Hauptregel und direkt untergeordnete Regeln als Anleitung für den Aufbau zu beachten.
- Welche Datenquellen – Datenbanktabellen, APIS und weitere programmierte Routinen – müssen innerhalb des Entscheidungsservices aufgerufen werden, um genügend Informationen zur Bewertung der Geschäftsregeln abzuleiten? Zum Beispiel muss bei der Bewertung, wer diese Arbeit empfangen kann, die Unternehmensstruktur eingesehen werden können.
- Welche Sätze und Faktoren müssen als Teil der Geschäftsregeln bewertet werden? Dies können Schwellenwerte, Quoten, Termine in Tagen per Typ, oder jede Art von Satz oder Faktor sein, die aktuell in keiner Datenquelle gespeichert ist. Üblicherweise werden diese als Kalkulationstabellen von Geschäftsexperten verwaltet.

Folgende Voraussetzungen müssen für das Erstellen eines Entscheidungsservices erfüllt sein:

1. **Einmaliger Aufbau des verwalteten Systems**
   Dies ist das System, dem der Entscheidungsservice in der DSM Workbench bereitgestellt wird. Dies ist ein einfacher Zuweisungsprozess, in dem einem RFC-Ziel (RFC = Remote Function Call), das die Verbindungsdetails bereitstellt, ein verwalteter Systemname zugewiesen wird.

2. **Erstellung einer Regelanwendung**
   Dies ist die IT-Sicht der zu erstellenden Entscheidungs- und Regelobjekte. Die Anwendung ist die Transport- und Bereitstellungseinheit. Mehrere Entscheidungsservices können derselben Regelanwendung zugewiesen werden. Normalerweise sind alle Entscheidungen und Regeln in einer Regelanwendung eng miteinander verknüpft, d. h., sie gehören zum selben funktionalen Bereich.
3. **Zuweisung der Regelanwendung zum verwalteten System**
   So erhält die Regelanwendung Zugriff auf die Metadaten, etwa ABAP-Data-Dictionary-Definitionen, des verwalteten Systems für Design und Build. Die DSM Workbench besitzt eine Option, mit der in einem Schritt die Regelanwendung erstellt und dem verwalteten System zugewiesen werden kann.
4. **Optional aber empfohlen: die Erstellung eines Regelkatalogs**
   Dies ist die Geschäftssicht der Regelobjekte. Normalerweise werden nur die Regelobjekte in den Regelkatalog aufgenommen, die für die operativen Geschäftsbenutzer von Interesse sind. Der Regelkatalog ist eine maßgeschneiderte Untermenge der Regelobjekte. Regelkataloge werden einer Regelanwendung zugewiesen, es ist aber durchaus möglich, Regelkataloge zu erstellen, die Regelobjekte aus anderen Regelanwendungen enthalten.

Das Erstellen eines Entscheidungsservices erfordert eine strukturierte Sammlung von Regelobjekten. Eine Übersicht der Regelobjekte sehen Sie in Tabelle 21.1.

Regelobjekt	Beschreibung	Inhalt
Regelanwendung	Bereitstellbare Regelobjektgruppen. Dies ist die IT-Sicht der zugehörigen Regeln.	andere Regelobjekte
Regelkatalog	die Geschäftssicht der zugehörigen Regelobjekte	andere Regelobjekte
Funktion	die technische Implementierung eines Entscheidungsservices	mindestens ein Regelsatz
Regelsatz	eine geordnete Liste von Regeln	mindestens eine Regel, und optional eine oder mehrere Variablen, um Zwischenwerte zwischen Regeln zu übergeben

Tabelle 21.1 Übersicht der Regelobjekte in BRFplus

Regelobjekt	Beschreibung	Inhalt
Regel	Stellt üblicherweise eine einzelne Geschäftsregel dar.	mindestens ein Ausdruck, optional eine oder mehrere Aktionen
Ausdruck	in sich geschlossene Recheneinheiten, die ein Ergebnis berechnen, ermitteln oder ableiten	weitere Ausdrücke, Aktionen, Variablen oder Regeln
Ausdruckstyp	Vorlage für einen Ausdruck	nicht zutreffend
Aktion	Ein spezieller Ausdruckstyp, der einen externen Output der Regel auslöst. Eine Aktion gibt kein Ergebnis zurück, und einmal ausgelöst, kann sie nicht weiter von der Regel bearbeitet werden.	Variablen
Aktionstyp	Vorlage für eine Aktion	nicht zutreffend
Variable	ein einem Regelobjekt zugewiesenes Datenobjekt, z. B. ein Regelsatz	Datenobjekt
Datenobjekt	die Definition, d. h. Typ, Länge etc. einer Variablen	Kann auf einer ABAP-Data-Dictionary-Definition basieren oder auf einem der integrierten BRFplus-Datentypen (Betrag, boolesch, Zahl, Menge, Text, Zeitpunkt).

Tabelle 21.1 Übersicht der Regelobjekte in BRFplus (Forts.)

Dies sind die Hauptschritte zum Erstellen eines Entscheidungsservices:

1. Der Entscheidungsservice (auch bekannt als die BRFplus-Funktion) wird in der Regelanwendung erstellt.
2. Die Inputs und Outputs des Entscheidungsservices werden als *Kontext* des Entscheidungsservices etabliert.
3. Ein Regelsatz wird erstellt und dem Entscheidungsservice zugewiesen. Der Regelsatz enthält die Sammlung an Regeln, die als Teil des Entscheidungsservices bewertet werden, und die Reihenfolge, in der sie bewertet werden.
4. Dem Regelsatz werden Regeln hinzugefügt und in der Reihenfolge organisiert, in der sie bewertet werden sollen. Innerhalb der Regeln werden Ausdrücke basierend auf Vorlagen (auch als *Ausdruckstypen* bezeichnet)

als Inhalt einer jeden Regel erstellt. Variablen, die als Datenobjekte definiert sind, werden verwendet, um Zwischenbewertungen zu erhalten, die zwischen verschiedenen Ausdrücken und Regeln übergeben werden. Regeln können auch Aktionen auslösen – z. B. solche, die Workflow-Ereignisse auslösen, die auf Vorlagen basieren und als *Aktionstypen* bezeichnet werden.

5. Der Entscheidungsservice und alle abhängigen Regelobjekte (Regelsätze, Regeln, Ausdrücke etc.) werden aktiviert.
6. Der Entscheidungsservice wird durch *Simulation* getestet. Die Simulation wird üblicherweise im nichtproduktiven Modus für das Remote-System ausgeführt. So gibt es keine Auswirkungen auf Aufrufanwendungen im verwalteten System.
7. Zum Schluss wird der Entscheidungsservice im Produktivmodus bereitgestellt und ist dann bereit für die Verwendung mit Aufrufanwendungen.

Hinweis

Entscheidungsservices können so bereitgestellt werden, dass sie erst zu einem Zeitpunkt in der Zukunft wirksam werden. Dies ermöglicht das Testen aus der Aufrufanwendung, indem der Zeitstempel im Aufruf angepasst wird. Zukünftige Bereitstellungen können, wenn nötig, widerrufen und nach finalen Anpassungen erneut bereitgestellt werden.

21.3 Aufrufen von Entscheidungsservices aus SAP Business Workflow

SAP Business Workflow bietet eine einfache Integration von BRFplus und umgekehrt. BRFplus bietet die Aktionen START WORKFLOW, mit der ein Workflow direkt gestartet werden kann, und WORKFLOW EVENT, mit der ein Workflow-Ereignis ausgelöst werden kann (siehe Abbildung 21.1).

Ab SAP NetWeaver AS ABAP 7.02 SP6 bietet SAP Business Workflow Optionen für einen Workflow-Schritt des Typs ACTIVITY zu CREATE BRFPLUS TASK und INCLUDE BRFPLUS FUNCTION. CREATE BRFPLUS TASK erstellt eine neue Aufgabe und einen neuen Entscheidungsservice; d. h. eine BRFplus-Funktion (siehe Abbildung 21.2). Die Option INCLUDE BRFPLUS FUNCTION referenziert einen bestehenden Entscheidungsservice; d. h. eine BRFplus-Funktion. Diese Funktionen generieren Aufgaben, die den erforderlichen Code enthalten, um den Entscheidungsservice (BRFplus-Funktion) aus dem Workflow aufzurufen und ein Ergebnis zurückzugeben, das dann in den Workflow-Containerelementen gespeichert und in nachfolgenden Schritten des Workflows verwendet werden kann.

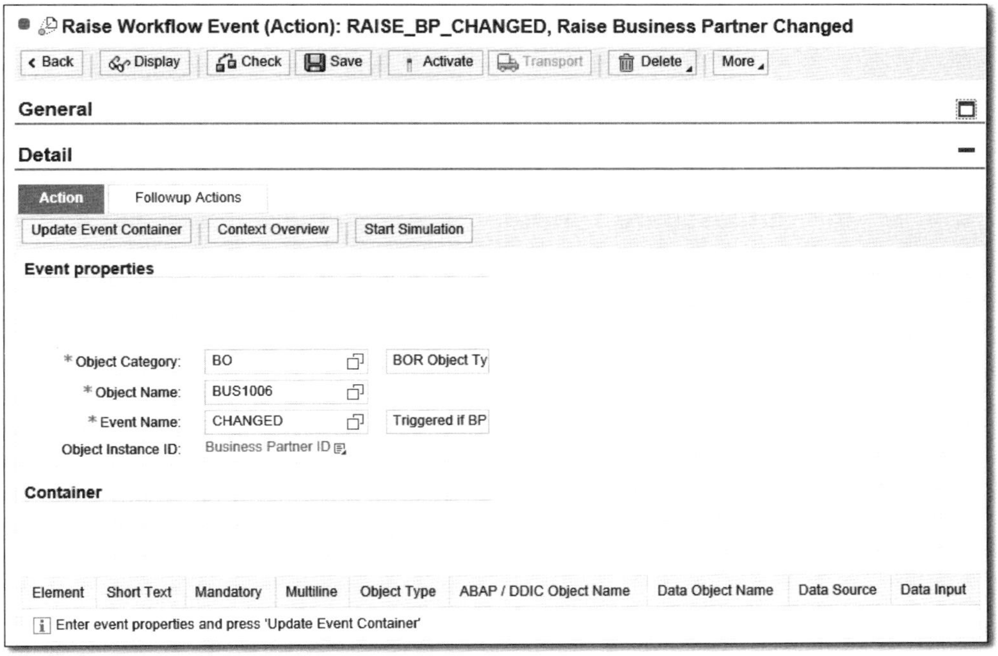

Abbildung 21.1 Beispiel einer BRFplus-Aktion, die das Workflow-Ereignis BUS1006.CHANGED auslöst

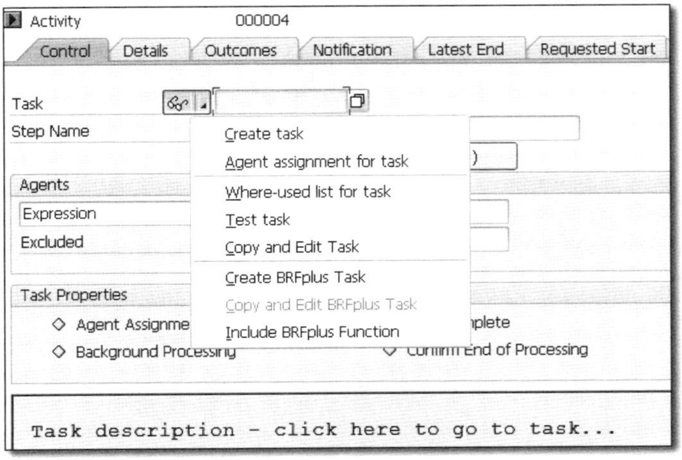

Abbildung 21.2 Erstellen eines Workflow-Aktivitätsschritts, der Optionen zum Erstellen einer BRFplus-Aufgabe oder Einschließen einer BRFplus-Funktion anzeigt

Hinweis

Mit der Option CREATE BRFPLUS TASK werden Entscheidungsservices direkt vom Workflow in der lokalen BRFplus-Workbench erstellt. Nach der Erstellung können die BRFplus-Funktion und zugehörige Objekte direkt in SAP DSM importiert werden. Die nachfolgenden Regelerstellungen und Bereitstellungen können direkt aus SAP DSM ausgeführt werden.

21.4 Beispiel: Entscheidungsservice für anpassbare Termine

Eine häufige Anforderung an vielen Standorten ist es, Eskalationszeiträume für Genehmigungen nach Anforderungstyp und basierend auf Datumsangaben anpassen zu können. Ein typisches Beispiel sind formularbasierte Anforderungen wie Urlaubsanträge, bei denen der standardmäßige Eskalationszeitraum ein, zwei oder drei Tage beträgt – abhängig vom Anforderungstyp. Für Haupturlaubszeiten wie Weihnachten, an denen viele Personen im Urlaub sind, kann der Eskalationszeitraum temporär auf fünf Tage erweitert werden. Ein Entscheidungsservice für diesen Fall könnte folgende Frage stellen: Wann sollen wir diese Anforderung eskalieren?

Wie Sie in Abbildung 21.3 sehen, können die Eingaben für den Entscheidungsservice wie folgt aussehen.

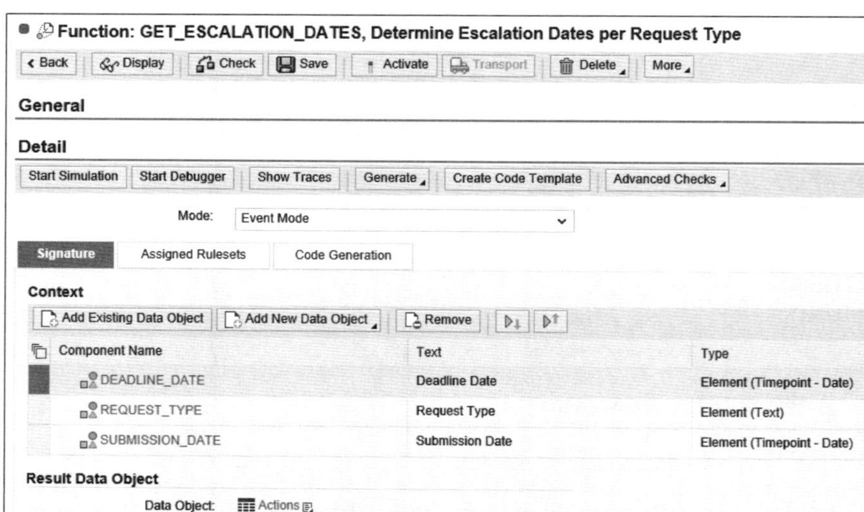

Abbildung 21.3 Beispiel eines Entscheidungsservices zur Ermittlung des Eskalationsdatums, Inputs und Outputs werden angezeigt.

- Request Type
- Submission Date
- Deadline Date (das Ergebnis)

Wie aus Abbildung 21.4 hervorgeht, sind die zugrunde liegenden Geschäftsregeln an den Entscheidungsservice in Assigned Rulesets angehängt (also Gruppen von Regeln, geordnet nach Ausführungspriorität).

Abbildung 21.4 Regelsätze: dem Entscheidungsservice zugewiesene Regelgruppen

Ein Regelsatz zum Ermitteln eines Termins kann mehrere Regeln (Abbildung 21.5) aufrufen.

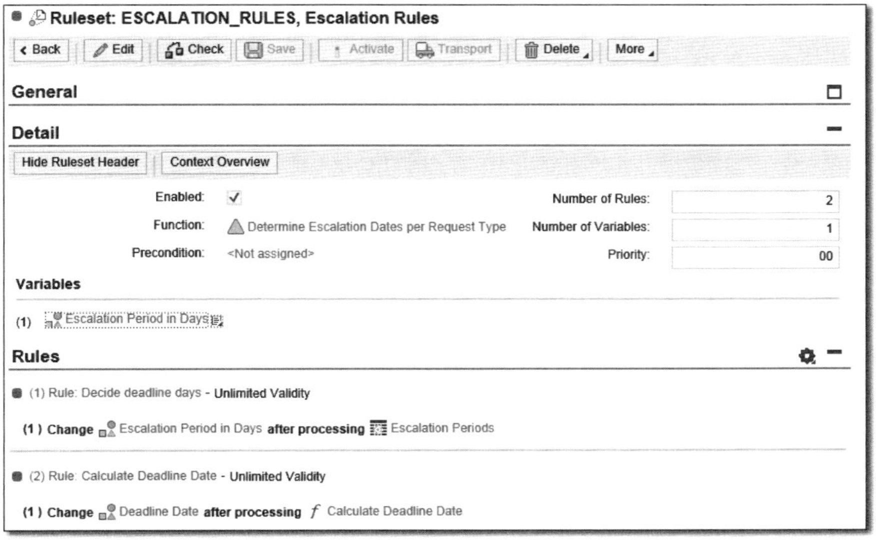

Abbildung 21.5 Zugrunde liegende Regeln im Regelsatz zur Ermittlung des Termindatums

- eine Regel zur Bestimmung, wie viele Eskalationstage für diesen Anforderungstyp gelten, abhängig vom Sendedatum
- eine Regel zum Berechnen des Termindatums aus dem Sendedatum und den Eskalationstagen

Diese zugrunde liegenden Geschäftsregeln enthalten normalerweise Ausdrücke unterschiedlichen Typs, z. B.:

- Decision Table of Escalation Periods
  eine tabellarische Liste der Termintage nach Anforderungstyp und Sendedatum (Abbildung 21.6)

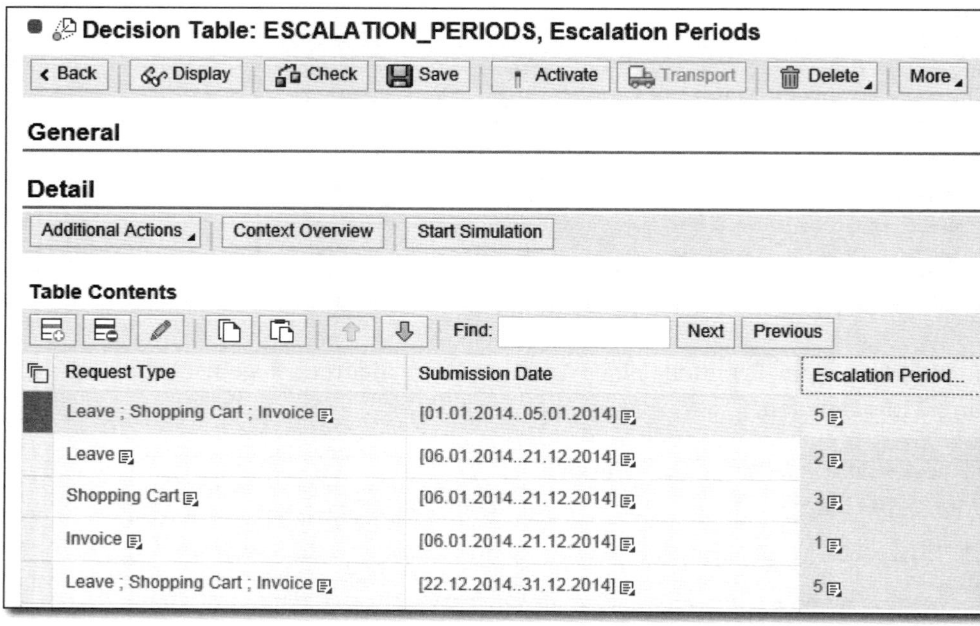

Abbildung 21.6 Entscheidungstabelle mit Eskalationszeiträumen für verschiedene Anforderungstypen und für normale Zeiträume im Gegensatz zur Weihnachtszeit

- Formula to Calculate the Deadline Date
  Eine mathematische Formel addiert die Anzahl an Termintagen zu Sendedatum/-zeit (Abbildung 21.7).

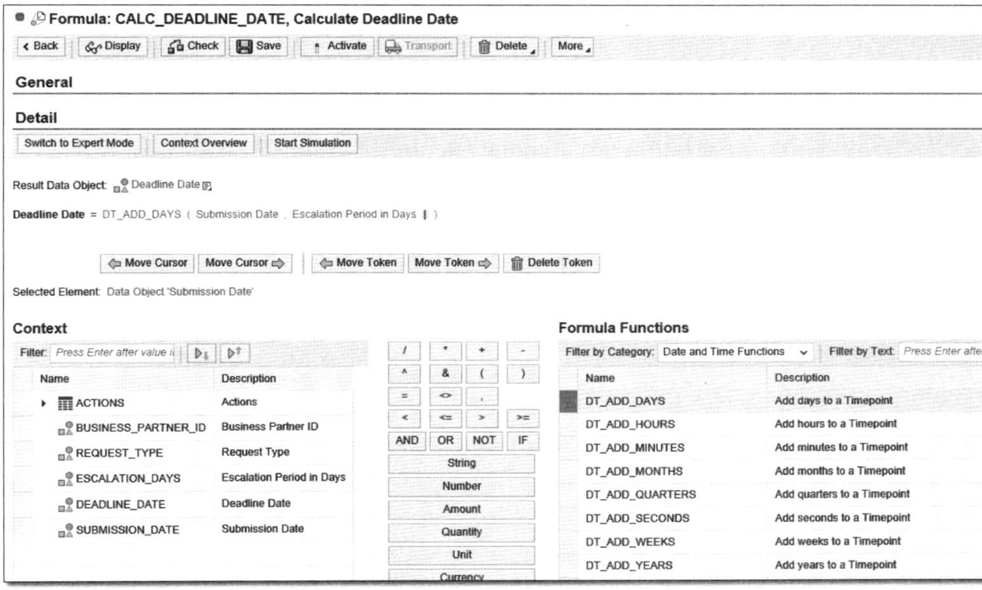

Abbildung 21.7 Formel zur Berechnung des Termindatums aus integriertem Datum und Zeitfunktionen

Nachdem der vollständige Entscheidungsservice erstellt wurde, kann er in der BRFplus-Workbench simuliert und schließlich in den Workflow integriert werden. Dies geschieht mit der Activity-Step-Option Include BRFplus Function. Die Inputs und Outputs des Entscheidungsservices werden als Containerelemente des Aufgabencontainers erstellt. Diese können dann vom Workflow-Container dem Aufgabencontainer zugewiesen werden.

Hinweis

Mit den Datums- und Zeitfunktionen von SAP DSM/BRFplus können die Zeiträume auch in Arbeitstagen und Kalendertagen berechnet werden. Dazu muss die Werkskalenderkennung in der Methode `GET_CALENDAR` in der Klasse eingestellt werden, die als ein Anwendungsausgang für die Regelanwendung verwendet wird. Weitere Informationen dazu erhalten Sie unter *scn.sap.com/community/brm*.

21.5 Beispiel: Entscheidungsservice für Bearbeiterzuordnung

Einen Standardbearbeiter zu erstellen ist eine einfache Methode, um zu verhindern, dass Administratoren bei Workflows intervenieren müssen, wenn bei der Bearbeiterermittlung Schwierigkeiten auftreten.

Ein Entscheidungsservice für diesen Fall könnte folgende Frage stellen: Wer soll diese Anforderung empfangen (siehe Abbildung 21.8)?

Abbildung 21.8 Entscheidungsservice und Kontext zum Finden eines Bearbeiters, der Änderungen an den Angaben eines Geschäftspartners genehmigen soll

Die Eingaben für den Entscheidungsservice können wie folgt aussehen:

- Request Type
- Approval Level (Genehmigungsstufe; d. h., dies ist die erste Genehmigung, die zweite Genehmigung etc.)
- Business Partner ID

Das Ergebnis ist die Liste der Genehmigenden, die diesem Workitem zugewiesen werden können (Abbildung 21.9).

Abbildung 21.9 Der Regelsatz, der der Funktion »Finde Genehmigenden für Geschäftspartner« zugewiesen ist

Ein zugewiesener Regelsatz zur Ermittlung der Bearbeiter kann mehrere Regeln aufrufen (siehe Abbildung 21.10).

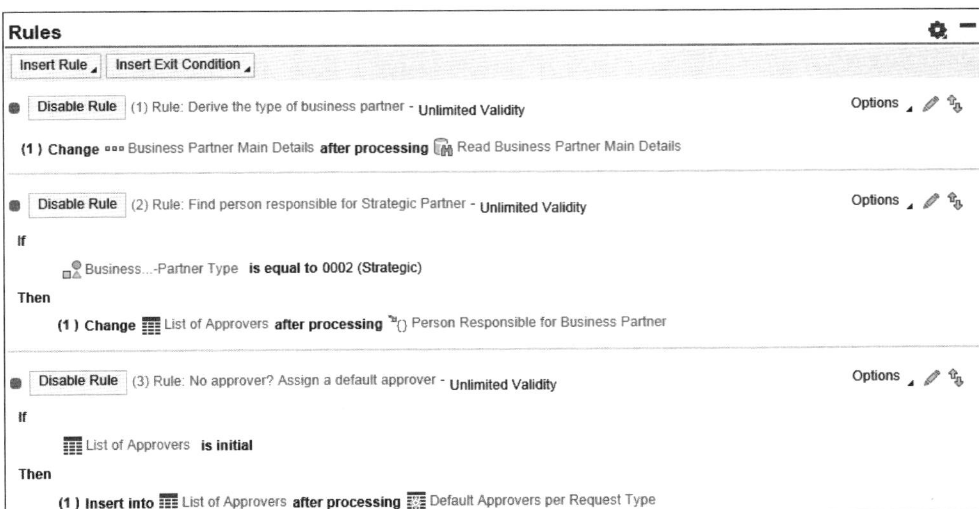

Abbildung 21.10 Regelsatz mit zugrunde liegenden Regeln zur Bestimmung einer Liste mit Genehmigenden

- eine Regel zum Abrufen von Zwischeninformationen aus Stammdaten, die dann als Basis für die Entscheidung der Bearbeiterzuweisung dienen
- eine Regel zum Abrufen des Genehmigenden aus der Unternehmensstruktur
- eine Regel zum Abrufen eines Standardgenehmigenden aus einer Entscheidungstabelle

Die zugrunde liegenden Geschäftsregeln in einem Entscheidungsservice können typischerweise Ausdrücke wie die folgenden enthalten:

- Database Lookup – Read Business Partner Main Details
  Leitet Zwischeninformationen basierend auf bereits in der Datenbank enthaltenen Informationen ab – z. B. Anzeigen der Geschäftspartnerdetails aus der Hauptgeschäftspartnertabelle BUT000 (siehe Abbildung 21.11).

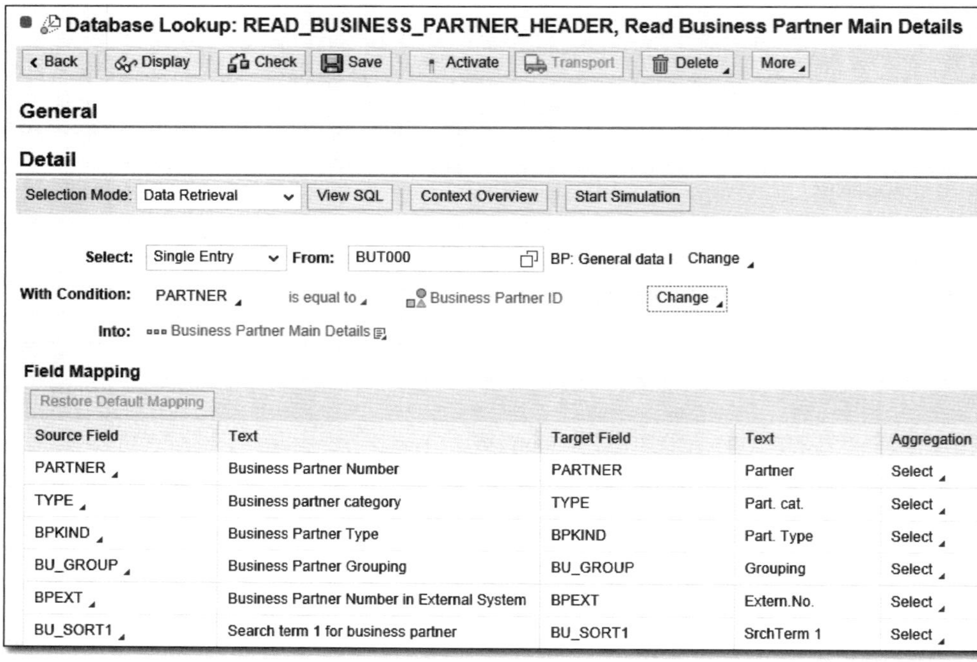

Abbildung 21.11 Datenbankabfrage zum Abrufen der Daten aus einer bestehenden Datenbanktabelle

- Procedure Call – Person Responsible for Business Partner
  Liest die als Genehmigender gewünschte Person aus der Unternehmensstruktur mithilfe einer ABAP-Klasse/Methode oder eines Funktionsbausteinaufrufs (siehe Abbildung 21.12).

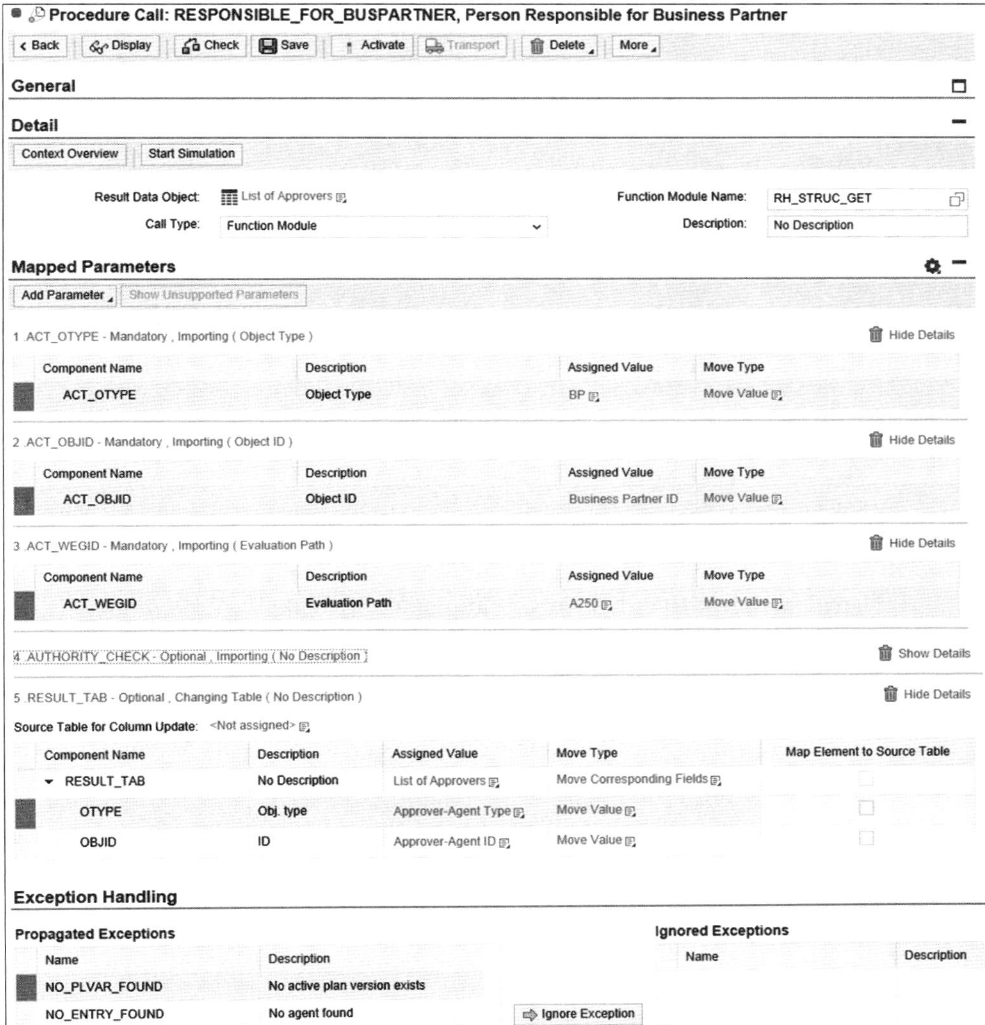

Abbildung 21.12 Prozeduraufruf mit Funktionsbaustein RH_STRUC_GE, um die Organisationsstruktur zu sehen und die für den Geschäftspartner verantwortliche Person zu finden

- Decision Table – Default Approvers per Request Type
  Wenn Sie keinen zugewiesenen Genehmigenden in der Unternehmensstruktur finden können, leiten Sie den Standardgenehmigenden aus dem Anforderungstyp ab (siehe Abbildung 21.13).

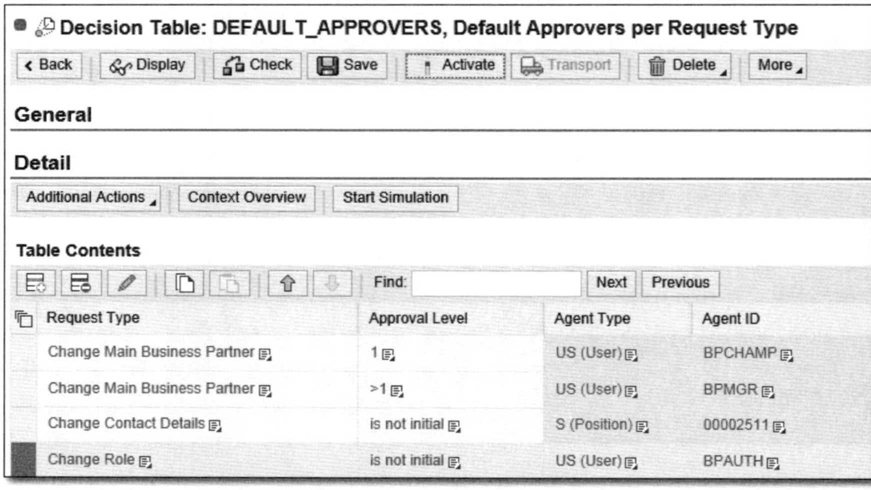

Abbildung 21.13 Entscheidungstabelle, die einen Standardgenehmigenden nach Anforderungstyp und Genehmigungsstufe zuweist

Nachdem der vollständige Entscheidungsservice erstellt wurde, kann er in der BRFplus-Workbench simuliert und schließlich in den Workflow integriert werden. Dies geschieht mit der ACTIVITY-STEP-Option INCLUDE BRFPLUS FUNCTION. Die Inputs und Outputs des Entscheidungsservices werden als Containerelemente des Aufgabencontainers erstellt. Diese können dann vom Workflow-Container dem Aufgabencontainer zugewiesen werden.

TEIL IV
Workflows verbessern

Beim Entwurf eines Workflows konzentriert sich der Großteil der Zeit auf die Frage: »Habe ich den Prozess richtig gestaltet, und sind die richtigen Personen daran beteiligt?« Natürlich ist es auch wichtig, dass Sie die Erfahrungen der Anwender berücksichtigen. In diesem Kapitel beleuchten wir die verschiedenen Optionen der Benutzeroberfläche und erläutern deren gemeinsame Merkmale.

22 Optionen der Benutzeroberfläche

Von Konstantin Anikeev

Für gewöhnlich führt eine Aufgabe in einem Workflow eine bestimmte Anwendungsfunktion aus. Diese Funktion setzt nicht zwangsläufig einen Workflow voraus. Zum Beispiel können Sie auch dann Einkaufsbelege genehmigen, Onboarding-Prozesse für neue Mitarbeiter ausführen und Materialien aktualisieren, wenn ein Workflow noch gar nicht vorhanden ist. Wenn Sie sich jedoch entschlossen haben, den Workflow einzusetzen, muss der Benutzer nicht mehr nach der Aufgabe »suchen«, da die Aufgabe zur richtigen Zeit an die richtige Person geleitet wird.

Beim Einsatz von SAP Business Workflow können Sie weiterhin die standardmäßige Benutzeroberfläche (UI) für die Funktion nutzen oder aber die Benutzeroberfläche ändern. Sie sollten sicherstellen, dass die Benutzeroberfläche zum Ausführen der Aufgabe den Anwendungs- und Benutzeranforderungen entspricht. So können Sie z. B. eine Bestellanforderung über einen herkömmlichen SAP-GUI-Bildschirm genehmigen. Für Ihre Benutzer und Ihren Prozess könnte dies genau die richtige Lösung sein. Vielleicht möchten Sie aber auch das SAP GUI ersetzen, um ein anderes Look & Feel bereitzustellen.

Hinweis

Dieser Teil des Buches ist vollständig den Optionen gewidmet, die bei der Erweiterung von Benutzeroberflächen für SAP Business Workflow zur Verfügung stehen. Dies ist jedoch *optional*. Bevor wir mit diesem Kapitel und damit mit Teil IV dieses Buches beginnen, möchten wir Sie darauf hinweisen, dass zum Ändern des Look & Feel ein gewisser *Entwicklungsaufwand* erforderlich ist. Wenn die für ein Projekt geplante Entwicklungszeit begrenzt ist, sollten Sie die standardmäßige Benutzeroberfläche der Objektmethode nutzen, die der Workflow-Aufgabe zugewiesen wurde. (Diese Methoden werden in Kapitel 15, »Business-Objekte«, und Kapitel 16, »ABAP-Klassen«, erläutert.)

Wenn das Thema Workflow neu für Sie ist, sollten Sie zunächst Teil V dieses Buches lesen, in dem wir erläutern, wie der Workflow in bestimmten SAP-Business-Suite-Komponenten eingesetzt wird. Sie können dann zu diesem Abschnitt zurückkehren, wenn die hier beschriebenen Inhalte für Ihr Projekt relevant werden.

Zu den wichtigsten UI-Optionen, die in diesem Teil des Buches erläutert werden, gehören Web Dynpro ABAP, Web Dynpro Java, Business Server Pages (BSP) und SAP Interactive Forms by Adobe. Zusätzlich ist eine neue Funktion namens *SAPUI5* verfügbar. In Kapitel 27 erfahren Sie mehr über diese Option.

In diesem Kapitel erhalten Sie eine allgemeine Einführung in die Themen, die in den folgenden Kapiteln beschrieben werden. Wir empfehlen Ihnen, zunächst dieses Kapitel und anschließend das Kapitel zu lesen, in dem die Oberfläche behandelt wird, die Sie anlegen möchten. Beachten Sie jedoch, dass Sie in diesem Abschnitt des Buches keine Anleitung zum Anlegen von Web-Dynpro-ABAP-, Web-Dynpro-Java- oder BSP-Elementen erhalten. Wir gehen davon aus, dass Sie bereits andere Bücher gelesen bzw. Tutorials durchlaufen haben und wissen, wie eine Benutzeroberfläche angelegt wird. In jedem Kapitel konzentrieren wir uns darauf, wo und wie die Workitem-ID eingebunden wird und wo die Workflow-APIs in Ihrer kundenspezifischen Benutzeroberfläche eingesetzt werden.

Hinweis

In diesem Teil des Buches behandeln wir verschiedene Workflow-APIs. Diese APIs werden in Kapitel 19, »Benutzerdefinierte Programme«, näher beschrieben. Lesen Sie zunächst dieses Kapitel, bevor Sie mit den anderen Kapiteln fortfahren.

22.1 Inbox und Benutzeroberfläche

In Kapitel 4, »Verteilung von Workitems«, haben wir die in SAP Business Workflow verfügbaren Inbox-Optionen erläutert. Angesprochen wurden Business Workplace, Universal Worklist (UWL), erweiterte Benachrichtigungen, Business Workflow Workplace, Alloy, Duet, SAP-CRM-Inbox und SAP-SRM-Inbox. Für die Beschreibung, wie benutzerspezifische Oberflächen entwickelt werden, sind die drei wichtigsten Inboxen, die berücksichtigt werden müssen, der Business Workplace, die UWL und der Business Workflow Workplace.

Tabelle 22.1 zeigt die drei wichtigen Inboxen und ihre Unterstützung für Web Dynpro und BSP. Es ist wichtig, zu wissen, auf welche Inbox Ihre Benutzer für die Workitems zugreifen und inwiefern sich dies auf die Wahl der Benutzeroberfläche auswirkt.

Benutzeroberflächentechnologie	Business Workplace (SAP GUI)	Universal Worklist (SAP Enterprise Portal)	Business Workflow Workplace (SAP NetWeaver Business Client)
Web Dynpro Java	keine Unterstützung	Transaktion SWFVISU zur Konfiguration	keine Unterstützung
Web Dynpro ABAP	keine Unterstützung	Transaktion SWFVISU zur Konfiguration	Transaktion SWFVMD1 zur Konfiguration
BSP	native Unterstützung (keine Inbox-Konfiguration erforderlich)	Transaktion SWFVISU zur Konfiguration	Transaktion SWFVMD1 zur Konfiguration

Tabelle 22.1 Wichtige Inbox-Optionen und ihre Unterstützung für Web Dynpro und BSP

In diesem Kapitel konzentrieren wir uns auf die UWL, weil sie Web Dynpro Java, Web Dynpro ABAP und BSP unterstützt. Zusätzlich unterstützt die UWL auch andere Benutzeroberflächen (URL, Portal Content) – eine vollständige Beschreibung der UWL würde den Rahmen dieses Buches allerdings sprengen.

Für die Zwecke von SAP Business Workflow können unter Einbeziehung der UWL die Workflow-Aufgaben über Web Dynpro, BSP, URLs und Portal Content ausgeführt werden. Die Einbeziehung von SAP Interactive Forms by Adobe erfolgt über Web Dynpro. Wenn Sie SAP Interactive Forms online einsetzen, gelten keine spezifischen Anforderungen für den Workflow, um mit dem Adobe-Formular zu kommunizieren. Web Dynpro verarbeitet das Formular und die Kommunikation mit dem Workflow-Container.

Wie aus Tabelle 22.1 ersichtlich wird, müssen für den Einsatz von Web Dynpro mit der UWL in Transaktion SWFVISU Konfigurationsschritte ausgeführt werden. Wenn Sie Transaktion SWFVISU in Ihrem System öffnen, werden möglicherweise SAP-Einträge angezeigt. Die Anzahl der Einträge hängt von der Anwendung und dem Enhancement Package ab. Für die von SAP bereitgestellten Workflows, die Web Dynpro nutzen, ist Ihrerseits keine Konfiguration erforderlich. Wenn Sie das System in der UWL registrieren, legen alle in Transaktion SWFVISU vorhandenen Einträge XML-Inhalte für die UWL an, um sicherzustellen, dass die von SAP bereitgestellte Aufgabe mit dem von SAP angebotenen Web Dynpro (ABAP oder Java) ausgeführt wird.

22.2 Container und Datenfluss

In Kapitel 13, »Anlegen eines Workflows«, und Kapitel 14, »Erweiterte Design-Techniken für Workflows«, haben wir Container und den Datenfluss zwischen Containern erläutert. Wir möchten dies jedoch nochmals kurz aufgreifen, um sicherzustellen, dass Sie die Konzepte Container und Datenfluss richtig verstanden haben.

Abbildung 22.1 zeigt den Prozessfluss eines Workflows mit Schritt 1, Schritt 2, Schritt 3 (kann je nach Entwurf ein oder zwei Zweige beinhalten) und Schritt 4. Während die Schritte ausgeführt werden, enthält der Workflow-Container die globalen Variablen für den gesamten Workflow. Wenn ein Schritt ausgeführt wird, verfügt dieser Schritt über einen eigenen Container mit den lokalen Variablen. Wenn ein Schritt einen Wert zurückgibt (z. B. eine Genehmigung oder Ablehnung), der in einem nachfolgenden Schritt verwendet werden muss, ordnet der Workitem-Container für diesen Schritt den Wert im Workflow-Container zu.

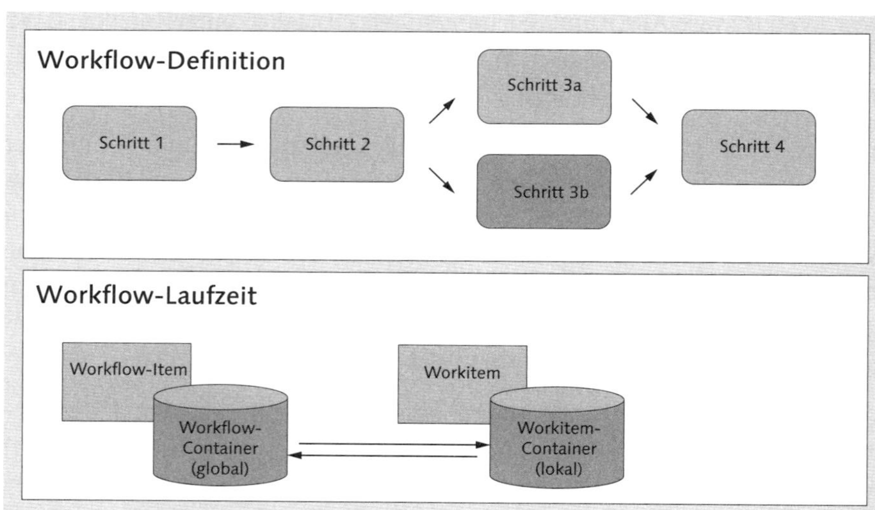

Abbildung 22.1 Fluss zwischen Workflow-Container und Workitem-Container

22.2.1 Angepasste Benutzeroberfläche innerhalb des Datenflusses beim Einsatz der Universal Worklist

In Abbildung 22.2 sehen Sie, wie sich die angepasste Benutzeroberfläche in den Datenfluss einfügt und wie sie mit den Containern verknüpft ist. Dies gilt sowohl für von SAP bereitgestellte Workflows, die Web Dynpro und BSP nutzen, als auch für selbst entwickelte Workflows. Der Workflow-Container ordnet die Daten dann automatisch dem Workitem-Container zu. Die UWL ist so angepasst, dass sie zum Start der Benutzeroberfläche den passenden Launch Handler (z. B. Web Dynpro ABAP oder Web Dynpro Java) verwendet.

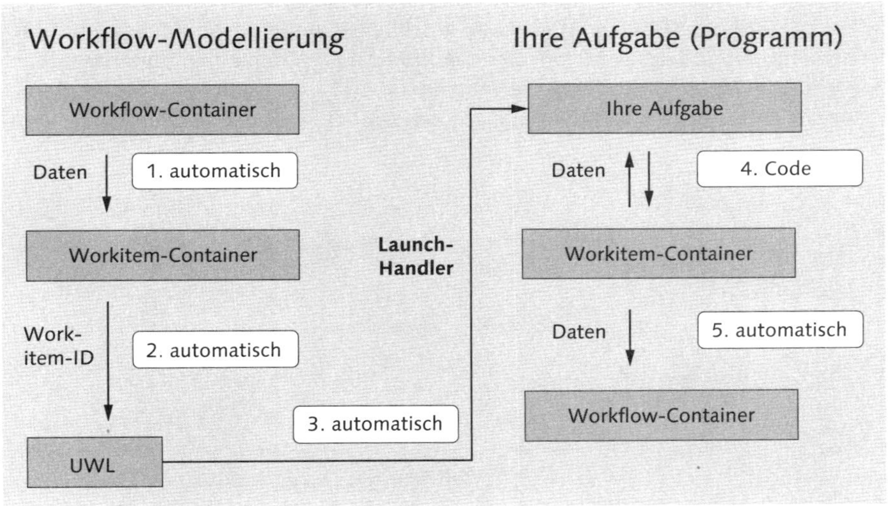

Abbildung 22.2 Start einer benutzerspezifischen Benutzeroberfläche für eine Aufgabe

Abbildung 22.3 zeigt den Datenfluss zwischen dem Workflow-Container und der Benutzeroberfläche:

- Der Workflow-Container *ordnet* die Daten aus dem Workflow-Container dem Workitem-Container zu (❶).
- Nach dem Anlegen der Aufgabe wird das Workitem in der Inbox angezeigt.
- Die Übergabe der Daten und der Workitem-ID an die UWL erfolgt automatisch (❷).
- Die UWL startet dann die angepasste Benutzeroberfläche für die Aufgabe. Dies erfolgt automatisch basierend auf den Einstellungen in Transaktion SWFVISU.

- Nach dem Start Ihrer Web-Dynpro- oder BSP-Anwendung empfängt die Benutzeroberfläche das Workitem und muss den Container mithilfe der Workflow-APIs (`SAP_WAPI*`) lesen (❸). Dies erfolgt über eine Codeentwicklung.
- Die Workflow-APIs müssen verwendet werden, um die Workflow-Containerinformationen zu lesen (und zu aktualisieren) und um den Workitem-Status nach Abschluss zu aktualisieren (❹). Dadurch weiß der Workflow, dass der Schritt abgeschlossen ist und der nächste Schritt im Workflow gestartet werden kann.

Hinweis

Ihre Benutzeroberfläche *muss* mit dem Workitem-Container kommunizieren. Dies geschieht mithilfe des WAPIs (Workflow Application Programming Interface), das in Kapitel 19, »Benutzerdefinierte Programme«, erläutert wurde. Der Workitem-Container aktualisiert dann automatisch den Workflow-Container.

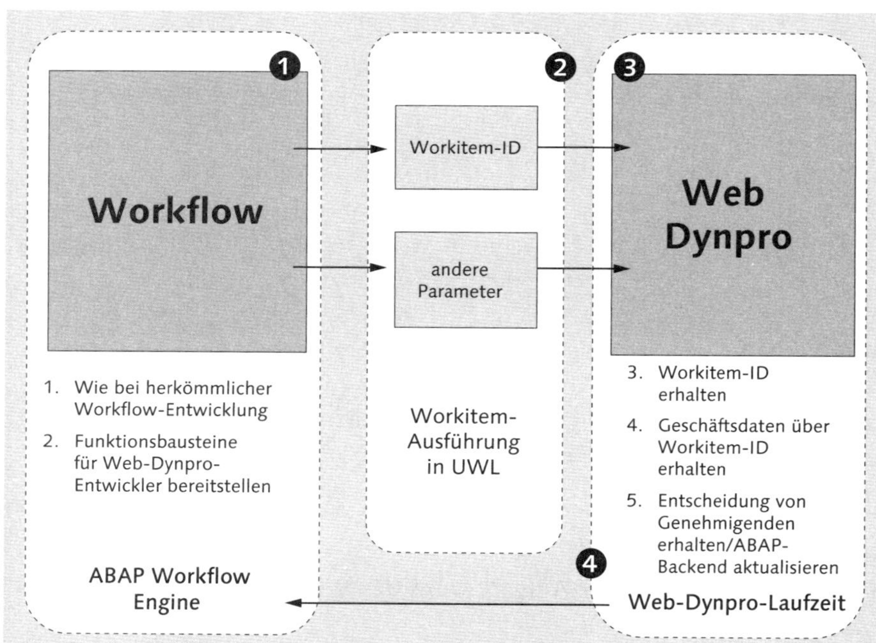

Abbildung 22.3 Datenfluss mit Web Dynpro und SAP Business Workflow

In Abbildung 22.3 finden Sie unter Punkt 2 die Anweisung: »Funktionsbausteine für Web-Dynpro-Entwickler bereitstellen«. Dies könnte der Fall sein, wenn die Web-Dynpro-Entwickler eine bestimmte Funktion zum Aufruf benötigen oder die bereitgestellten Workflow-APIs in Verschalungsfunktionsbausteine einschließen möchten. Ein Beispiel dazu finden Sie in Kapitel 24, »Verwendung von Web Dynpro Java«.

22.2.2 Übliche Schritte beim Einsatz von Web Dynpro und BSP mit UWL

Im Folgenden erläutern wir die üblichen Schritte, die beim Einsatz von Web Dynpro und BSP mit der UWL durchlaufen werden:

1. Die Benutzeroberfläche empfängt die Workitem-ID, `WI_ID`, als Eingabeparameter.
2. Die Benutzeroberfläche führt `SAP_WAPI_GET_HEADER` (oder get_detail), `SAP_WAPI_RESERVE_WORK_ITEM` und den Funktionsbaustein `SAP_WAPI_READ_CONTAINER` aus, um Daten aus `WI_ID` abzurufen.

Hinweis

Sie *müssen* `SAP_WAPI_RESERVE_WORK_ITEM` aufrufen. Normalerweise stellt die Workflow Engine sicher, dass nur ein Benutzer ein Workitem starten kann. Dies gilt jedoch nicht für Web-Dynpro-Workitems aus der UWL. Die Ergebnisse aus der Workflow-API `RESERVE` müssen dahingehend geprüft werden:

- ob die Rückgabe in Ordnung ist; dann kann der Prozess fortgesetzt werden.
- ob die Rückgabe nicht in Ordnung ist; dies bedeutet, dass bereits ein anderer Benutzer das Workitem bearbeitet.

3. Über die Benutzeroberfläche werden die Details, z. B. Einzelheiten zu einer Genehmigung, angezeigt.
4. Wenn der Benutzer die Aufgabe über die Benutzeroberfläche abgeschlossen hat, führt die Benutzeroberfläche `SAP_WAPI_ Workitem_COMPLETE` aus, um das Workitem fertigzustellen. Dabei wird der Workflow-Container mit Ergebnissen oder Werten aktualisiert, die aus der Ausführung der Benutzeroberfläche benötigt werden.

Hinweis

Beim Abschluss eines Workitems haben Sie zwei Möglichkeiten: Schließen Sie das Workitem direkt über `SAPI_WAPI` ab, oder lösen Sie ein Ereignis aus, um die Aufgabe zu beenden. Beendende Ereignisse werden in Kapitel 18, »Verwendung von Ereignissen und anderen Business-Interfaces«, und Kapitel 19, »Benutzerdefinierte Programme«, beschrieben.

5. Konfigurieren Sie Transaktion SWFVISU, um die spezifische Aufgabe (TS) zur Benutzeroberfläche zuzuordnen. Registrieren Sie das System anschließend erneut in der UWL, um die zum Starten der Aufgabe erforderliche XML-Datei in der UWL zu erzeugen.

Beim Verknüpfen der Benutzeroberfläche mit der UWL haben Sie drei Optionen, um den erforderlichen XML-Text anzulegen:

- Transaktion SWFVISU
- den UWL Configuration Wizard
- manuelles Anlegen

In den folgenden Kapiteln in Teil IV dieses Buches beziehen sich einige Abschnitte auf Transaktion SWFVISU, andere auf das manuelle Ändern der XML-Datei und wieder andere auf den UWL Configuration Wizard. Sie können alle drei Optionen nutzen, um den erforderlichen XML-Text anzulegen. Der UWL Configuration Wizard ist die neueste Option und wird in Kapitel 4, »Verteilung von Workitems«, kurz erläutert. Im SAP Help Portal (*http://help.sap.com*) wird dieser Wizard ausführlich beschrieben.

Empfehlung

Wenn Sie die Aufgabenvisualisierung ändern (Anpassen der Elemente, die für eine bestimmte Aufgabe gestartet werden), sollten Sie Transaktion SWFVISU verwenden. SAP-Anwendungen (z. B. SAP CRM, SAP SRM und SAP ERP HCM) stellen standardmäßig Inhalte in Transaktion SWFVISU bereit. Indem Sie alle Änderungen der Aufgabenvisualisierung in Transaktion SWFVISU pflegen, erhalten Sie einen zentralen Speicherort für die Anzeige sämtlicher Launch Handler. Darüber hinaus vereinfacht diese Methode im Vergleich zu manuellen XML-Änderungen die Pflege der Daten.

Benutzerentscheidungen werden in SAP Business Workflow sehr häufig eingesetzt. In diesem Kapitel erläutern wir Optionen für Benutzerentscheidungen und beschreiben anschließend die wichtigsten Berührungspunkte, die zwischen Benutzerentscheidungen bei Web Dynpro ABAP und dem Schritttyp Benutzerentscheidung in SAP Business Workflow existieren.

23 Verwendung von Web Dynpro ABAP

Von Konstantin Anikeev

Web Dynpro ABAP kommt in der SAP Business Suite und bei Kunden immer häufiger zum Einsatz. Die Verwendung von Web Dynpro ABAP mit SAP Business Workflow ist auf jeden Fall sinnvoll, wenn Sie eine Anwendung aus der SAP Business Suite nutzen, die mit Web Dynpro ABAP arbeitet, oder wenn Sie Benutzeroberflächen mit Web Dynpro ABAP entwickeln.

In diesem Kapitel verwenden wir die Universal Worklist (UWL) als Inbox für die Workitems. Das in diesem Kapitel verwendete Beispiel basiert auf dem folgenden Workflow-Prozess:

1. Ein Anfordernder gibt eine Anforderung zum Anlegen eines Geschäftspartners ein.
2. Ein Genehmigender genehmigt das Anlegen des neuen Geschäftspartners oder lehnt diesen Schritt ab.
3. Wenn die Erstellung des Geschäftspartners genehmigt wurde, wird dieser angelegt. In beiden Fällen wird dem Anfordernden eine Benachrichtigung zugesandt.

In diesem Kapitel konzentrieren wir uns auf den zweiten Schritt, das Anlegen der Benutzerentscheidung. Wir gehen dabei davon aus, dass dies der erste Schritt ist, der bearbeitet wird. Das erste Ziel ist, eine sehr einfache Benutzerentscheidung in Web Dynpro ABAP anzeigen zu lassen. In diesem Szenario möchten wir eine einfache Ja/Nein-Auswahl mit Begründung bereitstellen.

Hinweis

In diesem Kapitel setzen wir Grundwissen hinsichtlich Workflow, UWL und Web Dynpro ABAP voraus. Sie sollten Kapitel 4, »Verteilung von Workitems«, Kapitel 13, »Anlegen eines Workflows«, und Kapitel 22, »Optionen der Benutzeroberfläche«, bereits gelesen haben. Außerdem sollten Sie bereits über Erfahrungen beim Anlegen von Web-Dynpro-ABAP-Anwendungen verfügen. Dieses Beispiel beschreibt nicht den Aufbau einer Web-Dynpro-ABAP-Anwendung, wir konzentrieren uns vielmehr auf die Verbindung zwischen Web Dynpro ABAP und dem Workflow.

23.1 Beispiel anhand einer Benutzerentscheidung

Die Benutzerentscheidung wird in SAP Business Workflow sehr häufig genutzt. Die Workflows, die Sie in den vorangegangenen Kapiteln angelegt haben, beinhalteten Benutzerentscheidungen. Die Benutzerentscheidung ist ein Aktivitätstyp, der benutzerfreundlich ist und in vielen Anwendungsfällen eingesetzt werden kann. Sie ist die richtige Wahl für einen Prozess, bei dem eine Benutzerinteraktion erforderlich ist, um den nächsten Schritt festzulegen. Bevor wir Ihnen die erforderlichen Schritte erläutern, um die Benutzerentscheidung über Web Dynpro ABAP anzuzeigen, wenden wir uns zunächst anderen für die Benutzerentscheidung verfügbaren Optionen zu.

23.1.1 Standardmäßige Benutzerentscheidung

Eine Möglichkeit ist, die standardmäßig bereitgestellte Benutzerentscheidung unverändert zu nutzen. In diesem Fall wird das Workitem vollständig in der UWL über die Standardfunktionen bearbeitet. Wie diese Benutzerentscheidung funktioniert, sehen Sie, indem Sie Ihre Aufgabe über den Workflow ausführen, den Sie in Kapitel 13, »Anlegen eines Workflows«, erstellt haben. In Kapitel 13 haben wir alle Schritte erläutert, die zum Aufbau eines Workflows mit Benutzerentscheidung erforderlich sind.

Wenn Sie ein Workitem mit standardmäßiger Benutzerentscheidung in der UWL ausführen, sieht diese aus, wie in Abbildung 23.1 dargestellt.

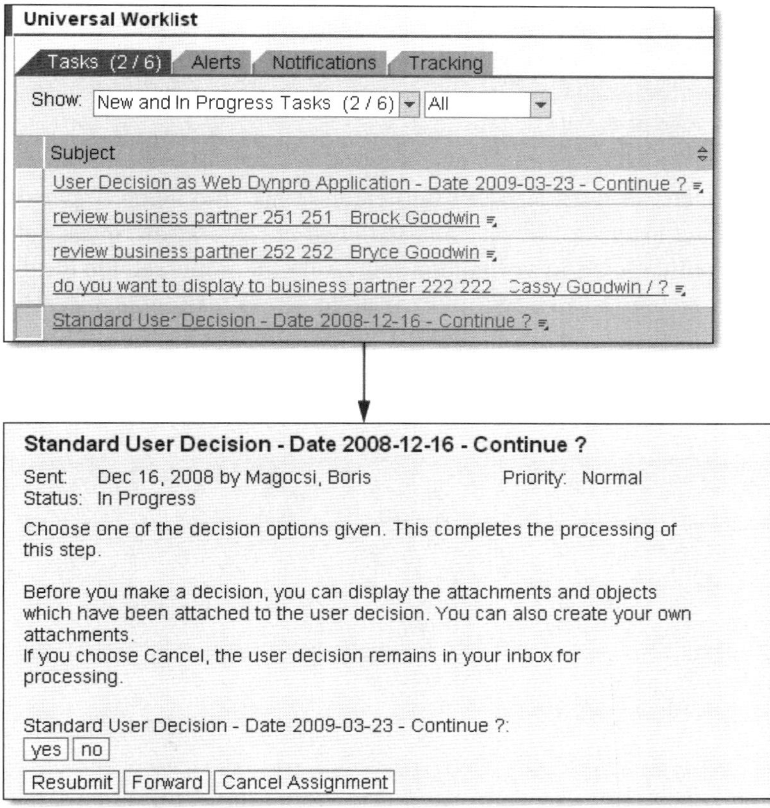

Abbildung 23.1 Standardmäßige Benutzerentscheidung in der UWL

23.1.2 Benutzerentscheidung mit Notiz in der Universal Worklist

In der UWL muss der Benutzer einen Entscheidungsgrund eingeben, wenn die Option User Decision with Note gewählt wird. Diese Option wird für die UWL im XML-Customizing angeboten. Sie ist nicht an den Entscheidungsschritt in SAP Business Workflow oder an Web Dynpro geknüpft. Ein Beispiel dazu finden Sie auch in Kapitel 4, »Verteilung von Workitems«.

Hinweis

Die UWL unterstützt zwei Funktionen zum Hinzufügen von Notizen:

- Add Memo
  Diese Aktion kann für jeden Schritt hinzugefügt werden, für den der Benutzer Kommentare hinzufügt. Die hinzugefügten Informationen werden an die nachfolgenden Schritte übergeben.

- **User Decision with Note**
  Diese Aktion gilt insbesondere für den Benutzerentscheidungsschritt und kann verwendet werden, damit der Benutzer Text eingeben *muss* (z. B. um einen Ablehnungsgrund anzugeben).

Um die User Decision with Note zu implementieren, sind keine Änderungen im Workflow erforderlich. Es muss lediglich ein Workflow mit einem Benutzerentscheidungsschritt vorhanden sein. Außerdem müssen Sie für die Implementierung von User Decision with Note den in Listing 23.1 gezeigten XML-Text anlegen und über den UWL-Administrationsbereich in die UWL laden. Dies wurde bereits in Kapitel 4, »Verteilung von Workitems«, erläutert.

Hinweis

Achten Sie beim Anlegen der XML-Datei darauf, dass die Systemkennung `systemId="W64"` ist.

```
<?xml version="1.0" encoding="UTF-8"?>
<!DOCTYPE UWLConfiguration PUBLIC '-//SAP//UWL1.0//EN'
 'uwl_configuration.dtd'>
<UWLConfiguration version="1.0">
<ItemTypes>
  <ItemType name="uwl.task.webflow.decision.TS00008267"
   connector="WebFlowConnector" defaultView="DefaultView"
   defaultAction="viewDetail" executionMode="default">
  <ItemTypeCriteria systemId="W64" externalType="TS00008267"
   connector="WebFlowConnector"/>
  <Actions>
    <Action name="Yes" groupAction="yes"
     handler="UserDecisionHandler"
     returnToDetailViewAllowed="yes"
     launchInNewWindow="no">
    <Properties>
    <Property name="UserDecisionNote" value="true"/>
    <Property name="decisionKey" value="1"/> </Properties>
    <Descriptions default="Yes"/>
    </Action>
    <Action name="No" groupAction="yes"
     handler="UserDecisionHandler"
     returnToDetailViewAllowed="yes"
     launchInNewWindow="no">
    <Properties>
    <Property name="UserDecisionNote" value="mandatory"/>
    <Property name="decisionKey" value="2"/>
```

```
    </Properties>
    <Descriptions default="No"/>
    </Action>
  </Actions>
  </ItemType>
</ItemTypes>
</UWLConfiguration>
```

Listing 23.1 Angepasster XML-Text für die Benutzerentscheidung mit Notiz in der Universal Worklist

Hinweis

Die XML-Datei in Listing 23.1 verwendet die standardmäßige Benutzerentscheidungsaufgabe TS00008267. Wenn Sie also diese XML-Datei laden, verwendet *jede* Benutzerentscheidung in *jedem* Workflow diese XML-Datei, um USER DECISION WITH NOTE auszuführen. Wenn Sie die USER DECISION WITH NOTE nur für bestimmte Workflows implementieren müssen, sollten Sie die SAP-Benutzerentscheidungsaufgabe TS00008267 in Ihre eigene Aufgabe kopieren und diese angepasste Aufgabe in Ihrem Workflow nutzen.

Anhang A, »Tipps und Tricks«, beschreibt, wie Sie eine Kopie der standardmäßigen Benutzerentscheidungsaufgabe anlegen. Dabei kopieren Sie einfach die Standardaufgabe in Ihre benutzerspezifische Aufgabe (Transaktion PFTC_COP) und weisen mögliche Bearbeiter zu. Danach fügen Sie im Workflow wie gewohnt einen Benutzerentscheidungsschritt ein und ändern auf der Registerkarte CONTROL die TS-Definition von TS00008267 in Ihre benutzerspezifische Aufgabe. Vergessen Sie nicht, auch die Bearbeiterzuordnung für die Aufgabe vorzunehmen.

Beachten Sie, dass der XML-Text in Listing 23.1 angibt, dass eine Notiz erforderlich ist, wenn der `decisionKey` einen Wert von `2` aufweist. Der Wert `2` bezieht sich auf den Ablehnungswert im Benutzerentscheidungsschritt. Wenn Sie Ihre Entscheidung im Benutzerentscheidungsschritt eingeben, entspricht die erste Entscheidung für gewöhnlich dem Wert `0001`, die zweite Entscheidung dem Wert `0002` etc.

Abbildung 23.2 zeigt eine in einem Workflow definierte Benutzerentscheidung. Um die genauen Werte jeder Entscheidung zu erhalten, können Sie den Funktionsbaustein `SAP_WAPI_DECISION_ READ` für jedes Workitem ausführen, das auf einer Benutzerentscheidungsaufgabe in der relevanten Workflow-Aufgabe basiert. Sie können diese Werte anschließend in Ihrem XML-Text verwenden.

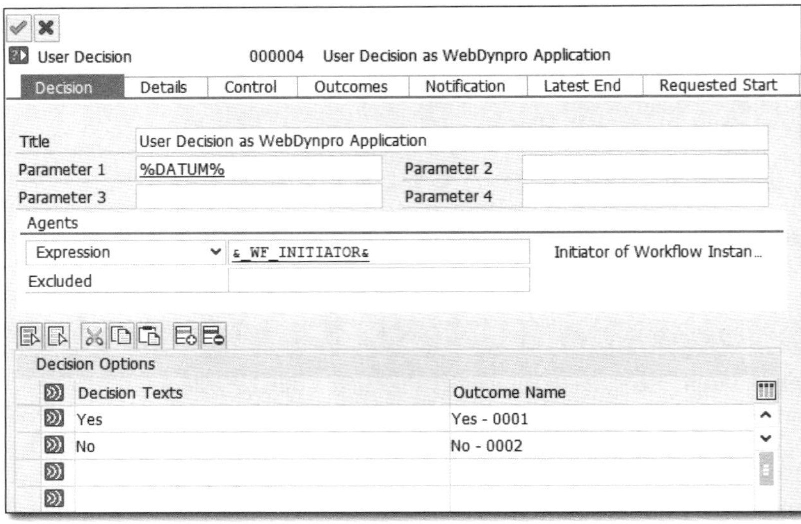

Abbildung 23.2 Benutzerentscheidungsschritt

Zum Laden der angepassten XML-Datei führen Sie die folgenden Schritte aus:

1. Wählen Sie System Administration • System Configuration • Universal Worklist, um im Portal zur UWL-Konfiguration zu navigieren.
2. Wählen Sie die Option Click to Manage Item Types and View Definitions.
3. Um die XML-Datei hochzuladen, wählen Sie die Registerkarte Upload New Configuration. Geben Sie dort einen Namen, wie z. B. »UserDecisionMemo«, ein, stellen Sie eine Verknüpfung zur erstellten Datei her, und wählen Sie High Priority und dann Upload.
4. Nach dem Hochladen der XML-Datei wird diese auf der Registerkarte Current Configuration angezeigt.
5. Kehren Sie zur UWL-Administrationsseite zurück, und wählen Sie die Option Clear, um den UWL-Cache der Seite Cache Administration zu leeren.

Wenn Sie diese Schritte durchgeführt haben und Ihren Workflow ausführen, wird das Entscheidungsschritt-Workitem in der UWL angezeigt, wie in Abbildung 23.3 dargestellt. Die Notiz wird hinzugefügt und automatisch an den nächsten Schritt in der UWL übergeben. Für die folgenden Workitems in der UWL haben Sie dann die Möglichkeit, sich die in den vorangegangenen Schritten hinzugefügte Notiz anzeigen zu lassen.

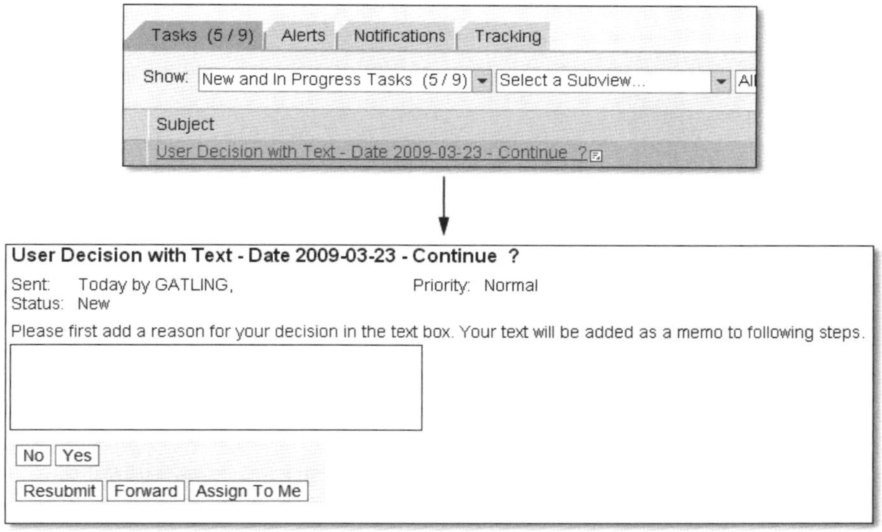

Abbildung 23.3 Benutzerentscheidung mit Notizoption

Vielleicht sind Sie nun der Meinung, dass sich das alles zwar sehr interessant anhört, fragen sich jedoch, was dies eigentlich mit Web Dynpro ABAP zu tun hat. Aus verschiedenen Gründen ist es wichtig, dass Sie die Optionen für Benutzerentscheidungen verstehen:

- Benutzerentscheidungen kommen in vielen Workflows zum Einsatz.
- Oftmals müssen Standardentscheidungen angepasst werden.
- Sie können benutzerdefinierte Benutzerentscheidungen in der UWL ohne Web Dynpro verwenden.
- Benutzerentscheidungen bieten einen guten Kontext, wenn neue Optionen mit dem Workflow erlernt werden.

23.1.3 Benutzerentscheidung mit Web Dynpro ABAP

Nun können wir beginnen, die Benutzerentscheidung im Workflow mithilfe von Web Dynpro ABAP zu implementieren. Bei der Verwendung der Benutzerentscheidung mit Web Dynpro ABAP haben Sie zwei Möglichkeiten:

- Sie können die Benutzerentscheidung unverändert wie in SAP Business Workflow belassen und die Standardaufgabe TS00008267 als Benutzerentscheidung verwenden.

Achtung

Dies bedeutet, dass das Customizing für *jeden* Workflow mit einem Benutzerentscheidungsschritt gilt.

- Sie können Ihre eigene Kopie der SAP-Aufgabe TS0008267 anlegen. Diese Aufgabe kann dann so angepasst werden, dass sie den Entscheidungstext im Workflow-Container enthält.

Empfehlung

Wenn Sie die Benutzerentscheidungsaufgabe anpassen, sollten Sie die Aufgabe für den Einsatz in bestimmten Workflows, in denen das Customizing erforderlich ist, kopieren.

Abbildung 23.4 zeigt die Benutzerentscheidung, die mit einer Web-Dynpro-ABAP-Anpassung ausgeführt wurde. In diesem Beispiel beinhaltet die Entscheidung einen Grund, der zurück an den Workflow-Container übergeben wird.

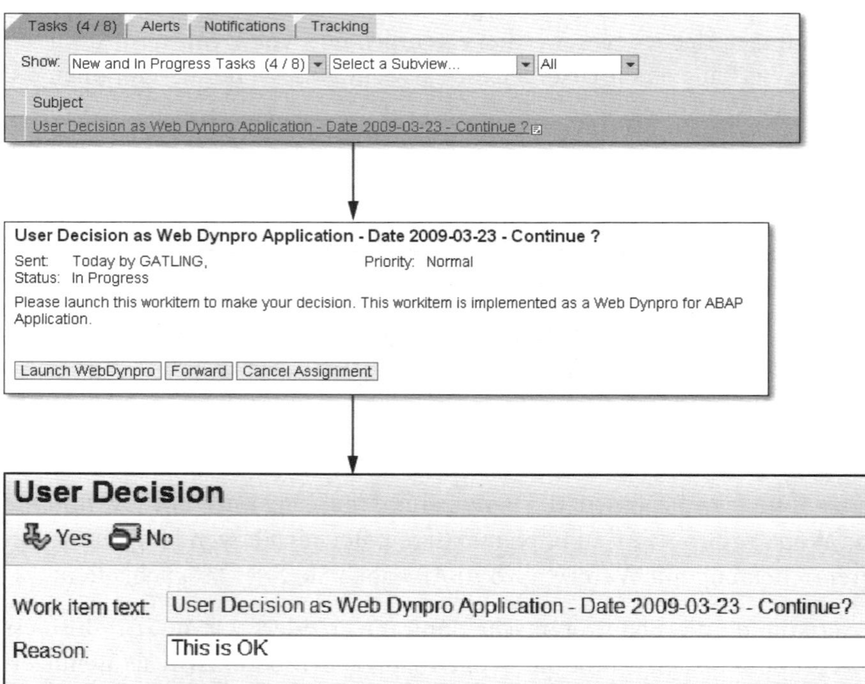

Abbildung 23.4 Web Dynpro ABAP und Benutzerentscheidung mit Rückgabe einer Begründung

Wie Sie sehen, enthält Abbildung 23.4 das Workitem in der UWL, die Beschreibung mit dem Button LAUNCH WEBDYNPRO, um das Web Dynpro zu starten, und das Web Dynpro mit der Option, eine Entscheidungsbegründung anzugeben.

Im vorangegangenen Beispiel haben wir bei der Auswahl der Option USER DECISION WITH NOTE (Benutzerentscheidung mit Notiz) die XML-Konfiguration in der UWL verwendet, um die Entscheidungsbegründung als Anlage im Workflow-Container zu speichern. Das Beispiel arbeitet mit der UWL und übergibt die Begründung an den nächsten Schritt. Doch wie gehen wir vor, wenn wir den eingegebenen Grund in einer benutzerspezifischen Tabelle oder in einem Workflow-Container speichern möchten, um ihn zu einem späteren Zeitpunkt anderweitig im Workflow nutzen zu können? Zum Beispiel möchten wir den Grund in einem späteren Web Dynpro oder einer BSP Server Page (BSP) einsetzen.

Um den Entscheidungsgrund völlig flexibel nutzen zu können, muss er im Workflow-Container eingegeben werden. Dazu müssen Sie eine Kopie der standardmäßigen Benutzerentscheidungsaufgabe erstellen, Ihre eigene Version dieser Aufgabe anlegen und den Container erweitern, um einen Entscheidungstext zu speichern. In dem hier gezeigten Beispiel wurde die Benutzerentscheidungsaufgabe kopiert, und der Container wurde so erweitert, dass er den eingegebenen Grund enthält.

Abbildung 23.5 zeigt eine Kopie der Benutzerentscheidungsaufgabe. Beachten Sie in diesem Beispiel, dass `REASON` zum Workitem-Container hinzugefügt wurde. Unter `REASON` wird der Entscheidungsgrund hinterlegt. Das Containerfeld basiert auf einem Textdatentyp. Bei genauerer Betrachtung erkennen Sie, dass das Aufgabenobjekt auf einem Subtyp des Objekttyps `DECISION` basiert. Die meisten Workflow-Berater empfehlen, einen Subtyp des von SAP bereitgestellten Objekts `DECISION` anzulegen und ihn für das gesamte Customizing zu nutzen. Hier ist entscheidend, dass Sie die vom Workflow verwendete Aufgabe um zusätzliche Containerelemente erweitern und die Informationen aus dem Web Dynpro an diese Containerelemente zurückgeben können.

Hinweis

Definieren Sie *keine* systemweite Delegation, wenn Sie einen Subtyp von `DECISION` zu `ZDECISION` anlegen, da das Objekt `DECISION` als die standardmäßige Benutzerentscheidung für alle Workflows verwendet wird. Die Delegation könnte sich negativ auf die anderen Workflows auswirken.

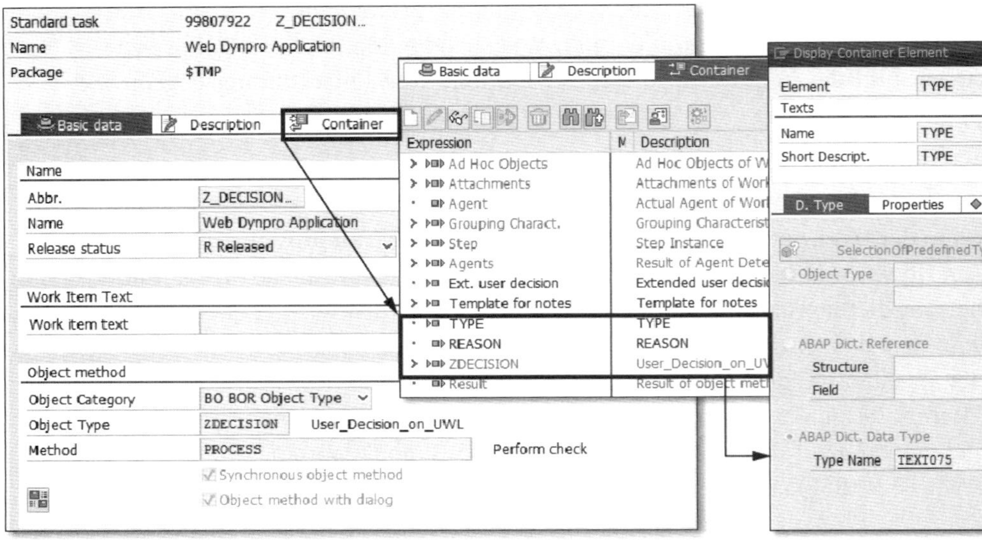

Abbildung 23.5 Kopierte Benutzerentscheidungsaufgabe mit erweitertem Container für den Entscheidungsgrund

Sie verfügen nun über einen Workflow mit einer Benutzerentscheidung, die entweder auf einer standardmäßigen Benutzerentscheidung oder einer Erweiterung der von SAP bereitgestellten Benutzerentscheidung basiert.

23.2 Erforderliche Einstellungen in Web Dynpro ABAP

In diesem Abschnitt gehen wir auf ein Web-Dynpro-Beispiel für die Benutzerentscheidung ein. Dabei erläutern wir die wichtigsten Änderungen hinsichtlich der Kommunikation mit dem Workflow. Wie bereits in Kapitel 22, »Optionen der Benutzeroberfläche«, erwähnt, ist Web Dynpro für folgende Aufgaben verantwortlich:

- Empfangen der Workitem-ID `WI_ID` als ein Eingangsparameter
- Ausführen von `SAP_WAPI_GET_HEADER` (oder get_Detail), `SAP_WAPI_RESERVE_WORK_ITEM` und `SAP_WAPI_READ_CONTAINER`, um Daten zur `WI_ID` abzurufen
- Anzeigen der Aufgabendetails; in diesem Beispiel handelt es sich dabei um ein Fenster in der Web-Dynpro-Anwendung
- Ausführen von `SAP_WAPI_Workitem_COMPLETE`, um das Workitem abzuschließen; wenn die Benutzerentscheidung die Begründung zurückgeben kann, sollte dies die Aktualisierung des Feldes `REASON` umfassen

Neben Web Dynpro müssen Sie auch Transaktion SWFVISU konfigurieren, um ein Mapping zwischen der spezifischen TS-Aufgabe und dem UI durchzuführen. Registrieren Sie das System anschließend erneut in der UWL, um die zum Starten der Aufgabe erforderliche XML-Datei in der UWL zu erzeugen.

Gehen wir nun auf die Auswirkungen dieser Anforderungen auf Web Dynpro ABAP ein. In den nächsten Abschnitten betrachten wir die erforderlichen Einstellungen in verschiedenen Web-Dynpro-Bereichen (u. a. Web-Dynpro-Anwendung, Window, View und erforderlichen Context).

23.2.1 Web-Dynpro-ABAP-Anwendung

Beim Erstellen der Web-Dynpro-Anwendung benötigen Sie die Workitem-ID `WI_ID` als Eingangsparameter und einen `START`-Plug. Abbildung 23.6 zeigt ein Beispiel einer Web-Dynpro-ABAP-Anwendung. Hier wurde `WI_ID` als String und Eingangsparameter definiert. Außerdem gibt es für PLUG NAME einen `START`-Plug. Der `START`-Plug verwendet `SAP_WAPI_RESERVE_Workitem`, `SAP_WAPI_GET_HEADER` und `SAP_WAPI_READ_CONTAINER`.

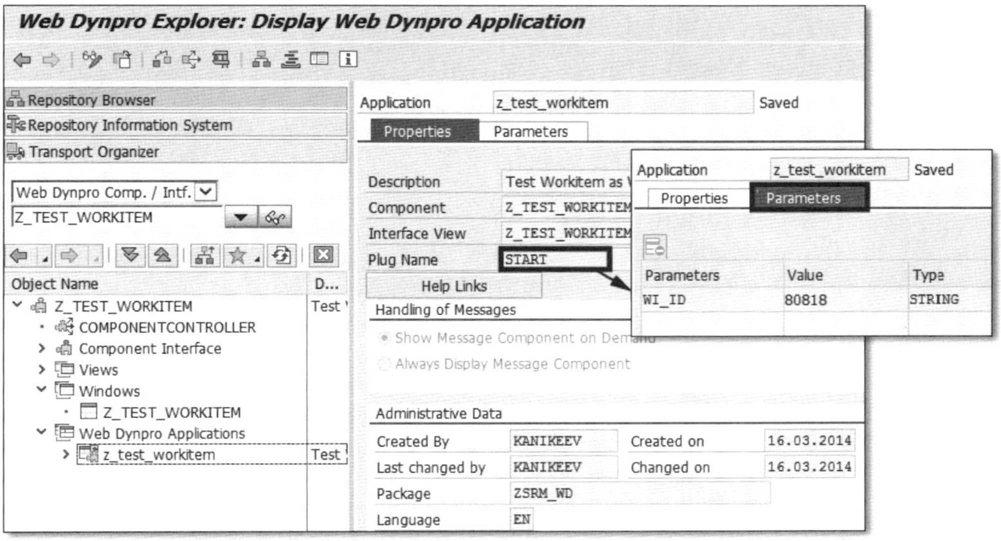

Abbildung 23.6 WI_ID als Eingangsparameter und START-Plug

Die Methode `handlestart` für den `START`-Plug sehen Sie in Listing 23.2. Aufgabe des `START`-Plugs ist es, die Workitem-ID zu nutzen, um Daten aus dem Workitem-Container zu lesen und das Workitem anzunehmen.

```
METHOD handlestart.
  DATA: lo_node                  TYPE REF TO if_wd_context_node,
        lr_current_controller    TYPE REF TO if_wd_controller,
        lr_message_manager       TYPE REF TO if_wd_message_manager.
  DATA lv_wi_id                  TYPE sww_wiid.
  DATA lv_parameter              TYPE symsgv.
  DATA ls_Workitem_attributes    TYPE swr_wihdr.
  DATA lv_new_status             TYPE swr_wistat.
  DATA lt_simple_container       TYPE TABLE OF swr_cont.
  DATA lv_container_line         TYPE swr_cont.
  DATA lv_return_code            TYPE syst-subrc.

* When the user launches the work item from the UWL in the
* Portal, then the Portal is calling the Web Dynpro application
* with the Import parameter WI_ID
  CALL METHOD wd_context->get_child_node
    EXPORTING
      name       = 'WORKFLOWRAWDATA'
    RECEIVING
      child_node = lo_node.
* Store this work item in the CONTEXT,
* so that it is available for the Window and the View
  lo_node->set_attribute( value = wi_id name = 'WI_ID' ).
* Type transfer of the work item ID for function calls
  lv_wi_id = wi_id.
* Check that the work item still has the correct status
  CALL FUNCTION 'SAP_WAPI_RESERVE_Workitem'
    EXPORTING
      Workitem_id = lv_wi_id
    IMPORTING
      new_status  = lv_new_status
      return_code = lv_return_code.
  IF lv_return_code NE 0.
    lr_current_controller ?= wd_this->wd_get_api( ).
    CALL METHOD lr_current_controller->get_message_manager
      RECEIVING
        message_manager = lr_message_manager.
    lv_parameter = lv_wi_id.
    CALL METHOD lr_message_manager->report_t100_message
      EXPORTING
        msgid = 'SWR'
        msgno = '210'
```

```
          msgty = 'E'
          p1    = lv_parameter
          p2    = space
          p3    = space
          p4    = space.
    ELSE.
      CALL FUNCTION 'SAP_WAPI_GET_HEADER'
        EXPORTING
          Workitem_id          = lv_wi_id
        IMPORTING
          Workitem_attributes = ls_Workitem_attributes
          return_code          = lv_return_code.
*
      CALL METHOD wd_context->get_child_node
        EXPORTING
          name       = 'WorkitemDATA'
        RECEIVING
          child_node = lo_node.
* Store header data in CONTEXT
      lo_node->set_attribute(
              value = ls_Workitem_attributes-wi_text
              name = 'WI_TEXT' ).
      lo_node->set_attribute(
              value = ls_Workitem_attributes-wi_cd
              name = 'WI_CD' ).
    ENDIF.
* Read work item container
    CLEAR lt_simple_container.
    CLEAR lv_container_line.
    REFRESH lt_simple_container.
    CALL FUNCTION 'SAP_WAPI_READ_CONTAINER'
      EXPORTING
        Workitem_id                  = lv_wi_id
     IMPORTING
       return_code                   = lv_return_code
*     IFS_XML_CONTAINER              =
*     IFS_XML_CONTAINER_SCHEMA       =
     TABLES
       simple_container               = lt_simple_container.
    LOOP AT lt_simple_container INTO lv_container_line
      WHERE element = 'TYPE'.
      EXIT.
    ENDLOOP.
    CALL METHOD wd_context->get_child_node
      EXPORTING
        name       = 'CONTAINER'
```

```
    RECEIVING
      child_node = lo_node.
* Store in CONTEXT
  lo_node->set_attribute(
          value = lv_container_line-value
          name = 'TYPE' ).
ENDMETHOD.
```

Listing 23.2 Code für den START-Plug

23.2.2 Window

In dem in Abbildung 23.7 entwickelten WINDOW sehen Sie den View MAIN und den START-Plug. Der START-Plug ist mit der Methode handlestart verknüpft. Wie aus Listing 23.2 hervorgeht, verfügt die Methode handlestart über die Workflow-APIs (WAPIs), um Daten aus dem Workflow-Container zu lesen.

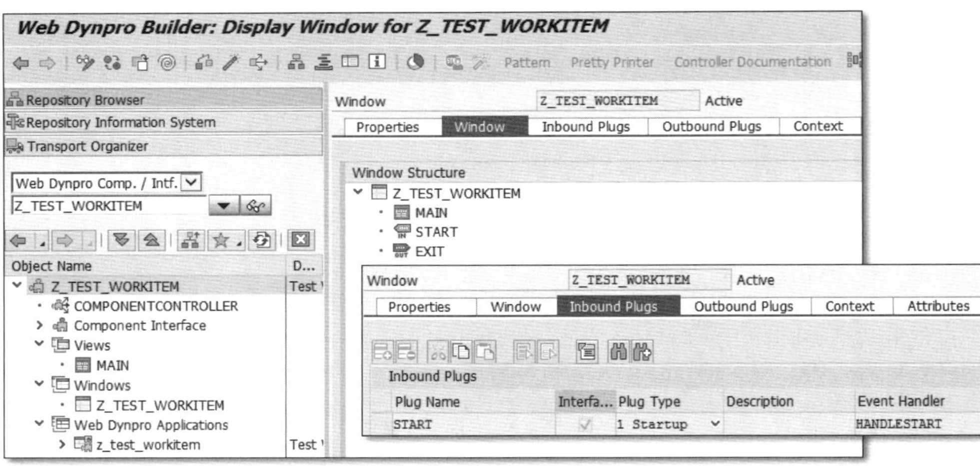

Abbildung 23.7 Web Dynpro Window

Die Methode hängt von der Controller-Context-Definition und vom Mapping des Contexts zu Window und View ab. Abbildung 23.8 zeigt den kritischen Context. Beachten Sie dabei die Workitem-ID (WI_ID), die Workitem-Daten (WI_TEXT, WI_CD) und den Grund, der an den Workitem-Container (TEXT) zurückgegeben wird.

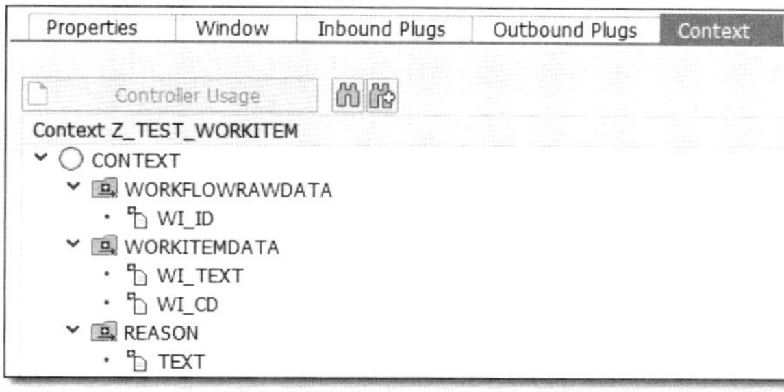

Abbildung 23.8 Context mit der Workitem-ID

23.2.3 Main-View

Zuletzt betrachten wir noch den View MAIN, einschließlich Layout, Aktionen und Methoden. Abbildung 23.9 zeigt die wichtigsten Bereiche. Die Registerkarte LAYOUT zeigt, wie das Web Dynpro für den Benutzer dargestellt wird. Die Informationen stammen aus dem Context, in dem der Workitem-Text in den View übergeben wird. Der View ermöglicht es dem Benutzer, einen Grund einzugeben, der an den Workflow zurückgegeben wird.

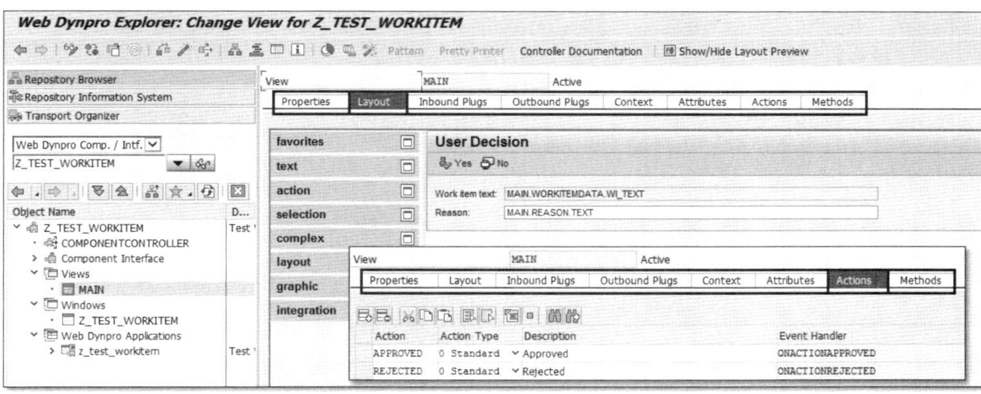

Abbildung 23.9 View-Definition

Der wichtige Code aus diesem View MAIN ist jener Code, der mit den Aktionen der Buttons YES und NO verknüpft ist: APPROVED ist mit dem Button YES verknüpft und REJECTED mit dem Button NO.

Die Codes für die Aktionen zur Genehmigung bzw. zur Ablehnung sehen sehr ähnlich aus (siehe Listing 23.3 und Listing 23.4). Die Hauptelemente dieser beiden Aktionen umfassen die Übergabe von Text und Ergebnis der Entscheidung. Beachten Sie, dass die Methode zur Genehmigung 001 übergibt, die Methode zum Ablehnen 002. Die mit der Benutzerentscheidung verknüpften Zahlen wurden in Abschnitt 23.1.2, »Benutzerentscheidung mit Notiz in der Universal Worklist«, erläutert. Dort wurde auch der Einsatz von SAP_WAPI_DECISION_READ erwähnt, um die mit jeder möglichen Entscheidung verbundene Zahl zu ermitteln.

```
METHOD onactionapproved.
  DATA lo_node                TYPE REF TO if_wd_context_node.
  DATA lv_wi_id               TYPE sww_wiid.
  DATA lv_text                TYPE text075.
  DATA lt_simple_container    TYPE TABLE OF swr_cont.
  DATA lv_container_line      TYPE swr_cont.
  DATA lv_new_status          TYPE sww_wistat.
  DATA lv_return_code         TYPE syst-subrc.

* Get work item from Context
  CALL METHOD wd_context->get_child_node
    EXPORTING      name       = 'WORKFLOWRAWDATA'
    RECEIVING      child_node = lo_node.
  lo_node->get_attribute(
           EXPORTING name  = 'WI_ID'
           IMPORTING value = lv_wi_id  ).
* Get reason from Context
  CALL METHOD wd_context->get_child_node
    EXPORTING      name       = 'REASON'
    RECEIVING      child_node = lo_node.
  lo_node->get_attribute(
        EXPORTING name  = 'TEXT'
        IMPORTING value = lv_text  ).
* Prepare work item container
  CLEAR   lt_simple_container. REFRESH lt_simple_container.
* Export text
  lv_container_line-element = 'REASON'.
  lv_container_line-value   = lv_text.
  APPEND lv_container_line TO lt_simple_container.
* Tell workflow to go down the "YES" branch
  lv_container_line-element = '_RESULT'.
  lv_container_line-value   = '0001'.
  APPEND lv_container_line TO lt_simple_container.
  lv_container_line-element = '_WI_RESULT'.
  lv_container_line-value   = '0001'.
  APPEND lv_container_line TO lt_simple_container.
* Change work item status
  CALL FUNCTION 'SAP_WAPI_Workitem_COMPLETE'
    EXPORTING
      Workitem_id      = lv_wi_id
```

```
    IMPORTING
      return_code      = lv_return_code
      new_status       = lv_new_status
    TABLES
      simple_container = lt_simple_container.
* Exit from Web Dynpro
  data: l_ref_exit_plug   type REF TO ig_z_test_Workitem.
  l_ref_exit_plug      = wd_this->get_z_test_Workitem_ctr( ).
  l_ref_exit_plug->fire_exit_plg( ).
ENDMETHOD.
```

Listing 23.3 Methode zur Genehmigung

Die Methode zur Ablehnung ist mit der Methode zur Genehmigung praktisch identisch. Der einzige Unterschied ist die Einstellung des Ergebniswertes, wie in Listing 23.4 dargestellt.

```
* Tell Workflow to go down the "NO" branch
  lv_container_line-element = '_RESULT'.
  lv_container_line-value   = '0002'.
  APPEND lv_container_line TO lt_simple_container.
  lv_container_line-element = '_WI_RESULT'.
  lv_container_line-value   = '0002'.
  APPEND lv_container_line TO lt_simple_container.
```

Listing 23.4 Methode zur Ablehnung

Die Workflow-Anforderungen für Web Dynpro sind nun erfüllt. An dieser Stelle können Sie das Web Dynpro testen. Dazu starten Sie einfach einen Workflow mit einer Benutzerentscheidung, rufen die Workitem-ID für den Benutzerentscheidungsschritt ab (über die Inbox, wie in Kapitel 4, »Verteilung von Workitems«, erläutert, oder über die Workflow-Protokolle, die in Kapitel 8, »Workflow-Administration«, beschrieben werden). Anschließend fügen Sie die ID als hart codierten Wert auf der Registerkarte PARAMETERS der Web-Dynpro-Anwendung hinzu. In der Regel wird die Workitem-ID zur Laufzeit als Variable übergeben, und Sie starten das Web Dynpro über die UWL. Wenn Sie das Web Dynpro allerdings über Transaktion SE80 prüfen möchten, müssen Sie eine Workitem-ID aus einem vorhandenen Workflow hart codieren.

23.3 Konfiguration für die Universal Worklist

Nachdem Sie nun über ein Web Dynpro verfügen, das ein Workitem ausführen kann, müssen Sie sicherstellen, dass die UWL das Web Dynpro ausführt. Verwenden Sie dazu Transaktion SWFVISU. Legen Sie einen neuen Eintrag an, der die Aufgabe bereitstellt, und verbinden Sie diesen mit Ihrem Web Dynpro (siehe Abbildung 23.10). Registrieren Sie Ihr System erneut auf der UWL-Administrationsseite, und leeren Sie dann den Cache.

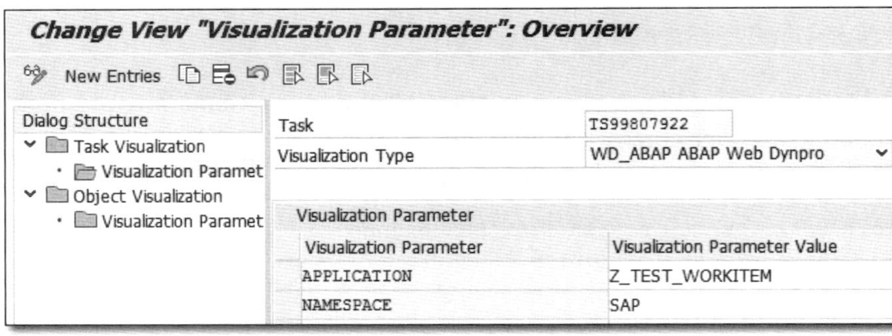

Abbildung 23.10 Transaktion SWFVISU

Wenn Sie sich die bei der Registrierung erzeugte XML-Datei (Zu diesem Zweck wurden die Daten aus Transaktion SWFVISU gelesen.) ansehen möchten, wechseln Sie in den UWL-Administrationsbereich (System Administration • System Configuration • Universal Worklist). Wählen Sie anschließend die Option Click to Manage Item Types and View Definitions. In den View-Definitionen finden Sie alle benutzerspezifischen Views und XML-Dateien. In Transaktion SWFVISU vorgenommene Änderungen werden in die XML-Datei *uwl.webflow.<SID>* geschrieben. In der Konfigurationsdatei *uwl.webflow.<SID>* finden Sie den für Ihre Aufgabe spezifischen XML-Text sowie alle in Transaktion SWFVISU aktualisierten Aufgaben.

Optional können Sie diese Einstellungen mit Ihrer eigenen XML-Datei »überschreiben«, die anschließend eine hohe Priorität haben sollte. Zur Laufzeit sucht die UWL in den Dateien mit hoher Priorität nach Workitem-Definitionen. Bei der Ermittlung der ersten Definition wird die Suche angehalten.

In Listing 23.5 sehen Sie die Definition für die Aufgabe, die basierend auf den Einstellungen in Transaktion SWFVISU erzeugt wurde.

```
<ItemType name="uwl.task.webflow.TS99807922.W64"
 connector="WebFlowConnector" defaultView="DefaultView"
 defaultAction="launchWebDynPro" executionMode="default">
```

```
    <ItemTypeCriteria systemId="W64"
     externalType="TS99807922" connector="WebFlowConnector"/>
    <Actions>
      <Action name="launchWebDynPro" groupAction=""
       handler="SAPWebDynproABAPLauncher"
       returnToDetailViewAllowed="yes"
       launchInNewWindow="yes"
       launchNewWindowFeatures="resizable=yes,scrollbars=yes,
       status=yes,toolbar=no,menubar=no,location=no,
       directories=no">
<Properties>
     <Property name="WebDynproApplication"
      value="Z_TEST_Workitem"/>
          <Property name="newWindowFeatures"
           value="resizable=yes,scrollbars=yes,status=yes,
           toolbar=no,menubar=no,location=no,
           directories=no"/>
          <Property name="openInNewWindow" value="yes"/>
          <Property name="WebDynproNamespace" value="SAP"/>
          <Property name="display_order_priority" value="5"/>
        </Properties>
        <Descriptions default=""/>
      </Action>
    </Actions>
  </ItemType>
```

Listing 23.5 UWL-XML-Datei zum Starten von Web Dynpro ABAP

Das Endergebnis ist eine Benutzerentscheidung in der UWL, die mit Web Dynpro ABAP ausgeführt wird (siehe Abbildung 23.4). Nachdem Sie nun die Berührungspunkte kennengelernt haben, können Sie Web Dynpro ABAP für zahlreiche Workflow-Aufgaben nutzen.

23.4 Sicherstellen, dass die Benutzer das Workitem nur in der Universal Worklist ausführen

Wenn Sie planen, in der Zukunft anstelle von SAP Business Workplace in SAP GUI die UWL zum Ausführen der Workitems zu verwenden, dann sollten Sie sicherstellen, dass die Benutzer die Benutzerentscheidung nicht aus SAP Business Workplace heraus ausführen. SAP Business Workplace bietet keine Unterstützung für Web Dynpro ABAP. Um also sicherzustellen, dass die Benutzer Ihr Web Dynpro ausführen, sollten Sie sie an der Ausführung über SAP GUI hindern.

Dazu haben Sie zwei Möglichkeiten: Sie können eine Meldung bei Ausführung des Workitems über SAP GUI implementieren, oder Sie können das Workitem aus dem SAP Business Workplace ausblenden.

23.4.1 Implementieren einer Meldung bei Ausführung aus SAP Business Workplace

Dazu fügen Sie folgenden Code in Ihre angepasste Benutzerentscheidungsaufgabe ein, die auf dem Business-Objekt ZDECISION basiert. Der Code aus Listing 23.6 wird zur Methode PROCESS hinzugefügt. Dieser Code wird ausgeführt, wenn die Aufgabe aus dem SAP Business Workplace im SAP GUI heraus gestartet wird. Dabei wird der Benutzer aufgefordert, die Aufgabe über die UWL auszuführen.

```
begin_method process changing container.
call function 'POPUP_TO_INFORM'
  exporting
    titel = 'Warning'
    txt1 = 'Work item may only be launched from Portal UWL.'
    txt2 = 'This work item will stay in your Inbox.'.
* Prevent user from executing this work item from the SAP GUI
exit_return 9001 'Work item may only be launched from Portal UWL'
space space space.
exit_cancelled.
end_method.
```

Listing 23.6 Code, der sicherstellt, dass der Benutzer die Entscheidung aus der Universal Worklist heraus ausführt

Hinweis

Wenn das Workitem über die UWL gestartet wird, wird die Methode ZDECISION nicht ausgeführt. Die UWL startet die Web-Dynpro-Anwendung gemäß Definition in der XML-Datei.

23.4.2 Ausblenden des Workitems aus SAP Business Workplace

Zum Filtern von in SAP Business Workplace anzuzeigenden Workitems können Sie das BAdI WF_BWP_SELECT_FILTER verwenden.

Listing 23.7 zeigt eine Beispielimplementierung, mit der alle Workitems mit der angegebenen Aufgabe aus SAP Business Workplace ausgeblendet werden.

```
METHOD if_ex_wf_bwp_select_filter~apply_filter.
    re_worklist[] = im_worklist[].
    DELETE re_worklist[] WHERE wi_rh_task = 'TS99807922'.
ENDMETHOD.
```

Listing 23.7 Code, der sicherstellt, dass Workitems aus SAP Business Workplace ausgeblendet werden

Die Verwendung von Web Dynpro Java in SAP Business Workflow ist sinnvoll, wenn Sie bereits über Java-Kenntnisse verfügen oder wenn Sie mit einer Anwendung arbeiten, in der hauptsächlich Web Dynpro Java als Benutzeroberfläche eingesetzt wird. In diesem Kapitel beschreiben wir die wichtigsten Berührungspunkte zwischen Web Dynpro Java und SAP Business Workflow.

24 Verwendung von Web Dynpro Java

Von Manish Chaitanya

Wenn Sie eine Web-Dynpro-Java-Anwendung anlegen, die mit SAP Business Workflow eingesetzt werden soll, müssen Sie vier Punkte beachten:

- Welche Schritte müssen auf Workflow-Seite ausgeführt werden?
- Einrichten von Integrated Development Environment (IDE)
- Welche Schritte müssen auf Java-Seite ausgeführt werden?
- Welche Schritte müssen für die Universal Worklist (UWL) ausgeführt werden, damit Web Dynpro aufgerufen wird?

In diesem Kapitel werden diese Punkte gesondert betrachtet und jeweils die wichtigsten Aspekte beschrieben.

Hinweis

In diesem Kapitel setzen wir Grundwissen hinsichtlich Workflow, UWL und Web Dynpro Java voraus. Sie sollten Kapitel 4, »Verteilung von Workitems«, Kapitel 13, »Anlegen eines Workflows«, und Kapitel 22, »Optionen der Benutzeroberfläche«, bereits gelesen haben. Außerdem sollten Sie bereits über Erfahrungen beim Anlegen von Web-Dynpro-Java-Anwendungen verfügen. Dieses Beispiel beschreibt nicht den Aufbau einer Web-Dynpro-Java-Anwendung, wir konzentrieren uns vielmehr auf die Verbindung zwischen Web Dynpro Java und dem Workflow.

24.1 Praxisbeispiel zu Web Dynpro Java und Workflow

Dieses Beispiel basiert auf einem Genehmigungsszenario für Geschäftspartner mit Web Dynpro Java. Die drei wichtigsten Entwicklungsbereiche, die in diesem Szenario benötigt werden, sind SAP Business Workflow, Web Dynpro Java und die XML-Datei für die UWL.

1. Der Anfordernde legt eine Anforderung zur Erstellung eines Geschäftspartners aus einer kundenspezifischen Web-Dynpro-Java-Anwendung heraus an.
2. Die Anforderung wird an den Genehmigenden weitergeleitet, und dieser führt das Workitem über die UWL aus, um es zu genehmigen oder abzulehnen.
3. Im Falle einer Genehmigung wird der Geschäftspartner im Hintergrund angelegt und eine Benachrichtigung an den Anfordernden gesendet. Wird die Erstellung abgelehnt, wird dem Anfordernden ebenfalls eine Benachrichtigung zugesandt.

In Abbildung 24.1 sehen Sie den in diesem Szenario verwendeten Workflow.

In diesem Szenario wird ein Workflow über eine Web-Dynpro-Java-Anwendung gestartet. Nach der Eingabe der Detailinformationen zu einem Geschäftspartner, der angelegt werden soll, klickt der Benutzer in der Web-Dynpro-Java-Anwendung auf den Button SUBMIT. Über den Button SUBMIT wird der Funktionsbaustein `SAP_WAPI_START_WORKFLOW` aufgerufen, der den Workflow startet. In diesem Fall wird der Workflow tatsächlich gestartet und nicht durch Ereignisse ausgelöst.

Der Funktionsbaustein `SAP_WAPI_START_WORKFLOW` verfügt über den Tabellenparameter `INPUT_CONTAINER`. Über diesen Parameter werden die Detailinformationen (z. B. Geschäftspartnerart, Adresse), die für den Geschäftspartner eingegeben wurden, an den Workflow übergeben.

Beim Aufruf der `SAP_WAPI`-Funktionsbausteine stellt der Workflow-Entwickler häufig Verschalungsfunktionsbausteine für den Aufruf bereit. In diesem Kapitel gehen wir nicht näher auf die Entwicklung von Workflows und ABAP-Funktionsbausteinen ein. Wir gehen aber davon aus, dass der Workflow-Entwickler die remotefähigen Funktionsbausteine `Z_BP_REQUEST`, `Z_BP_GETDATA_FROM_WI` und `Z_BP_APPROVAL` zum Starten des Workflows, Lesen des Workflow-Containers und Abschließen des Workflows zur Verfügung gestellt hat, und diese von der Web-Dynpro-Java-Anwendung verwendet werden können.

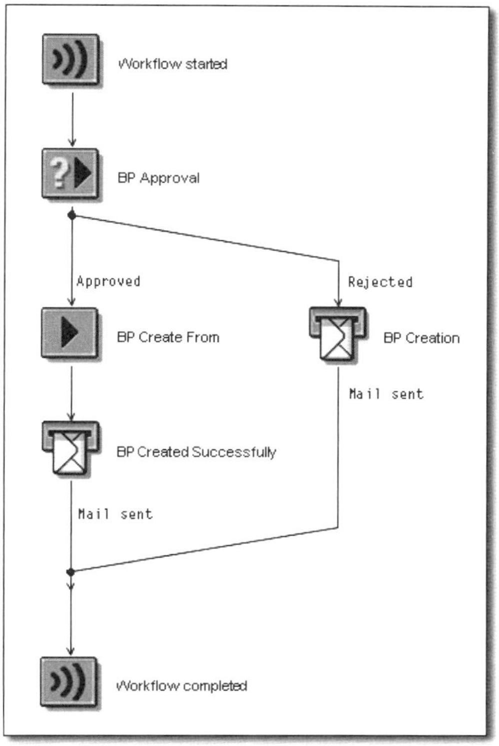

Abbildung 24.1 Workflow für dieses Szenario

Die folgende Aufzählung enthält drei wichtige von SAP bereitgestellte Funktionsbausteine, mithilfe derer ein Entwickler üblicherweise Workflow-Funktionen bereitstellt:

- `SAP_WAPI_START_WORKFLOW`
  Funktionsbaustein, um den Workflow aus dem initialen Dynpro zur Anforderung der Geschäftspartnererstellung heraus zu starten
- `SAP_WAPI_READ_CONTAINER`
  Funktionsbaustein zum Lesen von Daten aus dem Workflow-Container im Genehmigungsschritt
- `SAP_WAPI_WORK_ITEM_COMPLETE`
  Funktionsbaustein zur Fertigstellung des Workitems nach der Genehmigung/Ablehnung

Wenn Sie noch nicht über Erfahrungen in diesem Bereich verfügen, mag die Web-Dynpro-Java-Entwicklung anfangs eine Herausforderung darstellen, da sie eine spezifische Einrichtung und Konfiguration auf Java-EE-5-Seite erfordert. Wenn möglich, sollten Sie die SAP NetWeaver Application Server Java Engine auf Ihrem Desktop installieren, damit Sie Web Dynpro Java für Ihre lokale Java Engine zur Durchführung von Funktionstests nutzen können. Die technische Konfiguration, die für eine lokale Installation der Java Engine erforderlich ist, um Web Dynpro Java für die Entwicklung und Erstellung zu verwenden, wird im nächsten Abschnitt beschrieben.

24.2 Einrichten von Java Development Environment

In diesem Abschnitt erläutern wir die erforderlichen Konfigurationsschritte, um das SAP NetWeaver Developer Studio (NWDS) auf Ihrem lokalen SAP NetWeaver Application Server (J2EE-Server) einzusetzen und Web-Dynpro-Anwendungen anzulegen.

Zusätzlich müssen weitere Voraussetzungen erfüllt werden: Die RFC-Destination muss im SAP NetWeaver Administrator konfiguriert sein, damit Web Dynpro Java zur Nutzung des adaptiven RFC-Modells zur Laufzeit das ABAP-Ziel-Backend ermitteln kann.

Hinweis

Da Web Dynpro auf dem MVC-Paradigma (MVC) basiert, ist die Geschäftslogik von der Präsentationslogik getrennt. Die Geschäftslogik wird von Web-Dynpro-Modellen behandelt. Eines dieser Web-Dynpro-Modelle ist das adaptive RFC-Modell. Da dieses RFC-Modell RFC-fähige Funktionsbausteine aufrufen soll, muss Web Dynpro Java das ABAP-Ziel-Backend kennen. Die RFC-Destination zeigt auf das ABAP-Zielsystem, um die RFC-fähigen Funktionsbausteine auszuführen.

Wenn Sie eine Web-Dynpro-Java-Anwendung entwickeln, müssen Sie den Namen der RFC-Destination eingeben. Es werden zwei RFC-Destinationen benötigt:

- eine für ABAP-Data-Dictionary-Metadaten
- eine weitere für Anwendungsdaten

Die RFC-Destination muss für jedes J2EE-Laufzeitsystem konfiguriert werden. Die Namen der RFC-Destination müssen mit den in der Web-Dynpro-Anwendung festgelegten Namen übereinstimmen. Allerdings ist das entsprechende physische ABAP-Backend unterschiedlich, je nachdem, ob sich die ABAP-Anwendung in einer Entwicklungs- oder einer Produktivumgebung befand. Ein Beispiel dazu: Angenommen, Sie haben eine RFC-Destination mit dem Namen `ECC_META` angelegt und mithilfe dieser RFC-Destination eine

Web-Dynpro-Java-Anwendung entwickelt. Wenn Sie die Web-Dynpro-Java-Anwendung in der Entwicklungslandschaft ausführen, zeigt die Destination ECC_META auf das ABAP-Entwicklungs-Backend. Wenn Sie die Anwendung jedoch in der Produktivlandschaft ausführen, sollte die Destination ECC_META auf das ABAP-Produktiv-Backend zeigen.

Abbildung 24.2 zeigt die Einrichtung der RFC-Destination. Zum Einrichten der RFC-Destinationen können Sie über den Pfad *http://<host>:<port>/nwa* (Abbildung 24.2) zum SAP NetWeaver Administrator wechseln. Von dort wählen Sie den Menüpfad CONFIGURATION • INFRASTRUCTURE • DESTINATIONS.

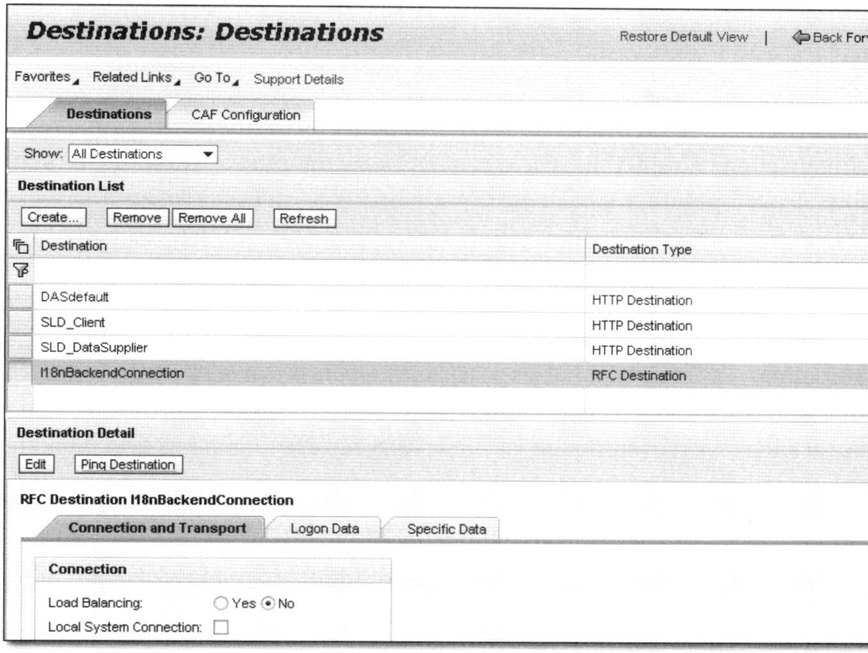

Abbildung 24.2 RFC-Destinationen

Das SLD (System Landscape Directory) ist außerdem erforderlich, wenn Sie die SAP NetWeaver Development Infrastructure (NWDI) für Web-Dynpro-Java-Entwicklung nutzen. Das SLD ist ein Ausgangspunkt für die NWDI-Installation und -Konfiguration.

In Abbildung 24.3 sehen Sie den Bildschirm des SLD-Servers. Um auf das SLD zuzugreifen, geben Sie in Ihrem System die URL *http://<host>:<port>/sld* ein.

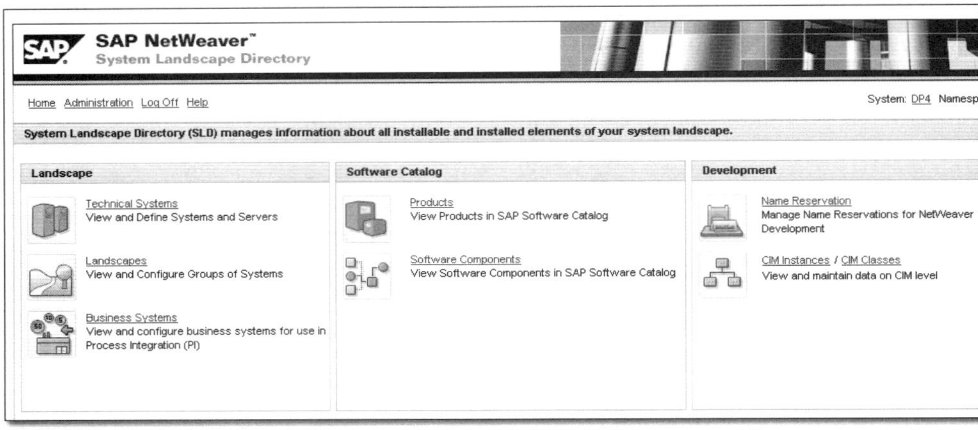

Abbildung 24.3 System Landscape Directory

Sie müssen die NWDI berücksichtigen, weil die Java-Entwicklung auf Unternehmensebene eine DC-Entwicklung (DC = Development Component) sein sollte. Development Components wurden im Wesentlichen ab SAP NetWeaver 6.40 eingeführt und gelten mittlerweile als Standard für die Entwicklung Java-bezogener SAP-Produkte. Eine Development Component kann wiederverwendet, mit anderen Development Components verknüpft und von diesen aufgerufen werden, um eine Softwarekomponente (Software Component, SC) anzulegen. Dies wird als *Komponentenmodell* dargestellt. Um eine DC-basierte Java-Anwendung zu entwickeln, ist die NWDI zwingend erforderlich. Im Wesentlichen ist die NWDI für die folgenden drei Aspekte verantwortlich:

- Verwaltung des Quelltextes (mit dem Design Time Repository)
- zentrale Build-Umgebung (mit dem Central Build Service)
- Transportmanagement (mit dem Change Management Service)

Tabelle 24.1 zeigt einen typischen Ablauf einer DC-basierten Entwicklung.

Stelle	Ausgeführt von	Beschreibung
1. SLD-Installation/-Konfiguration	Administrator	Installation und Konfiguration des SLD
2. NWDI-Installation	Administrator	NWDI-Installation
3. RFC-Destinationserstellung für jedes J2EE-Laufzeitsystem	Administrator	RFC-Destination zur Verbindung der J2EE-Laufzeit mit dem ABAP-Backend

Tabelle 24.1 Typischer Ablauf einer DC-basierten Entwicklung

Stelle	Ausgeführt von	Beschreibung
4. Einrichtung von Java IDE – lokal	Entwickler	lokale NWDS-Installation/ -Konfiguration mit J2EE- und SLD-Informationen
5. (bei kundenspezifischer SC) Anlegen kundenspezifischer Produkt- und SC im SLD	Administrator	kundenspezifische Softwarekomponente zur Nutzung in der NWDI
6. Anlegen und Konfigurieren von Tracks	Administrator	NWDI-Hauptkonfiguration
7. Herunterladen der DC aus dem Track in das lokale NWDS	Entwickler	Track-Download in das lokale NWDS
8. Entwickeln oder Erweitern	Entwickler	J2EE, Web-Dynpro-Entwicklung
9. Einchecken, Aktivieren und Freigeben über das NWDS	Entwickler	Einchecken nach erfolgreichem Funktionstest
10. Aufbau, Transport in das Produktivsystem	Administrator	Transport über Change Management Service
11. Vorbereitung für die Entwicklung neuer Releases nach der Inbetriebnahme	für die Entwicklung nach der Inbetriebnahme	

Tabelle 24.1 Typischer Ablauf einer DC-basierten Entwicklung (Forts.)

Unabhängig davon, ob die Entwicklung mit oder ohne die NWDI erfolgt, müssen die einzelnen Entwickler das SAP NetWeaver Developer Studio (NWDS) auf ihrem lokalen Client installieren. Das NWDS ist die SAP-Entwicklungsumgebung, die auf der Eclipse-Plattform basiert. Dabei handelt es sich um eine stabile Plattform, um umfangreiche Unternehmensanwendungen zu entwickeln und auszuführen, die sowohl auf standardmäßigen Java-Modellen (Java EE 5, J2EE, J2SE) als auch auf SAP-eigenen Java-Modellen (z. B. Web Dynpro) beruhen.

Das NWDS sollte wissen, auf welchem J2EE-Server die Java-Entwicklung zur Verfügung gestellt werden soll. In Abbildung 24.4 sehen Sie, wie aus dem NWDS auf die J2EE Engine gezeigt wird. Auf dieses Menü können Sie aus dem NWDS über Window • Preferences • AS Java zugreifen.

Sobald die J2EE Engine im NWDS registriert ist, wird der aktuelle Status in der Ansicht J2EE Engine angezeigt. Dieses Menü ist im NWDS über Window • Show View • Server • Servers verfügbar. Abbildung 24.5 zeigt die laufende J2EE Engine. Wenn Ihnen dieses Bild angezeigt wird, können Sie mit der Web-Dynpro-Java-Entwicklung beginnen.

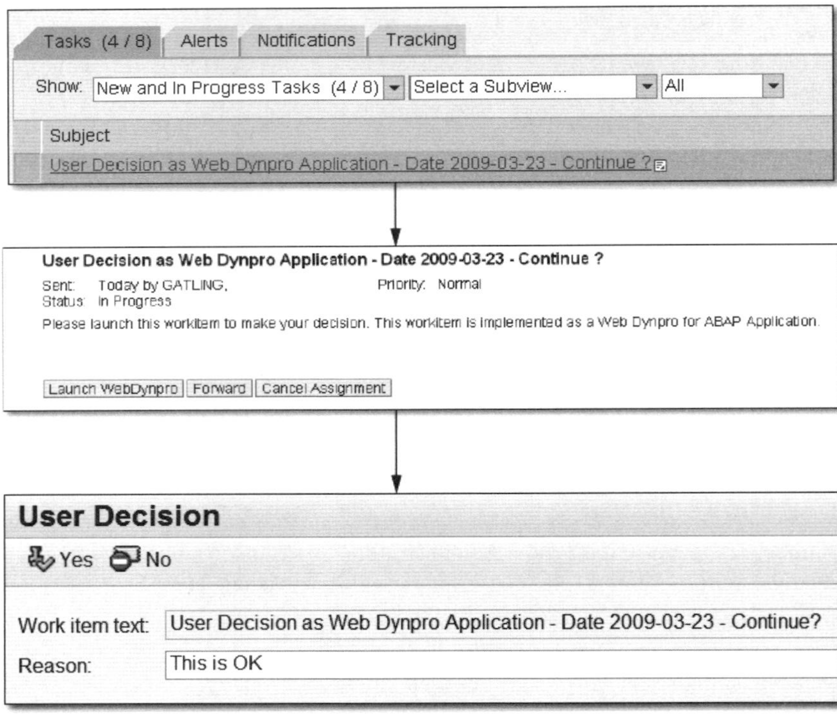

Abbildung 24.4 J2EE-Server-Konfiguration

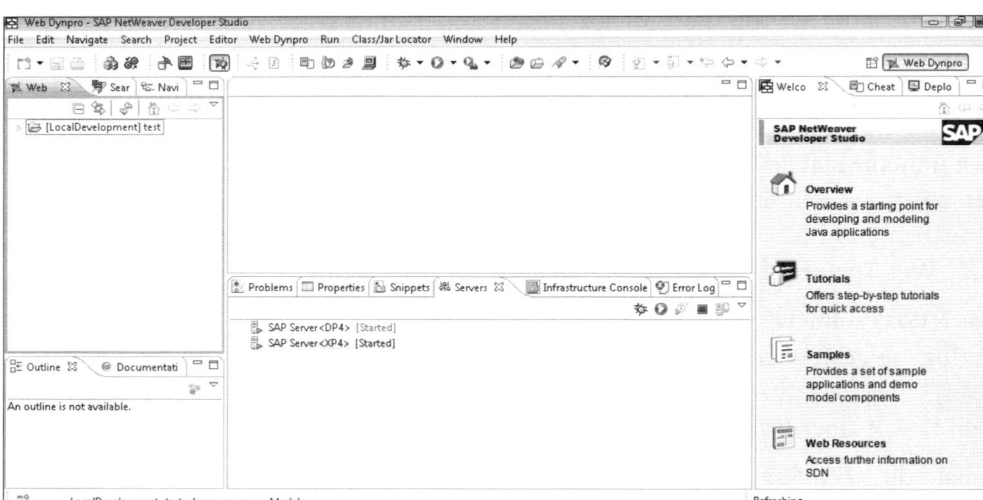

Abbildung 24.5 Ansicht der J2EE Engine

24.3 Aufgaben auf der Java-Seite

Normalerweise ist der Präsentationsentwurf der Ausgangspunkt der Web-Dynpro-Java-Entwicklung. Dies bedeutet, dass die Bildnavigation, der Datenkontext und die Ereignispunkte für diese Bilder schon früh in der Entwicklungsphase bestimmt werden sollten. Wenn Sie wissen, was in der *Präsentationsschicht* benötigt wird, können Sie mit der *Modellschicht* fortfahren, um diese gemäß der Präsentationsschicht zu erstellen. Die *Controller-Schicht* wird dann für die Integration von Präsentations- und Modellschicht verwendet. Im folgenden Abschnitt befassen wir uns zunächst mit der Präsentationsschicht.

24.3.1 Präsentationsschicht

Zunächst einmal benötigen Sie mindestens zwei Dynpros in diesem Genehmigungsszenario für Geschäftspartner, nämlich REQUEST und APPROVAL:

- Im Dynpro REQUEST können die Benutzer Detailinformationen für den zu genehmigenden Geschäftspartner eingeben. Dieses Dynpro kann über das Portal entweder als iView oder als eigenständige Anwendung ausgeführt werden.
- Das Dynpro APPROVAL dient dazu, die eingegebenen Daten anzuzeigen, und ermöglicht es dem Genehmigenden, eine Anforderung zu genehmigen oder abzulehnen. Das Genehmigungs-Dynpro soll bei der Ausführung des Workitems über die UWL angezeigt werden.

Diese beiden Dynpros erfordern zwei Web-Dynpro-Java-Anwendungen: eine für den Anfordernden und eine für den Genehmigenden.

Als Web-Dynpro-Java-Entwickler müssen Sie eng mit dem Workflow-Entwickler zusammenarbeiten. Für den Entwurf des Dynpros zur Anforderung der Geschäftspartnererstellung benötigen Sie den ersten Verschalungsfunktionsbaustein. Mit diesem Funktionsbaustein können Sie ein Dynpro anlegen, das mit dem in Abbildung 24.6 gezeigten vergleichbar ist. Vergewissern Sie sich, dass alle Felder außer der WORK ITEM ID im Modus EDIT dargestellt werden. Die WORK ITEM ID wird automatisch eingetragen, wenn der Benutzer auf den Button SUBMIT REQUEST klickt.

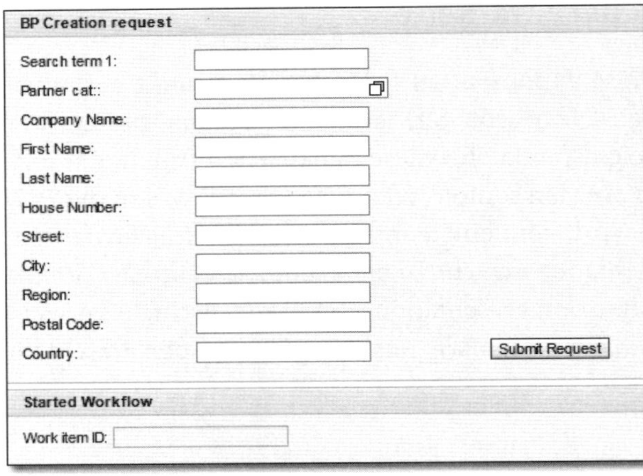

Abbildung 24.6 Request-Dynpro zum Anlegen eines Geschäftspartners

Der zweite und der dritte Verschalungsfunktionsbaustein werden benötigt, um das Dynpro Approval zu entwickeln. Der zweite Verschalungsfunktionsbaustein enthält die Detailinformationen des Geschäftspartners (z. B. Geschäftspartnerart, Adresse). Der dritte Verschalungsfunktionsbaustein wird für die Verarbeitung der Entscheidung verwendet. Mit diesen Funktionsbausteinen können Sie ein Dynpro anlegen, das mit dem in Abbildung 24.7 gezeigten vergleichbar ist. Vergewissern Sie sich, dass alle Felder außer dem Auswahlbutton für Approved/Rejected im Modus Display Only dargestellt werden.

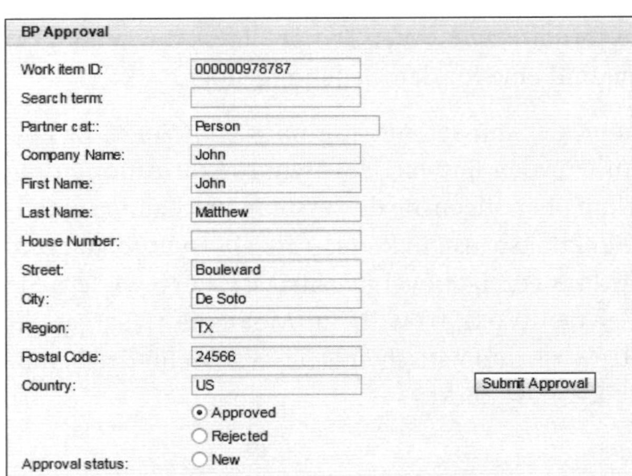

Abbildung 24.7 Approval-Dynpro zum Anlegen eines Geschäftspartners

24.3.2 Modellschicht

Da Sie nun wissen, was in der Präsentationsschicht benötigt wird, können wir mit der Modellschicht fortfahren. Ein wesentlicher Aspekt von Web Dynpro Java ist die Einbindung des RFC-Modells, das mit den angelegten Verschalungsfunktionsbausteinen verknüpft wird. Dies geschieht, indem Sie ein Modell in Web Dynpro anlegen und die Option IMPORT ADAPTIVE RFC 2 MODEL auswählen. Das Modell in Web Dynpro dient dazu, die Herkunft der Daten anzugeben. Geben Sie den Namen des Modells und die Namen der RFC-Destination ein. Sie müssen zwei RFC-Destinationen eingeben: Modellinstanz und Metadaten. Diese RFC-Destinationen müssen im Web-Dynpro-Java-Laufzeitsystem definiert sein. Wie Sie solch ein Modell anlegen, sehen Sie in Abbildung 24.8.

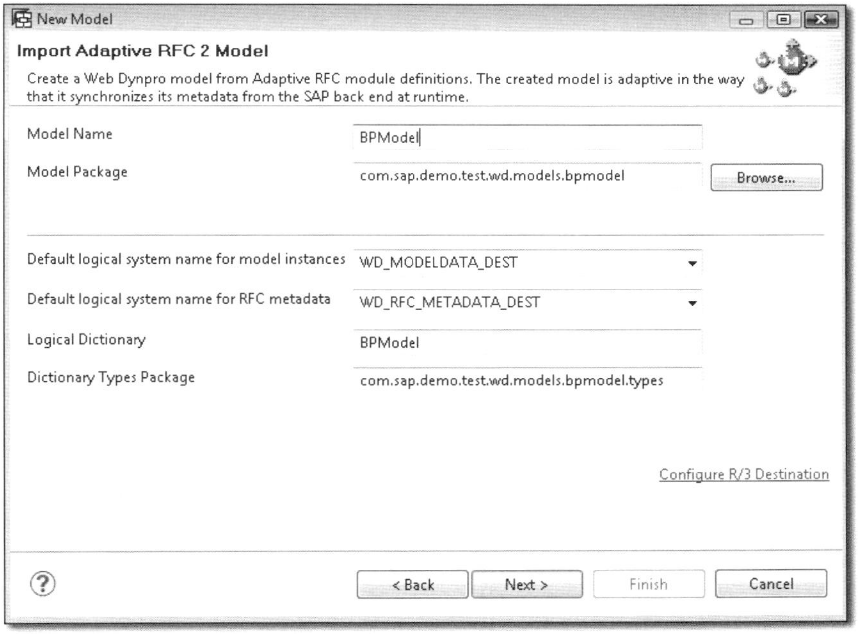

Abbildung 24.8 Modellerstellung

Wenn Sie das RFC-Modell anlegen, geben Sie den ersten RFC-fähigen Verschalungsfunktionsbaustein ein und klicken auf den Button SEARCH. Beachten Sie, dass nur RFC-fähige Funktionsbausteine verwendet werden können. Nach der Auswahl des Verschalungsfunktionsbausteins (siehe Abbildung 24.9) werden alle Metadaten und Signaturen vom Funktionsbaustein heruntergeladen, und die Java-Klassen werden automatisch angelegt. Abbildung 24.10 zeigt die erfolgreich angelegten Modellklassen.

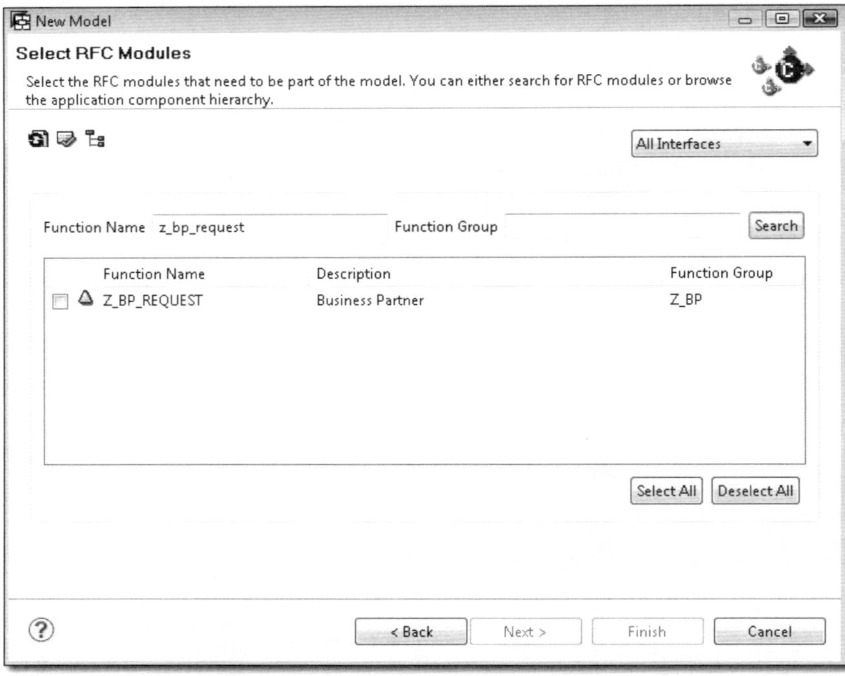

Abbildung 24.9 Import des RFC-Funktionsbausteins

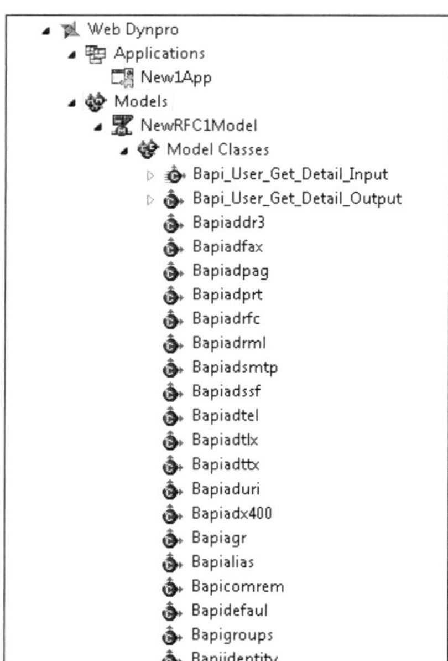

Abbildung 24.10 Angelegte Modellklassen

Nachdem Sie das benötigte Modell angelegt haben, können Sie weiter an Dynpro-Layout, Datenfluss/Mapping, Coding etc. arbeiten. Abbildung 24.11 zeigt das endgültige Layout des Request-Dynpros.

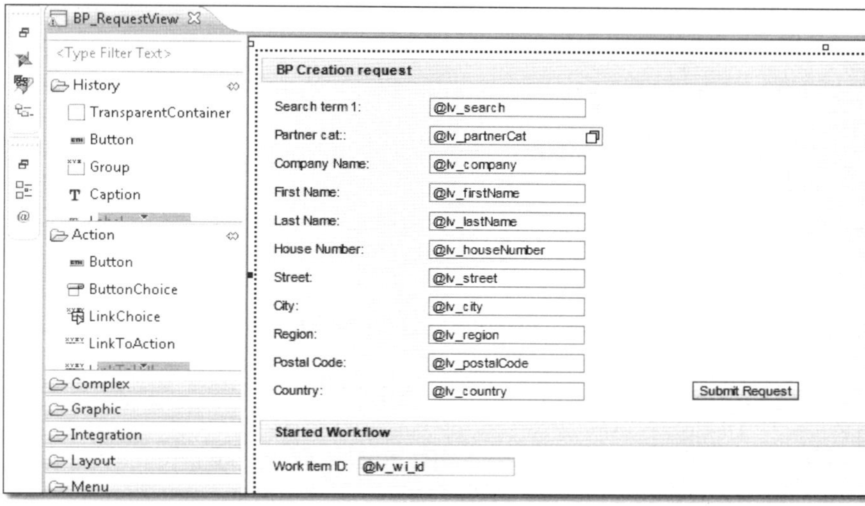

Abbildung 24.11 Layout des Request-Dynpros für Geschäftspartner

Stellen Sie die Web-Dynpro-Java-Anwendung nach Abschluss aller Entwicklungsschritte in der Java Engine bereit, um Funktionstests durchzuführen. Um die Anwendung Approval anzulegen, führen Sie die gleichen Entwicklungsschritte aus. Dabei wird eine Verknüpfung mit den beiden anderen Verschalungsfunktionsbausteinen erstellt.

Listing 24.1 stellt ein Beispiel für Java-Code dar, mit dem der Funktionsbaustein aufgerufen wird, wenn der Benutzer auf den Button Submit Request klickt. Das mit dem Knoten `Z_BP_Request_Input` verbundene RFC-Modell wird durch den Code in Listing 24.1 ausgeführt. Diesen Code können Sie entweder manuell eingeben oder über einen Web Dynpro Template Wizard erzeugen. Sie können den Web Dynpro Template Wizard über das Kontextmenü starten, indem Sie mit der rechten Maustaste auf den Component Controller klicken. Wenn Sie den Wizard verwenden, wählen Sie im Menü Template die Option Service Controller aus, legen den Datenfluss für das Modell an und erzeugen die Methode über den Wizard.

```
public void executeZ_Bp_Request_Input( )
{
  //@@begin executeZ_Bp_Request_Input()
  //$$begin Service Controller(717412881)
```

```
IWDMessageManager manager =
      wdComponentAPI.getMessageManager();
try
{  wdCotext.currentZ_Bp_Request_InputElement().
   modelObject().execute();
    wdContext.nodeOutput().invalidate();
}
catch(WDDynamicRFCExecuteException e)
{
  manager.reportException(e.getMessage(), false);
}
```

Listing 24.1 Java-Code zum Aufruf des Verschalungsfunktionsbausteins

24.4 Aufgaben in der Universal Worklist

Wenn Sie Web Dynpro Java verwenden, muss als Inbox die UWL verwendet werden. Wird das Workitem in der UWL angezeigt, ist eine Vorschau des Workitems verfügbar, die die Aufgabenbeschreibung aus dem Aufgaben-Design umfasst. Wenn Sie die Web-Dynpro-Anwendung mit der Aufgabe verknüpfen, sollten Sie sicherstellen, dass der Vorschaubereich einen Button zum Starten der Web-Dynpro-Anwendung umfasst. Der von Ihnen erstellte Button entspricht einer Aktion, und das vom Button bestimmte Verhalten entspricht einem Aktions-Handler in XML-Coding.

Wenn es sich bei diesem Workitem z. B. um eine Rechnungsgenehmigung handelt, könnten Sie den Button Display Scanned Invoice anlegen. Nehmen Sie an, es steht Ihnen eine kundenspezifische Web-Dynpro-Java-Anwendung zur Verfügung, über die ein gescannter Rechnungsbeleg aufgerufen werden kann. Die Benutzer können in der UWL auf den Button klicken, die gescannte Rechnungskopie anzeigen und schließlich die Rechnung genehmigen oder ablehnen. In diesem Fall ist die Aktion `Display Scanned Invoice` und der Aktions-Handler ist `SAPWebDynproLauncher`.

Die Web-Dynpro-Java-Genehmigung wird über die UWL durch den Aktions-Handler `SAPWebDynproLauncher` gestartet. Der Aktions-Handler erwartet die folgenden Eigenschaften:

- `WebDynproApplication` (obligatorisch)
  Name der zu startenden Web-Dynpro-Anwendung
- `WebDynproDeployableObject` (obligatorisch)
  Namensraum der zu startenden Web-Dynpro-Anwendung

- `System` (optional)
  Ein Systemalias des Systems in der Portalsystemlandschaft, d. h. das System, auf dem die Web-Dynpro-Anwendung gestartet wird. Standardmäßig handelt es sich dabei um das System, aus dem das Workitem stammt.
- `DynamicParameter` (optional)
  dynamische Parameter (Name/Wert-Paare, getrennt durch `&`), die an die Web-Dynpro-Anwendung übergeben werden
- `DebugMode` (optional)
  Mögliche Werte sind `true` oder `false`.

Bei Listing 24.2 handelt es sich um die Definition einer Aktion, über die die Web-Dynpro-Anwendung `WebDynproConsole` gestartet wird.

```
<Action name="launchWebDynPro" handler="WebDynproLauncher">
  <Properties>
    <Property name="WebDynproApplication"
     value="WebDynproConsole"/>
    <Property name="WebDynproDeployableObject"
                   value="sap.com/tc~wd~tools"/>
   <Property name="fruit" value="apple"/>
   <Property name="DynamicParameter" value="vegetable=potato"/>
  </Properties>
 </Action>
```

Listing 24.2 XML-Datei zum Starten von Web Dynpro

Jede Web-Dynpro-Anwendung verfügt über einen eigenen Namen. Die Eigenschaft `WebDynproApplication` sollte den Namen der Anwendung haben. Die Eigenschaft `WebDynproDeployableObject` gibt den Namensraum an, in dem der Web-Dynpro-Projektname enthalten ist. In Listing 24.3 übergibt der XML-Code die Workitem-ID an die Web-Dynpro-Anwendung mit dem Variablennamen `param1`.

```
<Property name="DynamicParameter"
  value="param1=${item.externalId}"/>
```

Listing 24.3 Übergabe der Workitem-ID an die Web-Dynpro-Anwendung

Listing 24.4 zeigt die vollständigen XML-Daten der UWL für den Genehmigungsprozess für Geschäftspartner, in dem der Aktions-Handler von Web Dynpro Java verwendet wird.

```
<?xml version="1.0" encoding="UTF-8"?>
<!DOCTYPE UWLConfiguration PUBLIC '-//SAP//UWL1.0//EN'
 'uwl_configuration.dtd'  >
```

```
<UWLConfiguration version="1.0">
  <ItemTypes>
    <ItemType name="uwl.task.webflow.decision.TS96000171.
     IDTCLNT800" connector="WebFlowConnector"
     defaultView="DefaultView" defaultAction="viewDetail"
     executionMode="default">
      <ItemTypeCriteria systemId="IDTCLNT800"
                        externalType="TS96000171"
                        connector="WebFlowConnector"/>
      <Actions>
        <Action name="launchWebDynPro"
         handler="SAPWebDynproLauncher"
         launchInNewWindow="yes">
          <Properties>
            <Property name="WebDynproApplication"
             value="BP_Approval"/>
            <Property name="WebDynproDeployableObject"
             value="local/WF_BP_Approval"/>
            <Property name="System" value="SAP_LocalSystem"/>
            <Property name="DynamicParameter"
             value="param1=${item.externalId}"/>
          </Properties>
         <Descriptions default="Call WD Java for
          Workflow book demo"/>
       </Action>
     </Actions>
    </ItemType>
  </ItemTypes>
</UWLConfiguration>
```

Listing 24.4 UWL-XML zum Aufruf von Web Dynpro Java

Das Beispiel in Listing 24.4 legt fest, dass eine Web-Dynpro-Java-Anwendung mit dem Namen `WF_BP_Approval` über die Workitem-Aufgabe TS96000171 aufgerufen wird. Die Workitem-ID wird von der UWL an die Anwendung übergeben. Sobald die Bearbeitung der XML-Datei abgeschlossen ist, laden Sie die Datei über das UWL-Menü ADMINISTRATION in SAP Enterprise Portal hoch. Nun können Sie mit den Tests beginnen. In Abbildung 24.12 ist die UWL mit dem Workitem zur Genehmigung der Geschäftspartnererstellung dargestellt. Bei der Ausführung des Workitems wird die entsprechende Web-Dynpro-Java-Anwendung gestartet, die bereits in Abbildung 24.7 gezeigt wurde.

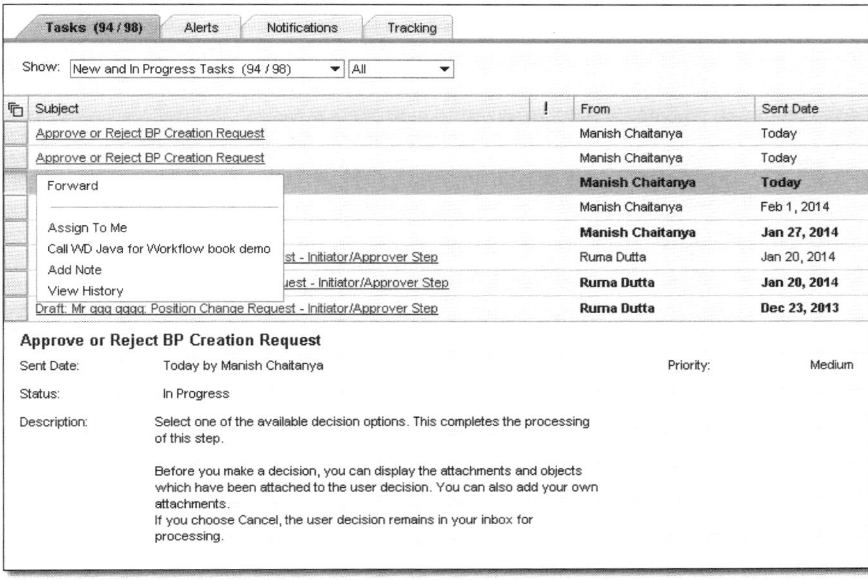

Abbildung 24.12 Workitem in UWL

Zusammenfassend lässt sich sagen, dass der Workflow-Entwickler und der Web-Dynpro-Entwickler eng zusammenarbeiten müssen, um sicherzustellen, dass sowohl der Workflow als auch die Benutzerführung die Anforderungen des Anwenders und des Geschäftsprozesses erfüllen.

Weitere Bücher des Autors

The Complete Guide to SAP NetWeaver Portal (SAP PRESS 2012)

Business Server Pages können auf unterschiedliche Art und Weise mit dem SAP Business Workflow interagieren. In diesem Kapitel beleuchten wir einige der Möglichkeiten, mit deren Hilfe Sie die richtige Herangehensweise für Ihr Projekt auswählen können. Außerdem erläutern wir, wie Sie für Workflow- und Nicht-Workflow-Anwendungen unter Verwendung von ABAP-Klassen eine gemeinsame Codebasis nutzen können.

25 Verwendung von Business Server Pages

Von Manish Chaitanya

Obwohl die Business Server Pages (BSP) eine ältere Technologie sind als Web Dynpro ABAP, sind sie keinesfalls veraltet. Die beiden Technologien ergänzen sich, sind für unterschiedliche Arten von Anwendungen geeignet und kommen oftmals in derselben Umgebung nebeneinander zum Einsatz. In diesem Kapitel erkunden wir die unterschiedlichen Techniken, um SAP Business Workflow und BSP-Anwendungen zu integrieren, und erläutern den Einsatz von ABAP-Klassen in einem Workflow als Teil einer größeren Anwendung.

25.1 Beispiel-BSP und Workflow erstellen

In diesem Abschnitt liegt der Schwerpunkt auf der Erstellung einer einfachen BSP und deren Einsatz zusammen mit SAP Business Workflow.

25.1.1 Grundlagen schaffen

Zuerst müssen Sie eine BSP-Anwendung anlegen. Wir gehen davon aus, dass Sie bereits mit BSP vertraut sind. Daher ist dieses Beispiel eine Seitenanwendung mit sehr einfacher Ablauflogik, die nur einfaches HTML verwendet. Die meisten BSP-Projekte verwenden HTMLB-Extensions oder ähnliche Elemente und in vielen Fällen auch ein Model View Controller (MVC). Der in diesem Beispiel verwendete Code kann dennoch völlig identisch in anderen Szenarien eingesetzt werden; er wird an dieser Stelle lediglich in einem möglichst einfachen Kontext präsentiert.

Bei diesem Beispielszenario verwenden wir folgenden Prozess:

1. Ein neuer Geschäftspartner wird angelegt, dem ein Kreditlimit zugewiesen werden muss.
2. Ein Abteilungsleiter gibt eine Empfehlung für ein Kreditlimit ein.
3. Dieses Limit wird dann von der Finanzabteilung genehmigt.

Schritt 2 wird mithilfe einer BSP umgesetzt und steht im Mittelpunkt dieses Kapitels. Schritt 3 wurde hinzugefügt, um zu zeigen, wie ein Wert von einer BSP-Anwendung zurückgegeben und zur späteren Verwendung im Workflow im Container gespeichert werden kann.

Da wir verschiedene Techniken zum Starten und Abschließen von BSP-Workitems beschreiben, werden diese alle am gleichen Beispiel erläutert. In der Praxis würden Sie selbstverständlich nur die für Ihre Implementierung relevante Technik nutzen.

Business-Klasse ZCL_BP

Sie möchten möglicherweise ABAP-Klassen in Ihren webbasierten Anwendungen nutzen, bei denen SAP Business Workflow (einschließlich Web Dynpro) zum Einsatz kommt, wenn die Business-Objekte von der Webanwendung genutzt werden sollen. Wie in Kapitel 16, »ABAP-Klassen«, geschildert, kann dies zu erheblichen Zeiteinsparungen führen, wenn Entwicklungen gemeinsam vom Workflow und BSP/Web Dynpro genutzt werden können. Dies wird auch in diesem Kapitel veranschaulicht. Zu Beginn legen Sie eine Geschäftspartnerklasse `ZCL_BP` an und aktivieren sie für den Einsatz im Workflow, indem Sie das Interface `IF_WORKFLOW` hinzufügen. Dabei handelt es sich um eine Klasse mit Instanzverwaltung, weshalb Sie die beiden privaten Typen `T_INSTANCE` und `T_INSTANCES` hinzufügen müssen und diese über den Button Direct Type Entry () definieren, wie in Listing 25.1 gezeigt.

```
types:
  begin of t_instance,
    partner  type bu_partner,
    instance type ref to zcl_bp,
  end of t_instance.
```

```
types:
  t_instances type standard table of t_instance.
```

Listing 25.1 Typdefinitionen für die Instanzverwaltung

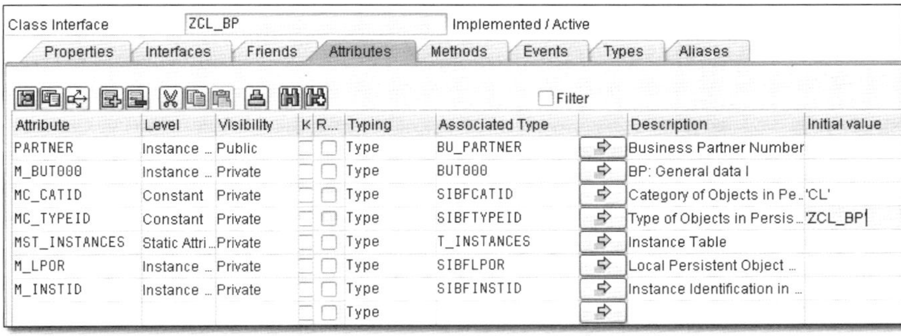

Class Interface ZCL_BP Implemented / Active

Properties | Interfaces | Friends | Attributes | Methods | Events | Types | Aliases

Filter

Attribute	Level	Visibility	K	R...	Typing	Associated Type		Description	Initial value
PARTNER	Instance ...	Public			Type	BU_PARTNER		Business Partner Number	
M_BUT000	Instance ...	Private			Type	BUT000		BP: General data I	
MC_CATID	Constant	Private			Type	SIBFCATID		Category of Objects in Pe...	'CL'
MC_TYPEID	Constant	Private			Type	SIBFTYPEID		Type of Objects in Persis...	'ZCL_BP'
MST_INSTANCES	Static Attri...	Private			Type	T_INSTANCES		Instance Table	
M_LPOR	Instance ...	Private			Type	SIBFLPOR		Local Persistent Object ...	
M_INSTID	Instance ...	Private			Type	SIBFINSTID		Instance Identification in ...	
					Type				

Abbildung 25.1 Attribute der Geschäftspartnerklasse

Fügen Sie die Attribute hinzu, wie in Abbildung 25.1 dargestellt.

Neben den Standardmethoden, die, wie in Kapitel 16, »ABAP-Klassen«, beschrieben, zur Aktivierung des Workflows und für die Instanzverwaltung verwendet werden, fügen Sie noch zwei weitere funktionale Methoden hinzu (siehe Abbildung 25.2):

- GET_FULL_NAME
  mit dem Rückgabeparameter RE_NAME vom Typ BU_NAME1TX
- GET_TYPE_DESCRIPTION
  mit dem Rückgabeparameter RE_TEXT vom Typ STRING

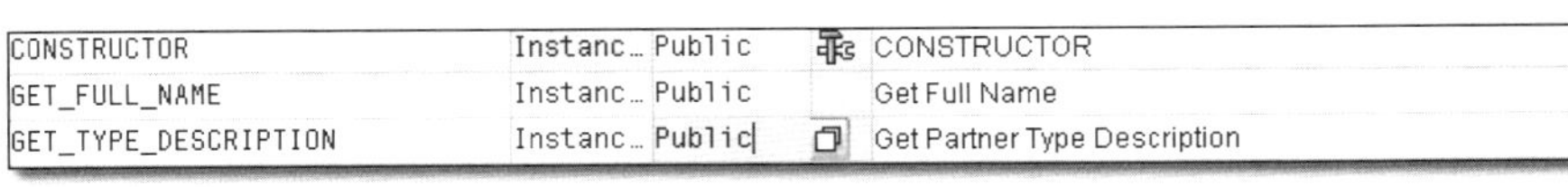

CONSTRUCTOR	Instanc...	Public		CONSTRUCTOR
GET_FULL_NAME	Instanc...	Public		Get Full Name
GET_TYPE_DESCRIPTION	Instanc...	Public		Get Partner Type Description

Abbildung 25.2 Zusätzliche Methoden für die Geschäftspartnerklasse

Den Basiscode für die verschiedenen Klassenmethoden sehen Sie in Listing 25.2.

```
method BI_PERSISTENT~FIND_BY_LPOR.
* Return instance using LPOR
  data: ls_instance type t_instance,
        lv_pnum     type bu_partner.
  call function 'CONVERSION_EXIT_ALPHA_INPUT'
    exporting
      input  = lpor-instid
```

```
    importing
      output = lv_pnum.
* Check if an instance already exists
  read table mst_instances
       with key partner = lv_pnum
       into ls_instance.
* If not found, create new instance
  if sy-subrc <> 0.
    ls_instance-partner = lv_pnum.
    try.
        create object ls_instance-instance
          exporting
            im_partner = lv_pnum.
        append ls_instance to mst_instances.
      catch cx_bo_error.
        exit.  " Exit without returning anything
    endtry.
  endif.
  result = ls_instance-instance.
endmethod.
*---------------------------------------------------------------*
method BI_PERSISTENT~LPOR.
  result = m_lpor.
endmethod.
*---------------------------------------------------------------*
method CONSTRUCTOR.
* Instantiate object
  data: lv_instance type t_instance.
  partner = im_partner.
  read_data( ).
  if m_but000-partner is initial.
    raise exception type cx_bo_instance_not_found.
  endif.
  me->m_lpor-catid  = mc_catid.
  me->m_lpor-typeid = mc_typeid.
  me->m_lpor-instid = im_partner.
endmethod.
*---------------------------------------------------------------*
method GET_INSTANCE.
* Return instance of object
  data: ls_lpor    type sibflpor,
        lv_partner type bp_partner.
  call function 'CONVERSION_EXIT_ALPHA_INPUT'
    exporting
      input  = im_key
    importing
      output = lv_partner.
```

```
  ls_lpor-catid  = mc_catid.
  ls_lpor-typeid = mc_typeid.
  ls_lpor-instid = lv_partner.
  re_instance ?= zcl_bp=>bi_persistent~find_by_lpor( ls_lpor ).
endmethod.
*---------------------------------------------------------------*
method GET_FULL_NAME.
* Return full name irrespective of partner type
  case m_but000-type.
    when 1.   " Person
      concatenate m_but000-name_first m_but000-name_last
          into re_name separated by space.
    when 2.   " Organization
      re_name = m_but000-name_org1.
    when 2.   " Group
      re_name = m_but000-name_grp1.
  endcase.
endmethod.
*---------------------------------------------------------------*
method GET_TYPE_DESCRIPTION.
* Return description of partner type
  case m_but000-type.
    when 1.
      re_text = 'Person'.
    when 2.
      re_text = 'Organization'.
    when 2.
      re_text = 'Group'.
  endcase.
endmethod.
*---------------------------------------------------------------*
method READ_DATA.
* Private method to read instance attribute data
* Following could be redesigned using BAPI calls
  select single * from but000 into m_but000
      where partner = partner.
endmethod.
```

Listing 25.2 Code für die Geschäftspartnerklasse

BSP-Anwendung ZBP_LIMIT

In Transaktion SE80 legen Sie eine BSP-Anwendung `ZBP_LIMIT` an, um ein webbasiertes Eingabeformular für das Kreditlimit zu erstellen (siehe Abbildung 25.3).

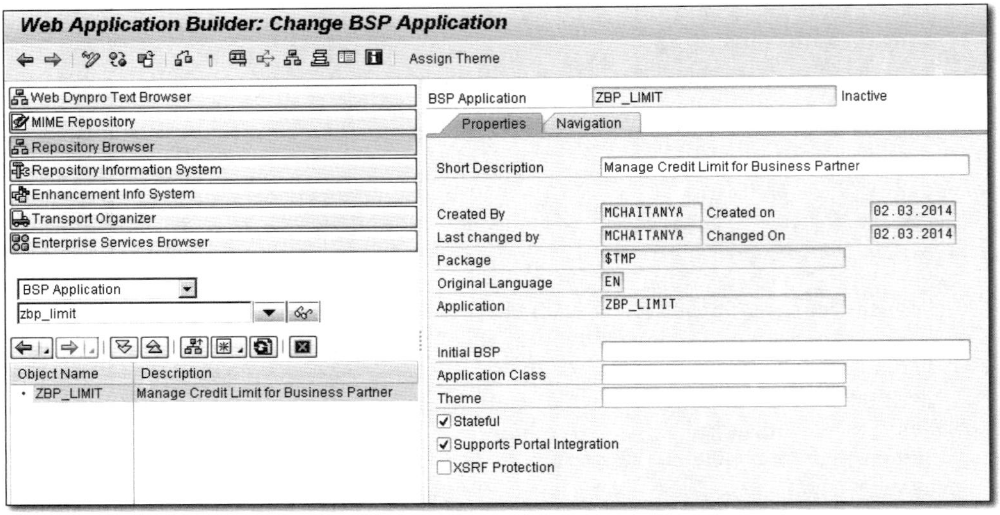

Abbildung 25.3 BSP-Anwendung für das Partnerkreditlimit

Legen Sie zwei Seiten an: *input.htm* für die Haupteingabeverarbeitung und *submitted.htm*, die eine Bestätigung für den Benutzer enthält, dass das Limit zur Genehmigung eingereicht wurde. Für die Eingabeseite benötigen Sie die folgenden Seitenattribute (siehe Abbildung 25.4):

- LIMIT
  das vom Benutzer einzugebende Kreditlimit
- PARTNER
  die Geschäftspartner-Objektinstanz
- PNUM
  Die Geschäftspartnernummer – diese wird benötigt, weil die Objektinstanzen nicht als Parameter übergeben werden können.
- SAPWFCBURL
  Die Rückruf-URL, die vom Launch-Handler beim Start eines BSP-Workitems generiert wird. Indem Sie diese URL als Importparameter definieren, können Sie sie weiternutzen, wie in den Abschnitten 25.2, »BSP starten und Daten übermitteln«, und 25.3, »Workflow-Aufgaben in BSP-Anwendungen abschließen«, beschrieben.
- WI_ID
  Die Workitem-ID. Normalerweise nutzen Sie entweder die Rückruf-URL oder die Workitem-ID, um das zugehörige Workitem zu identifizieren.

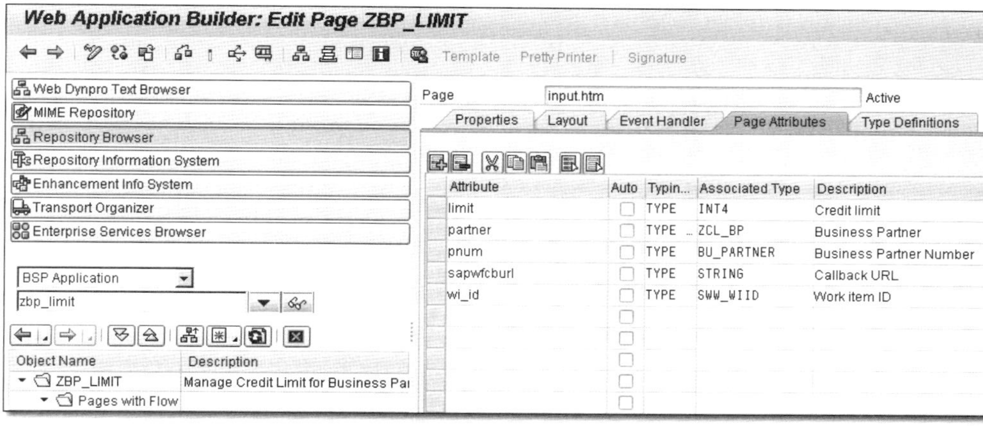

Abbildung 25.4 Seitenattribute für »input.htm«

Da Objektinstanzen nicht als Parameter übergeben werden können, müssen Sie die Partnernummer als Parameter übergeben und im Event-Handler `OnInitialization` instanziieren. Hier rufen Sie auch die Workitem-ID aus der Rückruf-URL ab. Der in Listing 25.3 gezeigte Code umfasst beides.

```
* event handler for data retrieval
* Get work item ID from callback URL.
  try.
      call method cl_swf_ifs_ws_export=>get_callback_ctx_params
        exporting
          callback_url = sapwfcburl
        importing
          wi_id        = wi_id.
    catch cx_swf_ws_exception.
  endtry.
* Get partner object
  partner = zcl_bp=>get_instance( pnum ).
```

Listing 25.3 OnInitialization-Modul für die Seite »input.htm«

Eine typische BSP-Anwendung nutzt HTMLB-Extensions (`<htmlb>`); der Einfachheit halber erstellen wir die Seite jedoch mit einfachem HTML. Die Seite besteht aus einer kurzen Anzeige der Partnerinformationen, einem Eingabefeld zur Eingabe des Kreditlimits sowie Buttons, um das Formular mithilfe verschiedener Alternativen an den Workflow zurückzusenden, die wir später in Abschnitt 25.3, »Workflow-Aufgaben in BSP-Anwendungen abschließen«, erläutern. Listing 25.4 zeigt eine Beispiel-BSP, die die Benutzereingabe zum Geschäftspartner zur Verfügung stellt und es dem Benutzer ermöglicht, das Formular zu senden.

```
<%@page language="abap" %>
<html>
  <head>
    <title>Enter credit limit for business partner</title>
  </head>
  <body>
    <h3>A new business partner has been created and
        requires your input</h3>
    <table>
      <tr> <td>Type:</td>
           <td><%=partner->get_type_description( )%></td>
      </tr>
      <tr> <td>Name:</td>
           <td><%=partner->get_full_name( )%></td>
      </tr>
    </table>
    <br>
    Please enter the credit limit (if any) to be extended to
    this partner. <br>
    This will be sent to finance for approval. <br>
    <form method="post">
      <input type  = "TEXT"
             name  = "limit"
             value = "100" />
      <input type  = "SUBMIT"
             name  = "OnInputProcessing(submit_event)"
             value = "Submit via WAPI" />
      <input type  = "SUBMIT"
             name  = "OnInputProcessing(submit_http)"
             value = "Submit via HTTP" />
      <input type    = "SUBMIT"
             value   = "Cancel"
             onclick = "javascript:window.close()" />
    </form>
  </body>
</html>
```

Listing 25.4 Quelltext von »input.htm«

25.1.2 WebFlow-Service-Handler einrichten

Bevor Sie Webservices im Workflow verwenden können, müssen Sie den WebFlow-Service-Handler für das SAP-System konfigurieren. Starten Sie dazu Transaktion WF_HANDCUSTWF_HANDCUST, und wechseln Sie in den Änderungsmodus. Im nun angezeigten Dialogfenster werden Sie gefragt, ob der Handler-Eintrag automatisch generiert werden soll. Da die automatische Generierung die einfachste Option ist, klicken Sie auf den Button AUTOMATICALLY, um die entsprechenden Einträge zu generieren. Wiederholen Sie diesen Vorgang auf den Registerkarten LAUNCH HANDLER, CALLBACK HANDLER und CALLBACK DIALOG. Wenn Sie auf den Button GENERATE URL klicken, wird eine Test-URL generiert, die Sie über den Button TEST URL prüfen können (siehe Abbildung 25.5).

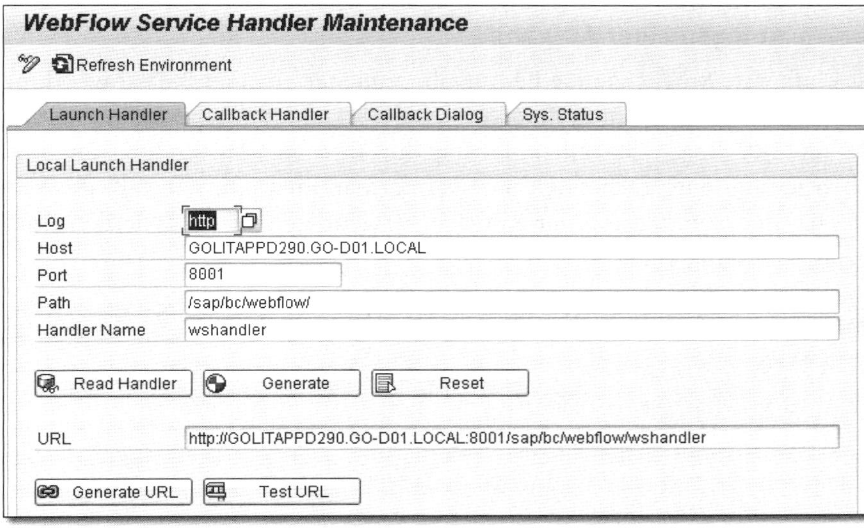

Abbildung 25.5 Pflege des WebFlow-Service-Handlers

Wenn der Vorgang erfolgreich verlaufen ist, sollte in einem Browserfenster eine Meldung angezeigt werden, die mit Abbildung 25.6 vergleichbar ist. Wiederholen Sie diesen Vorgang für die anderen Services auf den Registerkarten LAUNCH HANDLER, CALLBACK HANDLER und CALLBACK DIALOG, und speichern Sie anschließend Ihre Einstellungen.

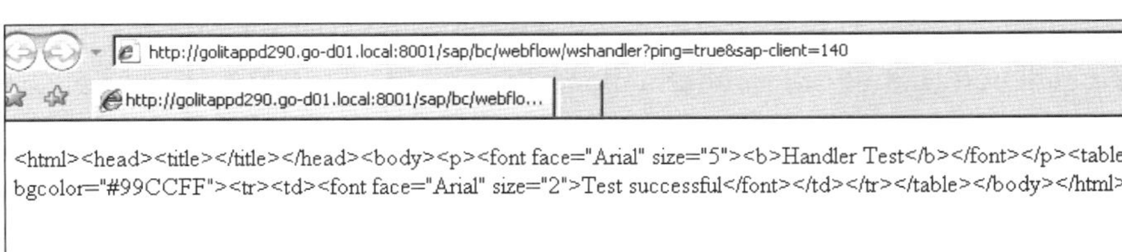

Abbildung 25.6 Erfolgreicher WebFlow-Service-Handler-Test

Bisher haben wir erfolgreich eine BSP-Anwendung auf Basis einer ABAP-Klasse angelegt und den WebFlow-Service-Handler so konfiguriert, dass er die Kommunikation zwischen der BSP und SAP Business Workflow verwaltet.

25.2 BSP starten und Daten übermitteln

In diesem Abschnitt führen wir Sie durch die Schritte, die erforderlich sind, um die BSP zu starten und Daten zum und vom Workflow zu übermitteln.

25.2.1 Definition des Workflow-Services und Anlegen einer Aufgabe

Die einfachste Möglichkeit, eine Aufgabe zum Starten einer BSP-Anwendung anzulegen, bietet der im System verfügbare Wizard. Starten Sie Transaktion WF_EXTSRV, legen Sie einen Eintrag für Ihre BSP-Anwendung an, und geben Sie die entsprechenden Serviceinformationen ein, wie z. B. die SERVICE ID, den zum Starten der Aufgabe verwendeten HOST sowie den PORT (siehe Abbildung 25.7).

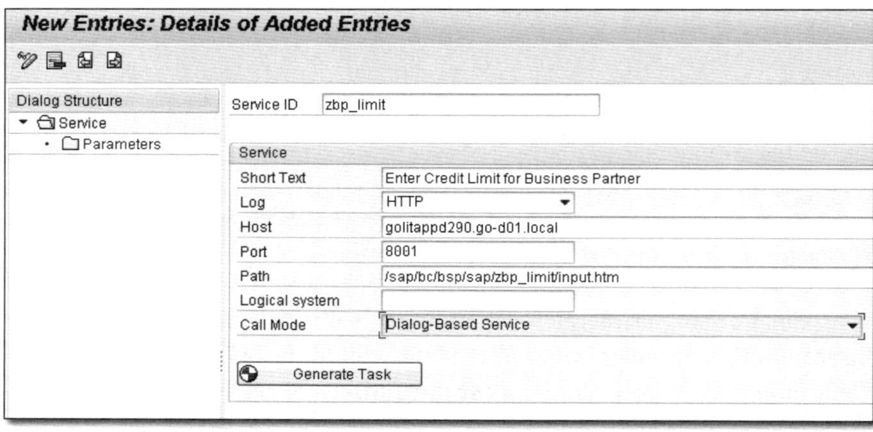

Abbildung 25.7 Anlegen eines neuen WebFlow-Services für den Workflow

Beachten Sie, dass wir hier für die Service-ID und für die BSP-Anwendung den gleichen Namen verwendet haben; dies ist jedoch nicht notwendig. Die Service-ID ist eine eindeutige Kennung für einen vom Workflow verwendeten Service. Es sind z. B. verschiedene Service-ID-Einträge für unterschiedliche Seiten oder Controller einer einzigen BSP-Anwendung möglich.

Als Nächstes können Sie in der Ansicht PARAMETERS die Import- und Exportparameter für die BSP-Anwendung definieren (vergleichbar mit Datenflüssen in einem Workflow-Kontext). In unserem Beispiel definieren wir Import- und Exportparameter für die Partnernummer und das Limit (siehe Abbildung 25.8).

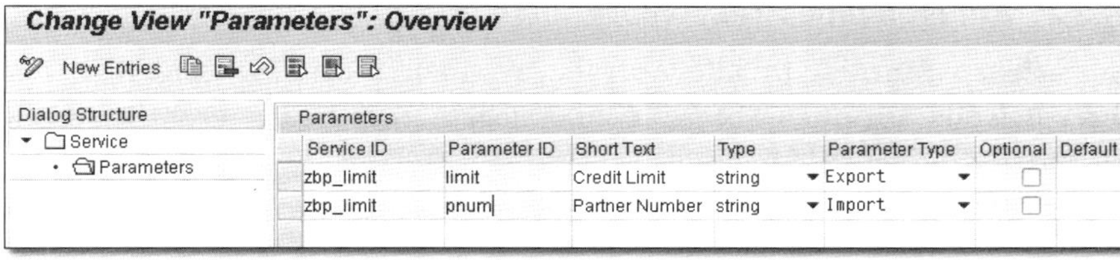

Abbildung 25.8 WebFlow-Service-Parameter für den Austausch mit dem Workflow

Hinweis

Hier müssen Sie die Begriffe *Import* und *Export* aus der Perspektive des WebFlow-Services betrachten.

Nachdem Sie die Einträge für die Parameter in Transaktion WF_EXTSRV gespeichert haben, kehren Sie zu den Servicedetails zurück und klicken auf den Button GENERATE TASK, um den Wizard zu starten. Dieser ist weitestgehend selbsterklärend. Notieren Sie sich zum Schluss die erzeugte Aufgabennummer (siehe Abbildung 25.9).

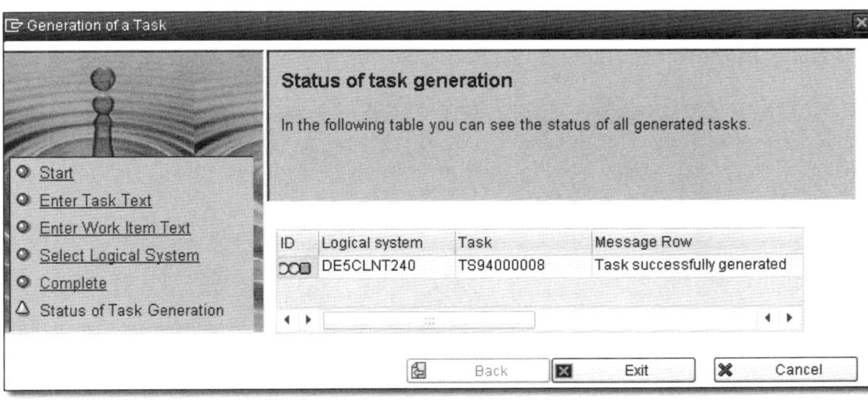

Abbildung 25.9 Erzeugen einer WebFlow-Service-Aufgabe

Diese Aufgabe verfügt über die entsprechenden Import- und Exportparameter, die zu den zuvor definierten Parametern passen.

Hinweis

Im Basis-Release 6.20 wird die Tabelle, die die Aufgabe und den WebFlow-Service miteinander verbindet, nicht transportiert, und es gibt keine Möglichkeit, sie in einem anderen System zu pflegen, als die Tabelle SWLWPTSSID direkt mithilfe von Transaktion SE16 zu bearbeiten. Im Zusammenhang mit der Personalbeschaffung wird dieses Thema im SAP-Hinweis 746709 behandelt.

25.2.2 Anlegen eines Test-Workflows

Im nächsten Schritt wird die Aufgabe in einen Workflow eingefügt. Für unser Beispiel beginnen Sie mit dem Anlegen eines neuen Workflows mit folgenden Containerelementen:

- **Partner:** Typ ABAP-Klasse `ZCL_BP`
- **Limit:** Typ `int4`

Danach fügen Sie einen Schritt auf Basis der zuvor erzeugten Aufgabe ein, ordnen lediglich die Partnernummer (nicht das Partnerobjekt) dem Schritt zu und ordnen das Limit wiederum dem Workflow zu, wie in Abbildung 25.10 dargestellt. Einem WebFlow-Service-Parameter können nur einfache Datenelemente zugeordnet werden.

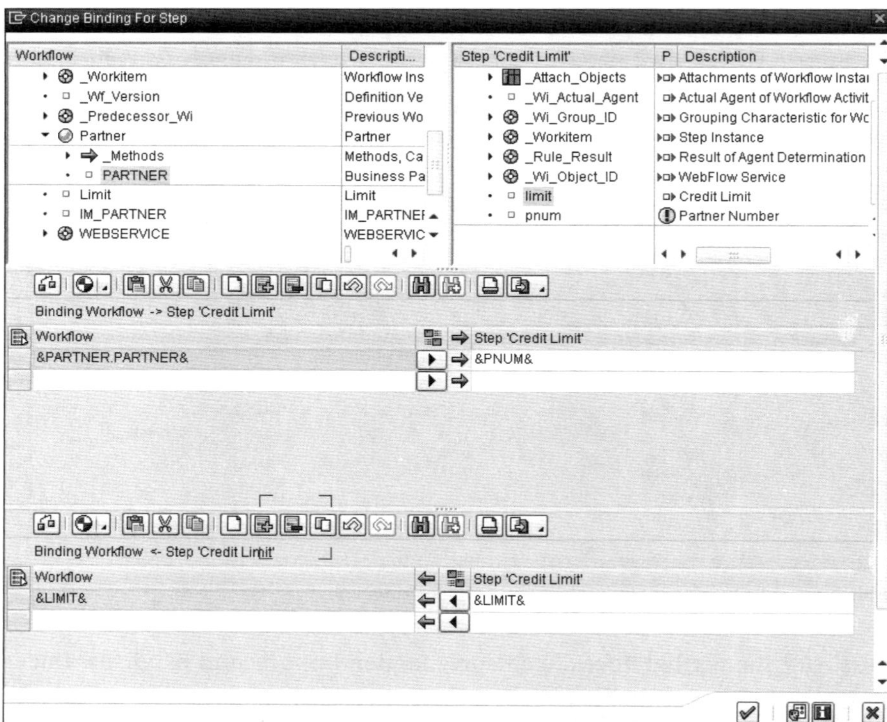

Abbildung 25.10 Datenfluss für den WebFlow-Service-Schritt

Zu Testzwecken können Sie dem Geschäftspartner einen Initialwert zuordnen (legen Sie diesen gegebenenfalls über Transaktion BP an) oder ihn als Importparameter beim Testen manuell eingeben. Sie sollten außerdem die

Bearbeiterzuordnung der Aufgabe auf GENERAL TASK setzen und den Workflow-Initiator als Bearbeiter im Workflow zuordnen. Fügen Sie einen zweiten Entscheidungsschritt hinzu, der das Limit als Parameter im Workitem-Text anzeigt (siehe Abbildung 25.11); für unsere Testzwecke können wir uns so die Ergebnisse des BSP-Schritts anschauen.

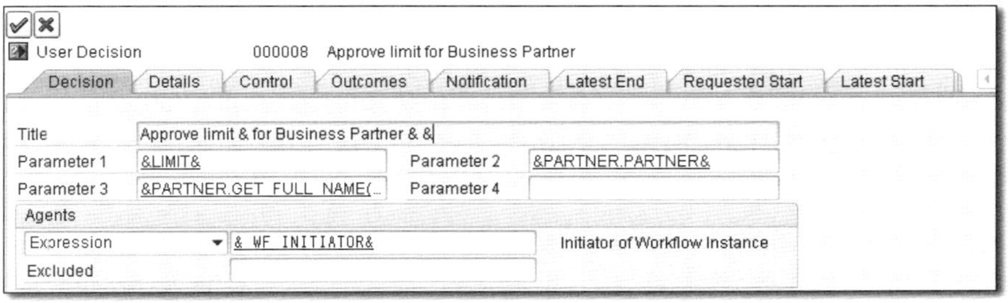

Abbildung 25.11 Entscheidungsschritt zur Genehmigung des Kreditlimits

Sie haben nun einen Test-Workflow angelegt, mit dem Sie eine BSP-Anwendung starten können. Abhängig vom Szenario gibt es verschiedene Möglichkeiten, um eine WebFlow-Service-Aufgabe innerhalb eines Workflows zu starten:

- aus dem SAP Business Workplace (Transaktion SBWP)
- aus einer anderen Webanwendung
- aus der Universal Worklist (UWL)

Im Folgenden werden wir diese Optionen im Detail betrachten.

25.2.3 Starten einer BSP-Anwendung in SAP Business Workplace

Wenn ein WebFlow-Service-Workitem in SAP Business Workplace ausgeführt wird, startet Transaktion SBWP einen Browser auf dem System des Benutzers. Allerdings wird die BSP nicht direkt aufgerufen, sondern indirekt durch Aufruf des Services `WSHANDLER` des WebFlow-Service-Handlers. Dieser Service führt zwei Aufgaben aus:

- Er erzeugt einen zusätzlichen Parameter `sapwfcburl` (die Rückruf-URL), bei dem es sich um einen Link handelt, um den Service `WSHANDLER` zum Abschluss des Workitems ein zweites Mal aufzurufen. Dies wird in Abschnitt 25.3, »Workflow-Aufgaben in BSP-Anwendungen abschließen«, detailliert erläutert.

- Der Service WSHANDLER startet dann gemäß Definition in Transaktion WF_EXTSRV die eigentliche mit der Aufgabe verbundene Webanwendung.

25.2.4 Starten einer BSP-Anwendung in einer anderen Webanwendung

Wenn Sie ein BSP-Workitem z. B. aus einer anderen BSP-Anwendung heraus starten möchten, können Sie zu diesem Zweck den Funktionsbaustein SAP_WAPI_LAUNCH_URL_GET nutzen. Das Ergebnis entspricht demjenigen beim Start über Transaktion SBWP. Es wird eine URL zurückgegeben, die die Ziel-BSP über den Service WSHANDLER startet.

Verwenden Sie die Testfunktion im Workflow Builder oder in Transaktion SWUS, um Ihren Workflow mit einer Geschäftspartnerinstanz zu prüfen. Sie sollten in Ihrer Inbox ein Workitem erhalten, und wenn Sie dieses ausführen, sollte Ihre BSP gestartet werden.

25.2.5 Starten einer BSP-Anwendung in der Universal Worklist

Das BSP-Workitem wird direkt in der UWL angezeigt. Allerdings ist hier zusätzlicher Arbeitsaufwand erforderlich, damit es korrekt funktioniert.

Registrieren der BSP-Aufgabe

Beim Versuch, das Workitem auszuführen, stellen Sie möglicherweise fest, dass das System ein weiteres Browserfenster öffnet und nochmals nach Ihrem Benutzernamen und Kennwort fragt. Das liegt daran, dass die UWL den Link des Workitems zu einem Enterprise Service nicht erkennt und versucht, das Workitem über die ABAP-Schicht als normales Business-Objekt und die entsprechende Methode auszuführen. Dies wiederum führt zum Start einer völlig neuen Browsersitzung. Dies können Sie auch in der Workitem-Vorschau sehen, die wie eine reguläre SAP-GUI-basierte Aufgabe aussieht.

Um dieses Verhalten zu ändern, muss das Workitem in der UWL mit dem entsprechenden WebFlow-Service registriert werden, der ausgeführt werden muss. Dies kann direkt durch das Anlegen einer XML-Konfigurationsdatei für die UWL erfolgen (Kapitel 23, »Verwendung von Web Dynpro ABAP«, erläutert ein Beispiel in einem Web-Dynpro-Kontext); eine einfachere Möglichkeit ist allerdings die Konfiguration der Aufgabenvisualisierung über Transaktion SWFVISU.

Legen Sie einen neuen Eintrag an, der die Aufgabenkennung mit einem Visualisierungstyp BSP STANDARD bestimmt. Außerdem müssen Sie die Visualisierungsparameter festlegen. Zu den Parametern, die mindestens erforderlich sind, gehören `Application` (legt fest, welche BSP-Anwendung verwendet wird) und `Page_ID` (bestimmt die zu startende Seite). Geben Sie die Werte für Ihre Anwendung ein, wie in Abbildung 25.12 gezeigt.

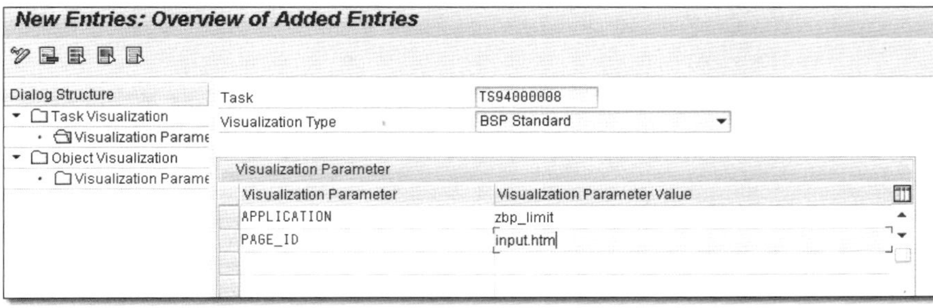

Abbildung 25.12 Aufgabenvisualisierungsparameter in Transaktion SWFVISU für die UWL

Im nächsten Schritt müssen Sie die Visualisierung für Ihre Aufgabe auf der UWL-Administrationsseite registrieren, indem Sie in Ihrem System auf den Button RE-REGISTER klicken und den Cache leeren. Wenn Sie nun die Workitem-Vorschau betrachten, sollten Sie sehen, dass der Button OPEN TASK sich nun in LAUNCH BSP geändert hat.

Import von Parametern

Wenn der Service `WSHANDLER` nicht für den Start der BSP-Aufgabe verwendet wird, werden die Parameter nicht automatisch an die BSP-Anwendung geliefert. Daher ist der BSP-Entwickler dafür verantwortlich, die erforderlichen Informationen aus dem Workflow-Container zu importieren. Bei diesem Beispielszenario erläutern wir beide Methoden. Aktualisieren Sie den Code entsprechend, wie in Listing 25.5 gezeigt.

```
* event handler for data retrieval
data: lt_cont type standard table of swr_cont.
field-symbols: <cont> type swr_cont.
* Get work item ID from callback URL if supplied
if wi_id is initial.
  try.
      call method cl_swf_ifs_ws_export=>get_callback_ctx_params
        exporting
          callback_url = sapwfcburl
        importing
```

```
          wi_id         = wi_id.
    catch cx_swf_ws_exception.
  endtry.
endif.
* If partner not supplied, read it from the work item container
if pnum is initial.
  call function 'SAP_WAPI_READ_CONTAINER'
    exporting
      Workitem_id                    = wi_id
      tables
        simple_container               = lt_cont.
  read table lt_cont assigning <cont>
    with key element = 'PNUM'.
  if sy-subrc = 0.
    pnum = <cont>-value.
  endif.
endif.
* Get partner object
partner = zcl_bp=>get_instance( pnum ).
```

Listing 25.5 Einlesen des Workitem-Containers aus der BSP

25.3 Workflow-Aufgaben in BSP-Anwendungen abschließen

Im nächsten Schritt müssen Sie den Prozess implementieren, um die Ausführung einer Aufgabe zu beenden. Im Gegensatz zu einer normalen SAP-GUI-basierten Aufgabe, die eine Objektmethode ausführt, basieren alle Webservice-Aufgaben auf einer der Methoden des Objekts WEBSERVICE (in unserem Beispiel PROCESSDIALOG) oder des Objekts EXTSRV in älteren Systemen. Mit anderen Worten, die Methode hat nichts mit der eigentlichen Geschäftsaktivität zu tun, die als Teil dieses Workflow-Schritts durchgeführt werden soll; stattdessen agiert sie als Platzhalter zum Starten der zugehörigen Geschäftsanwendung.

Da die BSP-Anwendung völlig eigenständig ist und nicht durch die Workflow-Laufzeit gesteuert wird, obliegt es der Verantwortung des BSP-Entwicklers, den Abschluss des Workitems zu implementieren, über das die Anwendung gestartet wurde. Dazu gibt es zwei Möglichkeiten: Verwenden Sie die vom WSHANDLER-Service bereitgestellte Rückruf-URL, oder schließen Sie das Workitem direkt mithilfe der API-Funktionen SAP_WAPI ab. Dies ist in Abbildung 25.13 dargestellt.

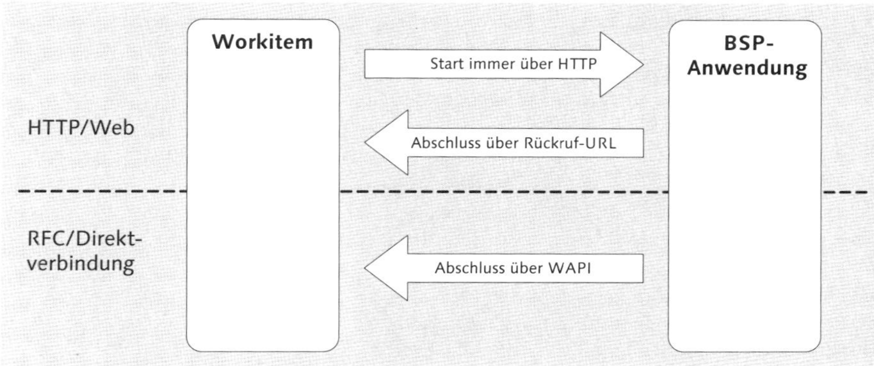

Abbildung 25.13 Ausführung von BSP und Workitem koordinieren

Die Frage, welche der Möglichkeiten verwendet werden soll, hängt von der Umgebung ab, in der sie durchgeführt wird, weil es für beide Vor- und Nachteile gibt. Der wichtigste Faktor ist vermutlich der Umfang, in dem die UWL genutzt wird, da dies den Einsatz des Services `WSHANDLER` und damit einer Rückruf-URL einschränkt.

Da die Verwendung der UWL stark zugenommen hat, ist das Abschließen des Workflows unter Verwendung von Workflow-API (WAPI) inzwischen der bevorzugte Ansatz. In diesem Kapitel gehen wir nicht näher auf den Aufruf von WAPI-Funktionen ein, da dies bereits in Kapitel 23, »Verwendung von Web Dynpro ABAP«, und Kapitel 24, »Verwendung von Web Dynpro Java«, näher erläutert wurde. Weitere Informationen und Hilfe zu dieser Funktion finden Sie in den genannten Kapiteln.

Hinweis

In diesem Kapitel haben wir erläutert, dass eine Vielzahl unterschiedlicher Methoden verfügbar ist, um ein BSP-Workflow-Szenario zu implementieren. Es gibt keine »ideale« Herangehensweise für solch ein Projekt, da Ihre Entscheidungen durch verschiedene wichtige Faktoren beeinflusst werden. Dazu zählen z. B. die Systemarchitektur oder die Entwicklungskenntnisse innerhalb Ihrer Organisation. Der Trend geht jedoch dahin, UWL als zentrale Stelle für den Empfang und die Ausführung aller Workitems zu verwenden. Dies sollten Sie vor der Entwicklung der Lösung beachten.

Weitere Bücher des Autors

The Complete Guide to SAP NetWeaver Portal (SAP PRESS 2012)

Mithilfe von Formularen können Sie in SAP Business Workflow eine einfache Benutzeroberfläche erstellen. In diesem Kapitel lernen Sie die in SAP Business Workflow verfügbaren Formularoptionen kennen.

26 Verwendung von Formularen

Von Manish Chaitanya

Mit elektronischen Formularen können gelegentliche Benutzer ideal in einen Workflow-Prozess integriert werden. Im Grunde genommen handelt es sich dabei um elektronische Entsprechungen von Papierformularen, die bestehende Daten anzeigen, über einfache Dateneingabefelder verfügen und dabei ganz ohne verwirrende Bedienungs- oder Navigationselemente auskommen.

26.1 SAP Interactive Forms by Adobe

SAP Interactive Forms by Adobe sind interaktive Formulare, die in partnerschaftlicher Zusammenarbeit zwischen SAP und Adobe bereitgestellt werden. SAP und Adobe sind diese Zusammenarbeit eingegangen, um die formularbasierte Kommunikation zu automatisieren und zu optimieren. Dabei wurde das Ziel verfolgt, Kunden zu unterstützen, die wiederverwendbare Formulare für ihre Geschäftsprozesse anlegen. SAP Interactive Forms werden über Web Dynpro in den Workflow integriert. Sowohl Web Dynpro ABAP als auch Web Dynpro Java unterstützen SAP Interactive Forms.

Tipp

Detaillierte Informationen zu SAP Interactive Forms finden Sie im Buch *SAP Interactive Forms by Adobe* (2. Auflage, SAP PRESS 2011).

Wenn Sie SAP Interactive Forms online und Web Dynpro verwenden, wirkt sich dies nicht auf die Integration in den Workflow aus. Das Formular wird über Web Dynpro verwaltet, der Aufruf des Workflow-Containers erfolgt über das SAP_WAPI* ebenfalls aus Web Dynpro. Um SAP Interactive Forms in Ihrem Workflow zu verwenden, erweitern Sie Ihren Web-Dynpro-View um Formulare. Diese stehen anschließend ohne zusätzliche Konfigurationsschritte für den Workflow zur Verfügung. Sie werden in diesem Kapitel lediglich erwähnt, da Sie verstehen müssen, dass SAP Interactive Forms nicht in SAP Business Workflow, sondern in Web Dynpro integriert sind.

26.2 SAP-Business-Workflow-Formulare

Im Folgenden sind die gängigsten Formulartypen aufgeführt, die von der SAP Business Workflow Engine unterstützt werden:

- einfache Formulare (Schritt FORMS)
- PC-Dokumentformulare (Schritt DOCUMENT FROM TEMPLATE)
- E-Mail
- Business Server Pages (BSP)
- Web-Dynpro-Formulare, einschließlich SAP Interactive Forms

Formulare sind einfach zu erstellen und ebenso einfach zu verwenden. Zunächst sollten Sie jedoch prüfen, ob der Einsatz elektronischer Formulare wirklich erforderlich bzw. sinnvoll ist. Es besteht die Gefahr, dass ein Formular im Laufe der Zeit zu einer komplexen Transaktion wird, da sich die Anforderungen der Geschäftsinteressenten ändern und ihnen bewusst wird, welche Möglichkeiten der Workflow eröffnet. Sie sollten versuchen, dies nach Möglichkeit auszuschließen, da die Entwicklung und Pflege von Formularen, die sich mit der Zeit zu richtigen Transaktionen entwickeln, sehr aufwendig und schwierig ist.

Beim Prozessentwurf sollten Sie Folgendes im Auge behalten: Wenn Formulare eingesetzt werden können, sind gleichzeitig an anderen Schritten in einem Prozess wahrscheinlich Power User beteiligt, die über Standardtransaktionen (einschließlich deren Navigations- und Datenverifizierungsfunktionalität) auf die Daten zugreifen. Verwenden Sie daher in Ihrem Prozess nach Möglichkeit Business-Objekte und ABAP-Klassen, anstatt die Daten in flachen Containerstrukturen zu sammeln. Üblicherweise ist ein Datentransfer zwischen Business-Objekten und flacher Containerstruktur erforderlich, der über den Datenfluss zwischen Schritten und Workflow oder über eigene Geschäftsmethoden realisiert werden kann. Ein typisches Beispiel für diese Art von Hybridprozess aus Formularen und Transaktionen liegt vor, wenn die Daten zunächst in Formularen gesammelt, mithilfe eines BAPIs (Business Application Programming Interface) in die Datenbank geschrieben und anschließend in den Folgeschritten als Business-Objekt verarbeitet werden.

26.2.1 Anlegen einfacher Formulare

Die einfachste Methode zur Erzeugung von Formularen stellt der Schritttyp FORMS dar. Bei diesen Formularen handelt es sich um generierte Web Dynpros. Der Vorteil dieser Formulare liegt in der Einfachheit ihrer Erstellung sowie dem Grad ihrer Integration in die SAP Business Workflow Engine.

Als Voraussetzung für die Verwendung von Formularen gilt, dass der Workflow-Container ein Containerelement enthält, das eine Struktur referenziert. Ein Struktur- und ein Containerelement für einen einzelnen Datentyp sind nicht ausreichend, weil ein auf einer Struktur basierendes Containerelement benötigt wird, um die Daten in das Formular zu übergeben und die geänderten Daten beim Speichern des Formulars zu akzeptieren. Bei der Formularerzeugung wird ein Dynpro generiert, das alle Felder und ihre Beschreibungen enthält. Um den Generierungsprozess zu vereinfachen, werden Informationen zu Datentypen und Feldbeschreibungen direkt aus dem ABAP-Data-Dictionary abgerufen.

Bei der Ausführung des Workitems werden dem Bearbeiter drei Registerkarten angezeigt (siehe Abbildung 26.1):

- FORM FIELDS
  zeigt das generierte Dynpro an.
- PROPERTIES
  zeigt eine Zusammenfassung der Workitem-Daten, z. B. Termininformationen und den aktuellen Status, an.
- WORKFLOW TOOLBOX
  zeigt die Workflow Toolbox. Hier werden Aufgabenbeschreibung und Anlagen angezeigt, und es können Ad-hoc-Aktivitäten ausgeführt werden, z. B. die Weiterleitung des Workitems.

Der Einsatz des Schritttyps FORMS ist eine sehr leistungsstarke Technik, da aufgrund der Formularanzeige auf der primären Registerkarte die Einfachheit gewahrt bleibt. Durch einen Wechsel auf die anderen Registerkarten haben Sie leichten Zugriff auf alle weiteren Workflow-Features, z. B. auf das Workflow-Protokoll oder die Anlagenbearbeitung.

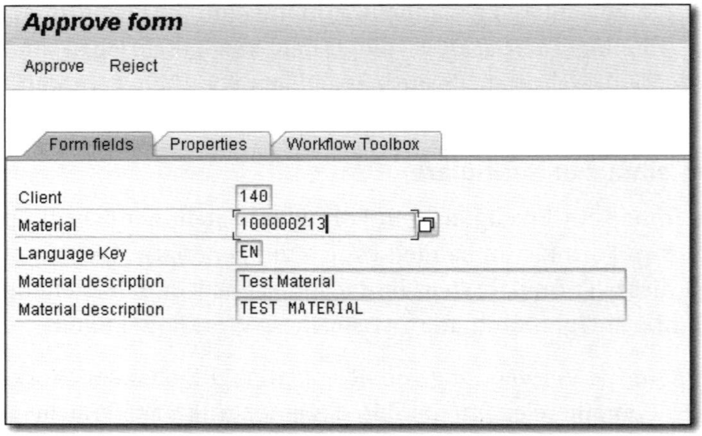

Abbildung 26.1 Formular mit Registerkarten

Im Rahmen der Step Definition (Schrittdefinition,) können Sie entscheiden, welche Art der Formularbearbeitung Sie einsetzen möchten. Ihre Auswahl wirkt sich auf die im generierten Formular angezeigten Buttons (z. B. Approved/Rejected) sowie die möglichen Ausgänge für den Schritt aus. Mögliche Kombinationen sind in Tabelle 26.1 dargestellt.

Formulartyp	Verfügbare Buttons (Menüs)
Display	Exit
Edit	Save and Exit
Approve	Approve, Reject, Exit
Approve with Query	Approve, Query, Reject, Exit

Tabelle 26.1 Einfache Formulartypen und zugehörige Buttons

Wenn Sie ein Formular über einen Wizard zur Formularerstellung anlegen (siehe Abbildung 26.2), wird im Hintergrund eine entsprechende kundenspezifische Funktionsgruppe erzeugt (d. h. eine Funktionsgruppe mit einem Namen wie `ZWSnnnnnnnn`, wobei `nnnnnnnn` die Nummer des Workflow-Musters ist). Diese Funktionsgruppe können Sie beliebig bearbeiten, sodass Sie die vollständige Kontrolle über den angezeigten Bildschirm haben. Sie können eine eigene Ablauflogik für das Formular hinzufügen, um festzulegen, welche Felder nur angezeigt werden und in welchen Feldern eine Dateneingabe möglich ist. Ein Formular Edit kann z. B. Felder enthalten, die nicht bearbeitet werden können, ein Formular Approval kann sehr wohl auch Felder beinhalten, die eine Dateneingabe zulassen (z. B. ein Feld zur Begründung einer Anfrageablehnung).

Es ist sogar möglich, zusätzliche verborgene Felder zur Steuerung der Formularanzeige einzusetzen. Sie können z. B. ein Feld der Struktur zur Angabe der Benutzerrolle und ein weiteres Feld für den Typ des angezeigten Eintrags reservieren. Auf diese Weise können Sie anhand von Benutzerrolle und Eintragstyp festlegen, welche Formularfelder angezeigt bzw. bearbeitet werden können.

Sie haben die volle Kontrolle über die Anzeigelogik. Sie können sogar die ABAP-Data-Dictionary-Definition der Feldbeziehungen dazu nutzen, die Fehlerbehandlung für das Formular und die Eingabehilfe automatisch zu steuern. Formulare können darüber hinaus auch zum Starten eines Workflows eingesetzt werden. Dazu wechseln Sie zu den Basic Data der Workflow-Definition (Version-Independent) und generieren das Formular über die Registerkarte Start Forms. Von hier aus können Sie die zugehörige Transaktion generieren und sie einer Favoritenliste hinzufügen, um den Workflow-Teilnehmern die Erledigung ihrer Aufgaben zu erleichtern.

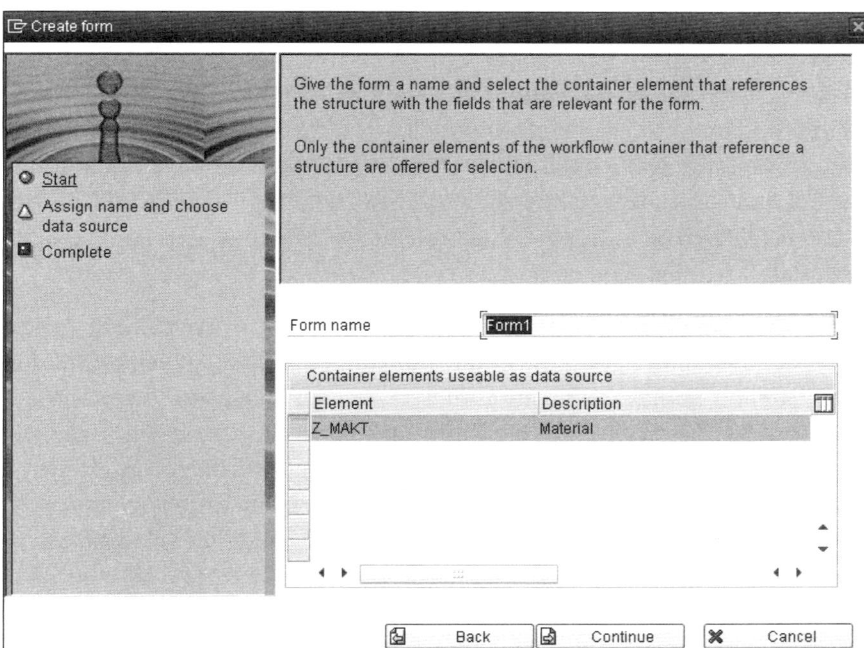

Abbildung 26.2 Wizard für die Formularerstellung

Hinweis

Hier noch ein technischer Hinweis: Sie sind vielleicht überrascht, dass in der Workflow-Definition kein Datenfluss zwischen Formular und Workflow definiert wird. Die Daten werden direkt vom Workflow-Container an das Formular übergeben. Bei Auswahl der Option SAVE werden die Daten anschließend direkt in den Workflow-Container geschrieben. Da Anzeigeformulare (DISPLAY FORMS) keinen Button SAVE besitzen, ist über sie keine Änderung der Inhalte des Workflow-Containers möglich.

26.2.2 Dokumentvorlagen

Eine weitere einfache und doch leistungsfähige Möglichkeit, den Benutzern Informationen anzuzeigen, ist die Verwendung eines auf einer *Dokumentvorlage* basierenden Formulars. Diese Option eignet sich, um mithilfe der relevanten PC-Anwendungen über den Workflow komplexe Dokumente anzulegen. Die Voraussetzung dazu ist, dass die Anwendung, für die ein Dokument angelegt werden soll, auf Ihrem PC installiert ist.

Hinweis

Streng genommen, handelt es sich nicht um Formulare, doch können PC-Dokumente in vielen Situationen äußerst effektiv eingesetzt werden.

Der Einsatz von PC-Dokumenten für Formulare ist sehr effektiv, da sie leicht zu lesen sind und Vorlagen einfach erstellt und verwaltet werden können. Der Benutzer benötigt zur Erstellung der Dokumentvorlage kein technisches Wissen und kann so (falls er aktiv am Workflow beteiligt ist) selbst Formulare gestalten. Die Dokumente werden zentral im SAP Knowledge Provider gespeichert, damit sie allen Personen mit Systemzugriff zur Verfügung stehen.

Da der SAP Knowledge Provider verwendet wird, können verschiedene Formularversionen bereitgestellt werden. Sie können z. B. dasselbe Formular in verschiedenen Sprachen anbieten oder in Abhängigkeit von der Rolle des Workflow-Bearbeiters unterschiedliche Sichten derselben Daten erzeugen. Das zur Abbildung des PC-Dokuments verwendete Business-Objekt lautet `WF_DOC`; es ist jedoch aufgrund der direkten Integration in den Schritttyp PC DOCUMENT nicht erforderlich, dieses Objekt als Aktivität aufzurufen.

Wenn das Workitem im SAP GUI für Windows (z. B. über den SAP Business Workplace) ausgeführt wird, wird die entsprechende PC-Anwendung mit der Vorlage für das Workitem geöffnet. Der Benutzer kann die Verarbeitung abbrechen, um das Workitem in der Inbox zu lassen, oder das Formular speichern, um den Workflow mit dem nächsten Schritt fortzusetzen:

1. Zur Erstellung eines Formulars legen Sie über den Bereich Document Templates im Workflow Builder eine neue Vorlage an. Daraufhin wird Ihnen eine Liste der im System konfigurierten Dokumenttypen angezeigt. Adobe-Designer- und Microsoft-Office-Werkzeuge werden unterstützt.
2. Wählen Sie den geeigneten Dokumenttyp, und geben Sie den benötigten Inhalt ein, z. B. Grafiken oder andere Informationen, die dem Benutzer die Verarbeitung der Daten erleichtern. Fügen Sie die Variablen aus dem Workflow ein, indem Sie auf die hinzuzufügenden Containerelemente doppelklicken.
3. Nach dem Entwurf der Vorlage können Sie nun einen Schritt des Typs Document from Template erstellen und dabei die zuvor angelegte Vorlage angeben.
4. PC-Dokumente eignen sich nicht für Massenbriefe oder den Massendruck, obwohl Massen-E-Mails unterstützt werden. Um das Dokument per E-Mail zu versenden, müssen Sie es zunächst in ein SAPoffice-Dokument konvertieren, indem Sie die Hintergrundmethode `WF_DOC_CREATE_SOFM` aufrufen, über die in den SAPoffice-Tabellen ein PC-Dokument angelegt wird. Das erstellte SAPoffice-Dokument kann mithilfe der auf dem Objekttyp `SOFM` basierenden Methoden weiterverarbeitet werden, z. B. mit der Methode `SEND`.
5. Bei einer Ausführung des Workitems durch die Bearbeiter wird das erstellte Formular angezeigt. Die Variablen werden dabei durch die Daten im Workflow ersetzt.

Der primäre Einsatz von PC-Dokumenten ist die einfache Anzeige von Daten, die während eines Workflow-Prozesses gesammelt wurden. Es können jedoch auch komplexe Dokumente erstellt werden, z. B. Verträge, Präsentationen, Marketingunterlagen oder Tabellenblätter. Durch den unterstützenden Einsatz eines Workflows bei der Dokumenterstellung wird gewährleistet, dass der Prozess einem vordefinierten Pfad folgt und dass alle Anlagen und Kommentare im Prozessverlauf erhalten bleiben sowie für alle Prozessbeteiligten sichtbar sind. In den Dokumentschritt können sämtliche standardmäßigen Workflow-Funktionen eingebunden werden, z. B. die Terminüberwachung und Benachrichtigung.

Weitere Bücher des Autors

The Complete Guide to SAP NetWeaver Portal (SAP PRESS 2012)

Dieses Kapitel ist eine Einführung in SAPUI5, eine UI-Technologie, die sich deutlich von vielen anderen Technologien in diesem Teil des Buches unterscheidet. Wir erstellen eine einfache Workflow-Anwendung und achten dabei besonders auf einige Merkmale von SAPUI5, die bei der Erstellung der Anwendung verwendet werden.

27 Verwendung von SAPUI5

Von DJ Adams

SAPUI5 ist ein für die Entwicklung von *Outside-in*-Anwendungen konzipiertes Toolkit. Es umfasst eine große Bandbreite von Werkzeugen in Form von Bibliotheken, UI-Steuerelementen (Controls) (UI = User Interface), Mechanismen für Datenmanagement, Modulmanagement, Internationalisierung und mehr. Die Laufzeitumgebung für diese Outside-in-Anwendungen ist der Webbrowser – oder genauer –, sind moderne Webbrowser, die eine Reihe von Standards und Technologien unterstützen (hauptsächlich HTML, Cascading Style Sheets (CSS) und JavaScript), allgemein bekannt als HTML5. Das SAPUI5-Toolkit enthält alles, was Sie zur Einrichtung moderner, interaktiver, responsiver und plattformunabhängiger webbasierter Anwendungen benötigen, wie in der folgenden Liste beschrieben:

- **Modern**
  Die UIs von SAPUI5-Anwendungen sind modern gestaltet und sind mit anderen marktüblichen Anwendungen vergleichbar; ihre Benutzerfreundlichkeit entspricht dem, was wir inzwischen von Anwendungen erwarten, die außerhalb des Unternehmensbereichs eingesetzt werden.
- **Interaktiv**
  Der Webbrowser ist die am weitesten verbreitete und leistungsstärkste virtuelle Maschine (VM) für moderne Anwendungen. Diese Leistung ermöglicht bisher unerreichte allgemeine und generische Flexibilität, und in Kombination mit der Outside-in-Methode für die Anwendungsentwicklung sind Interaktionen mit kleinen Details nicht nur möglich, sondern werden zur Norm.

- **Responsive (reagierend)**
  Dieses Thema könnte ein eigenes Buch füllen, aber es soll hier auf die Aussage reduziert werden, dass eine heute oft von Kunden und Unternehmen geäußerte Anforderung ist, unabhängig vom Gerät mit einer Anwendung interagieren zu können. Es gibt Bibliotheken in SAPUI5, die speziell dafür konzipiert sind, dass eine Version einer Anwendung geschrieben wird und dann problemlos auf Desktops, Tablets und Smartphones ausgeführt werden kann.
- **Plattformunabhängig**
  Da die meisten Webbrowser (und, was noch wichtiger ist, Layout- und Wiedergabe-Engines wie WebKit) nicht an ein bestimmtes Betriebssystem gebunden sind, sind für das Web geschriebene Anwendungen per Definition plattformunabhängig.

In diesem Kapitel sehen wir uns SAPUI5 zunächst im Vergleich mit den anderen UI-Technologien an, die in diesem Teil des Buches vorgestellt werden, um die Funktion, Einzigartigkeit und Verwendung von SAPUI5 zu verstehen. Dann erläutern wir Ihnen die Schritte zur Erstellung einer komplett funktionsfähigen einfachen Workflow-Anwendung: Die Anwendung ruft Aufgaben aus dem SAP-System ab und stellt sie in einer Liste dar. So wird die Anzeige präziser Daten ermöglicht, und der Benutzer kann sie annehmen oder ablehnen. Zum Abschluss beschreibt Abschnitt 1.5, »Welche Ziele können mit SAP Business Workflow erreicht werden?«, zusätzliche Funktionen und gibt weiterführende Informationen.

Hinweis

Weitere Informationen zu SAPUI5 finden Sie im Buch *Einführung in SAPUI5* von Miroslav Antolovic (SAP PRESS 2014).

27.1 UI-Anwendungen

In diesem Abschnitt stellen wir SAPUI5 zunächst anderen UI-Anwendungen gegenüber. Als *Inside-out-Ansatz* bezeichnet man eine Methode, die beim Erstellen von Anwendungen mit einem benutzerorientierten Aspekt angewandt wird. Grundsätzlich wird die UI im System erstellt und dem Kunden dann zur Verfügung gestellt. Mit serverseitigen Technologien werden die für den Benutzer sichtbaren Komponenten definiert, und das Ergebnis dieser Definition wird dem Benutzer dann in hauptsächlich statischer Form angeboten. Außerhalb des Servers gibt es nur minimale Geschäfts- und Steuerlogik.

Es gibt jedoch noch ein weiteres Muster, den *Outside-in-Ansatz*. Hier sehen Sie die ausgeprägteste Version einer Client-Server-Anwendungsprogrammierung. Die Anwendungslogik, vor allem die Logik, die den Übergang zwischen verschiedenen Aspekten der Anwendungsfunktionalität ermöglicht (sowie die Logik für die Benutzerinteraktion, Datenaufbereitung, dynamische Präsentation von UI-Elementen und mehr) wird außerhalb des Serverkontextes und direkt für den Client eingerichtet, auf dem sie unabhängig vom Server ausgeführt wird. Die Interaktion mit einem Server (z. B. ABAP-Stack) erfolgt über spezielle HTTP-Aufrufe zum Abrufen und Ändern von Geschäftsdaten und zum Ausführen der Backend-Geschäftslogik. Eine Outside-in-Client-Anwendung ist zwar nicht komplett unabhängig vom Server, aber sie kann als eigenständige Einheit angesehen werden. Wenn die Sie die clientseitigen Datendienste zunächst als Attrappe aufsetzen, können Sie vollständig die Anwendug unabhängig vom Server entwickeln und testen.

27.2 In SAPUI5

Nach dieser kurzen Einführung in SAPUI5 schauen wir uns nun die wichtigsten Komponenten an. Dabei konzentrieren wir uns vor allem auf die Komponenten, die wir benötigen, um eine einfache Workflow-Anwendung aufzubauen. Wir behandeln verschiedene Bibliotheken und wählen eine aus, mit deren Hilfe wir eine Anwendung mit anpassungsfähigem Design erhalten. Außerdem betrachten wir die Interaktion mit dem Server und untersuchen Funktionen von SAPUI5, die nicht-triviales Anwendungsdesign wie das MVC-Konzept (MVC = Model View Controller) und die teilebezogene Codeorganisation unterstützen.

27.2.1 Die Bibliotheken

Die Bibliotheken sind Sammlungen von Funktionen, hauptsächlich UI-Controls, die Sie zur Einrichtung der Benutzeroberfläche Ihrer Anwendung verwenden können. Es gibt sehr viel mehr Bibliotheken, als in diesem Kapitel behandelt werden können, aber wir beschreiben einige der wichtigsten.

Die vielleicht wichtigste Bibliothek für die Erstellung moderner Anwendungen mit mehreren Plattformen ist `sap.m`, die eine große Zahl sichtbarer UI-Elemente enthält. Wie Teil `m` des Bibliotheksnamens andeutet, wurde sie zunächst für Mobilgeräte konzipiert und ist daher von Grund auf responsive.

Ein anschauliches Beispiel für `sap.m`-Controls ist die `sap.m`-Anwendung »Explored« im SAPUI5 SDK, die selbst mit `sap.m`-Controls geschrieben wurde. Eine oder zwei Kaffeepausen zum Kennenlernen dieser Anwendung und ihrer Funktionen sind sehr gut investierte Zeit. Beachten Sie, dass der Quellcode für alle `sap.m`-Beispiele verfügbar ist, die in der Anwendung »Explored« vorgestellt werden. Klicken Sie einfach auf den entsprechenden Button, um sich den Quellcode anzeigen zu lassen.

27.2.2 Model View Controller

Das MVC-Konzept gibt es schon sehr lange. Damit kann ein Entwickler oder ein Team von Entwicklern die verschiedenen Anforderungen einer Anwendung (Darstellung sichtbarer Elemente, Umgang mit Logik und Integration in die Datenquellen) abtrennen, damit jede Anforderung unabhängig erstellt und gepflegt wird.

Im Kern unterstützt SAPUI5 das MVC-Konzept und vereinfacht die Erstellung von Anwendungen mit lose gekoppelten Modellen, Ansichten und Controls. Es ist nicht starr angelegt und schreibt kein bestimmtes Muster vor. Es dient vielmehr dazu, die Erstellung von MVC-Anwendungen für die Entwicklung zu optimieren.

Einige Aspekte der MVC-Unterstützung sind für uns von besonderem Interesse: die Modellunterstützung für verschiedene Datenquellen und die vielen Möglichkeiten für die Definition von Sichten.

Modellunterstützung

Die MVC-Implementierung von SAP unterstützt verschiedene Datenquellentypen: beliebige XML-Formate, JavaScript Object Notation (JSON) und OData. Die Unterstützung kann entweder in eine Richtung bindend (vom Modell zur Ansicht) oder in zwei Richtungen bindend (vom Modell zur Ansicht und umgekehrt) sein. Die Unterstützung des OData-Modells ist wegen unserer einfachen Workflow-Anwendung für uns von besonderem Interesse, weil sie uns ermöglicht, wieder auf den Server zuzugreifen und Lese-/Schreibzugriff auf das Workflow-System von SAP zu erhalten. In unserem Fall ist der Server ein ABAP-Stack mit SAP-Gateway-Komponenten, aber es kann auch ein beliebiges anderes SAP-System für OData sein.

Der OData-Modellmechanismus ist ein serverseitiger Mechanismus; der JSON-Modellmechanismus ist hingegen clientseitig. Dies bedeutet aber nicht, dass das JSON-Modell nur mit Daten auf der Clientseite instanziiert werden kann. Durch die Instanziierung eines JSON-Modellobjekts kann eine URL angegeben werden, von der aus JSON-Daten geladen werden können. Der Unterschied besteht darin, wo sich der nominale Stammordner der Daten nach der Instanziierung befindet. Mit JSON werden sämtliche Daten auf der Clientseite geladen (in den Browser). Mit OData werden nur die Daten vom Server abgerufen, die für die aktuellen Bindungen erforderlich sind. Die restlichen Daten bleiben auf dem Server, bis sie benötigt werden. Außerdem können wir mit OData-Funktionen Daten zurück auf den Server schreiben.

Wenn OData-Funktionen über den OData-Modellmechanismus verwendet werden, erfolgen die entsprechenden HTTP-Aufrufe implizit, um die Funktion auszuführen. Wenn wir z. B. eine OData-Funktion `CREATE` in der Anwendung initiieren, wird eine HTTP-Anforderung `POST` erstellt und gesendet.

27.2.3 Komponentenbasierte Best Practices

In jedem Toolkit oder unter Rahmenbedingungen mit der Flexibilität und dem Umfang von SAPUI5 gibt es immer mehrere Möglichkeiten, ein Ziel zu erreichen. Oft ist zu empfehlen, Best Practices anzuwenden, und für die Erstellung von Anwendungen und wiederverwendbaren Anwendungsteilen gibt es eine sehr gut geeignete Best Practice auf Komponentenbasis. Es gibt zwei Arten von Komponenten in SAPUI5: eine Komponente ohne sichtbare Elemente (Faceless Component), die zum Erstellen von Services verwendet werden kann, und eine UI-Komponente, die wir in unserer einfachen Workflow-Anwendung nutzen. Die UI-Komponente in Form der Klasse `sap.ui.core.UIComponent` verwenden wir als »Root« des UIs unserer Anwendung.

27.3 Skizzieren der Anwendung

Wir haben jetzt einige Grundlagen und Vorzüge von SAPUI5 behandelt und wenden uns nun der Anwendungsentwicklung zu. In diesem Abschnitt skizzieren und konstruieren wir ein einfaches UI mit Funktionen von SAPUI5, die wir bereits behandelt haben. Wir greifen mit einem standardmäßigen SAP-Business-Workflow-Service auf Elemente zu, und die Anwendung soll später Elemente in einer Liste anzeigen sowie das Auswählen und Anzeigen weiterer Details ermöglichen. Schließlich kann der Benutzer sich zwischen Annehmen und Ablehnen entscheiden. Wir möchten die Anwendung auf Desktops, Tablets und Smartphones ausführen, also verwenden wir Controls aus der `sap.m`-Bibliothek. Wir möchten auf die Workflow-Funktionen in einem ABAP-Stack-System zugreifen, also verwenden wir das OData-Modell (dies wird im nächsten Abschnitt beschrieben) und nutzen den MVC-Ansatz.

27.3.1 Das Control sap.m.SplitApp

Wir haben uns dafür entschieden, den Kern unserer UI-Elemente von der `sap.m`-Bibliothek bereitstellen zu lassen, und müssen nun festlegen, wie unsere Anwendung insgesamt aussehen soll. Eine Reihe von Design-Mustern wird von einigen der Controls in der `sap.m`-Bibliothek dargestellt. Eines von ihnen ist das Muster »Stammdetails«, das eine Liste von Elementen in einer Stammsicht (Master View) und die Details eines ausgewählten Elements in einer Detailansicht (Detail View) darstellt.

Auf Desktops und Tablets wird die Hauptansicht normalerweise im linken Drittel des Bildschirms angezeigt, und die Detailansicht befindet sich in den rechten beiden Dritteln. Auf Smartphones und anderen kleinen Geräten werden jeweils entweder die Stamm- oder die Detaildaten angezeigt, und mithilfe von Übergängen (Transitions) werden Informationen nach Bedarf ein- oder ausgeblendet.

In der `sap.m`-Bibliothek ist das Control `SplitApp` genau das, was wir brauchen, um dieses Design-Muster zu erhalten.

27.3.2 MVC- und XML-Sichten

Wir verwenden MVC, um die unterschiedlichen Aspekte unserer Anwendung aufzuteilen. Wir definieren unsere Sichten deklarativ mit XML. Vielleicht fragen Sie sich an dieser Stelle, wie genau wir Sichten verwenden, wie viele wir haben und wo sie verwendet werden, besonders weil wir das Control `SplitApp` zur Koordination des restlichen UIs verwenden. `SplitApp` beinhaltet eine Reihe von Aggregationen (`masterPages` und `detailPages`), die darauf hindeuten, dass die Inhalte dieser Aggregationen `sap.m.Page`-Controls sein sollten.

Dies ist jedoch keine Anforderung, und zum Erreichen kompletter MVC ist es möglich und auch üblich, dass diese Aggregationen stattdessen Ansichten mit entsprechenden Controllern enthalten. Abbildung 27.1 zeigt, wie diese Ansichten und andere Controls in einer typischen `SplitApp`-Konstellation zusammenpassen. Beachten Sie, dass wir auch den Komponentenansatz mit einer `UIComponent` verbinden, wie es auch in der Abbildung dargestellt ist.

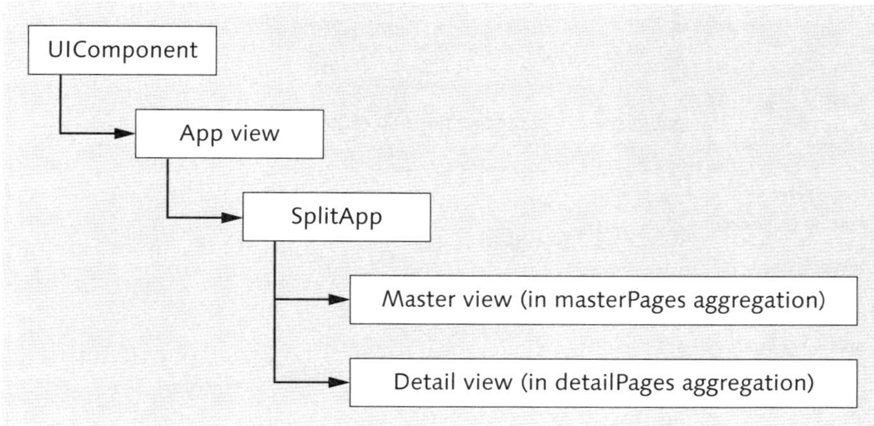

Abbildung 27.1 Beziehung von UIComponent, SplitApp und Sichten

27.3.3 Die Komponente

Wie Sie in der Dokumentation zu SAPUI5 nachlesen können, ist das Komponentenkonzept sehr effektiv und flexibel. Wir werden uns nur oberflächlich mit unserer Anwendung beschäftigen, aber Sie sollten bei der Entwicklung Komponentenobjekte zugrunde legen.

Jetzt haben wir uns die Bausteine für das UI der Anwendung angesehen und können uns damit beschäftigen, wie sie zusammengesetzt werden.

27.3.4 Zielsetzung

Sehen wir uns an, wie das Stammdetailmuster in der Praxis umgesetzt wird. Abbildung 27.2 zeigt, wie unser UI auf einem Tablet wiedergegeben wird. Es würde auf einem Desktop sehr ähnlich aussehen.

Das Stammdetailmuster ist klar an der Art der Aufteilung des UIs in einen Eindrittel- (Stamm) und einen Zweidrittelabschnitt (Detail) zu erkennen. Im Stammmuster links sehen Sie eine einfache Liste von Workflow-Aufgaben, die ausgeführt werden müssen. Im detaillierten Muster rechts finden Sie Daten für die ausgewählte Aufgabe (die erste in der Liste) und zwei Buttons zum Annehmen (Approve) oder Ablehnen (Reject) der Aufgabe.

Bevor wir fortfahren, sehen wir uns in Abbildung 27.3 an, wie dieses UI auf einem Smartphone wiedergegeben wird.

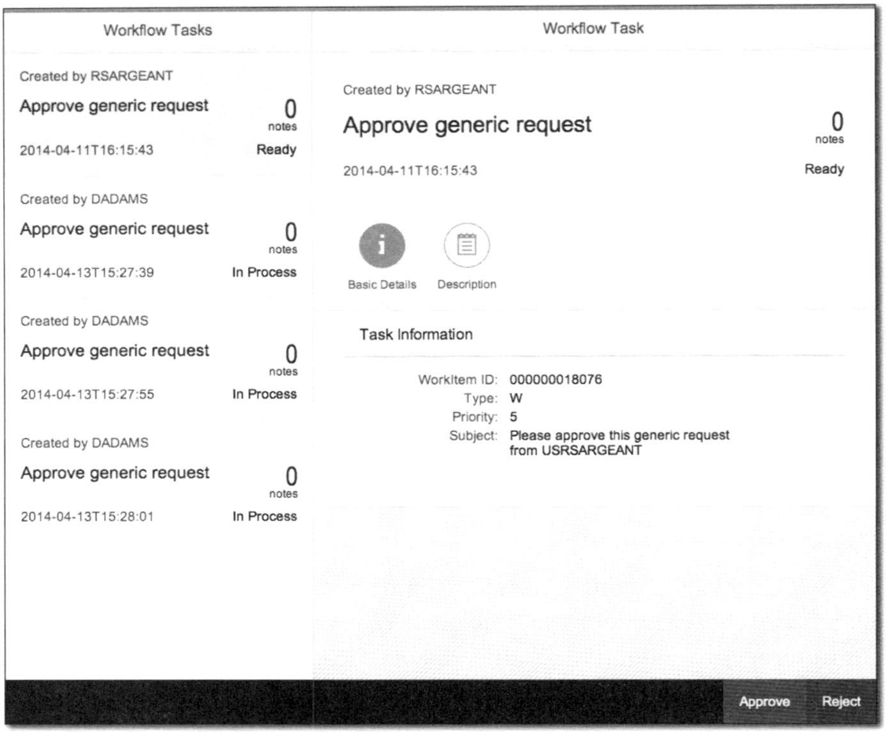

Abbildung 27.2 Unser Anwendungs-UI auf einem Tablet

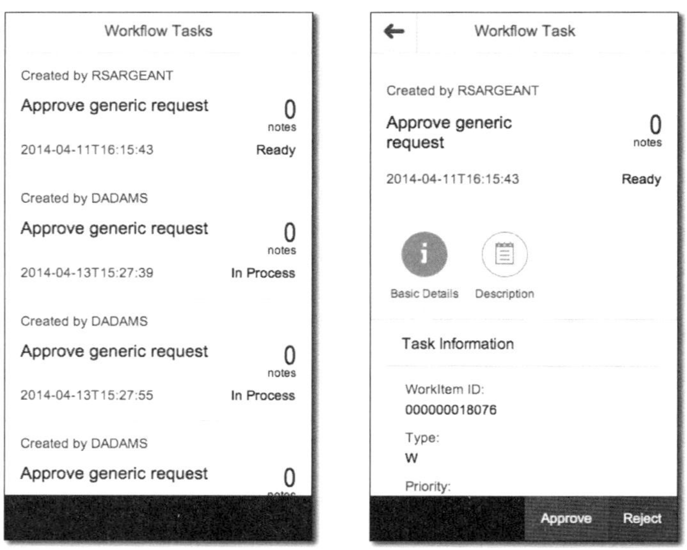

Abbildung 27.3 Unser Anwendungs-UI auf einem Smartphone: Stamm- und Detailsicht

Wie erwähnt, wird jeweils nur die Stammsicht der Detailsicht angezeigt, und die Detailsicht enthält einen Navigationsbutton (Pfeil), mit dem der Benutzer zu der Liste in der Stammsicht zurückkehren kann. Beachten Sie auch, dass die Darstellung der Basisdetails (WORKITEM ID, TYP, PRIORITÄT etc.) automatisch erfolgt, wobei unter den Feldnamen so viele Werte angezeigt werden, wie Platz vorhanden ist.

27.3.5 UI-Entwicklung: Schritt für Schritt

Wenn Sie die UI-Konstruktion jetzt Schritt für Schritt vornehmen, erhalten Sie das Ergebnis, das Sie aus den vorangegangenen Abbildungen kennen.

Anwendungsstruktur

Mit jeder in eine HTML-Seite eingebetteten SAPUI5-Anwendung, einer allgemeinen übergreifenden Komponente, die alle notwendigen Informationen sammelt, und einer `SplitApp` mit Ansichten (und ihren entsprechenden Auftraggebern) sieht die endgültige Anwendungsstruktur aus wie in Abbildung 27.4.

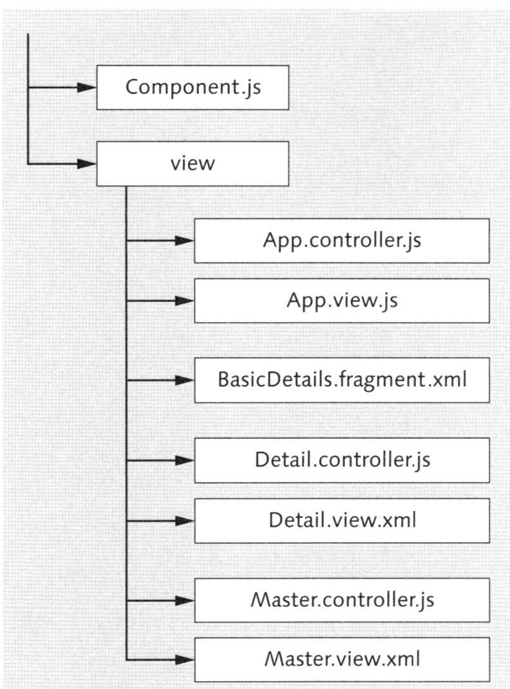

Abbildung 27.4 Anwendungsstruktur

Anwendungsindex

In unserem Fall steht die Datei *index.html* für die Anwendung selbst und wird abgerufen, wenn die Anwendung in einem Einzelkontext angefordert wird, was hier unser Ziel ist. In anderen Szenarien kann Ihre Anwendung im Kontext einer anderen HTML-Seite verfügbar gemacht werden, wie z. B. mit dem SAP Fiori Launchpad. In diesem Fall ist der hier dargestellte Anwendungsindex nicht relevant.

Entsprechend der Best Practice sollten wir den Anwendungsindex minimal halten. In Listing 27.1 ist die *index.html* komplett dargestellt.

```
<!DOCTYPE HTML>
<html>
 <head>
   <meta http-equiv="X-UA-Compatible" content="IE=edge" />
   <meta charset="UTF-8">

   <title>Simple Workflow Demo App</title>

   <script id="sap-ui-bootstrap"
     type="text/javascript"
     src="/sapui5/latest/resources/sap-ui-core.js"
     data-sap-ui-theme="sap_bluecrystal"
     data-sap-ui-libs="sap.m"
     data-sap-ui-xx-bindingSyntax="complex"
     data-sap-ui-resourceroots='{"practicalworkflow": "./"}'>
   </script>
   <script>

     new sap.m.Shell({
       app : new sap.ui.core.ComponentContainer({
         height : "100%",
         name : "practicalworkflow"
       })
     }).placeAt("content");

   </script>
 </head>
 <body class="sapUiBody" id="content" />
</html>
```

Listing 27.1 index.html

Nach den Metatags, die den Zeichensatz deklarieren und den Internet Explorer darauf hinweisen, dass die aktuellste Wiedergabe verwendet werden soll (Für andere Browser ist dies nicht notwendig.), haben wir den SAPUI5-Bootstrap, ein Skript-Tag, das auf den Kern von SAPUI5 verweist. Wir verwenden verschiedene Parameter:

- `data-sap-ui-theme`
  Das Thema `sap_bluecrystal` ist das in Zusammenhang mit den `sap.m`-Controls am häufigsten verwendete, vor allem weil es auch für SAP-Fiori-Anwendungen verwendet wird und den Benutzern deshalb vertraut ist (SAP-Fiori-UX-Kontext).
- `data-sap-ui-libs`
  Normalerweise deklarieren Sie die Bibliotheksladeanforderungen in der Komponente, da Sie aber ein `Shell`-Control aus der Bibliothek `sap.m` in der Datei *index.html* verwenden, soll `sap.m` im Bootstrap festgelegt werden.
- `data-sap-ui-xx-bindingSyntax`
  Damit Sie String-Literale und Platzhalter für Modelleigenschaften (durch geschweifte Klammern eingeschlossen) in Ihren UIO-Steuerungseigenschaften mischen können (z. B. in der Intro-Eigenschaft von `ObjectListItem` in der Stammansicht), müssen Sie deklarieren, dass Sie die »komplexe« bindende Syntax verwenden möchten.
- `data-sap-ui-resourceroots`
  Mit diesem Parameter können Sie einfach Ordner mit Control-Namensräumen abgleichen, in diesem Fall sagen wir, dass sich Controls (hauptsächlich die Komponente und Sichten), deren Namen mit `practicalworkflow` beginnen, im aktuellen Ordner befinden, was durch die Pfadangabe »./« bestimmt wird.

Wenn Sie den SAPUI5-Bootstrap deklariert haben, müssen Sie noch die Komponente in einem `ComponentContainer` instanziieren, in ein `Shell`-Control aus der Bibliothek `sap.m` einbinden (die `Shell` ermöglicht Ihnen die Kontrolle über die sichtbare Breite der Anwendung) und die `Shell` in das HTML-Dokument einfügen.

27.3.6 Komponentendefinition

Es folgt unsere Komponentendefinition. Sie befindet sich in der Datei *Component.js* im gleichen Ordner wie *index.html* (und wird automatisch durch eine Kombination der früheren Deklaration `resourceroots` und des Standardnamens *Component.js* für das geladene Modul gefunden).

Die Definition ist sehr einfach, da dies eine einfache Anwendung ist (siehe Listing 27.2).

```
jQuery.sap.declare("practicalworkflow.Component");
sap.ui.core.UIComponent.extend("practicalworkflow.Component", {
 createContent : function() {
   // create root view
   var oView = sap.ui.view({
     id : "idViewApp",
     viewName : "practicalworkflow.view.App",
     type : "XML"
   });
   // set data model on root view
   var sWfServiceURL = "http://<server>:<port>/sap/opu/odata/IWWRK/
WFSERVICE/";
   var oModel = new sap.ui.model.odata.ODataModel(sWfServiceURL);
   oView.setModel(oModel);
   oModel.attachEventOnce("requestCompleted", function(oEvent) {
     sap.ui.getCore().getEventBus().publish("data", "ready");
   });
   // done
   return oView;
 }
});
```

Listing 27.2 Component.js

Übernehmen Sie die `UIComponent` aus `sap.ui.core`, und deklarieren Sie die einzelne Methode `createContent`, die SAPUI5 aufruft, damit die sichtbaren Controls aktiviert werden, die wiedergegeben werden sollen.

Wir verwenden das MVC-Konzept und instanziieren und erstellen auf diese Weise eine Sicht der höchsten Ebene (»Stammsicht«). Unsere sämtlichen Sichten sind XML-Sichten, und das gilt auch für diese. Der Name `practicalworkflow.view.App` verweist auf die Datei *App.view.xml* im Ordner *view/* in Ihrem Anwendungsverzeichnis.

Wir ignorieren zu diesem Zeitpunkt den Code für die OData-Verbindung, da wir uns zunächst nur auf das UI konzentrieren, aber wir kehren im nächsten Abschnitt dazu zurück.

27.3.7 Views und Controllers

Sehen wir uns jetzt diese in der Komponente instanziierte `App`-Sicht und ihren Controller sowie die anderen Sichten und Controller für unsere Anwendung an.

Sicht und Controller für die Anwendung

Die App-Ansicht, die als Inhalt für die Komponente zurückgegeben wurde, ist in der Datei *view/App.view.xml* deklariert und ist in Listing 27.3 dargestellt.

```
<?xml version="1.0" encoding="UTF-8" ?>
<mvc:View
 controllerName="practicalworkflow.view.App"
 displayBlock="true"
 xmlns:mvc="sap.ui.core.mvc"
 xmlns="sap.m">
 <SplitApp id="idSplitApp">
   <masterPages>
     <mvc:XMLView id="idViewMaster"
       viewName="practicalworkflow.view.Master" />
   </masterPages>
   <detailPages>
     <mvc:XMLView id="idViewDetail"
       viewName="practicalworkflow.view.Detail" />
   </detailPages>
 </SplitApp>
</mvc:View>
```

Listing 27.3 App.view.xml

Sie ist sehr übersichtlich und enthält eigentlich nur ein einziges Control: sap.m.SplitApp. Sehen wir uns aber zunächst kurz an, wie die Sicht selbst deklariert ist. Dies ist für alle nachfolgenden Sichten gleich.

Auf die XML-Deklaration folgt direkt das XML-Control, ein View-Control aus der Bibliothek sap.ui.core.mvc. Beachten Sie, dass wir XML-Namensräume für die Bibliothekspräfixe verwenden. Die Konvention in unserer Beispielanwendung ist, dass der Standardnamensraum (ohne ausdrückliche Präfixdeklaration) für die Bibliothek steht, die wir am häufigsten verwenden werden, also sap.m. Für die Kontrollen aus anderen Bibliotheken (etwa das Control View selbst) deklarieren wir ein Präfix. In diesem Fall gibt es nur eins, mvc, für sap.ui.core.mvc. Da die Namensraumdeklaration erledigt ist, können wir die Kontrollen klar und unkompliziert deklarieren, wie hier für die SplitApp.

Wie Sie bereits gesehen haben, weist die SplitApp eine Reihe von Aggregationen auf (masterPages und detailPages), und wir legen für jede davon einen View fest: die Sicht practicalworkflow.view.Master für die Aggregation masterPages und die Sicht practicalworkflow.view.Detail für die Aggregation detailPages.

Hinweis

Die Namen der XML-Elemente können groß- oder kleingeschrieben sein. Die großgeschriebenen Namen (z. B. SplitApp) stehen für die Controls, während die kleingeschriebenen Namen (z. B. masterPages) für Aggregationen stehen.

Der Controller der Sicht App wird mit dem Attribut controllerName deklariert und verweist auf einen Namen, der mit dem der Sicht übereinstimmt. Aber in diesem Fall bedeutet das Standardsuffix von *.controller.js*, dass dies in die Datei *App.controller.js* im gleichen Ordner (*view/*) wie die Sicht aufgelöst wird. In der Anwendungsstruktur in Abbildung 27.4 sind die Positionen der verschiedenen Elemente angegeben.

Der Controller der App-Sicht ist in Listing 27.4 dargestellt.

```
sap.ui.controller("practicalworkflow.view.App", {
 onInit : function(oEvent) {
   this.oSplitApp = this.getView().byId("idSplitApp");
   // Have child views use this controller for navigation
   var that = this;
   this.oSplitApp.getMasterPages().forEach(function(oPage) {
       oPage.getController().navigation = that;
   });
   this.oSplitApp.getDetailPages().forEach(function(oPage) {
       oPage.getController().navigation = that;
   });
 },
 navTo : function(sPageId, oContext) {
   var sPrefixedPageId = this.getView().byId(sPageId).getId();
   this.oSplitApp.to(sPrefixedPageId);
   if (oContext) {
       this.oSplitApp.getPage(sPrefixedPageId).setBindingContext(oC
ontext);
   }
 },
 navBack : function() {
   this.oSplitApp.backMaster();
 }
});
```

Listing 27.4 App.controller.js

Der Controller der App ist hauptsächlich mit der Navigation beschäftigt. Im onInit-Ereignis des Controllers geben wir die Navigationsfunktionen des Controls SplitApp für die anderen Sichten frei, indem wir die Funktionen dieses Controllers über die Eigenschaft navigation der Stamm- und Detailsichten verfügbar machen. Für eine einfache Anwendung brauchen Sie möglicherweise nichts weiter, und wir haben alles, was wir brauchen.

Zwei Navigationsfunktionen werden zur Navigation zu einer Detailsicht und zurück verwendet.

- `navTo`
  Die Funktion wird vom Controller der Stammansicht aus aufgerufen, sie erhält eine Seiten-ID (`idViewDetail`), funktioniert mit der voll qualifizierten ID (d.h., in XML-Sichten sind Controls automatisch fixiert), sie wird mit `SplitApp` angesteuert, und der Datenbindungskontext wird entsprechend festgelegt.
- `navBack`
  Die Funktion wird vom Controller der Detailsicht aus aufgerufen, und `SplitApp` wird damit angewiesen, zurück zur Stammsicht zu navigieren.

Beachten Sie, dass die Seiten-ID `idViewDetail` von der ID übernommen wird, die an die Sicht vergeben wurde, als sie der Aggregation `detailPages` der `SplitApp` zugewiesen wurde (siehe Listing 27.3).

Stammsicht und Controller

In der Stammsicht definieren wir unsere Liste von Workflow-Aufgaben, wie in Listing 27.5 dargestellt.

```
<?xml version="1.0" encoding="UTF-8" ?>
<mvc:View
 controllerName="practicalworkflow.view.Master"
 displayBlock="true"
 xmlns:mvc="sap.ui.core.mvc"
 xmlns="sap.m">
 <Page title="Workflow Tasks">
   <content>
     <List
       id="idList"
       items="{/WorkflowTaskCollection}"
       mode="SingleSelectMaster"
       select="onListSelect">
       <ObjectListItem
         intro="Created by {created_by}"
         title="{task_name}"
         number="{note_count}"
         numberUnit="notes">
         <attributes>
             <ObjectAttribute text="{created_at}" />
```

```
          </attributes>
          <firstStatus>
            <ObjectStatus text="{status_txt}" />
          </firstStatus>
        </ObjectListItem>
      </List>
    </content>
  <footer>
    <Bar />
  </footer>
  </Page>
</mvc:View>
```

Listing 27.5 Master.view.xml

In dieser Sicht deklarieren wir ein Control `Page` aus der Bibliothek `sap.m`. Eine `Page` ist ein gebräuchlicher UI-Baustein für Anwendungen, besonders im Kontext von `sap.m.SplitApp` und `sap.m.App`. Sie enthält eine Kopfzeile mit einem Titel (wie in Abbildung 27.1 dargestellt, in der der Titel in der Stammsicht WORKFLOW TASKS ist), und in der Standardaggregation `content` ist unsere Taskliste deklariert.

Die Aufgabenliste ist ein `sap.m.List`-Control mit einer Einzelpostenverdichtung, die an den OData-Einheitssatz in `WorkflowTaskCollection` gebunden ist. Für jede Einheit in diesem Einheitssatz zeigen wir ein `ObjectListItem` an (auch aus der Bibliothek `sap.m`), das verschiedene Eigenschaften aus dem Datenmodell benutzerfreundlich und präzise darstellt. Sie erkennen die Eigenschaftsbindungen im Control an den geschweiften Klammern. Im nächsten Abschnitt finden Sie weitere Informationen zu den Datenmodelleigenschaften.

Der Controller der Stammansicht führt einige Navigationsschritte durch, aber er dient auch der Vorauswahl des ersten Elements in der Liste der Aufgaben. Listing 27.6 zeigt den Controller der Stammsicht.

```
sap.ui.controller("practicalworkflow.view.Master", {
 onInit : function(oEvent) {
   sap.ui.getCore().getEventBus().subscribe("data", "ready",
     this.selectFirstItem, this);
 },
 selectFirstItem : function() {
   if (!sap.ui.Device.system.phone) {
     var oList = this.byId("idList");
     var oFirstItem = oList.getItems()[0];
     oList.setSelectedItem(oFirstItem);
     this.navigateToDetail(oFirstItem);
```

```
    }
  },
  onListSelect : function(oEvent) {
    this.navigateToDetail(oEvent.getParameter("listItem"));
  },
  navigateToDetail : function(oItem) {
    this.navigation.navTo("idViewDetail", oItem.getBindingContext())
;
  }
});
```

Listing 27.6 Master.controller.js

Wir behandeln die Funktion `onInit` im nächsten Abschnitt. Es genügt, dass die Funktion `selectFirstItem` zur richtigen Zeit aufgerufen wird, um das erste Element in der Liste vorauszuwählen. Dies geschieht nur, wenn das Gerät kein Smartphone ist. In diesem Fall soll kein Element vorausgewählt werden und keine Navigation der Details des Elements erfolgen, weil der Benutzer zuerst die Detailsicht und nicht die Stammsicht sehen würde.

Im Folgenden werden die Funktionen zusammengefasst:

- `selectFirstItem`
  Das Control `List` ist identifiziert, das erste Einzelpostenobjekt wird abgerufen, und dann wird das `setSelectedItem` des Controls `List` aufgerufen, um diesen ersten Einzelposten hervorzuheben. Schließlich wird das `navigateToDetail` des Controllers aufgerufen, damit die Navigation erfolgen kann.
- `onListSelect`
  Dies ist der Handler für das ausgewählte Element des Controls `List` (siehe `select="onListSelect"` in Abbildung 27.1), der `navigateToDetail` des Controls mit dem Objekt aufruft, das für das ausgewählte Element steht.
- `navigateToDetail`
  Über die Navigationsverbindung mit dem Controller der Sicht `App` startet dies eine `SplitApp`-Navigation zu der Detailsicht, wobei der Bindungskontext des ausgewählten Listeneinzelpostens weitergeleitet wird, sodass er nach der Navigation auf die Detailsicht angewandt werden kann.

Detailsicht und Controller

Wenn eine Aufgabe aus dem Control `sap.m.List` in der Stammsicht ausgewählt wurde, können die Details dazu in der Detailsicht angezeigt werden. Listing 27.7 zeigt die Detailsicht.

```
<?xml version="1.0" encoding="UTF-8" ?>
<mvc:View
 controllerName="practicalworkflow.view.Detail"
 displayBlock="true"
 xmlns:mvc="sap.ui.core.mvc"
 xmlns:core="sap.ui.core"
 xmlns="sap.m">
 <Page
   id="idDetailPage"
   navButtonPress="onNavButtonPress"
   title="Workflow Task">
   <content>
     <ObjectHeader
       intro="Created by {created_by}"
       title="{task_name}"
       number="{note_count}"
       numberUnit="notes">
       <attributes>
         <ObjectAttribute text="{created_at}" />
       </attributes>
       <firstStatus>
         <ObjectStatus text="{status_txt}" />
       </firstStatus>
     </ObjectHeader>
     <IconTabBar id="idIconTabBar">
       <items>
         <IconTabFilter
           text="Basic Details"
           icon="sap-icon://hint">
           <content>
             <core:Fragment fragmentName=
"practicalworkflow.view.BasicDetails" type="XML" />
           </content>
         </IconTabFilter>
         <IconTabFilter
           text="Description"
           icon="sap-icon://notes">
           <content>
             <Panel headerText="Task Description">
               <content>
               <Text text="{description}" />
               </content>
             </Panel>
           </content>
         </IconTabFilter>
       </items>
     </IconTabBar>
```

```
    </content>
    <footer>
      <Bar>
        <contentRight>
          <Button
            text="Approve"
            type="Accept"
            press="onAcceptRejectButtonPress" />
          <Button
            text="Reject"
            type="Reject"
            press="onAcceptRejectButtonPress" />
        </contentRight>
      </Bar>
    </footer>
  </Page>
</mvc:View>
```

Listing 27.7 Detail.view.xml

Dies ist vergleichbar mit der Deklaration der Stammsicht, da mit einem Control sap.m.Page begonnen wird und sich alle anderen Elemente innerhalb der standardmäßigen Inhaltsaggregation der Page befinden.

Das Control Page ähnelt dem in der Stammsicht (Es hat einen Titel und eine Fußzeile mit einer enthaltenen Bar.), aber es gibt verschiedene Ergänzungen:

- Ein Handler (onNavButtonPress) ist für das Ereignis navButtonPress deklariert.
- Die Bar enthält auf der rechten Seite Buttons (in der Aggregation contentRight).

Wie Sie im Control sehen können, wird der Navigationsbutton angezeigt (er ist der nach links zeigende Pfeil im Header der Detailsicht von Page in Abbildung 27.3), aber nur, wenn das Gerät ein Smartphone ist. Auf diese Weise hat der Benutzer die Möglichkeit, von der Detailsicht zur Liste in der Stammsicht zurückzuwechseln. Wenn das Gerät groß genug ist, dass die SplitApp sowohl Stamm- als auch Detailsichten anzeigen kann (wie Sie in Abbildung 27.2 sehen können), ist der Navigationsbutton nicht erforderlich.

Die restliche XML-Sichtdeklaration ist einfach; wir verwenden eine Reihe von sap.m-Controls einschließlich einer IconTabBar, die einige IconTabFilters enthalten, die für die Daten der BASISDETAILS und der AUFGABENBESCHREIBUNG für die ausgewählte Aufgabe stehen. In Abbildung 27.5 sehen Sie ein Beispiel für die Anzeige der Beschreibung.

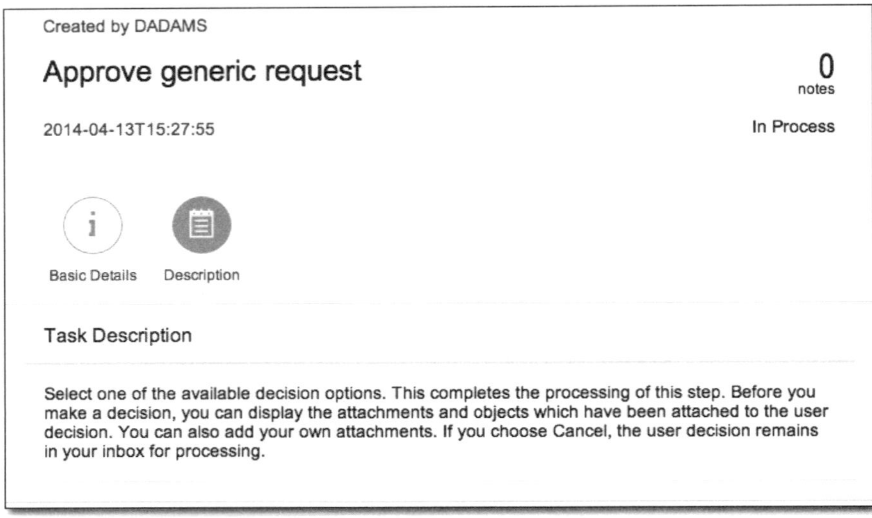

Abbildung 27.5 Anzeige der Aufgabenbeschreibung

Der interessanteste Aspekt der Detailsichtdeklaration ist vielleicht die Verwendung eines XML-Fragments für die Deklaration des Layouts `BasicDetails`. Dies befindet sich in der separaten Datei *BasicDetails.fragment.xml* im Ordner *view/* und ist in Listing 27.8 dargestellt.

```
<?xml version="1.0" encoding="UTF-8" ?>
<core:FragmentDefinition
 xmlns:l="sap.ui.layout"
 xmlns:f="sap.ui.layout.form"
 xmlns:core="sap.ui.core"
 xmlns="sap.m">
 <l:Grid
   defaultSpan="L12 M12 S12"
   width="auto">
   <l:content>
     <f:SimpleForm
       minWidth="1024"
       maxContainerCols="2"
       editable="false"
       layout="ResponsiveGridLayout"
       title="Task Information"
       labelSpanL="3"
       labelSpanM="3"
       emptySpanL="4"
       emptySpanM="4"
       columnsL="1"
       columnsM="1">
```

```
        <f:content>
          <Label text="Workitem ID" />
          <Text text="{Workitem_id}" />
          <Label text="Type" />
          <Text text="{type}" />
          <Label text="Priority" />
          <Text text="{priority}" />
          <Label text="Subject" />
          <Text text="{subject}" />
        </f:content>
      </f:SimpleForm>
    </l:content>
  </l:Grid>
</core:FragmentDefinition>
```

Listing 27.8 BasicDetails.fragment.xml

Das Layout des Bildschirms Basic Details (Workitem ID, Type, Priority und Subject) erfolgt über eine Kombination des responsiven Controls `Grid` aus der Bibliothek `sap.ui.layout` und des Controls `SimpleForm` aus der Bibliothek `sap.ui.layout.form`. Die Deklaration der Eigenschaften `span` und `column` ermöglicht eine angemessene Anpassung der Form entsprechend der verfügbaren Bildschirmgröße.

Buttons

Bevor wir uns mit dem Controller der Detailsicht beschäftigen, sehen wir uns die Buttons in der `Bar` der Fußzeile an. Diese `sap.m.Button`-Controls stehen für die Buttons OK und Cancel in Abbildung 27.5 und später in Abbildung 27.6. Die Farben der Buttons werden indirekt und semantisch über die Typeigenschaft von `Button` deklariert, und der Handler für die durch das Anklicken der Buttons ausgelösten Aktionen ist jeweils gleich. Dieser Handler ist `onAcceptRejectButtonPress` im Controller.

Wir sind fast fertig! Sehen wir uns den Controller der Detailsicht an, der in Listing 27.9 vollständig dargestellt ist.

```
jQuery.sap.require('sap.m.MessageBox');
jQuery.sap.require('sap.m.MessageToast');
sap.ui.controller("practicalworkflow.view.Detail", {
  mDecKeys : {
    "Accept" : "0001",
    "Reject" : "0002",
    "Forward" : "0003"
  },
```

```
  onInit : function() {
    var oPage = this.getView().byId('idDetailPage');
    oPage.setShowNavButton(sap.ui.Device.system.phone);
    var oDescriptionFilter = this.byId("idIconTabBar").getItems()[
1];
    oDescriptionFilter.bindElement('Description');
  },
  onNavButtonPress : function(oEvent) {
    this.navigation.navBack();
  },
  onAcceptRejectButtonPress : function(oEvent) {
    var sActionType = oEvent.getSource().getType();
    sap.m.MessageBox.confirm(
      "Are you sure you wish to take this action?",
      jQuery.proxy(function(sConfirmation) {
        if ("OK" === sConfirmation) {
          this.processAction(sActionType);
        }
      }, this),
      "Please confirm"
    );
  },
  processAction : function(sActionType) {
    var sDecKey = this.mDecKeys[sActionType];
    if (sDecKey) {
      var oView = this.getView();
      var sWorkitemId =
 oView.getBindingContext().getProperty('Workitem_id');
      var oModel = oView.getModel();
      oModel.callFunction(
        "ApplyDecision",
        "POST",
        {
          "Workitem_id" : sWorkitemId,
          "dec_key" : sDecKey
        },
        null,
        function() {
          sap.m.MessageToast.show(sActionType + " action processed
successfully");
        },
        function() {
          sap.m.MessageToast.show("Problem executing " + sActionTyp
e + " action");
        }
```

```
        );
      }
    }
});
```

Listing 27.9 Detail.controller.js

Sehen wir uns vor der Beschreibung der einzelnen Funktionen den oberen Teil der Datei *Detail.controller.js* an. Wir haben einige Anforderungsanweisungen zur Integration der statischen Klassen `sap.m.MessageBox` und `sap.m.MessageToast`, deren Funktionen verwendet werden, wenn wir die durch die Buttons OK und CANCEL ausgelösten Aktionen durchführen.

Wir haben auch eine statische Karte der Entscheidungsschlüssel, die sich in der Controller-Definition befindet. Diese ist hier fest codiert. Wir hätten die möglichen Entscheidungsschlüssel des Servers verwenden können, aber so halten wir die Dinge einfach.

Es folgen die einzelnen Funktionen:

- `onInit`
  In unserer Funktion zur Durchführung der Initialisierung der Sicht legen wir die Sichtbarkeit des Navigationsbuttons abhängig davon fest, ob unser Gerät ein Smartphone ist oder nicht. Wir rufen außerdem ausdrücklich `bindElement` im `IconTabFilter` als Aufgabenbeschreibung auf, was im nächsten Abschnitt beschrieben wird.
- `onNavButtonPress`
  Wenn ein Navigationsbutton enthalten ist und angeklickt wird, wird dieser Handler aufgerufen. Er verwendet die Navigationsmechanismen von `SplitApp` (über die Eigenschaft `navigation`), um zur Stammsicht zurückzukehren.
- `onAcceptRejectButtonPress`
  Wenn dieser Handler aufgerufen wird, sehen wir uns die Quelle des Ereignisses an (über die Standardfunktion `getSource` über das Objekt `event`, das an den Handler weitergeleitet wird), um zu bestimmen, was gedrückt wurde. Wir verwenden hier einen sehr einfachen Mechanismus, indem wir uns die semantische Typdefinition ansehen, die entweder `Accept` oder `Reject` ist. Dann fordern wir den Benutzer zur Bestätigung auf, indem wir ein Bestätigungsmeldungsfeld anzeigen (siehe Abbildung 27.6). Wenn OK (und nicht CANCEL) gedrückt wird, rufen wir die Funktion `processAction` auf, um den Aufgabenentscheidungsprozess durchzuführen.

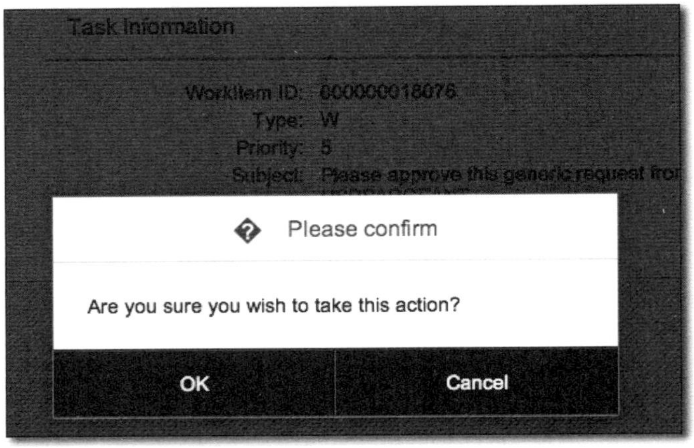

Abbildung 27.6 Das verwendete Bestätigungsmeldungsfeld

- `processAction`
  Hier wird die Entscheidung getroffen, und die Aufgabe wird wie angegeben angenommen oder abgelehnt. Da dies eine Verbindung mit dem Server ist, finden Sie die Beschreibung im nächsten Abschnitt.

27.4 Frontend und Backend

Jetzt ist das UI der Anwendung definiert, und wir können uns den Workflow-Daten selbst zuwenden. Sie befinden sich am SAP-Backend, zusammen mit Funktionen zu ihrer Verwendung. Da dies eine Outside-in-Anwendung ist, befindet sie sich genau dort, wo wir sie erwarten. Unsere Anwendungslogik, die für die Interaktion mit den Benutzern verwendet wird, läuft auf dem Client, die wichtigsten Geschäftsdaten befinden sich aber im SAP-System.

In den folgenden Abschnitten wird der Zugriff vom UI unserer Anwendung auf Workflow-Daten im SAP-Backend beschrieben.

27.4.1 SAP Gateway und OData

Die für ABAP-Stacks empfohlene Integrationsebene ist SAP Gateway. Wenn Sie ein 7.40-System haben, sind die Komponenten von SAP Gateway standardmäßig verfügbar. Wenn nicht, können Sie SAP Gateway entweder direkt in Ihrem Unternehmenssystem oder auf einem ABAP-Stack eines eigenständigen SAP-Gateway-Servers installieren. Noch wichtiger als SAP Gateway ist das von SAP Gateway unterstützte Protokoll: OData. OData ist auch auf anderen SAP-Server-Stacks verfügbar, z. B. auf SAP HANA über die XSODATA-Ebene.

Wie in diesem Kapitel bereits beschrieben, unterstützt SAPUI5 OData über seinen serverseitigen Modellmechanismus, der ein Teil der gesamten MVC-Unterstützung ist. Für unsere einfache Workflow-Anwendung müssen wir aus dem SAP-System Workflow-Aufgaben abrufen und sie annehmen oder ablehnen.

Jeder OData-Service bietet ähnliche Funktionen. Wir zeigen Ihnen hier, wie ein OData-Service zusammengesetzt ist. Für unsere Zwecke untersuchen wir einige zentrale Aspekte, bevor wir fortfahren.

Servicedokumente

Ein OData-Service ist über eine einzelne Stamm-URL verfügbar. Unter dieser URL erreichen Sie das Servicedokument des OData-Services. Zumindest für unsere Zwecke besteht die Funktion des Servicedokuments hauptsächlich darin, die Entitätsmengen (entity sets; auch als *Sammlungen* bezeichnet) zu deklarieren, die vom OData-Service unterstützt werden.

Metadaten

Die ausführlichen Beschreibungen der Entitätsmengen, der darin enthaltenen Entitäten, der Beziehungen zwischen den Entitäten, des Servicebetriebs (Funktionsimporte) und mehr werden in den Metadaten des OData-Services beschrieben, der unter der Servicedokument-URL mit dem Suffix *$metadata* verfügbar ist.

Einheitssätze

Entitätsmengen sind die Kerndatenbehälter von OData-Services. Sie sind Sammlungen von Entitäten oder eingegebene Einzelposten für die Verwendung der bestehenden OData-Bedingungen. Jede Entitätsmenge oder jede Sammlung ist über eine separate URL verfügbar, die aus der Servicebeleg-URL innerhalb des Einheitsnamens als Suffix gebildet wird.

Navigationseigenschaften

Während jede Entität eine oder mehrere Basiseigenschaften aufweist (einschließlich der Schlüsseleigenschaften), gibt es auch Navigationseigenschaften, die Beziehungen zwischen Entitätstypen beschreiben.

Funktionsimporte

Viele OData-Services weisen nur Entitätsmengen und enthaltene Entitäten auf, und alle durch diese Einheiten repräsentierten Geschäftsfunktionen können mit den grundlegenden OData-Operationen `Create`, `Read`, `Update`, `Delete` und `Query` (auch als CRUD+Q bezeichnet) ausgeführt werden. Es gibt jedoch OData-Services, die weitere orthogonale Services und Funktionen beinhalten. Dafür gibt es Funktionsimporte, die eigentlich Prozeduraufrufe mit beliebigen Parametern sind.

Das OData-Modellteil der MVC-Implementierung von SAPUI5 unterstützt diese Funktionen mit der Klasse `theODataModel` in der Bibliothek `sap.ui.model.odata`.

27.4.2 Der OData-Service WFSERVICE

Mit SAP Gateway steht der standardmäßige OData-Service `WFSERVICE` zur Verfügung. Sie können ihn als Teil der standardmäßigen SAP-Gateway-Konfiguration aktivieren. Die URL für das Servicedokument sieht etwa so aus: *http://<server>:<port>/sap/opu/odata/IWWRK/WFSERVICE/*.

Innerhalb des im Servicebeleg deklarierten Workspaces `Data` ist eine Reihe von Entitätsmengen deklariert, z. B. `WorkflowTaskCollection`, `TaskDescriptionCollection`, `OutboxTaskCollection`, `ParticipantCollection` und mehr. Abbildung 27.7 zeigt einen Teil des Servicebelegs `WFSERVICE`.

```
<app:collection sap:creatable="false" sap:updatable="false" sap:deletable="false" sap:content-version="1"
href="WorkflowTaskCollection">
   <atom:title type="text">WorkflowTaskCollection</atom:title>
   <sap:member-title>WorkflowTask</sap:member-title>
   <atom:link href="SubscriptionCollection" rel="http://www.sap.com/Protocols/SAPData/rel#subscribe"/>
</app:collection>
<app:collection sap:creatable="false" sap:updatable="false" sap:deletable="false" sap:addressable="false"
sap:requires-filter="true" sap:content-version="1" href="TaskDescriptionCollection">
   <atom:title type="text">TaskDescriptionCollection</atom:title>
   <sap:member-title>TaskDescription</sap:member-title>
</app:collection>
```

Abbildung 27.7 Ein Teil des Servicedokuments für WFSERVICE

Für unsere einfache Workflow-Anwendung sind wir besonders an der Entitätsmenge `WorkflowTaskCollection` interessiert. Abbildung 27.8 zeigt zwei relevante Abschnitte aus der Metadatendefinition für diesen Service und besonders aus der Definition von `EntityType` für die `WorkflowTask`-Einheit. (Diese Einheiten sind in der `WorkflowTaskCollection` zusammengefasst.) Der erste Abschnitt zeigt eine Reihe grundlegender `Properties` (Eigenschaften), wobei `Workitem_id` eine Schlüsseleigenschaft ist, und eine `NavigationProperty`, die weiter unten in der `EntityType`-Definition steht und in Beziehung zu einer weiteren eigenen Entität `Description` steht.

```
<EntityType Name="WorkflowTask" m:HasStream="true" sap:content-version="1">
  <Key>
    <PropertyRef Name="workitem_id"/>
  </Key>
  <Property Name="workitem_id" Type="Edm.String" Nullable="false" MaxLength="12" sap:label="ID"/>
  <Property Name="status" Type="Edm.String" MaxLength="12" sap:label="Status Code"
  sap:updatable="false"/>
  <Property Name="status_txt" Type="Edm.String" MaxLength="20" sap:label="Status Description"
  sap:updatable="false" sap:sortable="false" sap:filterable="false"/>
  <Property Name="subject" Type="Edm.String" MaxLength="120" sap:label="Subject" sap:updatable="false"
  sap:sortable="false" sap:filterable="false"/>
  <Property Name="type" Type="Edm.String" MaxLength="1" sap:label="Type" sap:updatable="false"
  sap:sortable="false"/>
  <Property Name="priority" Type="Edm.String" MaxLength="1" sap:label="Priority"
  sap:updatable="false"/>
```

```
  <NavigationProperty Name="Description" Relationship="WFSERVICE.Description"
  FromRole="FromRole_Description" ToRole="ToRole_Description"/>
```

Abbildung 27.8 Teile der Entitätstypen-Definition von Workflow-Aufgaben in den WFSERVICE-Metadaten

Abbildung 27.9 zeigt einen weiteren Teil der Metadaten, die die Definition eines Funktionsimports darstellen. Der Funktionsimport unterstützt später die Entscheidungen bei Workflow-Aufgaben (Bestätigung, Ablehnung etc.).

```
<FunctionImport Name="ApplyDecision" ReturnType="WFSERVICE.ApplyDecisionOutput" m:HttpMethod="POST"
sap:action-for="WFSERVICE.DecisionOption">
  <Parameter Name="workitem_id" Type="Edm.String" Mode="In" MaxLength="12"/>
  <Parameter Name="dec_key" Type="Edm.String" Mode="In" MaxLength="4"/>
  <Parameter Name="comments" Type="Edm.String" Mode="In" Nullable="true"/>
</FunctionImport>
```

Abbildung 27.9 ApplyDecision FunctionImport-Definition

Wir haben jetzt alle Informationen, die wir brauchen, um diesen `WFSERVICE`-OData-Service in unsere einfache Workflow-Anwendung einzubinden.

Kennenlernen von OData

Wenn Ihnen OData noch nicht bekannt ist, sollten Sie es in unveränderter Form kennenlernen. Es ist nicht so schwierig, wie es scheint, und JSON-Payload-Formate sind ebenso verfügbar wie die in den Abbildungen in diesem Abschnitt gezeigten XML-Daten. Das einfachste Werkzeug dafür ist Ihr Browser. Legen Sie die URL des Servicedokuments (*http://<Server>:<Port>/sap/opu/odata/IWWRK/WFSERVICE/*) fest, und fahren Sie von dort aus fort.

Untersuchen Sie die Metadaten, indem Sie das Suffix *$metdata* (*http://<server>:<port>/sap/opu/odata/IWWRK/WFSERVICE/$metadata*) hinzufügen, durchlaufen Sie die Geschäftsdaten, indem Sie das Suffix *$metadata* mit dem Namen eines Einheitssatzes (z. B. (*http://<server>:<port>/sap/opu/odata/IWWRK/WFSERVICE/WorkflowTaskCollection*) durchlaufen, und greifen Sie auf eine einzelne Einheit zu, indem Sie den Schlüssel nach dem Namen des Einheitssatzes angeben – Sie können den Schlüssel der ID einer Einheit entnehmen (z. B. *http://<server>:<port>/sap/opu/odata/IWWRK/WFSERVICE/WorkflowTaskCollection('000000018076)*).

Nehmen Sie eine Anpassung an vorhandene Navigationseigenschaften vor, indem Sie ein weiteres Suffix an den Namen der darauf bezogenen Entität anhängen (z. B. *http://<server>:<port>/sap/opu/odata/IWWRK/WFSERVICE/WorkflowTaskCollection('000000018076)/Description*).

27.4.3 OData einbinden

Der vorangegangene Abschnitt hat Ihnen einen Eindruck davon vermittelt, was notwendig ist, um OData in unsere einfache Workflow-Anwendung einzubinden. Wir haben die ausführliche Beschreibung der Abläufe bewusst bis jetzt aufgeschoben. Kehren wir also zu den relevanten Abschnitten in der Definition der Komponente und in den Controllern für die Stamm- und die Detailansicht zurück.

Komponentendefinition

Zum ersten Mal sind Ihnen OData-Funktionen in unserer Anwendung in der Definition der Komponente in Listing 27.2 begegnet. Listing 27.10 zeigt den Code, den Sie dort gesehen haben.

```
    // set data model on root view
    var sWfServiceURL = "http://<server>:<port>/sap/opu/odata/IWWRK/
WFSERVICE/";
    var oModel = new sap.ui.model.odata.ODataModel(sWfServiceURL);
    oView.setModel(oModel);
    oModel.attachEventOnce("requestCompleted", function(oEvent) {
```

```
    sap.ui.getCore().getEventBus().publish("data", "ready");
  });
```

Listing 27.10 Festlegen des OData-Modells in Component.js

Unsere OData-Servicenutzung beginnt mit dem tatsächlichen Namen, der Servicedokument-URL. Wir verwenden diese URL in der Instanziierung eines `ODataModel`-Objekts, dann legen wir für dieses Modell die gerade instanziierte Stammsicht (Root View `App`) fest. Durch diese Festlegung erhalten alle Nachfahren der Stammsicht durch Modellvererbung Zugriff auf das Modell und die enthaltenen Daten und Funktionen.

Dann verwenden wir einige generische SAPUI5-Funktionen: z. B. die Möglichkeit, einen Handler an ein bestimmtes Ereignis, das durch den `ODataModel`-Mechanismus ausgelöst wird, zu koppeln, oder den globalen Ereignis-Bus (*Global Event Bus*).

Wenn die Daten des OData-Services abgerufen wurden, wollen wir den ersten Listeneintrag vorauswählen (siehe den Punkt »Stammsicht und Controller« in Abschnitt 27.3.1, »Das Control sap.m.SplitApp«). Wir müssen jedoch dafür sorgen, dass Eingaben in die Liste vor der Vorauswahl erfolgen, weil die Rückübertragung der Entitäten aus dem OData-Service wenige Millisekunden beansprucht. Deshalb stellen wir die Verbindung mit dem Ereignis `requestCompleted` des Modells her.

Dann veröffentlichen wir ein eigenes Ereignis auf dem globalen Ereignis-Bus, um anzugeben, dass Daten verfügbar sind (*data ready*). Dies wird durch den Controller der Stammsicht aufgegriffen, den wir uns als Nächstes ansehen.

Hinweis

In zukünftigen Versionen wird SAPUI5 einen teilespezifischen Ereignis-Bus beinhalten, den Sie stattdessen verwenden sollten. Wenn Sie den globalen Ereignis-Bus verwenden, sollten Sie darauf achten, dass Ihre Ereignisse nicht mit anderen in Konflikt geraten, die von anderen Anwendungen ausgelöst werden können, die im gleichen HTML-Kontext ausgeführt werden.

Stamm-Controller

Im Controller der Stammsicht (siehe Listing 27.6) berücksichtigt der Code in der Initialisierungsfunktion die Meldung, die dem Ereignis-Bus hinzugefügt wird, wenn die OData-Anforderung abgeschlossen wird. Dies ist die Funktion `onInit` des Stamm-Controllers:

```
onInit : function(oEvent) {
  sap.ui.getCore().getEventBus().subscribe("data", "ready",
    this.selectFirstItem, this);
},
```

Wir richten hier eine Funktion ein, die ausgeführt werden soll, wenn die Meldung »data ready« angezeigt wird. Wie wir im vorangegangenen Abschnitt festgestellt haben, dient diese Funktion dazu, den ersten Eintrag in der Liste auszuwählen.

Detail-Controller

Die letzte OData-bezogene Aktivität, die wir benötigen, befindet sich im Controller der Detailsicht (siehe Listing 27.11). Mit ihr nehmen wir die Bestätigung oder Ablehnung der ausgewählten Aufgabe vor. Der OData-Service `WFSERVICE` bietet diese Funktion als Funktionsimport an, sodass wir den Mechanismus `callFunction` unseres OData-Modells verwenden können, wie in der Funktion `processAction` des Controllers dargestellt.

```
processAction : function(sActionType) {
  var sDecKey = this.mDecKeys[sActionType];
  if (sDecKey) {
    var oView = this.getView();
    var sWorkitemId =
oView.getBindingContext().getProperty('Workitem_id');
    var oModel = oView.getModel();
    oModel.callFunction(
      "ApplyDecision",
      "POST",
      {
        "Workitem_id" : sWorkitemId,
        "dec_key" : sDecKey
      },
      null,
      function() {
        sap.m.MessageToast.show(sActionType + " action processed s
uccessfully");
      },
      function() {
        sap.m.MessageToast.show("Problem executing " + sActionType
 + " action");
      }
    );
  }
}
```

Listing 27.11 Die Funktion processAction

Im ersten Teil dieser Funktion wird beschrieben, wie Sie festlegen, welcher Entscheidungsschlüssel für die ausgewählte Annahme- oder Ablehnungsaktion erforderlich ist. Wenn Sie einen Entscheidungsschlüssel bestimmen konnten, müssen Sie den Funktionsimport aufrufen. Dazu rufen Sie das OData-Modell aus der Sicht ab. Beachten Sie, dass dies die Detailsicht ist, aber aufgrund der Vererbung bis zur Stammsicht `App` können Sie das Modell von Ihrer derzeitigen Position aus aufrufen.

Da dies die Detailsicht ist, besteht der bindende Kontext nur für die aus der Liste ausgewählten Aufgaben. Von diesem Bindungskontext aus haben Sie Zugriff auf die Eigenschaften der jeweiligen Entität. Wählen Sie die Eigenschaft `Workitem_id`. Diese Eigenschaft haben wir in Abbildung 27.8 als Schlüsseleigenschaft identifiziert, und wir benötigen sie auch noch im Funktionsimportaufruf.

Jetzt müssen Sie den Funktionsimportaufruf vornehmen, indem Sie die relevanten Argumente an die `callFunction` des OData-Modells weiterleiten. Zusammen mit dem Namen des Funktionsimports `ApplyDecision` leiten Sie auch folgende Elemente innerhalb der Abfolge weiter:

- die HTTP-Methode `POST`
- die relevanten Werte für die Parameter des Funktionsimports (siehe Abbildung 27.9): die `Workitem_id` und den `dec_key` (Entscheidungsschlüssel). Lassen Sie aus Platzgründen einen Wert für den Kommentarparameter weg.
- `null`, was für die Tatsache steht, dass wir keinen ausdrücklichen Kontextpfad festlegen, der sich von dem bereits vorhandenen unterscheidet
- zwei Funktionen – eine für Erfolg und eine für Fehler, die wie erforderlich ausgeführt werden

Jetzt übernimmt das OData-Modell die wichtigsten Aufgaben bei der HTTP-Header-Erstellung sowie die OData-Funktionen.

Eigenschafts- und Elementbindung

Wir haben uns bereits mit der Bindung der Modelleigenschaften an Eigenschaften in den UI-Controls über die in geschweiften Klammern eingeschlossene Bindung beschäftigt. Das folgende Beispiel für das Control `List` aus der Stammansicht greift dies wieder auf:

```
<List
  id="idList"
```

```
        items="{/WorkflowTaskCollection}"
        mode="SingleSelectMaster"
        select="onListSelect">
        <ObjectListItem
          intro="Created by {created_by}"
          title="{task_name}"
          number="{note_count}"
          numberUnit="notes">
```

Hier sehen Sie die Bindung an die `WorkflowTaskCollection`-Entitätsmenge, Bindungen einzelner Eigenschaften gegen die `WorkflowTask`-Entitäten des Modells und Eigenschaften wie `created_by`, `task_name` und `note_count`.

Es gibt jedoch ein Detail des OData-Modellmechanismus, auf das wir Sie hinweisen möchten. Im Controller der Detailsicht nehmen wir eine Elementbindung auf dem zweiten `Description IconTabFilter` vor:

```
onInit : function() {
  var oPage = this.getView().byId('idDetailPage');
  oPage.setShowNavButton(sap.ui.Device.system.phone);
  var oDescriptionFilter = this.byId("idIconTabBar").getItems()[1];
  oDescriptionFilter.bindElement('Description');
},
```

Dies wirkt vielleicht etwas einfach, aber das täuscht. Die Eigenschaft `Description` ist eine Navigationseigenschaft (wie bereits in Abbildung 27.8 gezeigt). Außerdem ist sie eine separate Entität, zu der über einen HTTP-Anruf navigiert werden muss. Wir nehmen hier aber keine ausdrücklichen HTTP-Aufrufe vor.

Tatsächlich führen wir zum allgemeinen Abrufen und Navigieren der OData-Entitätsmengen und Entitäten keine ausdrücklichen HTTP-Aufrufe durch. Der einzige ausdrückliche HTTP-Abruf ist der Funktionsimport. Der OData-Modellmechanismus berücksichtigt die Navigationseigenschaften und nimmt die in Bezug auf HTTP richtigen Schritte vor, um Ihre Bindungsanforderungen zu erfüllen. Ein praktisches Beispiel dazu sehen Sie im Netzwerkabschnitt der Entwicklerwerkzeuge Ihres Browsers. Sie werden die HTTP-Aufrufe erkennen, die in Ihrem Namen erfolgen, einschließlich dessen, der Navigation zur `Description` zu folgen. Ein Beispiel dazu sehen Sie in Abbildung 27.10.

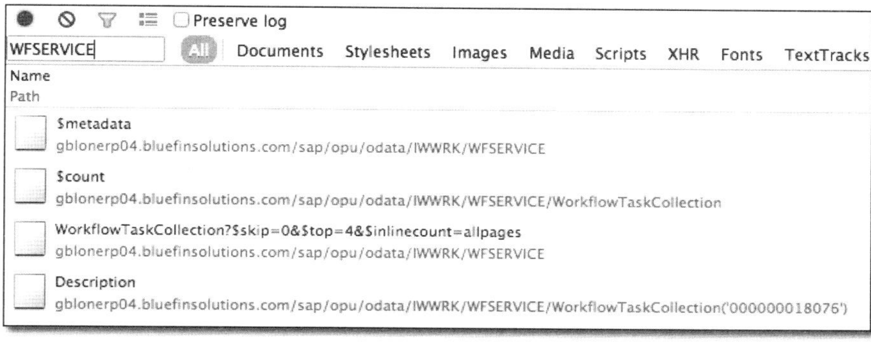

Abbildung 27.10 Die implizit durch den OData-Modellmechanismus vorgenommenen HTTP-Aufrufe

27.5 Letzte Schritte

Während wir eine voll funktionsfähige einfache Workflow-Anwendung mit SAPUI5 und dem OData-Service `WFSERVICE` erstellt haben, der in den durch SAP Gateway gesteuerten ABAP-Stapeln verfügbar ist, haben wir dennoch eigentlich nur die Grundlagen behandelt, und die Anwendung ist natürlich noch nicht produktionsbereit. Um die Informationen übersichtlich zu halten, haben wir auf vieles verzichtet, also ist es vielleicht in manchen Fällen zu empfehlen, weitere Informationen einzubeziehen, wie in diesen letzten Abschnitten beschrieben.

27.5.1 Internationalisierung

Sämtlicher Text in der Anwendung ist hart codiert und wird direkt in den Sichtdeklarationen dargestellt. Diese Texte sollten separat in einem Ressourcenmodell gepflegt werden, um bessere Wartbarkeit und Übersetzung zu ermöglichen.

27.5.2 Formatierungsfunktionen

Die Daten in `ObjectListItems` und `ObjectHeader` werden unverändert angezeigt. Mit Formatierungsfunktionen erhalten Sie eine bessere und klarere Anzeige. So können Sie auch andere Aspekte der Anzeige bestimmen, z. B. die semantische Farbe für das Control `ObjectStatus`, das zum Anzeigen des Aufgabenstatus (READY, IN PROCESS etc.) verwendet wird, wie in Abbildung 28.2 dargestellt.

27.5.3 Gerätemodell

Wir haben bereits einige spezielle Gerätedaten mit `sap.ui.Device.system.phone` verarbeitet, um zu bestimmen, ob ein Listeneintrag vorausgewählt und der Navigationsbutton der Detailsicht angezeigt werden soll. Eine bessere Möglichkeit dafür ist, ein einmaliges JSON-Modell, ein benanntes *Gerätemodell*, zu erstellen und es im `App`-Master-View zur gleichen Zeit zu definieren wie das OData-Domänenmodell. Eigenschaften dieses Gerätemodells können dann deklarativ in den Steuerungseigenschaften in den XML-Sichten verwendet werden.

27.5.4 Validierung und Fehlerbehandlung

Um Platz zu sparen, werden Validierung und Fehlerbehandlung wenig bis kaum durchgeführt. Für eine stabile, produktionsbereite Anwendung ist dies aber sinnvoll. Möglicherweise möchten Sie auch die Bestätigungs-/Ablehnungsaktionen und die Verwendung der Funktionen `sap.m.MessageBox` und `sap.m.MessageToast` sowie die Erfolgs- und Fehler-Handler für den Funktionsimportaufruf verbessern.

27.5.5 Durchsuchen, Filtern und Gruppieren von Listen

Wenn die `List` in der Stammsicht mehr als nur ein paar Einträge enthält, können Sie Suchfunktionen und Möglichkeiten zum Filtern und Gruppieren von Einträgen anbieten. Sie können ein Suchfeld in die Aggregation `subHeader` der `Page` (durch Anwenden von Filtern auf die Bindung des OData-Modells) und einen Button in der Footer-Aggregation der `Page` hinzufügen, um Zugriff auf den `ViewSettingsDialog`-Mechanismus zu erhalten.

27.5.6 Entscheidungsoptionen

Der OData-Service `WFSERVICE` bietet eine Navigationseigenschaft aus der Entität `WorkflowTask` für `DecisionOptions`. Anstatt einen hart codierten Satz von Entscheidungsoptionen im Controller der Detailsicht zu verwenden, können Sie auch die verfügbaren Entscheidungsoptionen dynamisch bestimmen, indem Sie diese Navigationseigenschaft für die Entitätsmenge `DecisionOptions` befolgen. Sie können auch ein anderes Dialogfeld verwenden, das es dem Benutzer ermöglicht, einen Kommentar einzugeben, und diesen dann an den Funktionsimportaufruf weiterleiten.

TEIL V
Verwenden von SAP Business Workflow in SAP-Anwendungen

Mit SAP Business Workflow können Sie den Speicher digitalisierter Dokumente und ihre Kopplung an die Business-Objekte in der SAP Business Suite koordinieren. In diesem Kapitel werden ArchiveLink und seine Funktionsweise mit SAP Business Workflow beschrieben.

28 ArchiveLink

Von Martin Maguth

Dokumente sind Träger von Geschäftsinformationen, die zwischen Unternehmen und Benutzern ausgetauscht werden und Geschäftsprozesse auslösen oder Daten für bereits laufende Prozesse bereitstellen. Das Wissen über die Inhalte der Geschäftsdokumente und deren Weiterverarbeitung bedeutet, über die notwendigen Informationen für die korrekte Bearbeitung und Bewertung unternehmensrelevanter Vorgänge zu verfügen. Ob Genehmigungs- und Freigabeverfahren, Einkauf, Verkauf, Bearbeitung eingehender Rechnungen – alle Prozesse erfordern die Verfügbarkeit, Transparenz und Rechtssicherheit von Geschäftsinformationen, und dies lässt sich am effektivsten durch elektronische Integration der Dokumente erreichen.

Unabhängig von den Originalmedien können alle Geschäftsdokumente wie Briefe, Faxe und E-Mails nach dem Eintreffen im Unternehmen digitalisiert werden. Sie können dann in elektronischer Form abgelegt, verteilt und vorhandenen oder zu erstellenden Business-Objekten zugeordnet werden. Auf diese Weise entfallen zeitaufwendige Arbeitsabläufe wie das Vervielfältigen dieser Dokumente, das Suchen vorgangsbezogener Informationen und viele weitere Kernaufgaben in papierbasierten Prozessen. Durch die jederzeit und überall verfügbaren, also anzeigbaren Dokumente stehen die notwendigen Geschäftsinformationen direkt zur Verfügung.

ArchiveLink ist die Technologie, die für die Integration archivierter Geschäftsdokumente in SAP-Anwendungsdaten wie Transaktionen oder Stammdatensätzen in elektronischen Prozeduren erforderlich ist. Nach der Erstellung des Links werden mithilfe des Workflows die folgenden Geschäftsprozesse beschleunigt, indem das archivierte Dokument in den Prozess integriert und das Dokument für berechtigte Benutzer angezeigt wird. In diesem Kapitel wird zunächst ArchiveLink ausführlicher erklärt, es werden allgemeine Szenarien behandelt, in denen Sie dieses Werkzeug verwenden können, und schließlich werden die technischen Anforderungen erläutert.

28.1 Was ist ArchiveLink?

ArchiveLink muss von zwei Seiten betrachtet werden: von der funktional-betriebswirtschaftlichen und von der technischen Seite. Beide werden in den folgenden Abschnitten beschrieben.

28.1.1 Technische Ansicht von ArchiveLink

Auf hoher Ebene betrachtet, besteht ArchiveLink aus einer Reihe von Schnittstellenprogrammen und -funktionen, Dialogfeldern sowie einer Gruppe von Konfigurations- und Link-Tabellen.

Wenn ein Dokument von einem Dialogbenutzer oder einem Service archiviert wird, wird seine elektronische Version (die Bilddatei) hochgeladen und mit ArchiveLink zum langfristigen Speichern auf Festplatte oder einem anderen Datenträger an ein externes Speichersystem (Content-Management-System) gesendet (siehe Abbildung 28.1). Im Gegenzug stellt das Content-Management-System dem SAP-System eine eindeutige ID für die Bilddatei zur Verfügung. Diese Daten werden zusammen mit dem Schlüssel des jeweiligen Business-Objekts in der SAP-Datenbank gespeichert, indem in der ArchiveLink-Tabelle ein Eintrag angelegt wird. Dieser Link-Tabelleneintrag stellt die dauerhafte Verknüpfung zwischen der Business-Objektinstanz, z. B. einer Bestellnummer (Objekttyp `BUS2012`) oder einer Rechnung (Objekttyp `BKPF`) im SAP-System und dem entsprechenden Bild im Content-Management-System dar. Dadurch ist die separate Indizierung einer Bilddatei nicht notwendig, weil sämtliche relevanten Daten als Teil der Transaktion oder des Stammdatensatzes bereits im SAP-System gespeichert sind. Dies ist einer der wichtigsten Vorteile der Integration eines ArchiveLink-Content-Management-Systems in ein SAP-System.

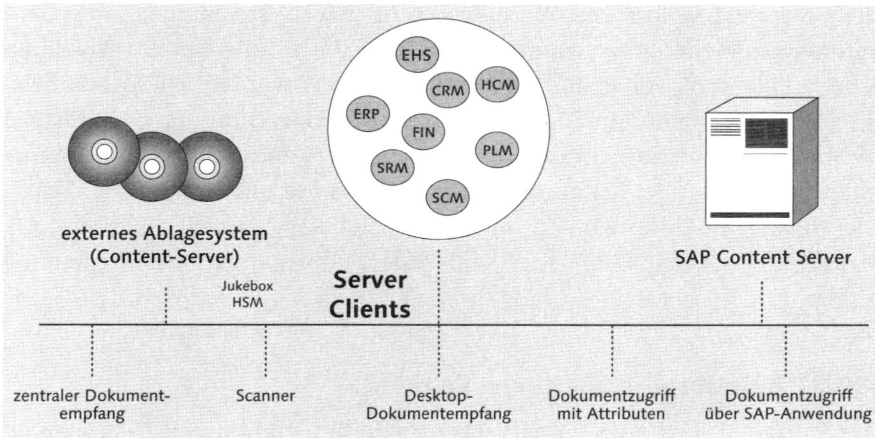

Abbildung 28.1 Beispielhafte Konfiguration eines ArchiveLink-Systems

Um den Zugriff auf extern gespeicherte Dokumente zu ermöglichen, ist ArchiveLink über die Anlageliste in den SAP Generic Object Service (GOS) integriert. GOS ermöglicht außerdem das direkte Speichern von Dokumenten über die Anzeige oder den Wechsel des Bildschirms einer unterstützten Geschäftstransaktion oder eines Stammdatensatzes. Außerdem enthält ArchiveLink eine integrierte, erweiterbare Benutzeroberfläche (UI) für komplexe Suchabfragen (*Document Finder*) und eine flexible Folge von Routinen für die Anzeige von Dokumenten zusammen mit einem eigenen *Document Viewer*.

Abhängig von den Speicherformaten der Dokumente, den IT-Anforderungen oder den Benutzerrollen können unterschiedliche Anzeigeprogramme gewählt werden, z. B.:

- **Engineering Client Viewer (ECL)**
  Dieses Programm zeigt eingehende Dokumente mit dem SAP GUI für Windows an.
- **integrierter Internetbrowser (HTML-Steuerung)**
  Für alle SAP-UIs ermöglicht diese HTML-Steuerung den Aufruf von Plug-ins für MIME-kompatible externe Anzeigeprogramme im Webbrowser, aber es gibt keine Einschränkungen für die Anzeige anderer Formate.

SAP bietet seinen Kunden den SAP-Content-Server zum Speichern von Dokumenten kostenlos an. Außerdem sind von verschiedenen Drittanbietern Content-Management-Lösungen über die ArchiveLink-Schnittstelle erhältlich. Da ArchiveLink eine offene Schnittstelle zu Content-Servern darstellt, die von SAP implementiert wird, kann jeder Systemanbieter, der Content-Management-Server anbietet, die funktional mit der ArchiveLink-Schnittstelle kompatibel sind, von SAP zertifiziert werden. Diese Zertifizierung beinhaltet eine umfangreiche technische Bewertung der Schnittstelle zwischen SAP und der Software des Drittanbieters, und sie sorgt für Kompatibilität mit wichtiger Schnittstellenkommunikation und Einhaltung rechtlicher Standards. Unternehmen müssen sicherstellen, dass eine Lösung SAP-zertifiziert ist, bevor sie eine Kauf- oder Implementationsentscheidung treffen.

28.1.2 Betriebswirtschaftliche Seite

Die zentrale Aufgabe von ArchiveLink ist die Integration von Dokumenten in Geschäftsprozesse sowie die Verknüpfung von Business-Objekten mit Dokumenten (siehe Abbildung 28.2).

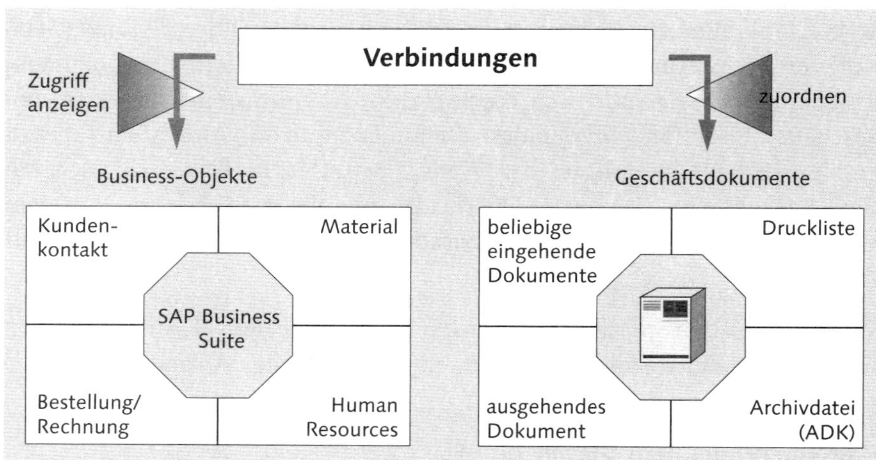

Abbildung 28.2 Integration von Business-Objekten und Geschäftsdokumenten

ArchiveLink übernimmt in diesem Zusammenhang das Anzeigen, Sichern und Abrufen elektronischer Dokumente und ermöglicht damit eine intelligente Organisation und Verteilung von Geschäftsdokumenten. Dies ist besonders in Geschäftsbereichen von Nutzen, in denen normalerweise viel Dokumentation anfällt – etwa Finanzbuchhaltung (FI), Einkauf, Instandhaltung (PM) und Personalwirtschaft (HR).

Während Dokumente im Zeitalter der Papierverarbeitung von Hand kopiert, verteilt, eingestuft und abgelegt werden mussten, ermöglichen elektronische

Dokumente eine weitaus schnellere Verarbeitung und bessere Steuerungsmöglichkeiten.

Eine solche Verarbeitung bietet die folgenden Vorteile:

- Von einem Transaktions- oder Stammdatensatz im SAP-System aus können alle relevanten Bilddokumente gesucht und angezeigt werden (weltweit auf jedem Client) und müssen nicht verteilt werden.
- Das Berechtigungskonzept von ArchiveLink ist vollständig in das SAP-System integriert und verhindert unberechtigten Zugang.
- Dokumente können mithilfe von Arbeitsabläufen von Anfang an in Prozesse integriert werden. Dadurch wird erreicht, dass Dokumentdaten rechtzeitig und dann verfügbar sind, wenn sie für eine geschäftliche Entscheidung oder die Erledigung einer Aufgabe notwendig sind.

28.2 ArchiveLink-Standardszenarien

ArchiveLink unterstützt die Ablage von Dokumenten, die in einer Organisation empfangen werden (eingehende Dokumente), z. B. Kreditorenrechnungen, Kundenaufträge, Wertgutschriften, Reklamationen, Anfragen oder Verträge sowie Dokumente, die eine Organisation verlassen (ausgehende Dokumente) wie Fakturen, Bestellungen und Lieferscheine.

Allgemein werden ausgehende Dokumente automatisch erstellt, wenn eine Transaktion im SAP-System erstellt oder geändert und durch SAP Output Management verarbeitet wird. Nach der Erstellung des Dokuments sendet SAP Output Management ein Exemplar des Dokuments an das Übertragungsmedium (z. B. Fax, E-Mail, EDI oder Drucker). Wenn in einem solchen Szenario ArchiveLink aktiviert ist, sendet SAP Output Management außerdem eine Kopie der Datei an das Content-Management-System, wo sie gespeichert wird. Wenn das Dokument gespeichert und eine Dokument-ID generiert wurde, wird in der entsprechenden Link-Tabelle ein Link-Eintrag erstellt, um die Verbindung zwischen der SAP-Business-Objektinstanz und dem elektronischen Dokument beizubehalten. Da ausgehende Dokumente meistens am Ende eines Prozesses erstellt werden, sind sie aus Workflow-Perspektive normalerweise nicht mehr besonders relevant.

Eingehende Dokumente werden dagegen häufig in Workflow-Szenarien verwendet. Sie starten Prozesse, in denen ein eingehender Beleg einen Workflow auslöst, innerhalb dessen das Dokument geprüft und verarbeitet wird.

Dies ist ein häufig anzutreffendes Beispiel. In diesem Szenario wird eine von einem Lieferanten gesendete Rechnung gescannt und nach dem Empfang archiviert. Die nachfolgende Verarbeitung wie Vorerfassung, Codierung, Genehmigung und Buchung der Rechnung erfolgt entsprechend dem elektronischen Dokument über SAP Business Workflow. Für dieses Szenario sind derzeit viele Workflow-Lösungen verfügbar. Außerdem stellt SAP mehrere Standardszenarien zur Verfügung, die die Dokumenteingabe und/oder -zuweisung mithilfe standardmäßiger Workflow-Aufgaben ermöglichen. Dies wird in den folgenden Abschnitten beschrieben.

ArchiveLink kann auch Drucklisten archivieren (d. h. Berichtausgabe) wie z. B. Kontenaktualisierungsjournale in FI oder Lagerbestände der Materialwirtschaft (MM). Dies kann zeitgleich mit dem Druck oder als Alternative zum Druck erfolgen. Über Indizes und frei definierbare Suchfunktionen finden Sie danach auch ad hoc die gewünschten Listendatensätze. Über Hyperlinks erscheint bei der Auswahl einer Zeile in einem archivierten Report das Originaldokument. Als Sonderfall können Content-Server (externe Ablagesysteme) auch Archivdateien enthalten, die im Rahmen eines Datenarchivierungsprojekts mit dem *Archive Development Kit* (ADK) erzeugt wurden. In diesem Szenario ist der Content-Server ein reines Ablagesystem, denn alle Zugriffe auf die abgelegten Daten werden über die Komponente ADK gesteuert.

28.2.1 Integration von ArchiveLink in SAP Business Workflow

SAP Business Workflow wird verwendet, um die Verarbeitung eingehender Dokumente zu optimieren. Hier gibt es drei Unterprozesse (Phasen):

- In Phase 1 wird das elektronische Dokument angelegt.
- Phase 2 ist die Erstellung der Business-Objektinstanz im SAP-System, z. B. ein Kreditorenbuchhaltungsdokument oder ein Kundenauftrag, also der »Eintrag«.
- Phase 3 ist die Erstellung der Verbindung zwischen dem elektronischen Dokument und dem Business-Objekt, also die »Zuweisung«.

Beachten Sie, dass diese Anordnung nicht unbedingt die tatsächliche Reihenfolge dieser Unterprozesse beschreibt. SAP hat zwei Workflow-Basisszenarien eingerichtet, durch die die Unterprozesse strukturiert werden – *Ablegen für spätere Erfassung* und *Ablegen für spätere Zuweisung*.

28.2.2 Workflow-basiertes Dokumentenszenario: Ablegen für spätere Erfassung (bisher: frühe Archivierung)

Im Szenario *Ablegen für spätere Erfassung* wird das Dokument zuerst digitalisiert und gesichert. Dies geschieht in der Regel an einem zentralen Scan-Arbeitsplatz (siehe Abbildung 28.3, ❶), um Hardwarekosten sowie die Ausgaben für Einarbeitung und Bürofläche zu reduzieren.

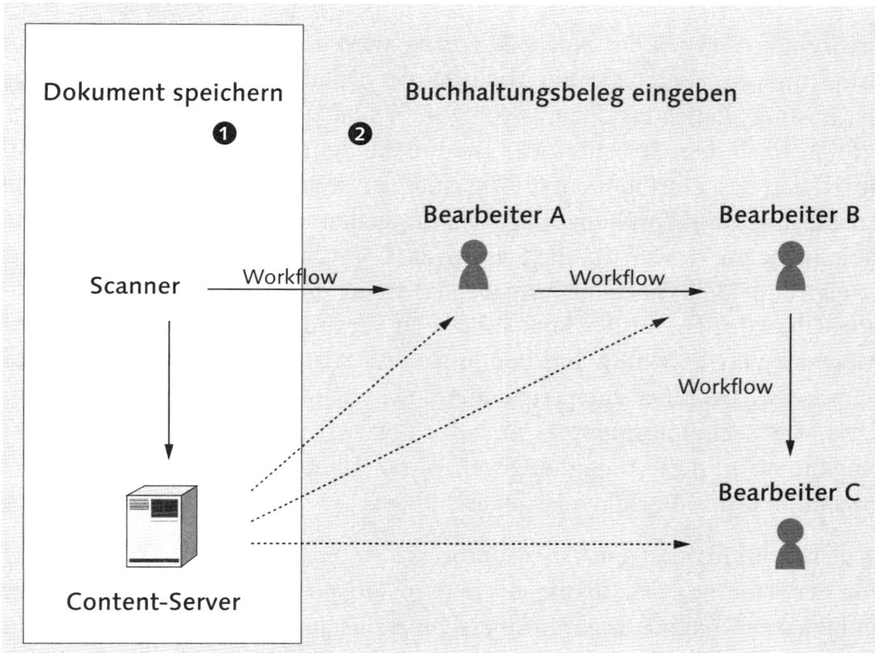

Abbildung 28.3 Workflow-basiertes Dokumentenszenario

Nach der erfolgreichen Ablage des Dokuments auf dem Content-Server wird ein Workflow begonnen, der ein Workitem für die zuständigen Bearbeiter erzeugt (❷). Sobald ein Bearbeiter das Workitem ausführt, wird ihm das digitalisierte Dokument in einem Viewer angezeigt. Gleichzeitig löst der Workflow die Dateneingabetransaktion aus (konfiguriert als »Workflow-Parameter« mit Transaktion OACA), z. B. Transaktion FB60 für Rechnungen und Transaktion VA01 für Kundenaufträge. Der Bearbeiter gibt die entsprechenden Daten aus dem elektronischen Dokument in die Dateneingabetransaktion ein. Nach dem Sichern oder Buchen der Transaktion wird die Business-Objektinstanz erstellt, und das archivierte Dokument auf dem Content-Server wird mit der Instanz verknüpft, durch die der Workflow abgeschlossen wird.

Da das Dokument vor dem Eingabeschritt gesichert wird, also vor der Erstellung der Business-Objektinstanz, wird dieses Szenario als *Ablegen für spätere Erfassung* bezeichnet. SAP ermöglicht mit der Standardaufgabe TS30001128 die Modellierung dieses Szenarios mithilfe von Transaktion SOA0.

28.2.3 Workflow-basiertes Dokumentenszenario: Ablegen für spätere Zuweisung (bisher: verspätete Archivierung)

Im Szenario *Ablegen für spätere Zuweisung* wird das Dokument zuerst digitalisiert und gesichert. Die Verarbeitung des Dokuments und die Erstellung der Business-Objektinstanz im SAP-System sind zu diesem Zeitpunkt bereits erfolgt. Nach dem Speichern des Dokuments wird ein Workflow ausgelöst, durch den das Workitem an die zuständigen Bearbeiter geschickt wird. Die Ausführung des Workitems zeigt wie im letzten Szenario das elektronische Dokument im Viewer. Da die Schritte zum Speichern und Eingeben bereits erfolgt sind, bleibt noch die Aufgabe, das archivierte Dokument mit der Business-Objektinstanz in der Link-Tabelle zu verknüpfen. Daher wird für den Anwender im Workflow ein Popup im SAP GUI angezeigt, in dem er die relevanten Daten des entsprechenden Business-Objekts wie den Buchungskreis, die Rechnungsnummer und das Geschäftsjahr für ein FI-Dokument eingibt. Wenn diese Daten eingegeben und geprüft wurden, wird der Link erstellt, und der Workflow ist abgeschlossen.

In diesem Szenario ist der erste Teilprozess die Eingabe der Transaktion, gefolgt von der Sicherung des Dokuments und, im letzten Schritt, die Zuweisung des archivierten Dokuments zur Business-Objektinstanz. Da der Sicherungsschritt vor der Zuweisung erfolgt, wird dieses Szenario als *Ablegen für spätere Zuweisung* bezeichnet. SAP ermöglicht mit der Standardaufgabe TS30001117 die Modellierung dieses Szenarios mithilfe von Transaktion SOA0.

Abbildung 28.4 zeigt den Ablauf vom Scannen eines Dokuments bis zum Anlegen des Workitems.

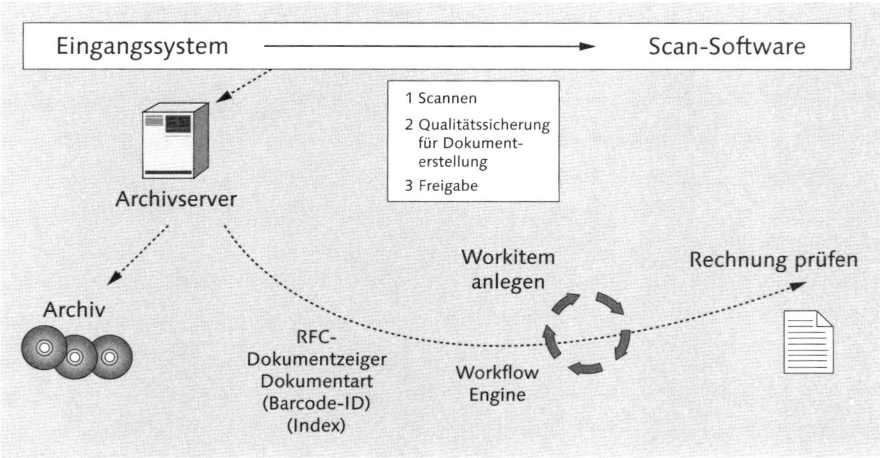

Abbildung 28.4 Technische Ansicht der workflow-basierten Szenarien

28.3 BOR-Objekttypen

Um ArchiveLink zu verwenden, sollten die entsprechenden BOR-Objekttypen das Interface `IFARCH21` unterstützen. Diese Schnittstelle enthält die Methode `ArchivedDocsDisplay`, in der alle mit einem Business-Objekt verknüpften Dokumente angezeigt werden.

Außerdem enthält das Business Object Repository (BOR) auch den Objekttyp `IMAGE`, der ein archiviertes Dokument darstellt. `IMAGE` integriert die Schnittstelle `IFARCH21` und enthält zwei Schlüsselfelder:

- `ImageLinkArchiveID`, das Content Repository von ArchiveLink
- `ArchiveDocID`, die ID des archivierten Dokuments

`IMAGE` kann in Workflow-Vorlagen verwendet werden, wenn ein archiviertes Dokument zusätzlich zu einer Transaktion oder einem Stammdatensatz als unterstützende Information automatisch angezeigt werden soll.

Im SAP Supplier Relationship Management wird SAP Business Workflow als zentrale technische Infrastruktur zur Durchführung wichtiger Aufgaben wie der Verarbeitung von Warenkörben, Bestellungen und Rechnungen sowie der Bestätigung des Wareneingangs bzw. der Erbringung einer Dienstleistung verwendet. In diesem Kapitel erfahren Sie, dass diese Verarbeitung eine zentrale Rolle im SAP-SRM-System spielt.

29 SAP Supplier Relationship Management

Von Konstantin Anikeev und Sachin Sethi

SAP Supplier Relationship Management (SAP SRM), einschließlich des Vorgängers Enterprise Buyer Professional, wird bereits seit vielen Jahren mit SAP Business Workflow eingesetzt. Seit der ersten Ausgabe dieses Buches wurde SAP SRM erheblich erweitert, besonders in Bezug auf Genehmigungsprozesse. Das aktuelle Release (2014) ist SAP SRM 7.0 EHP 3.

SAP SRM verwendet BOR-Objekte (Business Object Repository) und ABAP-Klassen zur Workflow-Verarbeitung (siehe Kapitel 15, »Business-Objekte«, und Kapitel 16, »ABAP-Klassen«, als Hintergrundinformationen für das Verständnis dieser Objekte und Klassen). Tabelle 29.1 gibt Ihnen eine Übersicht der am häufigsten verwendeten Business-Objekte in SAP SRM, und Tabelle 29.2 zeigt die allgemein verwendeten ABAP-Klassen mit SAP-SRM-Workflow. Alle Klassen implementieren das Interface `IF_WORKFLOW`.

BOR-Objekttyp	BOR-Beschreibung	SAP-SRM-Bezeichnung
`BUS2121`	EC Bedarfsanforderung	Warenkorb/interne Anforderung
`BUS2200`	Ausschreibung EC	Lieferantenanfrage
`BUS2201`	EC Bestellung	Bestellung (SRM-lokal)
`BUS2202`	EC Lieferantenangebot	Angebot

Tabelle 29.1 Zentrale Business-Objekte in SAP SRM

BOR-Objekttyp	BOR-Beschreibung	SAP-SRM-Bezeichnung
BUS2000113	Einkaufskontrakt	globaler Rahmenvertrag, lokaler Kontrakt, zentraler Kontrakt
BUS2203	EC Bestätigung Ware/Leistung	Rückmeldung
BUS2205	EC Eingangsrechnung	Rechnung (SRM-lokal)
BUS2209	EC Bestellantwort	Bestellantwort
BBP_PCARD	Einkäuferkarte	Einkäuferkarte

Tabelle 29.1 Zentrale Business-Objekte in SAP SRM (Forts.)

ABAP-Klasse	Beschreibung
/SAPSRM/CL_WF_PDO	Basisklasse für SAP-SRM-Beschaffungsbelege, die in Genehmigungs-Workflows referenziert sind
/SAPSRM/CL_WF_PDO_CONF	Rückmeldung
/SAPSRM/CL_WF_PDO_CTR	Vertrag
/SAPSRM/CL_WF_PDO_INV	Faktura
/SAPSRM/CL_WF_PDO_PO	Bestellung
/SAPSRM/CL_WF_PDO_QTE	Angebot
/SAPSRM/CL_WF_PDO_RFQ	Anfrage (Ausschreibung)
/SAPSRM/CL_WF_PDO_SC	Warenkorb

Tabelle 29.2 ABAP-Klassen für SAP-SRM-Workflow

Hinweis

Die Bestellantwort (BUS2209) wurde zwischen den Releases SAP SRM 5.0 und SAP SRM 7.0 geändert. In Release SAP SRM 5.0 wurde dieses Objekt durch Workflow-Muster (WS) unterstützt. Für SAP SRM 7.0 wurde die zugrunde liegende Geschäftslogik überarbeitet, und es werden nun nicht mehr Muster, sondern Standardaufgaben (TS) verwendet.

Belege, die auf diesen Objekttypen und Klassen basieren, müssen genehmigt oder bestätigt werden, bevor die SAP-SRM-Prozesse fortgesetzt werden können. Das bedeutet, dass der Workflow im produktiven Betrieb von SAP SRM eine wichtige Rolle spielt. SAP Business Workflow wird für die meisten Genehmigungsprozesse verwendet, die von SAP SRM unterstützt werden.

Das SAP-System erkennt, dass Genehmigungsprozesse kundenspezifisch sind, z. B. in Bezug auf Genehmigungen und Dollarbeschränkungen. Bei der

Bereitstellung von SAP SRM wurde davon ausgegangen, dass die Anforderungen der Genehmigungsprozesse in den einzelnen Unternehmen sehr unterschiedlich sind. SAP SRM ermöglicht es Ihnen daher, Ihre eigenen Anforderungen ohne Probleme zu konfigurieren.

SAP SRM ist eng an SAP Business Workflow gekoppelt, und die Verwendung von SAP Business Workflow ist sehr SAP-SRM-spezifisch. Damit die Verarbeitung in SAP SRM einwandfrei funktioniert, benötigen Sie sowohl SAP-SRM-Genehmigungs-Frameworks als auch die entsprechenden SAP-Business-Workflow-Muster. Nur diese Kombination ermöglicht die Bereitstellung spezieller Funktionen in SAP SRM, die das herkömmliche Angebot in SAP Business Workflow erweitern. Zu den wichtigsten Funktionen dieser Kombination zählen die folgenden:

- die Möglichkeit, eine dynamische Anpassung des Prozesses zu unterstützen, wenn Belege geändert werden
- eine Darstellung der Genehmigenden in einer Übersicht des Genehmigungsprozesses, einschließlich einer Vorschau der Benutzer, die den Beleg genehmigen
- Ad-hoc-Prozesserweiterung

In diesem Kapitel konzentrieren wir uns auf die Verknüpfung des SAP-SRM-Rahmens mit SAP Business Workflow. In SAP SRM gibt es mehrere Standard-Workflows, die den SAP-SRM-Rahmen nicht verwenden. Diese werden in diesem Kapitel jedoch nicht berücksichtigt; stattdessen befassen wir uns mit den folgenden SAP-SRM-Aspekten:

- Genehmigungsprozesse in SAP SRM und zu erfüllende Anforderungen
- Überblick über die SAP-SRM-Genehmigungs-Frameworks und ihre Verwendung in SAP SRM 5.0 und SAP SRM 7.0
- Einzelheiten zu allen SAP-SRM-Frameworks
  - Prozesssteuerung in SAP SRM 7.0
  - Anwendungssteuerung in SAP SRM 5.0 und früher

29.1 Genehmigungsprozesse

Die Anforderungen an Genehmigungsprozesse können sehr komplex sein. In diesem Abschnitt werden die verschiedenen Genehmigungsprozesse in SAP SRM beschrieben.

29.1.1 Einfache Genehmigungsprozesse

Genau genommen, ist eine Genehmigung einfach ein Vorgang, bei dem ein Beleg einem Entscheidungsträger zur Genehmigung vorgelegt wird. Dieser ausgewählte Bearbeiter genehmigt den Beleg oder eben nicht. Das ist alles. Da normalerweise eine positive Entscheidung erwartet wird, wird dieser Vorgang *Genehmigungsprozess* und nicht Ablehnungs- oder Entscheidungsprozess genannt.

Der einfache Genehmigungsprozess ist sehr effektiv und findet weiterhin in vielen SAP-SRM-Prozessen Anwendung. Wenn z. B. ein Mitarbeiter ein Produkt aus einem Katalog auswählt und bestellt, wird diese Anforderung über das System zur Genehmigung an den verantwortlichen Vorgesetzten weitergeleitet. Die Einfachheit dieses Prozesses hängt von der Tiefe der hierarchischen Struktur im Unternehmen oder von der Komplexität der Bedarfsanforderung ab.

29.1.2 Komplexe Genehmigungsprozesse

Viele Kunden benötigen entweder zusätzliche Funktionen für den Entscheidungspfad oder mehr Flexibilität bei der Weiterleitung des Genehmigungsobjekts. Häufig tritt auch eine Kombination dieser beiden funktionalen Anforderungen auf. Im Folgenden finden Sie einige Beispiele für Anforderungen, die Kunden an SAP stellen:

- Bei einer Bestellung wählt der Benutzer normalerweise entsprechend den Best Practices ein Produkt aus einem Katalog aus. Wenn der Benutzer das benötigte Produkt jedoch nicht finden kann, kann er einen frei formulierten Text eingeben, um das Produkt zu beschreiben. Ein zentraler Einkäufer kann dann hinzugezogen werden und stellt die fehlenden Daten zur Verfügung, sodass die textbasierte Anforderung in eine Bestellung an einen Lieferanten umgewandelt werden kann. Es können fehlende Daten hinzugefügt werden, oder die Anforderung kann geändert werden, um sicherzustellen, dass das richtige Produkt vom Lieferanten bestellt wird. Dieser Genehmigungsprozess wird in SAP SRM als *Genehmigung mit Vervollständigung* bezeichnet.
- Der Genehmigende benötigt weitere Informationen, um zu entscheiden, ob er die Bestellung genehmigt oder ablehnt. Diese Informationen kann der Genehmigende z. B. in Form eines Microsoft-Word-Dokuments mit der Produktspezifikation oder durch Rücksprache mit einem Mitarbeiter aus einer anderen Abteilung erhalten. Falls weitere Personen in den Prozess involviert werden, muss der Genehmigungsprozess flexibel genug

sein, damit der Prozess basierend auf den Anforderungen des Genehmigenden aktualisiert werden kann. Die wechselseitige Verarbeitung zwischen dem Ersteller und dem Genehmigenden des Belegs erfolgt über den Button INQUIRE in der Universal Worklist (UWL).

- Der Genehmigende genehmigt den Posten nur, wenn Änderungen vorgenommen werden, wie z. B. eine Preisänderung für eine Einzelposition eines Mehrpositionenvertrags, eine Kontierungsänderung für eine Bestellposition oder ein Löschvorgang für eine Einzelposition auf einer Rechnung. In all diesen Fällen kann der Genehmigende die Änderungen zur Überprüfung an den Initiator des Geschäftsbelegs zurücksenden oder die Änderung sofort übernehmen, ohne den Initiator zu benachrichtigen, um den Prozess zu beschleunigen. Beachten Sie, dass »Änderungen« am Einkaufsbeleg standardmäßig bei der Genehmigung deaktiviert werden. Kunden können sie jedoch über einen angepassten SAP-Hinweis wieder aktivieren.
- Bei einigen Bestellungen kann es erforderlich sein, weitere Personen hinzuzuziehen, um Aussagen über den zu genehmigenden Beleg zu treffen (in Form von Notizen oder Anlagen). Nehmen wir einmal an, dass Sie für den Einkauf von Telekommunikationsprodukten in Ihrem Unternehmen verantwortlich sind. Ihre Aufgabe ist es, ein Angebot für neue Telefone und Headsets auszuwählen und zu genehmigen. Da es viele verschiedene Arten von Headsets gibt, müssen Sie einen Ihrer Telekommunikationsspezialisten in die Entscheidung mit einbeziehen, welches Headset das richtige für Ihr Unternehmen ist.

Wie Sie hier sehen können, geht es bei den Anforderungen nun nicht mehr darum, den Verantwortlichen zu ermitteln und die Genehmigung zu erhalten – stattdessen ist der Prozess deutlich komplexer geworden. Ein komplexer Genehmigungsprozess wird normalerweise auch als *kombinierter Vervollständigungs- und Genehmigungsprozess* bezeichnet. Der Einfachheit halber verwenden wir in diesem Kapitel jedoch den *Genehmigungssprozess*.

29.1.3 Zentrale Konzepte und Anforderungen

Dieser Abschnitt befasst sich mit den wichtigsten Begriffen, Konzepten und Kundenanforderungen, die für das Genehmigungs-Framework in SAP SRM eine Rolle spielen. Die Anforderungen bestimmen, wie der Genehmigungsprozess aussehen sollte, wer mit einbezogen werden sollte, wie ein dynamischer Prozess funktionieren sollte, wie der Prozess durch die Benutzer visualisiert werden kann und wie die richtigen Genehmigungsbearbeiter ermittelt werden.

Faustregel für die Funktionsweise eines Genehmigungsprozesses

Das Konzept der Genehmigungsprozesse ist in allen SAP-SRM-Releases konsistent:

- Genehmigungen erfolgen in aufeinanderfolgenden Stufen (diese werden auch *Prozesstiefe* oder *Genehmigungstiefe* genannt).
- Um die nächste Stufe zu erreichen, muss die Entscheidung für den gesamten Beleg in der aktuellen Genehmigungsstufe getroffen werden und endgültig sein.

Dies hat die folgenden wesentlichen Auswirkungen:

- Einzelne Positionen eines Belegs können nicht den kompletten Genehmigungsprozess durchlaufen; entweder erreicht der gesamte Beleg die nächste Genehmigungsstufe oder gar keine Position.
- Einzelne Positionen eines Belegs können erst für nachfolgende Prozesse/Schritte freigegeben werden, wenn eine Entscheidung für den gesamten Beleg getroffen wird.
- Genehmigungsprozesse in SAP SRM werden auf Belegebene ausgeführt. Damit eine Genehmigungsstufe für den Beleg abgeschlossen werden kann, muss der gesamte Beleg genehmigt werden:
  - Werden bestimmte Einzelpositionen abgelehnt, kann der Beleg zur Aktualisierung an den Anfordernden zurückgesendet oder die Einzelposition entfernt werden.
  - Wird eine Einzelposition entfernt, kann der gesamte Beleg die nächste Genehmigungsstufe erreichen.
  - Wird eine Einzelposition abgelehnt und an den Anfordernden zurückgesendet, kann der Beleg nicht die nächste Genehmigungsstufe erreichen.

  Alle Einzelpositionen in einem Beleg müssen genehmigt sein, bevor die nächste Genehmigungsstufe erreicht werden kann.

An einem Genehmigungsprozess beteiligte Rollen/Funktionen

Während eines Genehmigungsprozesses kommen die folgenden vier Rollen zum Einsatz:

- **Anfordernder**
  die Person, die die Anforderung initiiert
- **Spezialist**
  Die Person, die dafür verantwortlich ist, die Anforderung auf Richtigkeit und Vollständigkeit hin zu prüfen. Diese Rolle wird auch *Einkaufsspezialist* genannt.
- **Genehmigender**
  die Person, die die Entscheidung trifft (und gegebenenfalls Änderungen/ Korrekturen am Beleg vornimmt)
- **Reviewer**
  die Person, die den Prozess überprüft, Kommentare hinzufügt und den Prozess um zusätzliche Informationen erweitert

Funktionen eines dynamischen Prozesses

Die Unterstützung dynamischer Prozesse ist eine wichtige Anforderung von Kunden an den SAP-SRM-Genehmigungsprozess. Die dynamische Verarbeitung bietet die folgenden beiden Möglichkeiten:

- Eine dynamische Bestimmung des Prozesses basierend auf dem Inhalt des Belegs. Die unterschiedlichen Abteilungen im Unternehmen erfordern unterschiedliche Prozesse; der Genehmigungsprozess variiert z. B. je nach Organisationseinheit oder Kostenstelle, die bei der Kontierung einer bestimmten Einzelposition angegeben wurde.
- Eine dynamische Änderung des Prozesses basierend auf dem tatsächlichen Inhalt des Belegs. Wenn ein Prozess geändert wurde, sollte nach Möglichkeit eine Historie des Belegs gepflegt werden. Das bedeutet, dass der Prozess bei einer Änderung des Belegs diese Änderung automatisch erkennt und die Genehmigungskette entsprechend anpasst. Ein dynamischer Prozess kann die folgenden Auswirkungen auf den ausgeführten Prozess haben:
  - Anpassung der Anzahl an erforderlichen Genehmigungsstufen
  - Neustart des aktuellen Prozesses
  - Abschluss des aktuellen Prozesses und Start eines anderen Prozesses

Ad-hoc-Prozesserweiterung

Ein Alleinstellungsmerkmal des Workflows in SAP SRM besteht darin, dass Benutzer den Workflow-Prozess einfach zur Laufzeit verbessern können. Ein

Benutzer kann den Prozess mit dem standardmäßigen Ankerkonzept *Ad-hoc-Genehmigung* ergänzen. Dieses Ankerkonzept ermöglicht das Hinzufügen von Genehmigungsschritten; Benutzer können Genehmigende und Reviewer gleichzeitig hinzufügen.

Die Ad-hoc-Erweiterung von Prozessen spielt für die Genehmigungszyklen bei Bestellanforderungen in SAP SRM eine wichtige Rolle. Das gängigste Szenario ist, wenn ein SAP-SRM-Genehmigender zu einer vorhandenen Genehmigungskette hinzugefügt werden muss, z. B. in einer Ausnahmesituation oder aufgrund einer Ad-hoc-Entscheidung anderer Genehmigender. Die Ad-hoc-Verarbeitung kann jedoch dazu verwendet werden, den gesamten Genehmigungspfad für einen Beleg zu definieren oder zu präzisieren. In bestimmten Geschäftsszenarien kann kein vordefinierter Genehmigungspfad bestimmt werden. In diesen Fällen können die Benutzer gemäß den in ihren Abteilungen geltenden Richtlinien den gesamten Genehmigungspfad ad hoc ohne ein vordefiniertes Entscheidungsmuster definieren. Beachten Sie, dass in solchen Fällen nicht nur die technische Durchführbarkeit berücksichtigt werden muss. Zusätzlich muss weiteren Design-Aspekten wie gesetzlichen Bestimmungen (etwa dem Sarbanes-Oxley Act) Rechnung getragen werden.

Um die Genehmigungskette als Ganzes transparent zu gestalten, werden in der Übersicht des Genehmigungsprozesses in SAP SRM die ermittelten Bearbeiter, alle hinzugefügten Ad-hoc-Bearbeiter und alle anderen Erweiterungen der Workflow-Kette angezeigt.

Übersicht über den Genehmigungsprozess: benutzerorientierte Prozessvisualisierung

Da eine sehr dynamische Verarbeitung und Ermittlung von Genehmigenden möglich ist, ist es äußerst wichtig, dass der Anfordernde und andere am Prozess beteiligte Benutzer stets Zugriff auf die tatsächlichen Informationen haben. Alle Benutzer sollten immer die Übersicht über den Genehmigungsprozess mit den zukünftigen Genehmigenden aufrufen können.

Angenommen, in einem dringenden Prozess muss eine Genehmigung innerhalb von zwei Geschäftstagen erfolgen. Der Anfordernde möchte sich nach dem ersten Tag über den aktuellen Status informieren, um sicherzustellen, dass die Bestellanforderung rechtzeitig abgeschlossen wird. Da die Genehmigenden angezeigt werden, lässt sich schnell ermitteln, wer derzeit der Genehmigende ist, und diese Person kann bei Bedarf direkt kontaktiert werden. Die Genehmigungsprozessübersicht spielt auch für Ad-hoc-Genehmigende eine entscheidende Rolle. Die Genehmigungsprozessübersicht bietet dem Benutzer die Möglichkeit, Ad-hoc-Genehmigende an der richtigen Stelle der Genehmigungskette hinzuzufügen.

Dem Benutzer muss eine Prozessübersicht zur Verfügung gestellt werden, die Folgendes beinhaltet:

- die Historie der ausgeführten Prozessstufen und -schritte, einschließlich der beteiligten Bearbeiter
- den Status und die Zuordnung der Bearbeiter der aktuellen Prozessstufe
- die Vorschau der erwarteten Prozessstufen (einschließlich der Bearbeiterzuordnung)

Wenn ein Benutzer die Genehmigungsprozessübersicht aufruft, werden im System die Schritte des dazugehörigen Workflows simuliert und die relevanten Informationen für den Benutzer angezeigt. Das heißt, das System bestimmt alle benötigten und bereits ausgeführten Genehmigungsschritte basierend auf dem aktuellen Beschaffungsbeleg und ermittelt die Bearbeiter (Benutzer), die an jedem Schritt beteiligt sind oder sein werden. Aktualisiert der Benutzer den dazugehörigen Beschaffungsbeleg, z. B. während dieser angelegt wird, passt das System die Vorschau entsprechend an.

Ermittlung der Zuständigkeit

Die Zuständigkeit ist ein zentrales Konzept für SAP-SRM-Genehmigungs-Frameworks. Für jede Genehmigungsstufe muss festgelegt werden, *wer* die Entscheidung für den gesamten Beleg in dieser Stufe treffen kann. Die Ermittlung der *Person* und der *Genehmigungsstufe* hängt normalerweise von der Organisationsstruktur in Ihrem Unternehmen ab, muss aber nicht unbedingt eng an diese gekoppelt sein. Betrachten wir folgende Beispiele:

- In Ihren Geschäftsregeln ist festgelegt, dass es sich bei dem Genehmigenden um den direkten Vorgesetzten handelt. In diesem Fall kann der zuständige Genehmigende problemlos anhand der Aufbauorganisation Ihres Unternehmens ermittelt werden.
- Wenn bestimmte Produkte bestellt werden, die als gefährlich eingestuft wurden, muss ein Experte für Gefahrstoffe die Bestellung genehmigen. In diesem Fall erhält man nicht das richtige Ergebnis, wenn man den direkten Vorgesetzten ermittelt. In dieser Ausnahmesituation muss der Genehmigende für den Gefahrstoff dynamisch, z. B. über die Zuständigkeit für

die Produktkategorie Gefahrstoffe oder mithilfe einer speziellen Organisationseinheit, ermittelt werden. Möglicherweise müsste eine kundenspezifische Z/Y-Tabelle eine Reihe von Genehmigenden entsprechend den Kategorien enthalten, für die Genehmigungen notwendig sind.

Genehmigende können mit unterschiedlichen Zuständigkeitsarten für einen Beleg eingerichtet werden. Dazu zählen normalerweise:

- **alleinige Zuständigkeit**
  Der zuständige Bearbeiter muss alle Positionen im Beleg genehmigen. Dies bedeutet, dass eine einzige Person für die einzelnen Genehmigungen verantwortlich ist.
- **geteilte Zuständigkeit**
  Mehrere Bearbeiter sind für ein Dokument zuständig. Dies ist z. B. der Fall, wenn ein Beleg mehrere Einzelpositionen aufweist, die unterschiedlichen Produktkategorien zuzuordnen sind, und jede Kategorie über einen eigenen zuständigen Bearbeiter verfügt. Hier müssen alle für die jeweiligen Produktkategorien zuständigen Genehmigenden den Beleg genehmigen. Wenn ein für eine einzelne Produktkategorie zuständiger Genehmigender den Beleg ablehnt, wird der gesamte Beleg abgelehnt.
- **gemeinsame Zuständigkeit**
  Es gibt verschiedene Bearbeiter, die für einen Beleg zuständig sind, und mehrere Genehmigende müssen die gleiche Einzelposition genehmigen. Ein gängiges Beispiel für die gemeinsame Zuständigkeit ist die Kostenstellenaufteilung, z. B. die Anschaffung eines neuen Kopierers, bei der die Kosten auf zwei oder mehr Abteilungen aufgeteilt werden. In diesem Fall müssen alle beteiligten Kostenstellen die Anschaffung des neuen Kopierers genehmigen. Lehnt nur einer der Genehmigenden, der für eine Kostenstelle zuständig ist, die Bestellung ab, kann die gesamte Bestellung nicht weiterbearbeitet werden.

Die alleinige Zuständigkeit, die geteilte Zuständigkeit und die gemeinsame Zuständigkeit können bei der Verarbeitung von Belegen auch kombiniert werden. Wenden wir uns noch einmal dem Beispiel der Anschaffung eines neuen Kopierers zu, bei der die Kosten zwischen mehreren Kostenstellen aufgeteilt werden. Bei der ersten Genehmigungsstufe ist eine gemeinsame Zuständigkeit erforderlich, da jede Kostenstelle den neuen Kopierer genehmigen muss. Bei der nächsten Genehmigungsstufe kann eine alleinige Zuständigkeit definiert werden. Dann muss nur eine Person, z. B. der Geschäftsführer oder der stellvertretende Geschäftsführer, die Anschaffung des neuen Kopierers genehmigen.

Entscheidungsmengen

Wie Sie sehen, können für einen Beleg ein oder viele Genehmigende vorhanden sein. Aus Workflow-Sicht muss für jeden Genehmigenden ein Workitem vorhanden sein. Wenn also ein Beleg zehn Einzelpositionen umfasst, von denen jede einem anderen Genehmigenden zugeordnet wurde, muss jeder Genehmigende ein eigenes Workitem für die Genehmigung erhalten. Die Positionen, die ein Genehmigender erhält, werden als *Entscheidungsmenge* bezeichnet. Die zuständigen Genehmigenden können alle Positionen des Belegs anzeigen, aber nur die bearbeiten und genehmigen, denen sie als zuständige Bearbeiter zugewiesen wurden.

Bei der Entscheidungsmenge handelt es sich um eine Liste von Positionen, die ein Genehmigender in der aktuellen Genehmigungsstufe abarbeitet. Jedes angelegte Workitem ist einer Entscheidungsmenge zugewiesen. Bei der alleinigen Zuständigkeit gehören alle Elemente zur gleichen Entscheidungsmenge. Bei der geteilten und gemeinsamen Zuständigkeit gibt es mehrere Entscheidungsmengen. Am einfachsten ist es, sich die Entscheidungsmenge als Workitem vorzustellen, das die Einzelpositionen für jeden Genehmigenden enthält.

Hinweis

In Kapitel 14, »Erweiterte Design-Techniken für Workflows«, wird erläutert, wie mehrere Workitems basierend auf einem mehrzeiligen Containerelement gestartet werden können. Diese Technik wird auch hier verwendet. Jede Entscheidungsmenge entspricht einem Sub-Workflow, der mehrmals aufgerufen wird.

29.2 SAP SRM: Genehmigungs-Frameworks

Nachdem Sie die Anforderungen für SAP SRM kennengelernt haben, befassen wir uns nun damit, wie diese Anforderungen umgesetzt werden können. SAP SRM bietet zwei Genehmigungs-Frameworks, wie in Abbildung 29.1 dargestellt:

- **anwendungsgesteuerter Workflow**
  Der anwendungsgesteuerte Workflow wurde vor einigen Jahren eingeführt. Die Steuerung über die Anwendung basiert auf dem traditionellen SAP Business Workflow mit verschiedenen physischen Workflows für verschiedene Genehmigungsprozesse. Dies sehen Sie in Abbildung 29.1. Hier gibt es eine Workflow-Definition für den einstufigen Genehmigungs-

Workflow und eine weitere Workflow-Definition für den zweistufigen Genehmigungs-Workflow.

- **prozessgesteuerter Workflow**
  Der prozessgesteuerte Workflow wurde mit SAP SRM 7.0 eingeführt. Im prozessgesteuerten Workflow wird ein generischer Workflow verwendet. Die Einstellungen, *wie* der Workflow ausgeführt werden soll, werden im Framework für Geschäftsregeln (Business Rules Framework, BRF) konfiguriert. Mit nur wenig Konfigurationsaufwand kann ein sofort einsetzbares Genehmigungsszenario erstellt werden. Das Ziel von SAP ist es, eine Konfiguration des Prozesses zu ermöglichen, ohne dass dafür Expertenwissen zu SAP Business Workflow benötigt wird. Dies kann allerdings zumindest am Anfang etwas Zeit in Anspruch nehmen.

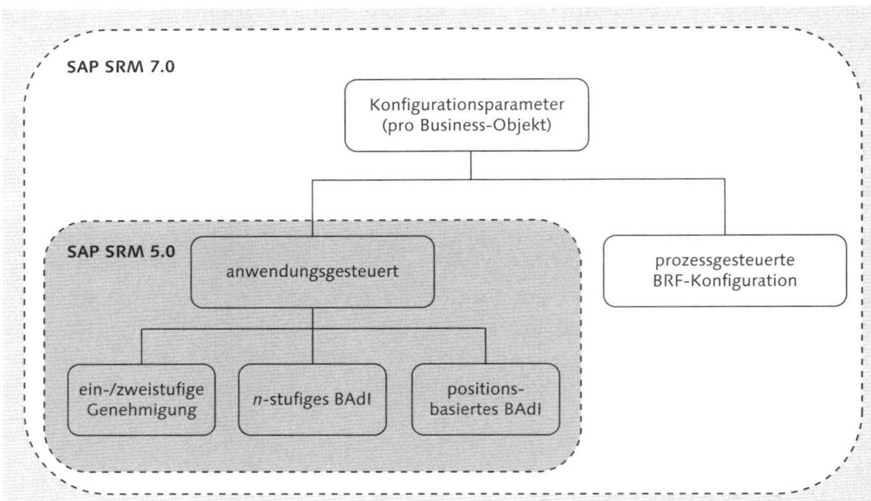

Abbildung 29.1 Anwendungsgesteuerter vs. prozessgesteuerter Workflow

Empfehlung

Natürlich empfiehlt SAP den Kunden die Verwendung des prozessgesteuerten Workflows, der in SAP SRM 7.0 zur Verfügung steht. Das prozessgesteuerte Framework bildet die Grundlage für zukünftige Entwicklungen in SAP SRM. Kunden, die momentan mit SAP SRM 5.0 (oder niedrigeren Releases) arbeiten, verwenden weiterhin den anwendungsgesteuerten Workflow. Kunden, die ein Upgrade auf SAP SRM 7.0 planen, können ihre Prozesse weiterhin über den anwendungsgesteuerten Workflow ausführen, ohne dass es zu Unterbrechungen kommt.

Ein Upgrade erfordert also keinen Wechsel zum prozessgesteuerten Workflow. *Nachdem* das Upgrade auf SAP SRM 7.0 vollständig abgeschlossen ist, können Sie Ihre Logik auf den prozessgesteuerten Workflow aktualisieren. SAP SRM 7.0 enthält verschiedene Werkzeuge, die die Migration der Konfiguration eines anwendungsgesteuerten Workflows auf einen prozessgesteuerten Workflow unterstützen. Dieser Vorgang wird in Abschnitt 29.10.1, »Systemupgrades«, näher beschrieben.

Aus technischer Sicht wird der Wechsel vom anwendungsgesteuerten zum prozessgesteuerten Workflow im SAP-Einführungsleitfaden (Implementation Guide, IMG) gepflegt, wie in Abbildung 29.2 dargestellt. Für diesen Wechsel müssen Sie einige wichtige Besonderheiten beachten:

- Sie können nur vom anwendungsgesteuerten zum prozessgesteuerten Workflow wechseln und nicht umgekehrt (SAP unterstützt den Wechsel von einem prozessgesteuerten Workflow zurück zu einem anwendungsgesteuerten Workflow nicht).
- Diesen Wechsel sollten Sie nur vornehmen, wenn Sie bereit für diese Umstellung und sich der Auswirkungen bewusst sind.

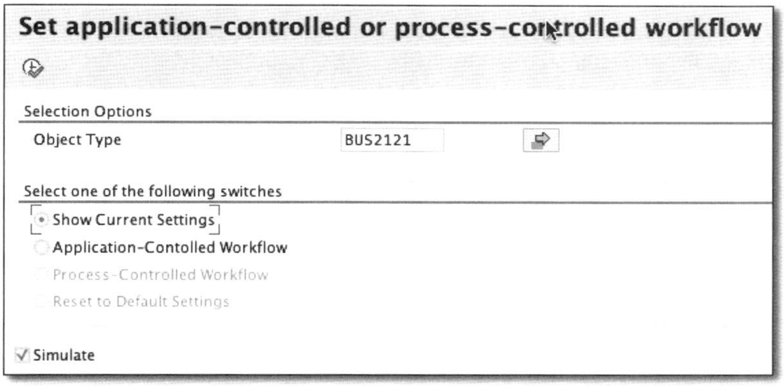

Abbildung 29.2 Workflow-Framework auswählen

29.3 Prozessgesteuerter Workflow im Detail

Das in SAP SRM 7.0 eingeführte prozessgesteuerte Framework wurde für mehr Flexibilität bereitgestellt. Es bietet einen Ansatz, bei dem der Großteil der Kunden mit einfachen Genehmigungsprozessen lediglich einige Konfigurationsschritte ausführen muss. Das prozessgesteuerte Framework besteht aus Prozessstufen, und jede Prozessstufe ist gleichzeitig auch eine Genehmigungsstufe. Für einen Beleg können eine oder mehrere Prozessstufen erforderlich sein. Die Konfiguration der Prozessstufen erfolgt im IMG. Bei Bedarf können Sie bis zu 999 Prozessstufen einrichten.

Die Prozessstufen definieren die benötigte Art der Zuständigkeit (alleinige, gemeinsame oder geteilte Zuständigkeit) und legen fest, ob der Genehmigende den Beleg ändern oder nur genehmigen bzw. ablehnen kann. Kann der Genehmigende den Beleg bei der Genehmigung auch bearbeiten, wird diese Prozessstufe *Genehmigung mit Vervollständigung* genannt. Kann der Genehmigende den Beleg nur genehmigen oder ablehnen, wird die Prozessstufe dagegen einfach als *Genehmigung* bezeichnet.

Hinweis

Als prozessgesteuerte Workflows in SAP SRM eingeführt wurden, galten dabei die folgenden Prinzipien:

- Auf der Prozessvervollständigungsstufe können der Genehmigende und der Anfordernde den Einkaufsbeleg (Einkaufswagen (SC), Bestellung (PO), Wareneingang (GR) etc.) ohne Einschränkungen ändern.
- Auf der Genehmigungsprozessebene dürfen der Genehmigende und der Anfordernde keine relevanten Änderungen am Einkaufsbeleg vornehmen. Ein Reviewer darf den Beleg nicht verändern.
- Die Tatsache, dass während des Genehmigungsprozesses keine Änderungen zugelassen sind, wurde von Kunden als sehr einschränkend empfunden, und sie forderten ein flexibleres Implementierungskonzept. Dies ist für Kundenprojekte jetzt durch die Implementierung des Customizing-SAP-Hinweises 1277921 (Bearbeiten von Feldern durch Genehmigenden/Reviewer zulassen/nicht zulassen) möglich geworden. Mithilfe dieses Hinweises können Kunden festlegen, dass bestimmte Felder während der Genehmigung bearbeitet werden können. Ein Beispiel wäre, dass der direkte Vorgesetzte während des Genehmigungsprozesses das mit dem Einzelposten verknüpfte Hauptbuchkonto ändern möchte und diese Änderung durch die Anpassung möglich werden könnte.

Zusätzlich zu diesen Prozessstufen gibt es Regeln, die definieren, ob eine Prozessstufe ausgeführt werden soll. Diese Regeln sind Teil des BRF. Bevor eine Prozessstufe ausgeführt wird, wird anhand der entsprechenden Regel überprüft, ob diese Prozessstufe ausgeführt werden soll. Eine Regel kann an ein Ausgabelimit oder sonstige Kriterien gebunden sein. Abbildung 29.3 zeigt ein Beispiel einer Regel, die festlegt, dass diese Prozessstufe immer ausgeführt werden soll (`"Execute always"`). Ein Beispiel einer Regel, die auf einem Geldbetrag basiert, würde in der Formel folgenden Eintrag enthalten: `"Overall value > 1.000"`.

Prozessstufen sind in Prozessschemata kombiniert. Ein Prozessschema kann mehrere Prozessstufen umfassen. Jede dieser Stufen wird mit einem Genehmigenden (bzw. bei der gemeinsamen oder geteilten Zuständigkeit mit mehreren Genehmigenden) verknüpft. Zudem wird jeder Stufe eine Regel zugewiesen, die definiert, ob die Stufe ausgeführt werden soll.

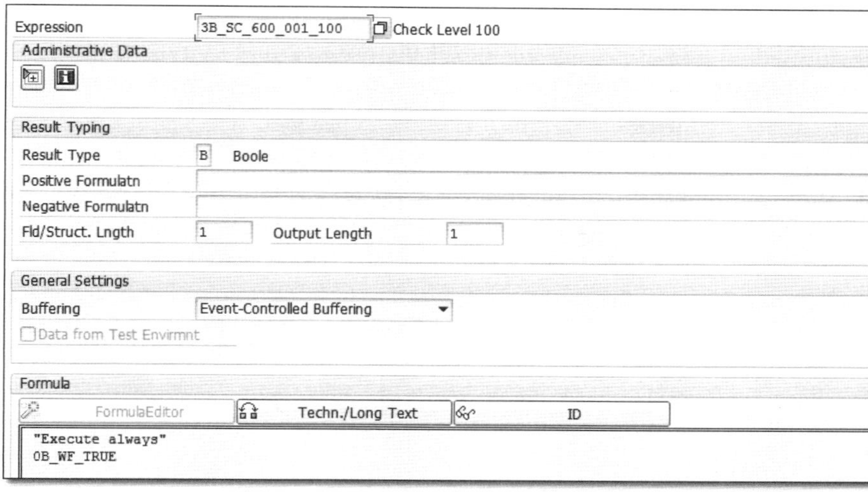

Abbildung 29.3 Beispiel der Geschäftsregel »Execute always«

Abbildung 29.4 zeigt ein Beispiel eines einfachen Prozessschemas. Es umfasst STUFE 100 und STUFE 999. STUFE 999 wird verwendet, wenn alle anderen Stufen übersprungen werden. In Abbildung 29.3 sehen Sie, dass für STUFE 100 die Regel "`Execute always`" gilt.

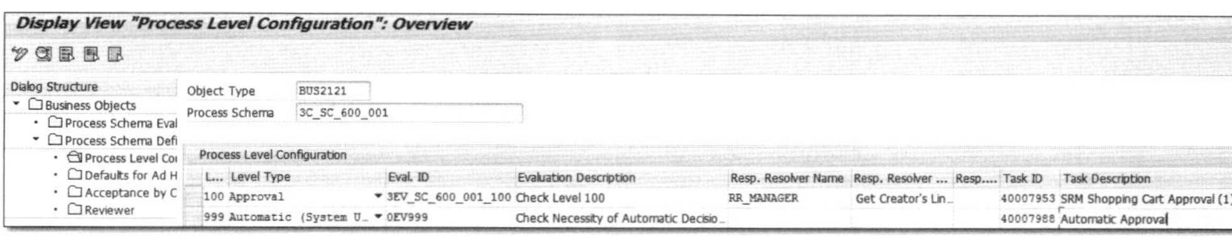

Abbildung 29.4 Definition eines einfachen Prozessschemas

Der allgemeine Ablauf aller Prozessschemata ist in Abbildung 29.5 dargestellt. Innerhalb eines Prozessschemas lautet die erste Frage: »Gibt es in diesem Prozessschema eine weitere Prozessstufe?« Ist die Antwort »Ja«, wird die dieser Prozessstufe zugewiesene Regel überprüft: »Soll diese Stufe ausgeführt werden?« Lautet die Antwort »Ja«, wird der zuständige Genehmigende (bzw. die zuständigen Genehmigenden) ermittelt und ein Workitem zugewiesen.

Die Ermittlung der Zuständigkeit erfolgt auf jeder Prozessstufe über die Zuordnung einer Zuständigkeitsstrategie zu einer Prozessstufe. Die ermittelte Zuständigkeit ist mit einem sehr flexiblen Plug-in-Mechanismus verknüpft: mit Business Add-ins (BAdIs). Diese Plug-ins werden auch als *Strate-*

gien zur Zustandsermittlung bezeichnet. SAP SRM umfasst verschiedene Plug-ins, mit denen Sie die Zuständigkeit für die Prozessstufe definieren können. Wenn die bereitgestellten Implementierungen Ihre Anforderungen nicht erfüllen, können Sie das System mit einem Coding Ihrer eigenen Strategie erweitern. Wenn alle in Ihrem Unternehmen benötigten Strategien verfügbar sind, können Sie den ausgeführten Prozess verändern, indem Sie die Regeln oder Strategien einfach ersetzen. Dazu ist kein weiteres Workflow-Wissen erforderlich. Wie Sie den richtigen Bearbeiter ermitteln, erfahren Sie in Abschnitt 29.3.5, »Bearbeiterfindung«.

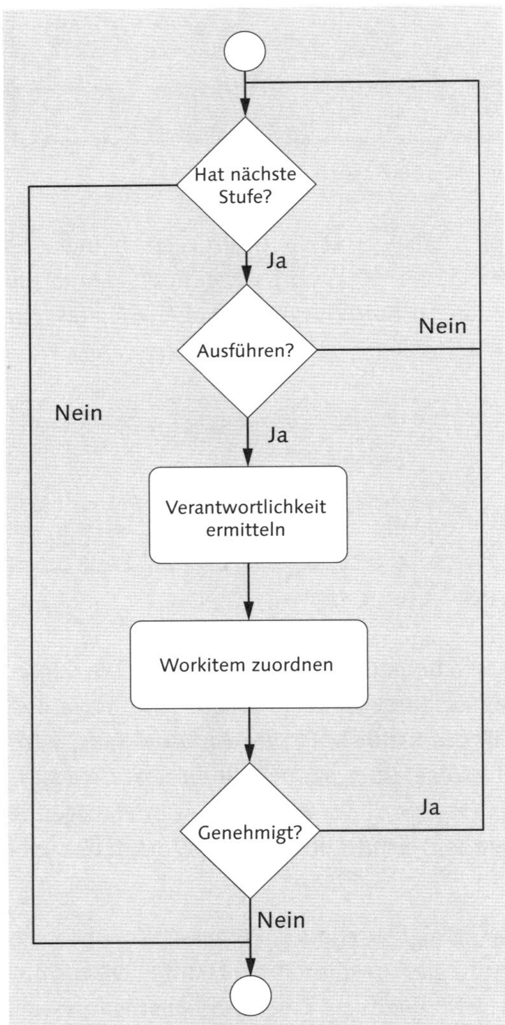

Abbildung 29.5 Ablauf eines Prozessschemas

29.3.1 Technischer Hintergrund

Nachdem Sie nun einen Überblick über die Funktionsweise des prozessgesteuerten Workflows bekommen haben, werden in diesem Abschnitt die technischen Details näher erläutert. Wenn es darum geht, einen Geschäftsbeleg zu genehmigen, wird im System zunächst eine Prüfung durchgeführt, um festzustellen, ob der Beleg für die Genehmigung bereit ist. Ist dies der Fall, wird der Status auf WARTEN AUF GENEHMIGUNG gesetzt und die Framework-Logik zur Ermittlung des Prozessschemas und zum Start des Prozesses ausgelöst. Die Ermittlung der Prozessschemata, die ausgeführt werden sollen, wird zudem über Geschäftsregeln definiert. Abbildung 29.6 zeigt eine Prozessschemadefinition mit den entsprechenden Prozessstufen. Hier können Sie mehrere Prozessstufen und Evaluierungs-IDs sehen, die BRF-Ausdrücken zugeordnet sind. Mehr über Evaluierungs-IDs finden Sie in Abschnitt 29.3.3, »Konfiguration von Genehmigungsstufen«.

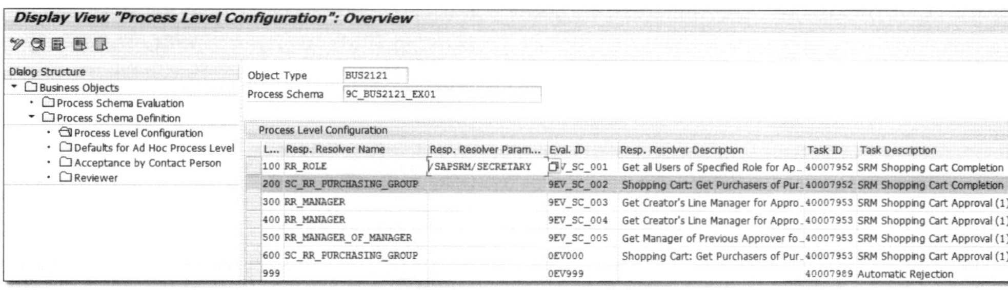

Abbildung 29.6 Definition eines einfachen Prozessschemas

Wenn das System ein gültiges Schema ermittelt, wird das Prozessschema über das Framework aus dem internen Speicher der Design-Zeit/Konfiguration in den Laufzeitspeicher kopiert, sodass Ad-hoc-Erweiterungen möglich sind. Danach wird das generische Ereignis `READY_FOR_ WORKFLOW` ausgelöst, um die Logik für den Genehmigungsprozess in SAP Business Workflow zu starten. Im Anschluss daran versetzt das Framework die gesamte mit diesem Beleg verbundene SAP-SRM-Logik intern in einen Servicemodus. SAP Business Workflow hat nun die Kontrolle für diesen Beleg. SAP SRM ermöglicht nur dann Operationen für den Beleg, wenn ein entsprechendes Workitem vorhanden ist. Demnach bietet der Workflow die einzige Möglichkeit, um mit dem Beleg zu interagieren.

Achtung

Wird ein Beleg an SAP Business Workflow übergeben, ist die SAP Business Workflow Engine für die Prozessausführung zuständig und steuert diese. Jede weitere Operation auf zugrunde liegenden Daten *kann* die Konsistenz der Daten oder des Prozesses selbst *gefährden*.

29.3.2 Allgemeine Voraussetzungen für die Belegverarbeitung

Benutzer müssen mit verschiedenen wichtigen Aspekten von SAP SRM vertraut sein:

- **ohne ein Workitem kann ein Dokument nicht genehmigt oder bearbeitet werden**
  Alle Genehmigungen müssen im Kontext eines ausgeführten Workitems erteilt werden.
- **Benutzer dürfen keine eigenen Dokumente genehmigen**
  Aus geschäftlicher Sicht ist dies offensichtlich. Verfügt der Benutzer über die erforderliche Berechtigung, ist keine Genehmigung notwendig. Ist dies nicht der Fall, wird eine Genehmigung von einer berechtigten Person benötigt. Auch als Vertreter dürfen Benutzer nicht ihre eigenen Belege genehmigen. Die Freigabe eines Belegs durch den für den Beleg verantwortlichen Benutzer am Ende des Genehmigungsprozesses wird nicht als Genehmigung betrachtet und daher nicht unterstützt.

Hinweis

Ab EHP 2 für SAP SRM 7.0 können Belegersteller ihre Belege selbst genehmigen. Dies ist jedoch eine Änderung der Konfiguration, die pro Projekt über eine Konfiguration aktiviert werden muss: GENEHMIGUNG NACH BELEGERSTELLER (`SRM_700_APF_APPR_BY_CREATOR`) in Transaktion /SAPSRM/SW_OVERVIEW.

- **ein Beleg darf keine Änderungen durch den Genehmigenden ermöglichen, wenn die Zuständigkeit für die Genehmigung geteilt ist**
  Wenn ein Beleg Einzelpositionen umfasst, die mehrere Genehmigende erfordern, können die Genehmigenden den Beleg nicht bearbeiten. Dies ist aus Compliance-Gründen wichtig, da ansonsten ein Genehmigender den Beleg ändern könnte, sodass er nicht mehr für den Inhalt zuständig ist, den Beleg anschließend jedoch trotzdem genehmigt. Dieses Problem betrifft allerdings nicht nur Compliance und Governance, sondern führt zudem dazu, dass die Stabilität des Prozesses nicht gewährleistet werden kann.

29.3.3 Konfiguration von Genehmigungsstufen

Angaben zur Konfiguration von Prozessschemata und Prozessstufen finden Sie im IMG unter SAP SUPPLIER RELATIONSHIP MANAGEMENT • SRM SERVER • CROSS-APPLICATION BASIC SETTINGS • BUSINESS WORKFLOW • PROCESS-CONTROLLED WORKFLOW • BUSINESS PROCESS CONFIGURATION • DEFINE PROCESS LEVELS.

Prozessschemata

Prozessschemata werden von SAP bereitgestellt und können definiert werden. Wir befassen uns zunächst näher mit den Prozessschemata an sich und kommen dann im weiteren Verlauf des Kapitels zur Verwendung der von SAP gelieferten Schemata.

Für jedes Business-Objekt können ein oder mehrere Prozessschemata definiert werden. Ein Prozessschema wird zur Design-Zeit definiert und umfasst alle möglichen Prozessstufen, die ein Beleg durchlaufen muss, bevor er letztlich genehmigt werden kann. Für jede Prozessstufe wird außerdem festgelegt, ob der Genehmigende den Beleg bearbeiten (Genehmigung mit Vervollständigung) oder nur genehmigen kann. Abbildung 29.7 zeigt die Business-Objekte, die für Prozessschemata zur Verfügung stehen.

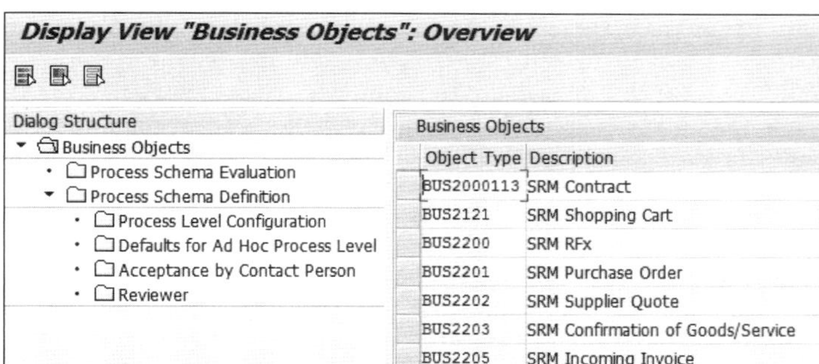

Abbildung 29.7 Für Prozessschemata zur Verfügung stehende Business-Objekte

In Abbildung 29.8 sehen die verschiedenen Prozessschemata für `BUS2121`, das Business-Objekt für Einkaufswagen.

Prozessstufen werden über ihren Typ und eine Bedingung definiert, die erfüllt werden muss, damit die Stufe bearbeitet werden kann. Es wird zwischen den beiden Prozessstufentypen VERVOLLSTÄNDIGUNG und GENEHMIGUNG unterschieden.

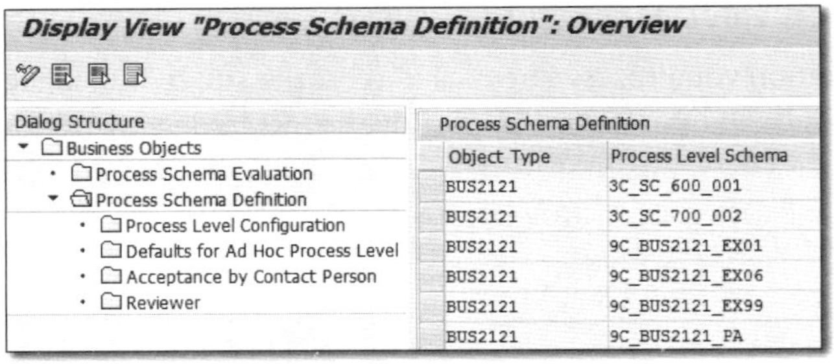

Abbildung 29.8 Definition des Prozessschemas für BUS2121

Abbildung 29.9 zeigt die Prozessstufenkonfiguration mit mehreren Prozessstufen. Beachten Sie, dass der Stufentyp entweder auf GENEHMIGUNG MIT VERVOLLSTÄNDIGUNG oder auf GENEHMIGUNG gesetzt ist. Die EVALUIERUNGS-ID entspricht der Regel, die aufgerufen wird, um zu ermitteln, ob die Stufe ausgeführt werden soll. Der RESPONSIBILITY-RESOLVER-NAME enthält die Bearbeiterfindungsstrategie, die für die Suche nach den zuständigen Genehmigenden verwendet wird.

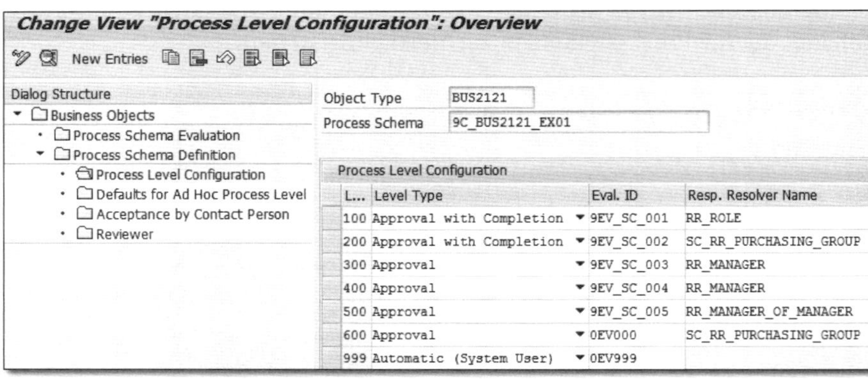

Abbildung 29.9 Prozessstufenkonfiguration

Wie bereits erwähnt, erlaubt GENEHMIGUNG MIT VERVOLLSTÄNDIGUNG, dass der Genehmigende den Beleg ändert. Handelt es sich bei der Prozessstufe um GENEHMIGUNG MIT VERVOLLSTÄNDIGUNG, gibt es ein Workitem und einen Genehmigenden. Der Genehmigende kann jedoch jede Position im Beleg einzeln genehmigen oder ablehnen. GENEHMIGUNG bedeutet, dass keine Änderungen zugelassen sind (wie zuvor beschrieben, wenn nicht anders mit dem Customizing-SAP-Hinweis festgelegt: 1277921). Handelt es sich bei der Prozessstufe um GENEHMIGUNG, kann der Beleg in mehrere Workitems (Entscheidungsmengen) zerlegt werden, die zur Genehmigung parallel an verschiedene

Genehmigende gesendet werden. Jeder Genehmigende erhält eine Aufgabe mit seinen Belegpositionen, die er genehmigen muss.

Entscheidungstypen

Entscheidungstypen definieren, ob der Genehmigende den gesamten Beleg oder jede Position einzeln genehmigen kann. Es gibt die folgenden vier Entscheidungstypen:

- **Typ 1:** Der Beleg wird von einem Genehmigenden auf Belegebene genehmigt.
- **Typ 2:** Der Beleg wird von einem Genehmigenden auf Positionsebene genehmigt. (Der Genehmigende kann einzelne Positionen genehmigen oder ablehnen.)
- **Typ 3:** Der Beleg wird von mehreren Genehmigenden auf Belegebene genehmigt.
- **Typ 4:** Der Beleg wird von mehreren Genehmigenden auf Positionsebene genehmigt.

Weitere Informationen dazu finden Sie im SAP Help Portal (*http://help.sap.com*).

Prozessstufen vom Typ GENEHMIGUNG MIT VERVOLLSTÄNDIGUNG unterstützen nur den Entscheidungstyp 2, Prozessstufen vom Typ GENEHMIGUNG unterstützen alle vier Entscheidungstypen.

Aktivierung von Prozessstufen

Die Prozessstufen im Prozessschema müssen nicht unbedingt ausgeführt werden. Entsprechende Regeln bestimmen, ob die Prozessstufe ausgeführt wird. Die Aktivierungsmöglichkeit für Prozessstufen zur Design-Zeit wird über Ereignisse und Ausdrücke bereitgestellt, die durch das BRF unterstützt werden (siehe nächster Abschnitt). Anhand dieser Regeln kann zur Laufzeit entschieden werden, welche der vordefinierten Prozessstufen aktiviert oder deaktiviert werden müssen.

29.3.4 Geschäftsregel-Framework

BRF wird durch SAP NetWeaver bereitgestellt. Es evaluiert anwendungsspezifische Geschäftsregeln, indem es komplexe logische Ausdrücke (Regeln) auf einen Einzelwert anwendet. Das Ergebnis ist ein eindeutiger Wert, entweder ein boolescher Ausdruck (`true` oder `false`) oder ein beliebiger anderer Einzelwert, z. B. ein String.

Hinweis

Die Verwendung des BRF ist nicht auf SAP SRM selbst oder auf die Art und Weise beschränkt, wie SAP SRM es nutzt. Die BRF-Funktionalität wird von verschiedenen anderen Komponenten im SAP-System genutzt. Weitere Informationen dazu finden Sie in Kapitel 21, »BRFplus und SAP Decision Service Management«.

Die Vorteile und Nachteile des Frameworks sind in gewissem Maße miteinander verbunden. Zwar können (fehlerfreie) Ausdrücke ausgewertet werden, das Framework selbst stellt jedoch keinen Business-Content und keine Geschäftslogik bereit. Die Geschäftslogik muss von der entsprechenden Geschäftsanwendung zur Verfügung gestellt werden, z. B. von SAP SRM. Wenn also neue Regeln mithilfe des BRF ausgewertet werden müssen, müssen alle für den Geschäftskontext benötigten Ausdrücke explizit bereitgestellt werden.

Ab SAP SRM 7.0 wird das BRF verwendet, um bestimmte Aspekte der Standardimplementierung für Genehmigungsprozesse zu steuern. Es handelt sich nicht um einen Workflow oder eine Workflow Engine. Das BRF wird mit seinen Ereignissen und Ausdrücken für folgende Zwecke verwendet:

- Evaluierung von Prozessstufen
- Definition von Standardeinstellungen für Ad-hoc-Prozessstufen
- Ermittlung, ob die Kontaktperson für einen Beleg ein Workitem erhält, wenn der Genehmigungsprozess abgeschlossen ist
- Definition von Regeln, nach denen Reviewer zum Genehmigungsprozess hinzugefügt werden

Normalerweise erfordert die Evaluierung von BRF-Ereignissen den Zugriff auf Belegattribute. Informationen über den aktuellen Genehmigungsprozess werden ebenfalls in einigen Fällen benötigt. In SAP SRM 7.0 kann auf alle wichtigen Attribute, die zur Verfügung stehen, wenn ein Business-Objekt instanziiert wurde (z. B. ein Einkaufswagen), über einen BRF-Ausdruck zugegriffen werden.

Es ist wichtig, dass Sie die folgenden BRF-Begriffe verstehen:

- **BRF-Ereignis**
  - verbindet die Anwendung und das Regel-Framework
  - kann mit mehreren Regeln verknüpft sein
  - ist mit kontextbezogenen Daten verknüpft

Achtung

Der Begriff *Ereignis* in BRF-Ereignis ist nicht als Ereignis im Sinne von SAP Business Workflow zu verstehen. BRF-Ereignisse sind zentrale Einstiegspunkte zur Auswertung der Regeln. Während Workflow-Ereignisse zum Beenden und Starten von Workflows eingesetzt werden, werden BRF-Ereignisse zum Auswerten einer Regel aufgerufen.

- **BRF-Ausdruck**
  Ein BRF-Ausdruck bestimmt, ob eine Regel ausgeführt werden soll. BRF-Ausdrücke geben einen flachen Datentyp (d. h. ohne Struktur oder Referenz auf andere Objekte) zurück. Ausdrücke können z. B. einen booleschen Wert, ein Zeichen, ein Datum und andere flache Datentypen zurückgeben.

29.3.5 Bearbeiterfindung

Während des Genehmigungsprozesses kann ein Beleg in Entscheidungsmengen zerlegt werden. Es gibt eine Entscheidungsmenge pro Workitem. Die erstellten Entscheidungsmengen werden dann parallel verarbeitet. Für jede Entscheidungsmenge wird eine neue Instanz des Sub-Workflow-Musters gestartet. Um einen Genehmigungsschritt ausführen zu können, müssen die entsprechenden Bearbeiter bzw. Empfänger der Workitems ermittelt werden. Sind z. B. mehrere Kostenstellen beteiligt, gibt es eine Entscheidungsmenge pro Kostenstelle, die an den Genehmigenden dieser Kostenstelle gesendet wird. Für jede Prozessstufe ermittelt das System die Bearbeiter, die für das Abschließen oder Genehmigen des Einkaufsbelegs zuständig sind.

Die Bearbeiterfindung erfolgt über das BAdI `/SAPSRM/BD_WF_RESP_RESOLVER` (Bearbeiter festlegen), das Sie für Ihre eigenen prozessstufenspezifischen Implementierungen verwenden können. In SAP SRM stehen Implementierungen für die folgenden typischen Szenarien unter Verwendung der Aufbauorganisation zur Verfügung:

- Einkäufer der zuständigen Einkaufsgruppe
- Linienvorgesetzte (durch Auswertung der Reporting-Zeile in der Organisationsstruktur)
- Benutzer mit einer bestimmten SAP-Rolle (also die in Transaktion PFCG definierten Rollen)
- Genehmigung mit Ausgabelimit (Organisationsstrukturattribut `SLAPPROVER`)

Hinweis

Die möglichen Strategien zur Bearbeiterfindung finden Sie in Abschnitt 29.3.6.

Wie Sie sehen, spielt die Aufbauorganisation eine wichtige Rolle bei der SAP-SRM-Bearbeiterfindung. Die Aufbauorganisation in SAP SRM bietet u. a. Informationen zu Ausgabenlimits, Rollenzuordnungen, Berichtswegen und anderen wichtigen Daten, die für die Bearbeiterfindung verwendet werden.

Die zuständigen Bearbeiter werden in drei Schritten ermittelt:

1. Den Positionen wird ein Zuständigkeitsbereich zugewiesen. Alle Positionen mit dem gleichen Zuständigkeitsbereich bilden eine Entscheidungsmenge. Bei einem Zuständigkeitsbereich kann es sich z. B. um eine Abteilung, eine Produktkategorie oder eine Kostenstelle handeln. Für jede Entscheidungsmenge wird ein neuer Sub-Workflow gestartet.
2. Für jeden Zuständigkeitsbereich werden die Bearbeiter für die Genehmigungsaufgaben ermittelt. Alle in diesem Schritt ermittelten Bearbeiter erhalten ein Workitem. Handelt es sich bei dem Zuständigkeitsbereich um eine Abteilung, können z. B. alle Mitarbeiter dieser Abteilung als Bearbeiter zurückgegeben werden. Handelt es sich bei dem Zuständigkeitsbereich um eine Kostenstelle, wird der für die Kostenstelle zuständige Mitarbeiter als Bearbeiter zurückgegeben.
3. Kann kein Bearbeiter für einen Zuständigkeitsbereich ermittelt werden, können Fallback-Bearbeiter genutzt werden, um zu vermeiden, dass der Workflow angehalten wird.

Im generischen Workflow ist für die Genehmigung mit Vervollständigung und die Genehmigung, die zur Bearbeiterfindung ausgeführt wird, eine Standardaufgabe (TS) vorhanden. Diese Aufgabe umfasst eine Zuständigkeitsregel, die den Funktionsbaustein `/SAPSRM/WF_CORE_ RESP_RESOLVER` aufruft. Das BAdI `WF_CORE_RESP_RESOLVER` ermittelt den zuständigen Bearbeiter für die eigentliche Entscheidungsmenge. Die jeweilige Aufgabe wird in der Prozessstufenkonfiguration angezeigt.

Um die Flexibilität bei der Bearbeiterzuordnung sicherzustellen, wird die eigentliche Strategie für die Suche der richtigen Bearbeiter über BAdIs implementiert. Die BAdIs sind filterabhängig, was bedeutet, dass Sie mehrere BAdI-Implementierungen für die gleiche Erweiterungsimplementierung verwenden können. Das System entscheidet anhand der Filterwerte zur Laufzeit, welche Implementierung aufgerufen wird. Die Auswertung der Filterwerte muss eindeutig sein, d. h., es darf nur eine aktive BAdI-Implementierung für einen Filter existieren. Werden zur Laufzeit mehrere Implementierungen ermittelt, wird das BAdI deaktiviert. Die mit einem BAdI verknüpften Filterwerte werden gemeinsam mit der Implementierungsklasse für das BAdI im Object Navigator definiert. Fallback-Bearbeiter werden ebenfalls im BAdI bestimmt. Die Implementierungsklasse für die BAdI-Definition `/SAPSRM/BD_WF_RESP_RESOLVER` muss über den IMG bereitgestellt werden; der Menüpfad dazu lautet SAP Supplier Relationship

Management • SRM Server • Business Add-Ins • Business Workflow • Process-Controlled Workflow • Define Agents.

Für jede dieser Erweiterungsimplementierungen existieren mehrere BAdI-Implementierungen für die Bearbeiterfindung (siehe Abschnitt 29.3.6). Zur Laufzeit wird eine Implementierung der Prozessstufe über die Konfiguration der Prozessstufe zugewiesen, indem die folgenden Stufenparameter als Filterwerte verwendet werden:

- Belegart des Einkaufsbelegs (Filterwert stets erforderlich)
- Responsibility-Resolver-Name (Filterwert stets erforderlich)
- Parameter für den Responsibility Resolver; die Implementierungen für `RR_EMPLOYEE` und `RR_ROLE` verwenden diesen Parameter als Muss-Eingabe. Ob ein Wert benötigt wird oder nicht, hängt von der eigentlichen Implementierungsklasse ab.

29.3.6 BAdI-Implementierungen für die Bearbeiterfindung

Grundlegende Funktionen für die Bearbeiterfindung werden als BAdI-Implementierungen für die BAdI-Definition `/SAPSRM/BD_WF_RESP_RESOLVER` zur Verfügung gestellt. Dies stellt eine hohe Flexibilität sicher, da Kunden ganz einfach eigene Optionen für die Bearbeiterfindung implementieren und nutzen können. Je nach verwendetem Business-Objekt werden die in Tabelle 29.3 aufgelisteten Strategien zur Bearbeiterfindung zur Verfügung gestellt.

Business-Objekt	Filterwerte für BAdI-Implementierung			Beschreibung
	Belegart	Name des zuständigen Bearbeiters		
Einkaufswagen	BUS2121	RR_EMPLOYEE	/SAPSRM/BD_WF_SC_RR_EMPLOYEE	Gibt einen Mitarbeiter (Geschäftspartner) als zuständigen Bearbeiter für die Genehmigung eines Einkaufswagens in der relevanten Prozessstufe zurück. Der Beleg wird nicht in Entscheidungsmengen unterteilt. Das heißt, dass alle Positionen demselben Bearbeiter zugeordnet werden.

Tabelle 29.3 BAdIs für die Bearbeiterfindung

Business-Objekt	Filterwerte für BAdI-Implementierung			Beschreibung
	Belegart	Name des zuständigen Bearbeiters		
Einkaufswagen	BUS2121	RR_MANAGER	/SAPSRM/BD_WF_SC_RR_MANAGER	Gibt alle Vorgesetzten des Anfordernden eines Einkaufswagens der vorangegangenen Stufe als zuständige Bearbeiter für die Genehmigung eines Einkaufswagens in der relevanten Prozessstufe zurück. Der Beleg wird nicht in Entscheidungsmengen unterteilt. Das heißt, dass alle Positionen denselben Bearbeitern zugeordnet werden.
	BUS2121	RR_MANAGER_OF_MANAGER	/SAPSRM/BD_WF_SC_RR_MANOFMA	Gibt alle Vorgesetzten der Genehmigenden der vorangegangenen Stufe als zuständige Bearbeiter für die Genehmigung eines Einkaufswagens in der relevanten Prozessstufe zurück. Die Methode ordnet sämtliche Positionen einer Entscheidungsmenge demselben Bereich zu, sodass die vorhandenen Entscheidungsmengen für den Beleg beibehalten werden.
	BUS2121	RR_PARALLEL_APPROVAL	/SAPSRM/BD_WF_SC_RR_PA	Ruft alle Genehmigungsschritte mit dem gleichen Bearbeiternamensparameter auf, und dieser Schritt wird parallel ausgeführt. Zuständige Bearbeiter werden für jeden Schritt aus der BAdI-Implementierung entnommen.
	BUS2121	RR_PURCHASING_GROUP	/SAPSRM/BD_WF_SC_RR_PGRP	Gibt alle Einkäufer der Einkaufsgruppe einer Position als zuständige Bearbeiter für die Genehmigung eines Einkaufswagens in der relevanten Prozessstufe zurück. Der Beleg wird gemäß der zugeordneten Einkaufsgruppe in Entscheidungsmengen unterteilt.

Tabelle 29.3 BAdIs für die Bearbeiterfindung (Forts.)

Business-Objekt	Filterwerte für BAdI-Implementierung			Beschreibung
	Belegart	Name des zuständigen Bearbeiters		
Einkaufswagen	BUS2121	RR_REPORTING_LINE_UNIT	/SAPSRM/BD_WF_SC_RR_RLUNIT	Gibt alle Mitarbeiter einer bestimmten Berichtswegeinheit als zuständige Bearbeiter für die Genehmigung eines Einkaufswagens in der relevanten Prozessstufe zurück. Der Beleg wird nicht in Entscheidungsmengen unterteilt. Das heißt, dass alle Positionen denselben Bearbeitern zugeordnet werden.
	BUS2121	RR_ROLE	/SAPSRM/BD_WF_SC_RR_ROLE	Gibt alle Benutzerkonten einer bestimmten Benutzerrolle als zuständige Bearbeiter für die Genehmigung eines Einkaufswagens in der relevanten Prozessstufe zurück. Der Beleg wird nicht in Entscheidungsmengen unterteilt. Das heißt, dass alle Positionen demselben Bearbeiter zugeordnet werden.
	BUS2121	RR_SPENDING_LIMIT_APPROVER	/SAPSRM/BD_WF_SC_RR_SL	Gibt alle Genehmigenden für Ausgabelimits (gemäß Definition im Attribut PPOMA_BBP (Genehmigender für Ausgabelimit), Kürzel SLAPPROVAL) des Anfordernden eines Einkaufswagens zur Genehmigung zurück. Die ausgewählte Prozessstufe repräsentiert einen Platzhalter für eine Prozessstufensequenz, die während des Prozessstarts von der BAdI-Implementierung /SAPSRM/BD_WF_CONFIG_SC_SL berechnet wird. Die Sequenz (über das PPOMA_BBP-Attribut SLAPPROVER) endet, wenn der Genehmigende ein Genehmigungslimit aufweist, das die Summe eines Belegs überschreitet.

Tabelle 29.3 BAdIs für die Bearbeiterfindung (Forts.)

Business-Objekt	Filterwerte für BAdI-Implementierung			Beschreibung
	Belegart	Name des zuständigen Bearbeiters		
Bestellung	BUS2201	RR_EMPLOYEE	/SAPSRM/ BD_WF_PO_ RR_EMPLOYEE	Gibt einen Mitarbeiter (Geschäftspartner) als zuständigen Bearbeiter für die Genehmigung in der relevanten Prozessstufe zurück. Der Beleg wird nicht in Entscheidungsmengen unterteilt. Das heißt, dass alle Positionen demselben Bearbeiter zugeordnet werden.
	BUS2201	RR_MANAGER	/SAPSRM/ BD_WF_PO_ RR_MANAGER	Gibt alle Vorgesetzten des Anfordernden eines Belegs der vorangegangenen Stufe als zuständige Bearbeiter für die Genehmigung in der relevanten Prozessstufe zurück. Der Beleg wird nicht in Entscheidungsmengen unterteilt. Das heißt, dass alle Positionen demselben Bearbeiter zugeordnet werden.
	BUS2201	RR_MANAGER_ OF_MANAGER	/SAPSRM/ BD_WF_PO_ RR_MANOFMA	Gibt alle Vorgesetzten der Genehmigenden der vorangegangenen Stufe als zuständige Bearbeiter für die Genehmigung in der relevanten Prozessstufe zurück. Die Methode ordnet sämtliche Positionen einer Entscheidungsmenge demselben Bereich zu, sodass die vorhandenen Entscheidungsmengen für den Beleg beibehalten werden.
	BUS2201	RR_ PURCHASING_ MANAGER	/SAPSRM/ BD_WF_PO_ RR_PURMGR	Gibt alle Vorgesetzten der Einkaufsgruppe eines Belegs als zuständige Bearbeiter für die Genehmigung in der relevanten Prozessstufe zurück. Der Beleg wird nicht in Entscheidungsmengen unterteilt. Das heißt, dass alle Positionen denselben Bearbeitern zugeordnet werden.

Tabelle 29.3 BAdIs für die Bearbeiterfindung (Forts.)

Business-Objekt	Filterwerte für BAdI-Implementierung			Beschreibung
	Belegart	Name des zuständigen Bearbeiters		
Bestellung	BUS2201	RR_ REPORTING_ LINE_UNIT	/SAPSRM/ BD_WF_PO_ RR_RLUNIT	Gibt alle Mitarbeiter einer bestimmten Berichtswegeinheit als zuständige Bearbeiter für die Genehmigung in der relevanten Prozessstufe zurück. Der Beleg wird nicht in Entscheidungsmengen unterteilt. Das heißt, dass alle Positionen denselben Bearbeitern zugeordnet werden.
	BUS2201	RR_ROLE	/SAPSRM/ BD_WF_PO_ RR_ROLE	Gibt alle Benutzerkonten einer bestimmten Benutzerrolle als zuständige Bearbeiter für die Genehmigung in der relevanten Prozessstufe zurück. Der Beleg wird nicht in Entscheidungsmengen unterteilt. Das heißt, dass alle Positionen denselben Bearbeitern zugeordnet werden.
	BUS2201	RR_SPENDING_ LIMIT_ APPROVER	/SAPSRM/ BD_WF_PO_ RR_SL	Gibt alle Genehmigenden für Ausgabelimits (gemäß Definition im Attribut PPOMA_BBP (Genehmigender für Ausgabelimit), Kürzel SLAPPROVAL) des Anfordernden des Belegs zur Genehmigung zurück. Die ausgewählte Prozessstufe repräsentiert einen Platzhalter für eine Prozessstufensequenz, die während des Prozessstarts von der BAdI-Implementierung /SAPSRM/BD_WF_CONFIG_PO_SL berechnet wird. Die Sequenz (über das PPOMA_BBP-Attribut SLAPPROVER) endet, wenn der Genehmigende ein Genehmigungslimit aufweist, das die Summe eines Belegs überschreitet.

Tabelle 29.3 BAdIs für die Bearbeiterfindung (Forts.)

Business-Objekt	Filterwerte für BAdI-Implementierung			Beschreibung
	Belegart	Name des zuständigen Bearbeiters		
Vertrag	BUS2000113	RR_EMPLOYEE	/SAPSRM/BD_WF_CTR_RR_EMPLOYEE	Gibt einen Mitarbeiter (Geschäftspartner) als zuständigen Bearbeiter für die Genehmigung in der relevanten Prozessstufe zurück. Der Beleg wird nicht in Entscheidungsmengen unterteilt. Das heißt, dass alle Positionen demselben Bearbeiter zugeordnet werden.
	BUS2000113	RR_MANAGER	/SAPSRM/BD_WF_CTR_RR_MANAGER	Gibt alle Vorgesetzten des Anfordernden eines Belegs der vorangegangenen Stufe als zuständige Bearbeiter für die Genehmigung in der relevanten Prozessstufe zurück. Der Beleg wird nicht in Entscheidungsmengen unterteilt. Das heißt, dass alle Positionen demselben Bearbeiter zugeordnet werden.
	BUS2000113	RR_MANAGER_OF_MANAGER	/SAPSRM/BD_WF_CTR_RR_MANOFMA	Gibt alle Vorgesetzten der Genehmigenden der vorangegangenen Stufe als zuständige Bearbeiter für die Genehmigung in der relevanten Prozessstufe zurück. Die Methode ordnet sämtliche Positionen einer Entscheidungsmenge demselben Bereich zu, sodass die vorhandenen Entscheidungsmengen für den Beleg beibehalten werden.
	BUS2000113	RR_PURCHASING_MANAGER	/SAPSRM/BD_WF_CTR_RR_PURMGR	Gibt alle Vorgesetzten der Einkaufsgruppe eines Belegs als zuständige Bearbeiter für die Genehmigung in der relevanten Prozessstufe zurück. Der Beleg wird nicht in Entscheidungsmengen unterteilt. Das heißt, dass alle Positionen denselben Bearbeitern zugeordnet werden.

Tabelle 29.3 BAdIs für die Bearbeiterfindung (Forts.)

Business-Objekt	Filterwerte für BAdI-Implementierung			Beschreibung
	Belegart	Name des zuständigen Bearbeiters		
Vertrag	BUS2000113	RR_ REPORTING_ LINE_UNIT	/SAPSRM/ BD_WF_CTR_ RR_RLUNIT	Gibt alle Mitarbeiter einer bestimmten Berichtswegeinheit als zuständige Bearbeiter für die Genehmigung in der relevanten Prozessstufe zurück. Der Beleg wird nicht in Entscheidungsmengen unterteilt. Das heißt, dass alle Positionen denselben Bearbeitern zugeordnet werden.
	BUS2000113	RR_ROLE	/SAPSRM/ BD_WF_CTR_ RR_ROLE	Gibt alle Benutzerkonten einer bestimmten Benutzerrolle als zuständige Bearbeiter für die Genehmigung in der relevanten Prozessstufe zurück. Der Beleg wird nicht in Entscheidungsmengen unterteilt. Das heißt, dass alle Positionen denselben Bearbeitern zugeordnet werden.
Rückmeldung	BUS2203	RR_EMPLOYEE	/SAPSRM/ BD_WF_CONF_ RR_EMPLOYEE	Gibt einen Mitarbeiter (Geschäftspartner) als zuständigen Bearbeiter für die Genehmigung in der relevanten Prozessstufe zurück. Der Beleg wird nicht in Entscheidungsmengen unterteilt. Das heißt, dass alle Positionen demselben Bearbeiter zugeordnet werden.
	BUS2203	RR_MANAGER	/SAPSRM/ BD_WF_CONF_ RR_MANAGER	Gibt alle Vorgesetzten des Anfordernden eines Belegs der vorangegangenen Stufe als zuständige Bearbeiter für die Genehmigung in der relevanten Prozessstufe zurück. Der Beleg wird nicht in Entscheidungsmengen unterteilt. Das heißt, dass alle Positionen demselben Bearbeiter zugeordnet werden.

Tabelle 29.3 BAdIs für die Bearbeiterfindung (Forts.)

Business-Objekt	Filterwerte für BAdI-Implementierung			Beschreibung
	Belegart	Name des zuständigen Bearbeiters		
Rückmeldung	BUS2203	RR_MANAGER_OF_MANAGER	/SAPSRM/BD_WF_CONF_RR_MANOFMA	Gibt alle Vorgesetzten der Genehmigenden der vorangegangenen Stufe als zuständige Bearbeiter für die Genehmigung in der relevanten Prozessstufe zurück. Die Methode ordnet sämtliche Positionen einer Entscheidungsmenge demselben Bereich zu, sodass die vorhandenen Entscheidungsmengen für den Beleg beibehalten werden.
	BUS2203	RR_PURCHASING_MANAGER	/SAPSRM/BD_WF_CONF_RR_PURMGR	Gibt alle Vorgesetzten der Einkaufsgruppe eines Belegs als zuständige Bearbeiter für die Genehmigung in der relevanten Prozessstufe zurück. Der Beleg wird nicht in Entscheidungsmengen unterteilt. Das heißt, dass alle Positionen denselben Bearbeitern zugeordnet werden.
	BUS2203	CONF_RR_SOURCE_DOCUMENT_OWNER	/SAPSRM/BD_WF_CONF_RR_P_OWNER	Gibt den Verantwortlichen für den Quellbeleg als zuständigen Bearbeiter für die Genehmigung in der relevanten Prozessstufe zurück. Der Beleg wird nicht in Entscheidungsmengen unterteilt.
	BUS2203	RR_REPORTING_LINE_UNIT	/SAPSRM/BD_WF_CONF_RR_RLUNIT	Gibt alle Mitarbeiter einer bestimmten Berichtswegeinheit als zuständige Bearbeiter für die Genehmigung in der relevanten Prozessstufe zurück. Der Beleg wird nicht in Entscheidungsmengen unterteilt. Das heißt, dass alle Positionen denselben Bearbeitern zugeordnet werden.

Tabelle 29.3 BAdIs für die Bearbeiterfindung (Forts.)

Business-Objekt	Filterwerte für BAdI-Implementierung			Beschreibung
	Belegart	Name des zuständigen Bearbeiters		
	BUS2203	RR_ROLE	/SAPSRM/BD_WF_CONF_RR_ROLE	Gibt alle Benutzerkonten einer bestimmten Benutzerrolle als zuständige Bearbeiter für die Genehmigung in der relevanten Prozessstufe zurück. Der Beleg wird nicht in Entscheidungsmengen unterteilt. Das heißt, dass alle Positionen denselben Bearbeitern zugeordnet werden.
Faktura	BUS2205	RR_EMPLOYEE	/SAPSRM/BD_WF_INV_RR_EMPLOYEE	Gibt einen Mitarbeiter (Geschäftspartner) als zuständigen Bearbeiter für die Genehmigung in der relevanten Prozessstufe zurück. Der Beleg wird nicht in Entscheidungsmengen unterteilt. Das heißt, dass alle Positionen demselben Bearbeiter zugeordnet werden.
	BUS2205	RR_MANAGER	/SAPSRM/BD_WF_INV_RR_MANAGER	Gibt alle Vorgesetzten des Anfordernden eines Belegs der vorangegangenen Stufe als zuständige Bearbeiter für die Genehmigung in der relevanten Prozessstufe zurück. Der Beleg wird nicht in Entscheidungsmengen unterteilt. Das heißt, dass alle Positionen demselben Bearbeiter zugeordnet werden.
	BUS2205	RR_MANAGER_OF_MANAGER	/SAPSRM/BD_WF_INV_RR_MANOFMA	Gibt alle Vorgesetzten der Genehmigenden der vorangegangenen Stufe als zuständige Bearbeiter für die Genehmigung in der relevanten Prozessstufe zurück. Die Methode ordnet sämtliche Positionen einer Entscheidungsmenge demselben Bereich zu, sodass die vorhandenen Entscheidungsmengen für den Beleg beibehalten werden.

Tabelle 29.3 BAdIs für die Bearbeiterfindung (Forts.)

Business-Objekt	Filterwerte für BAdI-Implementierung			Beschreibung
	Belegart	Name des zuständigen Bearbeiters		
Faktura	BUS2205	RR_PURCHASING_MANAGER	/SAPSRM/BD_WF_INV_RR_PURMGR	Gibt alle Vorgesetzten der Einkaufsgruppe eines Belegs als zuständige Bearbeiter für die Genehmigung in der relevanten Prozessstufe zurück. Der Beleg wird nicht in Entscheidungsmengen unterteilt. Das heißt, dass alle Positionen denselben Bearbeitern zugeordnet werden.
	BUS2205	INV_RR_SOURCE_DOCUMENT_OWNER	/SAPSRM/BD_WF_INV_RR_P_OWNER	Gibt den Verantwortlichen für den Ursprungsbeleg als zuständigen Bearbeiter für die Genehmigung in der relevanten Prozessstufe zurück.
	BUS2205	RR_REPORTING_LINE_UNIT	/SAPSRM/BD_WF_INV_RR_RLUNIT	Gibt alle Mitarbeiter einer bestimmten Berichtswegeinheit als zuständige Bearbeiter für die Genehmigung in der relevanten Prozessstufe zurück. Der Beleg wird nicht in Entscheidungsmengen unterteilt. Das heißt, dass alle Positionen denselben Bearbeitern zugeordnet werden.
	BUS2205	RR_ROLE	/SAPSRM/BD_WF_INV_RR_ROLE	Gibt alle Benutzerkonten einer bestimmten Benutzerrolle als zuständige Bearbeiter für die Genehmigung in der relevanten Prozessstufe zurück. Der Beleg wird nicht in Entscheidungsmengen unterteilt. Das heißt, dass alle Positionen denselben Bearbeitern zugeordnet werden.
Angebot	BUS2202	RR_EMPLOYEE	/SAPSRM/BD_WF_QTE_RR_EMPLOYEE	Gibt einen Mitarbeiter (Geschäftspartner) als zuständigen Bearbeiter für die Genehmigung in der relevanten Prozessstufe zurück. Der Beleg wird nicht in Entscheidungsmengen unterteilt. Das heißt, dass alle Positionen demselben Bearbeiter zugeordnet werden.

Tabelle 29.3 BAdIs für die Bearbeiterfindung (Forts.)

Business-Objekt	Filterwerte für BAdI-Implementierung			Beschreibung
	Belegart	Name des zuständigen Bearbeiters		
Angebot	BUS2202	RR_MANAGER_OF_MANAGER	/SAPSRM/BD_WF_QTE_RR_MANOFMA	Gibt alle Vorgesetzten der Genehmigenden der vorangegangenen Stufe als zuständige Bearbeiter für die Genehmigung in der relevanten Prozessstufe zurück. Die Methode ordnet sämtliche Positionen einer Entscheidungsmenge demselben Bereich zu, sodass die vorhandenen Entscheidungsmengen für den Beleg beibehalten werden.
	BUS2202	RR_PURCHASING_MANAGER	/SAPSRM/BD_WF_QTE_RR_PURMGR	Gibt alle Vorgesetzten der Einkaufsgruppe eines Belegs als zuständige Bearbeiter für die Genehmigung in der relevanten Prozessstufe zurück.
	BUS2202	RR_REPORTING_LINE_UNIT	/SAPSRM/BD_WF_QTE_RR_RLUNIT	Gibt alle Mitarbeiter einer bestimmten Berichtswegeinheit als zuständige Bearbeiter für die Genehmigung in der relevanten Prozessstufe zurück. Der Beleg wird nicht in Entscheidungsmengen unterteilt. Das heißt, dass alle Positionen denselben Bearbeitern zugeordnet werden.
	BUS2202	RR_ROLE	/SAPSRM/BD_WF_QTE_RR_ROLE	Gibt alle Benutzerkonten einer bestimmten Benutzerrolle als zuständige Bearbeiter für die Genehmigung in der relevanten Prozessstufe zurück. Der Beleg wird nicht in Entscheidungsmengen unterteilt. Das heißt, dass alle Positionen denselben Bearbeitern zugeordnet werden.

Tabelle 29.3 BAdIs für die Bearbeiterfindung (Forts.)

Business-Objekt	Filterwerte für BAdI-Implementierung			Beschreibung
	Belegart	Name des zuständigen Bearbeiters		
Ausschreibung	BUS2200	RR_EMPLOYEE	/SAPSRM/BD_WF_RFQ_RR_EMPLOYEE	Gibt einen Mitarbeiter (Geschäftspartner) als zuständigen Bearbeiter für die Genehmigung in der relevanten Prozessstufe zurück. Der Beleg wird nicht in Entscheidungsmengen unterteilt. Das heißt, dass alle Positionen demselben Bearbeiter zugeordnet werden.
	BUS2200	RR_MANAGER	/SAPSRM/BD_WF_RFQ_RR_MANAGER	Gibt alle Vorgesetzten des Anfordernden eines Belegs der vorangegangenen Stufe als zuständige Bearbeiter für die Genehmigung in der relevanten Prozessstufe zurück. Der Beleg wird nicht in Entscheidungsmengen unterteilt. Das heißt, dass alle Positionen demselben Bearbeiter zugeordnet werden.
	BUS2200	RR_MANAGER_OF_MANAGER	/SAPSRM/BD_WF_RFQ_RR_MANOFMA	Gibt alle Vorgesetzten der Genehmigenden der vorangegangenen Stufe als zuständige Bearbeiter für die Genehmigung in der relevanten Prozessstufe zurück. Die Methode ordnet sämtliche Positionen einer Entscheidungsmenge demselben Bereich zu, sodass die vorhandenen Entscheidungsmengen für den Beleg beibehalten werden.
	BUS2200	RR_PURCHASING_MANAGER	/SAPSRM/BD_WF_RFQ_RR_PURMGR	Gibt alle Vorgesetzten der Einkaufsgruppe eines Belegs als zuständige Bearbeiter für die Genehmigung in der relevanten Prozessstufe zurück. Der Beleg wird nicht in Entscheidungsmengen unterteilt. Das heißt, dass alle Positionen denselben Bearbeitern zugeordnet werden.

Tabelle 29.3 BAdIs für die Bearbeiterfindung (Forts.)

Business-Objekt	Filterwerte für BAdI-Implementierung			Beschreibung
	Belegart	Name des zuständigen Bearbeiters		
Ausschreibung	BUS2200	RR_REPORTING_LINE_UNIT	/SAPSRM/BD_WF_RFQ_RR_RLUNIT	Gibt alle Mitarbeiter einer bestimmten Berichtswegeinheit als zuständige Bearbeiter für die Genehmigung in der relevanten Prozessstufe zurück. Der Beleg wird nicht in Entscheidungsmengen unterteilt. Das heißt, dass alle Positionen denselben Bearbeitern zugeordnet werden.
	BUS2200	RR_ROLE	/SAPSRM/BD_WF_RFQ_RR_ROLE	Gibt alle Benutzerkonten einer bestimmten Benutzerrolle als zuständige Bearbeiter für die Genehmigung in der relevanten Prozessstufe zurück. Der Beleg wird nicht in Entscheidungsmengen unterteilt. Das heißt, dass alle Positionen denselben Bearbeitern zugeordnet werden.

Tabelle 29.3 BAdIs für die Bearbeiterfindung (Forts.)

29.3.7 Genehmigung durch den Beleginhaber

Die Genehmigung durch den Beleginhaber ist in einem Buy-on-Behalf-Szenario möglicherweise notwendig. Ein typisches Beispiel dieses Szenarios ist es, wenn eine Sekretärin oder ein Einkaufsspezialist Produkte im Namen anderer Benutzer kauft, etwa wenn ein Benutzer abwesend ist oder noch nicht im Unternehmen angefangen hat. In diesem Fall ist der Ersteller des Einkaufswagens nicht der eigentliche Beleginhaber.

Im Buy-on-Behalf-Szenario ist möglicherweise die Genehmigung des tatsächlichen Beleginhabers erforderlich. Diese Funktion wurde mit dem SAP-Hinweis 1551561 – Genehmigung durch den Belegersteller – hinzugefügt.

Der Belegersteller kann seine eigenen Dokumente genehmigen, wenn eine der folgenden Bedingungen erfüllt ist:

- Der Genehmigungsprozess wurde entsprechend angepasst.
- Der Dokumenteigentümer wurde als Ersatz angegeben.
- Das Genehmigungs-Workitem wurde an den Beleginhaber weitergeleitet.
- Der Beleginhaber wurde als Ad-hoc-Genehmigender hinzugefügt.

SAP-Hinweis 1551561 fügt den neuen Customizing-Parameter SRM_700_APF_APPR_BY_CREATOR hinzu. Der Pfad zur Aktivierung ist der IMG über SAP Supplier Relationship Management • SRM Server • Cross-Application Basic Settings • Business Workflow • Activate/Deactivate Approval by Document Creator. Wenn dieser Schalter aktiviert ist, wird ein Beleginhaber nicht in die Liste der ausgeschlossenen Bearbeiter des Workitems eingefügt.

29.3.8 Einkaufswagenänderungen während der Beschaffung

Wenn ein Anforderer in SAP SRM 7.0 einen Einkaufswagen erstellt hat und alle erforderlichen Genehmigungen erfolgt sind, kann der Einkaufswagen entweder an einen »Käufer« zur Bestellungsverarbeitung gesendet werden, oder eine Bestellung kann automatisch erstellt werden. In diesem Abschnitt wird das Geschäftsszenario beschrieben, nach dem ein Käufer eine Bestellung manuell verarbeiten muss.

Wenn in früheren SAP-SRM-Versionen ein Einkäufer einen Einkaufswagen anpassen musste (z. B. durch eine Änderung des Preises oder der angeforderten Menge), gab es in dem System keine Möglichkeit, die Genehmigung dieser Änderung erneut auszulösen. Stattdessen richteten die Unternehmen einen manuellen Prozess ein, bei dem »Systemgenehmigungen« erfasst wurden, sodass der Käufer bestätigen konnte, dass die an der Bestellanforderung vorgenommen Änderungen mit dem Kostenstellenverantwortlichen oder dem Anfordernden des Unternehmens abgesprochen wurden.

In SAP SRM 7.0 EHP 2 hat SAP die Möglichkeit für Käufer aufgenommen, Anforderungen in der Beschaffungsanwendung zu verändern und das Auslösen eines geeigneten Workflows zur Genehmigung zu ermöglichen. Die neue Bearbeitungsfunktion ist in Schritt 2 der Quellanwendung enthalten. Ein neuer Button Change ist für den operativen Einkäufer verfügbar, wie in Abbildung 29.10 dargestellt.

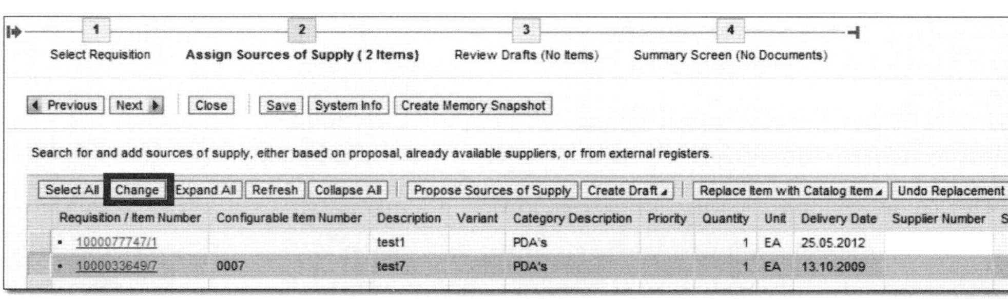

Abbildung 29.10 Schaltfläche »Ändern« in der Beschaffung

Wenn ein Käufer die notwendigen Änderungen an der/den Einkaufswagenpositionen vornimmt und auf die Schaltfläche SAVE klickt, wird der Käufer mit einer Meldung darüber informiert, dass der Workflow ausgelöst wird, wie in Abbildung 29.11 dargestellt.

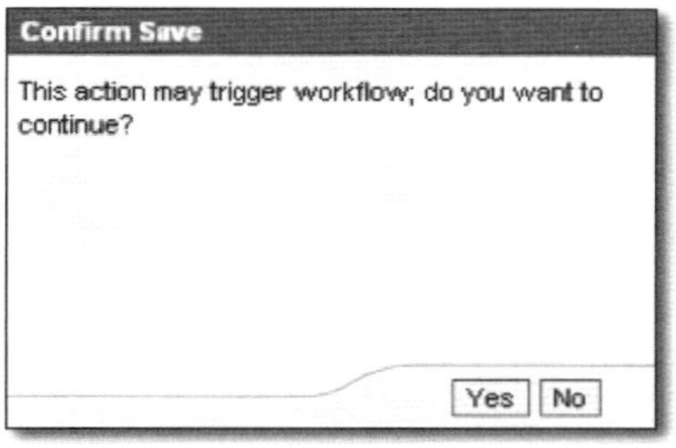

Abbildung 29.11 Workflow-Auslösung

Diese neue Funktion ist über den Customizing-Parameter SRM_702_SOURCING_SC_CHANGE_WFL verfügbar, der zur Geschäftsfunktion SRM_SOURCING_2 gehört. Wenn der Parameter in Transaktion SPRO verwendet wurde, ist die folgende Customizing-Aktivität relevant: SAP SUPPLIER RELATIONSHIP MANAGEMENT • SRM SERVER • SOURCING • ACTIVATE/DEACTIVATE APPROVAL WORKFLOW FOR CHANGED SHOPPING CART FIELDS.

Projektteams können bestimmen, welche Felder im Einkaufswagen während des Resourcings einen Genehmigungs-Workflow auslösen sollen, wenn sie geändert werden. Abbildung 29.12 zeigt, dass Felder so konfiguriert werden können, dass der Workflow ausgelöst wird.

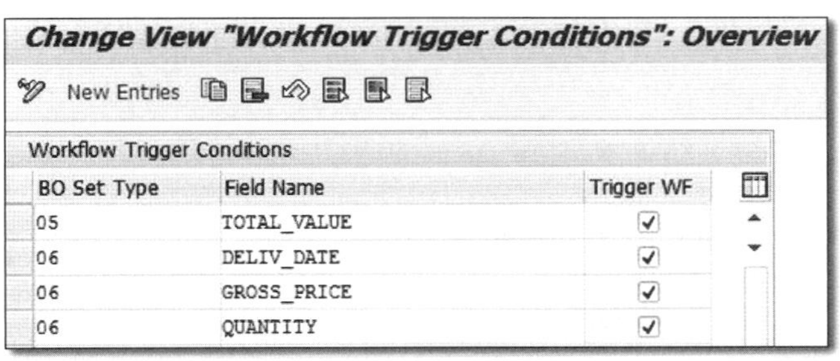

Abbildung 29.12 Felder zur Workflow-Auslösung

Um die Felder zur Workflow-Auslösung einzurichten, konfigurieren Sie im IMG über SAP SUPPLIER RELATIONSHIP MANAGEMENT • SRM SERVER • SOURCING • DEFINE FIELDS IN SHOPPING CART WHICH TRIGGER WORKFLOW.

> **Hinweis**
>
> Es können nicht alle angepassten Einkaufswagenfelder bearbeitet werden.
>
> Diese Funktion ist nicht für Einkaufswagen verfügbar, die aus einer externen Anwendung in die Beschaffungsanwendung übertragen wurden – z. B. Anforderungen, die von einer MRP-Anforderung (MRP = Material Requirements Planning) in SAP ERP an SAP SRM übertragen werden.

29.3.9 Parallele Genehmigung mit überlappender Zuständigkeit

Ab EHP 1 für SAP SRM 7.0 ist eine neue Funktion enthalten, die den Genehmigungsprozess beschleunigen kann. Um diese Funktion verwenden zu können, müssen Sie die Geschäftsfunktion `SRM_APF_IMPR_1` (SAP SRM, Genehmigungsprozess) einsetzen. Mit der Aktivierung des Customizing-Parameters `SRM_701_APF_IN_PARALLEL` können zwei oder mehrere Bearbeiter Workitems für die parallele Verarbeitung erhalten. Der Aktivierungspfad im IMG ist SAP SUPPLIER RELATIONSHIP MANAGEMENT • SRM SERVER • CROSS-APPLICATION BASIC SETTINGS • BUSINESS WORKFLOW • ACTIVATE PARALLEL APPROVAL WITH OVERLAPPING RESPONSIBILITY.

Der Beleg kann nur den Status APPROVED erhalten oder auf die nächste Prozessebene gelangen, wenn jeder Bearbeiter ihn genehmigt hat.

Die Gruppierung der Positionen erfolgt durch die Realisierung des BAdIs `/SAPSRM/BD_WF_RESP_RESOLVER`. Sie müssen die Methode `/SAPSRM/IF_EX_WF_RESP_RESOLVER~GET_AREA_TO_ITEM_MAP` implementieren, um die Belegposition einer bestimmten Bearbeitergruppe zuzuordnen. Abbildung 29.13 zeigt eine Workflow-Vorschau auf einer Positionsebene.

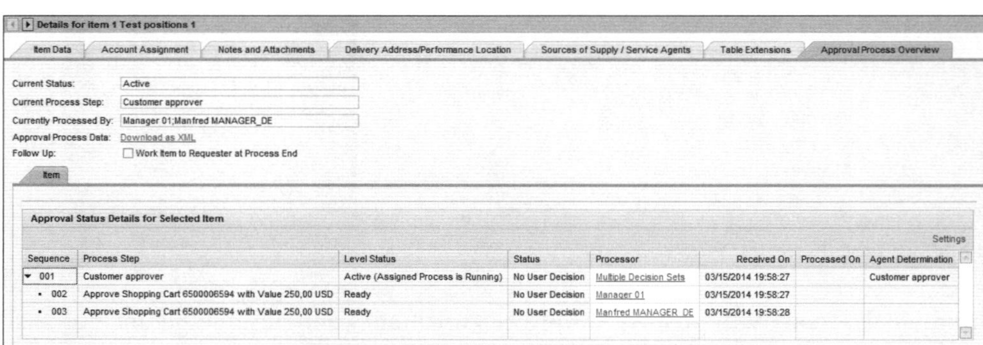

Abbildung 29.13 Genehmigungsübersicht auf der Positionsebene für parallele Genehmigung

Parallele Genehmigung mit überlappender Zuständigkeit ist nur für DECISION TYPE 4 – ITEM-BASED DECISION FOR PARTIAL DOCUMENT möglich.

29.3.10 Übersicht über den Genehmigungsprozess: Benutzerorientierte Prozessvisualisierung

Üblicherweise möchten die Benutzer in einem Genehmigungsprozess wissen, wer den Beleg genehmigen wird. Beim Ausführen des Genehmigungsprozesses kann die Liste der Genehmigenden problemlos für den Benutzer angezeigt werden. In der Genehmigungsprozessübersicht kann der Benutzer die Aktionen zur Laufzeit verfolgen. Dem Benutzer werden die ausgeführten Prozessstufen, die aktuelle Prozessstufe und zukünftige Prozessstufen angezeigt. Genehmigende, Ad-hoc-Genehmigende, manuell hinzugefügte Reviewer und regelbasierte Reviewer werden ebenfalls dargestellt.

Abbildung 29.14 zeigt eine Genehmigungsprozessübersicht. Sie sehen, dass Abfolgen vorhanden sind, die sich auf Prozessebenen auf der Registerkarte HEADER beziehen. Wie bereits beschrieben, hängen diese Prozessebenen von den in den BRF-Regeln definierten Geschäftsregeln ab. In der Spalte STATUS wird der Status des Workflow-Schritts OPEN (NO DECISION MADE) angegeben, was bedeutet, dass noch nicht mit der Arbeit daran begonnen wurde. In der Spalte PROCESSOR wird angegeben, in welchem Eingang er sich befindet. Mehrere Prozessoren (Genehmigender/Reviewer) werden durch ein Komma abgetrennt. Dies schließt alle Personen ein, die einen Posten haben, für den die Genehmigung aussteht.

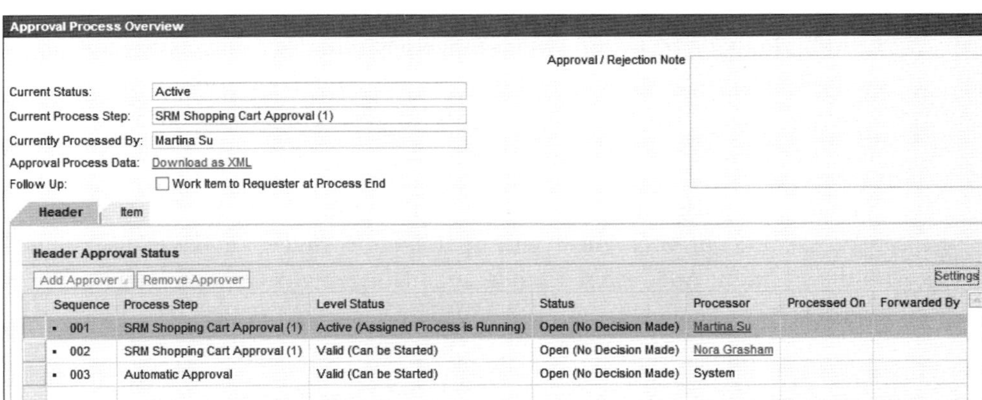

Abbildung 29.14 Übersicht über den Genehmigungsprozess: Kopfebene

Abbildung 29.15 zeigt die Registerkarte ITEM. Dort werden alle zu genehmigenden Positionen angezeigt. Wie Sie wissen, können Positionen eine Genehmigung von einer einzigen Person oder von mehreren Personen erfordern. Beachten Sie, dass in Abbildung 29.15 die Registerkarte ITEM ausgewählt ist und die erste Position LINE NUMBER 1 angezeigt wird. Der STATUS ist weiterhin OPEN (NO DECISION MADE), was bedeutet, dass die Position noch nicht bearbeitet wurde. Im unteren Bildschirmbereich werden alle Genehmigenden angezeigt, die diese Position zur Genehmigung erhalten haben.

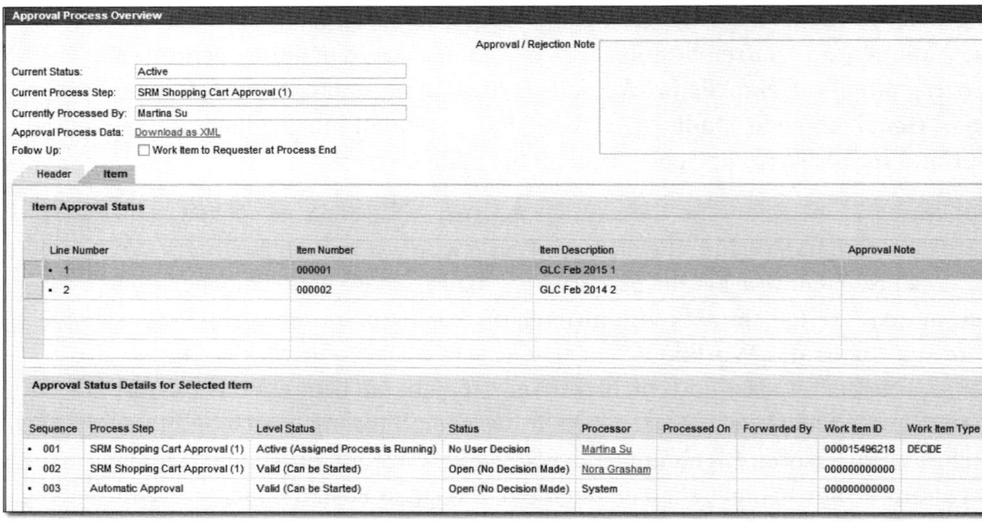

Abbildung 29.15 Übersicht über den Genehmigungsprozess: Positionsebene

In Abbildung 29.16 ist die zweite Einzelposition des Einkaufswagens dargestellt. Beachten Sie jedoch, dass für die zweite Einzelposition andere Genehmigende angegeben sind. Der STATUS ist weiterhin OPEN, also haben ihn noch keine Genehmigenden bearbeitet.

Neben der Anzeige der Genehmigenden können Sie in der Genehmigungsprozessübersicht auch Ad-hoc-Genehmigende sowie Reviewer hinzufügen und entfernen. Außerdem können auch Notizen zur Genehmigung gepflegt werden.

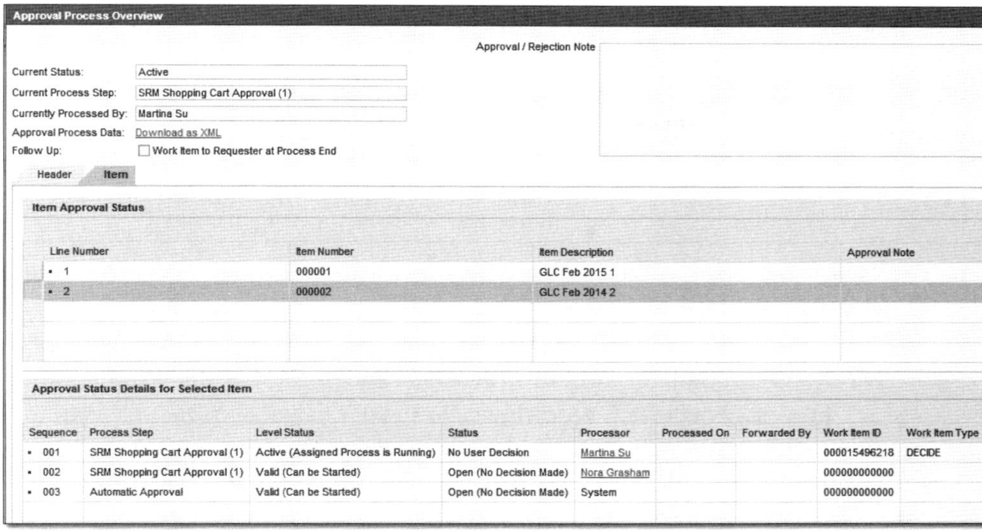

Abbildung 29.16 Zweite Einzelposition des Einkaufswagens

Ad-hoc-Stufen

Wie bereits beschrieben, können Genehmigungsstufen in den Einkaufsbeleg eingefügt werden, indem Ad-hoc-Agenten vor oder nach der Prozessstufe eingefügt werden. Jede gültige Benutzer-ID in SAP SRM kann als Genehmigender hinzugefügt werden. Wenn Sie sich in der ersten Prozessstufe befinden, können Sie Ad-hoc-Bearbeiter nach dieser Prozessstufe oder vor bzw. nach jeder anderen Prozessstufe hinzufügen. (Weitere Informationen zu Ad-hoc-Einfügungen finden Sie in Abbildung 29.26.)

Hinweis

Es passiert Benutzern manchmal, dass sie vergessen, auf eine Prozessstufe zu klicken, um anzugeben, wo sie einen Genehmigenden oder Reviewer hinzufügen. Deshalb ist die Schaltfläche AD HOC nicht mehr für die Auswahl aktiviert. Wählen Sie also unbedingt eine Stufe aus, in die der neue Genehmigende eingefügt werden muss, damit die Schaltfläche ausgewählt werden kann.

Wenn Sie Ad-hoc-Stufen einfügen, können Sie bestimmen, welche Aufgabe für diesen Ad-hoc-Bearbeiter ausgeführt werden soll. Ein Beispiel zeigt Abbildung 29.17. Für `BUS2121` mit dem Prozessschema in Abbildung 29.17 ist TS40007954 die Standardaufgabe, die für Ad-hoc-Genehmigende ausgeführt wird.

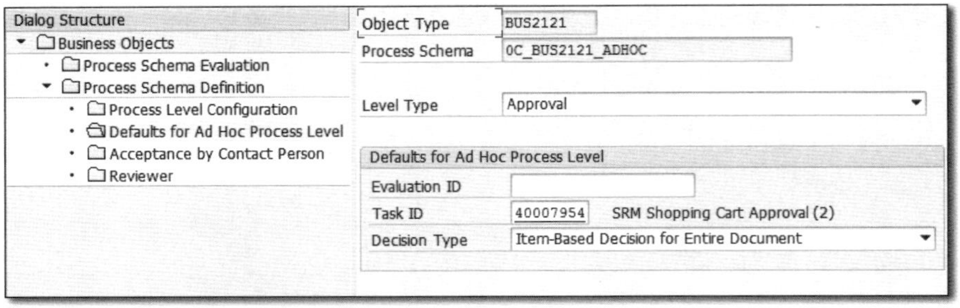

Abbildung 29.17 Konfiguration der Standardeinstellungen für Ad-hoc-Stufen

Die Konfiguration für Ad-hoc-Bearbeiter finden Sie bei der Konfiguration des prozessgesteuerten Workflows: SAP SUPPLIER RELATIONSHIP MANAGEMENT • SRM SERVER • CROSS-APPLICATION BASIC SETTINGS • BUSINESS WORKFLOW • PROCESS-CONTROLLED WORKFLOW • BUSINESS PROCESS CONFIGURATION • DEFINE PROCESS LEVELS.

Reviewer

Sie können dem Genehmigungsprozess Reviewer hinzufügen. Reviewer können den gesamten Genehmigungsprozess für einen Beschaffungsbeleg verfolgen, unabhängig vom jeweils geltenden Entscheidungstyp. Sie können insbesondere die folgenden Aktionen ausführen:

- Beleg anzeigen
- vorhandene Anlagen anzeigen oder neue Anlagen erstellen
- Notizen hinzufügen
- weitere Reviewer hinzufügen

Reviewer können den Beleg nicht annehmen oder ablehnen, und sie können auch keine weiteren Genehmigenden hinzufügen. Das System zeichnet auf, ob der Reviewer auf das Workitem zugegriffen oder eine andere Aktion vorgenommen hat.

> **Hinweis**
>
> Anders als Genehmigende können Reviewer den Beleg nicht genehmigen oder ablehnen, und sie können auch keine weiteren Genehmigenden hinzufügen. Das System zeichnet auf, ob der Reviewer auf das Workitem zugegriffen oder eine andere Aktion durchgeführt hat. Durch das Projekt muss sichergestellt werden, dass Reviewer in alle E-Mail-Benachrichtigungen aufgenommen werden, die aus SAP SRM gesendet werden.

Folgende Optionen zum Hinzufügen von Reviewern stehen zur Verfügung:

- **manuell hinzugefügter Reviewer**
  Ersteller und Genehmigende von Belegen, denen ein Workitem zugeordnet ist, können dem Genehmigungsprozess Ad-hoc-Reviewer hinzufügen. Über das BAdI `/SAPSRM/BD_WF_REVIEWER_F4` (Suchhilfe für Reviewer anpassen) können Sie angeben, wer berechtigt ist, Ad-hoc-Reviewer hinzuzufügen, und wer als Ad-hoc-Reviewer hinzugefügt werden kann.
- **regelbasierter Reviewer**
  Neben dem Hinzufügen von Ad-hoc-Reviewern besteht auch die Möglichkeit, das System so zu konfigurieren, dass Reviewer automatisch basierend auf Regeln in den Genehmigungsprozess eingefügt werden. Diese Konfiguration erfolgt in Prozessschemata und Prozessstufen im IMG: SAP Supplier Relationship Management • SRM Server • Cross-Application Basic Settings • Business Workflow • Process-Controlled Workflow • Business Process Configuration • Define Process Levels. Das System ermittelt die Reviewer auf die gleiche Weise wie Genehmigende, z. B. über bestimmte Belegfelder wie Produkt- oder Buchungskategorie, über Attribute von Business-Objekten oder über bestimmte Rollen oder Benutzer. Dem BAdI `/SAPSRM/BD_WF_REVIEWER_RULE` (Define Reviewers) können Belege zur Überprüfung von Bearbeitergruppen zugeordnet werden. Abbildung 29.18 zeigt dies mit der Aufgabe TS40007945, die als die vom Genehmigenden durchgeführte Aufgabe verwendet wird. Als Rolle wird `SAP_EC_BBP_SECRETARY` genutzt, die den Einkaufsassistenten ermittelt.

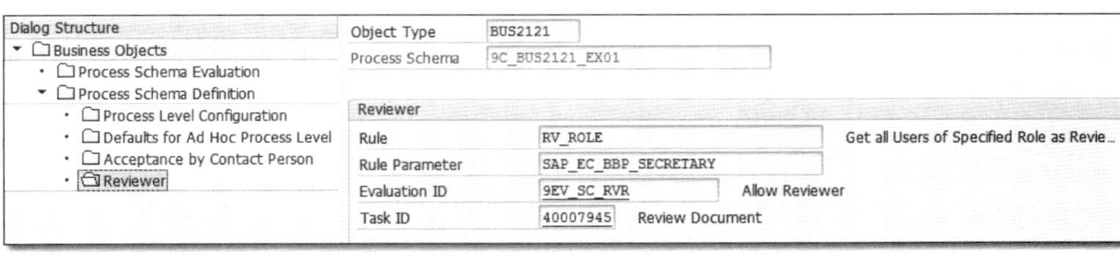

Abbildung 29.18 Konfiguration eines regelbasierten Reviewers

29.3.11 Prozessgesteuerter Workflow: Erweiterte Problembehandlung

Im Folgenden sind einige Probleme aufgeführt, die Sie möglicherweise behandeln müssen. Detaillierte Richtlinien zur Fehlerbehebung finden Sie in Kapitel 11, »Erweiterte Diagnose«.

Workflow wurde nicht gestartet

Wenn der Workflow nicht gestartet wird, hat dies meist eine der folgenden beiden Ursachen:

- Die Ereigniskopplung ist für die Ereignisse `READY_FOR_RELEASE` oder `READY_ FOR_WORKFLOW` nicht aktiviert. Dies kann im IMG über SAP SUPPLIER RELATIONSHIP MANAGEMENT • SRM SERVER • CROSS-APPLICATION BASIC SETTINGS • BUSINESS WORKFLOW • PROCESS-CONTROLLED WORKFLOW • TECHNICAL CONFIGURATION • CHECK EVENT TYPE LINKAGE korrigiert werden.
- Der Systembenutzer WF-BATCH ist nicht ordnungsgemäß konfiguriert, etwa aufgrund eines falschen Kennworts. Zur Korrektur dieses automatischen Workflows muss die Konfiguration erneut im IMG über SAP SUPPLIER RELATIONSHIP MANAGEMENT • SRM SERVER • CROSS-APPLICATION BASIC SETTINGS • BUSINESS WORKFLOW • PROCESS-CONTROLLED WORKFLOW • TECHNICAL CONFIGURATION • CUSTOMIZE SAP BUSINESS WORKFLOW AUTOMATICALLY durchgeführt werden.

Der Workflow wurde bis zum Abschluss ausgeführt, der Einkaufswagen befindet sich jedoch weiterhin im Status »Warten auf Genehmigung«

Wenn der Workflow bis zum Abschluss ausgeführt wurde, der Einkaufswagen jedoch weiterhin den Status WARTEN AUF GENEHMIGUNG besitzt, weist dies üblicherweise auf ein nicht workflow-bezogenes Problem hin. Am Ende eines Genehmigungsprozesses wird die Steuerung vom SAP-SRM-Workflow-Framework erneut an die SAP-SRM-Anwendung übergeben. Dazu wird die Methode `/SAPSRM/IF_PDO_ADV_BASE~HANDLE_PROCESS_FINISHED` eines Business-Objekts (Klasse `SAPSRM/CL_PDO_BO_<BO>_ADV`) aufgerufen. Über diese Methode werden abschließende Aktionen durchgeführt, z. B. Statusänderungen für einen Beleg in APPROVED oder REJECTED. Zu diesem Zeitpunkt ist der Workflow-Prozess bereits abgeschlossen. Schlägt die Verarbeitung dieser Methode fehl (z. B. aufgrund einer Inkonsistenz innerhalb eines Belegs), bleibt der Belegstatus AWAITING APPROVAL unverändert.

Sie können prüfen, ob das beschriebene Problem der Grund für das Verhalten im Workflow-Protokoll ist. Der Name des fehlgeschlagenen Prozessschritts lautet HANDLE PROCESS FINISH. Für eine weitere Problemanalyse empfehlen wir Folgendes:

- Überprüfen Sie Transaktion ST22. Möglicherweise ist eine Ausnahme (Dump) aufgeführt, die die Problemursache beschreibt.

- Überprüfen Sie Kundenänderungen, die in diesem Bereich durchgeführt wurden.
- Suchen Sie nach verfügbaren Hinweisen zur Behandlung dieses Problems, und führen Sie ein Debugging durch.

Gehen Sie für das Debugging wie folgt vor:

- Prüfen Sie in Transaktion SWI6, ob die Fehlerursache bereits in einer Meldung angezeigt wird. Lautet der Workflow-Status insgesamt ERROR, weist auch der Hintergrundschritt HANDLE PROCESS FINISH den Status ERROR auf.
- Navigieren Sie zum Hintergrundschritt, und überprüfen Sie die Registerkarte MESSAGE im TECHNICAL VIEW. Wenn keine Meldung im Workflow angezeigt wird oder Sie die Meldung nicht verstehen, nehmen Sie ein Debugging für den finalen Aufruf vor.

Gehen Sie für das Debugging des Aufrufs wie folgt vor:

- Starten Sie Transaktion SE24.
- Legen Sie eine Instanz von `/SAPSRM/CL_WF_PDO_<BO>` an, wobei `<BO>` das konkrete Business-Objekt angibt.
- Nehmen Sie ein Debugging für die Methode HANDLE PROCESS FINISH vor. Ändern Sie die Variable `sy-uname` vom Debugging-Benutzer in WF-BATCH, um auch Berechtigungsprobleme für den technischen Workflow-Benutzer zu berücksichtigen.

Genehmigungs-Workitem wurde nicht ordnungsgemäß gesendet

Wenn das Genehmigungs-Workitem angelegt, jedoch nicht an einen Bearbeiter bzw. an den Workflow-Administrator gesendet wurde, kann dies folgende Ursachen haben:

- Die Aufgaben sind keine allgemeinen Aufgaben. Im Workflow-Protokoll wird angezeigt, dass dem Workflow-Schritt kein Bearbeiter zugeordnet ist. Es wird jedoch kein Fehler protokolliert. Wenn die Workflow-Aufgaben nicht als generell festgelegt wurden, ist kein Bearbeiter berechtigt, die Aufgaben auszuführen.

  Ob die Aufgaben generalisiert sind oder nicht, kann im IMG über SAP SUPPLIER RELATIONSHIP MANAGEMENT • SRM SERVER • CROSS-APPLICATION BASIC SETTINGS • BUSINESS WORKFLOW • PROCESS-CONTROLLED WORKFLOW • TECHNICAL CONFIGURATION • GENERALIZE TASKS für alle Aufgaben der Aufgabengruppen 40000003 (SAP SRM Approval Process Decision Tasks) und 40000007 (SAP SRM Approval Process User Tasks) geprüft und korrigiert werden.

- Die Implementierung für die Bearbeiterfindung gibt keinen Wert oder einen ausgeschlossenen Bearbeiter zurück. Im Workflow-Protokoll wird angezeigt, dass dem Workflow-Schritt kein Bearbeiter zugeordnet ist. Es sollte jedoch ein Fehler angezeigt werden, und der Administrator sollte einen CCMS-Eintrag (CCMS = Computing Center Management System) erhalten.
- Der UWL-Konnektor ist nicht eingeschaltet, oder die Verbindung schlägt fehl. Wenn im Workflow-Protokoll eine korrekte Bearbeiterzuordnung angezeigt wird und der Benutzer ein Workitem in seinem SAP Business Workplace erhalten hat, ist ein UWL-Verbindungsproblem ursächlich. Diese Art von Problem können Sie im UWL-Administrationsbereich prüfen und korrigieren.

Genehmigungsanzeige ist falsch oder enthält keine Daten

Bei den in der Genehmigungsprozessübersicht dargestellten Informationen handelt es sich um Daten, die über SAP-SRM-Genehmigungs-Frameworks bereitgestellt werden. Aus diesem Grund kann eine fehlerhafte Vorbereitung der Daten oder die Bereitstellung fehlerhafter Daten die Ursache für eine nicht korrekte Prozessvisualisierung sein.

Die Genehmigungsprozessübersicht enthält einen Link, um Prozessdaten als XML-Datei herunterzuladen. Anhand dieser heruntergeladenen Datei sollten Sie prüfen, ob die für die Genehmigungsprozessübersicht bereitgestellten Daten korrekt sind oder nicht. Liegt bei der Visualisierung der Daten ein Fehler vor, sollten Sie zur weiteren Fehleranalyse ein Debugging für die Methode `/SAPSRM/IF_PDO_DO_APV_EXT~INITIALIZE` der Klasse `/SAPSRM/CL_PDO_DO_APV_EXT` vornehmen.

Wurden die falschen Daten bereitgestellt, sollte der ausgeführte Genehmigungsprozess in Transaktion SLG1 überprüft werden. Deshalb sollten Sie den Parameter `/SAPSRM/` als Objekt verwenden und das SAP-SRM-Dokument GUID als External ID (siehe Abbildung 29.19). Das Suchergebnis ist eine Auflistung der BRF-Auswertungsergebnisse. Anhand dieser Ergebnisse erfahren Sie, welches Prozessschema für den aktuellen SAP-SRM-Beleg ermittelt wurde und welche Prozessstufen aktiv sind.

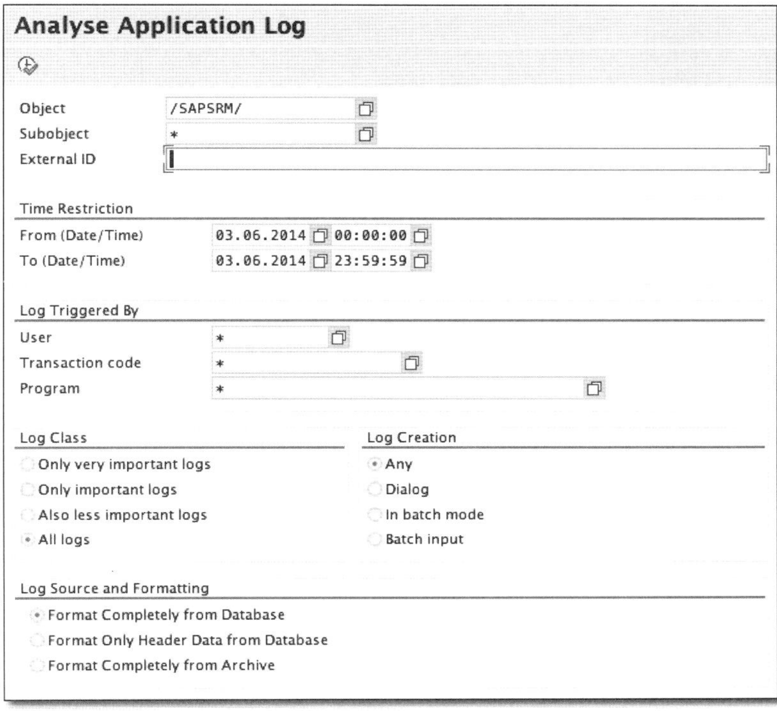

Abbildung 29.19 Parameter für relevante Protokolle

29.4 Praxisbeispiel für einen prozessgesteuerten Workflow

Nachdem wir uns mit der Funktionsweise auseinandergesetzt haben, ist es nun an der Zeit für ein Praxisbeispiel eines prozessgesteuerten Workflows. In diesem Szenario müssen alle Einkaufswagen vom direkten Vorgesetzten des Anfordernden genehmigt werden. In der zweiten Genehmigungsstufe müssen die Benutzer, die zu der für eine Einkaufswagenposition zuständigen Einkaufsgruppe gehören, die entsprechende Position genehmigen. Die Benutzer einer Einkaufsgruppe müssen nur die Positionen genehmigen, für die sie zuständig sind. Voraussetzung für dieses Szenario ist, dass eine Organisationsstruktur in SAP SRM eingerichtet wurde.

29.4.1 Einfaches Szenario: Ausführung ohne Genehmigung

Im ersten Beispiel gehen wir davon aus, dass eine Genehmigung nicht erforderlich ist; der Einkaufswagen soll direkt genehmigt sein. Der Status des

Belegs soll ohne Benutzerinteraktion auf APPROVED gesetzt werden. Indem wir mit diesem äußerst einfachen Szenario beginnen, können wir ermitteln, ob das System richtig konfiguriert ist.

Wird ein Beleg umgehend genehmigt, d.h. ohne Benutzerinteraktion, wird kein Workitem benötigt und somit kein Workflow gestartet. Voraussetzung dafür ist jedoch, dass die Ereigniskopplung (Transaktion SWE2) für das Ereignis READY_FOR_RELEASE aktiviert ist.

Hinweis

Transaktion SWE2 und die Ereigniskopplung werden in Kapitel 18, »Verwendung von Ereignissen und anderen Business-Interfaces«, behandelt. Das Ereignis READY_FOR_RELEASE basiert auf den folgenden Werten:

- Objektkategorie: ABAP-Klasse
- Objekttyp: /SAPSRM/CL_WF_PRO
- Ereignis: READY_FOR_RELEASE
- Verbrauchertyp: SRM_PROCESS_START

Der prozessgesteuerte Workflow stellt *Business Configuration Sets* (BC Sets) bereit. Mithilfe von BC Sets können Benutzer angepasste Einstellungen aufzeichnen, speichern und gemeinsam verwenden. Im Kontext von SAP SRM werden BC Sets für eine schnelle und einfache Konfiguration von Prozessschemata eingesetzt.

Hinweis

SAP SRM stellt viele BC Sets bereit, z.B. für Business-Objekte: Einkaufswagen, Bestellung, Bestätigung, Rechnung, Kontrakt, Angebot und Ausschreibung. Weitere Hinweise finden Sie in Abschnitt 29.10.3, »Neuinstallation«.

Die BC Sets müssen aktiviert werden, bevor wir unser erstes Beispiel ausführen können. Die Konfiguration von BC Sets erfolgt über Transaktion SCPR20. Bei der Aktivierung eines BC Sets legt das System automatisch ein Prozessschema an und konfiguriert alle benötigten Prozessstufen. Für jedes Business-Objekt kann nur ein BC Set aktiviert werden. Für jedes dieser Business-Objekte gibt es ein BC Set, um einen Prozess ohne Genehmigung anzupassen, und ein BC Set, um einen Prozess mit einstufiger Manager-Genehmigung anzupassen.

Beachten Sie, dass die Aktivierung von BC Sets die vorhandene Konfiguration nicht löscht, sondern sie nur ändert oder ergänzt. Vor der Aktivierung müssen Sie sicherstellen, dass es nicht zu Konflikten zwischen der vorhandenen und der gewünschten Konfiguration kommt. Um solche Konflikte zu vermeiden, sollten Sie die vorhandene Konfiguration löschen. Dies erfolgt im IMG über SAP Supplier Relationship Management • SRM Server • Cross-Application Basic Settings • Business Workflow • Process-Controlled Workflow • Business Process Configuration • Define Process Levels.

Nach dem Löschvorgang können Sie das BC Set /SAPSRM/C_SC_600_000_SP04 für den Prozess ohne Genehmigung in Transaktion SCPR20 aktivieren. Nachdem Sie das BC Set aktiviert haben, sollte es getestet werden. Dies können Sie tun, indem Sie einen Einkaufswagen anlegen. Der Status des Einkaufswagens sollte ohne Benutzerinteraktion auf Approved gesetzt werden.

Hinweis

Die Konfiguration einer Genehmigung ohne Schritte und ohne Verwendung von SAP Business Workflow ist eine Möglichkeit, eine einfache automatische Genehmigung zu implementieren.

29.4.2 Konfiguration einer zweistufigen Genehmigung

Nach der erfolgreichen Konfiguration des Prozesses ohne Workflow-Interaktion können wir nun mit der Entwicklung der Genehmigungskette beginnen. Dazu muss die Ereigniskopplung (Transaktion SWE2) für das Ereignis READY_FOR_WORKFLOW überprüft und aktiviert werden.

BC Sets für die einstufige Genehmigung sind ebenfalls vorhanden. Wie bereits bei der Konfiguration ohne Genehmigung sollten Sie überprüfen, ob es zu Konflikten zwischen der vorhandenen und der gewünschten Konfiguration kommen kann, und die vorhandene Konfiguration gegebenenfalls löschen. Das BC Set (/SAPSRM/C_SC_600_001_SP04), das die Konfiguration für die einstufige Genehmigung enthält, können Sie in Transaktion SCPR20 aktivieren.

Nach der erfolgreichen Aktivierung sollte die zweite Genehmigungsstufe hinzugefügt werden. Der IMG-Pfad ist SAP Supplier Relationship Management • SRM Server • Cross-Application Basic Settings • Business Workflow • Process-Controlled Workflow • Business Process Configuration • Define Process Levels. Wählen Sie da Business-Objekt BUS2121 (SRM-Einkaufswagen) und in der Prozessschemadefinition das Prozessschema 9C_SC_600_001_SP04 aus, das vom BC Set erstellt wurde.

Nun müssen Sie mit der Prozessstufenkonfiguration beginnen. Nach der ersten Genehmigungsstufe soll eine zweite Genehmigungsstufe mit den folgenden Parametern hinzugefügt werden:

- Laufende Nummer der Stufe: eine höhere Zahl als die laufende Nummer der ersten Stufe
- Stufentyp: Genehmigung
- Evaluierungs-ID: 0EV000 (immer `true`)
- Resp. Resolver-Name: SC_RR_PURCHASING_GROUP
- Resp. Resolver-Parameter: `Leerzeichen`
- Aufgaben-ID: 40007953 (SAP-SRM-Genehmigung für Einkaufswagen)
- Entscheidungstyp: Positionsbasierte Entscheidung für den Teilbeleg

Das ist alles! An dieser Stelle können Sie prüfen, ob der Prozess fehlerfrei läuft: Legen Sie dazu einen Einkaufswagen an, und führen Sie eine Bestellung aus. Mithilfe von Transaktion SLG1 können Sie die BRF-Verarbeitung prüfen. Transaktion SLG1 stellt die ermittelten Prozessschemata und die aktiven Prozessstufen dar.

29.4.3 Details zur BRF-Integration

Befassen wir uns nun näher mit den Einträgen, die bei der Prozesskonfiguration erstellt wurden. Der IMG-Pfad ist SAP Supplier Relationship Management • SRM Server • Cross-Application Basic Settings • Business Workflow • Process-Controlled Workflow • Business Process Configuration • Define Process Levels. Achten Sie insbesondere auf die Aktivierung des BC Sets `/SAPSRM/C_SC_600_001_SP04`.

In der Konfiguration wird eine Übersicht der SAP-SRM-Beschaffungsbelege angezeigt, die im prozessgesteuerten Workflow unterstützt werden. Diese Einträge stehen bereits vor der Aktivierung des BC Sets zur Verfügung. Wenn Sie das Business-Objekt `BUS2121` (SAP-SRM-Einkaufswagen) auswählen und zur Prozessschemadefinition navigieren, werden Ihnen die verfügbaren Prozessschemata für das ausgewählte Business-Objekt angezeigt, wie bereits in Abbildung 29.8 gezeigt. Nach der Aktivierung des BC Sets für die einstufige Genehmigung sollte hier genau ein verfügbares Prozessschema zu sehen sein.

Wurden mehrere Prozessschemata definiert, muss zur Laufzeit entschieden werden, welches Prozessschema verwendet werden soll. Deshalb ist für jedes Business-Objekt eine Evaluierungs-ID in der Evaluierung des Prozessschemas vorhanden (siehe Abbildung 29.20).

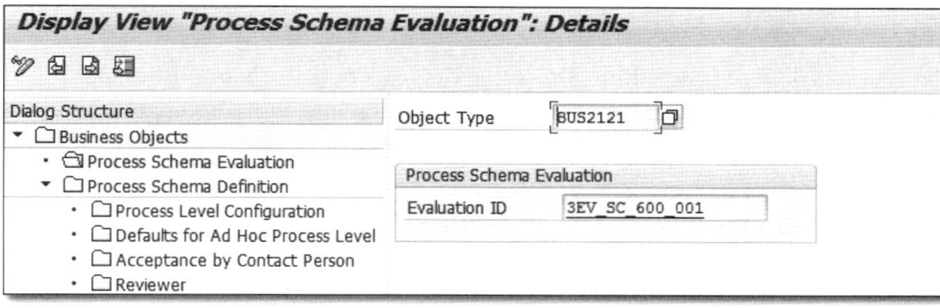

Abbildung 29.20 Evaluierungs-ID

Diese EVALUIERUNGS-ID ist ein Geschäftsregelereignis, das einen Ausdruck enthält. Der Ausdruck wird zur Laufzeit ausgewertet und gibt ein gültiges Prozessschema zurück. Dieser Ausdruck kann einen Funktionsbaustein, ein BAdI, eine Formel oder sogar eine Konstante enthalten. Eine Konstante wird normalerweise verwendet, wenn nur ein Prozessschema für ein Business-Objekt existiert.

Um das Ereignis `3EV_SC_600_001` aus Abbildung 29.20 zu ermitteln, starten Sie Transaktion BRF und wählen die Anwendungsklasse `SRM_WF`, um sich eine Übersicht über die BRF-Objekte anzeigen zu lassen. Die Liste der Objekte ist thematisch sortiert. Wenn Sie den Navigationsknoten bis zum Element EVENTS erweitern, finden Sie die EVALUIERUNGS-ID des Beispiels (siehe Abbildung 29.21).

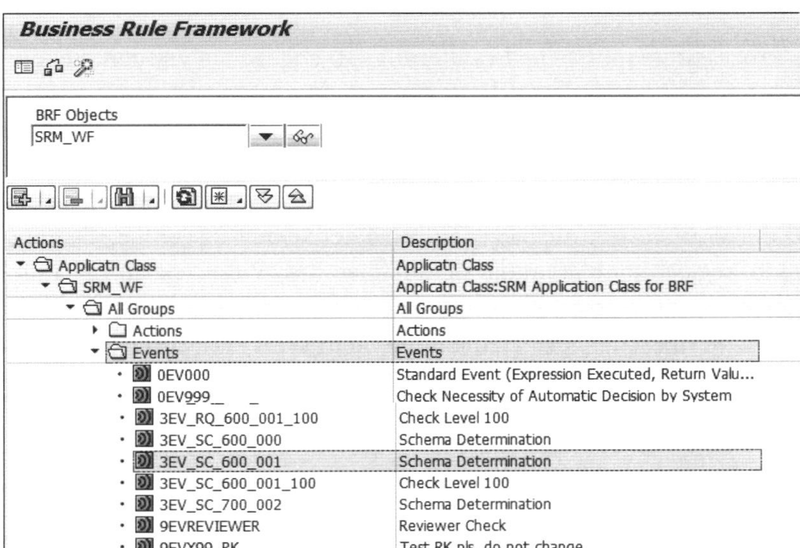

Abbildung 29.21 Geschäftsregel-Framework-Ereignis

Hinweis

Die in SAP SRM bereitgestellten BRF-Objekte folgen einer Namenskonvention. Objekte, die mit einer Zahl (0 bis 9) beginnen, wurden von SAP angelegt. Objekte, die von Kunden angelegt werden, sollten mit einem Buchstaben beginnen.

Wenn Sie ein Ereignis auswählen, werden auf der rechten Seite detaillierte Informationen angezeigt (siehe Abbildung 29.22). Dieses Ereignis enthält den Ausdruck `3C_SC_600_001`.

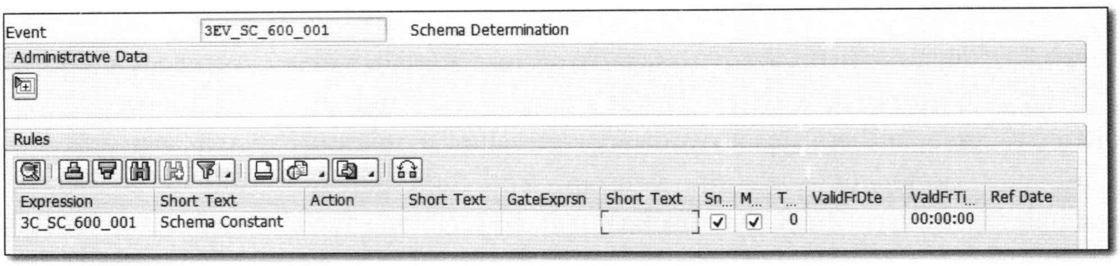

Abbildung 29.22 Geschäftsregel-Framework-Ereignisausdruck

Durch einen Doppelklick auf den Ausdruck gelangen Sie zur Ausdrucksdefinition (siehe Abbildung 29.23). Der Ausdruck enthält eine Konstante `3C_SC_600_001`. Das bedeutet, dass für die Auswertung des Ereignisses der Wert `3C_SC_600_001` zurückgegeben wird. Das SAP-SRM-Genehmigungs-Framework weiß, dass das Prozessschema `3C_SC_600_001` ausgeführt werden muss. Dieses Prozessschema sehen Sie in Abbildung 29.4.

Für jede Prozessstufe muss eine Evaluierungs-ID angegeben werden. Bei dieser Evaluierungs-ID handelt es sich um ein Ereignis, mit dem festgelegt wird, ob der Schritt der Prozessstufe ausgeführt wird oder nicht. Das Ereignis wird zur Laufzeit ausgewertet. Der dem Ereignis zugewiesene Ausdruck kann einen Funktionsbaustein, ein BAdI oder eine Formel enthalten. Wird als Ergebnis der Wert `true` zurückgegeben, wird der Schritt ausgeführt. Das entsprechende Regelereignis können Sie auf dieselbe Weise wie die Evaluierungs-ID für das Prozessschema ermitteln. Der Ausdruck `3EV_SC_600_001_100` enthält z. B. stets eine Formel, die immer den Wert `true` zurückgibt. Dies wurde bereits in Abbildung 29.3 dargestellt.

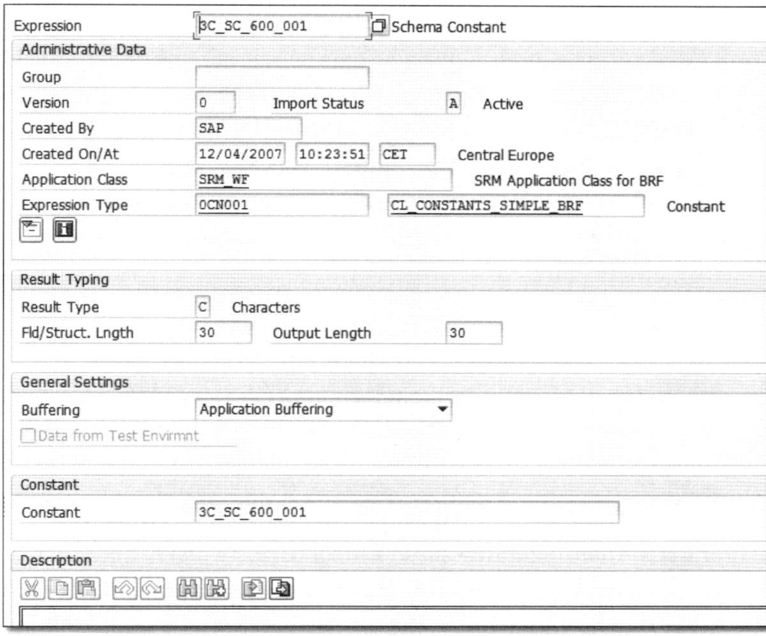

Abbildung 29.23 Ausdruck 3C_SC_600_001

29.5 Anwendungsgesteuerter Workflow im Detail

In diesem Abschnitt erläutern wir den anwendungsgesteuerten Workflow des Genehmigungs-Frameworks. Dabei handelt es sich um das Framework, das in SAP SRM 5.0 (und niedrigeren Releases) verwendet wird. Sie können dieses Framework auch einsetzen, wenn Sie mit SAP SRM 7.0 arbeiten, aber den prozessgesteuerten Workflow nicht aktiviert haben. Der anwendungsgesteuerte Workflow umfasst sowohl einstufige und zweistufige als auch *n*-stufige BAdIs und BAdIs für Einzelpositionen (siehe Abbildung 29.24).

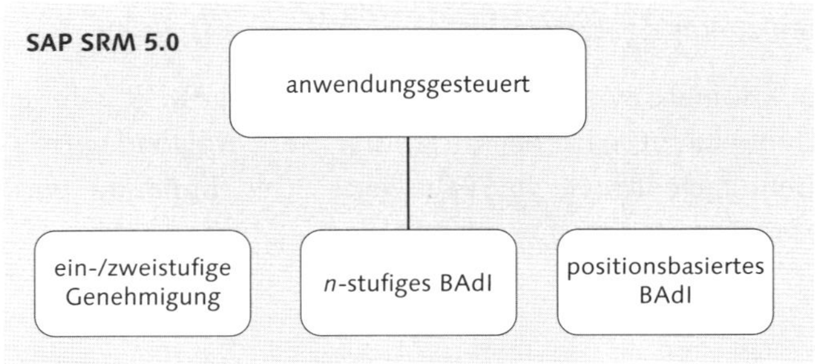

Abbildung 29.24 Anwendungsgesteuerter Workflow in SAP SRM 5.0

29.5.1 Einstufige und zweistufige Genehmigung

Einstufige und zweistufige Genehmigungen beinhalten ein spezielles Workflow-Muster für einen speziellen Prozess. Die Workflow-Muster unterstützen die Möglichkeit, den ausgeführten Prozess zu ändern und eine Prozessübersicht (Darstellung der Genehmigenden) bereitzustellen. Bei der Ausführung eines Prozesses wird ermittelt, ob ein weiteres Workflow-Muster ausgeführt werden soll. Ist dies der Fall, wird der aktuelle Prozess beendet und ein neuer Prozess ausgelöst.

Dieser Ansatz funktioniert ohne Probleme, wenn im Ablaufmodell des Workflow-Musters bestimmte Regeln eingehalten werden. SAP stellt Workflow-Muster sowohl für die einstufige Genehmigung (WS10000060) als auch für die zweistufige Genehmigung (WS10000129) bereit. Diese Muster können den Anforderungen des Kunden bis zu einem gewissen Grad angepasst werden. Zum Beispiel kann die Bearbeiterfindung individualisiert werden.

Im Hinblick auf die Genehmigenden unterstützen diese Muster einen einzigen Genehmigenden für den gesamten Beleg. Der Genehmigende kann den Beleg ändern, aber der Beleg darf nur von einem einzigen Genehmigenden genehmigt werden (keine geteilte oder gemeinsame Zuständigkeit, außer bei der Verwendung einzelpostenbasierter BAdIs). Ad-hoc-Genehmigende werden unterstützt.

29.5.2 n-stufiges BAdI

Das *n*-stufige BAdI basiert auf generischen Workflow-Mustern. Dabei handelt es sich um die gleichen Muster, die auch für die Unterstützung mehrerer Prozesse verwendet werden. Der generische Workflow wird iterativ für verschiedene Genehmigungsstufen eingesetzt und ordnet Workitems basierend auf dem erforderlichen Genehmigenden zu. Obwohl *n*-stufige BAdIs Unterstützung für Funktionen wie zusätzliche Reviewer und Ad-hoc-Genehmigungsstufen bieten, muss auf Kundenseite ein BAdI implementiert werden, um Ad-hoc-Funktionen zu konfigurieren.

Das n-stufige BAdI funktioniert, wie in Abbildung 29.25 dargestellt. Gibt es einen weiteren Genehmigenden, wird der zuständige Genehmigende ermittelt und das Workitem zugeordnet. Im Falle einer Genehmigung wird geprüft, ob ein weiterer Genehmigender existiert.

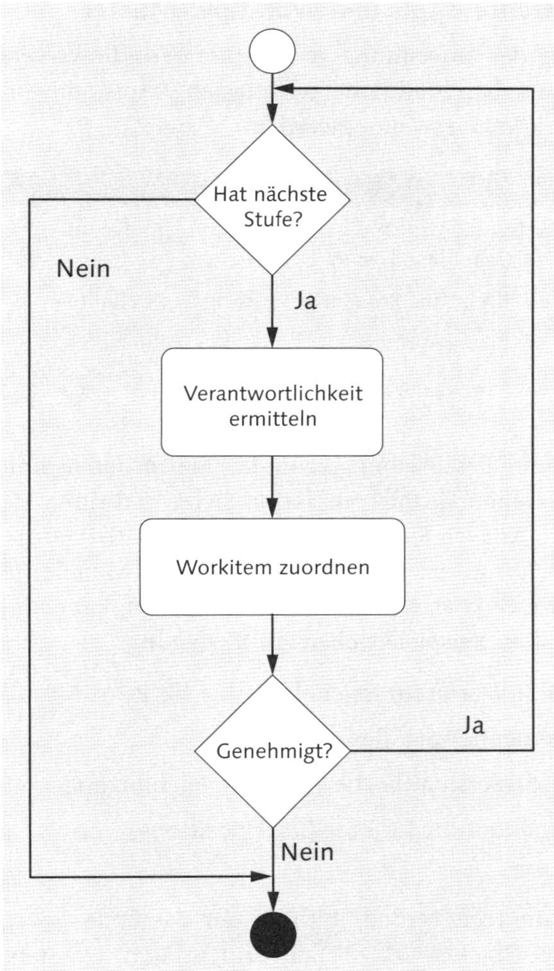

Abbildung 29.25 Generische Schleife zur Unterstützung des n-stufigen BAdIs

Bei einer einstufigen bzw. zweistufigen Genehmigung ist die Prozessübersicht an das Workflow-Design gebunden. Bei der Verwendung des *n*-stufigen BAdIs erweitern Sie das Design, können die Ad-hoc-Schritte im Workflow-Design jedoch nicht anzeigen. Sie können die Ergebnisse in der Prozessübersicht darstellen, indem Sie zu diesem Zweck das BAdI aufrufen. Das *n*-stufige BAdI verwendet zur Eingabe einer Position Text, erfordert, dass ein Einkaufsfachmann die Daten vervollständigt, und versendet diese anschließend zur Genehmigung. Wie beim einstufigen und zweistufigen Workflow erfolgt die Genehmigung durch einen einzigen Genehmigenden. Ad-hoc-Schritte werden unterstützt.

29.5.3 Von SAP bereitgestellte BAdIs und Workflow-Muster

SAP bietet zur Unterstützung des anwendungsgesteuerten Workflows verschiedene BAdIs. Tabelle 29.4 beschreibt die wichtigsten BAdIs, die im anwendungsgesteuerten Workflow verwendet werden.

BAdI-Definition	Beschreibung
BBP_WFL_APPROV_BADI	Ermittelt die Genehmigung für n-stufigen, dynamischen Genehmigungs-Workflow.
BBP_WFL_SECUR_BADI	Überschreibt die Berechtigungsstufe des Genehmigenden.

Tabelle 29.4 Bereitgestellte BAdIs mit anwendungsgesteuertem Workflow

Beispielimplementierungen und Beschreibungen finden Sie in der technischen BAdI-Dokumentation: Gehen Sie zu Transaktion SE18, und rufen Sie das BBP_WFL_APPROV_BADI auf. Klicken Sie auf den Button DOCUMENTATION, um die Dokumentation des BAdIs anzuzeigen. Wählen Sie in der Menüleiste den Eintrag IMPLEMENTATION • OVERVIEW, um sich die Beispielimplementierung anzuschauen. Die folgenden Beispiele stehen zur Verfügung:

- Beispielimplementierung mit Wertgrenzengenehmigung für PO
- Musterbeispiel einer Implementierung dieses BAdIs
- einfaches Beispiel einer BAdI-Version für die Positionsgenehmigung
- Beispiel einer BAdI-Implementierung für eine Einzelpositionsgenehmigung

BBP_WFL_APPROV_BADI wird im Hintergrund mithilfe der Methode NextDynamicApproverGet des BOR-Objekts BUS4101 aufgerufen. Von der Standardaufgabe TS14007989 (Nächsten Genehmigenden bestimmen) wird dieses BAdI verwendet. Tabelle 29.5 zeigt die bereitgestellten Workflow-Muster, die die BAdI-Aufgabe TS14007989 verwenden.

Template-ID	Name	Entsprechendes BOR-Objekt
WS14000109	*n*-stufige Genehmigung eines Ausgabelimits	BUS2121 (Einkaufswagen)
WS14000133	*n*-stufige Genehmigung eines Einkaufswagens (BAdI)	BUS2121
WS14500015	positionsbasierter Rahmen-Workflow	BUS2121

Tabelle 29.5 Workflow-Muster, die das BAdI verwenden

Template-ID	Name	Entsprechendes BOR-Objekt
WS14000145	*n*-stufige Genehmigung einer Bestellung (BAdI)	BUS2201 (Bestellung)
WS14000148	*n*-stufige Genehmigung eines Kontrakts (BAdI)	BUS2000113 (Kontrakt)
WS14500028	Rahmen-Workflow: *n*-stufige Genehmigung einer Ausschreibung	BUS2200 (Ausschreibung)
WS14500044	*n*-stufige Genehmigung eines Lieferantenangebots	BUS2202 (Lieferantenangebot)

Tabelle 29.5 Workflow-Muster, die das BAdI verwenden (Forts.)

29.5.4 Auf einem Einzelposten basierendes BAdI

Hier wird der gleiche Ansatz wie beim *n*-stufigen BAdI verwendet (Unterstützung der Vervollständigung von Informationen, Genehmigung, Ad-hoc-Genehmigenden). Zusätzlich können beim BAdI für Einzelpositionen Workitems eingesetzt werden, die auf einer geteilten oder gemeinsamen Zuständigkeit basieren.

29.5.5 Änderung der Belege im anwendungsgesteuerten Workflow

Um zu ermitteln, ob ein Genehmigender einen Beleg ändern kann, wird im anwendungsgesteuerten Workflow ein spezielles Personalisierungsattribut mit dem technischen Namen BBP_WFL_SECURITY verwendet. Sie können Rollen oder Benutzern direkt einen von mehreren vordefinierten Werten zuordnen, um die Berechtigungsstufe und die Möglichkeit zu ermitteln, ob der Genehmigende Belege ändern kann. Diese Einstellung wird mit der Registerkarte PERSONALIZATION in Transaktion SU01 oder über die Rollenpflege (Transaktion PFCG) auf der Registerkarte PERSONALIZATION konfiguriert.

Hinweis

Weitere Informationen zu BBP_WFL_SECURITY finden Sie im SAP Help Portal (*help.sap.com*) über die Stichwortsuche. Außerdem können Sie das BAdI BBP_WFL_SECURE_BADI verwenden, um die Werte im Attribut BBP_WFL_SECURITY zu überschreiben.

29.5.6 Konfiguration von Genehmigungsprozessen

Im anwendungsgesteuerten Workflow erfolgt die Konfiguration des Genehmigungsprozesses hauptsächlich über SAP Business Workflow.

Konfiguration von Startbedingungen

Sie können mithilfe von Startbedingungen (Transaktion SWB_COND) festlegen, welcher Workflow basierend auf dem Inhalt eines Belegs gestartet werden soll. So könnten Sie z. B. festlegen, dass Einkaufswagen mit einem Wert unter 500 EUR über einen Workflow zur automatischen Genehmigung, Einkaufswagen mit einem Wert über 500 EUR hingegen über den einstufigen Genehmigungs-Workflow verarbeitet werden. Eine allgemeine Erläuterung zu Startbedingungen finden Sie in Kapitel 18, »Verwendung von Ereignissen und anderen Business-Interfaces«.

Denken Sie bei der Erstellung oder Änderung von Startbedingungen in SAP SRM *immer* daran, dass die zugrunde liegenden Kriterien bei Ereignisauslösung bereits vorhanden sein müssen. Genehmigungs-Workflows für Einkaufswagen werden z. B. gestartet, wenn der Einkaufswagen gespeichert wird. Zu diesem Zeitpunkt sind viele Informationen zum Einkaufswagen bekannt: der Gesamtwert, eventuell vorhandene Freitextpositionen, Warengruppen und die verwendete Kontierungszuweisung. Es ist jedoch nicht bekannt, ob die Einkaufswagenpositionen in lokale Bestellungen oder Backend-Bestellungen, Backend-Bestellanforderungen oder Backend-Reservierungen konvertiert werden, da diese Entscheidung erst nach der Genehmigung getroffen wird. Es ist daher möglich, eine Startbedingung für einen Genehmigungs-Workflow eines Einkaufswagens basierend auf dem Gesamtwert und der Warengruppe anzulegen, nicht jedoch basierend auf dem Gesamtwert und dem Backend-Objekttyp.

Hinweis

Wenn Sie stets denselben Genehmigungs-Workflow verwenden möchten, können Sie eine Startbedingung zuweisen, die immer `true` ist.

Beim Einrichten von Startbedingungen können Ereignisse simuliert werden (Transaktion SWU), um zu ermitteln, ob der richtige Workflow ausgelöst wird, wenn ein bestimmtes Ereignis eintritt (z. B. das Ereignis `SAVED` für den BOR-Objekttyp `BUS2121`). Wenn Sie jedoch Tests für die Ereignisse und Startbedingungen durchführen möchten, muss der Objektschlüssel übergeben werden. Rufen Sie deshalb für die Tests Transaktion SWU auf, um das Ereignis tatsächlich auszulösen und die Startbedingungen zu testen.

Achtung

Normalerweise wird ein Ereignis publiziert, gegebenenfalls eine Startbedingung analysiert und ein Workflow gestartet (basierend auf dem Ergebnis der Startbedingung). Dies gilt jedoch nicht für den anwendungsgesteuerten Workflow. Hier wird der Beleg gespeichert (z. B. ein Einkaufswagen), die Startbedingungen werden ausgewertet, und der Workflow wird anschließend über die Workflow-APIs (WAPIs) gestartet. Dies bedeutet, dass kein Ereignis in der Ereigniskurve (Transaktion SWEL) angezeigt wird. Im anwendungsgesteuerten Workflow werden Bedingungen programmatisch gelesen und Workflows programmatisch gestartet, sodass keine Ereignisse ausgelöst werden.

Anpassung der bereitgestellten Szenarien

Zu den bereitgestellten Genehmigungsszenarien zählen die automatische Genehmigung, die Genehmigung in einem Schritt, die Genehmigung in zwei Schritten sowie die Genehmigung von Beschaffungsanforderungen auf Basis eines Ausgabelimits. Darüber hinaus steht auch für die Genehmigung von Bestätigungen, Rechnungen etc. eine begrenzte Auswahl an Genehmigungsszenarien zur Verfügung. Sämtliche Genehmigungsszenarien können unverändert eingesetzt oder als Vorlage für eigene Genehmigungsszenarien verwendet werden.

Beim Einsatz des Genehmigungsszenarios mit Ausgabelimit (d. h., eine Genehmigung wird nur erforderlich, wenn die Beschaffungsanforderung die Ausgabenbegrenzung des Anfordernden überschreitet) kann für das Limit basierend auf der Rolle des Benutzers ein Standardwert konfiguriert werden. Dieser kann bei Bedarf auf der Grundlage eines Organisationsobjekts oder auf Benutzerbasis außer Kraft gesetzt werden.

Wenn Sie dem Genehmigenden die Berechtigung erteilen, Beschaffungsanforderungen während der Genehmigung zu ändern, kann für die Entscheidung, ob Änderungen eine erneute Genehmigung erfordern, auf der Grundlage der Rolle des Genehmigenden ein Standardwert konfiguriert werden. Dieser kann auf Benutzerbasis oder auf der Grundlage von Geschäftsregeln außer Kraft gesetzt werden, die im BAdI angegeben werden.

Hinweis

Sämtliche Texte in Workitems und E-Mails, die von SAP Business Workflow gesendet werden, können ohne Modifikation gemäß Ihren Unternehmensanforderungen überdefiniert werden. Dabei gehen Sie ebenso vor wie beim Bearbeiten von Positionstext in allen Standardaufgaben (TS) – Sie klicken auf den Button Refine Work Item Text in den von SAP bereitgestellten Standardaufgaben.

Anlegen eigener Kriterien für Startbedingungen

Die Startbedingungen basieren auf Attributen des Objekts in der Ereigniskopplung. Bei Genehmigungs-Workflows für Einkaufswagen werden das Einkaufswagenereignis `SAVED` und der Objekttyp für Einkaufswagen (`BUS2121`) verwendet.

Wenn Sie zusätzliche Kriterien anlegen möchten, die als Teil des logischen Ausdrucks einer Startbedingung verwendet werden sollen, müssen Sie zusätzliche Attribute anlegen. Dazu erstellen Sie zunächst einen Subtyp von `BUS2121` (z. B. `ZBUS2121`) und delegieren über die systemweite Delegation `BUS2121` an `ZBUS2121`. Anschließend können dem Subtyp `ZBUS2121` zusätzliche Attribute hinzugefügt werden. Die hinzugefügten Attribute stehen dank der Delegation allen Startbedingungen, Ereigniskopplungen, Workflows und Aufgaben zur Verfügung, die `BUS2121` verwenden.

Beachten Sie bei der Programmierung eigener Attribute für Startbedingungen die folgenden Punkte:

- Jede durch ein Attribut ausgelöste Ausnahme führt dazu, dass die Startbedingung fehlschlägt. Kann für ein Attribut kein Wert ermittelt werden, sollten Sie das Attribut üblicherweise auf seinen leeren Wert setzen (d. h. leer oder null) und eine normale Rückgabe ermöglichen.
- Jedes geprüfte Attribut sollte über einen gültigen Wert (dies kann auch ein leerer Wert sein) für *alle* Einkaufswagen verfügen. Dies ist besonders dann wichtig, wenn Sie Attribute anlegen, die nur für Waren- oder Dienstleistungspositionen relevant sind. Stellen Sie sicher, dass Ihre Attribute auch dann gültige Werte zurückgeben, wenn der Einkaufswagen nur Warenpositionen, nur Dienstleistungen oder eine Kombination aus Waren und Dienstleistungen enthält.
- Wird ein Einkaufswagen an ein lokales Objekt oder an ein Backend-Objekt übermittelt, können – je nach SAP-SRM-Release – wesentliche Datenänderungen auftreten. Aus diesem Grund müssen Sie für das Testen neuer Kriterien immer vorerfasste (gemerkte) Einkaufswagen oder noch nicht genehmigte Einkaufswagen verwenden, die noch alle Daten im Status der Vorgenehmigung enthalten. Testen Sie niemals Einkaufswagen, die bereits übertragen wurden.
- Es wird empfohlen, Daten nicht direkt aus Datenbanktabellen einzulesen, da die Beziehung zwischen den verschiedenen Einkaufswagentabellen komplex und von Release zu Release verschieden ist. Verwenden Sie statt-

dessen die Routinen in der Standard-Business-Objekttypdefinition. Eine weitere Schwierigkeit ist, dass die Daten eingelesen und in etwas anderer Form zurückgegeben werden müssen, wenn der Einkaufswagen noch nicht vorhanden ist (d. h. für die Genehmigungsvorschau). Die sicherste Methode ist, den Standard-Business-Objekttyp BUS2121 auf die Implementierung ähnlicher Attribute hin zu untersuchen und so sicherzustellen, dass Ihre neuen Attribute mit diesen konsistent sind.

29.5.7 Bearbeiterfindung

Mögliche Bearbeiter werden üblicherweise mithilfe von Rollen zugeordnet, um den Pflegeaufwand für die Aufbauorganisation zu minimieren. Innerhalb bestimmter SAP-SRM-Workflows (z. B. bei der Genehmigung von Einkaufswagen, d. h. Beschaffungsanforderungen) steuert die Zuordnung möglicher Bearbeiter nicht nur, wer ein Workitem ausführen kann. Zusätzlich werden folgende Angaben ermittelt:

- Ist der Mitarbeiter berechtigt, den Genehmigenden dynamisch zu ändern?
- Welche Genehmigenden können über die Option zum Hinzufügen/Ändern von Genehmigenden ausgewählt werden?

Bei einstufigen und zweistufigen Genehmigungen basiert die Bearbeiterfindung zur Laufzeit auf dedizierten BOR-Objekten wie `APURMANAG` (BOR-Objekt zur Ermittlung eines Standardvorgesetzten für einstufige und zweistufige Genehmigungen). Beim *n*-stufigen BAdI und beim BAdI für Einzelpositionen basiert die Bearbeiterfindung auf BOR-Methoden, über die die Bearbeiterfindung an eine BAdI-Implementierung delegiert wird.

Wie bereits erwähnt, wird von SAP eine Beispielimplementierung für die BAdI-Definition `BBP_WFL_APPROV_BADI` angeboten. Um den BAdI-basierten Genehmigungs-Workflow nutzen zu können, müssen Sie eine eigene Implementierung bereitstellen, in der Ihre spezifischen Geschäftsregeln berücksichtigt werden (Weitere Informationen dazu finden Sie in Abschnitt 29.5.9, »Implementieren dynamischer Prozesse«).

29.5.8 Ad-hoc-Bearbeiterzuordnung

Die Zuordnung eines Genehmigenden zu einem Einkaufswagen erfolgt über die Ad-hoc-Bearbeiterzuordnung. Dabei können Bearbeiter beim Start des Workflows über eine Referenz auf ein Ad-hoc-Bearbeiter-Business-Objekt ermittelt werden. Die Bearbeiter können innerhalb des Workflows generisch geändert werden, unabhängig davon, wie die ursprünglichen Bearbeiter ermittelt wurden.

In SAP SRM wird die Ad-hoc-Bearbeiterzuordnung dazu eingesetzt, die Bearbeiter vor den Genehmigungsschritten zu ermitteln, damit sie in der Genehmigungsvorschau und Statusanzeige angezeigt werden können. Auf diese Weise ist außerdem eine proaktive Ersetzung eines Bearbeiters über die Optionen zum Ändern/Ersetzen von Genehmigenden möglich. Sofern Sie über die entsprechenden Berechtigungen verfügen, können Sie daher die Bearbeiter dynamisch ändern, die für ein bestimmtes Workitem ausgewählt wurden. Ein positiver Nebeneffekt ist außerdem, dass Sie sich über den Workflow-Container im Workflow-Protokoll alle ausgewählten Bearbeiter vor *und* nach der Ausführung der Workitems anzeigen lassen können.

Hinweis

Das Ersetzen von Genehmigenden ist nur im anwendungsgesteuerten Workflow möglich. Der prozessgesteuerte Workflow bietet eine Funktion zum Entfernen des Genehmigenden und eine Funktion zum Hinzufügen eines Genehmigenden. Beim anwendungsgesteuerten Workflow können Sie die automatisch ermittelten Genehmigenden ändern, während Sie beim prozessgesteuerten Workflow nur Ad-hoc-Bearbeiter entfernen können.

Ad-hoc-Workflows: Weitere Genehmigende

Ad-hoc-Workflows ermöglichen das dynamische Hinzufügen zusätzlicher Schritte zu einem vorhandenen Workflow, wie in Abbildung 29.26 dargestellt. Über die Funktion ADD APPROVER können zusätzliche Schritte in einen vorhandenen Einkaufswagen-Workflow aufgenommen werden. Sowohl Anfordernde als auch Genehmigende können berechtigt sein, während des Anlegens, bei der Änderung und während der Genehmigung des Einkaufswagens über die Option ADD APPROVER weitere Genehmigende hinzuzufügen.

Fügen Sie dazu Schritte vom Typ *Ad-hoc-Anker* in den Workflow ein. Bei Schritten vom Typ Ad-hoc-Anker (siehe auch Kapitel 14, »Erweiterte Design-Techniken für Workflows«, und Anhang A, »Tipps und Tricks«) handelt es sich im Wesentlichen um Platzhalter, die anzeigen, ob das Hinzufügen eines weiteren Genehmigenden zweckmäßig ist. Ein einzelner Workflow kann mehrere Schritte vom Typ Ad-hoc-Anker beinhalten.

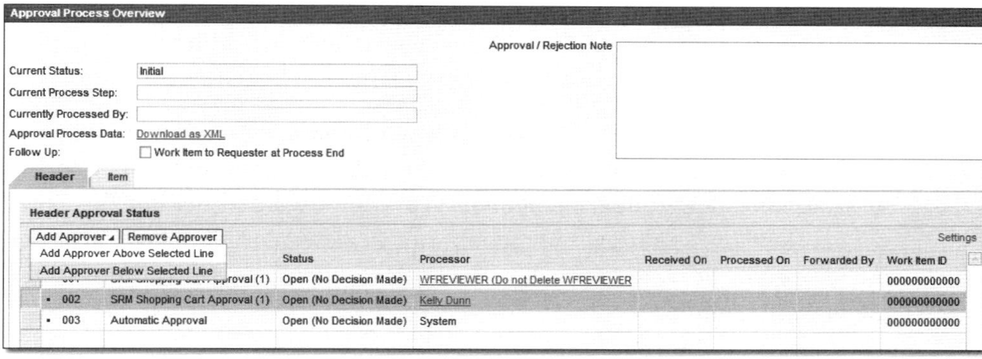

Abbildung 29.26 Dynamisches Hinzufügen von Genehmigenden

Die Ad-hoc-Anker referenzieren einen Sub-Workflow, der die einzufügenden Schritte enthält, falls an dieser Stelle die Ad-hoc-Funktion aktiviert wird. Der Container des Sub-Workflows muss die gleichen Containerelemente wie der des Rahmen-Workflows enthalten (d. h. gleiche Elementnamen und gleiche Datentypreferenz). Der Sub-Workflow kann einen weiteren Ad-hoc-Anker auf sich selbst umfassen, damit theoretisch eine unbegrenzte Zahl von Genehmigenden hinzugefügt werden kann (bis der Speicherplatz oder die Geduld des Anfordernden zur Neige geht). In SAP SRM wird der Workflow um die zusätzlichen Schritte im Sub-Workflow erweitert, wenn der Benutzer sich dazu entschließt, einen weiteren Genehmigenden hinzuzufügen.

Ad-hoc-Workflows: Reviewer hinzufügen

Ein *Reviewer* ist eine Person, die eine aktive Workflow-Instanz überwachen kann (z. B. zu Eskalationszwecken) und zudem in begrenztem Umfang auch Änderungen vornehmen kann (z. B. durch das Hinzufügen von Anlagen). Zum Beispiel bestimmen Ihre Finanzregeln, dass ein Einkaufswagen mit einem Wert von weniger als 500 EUR automatisch genehmigt werden kann. Ein direkter Vorgesetzter muss über den Kauf informiert werden. In diesem Szenario muss Ihr direkter Vorgesetzter den Kauf nicht »genehmigen«, sondern muss den Einkaufswagen prüfen können, falls notwendig.

Über die Funktion Add Reviewer (weitere Einzelheiten dazu finden Sie in Kapitel 14, »Erweiterte Design-Techniken für Workflows«, und Anhang A, »Tipps und Tricks«) kann eine Reviewer-Workflow-Instanz erstellt werden. Diese Instanz wird parallel zum ursprünglichen Genehmigungs-Workflow ausgeführt. Dazu tragen Sie im Workflow Builder für den relevanten Workflow in den versionsabhängigen Grunddaten des Workflow-Builders den

Review-Workflow ein. Der Workflow hat die Eigenschaft HAS A REVIEW WORKFLOW, während der Workflow, von dem die Prüfung durchgeführt wird, die Eigenschaft REVIEW WORKFLOW aufweist.

Sobald der Review-Workflow gestartet wird, werden Daten vom aktuellen Workflow an den Review-Workflow übergeben. Containerdetails und Instanznummer des zu überwachenden Workflows werden bei der Erstellung an den Review-Workflow übergeben. Der Review-Workflow kann anschließend eigene Schritte, Aufgaben bzw. Methoden zur Durchführung des Reviews ausführen.

29.5.9 Implementieren dynamischer Prozesse

Wie bereits in der Einleitung erwähnt, stehen in der SAP-SRM-Anwendung dynamische Prozesse zur Verfügung, insbesondere im Hinblick auf Genehmigungs-Workflows. Ein Teil des Prozessflusses ist durch die SAP-SRM-Standardimplementierung festgelegt. Es gibt jedoch viele dynamische Aspekte, die Sie zur Laufzeit definieren können, etwa die Zahl der erforderlichen Genehmigungsstufen, die Definition der Zuständigkeitsbereiche (also welcher Teil eines Belegs durch welchen Benutzer genehmigt werden muss) und den ausgeführten Workflow-Prozess basierend auf den Änderungen, die am zugrunde liegenden Beschaffungsbeleg vorgenommen werden.

Ermittlung der Genehmigungsstufen (n-stufig)

Sie können den Genehmigungs-Workflows für Einkaufswagen weitere Genehmigungsstufen hinzufügen, indem Sie die bereitgestellten Einkaufswagen-Workflows kopieren und weitere Genehmigungsstufen aufnehmen. Stellen Sie sicher, dass Funktionen wie das dynamische Hinzufügen von Genehmigenden erhalten bleiben, um den neuen Workflow für die Anzeige des Genehmigungsstatus konsistent zu halten.

Damit der neue Workflow die SAP-SRM-Funktionalität uneingeschränkt nutzen kann und mit dieser konsistent ist, ist es von grundlegender Bedeutung, die standardmäßigen Sub-Workflows zur Behandlung von Änderungs- und Löschereignissen und zur abschließenden Verarbeitung nach der Genehmigungs- oder Ablehnungsentscheidung beizubehalten.

Hinweis

Für die zusätzlichen Genehmigungsstufen müssen Sie eigene Regeln anlegen.

Stellen Sie sicher, dass der Genehmigungsstatus für den Einkaufswagen den Genehmigungsfluss weiterhin in einem akzeptablen Format anzeigt. Zur Darstellung eines vereinfachten grafischen Workflow-Protokolls wird ein Java-Applet eingesetzt (bis Release SAP SRM 5.0). Komplexe Operationen wie z. B. Schleifen können nicht visualisiert werden.

Um zur Laufzeit dynamischere Genehmigungsprozesse zu implementieren, ohne eigene Muster anzulegen, können Sie einen der in SAP SRM bereitgestellten BAdI-basierten Workflows verwenden. Es stehen Ihnen verschiedene Workflow-Muster zur Verfügung, die der Integration des BAdIs `BBP_WFL_APPROV_BADI` dienen. Sie sind in Tabelle 29.5 aufgelistet. Mithilfe dieser Workflows wird ein wesentlicher Teil der Prozessdefinition an die BAdI-Implementierung delegiert. Auf diese Weise sollten die Geschäftsregeln bezüglich des erforderlichen Genehmigungsprozesses abgedeckt sein.

Dies hat Auswirkungen auf die einfache musterbasierte Workflow-Modellierung. Normalerweise wird der Workflow vollständig zur Design-Zeit über das im Workflow Builder angelegte Workflow-Muster definiert. Die Workflow-Muster mit dem integrierten BAdI enthalten jedoch eine Schleife, deren Iterationen zur Laufzeit durch die BAdI-Implementierung bestimmt werden.

Im Hinblick auf die Ermittlung der Genehmigungsstufen und der beteiligten Genehmigenden können Sie mit einem einzigen Workflow-Muster eine Vielzahl an Genehmigungsprozessvarianten implementieren. Die Verwendung BAdI-basierter Workflows innerhalb von SAP SRM wirkt sich ebenfalls auf die Unterstützung der Ad-hoc-Funktionen aus. Im Gegensatz zu den Ad-hoc-Ankern, die in einfachen musterbasierten Workflows eingesetzt werden, werden die manuell hinzugefügten Genehmigenden in den Container des Rahmen-Workflows geschrieben. Sie werden in der Schleife der Genehmigungsstufen und im Genehmigungsprozess berücksichtigt.

Bei Listing 29.1 handelt es sich um ein Beispiel für das `BBP_WFL_APPROV_BADI`. Hier werden Genehmigende basierend auf dem Gesamtwert im Belegkopf einer Liste hinzugefügt.

```
      IF ls_header-total_value < 490000000.
*** 2-step approval
        CASE actual_approval_index.
          WHEN 0.
            ls_approver-approval_index = 1.
            ls_approver-approval_agent = 'USMANAGER1'.
            ls_approver-name = 'Arthur Manager1'.
            ls_approver-approval_description =
```

```
      'First approval step'.
    APPEND ls_approver TO approval_table.
    ls_approver-approval_index = 2.
    ls_approver-approval_agent = 'USMANAGER2'.
    ls_approver-name = 'Arnold Manager2'.
    ls_approver-approval_description =
      'Second approval step'.
    APPEND ls_approver TO approval_table.
    ls_approver-approval_index = 2.
    ls_approver-approval_agent = 'USMANAGER4'.
    ls_approver-name = 'Thomas Manager4'.
    ls_approver-approval_description =
      'Second approval step'.
    APPEND ls_approver TO approval_table.
  WHEN 1.
    ls_approver-approval_index = 1.
    ls_approver-approval_agent = 'USMANAGER1'.
    ls_approver-name = 'Arthur Manager1'.
    ls_approver-approval_description =
      'First approval step'.
    APPEND ls_approver TO approval_table.
    ls_approver-approval_index = 2.
    ls_approver-approval_agent = 'USMANAGER2'.
    ls_approver-name = 'Arnold Manager2'.
    ls_approver-approval_description =
      'Second approval step'.
    APPEND ls_approver TO approval_table.
    ls_approver-approval_index = 2.
    ls_approver-approval_agent = 'USMANAGER4'.
    ls_approver-name = 'Thomas Manager4'.
    ls_approver-approval_description =
      'Second approval step'.
    APPEND ls_approver TO approval_table.
  WHEN 2.
    ls_approver-approval_index = 2.
    ls_approver-approval_agent = 'USMANAGER2'.
    ls_approver-name = 'Arnold Manager2'.
    ls_approver-approval_description =
      'Second approval step'.
    APPEND ls_approver TO approval_table.
    ls_approver-approval_index = 2.
    ls_approver-approval_agent = 'USMANAGER4'.
    ls_approver-name = 'Thomas Manager4'.
    ls_approver-approval_description =
      'Second approval step'.
```

```
      APPEND ls_approver TO approval_table.
    WHEN OTHERS.
      no_further_approval_needed = 'X'.
  ENDCASE.
```

Listing 29.1 Beispiel-BAdI SAP_APP_BADI_EXAMPLE

Verwendung der geteilten und der gemeinsamen Zuständigkeit in dynamischen Prozessen

Wird ein Einkaufswagen mit mehreren Positionen freigegeben, ist es häufig sinnvoller, die Genehmigenden anhand verschiedener Kriterien auszuwählen, die durch die einzelnen Positionen bestimmt werden, als alle Positionen von jedem Genehmigenden genehmigen zu lassen. Beispiele dafür sind die Zuständigkeit der Kostenstellen (wie bei unserem zuvor erwähnten Beispiel des gemeinsamen Kopierers) sowie Einkaufswagen mit Positionen aus verschiedenen Produktkategorien. Der Vorteil bei dieser Methode ist die gesonderte Ermittlung der Genehmigenden für die einzelnen Positionen.

Im Falle der klassischen, nicht positionsbasierten Genehmigung hat jeder Genehmigungsschritt Auswirkungen auf alle Positionen. Das bedeutet, dass der Genehmigende jede einzelne Position des Einkaufswagens genehmigen oder ablehnen muss – sogar die, für die er nicht zuständig ist.

Bei der positionsbasierten Genehmigung erhält der Genehmigende lediglich die Positionen, die ihn betreffen – also Positionen aus seinem Zuständigkeitsbereich. Wie bei der klassischen Methode wird der Einkaufswagen nur zur weiteren Verarbeitung (Bestellung) übergeben, wenn der gesamte Genehmigungsprozess abgeschlossen ist. Daher werden selbst Positionen, die keine Genehmigung erfordern, nicht direkt und unabhängig von den Positionen bestellt, die eine Genehmigung erfordern. Stattdessen wird gewartet, bis der gesamte Genehmigungsprozess abgeschlossen ist.

Hinweis

Die positionsbasierte Genehmigung wird auch im SAP Help Portal beschrieben. Suchen Sie unter *help.sap.com* nach »Positionsbasierte Genehmigung von Einkaufswagen«.

Mit dem Workflow WS14500015 können Sie festlegen, dass Genehmigende nur die Workitems erhalten, die ihnen zugewiesen wurden. Dazu muss das BAdI `BBP_WFL_APPROVE_BADI` implementiert werden. Es umfasst die Genehmigungskriterien, ihre Merkmale und die entsprechenden Genehmigenden. Dieses Workflow-Muster unterstützt zudem BAdIs für Einzelpositionen.

Hinweis

Stellen Sie vor der Verwendung des positionsbasierten, *n*-stufigen BAdI-Genehmigungsprozesses sicher, dass Sie Ihren Prozess mit dem normalen *n*-stufigen BAdI-Genehmigungsverfahren implementiert und getestet haben. Erfahrungsgemäß erfordert die Implementierung des positionsbasierten, *n*-stufigen BAdI-Genehmigungsprozesses einen höheren Aufwand.

Weitere Informationen finden Sie in der Dokumentation zu diesem BAdI im Customizing für SAP SRM unter SAP Supplier Relationship Management • SRM Server • Business Add-Ins • Business Workflow • Application-Controlled Workflow • Determination of Approver for n-Step Dynamic Approval Workflow.

Hinweis

SAP-Hinweis 731637 enthält weitere Details zur Verwendung der positionsbasierten Genehmigung.

Implementierung von Anpassungen dynamischer Prozesse

Während ein Beschaffungsbeleg auf die Genehmigung wartet, kann es sein, dass der Beleg erneut geändert werden muss. Die Änderungen können von einem Genehmigenden oder vom Ersteller des Belegs vorgenommen werden. Auf der Grundlage des BAdIs `BBP_WFL_APPROV_BADI` können Sie eine Implementierung bereitstellen, mit der der aktuelle Inhalt des Belegs ausgewertet und die entsprechenden Maßnahmen eingeleitet werden können. Im Workflow-Muster-Design (die in Tabelle 29.5 aufgezählten Workflows) wird das BAdI für jeden Genehmigungsschritt aufgerufen. So kann der aktuelle Zustand ausgewertet und der dynamische Prozess entsprechend angepasst werden.

Nehmen wir einmal an, dass ein Einkaufswagen auf eine Genehmigung durch den Vorgesetzten des Anfordernden wartet und der Anfordernde sich entscheidet, noch weitere Positionen zu bestellen. Vorausgesetzt, der Anfordernde verfügt über die erforderliche Berechtigung, kann er den Einkaufswagen bearbeiten und die fehlenden Positionen hinzufügen. Meistens erhöht sich dann auch der Gesamtwert, deshalb möchten Sie vielleicht die Ermittlung zusätzlicher Genehmigungsschritte in Betracht ziehen. In einigen Szenarien kann es sogar sinnvoll sein, alle Genehmigungsschritte beginnend mit dem ersten erneut auszuführen.

Da für das Interface der BAdI-Definition BBP_WFL_APPROVE_BADI stets ein Wechsel zur vollständigen Liste der Genehmigungsschritte erforderlich ist, kann zur Laufzeit dynamisch eine neue oder aktualisierte Prozessdefinition bestimmt werden. Neue oder veränderte Anforderungen bezüglich Ihres Genehmigungsprozesses lassen sich im Laufe der Zeit kaum vermeiden. Dies führt meistens dazu, dass Sie den ABAP-Code Ihrer BAdI-Implementierung anpassen müssen. Um den Aufwand für Anpassungen der Prozesse möglichst gering zu halten, können Sie eine Konfigurationstabelle definieren, die in Ihrer BAdI-Implementierung ausgewertet wird. Legen Sie dazu eine Datenbanktabelle und einen dazugehörigen Pflege-View im Kundennamensraum an. Der wesentliche Vorteil dieser Methode ist, dass weder ein Workflow-Experte noch ein ABAP-Entwickler benötigt wird, um bestimmte Anpassungen des Genehmigungsprozesses (oder der Genehmigungsprozesse) zu aktivieren. Stattdessen kann der Geschäftsprozessexperte (z. B. ein professioneller Einkäufer), der sich mit Ihren internen Geschäftsregeln auskennt, die Änderungen selbst umsetzen.

29.5.10 Verfolgen von Workflow-Instanzen

SAP SRM bietet eine Funktion zur Statusverfolgung, mit deren Hilfe der Bestellanfordernde seine Einkaufswagen überwachen und den Fortschritt der Genehmigungs-Workflows nachvollziehen kann. Für Workflow-Administratoren stehen leistungsfähigere Reportmechanismen zur Verfügung: Sie können einen beliebigen Standard-Workflow-Report verwenden, besonders zweckmäßig ist jedoch der Report, in dem alle Workitems für eine bestimmte Objektinstanz angezeigt werden (z. B. Transaktion SWI6).

29.5.11 Erweiterte Problembehandlung für anwendungsgesteuerte Workflows

Im Folgenden sind einige Probleme aufgeführt, die Sie möglicherweise behandeln müssen. Detaillierte Richtlinien zur Fehlerbehebung finden Sie in Kapitel 11, »Erweiterte Diagnose«.

Workflow wurde nicht gestartet

Dies geschieht üblicherweise, wenn falsche Startbedingungen konfiguriert wurden (wenn Sie z. B. ein NOT vergessen oder anstelle von OR versehentlich ein AND verwenden). Schalten Sie in diesem Fall das Ereignisprotokoll ein (Transaktion SWELS), lösen Sie das Ereignis manuell aus (Transaktion SWU), und prüfen Sie anhand des Protokolls (Transaktion SWEL), ob die Ereignisse erfolgreich waren.

Hinweis

Bedenken Sie, dass das manuelle Auslösen des Ereignisses eine Möglichkeit zur Problembehandlung ist. Zur Laufzeit werden die Workflows programmatisch gestartet, und die Ereignisse werden nicht wirklich ausgelöst. Dennoch werden sie allesamt programmatisch gelesen. Das bedeutet, dass Sie während der Problembehandlung Ereignisse manuell auslösen können, um sicherzustellen, dass alle Einstellungen korrekt vorgenommen wurden.

Prüfen Sie die logischen Ausdrücke in den Startbedingungen auf ihre Richtigkeit, indem Sie diese im Bedingungseditor simulieren. Vergewissern Sie sich außerdem, dass alle relevanten Workflows aktiv sind. Der Workflow-Trace zeigt genau, wie die Bedingung zur Laufzeit ausgewertet wird.

Der Workflow wurde bis zum Abschluss ausgeführt, der Einkaufswagen befindet sich jedoch weiterhin im Status »Warten auf Genehmigung«

Wenn der Workflow bis zum Abschluss ausgeführt wurde, der Einkaufswagen jedoch weiterhin den Status AWAITING APPROVAL besitzt, liegt kein workflow-bezogenes Problem vor. Die Fehlerursache liegt im Mechanismus zur Übertragung der Einkaufswagendaten an die Backend-Objekte. Ein Übertragungsfehler wurde nicht richtig wiedergegeben.

Bei ordnungsgemäßer Fehlermeldung wird der Einkaufswagen in den Status CONTAINS ERRORS gesetzt, und es werden entsprechende Einträge in den Anwendungsmonitoren protokolliert.

Bei ausbleibender Fehlermeldung bleibt der Einkaufswagen im Status AWAITING APPROVAL. Sie ermitteln die Ursache derartiger Fehler, indem Sie den entsprechenden Funktionsbaustein mithilfe der Option TEST (in Transaktion SE37) neu ausführen. Anschließend prüfen Sie das Verhalten des Funktionsbausteins `SPOOL_*_CREATE_DO`. Diese Vorgehensweise zur Fehlerbehebung wird insbesondere dann empfohlen, wenn Sie die übertragenen Daten mit BAdIs manipulieren.

Genehmigungs-Workitem wurde angelegt, jedoch nicht ordnungsgemäß gesendet

Wenn das Genehmigungs-Workitem angelegt, jedoch nicht an einen Bearbeiter bzw. stattdessen an den Workflow-Administrator gesendet wurde, weist dies auf ein Problem bei der Bearbeiterzuordnung hin. Entweder wurde kein Bearbeiter der Aufgabe zugeordnet, auf der das Workitem basiert, oder die ermittelten Genehmigenden besitzen keine ausreichenden Berechtigungen zur Ausführung des relevanten Workitems.

Denken Sie daran, dass für die Bearbeiterzuordnung zunächst alle möglichen Bearbeiter ermittelt werden. Anschließend wird die Suche auf die Untergruppe der ausgewählten Bearbeiter abzüglich der ausgeschlossenen Bearbeiter eingeschränkt. Stellen die ausgewählten Bearbeiter keine Untermenge der möglichen Bearbeiter dar, werden sie ignoriert. In diesem Fall wird das Workitem üblicherweise an den Workflow-Administrator gesendet (siehe dazu SAP-Hinweis 491804).

Handelt es sich bei allen möglichen bzw. ausgewählten Bearbeitern um ausgeschlossene Bearbeiter, können dem Workitem keine gültigen Bearbeiter zugeordnet werden. Der Workflow-Administrator muss das Workitem in diesem Fall an einen geeigneten Bearbeiter weiterleiten.

Genehmigungsanzeige ist falsch oder enthält keine Daten

Die Genehmigungsanzeige ist eine angepasste Darstellung des grafischen Workflow-Protokolls. Üblicherweise sind Probleme bei der Anzeige auf neu hinzugefügte Schritte im grafischen Workflow-Protokoll zurückzuführen, die das Anzeigeprogramm nicht erwartet. Das Problem können Sie lösen, indem Sie sicherstellen, dass alle nicht zu genehmigenden Schritte mit STEP NOT IN WORKFLOW LOG gekennzeichnet werden, wenn weitere Schritte in einen Einkaufswagen-Workflow eingefügt werden.

29.6 Praxisbeispiel für einen anwendungsgesteuerten Workflow

In diesem Szenario müssen alle Einkaufswagen vom direkten Vorgesetzten des Anfordernden genehmigt werden. In der zweiten Genehmigungsstufe müssen die Benutzer, die zu der für eine Einkaufswagenposition zuständigen Einkaufsgruppe gehören, die entsprechende Position genehmigen.

29.6.1 Ohne Genehmigung

In SAP SRM steht ein dediziertes Workflow-Muster zur Verfügung, das die Freigabe eines Einkaufswagens ohne Beteiligung eines Genehmigenden unterstützt (WS10000060), d. h., die Genehmigung erfolgt automatisch über das System. Um diesen Prozess in Ihrem System zu implementieren, müssen Sie die beiden folgenden Schritte ausführen:

1. Stellen Sie sicher, dass die entsprechende Ereignistypkopplung gepflegt ist (das genannte Muster muss für das Ereignis SAVED des BOR-Objekts BUS2121 registriert sein).
2. Definieren Sie die Startbedingungen gemäß Ihren Anforderungen. Je nach Anzahl an verschiedenen Genehmigungsprozessen, die Sie unterstützen möchten, kann dieser Schritt sehr einfach ausfallen. Benötigen Sie lediglich die automatische Genehmigung, können Sie einfach alle Startbedingungen für die anderen Workflow-Muster deaktivieren, sodass Überschneidungen vermieden werden.

Nun sollten alle bestellten Einkaufswagen in Ihrem System mit dem Workflow-Muster WS10000060 bearbeitet werden, was eine direkte Freigabe ohne Beteiligung eines Genehmigenden zur Folge hat.

29.6.2 Zweistufige Genehmigung

Bei unserem Beispiel für die zweistufige Genehmigung muss der Vorgesetzte des Anfordernden dessen Einkaufswagen in der ersten Stufe genehmigen, und die Mitglieder der zuständigen Einkaufsgruppe (in Abhängigkeit von der verwendeten Produktkategorie) müssen die entsprechende Position in der zweiten Stufe genehmigen.

Um dieses Szenario einer zweistufigen Genehmigung zu implementieren, stehen Ihnen zwei Möglichkeiten zur Verfügung. Wenn Sie die zweite Möglichkeit wählen, müssen Sie eine BAdI-Implementierung bereitstellen:

- Modellieren Sie ein entsprechendes Workflow-Muster; im Idealfall, indem Sie ein vorhandenes kopieren (z. B. WS10000031).
- Oder Sie entscheiden sich für eines der gelieferten Workflow-Muster, in dem das BBP_WFL_APPROVE_BADI integriert ist.

Allgemein sollten Sie überlegen, ob eines der bereits vorhandenen Workflow-Muster Ihren Anforderungen im Genehmigungsprozess weitestgehend entspricht und ob die erforderliche Bearbeiterfindung durch eines der bereitgestellten BOR-Objekte (z. B. ASBPURLIST) abgedeckt wird. Ist dies der Fall und gibt es keine besonderen Anforderungen bezüglich der Anpassung von dynamischen Prozessen zur Laufzeit, sollten Sie die erste Möglichkeit wählen. Kopieren Sie das Workflow-Muster, und nehmen Sie die erforderlichen Änderungen vor.

Im Lieferumfang von SAP SRM ist das Workflow-Muster WS10000031 enthalten, das einen zweistufigen Genehmigungsprozess definiert, in dem der Vorgesetzte des Anfordernden die Genehmigung in der ersten Stufe erteilt. In der zweiten Stufe ist dann der Vorgesetzte des Vorgesetzten beteiligt. In unserem Beispiel soll die zweite Genehmigung durch den zuständigen Bearbeiter für die Einkaufsgruppe erteilt werden. Das bedeutet, dass wir den zweiten Genehmigungsschritt ändern müssen. Glücklicherweise gibt es ein BOR-Objekt, `ASBPURLIST`, das eine Bearbeiterfindung beinhaltet. Wenn Sie im Workflow den Schritt für die Erste Genehmigung auswählen, sehen Sie, dass für die Bearbeiterfindung `&AGENT_0001.Agents&` gesetzt ist. `AGENT_0001` ist ein Containerelement auf der Basis des Objekttyps `ASBMANAGER`, und `AGENT_0002` ist ein Containerelement auf der Basis des Objekttyps `ASBMANOFMA`. Um die Änderungen vorzunehmen, sodass die zweite Genehmigung auf der Einkaufsgruppe basiert, können Sie den Container ändern oder für `AGENT_002` den Objekttyp `ASBPURLIST` einstellen.

Danach müssen die gleichen Schritte wie oben beschrieben ausgeführt werden, d. h., die entsprechende Ereignistypkopplung und die Startbedingungen für Ihr neues Workflow-Muster müssen eingegeben werden.

Eine Implementierung einer benutzerspezifischen zweistufigen Genehmigung mit einem BAdI-Workflow ist normalerweise mit sehr viel Aufwand verbunden, zahlt sich jedoch meistens mittelfristig aus, je nachdem, wie sich Ihre Anforderungen an die Genehmigungsprozesse im Laufe der Zeit entwickeln. Wenn neue Anforderungen umgesetzt werden müssen, muss das zugrunde liegende Workflow-Muster üblicherweise nicht geändert bzw. es muss kein neues Muster angelegt werden. Stattdessen müssen Sie nur Ihre BAdI-Implementierung entsprechend anpassen. Zu diesem Zweck wird meist eine kundenspezifische Tabelle (*Z table*) angelegt, die die sich oft ändernden Regeln enthält.

29.7 Eingang und UWL

Bisher haben wir uns mit der Funktionsweise und der Konfiguration von Genehmigungsprozessen befasst. In diesem Abschnitt widmen wir uns der Ausführung der Geschäftsprozesse und der Benutzererfahrung im Hinblick auf den Eingang.

SAP SRM 5.0 enthielt einen SAP-SRM-zentrischen Eingang für die Aufgabenverarbeitung, der speziell für die SAP-SRM-Anwendung entwickelt wurde. Mit SAP SRM 7.0 wurde eine neue Funktion für Genehmigungen und Benachrichtigungen über die SAP Universal Work List (UWL) eingeführt. Abbildung 29.27 zeigt den SAP-SRM-7.0-UWL-Eingang. Die UWL ermöglicht Benutzern, ihre konsolidierten Aufgabenlisten in SAP SRM und anderen Systemen anzuzeigen. In Kapitel 4, »Verteilung von Workitems«, werden die wesentlichen UWL-Funktionen näher erläutert.

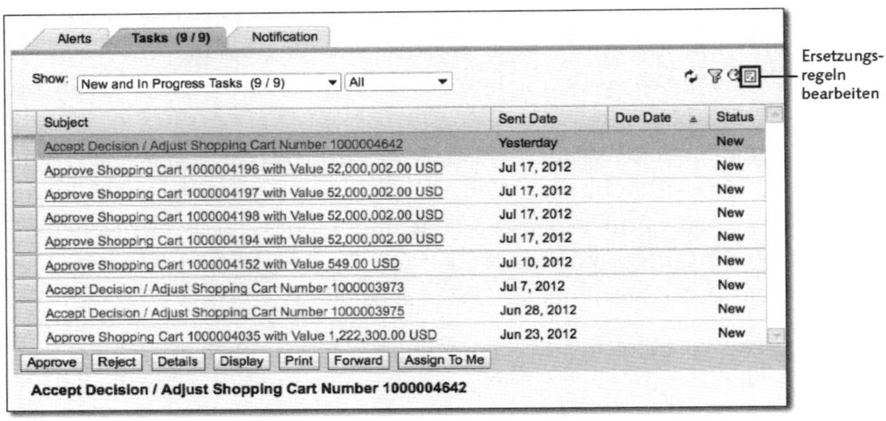

Abbildung 29.27 SAP-SRM-Eingang

Die UWL ermöglicht Benutzern, ihre konsolidierte Aufgabenlisten in SAP SRM und anderen Systemen – etwa in SAP ERP – anzuzeigen. Ein Manager kann z. B. von einer einzelnen Sicht in der UWL aus auf einen Einkaufswagen und eine Rechnungsgenehmigung zugreifen. Da die UWL mit mehreren Backends verbunden ist und auch mehrere Aufgabenarten unterstützt, kann eine UWL-Vertretungsregel auf alle Systeme angewandt werden. Die integrierte SAP-SRM-Inbox (bis Release SAP SRM 5.0) kann nicht mit mehreren Backends verbunden werden.

Hinweis

Verwenden Sie SAP-Hinweis 1173659 für die UWL-Konfiguration.

SAP-SRM-Prozesse sind sehr dynamisch und benutzerorientiert. Das Thema Vertretung spielt daher eine große Rolle, und es ist wichtig, dass Ihre Benutzer ihre entsprechenden Vertretungen pflegen. Vertretungen können über die Inbox gepflegt werden (sowohl in der SAP-SRM-5.0-spezifischen Inbox als auch in der UWL).

In Abbildung 29.27 verweist das Textfeld auf den Button, der Ihnen Vertretungen innerhalb der UWL ermöglicht. Es stehen zwar nicht viele Reportingfunktionen für die Vertretung zur Verfügung, aber die Datenbanktabelle HRUS_D2 enthält Informationen zum ursprünglichen Genehmigenden, zu neuen Vertretungen und die Start- und Enddaten des Vertretungszeitrahmens. In dieser Tabelle wird jedoch nicht angegeben, wer die Vertretung eingesetzt hat.

Hinweis

Für Genehmigende wird zwar empfohlen, Vertretende in der UWL einzusetzen, bevor sie Zeit frei nehmen, aber es wird häufig vergessen, oder sie fehlen ungeplant. In solchen Szenarien kann es notwendig sein, Vertretungen durch einen Administrator über Transaktion RMPS_SET_SUBSTITUTE einzusetzen.

29.8 Offlinefunktionalität

In SAP SRM haben Genehmigende die Möglichkeit, Einkaufsbelege (z. B. Einkaufswagen) zu genehmigen/abzulehnen, ohne sich im SAP-SRM-System anzumelden. Das SAP-SRM-System kann so konfiguriert werden, dass Workitems per E-Mail gesendet werden können, und Benutzer haben dann die Möglichkeit, sie in ihren E-Mail-Clients zu bearbeiten (Microsoft Outlook, Lotus Notes etc.). Der Begriff *Workitem* bezieht sich auf eine einzelne Workflow-Anforderung, mit der der Empfänger einen Schritt durchführen muss, z. B. Genehmigung, Ablehnung oder Weiterleitung an eine andere Person.

Hinweis

Die E-Mail-Formatierung wurde mit dem Microsoft-Outlook-Client implementiert und getestet. Es ist für Projektteams durchaus üblich, mit größerem Aufwand E-Mail-Inhalt und Formatierung für den verwendeten E-Mail-Client zu entwickeln.

Diese Funktion stellt für Benutzer eine Möglichkeit dar, flexibel und effizient Anforderungen auch von ihren E-Mail-Clients und Mobilgeräten zu genehmigen. Der Genehmigende erhält eine E-Mail-Benachrichtigung mit dem URL-Link zum Workitem.

Bei vielen Kunden verwenden Genehmigende Geräte wie iPhones, iPads oder Blackberrys für Einkaufsanforderungen. Wenn eine Anforderung genehmigt/abgelehnt wurde, wird das entsprechende Workitem automatisch aus dem SAP-SRM-Eingang des Genehmigenden entfernt.

Hinweis

Business Communication Services (BCS) werden zum Senden von E-Mails verwendet. BCS sind Bestandteil des SAP NetWeaver Application Servers. Transaktion SOST in SAP SRM enthält eine Liste aller Workitems, die entweder darauf warten, an das externe System gesendet zu werden, oder die bereits gesendet wurden. Transaktion SOIN kann auch verwendet werden, um zu überwachen, welche Antworten vom System empfangen werden. Weitere Informationen dazu finden Sie im SAP Help Portal (*help.sap.com*).

29.8.1 Ausgangsverarbeitung

In SAP SRM 7.0 müssen mit dem Report /SAPSRM/OFFLINEAPPROVALSEND die Einstellungen zum Senden der Workflow-E-Mail verwendet werden; verwenden Sie in SAP SRM 5.0 den Report RWSUWMLEC. Indem Organisationen diese Reports einsetzen, können sie die Häufigkeit und die Zahl der zur Genehmigung gesendeten Benachrichtigungen bestimmen – eine einzelne E-Mail pro Workitem oder eine einzelne E-Mail mit einer Sammlung von Workitems pro Benutzer. Die meisten Kunden tendieren zu einer E-Mail pro Workitem.

Damit Genehmigende die Möglichkeit erhalten, gesendete E-Mail-Benachrichtigungen zu bearbeiten, werden außerdem mit dieser Report-Konfiguration die Buttons Approve/Reject aktiviert.

Hinweis

Verwenden Sie das BAdI `BBP_OFFLINE_APP_BADI` (Offlinegenehmigung), um die Standardlogik zu optimieren, und implementieren Sie kundenspezifische Geschäftsregeln für die ausgehende Benachrichtigung.

29.8.2 Offlinegenehmigung durch den Empfänger

Der Genehmigende erhält eine E-Mail-Benachrichtigung, die ein Workitem mit einer kurzen Beschreibung der Artikel im Einkaufswagen und des Werts des Einkaufswagens enthält. Innerhalb dieser E-Mail-Benachrichtigung haben Sie als Genehmigender folgende Möglichkeiten:

- Verwenden Sie die URL in der E-Mail-Benachrichtigung, um das Genehmigungs-Workitem im SAP-SRM-System zu aktivieren.
- Verwenden Sie die Buttons Approve/Reject in der E-Mail-Benachrichtigung.

Hinweis

Wenn Sie die Buttons APPROVE/REJECT verwenden, wird durch die Entscheidung der gesamte Entscheidungssatz angewandt. Der Genehmigende kann also nicht einzeln für jeden Posten entscheiden, ob er genehmigen oder ablehnen möchte. Wenn der Genehmigende einen der Buttons auswählt, sendet das System eine Antwort-E-Mail. Wenn Benutzer aber manche Posten genehmigen und dafür andere ablehnen möchten, müssen sie die URL in der Benachrichtigung verwenden und im SAP-SRM-System die entsprechenden Schritte durchführen.

29.8.3 Eingangsverarbeitung

Wenn ein Benutzer einen Schritt mit einem Workitem durchgeführt hat, wird eine E-Mail im E-Mail-Client (z. B. Outlook oder iPhone) mit diesem Schritt (Genehmigung oder Ablehnung) erzeugt und mit dem Genehmigungsergebnis zurück an das SAP-SRM-System gesendet. In SAP SRM wird durch die Konfiguration mit Transaktion SO50 die Einrichtung bestimmt, mit der das Ergebnis der Genehmigung/Ablehnung in der E-Mail verarbeitet wird.

In der Standardanwendung erwartet SAP, dass die E-Mail-Adresse des Absenders identisch mit der der Empfängerbenachrichtigung ist. Wenn also eine E-Mail an *manager@company.com* gesendet wurde, sollte die Genehmigungs-E-Mail auch von *manager@company.com* stammen. Dies kann besonders dann ein Problem sein, wenn E-Mail-Benachrichtigungen an andere Einzelpersonen weitergeleitet werden.

Wenn Organisationen bei dieser Einrichtung flexibel sein möchten, können sie das BAdI `BBP_OFFLINE_APP_BADI` (Methode `RECIPIENTS_GET_CHK_SENDER_IND_SET`) implementieren, das für die Eingangsverarbeitung verwendet wird.

Wenn Sie die UWL verwenden, kann diese UWL über den SAPoffice Notification Connector (SONiC) (siehe Kapitel 4, »Verteilung von Workitems«) die E-Mail-Nachrichten empfangen.

29.9 Terminüberwachung

In der standardmäßigen SAP-Business-Workflow-Technologie können Sie verschiedene zeitbasierte Ereignisse für ein Workitem festlegen, das Folgeaktivitäten auslösen kann. Terminüberwachung ist eine Workflow-Funktion, mit der ein Endbenutzer darüber informiert (Meldung oder Warnung) werden kann, dass er bei der Ausführung eines Workitems nicht im Zeitplan ist.

Auf die Terminüberwachung gehen wir in Kapitel 13, »Anlegen eines Workflows«, und Kapitel 14, »Erweiterte Design-Techniken für Workflows«, näher ein. Normalerweise erfordert die Pflege von Terminen eine Musteränderung durch den Kunden.

Ein Beispiel einer Geschäftsanforderung für Terminüberwachung:

- Wenn ein Genehmigender einen notwendigen Schritt für ein ausstehendes Workitem nicht durchführt (d. h. Genehmigen/Ablehnen eines Einkaufswagens oder eine Bestellungsänderung), muss eine entsprechende Benachrichtigung an den Genehmigenden und seinen Vorgesetzten gesendet werden.
- Die Erinnerung muss für alle ausstehenden Workflow-Anforderungen gesendet werden, die seit mehr als sieben Tagen auf den Genehmigungsstatus warten.
- Die zweite Erinnerung muss an den Vorgesetzten des Genehmigenden gesendet werden, wenn innerhalb von zehn Tagen keine Maßnahme erfolgt.

Mit SAP SRM sollen allein durch Konfiguration so viele Funktionen bereitgestellt werden wie möglich, deshalb ermöglicht es Terminüberwachung durch Anpassung im IMG über den Pfad SAP SUPPLIER RELATIONSHIP MANAGEMENT • SRM SERVER • CROSS-APPLICATION BASIC SETTINGS • CROSS-APPLICATION BASIC SETTINGS • EVENT AND EVENT SCHEMA FOR ALERT MANAGEMENT • DEFINE EVENT SCHEMA.

Folgende Termine können im SAP-SRM-Customizing bearbeitet werden:

- spätester Starttermin/späteste Startzeit
- angefordertes Enddatum/angeforderte Endzeit
- spätester Endtermin/späteste Endzeit

Außerdem können Sie Termine dynamisch berechnen lassen, indem Sie das BAdI `/SAPSRM/BD_WF_DEADLINES` (Fristen für Ereignisse festlegen) implementieren. Die Konfiguration von Terminen betrifft sowohl den anwendungsgesteuerten Workflow als auch den prozessgesteuerten Workflow. Ihre Verwendung unterscheidet sich jedoch für die beiden Workflow-Typen:

- Die Terminüberwachung beim prozessgesteuerten Workflow ähnelt einer standardmäßigen Terminüberwachung. Die ermittelten Daten werden im Aufgabencontainer des auszuführenden Workitems gespeichert und für die modellierten Termine dieses Schritts verwendet. Daher ist es in den verschiedenen von SAP bereitgestellten Eingangsvarianten möglich, Elemente ebenfalls basierend auf den Termindaten anzuzeigen, zu filtern und zu sortieren. Prozessgesteuerte Workflows unterstützen zudem den Termin »gewünschtes Enddatum/gewünschte Uhrzeit«, wenn die entsprechenden Daten über das BAdI BD_WF_DEADLINES zur Verfügung gestellt werden.

Abbildung 29.28 zeigt die Ereigniskonfiguration in SAP SRM für die Festlegung der spätesten End- und Startdaten für Terminereignisse.

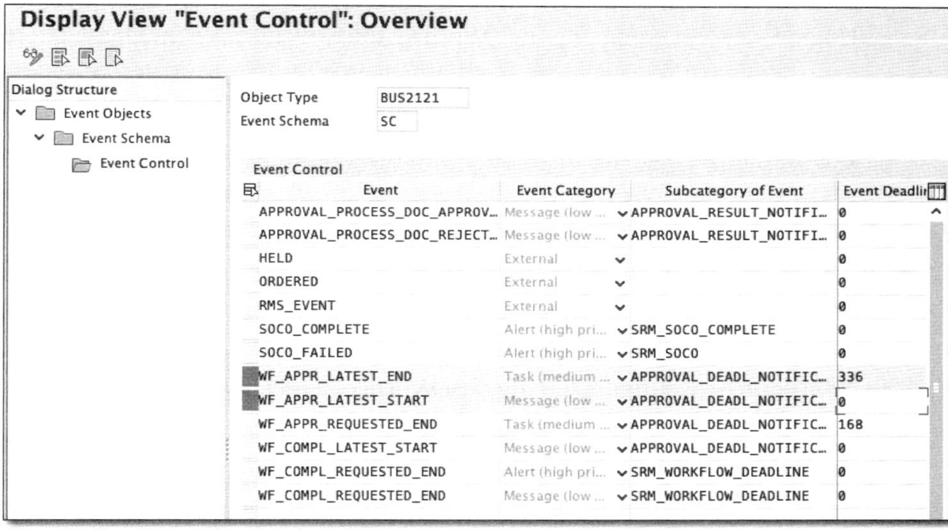

Abbildung 29.28 Terminüberwachung

- Bei anwendungsgesteuerten Workflows werden keine modellierten Termine verwendet. Stattdessen verzweigt der Workflow während der Aufgabeninstanziierung in einen parallelen Workflow, um die Ausführung des Workitems zu überwachen. Folglich sind die Termininformationen nicht in den Inboxen verfügbar; der Termin wird als zusätzliches Workitem oder als E-Mail mit dem Hinweis angezeigt, dass ein Termin erreicht wurde.

Die Reaktion auf erreichte Termine kann entweder im entsprechenden Workflow-Muster definiert werden oder über das SAP SRM Alert and Event Framework, in dem Alerts und Benachrichtigungen erstellt werden. Die ausgelieferten Workflow-Muster arbeiten bei Terminen standardmäßig mit dem Alert Framework.

29.10 Empfehlungen zu den ersten Schritten

In diesem Abschnitt erhalten Sie Empfehlungen zu den ersten Schritten mit dem SAP-SRM-Workflow.

29.10.1 Systemupgrades

Wie bereits in Abschnitt 29.2, »SAP SRM: Genehmigungs-Frameworks«, beschrieben, müssen Sie bei einem Upgrade auf SAP SRM 7.0 nicht direkt zum prozessgesteuerten Workflow wechseln. Es wird empfohlen, nach dem Upgrade zu wechseln, aber der Wechsel muss nicht mit dem Upgrade erfolgen. Bedenken Sie, dass Sie nach einem Wechsel zum prozessgesteuerten Workflow die Umstellung nicht mehr rückgängig machen können.

Das Verfahren für ein Upgrade vom anwendungsgesteuerten auf den prozessgesteuerten Workflow wird im entsprechenden Upgrade-Leitfaden näher erläutert (im SAP Service Marketplace unter *http://service.sap.com/instguides*). Eine kurze Übersicht erhalten Sie jedoch bereits im nächsten Abschnitt.

Erforderliche Konfiguration für den Wechsel vom anwendungsgesteuerten zum prozessgesteuerten Workflow

Analysieren Sie Ihre aktuelle Workflow-Konfiguration der anwendungsgesteuerten Workflows. Wenn Sie lediglich mit den Standardmustern arbeiten, können Sie für die Migration der Startbedingungen ein Migrationswerkzeug verwenden. Genaueres sehen Sie im IMG-Pfad SAP SUPPLIER RELATIONSHIP MANAGER • SRM SERVER • CROSS-APPLICATION BASIC SETTINGS • BUSINESS WORKFLOW • UPGRADE • MIGRATE WORKFLOWS TO BRF.

Die Konfiguration für den prozessgesteuerten Workflow kann auch manuell erfolgen. Über den automatischen Wizard werden die Startbedingungen für den prozessgesteuerten Workflow konvertiert. Wenn Sie manuell von einem anwendungsgesteuerten Workflow zu einem prozessgesteuerten Workflow migrieren, müssen Sie Ihre vorhandenen Startbedingungen in Geschäftsregeln umwandeln. Verwenden Sie dazu den IMG unter SAP SUPPLIER RELATIONSHIP MANAGEMENT • SRM SERVER • CROSS-APPLICATION BASIC SETTINGS • BUSINESS WORKFLOW • PROCESS-CONTROLLED WORKFLOW • BUSINESS PROCESS CONFIGURATION.

Erforderlicher Framework-Wechsel

Der Wechsel zum prozessgesteuerten Workflow-Framework ist im IMG über den Pfad SAP Supplier Relationship Management • SRM Server • Cross-Application Basic Settings • Business Workflow • Select Workflow Framework möglich. Standardmäßig ist das prozessgesteuerte Workflow-Framework konfiguriert (SAP-Auslieferung).

Hinweis

In Testsystemen können Sie über Business-Objekttypen zu prozessgesteuerten Workflows wechseln. Mit dieser Upgrade-Strategie können Sie sich mit dem prozessgesteuerten Workflow vertraut machen, bevor Sie in Ihrem Produktivsystem zu diesem Framework wechseln.

Wenn das anwendungsgesteuerte Workflow-Framework jedoch im Anschluss konfiguriert wurde und Sie zu einem späteren Zeitpunkt prozessgesteuerte Workflows einsetzen möchten, müssen Sie zurück zum prozessgesteuerten Workflow-Framework wechseln.

Empfehlung

Wir empfehlen Ihnen dringend, in Ihrem Produktivsystem mit nur einem Workflow-Framework zu arbeiten. Wechseln Sie in Ihrem Produktivsystem für alle Business-Objekttypen zum prozessgesteuerten Workflow-Framework.

Prozessmigration (optional)

Bevor Sie das im Folgenden beschriebene Migrationswerkzeug verwenden, nehmen Sie die Konfigurationsschritte für Ihren prozessgesteuerten Workflow vor. Ein Migrationswerkzeug für vorhandene Genehmigungsprozesse (anwendungsgesteuert zu prozessgesteuert) finden Sie im IMG über den Pfad SAP Supplier Relationship Management • SRM Server • Cross-Application Basic Settings • Business Workflow • Upgrade • Convert Workflows. Durch die Ausführung dieses Reports werden alle laufenden Genehmigungsprozesse angehalten und dann mithilfe des prozessgesteuerten Workflow-Frameworks erneut gestartet.

Empfehlung

Je nach Anzahl der laufenden Genehmigungsprozesse kann der Migrationsvorgang einige Zeit in Anspruch nehmen. Sie sollten die Migration mit exklusivem Systemzugriff ausführen.

Ohne eine Migration existieren Belege, die mit anwendungsgesteuerten Workflows verarbeitet wurden, und Belege, die mit prozessgesteuerten Workflows verarbeitet wurden, parallel im System. Beachten Sie, dass das Systemverhalten je nach verwendetem Genehmigungs-Framework variiert. Für anwendungsgesteuerte Workflows müssen Sie die UWL konfigurieren, da die verbleibenden Belege in der UWL des jeweiligen Genehmigenden aufgeführt werden müssen.

29.10.2 Archivierung

Wenn Sie Ihren Workflow bereits eine Zeit lang in der Produktivumgebung einsetzen, muss möglicherweise ein Archivierungsprojekt umgesetzt werden. Bei genauerer Betrachtung der Archivierung von SAP-SRM-Objekten zeigt sich, dass sowohl Belegdaten als auch Prozessdaten berücksichtigt werden müssen. Die Verbindung zwischen den SAP-SRM-Belegen und den Workflow-Daten geht bei einer Archivierung der Workflow-Daten verloren. Daher müssen die SAP-SRM-Belege vor den Workflow-Daten archiviert werden.

SAP-Hinweis 1038660 besagt, dass bei der Archivierung von SAP-SRM-Belegen die dazugehörigen Workflow-Daten ebenfalls archiviert werden. Das heißt, dass beim prozessgesteuerten Workflow die Archivierung der SAP-SRM-Belegdaten auch die Archivierung aller relevanten Workflow-Daten einschließt.

29.10.3 Neuinstallation

Vor der Konfiguration von SAP Business Workflow müssen Sie Ihre Aufbauorganisation anlegen. Danach erfolgt die Standard-Workflow-Konfiguration (Weitere Informationen dazu finden Sie in Kapitel 3, »Konfiguration des Systems«).

Anwendungsgesteuerter Workflow

In den SAP-SRM-Releases stehen Ihnen verschiedene vordefinierte Workflow-Muster zur Verfügung (z. B. die Genehmigung ohne Stufen oder die einstufige Genehmigung für Einkaufswagen). Vor der Aktivierung der Ereigniskopplung und der Startbedingungen müssen Sie eine Entscheidung darüber treffen, ob die vordefinierten Workflow-Muster Ihren Geschäftsregeln bezüglich der Anzahl an Genehmigungsstufen und der Bearbeiterzuordnungen entsprechen. Mit SAP SRM 5.0 wurden Workflow-Muster eingeführt, die BAdI-Implementierungen für die Bearbeiterfindung und die Ermittlung der Anzahl an Genehmigungsstufen verwenden.

Erfüllt kein Workflow-Muster die Geschäftsanforderungen des Kunden, muss ein neues Workflow-Muster angelegt werden, indem ein SAP-SRM-Standard-Workflow-Muster kopiert wird und die entsprechenden Anpassungen vorgenommen werden. Die folgenden Aufgaben müssen ausgeführt werden:

- Aktivieren der Ereigniskopplung für Workflows, die eingesetzt werden sollen
- Zuordnen eines Bearbeiters zu einer Aufgabe, wenn es sich nicht um eine generelle Aufgabe handelt
- Anlegen der entsprechenden Startbedingungen

Achtung

Die Startbedingungen müssen so gepflegt werden, dass genau eine Startbedingung den Attributen des entsprechenden Business-Objekts entspricht. Wenn ein Ereignis ausgelöst wird (z. B. die Bestellung der Positionen eines Einkaufswagens) und keine Startbedingung den Attributen des Einkaufswagens entspricht, wird ein Fehler ausgegeben. Wenn mehrere Startbedingungen den Attributen des Einkaufswagens entsprechen, wird ebenfalls ein Fehler ausgegeben.

Prozessgesteuerter Workflow

Am schnellsten können Sie den prozessgesteuerten Workflow starten, indem Sie ein BC Set aktivieren. Wie zuvor erwähnt, stehen Ihnen BC Sets für Einkaufswagen, Bestellungen, Bestätigungen, Rechnungen, Kontrakte, Angebote und Ausschreibungen zur Verfügung. Für jedes dieser Business-Objekte gibt es ein BC Set, um einen Prozess ohne Genehmigung anzupassen, und ein BC Set, um einen Prozess mit einstufiger Manager-Genehmigung anzupassen. Bei der Aktivierung eines BC Sets legt das System automatisch ein Prozessschema an und konfiguriert alle benötigten Prozessstufen. Für jedes Business-Objekt kann nur ein BC Set aktiviert werden.

- **BC Sets für Prozesse ohne Genehmigung**
  Das Prozessschema, das beim Aktivieren eines BC Sets für Prozesse ohne Genehmigung konfiguriert wurde, enthält nur eine Prozessstufe, auf der die Posten des Belegs automatisch genehmigt werden. In diesen Prozessen gibt es keine Reviewer oder Standardwerte für Ad-hoc-Genehmigende, und die Kontaktperson erhält kein Workitem zur Bestätigung,

wenn der Genehmigungsprozess abgeschlossen ist. Wenn Sie nur BC Sets für Prozesse ohne Genehmigung einsetzen und keine weiteren Prozessschemata konfiguriert wurden, ist SAP Business Workflow am Prozess nicht beteiligt, und Sie müssen dafür keine Customizing-Aktivitäten ausführen.

BC Sets, die Prozesse ohne Genehmigung konfigurieren, folgen der Namenskonvention `/SAPSRM/C_<BO>_600_000_SP04`. Aktivieren Sie in Transaktion SWE2 der Klasse `/SAPSRM/CL_WF_PDO` die Ereignistypkopplung, um Prozesse ohne Genehmigung bereitzustellen. Das Ereignis lautet `READY_FOR_WORKFLOW`, und das Workflow-Muster ist WS40000014. BC Sets werden in Transaktion SCPR20 aktiviert.

- **BC Sets für Prozesse mit Vorgesetztengenehmigung in einem Schritt**
  Das Prozessschema, das Sie konfiguriert haben, als Sie ein BC Set für Prozesse mit Vorgesetztengenehmigung in einem Schritt aktiviert haben, enthält nur eine Prozessebene für die Genehmigung durch den Vorgesetzten des Belegerstellers und eine für die automatische Entscheidung. Kann das System keinen zuständigen Bearbeiter ermitteln, wird der Beleg automatisch abgelehnt. In diesen Prozessen gibt es keine Reviewer oder Standardwerte für Ad-hoc-Genehmigende, und die Kontaktperson erhält kein Workitem zur Bestätigung, wenn der Genehmigungsprozess abgeschlossen ist.

  BC Sets, die Prozesse mit einstufiger Manager-Genehmigung konfigurieren, folgen der Namenskonvention `/SAPSRM/C_<BO>_600_001_SP04`.

Wenn Sie die BC Sets aktiviert haben, können Sie einen Genehmigungsprozess ausführen. Um den Workflow an Ihre Anforderungen anzupassen, können Sie die Konfiguration einfach im IMG über SAP Supplier Relationship Management • SRM Server • Cross-Application Basic Settings • Business Workflow • Process-Controlled Workflow • Business Process Configuration • Define Process Levels umsetzen.

Grundlegende Funktionen für die Bearbeiterfindung werden als BAdI-Implementierungen angeboten. Dies stellt eine hohe Flexibilität sicher, da Kunden ganz einfach eigene Optionen für die Bearbeiterfindung implementieren und nutzen können. Je nach verwendetem Business-Objekt werden die in Abschnitt 29.3.6, »BAdl-Implementierungen für die Bearbeiterfindung«, aufgelisteten Strategien zur Bearbeiterfindung zur Verfügung gestellt.

Verfügbare Business Configuration Sets

BC Sets, die Prozesse ohne Genehmigung konfigurieren, folgen der Namenskonvention /SAPSRM/C_<BO>_600_000_SP04.

- /SAPSRM/ ist der verwendete Namensraum für SAP SRM.
- Der Buchstabe C kennzeichnet, dass dieses BC Set durch den Kunden verwendet wird.
- <BO> ist der Platzhalter für den Business-Objekttyp.
- Die nachfolgende Nummer gibt das SAP-SRM-Release an, mit dem das BC Set angelegt wurde.
- 000 wird für Genehmigungen mit null Schritten und 001 für Genehmigungen mit einem Schritt verwendet.
- Die darauffolgenden Ziffern geben das Support Package an, mit dem das BC Set angelegt wurde.

Tabelle 29.6 zeigt die gegenwärtig verfügbaren BC Sets.

Business-Objekt	BC-Set	Prozessschema	Beschreibung
Einkaufswagen	/SAPSRM/C_SC_600_000_SP04	9C_SC_600_000_SP04	ohne Genehmigung
	/SAPSRM/C_SC_600_001_SP04	9C_SC_600_001_SP04	einstufige Manager-Genehmigung
Bestellung	/SAPSRM/C_SC_600_000_SP04	9C_PO_600_000_SP04	ohne Genehmigung
	/SAPSRM/C_PO_600_001_SP04	9C_PO_600_001_SP04	einstufige Manager-Genehmigung
Rückmeldung	/SAPSRM/C_CO_600_000_SP04	9C_CO_600_000_SP04	ohne Genehmigung
	/SAPSRM/C_CO_600_001_SP04	9C_CO_600_001_SP04	einstufige Manager-Genehmigung
Faktura	/SAPSRM/C_IN_600_000_SP04	9C_IN_600_000_SP04	ohne Genehmigung
	/SAPSRM/C_IN_600_001_SP04	9C_IN_600_001_SP04	einstufige Manager-Genehmigung
Vertrag	/SAPSRM/C_CT_600_000_SP04	9C_CT_600_000_SP04	ohne Genehmigung
	/SAPSRM/C_CT_600_001_SP04	9C_CT_600_001_SP04	einstufige Manager-Genehmigung

Tabelle 29.6 Verfügbare BC Sets für Business-Objekte

Business-Objekt	BC-Set	Prozessschema	Beschreibung
Angebot	/SAPSRM/C_QT_600_000_SP04	9C_QT_600_000_SP04	ohne Genehmigung
	/SAPSRM/C_QT_600_001_SP04	9C_QT_600_001_SP04	einstufige Manager-Genehmigung
Ausschreibung	/SAPSRM/C_RQ_600_000_SP04	9C_RQ_600_000_SP04	ohne Genehmigung
	/SAPSRM/C_RQ_600_001_SP04	9C_RQ_600_001_SP04	einstufige Manager-Genehmigung

Tabelle 29.6 Verfügbare BC Sets für Business-Objekte (Forts.)

Weitere Bücher des Autors

Enhancing Supplier Relationship Management Using SAP SRM von Sachin Sethi (2. Auflage, SAP PRESS 2010)

Die Kundeneinbindung erfordert, dass interne Prozesse an den Anforderungen des Kunden ausgerichtet werden. Workflow in SAP Customer Relationship Management ermöglicht die bessere Ausrichtung der internen Prozesse an die Bedürfnisse des Kunden.

30 SAP Customer Relationship Management

Von Stephen Johannes

SAP Customer Relationship Management (SAP CRM) ermöglicht Ihnen einen kompletten und konsistenten Kundeneinbindungsprozess. Alle Mitarbeiter, unabhängig davon, ob sie im Marketing, Vertrieb, Kundendienst oder Callcenter tätig sind, können auf dieselben Kundendaten zugreifen. Partner können in die Geschäftsprozesse integriert werden und auf dieselben Daten zugreifen, sofern dies erforderlich und zulässig ist. Sämtliche Kundendaten, Interaktionen und Informationen sind für alle Mitglieder des Unternehmens klar sichtbar und konsistent, und Ihre Kunden können sich darauf verlassen, dass Ihr Unternehmen individuelle Kundenanforderungen kennt und versteht.

Konsistente Workflows innerhalb des Unternehmens spielen eine wichtige Rolle in diesem Szenario, um Geschäftsprozesse zu steuern und zu überwachen. Insbesondere zur Unterstützung komplexerer Prozesse umfasst SAP CRM Standard-Business-Workflows, in denen Aktionen der verschiedenen Mitarbeiter Ihres Unternehmens integriert sind. Außerdem bietet SAP CRM eine Vielzahl von Standardaktionen, die einfach an eigene, spezifische Aktionen angepasst oder sogar durch diese ersetzt werden können.

Beispiele für Standard-Business-Workflows in SAP CRM sind:

- Folge- und Genehmigungsprozesse im Marketing
- Folge- und Genehmigungsprozesse im Opportunity und Lead Management
- Auftragsabwicklung
- Genehmigungsprozesse in der Preisfindung
- Genehmigungsprozesse im Forderungs- und Fondsmanagement

- Weiterleitung und Bearbeitung eingehender E-Mails im Customer-Interaction-Center
- Folgeprozesse im Channel Management

Hinweis

In SAP CRM werden diverse Workflow-Muster bereitgestellt. Sie können im SAP Help Portal (*http://help.sap.com*) innerhalb von SAP CRM eine Suche nach »Workflow« durchführen, um Links zu den Workflows zu erhalten. Einige Beispiele werden in Abschnitt 30.5, »Standard-Workflows in SAP CRM«, detailliert beschrieben.

30.1 Einführung

SAP CRM ist eine unabhängige Anwendung, die in ein SAP-ERP-Backend integriert werden kann. Sie umfasst den SAP NetWeaver Application Server und bietet zusätzlich spezifische Technologien:

- **One-Order-Framework für alle Geschäftstransaktionen**
  Die Idee des One-Order-Konzepts ist, dass jeder Geschäftsvorgang auf demselben generischen Business-Objekttyp basiert. Alle Geschäftsvorgänge, z. B. Kundenaufträge, Serviceaufträge, Verträge oder Opportunitys, werden über dieselbe API (Application Programming Interface) des One-Order-Frameworks implementiert. Darüber hinaus werden alle weiteren Daten eines Geschäftsvorgangs, wie etwa Partnerermittlung, Preisfindung oder Fakturierung, integriert.
- **Middleware**
  Diese ist für die Backend-Integration über den Austausch von XML-Business-Dokumenten (BDoc) vorgesehen.
- **Business Object Layer und Generic-Interaction-Layer-Framework**
  Zusammen mit dem GenIL-Framework (Generic Interaction Layer) bietet das BOL-Framework (Business Object Layer) eine Abstraktion zwischen der API der unterschiedlichen Anwendungen und der Benutzeroberfläche (UI). Das BOL-Framework bietet Funktionen, mit denen Sie problemlos User-Anwendungen anlegen und auf der Ebene des BOL Layers über die jeweiligen BOL-Modelle integrieren können. Der GenIL Layer sorgt für den Datentransfer zwischen dem BOL Layer und der API der zugrunde liegenden Anwendung. Geschäftsvorgänge, Marketingobjekte oder Geschäftspartner sind Beispiele für zugrunde liegende Anwendungen.

- **SAP CRM WebClient User Interface**
  Das SAP CRM WebClient UI ist eine webbasierte Benutzeroberfläche, die auf Basis des BOL-Frameworks läuft. Sie ist äußerst flexibel, und Sie können Sie an Ihre Geschäftsanforderungen anpassen – z. B. kann sie rollenspezifisch konfiguriert und so an die Anforderungen der verschiedenen Rollen in Ihrem Unternehmen angepasst werden. Die Konfigurationsmöglichkeiten reichen vom Hinzufügen oder Entfernen von Anwendungen im Kontext einer Rolle bis hin zum Beschriften, Entfernen und Hinzufügen einzelner Felder in der Benutzeroberfläche.

Neben einigen Administrationsfunktionen, dem Customizing und bestimmten Ausnahmen wurden alle SAP-CRM-Anwendungen in SAP CRM WebClient UI und BOL-Framework implementiert. Auf diese Weise werden ein einheitliches Look & Feel und ein konsistentes Verhalten innerhalb aller Anwendungen sichergestellt.

Tipp

Beachten Sie, dass dieses Kapitel auf dem aktuellen Release SAP CRM 7.0 EHP 2 beruht. Das BOL-Framework als Basis aller SAP-CRM-Business-Anwendungen wurde mit SAP CRM 2007 (6.0) eingeführt. Alle Beispiele in diesem Kapitel werden mit SAP CRM 2007 (6.0) und höher bearbeitet, sofern nicht anders angegeben. Dies gilt auch für das einheitliche SAP CRM WebClient UI. Ab Release 2007 wurden das PC-UI-Framework und die SAP-GUI-basierten Anwendungen durch das BOL-Framework und das SAP CRM WebClient UI ersetzt.

SAP-Hinweis 1118231 bietet zusätzliche Informationen zum SAP CRM WebClient UI. Weitere Informationen erhalten Sie auch im SAP Help Portal (*http://help.sap.com*), indem Sie eine Suche nach »CRM WebClient UI« durchführen.

30.1.1 One-Order-Konzept

Wie bereits erwähnt, ist das One-Order-Konzept ein wichtiger Bestandteil von SAP CRM. Es impliziert, dass alle Geschäftsvorgänge dieselben Datenbanktabellen und dieselbe API sowie dasselbe Verarbeitungskonzept nutzen. Da alle Objekte von derselben API implementiert werden und dieselbe Datenstruktur wiederverwenden, können die verschiedenen Komponenten eines Geschäftsvorgangs (z. B. Preisfindung oder Partnerverarbeitung) in unterschiedlichen Geschäftskontexten wiederverwendet werden.

Hinweis

Mehr Informationen zum One-Order-Konzept finden Sie in Kapitel 2 des Buches *SAP CRM: Technical Principles and Programming* (SAP PRESS 2013).

Weitere Informationen über die SAP-CRM-Geschäftsvorgänge erhalten Sie im SAP Help Portal unter SAP BUSINESS SUITE • SAP CUSTOMER RELATIONSHIP MANAGEMENT • SAP LIBRARY • COMPONENTS AND FUNCTIONS • BASIC FUNCTIONS • BUSINESS TRANSACTION. Die folgenden Hauptfunktionsbausteine stehen zum Lesen und Pflegen der Geschäftsvorgänge zur Verfügung:

- Funktionsbaustein `CRM_ORDER_READ` zum Lesen sämtlicher Daten eines beliebigen SAP-CRM-Geschäftsvorgangs
- Funktionsbaustein `CRM_ORDER_MAINTAIN` zum Pflegen der Daten eines beliebigen SAP-CRM-Geschäftsvorgangs
- Funktionsbaustein `CRM_ORDER_SAVE` zum Speichern der Daten, die zuvor durch Aufrufe von `CRM_ORDER_MAINTAIN` geändert wurden

Ein weiteres Konzept des One-Order-Frameworks ist die Ereignisbehandlung für die Verarbeitung von Geschäftsvorgängen und deren Komponenten. Während der Verarbeitung von `CRM_ORDER_MAINTAIN` werden One-Order-Ereignisse im One-Order-Framework erzeugt. Wenn ein Ereignis-Callback-Funktionsbaustein für ein One-Order-Ereignis registriert wird, wird er vom One-Order-Framework mit dem entsprechenden Geschäftsvorgang und den relevanten Ereignisdaten aufgerufen. Für solche Ereignisse sind Standard-Ereignis-Callback-Funktionsbausteine registriert.

Hinweis

Event-Handler und Callback-Funktionsbausteine sind mit regulären Workflow-Ereignissen vergleichbar. Es handelt sich dabei um Ereignisse, die vom SAP-CRM-One-Order-Framework publiziert werden. Die Event-Handler/Callback-Funktionsbausteine ermöglichen es Ihnen, die Reaktion auf ein Ereignis zu konfigurieren. Anstelle von Transaktion SWE2 verwenden Sie den SAP-Einführungsleitfaden (Implementation Guide, IMG), um die Reaktion auf ein Ereignis zu konfigurieren.

Weitere Informationen zur Funktionsweise des Event-Handlers finden Sie in Kapitel 4 des Buches *SAP CRM: Technical Principles and Programming* (SAP PRESS 2013).

Sie können auch kundeneigene Ereignis-Callback-Funktionsbausteine für diese One-Order-Ereignisse registrieren und während der Verarbeitung von Geschäftsvorgängen auf Datenänderungen reagieren. Sie können Ihre eigenen Handler-Funktionsbausteine für One-Order-Ereignisse im IMG über CUSTOMER RELATIONSHIP MANAGEMENT • TRANSACTIONS • BASIC SETTINGS • EDIT EVENT HANDLER TABLE anpassen.

Die Event-Handler-Tabelle für die One-Order-Ereignisregistrierung ist nach Objekttypen strukturiert. Eine Registrierung für BUS20001 bedeutet, dass der registrierte Ereignis-Callback-Funktionsbaustein für jede Art von Geschäftsvorgang aufgerufen wird. Dies ist der Fall, da BUS20001 der Supertyp sämtlicher Business-Objekttypen im One-Order-Framework ist. Dies spiegelt sich auch im Business Object Repository (BOR) wider, da BUS20001 den generischen Supertyp aller weiteren BOR-Objekttypen von One-Order-Geschäftsvorgängen darstellt.

Ein Beispiel und zusätzliche Informationen zu Ereignis-Callback-Funktionsbausteinen finden Sie in der IMG-Dokumentation.

30.1.2 Geschäftsvorgang und SAP-CRM-Business-Objekte

Wie gewohnt stellt das Business Object Repository (BOR) die Basis der Geschäftslogik einer Workflow-Entwicklung dar. Das One-Order-Konzept wird technisch im BOR vom Business-Objekttyp BUS20001 implementiert.

Der Business-Objekttyp BUS20001 ist der allgemeine Supertyp aller anderen Business-Objekttypen BUS2000xxx im One-Order-Kontext. Dies wird über die standardmäßige Vererbungsfunktion des BOR erreicht. Der generische Supertyp BUS20001 deckt bereits die wichtigsten Methoden, Attribute und Ereignisse für alle SAP-CRM-Geschäftsvorgänge ab und verhindert, dass dieselbe Funktionalität einzeln für jeden Business-Objekttyp implementiert werden muss.

Dasselbe Prinzip eines generischen Supertyps wurde für die BOR-Objekttypen des Marketingszenarios umgesetzt. In diesem Szenario ist BUS20100 der gemeinsame Supertyp.

Tabelle 30.1, Tabelle 30.2 und Tabelle 30.3 geben Ihnen einen Überblick über die wichtigsten Business-Objekttypen innerhalb von SAP CRM und weitere gängige Business-Objekttypen.

Business-Objekttyp	Bezeichnung
BUS20001	SAP CRM Business Transaction
BUS2000108	SAP CRM Lead
BUS2000109	SAP CRM Contract
BUS2000111	SAP CRM Opportunity
BUS2000115	SAP CRM Sales Transaction

Tabelle 30.1 Business-Objekttypen der SAP-CRM-Geschäftsvorgänge

Business-Objekttyp	Bezeichnung
BUS2000116	SAP CRM Service Process
BUS2000117	SAP CRM Service Confirmation
BUS2000120	SAP CRM Complaint
BUS2000125	SAP CRM Task
BUS2000126	SAP CRM Business Activity
BUS2000311	SAP CRM Claim
BUS2000312	SAP CRM Prepayment Request
BUS2000402	SAP CRM Budget Posting

Tabelle 30.1 Business-Objekttypen der SAP-CRM-Geschäftsvorgänge (Forts.)

Business-Objekttyp	Bezeichnung
BUS20100	SAP CRM Marketing Project
BUS2010010	SAP CRM Marketing Project Plan
BUS2010012	SAP CRM Marketing Project Plan Element
BUS2010020	SAP CRM Marketing Project Campaign
BUS2010022	SAP CRM Marketing Project Campaign Element
BUS2010030	SAP CRM Marketing Trade Promotion
BUS2010040	Marketing Project Deal
BUS2010050	SAP CRM Marketing Project MDF Program
BUS2010060	SAP CRM Marketing Project MDF Special Program
BUS1185	Zielgruppe

Tabelle 30.2 Business-Objekttypen des Marketings

Business-Objekttyp	Bezeichnung
BUS1006	Geschäftspartner
BUS1006002	Geschäftspartner Ansprechpartner
BUS1006003	Geschäftspartner Mitarbeiter
BUS1178	Produkt
BUS2300	Produktkatalog

Tabelle 30.3 Business-Objekttypen des Stammdaten-Managements

Die meisten Standard-Workflows in SAP CRM basieren auf Business-BOR-Objekttypen, die im BOR definiert sind. Allerdings basieren einige Workflows auf ABAP-Klassen, die das entsprechende Workflow-Interface implementieren. Da sie von der SAP CRM Worklist unterstützt werden, werden die ABAP-Klassen auch für einige Dialogaufgaben mit Benutzerinteraktion verwendet. Die Aktivierung von Dialogaufgaben, die auf ABAP-Klassen basieren, wird in Abschnitt 30.4.4, »Besonderheiten von Dialogaufgaben auf Basis von Workflow-ABAP-Klassen«, beschrieben. Weitere Informationen zu den Workflow-ABAP-Klassen finden Sie auch in Kapitel 16.

30.1.3 Vorgangshistorie

Wenn für einen SAP-CRM-Beleg ein Folgebeleg angelegt wird, wird eine Verknüpfung zwischen dem vorangegangenen und dem nachfolgenden Dokument in die *Vorgangshistorie* der Dokumente geschrieben. Dies gewährleistet den Zugriff von einem Dokument auf das andere und ermöglicht einen guten Überblick über die gesamte Vorgangshistorie. Sie erhalten einen Überblick über den gesamten Prozesszyklus vom Marketing bis zur Fakturierung:

- Durchführen einer E-Mail-Kampagne mit einem Fragebogen (Survey) im Anhang der E-Mails
- Sammeln der Antworten zu diesem Fragebogen und Anlegen von Leads auf Basis dieser Antworten
- Anlegen einer Opportunity, wenn der Lead bestimmte Anforderungen erfüllt und die Vertriebsabteilung den Lead akzeptiert
- Anlegen eines Angebots für die Opportunity
- Anlegen eines Auftrags, wenn der Kunde das Angebot annimmt
- Auslösen der Fakturierung

Alle Dokumente des gesamten Geschäftsprozesses sind über die Vorgangshistorie miteinander verbunden. Die Vorgangshistorie des Auftrags zeigt das vorangegangene Angebot an (und umgekehrt). Dasselbe gilt für das Angebot und den Lead etc. So können Sie den gesamten Prozess einfach zurückverfolgen. Neben der Vorgangshistorie gibt es auch die *Änderungshistorie*, die die Änderungen an einem Dokument auf Feldebene verfolgt.

Allerdings werden nicht mehr alle Vorgänge als solche in der Vorgangshistorie angezeigt. Dieses Feature wurde durch mehrere *Zuordnungsblöcke* erweitert, die sich auf verschiedene Bereiche beziehen. Diese Bereiche sind für den Vorgangstyp spezifisch. Sie wurden aus der Vorgangshistorie entfernt und stattdessen dem entsprechenden Zuordnungsblock zugeordnet, wie z. B. Versand oder Fakturierung. Das Ziel dieser Änderung war, einen schnelleren und besseren Überblick über die in der Vorgangshistorie enthaltenen Dokumente zu ermöglichen.

Workflows können eingesetzt werden, um Folgebelege automatisch anzulegen oder eine Genehmigung zum Anlegen eines Folgebelegs zu erhalten; wenn ein Lead z. B. einen bestimmten Status erreicht hat, kann eine Opportunity als Folgebeleg angelegt werden. Abschnitt 30.5.2, »Vertrieb – Umwandlung von Leads in Opportunitys«, beschreibt solch ein Standardszenario, und das entsprechende Workflow-Muster kann als Ausgangspunkt für Ihre eigene Workflow-Implementierung dienen.

30.1.4 SAP-CRM-UI-Framework

Im Wesentlichen besteht das SAP-CRM-UI-Framework aus den drei folgenden Komponenten:

Generic Interaction Layer (GenIL)

Dieser Layer repräsentiert die Verbindung zwischen dem Framework und der API (typischerweise Funktionsbausteine) der jeweiligen Anwendung. Er sorgt für die *Interaktion* zwischen dem Framework und der API. Jede Anwendung verfügt über eine eigene Implementierung des GenIL. Diese Implementierung trägt den Namen *GenIL-Komponente*. Mehrere GenIL-Komponenten werden in einem *GenIL-Komponentenset* zusammengefasst.

GenIL-Komponenten und -Komponentensets werden mit folgender IMG-Aktivität im Framework publiziert: Customer Relationship Management • CRM Cross-Application Components • Generic Interaction Layer/Object Layer • Basic Settings.

Jede Komponente verfügt über Standardmethoden, um ihre Objektmodelle im Framework zu publizieren. Diese Objekte werden zum Anlegen von UI-Komponenten verwendet und können vom Benutzer geändert werden. Änderungen an den Objekten werden an die jeweilige GenIL-Implementierungsklasse weitergeleitet, die die Änderungen in Aufrufe der zugrunde liegenden API umwandelt.

Business-Object-Layer-Framework (BOL)

Das BOL-Framework dient der Interaktion zwischen der Benutzeroberfläche und der jeweiligen GenIL-Implementierungsklasse, wenn Daten z. B. geändert oder gelesen werden. Es enthält zudem einen eigenen Puffer und verwaltet die Beziehungen zwischen den Objekten der GenIL-Komponenten.

Die Objekte einer GenIL-Komponente werden zur Laufzeit von *BOL-Entitäten* repräsentiert. Dabei handelt es sich um Instanzen der Objekte einer GenIL-Komponente, und die Instanzattribute enthalten die Objektdaten. Die BOL-Entitäten werden im BOL-Entitätenpuffer des Frameworks gehalten und können bei Bedarf von der API erneut gelesen werden (z. B. nach Änderungen).

Eine GenIL-Komponente enthält typischerweise eine Objekthierarchie der *Wurzelobjekte* und der *abhängigen Objekte*. Ein Wurzelobjekt hat keine übergeordneten Objekte und ist mit einem eigenen transaktionalen Kontext verknüpft. Ihm können abhängige Objekte ohne eigenen transaktionalen Kontext zugeordnet werden, die vom Wurzelobjekt abhängen und auch im transaktionalen Kontext des Wurzelobjekts verarbeitet werden.

UI Layer

Transaktion BSP_WD_CMPWB ist die Komponenten-Workbench, mit der Sie *UI-Komponenten* anlegen und konfigurieren können. Eine UI-Komponente kann separat ausgeführt werden und über weitere, eingebettete UI-Komponenten verfügen. Gemeinsame Daten, die innerhalb verschiedener Typen von Geschäftsvorgängen verwendet werden, sind ein sehr gutes Beispiel für die Implementierung wiederverwendeter UI-Komponenten (z. B. die Preisfindungsdaten in Geschäftsvorgängen).

Sie können unter anderem Views anlegen oder die Navigation zwischen Views und anderen Komponenten definieren. Typischerweise zeigt eine Anwendung die Daten von Objekten eines bestimmten GenIL-Komponentensets an und ändert diese. Die Attribute und Beziehungen der Objekte werden verwendet, um die UI-Komponente zu erzeugen und zu konfigurieren. Zur Laufzeit repräsentieren die Attributwerte der entsprechenden BOL-Entitäten die Daten, die auf UI-Ebene verwendet, angezeigt und geändert werden. UI-Objekttypen können zu Konfigurations- und Navigationszwecken eingesetzt werden.

Die Konfiguration der standardmäßigen und kundenspezifischen UI-Komponenten in der Komponenten-Workbench stellt folgende Funktionen bereit:

- Felder und Tabellenspalten können hinzugefügt oder entfernt werden
- die Beschriftungen der Felder und Tabellenspalten können geändert werden
- komplette Zuordnungsblöcke können hinzugefügt oder entfernt werden

All dies kann ohne Coding-Änderungen oder Modifikationen der standardmäßigen oder kundenspezifischen UI-Komponenten durchgeführt werden. Basierend auf der Konfiguration einer UI-Komponente, kann der Benutzer die Benutzeroberfläche seinen persönlichen Anforderungen anpassen.

Die UI-Objekttypen können BOL-Objekte mit BOR-Objekttypen oder Workflow-ABAP-Klassen verbinden, was im Workflow-Kontext entscheidend ist. Einzelheiten dazu finden Sie in Abschnitt 30.4.2, »Dynamische Navigation und die Workflow-Inbox«.

Hinweis

Das Konzept der *Erweiterungssets* ermöglicht es Ihnen, ohne Modifikationen kundenspezifisches Verhalten zu den standardmäßigen UI-Komponenten hinzuzufügen. Jeder UI-Komponente kann ein Erweiterungsset zugeordnet werden. Die Verwendung der Erweiterungssets bietet eine hohe Flexibilität bei der Anpassung der standardmäßigen UI-Komponenten an Ihre Anforderungen. Gleichzeitig bieten sie eine praktische Möglichkeit, um die Funktionalität der standardmäßigen UI-Komponenten wiederzuverwenden und spezifische Funktionen hinzuzufügen. Bestimmte Szenarien, die eine spezifische UI-Komponente und Funktionalität erfordern (z. B. ein Workflow-Prozess), können allerdings den Aufbau einer eigenen UI-Komponente erforderlich machen. Ein Beispiel für solch eine workflowspezifische UI-Komponente erläutern wir später in diesem Kapitel.

Tipp

Im SAP-CRM-Wiki des SAP Community Networks finden Sie unter *http://wiki.scn.sap.com/wiki/display/CRM/Customer+Relationship+Management* Informationen und eine Anleitung zur Erweiterung der SAP-CRM-UI-Komponenten.

Einen tieferen Einblick in die SAP-WebClient-Entwicklung erhalten Sie auch im Buch *SAP Web Client* von Tzanko Stefanov, Armand Sezikeye und Sanjeet Mall (SAP PRESS 2010).

Die unterschiedlichen Layer und ihre Interaktionen sind in Abbildung 30.1 dargestellt.

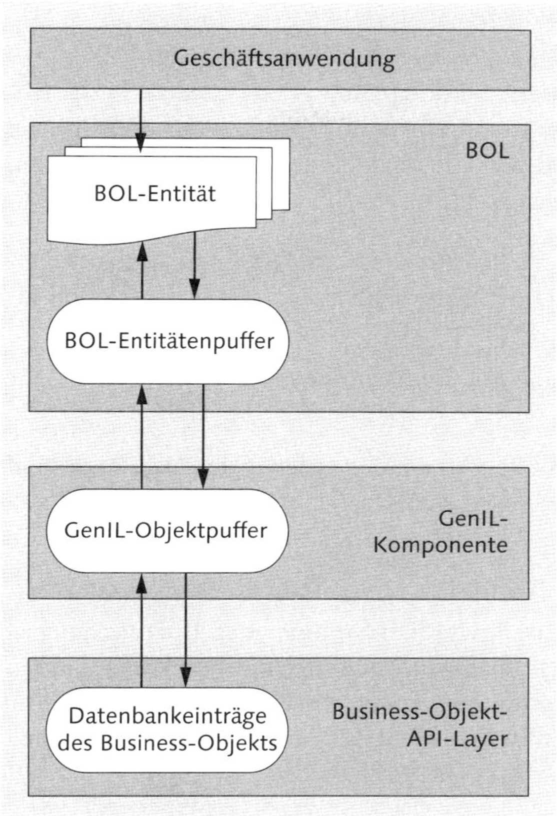

Abbildung 30.1 Layer des SAP-CRM-Frameworks

30.1.5 Integration in das SAP Enterprise Portal

Das SAP-CRM-Framework ist unabhängig von SAP Enterprise Portal (früher SAP NetWeaver Portal). Das bedeutet, dass ein SAP-CRM-System ohne SAP Enterprise Portal installiert und betrieben werden kann. Selbstverständlich kann das System jedoch in SAP Enterprise Portal integriert werden, und die Benutzer können aus SAP Enterprise Portal heraus auf das SAP-CRM-System zugreifen.

30.2 Customizing- und Workflow-Administration

In SAP CRM existieren keine speziellen Techniken oder Frameworks für die Integration von Workflows in Ihre Geschäftsprozesse. Workflows können über Methoden wie Statusänderungen oder Aktionen integriert werden.

30.2.1 Workflow-Customizing

Um Workflows nutzen zu können, müssen Sie das grundlegende Workflow-Customizing einrichten. Kapitel 3, »Konfiguration des Systems«, beschreibt die Schritte zur Einrichtung des allgemeinen Workflow-Customizings im Detail. Bevor Sie die Standard-Workflows aus SAP CRM einsetzen können, müssen Sie die üblichen Aktionen ausführen:

- Aktivierung der Ereigniskopplungen
- Einrichtung des Organisationsmanagements und der Regelintegration für die Bearbeiterermittlung
- Durchführung der Wartung für die Workflow-Startbedingungen, falls erforderlich

Fast alle Standard-Workflows in SAP CRM werden über auslösende und beendende Ereignisse des jeweiligen BOR-Objekts integriert.

30.2.2 Workflow-Administration

Eine SAP-CRM-spezifische Workflow-Administration oder -Überwachung ist nicht erforderlich. Die standardmäßigen Administrationswerkzeuge, die in Kapitel 8, »Workflow-Administration«, erläutert wurden, sind ausreichend. Diese Werkzeuge sind im SAP GUI als Teil der Administrationsfunktionen verfügbar.

30.3 Integration eigener Workflows

Die Standardkomponenten des SAP NetWeaver Application Servers werden von den Anwendungen in SAP CRM wiederverwendet. Dazu gehört auch die Wiederverwendung der Standard-Workflow-Komponenten, um eigene Workflows in SAP CRM anzulegen.

30.3.1 Statusverwaltung

Sie können Subtypen der standardmäßigen SAP-CRM-Objekttypen anlegen und Ihre eigenen Ereignisse in diesen implementieren. Wenn Sie Ihren eigenen BOR-Objekttyp an einen standardmäßigen BOR-Objekttyp delegieren, können Sie über die Statusverwaltung *Statusänderungen* Ihre eigenen Ereignisse zuordnen. Diese werden dann automatisch vom System erzeugt. Dazu können Sie Transaktion BSVW nutzen. Dies gilt sowohl für Änderungen des Systemstatus als auch des Anwenderstatus. Die meisten Ereignisse der standardmäßigen SAP-CRM-Objekttypen werden auf diese Weise konfiguriert und ausgelöst.

Hinweis

Die Verknüpfung von Ereignissen mit der Statusverwaltung wird in Kapitel 18, »Verwendung von Ereignissen und anderen Business-Interfaces«, behandelt.

30.3.2 Aktionen

Aktionen sind eine typische Technik in SAP CRM, um Folgeaktivitäten auszulösen und auszuführen. Sie können Aktionen einsetzen, um vordefinierte Prozesse zu konfigurieren und zu starten. Sie können Startbedingungen zuordnen (ähnlich wie bei den Workflow-Startbedingungen) und die Ausführungszeit und Art der Aktionen konfigurieren, um das Systemverhalten Ihren eigenen Anforderungen anzupassen.

Standardaktionen werden für folgende Zwecke eingesetzt:

- Anlegen von Folgebelegen
- Anlegen von Einzelpositionen in Geschäftsvorgängen
- Druck- und Output-Management
- Benachrichtigung von Partnern

Die SAP-CRM-Aktionen verwenden das *Post Processing Framework* (PPF) des SAP NetWeaver Application Servers als eine gemeinsame Schnittstelle für die verschiedenen Verarbeitungsmethoden. Die Verarbeitung der Aktionen kann für Folgendes konfiguriert werden:

- Methoden von Business Add-ins (BAdIs)
- Start von Workflow-Mustern
- SAP Smart Forms

Eine Aktion, die für die Verarbeitung über eine BAdI-Implementierung konfiguriert ist, kann natürlich auch dazu genutzt werden, Workflows auszulösen. Das jeweilige Business-Objektereignis kann durch einen Aufruf des Funktionsbausteins `SAP_WAPI_CREATE_EVENT` ausgelöst werden. Ein Ereignis auf diese Weise zu erzeugen ist flexibler, als eine Aktion zu konfigurieren, die ein einzelnes Workflow-Muster direkt auslöst. Das Verarbeiten von Aktionen über eine BAdI-Methode ermöglicht es Ihnen, zusätzliche und komplexere Prüfungen durchzuführen, als es mit der Startbedingung einer Aktion möglich ist.

Im Einführungsleitfaden unter Customer Relationship Management • Basic Functions • Actions können Sie Aktionen konfigurieren und verschiedenen Anwendungen zuordnen. Im Einführungsleitfaden finden Sie außerdem eine weiterführende Dokumentation. Die Konfiguration einer Aktion, die ein BAdI aufruft, wird in Abschnitt 30.6.6, »Aktion zum Automatischen Setzen des Status ›Accepted by Sales‹«, erläutert.

30.3.3 Bearbeiterermittlung

SAP CRM verwendet das Konzept der *Partnerverarbeitung*, um zu ermitteln, welche Geschäftspartner an einem bestimmten Prozess beteiligt sind. Wenn möglich, ermittelt die Partnerverarbeitung die Partner automatisch und fügt sie dem Prozess hinzu. Der Benutzer kann auch einen oder mehrere Partner manuell eingeben, und die anderen Partner werden automatisch vom System hinzugefügt. Das *Partnerschema*, das aus dem Customizing abgeleitet wird, steuert die Partnerverarbeitung.

Generell ist es empfehlenswert, die Bearbeiterermittlung für SAP Business Workflow konsistent zum Ergebnis der Partnerverarbeitung zu halten. Dazu können Sie die *Bearbeiterermittlungsregeln* nutzen, die die einem Dokument zugeordneten Partner ermitteln. Ein allgemeines Beispiel ist die Partnerrolle `Employee Responsible`, die über eine Workflow-Aufgabe über weitere für ein bestimmtes Dokument erforderliche Aktionen informiert werden muss.

Die Partner der Geschäftsvorgänge können über den Funktionsbaustein `CRM_ORDER_READ` gelesen werden. Bei Marketing-Dokumenten können sie über die Klasse `CL_CRM_MKTPL_APPL_BASE` gelesen werden. Nach dem Lesen der Partner kann der erforderliche Partner, wie z. B. `Employee Responsible`, vom entsprechenden Partnerfunktionstyp ermittelt und als Bearbeiter einer Workflow-Aufgabe verwendet werden.

Der `Employee Responsible` muss über Änderungen am Geschäftsvorgang informiert werden. Listing 30.1 zeigt ein Beispiel für eine Bearbeiterermittlungsregel vom Typ `F` (Function to be executed).

```
INCLUDE: <cntn01>, crm_object_names_con. "ObjectNames in 1Order
DATA: lv_header_guid         TYPE crmt_object_guid,
      lv_user                TYPE syuname,
      ls_actor               TYPE swhactor,
      lt_header_guids        TYPE crmt_object_guid_tab,
      lt_req_obj             TYPE crmt_object_name_tab,
      ls_partner             TYPE crmt_partner_external_wrk,
      lt_partner             TYPE crmt_partner_external_wrkt.
```

```
swc_get_element ac_container 'OrderGUID' lv_header_guid.
APPEND lv_header_guid TO lt_header_guids.
APPEND gc_object_name-partner TO lt_req_obj."only read Partners
* Get partners from business transaction
CALL FUNCTION 'CRM_ORDER_READ'
  EXPORTING
    it_header_guid       = lt_header_guids
    it_requested_objects = lt_req_obj
  IMPORTING
    et_partner           = lt_partner
  EXCEPTIONS
    OTHERS               = 99.
IF sy-subrc <> 0. RAISE nobody_found. ENDIF.
READ TABLE lt_partner INTO ls_partner WITH KEY mainpartner ='X'
               partner_pft = '0008'."Part.FunctionCategory
IF sy-subrc <> 0. RAISE nobody_found. ENDIF.
* ALTERNATIVE: if partner function can be derived
READ TABLE lt_partner INTO ls_partner WITH KEY mainpartner ='X'
               partner_fct = '00000014'."Part.Function
  IF sy-subrc <> 0. RAISE nobody_found. ENDIF.
CALL FUNCTION 'BP_CENTRALPERSON_GET'
  EXPORTING
    iv_bu_partner_guid = ls_partner-bp_partner_guid
  IMPORTING
    ev_username        = lv_user
  EXCEPTIONS
    OTHERS             = 99.
IF sy-subrc <> 0. RAISE nobody_found. ENDIF.
ls_actor-objid = lv_user.
ls_actor-otype = 'US'.
APPEND ls_actor TO actor_tab.
```

Listing 30.1 Zuständiger Mitarbeiter eines Geschäftsvorgangs

Listing 30.1 zeigt folgende Elemente:

- **Partnerfunktionstypen**
  Bei Partnerfunktionstypen handelt es sich um Systemeinstellungen, die nicht geändert werden können. Die verfügbaren Partnerfunktionstypen stehen in der Systemtabelle CRMC_PARTNER_PFT zur Verfügung.
- **Partnerfunktionen**
  Partnerfunktionen sind Customizing-Einstellungen, die nach Bedarf geändert werden können. Eine Partnerfunktion wird einem Partnerfunktionstyp zugeordnet. Die Standardauslieferung umfasst zahlreiche Partnerfunktionen. Die Partnerfunktionen stehen in der Customizing-Tabelle CRMC_PARTNER_FCT zur Verfügung.

Weiterführende Informationen erhalten Sie in der IMG-Dokumentation unter Customer Relationship Management • Basic Functions • Partner Processing und im SAP Help Portal.

30.4 SAP CRM Worklist

Die *SAP CRM Worklist* ermöglicht den zentralen Zugriff auf verschiedene Inboxen, die den Benutzer bei der täglichen Arbeit unterstützen und ihm helfen, den Überblick über seine Aufgaben zu behalten:

- **Workflow-Inbox**
  Die Workflow-Inbox zeigt die dem Benutzer aktuell zugeordneten Workflow-Aufgaben an. Dieser kann seine Workflow-Aufgaben abschließen, an andere Benutzer weiterleiten oder mehrere Entscheidungsaufgaben über einen einzigen Mausklick ausführen.
- **Alert-Inbox**
  Die Alert-Inbox zeigt die dem Benutzer aktuell zugeordneten Alerts an. Somit kann der Benutzer Alerts abschließen oder an andere Benutzer weiterleiten.
- **Inbox für Geschäftsvorgänge**
  Die Inbox für Geschäftsvorgänge ermöglicht es dem Benutzer, nach für ihn relevanten SAP-CRM-Objekten zu suchen. Er kann nach Geschäftsvorgängen suchen, die ihm als `Employee Responsible` oder seiner Vertriebsorganisation als Ergebnis der Partnerverarbeitung zugeordnet wurden. Daher basiert die Suche normalerweise auf dem Ergebnis der Partnerverarbeitung in den Geschäftsvorgängen (siehe Abschnitt 30.3.3, »Bearbeiterermittlung«).

Abbildung 30.2 zeigt die SAP-CRM-Startseite eines Vertriebsmitarbeiters, über die er auf Workflow-Aufgaben, Alerts, Termine und andere Aktivitäten zur Erledigung seiner täglichen Aufgaben in SAP CRM zugreift.

Die Standardkonfiguration der SAP CRM Worklist beinhaltet die Inboxen für Alerts, Business Transactions und Workflow Tasks (siehe Abbildung 30.3).

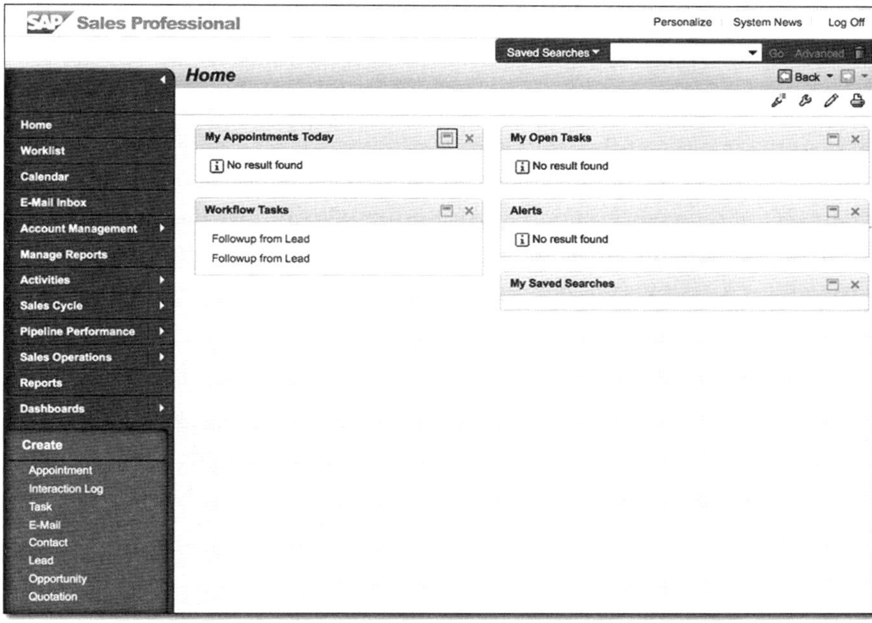

Abbildung 30.2 SAP-CRM-Startseite

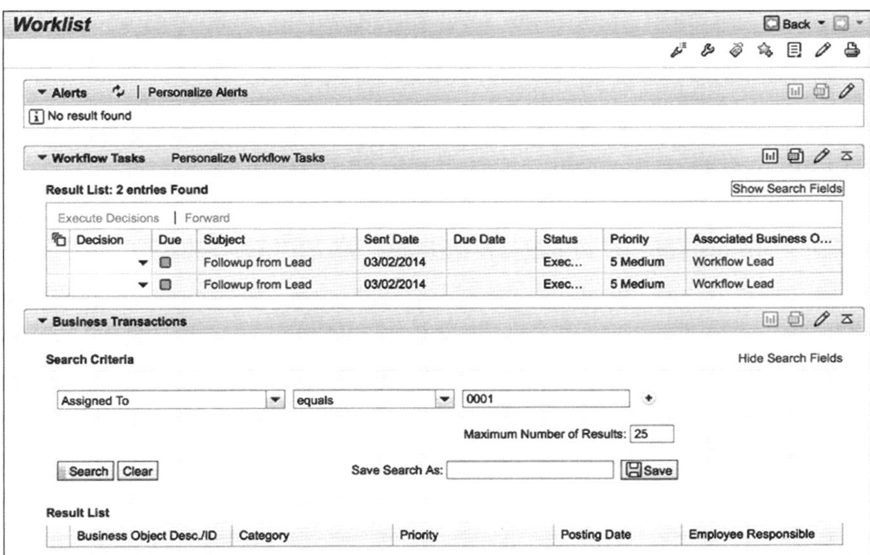

Abbildung 30.3 SAP CRM Worklist

Die Workflow-Inbox in SAP CRM sowie ihre Funktionen und Customizing-Optionen werden in diesem Kapitel detailliert beschrieben.

30.4.1 Grundlagen der Workflow-Inbox

Die Workflow-Inbox von SAP CRM ist im Wesentlichen eine UI-Komponente wie jede andere UI-Komponente in SAP CRM ab Release 2007 (6.0):

- Sie umfasst die GenIL-Komponente `WFI` und eine entsprechende Implementierungsklasse, die für die Interaktion zwischen der Workflow-Inbox, dem BOL-Framework und der SAP Business Workflow Engine sorgt. Die GenIL-Komponente `WFI` beinhaltet das BOL-Wurzelobjekt `WFRoot`, das eine einzelne Workflow-Aufgabe darstellt.
- Mehrere UI-Komponenten implementieren die Views, um die Workflow-Aufgabenliste, die Workflow-Aufgabendetails etc. anzuzeigen.

Wenn eine Workflow-Dialogaufgabe im SAP Business Workplace des SAP GUIs ausgeführt wird, wird das Coding der zugrunde liegenden BOR-Objektmethode oder der zugrunde liegenden Workflow-ABAP-Klassenmethode ausgeführt. In der Regel wird z. B. eine Transaktion oder ein Report aufgerufen. Die Benutzerinteraktion für Dialogaufgaben wird in der Workflow-Inbox von SAP CRM anders implementiert, da diese webbasiert ist.

Der Code des BOR-Objekts oder der Workflow-ABAP-Klassenmethode wird nicht ausgeführt, wenn der Benutzer die Workflow-Aufgabe in der Workflow-Inbox ausführt. Stattdessen wird die Methode einer entsprechenden UI-Komponente, die die erforderliche Funktionalität bereitstellt, zugeordnet. Die Workflow-Inbox ermittelt diese dynamische Zuordnung und liefert die erforderlichen Daten an die jeweilige UI-Komponente. In den folgenden Abschnitten erläutern wir diese Zuordnung im Detail.

30.4.2 Dynamische Navigation und die Workflow-Inbox

Wie wir in Abschnitt 30.4.1, »Grundlagen der Workflow-Inbox«, erläutert haben, ist eine dynamische Zuordnung zu einer entsprechenden Anwendung erforderlich, um Workflow-Aufgaben auszuführen. Diese Zuordnung wird durch eine *dynamische Navigation* zur jeweiligen UI-Komponente erreicht. Die dynamische Navigation ist eine Standardfunktion der SAP-CRM-WebClient-Benutzeroberfläche und wird von anderen Komponenten genauso wie von der Workflow-Inbox verwendet. Mit dieser Funktion kann jede UI-Komponente zu einem Objekt, das zu einer anderen UI-Komponente gehört, navigieren und dieses anzeigen, ohne zu wissen, worum es sich bei der anderen UI-Komponente handelt.

Beispiel

Einem Kundenauftrag wird immer ein Geschäftspartner zugeordnet, der den Auftraggeber repräsentiert. Die UI-Komponente zum Anlegen und Pflegen des Kundenauftrags stellt einen Hyperlink bereit, mit dem Sie in die UI-Komponente zur Anzeige und Pflege des Geschäftspartners des Auftraggebers navigieren können.

Um die Geschäftspartnerkomponente aufzurufen, muss diese nicht bekannt sein. Stattdessen wird eine dynamische Navigation für die jeweilige Geschäftspartnerinstanz (BOL-Entität) ausgelöst und die gewünschte Aktion für den Geschäftspartner ausgeführt (in diesem Fall die Aktion DISPLAY).

Ein detailliertes Beispiel zum Aufbau der dynamischen Navigation im Workflow-Kontext finden Sie in Abschnitt 30.6, »Beispielimplementierung eines Kunden-Workflows in SAP CRM«.

Um die dynamische Navigation für ein bestimmtes Objekt zu nutzen, müssen die folgenden *Voraussetzungen* erfüllt sein (Für weitere Details verweisen wir Sie auf die entsprechende IMG-Dokumentation.):

- **UI-Objekttyp**
  Ein entsprechender UI-Objekttyp muss verfügbar sein. Sie können die UI-Objekttypen im Einführungsleitfaden unter CUSTOMER RELATIONSHIP MANAGEMENT • UI FRAMEWORK • UI FRAMEWORK DEFINITION • DEFINE UI OBJECT TYPES pflegen. Um den UI-Objekttyp für die dynamische Navigation zu nutzen, muss er einem BOL-Wurzelobjekt zugeordnet sein. Falls möglich, kann er auch einem BOR-Objekttyp zugeordnet werden. Die standardmäßigen UI-Objekttypen sind in der Systemtabelle BSP_DLC_OBJ_TYPE gepflegt und können nicht geändert werden.
- **Zuordnungsklasse**
  Für das BOL-Wurzelobjekt, das dem UI-Objekttyp zugeordnet ist, muss eine Zuordnungsklasse verfügbar sein. Zuordnungsklassen können im Einführungsleitfaden unter CUSTOMER RELATIONSHIP MANAGEMENT • UI FRAMEWORK • TECHNICAL ROLE DEFINITION • DEFINE OBJECT MAPPING gepflegt werden. Die Zuordnungsklasse muss das Interface `IF_CRM_UI_OBJ_MAPPER` implementieren. Während der Ausführung einer dynamischen Navigation ruft das BOL-Framework die jeweilige Zuordnungsklasse auf (z. B. zum Abrufen der BOL-Entität). Die standardmäßigen Zuordnungsklassen können durch eigene Zuordnungsklassen ersetzt werden.
- **UI-Komponente**
  Die entsprechende UI-Komponente muss einer Ziel-ID zugeordnet werden. Ziel-IDs können im Einführungsleitfaden unter CUSTOMER RELATIONSHIP MANAGEMENT • UI FRAMEWORK • TECHNICAL ROLE DEFINITION • DEFINE WORK AREA COMPONENT REPOSITORY gepflegt werden. Durch die

Zuordnung einer Ziel-ID werden die Inbound-Plugs einer UI-Komponente für die dynamische Navigation bereitgestellt.

- **Ziel-ID**
  Die Ziel-ID muss für die entsprechenden Geschäftsrollen verfügbar sein. Sie können die Ziel-IDs zum Navigationsleistenprofil der Geschäftsrollen im Einführungsleitfaden unter Customer Relationship Management • UI Framework • Technical Role Definition • Define Navigation Bar Profile zuordnen. In der Pflegesicht können Sie unter Define Profile • Define Generic OP Mapping die Zuordnung der Ziel-IDs vornehmen.

Sie können jeden standardmäßigen BOR-Objekttyp, für den eine dynamische Navigation eingestellt ist, ohne weiteres Customizing oder weiteren Implementierungsaufwand in Ihren eigenen Workflows verwenden. Die Workflow-Inbox löst automatisch eine entsprechende dynamische Navigation aus, um die BOR-Objektinstanz anzuzeigen. Die standardmäßigen BOR-Objekttypen werden den standardmäßigen UI-Objekttypen in der Systemtabelle BSP_DLC_OBJ_TYPE zugeordnet.

Wenn in Ihrem Workflow spezifische Aktionen erforderlich sind, wie z. B. das Öffnen eines Objekts direkt im Bearbeitungsmodus oder in Ihrer eigenen UI-Komponente, steht Ihnen ein spezifisches Customizing für die Workflow-Inbox zur Verfügung. Dieses Customizing beschreiben wir in den nächsten Abschnitten.

30.4.3 Navigations-Customizing der Workflow-Inbox

Die Workflow-Inbox bietet ein zusätzliches Customizing für die dynamische Navigation im Workflow-Kontext. Dieses Customizing ermöglicht zusätzliche Funktionalität, damit Sie Ihre Workflows in die SAP-CRM-WebClient-Benutzeroberfläche integrieren können. Die Pflege ist entweder objektspezifisch oder aufgabenspezifisch.

Objektspezifische Navigation

In dieser IMG-Aktivität können Sie spezifische UI-Objekttypen und -Aktionen den BOR-Objekttypen und -Methoden zuordnen. Die folgende Funktionalität wird bereitgestellt:

- In Workflow-Aufgaben verwendete BOR-Objektmethoden können direkt zu spezifischen UI-Objekttypen und -Aktionen zugeordnet werden. Zum Beispiel wird ein Objekt direkt im Modus Edit geöffnet, wenn die Workflow-Aufgabe ausgeführt wird.

- Die standardmäßigen und kundenspezifischen BOR-Objekte können über die Methode Ihren eigenen UI-Objekttypen und UI-Komponenten im Workflow-Kontext zugeordnet werden. Diese UI-Komponenten können workflow-spezifische Funktionen bereitstellen, die im Vergleich zur standardmäßigen UI-Komponente von SAP erweitert oder reduziert sind.
- Sie können Ihre eigenen Subtypen der standardmäßigen BOR-Objekte den standardmäßigen UI-Objekttypen zuordnen, und die Zuordnung des standardmäßigen BOR-Objekts kann für Ihre eigenen BOR-Objekte wiederverwendet werden, um die standardmäßige UI-Komponente zu starten.
- Workflow-ABAP-Klassen können für Dialogaufgaben eingestellt werden.
- Die Workflow-Aufgabe kann der UI-Komponente als BOL-Entität bereitgestellt werden, wenn dies von der UI-Komponente unterstützt wird.

Sie können das objektspezifische Navigations-Customizing der Workflow-Inbox im Einführungsleitfaden unter Customer Relationship Management • Basic Functions • Worklist • Define Alert Inbox und Workflow Inbox • Define Object-Specific Navigation pflegen. Wenn für ein Objekt ein Eintrag gepflegt wird, der keine Objektmethode angibt, wird dieser von der Workflow-Inbox als der Standardeintrag für dieses Objekt angesehen.

Hinweis

Wenn das Kennzeichen Set to Completed by Application gesetzt ist, fügt die Workflow-Inbox in der dynamischen Navigation eine BOL-Entität der Laufzeitinstanz der Workflow-Aufgabe hinzu. Dies bedeutet, dass die aufgerufene UI-Komponente diese BOL-Entität der Workflow-Aufgabe im Inbound-Plug abrufen kann. Sie kann diese BOL-Entität dann dazu verwenden, um zusätzliche Daten über die Workflow-Aufgabe zu erhalten. Wenn die Daten der BOL-Entität und der davon abhängigen Objekte nicht ausreichen, kann das Interface `SAP_WAPIxxx` weitere Daten zur Verfügung stellen.

Dieses Kennzeichen impliziert zudem, dass die Inbox synchrone Workflow-Aufgaben nicht automatisch erledigt, sondern dass die Workflow-Aufgabe von der UI-Komponente abgeschlossen werden muss (z. B. über die Workflow-API, um die Aufgabe zu beenden). Die standardmäßigen UI-Komponenten sind nicht dafür ausgelegt, eine BOL-Entität einer Workflow-Aufgabe in ihren Inbound-Plugs abzurufen. Wenn Sie dieses Kennzeichen für einen standardmäßigen BOR- und UI-Objekttyp und damit für eine standardmäßige UI-Komponente setzen, führt dies zu einem Fehler. Wenn Sie lediglich erreichen möchten, dass die Workflow-Aufgabe nicht umgehend beendet und nach der Ausführung geschlossen wird, setzen Sie in der Definition der Standardaufgabe einfach das Kennzeichen Confirm End of Processing.

Die für einen Workflow verwendeten ABAP-Klassen sind workflow-spezifisch und somit im SAP CRM UI Framework nicht bekannt. Daher *muss* bei Dialogaufgaben für ABAP-Klassen ein objektspezifisches Customizing gepflegt werden. Die Besonderheiten von ABAP-Klassen werden in Abschnitt 30.4.4, »Besonderheiten von Dialogaufgaben auf Basis von Workflow-ABAP-Klassen«, beschrieben. Weitere Informationen finden Sie auch in der IMG-Dokumentation.

Aufgabenspezifische Navigation

In manchen Fällen ist es möglicherweise erforderlich, das objektspezifische Customizing durch ein aufgabenspezifisches Customizing zu überschreiben. Zum Beispiel:

- Der BOR-Objekttyp `BUS2000116` und die Methode `ChangeWithDialog` sind dem UI-Objekt `BT116_SRVO` und der Aktion `Edit` zugeordnet. Dieses Customizing reicht für die meisten der jeweiligen Workflow-Aufgaben aus.
- Eine bestimmte Aufgabe stellt zusätzliche Daten, wie z. B. Geschäftspartnerdaten, für die Pflege des Serviceauftrags zur Verfügung. Sie benötigt nach der Pflege des Serviceauftrags Rückgabeparameter, da diese Rückgabeparameter später im Workflow erforderlich sind.
- Sie möchten keinen eigenen Subtyp von `BUS2000116` anlegen.

Sie können das objektspezifische Customizing überschreiben, indem Sie eine bestimmte Standardaufgabe zu Ihrem UI-Objekttyp und Ihrer UI-Komponente zuordnen. Wenn Sie das Kennzeichen WORKFLOW TASK SET TO 'COMPLETED' BY APPLICATION setzen, wird die BOL-Entität der Workflow-Aufgabe Ihrer UI-Komponente zur Verfügung gestellt. Diese kann dann entsprechend auf die Workflow-Aufgabe reagieren.

30.4.4 Besonderheiten von Dialogaufgaben auf Basis von Workflow-ABAP-Klassen

Wie wir bereits erwähnt haben, sind Workflow-ABAP-Klassen dem SAP CRM UI Framework nicht bekannt. Daher müssen sie im objektspezifischen Navigations-Customizing immer einem UI-Objekttyp zugeordnet werden. Über das zugeordnete BOL-Wurzelobjekt (siehe Abschnitt 30.4.2, »Dynamische Navigation und die Workflow-Inbox«) wird der UI-Objekttyp einer Zuordnungsklasse zugewiesen.

Neben dem üblichen Interface IF_CRM_UI_OBJ_MAPPER des Frameworks kann die Zuordnungsklasse auch das Interface IF_CRM_CT_IB_WF_UI_ OBJ_MAPPER der Workflow-Inbox implementieren. Wenn dieses Interface von der Zuordnungsklasse implementiert wird, ruft die Workflow-Inbox Methoden dieses Interfaces auf, um die für die dynamische Navigation erforderlichen Daten zu abzurufen.

Wenn die Zuordnungsklasse das Interface IF_CRM_CT_IB_WF_UI_ OBJ_MAPPER nicht implementiert, muss das Schlüsselattribut der Workflow-ABAP-Klasse zum von der Zuordnungsklasse erwarteten Schlüsselattribut passen. In der Regel entspricht dies dem Schlüsselattribut des jeweiligen BOR-Objekttyps (z. B. die Vorgangs-GUID von BUS20001).

30.4.5 Zusätzliches Customizing und Personalisierung

Ein zusätzliches Customizing für die Integration des Partner Channel Managements steht Ihnen unter Customer Relationship Management • Basic Functions • Worklist • Define Alert Inbox and Workflow Inbox • Define Forwarding and Substitution zur Verfügung. Mit diesem Customizing können Sie auf Rollenbasis bestimmen, ob ein Benutzer Workflow-Aufgaben nur an externe oder an alle Geschäftspartner im System weiterleiten kann. Es kann z. B. erforderlich sein, dass interne Mitarbeiter Workflow-Aufgaben aufgrund vertraulicher Informationen nicht an externe Partner weiterleiten dürfen.

Die SAP-CRM-Workflow-Inbox bietet den Benutzern durch die Pflege von *Vertretern* zudem eine Personalisierungsfunktion. Hier gilt dieselbe Logik für die Pflege interner und externer Geschäftspartner als Vertreter eines Benutzers. Da das Organisationsmanagement des SAP-CRM-Systems auf Geschäftspartnern basiert, basieren die Pflege der Vertreter und die Weiterleitung von Workflow-Aufgaben ebenfalls auf den Geschäftspartnern im SAP-CRM-System. Allerdings können nur jene Geschäftspartner als Vertreter und Empfänger einer Workflow-Aufgabe gepflegt werden, denen eine SAP-Benutzerkennung zugewiesen wurde.

Abgesehen von den erforderlichen Zuordnungen zwischen dem Geschäftspartner und der Benutzerkennung handelt es sich bei der Vertreterpflege um dieselbe Funktionalität, die wir auch in Kapitel 5, »Bearbeiter«, behandeln.

Hinweis

Wie auch in Abschnitt 30.4.6, »SAP-ERP-Integration«, beschrieben wird, können Sie SAP-ERP-Workflows in die Workflow-Inbox integrieren. In diesem Szenario sollte die Pflege der Vertreter im SAP-CRM-System mit der Pflege der Vertreter im integrierten SAP-ERP-System übereinstimmen. Das System pflegt die Vertreter eines Benutzers auch immer in den integrierten Systemen; dies gilt auch, wenn der Benutzer seine Vertreter ändert. Für eine konsistente Vertreterpflege müssen einige Voraussetzungen erfüllt werden:

- Die Benutzerkennung des Benutzers im SAP-CRM-System muss im integrierten System identisch sein.
- Die Benutzerkennungen der Vertreter müssen im integrierten System identisch sein.
- Wenn Vertreterprofile verwendet werden, müssen die Profilkennungen in allen Systemen identisch sein.

30.4.6 SAP-ERP-Integration

Der Transaktionsstarter des SAP-CRM-UI-Frameworks bietet eine Funktion, um andere Web UIs als das des SAP-CRM-Clients in das SAP-CRM-UI-Framework zu integrieren. Dies umfasst insbesondere das webbasierte SAP GUI für SAP-ERP-Dokumente, die in SAP-CRM-Dokumente integriert sind. Weitere Informationen zu dieser Funktion und zum Customizing des Transaktionsstarters finden Sie im Einführungsleitfaden unter Customer Relationship Management • UI Framework • Technical Role Definition • Transaction Launcher.

Normalerweise gibt es für andere Workflows als die von SAP CRM kein SAP CRM Web UI. Daher ist es in den meisten Fällen erforderlich, das webbasierte SAP GUI zu nutzen. Zur Integration anderer SAP-Systeme müssen Sie die entsprechenden logischen Systeme im Einführungsleitfaden unter Customer Relationship Management • Basic Function • Worklist • Integrate Other SAP Systems in Workflow Inbox pflegen. Die logischen Systeme müssen auch für den Transaktionsstarter eingerichtet werden.

Hinweis

Es ist eine Voraussetzung, dass Benutzer, denen andere Workflow-Aufgaben als die von SAP CRM zugeordnet werden, im Remote-SAP-System dieselbe Benutzerkennung aufweisen. Weitere Informationen dazu erhalten Sie in der IMG-Dokumentation zu Workflow-Eingang und Transaktionsstarter.

Normalerweise ist keine SAP-CRM-WebClient-Benutzeroberfläche für BOR-Objekte verfügbar, die aus dem SAP-ERP-System stammen. Deshalb sind die üblichen, mit SAP-CRM-Dokumenten verknüpften SAP-ERP-Objekte spezifischen UI-Objekttypen im SAP-CRM-System zugeordnet. Diese UI-Objekttypen können anhand der Namenskonvention `WRAPPED_*` als UI-Objekttypnamen identifiziert werden (siehe Systemtabelle BSP_DLC_OBJ_TYPE). Der Benutzer kann dann unter Associated Business Objects auf den Link für das SAP-ERP-Objekt klicken und direkt in das webbasierte SAP GUI navigieren, um die Objekte anzuzeigen und zu bearbeiten.

Es kann jedoch z. B. SAP-ERP-Workflows für kundeneigene BOR-Objekte geben, die nicht für die direkte Navigation in das webbasierte SAP GUI über den Transaktionsstarter konfiguriert sind. In diesem Fall kann der Benutzer über den Button Display in Original System die Workflow-Aufgabe im webbasierten SAP GUI anzeigen und von dort aus zum jeweiligen Objekt navigieren. Außerdem können Sie so auf die standardmäßige SAP-GUI-Funktionalität für Workflow-Aufgaben zugreifen.

Weitere Informationen zur Einrichtung einer direkten Navigation in das webbasierte SAP GUI für SAP-ERP-Objekte finden Sie in der Dokumentation des Transaktionsstarters unter Customer Relationship Management • UI Framework • Technical Role Definition • Transaction Launcher. Die standardmäßigen SAP-CRM-Rollen enthalten bereits eine Zuordnung für die UI-Objekttypen `WRAPPED_*`, um eine Navigation in ein SAP-ERP-Objekt zu ermöglichen. Sie können das Customizing unter Customer Relationship Management • UI Framework • Technical Role Definition • Define Navigation Bar Profile • View Define Profile – Define Generic OP Mapping als Muster zur Anpassung weiterer Objekte nutzen.

Wenn ein Benutzer eine SAP-ERP-Workflow-Aufgabe über den Button Execute ausführt, wird die Workflow-Aufgabe im webbasierten SAP GUI ausgeführt. Da der UI-Objekttyp `WORKITEM_IB_EXT` für diese Navigation erforderlich ist, *muss* er für jede Rolle gepflegt werden, die für die SAP-ERP-Integration verwendet wird. Wählen Sie dazu Customer Relationship Management • UI Framework • Technical Role Definition • Define Navigation Bar Profile • View Define Profile – Define Generic OP Mapping. Die Standardrollen können hier als Vorlage dienen.

Tipp

Eine SAP-ERP-Workflow-Aufgabe wird immer im webbasierten SAP GUI ausgeführt, wenn unter Customer Relationship Management • Basic Functions •

WORKLIST • DEFINE ALERT INBOX AND WORKFLOW INBOX kein spezifisches Navigations-Customizing für die Workflow-Aufgabe eingerichtet ist.

Um ein sicheres transaktionales Verhalten sicherzustellen, sollten Sie für synchrone SAP-ERP-Workflow-Aufgaben, die in SAP CRM integriert sind, das Kennzeichen CONFIRM END OF PROCESSING setzen.

30.4.7 Universal-Worklist-Integration

Sie können das SAP-CRM-System und die Workflow-Inbox auch in die Universal Worklist (UWL) integrieren. Wie es bei der UWL-Integration üblich ist, müssen die Metadaten der Workflow-Visualisierung in Transaktion SWFVISU gepflegt werden. Die Einträge für die BOR-Objekttypen `BUS2000272` und `BUS2000311` können als Beispiel dienen, wenn Sie weitere SAP-CRM-Objekttypen in die UWL integrieren müssen. Diese beiden Objekte sind Standardeinträge in Transaktion SWFVISU.

Das Grundprinzip der UWL-Integration in SAP CRM ist die *objektorientierte Navigation*. Der entsprechende und allgemeine Objekttyp für die UWL-Integration ist der SAP-CRM-UI-Objekttyp `WI_BOR`. Dieser wird verwendet, damit immer zuerst die Workflow-Inbox aufgerufen wird, bevor die Navigation in das eigentliche Objekt und die SAP-CRM-UI-Komponente erfolgt. Diese Vorgehensweise stellt sicher, dass ein Customizing der Workflow-Inbox auch im Kontext der UWL-Integration berücksichtigt wird (siehe Abschnitt 30.4.3, »Navigations-Customizing der Workflow-Inbox«).

30.4.8 Administrative Standard-Workflows

Für Systemadministratoren vorgesehene Standard-Workflows müssen im Business Workplace des SAP GUIs ausgeführt werden. Das liegt daran, dass die administrativen Transaktionen und Funktionen im SAP GUI ausgeführt werden. Daher muss gewährleistet werden, dass solche administrativen Workflows den entsprechenden Benutzern zugeordnet werden, die auch im SAP GUI arbeiten.

Ein Beispiel für einen solchen Workflow ist die Standardaufgabe TS00007989, die Fehler in der IDoc-Verarbeitung behandelt. Das IDoc-Customizing muss so gepflegt werden, dass die Workflow-Aufgaben dem entsprechenden Administrator zugewiesen und nicht in der Workflow-Inbox anderer Benutzer angezeigt werden. Ansonsten teilt Ihnen eine Fehlermeldung mit, dass die Workflow-Aufgabe nicht verarbeitet werden kann.

30.5 Standard-Workflows in SAP CRM

In diesem Abschnitt erläutern wir einige Beispiele für Standard-Workflows in SAP-CRM-Szenarien und -Prozessen.

Hinweis

Die von SAP bereitgestellten Workflows werden im SAP Help Portal erläutert. Wenn Sie unter *help.sap.com* nach »SAP-CRM-Workflow« suchen, erhalten Sie einen Link zum Workflow-Bereich in der SAP-CRM-Dokumentation. Hier erhalten Sie eine Liste der für Geschäftsvorgänge, Servicevorgänge, das Lead Management, das Marketing, das Interaction-Center und das Fördermittel-Management zur Verfügung stehenden Workflows. Die Dokumentation bietet Informationen zu den Workflows, Aufgaben, Objekttypen und Regeln, um die ausgewählten Bearbeiter zur Laufzeit zu finden.

Für den Einsatz eines Standard-Workflows aus SAP CRM müssen Sie nur die Bearbeiter den möglichen Aufgaben zuordnen, die Ereigniskopplung aktivieren und zusätzliche IMG-Konfigurationsschritte ausführen, die pro Muster erforderlich sein könnten. (Die erforderliche IMG-Konfiguration wird ebenfalls im SAP Help Portal beschrieben.)

30.5.1 Marketing: Kampagnenautomatisierung

Die *Kampagnenautomatisierung* ist darauf ausgelegt, Sie bei der Durchführung von Kampagnen zu unterstützen, die mehrere Kanäle und Phasen umfassen und in Echtzeit erfolgen. Auf diese Weise können Sie direkt auf Kundenantworten reagieren. Bei einer vollständig automatisierten Kampagne können Mitarbeiter direkt vom Kampagnenbildschirm auf das Werkzeug zur Kampagnenautomatisierung zugreifen, wodurch die Planung verbessert und die Transparenz erhöht wird. Mithilfe der Kampagnenautomatisierung können Sie eine Kampagne modellieren; sobald das Prozessmodell dann gestartet wurde, ist keine weitere manuelle Interaktion erforderlich.

Der Workflow wird verwendet, um einen automatischen Kampagnenprozess sicherzustellen, der nach der Ausführung keine weiteren manuellen Eingriffe erfordert. Der Kampagnenautomatisierungsprozess ist eine Kette von Workflows, in der ein Workflow ausgelöst oder eingeplant wird, sobald der vorangegangene Workflow beendet wurde. SAP stellt Standard-Workflows zum Aufgabenset der Kampagnenautomatisierung zur Verfügung. Diese können während der Modellierung der Kampagne direkt einem Kampagnenelement zugeordnet und gemäß den Kundenanforderungen erweitert werden.

Wie üblich werden sie im Workflow Builder definiert. Diese Workflows werden allesamt für den BOR-Objekttyp BUS2010022 (Kampagnenelement) eingerichtet. Jeder Workflow verfügt über Eingabeparameter, die aus dem Kampagnenelement abgerufen werden. Nach Kampagnenbeginn (Button START in der CAMPAIGN AUTOMATION) werden die Workflows automatisch eingeplant oder ausgeführt. Daher müssen für dieses Workflow-Muster keine Typkopplungen gepflegt werden. Abbildung 30.4 zeigt die Kampagnenmodellierung.

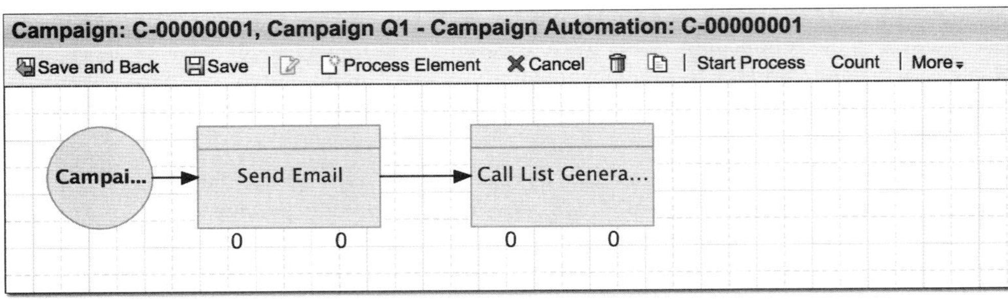

Abbildung 30.4 Kampagnenautomatisierung

Nach der erfolgreichen Ausführung des entsprechenden Workflows wird der Programm-Exit CL_CRM_MKTCA_WF_DESTRUCTOR_CPT aufgerufen, um sicherzustellen, dass der nächste Workflow rechtzeitig eingeplant wird.

In der Kampagnenautomatisierung werden Reaktionen auf eine Marketingkampagne angelegt und ausgewertet. Bei Bedarf werden weitere Kampagnenschritte geplant und ausgeführt. In der Standardversion ist eine Kundenreaktion als eingehender Kontakt definiert. Wenn ein vorangegangenes Kampagnenelement dieser Geschäftsaktivität zugeordnet wird, wird die Regelauswertung der Kampagnenautomatisierung über eine Aktion gestartet, und zusätzliche nachfolgende Schritte werden eingeplant.

Für weitere Informationen verweisen wir Sie auf die IMG-Aktivität unter CUSTOMER RELATIONSHIP MANAGEMENT • MARKETING • MARKETING PLANNING AND CAMPAIGN MANAGEMENT • CAMPAIGN AUTOMATION. Das SAP Help Portal (*help.sap.com*) bietet eine detaillierte Beschreibung unter SAP CUSTOMER RELATIONSHIP MANAGEMENT • COMPONENTS AND FUNCTIONS • BASIC FUNCTIONS • SAP BUSINESS WORKFLOW • SAP BUSINESS WORKFLOW IN MARKETING • SAP BUSINESS WORKFLOW IN CAMPAIGN AUTOMATION.

30.5.2 Vertrieb – Umwandlung von Leads in Opportunitys

Sie können das Geschäftsszenario zur Umwandlung von Leads in Opportunitys nutzen, um Ihre Marketing- und Vertriebsprozesse transparent zu steuern. Mit diesem Geschäftsszenario können Sie Leads und Opportunitys bearbeiten und analysieren sowie Aktivitäten bearbeiten. Es beschreibt die einzelnen Prozesse und erläutert den gesamten Zyklus vom ersten Interesse, wenn ein Lead angelegt wird, über die Presales-Phase, in der eine Opportunity angelegt wird, bis hin zur Aktivitätsbearbeitung.

Ein *Lead* ist ein Geschäftsvorgang, der das potenzielle Interesse eines Geschäftspartners (und die damit verbundenen Kundenkontakte) beschreibt, erfasst, aktualisiert und verwaltet. Über Leads kann das Interesse des Geschäftspartners an einem bestimmten Produkt bzw. sein allgemeines Kaufinteresse qualifiziert werden, um es zunächst festzuhalten und im Folgenden nach Möglichkeit zu beeinflussen. Sobald der Lead einen bestimmten Status erreicht hat, kann er an den Vertrieb weitergegeben und dort eventuell in eine Opportunity umgewandelt werden. Diese Transformation von einem Business-Objekt-Lead (`BUS2000108`) in eine Business-Objekt-Opportunity (`BUS2000111`) erreichen Sie über den Standard-Workflow WS10001011 in SAP CRM (Opportunity aus Lead erzeugen). Dieser Workflow wird gestartet, wenn ein Lead mit dem Qualification Level Hot und im Status Error-free gespeichert wird.

Entsprechen die leadspezifischen Attribute Priority und Lead Group speziellen Kriterien, erzeugt der Workflow automatisch eine Opportunity. Andernfalls sendet der Workflow ein Workitem an den zuständigen Vertriebsmitarbeiter, um die Opportunity manuell anzulegen. Als Sales-Mitarbeiter, der die Opportunity aufgrund der Informationen im Lead erzeugen soll, wird zunächst der Vertriebsbeauftragte ausgewählt, der den Lead eingegeben hat. Dieser kann über die Partnerermittlung in SAP CRM ermittelt werden. Diese Ermittlung kann in Abhängigkeit vom Interessenten im Lead erfolgen, oder es kann sich um den Manager eines Sales-Bereichs handeln.

Nach Prüfung der Lead-Daten kann der Vertriebsmitarbeiter den Lead entweder ablehnen oder eine Opportunity anlegen (siehe Abbildung 30.5).

Entscheidet der Vertriebsmitarbeiter, dass eine Opportunity angelegt werden kann, wird der Status des Leads auf Accepted by Sales gesetzt, und die Opportunity wird über eine Hintergrund-Workflow-Aufgabe angelegt (siehe Abbildung 30.6). Sobald die Opportunity manuell oder automatisch aus dem Lead angelegt wurde, stellt die Transaction History den Link zwischen den Objekten zur Verfügung.

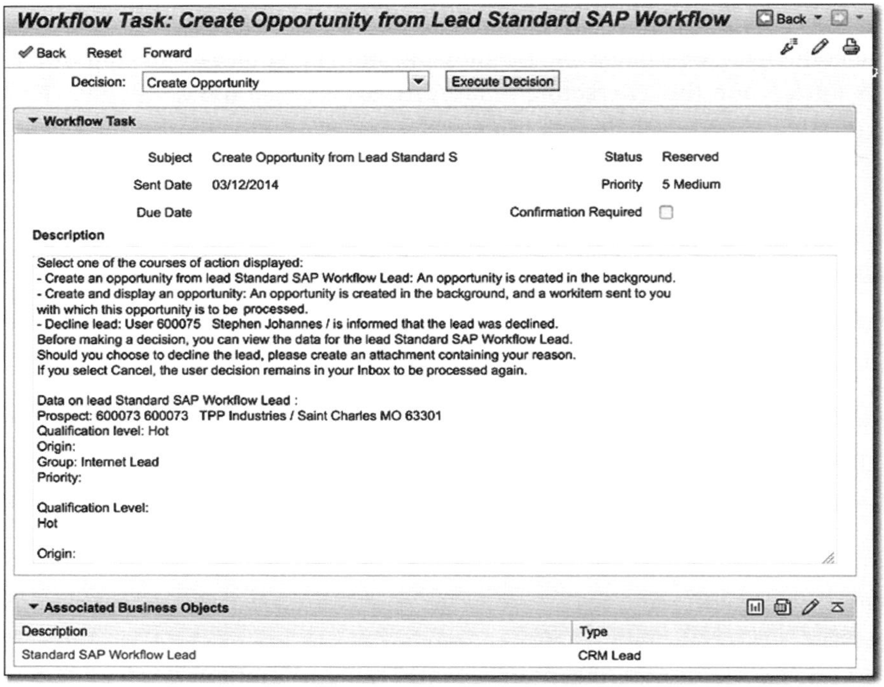

Abbildung 30.5 Entscheidungsaufgabe für das manuelle Anlegen einer Opportunity aus dem Lead

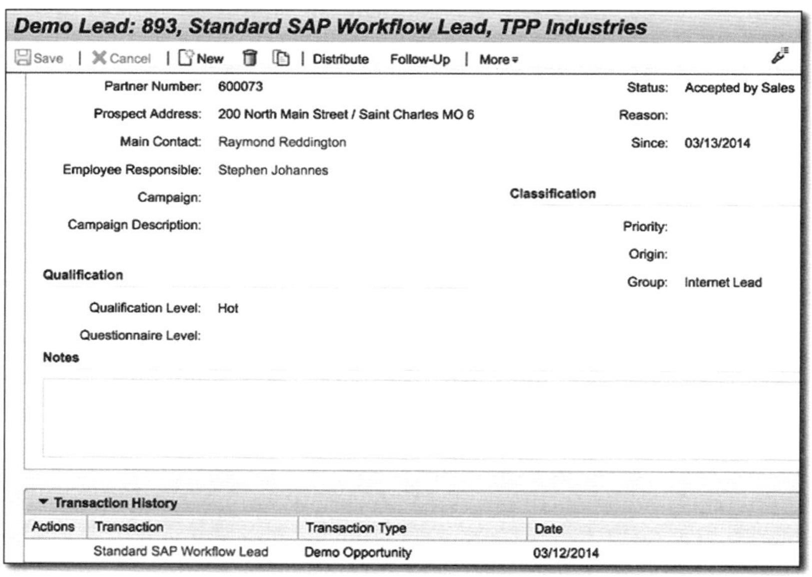

Abbildung 30.6 Vorgangshistorie für Lead und Opportunity

Wird der Lead vom Vertriebsmitarbeiter abgelehnt, setzt eine Hintergrund-Workflow-Aufgabe den STATUS des Leads auf REJECTED BY SALES, und der Initiator wird per Mail benachrichtigt.

Für weitere Informationen verweisen wir Sie auf die IMG-Aktivität unter CUSTOMER RELATIONSHIP MANAGEMENT • TRANSACTIONS • SETTINGS FOR LEADS. Weitere Informationen erhalten Sie auch im SAP Help Portal (*http://help.sap.com*) unter SAP CUSTOMER RELATIONSHIP MANAGEMENT • COMPONENTS AND FUNCTIONS • BASIC FUNCTIONS • SAP BUSINESS WORKFLOW • SAP BUSINESS WORKFLOW IN LEAD MANAGEMENT • CREATE SAP BUSINESS WORKFLOW FOR OPPORTUNITY FROM LEAD.

30.6 Beispielimplementierung eines Kunden-Workflows in SAP CRM

In den bisherigen Abschnitten haben wir das SAP CRM UI Framework sowie das One-Order-Konzept erläutert und beschrieben, wie Sie Workflows in SAP CRM integrieren können. Darüber hinaus haben wir Ihnen Beispiele für Standard-Workflows in SAP CRM vorgestellt. In diesem Abschnitt fassen wir die vorangegangenen Erläuterungen zu SAP CRM und die Beispiele der Standard-Workflows in SAP CRM zusammen und erläutern, wie Sie eigene SAP-CRM-Workflows in Ihrer SAP-CRM-UI-Komponente anlegen.

Achtung

In diesem Abschnitt vermitteln wir nicht das gesamte Wissen, das Sie für die Arbeit mit den SAP-CRM-UI-Komponenten benötigen; wir beschreiben jedoch die erforderlichen Schritte, damit Sie das SAP CRM UI mit SAP Business Workflow einsetzen können.

30.6.1 Szenario und Anforderungen für den kundenspezifischen Workflow

In Abschnitt 30.5.2, »Vertrieb – Umwandlung von Leads in Opportunitys«, haben Sie einen Überblick über das Standard-Workflow-Szenario zum Anlegen einer Opportunity als Folgevorgang eines Leads erhalten und erfahren, wie die zuständigen Vertriebsmitarbeiter den Lead akzeptieren oder ablehnen können. Dieser Prozess kann wie folgt erweitert werden:

- Es kann eine workflow-spezifische Anwendung implementiert werden, um den Lead als Schritt innerhalb des Workflows zu akzeptieren oder abzulehnen. Wie im Standardszenario setzt der Workflow den entsprechenden Status für den Lead-Vorgang und legt im Hintergrund eine Opportunity an, wenn der Lead akzeptiert wurde.

- Zudem sollte die neue Anwendung dem Benutzer die Möglichkeit geben, die Folge-Opportunity online anzulegen. Der Benutzer kann die Opportunity vor dem Speichern manuell anpassen.
- Wenn eine Folge-Opportunity angelegt wird, sollte der Status des vorangegangenen Leads auf ACCEPTED BY SALES gesetzt werden. Der Status sollte unabhängig davon gesetzt werden, ob die Opportunity aus dem Workflow-Kontext heraus angelegt wurde oder nicht.
- Da die neue Funktion als workflow-spezifisch angesehen wird und ein eigenständiges Beispiel darstellen soll, um den Einsatz der dynamischen Navigation im Workflow-Kontext zu demonstrieren, erstellen wir eine kundenspezifische UI-Komponente. In der Praxis ist die Erweiterung der standardmäßigen UI-Komponenten meist ausreichend.

30.6.2 Implementierung des Workflows

In diesem Abschnitt beschreiben wir, wie Sie einen kundenspezifischen Workflow implementieren.

Neuer BOR-Objekttyp und neue BOR-Methode

Zum Bereitstellen der neuen Funktion benötigen Sie eine neue BOR-Objektmethode. Dazu legen Sie den Subtyp `Z2000108` des standardmäßigen BOR-Objekttyps `BUS2000108` an (Transaktion SWO1). Die neue synchrone Dialogmethode `Zcreate_Followup_ Oppt_Dialogue` verwenden Sie für die neue Dialog-Standardaufgabe (TS). Da diese Methode zur Laufzeit der entsprechenden UI-Komponente zugeordnet wird, bleibt die Implementierung der Methode leer. (Die Methode wird lediglich über die Methoden `BEGIN` und `END` und kein Coding verfügen.) In Abbildung 30.7 sind das kundenspezifische BOR-Objekt `Z2000108` und die neue Methode `Zcreate_Followup_Oppt_Dialogue` dargestellt.

Selbstverständlich können Sie diese Methode auch als asynchron definieren und ein beendendes Ereignis in der Aufgabendefinition zuordnen. Allerdings erfordert dies weitere Anpassungen hinsichtlich des standardmäßigen Workflow-Musters in SAP CRM, da es kein standardmäßiges BOR-Ereignis für den Status ACCEPTED/REJECTED BY SALES gibt. Durch die Verwendung einer synchronen Dialogmethode kann die Logik des standardmäßigen SAP-CRM-Workflows zum Beenden wiederverwendet werden.

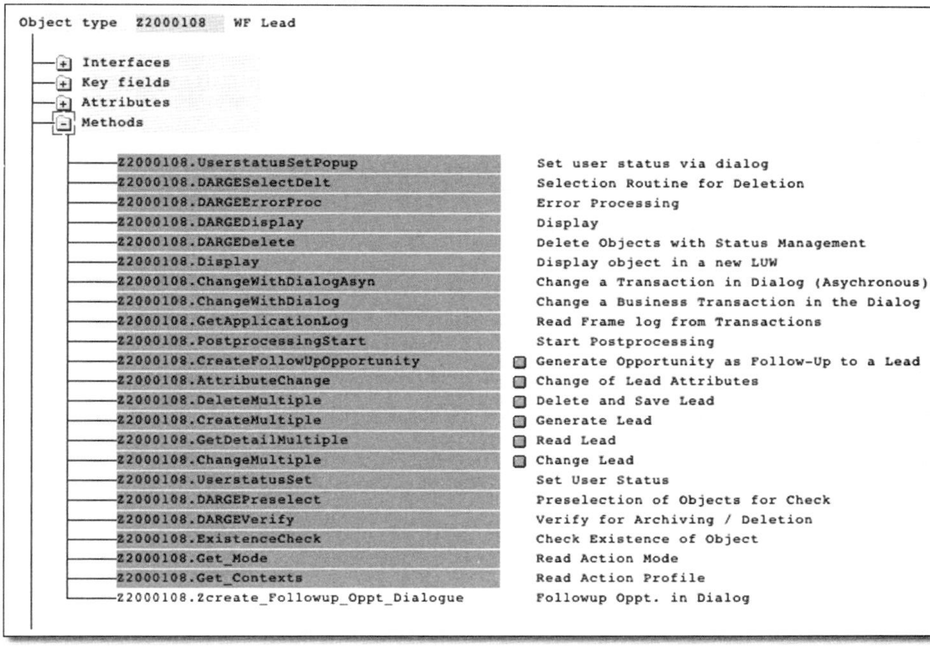

Abbildung 30.7 Kundenspezifisches BOR-Objekt mit leerer Methode

Nachdem Sie den neuen BOR-Objekttyp und die Methode angelegt haben, müssen Sie eine Definition der Standardaufgabe (TS) erstellen. Wenn Sie das Objekt `Z2000108` und die Methode `Zcreate_Followup_Oppt_Dialogue` hinzugefügt haben, müssen Sie das Kennzeichen Confirm End of Processing setzen. Dieses Kennzeichen ist notwendig, da die Aufgabe synchron ist und der Benutzer möglicherweise die Ausführung der Workflow-Aufgabe abbricht. Wie immer müssen Sie eine Bearbeiterzuordnung für die neue Aufgabendefinition pflegen. (Sie können die Aufgabe auch als generelle Aufgabe festlegen.)

Neues Workflow-Muster

Da das Szenario dem Standardszenario sehr ähnlich ist, können Sie den Standard-Workflow WS10001011 im Workflow Builder (Transaktion SWDD) einfach in Ihr eigenes Workflow-Muster kopieren. Anschließend müssen Sie das neue Workflow-Muster wie folgt anpassen:

1. Legen Sie ein neues Containerelement `Z2000108` vom Typ `Z2000108` an.

2. Fügen Sie einen Hintergrundschritt ein, um die Instanz von Z2000108 gemäß dem vorhandenen Containerelement LEAD vom Typ BUS2000108 abzurufen. Dieser Schritt muss vor dem standardmäßigen Schritt USER DECISION eingefügt werden.

Hinweis

Dies können Sie einfach umsetzen, indem Sie eine Aufgabe auf Basis des Objekttyps SYSTEM mit der Methode GENERICINSTANTIATE anlegen. Die Methode erhält einen Wert für einen Schlüssel sowie den Namen des Objekts und gibt das instanziierte Objekt zurück. Weitere Informationen dazu finden Sie in Anhang A, »Tipps und Tricks«.

3. Legen Sie einen neuen Schritt im Workflow für die neue Standardaufgabe (TS) von Z2000108 an. Dieser Schritt sollte nach dem neuen Hintergrundschritt eingefügt werden.
4. Kopieren Sie die Benutzerzuordnung aus dem vorhandenen Schritt USER DECISION, und setzen Sie in den Schrittdetails das Kennzeichen PROCESSING CAN BE REJECTED.
5. Schneiden Sie die (Hintergrund-)Workflow-Schritte des Benutzerentscheidungszweigs DECLINE LEAD aus, und fügen Sie diese im Zweig PROCESSING REJECTED des neuen Dialogschritts ein.
6. Löschen Sie den alten Workflow-Schritt für die Benutzerentscheidung einschließlich aller Zweige. Speichern und aktivieren Sie das Workflow-Muster.
7. Passen Sie, wie in Abbildung 30.8 dargestellt, die Bedingung des Zweigs LOOP (UNTIL) nach dem Ereignisschritt an.

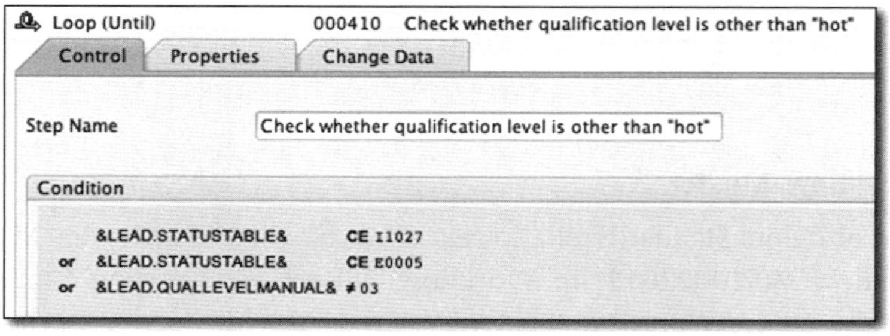

Abbildung 30.8 Schleifenbedingung des kundenspezifischen Lead-Workflows

8. Die angepassten Abschnitte des Workflow-Musters sehen Sie in Abbildung 30.9.

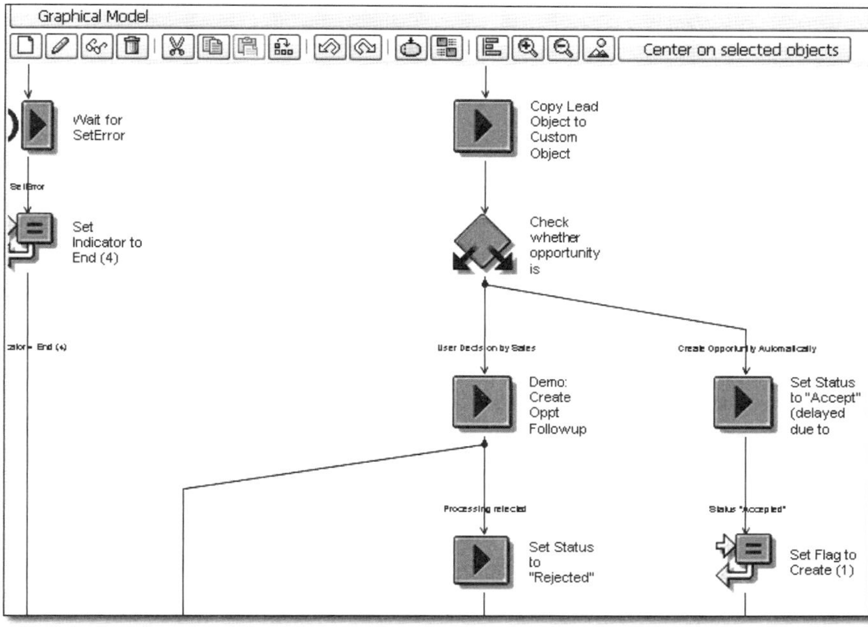

Abbildung 30.9 Kundenspezifischer SAP-CRM-Workflow für das Anlegen einer Opportunity aus dem Lead

Nachdem Sie nun das Workflow-Muster angelegt haben, müssen Sie die neue UI-Komponente erstellen. Dies ersetzt im Wesentlichen die Implementierung der neuen BOR-Methode, in der Sie eine Transaktion, einen Funktionsbaustein, einen Report etc. für die Benutzerinteraktion im SAP GUI aufrufen würden.

30.6.3 Anlegen eines BOL-Modells für Ihre SAP-CRM-Workflows

Wie wir bereits erläutert haben, werden in der Regel eine GenIL-Komponente und eine entsprechende GenIL-Implementierung benötigt, um eine SAP-CRM-UI-Komponente anzulegen. Eine GenIL-Komponente und ein BOL-Modell sind insbesondere zum Aktivieren der dynamischen Navigation erforderlich. Da Ihr Workflow hauptsächlich Standardfunktionalität und ein BOL-Modell wiederverwendet, ist die Implementierung der GenIL-Komponente ziemlich einfach – vorausgesetzt, dass Sie Erfahrung mit dem SAP CRM UI haben.

Tipp

Durch das Anlegen von UI-Komponenten unterscheidet sich der Workflow in SAP CRM von herkömmlichen Workflows. Erfahrungen mit der SAP-CRM-Benutzeroberfläche sind empfehlenswert, bevor Sie mit der Entwicklung neuer Workflows beginnen. In der Community der Geschäftsprozessexperten – der Business Process Expert Community (BPX) – im SAP Community Network finden Sie Informationen zum SAP CRM WebClient UI Framework unter *http://scn.sap.com/community/crm/webclient-ui-framework*.

GenIL-Implementierungsklasse

Die GenIL-Implementierungsklasse ist immer eine Unterklasse der standardmäßigen Framework-Klasse CL_WCF_GENIL_ABSTR_COMPONENT (ab SAP CRM 7.0 EHP 1 und höher). In unserem Beispiel hat die Klasse den Namen ZCL_WF_FOR_BT_GENIL. Sie können die Klasse und die entsprechende GenIL-Komponente für beliebige Workflow-Implementierungen im One-Order-Kontext wiederverwenden. BT ist ein gängiges Akronym für Objekte im One-Order-Kontext und steht für *Business-Transaktion*, also Geschäftsvorgang.

Ab SAP CRM 7.0 EHP 1 und höher müssen Sie die Modelldefinition in Ihrer Klasse nicht mehr manuell programmieren. Stattdessen können Sie Transaktion GENIL_MODEL_EDITOR für die Definition Ihres neuen Modells verwenden. Die folgenden Anweisungen sind nur für SAP CRM 7.0 EHP 1 oder höher gültig.

1. Da Ihr Workflow Standardobjekte wiederverwendet, muss Ihre GenIL-Modelldefinition nur ein einziges BOL-Wurzelobjekt zur Verfügung stellen, das für das Customizing der dynamischen Navigation und die Zuordnung des BOR-Objekttyps Z2000108 verwendet wird.
2. Nach der Aktivierung der vorangegangenen GenIL-Implementierungsklasse können Sie die neue die GenIL-Implementierung nutzende Komponente erstellen, indem Sie eine neue Komponente in Transaktion GENIL_MODEL_EDITOR erstellen. Die Komponentendefinition sollte, wie in Abbildung 30.10 dargestellt, angezeigt werden.
3. Legen Sie ein neues Wurzelobjekt für die Komponente mit Namen ZWF_BF_ROOT an, das die in Abbildung 30.11 dargestellten Attribute besitzt. Die Inhalte der Schlüsselstruktur ZWF4BT_ROOT_KEY besitzt ein Einzelfeld GUID des Typs CRMT_OBJECT_GUID. Die Attributstruktur ZWF4BT_ROOT_ATT muss nur den Schlüssel und einen Schlüssel für die Business-Transaktion GUID enthalten. Dies sind Platzhalterstrukturen.

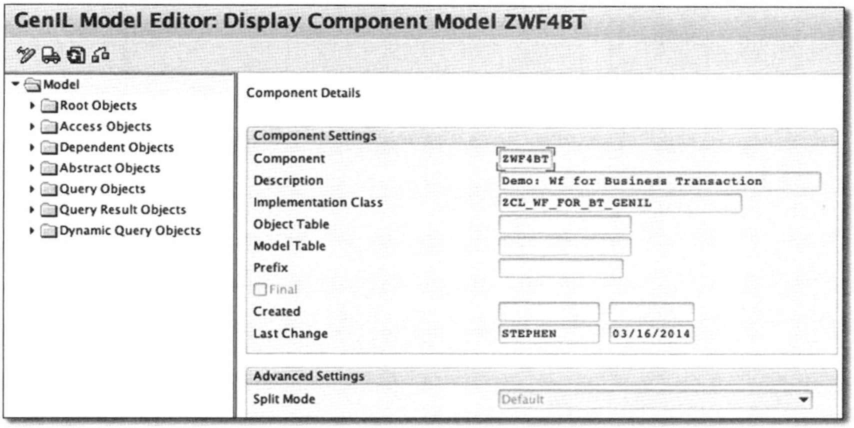

Abbildung 30.10 Komponentenmodell ZWF4BT

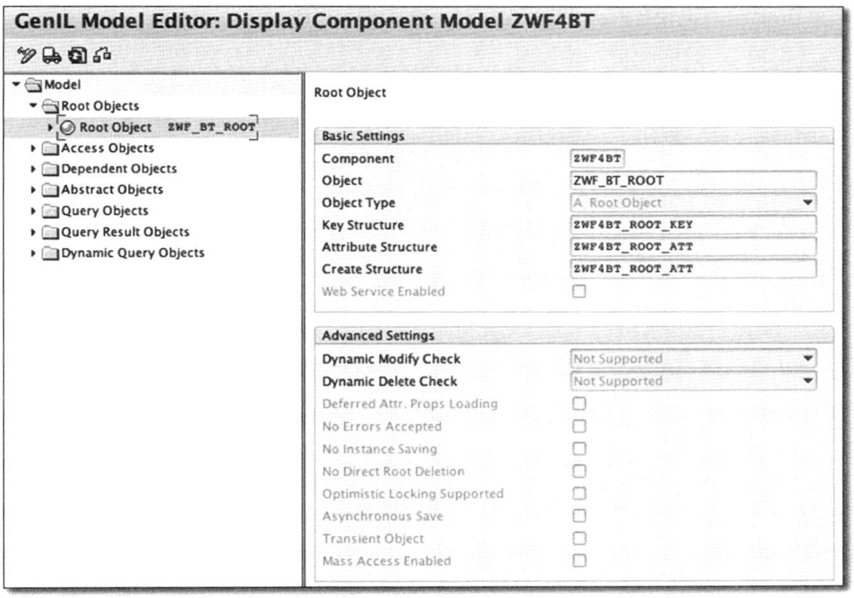

Abbildung 30.11 Definition des Wurzelobjekts ZWF_BT_ROOT

4. Nachdem Sie die GenIL-Komponente definiert haben, sollten Sie ein passendes Komponentenset `ZWF4BT` pflegen. Dieses Komponentenset kann aus vielen verschiedenen GenIL-Komponenten bestehen. Da Ihre Workflow-Anwendung Leads und Opportunitys behandelt, sollte die GenIL-Komponente `BT` für Geschäftsvorgänge enthalten sein (siehe Abbildung 30.12).

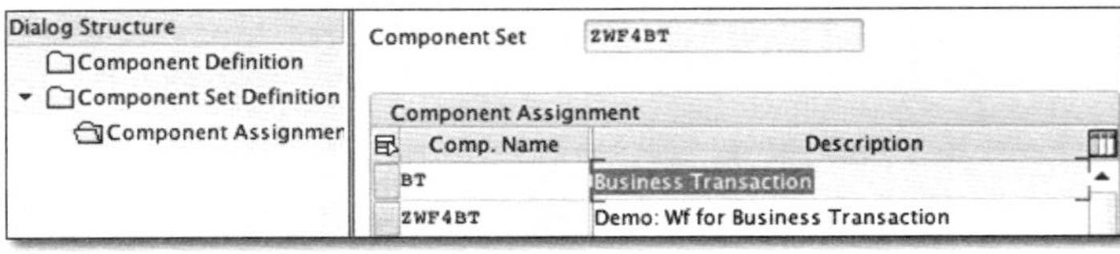

Abbildung 30.12 Customizing des GenIL-Komponentensets der kundenspezifischen Workflows

5. Nach der Pflege des vorangegangenen Customizings können Sie sich das GenIL-Komponentenset und das zugehörige Modell im Model Browser (Transaktion GENIL_MODEL_BROWSER) anzeigen lassen (siehe Abbildung 30.13). Das bedeutet, dass Sie jedes BOL-Objekt der standardmäßigen GenIL-Komponente `BT` in den UI-Komponenten, die Sie für das Workflow-GenIL-Komponentenset implementieren, wiederverwenden können. Aus Abbildung 30.13 geht hervor, dass das GenIL-Komponentenset das standardmäßige BOL-Wurzelobjekt `BTOrder` umfasst.

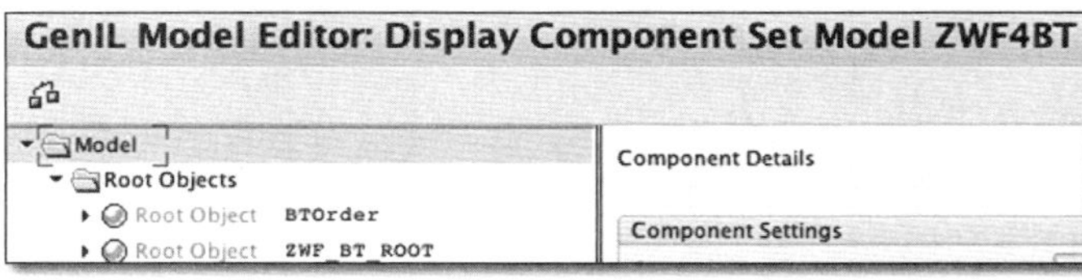

Abbildung 30.13 Modell-Browser des GenIL-Komponentensets der kundenspezifischen Workflows

30.6.4 Implementierung der Workflow-Anwendung

Eine detaillierte Beschreibung zur Implementierung eigener UI-Komponenten würde den Rahmen dieses Kapitels sprengen. Daher erhalten Sie eine kurze Zusammenfassung, und wir beschreiben die für diese Anwendung spezifische Funktionalität mithilfe von Codebeispielen. Nachdem Sie sich mit dem SAP CRM UI Framework vertraut gemacht haben, werden Sie in der Lage sein, UI-Komponenten für Ihre Workflows und andere Zwecke zu erstellen.

Tipp

Alle SAP-CRM-UI-Komponenten für Geschäftsvorgänge folgen derselben Namenskonvention: `BTxxxY_zzzz`. `xxx` steht für den standardmäßigen Subtyp des BOR-Objekttyps `BUS20001` (z. B. `BUS2000115` für Kundenaufträge). `zzzz` identifiziert die standardmäßige Vorgangsart (z. B. `SLSO` für Kundenaufträge und `SLSQ` für Angebote, die beide über `BUS2000115` implementiert werden). `Y` steht für den Typ der Anwendung, `M` für die Hauptkomponente, die alle anderen Komponenten eines

Objekts einbettet, `H` ist die Kopfkomponente, `S` ist die Suchkomponente etc. Genauso sind `BT108M_LEA` und `BT111M_OPPT` die standardmäßigen UI-Komponenten für das Lead- und Opportunity-Beispiel in diesem Kapitel.

Das Konzept zur Erstellung von SAP-CRM-UI-Komponenten ähnelt den Web-Dynpro-Anwendungen. SAP-CRM-UI-Komponenten umfassen ebenfalls das Konzept von *View-Controller, View-Layout,* und *Kontextknoten*, die die Geschäftsdaten enthalten.

Nach dem Start von Transaktion BSP_WD_CMPWB können Sie den Namen der UI-Komponente eingeben und auf CREATE klicken (siehe Abbildung 30.14). Das System legt anschließend die UI-Komponente mit einem Component Controller, einem Main-Window und einem XML Runtime Repository an. Um die BOL-Objekte des GenIL-Komponentensets wiederverwenden zu können, müssen Sie das entsprechende Modell im Runtime Repository der UI-Komponente zuordnen. In Abbildung 30.15 ist der Knoten COMPONENTUSAGES im Runtime Repository der UI-Komponente dargestellt. COMPONENTUSAGES definieren den Einsatz anderer UI-Komponenten.

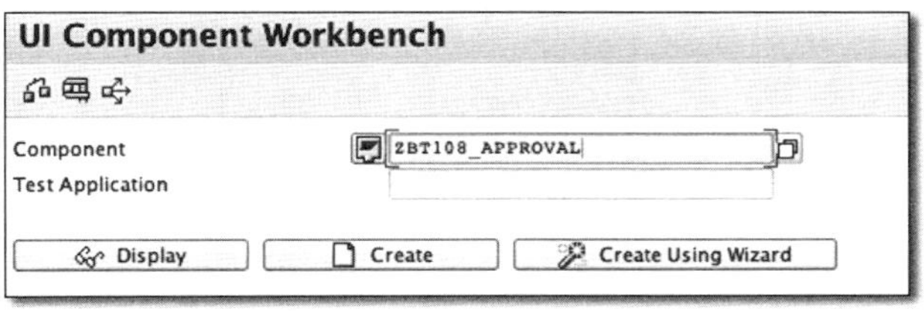

Abbildung 30.14 Anlegen einer Workflow-UI-Komponente

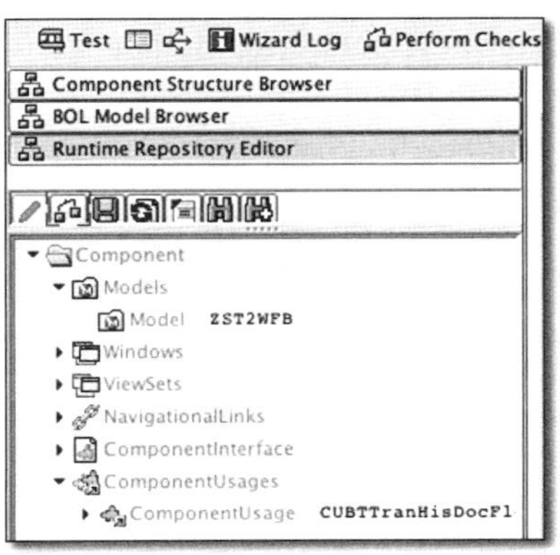

Abbildung 30.15 Runtime Repository der UI-Komponente für einen kundenspezifischen Workflow

Erforderliche Views

Views werden mithilfe von Wizards der UI-Komponenten-Workbench angelegt. Wenn Sie einen View anlegen, können Sie die für den View erforderlichen BOL-Objekte eingeben. Das System legt anschließend automatisch die Kontextknoten für diese BOL-Objekte an. Die UI-Komponente sollte mindestens die folgenden beiden Views enthalten (siehe Abbildung 30.16):

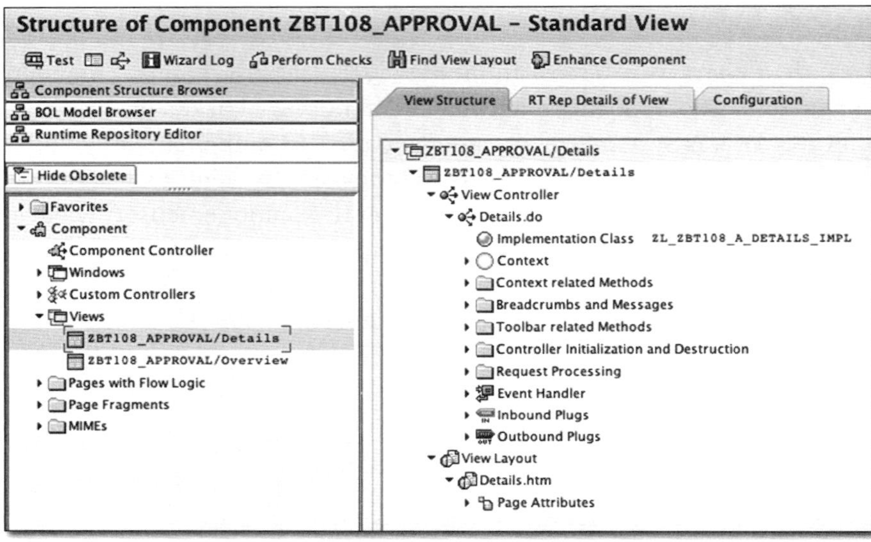

Abbildung 30.16 Views der UI-Komponente für einen kundenspezifischen Workflow in SAP CRM

- Die Sicht Details enthält Kontextknoten zum Anzeigen der Grunddaten des Lead-Vorgangs, z. B. Beschreibung, Kennung oder Status.
- Die Sicht Overview ist eine konfigurierbare Übersichtsseite, die den View Details als Zuordnungsblock enthält. Der View Details muss im Runtime Repository Editor als Zuordnungsblock zugeordnet werden und kann dann auf der Registerkarte Configuration für die Übersichtsseite konfiguriert werden.

Window-Plugs zur Navigation innerhalb der UI-Komponenten

Wie wir bereits in Abschnitt 30.4.2, »Dynamische Navigation und die Workflow-Inbox«, erläutert haben, müssen *Inbound-Plugs* definiert werden, um eine komponentenübergreifende Navigation in eine UI-Komponente aus einer anderen UI-Komponente zu ermöglichen. *Outbound-Plugs* stellen das

Gegenstück dazu dar und werden für die komponentenübergreifende Navigation aus einer UI-Komponente in eine andere UI-Komponente eingesetzt. Ihre Workflow-Anwendung muss die folgenden Inbound- und Outbound-Plugs zur Verfügung stellen (siehe Abbildung 30.17):

- Der Inbound-Plug IP_CREATE_FOLLOWUP_OPPT wird aufgerufen, wenn die UI-Komponente gestartet wird, nachdem die Workflow-Aufgabe ausgeführt wurde.
- Der Outbound-Plug OP_FOLLOWUP wird von der UI-Komponente gestartet, um die Navigation in die standardmäßige UI-Komponente für Opportunitys auszulösen.
- Der Outbound-Plug OP_TO_LEAD wird von der UI-Komponente gestartet, um die Navigation in die standardmäßige UI-Komponente für Leads auszulösen.

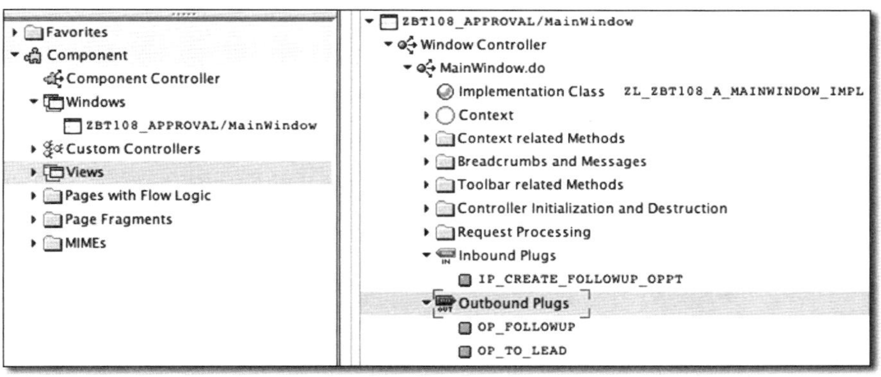

Abbildung 30.17 Inbound- und Outbound-Plugs der Workflow-Anwendung

Der Inbound-Plug IP_CREATE_FOLLOWUP_OPPT (siehe Listing 30.2) ruft den Lead als eine BOL-Entität ab und behält ihn im entsprechenden Kontextknoten des Component Controllers bei. Die Views der UI-Komponente können ihren jeweiligen Kontextknoten an den Kontextknoten des Component Controllers binden und haben damit Zugriff auf die BOL-Entität des Leads.

```
  data:
    lr_my_comp_controller TYPE REF TO ZL_ZST2_BT1_BSPWDCOMPONEN_
IMPL,
    lr_lead_entity      TYPE REF TO if_bol_bo_property_access.
  lr_my_comp_controller ?= me->comp_controller.
  CHECK iv_collection IS BOUND.
  lr_my_comp_controller->typed_context->btorder->collection_
wrapper->CLEAR( ).
```

```
  lr_lead_entity = iv_collection->get_current( ).
  IF lr_lead_entity IS BOUND.
    lr_my_comp_controller->typed_context->btorder->collection_
wrapper->add(
        iv_entity    = lr_lead_entity
        iv_set_focus = abap_true ).
  ENDIF.
```

Listing 30.2 Inbound-Plug der Workflow-UI-Komponente

Das Window muss als Interface-View der UI-Komponente eingerichtet werden. Window-Plugs können ebenfalls nur für die Navigation zwischen Views innerhalb einer Komponente verwendet werden. Daher müssen sie als Plugs des Component Interfaces konfiguriert werden. In Abbildung 30.18 ist der Interface-View der Workflow-UI-Komponente dargestellt.

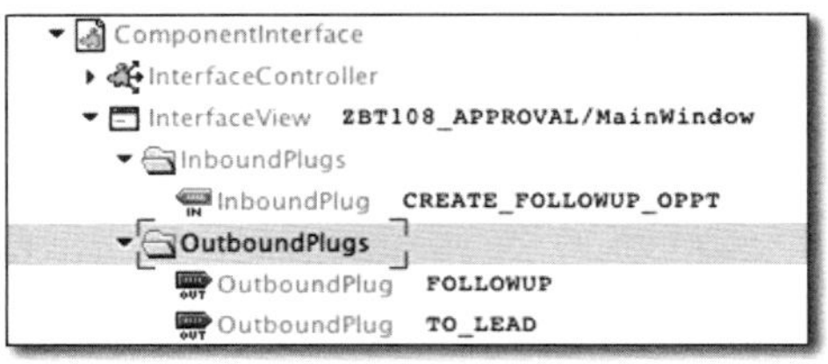

Abbildung 30.18 Interface-View einer Workflow-UI-Komponente

Bereitstellung der erforderlichen Aktionen

Die Aktionen werden als vier Buttons des Views OVERVIEW implementiert, um den Lead abzulehnen oder zu akzeptieren, alle Details des Leads anzuzeigen und eine Folge-Opportunity zu akzeptieren und anzulegen (siehe Abbildung 30.19).

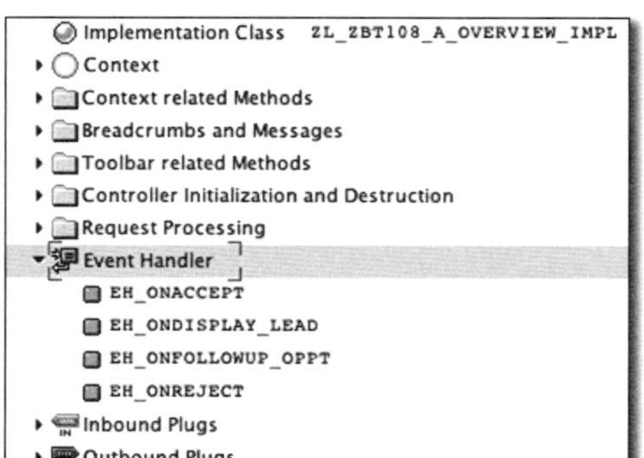

Abbildung 30.19 Aktionen/Buttons einer Workflow-UI-Komponente

- **Akzeptieren oder Ablehnen des Leads**
  Der Event-Handler des Buttons ACCEPT sieht aus, wie in Listing 30.3 dargestellt. Die Implementierung des Buttons REJECT ist abgesehen von der Status-ID identisch.

```
DATA: lr_entity_coll     TYPE REF TO if_bol_entity_col,
      lr_entity          TYPE REF TO cl_crm_bol_entity,
      lr_trx_context     TYPE REF TO if_bol_transaction_context.
* The MethodCalls below (get_related_entities) evaluate BOL
* Relationships that are already provided by the CRM Standard
* Context Nodes like BTAdmminH are generated by the Workbench
* Get HeaderEntity
lr_entity ?= me->typed_context->btadminh->collection_wrapper->
  get_current( ).
CHECK lr_entity IS BOUND.
* Lock the transaction to be able to change it
CHECK lr_entity->lock( ) = abap_true.
* Get BOL entity for StatusSet of header
lr_entity_coll = lr_entity->get_related_entities(
  iv_relation_name = 'BTHeaderStatusSet' ).
lr_entity ?= lr_entity_coll->get_current( ).
CHECK lr_entity IS BOUND.
* Get BOL entity of current HeaderStatus
lr_entity_coll = lr_entity->get_related_entities(
  iv_relation_name = 'BTStatusHCurrent' ).
lr_entity ?= lr_entity_coll->get_current( ).
CHECK lr_entity IS BOUND.
* Set Status 'Accepted by Sales'
lr_entity->set_property(
  iv_attr_name = 'ACT_STATUS' " AttributeName of Status
  iv_value     = 'E0005' ).   "We know the value hardcoded here
lr_trx_context = lr_entity->get_transaction( ).
IF lr_trx_context->check_save_needed( ) = abap_false OR
   lr_trx_context->check_save_possible( ) = abap_false.
*  Changes were not accepted or Save is not possible
   lr_trx_context->revert( ).
   RETURN.
ENDIF.
IF lr_trx_context->save( ) = abap_false.
*    Save failed: Rollback & Revert
     lr_trx_context->rollback( ).
     lr_trx_context->revert( ).
     RETURN.
  ELSE.
*    Save successful: Commit Changes
     lr_trx_context->commit( ).
  ENDIF.
```

```
* We are finished because a final status has been set:
* => trigger DefaultNavigation back into Inbox
me->op_default_back( ). "Default OP of the Framework: We don't
                        "have to do anything here
```

Listing 30.3 Setzen des Status für die Lead-Entität

- **Anzeigen des Leads**
  Mit diesem Button lösen Sie die komponentenübergreifende Navigation in die standardmäßige UI-Komponente für die Lead-Vorgänge aus. Listing 30.4 zeigt den Event-Handler, der zum Auslösen der dynamischen Navigation in den Lead-Vorgang erforderlich ist.

```
DATA: lr_lead_entity        TYPE REF TO cl_crm_bol_entity,
      lr_entity_collection  TYPE REF TO if_bol_entity_col.
      lr_lead_entity ?= me->typed_context->btorder->
collection_wrapper->get_current( ).
CHECK lr_lead_entity IS BOUND.
CREATE OBJECT lr_entity_collection
    TYPE cl_crm_bol_entity_col.
lr_entity_collection->add( lr_lead_entity ).
* Navigate to follow-up UI component
  op_to_lead( lr_entity_collection ).
```

Listing 30.4 Event-Handler zum Auslösen der Navigation in den Lead

Den entsprechenden Outbound-Plug des Views sehen Sie in Listing 30.5.

```
DATA lr_window TYPE REF TO cl_bsp_wd_window.
lr_window = me->view_manager->get_window_controller( ).
lr_window->call_outbound_plug( iv_outbound_plug   = 'TO_LEAD'
                  iv_data_collection = iv_data_collection ).
```

Listing 30.5 View des Outbound-Plugs zum Auslösen der Navigation in den Lead

- **Anlegen einer Folge-Opportunity**
  Mit diesem Button wird eine Folge-Opportunity angelegt und die Navigation in die standardmäßige UI-Komponente für Opportunitys ausgelöst, in der der Benutzer die Opportunity speichern muss (siehe Listing 30.6).

```
DATA: lv_msgv                TYPE symsgv,
      lv_msg_dummy           TYPE string.
DATA: lt_method_param        TYPE crmt_name_value_pair_tab,
      ls_method_param        TYPE crmt_name_value_pair.
DATA: lr_lead_entity         TYPE REF TO cl_crm_bol_entity,
     lr_oppt_entity          TYPE REF TO cl_crm_bol_entity,
     lr_entity_collection    TYPE REF TO cl_crm_bol_entity_col,
```

```
      lr_msg_srv       TYPE REF TO cl_bsp_wd_message_service.
      lr_lead_entity ?= me->typed_context->btadminh->
        collection_wrapper->get_current( ).
  CHECK lr_lead_entity IS BOUND.
* Get MethodParameters to create the opportunity as a FollowUp
* ProcessType for opportunity
ls_method_param-name = 'PROCESS_TYPE'.
ls_method_param-value = 'ZOPP'."Hard coded here
APPEND ls_method_param TO lt_method_param.
* Technical type of FollowUp document
ls_method_param-name  = 'VONA_KIND'.
ls_method_param-value = 'A'."Interlinkage with data transfer
"and update: transfer the Lead Data to the Opportunity
APPEND ls_method_param TO lt_method_param.
* Technical RelationshipType between the 2 documents
ls_method_param-name  = 'RELTYPE'.
ls_method_param-value = 'VONA'. "Predecessor-/Successor
"RelationshipType
 APPEND ls_method_param TO lt_method_param.
* Create BOL entity for opportunity as FollowUp TRx. of lead
* This is done via BOL method on AdminH BOL entity of lead
TRY.
  lr_entity_collection = lr_lead_entity->execute(
      iv_method_name = 'createFollowup' "Standard BOL Method
                                        "for Followup Transactio
n
     it_param       = lt_method_param ).
  CATCH cx_crm_bol_meth_exec_failed.
* Locking of lead could have failed for example
  RETURN.
ENDTRY.
IF lr_entity_collection IS NOT BOUND.
* Error occurred during creation of opportunity
  lv_msgv = lr_lead_entity->get_property_as_string(
    iv_attr_name = 'OBJECT_ID' )."TransactionNumber
  lr_msg_srv = me->view_manager->get_message_service( ).
  MESSAGE e051(crm_copy) WITH lv_msgv INTO lv_msg_dummy.
  lr_msg_srv->add_message( iv_msg_type   = sy-msgty
                           iv_msg_id     = sy-msgid
                           iv_msg_number = sy-msgno
                           iv_msg_v1     = sy-msgv1
                           iv_important_info = abap_true ).
  RETURN.
ENDIF.
lr_oppt_entity = lr_entity_collection->get_current( ).
CHECK lr_oppt_entity IS BOUND.
CREATE OBJECT lr_entity_collection.
```

```
lr_entity_collection->add( lr_oppt_entity ).
* Navigate to follow-up UI component
op_followup( lr_entity_collection ).
```

Listing 30.6 Anlegen einer Folge-Opportunity für einen Lead

> **Hinweis**
>
> Die in Listing 30.6 angelegte BOL-Entität wurde noch nicht gespeichert und ist noch nicht persistiert. Nachdem die Navigation in die UI-Komponente für Opportunitys ausgeführt wurde, muss der Benutzer entscheiden, ob die Opportunity gespeichert werden soll. Der Status ACCEPTED BY SALES wurde ebenfalls noch nicht gesetzt. Dies wird automatisch von der Aktion durchgeführt, die in Abschnitt 30.6.6, »Aktionen zum automatischen Setzen des Status ›Accepted by Sales‹«, erläutert wird.

30.6.5 Einrichten der dynamischen Navigation

Nach der Implementierung der Workflow-UI-Komponente und der Publikation der Inbound- und Outbound-Plugs können Sie die Komponente im Customizing für die dynamische Navigation einrichten.

Definition des UI-Objekttyps

Sie können die UI-Objekttypen im Einführungsleitfaden unter CUSTOMER RELATIONSHIP MANAGEMENT • UI FRAMEWORK • UI FRAMEWORK DEFINITION • DEFINE UI OBJECT TYPES anlegen. Das Customizing des UI-Objekttyps für die Workflow-UI-Komponente sieht wie in Abbildung 30.20 aus.

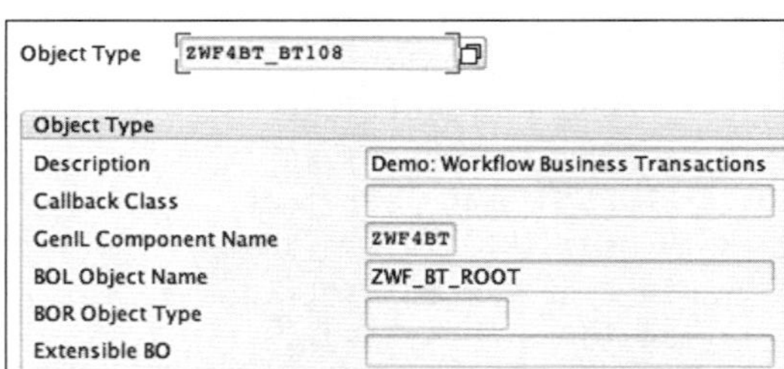

Abbildung 30.20 UI-Objekttyp für die Workflow-UI-Komponente

Definition der Ziel-IDs

Ziel-IDs müssen für eine UI-Komponente definiert werden, um die UI-Komponente einem UI-Objekttyp zuzuordnen. Die entsprechende IMG-Aktivität steht Ihnen unter CUSTOMER RELATIONSHIP MANAGEMENT • UI FRAMEWORK •

Technical Role Definition • Define Work Area Component Repository zur Verfügung. Die Ziel-ID für die Inbound-Navigation ist in Abbildung 30.21 dargestellt.

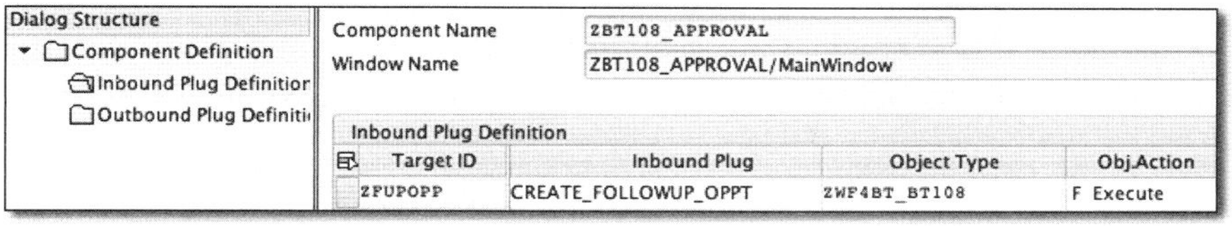

Abbildung 30.21 Inbound-Ziel-ID für die Workflow-UI-Komponente

Die Ziel-ID für die Outbound-Navigation sehen Sie in Abbildung 30.22.

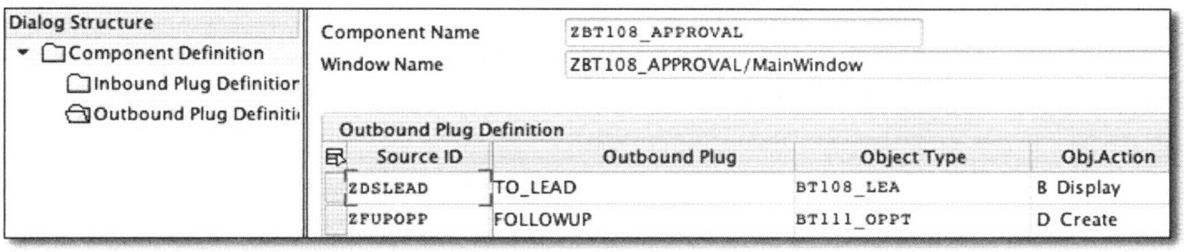

Abbildung 30.22 Outbound-Ziel-IDs für die Workflow-UI-Komponente

UI-Objekttyp für Rollen zugänglich machen

Der UI-Objekttyp muss dem Navigationsleistenprofil aller Rollen zugeordnet werden, die die Workflow-Aufgabe ausführen könnten (siehe Abbildung 30.23). Die entsprechende IMG-Aktivität steht Ihnen unter Customer Relationship Management • UI Framework • Technical Role Definition • Define Navigation Bar Profile zur Verfügung.

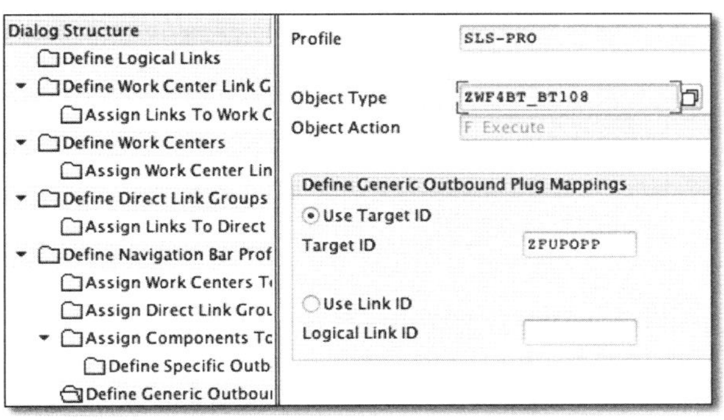

Abbildung 30.23 Zuordnung des UI-Objekttyps zur Rolle

Definition der Objektzuordnung

Wie wir bereits erwähnt haben, muss eine *Objektzuordnungsklasse* definiert werden, wenn Sie eigene UI-Objekttypen anlegen. Die Klasse muss das Interface `IF_CRM_UI_OBJ_MAPPER` implementieren. Im Falle der Workflow-UI-Komponente muss lediglich die Methode `GET_ENTITY_FROM_BOR` implementiert werden, die aussehen kann, wie in Listing 30.7 dargestellt.

```
  DATA: lv_order_guid          TYPE crmt_object_guid,
        lv_genil_id            TYPE crmt_genil_object_id.
  DATA: lr_bol_core            TYPE REF TO cl_crm_bol_core.
* Ensure that 1Order BOL/GenIL is loaded
  lr_bol_core = cl_crm_bol_core=>get_instance( ).
  lr_bol_core->load_component( 'BT' ).
* Convert the OrderGUID into KeyValue in Framework
lv_order_guid = iv_bor_object_key.
lv_genil_id = cl_crm_genil_container_tools=>build_object_id(
  is_object_key = lv_order_guid ).
IF iv_bor_object_type = 'Z2000108'.
*   Our SubType of Standard BOR Object BUS2000108
*   Get BOL Root Entity of Business Transaction
    rv_result = lr_bol_core->get_root_entity(
       iv_object_name = 'BTOrder'
       iv_object_guid = lv_order_guid ).
  ELSE.
    CLEAR rv_result.
  ENDIF.
```

Listing 30.7 Zuordnung des Objekttyps Z-BOR zur BOL-Entität

Diese Objektzuordnungsklasse müssen Sie dem BOL-Modell über Customer Relationship Management • UI Framework • Technical Role Definition • Define Object Mapping zuordnen (siehe Abbildung 30.24).

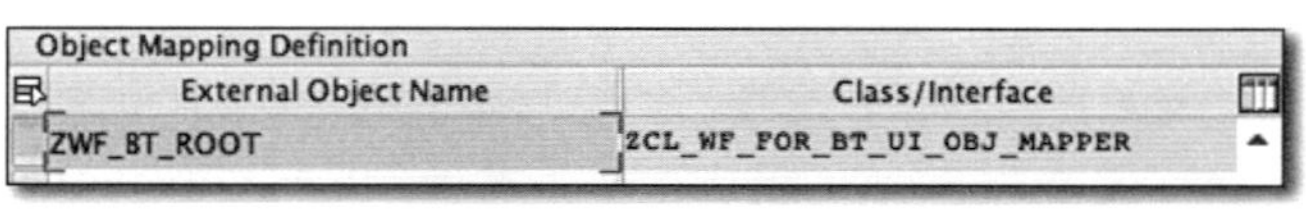

Abbildung 30.24 Zuordnung der Objektzuordnungsklasse

Definition der methodenspezifischen Navigation für die SAP-CRM-Inbox

Der letzte Schritt, der für den UI-Teil ausgeführt werden muss, ist die Definition der methodenspezifischen Navigation für Ihren BOR-Objekttyp in der Workflow-Inbox. Wählen Sie dazu Customer Relationship Management • Basic Functions • Worklist • Define Alert Inbox and Workflow Inbox • Define Object-Specific Navigation.

Aus Abbildung 30.25 wird ersichtlich, dass Z200018 dem standardmäßigen UI-Objekt für jede andere BOR-Methode außer ZCREATE_FOLLOWUP_OPPT_DIALOGUE zugeordnet ist (wenn der Benutzer z. B. unter ASSOCIATED BUSINESS OBJECTS in der Workflow-Inbox daraufklickt, wird die standardmäßige UI-Komponente für den Lead-Vorgang gestartet).

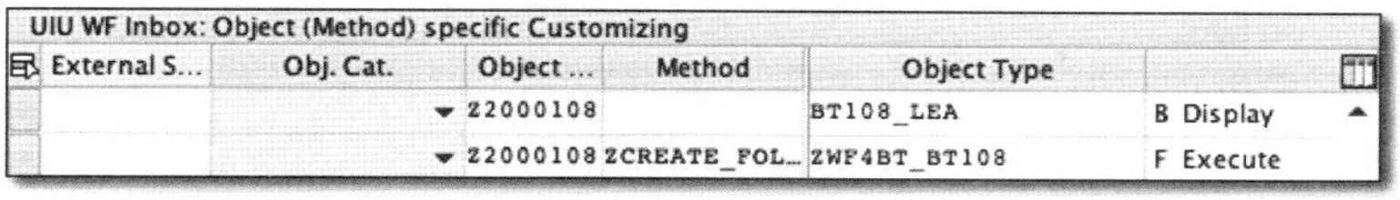

UIU WF Inbox: Object (Method) specific Customizing

External S...	Obj. Cat.	Object ...	Method	Object Type	
		Z2000108		BT108_LEA	B Display
		Z2000108	ZCREATE_FOL...	ZWF4BT_BT108	F Execute

Abbildung 30.25 Inbox-Customizing für Z2000108

30.6.6 Aktion zum automatischen Setzen des Status »Accepted by Sales«

Abschließend muss eine letzte Anforderung erfüllt werden: Wenn eine neue Opportunity für einen Lead angelegt wird, muss der Status ACCEPTED BY SALES gesetzt werden. Diese Anforderung soll so implementiert werden, dass sie unabhängig von einem möglichen Workflow ist (ein Benutzer könnte z. B. eine Folge-Opportunity anlegen, ohne den Workflow auszulösen, da der Lead nicht den erforderlichen Status besitzt, um den Workflow auszulösen). Dies kann durch eine Aktion erreicht werden, die jedes Mal ausgeführt wird, wenn eine Opportunity angelegt wird.

Aktionsdefinition und Aktionsprofil

Das Customizing zum Einrichten und Konfigurieren von Aktionen und Aktionsprofilen für Geschäftsvorgänge ist im Einführungsleitfaden unter CUSTOMER RELATIONSHIP MANAGEMENT • BASIC FUNCTIONS • ACTIONS • ACTIONS IN TRANSACTION • CHANGE ACTIONS AND CONDITIONS verfügbar. Die Aktion muss so angepasst werden, wie in Abbildung 30.26 dargestellt. Beachten Sie dabei, dass die Verarbeitungszeit auf eine sofortige Verarbeitung gesetzt ist und automatisch eingeplant wird.

Im nächsten Schritt definieren wir den PROCESSING TYPE der Aktion als METHOD CALL (siehe Abbildung 30.27). Diese Verarbeitungsart bedeutet, dass eine BAdI-Methode beim Ausführen der Aktion aufgerufen wird. Die BAdI-Implementierung wird automatisch vom System für den unter METHOD eingegebenen Filterwert angelegt. Die BAdI-Implementierung enthält die Methode EXECUTE, die implementiert werden muss und aussieht, wie in Listing 30.8 dargestellt.

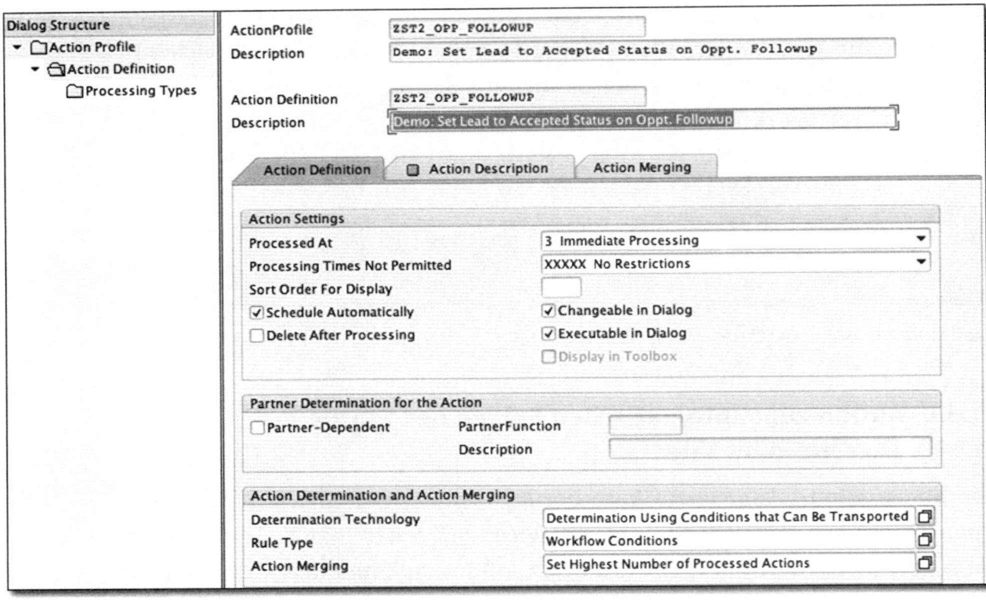

Abbildung 30.26 Aktionsdefinition für eine Folge-Opportunity

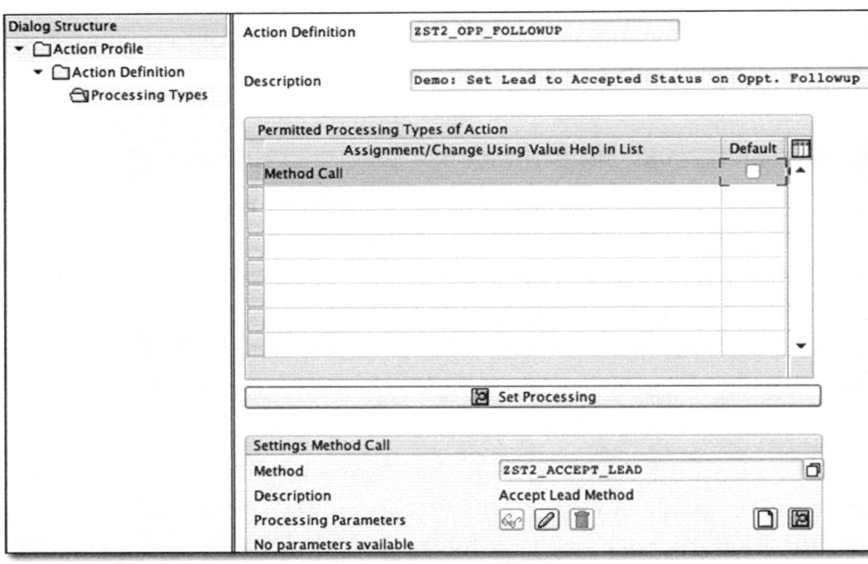

Abbildung 30.27 Verarbeitungsart der Folgeaktion

```
DATA: lv_oppt_guid           TYPE crmt_object_guid,
      lv_lead_guid           TYPE crmt_object_guid,
      lv_status_profile      TYPE j_stsma.
DATA: lt_header_guid         TYPE crmt_object_guid_tab,
      lt_doc_flow            TYPE crmt_doc_flow_wrkt,
      ls_doc_flow            TYPE crmt_doc_flow_wrk,
      lt_status_current      TYPE TABLE OF jstat,
      lt_status              TYPE crmt_status_comt,
      ls_status              TYPE crmt_status_com,
      lt_input_fields        TYPE crmt_input_field_tab,
      ls_input_fields        TYPE crmt_input_field,
      ls_field_names         TYPE crmt_input_field_names.
DATA: lr_action              TYPE REF TO cl_action_execute.
* Set ActionStatus for sucessful execution (Reset if nec.)
rp_status = sppf_status_processed.
* Reference on action to get RunTimeData
CREATE OBJECT lr_action.
* HeaderGUID of Oppt.Transaction
CALL METHOD lr_action->get_ref_object
    EXPORTING
      io_appl_object = io_appl_object
      ip_action      = ip_action
      ip_preview     = ip_preview
      ii_container   = ii_container
    IMPORTING
      ev_guid_ref    = lv_oppt_guid.
* Get DocFlow (=TransactionHistory) of opportunity
APPEND lv_oppt_guid TO lt_header_guid.
CALL FUNCTION 'CRM_ORDER_READ'
    EXPORTING
     it_header_guid     = lt_header_guid
     iv_only_spec_items = abap_true
    IMPORTING
     et_doc_flow        = lt_doc_flow
    EXCEPTIONS
     OTHERS             = 99.
  CHECK sy-subrc = 0.
* Look for opportunity (HeaderGUID) in DocFlow
READ TABLE lt_doc_flow INTO ls_doc_flow TRANSPORTING objkey_a
  WITH KEY ref_guid   = lv_oppt_guid   " Read DocFlow for Oppt.
         objtype_a = 'BUS2000108'   "Predecessor: Lead
         objkey_b  = lv_oppt_guid   "SuccesorGUID: Oppt.GUID
         objtype_b = 'BUS2000111'   "Successor: Opportunity
         reltype   = 'VONA'.      "Prede-/Successor RelShipType
CHECK sy-subrc = 0."No Lead as Predecessor otherwise
```

```
  lv_lead_guid = ls_doc_flow-objkey_a.
* Which status set on lead?(this depends on UserStat(schema)!!)
  CALL FUNCTION 'CRM_STATUS_READ'
    EXPORTING
      objnr              = lv_lead_guid
    IMPORTING
      stsma              = lv_status_profile
    TABLES
      status             = lt_status_current
    EXCEPTIONS
      OTHERS             = 99.
CHECK sy-subrc = 0.
CHECK lv_status_profile ='CRMLEAD'. "Wrong StatSchema otherwise

LOOP AT lt_status_current TRANSPORTING NO FIELDS WHERE
                  inact = abap_false AND
                  ( stat = 'E0005' OR  "Accepted by Sales
                    stat = 'I1027' ).  "Won
   EXIT.
ENDLOOP.
CHECK sy-subrc <> 0."One of the Status active otherwise
* Prepare StatusData for OrderMaintain
ls_status-activate = abap_true.
ls_status-ref_guid = lv_lead_guid."Status of Lead
ls_status-ref_kind = 'A'."Header: set Status on Header
ls_status-status = 'E0005'."UserStatus AcceptedBySales
ls_status-user_stat_proc = 'CRMLEAD'."UserStatusProcedure
APPEND ls_status TO lt_status.
* Prepare InputFields for OrderMaintain
ls_input_fields-objectname = 'STATUS'."Change StatusObj of Lead
ls_input_fields-ref_guid = lv_lead_guid."Input4Lead
ls_input_fields-ref_kind = 'A'."InputField for Header
ls_input_fields-logical_key = 'E0005CRMLEAD'."UserStat&Proc.
ls_field_names-fieldname = 'ACTIVATE'.
APPEND ls_field_names TO ls_input_fields-field_names.
APPEND ls_input_fields TO lt_input_fields.
* Maintain lead to set status
CALL FUNCTION 'CRM_ORDER_MAINTAIN'
   EXPORTING
     it_status      = lt_status
   CHANGING
    ct_input_fields = lt_input_fields
   EXCEPTIONS
    OTHERS          = 99.
  IF sy-subrc = 0.
*   Register lead to be saved with opportunity
*   Note: if the oppt. is not saved successfully, then
```

```
*    the changes on the lead won't be saved either
     lr_action->register_for_save(
        EXPORTING
          iv_source_header_guid = lv_oppt_guid
          iv_additional_header_guid = lv_lead_guid
          ip_application_log = ip_application_log
        IMPORTING
          rp_status = rp_status ).
ENDIF.
```

Listing 30.8 Aktion zum Anlegen des Folgevorgangs

Aktionsbedingungen

Nachdem Sie die Aktion und das Aktionsprofil definiert haben, müssen Sie die Startbedingungen der Aktion anpassen. In diesem Beispiel wird die Bedingung auf SCHEDULE AUTOMATICALLY gesetzt, wenn das Dokument gespeichert wird (siehe Abbildung 30.28).

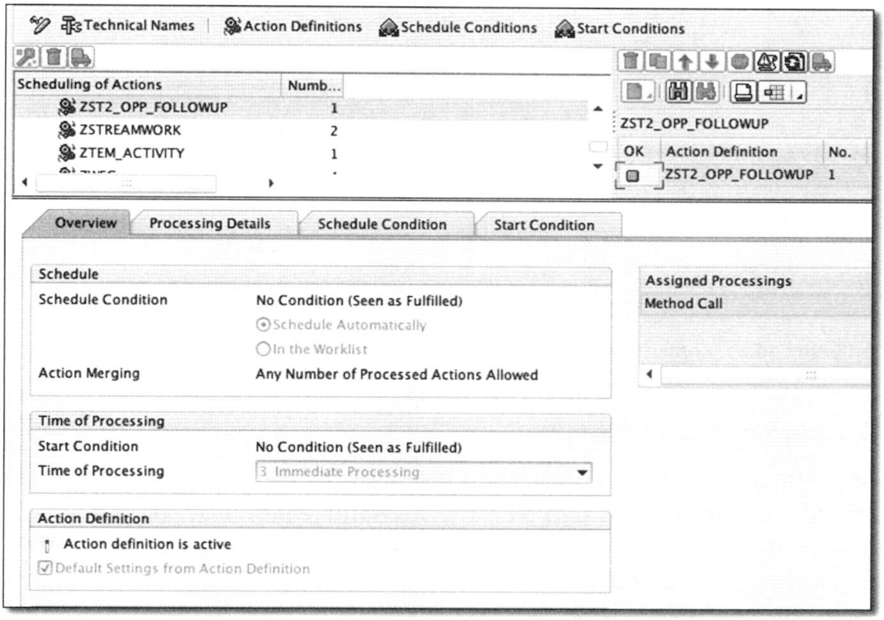

Abbildung 30.28 Bedingungen für die Folgeaktion

30.6.7 Allgemeine Einstellungen für den Folgeprozess

In diesem Abschnitt beschreiben wir die allgemeinen, für den Folgeprozess erforderlichen Einstellungen.

Kopiersteuerung

Unabhängig von der möglichen Workflow-Integration muss ein entsprechendes *Kopiersteuerungs-Customizing* für die Lead- und Opportunity-Vorgangsarten eingerichtet werden. Dabei handelt es sich um ein allgemeines Customizing, das eingerichtet werden muss, wenn eine Vorgangsart mögliche Folgevorgänge einer anderen Vorgangsart darstellt. Das Customizing finden Sie unter Customer Relationship Management • Transactions • Basic Settings • Copying Control for Business Transactions • Define Copying Control for Transaction Types (siehe Abbildung 30.29). Für weitere Informationen zum Einrichten des Kopiersteuerungs-Customizings zwischen Vorgangs- und Item-Arten möchten wir Sie auf die IMG-Dokumentation verweisen.

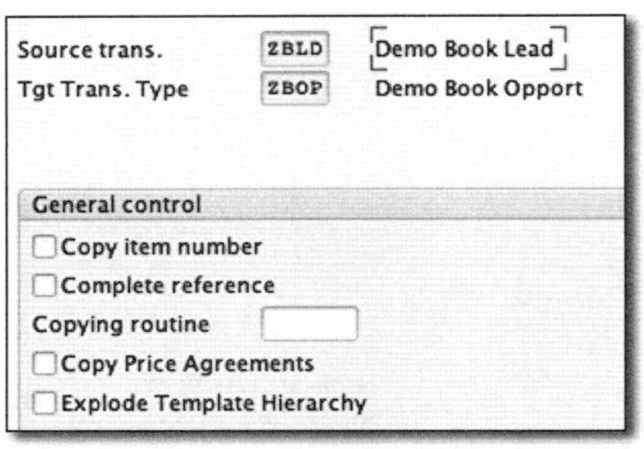

Abbildung 30.29 Kopiersteuerung für eine Folge-Opportunity

Aktionsprofil in der Vorgangsart

Das Aktionsprofil zum Aktualisieren des Lead-Status muss der Vorgangsart der Opportunity unter Customer Relationship Management • Transactions • Basic Settings • Define Transaction Types zugeordnet werden (siehe Abbildung 30.30).

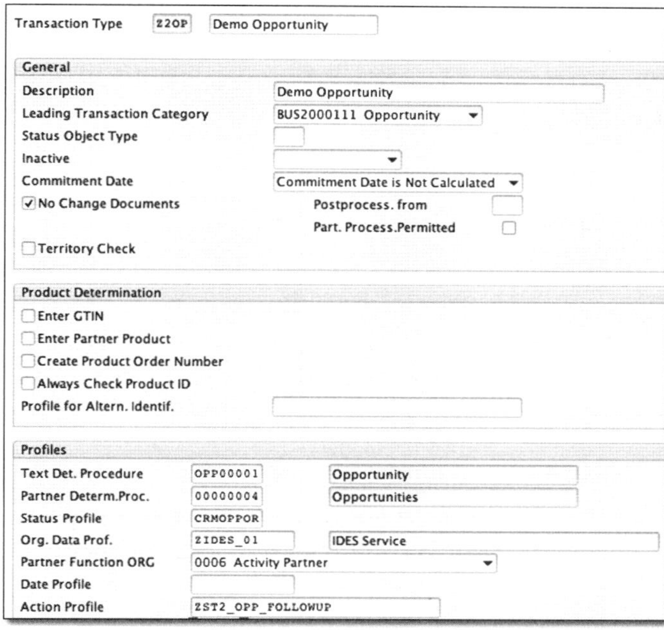

Abbildung 30.30 Vorgangsart-Customizing für Opportunity

30.6.8 Ausführen des Workflows

Wenn der Lead einen Status erreicht hat, wie er in Abschnitt 30.5.2, »Vertrieb – Umwandlung von Leads in Opportunitys«, beschrieben ist, wird der Workflow gestartet. Die zugehörige Workflow-Aufgabe sehen Sie in der Workflow-Inbox in Abbildung 30.31.

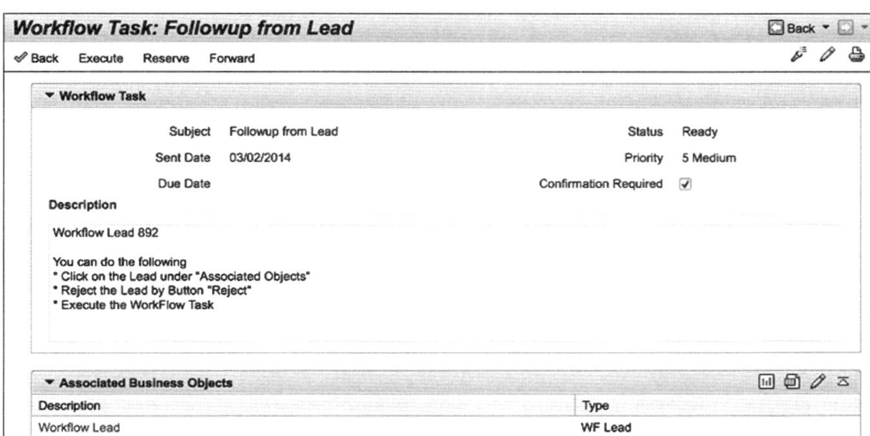

Abbildung 30.31 Kundenspezifische Workflow-Aufgabe für Folge-Opportunity

Wenn der Benutzer auf den Link unter ASSOCIATED BUSINESS OBJECTS klickt, wird die standardmäßige UI-Komponente für Leads gestartet. Wenn die Workflow-Aufgabe ausgeführt wird, wird die workflow-spezifische UI-Komponente geöffnet (siehe Abbildung 30.32).

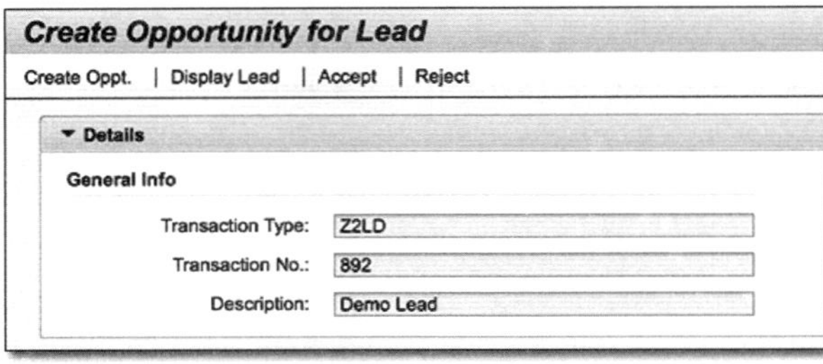

Abbildung 30.32 Workflow-spezifische Lead-UI-Komponente

Wenn der Benutzer auf CREATE OPPT. klickt, erzeugt das System eine Folge-Opportunity (siehe Abbildung 30.33), die der Benutzer vor dem Speichern anpassen kann.

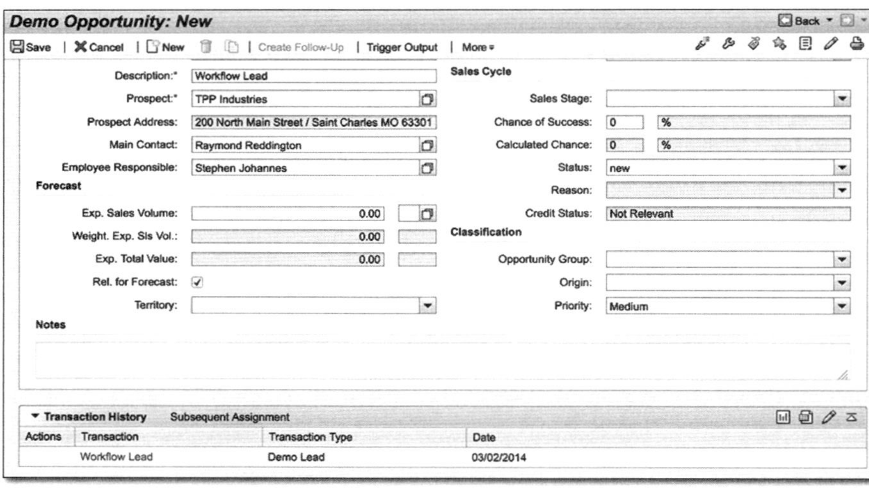

Abbildung 30.33 Folge-Opportunity aus der kundenspezifischen Workflow-Aufgabe heraus

Hinweis

Der vorangegangene Lead-Vorgang wird bereits im Zuordnungsblock für die TRANSACTION HISTORY (Vorgangshistorie) angezeigt. Allerdings wird diese Zuordnung erst dann (gemeinsam mit der Opportunity) persistent, wenn der Benutzer die Opportunity speichert.

Wenn der Benutzer CANCEL auswählt, wird die neue Opportunity zurückgesetzt, und die Workflow-Aufgabe bleibt in Bearbeitung (siehe Abbildung 30.34).

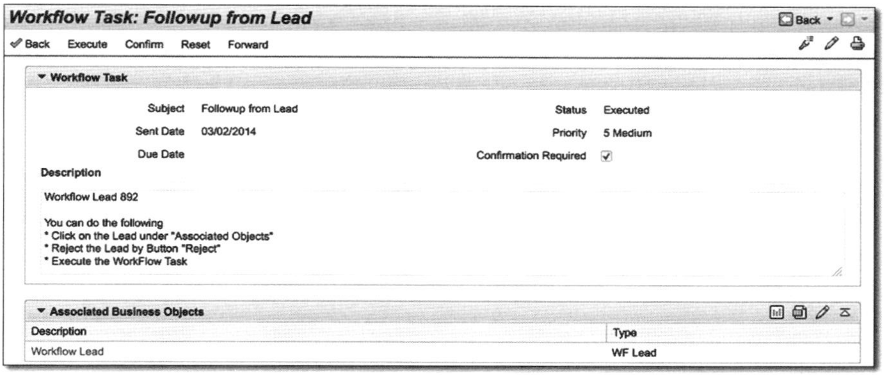

Abbildung 30.34 Kundenspezifische Workflow-Aufgabe für eine Folge-Opportunity, nachdem der Benutzer den Vorgang abgebrochen hat

30.6.9 Optionale Erweiterung

Gelegentlich werden Daten aus der Workflow-Aufgabe zur Verarbeitung in einer Workflow-Komponente benötigt. Um die erforderlichen Daten zu lesen, muss die Workflow-Aufgabe für die Anwendung zur Verfügung stehen. Dies können Sie einfach erreichen, indem Sie das Kennzeichen SET TO 'COMPLETED' BY APPLICATION im Inbox-Customizing unter CUSTOMER RELATIONSHIP MANAGEMENT • BASIC FUNCTIONS • WORKLIST • DEFINE ALERT INBOX AND WORKFLOW INBOX • DEFINE OBJECT-SPECIFIC NAVIGATION setzen (siehe Abbildung 30.35).

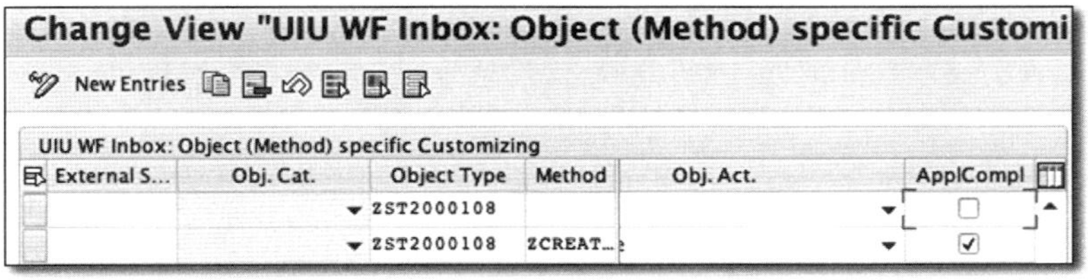

Abbildung 30.35 Inbox-Customizing zum Abruf der Workflow-Aufgabe

Das Setzen dieses Kennzeichens für synchrone Workflow-Aufgaben impliziert, dass die Workflow-Aufgabe nicht automatisch abgeschlossen wird, sondern dass die Komponente die Workflow-Aufgabe über das bekannte Interface SAP_WAPI abschließen muss.

Sie können die GenIL-Komponente WFI zu Ihrem GenIL-Komponentenset hinzufügen. Dadurch kann das BOL-Wurzelobjekt WFRoot im eigenen BOL-Modell wiederverwendet werden, und Sie können problemlos Kontextknoten erzeugen, um die BOL-Entität der Workflow-Aufgabe beizubehalten (siehe Abbildung 30.36).

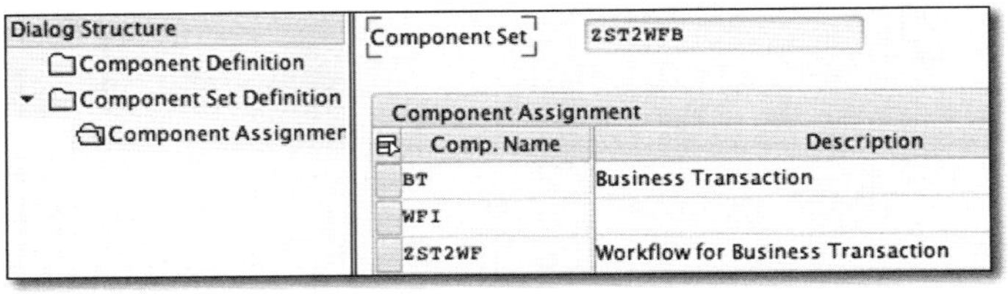

Abbildung 30.36 Einbinden der GenIL-Komponente WFI

Der zugehörige Inbound-Plug Ihrer UI-Komponente muss angepasst werden, wie in Listing 30.9 dargestellt, um die beiden BOL-Objekttypen (BTOrder und WFRoot) verarbeiten zu können.

```
DATA:
lr_comp_controller TYPE REF TO cl_zbt108_a_bspwdcomponen_impl,
lr_entity          TYPE REF TO cl_crm_bol_entity.
lr_comp_controller ?= me->comp_controller.
lr_comp_controller->typed_context->btorder->
  collection_wrapper->clear( ).
lr_comp_controller->typed_context->wfroot->
  collection_wrapper->clear( ).
CHECK iv_collection IS BOUND.
lr_entity ?= iv_collection->get_first( ).
WHILE lr_entity IS BOUND.
    CASE lr_entity->get_name( ).
       WHEN 'BTOrder'.
         lr_comp_controller->typed_context->btorder->
           collection_wrapper->add( iv_entity    = lr_entity
                                    iv_set_focus = abap_true ).
       WHEN 'WFRoot'.
         lr_comp_controller->typed_context->wfroot->
           collection_wrapper->add( iv_entity    = lr_entity
                                    iv_set_focus = abap_true ).
       WHEN OTHERS.
     ENDCASE.
     lr_entity ?= iv_collection->get_next( ).
ENDWHILE.
```

Listing 30.9 Abruf unterschiedlicher BOL-Objekttypen im Inbound-Plug

Tipp

Wie wir bereits erwähnt haben, sind die standardmäßigen UI-Komponenten nicht dafür ausgelegt, die BOL-Entität einer Workflow-Aufgabe in ihren Inbound-Plugs abzurufen. Sie können eine standardmäßige UI-Komponente erweitern und anschließend einen zusätzlichen Inbound-Plug anlegen, der die BOL-Entität der Workflow-Aufgaben ähnlich behandelt, wie in Listing 30.9 dargestellt. Weitere Informationen zur Erweiterung der UI-Komponenten stehen Ihnen im SAP-CRM-Wiki des SAP Community Networks unter *http://wiki.scn.sap.com/wiki/display/CRM/Customer+Relationship+Management* zur Verfügung.

Weitere Bücher des Autors

SAP CRM: Technical Principles and Programming (SAP PRESS 2013)

HCM Prozesse und Formulare ist ein wichtiges Werkzeug in Implementierungen von SAP ERP Human Capital Management. SAP Business Workflow wird umfassend genutzt, aber es sind auch Sonderfunktionen enthalten, die weitere Informationen erfordern. In diesem Kapitel beschreiben wir, wie SAP Business Workflow als eine wichtige Komponente von HCM Prozesse und Formulare eingesetzt wird.

31 SAP ERP Human Capital Management – Prozesse und Formulare

Von Justin Morgalis

In vielen Organisationen müssen Systemdaten von gelegentlichen Systembenutzern oder Benutzern ohne Expertenwissen eingegeben werden. Interaktive Formulare eignen sich hervorragend für dieses Geschäftsszenario, da sie eine vereinfachte Benutzeroberfläche bereitstellen und es ermöglichen, dass vorgeschlagene Systemdaten validiert, vervollständigt und vor der Datenbankaktualisierung von anderen Mitarbeitern genehmigt werden. Selbstverständlich ist SAP Business Workflow eine ausgezeichnete Möglichkeit, um die Kommunikation zwischen Autoren, Bearbeitern und Genehmigenden eines Formulars sowie automatisierte Systemaktualisierungen zu verwalten.

HCM Prozesse und Formulare ist als Teil des Business Function Sets *HR Administrative Services* in SAP ECC 6.0 EHP 1 und höher verfügbar. In dieser Lösung werden Formulartechnologie (z. B. SAP Interactive Forms by Adobe oder Web Dynpro für ABAP), anwendungsspezifische Logik in SAP ERP HCM und der Workflow in einem Framework vereint, bei dem die Benutzer Formulare über Links in SAP Enterprise Portal versenden und nachverfolgen und über die Universal Worklist (UWL) oder Personal Object Worklist (POWL) auf Formulare zugreifen, um diese zu genehmigen oder abzuschließen. In HR Renewal hat SAP eine neue Formularoption in den Rahmen integriert, indem es die Fähigkeit bietet, Formulare über den Floor Plan Manager (FPM) in Web Dynpro für ABAP bereitzustellen.

In diesem Kapitel befassen wir uns mit der Rolle des Workflows in diesem Rahmen und den speziellen Workflow-Techniken, die für die Unterstützung dieses Rahmens verwendet werden.

31.1 Workflow im Framework von HCM Prozesse und Formulare

Workflow trägt entscheidend zum Funktionieren des Frameworks von HCM Prozesse und Formulare bei. Es ist wichtig, dass eine komplette Teilkomponente in SAP Business Workflow für die Funktion im Framework von HCM Prozesse und Formulare aufgenommen wurde. Was ist so besonders an dieser Reihe von Aufgaben und Workflows, dass ein eigenes Kapitel dazu in diesem Buch erforderlich ist? Der wichtigste Aspekt der Workflow-Komponenten der HCM Prozesse und Formulare ist ihr generischer Charakter. Ganze Prozesse (eigentlich sogar ganze Gruppen von Prozessen) können mit drei (oder weniger) von SAP bereitgestellten Standardaufgaben entwickelt werden. Diese Aufgaben basieren auf Metadaten und sind generisch, also können sie prozessübergreifend verwendet werden. Der generische Charakter dieser bereitgestellten Aufgaben und Workflow-Muster ist nicht ihr einziges relevantes Merkmal. Sowohl die Workflow-Muster als auch die durch SAP bereitgestellten Aufgaben haben einige nur in HCM Prozesse und Formulare vorhandene Merkmale, die erwähnt werden sollten.

Hinweis

Workflow ist eine der wichtigsten Komponenten des Frameworks von HCM Prozesse und Formulare, aber es ist keine *erforderliche* Komponente des Frameworks. Prozesse, die ohne zugewiesene Workflow-Vorlage konfiguriert werden können, werden als *Fast-Action*-Prozesse bezeichnet. Diese Prozesse sind für die direkte Aktualisierung der SAP-Datenbank ohne Instanziierung eines Workflows konzipiert. Diese Prozesse sind `no_workflow` als Muster in Design-Zeit zugewiesen.

31.1.1 Besonderheiten der Workflow-Muster

Workflow-Muster innerhalb des Frameworks von HCM Prozesse und Formulare sind Workflow-Mustern für andere Anwendungen sehr ähnlich. Wie andere Muster werden Workflow-Muster innerhalb des Frameworks verwendet, um den Fluss eines Prozesses zu definieren. Die enge Verbindung zwischen den HCM-Prozess- und Formularobjekten und den Workflow-Objekten hebt Workflow-Muster von HCM Prozesse und Formulare von den Workflow-Mustern in anderen Anwendungen ab.

Die drei wichtigen Besonderheiten von Workflow-Mustern innerhalb des Rahmens von HCM Prozesse und Formulare sind die Gesamtprozesssteuerung, die Steuerung der Workflow-Schrittausführung und die Bearbeiterfindung. Die Gesamtprozesssteuerung bezieht sich auf das Konzept, dass die Workflow-Vorlage mit Anwendungen bereitgestellt wird, mit denen der Benutzer den Workflow starten und verarbeiten kann. Diese Anwendungen können Entwickler abhängig davon aufrufen, welche Aufgaben in den Workflow integriert sind.

Steuerung der Workflow-Schrittausführung bezieht sich auf das Konzept, dass der Workflow-Entwickler bestimmt, welche Funktionen dem Benutzer zur Verfügung stehen, wenn er einen Schritt im Workflow ausführt. Manches davon wird dadurch bestimmt, welche Aufgabe der Entwickler verwendet. Zum Beispiel ermöglichen die Schritte in APPROVE FORM nur die Optionen APPROVE und REJECT, während die Schritte von EDIT FORM das Bearbeiten, Prüfen und Senden der Daten im Formular ermöglichen. Außerdem können durch Parameter im Workflow Optionen wie SAVE DRAFT, BACK TO AUTHOR, WITHDRAW PROCESS und SEND TO EXPERT für den Benutzer angezeigt werden.

Steuerung der Bearbeiterfindung bezieht sich auf die Idee, dass Sie als Workflow-Entwickler die Möglichkeit haben, aus einer Reihe zur Verfügung stehender Bearbeitungsfindungsregeln eine zu verwenden, um zu bestimmen, von wem ein Schritt durchgeführt wird. Diese bereitgestellten Regeln gehören zum Rahmen von HCM Prozesse und Formulare.

Workflow-Muster sind nicht die einzigen Objekttypen mit speziellen Funktionen innerhalb des Rahmens von HCM Prozesse und Formulare. Die bereitgestellten Aufgaben weisen auch eigene Funktionen auf.

31.1.2 Besonderheiten der Standardaufgaben

Der Hauptvorteil des SAP Business Workflows für die Teilkomponente von HCM Prozesse und Formulare sind die Sonderfunktionen der bereitgestellten Standardaufgaben. Die enge Verbindung dieser Aufgaben mit anderen Objekten von HCM Prozesse und Formulare bedeutet, dass die Aufgaben mehr Steuerung ermöglichen als ihre Entsprechungen in anderen SAP-Anwendungen.

Die Standardaufgaben im Rahmen von HCM Prozesse und Formulare müssen vor allem funktionieren. Sie können unverändert verwendet werden und sind eng mit anderen Objekten im Rahmen verbunden. Sie können diese Aufgaben kopieren und für Ihre Zwecke anpassen, aber Sie sollten so weit wie möglich mit den Standardaufgaben arbeiten.

Auch der generische Charakter dieser Standardaufgaben sollte erwähnt werden. Da die Standardaufgaben auf Metadaten basieren, können sie mehrfach innerhalb eines Workflow-Musters und auch mit mehreren Workflow-Mustern verwendet werden, was relativ viel Zeit und Aufwand für das Entwicklungsteam einspart.

Wir haben uns jetzt damit beschäftigt, warum die Workflow-Muster und Aufgaben im Rahmen von HCM Prozesse und Formulare speziell sind, und jetzt gehen wir darauf ein, was erforderlich ist, um ein Workflow-Muster zu erstellen, das innerhalb des Rahmens funktioniert.

31.1.3 Anforderungen an Workflow-Muster in HCM Prozesse und Formulare

Für gewöhnlich ist jeder SAP-ERP-HCM-Prozess mit einem einzelnen Workflow-Muster im Design-Time-Werkzeug von HCM Prozesse und Formulare (Transaktion HRASR_DT) verbunden. Das Workflow-Muster muss für den Einsatz mit HCM Prozesse und Formulare bestimmte Anforderungen erfüllen:

- Die Kopplung zwischen dem Ereignis `CL_HRASR00_PROCESS_OBJECT.TRIGGERED` und dem Workflow muss den Check-Funktionsbaustein `HR_ASR_CHECK_EVENT` unterstützen. Dies sollte am besten automatisch durchgeführt werden, indem die Ereigniskopplung im Workflow-Bereich des HCM-Prozesses in Transaktion HRASR_DTHRASR_DT aktiviert wird.
- Der Workflow sollte beendet werden, wenn das Ereignis `CL_HRASR00_PROCESS_ OBJECT.WITHDRAWN` ausgelöst wird. Normalerweise werden dieses Ereignis und die Reaktion in den Basisdaten des Workflow-Musters festgelegt.
- Der Hauptcontainer des Workflow-Musters muss ein Containerelement `PROCESS_OBJECT` der Datentypreferenz zur ABAP-Klasse `CL_HRASR00_PROCESS_ OBJECT` enthalten.
- Der Programm-Exit `CL_HRASR00_POBJ_WF_EXIT` muss für jeden Dialogschritt, der das Formular anzeigt, und alle anderen Schritte angewandt werden, die in der Anwendung zur Nachverfolgung dargestellt werden sollen, wenn der Fortschritt des Prozesses geprüft wird. Die Programm-Exits müssen auch für die Grunddaten des Workflow-Musters selbst als Ausgangspunkt des Prozesses für die Verfolgungsanwendung eingesetzt werden.
- Der Workflow muss Aufgaben aus der Aufgabengruppe TG17900001 oder kundenspezifische Kopien dieser Aufgaben verwenden, um auf das Formular zuzugreifen.

- Die Datenflüsse dieser Aufgaben müssen korrekt sein; Beispiele dafür sind die Formularszenario-ID, die Formularszenariosicht und die Bearbeiterrolle.
- Jede Dialogaufgabe, die ein Bearbeiter für den Zugriff auf das Formular nutzt, muss über einen AUFGABENVISUALISIERUNGSEINTRAG in Transaktion SWFVISU verfügen (oder über einen entsprechenden Startmechanismus, der für den relevanten `ItemType` in der XML-Konfigurationsdatei für die UWL festgelegt ist), um die Web-Dynpro-ABAP-Anwendung zum Anzeigen des Formulars aufzurufen.

Es muss nicht auf eins beschränkt sein: mehrere Formularszenarien

Eins der interessantesten Merkmale des Frameworks von HCM Prozesse und Formulare ist, dass für jeden Prozess ein oder *viele* Formularszenarien und daher potenziell mehrere Formulare in seinem Lebenszyklus möglich sind. Dies ist für unsere Diskussion von Workflow relevant, da zwar die Beziehung des Szenarios von Prozess zu Formular 1:viele sein kann, die Beziehung zwischen Prozess und Workflow aber 1:1 bleibt. Der Workflow ermöglicht den Wechsel zwischen Formularszenarien, während der Prozess fortgesetzt wird. Dies zeigt erneut das Potenzial der generischen, auf Metadaten basierenden Aufgaben, die von SAP für die Verwendung im Rahmen von HCM Prozesse und Formulare bereitgestellt werden. Das Formularszenario und das Erweiterungsformular sind einfach Parameter, die an die einzelnen Aufgaben weitergeleitet werden, wodurch mehrere Formulare mit mehreren Formularszenarien innerhalb eines Prozesses präsentiert werden können. Ein Beispiel dafür wäre ein Prozess BESTANDSÄNDERUNG, in dem bei Bedarf ein SCHRITT FÜR ZAHLUNGSÄNDERUNG eingefügt wird. Der SCHRITT FÜR ZAHLUNGSÄNDERUNG kann ein separates Formularszenario und ein separates Formular sein.

Abgesehen von diesen Anforderungen, ist der Workflow ein normaler Workflow, der den Fortschritt des Prozesses steuert. Die Anzahl der Prozessschritte ist nicht festgelegt und kann frei gestaltet werden. Schleifen und Zweige sind möglich. Der Workflow kann E-Mails versenden oder zusätzliche Hintergrundaktualisierungen am Ende des Prozesses auslösen.

31.2 Standard-Workflows in HCM Prozesse und Formulare

Alle aktuellen Workflows in HCM Prozesse und Formulare können Sie im Workflow Explorer (Transaktion SWDM) mithilfe der Anwendungskomponente `PA-AS` für den Suchbereich finden. Es werden viele Prozesse bereitgestellt, wie etwa:

- Anlegen, Ändern, Neuzuordnen und Löschen der Objekte des Organisationsmanagements (Stellen, Planstellen und Organisationseinheiten)
- Einstellen und Wiedereinstellen von Mitarbeitern
- Beantragen des Mutterschaftsurlaubs
- Beantragen eines Arbeitgeberdarlehens
- Bezahlen der Mitgliedsbeiträge
- Melden der Geburt eines Kindes
- Melden eines neuen ständigen Wohnsitzes
- Ändern der Arbeitszeit eines Mitarbeiters
- Ändern des Gehalts eines Mitarbeiters
- Kündigen eines Mitarbeiters
- Versetzen eines Mitarbeiters (Zuweisen einer neuen Planstelle oder Organisationseinheit)
- Sonderzahlungen (einschließlich Zahlungen an mehrere Mitarbeiter)

Die bereitgestellten Workflow-Muster können in der vordefinierten Form eingesetzt werden, wenn das implementierte Szenario Ihren Anforderungen entspricht, oder sie können als Beispiele zum Anlegen eigener Workflow-Muster dienen.

Einige Workflows werden zur Unterstützung bestimmter Formularfunktionen zur Verfügung gestellt. Dazu gehören die in Tabelle 31.1 aufgelisteten Funktionen. Diese Workflow-Muster können unverändert eingesetzt werden. Sie müssen nur die Ereigniskopplung für Workflows aktivieren, die die Formularfunktionen unterstützen, die Sie einsetzen möchten.

Workflow-Muster	Verwendungszweck
WS17900404	Bearbeiten von Entwürfen, die während des Prozessstarts angelegt wurden
WS17900418	Weiterleiten an Experten, wenn ein Prozess mit Fehlern gestartet wurde
WS17900260	Formular sichern mit Fehlerbehandlung
WS17900024	Ausnahmebehandlung: asynchron
WS61000037	Folgeaktivitäten, die durchgeführt werden, wenn ein Prozess zurückgezogen wird (erweitert)

Tabelle 31.1 Von SAP angebotene Workflow-Muster zur Unterstützung der Besonderheiten von HCM Prozesse und Formulare

Workflow-Muster	Verwendungszweck
WS17900396	Folgeaktivitäten, die durchgeführt werden, wenn ein Prozess zurückgezogen wird (einfach)
WS17900415	Startprozess für SAP-Prozessbeschaffenheitsdaten (SAP PO) Starten eines von SAP E-Recruiting über SAP PO initiierten Prozesses
WS17900015	Follow-up nach Prozess mit SAP-PO-Szenario

Tabelle 31.1 Von SAP angebotene Workflow-Muster zur Unterstützung der Besonderheiten von HCM Prozesse und Formulare (Forts.)

31.3 Workflow-Techniken

SAP ERP HCM Prozesse und Formulare verwendet einige spezifische Workflow-Techniken, die Sie auch für andere Workflow-Muster anwenden können, um ähnliche Vorteile zu erzielen. Die wichtigsten sind:

- Aufruf webbasierter SAP-Anwendungen über Transaktion SWFVISU
- Einsatz von Programm-Exits zur Aktualisierung von Workflow-Containern und benutzerspezifischen Protokollen
- Einsatz der UWL-Konfiguration zum Anlegen spezieller Filter (Unteransichten) und zusätzlicher Inbox-Funktionen

Wir werden diese Techniken in den folgenden Abschnitten genauer beschreiben.

31.3.1 Aufruf webbasierter SAP-Anwendungen über Transaktion SWFVISU

Im Framework von HCM Prozesse und Formulare startet jedes Workitem in UWL/POWL ein Formular, das überarbeitet, abgeschlossen oder genehmigt werden muss. Das Workitem muss also die Web-Dynpro-ABAP-Anwendung `ASR_PROCESS_EXECUTE_OVP` mit den relevanten Parametern starten, um sicherzustellen, dass das Formular im richtigen Modus und mit den zugehörigen Bearbeitungsoptionen angezeigt wird. Dies wird mithilfe einer einfachen, aber dennoch leistungsstarken Technik – der sogenannten *Aufgabenvisualisierung* – erreicht, die in Transaktion SWFVISU gepflegt wird. Sie können die Aufgabenvisualisierung in Ihren eigenen Workflows verwenden, wenn Sie folgende Schritte ausführen.

- Einbinden eines Schrittes in Ihren Workflow, der eine Dialogaufgabe aufruft. Viele der von SAP bereitgestellten Workflow-Muster für HCM Prozesse und Formulare rufen die Aufgabe TS17900100/TS33700021 (Formular bearbeiten – Adobe/FPM) und/oder die Aufgabe TS17900101/TS33700022 (Formular genehmigen – Adobe/FPM) auf, bei denen es sich um Dialogaufgaben zum Aufrufen der Methode `WI_EXECUTION_VIA_R3_INBOX` der ABAP-Klasse `CL_HRASR00_WF_COMPONENTS` handelt. Diese Methode ist nur dafür verantwortlich, eine Fehlermeldung zurückzugeben, falls die Methode direkt im SAP GUI for Windows oder im SAP GUI for HTML anstelle der Aufgabenvisualisierung aufgerufen wird.
- Anlegen eines Aufgabenvisualierungs-Eintrags (Visualization Parameter) in Transaktion SWFVISU, der die Aufgabe mit dem Visualisierungstyp verbindet, also dem Typ der webbasierten SAP-Anwendung, die gestartet werden soll. In Abbildung 31.1 sehen Sie die Visualisierung in Transaktion SWFVISU.

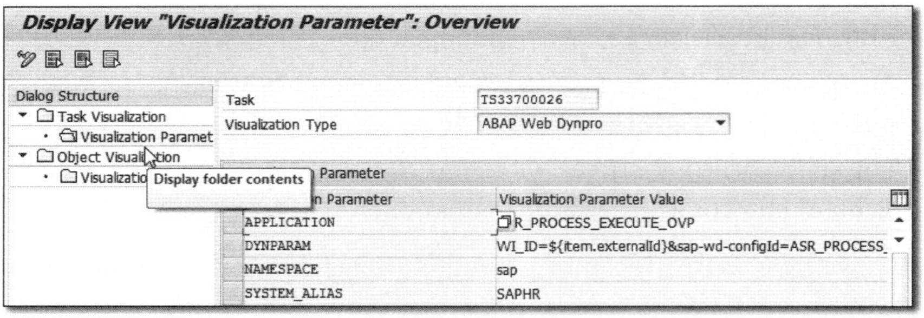

Abbildung 31.1 Transaktion SWFVISU: Aufgabenvisualisierung

Die Aufgaben TS17900100 (Formular bearbeiten – Adobe) und TS17900101 (Formular genehmigen – Adobe) sind mit dem Visualisierungstyp ABAP Web Dynpro verbunden.

Hinweis

Wenn Sie eine Verknüpfung zum Visualisierungstyp Web Dynpro Java sehen, handelt es sich um einen überholten Eintrag aus einem früheren Release von HCM Prozesse und Formulare.

- Abhängig vom Typ der webbasierten SAP-Anwendung müssen die relevanten Parameter zum Aufgabenvisualisierungseintrag hinzugefügt werden, wie z. B. die Anwendungs-ID. Die Aufgaben TS17900100/

TS33700021 (Formular bearbeiten – Adobe) und TS17900101 (Formular genehmigen – Adobe) haben die folgenden Parameter/Werte:

- APPLICATION: ASR_PROCESS_EXECUTE
- NAMESPACE: sap

Es werden nur diese Parameter benötigt, da die UWL standardmäßig den Parameter WI_ID (Workitem ID) an den Startmechanismus übergibt. Die Workitem-ID ist ausreichend, da die aufgerufene Anwendung die Workitem-ID und die Workflow-APIs (WAPIs) zum Abruf zusätzlicher Informationen nutzen kann.

- Für die neuen FPM-Aufgaben werden mit leichten Abweichungen ähnliche Visualisierungsparameter verwendet. Die Aufgaben TS33700021 (Formular bearbeiten – FPM) und TS33700022 (Formular genehmigen – FPM) haben die folgenden Parameter/Werte:

  - APPLICATION: ASR_PROCESS_EXECUTE_OVP
  - NAMESPACE: sap
  - DYNPARAM: WI_ID=${item.externalId}&ASR_PROCESS_EXECUTE_OVP_CFG

  Wenn z. B. ASR_PROCESS_EXECUTE_OVP mit dem Parameter WI_ID gestartet wird, werden die zusätzlichen Informationen wie Formularschritttyp (FORM SCENARIO STAGE), Bearbeiterrolle und Prozessreferenznummer aus dem Workitem-Container gelesen. Diese Vorgehensweise kann alternativ zur Übergabe zusätzlicher dynamischer Parameter im AUFGABENVISUALISIERUNGSEINTRAG (über den Parameter DYNPARAM) oder in der XML-Konfigurationsdatei der UWL genutzt werden.

- Sie müssen das relevante System im UWL-Administrations-iView des Portals erneut registrieren und den Cache leeren.

Das Endergebnis ist, dass die für das relevante System generierte UWL-XML-Konfigurationsdatei mit dem entsprechenden Startmechanismus aktualisiert wird, sodass die richtige Webanwendung gestartet wird, wenn der Benutzer das Workitem in der UWL-Inbox ausführt.

Für noch bessere Steuerungsmöglichkeiten können Sie den AUFGABENVISUALISIERUNGSEINTRAG oder die UWL-XML-Konfigurationsdatei so ändern, dass ein Portal-iView aufgerufen wird. Dieses wiederum ruft die zugehörige Web-Dynpro-Anwendung auf. So können Sie über die Einträge des Portal Content Directorys (PCD) weitere Funktionen, wie z. B. die Fensterhöhe und -breite, steuern. Ein Beispiel dazu finden Sie in der UWL-Konfigurationsdatei

HRAdmin, die mit dem Portal Business Package für HR Administrative Services bereitgestellt wird, z. B. für die Aufgabe TS17900113.

Hinweis

Wenn Sie für dasselbe System und denselben Item-Typ (also die Aufgabe) über eine benutzerspezifische UWL-XML-Konfigurationsdatei verfügen, setzt die benutzerspezifische Konfiguration die generierte XML-Datei außer Kraft. Stellen Sie daher sicher, dass Sie das XML-Fragment für den Startmechanismus aus der generierten Datei in die benutzerspezifische Datei kopieren.

Über Transaktion SWFVISU (siehe Abbildung 31.2) können Sie außerdem verhindern, dass die Benutzer technische Objekte als Workitem-Objektanlagen sehen. Für Workitems in HCM Prozesse und Formulare wird standardmäßig automatisch eine Objektanlage angelegt, die auf das Hauptobjekt des Workitems verweist, also die ABAP-Klasse `CL_HRASR00_WF_ COMPONENTS`, die ein rein technisches Objekt ist. Indem Sie die Objektkategorie `CL` (ABAP Class), den Objekttyp `CL_HRASR00_WF_COMPONENTS` und den Visualisierungstyp `NONE` (Object Not Represented) im Abschnitt Object Visualization von Transaktion SWFVISU eintragen, können alle technischen Objektanlagen dieser ABAP-Klasse für alle Workitems in der UWL-Inbox ausgeblendet werden.

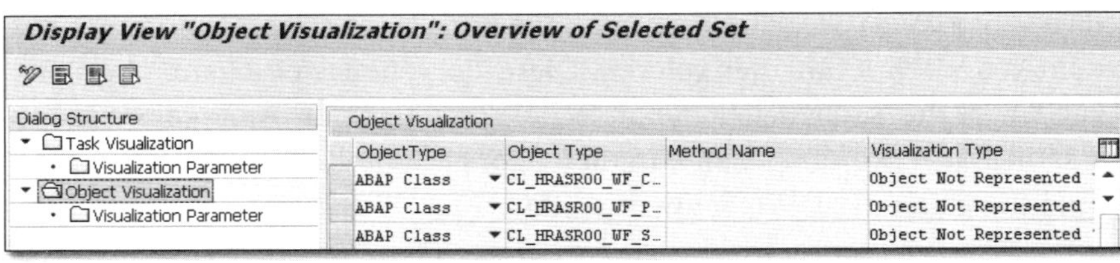

Abbildung 31.2 Transaktion SWFVISU: Objektvisualisierung

Hinweis

Damit die Änderungen der Objektvisualisierung (siehe Abbildung 31.2) wirksam werden, müssen Sie ähnlich wie bei der Aufgabenvisualisierung das relevante System im UWL-Administrations-iView des Portals erneut registrieren und den Cache leeren.

31.3.2 Programm-Exits

Wenn im Framework von HCM Prozesse und Formulare ein neues Prozessobjekt erstellt wird, wenn das erste Formular des jeweiligen Prozesses gesendet wird. Das Anlegen des Prozessobjekts löst eine neue Workflow-Instanz aus. Der Programm-Exit schreibt einen neuen Eintrag in das Prozessobjekt.

Wenn die einzelnen Schritte des Prozesses beim Anlegen eines Workitems gestartet oder abgeschlossen werden, wird das Prozessobjekt aktualisiert.

Die Protokolleinträge werden von einem Programm-Exit angelegt und gepflegt, der in den Basisdaten des Workflows und in jedem Dialogschritt, der im Protokoll angezeigt werden soll, festgelegt werden muss. Der Process Browser verwendet die in das Prozessobjekt geschriebenen Daten zum Erstellen einer benutzerrelevanten Sicht des Prozessstatus und seiner Formulare. Abbildung 31.3 zeigt einen Programm-Exit, wie er in den Workflow-Basisdaten vorhanden ist.

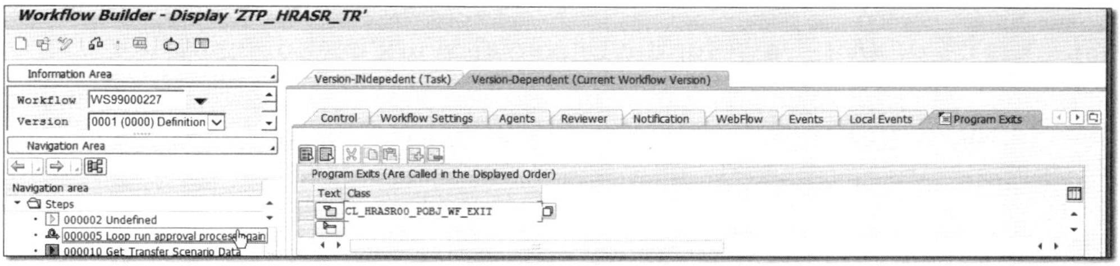

Abbildung 31.3 Programm-Exit, wie er in den Workflow-Basisdaten angezeigt wird

Der Programm-Exit hat für die Dialogschritte eine zweite Funktion. Er erzeugt zusätzliche Workitem-Containerelemente wie `STEP_OBJECT_GUID`. Die SAP GUID wird von der Web-Dynpro-ABAP-Anwendung `ASR_PROCESS_EXECUTE_OVP` verwendet, wenn das Workitem gestartet wird, um die spezifische Kombination aus Prozess, Formularschritt und Workitem zu identifizieren. Sie wird verwendet, um Verweise für die Formulardaten in SAP Case Management zu erstellen, wo die Formulardaten im XML-Format gespeichert werden. Auf diese Weise wird sichergestellt, dass die korrekten Daten angezeigt werden, wenn der Schritt ausgeführt und der Fortschritt des Formulars nachverfolgt wird. Das heißt, dass ein Benutzer den Prozess-Browser verwenden kann, um das Formular in der Form zu betrachten, in der es beim Abschließen jedes Workitems erscheint.

Da die ABAP-Klasse `CL_HRASR00_POBJ_WF_ EXIT` als Workflow-Programm-Exit verwendet wird, unterstützt sie das ABAP-Interface `IF_SWF_IFS_WORKITEM_EXIT` und implementiert die Methode `IF_SWF_IFS_WORKITEM_EXIT~EVENT_RAISED`. Wenn die Workflow-Instanz oder eine Workitem-Instanz angelegt, ausgeführt oder abgeschlossen wird, wird diese Methode aufgerufen, und der Workitem-Kontext sowie ein Code für den Status (z. B. Before Creation, After Creation, Before Execution, After an Action etc.) werden weitergegeben. Der Programm-Exit verwendet diesen Code und die aus dem Workitem-Kontext abgeleiteten Containerelementwerte, um private Methoden zum Aktualisieren des Verlaufsprotokolls und der Workitem-Container auszulösen.

Wenn Sie Workflow-Muster für Ihre eigenen HCM-Prozesse und -Formulare entwickeln, können Sie diesen Programm-Exit in der vordefinierten Form einsetzen. Wenn Sie allerdings Workflow-Muster für andere Anwendungen und Prozesse ohne Formulare entwickeln, können Sie eigene Programm-Exits entwickeln, um Einträge in die benutzerspezifischen Protokolle zu schreiben oder die Containerelementwerte zu ändern.

31.3.3 XML-Datei für die Universal-Worklist-Konfiguration

HCM Prozesse und Formulare umfasst eine XML-Konfigurationsdatei für die UWL – *HRAdmin* – als Teil des Business Packages für HR Administrative Services. Diese UWL-XML-Konfigurationsdatei bietet folgende Funktionen:

- eine Variante der UWL-Inbox, die mithilfe des `<NavigationNode>`-Tags nur Workitems von HCM Prozesse und Formulare darstellt
- Filter (Unteransichten), die mithilfe des `<View>`-Tags nur bestimmte Gruppen von Workitems von HCM Prozesse und Formulare anzeigen
- einen zusätzlichen Button auf Inbox-Ebene, der den Benutzer mithilfe des `<Action>`-Tags zur Portalseite des HR Admin Work Centers umleitet und die Aktion mit der relevanten Sicht verknüpft

Sie können diese zur Verfügung gestellte UWL-XML-Konfigurationsdatei unverändert einsetzen oder eine alternative Version anlegen. Üblicherweise legen Sie eine alternative Version an, wenn Sie z. B. Unteransichten für Workitems einfügen möchten, die zu bestimmten SAP-ERP-HCM-Prozessen gehören.

31.4 Anlegen eigener Workflows

Wenn Sie einen eigenen SAP-ERP-HCM-Prozess anlegen oder die Verarbeitung eines von SAP bereitgestellten HCM-Prozesses anpassen möchten, müssen Sie ein passendes Workflow-Muster anlegen. HCM Prozesse und Formulare bietet eine Reihe von Aufgaben in der Aufgabengruppe TG17900001 (Komponenten für HCM Prozesse und Formulare) an, die Sie direkt verwenden oder für die Verwendung in Ihren Workflow-Mustern in Ihren eigenen SAP-ERP-HCM-Prozessen nutzen können.

Die zahlreichen von SAP bereitgestellten Workflow-Muster geben Beispiele für den Einsatz dieser Komponenten und sollten als Anleitung zum Anlegen eigener Workflows genutzt werden. Wie bei jedem anderen Workflow-Muster können Sie auch zu Ihren eigenen Workflow-Mustern zusätzliche Schritte hinzufügen (z. B. Schritte zum Senden von E-Mails, Schleifen oder parallele Abschnitte). Die Bearbeiter zum Ausführen der Dialogschritte können frei gewählt werden. Dazu werden dieselben Optionen zur Bearbeiterfindung wie in den anderen Workflow-Mustern verwendet, z. B. Zuständigkeitsregeln oder Regeln für Funktionsbausteine und Auswertungswege (d. h. unter Verwendung von Funktionsbaustein `RH_GET_STRUCTURE`).

Allerdings bietet das Framework HCM Prozesse und Formulare eine Reihe von einfachen Regeln, die direkt verwendet werden können. Einige dieser Regeln sind in Tabelle 31.2 aufgelistet. Im SAP Help Portal finden Sie im Abschnitt HR Administrative Services (PA-AS) HCM Processes and Forms außerdem ein hervorragendes Tutorial, das die Konfiguration eines Prozesses, Formulars und des verbundenen Workflow-Musters beschreibt.

Kennung	Verwendungszweck
AC17900012	Bearbeiterfindung mit Berechtigungsprüfung
AC17900013	Mitarbeiter eines Organisationsobjekts
AC17900014	Vorgesetzter einer Person
AC17900015	Sachbearbeitergruppe einer Person
AC17900016	Personalsachbearbeiter einer Person
AC17900017	Zeiterfassungssachbearbeiter der Person
AC17900018	Abrechnungssachbearbeiter einer Person
AC04000007	Personalentwicklungsadministrator

Tabelle 31.2 Von SAP bereitgestellte Regeln zur Bearbeiterfindung für HCM Prozesse und Formulare

31.4.1 Interaktive Komponenten

Alle interaktiven (d. h. dialogbezogenen) Aufgaben und Sub-Workflows befinden sich in der Teilaufgabengruppe TG17900002. Tabelle 31.3 zeigt ein Beispiel für durch SAP angebotene interaktive Aufgaben und Sub-Workflows für HCM Prozesse und Formulare.

Kennung	Verwendungszweck
TS04000018	Personalentwicklungsformular bearbeiten
TS04000019	Personalentwicklungsformular genehmigen
TS04000020	Personalentwicklungsformular nochmals von Autor bearbeitet
TS17900100	Formular bearbeiten
TS17900101	Formular genehmigen
TS17900102	Formular nochmals von Autor bearbeitet
WS17900260	Formular sichern mit Fehlerbehandlung
WS17900404	Entwurf für Prozessstart
WS17900418	An Experten weiterleiten: Prozessstart mit Fehlern
TS33700021	Formular bearbeiten (FPM)
TS33700022	Formular genehmigen (FPM)
TS33700023	Formular nochmals von Autor bearbeitet (FPM)
TS33700018	Personalentwicklungsformular bearbeiten (FPM)
TS33700019	Personalentwicklungsformular genehmigen (FPM)
TS33700020	Personalentwicklungsformular nochmals von Autor bearbeitet (FPM)
WS33700028	Formular sichern mit Fehlerbehandlung (FPM)
WS33700033	Entwurf für Prozessstart (FPM)
WS33700034	An Experten weiterleiten: Prozessstart mit Fehlern (FPM)

Tabelle 31.3 Von SAP bereitgestellte interaktive Aufgaben und Sub-Workflows für HCM Prozesse und Formulare

Alle Aufgaben werden praktisch auf die gleiche Weise verwendet: Sie enthalten Containerelemente, bei denen es sich effektiv um Parameter handelt, die von der Web-Dynpro-ABAP-Anwendung ASR_PROCESS_EXECUTE_OVP (oder ASR_PD_PROCESS_EXECUTE_OVP für Personalentwicklungsformulare) gelesen werden. Diese Anwendung ist über die Aufgabenvisualisierung in Transaktion SWFVISU oder in der XML-Konfigurationsdatei der UWL mit der Aufgabe verbunden. Obwohl Sie diese Aufgaben direkt in Ihren Workflows für eigene HCM-Prozesse verwenden können, ist es sinnvoll, diese Aufgaben zu kopieren, um die Workitem-Texte anpassen und Aufgaben für bestimmte Prozesse und Formulare in Ihren eigenen Unteransichten in Ihrer UWL-XML-Konfigurationsdatei zusammenfassen zu können.

In Tabelle 31.4 sind bestimmte Containerelemente aufgelistet, die das Verhalten der Web-Dynpro-ABAP-Anwendung beeinflussen.

Elementkennung	Verwendungszweck
Send_Variation	Zeigt an, ob die Formulardaten am Ende des Dialogs in der Datenbank gespeichert werden sollen. Blank steht für NICHT SICHERN, A für NORMAL SICHERN und B für NICHT SICHERN, ABER FEHLER TOLERIEREN.
PROCSTATE	Exportiert den finalen Status des Schrittes, d.h., ob APPROVE, REJECT oder BACK TO AUTHOR ausgewählt wurde.
Form_Scenario_Stage	Zeigt den in HRASR_DT festgelegten Formularschritttyp an (obligatorisch).
Save_Draft_Button_Visible	Zeigt an, ob der Benutzer das Formular als Entwurf speichern darf.
Withdraw_Process_Button_Visible	Zeigt an, ob der Benutzer den Prozess ZURÜCKZIEHEN darf.
Back_Button_Visible	Zeigt an, ob die Option BACK TO AUTHOR erlaubt ist.
Formular	Formularszenario-ID (obligatorisch)
STEP_OBJECT	über den Programm-Exit generierter Wert
SEND_EXPERT_IF_INCONSISTENT_DATA	Zeigt an, ob die Option FORWARD TO EXPERT erlaubt ist.
ACTIVITY	Zeigt den technischen Schritttyp für die Berechtigung an (obligatorisch). Beispiele sind APPROVE FORM, PROCESS FORM und START PROCESS.
PROCESSOR_ROLE	Ermittelt die Bearbeiterrolle, die im Verlaufsprotokoll angezeigt werden soll.
step_type	Zeigt den technischen Schritttyp an, um die Standardoptionen für die Formularbearbeitung zu bestimmen (obligatorisch). Beispiele sind APPROVE, PROCESS, RE-PROCESS.
Business_Status	mögliche PROCSTATE-Werte zugelassen (aus SAP ERP 6.0, EHP 4)
notify_via_mail	Zeigt an, ob eine E-Mail-Benachrichtigung für das Workitem angelegt werden soll (aus EHP 4).
Assign_Object	Zeigt an, ob die Option ASSIGN OBJECT erlaubt ist (aus EHP 4).

Tabelle 31.4 Standard-Containerelemente, die in Aufgaben in HCM Prozesse und Formulare verwendet werden

Die Sub-Workflows WS17900260 (Adobe) und WS33700028 (FPM) können verwendet werden, wenn die Option zulässig ist, das Formular bei einem

Fehler an Experten zu senden. Das heißt, der Sub-Workflow steuert den Prozess, in dem das Formular von Experten geprüft wird und Aktualisierungen wiederholt werden.

31.4.2 Hintergrundkomponenten

Sämtliche Hintergrundaufgaben sind, wie in Tabelle 31.5 dargestellt, in der Teilaufgabengruppe TG17900003 enthalten.

Kennung	Verwendungszweck
TS17900106	Prüfen, ob der Personaladministration-Infotyp vorhanden ist. Diese Aufgabe kann verwendet werden, um zu bestimmen, ob im Workflow einem bestimmten Pfad gefolgt werden sollte. Diese Entscheidung basiert darauf, ob für den Mitarbeiter bereits Daten in einem bestimmten Infotyp gepflegt werden (z. B. ob für den Mitarbeiter im Infotyp 0016 ein vertraglich festgelegtes Enddatum gepflegt wird). Diese Aufgabe kann mit dem Adobe- oder dem FPM-Formulartyp verwendet werden.
TS17900107	Prüfen der Formulardaten für den Adobe-Formulartyp. Bei dieser Aufgabe werden die Formulardaten als Hintergrundschritt validiert. Zum Beispiel kann geprüft werden, ob die Formulardaten vor dem Speichern in der Datenbank noch gültig sind, falls zwischen dem letzten Dialogschritt und dem Speichern der Daten ein längerer Zeitraum verstrichen ist.
TS17900108	Speichern der Formulardaten für den Adobe-Formulartyp. Speichert die Formulardaten in der Datenbank. Die Formulardaten müssen bereits von den Backend-Services für die Aktualisierung vorbereitet worden sein.
TS17900110	Importieren des Formularcontainers in den Workflow-Container. Bis zu drei Formularfelder werden in die Felder des Workflow-Containers gelesen. Diese Aufgabe kann mit dem Adobe- oder dem FPM-Formulartyp verwendet werden.
TS33700033	Prüfen der Formulardaten für den FPM-Formulartyp. Bei dieser Aufgabe werden die Formulardaten als Hintergrundschritt validiert. Zum Beispiel kann geprüft werden, ob die Formulardaten vor dem Speichern in der Datenbank noch gültig sind, falls zwischen dem letzten Dialogschritt und dem Speichern der Daten ein längerer Zeitraum verstrichen ist.

Tabelle 31.5 Von SAP bereitgestellte Hintergrundaufgaben für HCM Prozesse und Formulare

Kennung	Verwendungszweck
TS33700034	Speichern der Formulardaten für den FPM-Formulartyp. Speichert die Formulardaten in der Datenbank. Die Formulardaten müssen bereits von den Backend-Services für die Aktualisierung vorbereitet worden sein.

Tabelle 31.5 Von SAP bereitgestellte Hintergrundaufgaben für HCM Prozesse und Formulare (Forts.)

Diese Aufgaben können Sie unverändert in Ihren eigenen Workflows für HCM Prozesse und Formulare verwenden. Da die Aufgabe TS17900110 allerdings nur drei Formularfelder gleichzeitig importiert, kann diese Übernahme sehr mühsam sein, wenn Sie über eine große Anzahl an Feldern verfügen, die Sie für den Workflow-Einsatz, z. B. in Workitem-Texten, importieren möchten. Wenn Sie mehr Felder importieren müssen, können Sie Ihre eigene Version dieser Aufgabe anlegen, die Ihre eigene Methode aufruft, um mehrere Felder einzulesen. Zu diesem Zweck wird schlichtweg die Methode `DATAMAPPING` der ABAP-Klasse `CL_HRASR00_WF_COMPONENTS` mehrmals aufgerufen. Sie können diese Methode auch nutzen, um das Formular mit Datenwerten zu aktualisieren, die im Workflow berechnet werden; dies ist allerdings weniger üblich.

31.4.3 Problembehandlung

Der häufigste Fehler beim Anlegen eigener Workflow-Muster ist, dass nicht genügend Daten für das Containerelement `STEP_OBJECT_GUID` bereitgestellt werden, das in den Dialogschritten vom Programm-Exit berechnet werden soll. Vergewissern Sie sich, dass Sie alle obligatorischen Containerelemente für die Dialogschritte zur Verfügung gestellt haben, und überprüfen Sie, ob der Programm-Exit dem Workflow-Schritt richtig zugeordnet wurde.

Ebenso ist es wichtig, dass Sie das Prozessobjekt selbst über Transaktion SCASE prüfen, um sicherzustellen, dass es korrekt angelegt wurde und dass die relevanten Schrittinformationen im Verlauf der Workflow-Instanz aktualisiert werden.

Ansonsten ist die Problembehandlung für Prozess-Workflow-Muster in SAP ERP HCM mit der Problembehandlung bei anderen Workflow-Mustern vergleichbar. Das Framework HCM Prozesse und Formulare umfasst zudem ein leistungsstarkes Testwerkzeug: Transaktion HRASR_TEST_PROCESS. Mit diesem Werkzeug können Sie die Formularkonfiguration und den Gesamtfortschritt des Workflows testen, ohne das Formularlayout oder SAP Enterprise Portal direkt zu nutzen.

31.5 UWL-Konfiguration

Wenn Sie einen eigenen HCM-Prozess anlegen oder die Bearbeitung eines von SAP bereitgestellten HCM-Prozesses anpassen möchten, möchten Sie möglicherweise auch eine eigene UWL-XML-Konfigurationsdatei anlegen, z. B. um Filter (Unteransichten) anzulegen, die Workitems nach Prozessen gruppieren, oder um eigene Buttons zum Start bestimmter Portalseiten hinzuzufügen. Filter sind besonders hilfreich, wenn die Benutzer viele Workitems aus mehreren Workflow-Mustern erhalten. Mithilfe dieser Unteransichten können sich die Bearbeiter rasch auf bestimmte Aufgaben konzentrieren, z. B. auf ein bestimmtes Formular oder eine bestimmte Formulargruppe.

Zum Beispiel können Sie Filter anlegen, um die UWL-Inbox-Liste vorübergehend auf die folgenden Gruppen einzuschränken:

- Entwurfsformulare
- Mitarbeiterformulare
- Einstellungsformulare
- Organisationsmanagementformulare
- Formulare, die eine Genehmigung erfordern

Hinweis

Obwohl durch die UWL-Konfiguration von HCM Prozesse und Formulare eine UWL-Inbox-Variante erstellt wird, die nur Workitems aus HCM Prozesse und Formulare darstellt, empfehlen wir Ihnen, alle Workitems in einer zentralisierten UWL-Inbox zu verarbeiten. Dadurch müssen Benutzer nicht mehr auf mehrere Inbox-Varianten zugreifen. Die Verwendung von Filtern (Unteransichten) ist eine effektive Möglichkeit, um spezifische Lösungsanforderungen innerhalb einer zentralen UWL-Inbox zu erfüllen.

31.5.1 Unteransichten

Die einfachste Möglichkeit, um einen Filter (Unteransicht) für bestimmte Workitems anzulegen, bietet folgende Vorgehensweise: Legen Sie spezielle Aufgaben an, über die die Workitems erzeugt werden, und fassen Sie diese Aufgaben anschließend zu Gruppen zusammen. Für Ihren eigenen SAP-ERP-HCM-Prozess nehmen Sie folgende Schritte vor:

1. Kopieren Sie die Standardaufgabe (z. B. TS17900100), die Sie verwenden möchten, um eine eigene Aufgabennummer anzulegen (z. B.

TS90000001). Stellen Sie sicher, dass Sie auch den passenden Eintrag der AUFGABENVISUALISIERUNG in Transaktion SWFVISU kopieren.

2. Ändern Sie das Workflow-Muster, um anstelle der ursprünglichen Aufgabe die neue Aufgabe zu verwenden.
3. Registrieren Sie das relevante System erneut im UWL-Administrations-XML, um die erzeugte UWL-XML-Konfigurationsdatei (*uwl.webflow.<Ihr-System-Alias>*) zu aktualisieren.
4. Kopieren Sie nur das relevante Tag `<ItemType>` für Ihre Aufgabe in Ihre eigene XML-Datei; z. B. TS90000001 und das Tag `<View>` für den `DefaultView` aus der bereitgestellten UWL-Konfigurations-XML-Datei *uwl.standard*. Sie können auch das Tag `<View>` aus der Datei *HRAdmin* kopieren.

Hinweis

Bei der Datei handelt es sich um eine Deltadatei, die nur Ihre Tags `<ItemType>` und `<View>` enthält. Dennoch müssen Sie sicherstellen, dass die in der Datei *uwl_configuration.dtd* festgelegten Formatanforderungen erfüllt sind. Diese Datei wird ebenfalls von SAP bereitgestellt, und der Zugriff erfolgt aus dem UWL-Administrations-iView.

5. Verwenden Sie im Tag `<View>` selbst die Eigenschaft `name`, um die Ansicht umzubenennen. Fügen Sie im Block `<View> </View>` ein Tag `<Descriptions>` hinzu, das der Benutzer in der UWL-Inbox auswählt, um die Unteransicht anzuzeigen. Ändern Sie die Eigenschaft `supportedItemTypes`, um die Ansicht auf Item-Typen (Workitems) einzuschränken, die auf Ihrer Aufgabe basieren, z. B. `uwl.webflow.TS90000001`.

Hinweis

Wenn Sie mehrere Workitem-Typen zu Gruppen (Workitems) zusammenfassen möchten, trennen Sie diese einfach durch Kommas in der Liste `supportedItemTypes`.

6. Ändern Sie im Tag `<ItemType>` die Eigenschaft `defaultView` in den Namen der neuen Ansicht.
7. Verwenden Sie das UWL-Administrations-iView, um Ihre UWL-XML-Konfigurationsdatei hochzuladen, und leeren Sie den Cache, damit die Änderungen umgehend wirksam werden.

Wenn dem Benutzer Workitems in seiner UWL-Inbox angezeigt werden, die über Ihre Aufgabe generiert wurden, kann automatisch auch die Unteransicht ausgewählt werden. Der Benutzer kann die Unteransicht auswählen, um die Liste vorübergehend zu filtern (siehe Abbildung 31.4). Mit der Option No Subview kehrt er zur vollständigen Liste zurück.

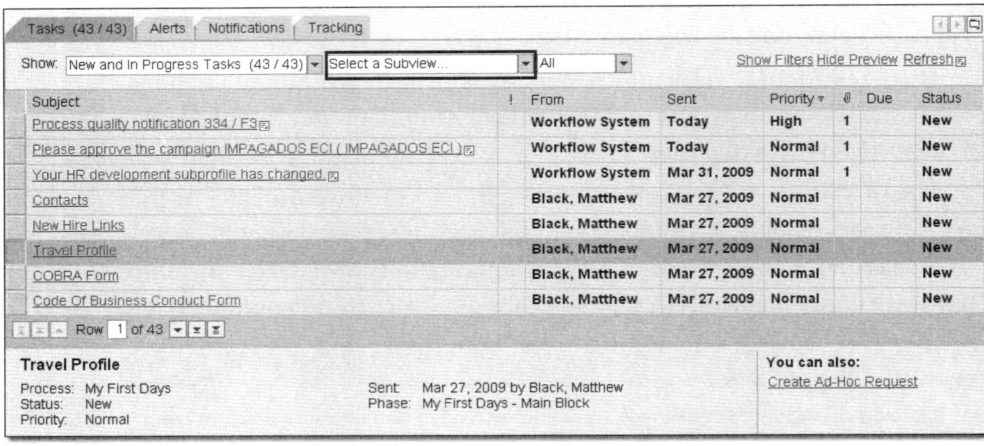

Abbildung 31.4 Filter (Unteransicht) in der UWL-Inbox

Nachdem Sie einen Filter (Unteransicht) angelegt haben, können Sie diesen erweitern. Dazu haben Sie folgende Möglichkeiten:

- Ändern der Spalten- oder Sortierreihenfolge
- Hinzufügen oder Entfernen von Spalten
- Hinzufügen benutzerspezifischer Attributen, die auf den Workitem-Containerelementen basieren, z. B. für den Einsatz als zusätzliche Spalten
- Umbenennen von Buttons oder Hinzufügen entsprechender Textanweisungen, z. B. das Umbenennen des Standardbuttons Launch Web Dynpro in Open Form
- Hinzufügen spezieller Buttons zu Ihrem Filter, z. B. zum Starten spezieller Funktionen

Hinweis

Wenn Sie mehrere Filter anlegen, müssen Sie möglicherweise die PCD-Einstellung für die UWL anpassen, über die die Anzahl der Unteransichten eingeschränkt wird, die in einer Inbox angezeigt werden können.

31.5.2 Buttons (Aktionen)

Wenn Sie über einen Filter verfügen, möchten Sie oftmals Buttons hinzufügen, um filterspezifische Funktionen zur Verfügung zu stellen, oder Sie möchten Buttons um Beschreibungen erweitern, die ihren Zweck erläutern. Buttons werden über das `<Action>`-Tag in den XML-Konfigurationsdateien der UWL gesteuert. Die Position, an der der Button in der Inbox erscheint, hängt von der Verknüpfung des `<Action>`-Tags mit einem übergeordneten Tag und einigen spezifischen Eigenschaften des `<Action>`-Tags selbst ab.

Wenn Sie einen eigenen Button hinzufügen möchten, über den der Benutzer auf eine bestimmte Portalseite weitergeleitet wird, müssen Sie (vergleichbar mit dem Button HR ADMIN WORK CENTER, der in der XML-Datei *HRAdmin* bereitgestellt wird) wie folgt vorgehen:

1. Fügen Sie Ihr Tag `<Action>` im Tag `<Actions>` im oberen Teil der vorangegangenen UWL-XML-Konfigurationsdatei hinzu, also vor allen Item-Typen und Ansichten. Das Action-Tag muss die Eigenschaft `handler` enthalten, durch die bestimmt wird, welcher Typ von der Anwendung aufgerufen wird. Legen Sie weitere für diesen Handler-Typ geeignete Eigenschaften fest, um anzugeben, wie die Anwendung aufgerufen werden soll, z. B. die Anwendungs-ID.
2. Fügen Sie ein Tag `<Descriptions>` hinzu, um dem Button einen aussagekräftigen Namen für den Benutzer zuzuweisen
3. Passen Sie die anderen Eigenschaften nach Bedarf an, um die Platzierung des Buttons festzulegen. `display_order_priority` wird z. B. verwendet, um die Anordnung der Buttons von links nach rechts festzulegen. `groupAction` legt fest, in welchem Content-Bereich der Button angezeigt werden soll (z. B., ob er im Abschnitt YOU CAN ALSO DO eines Workitems erscheinen soll).
4. Verknüpfen Sie die Aktion mit dem relevanten `ItemType` (für den Zugriff auf Workitem-Ebene) oder mit der relevanten Ansicht (für den Zugriff auf Filterebene), indem Sie im relevanten Block `<ItemType></ItemType>` oder `<View></View>` einen Verweis einfügen.
5. Verwenden Sie das UWL-Administrations-iView, um Ihre UWL-XML-Konfigurationsdatei hochzuladen, und leeren Sie den Cache, damit die Änderungen umgehend wirksam werden.

Der Button wird anschließend immer dann angezeigt, wenn das Workitem oder der Filter verwendet wird.

Weitere Bücher des Autors

SAP ERP HCM Processes and Forms von Justin Morgalis and Brandon Toombs (SAP PRESS 2013)

Die SAP-Lösungen für Governance, Risk & Compliance beinhalten verschiedene Produkte, die meistens als ABAP-Anwendungen auf der Standard-SAP-NetWeaver/Basis-Plattform laufen. Die SAP Business Workflow Engine baut auf dem Workflow der auf SAP NetWeaver basierenden GRC-Produkte auf; in diesem Kapitel stellen wir Ihnen einige wichtige Abweichungen davon vor.

32 SAP Governance, Risk & Compliance

Von Atul Sudhalkar

In den früheren Kapiteln dieses Buches wurden ausführlich die Grundlagen der Konzepte, des Betriebs, der Anpassungen und der Fehlerbehebung der SAP Business Workflow Engines (Kern) beschrieben. Der Workflow der Produkte von SAP-Lösungen für Governance, Risk & Compliance (GRC) nutzt die SAP-Business-Workflow-Komponenten, baut aber unterschiedlich darauf auf. GRC enthält mehrere Produkte, von denen die meisten auf standardmäßiger ABAP-Technologie basieren. Diese Produkte bauen alle auf dem standardmäßigen SAP Business Workflow auf, aber es sollten auch einige weitere Funktionen erwähnt werden.

Hinweis

Zur Drucklegung dieses Buches ist 10.1 die aktuelle Version von GRC. Die letzte Version enthielt einige Änderungen an SAP Business Workflow, aber die meisten Informationen hier gelten auch für die Version 10.0.

In diesem Kapitel befassen wir uns mit den verschiedenen Anwendungen, aus denen die GRC-Lösung von SAP besteht, und dann mit dem GRC-Workflow in drei der Kernprodukte, um zu erfahren, wie sie vom SAP-Business-Workflow-Standard abweichen oder darauf aufbauen.

32.1 Übersicht der GRC-Anwendungen von SAP

Die GRC-Anwendungen enthalten sechs Produkte:

- **SAP Access Control (AC)**
  Mit SAP Access Control können Kunden dafür sorgen, dass ihre Mitarbeiter über die für ihre Business Application Suites erforderlichen Zugriffsberechtigungen verfügen. Die wichtigsten Bestandteile von AC sind Access Risk Analysis, Business Role Manager, Emergency Access Management und User Access Management. AC bietet eine sehr flexible und vom Benutzer konfigurierbare Schicht oberhalb von SAP Business Workflow, die als *MSMP Workflow Engine* (Multi-Stage, Multi-Path) bezeichnet wird. Dadurch können Benutzer Regeln für die Initialisierung und Weiterleitung von Workflows und für die Bearbeiterfindung konfigurieren. Diese Regeln können von SAP bereitgestellte Vorlagen verwenden, die sehr flexibel und effektiv sind. Außerdem können Kunden mit der standardmäßigen SAP-NetWeaver-Regel-Engine BRFplus oder durch Schreiben von benutzerdefiniertem ABAP-Code noch effektivere Regeln konfigurieren. MSMP versioniert seine Regeln, sodass bereits ausgeführte Workflows abgeschlossen und geprüft werden können, ohne dass Validierungsprobleme auftreten, wenn Kunden die Workflow-Definition ändern.
- **SAP Process Control (PC)**
  Dieses Produkt hilft Kunden dabei, Regelungen und Richtlinien einzuhalten. Kunden modellieren ihre Geschäftsprozesse, Anwendungsvorgaben und Richtlinien. Sie entwickeln Geschäftsprozesssteuerungen entsprechend ihren Zielsetzungen, bestimmen die Effektivität und überwachen die Einhaltung (Compliance) dieser Steuerungen. Da ein so großer Teil des Workflows in PC Verfolgung und Prüfprotokolle erfordert, arbeitet PC Workflow mit SAP Folders Management (zuvor SAP Case Management) zusammen. Dies bedeutet, dass bei der Anpassung von PC Workflow außerhalb des IMG-Frameworks, wenn dies möglich ist, besonders vorsichtig vorgegangen werden muss,.
- **SAP Risk Management (RM)**
  Modelliert die Risiken, ihre Ursachen und ihre Auswirkungen auf eine Organisation. RM bietet auch Methoden für die Überwachung von Risikometriken (Key Risk Indicators (KRIs)) und ermöglicht Benachrichtigungen von Benutzern über erhöhte Risiken. Während diese Art von Workflow eine ziemlich normale Verwendung von SAP Business Workflow ist, gibt

es auch das spezialisierte RM-Modul Operational Risk Management (ORM), das auf die Bankbranche ausgerichtet ist und eine spezielle Verwendung von Workflows ermöglicht.

- **SAP Global Trade Services (GTS)**
  Ermöglicht spezielle Übereinstimmung mit Handelsbestimmungen wie ITAR (International Traffic in Arms Regulations), Zollbestimmungen etc.
- **SAP Audit Management (AM)**
  Im Gegensatz zu den bereits in dieser Liste beschriebenen GRC-Produkten ist AM eine native SAP-HANA-Anwendung, die nicht auf SAP NetWeaver basiert.
- **SAP Fraud Management (FM)**
  Ebenso wie AM ist auch FM ein native SAP-HANA-Anwendung.

Von diesen Anwendungen bieten AC und ORM Workflow-Engines mit einem hohen Maß an Konfigurierbarkeit über dem SAP Business Workflow. PC bietet dagegen hohe Flexibilität für rollenbasierte Bearbeitungsfindungstechniken. PC ermöglicht auch ein sehr fein strukturiertes Geschäftsvorfallmodell, das es Kunden erlaubt, Geschäftsvorfälle mit einer Workflow-Vorlage zu verbinden. GTS funktioniert am direktesten mit dem zugrunde liegenden SAP Business Workflow, und dafür sind kaum Erklärungen notwendig. AM und FM sind native SAP-HANA-Anwendungen und weisen daher keine relevanten Workflow-Funktionen auf, obwohl die Integration mit SAP Jam for Mobile eine alternative Methode für Zusammenarbeit und Verfolgung ist.

Im weiteren Verlauf dieses Kapitels wird der Workflow in AC, PC und RM beschrieben.

32.2 MSMP-Genehmigungs-Workflow (Multi-Stage, Multi-Path) in GRC Access Control

Eine Herausforderung bei SAP Business Workflow besteht darin, dass eine Veränderung der Routing-Logik des Workflows nichts für schwache Nerven ist. ABAP-Programmierung ist oft notwendig und hat dann Auswirkungen auf die Entwicklungs-, Test- und Implementierungszyklen. Dies erhöht auch die Upgrade- und Support-Herausforderungen für Kunden, was die Unsicherheit und das Risiko für Systemadministratoren und Wartungsspezialisten vergrößert.

Genehmigungs-Workflows für Zugriffsanforderungen sind dagegen von Kunde zu Kunde sehr unterschiedlich. Genehmigungen können je nach gewünschtem Zugriff auch für einen einzelnen Kunden abweichen, und dieser Zugriff kann sich verändern, wenn die IT- und Compliance-Abläufe weiterentwickelt werden. Um diese Aktualisierungen zu vereinfachen, die Änderungen zu lokalisieren und dennoch zu vermeiden, dass die Komplexität noch weiter vergrößert wird, hat das GRC-Team das Konzept des MSMP-Genehmigungs-Workflows (Multi-Stage, Multi-Path) mit mehreren Pfaden entwickelt.

Die Anforderung eines Benutzers, auf einen Geschäftsprozess oder einen Schritt zugreifen zu können, sollte idealerweise aus verschiedenen Perspektiven bewertet werden. Ist für ihren Job Zugriff erforderlich? Steht er in Konflikt (verletzt SoD-Bestimmungen (Segregation of Duties)) mit weiteren Zugriffsmöglichkeiten, die sie bereits haben? Gilt der angeforderte Zugriff als sensibel oder kritisch und erfordert eine genauere Überprüfung?

Es ist für einen Genehmigenden nur in wenigen Fällen möglich, alle Perspektiven zu verstehen, die sich auf die Entscheidung für oder gegen die Gewährung von Zugriffsrechten für einen Benutzer auswirken. Für eine effiziente Organisation müssen einfache Anforderungen einfache Genehmigungsprozesse durchlaufen, während für sensiblen, funktionsübergreifenden oder anderweitig eingeschränkten Zugriff stringente Genehmigungsprozesse befolgt werden sollten.

In den folgenden Abschnitten befassen wir uns mit der MSMP-Funktionalität, dann mit den verschiedenen Konfigurationsschritten für MSMP.

32.2.1 MSMP-Funktionalität

Der zentrale Aspekt bei MSMP besteht darin, dass Entscheidungen für einzelne Anforderungen nach einer einzelnen Folge von Schritten des Genehmigenden erfolgen, aber andere Situationen komplizierteres Routing erfordern können. Dafür bietet MSMP die beiden folgenden Konzepte in seinem Namen: mehrere Pfade und mehrere Stufen. In den folgenden Unterabschnitten beschreiben wir kurz die wichtigsten Funktionen von MSMP und umreißen die für die Konfiguration erforderlichen Schritte.

Stufen und Pfade

Abbildung 32.1 illustriert das Konzept von Stufe und Pfad: Eine Anforderung startet den Genehmigungs-Workflow, der in mehrere Arbeitspläne aufgeteilt werden kann, die als *Pfade* bezeichnet werden. Diese Pfade werden parallel ausgeführt, was bedeutet, dass sie gleichzeitig an Genehmigende weitergeleitet und unabhängig verarbeitet werden, bis sie alle abgeschlossen sind. Zu diesem Zeitpunkt ist der Workflow abgeschlossen, und die Nachverarbeitung der Anforderung beginnt. Innerhalb eines Pfads ist eine Abfolge von Genehmigenden möglich, was als *Stufen* bezeichnet wird.

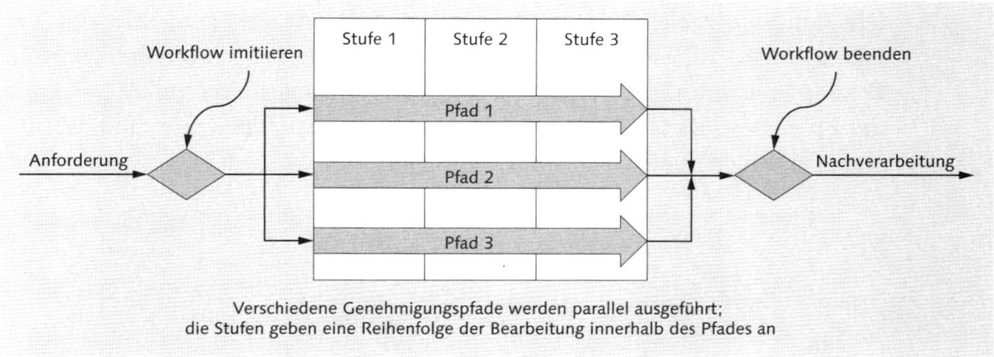

Abbildung 32.1 MSMP-Genehmigungs-Workflow (Multi-Stage, Multi-Path)

MSMP bietet Kunden solche Flexibilität über konfigurierbare Regeln. MSMP nutzt die Regel-Engine des SAP-NetWeaver-Standards BRFplus, die hohe Leistung und Flexibilität bietet. BRFplus erfordert etwas Vorbereitung und Schulung, ist aber einfacher zu verwenden als ABAP-Programmierung und bietet Simulationen, um Benutzer beim Testen von Regeln zu unterstützen, bevor sie sie für die Produktion bereitstellen. Das Erstellen von BRFplus-Regeln und Bereitstellen für die Produktion ist auch einfacher als der entsprechende Vorgang in ABAP. Schließlich ist die Feinabstimmung von BRFplus-Regeln weitaus einfacher als mit ABAP.

Im Rest dieses Abschnitts beschreiben wir kurz die wichtigsten Funktionen von MMSP und umreißen die für die Konfiguration erforderlichen Schritte. Ausführliche Erklärungen zur Konfiguration und Verwendung von MSMP-Workflow finden Sie in dem Buch *Implementing SAP Governance, Risk, and Compliance* (SAP PRESS 2014).

MSMP-Funktionsübersicht

Abbildung 32.2 zeigt eine erweiterte Ansicht eines MSMP-Workflow-Diagramms. Eine Benutzeraktivität beginnt von links und initiiert den Workflow ❶. Dadurch werden die Transaktion und der Benutzerkontext der

Anforderung an die Workflow-Engine übertragen. Initiierungsregeln werden zu Beginn ausgeführt und ermöglichen die logische Validierung und Konsistenzprüfungen. Entsprechend dem festgelegten Genehmigungsprozess (beschrieben in Abschnitt 32.2.2, »Konfiguration von MSMP-Workflow«) kann der Workflow in mehrere parallele Pfade aufgeteilt werden. Wenn die einzelnen Stufen in einem Pfad erreicht werden, bestimmen die Bearbeiterfindungsregeln ❷, an wen der Workflow weitergeleitet wird. Die Routing-Regeln ❸ bestimmen die Abfolge der Schritte, die von der Workflow-Ausführung ausgeführt werden, und die Benachrichtigungsregeln ❹ können währenddessen in diesen Schritten Nachrichten senden. Das Ende des Prozesses löst schließlich Nachbearbeitungsaktivitäten wie die tatsächliche Erfüllung einer Zugriffsanforderung aus.

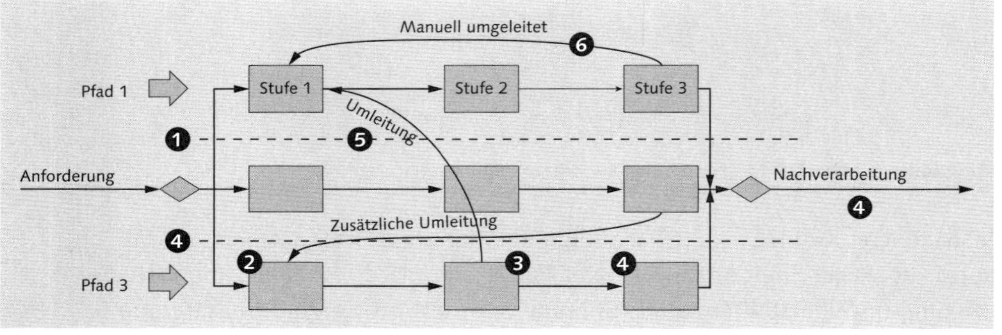

Abbildung 32.2 MSMP-Funktionen im Überblick

Routing-Varianten

Zusätzlich zum konfigurierten Ablauf ermöglicht MSMP in bestimmten Situationen Umleitungen. Eine Metrik für ein höheres Risiko kann einen Umweg von Vorgesetzten in einer betrieblichen Hierarchie über Compliance-Verantwortliche auslösen (siehe Abbildung 32.3).

In manchen Situationen kann eine manuelle Neuinitiierung verwendet werden. Wenn sich z. B. ein Genehmigender für Sicherheit dafür entscheidet, die angeforderte Rolle durch eine andere Rolle zu ersetzen, kann es aus Geschäftsprozessperspektive sinnvoll sein, eine Umleitung zur Genehmigung durchzuführen (siehe Abbildung 32.4). In dieser Abbildung wird außerdem das Konzept dargestellt, dass unterschiedliche Komponenten einer Anforderung (in diesem Beispiel der angeforderte Zugriff auf Material und Kreditoren-Management) aufgeteilt werden können, wobei jeweils unterschiedliche Genehmigungspfade genutzt werden.

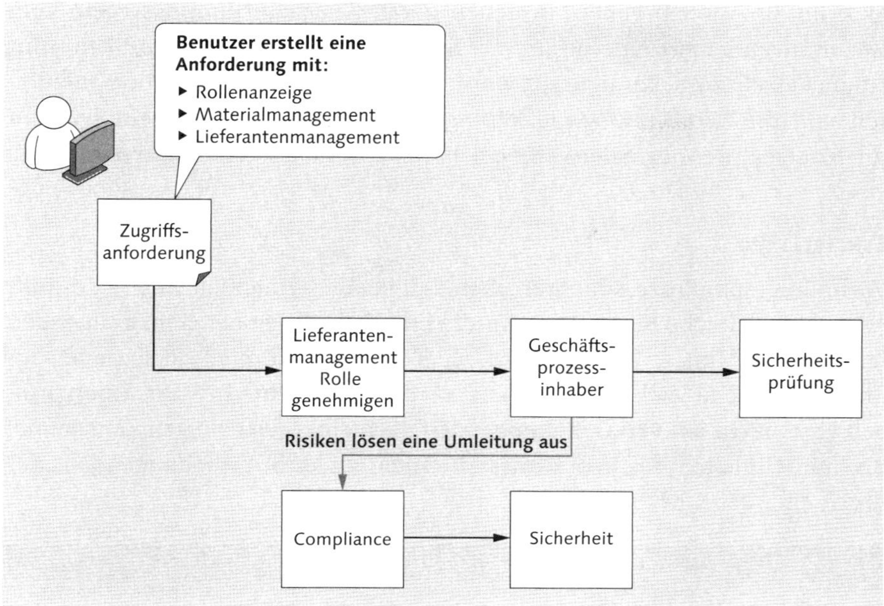

Abbildung 32.3 Umwege im MSMP-Ablauf

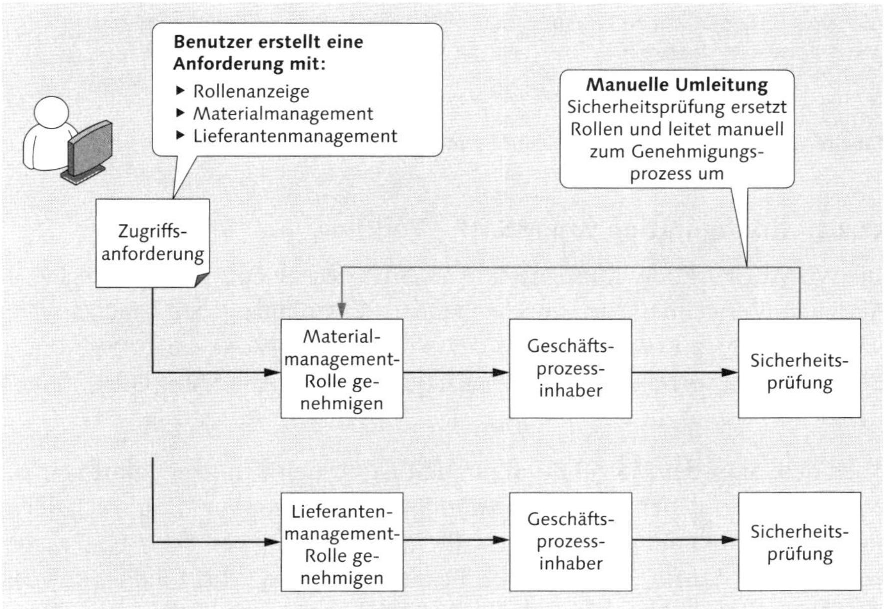

Abbildung 32.4 Manuelles Umleiten in MSMP-Workflow

Es kann Situationen geben, in denen durch Bearbeiterfindungsregeln kein Genehmigender für eine bestimmte Stufe gefunden wird. MSMP kann mit einem »Fluchtweg« konfiguriert werden, um die Deadlock-Situation aufzulösen und die Workflow-Weiterleitung zu einem anderen Genehmigenden fortzusetzen, der normalerweise der nächste Genehmigende im Pfad ist.

Eskalationen

Wenn in einem Prozess mehrere Genehmigende vorhanden sind, ist es hilfreich, eine zeitliche Begrenzung für die Entscheidungen der Genehmigenden festlegen zu können. Wie Sie in Tabelle 32.1 sehen, können Eskalationen auf unterschiedliche Weise konfiguriert werden, von keine bis zum Überspringen eines nicht aktiven Genehmigenden nach einer festgelegten Zeitspanne, bis zum Umleiten des Workflows zu einem anderen Genehmigenden, der durch eine Regel bestimmt wird.

Option	Prozess
Variante 1: keine Eskalation	–
Variante 2: zur nächsten Stufe	Konfiguration der Zeitspanne bis zum Auslösen der Eskalation
Variante 3: Eskalation zu einem bestimmten Bearbeiter	Konfiguration der Zeitspanne bis zum Auslösen der Eskalation Auswahl des Eskalationsbearbeiters

Tabelle 32.1 Konfiguration von Eskalationsoptionen in MSMP-Workflow

32.2.2 Konfiguration von MSMP-Workflow

Die MSMP-Workflow-Konfiguration in SAP Access Control ist eine IMG-Aktivität. Verwenden Sie im SAP-Standard-Customizing den Pfad GOVERNANCE, RISK AND COMPLIANCE • ACCESS CONTROL • WORKFLOW FOR ACCESS CONTROL • MAINTAIN MSMP WORKFLOWS, wie in Abbildung 32.5 dargestellt.

Nach dem Start der MSMP-Konfiguration ist für den Benutzer sofort klar zu erkennen, dass sieben Schritte zur Konfiguration dieser Funktion vorhanden sind, wie in Abbildung 32.6 dargestellt. Die Bedeutung von Schritt 2 (PFLEGE VON REGELN), Schritt 3 (PFLEGE VON BEARBEITERN) und Schritt 5 (PFLEGE VON PFADEN) sollte Ihnen aufgrund der Beschreibung der Funktion schon klar sein.

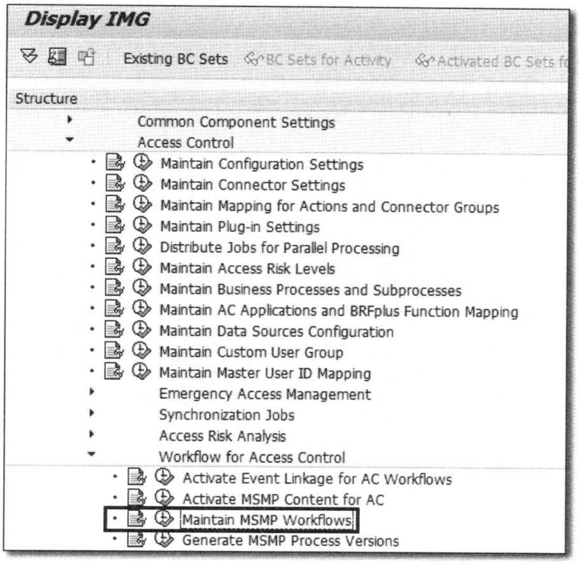

Abbildung 32.5 IMG-Pfad für die Konfiguration von MSMP-Workflow

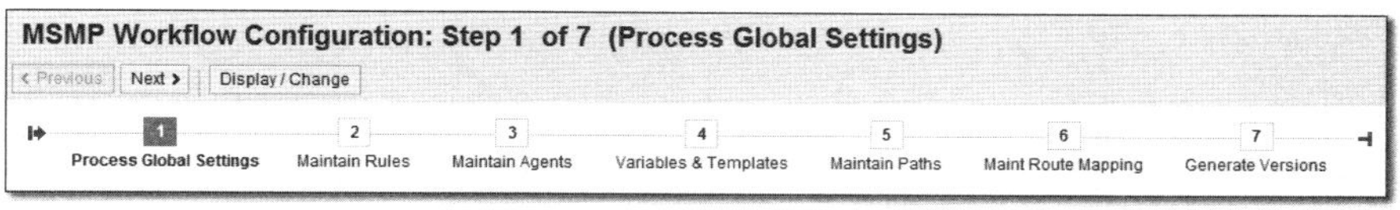

Abbildung 32.6 Übersicht über MSMP-Konfigurationsschritte

Schritt 1: Globale Einstellungen bearbeiten

Durch den Schritt PROCESS GLOBAL SETTINGS (Bearbeiten globaler Einstellungen) werden die verschiedenen Prozesse in AC aufgelistet, für die MSMP-Workflow verfügbar ist (siehe Abbildung 32.7).

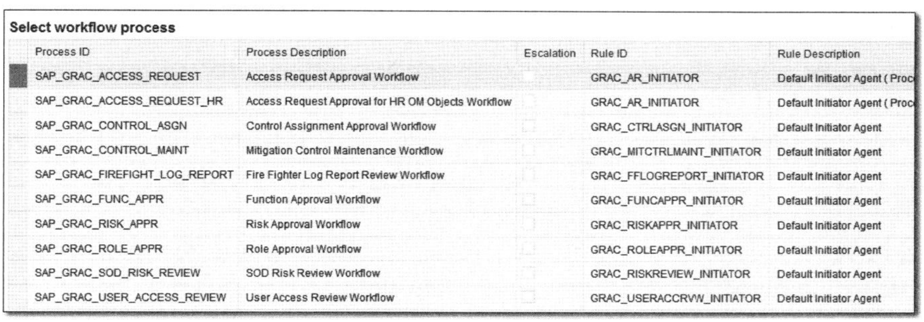

Select workflow process

Process ID	Process Description	Escalation	Rule ID	Rule Description
SAP_GRAC_ACCESS_REQUEST	Access Request Approval Workflow		GRAC_AR_INITIATOR	Default Initiator Agent (Proc
SAP_GRAC_ACCESS_REQUEST_HR	Access Request Approval for HR OM Objects Workflow		GRAC_AR_INITIATOR	Default Initiator Agent (Proc
SAP_GRAC_CONTROL_ASGN	Control Assignment Approval Workflow		GRAC_CTRLASGN_INITIATOR	Default Initiator Agent
SAP_GRAC_CONTROL_MAINT	Mitigation Control Maintenance Workflow		GRAC_MITCTRLMAINT_INITIATOR	Default Initiator Agent
SAP_GRAC_FIREFIGHT_LOG_REPORT	Fire Fighter Log Report Review Workflow		GRAC_FFLOGREPORT_INITIATOR	Default Initiator Agent
SAP_GRAC_FUNC_APPR	Function Approval Workflow		GRAC_FUNCAPPR_INITIATOR	Default Initiator Agent
SAP_GRAC_RISK_APPR	Risk Approval Workflow		GRAC_RISKAPPR_INITIATOR	Default Initiator Agent
SAP_GRAC_ROLE_APPR	Role Approval Workflow		GRAC_ROLEAPPR_INITIATOR	Default Initiator Agent
SAP_GRAC_SOD_RISK_REVIEW	SOD Risk Review Workflow		GRAC_RISKREVIEW_INITIATOR	Default Initiator Agent
SAP_GRAC_USER_ACCESS_REVIEW	User Access Review Workflow		GRAC_USERACCRVW_INITIATOR	Default Initiator Agent

Abbildung 32.7 MSMP-Konfiguration: Schritt 1

Abbildung 32.8 zeigt den zweiten Teil des Dialogs aus Schritt 1. Auch hier sollten Bedeutung und Verwendung dieser Konfigurationen aus der Beschreibung der Funktion relativ offensichtlich sein.

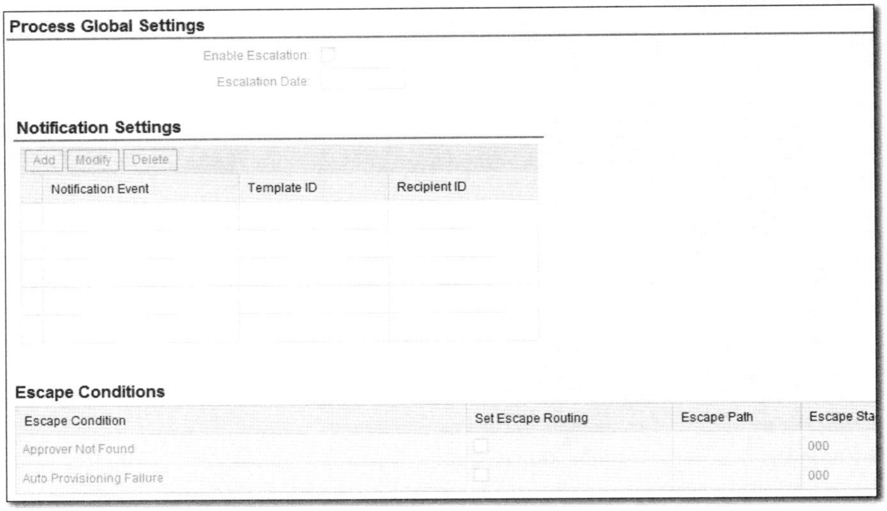

Abbildung 32.8 MSMP-Konfiguration: Schritt 1 – Fortsetzung

Schritt 2: Regeln pflegen

In dem Schritt Maintain Rules kann der Benutzer den Initiator, den Bearbeiter, die Benachrichtigung und die Routing-Regeln bestimmen. Es werden drei Arten von Regeln unterstützt: basierend auf ABAP-Funktionsmodulen, ABAP-Klassen oder der BRFplus-Regel-Engine.

Schritt 3: Bearbeiter pflegen

In dem Schritt Maintain Agents wird der Prozess der Bearbeiterfindung konfiguriert. Bearbeiter haben in MSMP-Workflow zwei Rollen: Sie erhalten Benachrichtigungen verschiedener Ereignisse und können als Genehmigende von Anforderungen eine aktive Rolle einnehmen. Diese beiden Regeln werden in MSMP als Zielsetzung für den Bearbeiter bezeichnet. Es gibt für die Bearbeiterfindung vier Möglichkeiten (auch: Bearbeitertypen): über Application Programming Interface (API) (implementiert über Funktionsmodule oder BRFplus), durch direkte Zuordnung von Benutzern, über PFCG-Rollen von Transaktionen oder über Benutzergruppen.

Schritt 4: Variablen und Vorlagen

Im Schritt VARIABLES & TEMPLATES wird Transaktion SE61 (Belegpflege) dazu verwendet, die E-Mail-Benachrichtigungsmuster festzulegen. In diesem Kontext sind Variablen Parameter im Mustertext, an die Werte zur Laufzeit gebunden werden können.

Schritt 5: Pfade pflegen

Mit dem Schritt MAINTAIN PATHS können Benutzer sowohl Pfade als auch Stufen (siehe Abbildung 32.1) in jedem Pfad festlegen. Für die Bestimmung eines neuen Pfads müssen Sie mindestens eine Stufe in diesem Pfad zusammen mit einer verbundenen Bearbeiterfindungsregel bestimmen. Abbildung 32.9 zeigt, wie Details jeder Stufe konfiguriert werden. Sie können viele der Optionen und Einstellungen auf dieser Seite einfach den bereits beschriebenen Funktionen von MSMP zuordnen.

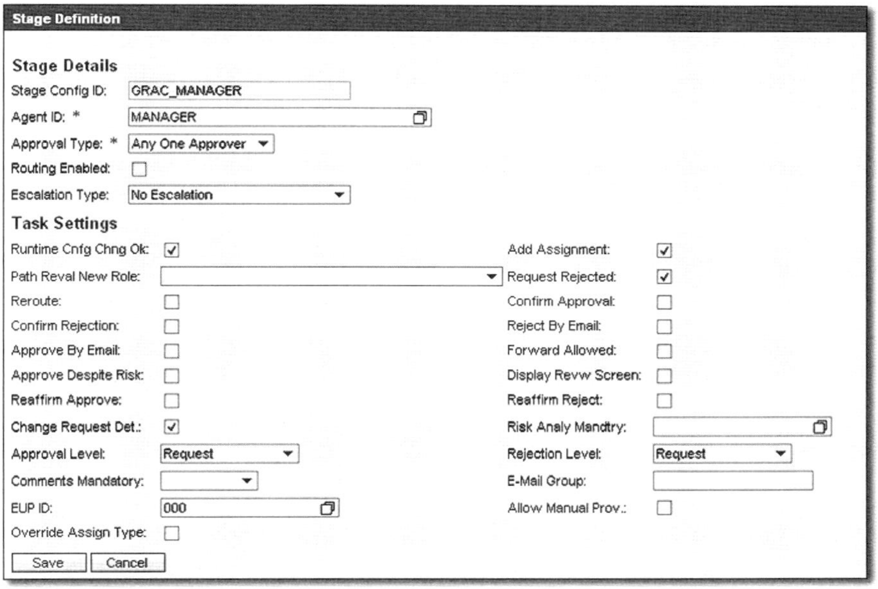

Abbildung 32.9 MSMP-Konfiguration: Stufendetails

Schritt 6: Routenzuordnung pflegen

Durch den Schritt MAINTAIN ROUTE MAPPING werden tatsächliche Pfade (wie im letzten Schritt definiert) mit den Ergebnissen der Initiatorregel verbunden (siehe Abbildung 32.1). Dieser Schritt ermöglicht die Konfiguration der Umleitungsauslösungsregeln (siehe Abbildung 32.3).

Schritt 7: Versionen generieren

Mit dem Schritt Generate Versions können Benutzer die Workflow-Definitionen nebenher ändern. Da Änderungen eher neue Versionen generieren, als vorhandene Workflow-Definitionen zu überschreiben, können so derzeit aktive Workflows fortgesetzt werden, und die referenzielle Integrität abgeschlossener Workflows wird beibehalten. (Sie beziehen sich auf frühere Versionen der Workflow-Definition.)

Hier ist unsere kurze Einführung in die Workflow-Engine von AC MSMP abgeschlossen.

32.3 SAP Process Control

SAP Process Control (PC) modelliert die Geschäftsprozesse eines Kunden, die Organisationshierarchie und die regulativen Bestimmungen. Indem diese und weitere vorgegebene Kontrollziele, Risikoeinschätzungen etc. in Bezug zueinander gesetzt werden, unterstützt PC die Kunden bei der Erkennung ihrer wichtigsten Compliance-Aspekte und bei der Überwachung der Kontrollfunktionen, die für diese Aspekte eingerichtet wurden.

Aktivitäten von PC-Benutzern sind z. B. Kontrolldesign-Beurteilungen, Benutzerstudien, Effektivitätstests oder die Beseitigung von Kontrollausfällen etc. Diese Arbeit erfordert eine robuste Workflow-Engine, und PC leitet Aufgaben durch das standardmäßige SAP Business Workflow an Benutzer um. Beachten Sie jedoch, dass die Arbeit der Benutzer mit PC eine umfassende Verfolgung semantischer Daten erfordert. Dazu gehören z. B. der für einen Kontrollausfall verwendete Notfallplan, die Art einer Kontrolle, ihre Schwächen etc.

Es gibt also mindestens zwei Aspekte von PC-bezogener Arbeit: Die Weiterleitung und rechtzeitige Durchführung verschiedener Aufgaben und die Erfassung und Interpretation der Benutzeraktionen. SAP Business Workflow erfüllt den ersten, aber nicht den zweiten Zweck; dazu verwendet PC das SAP Folders Management Framework.

Die meisten PC-Workflow-Aufgaben beinhalten einen SAP-Folders-Management-Fall. Fälle sind ein praktischer Behälter für PC-bezogene semantische Daten, während Workflow für Umleitung, Benachrichtigung etc. zuständig ist.

PC wird mit Workflow-Vorlagen und -Aufgaben ausgeliefert, und wir wissen aus Erfahrung, dass diese für die Anforderungen der meisten Kunden flexibel genug sind.

32.3.1 Konfiguration

Als Nächstes sehen wir uns die IMG-Einstellungen für PC Workflow an und befassen uns mit den entsprechenden Funktionen im Kontext ihrer Konfiguration. Es ist hier nicht unser Ziel, Ihnen eine ausführliche Anleitung für die PC-Workflow-Konfiguration zu geben – dazu reicht der Platz nicht aus. Dies soll nur eine kurze Einführung in das Thema sein, mit der Sie erkennen, dass IMG und die standardmäßige PC-Dokumentation für die Konfigurationsaufgaben ausreichen.

Erweitern Sie in einem GRC-10.1-System das SAP-Standard-IMG entlang dem folgenden Pfad: General Settings • Workflow • Perform Task-specific Customizing. Dadurch wird eine Seite aufgerufen, auf der alle bekannten Anwendungen aufgelistet sind, wie in Abbildung 32.10 dargestellt. Im GRC-Knoten finden Sie Knoten für die auf SAP NetWeaver basierenden GRC-Produkte: AC, PC und RM.

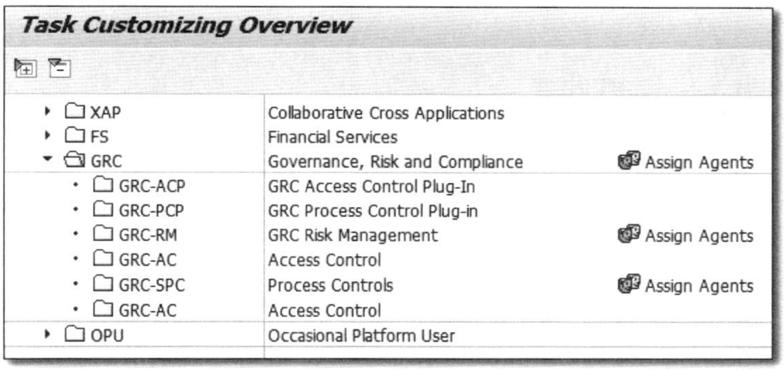

Abbildung 32.10 Workflow-Customizing

Wie Abbildung 32.10 zeigt, enthält die Zeile Process Controls einen aktiven Link mit der Bezeichnung Assign Agents. Durch Klicken auf diesen Link wird die in Abbildung 32.11 dargestellte Seite angezeigt. Auf dieser Seite sind alle Vorlagen und Aufgaben für den PC-Workflow aufgeführt. Abbildung 32.11 zeigt auch den mit PC ausgelieferten Workflow-Inhalt. Für die einzelnen Kunden und Partner kann dieser Inhalt natürlich abweichen. Beachten Sie, dass dieser Inhalt durch die meisten PC-Kunden nicht ergänzt oder verändert werden kann. Wie Sie in den nächsten Abschnitten erfahren, weist die PC-Implementierung des Workflows ausreichend Flexibilität für die meisten Anforderungen auf. Durch die Nutzung von SAP Folders Management durch PC ist Workflow-Customizing etwas kompliziert.

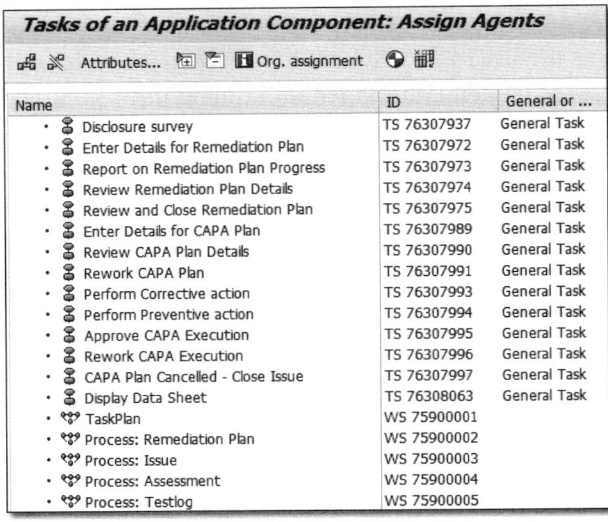

Name	ID	General or ...
Disclosure survey	TS 76307937	General Task
Enter Details for Remediation Plan	TS 76307972	General Task
Report on Remediation Plan Progress	TS 76307973	General Task
Review Remediation Plan Details	TS 76307974	General Task
Review and Close Remediation Plan	TS 76307975	General Task
Enter Details for CAPA Plan	TS 76307989	General Task
Review CAPA Plan Details	TS 76307990	General Task
Rework CAPA Plan	TS 76307991	General Task
Perform Corrective action	TS 76307993	General Task
Perform Preventive action	TS 76307994	General Task
Approve CAPA Execution	TS 76307995	General Task
Rework CAPA Execution	TS 76307996	General Task
CAPA Plan Cancelled - Close Issue	TS 76307997	General Task
Display Data Sheet	TS 76308063	General Task
TaskPlan	WS 75900001	
Process: Remediation Plan	WS 75900002	
Process: Issue	WS 75900003	
Process: Assessment	WS 75900004	
Process: Testlog	WS 75900005	

Abbildung 32.11 Aufgaben und Vorlagen des Prozesskontrolle-Workflows

Geschäftsvorfälle und Bearbeiter

Als Nächstes verwenden wir den IMG-Knoten GOVERNANCE, RISK AND COMPLIANCE • GENERAL SETTINGS • WORKFLOW • MAINTAIN CUSTOM AGENT DETERMINATION RULES. Dadurch werden bestimmte Geschäftsvorfälle, die zur PC-Kernarchitektur gehören, mit der Rolle in Beziehung gesetzt, an die der zugehörige Workflow weitergeleitet werden soll. Abbildung 32.12 zeigt den Bildschirm für die Einrichtung dieses Links.

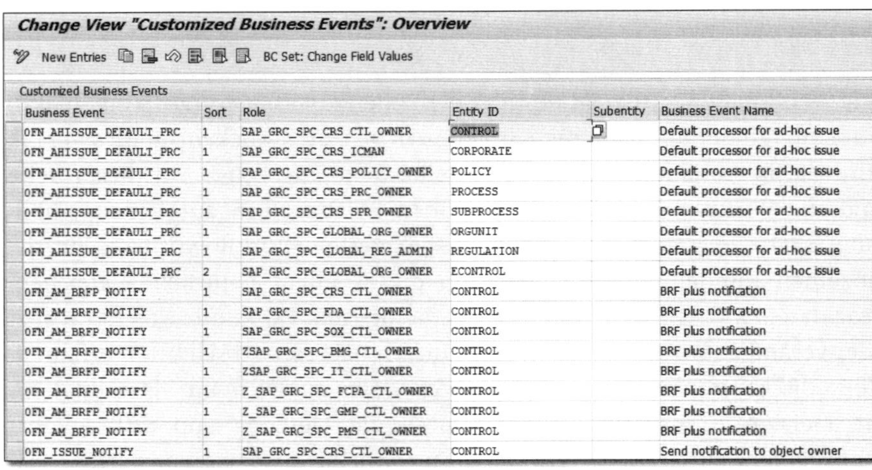

Business Event	Sort	Role	Entity ID	Subentity	Business Event Name
0FN_AHISSUE_DEFAULT_PRC	1	SAP_GRC_SPC_CRS_CTL_OWNER	CONTROL		Default processor for ad-hoc issue
0FN_AHISSUE_DEFAULT_PRC	1	SAP_GRC_SPC_CRS_ICMAN	CORPORATE		Default processor for ad-hoc issue
0FN_AHISSUE_DEFAULT_PRC	1	SAP_GRC_SPC_CRS_POLICY_OWNER	POLICY		Default processor for ad-hoc issue
0FN_AHISSUE_DEFAULT_PRC	1	SAP_GRC_SPC_CRS_PRC_OWNER	PROCESS		Default processor for ad-hoc issue
0FN_AHISSUE_DEFAULT_PRC	1	SAP_GRC_SPC_CRS_SPR_OWNER	SUBPROCESS		Default processor for ad-hoc issue
0FN_AHISSUE_DEFAULT_PRC	1	SAP_GRC_SPC_GLOBAL_ORG_OWNER	ORGUNIT		Default processor for ad-hoc issue
0FN_AHISSUE_DEFAULT_PRC	1	SAP_GRC_SPC_GLOBAL_REG_ADMIN	REGULATION		Default processor for ad-hoc issue
0FN_AHISSUE_DEFAULT_PRC	2	SAP_GRC_SPC_GLOBAL_ORG_OWNER	ECONTROL		Default processor for ad-hoc issue
0FN_AM_BRFP_NOTIFY	1	SAP_GRC_SPC_CRS_CTL_OWNER	CONTROL		BRF plus notification
0FN_AM_BRFP_NOTIFY	1	SAP_GRC_SPC_FDA_CTL_OWNER	CONTROL		BRF plus notification
0FN_AM_BRFP_NOTIFY	1	SAP_GRC_SPC_SOX_CTL_OWNER	CONTROL		BRF plus notification
0FN_AM_BRFP_NOTIFY	1	ZSAP_GRC_SPC_BMG_CTL_OWNER	CONTROL		BRF plus notification
0FN_AM_BRFP_NOTIFY	1	ZSAP_GRC_SPC_IT_CTL_OWNER	CONTROL		BRF plus notification
0FN_AM_BRFP_NOTIFY	1	Z_SAP_GRC_SPC_FCPA_CTL_OWNER	CONTROL		BRF plus notification
0FN_AM_BRFP_NOTIFY	1	Z_SAP_GRC_SPC_GMP_CTL_OWNER	CONTROL		BRF plus notification
0FN_AM_BRFP_NOTIFY	1	Z_SAP_GRC_SPC_PMS_CTL_OWNER	CONTROL		BRF plus notification
0FN_ISSUE_NOTIFY	1	SAP_GRC_SPC_CRS_CTL_OWNER	CONTROL		Send notification to object owner

Abbildung 32.12 Bearbeiterfindung für Geschäftsvorfälle

Besonders sind hier die Rollen zu beachten. Einige Rollen wie die, in denen die Buchstaben »CRS« oder »SOX« enthalten sind, sind Teil des Lieferumfangs des SAP-Produkts. Sie stehen für »Cross-Regulation« und »Sarbanes-Oxley«, wobei die SOX-Bezeichnung für die Entwicklung von PC während der wichtigsten Phase der Umsetzung von Sarbanes-Oxley steht.

SOX-, FDA- und Cross-Regulation-Rollen werden mit dem Produkt ausgeliefert. Für neue (vom Kunden erstellte) Regulierungen wird empfohlen, solche ausgelieferten Rollen als Grundlage für die neuen Regulierungen zu kopieren. Dies sollte in Transaktion PFCG im SAP GUI für das PC-System erfolgen.

Feinabstimmung des PC-Workflows

Die bereits in Abbildung 32.12 gezeigten Geschäftsereignisse (und es gibt außer den in dieser Abbildung gezeigten noch viele weitere) bieten Kunden sehr detaillierte Konfigurationsmöglichkeiten für den damit verbundenen Workflow. Aber PC ermöglicht Kunden eine noch umfassendere Kontrolle über solche Geschäftsvorfälle bezüglich deren Wirkung auf den Workflow.

Abbildung 32.13 zeigt den IMG-Pfad für PC-spezifische Workflow-Funktionen. Dies kann etwas verwirrend sein, weil sich Abbildung 32.12 eigentlich hauptsächlich auf PC bezieht. Um aber für eine kontinuierliche Benutzererfahrung zu sorgen, bleiben die Konfigurationsknoten in der IMG-Baumstruktur an ihren alten Positionen, auch wenn sich die verbundenen Funktionen weiterentwickeln.

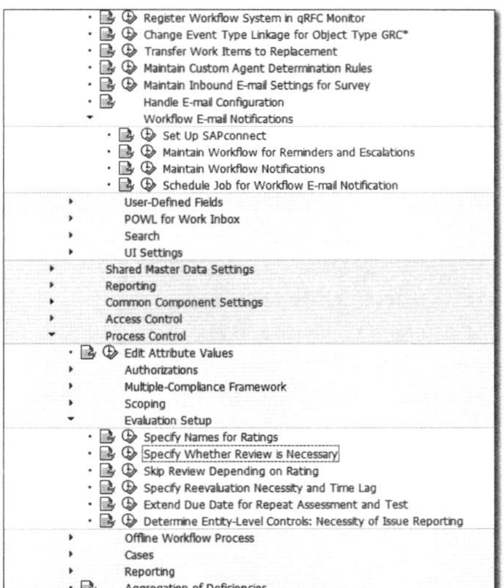

Abbildung 32.13 Feinabstimmung eines PC-spezifischen Workflows

Nach dem Link Specify Whether Review is Necessary, der in Abbildung 32.13 dargestellt ist, zeigt Abbildung 32.14, wie Sie konfigurieren können, durch welche bewertungsbezogenen Geschäftsereignisse Benachrichtigungen ausgelöst werden.

Validation

Indicator	Activate	Text
VALIDATION1	☐	Validation of Control Design Assessment
VALIDATION2	☐	Validation of Self-Assessment of Control
VALIDATION3	☐	Validation of Subprocess Design Assessment
VALIDATION4	☐	Validation of Indirect Entity Level Control Assessment
VALIDATION5	☐	Validation of Remediation Plan
VALIDATION6	☐	Validation of Manual Test of Control Effectiveness
VALIDATION7	☐	Validation of Indirect Entity Level Control Test

Position... Entry 1 of 7

Abbildung 32.14 Konfigurationsbeispiel für PC-Workflow: Validierung/Prüfung

Der nächste Link in Abbildung 32.13 ruft den in Abbildung 32.15 dargestellten Bildschirm auf, der zeigt, dass spezifische Ratings in den Ereignissen bestimmen können, ob Workflow-Benachrichtigungen tatsächlich erfolgen.

Skip Validation Depending on the Rating

Indicator	Activate	Text
SKIP_VAL_ASCD_GREEN	☐	Skip Validation of Control Design Assessment If Rating Is Gree
SKIP_VAL_ASCD_RED	☐	Skip Validation of Control Design Assessment If Rating Is Red
SKIP_VAL_ASCD_YELLOW	☐	Skip Validation of Control Design Assessment If Rating Is Yell
SKIP_VAL_ASCE_GREEN	☐	Skip Validation of self-Assessment If Rating Is Green
SKIP_VAL_ASCE_RED	☐	Skip Validation of self-Assessment If Rating Is Red
SKIP_VAL_ASCE_YELLOW	☐	Skip Validation of self-Assessment If Rating Is Yellow
SKIP_VAL_ASMC_GREEN	☐	Skip Validation of IELC Assessment If Rating Is Green
SKIP_VAL_ASMC_RED	☐	Skip Validation of IELC Assessment If Rating Is Red
SKIP_VAL_ASMC_YELLOW	☐	Skip Validation of IELC Assessment If Rating Is Yellow
SKIP_VAL_ASPD_GREEN	☐	Skip Validation of Subprocess Design Assessment If Rating Is
SKIP_VAL_ASPD_RED	☐	Skip Validation of Subprocess Design Assessment If Rating Is
SKIP_VAL_ASPD_YELLOW	☐	Skip Validation of Subprocess Design Assessment If Rating Is
SKIP_VAL_TECO_EXC	☐	Skip Validation of Control Effectiveness Test If There Are Exc
SKIP_VAL_TECO_NO_EXC	☐	Skip Validation of Control Effectiveness Test If There Are No
SKIP_VAL_TEMT_EXC	☐	Skip Validation of IELC Effectiveness Test If There Are Excep
SKIP_VAL_TEMT_NO_EXC	☐	Skip Validation of IELC Effectiveness Test If There Are No Ex

Abbildung 32.15 Konfigurationen für PC-Workflow: rating-basiertes Routing

Wenn z. B. eine Validierungsprüfung für eine Selbstbeurteilung erforderlich ist, ist die Validierung möglicherweise nur sinnvoll, wenn die Bewertung grün dargestellt wird (Selbstbeurteilung positiv). In einer regulierten Organisation sind bei fehlgeschlagenen Beurteilungen möglicherweise Prüfungen erforderlich.

Benutzerzuordnung zu Rollen

Sie haben vielleicht bemerkt, dass alle bisherigen Beschreibungen abstrakt waren: mit Bezug auf Ereignisse und Rollen und nicht darauf, welcher Benutzer welches Workflow-Routing erhält. Die Zuordnung der Benutzer zu den vielen und detaillierten PC-Rollen auf Entitätsebene sind der letzte Schritt, aber dies ist keine IMG-Konfigurationsfunktion. Dies gehört zu der PC-Stammdatenkonfiguration, die über die Seiten der Web-Dynpro-Benutzeroberfläche von PC erfolgt.

PC bietet eine Möglichkeit, bestimmten Benutzern erst sehr spät im Prozess der Stammdatenkonfiguration Rollen zuzuweisen. PC-Rollen können speziell bestimmten Regulierungen entsprechen. Natürlich unterstützt PC auch Cross-Regulation-Rollen, und ein Kunde kann entscheiden, beliebige Rollen zwischen Regulierungen zu teilen. Außerdem wird durch die Organisationsstruktur bestimmt, welcher Einzelbenutzer der Verantwortliche z. B. der Steuerung auch innerhalb dieses Frameworks ist, weil die Zuständigkeit für eine Einkaufssteuerung auf die Organisationshierarchie verteilt sein kann.

Rollen werden früh im Prozess der Stammdatenkonfiguration und gleich nach der Erstellung von Regulierungen erstellt (bzw. es werden alte Regeln wiederverwendet). Aber Benutzerzuordnungen erfolgen nur, wenn bestimmte lokale Kontrollen (die für bestimmte Organisationsknoten instanziierten zentralen Kontrollen) erstellt werden. Abbildung 32.16 zeigt die Zuordnung für die Anmeldung des Autors zu vier Rollen. Dies ist ein Beispiel für ein Stammdatenelement, für das eine solche Benutzerzuordnung erfolgt. Andere Rollen gelten für andere Stammdatenelemente. Außerdem ist die Zuordnung eines einzelnen Benutzers zu mehreren Rollen nicht die erwartete Vorgehensweise, aber Abbildung 32.16 zeigt ein eigenes SAP-Demosystem, das dafür konfiguriert ist, diese Funktion einfach darzustellen. Bei tatsächlichen Kundenimplementierungen würde z. B. SoD stärker berücksichtigt.

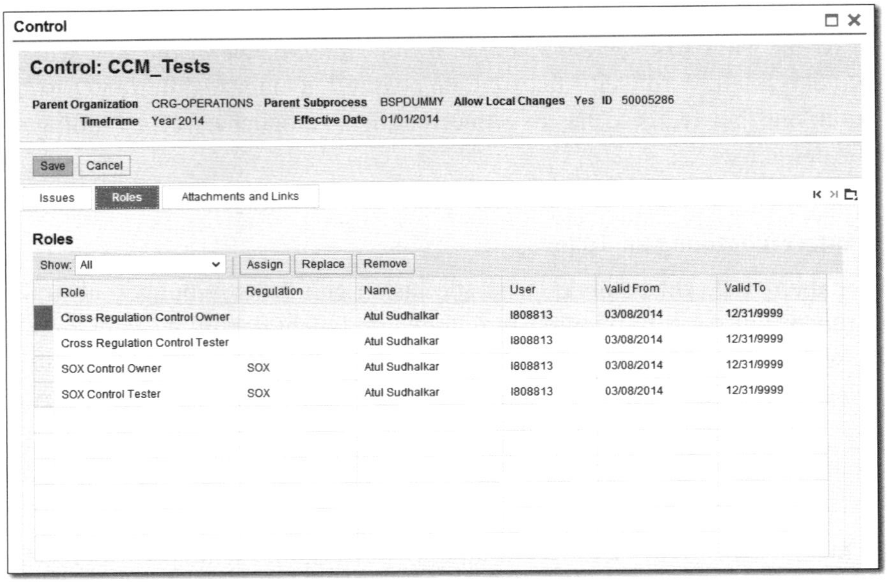

Abbildung 32.16 PC-Workflow: Benutzerzuordnung zu Rollen

32.3.2 SAP-Folders-Management-Schnittschnelle

Die meisten PC-Geschäftsvorfälle (abgesehen von einigen einfachen Benachrichtigungen) sind mit SAP-Folders-Management-Fällen verbunden. SAP Folders Management beinhaltet auch Zusammenhänge zwischen Fällen und zugehörigem Workflow. PC orientiert sich bei der Verfolgung der eigentlichen Arbeit der Benutzer, an die der Workflow geleitet wird, stark am SAP-Folders-Management-Framework. Dies ist ein Grund dafür, dass die Anpassung (also Änderungen auf Code-Ebene der mit PC verbundenen Workflow-Vorlagen und -Routings) des PC-Workflows aufwendig ist. Auch Workflow-Experten erkennen nicht immer die Beziehungen zwischen diesen beiden Frameworks und ihrer Beziehung zur PC-Architektur.

32.3.3 Beseitigung von Fehlern in PC-Workflow und Fällen

Aufgrund der bereits erwähnten engen Beziehung zwischen SAP Business Workflow und SAP Folders Management sind bei der Lösung von Problemen mit den Workflows in PC einige Kenntnisse notwendig, die über SAP Business Workflow hinausgehen. Abbildung 32.17 zeigt den IMG-Pfad zu einem Knoten, der mehrere Werkzeuge für Administratoren enthält.

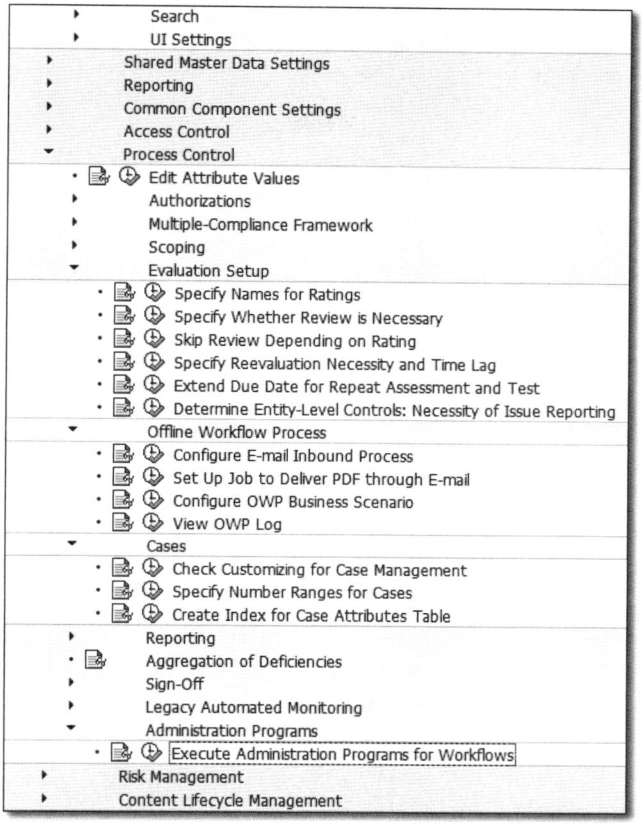

Abbildung 32.17 Fehlerbeseitigung in PC-Workflows

Abbildung 32.18 zeigt das Dashboard von SAP Folders Management, das Sie über die Schaltfläche DELETE CASES AND WORKFLOWS (Fälle und Workflows löschen) erreichen können. Da die Frameworks von SAP Business Workflow und SAP Folders Management zu SAP NetWeaver gehören und an anderer Stelle dokumentiert werden, möchten wir Sie hier nur darauf hinweisen, wo die Überschneidungen von PC und diesen Funktionen liegen.

Mit dem Customizing für SAP Folders Management sind wir bei den weiterführenden Themen angekommen. Leser, die sich so intensiv mit den PC-Funktionen beschäftigen möchten, sind bereits weiter, als wir in diesem Kapitel gehen werden.

Das Erkennen und Korrigieren oder Löschen unterbrochener Workflows und Fälle ist für PC-Kunden meistens erforderlich, besonders, wenn sie mit ihrer PC-Konfiguration und Stammdatenkonfiguration experimentieren.

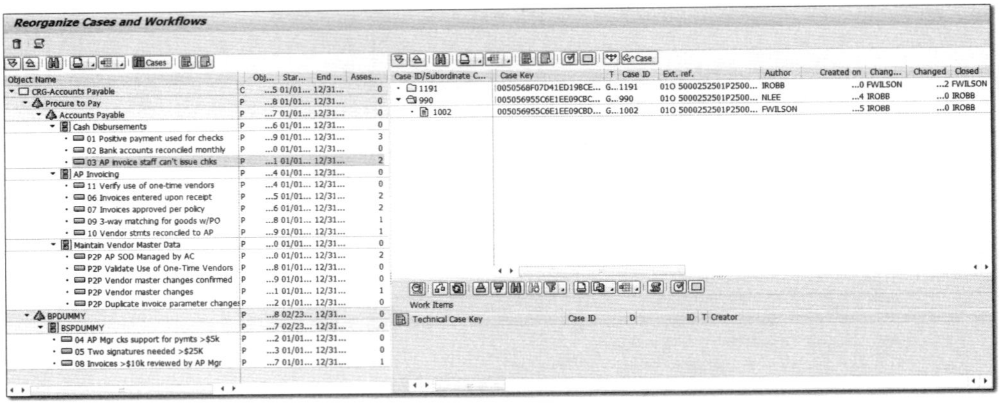

Abbildung 32.18 Fehlerbehebung in PC-Workflow SAP Folders Management

Erneut betonen wir, dass die Fehlerbehebung sicherlich ein weiterführender Themenbereich ist und dass Sie bei der Verwendung der bereits erwähnten Funktionen vorsichtig vorgehen sollten. Aufgrund der Abhängigkeit zwischen Workflows und SAP Folders Management in PC ist es für Kunden notwendig, sich in diese Bereiche vorzuwagen. Da Benutzer hier auch in sensible Bereiche gelangen können, ist dies nie einfach oder absolut sicher. Hier sind Vorsicht und Erfahrung für den Erfolg absolut wichtig.

32.4 Risk Management

Das RM-Kernprodukt (Risk Management) bietet zwei Arten von Workflows: ereignisbasierte und planungsbasierte. Der ereignisbasierte Workflow hier ähnelt stark dem ereignisbasierten Workflow, den wir in Abschnitt 32.3, »SAP Process Control«, für PC beschrieben haben. Der planungsbasierte Workflow unterscheidet sich nur in dem Sinne, dass der Geschäftsvorfall, durch den der Workflow ausgelöst wird, im Planungsmodul von RM durch den Benutzer initiiert wird.

Alle Geschäftsvorfälle für ereignisbasierte und planungsbasierte RM-Workflows sind im IMG als Teil der allgemeinen GRC-Konfiguration enthalten. Dies entspricht weitgehend der in Abschnitt 32.3.1 beschriebenen PC-Workflow-Konfiguration und wird hier nicht ausführlicher beschrieben.

Die ORM-Funktionalität (ORM = Operational Risk Management) ist eine spezielle Version der RM-Kernfunktion für Finanzinstitutionen. Die wichtigsten Kunden dieser Funktionalität sind erwartungsgemäß Banken, obwohl auch

Versicherungsunternehmen, die Finanzbereiche von Automobil- und Konsumgüterfirmen und andere Unternehmen große Vorteile aus ORM ziehen können. Kurz gesagt, unterstützt ORM RM-Kunden besser, die sich auf die Regulierungen nach Basel II, Basel III und Solvency II und andere ähnliche Regeln konzentrieren müssen.

Im Kontext dieses Kapitels spielt ORM eine Rolle, weil es eine flexible, vom Benutzer konfigurierbare Workflow-Engine für Loss Event Management enthält. Ein ORM-Workflow ist konzeptuell sehr ähnlich wie der in Abschnitt 32.2.1, »MSMP-Funktionalität«, beschriebene MSMP-Workflow in GRC Access Control. Er bietet eine gut konfigurierbare Schicht oberhalb von SAP Business Workflow, in der Kunden Routing und Bearbeiterfindung nach von ihnen definierten Regeln konfigurieren können. Es müssen nicht unbedingt ABAP-Programme geschrieben werden, um diese Flexibilität zu nutzen, die der Hauptnutzen ist, den dieser Workflow für die Kunden bietet.

Abbildung 32.19 zeigt die für ORM speziellen IMG-Knoten. Der Knoten Define Loss Event Types and Workflow Configuration (Verlustereignistypen und Workflow-Konfiguration definieren) zeigt die Details der ORM-Workflow-Konfiguration für Verlustereignisse.

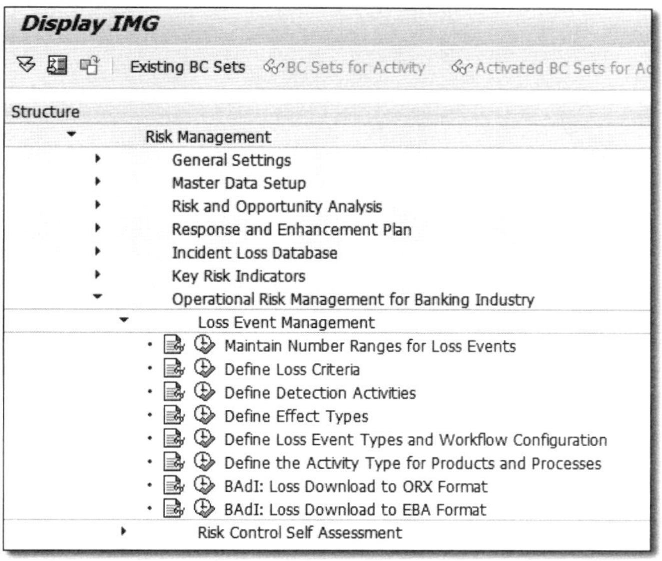

Abbildung 32.19 ORM-Konfigurationen im IMG

In Abbildung 32.20 sehen Sie unterschiedliche, für Verlustereignis-Workflows definierte Workflow-Bedingungen. Bedingungsdetails können Sie abrufen, indem Sie eine Bedingung auswählen und auf der linken Seite der Abbildung auf den Knoten WORKFLOW CONDITION DETAILS klicken.

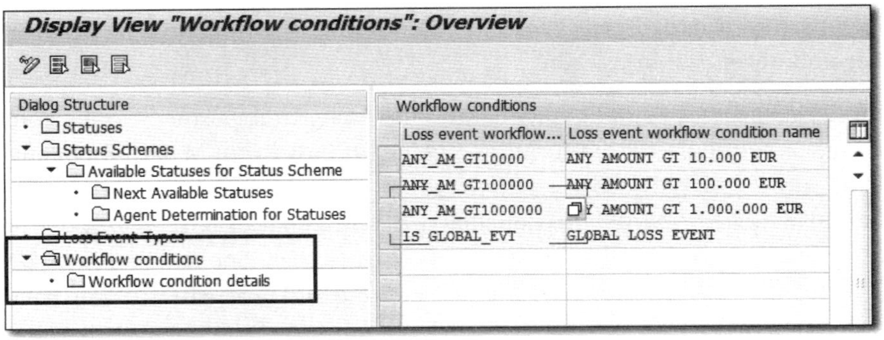

Abbildung 32.20 ORM-Workflow-Bedingungen

Dadurch wird der in Abbildung 32.21 dargestellte Bildschirm angezeigt, der Details einer ausgewählten Bedingung enthält. Mehrere Zeilen von Bedingungen werden mit dem logischen Vorgang OR kombiniert.

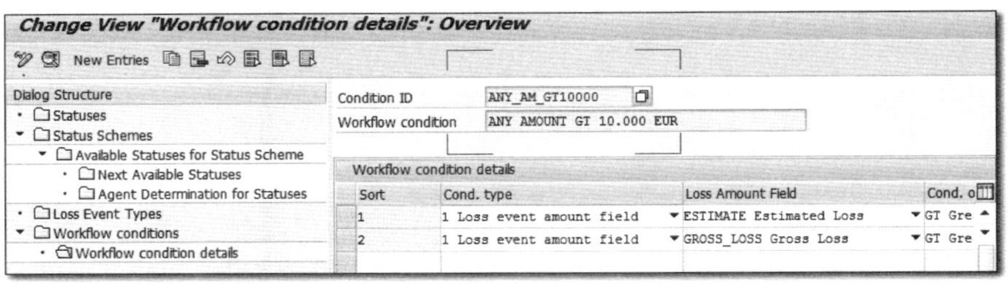

Abbildung 32.21 ORM-Workflow-Bedingungsdetails

Die speziellen Daten jeder Bedingung können weiter festgelegt werden, wie in Abbildung 32.22 dargestellt. Das Feld, das zum Vergleichen der Bedingung mit dem Verlust verwendet wird, kann aus allen verfügbaren ausgewählt werden. Obwohl es nicht in der Abbildung gezeigt wird, kann das Feld CONDITION TYPE so eingestellt werden, dass eine ABAP-Klasse für Bedingungen jeder Komplexität festgelegt wird.

Die Abfolge des Workflow-Status kann festgelegt werden, indem definiert wird, welcher Status welchem anderen Status folgen kann. Tatsächlich ist dies ein Zustandsübergangsdiagramm, und Kunden können den Datenfluss bestimmen. Abbildung 32.23 zeigt, dass der Status CHK (Geprüft) auf den Status CAP (Erfasst) folgen kann, wenn die angegebene Bedingung erfüllt ist.

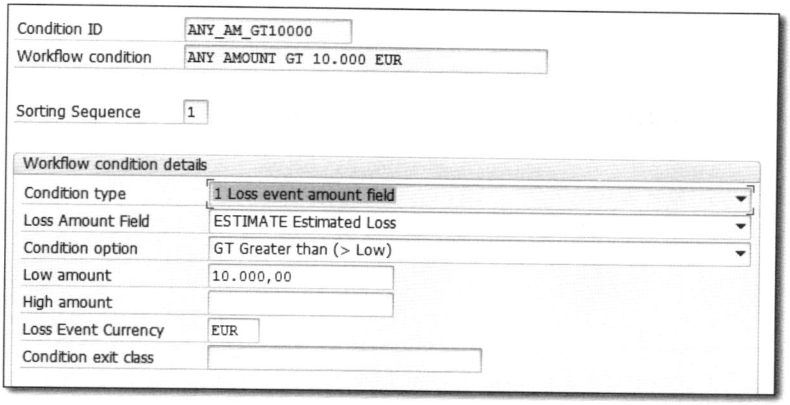

Abbildung 32.22 Customizing der Workflow-Bedingungen in ORM-Workflow

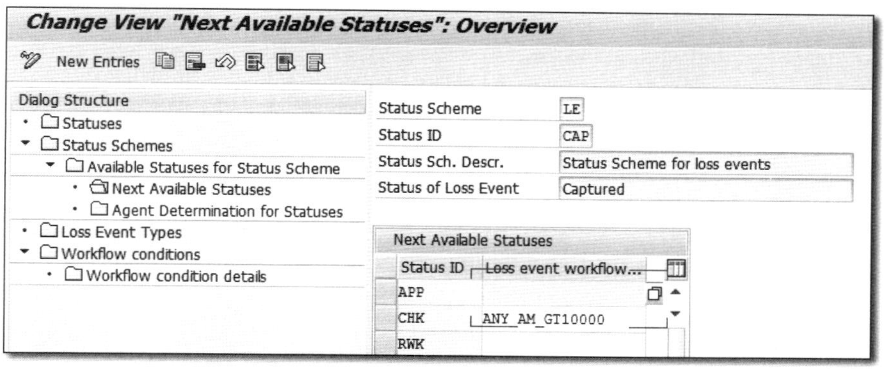

Abbildung 32.23 Zustandsübergänge für ORM-Workflow

Für jeden Zustand (oder STATUS) weist die Engine einen Bearbeiter für die Verarbeitung des Workflows zu. Dies erfolgt über den Knoten AGENT DETERMINATION FOR STATUSES (Bearbeiterzuordnung für Zustände), wie in Abbildung 32.24 gezeigt.

Die Bearbeiterfindung wird entsprechend der Sortierfolge der Tabelle im unteren rechten Abschnitt von Abbildung 32.24 fortgesetzt. Die dritte Spalte dieser Tabelle ist eine der zuvor definierten Bedingungen. Diese Bedingungen werden in der Sortierabfolge der Tabelle bewertet, und die erste mit TRUE bewertete Bedingung bestimmt den Bearbeiter. Beachten Sie, dass die dritte Zeile keine Bedingung enthält. Die verbundene Rolle wird als eine Art »Fallback«-Bearbeiter angewandt, wenn keine der vorangegangenen Bearbeiterfindungsregeln gilt.

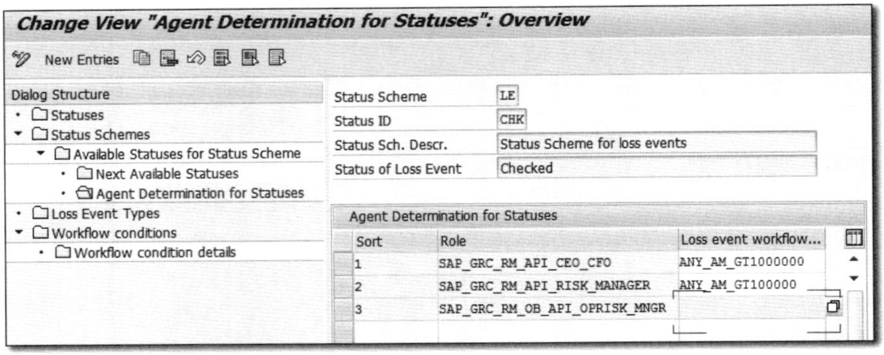

Abbildung 32.24 Bearbeiterfindung in ORM-Workflow

Weitere Bücher des Autors

Implementing SAP Governance, Risk, and Compliance von Asokkumar Christian, D. Rajen Iyer und Atul Sudhalkar (SAP PRESS 2014)

Durch die Kombination von Workflow mit Mobilität werden Ihre Mitarbeiter motiviert, ihre Smartphones oder Tablets direkt für die Arbeit zu verwenden. SAP Fiori ist aktuell das ideale Beispiel zur Einbindung von Mobilität in SAP Business Workflow.

33 SAP Fiori und Mobilität

Von Jocelyn Dart

Durch die unglaublich schnelle Entwicklung mobiler Geräte (Tablets, Smartphones, Phablets und Wearable-Technologien wie Smartwatches) haben sich die Arbeitsparadigmen für viele grundlegend geändert. Ebenso haben sich dadurch völlig neue Möglichkeiten für Workflow-Prozesse ergeben. Die Optionen für mobile Workflows sind besonders für Mitarbeiter geeignet, die selten an ihrem Arbeitsplatz sitzen oder keinen eigenen Arbeitsplatz mit Desktop-Computer haben. Natürlich profitieren davon auch Manager, die den Großteil des Tages in Meetings verbringen.

Mobile Workflows müssen gut durchdacht sein, da nicht jede Aufgabe auf kleinen Geräten erledigt werden kann. Genehmigungsprozesse mit wenigen Dateneingaben sind dafür durchaus geeignet. Aufgaben zur Aktualisierung komplexer Geschäftsentitäten, z. B. Bestellungen und Kundenaufträge, erfordern jedoch einen Bildschirmbereich, der größer ist als der von Smartwatches, Smartphones oder Tablets. Für andere Aufgaben, die nur bedingt für den Einsatz in mobilen Workflows geeignet sind, wie etwa in einer Produktionshalle eingegebene Kommissionierlisten und Wartungsarbeiten an Fertigungsanlagen, können Tablets genutzt werden. Dabei dürfen die Geräte aber nicht zu klein sein und müssen entsprechend stabil gebaut sein.

In diesem Kapitel sehen wir uns kurz die wichtigsten Punkte für den möglichen Einsatz mobiler Workflows an wie z. B.:

- Bandbreite und Zuverlässigkeit der Verbindung bei der Arbeit außerhalb des Unternehmens oder an anderen Unternehmensstandorten, Offline-Caching und Synchronisation

- BYOD-Konzepte (Bring Your Own Device), die Flexibilität für Mitarbeiter und Kosteneinsparungen für das Unternehmen ermöglichen, aber auch die Entscheidung erschweren, welche Betriebssysteme und entsprechenden Versionen auf Mobilgeräten unterstützt werden müssen. Dazu gehören auch Sicherheitsaspekte, wenn es darum geht, welche Daten bei Verlust oder Diebstahl des Geräts noch verfügbar sind.
- klare Definition der Aufgaben für die jeweiligen Geräte, sorgfältige Anpassung der Benutzeroberflächen (UIs) für verschiedene Geräte sowie grundlegende Bewertung der Umgebungen, in denen die Geräte verwendet werden

In diesem Kapitel erläutern wir, wie diese Themen in SAP Fiori umgesetzt wurden, und sehen uns an, wie einige der Grundfunktionen verwendet werden.

33.1 Grundlagen des mobilen Zugangs zu Workflows

Da dieses Buch Workflows und nicht Mobilität behandelt, werden hier nicht alle Aspekte mobiler Nutzung erörtert. Dies ist bereits ausführlich an anderer Stelle geschehen, und wir empfehlen Ihnen weitere Bücher von SAP PRESS zu diesem Thema. Wir verweisen auch auf die aktuellen Informationen zu Mobilität unter *SAP.com* und auf der Website des SAP Community Networks.

Hinweis

Wir empfehlen Ihnen das Buch *Entwicklung mobiler Anwendungen für SAP* von Marcus Homann, Holger Wittges und Helmut Krcmar (SAP PRESS 2013).

Im Folgenden gehen wir ausschließlich auf die für Workflows relevanten Aspekte mobiler Nutzung ein. Wir ignorieren also an dieser Stelle andere Aspekte mobiler Geräte und listen lediglich die wichtigsten Anforderungen für die Ausführung von Workflows auf mobilen Geräten auf:

- **Steuern des Workflows**
  Die Workflow-Steuerung bleibt unabhängig von dem für die Ausführung der Arbeit verwendeten Gerät bei der Workflow-Vorlage und -Instanz. Wenn Aufgaben jedoch speziell für mobile Geräte angepasst werden müssen, können dazu weitere Vorverarbeitungs- und Nachverarbeitungsschritte notwendig sein, um diese Änderungen zu unterstützen.

- **Zugreifen auf Arbeitsvorräte**
  Ein Workitem ist an sich noch nicht gerätespezifisch. Daher ist es wichtig, dass mobile Geräte den aktuellen Arbeitsvorrat standardisiert lesen und aktualisieren können. Ein Beispiel ist der Einsatz standardisierter Workflow-APIs (WAPIs) oder des *Prozess-Gateways* (mehr dazu später), damit Empfänger problemlos zwischen Geräten wechseln können und alle Arbeitsvorräte auf allen Geräten während der Arbeitsvorgänge entsprechend aktualisiert werden, wenn ein Workitem mehreren Bearbeitern zugewiesen ist. Arbeitsvorräte müssen so gefiltert werden, dass nur die Aufgaben abgebildet werden, die auf einem Gerät angezeigt und ausgeführt werden können. Wenn dies nicht möglich ist, wird der Benutzer entsprechend darauf hingewiesen.
- **Zugreifen auf Workitems**
  Für jedes Workitem muss eine geeignete UI aus dem Arbeitsvorrat heraus gestartet werden. Der Zugriff auf die Aufgaben muss klar und einheitlich (wenn auch nicht unbedingt identisch) erfolgen, auch wenn unterschiedliche Gerät- bzw. Bildschirmgrößen und Betriebssysteme vorliegen.
- **Anzeigen von Workitems**
  Oft muss die aufgabenspezifische UI mehrere, dem Zweck entsprechende Aufgabenbeschreibungen unterstützen, wie z. B. Hinweise, Anhänge, benutzerdefinierte Attribute und Details zum Sender des Workitems.
- **Ausführen von Workitems**
  Die aufgabenspezifische Benutzeroberfläche muss Funktionen beinhalten, mit denen der Benutzer Informationen an den Workflow zurückschicken kann, z. B. Daten, Entscheidungsoptionen (etwa die Buttons APPROVE und REJECT) oder die Möglichkeit, Hinweise einzugeben und Anhänge hinzuzufügen. Oft müssen auf der Oberfläche WAPIs oder ähnliche Routinen aufgerufen werden, die die Antwort des Benutzers an den Workflow zurückmelden, sodass der Workflow selbst die Antwort erfasst und mit dem oder den nächsten Schritten fortfährt.
- **Benachrichtigung über neue Workitems**
  Die Benachrichtigung der Benutzer über neue Arbeit muss eingerichtet werden. Wenn das Gerät auch einen E-Mail-Eingang unterstützt, können Standardoptionen wie erweiterte Benachrichtigungen verwendet werden. Hyperlinks und Texte, in denen beschrieben wird, wie die Benutzer ihre Arbeit erreichen, müssen jedoch angepasst werden. Alternativ können andere Methoden der Benachrichtigung verwendet werden, z. B. SMS (auch von erweiterten Benachrichtigungen unterstützt) oder Alarmbenachrichtigungen über eine App.

Ersetzungen und andere allgemeine Workflow-Funktionen wie Weiterleitungen müssen ebenfalls in die Planung miteinbezogen werden. Es ist zwar für die Workflow-Abläufe nicht unbedingt notwendig, aber für die Benutzer sollten klar formulierte Hilfsinformationen vorhanden sein, die ihnen erklären, wo und wie sie auf diese Funktionen zugegriffen können, wenn sie auf bestimmte Gerätetypen beschränkt sind.

33.2 Beurteilen von Mobile Fit: HTML5 vs. native Apps vs. Hybrid-Container

Einer der wichtigsten Aspekte bei der Entwicklung von UIs für mobile Geräte ist die Festlegung der zu unterstützenden Funktionen. Dies ist äußerst wichtig für mobile Workflow-Szenarien, in denen manche Funktionen für die Ausführung eines Workitems unerlässlich sind und in denen die Anforderungen von auf Aufgaben basierenden Workitems sehr stark von jenen Workitems abweichen können, die auf anderen Workitems basieren. Die Verfügbarkeit bestimmter Funktionen kann sich auch darauf auswirken, ob bestimmte Workitems überhaupt in den Arbeitsvorrat auf einem bestimmten Gerät aufgenommen werden sollen.

Wie bereits erwähnt, ist das Thema Mobilität äußerst umfangreich und würde den Rahmen eines Buches zu Workflows sprengen. Wenn Sie sich jedoch mit mobilem Workflow beschäftigen, sollten Sie diese Unterschiede grundlegend verstehen, da sie den voraussichtlichen Aufwand bestimmen, der erforderlich ist, um ein passendes Workitem-UI für ein bestimmtes Gerät bereitzustellen.

Auf der einen Seite gibt es einfach gehaltene generische Oberflächen, die normalerweise in Technologien integriert werden, die eine große Bandbreite von Betriebssystemen und Geräten unterstützen, etwa HTML5 und JavaScript. Diese Oberflächen sind vergleichsweise einfach einzurichten, da sowohl die Technologien als auch qualifizierte Entwickler für diese Technologien in großer Zahl verfügbar sind. Diese einfach gehaltenen Oberflächen unterstützen einfache Szenarien mit Anforderungen, die auf zahlreichen Geräten gleichermaßen einfach unterstützt werden können, z. B. bei der Ausführung über Webbrowser oder Adobe-Reader-Anhänge (PDF). Aus der Perspektive der Workflows werden über solche UIs einfachste Genehmigungs- und formularähnliche Verarbeitungsszenarien einschließlich Benutzerentscheidungen abgewickelt. In Teil 4 dieses Buches finden Sie weitere Informationen zu UIs.

Hinweis

Im SAP-Bereich werden solche UIs in der Regel in *SAPUI5* eingerichtet; dies ist im Wesentlichen eine Reihe bereitgestellter HTML5- , CSS- und JavaScript-Bibliotheken mit genau festgelegten Optionen für die Kommunikation mit SAP-NetWeaver-Systemen über OData-Aufrufe. Nähere Informationen dazu finden Sie in Kapitel 27, »Verwendung von SAPUI5«.

Auf der anderen Seite gibt es *native Apps*, die gerätespezifische UIs mit komplexen Funktionen für den Zugriff auf spezielle Werkzeuge auf bestimmten mobilen Geräten sind. Diese können für manche Workitems sehr wichtig sein, wenn z. B. eine Aufgabe das Ablesen oder den Einsatz gerätinterner Navigationswerkzeuge, Fotografieren etc. beinhaltet. Obwohl sie sehr leistungsstark sind, erfordern diese UIs fundierte Kenntnisse der jeweiligen Betriebssysteme wie z. B. iOS (für Apple) oder Android.

Die Haupteinschränkung nativer Apps besteht darin, dass jede App zu dem jeweiligen Gerät oder mindestens seinem Betriebssystem gehört. Dies kann entweder eine Einschränkung der verwendbaren Geräte oder die Erstellung ähnlicher nativer Apps und mehrerer unterschiedlicher Workitem-Startoptionen zum Starten des korrekten UI für jedes Gerät bedeuten. Entsprechend sind native Apps die beste Möglichkeit für Workitems, die hauptsächlich in Fertigungsanlagen mit bestimmten Funktionsanforderungen verwendet werden.

Der Mittelweg sind Hybridcontainer-Apps, die das Beste aus beiden Welten vereinen. Hybrid-Apps sind besonders dann zu empfehlen, wenn die Mehrheit der Funktionen ähnlich eingesetzt werden kann und bestimmte Funktionen so integriert werden können, dass nur diese Sonderfunktionen für jedes Gerät erstellt werden müssen. Diese sind besonders aus Workflow-Perspektive nützlich, wenn für Workitems gemeinsame Gerätfunktionen wie z. B. Kameras erforderlich sind, die auf vielen Geräten vorhanden sind, aber unterschiedliche Einstellungen auf den verschiedenen Geräten haben.

Wenn mobile Workflows für Sie neu sind, ist zunächst ein einfacher Ansatz ausreichend, sofern nicht Funktionen nativer Geräte sofort Aufmerksamkeit erfordern. Normalerweise genügt es, wenn native oder Hybrid-UIs später erstellt werden.

33.3 SAP Fiori Approve All vs. Unified Inbox

SAP bietet zwei Hauptmethoden für mobile Workflows, die für die Verarbeitung einer Reihe von Workitems bestimmt sind, die durch den Workflow aktiviert werden:

- SAP Fiori Approve All
- SAP Gateway Unified Inbox

Beide bieten vergleichbare Unterstützung für Workitems von SAP Business Workflow und SAP-BPM-Aufgaben (Business Process Management), was ein wichtiger Aspekt in heterogenen Umgebungen ist.

Beide basieren auf den Funktionen des Prozess-Gateways in SAP Gateway. Prozess-Gateway ist im Wesentlichen eine Reihe von OData-Services, mit denen Arbeitsvorrat- und Workitem-Daten extrahiert werden.

Beide basieren auf Technologien von SAPUI5: HTML5, Cascading Style Sheets (CSS), JavaScript, OData. Diese ermöglichen vielschichtige, einfache und einheitliche Unterstützung für eine Reihe von SAP-Business-Workflow-Workitems und SAP-BPM-Aufgaben. Beide bieten eine Vielzahl von Erweiterungsmöglichkeiten, etwa um benutzerdefinierte Attribute und Funktionen für die Arbeitsvorrat- und Workitem-Ausführung zu unterstützen.

Die beiden Vorgehensweisen unterscheiden sich hauptsächlich durch die vorgesehenen Geräte. SAP Gateway Unified Inbox ist vor allem für Benutzer bestimmt, die an Desktops mit großer Bildschirmfläche arbeiten und bietet eine Vielzahl von Funktionen zur Personalisierung und Optimierung, die in etwa den in der Universal Worklist (UWL) enthaltenen Funktionen entspricht, z. B. den Aufgabentypsichten, Massenfreigabe, kundenspezifische Attribute und Buttons. SAP Fiori Approve All ist primär für Smartphones und Tablets bestimmt, obwohl es durch sein hohes Maß an Anpassungsfähigkeit auch gut für Desktops geeignet ist. Dies bedeutet, dass von SAP Fiori unterstützte Funktionen für ein bewusst eingeschränktes und vereinfachtes UI bestimmt sind.

Achtung

Für den Wechsel von UWL zu Unified Inbox kann nicht garantiert werden, dass alle Bestandteile ähnlich guten Support erhalten. Sie sollten die Verfügbarkeit der erforderlichen Bestandteile daher vor der Migration sorgfältig prüfen.

33.4 SAP Fiori Approve All

SAP Fiori Approve All ist ein allgemeiner Begriff für eine Reihe von für Workflows geeigneten SAPUI5-Genehmigungs-Apps. Diese Apps können für die konsolidierte Eingabe über ein rollenbasiertes SAP Fiori Launchpad oder über die SAP-Fiori-Client-App gruppiert werden.

Genehmigungs-Apps sind besonders gut für mobile Geräte geeignet, da sie oft von Managern verwendet werden, die sich zwischen Arbeitsbereichen wie Fertigungsanlagen, Standorten oder Meetings bewegen. Durch die Möglichkeit für den Manager, jederzeit und von jedem Ort aus Genehmigungen zu erteilen, beschleunigt sich der Genehmigungsprozess, und es treten weniger Prozessverzögerungen auf. Sie können Sie jedoch auch auf Desktops verwenden (siehe Abbildung 33.1).

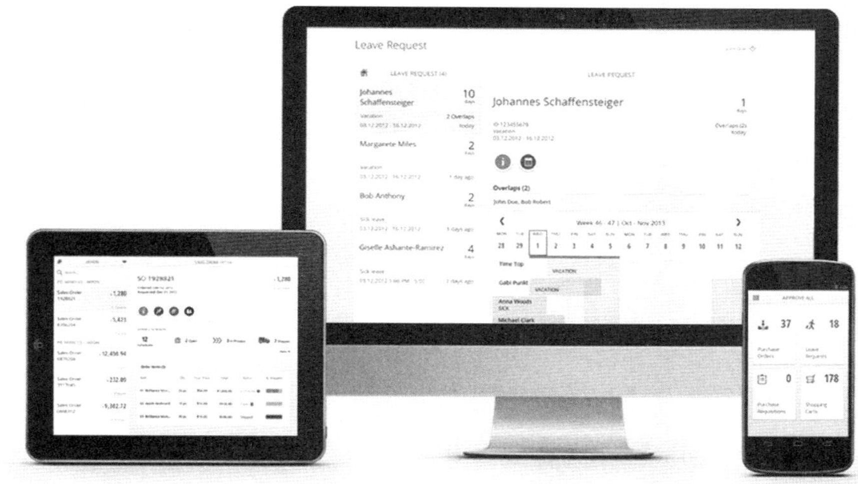

Abbildung 33.1 SAP Fiori Approval Apps auf Tablets, Desktops und mobilen Geräten

In SAP Fiori Wave 1, der darauffolgenden Wave 2 und anderen Versionen wurde eine Reihe spezieller transaktionaler Apps für verschiedene Workflow-Szenarien eingeführt.

- Approve Decision Points (SAP Project and Portfolio Management (SAP PPM))
- Approve Leave Requests
- Approve Purchase Contracts
- Approve Purchase Orders (SAP ERP) (siehe Abbildung 33.2)

- Approve Purchase Orders (SAP SRM)
- Approve Requests (generische Genehmigungen)
- Approve Requisitions (SAP ERP)
- Approve Purchase Orders (SAP SRM)
- Approve Timesheets
- Approve Trading Contracts
- Approve Travel Expenses
- Approve Travel Requests

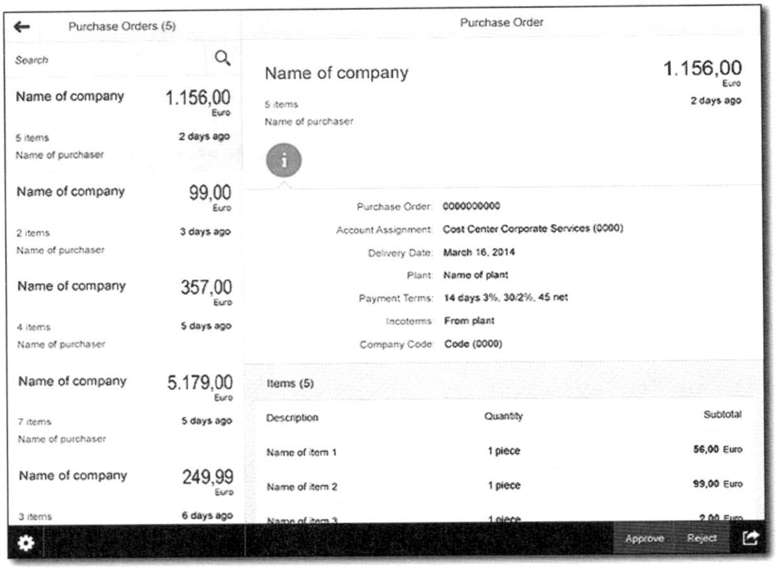

Abbildung 33.2 App SAP Fiori Approve Purchase Orders

> **Hinweis**
>
> SAP-Fiori-Approve-Apps sind transaktionale SAP-Fiori-Apps, d.h., sie kommunizieren über SAP Gateway mit SAP-NetWeaver-AS-ABAP-Plattformen.

Dies sind jedoch nicht die einzigen SAP-Fiori-Apps, die als Teil einer Workflow-Gesamtlösung betrachtet werden können. Es gibt mehrere andere transaktionale Apps wie Create, Change, Check, Confirm, Complete, Request und Release für verschiedene Geschäftseinheiten in SAP ERP, SAP Customer Relationship Management (SAP CRM), SAP Supplier Relationship Management (SAP SRM), SAP Information Lifecycle Management (SAP ILM), SAP Governance, Risk and Compliance (GRC), SAP Master Data Governance (SAP

MDG), SAP Project and Portfolio Management (SAP PPM), SAP Supply Network Collaboration (SAP SNC) und SAP Customer Engagement Intelligence (SAP CEI), die nicht unbedingt direkt abhängig von Workflows sind. Wenn Sie sie jedoch in das entsprechende rollenbasierte SAP Fiori Launchpad oder den SAP Fiori Client aufnehmen und einen Schritt hinzufügen, um auf das zugehörige Workflow-Ereignis zu warten, können Sie mit diesen Apps Ihre Workflow-Lösung auf mobile Szenarien ausdehnen.

Am wichtigsten für das Hinzufügen benutzerdefinierter Workflows in SAP Fiori ist die generische SAP-App für Genehmigungen, *Fiori Approve Requests*. Diese App fungiert als gefilterter Arbeitsvorrat und ermöglicht den sofortigen Einsatz von Benutzerentscheidungs-Workitems mit Unterstützung von Hinweisen (Kommentaren) und Anhängen. Sie liefert visitenkartenähnliche Details für Benutzer, die am Workflow beteiligt sind, konfigurierbare Unterstützung für die meisten Workitems des Genehmigungstyps, benutzerdefinierte Workflow-Aktionen (d. h. weitere Buttons) und Erweiterungsoptionen für die Anpassung der App für andere Arten von Workitems.

Hinweis

Beachten Sie, dass alle Anhänge, die mit SAP Fiori Approve Requests angezeigt werden, auch auf dem Mobilgerät darstellbar sein müssen. Daher sind vor allem PDF-Anhänge (Adobe Reader) zu empfehlen.

Da SAP Fiori auch die Sichtbarkeit der Approve Requests-Quelle ermöglicht, ist es ein gutes Beispiel, das als Ausgangspunkt verwendet werden kann, um eine eigene spezielle Genehmigung oder andere Workitem-UIs zu erstellen.

In den folgenden Abschnitten befassen wir uns mit den speziellen Schritten, die Sie für den Einsatz der SAP-Fiori-Apps benötigen.

33.4.1 Aktivieren von Approve All und Related Workflow Apps

Nachdem Sie die Basisinstallation von SAP Fiori und die Konfiguration von SAP-Gateway für SAP Fiori beendet haben, sind die wichtigsten Schritte zum Hinzufügen bestimmter Genehmigungs-Apps unter anderem:

- Installation der UI-Komponente der gewünschten App, z. B. die Komponente `UIX01CA1` für *Approve Requests*.
- Erfüllung aller Konfigurations- und Autorisierungsanforderungen der App-Implementierung (wie in der SAP-Fiori-Kataloghilfe unter *help.sap.com/fiori* angegeben)

- Bestimmung eines Zugangspunktes für die App, also SAP Fiori Launchpad oder SAP Fiori Client
- Hinzufügen der Approve-App zum Zugangspunkt, z. B. im SAP Fiori Launchpad Designer Tool

Wenn die Basis-App aktiviert wurde, können Erweiterungen einbezogen werden. Die meisten Apps beinhalten auch Optionen zur App-Erweiterung, um z. B. nach Bedarf weitere Felder in UIs einzufügen.

33.4.2 Konfigurieren der generischen Benutzeroberfläche »Approve All« für kundenspezifische Workflow-Aufgaben

Wenn die App Approve Requests verfügbar ist, wird eine gefilterte Liste der Workitems durch Konfiguration im IMG (Transaktion SPRO) der ABAP-Plattform der SAP Business Suite wie folgt eingefügt:

1. Ermitteln Sie die Workflow-Definitions-IDs, Schritt-IDs und die zugehörigen Aufgabendefinitions-IDs, die in den Arbeitsvorrat APPROVE REQUESTS aufgenommen werden sollen.
2. Geben Sie für jede TASK DEFINITION die Art der Aufgabe und die Aufgabenergebnisse ein, die durch den zugehörigen Schritt unterstützt werden.
3. Legen Sie eine Szenario-ID fest, mit der Gruppenaufgaben für einen bestimmten Zugang im SAP Fiori Launchpad oder SAP Fiori Client gruppiert werden.
4. Bestimmen Sie den technischen Servicenamen für das Szenario. Der Service `/IWPGW/TASKPROCESSING` des Prozess-Gateways wird standardmäßig angeboten.
5. Fügen Sie die Aufgabendefinitionen im Szenario-Customizing in das Szenario ein. Dies wird im Prozess-Gateway als Filter verwendet.
6. Wenn Sie SAP Fiori Launchpad verwenden, starten Sie den Designer für SAP Fiori Launchpad, und fügen Sie eine App-Launcher-Dynamic-Kachel ein, mit der die Service-URL festgelegt und die Szenario-ID als Filter weitergeleitet wird.

Für standardmäßige Benutzerentscheidungsschritte sind keine weiteren Schritte erforderlich. Die Ergebnisse werden automatisch aus den zugewiesenen Ergebnissen der Aufgabe übernommen.

Für andere Aufgaben werden die Entscheidungsoptionen ausdrücklich mit den Aufgaben-/Schrittergebnissen abgeglichen. Für jede Entscheidungsoption wird ein Button im UI angeboten.

1. Definieren Sie Entscheidungsoptionen für die Workflow-Definition und die Schritt-ID. Für jede Kombination aus Workflow-Definition und Schritt-ID haben Sie die Möglichkeit, eine Entscheidungsoption als POSITIVE festzulegen (grüner Button) und eine Option als NEGATIVE festzulegen (roter Button). Damit werden z. B. die Optionen Approve und Reject zugewiesen. Siehe dazu Abbildung 33.3.
2. Implementieren Sie das BAdI `/IWWRK/ES_WF_WI_BEFORE_UPD_IB`, um die Entscheidung in den Workflow zu übertragen. Hier wird der Button, auf den der Benutzer geklickt hat, einem Entscheidungsschlüssel zugeordnet, der wiederum den Ergebnissen in den Workflow-Daten zugeordnet wird. Mit WAPIs kann der Workflow selbst aktualisiert werden. Es können allerdings abhängig von der Aufgabe andere Aktionen für die Anwendungsdaten selbst erforderlich sein.

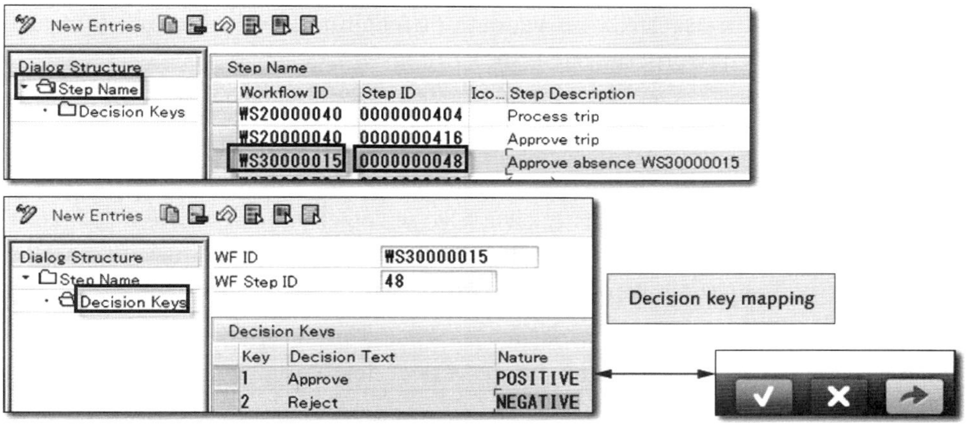

Abbildung 33.3 Zuweisen von Optionen für die Darstellung

33.4.3 Implementieren benutzerdefinierter Oberflächen für Workflow-Aufgaben von »Approve All«

Es gibt viele Möglichkeiten, die Anzeige des UIs des Workitems anzupassen:

1. Passen Sie z. B. die Workitem-Beschreibung selbst direkt in Transaktion PFTC_CHG (für Ihre eigenen benutzerdefinierten Aufgaben) an, oder verwenden Sie die Redefinitionsoptionen in Transaktion PFTC_DIS (für bereitgestellte SAP-Aufgaben).

2. Implementieren Sie ein BAdI, um die Workitem-Beschreibung im HTML-Format anzupassen:
   - Ändern Sie das Thema über das BAdI /IWPGW/ES_TGW_TASK_QUERY.
   - Ändern Sie den Aufgabentitel und/oder die Aufgabenbeschreibung über das BAdI /IWPGW/ES_TGW_TASK_DATA.
   - Ändern Sie die Benutzerdetails über das BAdI /IWPGW/ES_TGW_USER_DETAIL.
3. Implementieren Sie den OData-Service und die UI-Erweiterung:
   - OData: Kontexterfassung in SAP Gateway (2.0 SP06 Version 1)
   - OData: Benutzerdefinierte Attribute in SAP Gateway (2.0 SP06 Version 2)
     - Erweiterungspunkt /IWWRK/ES_TGW_CUSTOM_ATTRIBUTE
     - BADI /IWWRK/BADI_TGW_CUSTOM_ATTR
   - UI-Erweiterungspunkte in Approve Requests:
     - CustomerExtensionForObjectListItem: Ersetzen der für die Arbeitsvorratsansicht verwendete Listeneintragsvorlage durch Ihre eigene benutzerdefinierte Listeneintragsvorlage
     - CustomerExensionForObjectHeader: Ersetzen des Headers des Detailbildschirms durch Ihren eigenen benutzerdefinierten Header
     - CustomerExtensionForInfoTabContent: Bestimmen des Inhalts, den Sie auf der Registerkarte INFO anzeigen möchten, wie z. B. benutzerdefinierte Attribute, die zusammen mit der Workitem-Beschreibung angezeigt werden sollen
     - CustomerExtensionForNoteTabContent: Festlegen des Inhalts, den Sie auf der für Kommentare verwendeten Registerkarte NOTE anzeigen möchten
     - CustomerExtensionForAttachmentTabContent: Festlegen des Inhalts, den Sie auf der Registerkarte ATTACHMENT anzeigen möchten
     - CustomerExtensionForAdditionalTabs: Einfügen weiterer Registerkarten, um weitere Details und Funktionen anzuzeigen.
   - UI-Steuerungs-IDs in Approve Requests:
     - ARNoteIconTabFilter: Ermöglicht das Ausblenden der Registerkarte NOTE auf dem Detailbildschirm.
     - ARAttachmentIconTabFilter: Ermöglicht das Ausblenden der Registerkarte ATTACHMENT auf dem Detailbildschirm.

4. Fügen Sie einen vordefinierten PDF-Anhang ein, z. B. mit Richtlinien oder Prozeduranweisungen.
5. Erstellen oder erweitern Sie Ihre eigene Approve-App <Ihr Business-Objekt> mithilfe von SAP Fiori (Abbildung 33.4). Kopieren Sie z. B. Approve Requests oder eine der anderen Approve-Apps, und verwenden Sie sie als Ausgangspunkt für eigene an SAP Fiori angelehnte Anwendungen.

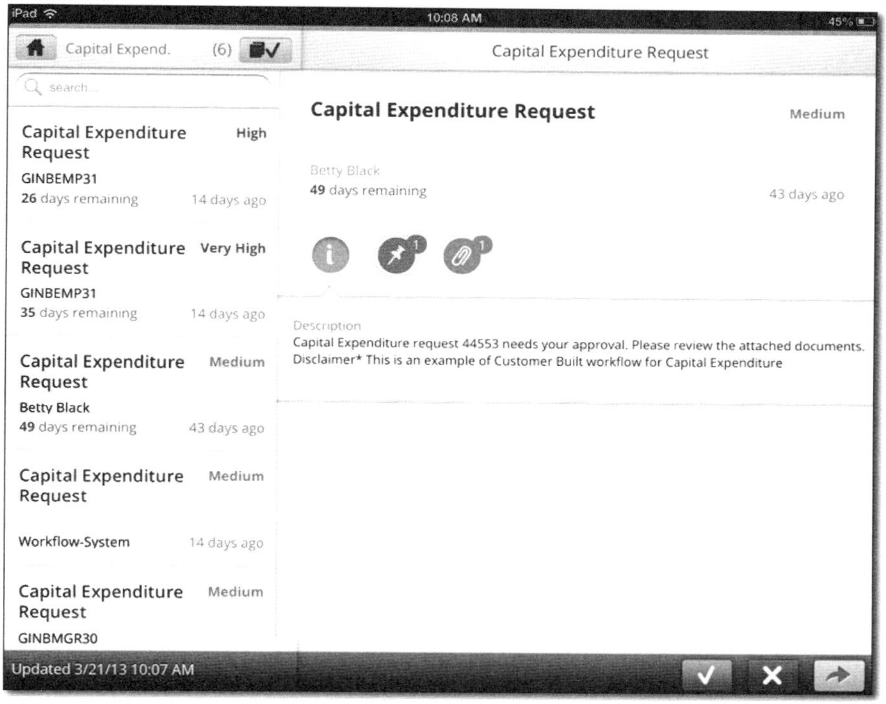

Abbildung 33.4 Erstellen einer App für benutzerdefinierte Genehmigungen mit Approve Requests

SAP Master Data Governance bietet vollständige Unterstützung für Governance-Prozesse von Stammdaten. SAP Master Data Governance kombiniert SAP Business Workflow und SAP BRFplus und schafft ein hochwertiges Tool, durch das ein hohes Maß an Flexibilität für geschäftliche Benutzer ermöglicht wird.

34 SAP Master Data Governance

Von Markus Kuppe, Elke Menninger und Andreas Seifried

Unternehmen brauchen korrekte und vollständige Stammdaten zur Maximierung der Effizienz ihrer Geschäftsprozesse. Ohne eine integrierte und zentralisierte Vorgehensweise für die Governance von Stammdaten sind Unternehmen auf Ad-hoc-Datenprozesse angewiesen, die nicht ausreichend gesteuert werden können. Die Anwendung SAP Master Data Governance bietet bereits fertige Szenarien für die zentrale Governance von Stammdatendomänen, die angepasst und erweitert werden können. SAP Master Data Governance wird in der SAP Business Suite ausgeführt und nutzt vorhandene Geschäftslogik und kundenspezifische Konfiguration, um die Qualität der Stammdaten bei der Erstellung oder Änderung sicherzustellen.

In diesem Kapitel beschäftigen wir uns kurz mit der Anwendung SAP Master Data Governance und dem Änderungsanforderungsverfahren, dann gehen wir auf die verschiedenen Möglichkeiten zur Verwendung und Implementierung von SAP Business Workflow und regelbasierten Workflows ein, damit Änderungen am Prozess vorgenommen werden können.

34.1 Anwendungsübersicht

Die benutzerdefinierten Prozesse von SAP Master Data Governance ermöglichen die einheitliche Definition und Governance aller Stammdaten in der Organisation. Die Anwendung erlaubt diese kollaborative Governance von Stammdaten durch integrierte Workflows mit einem Änderungsanforderungsverfahren (Change-Request-Verfahren). Die Workflows steuern den Governance-Prozess für mehrere Benutzer, die jeweils zur Erstellung oder

Änderung von Stammdaten mit besonderen Kenntnissen beitragen. Das Änderungsanforderungsverfahren beginnt normalerweise mit der Erstellung eines Änderungsanforderungsbelegs, der die neuen oder geänderten Stammdaten enthält; es wird fortgesetzt mit der Validierung und der Verarbeitung durch verschiedene Stakeholder und endet mit der Annahme oder Ablehnung der Änderungsanforderung durch berechtigte Experten. Der gesamte Prozess wird gemeinsam von SAP Business Workflow und der ABAP-basierten Regel-Engine *SAP Business Rules Framework plus* (BRFplus) unterstützt. Das Änderungsanforderungsverfahren sorgt dafür, dass Daten nur einmal gepflegt werden müssen. Wenn diese Änderung vorgenommen wurde, wird sie für alle angeschlossenen Systeme in der Landschaft repliziert.

SAP Master Data Governance ist einfach zu nutzen und kann sofort eingesetzt werden. Es wird mit standardmäßigen Datenmodellen, Rollen, Workflows, Benutzeroberflächen (UIs) für Datenpflege sowie Stammdatenverprobung geliefert. Dadurch ist die Software sofort einsatzbereit. Die Implementierung wird durch die Wiederverwendung vorhandener Prozesslogik in der SAP Business Suite beschleunigt.

Die im Lieferumfang enthaltenen Szenarien sind für den Anwendungsrahmen von SAP Master Data Governance bestimmt. Dieser Rahmen ist auch für Kunden verfügbar, die ihre eigenen benutzerdefinierten SAP-Master-Data-Governance-Szenarien basierend auf eigenen Stammdatenmodellen erstellen. Diese benutzerdefinierten Modelle können komplett durch den Kunden definiert werden. Dies können Erweiterungen der Standardmodelle in SAP Master Data Governance sein. Sie können aber auch auf standardmäßigen SAP-Datendomänen basieren, die noch keinen Standardinhalt haben.

Die Definition des zugrunde liegenden Prozesses ist wesentlich für die Definition unternehmensspezifischer Szenarien von Stammdaten-Governance. Bei der Festlegung des Prozesses bestimmen Sie auch den Business Workflow, der diesen Prozess ermöglicht, und die im Prozess verwendeten Rollen. In Abbildung 34.1 sehen ein Beispiel.

Abbildung 34.1 Beispiel eines einfachen Prozessflusses für die Erstellung neuer Stammdaten

Der Workflow ist ein wichtiger Bestandteil von Governance; zudem bietet SAP Master Data Governance noch weitere Unterstützung für den Prozess sowie erweiterbare Datenmodelle für die Stammdatenattribute. Auf der Grundlage dieser Modelle erstellt die Anwendung eine Staging Area, in der nicht genehmigte Änderungen bis zur endgültigen Genehmigung von den Produktionsstammdaten getrennt aufbewahrt werden. SAP Master Data Governance bietet auch rollenbasierte UIs, die mithilfe von Floor Plan Manager (FPM) und Web Dynpro for ABAP den Anforderungen eines Unternehmens entsprechend konfiguriert werden können. Benutzer rufen diese UIs mit Browsern auf. Alle Stammdatenänderungen und Genehmigungen werden für Revisionen verfolgt. Außerdem ermöglicht SAP Master Data Governance Prüfungen aller Stammdaten durch Wiederverwendung von SAP-Geschäftslogik und Integration in das BRFplus-Framework. Mit SAP Master Data Governance können Sie auch nach Stammdaten suchen, und es wird die Replikation von Stammdaten in der gesamten Systemumgebung des Unternehmens unterstützt. Dazu gehören auch wichtige Integrationselemente wie Schlüssel- und Werte-Mapping bei der Datenverteilung. SAP Master Data Governance bietet vollständige Unterstützung für Governance-Prozesse von Stammdaten, die über die Bereitstellung von Workflows hinausgehen. In diesem Kapitel konzentrieren wir uns auf die Workflow-Aspekte von SAP Master Data Governance.

Hinweis

Weitere Informationen zu SAP Master Data Governance finden Sie in dem Buch *Enterprise Information Management with SAP* von Corrie Brague et al. (2. Auflage, SAP PRESS 2014).

34.2 Änderungsanforderungsverfahren für SAP Master Data Governance

Eines der zentralen Konzepte von SAP Master Data Governance ist die *Änderungsanforderung* (Change Request). Änderungsanforderungen sind Objekte, mit denen Änderungen an Stammdaten initiiert und verarbeitet werden. Eine Änderungsanforderung ist ein Container, der alle vorgesehenen Stammdatenänderungen für einen bestimmten Änderungsprozess enthält. Um Daten, die noch verarbeitet werden und noch nicht genehmigt wurden, von Daten abzutrennen, die von Geschäftsanwendungen verwendet werden, stellt SAP Master Data Governance eine Staging Area bereit. Die Staging Area besteht aus Datenbanktabellen, die im System von SAP Master Data Governance gespeichert sind und außerhalb von SAP Master Data Governance keinen Bestand haben.

Diese Daten, die noch zu einer Änderungsanforderung gehören, werden auch als *inaktive* Daten bezeichnet. Während der Aktivierung der Änderungsanforderung werden diese inaktiven Daten in den aktiven Bereich kopiert und aus der Staging Area entfernt. Ein Beispiel eines aktiven Bereichs wären die SAP-ERP-Datenbanktabellen, die Ihren Stammdatensatz (*Single Source of Truth*) bereitstellen. Danach können die Daten von Geschäftsanwendungen verwendet und in Client-Systeme repliziert werden. Die Änderungsanforderung ist auch die Plattform für die Anwendung der Datenprüfungen entsprechend den festgelegten Governance-Regeln.

In den folgenden Abschnitten befassen wir uns mit einigen Grundelementen von SAP Master Data Governance, die Ihnen bekannt sein sollten, wenn Sie Master-Data-Governance-Workflows erstellen möchten.

34.2.1 Änderungsanforderungstyp

Jede Änderungsanforderung folgt einem vordefinierten Änderungsanforderungsprozess, der mit einem ersten Absenden durch Benutzer beginnt, die Daten erstellen oder ändern müssen. Es gibt mehrere Änderungsanforderungstypen, die jeweils die Prozessschritte, die Benutzerfindung für die Verarbeitung und die in den einzelnen Schritten zu verwendenden Prüfungen bestimmen.

Wenn Benutzer einen neuen Änderungsanforderungsprozess beginnen, wählen sie einen Änderungsanforderungstyp, der ihren Anforderungen entspricht. Zum Beispiel können sie unterschiedliche Änderungsanforderungstypen wählen, um ein neues Produkt zu erstellen oder einen Lieferanten zu wechseln. Der ausgewählte Änderungsanforderungstyp bestimmt die Prozessschritte. Jeder Änderungsanforderungsschritt enthält eine definierte Gruppe von Personen, die zur Durchführung der Aktivitäten dieses Schritts berechtigt sind. Der Änderungsanforderungsschritt bestimmt auch die Prüfungen und Erweiterungen, die mit den Daten vorgenommen werden sollen, die relevanten Einheitstypen und Attribute und das angezeigte UI.

Das System bietet normalerweise mehrere Arten von Änderungsanforderungen für den Benutzer. Für jedes zu verarbeitende Objekt müssen Sie eine oder mehrere Änderungsanforderungsarten konfigurieren.

Der wichtigste workflow-bezogene Parameter eines Änderungsanforderungstyps ist die Workflow-Vorlage, die begonnen werden sollte, wenn eine Änderungsanforderung dieses Typs erstellt wird.

34.2.2 Änderungsanforderungsschritt

Jeder Änderungsanforderungstyp enthält eine Reihe von *Änderungsanforderungsschritten*. Dies sind die potenziellen Prozessschritte innerhalb einer Änderungsanforderung dieses Typs. Jeder Schritt beinhaltet Informationen zur Durchführung von Validierungen, Erweiterungen und Prüfungen auf potenzielle Duplikate während des Prozesses. Er definiert möglicherweise auch die Stammdatenattribute, die in jedem Schritt verwendet werden können, sowie die für diesen Schritt genutzte UI-Standardkonfiguration.

Während der Ausführung einer Änderungsanforderung bestimmt das System anhand der Entscheidungen des Bearbeiters und möglicherweise anderer Kriterien die Abfolge, in der die Schritte durchgeführt werden, z. B. den Grund der Anforderung.

34.2.3 Änderungsanforderungsschritttyp

Der *Änderungsanforderungsschritttyp* bestimmt die Aktionen, die möglich sind, wenn in einem Änderungsprozess ein bestimmter Schritt erreicht wird. Dies bedeutet, dass die Buttons festgelegt werden, die einem Bearbeiter auf dem UI in einem bestimmten Änderungsanforderungsschritt angeboten werden.

Die von SAP bereitgestellten Typen der Änderungsanforderungsschritttypen sind in Tabelle 34.1 aufgeführt.

Schritttyp	Kurzbeschreibung	Maßnahmen
1	Änderungsanforderung prüfen	▸ 01 Zustimmen ▸ 02 Ablehnen
2	Änderungsanforderung genehmigen	▸ 03 Genehmigen ▸ 04 Ablehnen
3	Änderungsanforderung verarbeiten	▸ 05 Verarbeitung finalisieren ▸ 06 Zur Revision einsenden
4	Änderungsanforderung überarbeiten	▸ 07 Wieder vorlegen ▸ 08 Zurückziehen

Tabelle 34.1 Von SAP bereitgestellte Typen von Änderungsanforderungsschritten

Schritttyp	Kurzbeschreibung	Maßnahmen
5	Änderungsanforderung aktivieren	► 09 Aktivieren ► 10 Zur Revision einsenden
6	Änderungsanforderung überarbeiten (ohne Ablehnung)	► 03 Genehmigen ► 06 Zur Revision einsenden
7	Änderungsanforderung überarbeiten (ohne Ablehnung)	► 05 Verarbeitung finalisieren
8	Änderungsanforderung aktivieren	► 09 Aktivieren ► 04 Ablehnen
9	Änderungsanforderung anreichern	► 05 Verarbeitung finalisieren ► 08 Zurückziehen

Tabelle 34.1 Von SAP bereitgestellte Typen von Änderungsanforderungsschritten (Forts.)

In unserem Beispielprozess fordert der Benutzer neue Stammdaten an. Wenn die Eingabe abgeschlossen ist, sendet der Benutzer seine Änderungsanforderung in SAP Master Data Governance ein. Dies ist in Abbildung 34.2 dargestellt. Die Pfeile in dieser Darstellung kennzeichnen die zugelassenen Aktionen, die durch den Typ des Änderungsanforderungsschritts bestimmt werden.

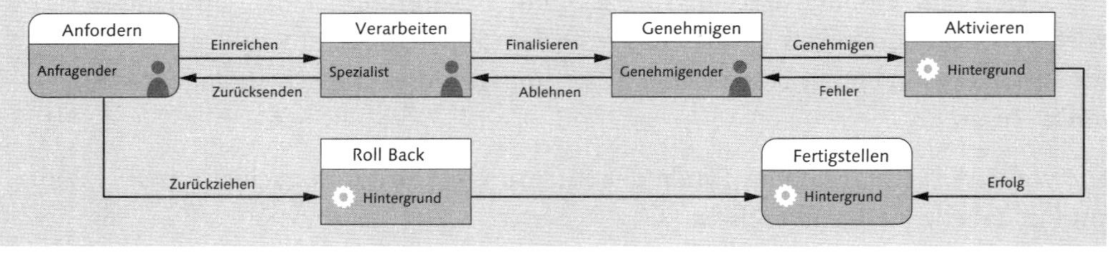

Abbildung 34.2 Beispielprozess mit zugelassenen Aktionen

Der Stammdatenspezialist prüft die Daten, ändert oder verbessert sie und finalisiert dann entweder die Änderungsanforderung oder sendet die Anforderung zur Klärung zurück. Der Anforderer kann dann entscheiden, ob die Anforderung zurückgezogen oder die Daten angepasst und die Anforderung *erneut eingereicht* werden soll. Der Genehmigende kann die Anforderung entweder annehmen oder ablehnen, sie zum Aktivieren senden, wenn sie angenommen wurde, oder an den Spezialisten zurücksenden, wenn sie abgelehnt wurde. Außerdem werden vom System Hintergrundaufgaben durchgeführt. Wenn ein Fehler bei der Aktivierung auftritt, gelangt die Änderungsanforderung zurück an den Genehmigenden.

Der relevante Schritttyp für einen Schritt wird entsprechend der vorangegangenen Aktivität zur Laufzeit bestimmt. Anders ausgedrückt, der Schritttyp ist kein Customizing-Attribut eines Änderungsanforderungsschritts. Auf diese Weise wird theoretisch ermöglicht, dass der gleiche Änderungsanforderungsschritt unterschiedliche Schritttypen in verschiedenen Phasen des Prozesses aufweist. Um den Gesamtprozess und die potenziellen Schritttypen im Prozess einfacher visualisieren zu können, verwenden wir in diesem Buch keine unterschiedlichen Typen eines Änderungsanforderungsschritts für den gleichen Änderungsanforderungsschritt.

Die Typen von Änderungsanforderungsschritten werden im Customizing unter Cross-Application Components • Processes and Tools for Enterprise Applications • Master Data Governance • General Settings • Process Modeling • Workflow • Define Change Request Step Types and Assign Actions bestimmt.

34.2.4 Änderungsanforderungsstatus

Der *Änderungsanforderungsstatus* beschreibt den Verarbeitungsstatus einer Änderungsanforderung. Die Hauptzielsetzung des Änderungsanforderungsstatus besteht darin, zu bestimmen, welche Aktivitäten mit der Änderungsanforderung und den enthaltenen Daten möglich sind. Zum Beispiel könnte der Änderungsanforderungsstatus die Verarbeitung generell verhindern oder das Hinzufügen und Entfernen von Stammdatenobjekten in der Änderungsanforderung beziehungsweise Änderungen an den einzelnen Objektattributen zulassen.

Eine Reihe festgelegter Status kann nach Bedarf erweitert werden. Es gibt jedoch zwei Status mit spezieller Bedeutung: Final Check Approved und Final Check Rejected geben an, dass eine Änderungsanforderung finalisiert ist und nicht geändert werden kann. Die anderen Status geben an, dass eine Änderungsanforderung noch verarbeitet werden muss. Ein weiterer häufig verwendeter Status ist Changes to be executed, in dem beliebige Änderungen zugelassen sind. Dies ist auch der Ausgangsstatus jeder Änderungsanforderung. Der Status wird entweder manuell durch den Rahmen von SAP Master Data Governance bestimmt oder kann ausdrücklich mit der Aufgabe Set Status of Change Request festgelegt werden.

Änderungsanforderungsstatus werden im Customizing unter Cross-Application Components • Processes and Tools for Enterprise Applications • Master Data Governance • General Settings • Process Modeling • Change Requests • Edit Statuses of Change Requests bestimmt.

34.3 Verwenden von SAP Business Workflow in SAP Master Data Governance

In diesem Abschnitt erläutern wir, wie SAP Business Workflow von SAP Master Data Governance verwendet wird. Nach der Lektüre dieses Abschnitts wissen Sie, wie bestimmte Workflow-Vorlagen erstellt werden, die in einem Änderungsanforderungsprozess von SAP Master Data Governance verwendet werden können.

Hinweis

Anstatt eine eigene Workflow-Vorlage zu erstellen, können Sie auch den *regelbasierten Workflow* (RBWF) aus SAP Master Data Governance verwenden. Mit RBWF können Sie praktisch beliebige Änderungsanforderungsprozesse konfigurieren, ohne eine Workflow-Vorlage erstellen und pflegen zu müssen. Es wird die in der BRFplus-Anwendung gespeicherte Konfiguration verwendet. Mehr dazu erfahren Sie in Abschnitt 34.4, »Regelbasierter Workflow«.

34.3.1 SAP-Master-Data-Governance-spezifische Workflow-Einrichtung

Wenn Sie die standardmäßige Workflow-Einrichtung abgeschlossen haben, wie in Kapitel 3, »Konfiguration des Systems«, beschrieben, müssen Sie prüfen, ob die Ereignistypkopplungen für MDG CHANGE REQUEST (`BUS2250`) korrekt festgelegt sind (Weitere Informationen dazu finden Sie in Abschnitt 34.3.3, »Startereignis eines Workflows in SAP Master Data Governance«.).

1. Folgen Sie den Anweisungen in Customizing unter CROSS-APPLICATION COMPONENTS • PROCESSES AND TOOLS FOR ENTERPRISE APPLICATIONS • MASTER DATA GOVERNANCE • GENERAL SETTINGS • PROCESS MODELING • WORKFLOW • ACTIVATE TYPE LINKAGE.
2. Prüfen Sie für OBJECTTYPE `BUS2250`, ob die Anzeige TYPE LINKAGE ACTIVE für die Ereignisse `CREATED`, `ACTIVATED` und `ROLLED_BACK` aktiv ist.
3. Prüfen Sie, ob die Anzeige ENABLE EVENT QUEUE für die Ereignisse `ACTIVATED` und `ROLLED_BACK`, aber nicht für das Ereignis `CREATED` aktiv ist (wie in Abbildung 34.3 gezeigt).

Event Type Linkages

Object Category	ObjectType	Event	Receiver Type	Type linka...	Enable ev...	Status
BOR Object Type	BUS2250	ACTIVATED	ACTIVATED	☑	☑	No errors
BOR Object Type	BUS2250	CREATED		☑	☐	No errors
BOR Object Type	BUS2250	ROLLED_BACK	ROLLED_BACK	☑	☑	No errors

Abbildung 34.3 Customizing für Ereignistypkopplungen

34.3.2 Die MDG-Änderungsanforderung für Business-Objekte

Das Business-Objekt MDG Change Request (BUS2250) beinhaltet die Governance-Funktionen, die von SAP Master Data Governance bereitgestellt werden, und ist die Schnittstelle zwischen dem Governance-Rahmen und dem Workflow. Die bereitgestellten Methoden werden durch standardmäßige Workflow-Aufgaben aufgerufen, die in Abschnitt 34.3.4, »Standarddialogaufgaben«, und Abschnitt 34.3.5, »Standardhintergrundaufgaben«, erklärt werden.

Es folgen wichtige Attribute der Business-Objekte:

- DESCRIPTION
  eine Beschreibung der Änderungsanforderung, die durch den Geschäftsbenutzer normalerweise beim Erstellen der Änderungsanforderung eingegeben wurde
- STATUS
  der aktuelle Status der Änderungsanforderung, z. B. [02] für CHANGES TO BE EXECUTED
- STATUS_TEXT
  die Beschreibung des aktuellen Status, z. B. der Text CHANGES TO BE EXECUTED
- CREQUEST_OUTPUT
  eine Beschreibung der Änderungsanforderung in einem Format, das als Workitem-Text eingefügt werden kann
- EXPLANATION
  der Text des ersten Hinweises, der in die Änderungsanforderung eingefügt wurde, z. B. der Grund für die Anforderung der Änderung
- PRIORITY
  die Priorität der Änderungsanforderung

Bei einigen Abläufen ist es für die Leistung unerlässlich, ein schnelles Mapping von Änderungsanforderungs-IDs zu zugehörigen Workitems-IDs und umgekehrt zu haben. Dieses Mapping wird durch die Klasse CL_USMD_WF_

CREQUEST_MAPPER bereitgestellt. Die Klasse muss als Programm-Exit der Workflow-Vorlage eingegeben werden und wird automatisch während der Workflow-Laufzeit aufgerufen, wenn ein Workflow für eine Änderungsanforderung gestartet wird.

34.3.3 Startereignis eines Workflows in SAP Master Data Governance

Sobald eine Änderungsanforderung erstellt wird, startet das System einen Workflow. Dazu wird das Ereignis CREATED des Business-Objekts MDG Change Request (BUS2250) ausgeführt, das ein Funktionsmodul zur Bestimmung des Empfängertyps aufruft. Mit diesem Funktionsmodul wird als Empfängertyp die Workflow-Vorlage des zugehörigen Änderungsanforderungstyps bestimmt, wie im Customizing von SAP Master Data Governance festgelegt.

Damit Ihre benutzerdefinierte Workflow-Vorlage als Änderungsanforderung verwendet werden kann, müssen Sie eine Bindung zwischen dem Ereignis CREATED und der Workflow-Vorlage in den Header-Daten der Vorlage erstellen. Aktivieren Sie jedoch nicht die Ereigniskopplung.

Wichtig

Da der Empfängertyp zur Laufzeit bestimmt wird, dürfen Sie in der Ereignistypkopplung CUSTOMIZING keine Workflow-Vorlage als Empfängertyp eingeben. Sonst verwendet das System für jeden Änderungsanforderungstyp immer diese Workflow-Vorlage.

Außerdem sollten Sie die Ereigniskopplung im Header der Workflow-Vorlage nicht aktivieren. Andernfalls startet das System immer diesen Workflow, unabhängig davon, welche Workflow-Vorlage für den Änderungsanforderungstyp konfiguriert ist.

Das Ereignis CREATED stellt die folgenden Parameter zur Verfügung:

- CHANGE_REQUEST
  ein Bezug auf die Änderungsanforderung (BOR-Objekttyp BUS2250), die die Ursache dieses Ereignisses ist
- CR_CONTEXT_PARAMETER
  die Liste der während des Prozesses verfügbaren Kontextparameter
- CR_CREATOR
  die ID des Benutzers, von dem die Änderungsanforderung eingesendet wurde

- CR_CREATOR_NAME
  der Name des Benutzers, von dem die Änderungsanforderung eingesendet wurde
- CR_TYPE
  der Typ der Änderungsanforderung, die das Ereignis ausgelöst hat

34.3.4 Standarddialogaufgaben

Benutzer werden am Prozess der Änderungsanforderung durch Einfügen von Standarddialogaufgaben beteiligt, die von SAP Master Data Governance bereitgestellt werden. Diese Aufgaben rufen die Methode PROCESS des Business-Objekts BUS2250 auf. Es sind viele Standardaufgaben für Dialogschritte definiert, da jede Aufgabe einen anderen Standardwert für STEP_TYPE aufweist und die Workitem-Beschreibung in jeder Aufgabe dem zugehörigen Typ des Änderungsanforderungsschritts entspricht.

Dies sind die Standardaufgaben von SAP Master Data Governance:

- PROCESS CHANGE REQUEST (TS75707943)
  Der Importparameter STEP_TYPE bestimmt den Typ des Änderungsanforderungsschritts, der verwendet werden soll. Dieser Parameter lautet standardmäßig [3] PROCESS CHANGE REQUEST. Sie können diesen Parameter mit einem von Ihnen selbst festgelegten Typ von Änderungsanforderungsschritt verwenden.
- EVALUATE CHANGE REQUEST (TS75707979)
  Diese Aufgabe ist für die Auswertung einer Änderungsanforderung in einer frühen Phase des Prozesses bestimmt, normalerweise wenn nur eine verbale Beschreibung der angeforderten Änderung vorhanden ist, und vor der Bearbeitung der Daten durch den Experten. Der Importparameter STEP_TYPE ist standardmäßig [1] CHECK CHANGE REQUEST.
- REVISE CHANGE REQUEST (TS75707981)
  Mit dieser Aufgabe geben Sie Anfordernden die Möglichkeit, ihre Anforderung zu überarbeiten, wenn sie von einem Genehmigenden abgelehnt wurde. Der Importparameter STEP_TYPE ist standardmäßig [4] REVISE CHANGE REQUEST.
- APPROVE CHANGE REQUEST (TS75707980)
  Mit dieser Aufgabe erhalten Sie vor der Aktivierung eine Genehmigung der Änderungsanforderung. Der Importparameter STEP_TYPE ist standardmäßig [2] APPROVE CHANGE REQUEST.

Die folgenden Aufgaben haben die folgenden Importparameter gemeinsam:

- Workflow Step Number (APPSTEP)
  Legen Sie den aktuellen Änderungsanforderungsschritt als Wert für den Parameter fest, sodass das System z. B. das schrittabhängige Customizing für Prüfungen oder das zu verwendende UI berücksichtigen kann. Beachten Sie, dass sich der Parameter trotz des Namens auf den Änderungsanforderungsschritt und nicht auf den Workflow-Schritt bezieht.
- Workflow Step Type (STEP_TYPE)
  Als Parameter gilt standardmäßig der Schritttyp, der der Aufgabenbeschreibung entspricht, z. B. der Schritttyp [3] für die Aufgabe Process Change Request. Wenn Sie eigene Typen von Änderungsanforderungsschritten verwenden, legen Sie als Wert den Typ des Änderungsanforderungsschritts fest, der verwendet werden soll. Trotz seines Namens bezieht sich der Parameter auf den Typ des Änderungsanforderungsschritts.
- MDG Change Request (_Wi_Object_ID)
  Mit diesem Parameter müssen Sie die Änderungsanforderung weiterleiten, die durch den Benutzer verarbeitet werden soll. Das Ereignis CREATED der Änderungsanforderung stellt diesen Parameter bereit, durch den angegeben wird, welche Änderungsanforderung durch diese Workflow-Instanz verarbeitet werden sollte.

Diese Aufgaben haben die folgenden Exportparameter gemeinsam:

- Processor (PROCESSOR)
  Enthält die ID des Benutzers, durch den die Verarbeitung ausgeführt wurde.
- Action on User Interface of Change Request (ACTION_RESULT)
  Dieser Parameter enthält die Aktion, die durch den Benutzer ausgewählt wurde. Die möglichen Werte richten sich nach dem Typ des Änderungsanforderungsschritts (siehe Tabelle 34.1).

Hinweis

Die Standarddialogaufgaben verändern den Status, den Zeitstempel der letzten Änderung und den letzten Bearbeiter der Änderungsanforderung. Diese Parameter müssen vom System ausdrücklich mit der Hintergrundaufgabe Set Status of Change Request (TS75707951) festgelegt werden.

34.3.5 Standardhintergrundaufgaben

Für alle Hintergrundaufgaben wird der Importparameter _Wi_Object_ID verwendet, um zu bestimmen, welche Änderungsanforderung verarbeitet werden soll. Die folgende Liste enthält die Standardhintergrundaufgaben:

- Set Status of Change Request (TS75707951)
  Mit dieser Aufgabe können Sie den Status der Änderungsanforderung ändern und den Last Processor (also dem letzten Bearbeiter) aktualisieren. Das System aktualisiert die Zeitstempel Changed On and Changed At automatisch.

  Als Importparameter müssen Sie Folgendes angeben:

  - ID_STATUS: der neue Status der Änderungsanforderung
  - PROCESSOR: der Bearbeiter des letzten Dialogschritts

- Check Change Request (TS75707952)
  Diese Aufgabe führt eine Prüfung der Änderungsanforderung und der in der Anforderung enthaltenen Daten aus. Die Ergebnisse werden in das Anwendungsprotokoll geschrieben und können mit Transaktion SLG1 oder den Web-Dynpro-Anwendungen von SAP Master Data Governance untersucht werden.

- Activate Change Request (TS60808002)
  Diese Aufgabe initiiert die Aktivierung der Änderungsanforderung, was bedeutet, dass die Daten aus der Staging Area in den aktiven Bereich übertragen werden. Die Replikation in Clientsysteme wird dann auch begonnen, außer Sie haben den Parameter NO_DISTRIBUTE auf X gesetzt. Die Aktivierung schlägt fehl, wenn die Datenkonsistenzprüfung einen Fehler ergibt. Das System vergleicht die Daten im aktiven Bereich mit einem Schnappschuss der aktiven Daten, die erfasst wurden, als die Änderungsanforderung erstellt wurde. Wenn es einen Unterschied gibt, bedeutet dies, dass eine in Konflikt stehende Datenänderung im aktiven Bereich vorliegt, seit die Änderungsanforderung erstellt wurde. Um Datenverlust zu vermeiden, schlägt die Aktivierung fehl, und der Exportparameter SNAPSHOT_DIFF_EXISTS gibt X zurück. Sie können das System anweisen, den aktiven Bereich mit den Daten aus der Änderungsanforderung zu überschreiben, indem Sie den Importparameter IGNORE_SNAPSHOT_DIFF auf X setzen. Sie sollten den Importparameter RELEASED_BY auf die ID des Benutzers setzen, von dem die Änderungsanforderung genehmigt wurde.

  Das System aktualisiert automatisch die Zeitstempel Changed On und Changed At der Änderungsanforderung und setzt den Status auf [05]

Final Check Approved bzw. [08] Approved, to Be Replicated (genehmigt, muss noch repliziert werden), wenn das Kennzeichen NO_DISTRIBUTE gesetzt wurde.

Die Aktivierung wird im Anwendungsprotokoll erfasst.

- Discard Change Request (TS75707936)
  Wenn die Änderungsanforderung nicht aktiviert werden soll, können Sie mit dieser Aufgabe die inaktiven Daten der Änderungsanforderungen aus der Staging Area entfernen, ohne in den aktiven Bereich zu schreiben. So wird auch aktualisiert, wann und von wem die Änderungsanforderung freigegeben wurde, und der Status wird auf [06] Final Check rejected gesetzt.
- Change Request Replication (TS60807976)
  Durch diese Aufgabe wird die Replikation der Änderungsanforderungsdaten in die entsprechenden Zielsysteme ausgelöst. Diese müssen Sie auslösen, wenn Sie zuvor eine Änderungsanforderung mit dem Kennzeichen NO_DISTRIUBUTE auf X gesetzt haben. Wenn die Replikation erfolgreich gestartet wurde, setzt das System den Status der Änderungsanforderung automatisch auf [05] Final Check Approved.

34.3.6 Bearbeiterfindung

SAP Master Data Governance bietet Customizing für mögliche Bearbeiter für jeden Änderungsanforderungstyp und -schritt im Customizing unter Cross-Application Components • Processes and Tools for Enterprise Applications • Master Data Governance • General Settings • Process Modeling • Workflow • Other MDG Workflows • Assign Processor to Change Request Step. Indem Sie die Regel Workflow Processor of Change Request (AC75700139) verwenden und den Wert STANDARD für den Parameter AGENT_FILTER angeben, können Sie diese Customizing-Aktivität zum Zuweisen von Bearbeitern zur Laufzeit nutzen.

Mit dem Parameter AGENT_FILTER wird eine Business-Add-in-Implementierung (BAdI) für die Bearbeiterfindung ausgewählt. Durch Angabe des Werts standard wird eine bestimmte Implementierung ausgewählt, aber es sind auch andere Implementierungen vorhanden. Zum Beispiel können Sie den Bearbeiterfilterwert all_users_no_duplicated verwenden, um einen Workflow zu modellieren, der für jeden einzelnen Benutzer der zugewiesenen Organisationsobjekte ein Workitem erstellt. Erstellen Sie dazu ein mehrzeiliges Workflow-Container-Element CREQUEST_GROUP des Typs BUS2250 und ein weiteres mehrzeiliges Workflow-Container-Element ACTION_RESULT_GROUP zum Speichern des Aktionsergebnisses jedes Benutzers. Verwenden Sie dann die Aufgabe Get Number of Parallel Steps (TS75707944; Anzahl paralleler Schritte abrufen) zum Eingeben von Daten in CREQUEST_GROUP, und initialisieren Sie ACTION_RESULT_GROUP. Verwenden Sie danach die Option Dynamic Parallel Processing eines Dialog-Workflow-Schritts, wie in Abbildung 34.4 dargestellt. Mit einer optionalen Endbedingung können Sie z. B. die Verarbeitung jedes parallelen Workitems abbrechen, wenn ein Bearbeiter Send for Revision (zur Prüfung schicken) ausgewählt hat.

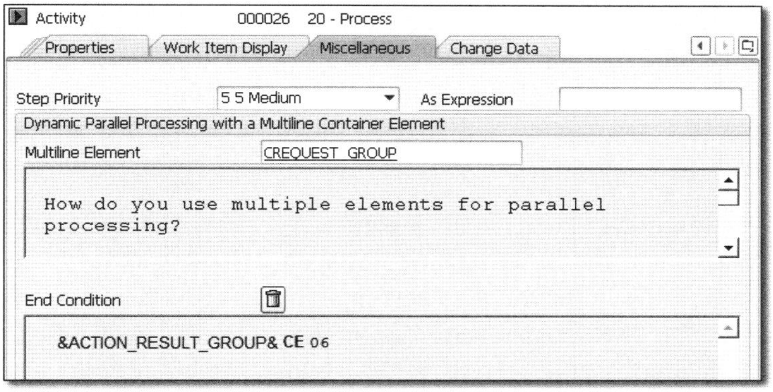

Abbildung 34.4 Einstellungen für dynamische parallele Verarbeitung im Dialog-Workflow-Schritt

Stellen Sie bei der Bindung des Workflow-Schritts sicher, dass das Element von CREQUEST_GROUP als Importparameter für die Aufgabe korrekt ist, indem Sie die Variable _wf_parforeach_index verwenden, die während der Workflow-Laufzeit als Index angegeben wird. Hängen Sie das Aktionsergebnis außerdem an ACTION_RESULT_GROUP an. Die komplette Bindung ist in Abbildung 34.5 dargestellt.

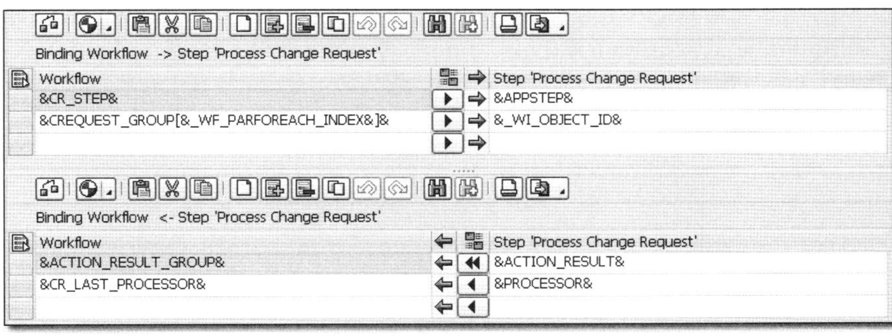

Abbildung 34.5 Bindung im Dialog-Workflow-Schritt für dynamische parallele Verarbeitung

Weitere BAdI-Implementierungen für die Bearbeiterfindung werden bereitgestellt. Mehr Informationen dazu finden Sie in der Dokumentation des Erweiterungspunktes USMD_WF_AGENT.

34.4 Regelbasierter Workflow

Sie können mit SAP Master Data Governance Governance-Prozesse für viele gemeinsame Objekte wie Finanzstammdaten, den Materialstamm, Geschäftspartner, Kunden und Zulieferer erstellen. Jedes Objekt kann andere Prozesse enthalten, und dies muss im Workflow berücksichtigt werden. Ein Änderungsanforderungsprozess kann mehrere Genehmigungs- und Prüfungsphasen und die Zusammenarbeit aller Benutzer umfassen, die an der Stammdatenpflege beteiligt sind.

Wenn jede Variation dieser Prozesse als separate Workflow-Vorlage eingerichtet ist, müssen viele dieser Workflow-Vorlagen erstellt, gepflegt und getestet werden. Um diesen Aufwand zu verringern, bietet SAP den regelbasierten Workflow für SAP Master Data Governance (RBWF), wie bereits beschrieben. Er beinhaltet eine generische Workflow-Vorlage, die für alle Prozesse verwendet werden kann.

Die verschiedenen Prozesse sind in den Entscheidungstabellen von BRFplus enthalten, die im Customizing für jeden Änderungsanforderungstyp vorhanden sind. Während der Laufzeit bestimmen der aktuelle Schritt, die Benutzerinteraktionen und andere Parameter in den Entscheidungstabellen den Fluss der Änderungsanforderungen. Mit der Kombination dieser Workflow-Vorlage mit den BRFplus-Entscheidungstabellen können Sie auf einfache Weise viele verschiedene Prozesse einrichten, die durch Customizing flexibel geändert werden können. Sie können einen Änderungsanforderungsschritt hinzufügen oder die Reihenfolge der Schritte ändern, ohne Änderungen an der Workflow-Vorlage vorzunehmen, indem Sie die BRFplus-Entscheidungstabellen anpassen.

In den folgenden Abschnitten wird die Verwendung von RBWF behandelt.

34.4.1 Regelbasierte Workflow-Vorlage WS60800086

Die generische Workflow-Vorlage (WS60800086) ist die Grundlage von RBWF (siehe Abbildung 34.6).

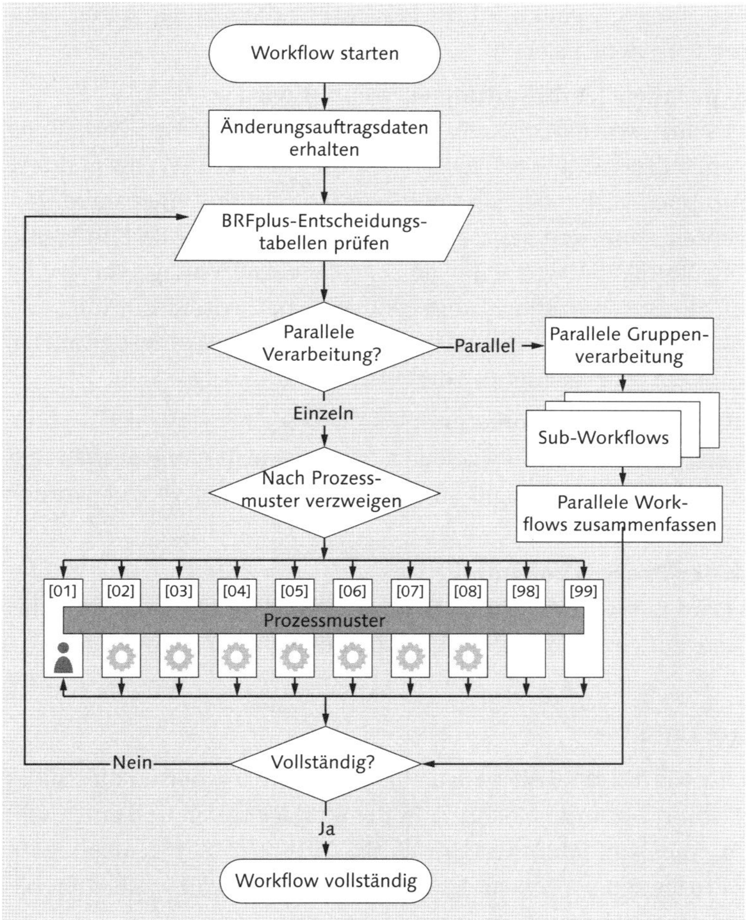

Abbildung 34.6 Schematische Darstellung der regelbasierten Workflow-Vorlage

Dies ist der allgemeine Prozessfluss für die Vorlage:

1. **Workflow beginnen**
   Der Workflow beginnt, wenn vom Anfordernden eine Änderungsanforderung erstellt wird.
2. **Änderungsanforderungsdaten übertragen**
   Der Änderungsanforderungstyp und andere Daten dieser Änderungsanforderung werden in den Workflow-Container übertragen.

3. **BRFplus-Entscheidungstabellen auswerten**
   Mithilfe der BRFplus-Entscheidungstabellen für den entsprechenden Änderungsanforderungstyp werden der nächste Schritt, das Prozessmuster (siehe weiter hinten in dieser Liste) und die Bearbeitenden entsprechend dem vorangegangenen Schritt gesucht. Der Status der Änderungsanforderung wird aktualisiert.
4. **Prüfen, ob parallele Verarbeitung verwendet wird**
   Mit diesem Schritt wird geprüft, ob nur eine Bearbeitergruppe vorhanden ist. In diesem Fall wird nur genau ein Workitem erstellt. Wenn mehrere Bearbeitergruppen vorhanden sind, wird für jede Gruppe, die parallel verarbeitet werden kann, ein separates Workitem erstellt. Alle Sub-Workflows sind neue RBWFs, wobei die gleiche generische Vorlage verwendet wird. Wenn alle Sub-Workflows abgeschlossen sind, wird das BAdI `USMD_SSW_PARA_RESULT_HANDLER` aufgerufen, um die Ergebnisse der parallelen Workflows in einem Ergebnis zu kombinieren.
5. **Verzweigung nach Prozessmuster**
   Basierend auf dem bereits festgelegten Prozessmuster entscheidet der Workflow, welche der alternativen Verzweigungen verwendet werden sollen.
6. **Prüfen, ob der Prozess vollständig ist**
   Wenn das Prozessmuster nicht [99] COMPLETE (SUB-) WORKFLOW ist, kehrt der Workflow zur Auswertung der Entscheidungstabellen zurück.

34.4.2 Prozessmuster

In jeder Schleife führt der RBWF genau eins dieses Prozessmuster aus. Jedes Prozessmuster führt bestimmte Schritte in der Vorlage durch und entspricht jeweils einem Änderungsanforderungsschritt. Während der Laufzeit wird das nächste Prozessmuster entsprechend den Entscheidungstabellen bestimmt, indem das Workflow-Element `process_pattern` festgelegt wird.

Es folgen die Werte von `process_pattern` und ihre Abläufe im Workflow:

- [01] UI DIALOG
  Dieses Prozessmuster beteiligt Benutzer am Änderungsanforderungsprozess. Es ist ein spezielles Prozessmuster, das immer automatisch ausgewählt wird, wenn ein Bearbeiter in der benutzerbezogenen Bearbeiterentscheidungstabelle gefunden wurde. In diesem Prozessmuster wird die Standardaufgabe DIALOG PROCESSING (TS60807954) verwendet.

- [02] CALL SYNCHRONOUS METHOD
Verwenden Sie dieses Prozessmuster, wenn Sie Operationen aufnehmen möchten, die nicht als Standard angegeben werden. Dazu wird die Standardaufgabe SYNCH. SYSTEM METHOD (TS60807949) aufgerufen (Mehr darüber erfahren Sie in Abschnitt 34.4.4, »Erweiterbarkeit«).
- [03] CALL SUB-WORKFLOW
In diesem Prozessmuster wird ein Sub-Workflow gestartet, indem die Standardaufgabe SUBWORKFLOW FOR SINGLE STEP WORKFLOW (TS60807994) aufgerufen und die Sub-Workflow-Vorlagen-ID weitergeleitet wird, die aus der nicht-benutzerbezogenen Bearbeiterentscheidungstabelle gelesen wird.
- [04] CALL DATA REPLICATION
Verwenden Sie dieses Prozessmuster, um die Replikation der Stammdaten zu initiieren, nachdem die Änderungsanforderung aktiviert wurde. Die Standardhintergrundaufgabe CHANGE REQUEST REPLICATION (TS60807976) wird aufgerufen und die Methode `DISTRIBUTE` des Business-Objekts MDG Change Request (`BUS2250`) wird aufgerufen, um das Objekt mit dem Datenreplikationsrahmen der SAP Master Data Governance zu replizieren.
- [05] ACTIVATION (DO NOT BYPASS SNAPSHOT)
Dieses Prozessmuster aktiviert die Daten in der Änderungsanforderung. Wenn in Konflikt stehende Änderungen an den Daten in den standardmäßigen Stammdatentabellen auftreten, während die Änderungsanforderung ausgeführt wird, schlägt die Aktivierung fehl. Das Prozessmuster verwendet die standardmäßige Hintergrundaufgabe ACTIVATE CHANGE REQUEST (TS60808002) mit einem leeren Wert für den Parameter `IGNORE_SNAPSHOT_DIFF`.
- [06] ACTIVATION (BYPASS SNAPSHOT)
In diesem Zweig werden die Daten aktiviert, auch wenn die Daten im Backend geändert wurden, seit die Änderungsanforderung erstellt wurde. Diese Änderungen werden ignoriert und können überschrieben werden. Rufen Sie dazu die Standardhintergrundaufgabe ACTIVATE CHANGE REQUEST (TS60808002) mit dem auf `X` gesetzten Parameter `IGNORE_SNAPSHOT_DIFF` auf.
- [07] VALIDATE CHANGE REQUEST
Durch dieses Prozessmuster wird eine Validierung der Änderungsanforderungsdaten ausgeführt. Die Ergebnisse werden in das Anwendungsprotokoll geschrieben. Das Prozessmuster verwendet die Standardhintergrundaufgabe CHECK CHANGE REQUEST (TS75707952).

- [08] Roll Back Change Request
  Wenn eine Änderungsanforderung nicht aktiviert werden konnte, entfernt dieses Prozessmuster die inaktiven Daten der Änderungsanforderung aus der Staging Area. So wird auch aktualisiert, wann und von wem die Änderungsanforderung freigegeben wurde, und der Status wird auf [06] Final Check Rejected gesetzt. Die Standardhintergrundaufgabe Discard Change Request (TS75707936) wird aufgerufen.
- [98] Error
  Dieser Zweig verarbeitet Fehler und Ausnahmen, indem die Standardhintergrundaufgabe Default Handler (TS60807951) aufgerufen wird.
- [99] Complete (Sub-)Workflow
  In diesem Prozessmuster ist das Kennzeichen Workflow Instance Complete im Workflow-Container gesetzt. Daher kehrt der RBWF in der Schleife nicht zurück, sondern endet.

34.4.3 Prozess- und Benutzerfindung basierend auf BRFplus

Der RBWF in SAP Master Data Governance verwendet eine BRFplus-Funktion, um z. B. den Änderungsanforderungsstatus, den nächsten Änderungsanforderungsschritt und den/die erwarteten Bearbeiter zu bestimmen. Dazu werden der aktuelle Schritt, die letzte Aktion, die Priorität der Änderungsanforderung und gegebenenfalls der Grund der Ablehnung als Eingabeparameter verwendet.

Eine spezielle BRFplus-Anwendung wird für jeden Anforderungstyp mit dem Namen USMD_SSW_<Änderungsanforderungstyp> generiert. Jede Anwendung enthält Funktionen, Regelsätze und Entscheidungstabellen. Der Inhalt der Entscheidungstabellen bestimmt die Logik des Governance-Prozesses.

Drei Entscheidungstabellen sind für jeden Änderungsanforderungstyp verfügbar:

- Einzelwertentscheidungstabelle
- benutzerbezogene Bearbeiterentscheidungstabelle
- nicht benutzerbezogene Bearbeiterentscheidungstabelle

Die generierte BRFplus-Anwendung befindet sich im Customizing unter Cross-Application Components • Processes and Tools for Enterprise Applications • Master Data Governance • General Settings • Process

MODELING • WORKFLOW • RULE-BASED WORKFLOW • CONFIGURE RULE-BASED WORKFLOW (Transaktion USMD_SSW_RULE).

Die einzelne Wertentscheidungtabelle bildet den Prozessfluss ab. Der *Bedingungsalias* ist ein wichtiges Bindeglied zwischen dieser Tabelle und den anderen beiden Entscheidungstabellen.

Die benutzerbezogene Bearbeiterentscheidungstabelle bestimmt die Benutzer, an die die Änderungsanforderung weitergeleitet wird, und legt fest, welche Aktionen von Benutzern im Dialogschritt ausgeführt werden. Die nicht benutzerbezogene Bearbeiterentscheidungstabelle bestimmt die Prozessmuster für Hintergrundschritte.

SAP stellt Entscheidungstabelleninhalt für vordefinierte Änderungsanforderungstypen bereit, der einen Ausgangspunkt für die Erstellung eigener Entscheidungstabellen beinhaltet. Diese werden in den folgenden Unterabschnitten behandelt.

Einzelwertentscheidungstabelle

Die Einzelwertentscheidungstabelle (DT_SINGLE_VAL_<Änderungsanforderungstyp>) bestimmt den Fluss zwischen den Schritten der Änderungsanforderung. Basierend auf dem vorangegangenen Schritt, der Aktion und anderen Parametern gibt diese Tabelle den nächsten Schritt und andere Ergebnisparameter und vor allem den Bedingungsalias zurück, der die Verbindung mit anderen Tabellen herstellt.

Die Entscheidungstabelle enthält die folgenden Bedingungsspalten:

- `PREVIOUS_STEP`
  Dieser Parameter enthält den zuvor verarbeiteten Änderungsanforderungsschritt.
- `PREVIOUS_ACTION`
  Dieser Parameter enthält das Ergebnis der vorangegangenen System- oder Benutzeraktion.
- `CR_PRIORITY`
  Dies ist die aktuelle Priorität der Änderungsanforderung.
- `CR_REASON`
  Enthält die Ursache für diese Änderungsanforderung.
- `CR_REASON_REJ`
  Enthält die Ursache für die Ablehnung dieser Änderungsanforderung.

- PARENT_STEP und PAR_AGT_GRP_NUM
  Bei paralleler Verarbeitung enthält die übergeordnete Schrittnummer den vorangegangenen einzelnen Änderungsanforderungsschritt, und die parallele Bearbeitergruppennummer enthält eine von mehreren Bearbeitergruppen. Für jede Gruppe wird ein separates Workitem erstellt, das parallel verarbeitet werden kann. Alle Sub-Workflows sind neue RBWFs, wobei die gleiche Vorlage verwendet wird.

Basierend auf den Daten dieser Bedingungsspalten, nutzt das System die Aktionen und bestimmt die in den Ergebnisspalten angegebenen Status. Die Entscheidungstabelle enthält die folgenden Ergebnisspalten:

- COND_ALIAS
  Der Bedingungsalias verweist auf die anderen Entscheidungstabellen. Jeder Bedingungsalias muss durch mindestens eine Zeile in einer der anderen beiden Tabellen verarbeitet werden.
- NEW_STEP
  Dies ist der nächste Schritt im Workflow.
- NEW_CR_STATUS
  Damit wird der neue Status für die Änderungsanforderung angegeben.
- EXP_COMPLETE_HOURS
  Wenn die erwartete Ausführungszeit in Stunden abgelaufen ist, ohne dass ein Bearbeiter das Workitem verarbeitet hat, sendet das System automatisch eine Benachrichtigung.
- MERGE_TYPE und MERGE_PARAM
  Merge-Typ und Merge-Parameter bestimmen, wie die Ergebnisse der Sub-Workflows in paralleler Verarbeitung wieder in den Haupt-Workflow aufgenommen werden. Derzeit wird nur Merge Type [B] unterstützt, der eine BAdI-Methode aufruft. Der Filterwert für das BAdI wird durch den Merge Parameter bestimmt (siehe Abschnitt 34.4.4, »Erweiterbarkeit«).
- DYNAMIC_AGT_SEL_SERVICE
  Der Wert von Dynamic Agent Selection Service wird als Filterwert für eine BAdI-Implementierung verwendet, um verschiedene Ergebniswerte außer Kraft zu setzen (siehe ebenfalls Abschnitt 34.4.4).

Benutzerbezogene Bearbeitertabelle

Die benutzerbezogene Bearbeiterentscheidungstabelle (DT_USER_AGT_GRP_<Änderungsanforderungstyp>) bestimmt die Benutzer, die am Änderungsanforderungsprozess beteiligt sind, und die Entscheidungen, die sie ausführen können.

Die Tabelle enthält die folgende Bedingungsspalte:

- COND_ALIAS
  Der Bedingungsalias verbindet die Zeile in dieser Tabelle mit einer entsprechenden Zeile in der jeweiligen Wertentscheidungstabelle.

Die Entscheidungstabelle enthält die folgenden Ergebnisspalten:

- STEP_TYPE
  Der entstehende Schritttyp bestimmt die Aktionen/Schaltflächen, die für die Benutzer angezeigt werden, wenn sie auf die erhaltene Workflow-Aufgabe klicken. Dieser Schritttyp des Benutzerdialogs bestimmt, welche Aktionen der Benutzer auf dem UI ausführen kann. In Abschnitt 34.2.3, »Änderungsanforderungsschritttyp«, finden Sie Informationen darüber, welche Schrittarten von SAP bereitgestellt werden.
- USER_TYPE und USER_VALUE
  User Agent Type bestimmt, ob User Agent Value eine Benutzer-ID, eine Organisationseinheit, eine Rolle, einen Job, eine Position oder einen speziellen Benutzer enthält. User Agent Value bestimmt, an welche Bearbeiter dieses Workitem gesendet wird. Der Benutzer kann eine Einzelbenutzer-ID haben oder eine Gruppe von Personen sein. Wenn Sie User Agent Type auf SU (Special User) setzen, können Sie den letzten Bearbeiter als Bearbeiter des Workitems zuweisen, indem Sie LAST für User Agent Value festlegen. Es gibt auch die Möglichkeit, mit der Einstellung INIT für User Agent Value den Anfordernden der Änderungsanforderung zuzuweisen.

  Die folgenden Werte für User Agent Type sind möglich: [US] User, [O] Organizational Unit, [C] Job, [S] Position, [AG] Role und [SU] Special User.
- AGENT_GROUP
  Wenn Sie die parallele Verarbeitung verwenden, definieren Sie eine andere Bearbeitergruppe als Kennzeichen für jeden Sub-Workflow.

Nicht benutzerbezogene Bearbeitertabelle

Die nicht benutzerbezogene Bearbeiterentscheidungstabelle (DT_NON_USER_AGT_GRP_<Änderungsanforderungstyp>) enthält die Hintergrundschritte, die in dem Änderungsanforderungsprozess enthalten sind und keine Endbenutzerbeteiligung aufweisen.

Die Tabelle enthält die folgende Bedingungsspalte:

- COND_ALIAS
  Der Bedingungsalias verbindet die Zeile in dieser Tabelle mit einer entsprechenden Zeile in der jeweiligen Wertentscheidungstabelle.

Die Entscheidungstabelle enthält die folgenden Ergebnisspalten:

- AGENT_GROUP
  Wenn Sie die parallele Verarbeitung verwenden, definieren Sie eine andere Bearbeitergruppe als Kennzeichen für jeden Sub-Workflow.
- PROCESS_PATTERN
  Diese Spalte enthält eines der in Abschnitt 34.4.2 erläuterten Prozessmuster, so etwa die Aktivierung der Änderungsanforderung.
- SERVICE_NAME
  Die Bedeutung von SERVICE NAME hängt vom Prozessmuster ab. Zum Beispiel enthält es die Workflow-Vorlage, wenn ein Sub-Workflow mit dem Prozessmuster [03] CALL SUB-WORKFLOW erstellt wird.

34.4.4 Erweiterbarkeit

Vier Definitionen von BAdIs sind mit dem Erweiterungspunkt USMD_SSW_SERVICE_PROCESSOR verfügbar:

- dynamische Bearbeiterauswahl
- Handler für Parallel Result Merge
- spezielle Regelkontextwertvorbereitung
- Aufrufsystemmethode

Bestimmen Sie einen entsprechenden Servicenamen für jede BAdI-Implementierung, die Sie im Customizing erstellen möchten, unter CROSS-APPLICATION COMPONENTS • PROCESSES AND TOOLS FOR ENTERPRISE APPLICATIONS • MASTER DATA GOVERNANCE • GENERAL SETTINGS • PROCESS MODELING • WORKFLOW • RULE-BASED WORKFLOW • DEFINE SERVICE NAMES FOR RULE-BASED WORKFLOW. Servicenamen werden als Filterwerte für die BAdI-Implementierung verwendet.

Beispielimplementierungen sind für alle vier BAdIs verfügbar. Weitere Informationen dazu finden Sie in How-to-Guides, die im SAP Community Network (SCN) für SAP Master Data Governance veröffentlicht werden. Wir werden jedes BAdI in den folgenden Abschnitten genauer beschreiben.

Dynamische Bearbeiterauswahl

Mit diesem BAdI (USMD_SSW_DYNAMIC_AGENT_SELECT) können Sie eine dynamische Bearbeiterauswahl implementieren, wenn die USER AGENT DECISION TABLE Ihre Anforderungen nicht erfüllt. Mit der Methode GET_DYNAMIC_AGENTS können Sie den Bearbeiter und andere Werte ändern, indem Sie Ihre eigene Logik implementieren.

Während der Bearbeiterauswahl ruft das System das BAdI auf, und der Servicename aus der SINGLE VALUE DECISION TABLE wird an das BAdI weitergeleitet. Die BAdI-Implementierung gibt Bearbeiter und andere Werte aus, im Einzelnen den Anforderungsschritt, Status, Schritttyp, Zusammenziehungstyp und Zusammenziehungsparameter der nächsten Änderung.

Handler für das Zusammenfügen der Ergebnisse der parallelen Verarbeitung (Parallel Result Merge)

Dieses BAdI (USMD_SSW_PARA_RESULT_HANDLER) stellt die Methode HANDLE_PARALLEL_RESULT zum Verarbeiten und Zusammenziehen der Ergebnisse der Sub-Workflows in der parallelen Verarbeitung in einem Ergebnis bereit. Zum Beispiel sind bei der Parallelverarbeitung Genehmigungen von drei Personen erforderlich. Zwei von ihnen stimmen zu, die dritte lehnt ab. In der BAdI-Logik haben Sie festgelegt, dass alle drei zustimmen müssen, andernfalls wird die Änderungsanforderung abgelehnt. In diesem Fall gibt der Zusammenziehungsschritt die zusammengezogene Entscheidungsaktion ABLEHNEN aus.

Spezielle Regelkontextwertvorbereitung

Mit diesem BAdI (USMD_SSW_RULE_CONTEXT_PREPARE) können Sie den Kontext von BRFplus verbessern. Dieses BAdI stellt die Methode PREPARE_RULE_CONTEXT bereit, um weitere Daten zum Kontext abzurufen. Die Eingabe für dieses BAdI ist die Änderungsanforderungsnummer. Die Methode verwendet die Änderungsanforderungsnummer zum Abrufen weiterer Daten, die sich auf die Änderungsanforderung beziehen. Dann werden diese Daten in diese BRFplus-Regelkontexttabelle eingefügt.

Aufrufsystemmethode

Mit diesem BAdI (USMD_SSW_SYSTEM_METHOD_CALLER) können Sie Ihren eigenen Code für Hintergrundaktivitäten wie die Erstellung einer Folgeänderungsanforderung implementieren. Das BAdI stellt die Methode CALL_

`SYSTEM_METHOD` bereit. Eingabeparameter für diese Methode sind z. B. die Änderungsanforderungsnummer und der Servicename. Damit können Sie weitere Daten aus der Änderungsanforderung abfragen.

34.5 Erstellen von Blueprints Ihrer Änderungsanforderung

Wenn Sie einen Blueprint für den zuvor skizzierten Prozess erstellen möchten, müssen Sie die folgenden Informationen in das Prozessdiagramm einfügen:

- alle Schritte und Verbindungen
- Änderungsanforderungsaktionen
- Änderungsanforderungsstatus
- Änderungsanforderungsschritttypen

Außerdem müssen Sie entscheiden, ob Sie den RBWF verwenden möchten. Wenn ja, müssen Sie auch die Bedingungsaliasse und Prozessmuster hinzufügen.

Zum Erstellen eines einfach zu lesenden Diagramms verwenden wir die in Abbildung 34.7 dargestellte Notation. Dies beinhaltet alle Informationen, die für die Umsetzung des Prozesses in SAP Master Data Governance erforderlich sind.

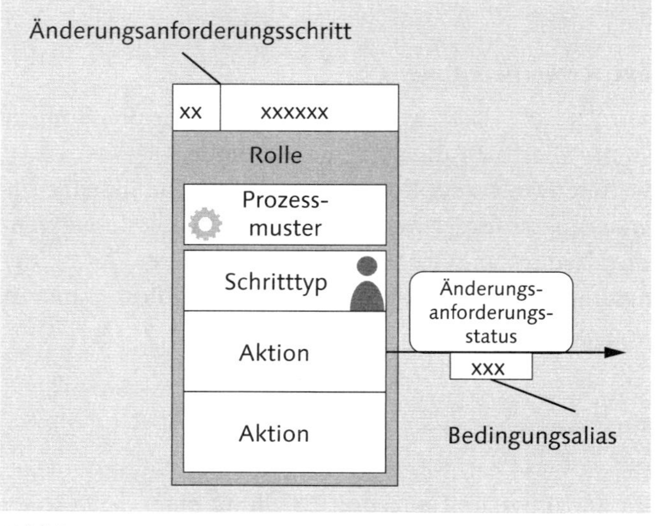

Abbildung 34.7 Im Prozess-Diagramm verwendete Notation

In den folgenden Abschnitten wird ausführlich beschrieben, wie Sie den einfachen Prozessrahmen, wie bereits in Abbildung 34.2 dargestellt, zu einem kompletten Diagramm entwickeln, wie später in Abbildung 34.9 gezeigt.

34.5.1 Alle Schritte und Verbindungen

Beginnend mit dem einfachen Prozessrahmen aus Abschnitt 34.2, »Änderungsanforderungsverfahren für SAP Master Data Governance«, müssen Sie alle Schritte und jede mögliche Verbindung zwischen den Schritten hinzufügen.

Ein spezieller Schritt ist notwendig, damit der Anfordernde die Änderungsanforderung erneut senden kann, nachdem sie vom Spezialisten zur Revision zurückgesendet wurde. Dies liegt daran, dass Sie einen Schritttyp mit der Fähigkeit zum erneuten Senden oder Zurückziehen der Anforderung zuweisen müssen.

Obwohl der Workflow erst startet, wenn die Änderungsanforderung vom Anfordernden gesendet wurde, sollte der Schritt REQUEST weiterhin diesen initialen Zustand des Prozesses darstellen. Dieser Schritt ist hervorzuheben, weil Sie ihm keinen Schritttyp zuweisen können, er kein Aktionsergebnis bringt und sein Kennzeichner immer 00 ist. Er ist auch für andere Customizing-Schritte relevant, z. B. für schrittabhängige Datenprüfungen.

Nehmen Sie unbedingt einen Hintergrundschritt zum Aktivieren der Änderungsanforderung zusammen mit den erforderlichen Prozessschritten zum Beseitigen von Fehlern auf, die aufgrund der Aktivierung auftreten können. Nehmen Sie außerdem einen Schritt auf, um die Änderungsanforderung zu verwerfen, nach der endgültige Ablehnungen und Entnahmen ermöglicht werden. Fügen Sie in jeden Dialogschritt eine zweistellige Zahl ein. Dies wird als Kennzeichen in einer Reihe von Customizing-Einstellungen verwendet.

34.5.2 Änderungsanforderungsaktionen

Definieren Sie entsprechend den Entscheidungen, die von Benutzern getroffen werden sollen, die Änderungsanforderungsaktionen für die einzelnen Schritte. Fügen Sie diese Aktionen und ihre Kennzeichen in die entsprechenden Felder im Diagramm ein. Wenn Sie Ihren Workflow modellieren, ist zu empfehlen, die Verbindungen zwischen den Schritten als Pfeile zu zeichnen, die von der Aktion ausgehen, die den entsprechenden Fluss auslöst, wie in Abbildung 34.8 dargestellt.

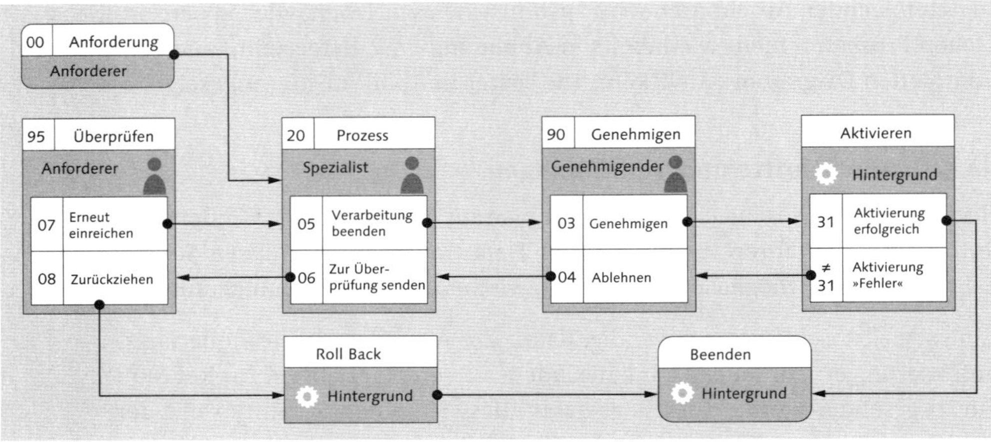

Abbildung 34.8 Prozessdiagramm mit allen Schritten, Aktionen und Verbindungen

Hinweis

In den folgenden Abschnitten befassen wir uns mit diesem Diagramm und seinen Verbindungspfeilen.

34.5.3 Änderungsanforderungsstatus

Bestimmen Sie für jeden Pfeil, den Sie zu einem Änderungsanforderungsschritt zeichnen, den erforderlichen Status der Änderungsanforderung. Die zugelassene Verarbeitung im Status muss berücksichtigt werden. Können nur Bearbeiter weitere Objekte in die Änderungsanforderung einfügen? Können sie Änderungen an den Objekten vornehmen? Oder sollten sie die Objekte nur prüfen, ohne Änderungen an den Daten vornehmen zu können?

Denken Sie immer daran, dass der initiale Zustand einer Änderungsanforderung [02] CHANGES TO BE EXECUTED ist, was bedeutet, dass Objektdaten und die Objektliste geändert werden können. Denken Sie daran, dass der Endstatus einer Änderungsanforderung entweder [05] FINAL CHECK APPROVED oder [06] FINAL CHECK REJECTED sein muss. Nur diese Status haben die Bedeutung, dass eine Änderungsanforderung finalisiert ist und nicht mehr geändert werden kann. In den anderen Status muss eine Änderungsanforderung noch verarbeitet werden.

Fügen Sie den Status und sein Kennzeichen über dem Pfeil ein.

34.5.4 Änderungsanforderungsschritttyp

Wählen Sie für jeden Änderungsanforderungsschritt mit Benutzerinteraktion einen geeigneten Änderungsanforderungsschritttyp aus, was die Aktionen bestimmt, die in diesem Schritt für den Benutzer verfügbar sind (siehe Abbildung 34.9).

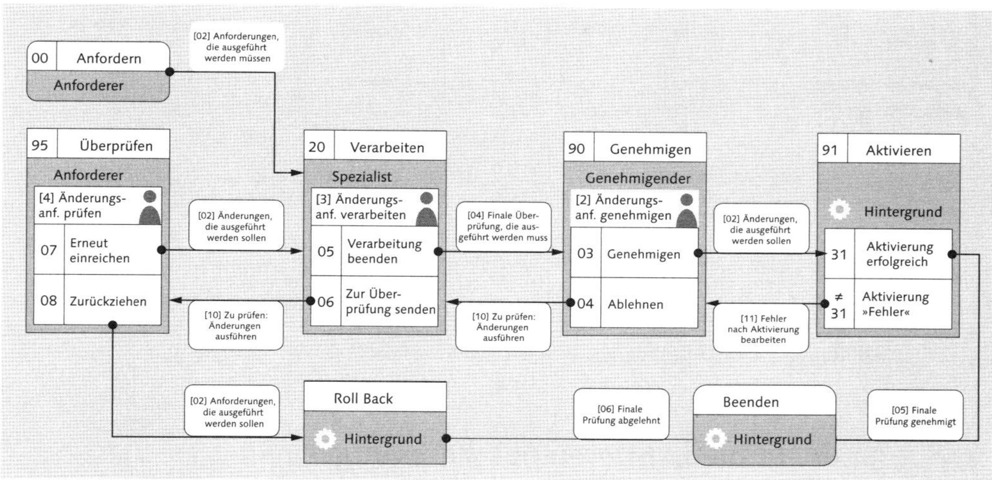

Abbildung 34.9 Prozessdiagramm mit Änderungsanforderungsstatus und Schritttpyen

34.5.5 Bedingungsalias und Prozessmuster

Wenn Sie sich für RBWF entscheiden, müssen Sie den Bedingungsalias und das Prozessmuster für das Prozessdiagramm hinzufügen. Fügen Sie ein dreistelliges Kennzeichen zu jedem Pfeil für den Bedingungsalias hinzu. Sie können zwar für jeden Pfeil einen anderen Alias auswählen, SAP empfiehlt aber, immer den gleichen Alias für Pfeile zu verwenden, die zum gleichen Änderungsanforderungsschritt führen, da dies weniger Zeilen in den Entscheidungstabellen zur Folge hat. Sie können Buchstaben als sprechende Schlüssel für die Bedeutung des nächsten Schritts verwenden, z. B. APP für den Schritt APPROVE. Wählen Sie ein geeignetes Prozessmuster für jeden Hintergrundschritt aus, und weisen Sie für diese Schritte ein zweistelliges Kennzeichen zu. Dies ist eine Ergänzung des Diagramms für die RBWF-Konfiguration (siehe Abbildung 34.10).

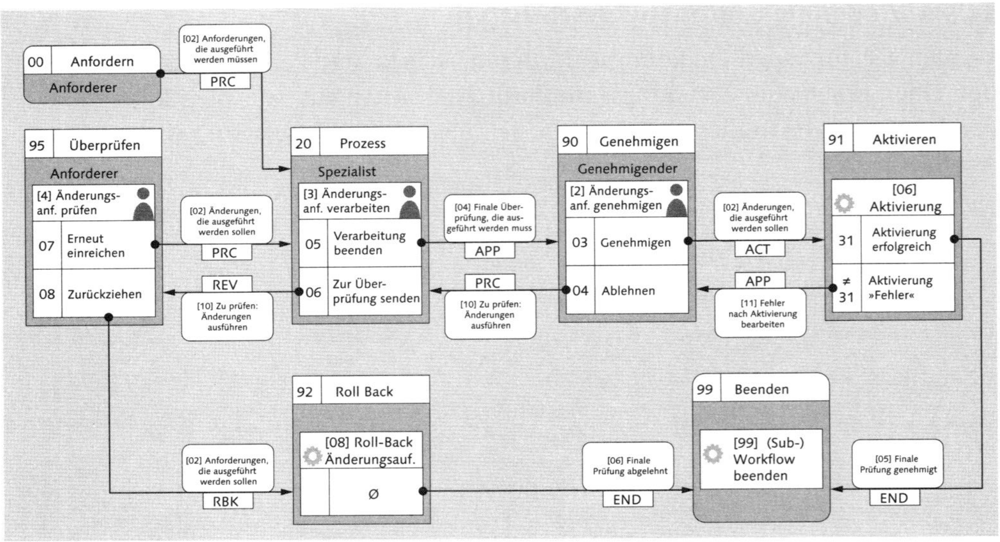

Abbildung 34.10 Vollständiges Prozessdiagramm für die RBWF-Konfiguration

34.6 Implementieren des Änderungsanforderungsprozesses

Wie Sie wissen, können Sie entweder spezielle Workflow-Vorlagen erstellen oder die generische Vorlage für RBWF verwenden, um den Änderungsanforderungsprozess zu implementieren. Wir werden jede dieser Methoden in den folgenden Abschnitten genauer beschreiben.

34.6.1 Verwenden einer eigenen Workflow-Vorlage

Wenn Sie sich dafür entscheiden, den Änderungsanforderungsprozess zu implementieren, den wir bereits mit Ihrer Vorlage in SAP Business Workflow vorgestellt haben, führen Sie die folgenden Schritte aus:

1. Erstellen Sie die Workflow-Vorlage.
2. Definieren Sie die Änderungsanforderungsschritte im Customizing von SAP Master Data Governance.
3. Erstellen Sie den Änderungsanforderungstyp.
4. Weisen Sie den Änderungsanforderungsschritten Bearbeiter zu.

Diese Schritte werden in den folgenden Unterabschnitten beschrieben.

Workflow-Vorlage erstellen

Sie können einen Workflow erstellen, der einen Änderungsanforderungsprozess in SAP Master Data Governance auslösen kann. Beginnen Sie dazu mit der Erstellung allgemeiner Workflow-Containerelemente, und erstellen Sie dann die Bindung für das Startereignis. Fügen Sie dann die Workflow-Schritte mit den entsprechenden Workflow-Aufgaben von SAP Master Data Governance hinzu.

Allgemeine Containerelemente erstellen

Wir empfehlen Ihnen, die in Tabelle 34.2 aufgelisteten Elemente am Anfang in den Workflow-Container einzufügen, damit Sie sie zum Speichern der Werte der Parameter verwenden können, die durch das Startereignis weitergeleitet werden.

Element	Beschreibung	Datentyp	Eigenschaften
CHANGE_REQUEST	Änderungsanforderung	BOR-Objekttyp: BUS2250	Import (obligatorisch)
CR_CONTEXT_PARAMETER	Kontextparameter	ABAP-Data-Dictionary-Datentyp: USMD_S_VALUE	Import/Export/mehrzeilig
CR_CREATOR	Änderungsanforderungsersteller	ABAP-Data-Dictionary-Bezug: SY-UNAME	Import
CR_CREATOR_NAME	Name des Änderungsanforderungserstellers	ABAP-Data-Dictionary-Bezug: SWCONT-VALUE	Import
CR_TYPE	Typ von Änderungsanforderung	ABA-Data-Dictionary-Bezug: USMD110C-USMD_CREQ_TYPE	Import
CR_EDITION	Version der Änderungsanforderung	ABAP-Data-Dictionary-Bezug: USMD020C-USMD_EDITION	Import

Tabelle 34.2 Liste der allgemein verwendeten Containerelemente

Verknüpfung mit Startereignis

Wenn Sie die Parameter verwenden möchten, die vom Ereignis CREATED in Ihrem Workflow weitergeleitet werden, wechseln Sie zu den Header-Daten der Workflow-Vorlage, und fügen Sie dieses Ereignis als Startereignis hinzu (von der MDG Change Request [BUS2250] des Business-Objekts aus).

Erstellen Sie dann Bindungen von den Parametern, die durch das Ereignis weitergeleitet werden, zu den jeweiligen Containerelementen, die Sie zuvor erstellt haben. Wie bereits erwähnt, sollte die Ereigniskopplung nicht aktiviert werden.

Änderungsanforderungs-Mapper

Integrieren Sie den Änderungsanforderungs-Mapper, der zum Verbessern der Leistung erforderlich ist, indem Sie die Klasse CL_USMD_WF_CREQUEST_MAPPER als Programm-Exit in den versionsabhängigen Header-Daten der Workflow-Vorlage eingeben.

Workflow-Schritte einfügen

Verwenden Sie das Prozessdiagramm (siehe Abbildung 34.9), um erforderliche Workflow-Schritte hinzuzufügen und den Workflow zu modellieren. Geben Sie die Nummer des Änderungsanforderungsschritts und andere Informationen ein, die für die Aufgaben in der Bindung erforderlich sind.

Änderungsanforderungsschritte festlegen

Bestimmen Sie die Änderungsanforderungsschritte, die in Ihrer Workflow-Vorlage im Customizing verwendet werden, unter Cross-Application Components • Processes and Tools for Enterprise Applications • Master Data Governance • General Settings • Process Modeling • Workflow • Other MDG Workflows • Define Change Request Step Numbers.

Neuen Änderungsanforderungstyp erstellen

Fügen Sie einen Änderungsanforderungstyp in Customizing unter Cross-Application Components • Processes and Tools for Enterprise Applications • Master Data Governance • General Settings • Process Modeling • Change Requests • Create Change Request Type hinzu, und weisen Sie die von Ihnen erstellte Workflow-Vorlage zu.

Bearbeiter zuweisen

Weisen Sie den Änderungsanforderungsschritten Bearbeiter zu. Wenn Sie den Bearbeiterfilter STANDARD verwenden, erfolgt dies im Customizing unter

Cross-Application Components • Processes and Tools for Enterprise Applications • Master Data Governance • General Settings • Process Modeling • Workflow • Other MDG Workflows • Assign Processor to Change Request Step Number (Simple Workflow).

34.6.2 Verwenden eines regelbasierten Workflows

Wenn Sie sich dafür entschieden haben, den Änderungsanforderungsprozess zu implementieren, den wir bereits für den RBWF beschrieben haben, führen Sie die folgenden Schritte aus. (Eine ausführliche Beschreibung dazu finden Sie in den folgenden Unterabschnitten.)

1. Erstellen Sie den Änderungsanforderungstyp.
2. Definieren Sie die Änderungsanforderungsschritte im Customizing von SAP Master Data Governance.
3. Erstellen Sie die Entscheidungstabellen.

Neuen Änderungsanforderungstyp erstellen

Erstellen Sie einen neuen Anforderungstyp, und weisen Sie die Workflow-Vorlage WS60800086 im Customizing unter Cross-Application Components • Processes and Tools for Enterprise Applications • Master Data Governance • General Settings • Process Modeling • Change Requests • Create Change Request Type zu.

Änderungsanforderungsschritte festlegen

Bestimmen Sie die Änderungsanforderungsschritte, die für den Änderungsanforderungstyp in Customizing unter Cross-Application Components • Processes and Tools for Enterprise Applications • Master Data Governance • General Settings • Process Modeling • Workflow • Rule-Based Workflow • Define Steps for Rule-Based Workflow ausgeführt werden sollen.

BRFplus-Entscheidungstabellen

Sie können die Entscheidungstabellen für den Änderungsanforderungstyp im Customizing unter Cross-Application Components • Processes and Tools for Enterprise Applications • Master Data Governance • General Settings • Process Modeling • Workflow • Rule-Based Workflow • Configure Rule-Based Workflow erzeugen (Sie können dazu auch Transaktion USMD_SSW_RULE verwenden). Pflegen Sie Ihren Inhalt in den Entscheidungstabellen mithilfe des Prozessdiagramms.

Einzelwertentscheidungstabelle

Die Einzelwertentscheidungstabelle stellt den Prozessfluss des Änderungsanforderungstyps dar. Verwenden Sie das Prozessdiagramm (siehe Abbildung 34.10), und beginnen Sie mit dem Pfeil aus den Anforderungsschritt, um die erste Zeile zu erstellen, und verwenden Sie sein Kennzeichen 00 als Wert von CR Previous Step. Lassen Sie Previous Action leer, da der Schritt Request kein Aktionsergebnis ergibt. Verwenden Sie das Kennzeichen »20« des folgenden Schritts als Wert für New Change Request Step. Geben Sie die Werte »PRC« für Condition Alias und 02 für New CR Status des Pfeils im Diagramm ein.

Übertragen Sie dann die Angaben von den jeweiligen Pfeilen in eine entsprechende Zeile der Tabelle. Mit den Pfeilen von Schritt 20 (Process) bis Schritt 90 (Approve) mit dem Bedingungsalias APP werden z. B. die folgenden Werte generiert:

- CR Previous Step: 20
- Previous Action: 05
- Condition Alias: APP
- New Chng. Req. Step: 90
- New CR Status: 04

Für den Beispielprozess wird die entstehende einzelne Wertentscheidungstabelle in Abbildung 34.11 dargestellt.

Table Contents

Find: [ ] Next Previous

CR Previous Step	Previous Action	Condition Alias	New Chng. Req. Step	New CR Status
00 (Create Change Request)		PRC	20 (Process)	02 (Changes to Be Executed)
20 (Process)	05 (Finalize Processing)	APP	90 (Approve)	04 (Final Check to Be Performed)
20 (Process)	06 (Send for Revision)	REV	95 (Revision Processing)	10 (To Revise: Perform Changes)
90 (Approve)	03 (Approve)	ACT	91 (Activation)	02 (Changes to Be Executed)
90 (Approve)	04 (Reject)	PRC	20 (Process)	10 (To Revise: Perform Changes)
91 (Activation)	31 (Activation successful)	END	99 (Complete)	05 (Final Check Approved)
91 (Activation)	<>31 (Activation successful)	APP	90 (Approve)	11 (Process Errors After Activation)
95 (Revision Processing)	07 (Resubmit)	PRC	20 (Process)	02 (Changes to Be Executed)
95 (Revision Processing)	08 (Withdraw)	RBK	92 (Revision)	02 (Changes to Be Executed)
92 (Revision)		END	99 (Complete)	06 (Final Check Rejected)

Abbildung 34.11 Einzelwertentscheidungstabelle

Benutzerbearbeitertabelle

Jeder Condition Alias, der in der einzelnen Wertentscheidungstabelle enthalten ist, erfordert mindestens einen Bearbeiter. Für die Dialogschritte muss mindestens eine Zeile in der Benutzerbearbeitertabelle gepflegt werden.

Die Bedingungsaliasse PRC, APP und REV werden für die Dialogschritte verwendet. Beginnen Sie mit dem Bedingungsalias PRC, der für den Schritt Process verwendet wird, und übertragen Sie die Daten in die entsprechende Zeile der Tabelle. Dadurch werden folgende Werte generiert:

- Condition Alias: PRC
- User Agt Grp No.: 001
- Step Type: 3
- User Agent Type: US
- User Agent Value: SMITH

Übertragen Sie dann die Angaben aus den anderen Dialogschritten in eine entsprechende Zeile der Tabelle. Für den Beispielprozess ist die entstehende einzelne Bearbeiterentscheidungstabelle in Abbildung 34.12 dargestellt.

Table Contents

Condition Alias	User Agt Grp No.	Step Type	User Agent Type	User Agent Value
PRC	001	3 (Process Change Request)	US (User)	SMITH
REV	001	4 (Revise Change Request)	SU (Special User (Initiator/Last-Step User))	INIT
APP	001	2 (Approve Change Request)	AG (Role)	SAP_MDGM_MENU_04

Abbildung 34.12 Benutzerbearbeiterentscheidungstabelle

Nicht auf Benutzer bezogene Bearbeiterentscheidungstabelle

Jeder Condition Alias, der auf einen Hintergrundschritt verweist, erfordert mindestens einen in der nicht benutzerbezogenen Bearbeiterentscheidungstabelle gepflegten Bearbeiter.

Die Bedingungsaliasse ACT, RBK und END werden in dem Beispielprozess für die Hintergrundschritte verwendet. Beginnen Sie mit dem Bedingungsalias ACT, der für den Schritt Activate verwendet wird, und übertragen Sie die Daten in die entsprechende Zeile der Tabelle.

Dadurch werden folgende Werte generiert:

- Condition Alias: ACT
- Agent Group: 001
- Process Pattern: 06

Übertragen Sie jetzt die Angaben aus den anderen Hintergrundschritten in eine entsprechende Zeile der Tabelle. Für den Beispielprozess sehen Sie die entstehende nicht benutzerbezogene Bearbeiterentscheidungstabelle in Abbildung 34.13.

Table Contents

Find: Next Previous

Condition Alias	Agent Group	Process Pattern	Service Name
ACT	001	06 (Activation (Bypass Snapshot))	
RBK	001	08 (Roll Back Change Request)	
END	001	99 (Complete (Sub-)Workflow)	

Abbildung 34.13 Nicht auf Benutzer bezogene Bearbeiterentscheidungstabelle

Anhang

A Tipps und Tricks

Von Sue Keohan

In diesem Anhang werden zahlreiche nützliche Tipps und Tricks vorgestellt. Auch wenn Sie darauf nicht in jedem Workflow zurückgreifen müssen, sind sie von großem Nutzen bei der Bewältigung verschiedener häufig auftretender und möglicherweise problematischer Workflow-Situationen.

A.1 Arbeiten mit Wizards

Wizards erleichtern Ihnen die Entwicklung von Workflows, indem Sie ihnen dabei helfen, Workflows mit zuverlässigen Vorlagen zu erstellen. Mithilfe von Wizards können Sie sowohl vollständige, sofort einsatzfähige Workflows erzeugen als auch vorhandenen Workflows lediglich ein paar Schritte hinzufügen. Beim Arbeiten mit einem Wizard begleitet Sie der Wizard durch eine Folge von Fragen und Antworten. Lesen Sie die Anweisungen stets sorgfältig durch. Die meisten Wizards unterstützen Sie beim Anlegen des Musters der Schritte, die zum Ausführen der gewünschten Prozedur erforderlich sind. Sie müssen dennoch die erzeugten Schritte weiterhin überprüfen und die Bearbeiterzuordnung anpassen.

Die meisten Wizards ermöglichen oder unterstützen die direkte Suche nach bzw. die Erstellung von neuen Aufgaben, die vom Wizard benötigt werden. Auch wenn Sie nicht mit den Wizards arbeiten möchten, lohnt sich ihre Ausführung dennoch, um Anregungen zu empfohlenen Vorgehensweisen beim Umgang mit Workflows zu erhalten.

Wie in Kapitel 13, »Anlegen eines Workflows«, beschrieben, finden Sie Wizards im Workflow Builder im Bereich WIZARDS im Framework EINFÜGBARE SCHRITTTYPEN.

Zum Zeitpunkt der Drucklegung dieses Buches sind folgende Wizards verfügbar:

- **Wizards für Modellierungsunterstützung**
  - ad-hoc: »Bearbeiter auswählen« einbinden
  - ad-hoc: »Aufgabe austauschen« einbinden

  - modellierte Terminüberwachung
  - Aufruf von WebFlow-Service einbinden
- **Wizards für Genehmigungsverfahren**
  - paralleler Genehmigungs-Workflow
  - hierarchischer Genehmigungs-Workflow
  - ad-hoc: dynamischer, hierarchischer Genehmigungs-Workflow
  - ad-hoc: dynamischer, paralleler Genehmigungs-Workflow

  Mit diesen Wizards können Sie in kürzester Zeit komplexe Genehmigungsverfahren erzeugen. Auf diese Weise können Sie sicherstellen, dass das Business-Objekt, das Sie als Grundlage für die Genehmigung verwenden möchten, die Schnittstelle `IFAPPROVE` implementiert hat, sodass Genehmigungsmethoden und -ergebnisse konsistent kodiert werden.
- **Wizards für Rundschreiben**
  - Rundschreiben
  - ad-hoc: dynamisches Rundschreiben
  - paralleles Rundschreiben
  - ad-hoc: dynamisches paralleles Rundschreiben

  Mit diesen Wizards können Sie sehr schnell Verteilungsverfahren für Rundschreiben einrichten.
- **Optimierung generischer Workflows**

  Die folgenden Elemente können beim Aufbau eines Workflows hilfreich sein:
  - **Aufnehmen einer »Call Test Procedure (CATT)«**
  - **Erzeugung von Customizing-Workflows**
    Fügt eine Folge von Schritten hinzu, um den Bearbeiter durch die dazugehörigen Customizing-Transaktionen zu begleiten
  - **Einbindung von »Create Object Reference«**
    Fügt den Schritt `SYSTEM.GenericInstantiate` hinzu, um ein Objekt des jeweils angegebenen Business-Objekts zu instanziieren. Mit anderen Worten: Ein Containerelement, das ein flaches Datenfeld referenziert, kann in ein Business-Objekt umgewandelt werden, um Zugriff auf Attribute zu ermöglichen.
  - **Einbindung von »Execute Report/Job«**
    Fügt Schritte zum Ausführen eines ABAP-Reports oder eines Hintergrundjobs hinzu oder sendet die Ergebnisse an einen Benutzer.

Tipp

Beim ersten Einsatz eines dieser Wizards sollten Sie diesen auf einen ansonsten leeren Workflow anwenden: Sie können so die Auswirkung des Wizards auf Ihren Workflow erkennen, bevor Sie den Wizard tatsächlich anwenden.

A.2 Arbeiten mit E-Mails

Bei den meisten Workflows müssen Sie zu einem bestimmten Zeitpunkt eine E-Mail an einen bestimmten Empfänger senden. Der E-Mail-Empfänger muss weder ein Bearbeiter des Workflows noch ein Mitarbeiter in Ihrem Unternehmen sein. Es braucht sich nicht einmal um eine Person zu handeln, da Sie eine E-Mail auch an eine Internet-E-Mail-Adresse oder Faxnummer (z. B. *auto-faxing*) senden können.

Tipp

Wenn Sie E-Mails an externe Empfänger senden möchten (z. B. über das Internet oder ein Faxgerät), müssen Sie zuerst prüfen, ob zu Ihrem Mail-Server eine entsprechende E-Mail-Schnittstelle (SMTP, SAPconnect, automatischer Faxversand etc.) in Ihrer SAP-Komponente implementiert ist.

Um eine E-Mail zu senden, müssen Sie ein Dokument – gegebenenfalls mit Anlagen – anlegen und dieses über die vorhandenen Mail-Server an die Empfänger senden. Dies kann als Hintergrundaufgabe mit Objekt `SelfItem` und Methode `SendTaskDescription` erfolgen.

Sie können für `SelfItem.SendTaskDescription` eine eigene Aufgabe anlegen und diese dem Workflow als Aktivität hinzufügen oder eine Aufgabe über den Schritt Mail versenden erzeugen. Das Endergebnis ist ähnlich. Der Vorteil des Schritts Mail versenden ist jedoch, dass ein Mail-Schritt-Symbol im Ablaufdiagramm angezeigt wird. Dies verschafft Ihnen einen besseren Überblick, wenn Sie den Prozess überprüfen oder ihn den Business-Prozessverantwortlichen und Workflow-Benutzern erläutern. Wenn Sie über eine Aufgabe verfügen, die Sie im Schritt Mail versenden wiederverwenden möchten, anstatt eine neue Aufgabe zu erzeugen, fügen Sie die Aufgabe an, indem Sie bei der Definition des Schritts Mail versenden auf der Registerkarte Steuerung die Aufgabenkennung eingeben.

A.2.1 Der Schritt »Mail versenden«

Ein großer Vorteil bei der Verwendung des Schritttyps MAIL VERSENDEN ist, dass dabei der Aufgabentext versendet wird. Dies ermöglicht auf einfache Weise die Einbindung von Variablen in den Text. Der Schritt MAIL VERSENDEN ist ein weiterer Aufgabentyp, den Sie beim Entwurf Ihres Workflows im Workflow Builder auswählen können. Folgende Mindestangaben gelten für den Schritt MAIL VERSENDEN:

- **Subject Text**
  Sie können auf Containerelementen basierende Ausdrücke verwenden, um in Ihren Texten dynamische Werte bereitzustellen.
- **Body Text**
  Sie können auf Containerelementen basierende Ausdrücke (einzeilige, mehrzeilige Elemente oder Objektattribute) verwenden, um in Ihren Texten dynamische Werte bereitzustellen.
- **Recipient Type**
  Beachten Sie, dass Sie eine E-Mail gleichzeitig nur an eine Empfängerart senden können. Zu den möglichen Arten gehören u. a.: SAP-Benutzer, SAPoffice-Verteilerliste, Internet-E-Mail-Adresse, Faxnummer, Telexnummer oder HR-Organisationsobjekt (z. B. alle Mitarbeiter in einer bestimmten Organisationseinheit).
- **Container Element (Single- oder Multiline)**
  Das Containerelement kann ein- oder mehrzeilig sein, mit der Empfängeradresse im für die Empfängerart entsprechenden Format. Wenn die Empfängerart z. B. SAP USER lautet, enthält die Adresszeichenfolge die Benutzerkennungen. Wenn die Empfängerart INTERNET EMAIL ADDRESS ist, enthält die Adresszeichenfolge Internet-E-Mail-Adressen, wenn der Typ FAX ist, enthalten die Adresszeichenfolgen Faxnummern. Sie können beliebig viele Empfänger eingeben, aber achten Sie darauf, dass die verwendeten Daten mit dem Empfängertyp übereinstimmen.

Mithilfe der Details des Schritts SEND MAIL werden die Aufgabe `Self-Item.SendTaskDescription` und der Datenfluss zwischen Workflow und Aufgabe erzeugt. Über die Registerkarte CONTROL können Sie den Datenfluss ändern, um z. B. Anlagen an die E-Mail zu übergeben.

Beachten Sie, dass alle verwendeten Empfängerarten im System zugelassen sein müssen. Wenn Sie E-Mails an HR-Organisationsobjekte senden möchten (Stellen, Planstellen etc.), müssen Sie dies über den Pfad BUSINESS COMMUNICATION • ADMINISTRATION • SHARED OFFICE SETTINGS (Transaktion

SO16) entsprechend konfigurieren. Wenn Sie E-Mails an Internet-E-Mail-Adressen senden möchten, muss eine Verbindung mit einem externen Mail-Server (z. B. über SMTP oder SAPconnect) vorhanden sein.

Wenn Sie den Datenfluss ändern möchten, kann es sinnvoll sein, zu wissen, dass die Grundkomponenten einer beliebigen Aufgabe vom Typ `Self-Item.SendTaskDescription` Folgendes umfassen:

- **Work Item Text**
  Wird zum Betreffzeilentext der zu sendenden E-Mail.
- **Long Description**
  Wird zum Text der E-Mail.
- **Address Strings**
  die Adresszeichenfolgen für die Empfänger im für die Empfängerart entsprechenden Format
- **Receivers**
  Enthält die Empfänger als Instanzen des Objekttyps `ADDRESS`. Normalerweise lassen Sie diesen Eintrag leer, da die Methode `SendTaskDescription` alle Adresszeichenfolgen basierend auf der Empfängerart in entsprechende Adressobjekte konvertiert. Dieser Eintrag kann jedoch zum Eingeben einer Liste von Empfängern einer vorangegangenen E-Mail verwendet werden.
- **Type ID**
  Hierbei handelt es sich um die Empfängerart.
- **Express**
  Ein Kennzeichen, das angibt, ob die E-Mail als Express-E-Mail gesendet werden soll. Die tatsächliche Auswirkung der Festlegung des Express-Kennzeichens hängt von der verwendeten Mail-Schnittstelle ab. Wenn die E-Mail an einen Benutzer in einer SAP-Komponente gesendet wird, erscheint ein Express-Popup-Feld, das den Empfänger über die eingehende E-Mail informiert.
- **Language**
  Wenn Sie Ihre Texte in mehrere Sprachen übersetzt haben, zeigt diese Angabe, welche Sprache in der E-Mail verwendet wird. Dies ist nützlich, wenn die Systemsprache z. B. Spanisch ist, Sie die E-Mail jedoch in Englisch senden möchten.
- **Attachments**
  Mehrere Anlagen können in einem beliebigen, von SAPoffice unterstützten Format übergeben werden. Dazu zählen u. a.: SAPscript-Dokumente,

ABAP-Report-Listen, optisch archivierte Dokumente, Binärdateien (wie z. B. Multimediadateien), Microsoft-Office-Dokumente wie Word- und Excel-Dateien, Grafikdateien, URLs und sogar ein anderes Workitem. In Ihrem System muss jedes Format aktiviert sein. Je nach Wunsch können weitere Formate konfiguriert werden.

Tipp

Bedenken Sie, dass sowohl der Ersteller der Anlage als auch ihr Empfänger zum Lesen der Anlage die entsprechenden Editoren und Viewer benötigen und dass nicht alle Anlagearten in allen Inboxen verfügbar sind. Sie können die Workflow-Teilnehmer auf Anlagen beschränken, die in allen Inboxen gültig sind, oder sollten sie zumindest darüber informieren, welche Formate sie in ihrer Umgebung problemlos verwenden können.

- **Line Width**
  Wenn Sie im Textteil der E-Mail einen langen Text ohne Umbrüche senden möchten, kann es hilfreich sein, die Zeilenbreite zu erhöhen. Die normale Zeilenbreite beträgt 75, die maximale Zeilenbreite 132 Zeichen.

Sie können der Aufgabe auch eigene Containerelemente hinzufügen, die Sie dann in den E-Mail-Texten verwenden können. So können Sie z. B. das Containerelement `Customer` für eine Kundenobjektinstanz erstellen, die im Datenfluss des Workflow-Schritts übergeben wird, damit Sie sich den Kundennamen und dessen Adresse im E-Mail-Text anzeigen lassen können.

Tipp

Die häufigste Fehlermeldung mit `SENDTASKDESCRIPTION` ist »<Dokumentname> konnte nicht gesendet werden«.

Dies bedeutet in den meisten Fällen, dass Sie die Empfänger-ID oder den Empfängertyp nicht korrekt eingegeben haben. Oft wird hier eine Regel (oder eine andere Methode) verwendet, um die gewünschten Empfänger für die Meldung abzurufen und die Ergebnisse an den Workflow-Container für den Schritt MAIL VERSENDEN weiterzuleiten. Mit dieser Methode können Sie eine Vorabprüfung durchführen, um sicherzustellen, dass tatsächlich Empfänger gefunden wurden.

A.2.2 Arbeiten mit Anlagen

Da die Funktionen zum Erstellen und Anzeigen von Anlagen Standardfunktionen von Workitems und E-Mails sind, ist es sinnvoll, eine für ein Workitem erstellte Anlage an eine nachfolgende E-Mail zu übergeben. Betrachten wir z. B. ein Szenario, in dem ein Vorgesetzter ein Workitem empfängt, das eine Genehmigung anfordert: Im Rahmen der Ablehnung der Anforderung erstellt der Vorgesetzte eine Anlage für das Workitem, in der die Ablehnung der Anforderung begründet wird. In einem Folgeschritt können Sie eine E-Mail mit dem Betreff »Ihre Anforderung wurde abgelehnt« zusammen mit der Anlage des Vorgesetzten an den Anfordernden senden.

Jede für ein Workitem erstellte Anlage wird über den automatischen Datenfluss an das standardmäßige Workflow-Containerelement `Attachments` (technische Kennung `_ATTACH_OBJECTS`) übergeben. Einem Dialog-Workitem werden automatisch die Anlagen aller vorherigen Workitems im Workflow übergeben. Ebenso übergibt es alle erstellten Anlagen zurück an den Workflow.

Wenn Sie alle Anlagen, die im gesamten Workflow erstellt wurden, an einen E-Mail-Schritt übergeben möchten, müssen Sie über die Registerkarte STEUERUNG der Definition des Schritts MAIL VERSENDEN das Workflow-Containerelement `Attachments` an das Containerelement `Attachments` der Aufgabe MAIL VERSENDEN binden.

Wenn Sie hingegen nur Anlagen eines bestimmten Workitems übergeben möchten, ändern Sie den Datenfluss des entsprechenden Workflow-Schritts, um alle Anlagen zu speichern, die in Ihrem Workflow-Containerelement, das den Objekttyp `SOFM` (Office-Dokument) referenziert, erstellt wurden. Sie können anschließend auf die gleiche Weise Ihr eigenes Workflow-Containerelement an das Containerelement `Attachments` der Aufgabe MAIL VERSENDEN übergeben.

A.2.3 Bestimmung von Empfängern mithilfe der Regelauflösung

Eine der wenigen Optionen, die in einem Schritt vom Typ MAIL VERSENDEN oder einer Aufgabe vom Typ `SelfItem.SendTaskDescription` nicht zur Verfügung stehen, ist der Versand an eine Liste von Empfängern, die mithilfe einer Regelauflösung bestimmt wurden. Wenn Sie also eine E-Mail basierend auf einer Regel an eine Empfängerliste senden möchten, müssen Sie die Empfänger im Vorfeld ermitteln. Es gibt dazu zahlreiche Möglichkeiten, von denen die geläufigsten im Folgenden vorgestellt werden.

- Wenn Sie mit einem System mit Release 6.10 oder höher arbeiten und die Regel bereits in einem früheren Schritt verwendet wurde, binden Sie das Containerelement `_RULE_RESULT` der Regel wieder an ein Workflow-Containerelement. Sie können anschließend einen Ausdruck verwenden, um das Attribut `Agents` des Regelergebnisses in Ihrem Workflow-Containerelement als Empfänger des Schritts SEND MAIL zu senden.

- Wenn die Kriterien für die Regel auf einem Objekt basieren (also z. B. die Regel »Lieferant – Stammdatenverantwortlicher« auf der Stadt und dem Land des Objekts Vendor basiert), erstellen Sie basierend auf dem Datentyp `SWHACTOR` ein virtuelles, mehrzeiliges Attribut für dieses Objekt, das die Regel unter Verwendung des Funktionsbausteins `RH_GET_ACTORS` aufruft und die Liste der Bearbeiter zurückgibt. Sie können anschließend einen Ausdruck verwenden, um das Objektattribut `Vendor.MasterDataOwner` als Empfänger des Schritts MAIL VERSENDEN zuzuordnen.
- Wenn die Kriterien für die Regel auf Werten basieren, die erst zur Laufzeit bekannt sind (z. B. ein Genehmigender für eine bestimmte Genehmigungsstufe), erstellen Sie eine Hintergrundmethode für das geeignetste Business-Objekt, damit die Kriterien mithilfe von Methodenparametern akzeptiert werden. Rufen Sie dann die Regel mithilfe des Bausteins `RH_GET_ACTORS` auf, um eine Liste der Bearbeiter zu erhalten. Sie können dann vor dem Schritt MAIL VERSENDEN dem Workflow einen ACTIVITY-Schritt hinzufügen, um eine Aufgabe basierend auf Ihrer neuen Methode aufzurufen bzw. um die Kriterien des Workflows an die Aufgabe und das Ergebnis der Aufgabe wieder an ein Workflow-Containerelement zu binden. Anschließend können Sie einen Ausdruck verwenden, um Ihr Workflow-Containerelement als Empfänger des Schritts MAIL VERSENDEN zuzuordnen.

Tipp

Beachten Sie beim Aufruf des Funktionsbausteins `RH_GET_ACTORS`, dass Sie die technische Kennung für Ihre Regel übergeben müssen, z. B. `AC90000001`, wobei `90000001` die Regelnummer ist. Wenn mehrere Bearbeiter gefunden werden, müssen Sie außerdem sicherstellen, dass die in der Methode, Aufgabe oder dem Workflow verwendeten Containerelemente mehrzeilig sind.

A.2.4 Überlegungen zum Customizing

Der Versand von E-Mails erfolgt im Hintergrund und wird deshalb vom Benutzer `WF-BATCH` ausgeführt, es sei denn, Sie geben explizit einen anderen Benutzer an (z. B. als Importparameter für die Office-API oder die Office-Methode, die die E-Mail sendet). Dieser Benutzer benötigt eine gültige E-Mail-Adresse (eine Absenderadresse) und die erforderliche Berechtigung. Wann immer das System E-Mails sendet, besteht natürlich die Möglichkeit, dass Benutzer `WF-BATCH` direkt antwortet. Versuchen Sie, die Anzahl der Antworten zu reduzieren, indem Sie allen gesendeten E-Mails einen entsprechenden Hinweis hinzufügen. Wenn Sie `WF-BATCH` eine E-Mail-Adresse wie *DoNotReply@mycompany.com* geben, wird die Anzahl der Antworten ebenfalls reduziert. Am besten ist es jedoch, einen alternativen Rückmeldungskanal (z. B. eine Website oder Helpdesk-Nummer) anzugeben.

`WF-BATCH` empfängt darüber hinaus E-Mails mit automatischer Antwort, wenn ein Empfänger im Urlaub ist oder der E-Mail-Daemon eine E-Mail-Adresse nicht finden kann. Die wichtigste Regel, die es hier zu beachten gilt, ist, nicht automatisch auf diese E-Mails zu antworten. Obwohl die Versuchung groß ist, selbst eine automatische Antwort wie »Senden Sie mir bitte keine E-Mails« zu senden, führt diese jedoch nur zu einer Lawine von E-Mails zwischen den beiden Systemen, die sich automatisch antworten. Nutzen Sie die automatische Antwort nur, wenn Sie einen Zähler einsetzen, der die Anzahl der Antworten begrenzt (was mit einem Workflow leicht erreicht werden kann).

Die beste Möglichkeit des Umgangs mit diesen Antworten ist die Konfiguration eines Administrators als E-Mail-Vertreter für WF-BATCH, der sich regelmäßig anmeldet und den E-Mail-Eingang überprüft. Der Administrator kann E-Mails löschen und fehlerhafte E-Mail-Adressen im System korrigieren.

Hinweis

Wenn WF-BATCH eine E-Mail sendet, wird eine Kopie in dessen Ausgang erstellt (es sei denn, das Kennzeichen No Outbox Copy wurde im Funktionsaufruf festgelegt). Die einfachste Möglichkeit, diese E-Mails zu löschen, ist die Konfiguration eines regelmäßigen Batch-Jobs für diesen Zweck.

Folgende Schritte sind erforderlich, um dem Workflow die Übertragung von E-Mails zu ermöglichen:

1. Der SAP NetWeaver Application Server muss zum Versand von E-Mails konfiguriert werden (kontaktieren Sie Ihren Systemadministrator für weitere Informationen zu diesem Thema).
2. Konfigurieren Sie eine E-Mail-Adresse für WF-BATCH mithilfe von Transaktion SU01.
3. Sorgen Sie dafür, dass WF-BATCH über ausreichende Berechtigungen zum Senden von E-Mails verfügt (wenn Sie die Berechtigungen für `WF-BATCH` nicht geändert haben, hat dieser Hintergrundbenutzer bereits die entspre-

chende Berechtigung, da WF-BATCH standardmäßig das Berechtigungsprofil SAP_ALL zugewiesen wird).

4. Die standardmäßige Anmeldesprache des Benutzers WF-BATCH muss auf die gewünschte E-Mail-Sprache festgelegt werden.

A.3 Anzeige des Entscheidungsträgers in einem Folgeschritt

Dieses Verfahren ist sehr praktisch für E-Mail-Benachrichtigungen und -Ablehnungen. Sie können vorschlagen, dass der Benutzer den Entscheidungsträger kontaktiert, wenn er mehr Informationen zur Begründung der Entscheidung benötigt, insbesondere wenn der Entscheidungsträger auf das Senden einer Begründung in einer Anlage verzichtet hat.

Im Entscheidungsschritt können Sie den tatsächlichen Bearbeiter (technische Kennung _WI_ACTUAL_ AGENT) im Datenfluss zwischen Aufgabe und Workflow erfassen. Legen Sie den Wert in einem Workflow-Containerelement (z. B. ZActualAgent) des ABAP-Dictionary-Typs WFSYST-AGENT ab.

Wenn Sie auf Attribute des Benutzers zugreifen wollen, benötigen Sie dafür eine Objektreferenz auf den Benutzer. Die einfachste Möglichkeit, dies zu realisieren, ist, eine Referenz auf das entsprechende Workitem im Workflow-Container anzulegen. Das Workitem-Objekt besitzt ein Attribut namens ExecutedByUser, das auf dem Objekttyp USR01 basiert – dies ist genau, was Sie benötigen. Da Sie dabei nur mit einer Referenz arbeiten, hat dieses Vorgehen keinen Einfluss auf Performance oder Speicherbelastung.

Legen Sie zu diesem Zweck im Workflow-Container ein neues Element an (z. B. DecisionStep), das auf dem Objekttyp WORKINGWI basiert (alle Dialog-Workitems sind von diesem Typ). Definieren Sie dann vom entsprechenden Workflow-Schritt einen Datenfluss vom _Workitem auf Ihr neu angelegtes Element im Workflow-Container.

Tipp

Zeigen Sie zuerst die Zeilen der exportierenden Datenflussdefinition an, um das _Workitem sichtbar zu machen.

Jetzt können Sie den Inhalt des Elements DecisionStep.ExecutedByUser in den Folgeschritten Ihres Workflows verwenden. Zum Beispiel wollen Sie sich den Namen des Entscheiders in der Betreffzeile einer zu versendenden

E-Mail anzeigen lassen. Sie würden dann im Schritttyp MAIL VERSENDEN Folgendes tun:

- Anlegen eines neuen Aufgabencontainerelements, das den Objekttyp `USR01` referenziert, um die Benutzerobjektinstanz (z. B. `ZDecisionMaker`) aufzunehmen
- Binden von `DecisionStep.ExecutedByUser` im Workflow-Container zu `ZDecisionMaker` im entsprechenden Workflow-Schritt
- Referenzieren auf Attribute von `ZDecisionMaker` in Ihrem Workitem-Text (z. B. »Ihre Anforderung wurde leider von `&ZDecisionMaker.Name&` abgelehnt. Wenden Sie sich bitte an `&ZDecisionMaker.Name&` unter `&ZDecisionMaker.Telephone&`, wenn Sie weitere Informationen benötigen ...«.).

Ein weiterer Vorteil dieser Vorgehensweise ist, dass Sie auf zusätzliche nützliche Attribute von `DecisionStep` zugreifen können, wie z. B. `DecisionStep.ActualEndDate`, also das Datum, an dem die Entscheidung getroffen wurde.

A.4 Anlegen eigener Benutzerentscheidungsmuster

Mitunter ist es sinnvoll, eigene Benutzerentscheidungsaufgaben anzulegen. Dies gilt besonders, wenn Sie die Bearbeiterzuordnung für diese Entscheidung beschränken (da die standardmäßige Benutzerentscheidungsaufgabe eine generelle Aufgabe ist) oder die während der Ausführung angezeigten Textanweisungen anpassen müssen. Die standardmäßige Benutzerentscheidungsaufgabe heißt TS00008267. Bevor Sie eine eigene Benutzerentscheidungsaufgabe anlegen, sollten Sie sich mit der Standardaufgabe vertraut machen.

Um eine eigene Benutzerentscheidungsaufgabe anzulegen, erstellen Sie basierend auf dem Objekttyp `DECISION` und der Methode `PROCESS` eine neue Ausgabe oder kopieren TS00008267 als Ausgangspunkt. Der einfachste Weg führt über das Anlegen eines standardmäßigen Schritts BENUTZERENTSCHEIDUNG und das anschließende Wählen des Buttons COPY FROM TEMPLATE auf der Registerkarte CONTROL der Workflow-Schrittdefinition. Geben Sie für die neue Aufgabe Texte ein, und geben Sie die Bearbeiterzuordnung an. Sie können nach Wunsch auch neue Containerelemente hinzufügen, insbesondere wenn Sie Ihren Anweisungen dynamische Werte hinzufügen möchten. Überprüfen Sie alle Datenflüsse.

Tipp

Soll Ihre Benutzerentscheidung nicht in einem Popup-Bildschirm angezeigt werden, entfernen Sie in der Schrittdefinition auf der Registerkarte WI DISPLAY die standardmäßigen Einstellungen zum Außerkraftsetzen der Workitem-Anzeige.

A.5 Arbeiten mit Neben-, Vor- und Folgemethoden

In diesem Abschnitt beschreiben wir den Einsatz von Nebenmethoden.

A.5.1 Nebenmethoden

Wenn Sie einen Bearbeiter bei der Entscheidungsfindung unterstützen möchten, indem Sie mehr als nur Textanweisungen bereitstellen, können Sie *Nebenmethoden* verwenden. Wurde z. B. ein Bearbeiter aufgefordert, den Urlaubsantrag eines Untergebenen zu genehmigen oder abzulehnen, kann es hilfreich sein, einen Report mit Informationen zu den Urlaubszeiten der anderen Teammitglieder anzuzeigen. Dazu können Sie die Nebenmethode DISPLAY TEAM VACATION SCHEDULE für den Workflow-Schritt APPROVE VACATION REQUEST festlegen.

Wenn der Bearbeiter das Workitem ausführt, wird ein zweites Sitzungsfenster geöffnet, in dem die Nebenmethode ausgeführt wird. Dadurch kann der Benutzer sich den Urlaubsantrag und die Optionen APPROVE/REJECT im ersten Sitzungsfenster und den Teamurlaubsplan im zweiten Sitzungsfenster anzeigen lassen. Zur Entscheidungsfindung kann der Bearbeiter zwischen den beiden Sitzungsfenstern wechseln, die Einzelheiten des Urlaubsantrags überprüfen und mit dem Teamurlaubsplan vergleichen, bevor eine endgültige Entscheidung getroffen und die Bearbeitung des Workitems beendet wird. Nach dem Beenden der Workitem-Bearbeitung schließt das System automatisch die Sitzung mit der Nebenmethode. Wenn der Bearbeiter die Workitem-Ausführung abbricht und diese später erneut ausführt, wird die Nebenmethode bei jeder erneuten Ausführung des Workitems neu gestartet.

Die Sitzung mit der Nebenmethode wird asynchron zur Workitem-Ausführungssitzung ausgeführt, d. h., ihr ist nicht bekannt, was in der Workitem-Ausführungssitzung passiert.

Hinweis

Da ein zweites Sitzungsfenster geöffnet werden muss, hängt dieses Verfahren maßgeblich davon ab, wie die Workitems einem Bearbeiter übermittelt werden. Wenn das Workitem mithilfe der SAP-Benutzeroberfläche für Windows angezeigt wird, kann das zweite Sitzungsfenster geöffnet werden. Andere Workitem-Übermittlungsmechanismen, wie z. B. der Webeingang oder externe Inboxen wie Microsoft Outlook und Lotus Notes, bieten gegebenenfalls nicht die Möglichkeit zum Öffnen eines zweiten Sitzungsfensters. In diesem Fall wird die Nebenmethode ignoriert.

Da Nebenmethoden nicht zum Rahmen-Workflow gehören und nicht in das Workflow-Protokoll einbezogen werden, sind sie hauptsächlich für Anzeigemethoden gedacht, um also z. B. zusätzliche Daten wie Statistiken oder Reports anzuzeigen.

Um mit Nebenmethoden zu arbeiten, geben Sie im Workflow-Schritt ACTIVITY oder USER DECISION auf der Registerkarte METHODS im Abschnitt SECONDARY METHODS das Containerelement mit der entsprechenden Objektinstanz und der auszuführenden Methode an. Nur ein automatisierter Datenfluss ist möglich, d. h., der Methodencontainer der aufgabenbasierten Hauptmethode des Schritts wird an die Nebenmethode übergeben. Für die Nebenmethode können nur Importparameter verwendet werden, da die Sitzung mit der Nebenmethode asynchron ausgeführt wird und keine Informationen an den Workflow zurückliefert. Falls gewünscht, können Sie mehrere Nebenmethoden angeben. Alternativ können Sie den Report in Form eines Business-Objekts (als Anlage) an das Workitem anfügen, sodass die Benutzer aus dem Workitem heraus darauf zugreifen können.

A.5.2 Vor- und Folgemethoden

Vor- und Folgemethoden sind eine Art Nebenmethodedie entweder *vor* dem Start eines Workitems oder *nach* dessen Abschluss ausgeführt wird. Vor- und Folgemethoden ähneln Nebenmethoden in folgenden Punkten:

- Sie werden auf der Registerkarte METHODS des Workflow-Schritts angegeben.
- Sie erfordern die Angabe eines Containerelements für die Objektinstanz und die auszuführende Methode.
- Nur ein automatisierter Datenfluss ist möglich, d. h., der Methodencontainer der aufgabenbasierten Methode des Schritts wird an die Vor- und Folgemethode übergeben.
- Falls gewünscht, können Sie mehrere Vor- und Folgemethode angeben.

- Diese werden bei jeder Ausführung des Workitems ausgeführt. Insbesondere die Folgemethode wird *immer* ausgeführt, sobald der synchrone Teil der Workflow-Ausführung abgeschlossen ist. Dabei ist es gleichgültig, ob das Workitem auf ein beendendes Ereignis wartet oder mit einem Fehler beendet wurde.
- Die Methoden haben keine Auswirkung auf die Ausführung des Workitems selbst.

Vor- und Folgemethoden werden jedoch modal aufgerufen, als wären sie Zusatzschritte in derselben zum Workitem gehörenden Sitzung. Das bedeutet, dass sie nach Wunsch zum Bearbeiten des Methodencontainers verwendet werden können, um die aufgabenbasierte Hauptaufgabe oder Folgeschritte im Workflow zu beeinflussen.

Während Nebenmethoden am besten geeignet sind, um dem Bearbeiter Zusatzinformationen anzuzeigen, eignen sich Vor- und Folgemethoden am besten für Hintergrundaufgaben, die Sie bei jeder Ausführung des Workitems aufrufen möchten. Vor- und Folgemethoden können Sie u. a. für folgende Aktivitäten verwenden:

- Erfassung zusätzlicher Statistiken über den Workflow in eigenen Datenbanktabellen zur späteren Analyse
- Konvertierung von Werten, die vom Workitem in einer Folgemethode zurückgegeben wurden
- Benachrichtigung eines Mitarbeiters darüber, dass das Workitem in einer Vormethode gestartet wurde (um z. B. im Urlaubsantragsszenario einen Mitarbeiter darüber zu informieren, dass der genehmigende Bearbeiter das Urlaubsantragsformular angezeigt hat)
- Benachrichtigung eines Mitarbeiters über das Workitem-Ergebnis in einer Folgemethode. Dies kann auch im Rahmen-Workflow erfolgen. Es kann jedoch nützlich sein, mit einer Folgemethode zu arbeiten, damit der Rahmen-Workflow nicht komplizierter wird.
- Starten und Anhalten des ArchiveLink Viewers

Beachten Sie, dass die in einer Vor- oder Folgemethode verwendete Objektinstanz vorhanden sein muss, bevor das Workitem ausgeführt wird. Sie können z. B. keine Vormethode zum Erstellen einer Objektinstanz verwenden.

A.6 Durchlaufen einer mehrzeiligen Liste in einer Schleife

Wenn ein Workflow-Container eine Werteliste (ein mehrzeiliges Element) enthält, können Sie eine Folge von Schritten auf die einzelnen Elemente in der Liste anwenden. Eine Möglichkeit ist die Verwendung der tabellengesteuerten dynamischen Parallelverarbeitung (siehe Kapitel 14, »Erweiterte Design-Techniken für Workflows«).

Die tabellengesteuerte Verarbeitung erzeugt für dieselbe Aufgabe oder denselben Sub-Workflow parallel verarbeitete Workitems (ein Workitem pro Zeile). Wenn Sie jedoch die Liste in einzelne Zeilen aufteilen und in einer Schleife durchlaufen müssen, da die Verarbeitung einer Zeile von der Verarbeitung einer vorangegangenen Zeile abhängt, müssen Sie gegebenenfalls einen anderen Ansatz wählen.

Ein Beispiel zum Aufteilen einer Liste in einzelne Zeilen liefern die Methoden `DescribeAgents` und `LoopAtAgents` des Objekttyps `SYSTEM`, die Ihnen die Auswahl einer Liste mit Bearbeitern und das Aussortieren der einzelnen Bearbeiter für die Bearbeitung ermöglichen. Dies funktioniert wie folgt:

1. Verwenden Sie einen ACTIVITY-Schritt, um eine Aufgabe basierend auf der Methode `SYSTEM.DescribeAgents` aufzurufen.
2. Übergeben Sie die Bearbeiterliste an die Methode. Die Anzahl der Bearbeiter in der Liste wird zurückgegeben.
3. Speichern Sie die Anzahl der Bearbeiter in einem Workflow-Containerelement, z. B. `NumOfAgents`.
4. Verwenden Sie einen LOOP-Schritt (LOOP UNTIL oder LOOP WHILE), um die Schleife weiter zu durchlaufen, solange `NumOfAgents` einen Wert größer null hat.
5. Verwenden Sie in der Schleife einen weiteren ACTIVITY-Schritt, um eine Aufgabe basierend auf der Methode `SYSTEM.LoopAtAgents` aufzurufen. Leiten Sie die Liste und den Wert `NumOfAgents` weiter. Die Methode gibt den n-ten Wert der Liste zurück, wobei n = `NumOfAgents` ist.
6. Sie können anschließend eine beliebige Verarbeitung auf den zurückgegebenen Bearbeiter anwenden, also z. B. seine E-Mail-Adresse abrufen oder ihm eine E-Mail schicken.
7. Senken Sie als letzten Schritt innerhalb der Schleife den Wert von `NumOfAgents` um 1.

Dieser Vorgang liest eine Liste vom höchsten bis zum niedrigsten Wert. Die Implementierung der Methoden `DescribeAgents` und `LoopAtAgents` ist so einfach, dass Sie sie in Ihren eigenen Methoden reproduzieren können, um beliebige Listen mit beliebigen Datentypen (ABAP-Dictionary- oder Objektreferenz) bearbeiten zu können.

A.7 Dynamische Erstellung von Objektreferenzen

Objektreferenzen sind im gesamten Workflow nützlich, da sie den Zugriff auf beliebige Arten von Daten, Methoden und Ereignissen ermöglichen. Ein Beispiel: Da Business-Objekttypen Attribute enthalten können, die auf andere Business-Objekttypen zeigen, können Sie auf objektreferenzierende Attribute eines Business-Objekts referenzieren, wie z. B. `Sales-Order.Customer.Name`, in Container-Datenflüssen und Ausdrücken wie in Workitem-Texten, den logischen Ausdrücken in LOOP-Schritten oder in Startbedingungen.

In Situationen, in denen Sie die Schlüsseldaten finden können, die eine Objektinstanz definieren, jedoch keinen Zugriff auf die Objektinstanz in Ihrem Workflow haben, können Sie mit der Methode `GenericInstantiate` des Objekts `SYSTEM` eine neue Objektreferenz dynamisch erzeugen. Sie müssen lediglich den Objektschlüssel und den Objekttyp der Instanz bereitstellen, auf die Sie zugreifen möchten.

Dies ist besonders dann nützlich, wenn Sie Hilfsobjekte wie das Terminobjekt in Abschnitt A.9 verwenden. Sie können auch eine Objektinstanz basierend auf Attributen zweier oder mehrerer verschiedener Objektinstanzen erzeugen, die Sie in Ihrem Workflow verwenden. In der Regel müssen Sie den Schlüssel selbst in einem vorangegangenen Schritt berechnen (z. B. mithilfe einer Containeroperation) oder einen alternativen Datenfluss verwenden (siehe Kapitel 13, »Anlegen eines Workflows«), um diesen an `SYSTEM. GenericInstantiate` zu übergeben.

A.8 Auf dem Werkskalender basierende Termine

Termine basieren auf einem Bezugszeitpunkt sowie einem absoluten Zeitabstand: Der Terminzeitpunkt wird also berechnet, indem der Zeitabstand zum Bezugszeitpunkt addiert wird. Wochenenden und Feiertage bleiben unberücksichtigt. Wenn Sie sicherstellen möchten, dass Ihr Termin an einem

Werktag eskaliert wird, müssen Sie einen Werkskalender verwenden, der die entsprechenden Wochenenden und Feiertage enthält. Werkskalender können mit Transaktion SCAL gepflegt werden.

Zur Berechnung des Terminzeitpunkts auf der Grundlage des Werkskalenders gehen Sie folgendermaßen vor:

- Legen Sie ein Terminobjekt an, das den nächsten Werktag basierend auf dem aktuellen Zeitpunkt (also dem der Workitem-Erstellung) berechnet.
- Richten Sie ein Workflow-Containerelement basierend auf diesem Terminobjekt ein.
- Instanziieren Sie das Terminobjekt in Ihrem Workflow vor dem Schritt mit dem Termin.
- Verwenden Sie das Terminobjekt als Bezugszeitpunkt in Ihrem Termin.

A.8.1 Erstellung des Terminobjekts

In diesem Abschnitt beschreiben wir den Einsatz eines benutzerdefinierten Business-Objekts zur Berechnung eines Termins für den Werkskalender. In Kapitel 16, »ABAP-Klassen«, haben Sie erfahren, wie ABAP-Klassen für einen Werkskalendertermin verwendet werden.

Der in diesem Abschnitt beschriebene benutzerdefinierte Termin-Business-Objekttyp ist im Wesentlichen ein Hilfsmittel, um einen Zeitpunkt zur Terminbestimmung basierend auf einem Werkskalender und dem aktuellen Systemzeitpunkt zu berechnen. Wenn ein Terminobjekt zur Laufzeit vom Workflow-Schritt referenziert wird, entspricht der aktuelle Systemzeitpunkt dem Erzeugungstermin des Workitems. Der benutzerdefinierte Terminobjekttyp hat keinen Supertyp.

Der Schlüssel für einen benutzerdefinierten Objekttyp umfasst:

- `Offset`
  einen numerischen Abstand in Bezug auf den Erzeugungstermin des Workitems
- `Unit`
  die Zeiteinheit des Abstands
- `Calid`
  die Werkskalenderkennung, die im System aktiv sein muss

Die Attribute für den benutzerdefinierten Objekttyp lauten:

- Date
  Das berechnete Werkskalenderdatum basierend auf dem Datentyp SY-DATUM. Dies ist ein virtuelles Attribut, das den Funktionsbaustein END_TIME_DETERMINE aufruft, um das Datum zu berechnen.
- Time
  Die berechnete Werkskalenderzeit basierend auf dem Datentyp SY-UZEIT. Dies ist ein virtuelles Attribut, das den Funktionsbaustein END_TIME_DETERMINE aufruft, um die Zeit zu berechnen.

Es erfolgt keine Pufferung der Datums- und Zeitattribute. Daher wird selbst bei einer frühzeitigen Instanziierung des Terminobjekts im Workflow bei dessen Verwendung zur Berechnung eines Termins stets der aktuelle Systemzeitpunkt als Ausgangspunkt verwendet (also der Erzeugungstermin des Workitems). Wenn Sie ein/e bestimmte/s Datum/Zeit weiterleiten müssen, können Sie den Startzeitpunkt als Methodenparameter zu einem Teil des Objektschlüssels machen. Listing A.1 zeigt, wie Sie einen Termin basierend auf dem Werkskalender berechnen.

```
PROGRAM ZDEADLINE.
*-----------------------------------------------------------------
*-----------------------------------------------------------------
INCLUDE <OBJECT>.
BEGIN_DATA OBJECT. " Do not change. DATA is generated
* only private members may be inserted into structure private
DATA:
" begin of private,
"   to declare private attributes remove comments and
"   insert private attributes here ...
" end of private,
  BEGIN OF KEY,
      OFFSET LIKE SY-MSGNO,
      UNIT LIKE SWD_SDYNP-LATE_END_U,
      CALID LIKE SCAL-FCALID,
  END OF KEY,
      DATE LIKE SY-DATUM,
      TIME LIKE SY-UZEIT.
END_DATA OBJECT. " Do not change.. DATA is generated
*------------------------------------------------------------------
GET_PROPERTY DATE CHANGING CONTAINER.
  DATA: DEADLINE_DATE LIKE SY-DATUM,
        DEADLINE_TIME LIKE SY-UZEIT.
* Calculate deadline end date and end time using SY-DATUM /
* SY-UZEIT as work item creation date and time
```

```
* Use object-key-values as defaults for offset, unit, and calid
  PERFORM CALCULATE_DEADLINE
       USING SY-DATUM SY-UZEIT
             OBJECT-KEY-OFFSET OBJECT-KEY-UNIT OBJECT-KEY-CALID
             DEADLINE_DATE DEADLINE_TIME.
* Put the calculated date into the container, skip the time
  SWC_SET_ELEMENT CONTAINER 'Date' DEADLINE_DATE.
END_PROPERTY.
*-----------------------------------------------------------------
GET_PROPERTY TIME CHANGING CONTAINER.
  DATA: DEADLINE_DATE LIKE SY-DATUM,
        DEADLINE_TIME LIKE SY-UZEIT.
* Calculate deadline end date and end time  just like above
  PERFORM CALCULATE_DEADLINE
       USING SY-DATUM SY-UZEIT
             OBJECT-KEY-OFFSET OBJECT-KEY-UNIT OBJECT-KEY-CALID
             DEADLINE_DATE DEADLINE_TIME.
* Put the calculated time into the container, skip the date
  SWC_SET_ELEMENT CONTAINER 'Time' DEADLINE_TIME.
END_PROPERTY.
*-----------------------------------------------------------------
FORM CALCULATE_DEADLINE USING VALUE(I_DATE) LIKE SY-DATUM
                              VALUE(I_TIME) LIKE SY-UZEIT
                              VALUE(I_OFFSET) VALUE(I_UNIT)
                              VALUE(I_CALID)
                              E_DATE LIKE SY-DATUM
                              E_TIME LIKE SY-UZEIT.
  DATA: OFFSET(10) TYPE N, UNIT(3), CALID LIKE SCAL-FCALID.
* Calculate deadline date/time based on factory calendar
  CALL FUNCTION 'END_TIME_DETERMINE'
      EXPORTING
           DURATION                  = I_OFFSET
           UNIT                      = I_UNIT
           FACTORY_CALENDAR          = I_CALID
      IMPORTING
           END_DATE                  = E_DATE
           END_TIME                  = E_TIME
      CHANGING
           START_DATE                = I_DATE
           START_TIME                = I_TIME
       EXCEPTIONS
            OTHERS                   = 1.
  IF SY-SUBRC <> 0.
*    If there are any problems, provide a default date and time,
*    e.g., by calling END_TIME_DETERMINE without parameter
*    FACTORY_CALENDAR.
  CALL FUNCTION 'END_TIME_DETERMINE'
```

```
      EXPORTING
           DURATION                  = I_OFFSET
           UNIT                      = I_UNIT
      IMPORTING
           END_DATE                  = E_DATE
           END_TIME                  = E_TIME
      CHANGING
           START_DATE                = I_DATE
           START_TIME                = I_TIME
       EXCEPTIONS
            OTHERS                   = 1.
  ENDIF.
ENDFORM.
```

Listing A.1 Verwenden eines Fabrikkalenders für Termine

A.8.2 Verwendung des Terminobjekttyps im Workflow

Um den Terminobjekttyp in Ihrem Workflow zu verwenden, erstellen Sie ein Workflow-Containerelement, z. B. `ZFactoryDeadline`, das den Objekttyp `ZDEADLINE` referenziert. Aktivieren Sie im zu überwachenden Workflow-Schritt den entsprechenden Termin (gewünschter Termin – also Vorlagetermin –, spätester Starttermin, gewünschter oder spätester Endtermin, d. h. Frist), und legen Sie den Bezugszeitpunkt auf folgenden Ausdruck fest, damit er für den Abgleich mit dem Werkskalender verwendet werden kann:

```
Date = ZFactoryDeadline.DATE
Time = ZFactoryDeadline.TIME
```

Falls gewünscht, können Sie auch den Zeitabstand angeben.

Der Terminobjekttyp muss vor seiner Verwendung zur Laufzeit instanziiert werden. Dazu gibt es u. a. folgende Möglichkeiten:

- Verwenden Sie die Option INITIALWERT des Workflow-Containers, um Standardwerte für Abstand, Einheit und Werkskalenderkennung für `ZFactoryDeadline` festzulegen.
- Verwenden Sie in einem vorangegangenen Workflow-Schritt eine auf der Methode `GENERICINSTANTIATE` des Objekts `SYSTEM` basierende Aufgabe, um `ZFactoryDeadline` mit den entsprechenden Einstellungen für Abstand, Einheit und Werkskalenderkennung zu instanziieren.

Das Ergebnis ist ein Terminzeitpunkt, der basierend auf einem Werkskalender erstellt wird. Der Bezugszeitpunkt gibt den Zeitpunkt basierend auf dem Werkskalender an. Beliebige Zeitabstände werden dem Bezugszeitpunkt jedoch normal hinzugefügt.

A.9 Optimale Nutzung modellierter Termine

In diesem Abschnitt erhalten Sie Empfehlungen für den Einsatz modellierter Termine.

A.9.1 Alternative Maßnahmen

Eines der nützlichsten Workflow-Verfahren ist ein modellierter Termin, der die Möglichkeit eröffnet, eine alternative Maßnahme zu ergreifen, wenn ein Termin überschritten wird. Wenn Sie noch nicht mit diesem Verfahren gearbeitet haben, können Sie auf den Wizard MODEL DEADLINE MONITORING zurückgreifen. Der Grundprozess sieht folgendermaßen aus:

- Auf der Terminregisterkarte APPROPRIATE DEADLINE des zu überwachenden Schritts geben Sie den Terminbezugszeitpunkt, den Zeitabstand und Ihren Ausgang TERMIN ÜBERSCHRITTEN ein.
- Aktivieren Sie für den zu überwachenden Schritt den Ausgang VERARBEITUNG OBSOLET.

Der zu überwachende Schritt verfügt nun neben den normalen Ausgängen über zwei weitere Ausgänge: TERMIN ÜBERSCHRITTEN und VERARBEITUNG OBSOLET. Unter dem Ausgang »Termin überschritten« können Sie anschließend die Anzahl der Schritte hinzufügen, um z. B. jemanden darüber zu benachrichtigen, dass der Termin überschritten wurde. Der letzte Schritt unter dem Ausgang TERMIN ÜBERSCHRITTEN muss ein Schritt vom Typ PROCESS CONTROL sein. Mit dem Schritt PROCESS CONTROL machen Sie das überwachte Workitem obsolet, wodurch der Ausgang VERARBEITUNG OBSOLET ausgelöst wird. Hinter dem Ausgang VERARBEITUNG OBSOLET können Sie nun Ihre alternativen Maßnahmen hinzufügen.

Was ist der Sinn getrennter Ausgänge für TERMIN ÜBERSCHRITTEN und VERARBEITUNG OBSOLET? Die folgenden Beispielszenarien sollen veranschaulichen, warum diese Trennung sinnvoll ist:

- Anstatt alternative Maßnahmen zu ergreifen, möchten Sie unterschiedliche Mitarbeitergruppen – oder auch wiederholt dieselben Mitarbeiter – benachrichtigen, wenn ein Termin überschritten wird – und das so lange, bis die Arbeit erledigt ist. Durch die alleinige Verwendung des Terminausgangs können Sie dementsprechend vorgehen, ohne den normalen Betrieb und Ausgang des überwachten Schritts zu stören.
- Sie möchten alternative Maßnahmen ergreifen, wenn der Termin überschritten wurde oder der ursprüngliche Bearbeiter das Workitem ablehnt.

Wenn Sie die alternativen Maßnahmen an einer Stelle (unter dem Ausgang VERARBEITUNG OBSOLET) zusammenfassen, können Sie diese entweder im Ausgang TERMIN ÜBERSCHRITTEN oder BEARBEITUNG ABGELEHNT auslösen.

A.9.2 Modellierte Termine für (wiederholte) Benachrichtigungen

Sie müssen das modellierte Terminmuster nicht im Ist-Zustand verwenden. Wenn ein Termin überschritten wurde, eignet es sich recht gut zur Benachrichtigung von Mitarbeitern per E-Mail. Ein Beispiel: Fügen Sie hinter dem Ausgang TERMIN ÜBERSCHRITTEN einen Schritt MAIL VERSENDEN hinzu.

Nach Wunsch können Sie auch mehr als eine Benachrichtigung senden. Sie können z. B. eine Person jeden Tag darüber benachrichtigen, dass sich ein Workitem verspätet, bis dessen Bearbeitung beendet ist. Erstellen Sie dazu hinter dem Ausgang TERMIN ÜBERSCHRITTEN einen Schritt vom Typ LOOP UNTIL, und aktivieren Sie ein Kennzeichen CONTAINER-ELEMENT, um zu prüfen, ob der Hauptschritt beendet wurde. Sie müssen dafür sorgen, dass nach Abschluss der Bearbeitung des Haupt-Workitems dieses Kennzeichen über einen Schritt CONTAINER OPERATION aufgefüllt wird. In der Schleife können Sie Ihre E-Mail senden. Mit einem Vorlagetermin kann sichergestellt werden, dass sie erst am nächsten Tag gesendet wird. Mithilfe des Schritts PROCESS CONTROL können Sie verbleibende wartende Mail-versenden-Workitems löschen, nachdem die Bearbeitung des Haupt-Workitems abgeschlossen wurde.

A.10 Ad-hoc-Ankerschritt

Über den Schritt AD HOC ANCHOR kann in einem Workflow zur Laufzeit ein zusätzlicher Workflow hinzugefügt werden. Der Workflow-Entwickler fügt den Schritt als einen Ad-hoc-Schritt hinzu. Zur Laufzeit ruft ein Benutzer den Workflow über das grafische Workflow-Protokoll auf. Der Container für beide Workflows muss identisch sein.

Um einen Funktionstest zu entwickeln, gehen Sie wie folgt vor:

1. Legen Sie einen Workflow mit dem Namen WS_123 an.
2. Fügen Sie das Objekt `FORMABSENC` zum Workflow-Container hinzu. Fügen Sie für den Test einen Initialwert in den Workflow-Container ein (oder stellen Sie alternativ einen Initialwert während des Tests bereit).

3. Fügen Sie die Aufgabe TS3000017 in den Workflow ein. Dabei handelt es sich um eine von SAP bereitgestellte Aufgabe zur Aktualisierung des Objekts FORMABSENC. Legen Sie den Bearbeiter als INITIATOR fest.
4. Legen Sie einen zweiten Workflow an. Fügen Sie wie für WS_123 das Objekt FORMABSENC und einen Initialwert zum Container hinzu.
5. Fügen Sie dem zweiten Workflow einen USER DECISION-Schritt mit den Ausgängen YES und NO hinzu.
6. Fügen Sie im zweiten Workflow nach dem Schritt USER DECISION den Schritt ANCHOR hinzu. Fügen Sie im Schritt ANCHOR »WS_123« ein.
7. Testen Sie den zweiten Workflow. Starten Sie den Workflow, und wählen Sie für den Schritt USER DECISION die Optionen CANCEL UND KEEP IN THE INBOX.
8. Gehen Sie zum Workflow-Protokoll und von dort aus zum grafischen Workflow-Protokoll.
9. Klicken Sie im grafischen Workflow-Protokoll auf das Symbol ANCHOR.
10. Ein Dialogfeld erscheint, in dem Sie aufgefordert werden, eine Aufgabe auszuwählen. Wählen Sie die Aufgabe WS_123. Die Ankergrafik im Workflow-Protokoll wird durch WS_123 ersetzt.

A.11 Review-Workflows

Sie können für einen Workflow (A) einen Review-Workflow (R) definieren. Dieser Review-Workflow kann von einem berechtigten Benutzer in der grafischen Workflow-Anzeige eines laufenden Workflows (A) gestartet werden. Dabei werden alle Daten des Workflows A in den Review-Workflow übertragen. Im Review-Workflow können Sie Anlagen anlegen, die im Workflow A angezeigt werden. Sie können den Review-Workflow mehrmals für einen Workflow starten Ein Beispiel dafür sehen Sie in der Aufgabengruppe TG745000040. Im Folgenden erläutern wir die allgemeinen Schritte, die Sie ausführen müssen.

Die Aufgabengruppe umfasst zwei Workflows: WS971000308, den Rahmen-Workflow (A), und WS745000908, den Review-Workflow (R). Sie können den Workflow WS971000308 testen, um die Funktionsweise zu verstehen. Der Review-Prozess wird im grafischen Workflow-Protokoll gestartet. Die wichtigsten Schritte sind die folgenden:

1. Definieren Sie einen Workflow (A) nach Ihren Anforderungen.
2. Fügen Sie in diesem Workflow (A) einen Schritt ein, um den Review-Workflow zu starten.
3. Definieren Sie einen Workflow (R), der als Review-Workflow dienen soll. Fügen Sie diesen Workflow in die Registerkarte REVIEWER des Workflows A ein. Diese Registerkarte befindet sich in der Registerkarte VERSION-DEPENDENT unter BASIC DATA.
4. Workflow R muss auf der Registerkarte BASIC DATA über mögliche Bearbeiter verfügen.

B Neuerungen und Funktionen

Von Eddie Morris

In diesem Anhang sind alle Neuerungen und Funktionen aufgelistet, die seit der Veröffentlichung der letzten Version von *Workflow-Management für SAP* 2009 eingeführt wurden. Da neue Funktionen normalerweise über SAP-Hinweise oder Support Packages bereitgestellt werden, ist es oft schwierig, diese Informationen zu finden.

SAP-Hinweisnummer	Kurztext	Beschreibung
1954734	Default-Trace für SAP Business Workflow	Dieser Trace muss nicht ausdrücklich aktiviert oder erstellt werden, weil er automatisch generiert wird. Der Default-Trace kann mit Transaktion SWF-TRC aufgerufen werden. Nach 30 Tagen wird der Trace deaktiviert, und es wird automatisch ein neuer Trace für die nächsten 30 Tage erstellt. Nach 60 Tagen wird der Trace gelöscht.
1939987	Bestimmen des Speicherverbrauchs eines Workitems oder Workflows	Es gibt bisher kein Tool für die Bestimmung der Menge an Ressourcen, die durch ein Workitem oder einen Workflow verbraucht wird. In bestimmten Fällen sind diese Informationen sehr nützlich für die Entwicklung, besonders bei der Entwicklung des Workflows oder eines Workitem-Containers.
1909331	Workflow-Trace für Exit-Programmierung	Workflow-Entwickler haben die Möglichkeit, in der Workflow-Definition eine Reihe von Exit-Programmierungen umzusetzen.
1906823	Ereignis: Standard für Fehlerbehandlung	Bei der Ereigniszustellung ist die Standardeinstellung für RECEIVER ERROR FEEDBACK auf DEACTIVATION OF LINKAGE gesetzt. SAP empfiehlt jedoch die Verwendung von DO NOT CHANGE LINKAGE (siehe SAP-Hinweise 1906769 und 1905199).

Tabelle B.1 Neuerungen und neue Funktionen seit 2009

SAP-Hinweisnummer	Kurztext	Beschreibung
1822914	Workflow-Ausgang: Performance-Vorteil	Sie verwenden den Workflow-Ausgang (z. B. mit den Transaktionen SBWP, UWL, WAPI, BWSP etc.) zum Abfragen von STARTED WORKFLOWS, WORK ITEMS EXECUTED BY ME oder FORWARDED WORK ITEMS. Die neue Datenbanktabelle SWWOUTBOX wurde eingeführt. Sie ermöglicht eine weitaus effektivere Auswahl des Ausgangs.
1760391	Leistungsmessung für Workitem-Übersetzung	Die in Transaktion SBWP verfügbare Support-Funktion WF_SUPPORT zeigt Messungen für die Workitem-Textübersetzung an.
1752731	Workflow-Protokoll: Szenariospezifische T100-Meldungen	Sie möchten szenariospezifische Protokolleinträge in die Workitem-Historie einfügen. Diese Protokolleinträge ermöglichen Workflow-Status-Reporting aus Anwendungssicht.
1741407	Verbesserung der Wartbarkeit	Dieses Support-Tool ermöglicht die Erfassung aller Workitem-Informationen (zugehörige Workflow-Vorlagen-ID, Aufgaben-ID, Objektmethode, Bearbeiterregel etc.) in einer XML-Datei.
1676067	Automatische Ersetzung von Workitems	Wenn Sie die Ausführung eines Dialog-Workitems abbrechen, behält das Workitem den Status STARTED im Eingang des abbrechenden Benutzers und ist weiterhin diesem Benutzer zugewiesen. Wenn der abbrechende Benutzer dies für alle ursprünglichen Benutzer sichtbar machen möchte, muss er es manuell ersetzen. Dieser manuelle Zwischenschritt kann mit diesem Hinweis automatisiert werden. **VORSICHT! Sie müssen den SAP-Hinweis 1708610 auch manuell zuweisen, damit Sie diese Funktion aktivieren können.**

Tabelle B.1 Neuerungen und neue Funktionen seit 2009 (Forts.)

SAP-Hinweisnummer	Kurztext	Beschreibung
1659252	SAP Business Workplace: zwölf dynamische Spalten anstelle von sechs	Die Zahl der dynamischen Spalten sollte von sechs (aktuell) auf zwölf verdoppelt werden.
1648822	Dynamische Benutzerentscheidung	Zuvor wurden im System immer alle Alternativen angezeigt, die bei einer Benutzerentscheidung für einen Schritt festgelegt wurden. In Zukunft soll es eine Möglichkeit zum Ausblenden einzelner Alternativen geben.
1643764	Benutzerentscheidung mit automatischem Hinweis	Zum Zeitpunkt der Definition sollte es möglich sein, festzulegen, ob der Benutzer einen Hinweis (Grund) für jede Entscheidungsoption in einer Benutzerentscheidung eingeben muss oder sollte. Nach der Auswahl der Option durch den Benutzer öffnet das System zur Laufzeit automatisch den Eingabebildschirm für Hinweise.
1642128	SWDM: Verwendungsnachweis für BOR und Klassenmethoden	Dies ist der Verwendungsnachweis für BOR und Klassenmethoden, die in Workflow-Aufgaben verwendet werden.
1640209	Dynamische Spalten im Ausgang und Wiedervorlage	Die dynamischen Spalten, die bisher nur im Workflow-Eingang verfügbar sind, müssen in den anderen workflow-relevanten Ordnerbereichen für den Ausgang und die Wiedervorlage zur Verfügung gestellt werden.
1639167	Anpassung des BOR-Editors	Der frühere Editor für BOR-Programme wurde durch einen neuen Editor ersetzt, der weitere Funktionen wie Syntaxhervorhebung und Codevervollständigung unterstützt. Der neue Editor ist nur durch den Import der entsprechenden Support Packages verfügbar. Aufgrund der Komplexität der Änderungen kann er nicht über einen Hinweis bereitgestellt werden.

Tabelle B.1 Neuerungen und neue Funktionen seit 2009 (Forts.)

SAP-Hinweisnummer	Kurztext	Beschreibung
1620655	Workflow Builder – Dynamische Schrittpriorität	Die Priorität kann auch zum Zeitpunkt der Definition durch einen Ausdruck (Registerkarte MISCELLANEOUS) festgelegt werden. Wenn der Ausdruck zur Laufzeit einen gültigen Wert (1...9) aufweist, wird der Schritt mit dieser Priorität erstellt. Andernfalls erfolgt die bisherige Reaktion.
1609811	Schritt »Mail Send«: Erweiterung des E-Mail-Titels auf 255 Byte	Der Titel einer E-Mail, die mit dem Schritt MAIL SEND gesendet wird, hat eine maximale Länge von 50 Byte. Sie möchten dies auf 255 Byte erweitern. **VORSICHT! Sie müssen auch den SAP-Hinweis 1658491 anwenden, damit Sie diese Funktion in Transaktion SWPA aktivieren können.**
1602238	Generische Object Services für ABAP OO	Dieser Hinweis stellt eine Beispielimplementierung für die Klasse `CL_SWF_FORMABSENC` dar. Der Aufruf generischer Objektdienste ist im Funktionsmodul `SWX_FORMABS_DISPLAY` als Beispiel implementiert.
1541069	Ausführen von Hintergrund-Workitems mit Jobs	Mithilfe der Jobverarbeitung können Sie jetzt bestimmte Aufgaben in einem Workflow ausführen, um tRFC-Ressourcen zu erhalten und eine bessere Verteilung der vorhandenen Ressourcen zu ermöglichen. **VORSICHT! Beachten Sie auch den SAP-Hinweis 1685032, der Informationen zum Aktivieren und Konfigurieren der Jobs liefert.**

Tabelle B.1 Neuerungen und neue Funktionen seit 2009 (Forts.)

SAP-Hinweisnummer	Kurztext	Beschreibung
1286336 1705866	SWIA – Neue Funktion »Logically Delete« für die Massenverarbeitung	Sie möchten eine große Zahl von Workitems logisch löschen. Dies gilt besonders für die ccBPM-Umgebung beim Bereinigen offener Korrelationsinstanzen. Bisher konnten Sie dazu keine standardmäßigen SAP-Tools verwenden. Ohne Kundenentwicklung war dies nur mit den folgenden beiden Workarounds möglich: ▸ einzeln manuell löschen mithilfe der Workitem-Administration ▸ physisch löschen mit dem Report RSWWWIDE

Tabelle B.1 Neuerungen und neue Funktionen seit 2009 (Forts.)

Tipp

Wenn Sie Vorschläge zu Ergänzungen oder Verbesserungen von Produkten haben, lesen Sie SAP-Hinweis 11.

C Die Autoren

DJ Adams ist Principal bei Bluefin Solutions und arbeitet bereits seit 1987 mit SAP-Unternehmenssoftware. Er hat sich dabei auf Integration spezialisiert und hat enge Verbindungen zur Open-Source-Community. Er war in den Entwickler-Communities von SAP, Perl, XMPP und Google sehr aktiv und hat erst kürzlich sein Wissen und Code zum UI5 Toolkit von SAP beigetragen. In Anerkennung seines Beitrags zum SAP Developer Network und der SAP-Entwickler-Community wurde er zum SAP Mentor ernannt. Er hat zwei Bücher für O'Reilly geschrieben (Programming Jabber und Google Pocket Guide) und Artikel zu so unterschiedlichen Websites wie O'Reillys OpenP2P, dem SAP Community Network, Bluefin Solutions und seinem eigenen seit 2002 bestehenden Blog beigesteuert. Er hat Vorträge in Konferenzen wie OSCON, JabberConf, FOSDEM, SAP Inside Track, SAP TechEd, SAP DKOM, SAP UK & Ireland User Group Conference, der Manchester Digital Laboratory und TEDx gehalten. Er gibt Programmierkurse für Kinder und Lehrer. DJ Adams ist Leiter eines CodeClubs der Schule seines Heimatdorfes in England, arbeitet ehrenamtlich im Manchester CoderDojo, ist ein STEMnet Ambassador und leitete 2013 in Manchester ein Zentrum für Young Rewired State. Er ist verheiratet mit seiner Jugendliebe Michelle und hat einen Sohn, Joseph, auf den er sehr stolz ist.

Konstantin Anikeev ist unabhängiger SRM-Anwendungsentwickler mit mehr als acht Jahren SAP-Erfahrung in Workflow- und Interface-Technologien wie Web Dynpro ABAP und SAPUI5. Er machte 2006 seinen Master-Abschluss in angewandter Mathematik an der Staatlichen Universität Woronesch und begann dann seine SAP-Karriere bei Siemens IT Solutions und Services mit Logistics Solutions LE/MM/SD. Später wechselte er in den Bereich SRM mit Fokus auf Workflow- und technische Architektur. Als funktioneller/technischer Berater und Entwickler war er Teil einiger internationaler SAP-Implementierungs- und Application-Maintenance-Projekte. Dank seiner Veröffentlichungen und Beiträge in den Bereichen SRM, Workflow und Developer Center ist er auch im SAP Community Network bekannt.

Paul Bakker ist unabhängiger SAP-Berater, der schon seit vielen Jahren mit SAP-Software arbeitet. Er ging in Australien und den Niederlanden zur Schule. Zuerst arbeitete er längere Zeit mit neutralen Netzwerken und japanischen Robotern und wurde dann Webmaster in Zentralafrika. Seine ersten Erfahrungen mit SAP-Software machte er bei einem Roll-out bei Shell Gabon. Paul lernte ABAP bei PwC und arbeitete in ganz Australien als Entwickler. 2004 wechselte er in den Workflow-Bereich und ist seitdem glücklich beim Anlegen von Workflows. 2007 überzeugte Paul seinen Zwillingsbruder Rick Bakker, mit ihm zusammenzuarbeiten, und die beiden gründeten ihr eigenes Unternehmen. Paul hat einen Ph.D. in Informatik und Psychologie von der University of Queensland, Australien.

Rick Bakker ist ein freiberuflicher Unternehmer, der SAP im letzten Jahrtausend in Zentralafrika für sich entdeckt hat. Einige Jahre später lernte er SAP Business Workflow kennen und ist seitdem ein Stammgast im SCN-Workflow-Forum. Zusammen mit seinem Bruder Paul nahm Rick 2009 an der SAP TechEd in Shanghai teil, und 2014 präsentierte er eine Sitzung zu SAP Business Workflow in der ASUG. Rick hat einen Informatikabschluss von der University of Queensland (Australien), arbeitet bereits in vielen Ländern und möchte dies auch in Zukunft tun. Häufig trifft man ihn auf Hawaii an.

Manish Chaitanya ist ein SAP-NetWeaver-Architekt mit viel Erfahrung bei der Implementierung von SAP NetWeaver bei Kunden weltweit. Manish arbeitet als Spezialist für SAP Enterprise Portal bei MOURI Tech LLC (*www.mouritech.com*), einem amerikanischen Consulting-Unternehmen für globale SAP-Lösungen. Manish hat viele Kunden bei der Definition einer Implementierungsstrategie unterstützt und die Implementierungen dann von der Planungsphase über das Go-Live bis hin zu Nachimplementierungsphasen koordiniert. Seine Hauptarbeitsfelder sind SAP Enterprise Portal, ABAP, Web Dynpro, SAP Process Orchestration, SAPUI5 und Analytik. Manish lebt mit seiner Frau Uttora und seinen beiden Kindern Pranjal und Prakriti in New Jersey, USA. Sie erreichen ihn per E-Mail unter den folgenden Adressen: *manishc@mouritech.com* oder *manishchaitanya@gmail.com*.

Jocelyn Dart ist eine langjährige SAP-Mitarbeiterin, deren Hauptschwerpunkt aktuell Lösungen im SAP Intelligent Business Operations Bundle powered by HANA und im Nebenbereich Usability und Design Thinking sind. Sie ist als Kundin seit 1990 mit SAP-Produkten vertraut, und seit sie 1994 bei SAP Australien zu arbeiten begann, hat sie mit mehr als 70 Unternehmen der unterschiedlichsten Branchen in Australien, Neuseeland und weiteren Ländern direkt zusammengearbeitet. Sie ist aktuell ein Platinum Consultant, Design-Thinking-Dozentin und wurde erst vor Kurzem vom SAP Community Network zum SAP Mentor ernannt. Im SAP Community Network schreibt sie Blogs über verschiedene Themen – einschließlich Workflow. Sie ist eine anerkannte Expertin in SAP Business Workflow, SAP Business Process Management und SAP Decision Service Management. Jocelyn ist Co-Autorin aller drei Auflagen dieses Buches.

Stephen Johannes ist Systemanalyst, der derzeit eine produktive SAP-CRM-Implementierung für ein großes Spezialchemie-Unternehmen in den USA unterstützt. Er hat seinen Abschluss an der University of Missouri-Columbia gemacht. Seit 2001 hat er als Entwickler mit der SAP-CRM-Lösung gearbeitet und dabei Verbesserungen für die Standardplattform für SAP-Kunden in den Bereichen Consulting und Anwendungs-Support-Rollen entwickelt. Stephen ist seit 2009 Moderator des SAP Community Networks (SCN) für CRM und hat bereits seit 2005 aktiv Fragen auf SCN beantwortet. Für seine Beiträge zum SAP Ecosystem durch SCN wurde er 2009 zum SAP Mentor ernannt und blieb bis Anfang 2012 aktiver SAP Mentor.

Susan Keohan ist Senior Application Developer bei MIT Lincoln Laboratory. Seit MIT im Jahr 1995 mit der Implementierung begann, arbeitet sie mit SAP. Seit 1997 entwirft und implementiert sie Prozesse mit SAP Business Workflow (beginnend mit SAP R/3-Release 3.1C). Sie hat entscheidend zur Gründung der ASUG Workflow und BPM Special Interest Group sowie zur Entstehung der SAP-WUG-Mailing-Liste beigetragen. 2002 wechselte Susan Keohan zu MIT Lincoln Laboratory, um dort mit einer neuen SAP-Implementierung zu beginnen, die eine Vielzahl an Workflow-Anwendungen umfasst, die entwickelt und gepflegt werden mussten bzw. müssen. Bei verschiedenen ASUG-Konferenzen präsentierte sie workflow-bezogene Themen, und sie ist als Program Chair für die Workflow- und die BPM-SIG tätig. 2008 erhielt Susan Keohan eine der höchsten beruflichen Auszeichnungen: den Titel als SAP Mentor.

Markus Kuppe ist Vizepräsident und Chief Solution Architect für SAP Master Data Governance. Seit er 1997 bei SAP in der Entwicklung anfing, hat er mehrere Programme innerhalb der SAP Business Suite in den Bereichen Reporting, Benutzerfreundlichkeit und Architektur in enger Zusammenarbeit mit den Kunden geleitet. Er tritt regelmäßig als Autor oder Redner bei Business Events auf. Markus Kuppe hat einen Abschluss mit Auszeichnung in Mathematik (Dipl.-Math.) der Universität Darmstadt.

Martin Maguth ist Managing Director bei Norikkon, LLC, in Miami, Florida. Er hat mehr als zehn Jahre Erfahrung in der IT-Branche, und seine Spezialgebiete sind SAP Business Workflow, SAP Enterprise Content Management und ABAP-Programmierung. Weitere berufliche Erfahrung sammelte er unter anderem bei SAP, EMC, IBM Global Services und IXOS Software. Er hat in Projekten mit den umsatzstärksten Unternehmen der Welt und mittelständischen Unternehmen in den USA, Europa und Asien gearbeitet und dabei sehr umfangreiche Erfahrungen mit internationalen Aufträgen gesammelt. Er tritt regelmäßig als Redner zu den Themen SAP Business Workflow und Content Management bei ASUG, SAPPHIRE, SAP TechEd und weiteren SAP-bezogenen Veranstaltungen auf. Martin Maguth hat einen Bachelor-Abschluss der Universität Straßburg (Frankreich) und einen M.B.A. der Texas Christian University in Fort Worth, Texas (USA).

Elke Menninger arbeitet seit 1994 bei SAP Deutschland und hat als Consultant in vielen Projekten Erfahrung gesammelt. Ihre Fachgebiete sind SAP R/3 Production Planning und Supply Chain Management. 2010 wechselte sie zu SAP SE. Seitdem arbeitet sie als Produktmanagerin innerhalb von SAP Master Data Governance. Sie ist ein aktives Mitglied des SAP Community Networks für SAP Master Data Governance. Elke hat einen Abschluss in Business Engineering der Hochschule für angewandte Wissenschaften Würzburg-Schweinfurt.

Justin Morgalis unterstützt Kunden seit 2007 bei der Implementierung von SAP ERP HCM Self-Services. Er kommt aus den Bereichen Beratung und Entwicklung, daher versteht er sowohl die technischen als auch die funktionellen Aspekte von SAP ERP HCM und kann diese seinen Zuhörern auch klar kommunizieren. In den letzten vier Jahren hat er sich fast ausschließlich auf Projekte mit den Komponenten von HCM Prozesse und Formulare konzentriert und hat dabei sowohl funktionelle als auch technische Teams zu erfolgreichen Implementierungen geleitet. Er hat einen Abschluss in Psychologie vom Georgia Institute of Technology in Atlanta, Georgia (USA), wo er mit seiner Frau und seinen beiden Söhnen lebt.

Eddie Morris ist SAP Support Architect mit mehr als 15 Jahren IT-Erfahrung. Er begann als Analyst/Programmierer bei Dell Inc., unterstützt aber seit inzwischen zwölf Jahren weltweit Kunden im Bereich SAP Business Workflow. Er hat Workflow-Kundenschulungen in Großbritannien und Irland und im Rahmen des SAP Product Support Teams weltweit durchgeführt. Zusätzlich stand er bei unzähligen Expert-on-Demand-Sitzungen für Solution Support den Kunden Rede und

Antwort. Eddie hat seinen Beitrag zur zweiten Edition von *Workflow-Management mit SAP* geleistet und steuert gelegentlich auch Beiträge zum Thema Workflow zur Workflow User Group und zum SCN bei. Eddie Morris hat Business, Software Design und Development an der National University of Ireland in Galway studiert und lebt auch in Irland.

Amol Palekar hat bereits für mehrere Unternehmen an BI-Programmen gearbeitet. Er ist aktuell Director of Analytics and Service Delivery bei TekLink International Inc. Er befasst sich mit der Bereitstellung von Beratungsdienstleistungen zu BI-Lösungen und -Architektur, leitet die Application Management Services bei TekLink und konzentriert sich auf die Institutionalisierung des Bereitstellungsmodells und dazugehöriger Prozesse für BI-Anwendungsentwicklung und Support-Aufträge. Er ist auch Dozent, Autor und regelmäßiger Redner zum Thema BI. Darüber hinaus hat er folgende Bücher veröffentlicht: *A Practical Guide to SAP NetWeaver BW 7.0* (1. Auflage, SAP PRESS 2009), *A Practical Guide to SAP NetWeaver BW 7.3* (2. Auflage, SAP PRESS 2013), und *Supply Chain Analytics with SAP BW* (Tata McGraw-Hill). Sie erreichen ihn unter *amolpp@yahoo.com*.

Mike Pokraka ist ein freiberuflicher Consultant, der seit den 90er-Jahren mit SAP arbeitet. Vor seinem Engagement bei SAP arbeitete er als Oracle DBA und war Mitbegründer eines erfolgreichen Datenverarbeitungsbüros. Seine SAP-Karriere begann in der ABAP-Entwicklung, aber er hat seine Talente auch in verschiedenen funktionalen Rollen unter Beweis gestellt. Im Jahr 2000 entdeckte er SAP Business Workflow für sich und entwickelte schnell eine Leidenschaft für die einzigartige Kombination aus Geschäfts- und Technikaspekten. Durch die vielfältigen Anwendungsmöglichkeiten von Workflows sammelte er Erfahrungen in mehreren funktionalen Bereichen in zahlreichen Branchen – u. a. in der Fertigung, dem Einzelhandel, der Pharma- und Automobilindustrie und der Versorgungswirtschaft. Außerdem tritt er regelmäßig als Sprecher auf Konferenzen (z. B. ASUG und SAP TechEd) auf und wurde 2009 als SAP Mentor nominiert.

Alan Rickayzen ist Senior Product Manager in der HANA-SAP-BPM-Entwicklung. Er ist seit 1992 Mitarbeiter von SAP und seit 1988 im Bereich Datenverarbeitung tätig. 1995 wurde er Mitglied der SAP-Business-Workflow-Gruppe und war in diesem Rahmen sowohl mit Entwicklungsaufgaben als auch als Consultant für verschiedene große Kunden in den USA beschäftigt. Während dieser Zeit konnte er sich umfassende technische Kenntnisse zu diesem Produkt aneignen, bevor er zum Produktmanagement wechselte. Dort war er die wichtigste Kontaktperson für die SAP-Workflow-Benutzergruppen. Er hat regelmäßig Beiträge für SAP-Fachzeitschriften verfasst und war einer der Autoren der ersten Auflage von *Workflow-Management mit SAP*. Um sein Ziel der Interoperabilität zu verwirklichen, wurde er einer der ursprünglichen Verfasser der Webstandards BPEL4People und WS-HumanTask und war maßgeblich an der Integration von SAP Business Workflow und IBM Notes beteiligt. Alan Rickayzen hat einen Bachelor-of-Science-Abschluss in Physik vom Kings College, London. Er ist auf Twitter oder BBO unter *alanrick* erreichbar.

Andreas Seifried ist Product Manager für SAP Master Data Governance und hat seit seinem Eintritt in die Entwicklungsorganisation im Jahr 2004 am SAP-Portfolio für Datenmanagement gearbeitet. Andreas Seifried arbeitet seit 2001 bei SAP. Als Technologie-Consultant unterstützte er weltweit Unternehmen bei der Daten- und Prozessintegration. Seine professionelle IT-Karriere begann er 1996 bei der Deutschen Telekom als Consultant für Internetworking, Sicherheit und dazugehörige Technologien. Andreas Seifried hat ein Master-Diplom (Dipl. Ing.) in Elektrotechnik der Universität Karlsruhe und einen sehr vielfältigen technischen Hintergrund (Networking, Sicherheit und Programmierung in SAP- und Nicht-SAP-Umgebungen).

Sachin Sethi ist Autor, Redner und Berater für Organisationsentwicklung für SAP SRM. Er ist Gründer und geschäftsführender Partner von TSE (The SRM Experts), einem Unternehmen, das Business Consulting und Systemintegrations-Dienstleistungen mit Fokus auf SAP-SRM-Lösungen anbietet. Mehr Informationen darüber finden Sie unter *www.thesrm-experts.com*. Sachin Sethi hat an Business Cases für SAP SRM mitgearbeitet, Ramp-ups und Upgrades von SAP SRM unterstützt und viele E-Procurement-Lösungen analysiert. Seit den Anfängen – dem ursprünglichen B2B-Release – arbeitet er mit SAP-SRM- und SAP-EB-Produkten. Als Branchenführer hat er Vorträge auf vielen Konferenzen gehalten, unter anderem bei der Logistics-and-Supply-Chain-Konferenz, der jährlichen SAP Sapphire und Konferenzen der America's SAP Users' Group (ASUG), auf E-Business-Seminaren, an Universitäten und in regionalen ASUG-Gruppen.Als Lösungsexperte für SAP SRM bei *www.searchsap.com* berät er weltweit Unternehmen und verbringt viel Zeit damit, als strategischer Berater, Projektleiter oder Lösungsarchitekt Kunden zu unterstützen.Sachin hat jeweils einen Abschluss in Computer Engineering und Business Administration und einen Executive MBA-Abschluss. Sie können ihn unter *sachin.sethi@thesrmexperts.com* erreichen.

Atul Sudhalkar ist Produktmanager für die Gruppe Governance, Risk und Compliance der SAP und arbeitet bei SAP in Palo Alto. Bevor er bei SAP einstieg, arbeitete er als Architektur- und Entwicklungsmanager bei PeopleSoft. Atul besitzt Abschlüsse in Engineering vom Indian Institue of Technology und der University of Massachusetts in Amherst. Er erhielt eine Doktorandenstelle an der Carnegie Mellon University, seine Forschungsarbeit konzentrierte sich dort auf Computational Geometry und Geometric solid Modelling. Atul besitzt mehrere Patente für von ihm entwickelte Produktideen, und er hat bereits weitere Patente in den USA und anderen Ländern angemeldet.

MEDECINS SANS FRONTIERES
DOCTORS WITHOUT BORDERS

Ärzte ohne Grenzen/Médecins Sans Frontières (MSF) ist eine internationale medizinische humanitäre Organisation, die in fast 60 Ländern Nothilfe für die Opfer von bewaffneten Auseinandersetzungen, medizinischen Katastrophen, Naturkatastrophen und Mangelernährung leistet. Ärzte ohne Grenzen ist eine private Nonprofit-Organisation, die 1971 als erste Nichtregierungsorganisation gegründet wurde. Sie stellt medizinische Nothilfe bereit und berichtet öffentlich über die Notlage der Menschen, die sie unterstützt. Die Arbeit von Ärzte ohne Grenzen basiert auf den humanitären Grundsätzen von medizinischem Ethos und Objektivität. Die Organisation setzt sich unabhängig von Rasse, Religion oder politischer Gesinnung für die medizinische Versorgung von Menschen in Krisengebieten ein und arbeitet unabhängig von politischen, militärischen oder religiösen Grundsätzen. Im Jahr 1999 wurde ihr der Friedensnobelpreis verliehen.

Sämtliche Autoren haben sich entschieden, ihre Einnahmen an Ärzte ohne Grenzen/Médecins Sans Frontières zu spenden.

Index

B

C

D

E

F

G

H

I

J

K

L

M

N

O

P

Q

R

S

U

V

W

X

Z